Struktur der Atomkerne

Band II

Kerndeformationen

AAGE BOHR
Niels-Bohr-Institut der Universität Kopenhagen

BEN R. MOTTELSON
NORDITA, Kopenhagen

STRUKTUR DER ATOMKERNE

Band II Kerndeformationen

In deutscher Sprache herausgegeben von

H. R. Kissener
Zentralinstitut für Kernforschung
der Akademie der Wissenschaften der DDR
Rossendorf bei Dresden

R. Reif
Technische Universität Dresden

Mit 117 Abbildungen und 58 Tabellen

AKADEMIE-VERLAG · BERLIN
1980

Titel der Originalausgabe:

Aage Bohr and Ben R. Mottelson,
NUCLEAR STRUCTURE
Vol. II. Nuclear Deformations.

Übersetzer:

Stefan Frauendorf

Hans-Rainer Kissener
Zentralinstitut für Kernforschung in Rossendorf

Roland Reif
Technische Universität Dresden

Erschienen im Akademie-Verlag, DDR - 1080 Berlin, Leipziger Straße 3–4

Lizenznummer: 202 · 100/424/80
Gesamtherstellung: VEB Druckhaus „Maxim Gorki“, 7400 Altenburg
Bestellnummer: 761 844 9 (5861/II) · LSV 1175
Printed in GDR
DDR 120,– M

VORWORT

Der erste Band der vorliegenden Monographie befaßt sich vorwiegend mit Kerneigenschaften, die mit der Einteilchenbewegung zusammenhängen. Der zweite Band behandelt Aspekte der Kerndynamik, die mit den verschiedenen im Atomkern auftretenden kollektiven Deformationen verknüpft sind. Sowohl die kollektiven als auch die Einteilchenfreiheitsgrade bilden Elementaranregungen. Ein zentrale Rolle beim zunehmenden Verständnis der Kernstruktur spielte das Bemühen, bei der Verwendung der Konzeptionen, die sich auf diese beiden gegensätzlichen Aspekte der Kerndynamik beziehen, ein ausgewogenes Verhältnis zu erreichen.

Die ersten Diskussionen der Kerne als Systeme aus Neutronen und Protonen beruhten auf der Bewegung unabhängiger Teilchen in einem kollektiven Zentralfeld, in Analogie zu der Vorstellung, die sich bei der Beschreibung der Atomstruktur bewährt hatte.[1]) Mit der Entdeckung des Spektrums dicht benachbarter schmaler Resonanzen in neutroneninduzierten Reaktionen nahm die Entwicklung eine neue Richtung. Sie lenkte die Aufmerksamkeit auf die starke Kopplung zwischen der Bewegung der einzelnen Nukleonen im Kern (siehe Band I, S. 163) und führte zu einer Beschreibung der Kerndynamik durch kollektive Freiheitsgrade ähnlich den Schwingungen eines Flüssigkeitstropfens (Bohr und Kalckar, 1937). Einige Jahre später bot die Entdeckung der Spaltung ein herausragendes Beispiel für solche Kollektivbewegungen.

Eine neue grundlegende Wende in der Entwicklung resultierte aus der Analyse der gesammelten Daten über Bindungsenergien und Momente, die die Existenz einer Schalenstruktur im Atomkern überzeugend demonstrierten (Haxel, Jensen und Suess, 1949; Mayer, 1949; siehe auch Band I, S. 199ff.). Damit stand man vor dem Problem, das gleichzeitige Auftreten von Einteilchen- und Kollektivfreiheitsgraden in Einklang zu bringen und die aus dem Wechselspiel dieser Freiheitsgrade herrührende Vielfalt von Erscheinungen zu untersuchen (Rainwater, 1950; Bohr, 1952; Hill und Wheeler, 1953; Bohr und Mottelson, 1953).

Bei der Ausarbeitung eines geeigneten Rahmens zur Beschreibung der Kernstruktur bildete das Konzept einer Deformation der Kerndichte und des Kernpotentials das einigende Element. Die Deformationen stellen die kollektiven Freiheitsgrade dar und beeinflussen gleichzeitig die Bewegung der einzelnen Nukleonen. Sie liefern damit die treibende Kraft, die für die Kollektivbewegung selbst verantwortlich ist. Die

[1]) Einen lebendigen Eindruck von dieser Anfangsphase der Erforschung der Kernstruktur vermitteln die Diskussionen auf dem 7. Solvay-Kongreß (Gamow, 1934; Heisenberg, 1934).

Rolle der vielen verschiedenen Typen von Deformationen, die in den Atomkernen auftreten können, bildet den Gegenstand des vorliegenden Bandes.

Die Untersuchung der Rotationen war wegen der außerordentlichen Einfachheit dieser Freiheitsgrade für die Analyse der Kollektivbewegung im Kern von besonderer Bedeutung. (Die Response auf die Rotationsbewegung war tatsächlich ein Schlüssel zur Entwicklung dynamischer Konzeptionen, die von der Himmelsmechanik bis zu den Spektren der Elementarteilchen reichen.) Die Sonderstellung der Rotationen und die umfangreichen empirischen Daten über Rotationsspektren motivieren die Behandlung dieser Anregungsform als erstes Thema des vorliegenden Bandes (Kapitel 4).

Das Auftreten von Rotationsspektren ist ein Merkmal von Kernen, deren Gleichgewichtsform von der sphärischen Symmetrie abweicht (kollektive Anregung, die mit einer spontan gebrochenen Symmetrie verknüpft ist). Die einfachen quantitativen Beziehungen, die für diese Spektren gelten, erlaubten eine detaillierte Untersuchung der Einteilchenbewegung in nichtsphärischen Kernen. Diese in Kapitel 5 dargelegte Analyse bildet eine grundlegende Erweiterung der Aussagen über die Einteilchenbewegung aus der Untersuchung sphärischer Kerne. Gleichzeitig liefert sie eine Basis zur Untersuchung der Kopplung von Rotationen und Einteilchenbewegung.

Kapitel 6 enthält eine Diskussion der großen Vielfalt kollektiver Vibrationen und der zahlreichen Kopplungen zwischen den verschiedenen Elementaranregungen. Mit zunehmender Einsicht in die gewaltige Breite der Thematik und die Möglichkeit einer einheitlichen theoretischen Beschreibung auf der Grundlage der Teilchen-Vibrationskopplung wurde dieses Kapitel mehrfach überarbeitet.

Der ursprüngliche Plan sah vor, die Analyse der Kollektivanregungen aufgrund der Bewegung einzelner Nukleonen im Band III darzustellen, der mit der Untersuchung von Wechselwirkungseffekten in Konfigurationen mit wenigen Nukleonen eingeleitet werden sollte. Bei der Ausarbeitung von Band II wurde jedoch die mikroskopische Theorie der Kollektivbewegung, die direkt aus der Analyse der Teilchen-Vibrationskopplung folgt, einbezogen. Mit dieser Änderung des Planes sind die ersten beiden Bände in sich abgeschlossen, und sie bieten gleichzeitig eine umfassendere Sicht der Kerndynamik, als ursprünglich vorgesehen war.[1])

Wie im Band I wurde der Stoff von Band II in Haupttext, Beispiele und Anhänge aufgeteilt. Die Beispiele, vor allem in Kapitel 6, sind etwas umfangreicher, da wir es für wünschenswert hielten, diese Dimension auszunutzen, um eine Reihe von Themen zu entwickeln, ohne die zusammenhängende Darstellung im Haupttext zu unterbrechen.

Bei der Vorbereitung dieses Bandes konnten wir uns auf kritische Hinweise, Diskussionen und direkte Hilfe vieler Kollegen stützen. Besonderer Dank gebührt Peter Axel, ohne dessen geduldige und phantasiereiche Anregungen die Darstellung noch schwerer zugänglich gewesen wäre, sowie Ikuko Hamamoto, deren gründliche Prüfung des gesamten Materials sowohl eine Inspiration als auch ein wesentlicher Beitrag zur Klarheit und Konsistenz der Darlegungen war. Wir möchten ferner Bertel Lohmann Andersen, Sven Bjørnholm, Ricardo Broglia, Sven Gösta Nilsson, David Pines, John Rasmussen, Vilen Strutinsky und Wladek Swiatecki für wertvolle Diskussionen und Anregungen herzlich danken.

[1]) Bei den im Band I vorkommenden Verweisen auf Band III sollte der Leser das Sachverzeichnis von Band II benutzen, um eine Diskussion der betreffenden Fragen zu finden.

Es war unser überaus großes Glück, daß wir in der mehr als fünfzehn Jahre währenden Auseinandersetzung mit diesem Buch die ständige Unterstützung des hervorragenden Teams Lise Madsen, Henry Olsen und Sophie Hellmann hatten. Unsere besondere Hochachtung gebührt Sophie Hellmann, die mit unverminderter Kraft und Enthusiasmus ihre einzigartige Rolle ausgefüllt hat, obwohl dieses Unternehmen bis über ihr achtzigstes Lebensjahr hinausreichen sollte. Unserer Dankbarkeit und Bewunderung möchten wir unsere tiefe Wertschätzung für die Freude und Inspiration, die uns die Zusammenarbeit mit ihr brachte, hinzufügen.

Kopenhagen
Juni 1975

Aage Bohr
Ben R. Mottelson

INHALTSVERZEICHNIS BAND II

Inhaltsverzeichnis Band I Einteilchenbewegung

KAPITEL

4 Rotationsspektren

4–1 Auftreten von kollektiver Rotationsbewegung in Quantensystemen[1])

Ein gemeinsames Merkmal von Systemen, die Rotationsspektren besitzen, ist die Existenz einer „Deformation", das heißt einer Anisotropie, die es ermöglicht, eine Orientierung des Systems als Ganzes festzulegen. In einem Molekül oder einem Festkörper spiegelt die Deformation die stark anisotrope Massenverteilung wider, bezogen auf das innere Koordinatensystem, das durch die Gleichgewichtslagen der Kerne definiert ist. Beim Atomkern sind die Rotationsfreiheitsgrade verknüpft mit den Deformationen seiner Gleichgewichtsform, die sich aus der Schalenstruktur ergeben. (Hinweise auf diese Deformationen werden auf S. 113ff. ($E2$-Momente) und in Kapitel 5 (deformiertes Einteilchenpotential) diskutiert.) Rotationsähnliche Serien werden auch in den Hadronenspektren beobachtet und als Regge-Trajektorien bezeichnet (siehe z. B. Abb. 1–13, Band I, S. 65), aber die Natur der zugehörigen Deformationen ist noch unklar.

Kollektive Bewegung mit einer Struktur ähnlich räumlichen Drehungen kann auch in anderen Dimensionen, darunter dem Isospinraum und dem Raum der Teilchenzahl, auftreten, wenn das System eine Deformation besitzt, die eine Orientierung in diesen Räumen definiert. Die Rotationsbanden enthalten dann Folgen von Zuständen, die sich in den entsprechenden drehimpulsartigen Quantenzahlen wie Isospin und Nukleonen-

[1]) Spektren, die einer quantisierten Rotationsbewegung entsprechen, wurden zuerst bei der Absorption von infrarotem Licht durch Moleküle beobachtet (Bjerrum, 1912). Die Möglichkeit einer Rotationsbewegung in Kernen wurde bereits in frühen Versuchen zur Interpretation der Anregungsspektren von Kernen in Betracht gezogen (siehe z. B. Teller und Wheeler, 1938). Die verfügbaren Daten z. B. aus der Feinstruktur des α-Zerfalls schienen gegen das Auftreten niedrigliegender Rotationsanregungen zu sprechen, aber die Diskussion wurde beeinträchtigt durch die Vorstellung, daß die Rotationsbewegung entweder bei allen Kernen vorkommen sollte oder generell ausgeschlossen sei wie in Atomen, sowie durch die Annahme, daß das Trägheitsmoment den klassischen Wert wie für starre Rotation haben sollte. Die Konzeption der Rotationsanregung in Kernen setzte sich erst nach der Erkenntnis durch, daß eine solche Bewegungsform eine notwendige Folge der Existenz stark deformierter Gleichgewichtsformen ist (Bohr, 1951); das Auftreten solcher Deformationen war schon früher aus der Bestimmung von Kernquadrupolmomenten aus der Hyperfeinstruktur von Atomspektren gefolgert worden (Casimir, 1936). Die Analyse von $E2$-Übergängen gab weitere Hinweise auf kollektive Effekte, die Deformationen der Kernform entsprechen (Goldhaber und Sunyar, 1951; Bohr und Mottelson, 1953a). Die Identifizierung von Rotationsanregungen erfolgte aufgrund der Beobachtung von Niveauabständen proportional zu $I(I+1)$ (Bohr und Mottelson, 1953b; Asaro und Perlman, 1953). Sie wurde bestätigt durch die Daten über Intensitätsverhältnisse in den Rotationsübergängen (Alaga u. a., 1955). Die Coulomb-Anregung lieferte eine wirksame Methode zur systematischen Untersuchung der Rotationsspektren (Huus und Zupančič, 1953; siehe auch die Übersichtsarbeit von Alder u. a., 1956).

zahl unterscheiden. (Solche Folgen erscheinen in supraflüssigen Systemen (siehe S. 336ff.) und können auch als Anregungen des Nukleons auftreten (siehe S. 16ff.).)

Die Deformation kann bezüglich einer Untergruppe von Drehungen des Koordinatensystems invariant sein, wie zum Beispiel im Fall axialsymmetrischer Deformationen. In einer solchen Situation legt die Deformation die Orientierung des inneren Koordinatensystems nur teilweise fest, und die Rotationsfreiheitsgrade sind dementsprechend eingeschränkt. Ein erster Schritt bei der Analyse der Rotationsspektren ist daher die Untersuchung der Symmetrie der Deformation und der resultierenden Rotationsfreiheitsgrade. Dieses Thema wird in Abschnitt 4–2 für den Fall axialsymmetrischer Systeme behandelt, die für die Kernspektren besonders wichtig sind; Systeme ohne Axialsymmetrie werden in Abschnitt 4–5 betrachtet. (Die Folgerungen aus der Symmetrie der Deformation sind eine Verallgemeinerung der bekannten, durch die Identität der Kerne bedingten Einschränkung für Molekülrotationszustände; siehe S. 9 und 154.)

Das Auftreten von Rotationsfreiheitsgraden kann daher als Folge der Brechung der Drehinvarianz bezeichnet werden. Analog basieren die Translationsfreiheitsgrade auf der Existenz einer lokalisierten Struktur. Während jedoch die verschiedenen Zustände der Translationsbewegung eines gegebenen Objekts über die Lorentz-Invarianz zusammenhängen, gibt es keine entsprechende Invarianz für rotierende Koordinatensysteme. Die Coriolis- und Zentrifugalkräfte in solchen Bezugssystemen ändern die Struktur eines rotierenden Objekts.

In einem Quantensystem kann die Frequenz sogar der niedrigsten Rotationsanregungen so groß sein, daß die Coriolis- und Zentrifugalkräfte die Struktur maßgeblich beeinflussen. Die Bedingung, daß diese Störungen klein sein sollen (Adiabatizitätsbedingung), ist eng verknüpft mit der Bedingung, daß die Nullpunktsschwankungen in den Deformationsparametern klein sind gegenüber den Gleichgewichtswerten dieser Parameter. Die Bedingung für adiabatisches Verhalten stellt eine andere Formulierung des Kriteriums für das Auftreten von Rotationsspektren dar (Born und Oppenheimer, 1927; Casimir, 1931).

Eine einfache Illustration dieser Äquivalenz bietet ein System aus zwei Teilchen, die durch ein Potential mit einem Minimum beim Abstand R (dem Gleichgewichtsabstand) gebunden sind. Die Bewegung des Systems läßt sich durch Rotationen und radiale Vibrationen beschreiben. Für die niedrigsten Zustände beträgt die Rotationsfrequenz

$$\omega_{\text{rot}} \sim \frac{\hbar}{M_0 R^2}, \tag{4–1}$$

wobei M_0 die reduzierte Masse ist. Die Frequenz der Vibrationsbewegung hängt von der Amplitude ΔR der Nullpunktsschwingung ab,

$$\omega_{\text{vib}} \sim \frac{\hbar}{M_0 (\Delta R)^2}. \tag{4–2}$$

Die Bedingung, daß die Fluktuationen der Form klein sein sollen im Vergleich zur mittleren Deformation, $\Delta R \ll R$, ist daher der Adiabatizitätsbedingung $\omega_{\text{rot}} \ll \omega_{\text{vib}}$ äquivalent. Dieses einfache System veranschaulicht die Art, in der die Rotationsanregungen als ein niederfrequenter Zweig im Vibrationsspektrum erscheinen, wenn die potentielle Energie der Schwingung ein Minimum für eine anisotrope Form besitzt.

Die Beziehung zwischen Niveaus einer Rotationsbande zeigt sich in den Gesetzmäßigkeiten der Energiespektren und in den Intensitätsregeln für die Übergänge zu verschiedenen Niveaus einer Bande. Bei genügend kleinen Werten des Rotationsdrehimpulses kann man von einer Entwicklung der Energien und Übergangsamplituden nach Potenzen der Rotationsfrequenz oder des Drehimpulses ausgehen. Diese Ausdrücke werden für Systeme mit axialsymmetrischer Form besonders einfach und erweisen sich in dieser Gestalt als Grundlage für die Interpretation einer großen Menge von Daten über Kernspektren (Abschnitt 4–3).

Die Drehimpulsabhängigkeit von Matrixelementen spiegelt die Response der inneren Bewegung auf die Coriolis- und Zentrifugalkräfte wider und läßt sich durch die Kopplung zwischen Rotationsbanden über unterschiedlichen inneren Strukturen ausdrücken (siehe Abschnitt 4–4 sowie S. 94ff. und S. 111ff.). Für große Werte des Drehimpulses können die Störungen infolge der Rotation die innere Struktur des Systems stark verändern. Die Struktur der Kernmaterie unter diesen extremen Bedingungen wird zur Zeit intensiv untersucht (siehe S. 33ff.).

Die Diskussion von Rotationsbanden im vorliegenden Kapitel basiert auf der Geometrie der deformierten inneren Struktur. Die Zustände einer Rotationsbande können auch durch Darstellungen von Symmetriegruppen charakterisiert werden; die Gruppenstruktur bringt dann die Symmetrie des rotierenden Objekts zum Ausdruck. Die Banden, die durch Darstellungen kompakter Gruppen beschrieben werden, brechen nach einer endlichen Zahl von Zuständen ab. So wurde die für die Teilchenbewegung in einem harmonischen Oszillatorpotential gültige Symmetriegruppe U_3 benutzt, um Eigenschaften von Kernrotationsspektren zu erklären, die mit der Endlichkeit der Zahl der Nukleonen, die zur Anisotropie beitragen, zusammenhängen (Elliott, 1958; siehe auch die Diskussion auf S. 78ff.). Banden, die sich bis zu unbegrenzt großen Werten des Drehimpulses fortsetzen, können den Darstellungen nichtkompakter Symmetriegruppen zugeordnet werden (siehe Kapitel 6, S. 351).

4–2 Symmetrien der Deformation. Rotationsfreiheitsgrade

Eine Separation der Bewegung in innere und rotationsartige Komponenten entspricht einem Hamilton-Operator der Form

$$H = H_{\text{intr}}(q, p) + H_{\text{rot},\alpha}(P_\omega). \tag{4–3}$$

Die innere Bewegung wird durch die Koordinaten q und die konjugierten Impulse p beschrieben, die relativ zum körperfesten Koordinatensystem gemessen werden und daher Skalare bezüglich Drehungen des äußeren Koordinatensystems sind. Die Orientierung des körperfesten Bezugssystems, die durch die Deformation des Systems (siehe S. 1) definiert ist, wird durch Winkelvariable ω beschrieben. Der Hamilton-Operator der Rotation hängt nicht von der Richtung ω ab (wenn keine äußeren Kräfte auf das System wirken) und ist eine Funktion der konjugierten Drehimpulse P_ω. Die Indizierung des Rotations-Hamilton-Operators in Gl. (4–3) deutet an, daß die Rotationsbewegung von den Quantenzahlen α, die den inneren Zustand kennzeichnen, abhängen kann.

Die Eigenzustände des Hamilton-Operators (4–3) haben Produktform:

$$\Psi_{\alpha,I} = \Phi_\alpha(q)\, \varphi_{\alpha,I}(\omega). \tag{4–4}$$

Das Spektrum enthält für jeden inneren Zustand α eine Folge von Rotationsniveaus, die durch einen — in Gl. (4–4) mit I bezeichneten — Satz von Drehimpulsquantenzahlen unterschieden werden.

Die Diskussion der Konzequenzen der Symmetrie im vorliegenden Abschnitt ist unabhängig von der expliziten Beziehung zwischen dem Satz von Variablen q, p, ω, P_ω, in denen der HAMILTON-Operator näherungsweise separiert, und den Variablen, die den Ort, die Impulse und die Spins der einzelnen Teilchen beschreiben. Diese Beziehung ist mit der mikroskopischen Analyse der kollektiven Rotationsbewegung verknüpft und in der Beschreibung dieser Anregungsform durch innere Anregungen implizit enthalten (siehe Abschnitt 6–5h sowie S. 181).

4–2a Freiheitsgrade bei räumlichen Drehungen

Die zweidimensionale Rotationsbewegung (Drehung um eine feste Achse) hat eine sehr einfache Struktur. Die Orientierung wird durch den Azimutwinkel ϕ gekennzeichnet und der Bewegungszustand durch den Eigenwert M des zu dieser Koordinate konjugierten Drehimpulses. Die zugehörige Rotationswellenfunktion ist gegeben durch

$$\varphi_M(\phi) = (2\pi)^{-1/2} \exp\{iM\phi\}. \tag{4–5}$$

Die Orientierung eines Körpers im dreidimensionalen Raum wird durch drei Winkelvariable beschrieben, wie zum Beispiel die EULERschen Winkel $\omega = \phi, \theta, \psi$ (siehe Abb. 1A–1; Band I, S. 77), und drei Quantenzahlen sind erforderlich, um den Bewegungszustand zu kennzeichnen. Zwei davon sind der Gesamtdrehimpuls I und seine Komponente $M = I_z$ längs einer raumfesten Achse; die dritte kann durch Betrachtung der Komponenten von $\boldsymbol{I}$ bezüglich eines inneren (körperfesten) Koordinatensystems mit der Orientierung ω gefunden werden (siehe Abschnitt 1A–6a). Die inneren Komponenten $I_{1,2,3}$ kommutieren mit den äußeren Komponenten $I_{x,y,z}$, da die Größen $I_{1,2,3}$ unabhängig von der Orientierung des äußeren Systems (Skalare) sind. Die Vertauschungsrelationen der inneren Komponenten untereinander sind denen für $I_{x,y,z}$ ähnlich, enthalten aber ein umgekehrtes Vorzeichen (siehe Gl.(1A–91)). Als einen kommutierenden Satz von Drehimpulsvariablen kann man daher die Größen $\boldsymbol{I}^2$, I_z und I_3 wählen. Die Eigenwerte von I_3 werden mit K bezeichnet (siehe Abb. 4–1) und haben denselben Wertebereich wie M,

$$K = I, I-1, \ldots, -I. \tag{4–6}$$

Bei vorgegebenen Werten der drei Quantenzahlen I, K und M ist die Rotationswellenfunktion gegeben durch (siehe Gl. (1A–97))

$$\varphi_{IKM}(\omega) = \left(\frac{2I+1}{8\pi^2}\right)^{1/2} \mathscr{D}^I_{MK}(\omega). \tag{4–7}$$

Die Funktionen $\mathscr{D}^I_{MK}$ sind die Drehmatrizen. Das Ergebnis (4–7) läßt sich durch eine Transformation von dem festen Koordinatensystem zu einem gedrehten System erhalten, das mit dem inneren Bezugssystem übereinstimmt (siehe Band I, S. 91). Für $K = 0$ reduzieren sich die $\mathscr{D}$-Funktionen auf Kugelfunktionen (siehe Gl. (1A–42)):

$$\varphi_{I,K=0,M}(\omega) = (2\pi)^{-1/2}\, Y_{IM}(\theta, \phi). \tag{4–8}$$

Die Wellenfunktion (4–8) ist unabhängig von ψ, aber ebenso wie die Funktion (4–7) bezüglich Integration über alle drei EULERschen Winkel normiert.

Für $K = 0$ ist die Rotationswellenfunktion dieselbe wie für die Winkelbewegung eines spinlosen punktförmigen Teilchens. Für endliche K entspricht die Rotationsbewegung der Winkelbewegung eines Teilchens mit der Helizität $h = K$ (siehe Gl. (3 A–5)).

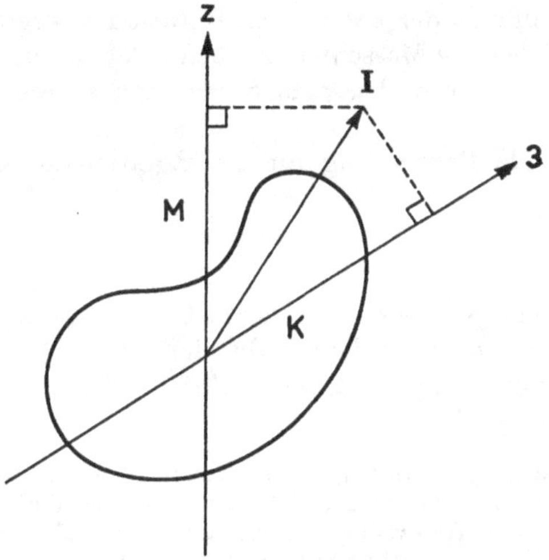

Abb. 4–1 Drehimpulsquantenzahlen zur Beschreibung der Rotationsbewegung in drei Dimensionen. Die z-Achse gehört zu einem raumfesten Koordinatensystem, die Achse 3 zu einem körperfesten Koordinatensystem (vgl. die Systeme $\mathscr{K}$ und $\mathscr{K}'$ in Abb. 1 A–1, Band I, S. 77).

Während $\boldsymbol{I}^2$ und I_z für jeden drehinvarianten HAMILTON-Operator Erhaltungsgrößen sind, hängt der Kommutator von I_3 mit dem HAMILTON-Operator von inneren Eigenschaften des Systems ab. Die stationären Zustände enthalten daher im allgemeinen eine Superposition von Komponenten mit unterschiedlichen Werten K,

$$\varphi_{\tau IM}(\omega) = \left(\frac{2I+1}{8\pi^2}\right)^{1/2} \sum_K c_{\tau I}(K)\, \mathscr{D}^I_{MK}(\omega)\,. \tag{4–9}$$

Die dritte Rotationsquantenzahl wird mit τ bezeichnet. Die Amplituden $c_{\tau I}(K)$ hängen vom relativen Betrag der Trägheitsmomente ab (siehe Abschnitt 4–5).

4–2b Folgerungen aus der Axialsymmetrie

Besitzt das System Axialsymmetrie, so ergeben sich zwei Folgerungen:

a) die Projektion I_3 auf die Symmetrieachse ist eine Erhaltungsgröße,

b) es gibt keine kollektiven Rotationen um die Symmetrieachse.

Die erste Folgerung ist aus der klassischen Mechanik gut bekannt; sie drückt die Invarianz des HAMILTON-Operators bei Drehungen um die Symmetrieachse aus. Allgemeiner ist I_3 eine Erhaltungsgröße, wenn die Achse 3 eine Symmetrieachse des Trägheitstensors ist.

Die Folgerung b) ist eine Eigenschaft der quantenmechanischen Beschreibung und drückt die Nichtunterscheidbarkeit von Orientierungen des inneren Systems aus, die sich nur durch eine Drehung um die Symmetrieachse des Systems unterscheiden. Dies ist dem Fehlen kollektiver Rotationen bei einem sphärischen System analog. Die Quantenzahl K stellt daher den Drehimpuls der inneren Bewegung dar und besitzt für die Rotationsbande über einem vorgegebenen inneren Zustand einen festen Wert. (In zweiatomigen Molekülen ist der Drehimpuls der kollektiven Rotationsbewegung senkrecht zur Symmetrieachse, weil die Kerne als Massenpunkte behandelt werden können und die Elektronen keine kollektive Rotation in dem axialsymmetrischen Bindungsfeld ausführen.)

Die aus der Axialsymmetrie folgende Begrenzung für die Rotationsfreiheitsgrade entspricht der Einschränkung

$$I_3 = J_3, \tag{4–10}$$

wobei J_3 der Operator ist, der die Komponente des inneren Drehimpulses darstellt. Aus der Bedingung (4–10) folgt, daß die Operationen, die den durch I_3 erzeugten Drehungen um die Symmetrieachse zugeordnet sind, vorgeschriebene Werte besitzen, die durch die innere Struktur bestimmt sind.

Da die Axialsymmetrie es unmöglich macht, Orientierungen zu unterscheiden, die nur im Wert des dritten Eulerschen Winkels ψ voneinander abweichen, ist diese Variable überzählig. Die Bedingung (4–10) sorgt dafür, daß die gesamte Kernwellenfunktion, die ein Produkt von inneren und Rotationswellenfunktionen ist (siehe Gl. (4–4)), nicht von dem Wert von ψ abhängt. Bei einer Drehung des inneren Bezugssystems um den Winkel $\Delta\psi$ um die Achse 3 wird die innere Wellenfunktion mit dem Faktor $\exp\{-iJ_3\Delta\psi\}$ und die Rotationswellenfunktion mit dem Faktor $\exp\{iI_3\Delta\psi\}$ multipliziert; für $J_3 = I_3\ (= K)$ ist die Gesamtwellenfunktion daher invariant. Anstatt den Eulerschen Winkel ψ als eine überzählige Variable zu behandeln, kann man ψ auf einen bestimmten Wert festsetzen, zum Beispiel $\psi = 0$ oder $\psi = -\phi$; siehe die Bemerkung über die Helizitätswellenfunktion im Anhang 3A, Band I, S. 377. Wird ψ festgehalten, so hat man die Normierungskonstanten in den Gln. (4–7) und (4–8) mit $(2\pi)^{1/2}$ zu multiplizieren.

4–2c $\mathscr{R}$-Invarianz

Eine weitere Einschränkung in den Rotationsfreiheitsgraden ergibt sich, wenn der innere Hamilton-Operator bezüglich einer Drehung von 180° um eine zur Symmetrieachse senkrechte Achse invariant ist. Drehungen um verschiedene zur Symmetrieachse senkrechte Achsen sind äquivalent; der Bestimmtheit wegen wählen wir eine Drehung $\mathscr{R} \equiv \mathscr{R}_2(\pi)$ um die Achse 2. (Für Systeme, die Axialsymmetrie, aber keine Kugelsymmetrie besitzen, ist die $\mathscr{R}$-Invarianz die einzig mögliche zusätzliche Drehinvarianz; Invarianz gegen eine beliebige andere Drehung würde eine unendliche Vielfalt von Symmetrieachsen und somit Kugelsymmetrie bedeuten.)

Aus der $\mathscr{R}$-Invarianz folgt, daß die Drehung $\mathscr{R}$ zu den inneren Freiheitsgraden gehört und deshalb nicht zu den Rotationsfreiheitsgraden zu zählen ist. Diese Einschränkung läßt sich durch die Forderung ausdrücken, daß der Operator $\mathscr{R}_e$, der die Drehung $\mathscr{R}$ ausführt, indem er auf die kollektiven Orientierungswinkel (äußere Variable) wirkt, mit dem Operator $\mathscr{R}_i$, der die gleiche Drehung durch Anwendung auf die inneren Variablen ergibt, identisch ist,

$$\mathscr{R}_e = \mathscr{R}_i . \tag{4–11}$$

Die Bedingung (4–11) ist äquivalent zur Einschränkung (4–10), die mit der Invarianz gegen infinitesimale Drehungen um die Symmetrieachse zusammenhängt.

Innere Zustände mit $K = 0$ können durch den Eigenwert r von $\mathscr{R}_i$ bezeichnet werden,

$$\begin{aligned} \mathscr{R}_i \Phi_{r,K=0}(q) &= r\Phi_{r,K=0}(q), \\ r &= \pm 1. \end{aligned} \tag{4–12}$$

Die Eigenwerte von $\mathscr{R}_i$ sind ± 1, da für ein System mit ganzzahligem Drehimpuls $\mathscr{R}^2 = \mathscr{R}_2(2\pi) = +1$ gilt.

Durch die Anwendung der Operation $\mathscr{R}_e$, die auf die Rotationswellenfunktion (4–8) wirkt, wird die Richtung der Symmetrieachse umgekehrt ($\theta \to \pi - \theta,\ \phi \to \phi + \pi$), und man erhält

$$\mathscr{R}_e Y_{IM}(\theta, \phi) = (-1)^I\, Y_{IM}(\theta, \phi). \tag{4–13}$$

Die Beschränkung $\mathscr{R}_i = \mathscr{R}_e$ bedeutet daher

$$(-1)^I = r, \tag{4–14}$$

und das Rotationsspektrum enthält Zustände mit nur geradzahligen oder nur ungeraden Werten von I,

$$\begin{aligned} \Psi_{r,K=0,IM} &= (2\pi)^{-1/2} \Phi_{r,K=0}(q)\, Y_{IM}(\theta, \phi), \\ I &= 0, 2, 4, \ldots, \qquad r = +1, \\ I &= 1, 3, 5, \ldots, \qquad r = -1. \end{aligned} \tag{4–15}$$

Die Bedingung $\mathscr{R}_e = r$ schränkt den Bereich unabhängiger Orientierungswinkel um die Hälfte ein und schließt jeden anderen Wert I vom Rotationsspektrum aus.

Die inneren Zustände mit $K \neq 0$ sind wegen der $\mathscr{R}$-Invarianz zweifach entartet. Wir werden eine solche Bezeichnungsweise verwenden, daß K positiv genommen wird; die gedrehten Zustände mit negativen Eigenwerten von J_3 werden mit $\bar{K}$ bezeichnet,

$$\Phi_{\bar{K}}(q) \equiv \mathscr{R}_i^{-1} \Phi_K(q). \tag{4–16}$$

Entwickelt man die inneren Zustände nach Eigenfunktionen des Gesamtdrehimpulses J, so folgt aus der Phasenkonvention (4–16) (siehe Gl. (1 A–47))

$$\begin{aligned} \Phi_K &= \sum_J c_J \Phi_{JK}, \\ \Phi_{\bar{K}} &= \exp\{i\pi J_2\}\, \Phi_K = \sum_J (-1)^{J+K}\, c_J \Phi_{J,-K}, \end{aligned} \tag{4–17}$$

wobei die Größen $\Phi_{J,\pm K}$ Komponenten eines J-Multipletts mit $J_3 = \pm K$ sind.

Die Anwendung von $\mathscr{R}_e$ auf die Rotationswellenfunktion ergibt

$$\begin{aligned} \mathscr{R}_e \mathscr{D}^I_{MK}(\omega) &= \exp\{-i\pi I_2\}\, \mathscr{D}^I_{MK}(\omega) \\ &= (-1)^{I+K}\, \mathscr{D}^I_{M-K}(\omega). \end{aligned} \tag{4–18}$$

Bei der Ableitung der Gl. (4–18) haben wir die Beziehung (1 A–47) sowie den Umstand benutzt, daß die Matrixelemente von I_2 das umgekehrte Vorzeichen wie die Matrixelemente I_y haben (siehe Gln. (1A–93)). Um die Bedingung (4–11) zu erfüllen, müssen die Kernwellenfunktionen daher die Form

$$\begin{aligned}\Psi_{KIM} &= 2^{-1/2}(1 + \mathscr{R}_i^{-1}\mathscr{R}_e)\left(\frac{2I+1}{8\pi^2}\right)^{1/2} \Phi_K(q)\, \mathscr{D}^I_{MK}(\omega) \\ &= \left(\frac{2I+1}{16\pi^2}\right)^{1/2} \left\{\Phi_K(q)\, \mathscr{D}^I_{MK}(\omega) + (-1)^{I+K}\, \Phi_{\bar{K}}(q)\, \mathscr{D}^I_{M-K}(\omega)\right\}, \qquad (4\text{–}19) \\ I &= K, K+1, \ldots \qquad (K > 0),\end{aligned}$$

haben. (Man beachte, daß $\mathscr{R}_i^2 = \mathscr{R}_e^2 = (-1)^{2I}$ gilt.) Aus den beiden inneren Zuständen Φ_K und $\Phi_{\bar{K}}$ läßt sich somit für jeden Wert von I nur ein einziger Rotationszustand bilden. Dies ist eine Folge der Einschränkungen in den Rotationsfreiheitsgraden, die sich aus der $\mathscr{R}$-Invarianz der Deformation ergeben.

Die Wellenfunktion (4–19) hat nicht die einfache Produktform (4–4), sondern ist eine Summe zweier solcher Terme, die den entarteten inneren Zuständen entsprechen. Die Überlagerung der beiden Komponenten stellt eine Verflechtung von inneren und Rotationsfreiheitsgraden dar, die zu Interferenzeffekten führt, für die es in einem klassischen System keine Entsprechung gibt. Die Matrixelemente eines Operators F zwischen symmetrisierten Zuständen des Typs (4–19) lassen sich in der Form

$$\begin{aligned}&\langle K_2 I_2 M_2 |F| K_1 I_1 M_1\rangle \\ &= \langle K_2 I_2 M_2 |F| K_1 I_1 M_1\rangle_{\text{unsym}} + (-1)^{I_1+K_1} \langle K_2 I_2 M_2 |F| \bar{K}_1 I_1 M_1\rangle_{\text{unsym}} \qquad (4\text{–}20) \\ &(K_1 > 0, K_2 > 0)\end{aligned}$$

durch Matrixelemente mit nichtsymmetrisierten Zuständen

$$\begin{aligned}(\Psi_{KIM})_{\text{unsym}} &= \left(\frac{2I+1}{8\pi^2}\right)^{1/2} \Phi_K(q)\, \mathscr{D}^I_{MK}(\omega), \\ (\Psi_{\bar{K}IM})_{\text{unsym}} &= \left(\frac{2I+1}{8\pi^2}\right)^{1/2} \Phi_{\bar{K}}(q)\, \mathscr{D}^I_{M-K}(\omega)\end{aligned} \qquad (4\text{–}21)$$

ausdrücken. Bei der Herleitung der Gl. (4–20) wurde die Relation

$$\mathscr{R}_i^{-1}\mathscr{R}_e F \mathscr{R}_e^{-1}\mathscr{R}_i = F \qquad (4\text{–}22)$$

verwendet, die die Bedingung ausdrückt, daß sich jeder beliebige physikalische Operator unter den äquivalenten Operationen $\mathscr{R}_e$ und $\mathscr{R}_i$ in derselben Weise transformieren muß.

Der zweite Term in Gl. (4–20) enthält den Phasenfaktor

$$\sigma \equiv (-1)^{I+K}, \qquad (4\text{–}23)$$

der in Anlehnung an die bei Regge-Trajektorien übliche Terminologie als Signatur bezeichnet wird. Der Beitrag dieses Gliedes zum Matrixelement wechselt für aufeinanderfolgende Werte von I das Vorzeichen (wenn wir annehmen, daß der Operator F selbst eine glatte Funktion der Orientierungswinkel und der Drehimpulse ist). Der signaturabhängige Term in den Matrixelementen hat zur Folge, daß die Rotationsbanden mit $K \neq 0$ in einem System mit Axialsymmetrie und $\mathscr{R}$-Invarianz die Tendenz zeigen, in zwei Gruppen aufzuspalten, die sich durch die Quantenzahl σ unterscheiden.

Das Auftreten zweier interferierender Terme im Matrixelement (4–20) ist ein spezifischer Quanteneffekt. Für Matrixelemente zwischen zwei Zuständen in derselben Bande gibt der signaturabhängige Term einen Beitrag, wenn der Operator F das Vorzeichen von I_3 umkehren und damit Effekte erzeugen kann, die einer Drehung $\mathscr{R}$ des Gesamtsystems äquivalent sind.

Rotierenden Systemen mit $\mathscr{R}$-Symmetrie begegnete man zuerst in den Spektren zweiatomiger Moleküle mit identischen Kernen (siehe z. B. Herzberg, 1950, S. 130ff.). Bei einem solchen System läßt sich die Quantenzahl r für Zustände mit verschwindendem Elektronendrehimpuls um die Achse in der Form $r = r_{\text{el}}P(12)$ ausdrücken, wobei r_{el} die Quantenzahl r der Elektronenwellenfunktion darstellt, während $P(12)$ den Ortsaustausch der Kerne bedeutet. Die Statistik für die identischen Kerne hat die Beziehung $P(12) = (-1)^S$ zur Folge, wobei S der Gesamtspin des Kerns ist. Für den gesamten Rotationsdrehimpuls L unter Ausschluß der Kernspins erhält man daher aus Gl. (4–14) die Bedingung

$$(-1)^L = r_{\text{el}}(-1)^S, \qquad (4\text{–}24)$$

die die Einschränkung der Rotationsbewegung durch die Statistik ausdrückt (Hund, 1927).

In der üblichen Bezeichnungsweise der Molekülspektroskopie wird die Elektronenfunktion als positiv oder negativ bezüglich Spiegelung in einer Ebene, die die Molekülachse enthält, charakterisiert. Diese Operation — im folgenden durch $\mathscr{S}$ mit dem Eigenwert s bezeichnet — ist das Produkt von $\mathscr{R}$ und der Paritätsoperation $\mathscr{P}$ (siehe S. 12). Der Elektronenzustand des Moleküls wird durch die Quantenzahlen $s_{\text{el}}(= +$ oder $-)$ und die Parität π_{el} charakterisiert, die als g (gerade, $\pi_{\text{el}} = +1$) oder u (ungerade, $\pi_{\text{el}} = -1$) bezeichnet wird. Zum Beispiel besitzt ein Elektronenzustand ${}^1\Sigma_u^-$ die Quantenzahlen $\pi_{\text{el}} = s_{\text{el}} = -1$ und daher $r_{\text{el}} = \pi_{\text{el}}s_{\text{el}} = +1$; der linke obere Index ist die Multiplizität des Elektronenspins, und die Buchstaben $\Sigma, \Pi, \Delta \ldots$ geben die Komponente Λ des Elektronenbahndrehimpulses längs der Symmetrieachse an $(= 0, 1, 2, \ldots)$.

Wie im vorliegenden Abschnitt diskutiert wurde, hängt die mit der $\mathscr{R}$-Invarianz verbundene Redundanz in den Freiheitsgraden damit zusammen, daß die Variablen (q, ω) nicht eindeutig sind, wenn man sie als Funktionen der Teilchenkoordinaten x betrachtet. So beziehen sich die zwei Sätze von Variablen (q, ω) und (q', ω'), die durch

$$\begin{aligned} q' &= \mathscr{R}_i^{-1} q \mathscr{R}_i, \\ \omega' &= \mathscr{R}_e \omega \mathscr{R}_e^{-1} \end{aligned} \qquad (4\text{–}25)$$

verknüpft sind, auf dasselbe x. Die Bedingung $\mathscr{R}_i^{-1}\mathscr{R}_e = 1$ drückt daher die Forderung aus, daß Wellenfunktionen und Operatoren eindeutige Funktionen von x sein sollen. (Die Transformation auf die Variablen (q, ω) und die zugehörigen Invarianzbedingungen können in einem Modell, das die dynamischen Freiheitsgrade durch die Amplituden der Quadrupoldeformation beschreibt, in einfacher Form dargestellt werden; siehe Anhang 6B).

Das Fehlen der Eindeutigkeit in den Orientierungswinkeln, aufgefaßt als eine Funktion der Teilchenvariablen, hängt damit zusammen, daß diese Winkel als symmetrische Funktionen der Koordinaten (und Impulse) der identischen Teilchen angesetzt werden. Eine solche Beschreibung ist besonders geeignet zur Charakterisierung kollektiver Deformationen in einem System wie dem Kern, wo sich die Teilchen durch das gesamte Volumen des Systems bewegen und daher kontinuierlich ihre Plätze wechseln. In manchen Fällen kann man eine andere Beschreibung verwenden, die eine Numerierung der Teilchen beinhaltet. So wird zum Beispiel in einem Zweikörpersystem die Orientierung üblicherweise als die Richtung von Teilchen 1 nach Teilchen 2 gewählt. Dieses Verfahren wird zur Charakterisierung der Orientierung eines Moleküls benutzt und führt auf Winkelvariable, die eindeutige Funktionen der Koordinaten sind. Die Folgerungen aus der Identität der Teilchen werden in den beiden Methoden unterschiedlich ausgedrückt. Wenn die Orientierungswinkel symmetrische Funktionen der Variablen der identischen Teilchen sind, dann ist der Austausch zweier solcher Teilchen ein innerer Operator, und die inneren Zustände besitzen die entsprechende Permutationssymmetrie. Enthält die Definition der Orientierungswinkel eine Numerierung der Teilchen, so wirkt der Austausch auch auf die Orientierungswinkel, und die Forderung nach Permutationssymmetrie kann Einschränkungen im Rotationsspektrum nach sich ziehen.

4–2d $\mathscr{P}$- und $\mathscr{T}$-Symmetrie

Wenn der innere HAMILTON-Operator invariant gegen Raumspiegelung und Zeitumkehr ist, dann wirken die Operationen $\mathscr{P}$ und $\mathscr{T}$ auf die innere Bewegung, beeinflussen aber nicht die Orientierungswinkel.

Da $\mathscr{P}$ mit J_3 kommutiert, können die inneren Zustände durch die Paritätsquantenzahl charakterisiert werden,

$$\begin{aligned} \mathscr{P}\Phi_K(q) &= \pi\Phi_K(q), \\ \pi &= \pm 1, \end{aligned} \tag{4–26}$$

und alle Zustände der Bande haben die Parität π. Für Banden mit $K = 0$ sind die Quantenzahlen π und r nicht verknüpft; jede kann unabhängig von der anderen den Wert $+1$ oder -1 annehmen.

Für einen $\mathscr{T}$- und $\mathscr{R}$-invarianten inneren HAMILTON-Operator lassen sich die Phasen der inneren Zustände so wählen, daß $\mathscr{R}\mathscr{T} = 1$ gilt (siehe Gl. (1–39)). Aus Gl. (4–16) folgt dann

$$\begin{aligned} \mathscr{T}\Phi_K(q) &= \Phi_{\bar{K}}(q), \\ \mathscr{T}\Phi_{\bar{K}}(q) &= (-1)^{2K}\,\Phi_K(q), \\ \mathscr{T}\Phi_{K=0}(q) &= r\Phi_{K=0}(q), \end{aligned} \tag{4–27}$$

wobei der Phasenfaktor $(-1)^{2K}$ der Wert von $\mathscr{T}^2$ ist (siehe Gl. (1–41)). Da die Zeitumkehr die Größe ω nicht beeinflußt, transformiert sich die Rotationswellenfunktion in ihre komplex-konjugierte, und man erhält (siehe Gln. (1A–38) und (4–19))

$$\begin{aligned} \mathscr{T}\Phi_K(q)\,\mathscr{D}^I_{MK}(\omega) &= \Phi_{\bar{K}}(q)\,\big(\mathscr{D}^I_{MK}(\omega)\big)^* \\ &= (-1)^{M-K}\,\Phi_{\bar{K}}(q)\,\mathscr{D}^I_{-M-K}(\omega), \\ \mathscr{T}\Psi_{KIM} &= (-1)^{I+M}\,\Psi_{KI,-M} \end{aligned} \tag{4–28}$$

in Übereinstimmung mit der allgemeinen Phasenregel (1–40).

Die Transformation bei Zeitumkehr, kombiniert mit hermitescher Konjugation, ergibt

$$\begin{aligned} \langle K_2|\,F(q,p)\,|K_1\rangle &= -c\langle \bar{K}_1|\,F(q,p)\,|\bar{K}_2\rangle, \\ (\mathscr{T}F\mathscr{T}^{-1})^\dagger &= -cF \end{aligned} \tag{4–29}$$

für die inneren Matrixelemente eines Operators, der von den inneren Variablen abhängt. Der Phasenfaktor c charakterisiert die Transformation des Operators F bei Teilchen-Loch-Konjugation (siehe Gl. (3B–21)).

Für das Diagonalmatrixelement in einer Bande mit $K = 0$ ergibt die Beziehung (4–29)

$$\langle K = 0|\,F\,|K = 0\rangle = 0 \text{ bei } \quad c = +1. \tag{4–30}$$

Für Banden mit $K \neq 0$ erhalten wir die Auswahlregel

$$\langle K|\,F\,|\bar{K}\rangle = 0 \qquad \text{bei} \quad c(-1)^{2K} = +1 \tag{4–31}$$

für den signaturabhängigen Term in dem Matrixelement zwischen zwei Zuständen der gleichen Bande (siehe Gl. (4-20)). (Bei einem Operator, der auch von den Rotationsvariablen (ω, $I_\varkappa$) abhängt, bezieht sich der in den obigen Ausdrücken zu verwendende Phasenfaktor c auf die Transformation von F im Raum der inneren Variablen. Da ω invariant ist, während $I_\varkappa$ bei Zeitumkehr, kombiniert mit hermitescher Konjugation, das Vorzeichen wechselt, ist der Phasenfaktor, der die Transformation des gesamten Operators charakterisiert, gleich $+c$ oder $-c$, je nachdem, ob der Operator gerade oder ungerade bezüglich der Inversion $I_\varkappa \to -I_\varkappa$ ist.)

In den folgenden Abschnitten 4-2e und 4-2f werden Rotationsspektren betrachtet, die Deformationen entsprechen, die nicht invariant gegen $\mathscr{R}$, $\mathscr{P}$ und $\mathscr{T}$ sind. Abschnitt 4-2g beschäftigt sich mit Rotationsbewegung, die von einer Deformation, welche Spin und Isospin koppelt, herrührt. Die in Atomkernen beobachteten Rotationsspektren besitzen jedoch in der überwiegenden Mehrheit die oben betrachtete volle Symmetrie, und manche Leser werden es daher vielleicht vorziehen, direkt zur Diskussion in den Abschnitten 4-3 und 4-4 überzugehen.

4-2e Deformationen, die die $\mathscr{P}$- oder $\mathscr{T}$-Symmetrie verletzen

In einem System mit $\mathscr{P}$- und $\mathscr{T}$-Invarianz ist das Auftreten einer Deformation, die eine dieser Symmetrien verletzt, verbunden mit einem zweiwertigen kollektiven Freiheitsgrad, der der Äquivalenz von Konfigurationen mit entgegengesetztem Vorzeichen der Deformation entspricht. Das Spektrum bekommt daher eine Dublettstruktur.

Ein Beispiel einer paritätsverletzenden Deformation ist eine zu $\boldsymbol{s} \cdot \boldsymbol{r}$ proportionale pseudoskalare Komponente im Einteilchenpotential und in der Einteilchendichte. (Die Möglichkeit einer pseudoskalaren Deformation im Kernpotential wurde von Bleuler, 1966, untersucht; siehe auch Burr u. a., 1969.) Das Potential $\boldsymbol{s} \cdot \boldsymbol{r}$ ist drehinvariant. In einem nichtsphärischen, aber axialsymmetrischen Kern würde das entsprechende Potential zwei Terme proportional zu s_3x_3 bzw. $s_1x_1 + s_2x_2$ enthalten. Paritätsverletzende Potentiale des betrachteten Typs verletzen auch die $\mathscr{T}$-Symmetrie, erhalten aber $\mathscr{P}\mathscr{T}$. Die Annahme der Erhaltung von $\mathscr{P}$ als auch von $\mathscr{T}$ bedeutet, daß Deformationen mit entgegengesetzten Vorzeichen dieselbe Energie haben und alle Zustände daher in zwei Formen Ψ_+ und $\Psi_- = \mathscr{P}\Psi_+$ auftreten. Die beiden Sätze von Zuständen lassen sich zu Eigenzuständen von $\mathscr{P}$ kombinieren,

$$\Psi_\pi = 2^{-1/2} \begin{cases} (\Psi_+ + \Psi_-), & \pi = +1, \\ i(\Psi_+ - \Psi_-), & \pi = -1. \end{cases} \tag{4-32}$$

(Wir haben angenommen, daß die Phasen der Zustände $\Psi_\pm$ so gewählt wurden, daß diese Zustände den Eigenwert $+1$ für den Operator $\mathscr{R}\mathscr{P}\mathscr{T}$ haben; die Zustände (4-32) besitzen dann die Standardphasen, $\mathscr{R}\mathscr{T} = +1$.) Somit besteht das Spektrum aus Paritätsdubletts. Zwischen den Dublettzuständen gibt es kollektive Übergänge mit $\lambda\pi = 0^-$, deren Matrixelemente proportional zur pseudoskalaren Deformation sind.

Die Konfigurationen mit entgegengesetzten Vorzeichen der Deformation sind durch einen Potentialwall getrennt. In einem Quantensystem kann sich jedoch die Deformation durch Tunneleffekt umkehren. Die Frequenz ω_t dieser Inversion liefert den Energieabstand $\Delta E = \hbar\omega_t$ zwischen den Paritätsdubletts. Die Behandlung des Tunneleffekts erfordert eine Kombination der konjugierten inneren HAMILTON-Operatoren zu einem $\mathscr{P}$- und $\mathscr{T}$-erhaltenden HAMILTON-Operator, der den Freiheitsgrad der Tunnelbewegung enthält. Auf diese Weise erscheint der mit der Dublettstruktur verknüpfte kollektive Freiheitsgrad als eine Beschränkung des Vibrationsspektrums für eine Potentialfunktion mit zwei Minima, die durch eine Barriere getrennt sind. In der Näherung, in der man die Überlappung der Zustände Ψ_+ und Ψ_- vernachlässigen kann, sind die Eigenzustände durch Gl. (4–32) gegeben.

Ähnliche Betrachtungen gelten für Deformationen, die andere Kombinationen von $\mathscr{P}$ und $\mathscr{T}$ verletzen. Ein zu $\boldsymbol{s} \cdot \boldsymbol{p}$ proportionales Einteilchenpotential verletzt $\mathscr{P}$, aber nicht $\mathscr{T}$ und führt zu Paritätsdubletts wie im oben betrachteten Fall. Ein Beispiel einer $\mathscr{T}$-, aber nicht $\mathscr{P}$-verletzenden Deformation ist ein zu $\boldsymbol{r} \cdot \boldsymbol{p} + \boldsymbol{p} \cdot \boldsymbol{r}$ proportionales Potential. Eine solche Deformation erzeugt ein Spektrum, das aus Dubletts mit den gleichen Quantenzahlen $I\pi$ besteht.

4–2f Kombinationen von Rotations- und Spiegelungssymmetrien

Tritt eine $\mathscr{P}$- oder $\mathscr{T}$-verletzende Deformation in einem nichtsphärischen System auf, so erhält man eine Verdopplung aller Zustände in der Rotationsbande (siehe Abschnitt 4–2e). Ein Zusammenhang zwischen der Rotationsbewegung und den mit $\mathscr{P}$- und $\mathscr{T}$-verletzenden Deformationen verbundenen Freiheitsgraden tritt auf, wenn das System zwar die $\mathscr{R}$-Symmetrie verletzt, aber gegen eine Kombination der $\mathscr{R}$-Symmetrie mit der $\mathscr{P}$- oder $\mathscr{T}$-Symmetrie invariant ist.

$\mathscr{S}$*-Invarianz*

Ein Beispiel hierfür bietet eine axialsymmetrische Deformation der Kernform, die Komponenten mit ungerader Multipolordnung enthält. Eine solche Deformation verletzt die $\mathscr{R}$- und die $\mathscr{P}$-Symmetrie, erhält aber $\mathscr{R}\mathscr{P}$, was aus der Tatsache ersichtlich ist, daß diese kombinierte Operation eine Spiegelung in einer Ebene darstellt, die die Symmetrieachse enthält. (Zweiatomige Moleküle mit Kernen unterschiedlicher Ladung besitzen Deformationen dieser Art; die Möglichkeit der Existenz von Kernen mit stabilen Deformationen, welche Oktupolkomponenten enthalten, wird auf S. 483 diskutiert.)

Die Invarianz gegen Spiegelung in einer Ebene, die die Symmetrieachse enthält, wird zweckmäßig durch die Operation

$$\mathscr{S} = \mathscr{P}\mathscr{R}^{-1} \tag{4–33}$$

ausgedrückt. Eine solche Invarianz der Deformation bedeutet, daß $\mathscr{S}$ eine innere Variable ist. Die Parität

$$\mathscr{P} = \mathscr{S}\mathscr{R} \tag{4–34}$$

ist daher ein Operator, der durch $\mathscr{S}$ ($= \mathscr{S}_i$) auf die inneren Variablen und durch $\mathscr{R}$ ($= \mathscr{R}_e$) auf die Rotationsvariablen wirkt.

Die inneren Zustände mit $K = 0$ sind Eigenzustände von $\mathscr{S}_i$ und $\mathscr{T}$ (unter der Annahme, daß der innere HAMILTON-Operator wie im Falle der Formdeformationen gegen $\mathcal{T}$ invariant ist),

$$\begin{aligned} \mathcal{S}_i \Phi_{s,K=0}(q) &= s\Phi_{s,K=0}(q), \\ \mathcal{S}_i \mathcal{T} \Phi_{s,K=0}(q) &= \Phi_{s,K=0}(q). \end{aligned} \tag{4–35}$$

Die zweite Beziehung bestimmt die Phase von Φ. Die Wirkung von $\mathcal{R}_e$ auf die Rotationswellenfunktion ist durch Gl. (4–13) gegeben. Die Beziehung (4–34) liefert daher

$$\pi = s(-1)^I. \tag{4–36}$$

Somit enthält die Bande die Zustände

$$\begin{aligned} \Psi_{s,K=0,IM} &= (2\pi)^{-1/2} \Phi_{s,K=0}(q)\, Y_{IM}(\theta, \phi) \begin{cases} 1, & \pi = +1, \\ i, & \pi = -1, \end{cases} \\ I\pi &= 0^+, 1^-, 2^+, \ldots, \qquad s = +1, \\ I\pi &= 0^-, 1^+, 2^-, \ldots, \qquad s = -1. \end{aligned} \tag{4–37}$$

Der Faktor i für $\pi = -1$ gewährleistet die Standardtransformation (4–28) bei Zeitumkehr.

Für $K \neq 0$ sind die inneren Zustände wegen der $\mathcal{S}$- (oder $\mathcal{T}$-) Symmetrie zweifach entartet. Wir können die Phasen der inneren Zustände so wählen, daß gilt:

$$\begin{aligned} \Phi_{\bar{K}}(q) &= \mathcal{S}_i \Phi_K \\ &= \mathcal{T} \Phi_K \end{aligned} \qquad (K > 0) \tag{4–38}$$

(vgl. Gln. (4–16) und (4–27)). Aus der Beziehung (4–34) folgt, daß die Gesamtzustände des Kerns mit definierter Parität die folgenden Kombinationen von Φ_K und $\Phi_{\bar{K}}$ enthalten:

$$\begin{aligned} \Psi_{\pi KIM} &= \left(\frac{2I+1}{16\pi^2}\right)^{1/2} e^{i\alpha}(1 + \pi \mathcal{S}_i \mathcal{R}_e)\, \Phi_K \mathcal{D}^I_{MK} \\ &= \left(\frac{2I+1}{16\pi^2}\right)^{1/2} \begin{cases} \Phi_K \mathcal{D}^I_{MK} + (-1)^{I+K}\, \Phi_{\bar{K}} \mathcal{D}^I_{M-K}, & \pi = +1, \\ i\left(\Phi_K \mathcal{D}^I_{MK} - (-1)^{I+K}\, \Phi_{\bar{K}} \mathcal{D}^I_{M-K}\right), & \pi = -1. \end{cases} \end{aligned} \tag{4–39}$$

Die Phase α ist in Gl. (4–39) so gewählt worden, daß die Standardtransformation bei Zeitumkehr gewährleistet ist. (Die Wellenfunktionen (4–39) enthalten als Spezialfall die Helizitätsdarstellung der Einteilchenwellenfunktionen; der Phasenfaktor i entspricht der Phase i^l in Gl. (3A–5).)

Die Verletzung von $\mathcal{R}$ und $\mathcal{P}$ bedeutet, daß es für die Rotations- oder Paritätsfreiheitsgrade einzeln keine Beschränkung gibt. Für jeden inneren Zustand enthält die Bande Zustände mit allen Werten von $I \geqq |K|$, und beide Paritätswerte kommen vor. Die $\mathcal{S}$-Invarianz bewirkt aber einen Zusammenhang zwischen der Rotation und der Parität, der den Satz der Zustände (4–37) und (4–39) aussondert.

Das Spektrum zu einer $\mathcal{R}\mathcal{P}$-invarianten, aber $\mathcal{R}$- und $\mathcal{P}$-verletzenden Deformation zeigt charakteristische Unterschiede gegenüber dem Spektrum für eine $\mathcal{P}$-verletzende, jedoch $\mathcal{R}$-erhaltende Deformation. Wie oben erwähnt wurde, ergibt eine Deformation des letzteren Typs für alle Zustände eine Verdopplung bezüglich der Parität, und somit enthält das Rotationsspektrum für $K = 0$ die Zustände $I\pi = 0^\pm, 2^\pm, \ldots$ oder $I\pi = 1^\pm, 3^\pm$ in Abhängigkeit vom Wert r. Außerdem sind bei $K \neq 0$ die signaturabhängigen Terme (siehe Gl. (4–20)) für die Paritätsdubletts die gleichen, da die inneren Zustände Φ_K und $\Phi_{\bar{K}}$ vom Typ (4–32) sind. Im Gegensatz dazu haben die signaturabhängigen Terme bei $\mathscr{R}\mathscr{P}$-invarianter Deformation für die beiden Zustände (4–39) umgekehrte Vorzeichen und tragen daher zur Energieaufspaltung des Paritätsdubletts bei. (Eine solche Aufspaltung ist der Λ-Verdopplung in Molekülspektren analog; siehe z. B. Herzberg, 1950, S. 226ff.)

Eine zusätzliche Aufspaltung der Paritätsdubletts rührt von einer Tunnelbewegung her, analog zu der auf S. 11 diskutierten Aufspaltung für eine $\mathscr{P}$-verletzende Deformation. Für das $\mathscr{R}\mathscr{P}$-invariante System führt das Tunneln über kontinuierliche Formveränderungen bei fester Orientierung zu einer Inversion der Symmetrieachse. Dieser Effekt verursacht eine Energieverschiebung $\Delta E = \hbar\omega_t$ der Zustände negativer Parität gegenüber den Zuständen positiver Parität, die in erster Näherung unabhängig von I ist. Das Tunneln läßt sich mit Hilfe eines erweiterten, $\mathscr{R}$- und $\mathscr{P}$-invarianten inneren Hamilton-Operators beschreiben, der den mit der Durchdringung der Barriere verbundenen Freiheitsgrad einschließt. Die Eigenzustände des erweiterten inneren Hamilton-Operators bestehen aus Dubletts mit entgegengesetzter Parität, die um den Energiebetrag $\hbar\omega_t$ voneinander getrennt sind. Die Gesamtwellenfunktionen sind durch die Ausdrücke (4–15) und (4–19) gegeben, die sich auf die Beziehungen (4–37) und (4–39) reduzieren, wenn die inneren Zustände dargestellt werden durch symmetrische und antisymmetrische Kombinationen von Zuständen, die sich auf die beiden entgegengesetzten Richtungen der $\mathscr{R}$- und $\mathscr{P}$-verletzenden Deformation beziehen (siehe Gl. (4–32)).

Ein entsprechender Tunnel- oder Inversionseffekt spielt bei der Analyse der Spektren vielatomiger Moleküle eine wichtige Rolle (siehe z. B. Herzberg, 1945, S. 33 und S. 220ff.). In einem einfachen Molekül wie NH_3 ist die Tunnelfrequenz im Grundzustand von der Größenordnung 10^{10} s^{-1}, also um einen Faktor 10^3 kleiner als die Schwingungsfrequenz in der Tunnelrichtung und um eine Größenordnung kleiner als die niedrigste Rotationsfrequenz. Die Inversionsfrequenz nimmt mit steigender Masse der beteiligten Atome und der Komplexität der Konfigurationen rapide ab. Bei den meisten organischen Molekülen mit Links-Rechts-Asymmetrie übertrifft die Lebensdauer für Übergänge zwischen den „Isomeren“ die Zeitskala der biologischen Entwicklung.

Übersicht über die Symmetrien

Die bisherigen Betrachtungen veranschaulichen die allgemeinen Regeln, die für die Beziehung zwischen den kollektiven Freiheitsgraden und der Invarianz der Deformation gegen Drehungen und Spiegelungen gelten. Für ein axialsymmetrisches System ist die Symmetriegruppe des inneren Hamilton-Operators das Produkt aus Drehungen um die Symmetrieachse und der Gruppe G diskreter Operationen, die die Deformation invariant lassen. Die Gruppe kann bis zu 8 Elemente umfassen, die aus Kombinationen von $\mathscr{R}, \mathscr{P}$ und $\mathscr{T}$ gebildet werden. Im Falle maximaler Symmetrieverletzung, wobei die Gruppe G nur das Einselement enthält, sind die inneren Zustände, die durch $K = I_3$ numeriert werden können, nicht entartet, und das Rotationsspektrum enthält für jedes $I\pi$ mit $I \geqq |K|$ zwei Zustände (d. h. $I\pi = (|K| \pm)^2, (|K| + 1, \pm)^2, \ldots$). Die Invarianz der Deformation reduziert die Anzahl der Zustände im Rotationsspektrum um einen Faktor, der gleich der Anzahl der Elemente in der Gruppe G ist. Die beiden Paritätswerte kommen mit gleichem Gewicht vor, außer wenn G das Element $\mathscr{P}$ enthält; in diesem Fall hat das gesamte kollektive Spektrum die gleiche Parität wie der innere Zustand. Enthält G eine Operation, die I_3 umkehrt ($\mathscr{R}, \mathscr{T}, \mathscr{R}\mathscr{P}$ oder $\mathscr{P}\mathscr{T}$), dann sind die inneren Zustände (für $K \neq 0$) zweifach entartet, und die Rotationszustände bestehen aus einer Kombination der konjugierten inneren Zustände.

Die Abb. 4–2a zeigt Beispiele von Symmetriekombinationen. Im ersten Fall wird der innere Hamilton-Operator als invariant gegen $\mathscr{R}$, $\mathscr{P}$ und $\mathscr{T}$ angenommen; für $K \neq 0$ ist der innere Zustand invariant gegen $\mathscr{R}\mathscr{T}$ und $\mathscr{P}$ und transformiert sich unter $\mathscr{R}$ und $\mathscr{T}$ in den entarteten Zustand mit entgegengesetztem J_3. Im zweiten Fall ist die $\mathcal{R}$-Symmetrie verletzt, aber H_{int} wird als invariant gegen $\mathcal{T}$ und $\mathcal{RP}$ (oder $\mathcal{S}$) angenommen; unter $\mathcal{R}$ oder $\mathcal{P}$ einzeln transformieren sich die Zustände in Eigenzustände eines neuen äquivalenten Hamilton-Operators $\mathcal{R}^{-1}H_{\text{int}}\mathcal{R}$, was durch die gestrichelten Figuren angedeutet wird. Im dritten Fall ist nur $\mathcal{T}$, aber weder $\mathcal{R}$ noch $\mathcal{RP}$ oder $\mathcal{P}$ eine Symmetrieoperation von H_{int}. Die $\mathcal{RP}$-Symmetrie wird verletzt durch ein Potential der Art s_3p_3, symbolisiert durch ein Zeichen (±), das sich bei $\mathcal{RP}$ und $\mathcal{P}$, aber nicht bei $\mathcal{T}$ ändert. Die Multiplizität von Zuständen im Rotationsspektrum wird in Abb. 4–2b für die verschiedenen in Abb. 4–2a aufgeführten Symmetriekombinationen dargestellt.

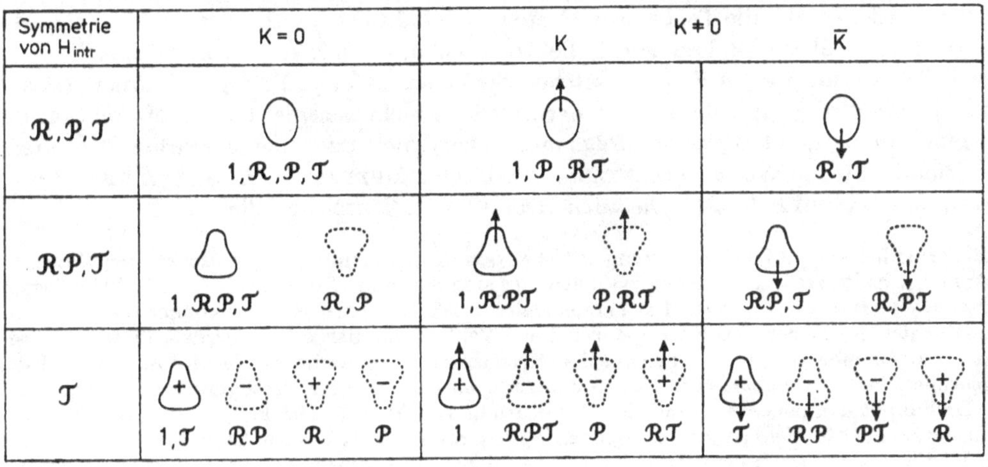

4–2a

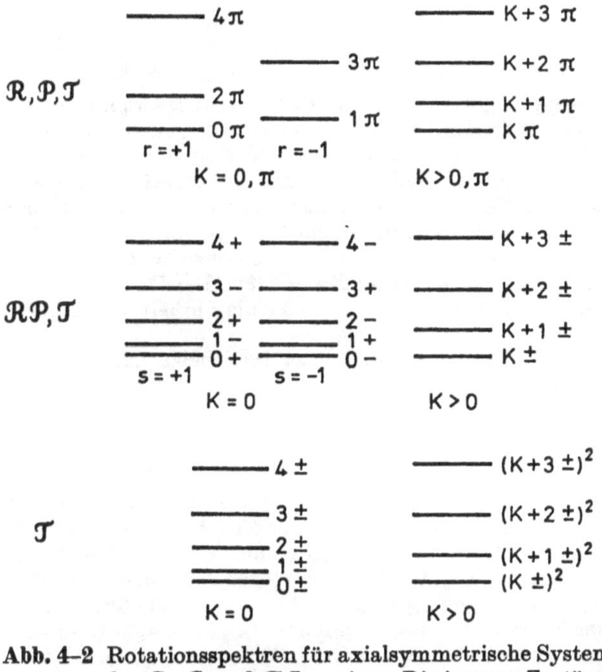

4–2b

Abb. 4–2 Rotationsspektren für axialsymmetrische Systeme mit unterschiedlichen Kombinationen der $\mathcal{R}$-, $\mathcal{P}$- und $\mathcal{T}$-Invarianz. Die inneren Zustände sind in Abb. 4–2a und die zugehörigen Rotationsspektren in Abb. 4–2b illustriert; die Quantenzahlen $I\pi$ sind rechts von den Energieniveaus angegeben.

4–2g Rotation im Isospinraum

Die in den vorangehenden Abschnitten betrachteten Deformationen beziehen sich auf Anisotropien im gewöhnlichen dreidimensionalen Raum. Deformationen von allgemeinerer Natur können in den Dimensionen auftreten, die den spezifischen Quantenfreiheitsgraden wie Teilchenzahl und Isospin zugeordnet sind. Diese Deformationen erzeugen Familien von Zuständen mit Relationen analog jenen in Rotationsbanden.

Deformationen, die die Teilchenzahl verletzen, sind für supraflüssige Systeme charakteristisch und führen zu Familien kollektiver Zustände mit unterschiedlichen Werten der Teilchenzahl. Das Auftreten solcher Spektren in supraflüssigen Kernen (Paar-Rotationen) wird in Abschnitt 6–3f behandelt. Als ein Beispiel einer Deformation im Isospinraum betrachten wir im folgenden Kleindruck das Modell starker Kopplung des Pion-Nukleon-Systems (Wentzel, 1940; Oppenheimer und Schwinger, 1941; Pauli und Dancoff, 1942; siehe auch Henley und Thirring, 1962).

Eine ziemlich starke Wechselwirkung zwischen dem Nukleon und dem pseudoskalaren Mesonenfeld entspricht Prozessen, bei denen p-Wellen-Mesonen durch die Kopplung an den Nukleonenspin $\boldsymbol{s}$ erzeugt und absorbiert werden. Für ein neutrales (isoskalares) Mesonenfeld können die p-Wellenkomponenten gegebener Frequenz ω durch einen Vektor $\boldsymbol{q}(\omega)$ dargestellt werden, dessen kartesische Komponenten den Schwingungen des Mesonenfeldes in Richtung der Koordinatenachsen zugeordnet sind. (Die sphärischen Komponenten q_μ entsprechen der Erzeugung von Mesonen mit der Drehimpulskomponente μ und der Vernichtung von Mesonen im zeitlich umgekehrten Zustand.) Für ein freies Feld ist jede Komponente $q_i(\omega)$ mit $i = 1, 2, 3$ einem harmonischen Oszillator mit der Frequenz ω äquivalent. Die Kopplung an den Nukleonenspin ist proportional dem Skalarprodukt $\boldsymbol{s} \cdot \boldsymbol{q}$,

$$H_c = \sum_{i=1}^{3} s_i \int q_i(\omega)\, F(\omega)\, d\omega, \tag{4–40}$$

wobei die Stärke und der Formfaktor der Kopplung durch die Funktion $F(\omega)$ ausgedrückt werden. Die Kopplung (4–40) ergibt eine Kraft, die die Oszillatoren des Mesonenfeldes aus ihrer Gleichgewichtslage $q_i = 0$ auslenkt. Eine Kopplung ausreichender Stärke kann zu einer statischen Deformation führen, die groß gegenüber den Nullpunktsschwingungen ist. Die Deformation des p-Wellenfeldes hat den Charakter eines Vektors und besitzt daher Axialsymmetrie (um die Richtung dieses Vektors). Im inneren System ist der Nukleonenspin in einem Zustand mit $m_s' = 1/2$ (bei geeigneter Wahl der Richtung längs der Symmetrieachse), und nur die Mesonenfeldkomponenten mit $\mu' = 0$ werden beeinflußt. Der innere Zustand hat daher $K\pi = 1/2^+$. Die Deformation ist $\mathcal{R}\mathcal{T}$-invariant (verletzt aber $\mathcal{R}$ und $\mathcal{T}$ einzeln), und das Rotationsspektrum enthält die Zustände $I\pi = 1/2^+, 3/2^+, \ldots$ (siehe S. 14).

Beim Isovektor-Pionenfeld ist jede Komponente $\boldsymbol{q}_i(\omega)$ ein Vektor im Isospinraum, und die Kopplung hat die Form

$$H_c = \sum_{i,j=1}^{3} s_i t_j \int q_{ij} F(\omega)\, d\omega, \tag{4–41}$$

wobei $\boldsymbol{t}$ der Isospin des Nukleons ist. Diese Kopplung kann in jedem der beiden Räume eine Deformation erzeugen, analog zur Deformation, die der Kopplung an das neutrale Feld entspricht. Im Zustand niedrigster Energie besteht jedoch eine Korrelation in den beiden Räumen derart, daß die Deformation invariant ist gegen Drehungen, die in beiden Räumen gleichzeitig um den gleichen Winkel und um dieselbe innere Achse $\varkappa\,(= 1, 2, 3)$ erfolgen. Diese Invarianz bedeutet, daß der innere Zustand ein Eigenzustand mit dem Eigenwert 0 des kombinierten Spin-Isospin-Operators $\boldsymbol{u} = \boldsymbol{s} + \boldsymbol{t}$ ist, der im inneren Koordinatensystem definiert wurde. Für einen solchen Zustand gilt $t_\varkappa = -s_\varkappa$, und daher ist für jeden Wert $\varkappa$ die Deformation $q_{\varkappa\varkappa}$ ebensogroß wie die q_{33}-Deformation in dem unkorrelierten Zustand $m_s' = 1/2$, $m_t' = 1/2$; die Korrelation vergrößert daher die Bindungsenergie um einen Faktor 3. (Es ist leicht zu zeigen, daß der Zustand $u = 0$ maximale

Bindung ergibt; hierzu ist zu bemerken, daß man durch geeignete (unterschiedliche) Drehungen im Spin- und Isospinraum die Kopplung (4–41) auf Diagonalform bringen kann, die nur innere Komponenten $q_{\varkappa\varkappa'}$ mit $\varkappa' = \varkappa$ enthält. Einer Deformation mit ähnlicher Symmetrie begegnet man in der Beschreibung der Supraflüssigkeit, die von korrelierten Paaren in ^3P-Zuständen ($L = 1$, $S = 1$) herrührt; Balian und Werthamer, 1963.) Der innere Zustand mit $u = 0$ besitzt in keinem der beiden Räume Axialsymmetrie; er ist aber invariant gegen beliebige Drehungen, die gleichzeitig um eine der inneren Achsen $\varkappa$ in beiden Räumen erfolgen. Die Rotationszustände genügen daher der Bedingung $I_\varkappa + T_\varkappa = 0$ für $\varkappa = 1, 2, 3$, und das Spektrum enthält die Folge von Zuständen

$$\Psi_{IMTM_T} = \Phi_{\text{intr}} \frac{(2I+1)^{1/2}}{8\pi^2} \sum_K (-1)^{I-K} \mathscr{D}^I_{MK}(\omega)\, \mathscr{D}^{T=I}_{M_T-K}(\omega_\tau), \qquad I = T = \tfrac{1}{2}, \tfrac{3}{2}, \ldots, \tag{4–42}$$

hierbei bezeichnen ω und ω_τ die Orientierungen im Orts- und Isospinraum.

Möglicherweise entspricht das Nukleonenisobar $I = 3/2$, $T = 3/2$ mit der Masse von 1236 MeV (siehe Abb. 1–11, Band I, S. 58) dem ersten angeregten Zustand einer solchen verallgemeinerten Rotationsbande. Diese Interpretation würde Beziehungen zwischen den Eigenschaften des Nukleons und des Isobarzustandes zur Folge haben, ähnlich den Intensitätsregeln bei Kernrotationsspektren (siehe Abschnitt 4–3), doch bisher scheint es keinen Test dieser Beziehungen zu geben. Die ziemlich großen Anregungsenergien, die größer als die Ruhemasse des Pions sind, können darauf hindeuten, daß die Kopplung nicht genügend stark ist, um eine quantitative Beschreibung mit Hilfe einer statischen Deformation zu erlauben. (Eine Diskussion der effektiven Kopplungsstärke findet man bei Henley und Thirring, 1962, S. 192ff.) Es gibt zur Zeit keinen Hinweis auf die Existenz höherer Glieder der Folge (4–42) mit $I = T \geqq 5/2$. Im Gegensatz zu den Gliedern mit $I = T = 1/2$ und $3/2$ können die höheren Zustände nicht aus Konfigurationen von drei Quarkteilchen, von denen jedes den Spin und Isospin 1/2 hat (siehe z. B. Band I, S. 40), aufgebaut werden, und dieser Umstand könnte eine Diskontinuität der Rotationsbande zur Folge haben, analog zur Situation in den Rotationsbanden leichter Kerne (siehe z. B. die Diskussion von ^{8}Be, S. 84ff.).

Die experimentellen Daten über das Anregungsspektrum des Nukleons können weitere Rotationsbeziehungen nahelegen (siehe die Trajektorien von Baryonenzuständen mit festem Wert T in Abb. 1–13, Band I, S. 65). Über einem gegebenen inneren Zustand können mehrere verschiedene Banden existieren, wenn eine entsprechende Anzahl verschiedener Deformationen vorhanden ist.

4–3 Energiespektren und Intensitätsbeziehungen für axialsymmetrische Kerne

Die enge Beziehung zwischen Zuständen in einer Rotationsbande spiegelt sich wider in den Relationen zwischen den Matrixelementen, die verschiedene Glieder einer gegebenen Bande verknüpfen. Die Trennung von Rotation und innerer Bewegung hat zur Folge, daß die Matrixelemente der verschiedenen Operatoren in erster Näherung durch Produkte von Faktoren für innere Bewegung und für Rotationsbewegung ausgedrückt werden können. Der zur inneren Bewegung gehörende Faktor ist für alle Elemente einer Bande derselbe, und der zur Rotationsbewegung gehörende Faktor enthält die Abhängigkeit des Gesamtmatrixelements von den Rotationsquantenzahlen. Für Systeme mit Axialsymmetrie wird die Rotationswellenfunktion durch die Quantenzahlen IKM vollständig charakterisiert (siehe Abschnitt 4–2a), und die Abhängigkeit der Matrixelemente von den Rotationsquantenzahlen folgt aus der Tensorstruktur der Operatoren (Alaga u. a., 1955; Bohr, Fröman und Mottelson, 1955; Satchler, 1955; Helmers, 1960). Die Beziehungen sind den Intensitätsregeln für Strahlungsübergänge in Molekülbandenspektren analog (Hönl und London, 1925).

Abweichungen von den Intensitätsregeln führender Ordnung werden von den Coriolis- und Zentrifugalkräften verursacht, die in dem rotierenden körperfesten

Bezugssystem wirken. Diese Effekte können aufgrund einer Kopplung zwischen Rotation und innerer Bewegung analysiert werden, die zur Mischung von Banden führt (siehe Abschnitt 4–4). Die Effekte höherer Ordnung können aber auch durch renormierte effektive Operatoren beschrieben werden, die in der ungestörten Basis wirken. Ein solcher Ansatz ist für eine phänomenologische Beschreibung zweckmäßig; die Kopplungseffekte werden hierbei durch die Abhängigkeit der renormierten Operatoren vom Rotationsdrehimpuls dargestellt. Für genügend kleine Rotationsfrequenzen lassen sich die Coriolis-Effekte mit der Störungstheorie behandeln, und die Operatoren können als Potenzreihe des Rotationsdrehimpulses entwickelt werden. Wie im vorigen Abschnitt diskutiert wurde, ist die allgemeine Form einer solchen Entwicklung durch die Symmetrie der Rotationsbewegung und durch die Tensorstruktur der Operatoren stark eingeschränkt (Bohr und Mottelson, 1963). Das Teilchen-Rotor-Modell (siehe Anhang 4A) liefert ein einfaches Beispiel zur Illustration vieler dieser allgemeinen Beziehungen.

Die Renormierung der Operatoren, die den Rotationskopplungseffekten entspricht, kann durch eine kanonische Transformation ausgedrückt werden, die den Hamilton-Operator in der Darstellung der ungekoppelten Bewegung auf Diagonalform bringt. Diese Transformation kann auch als eine Transformation zu neuen inneren und Rotationsvariablen aufgefaßt werden, mit denen die gestörten Wellenfunktionen die Form (4–19) behalten. Die explizite Form der Transformation für das Modell eines an einen starren Rotor gekoppelten Teilchens wird im Anhang 4A betrachtet.

4–3a Rotationsenergien

Für ein langsam rotierendes System ist die Energie in erster Näherung durch die innere Energie E_K im Zustand $\Phi_K(q)$ gegeben und daher für alle Glieder der Bande gleich groß. Die überlagerte Rotationsbewegung liefert eine zusätzliche Energie, die vom Rotationsdrehimpuls abhängt. Da die Energie bezüglich Drehungen des Koordinatensystems ein Skalar ist, kann der effektive Hamilton-Operator nur die Komponenten $I_\varkappa$ des Drehimpulses in bezug auf die inneren Achsen enthalten.

Entwicklung der Energie für Banden mit $K = 0$

Für Banden mit verschwindendem innerem Drehimpuls K hat die Rotationsenergie eine besonders einfache Form. Solche Banden enthalten nur einen einzigen inneren Zustand $\Phi_{K=0}$ (siehe Gl. (4–15)); der in $K = 0$-Banden wirksame Anteil des Energieoperators ist daher bezüglich I_3 diagonal und kann nur von der Kombination $I_1^2 + I_2^2$ abhängen.

In führender Ordnung hat der Hamilton-Operator der Rotationsbewegung die Form

$$(H_{\mathrm{rot}})_{K=0} = h_0(q, p)\,(I_1^2 + I_2^2), \tag{4–43}$$

wobei $h_0(q, p)$ eine Funktion der inneren Variablen ist. Der Erwartungswert des Operators (4–43) läßt sich wie folgt schreiben:

$$E_{\mathrm{rot}} = \frac{\hbar^2}{2\mathcal{J}} I(I + 1) \tag{4–44}$$

mit dem effektiven Trägheitsmoment $\mathcal{J}$, das durch

$$\frac{\hbar^2}{2\mathcal{J}} \equiv \langle K | h_0 | K \rangle \tag{4–45}$$

definiert ist. Die Form (4–44) ist der bekannte Ausdruck, den man durch Quantisierung des klassischen HAMILTON-Operators für einen symmetrischen Kreisel erhält.

Allgemeiner läßt sich die Rotationsenergie als eine Funktion von $I(I + 1)$ ausdrücken. Für genügend kleine Werte von I kann man eine Entwicklung nach Potenzen von $I(I + 1)$ verwenden,

$$E_{\text{rot}}\big(I(I + 1)\big) = AI(I + 1) + BI^2(I + 1)^2 + CI^3(I + 1)^3 + DI^4(I + 1)^4 + \cdots \tag{4–46}$$

Hierin ist A das innere Matrixelement (4–45), und B, C, D, ... sind entsprechende Trägheitsparameter höherer Ordnung.

Die Abweichungen von der Rotationsenergie führender Ordnung (4–44) können als eine Abhängigkeit des Trägheitsmoments vom Rotationsdrehimpuls aufgefaßt werden. Das Trägheitsmoment ist definiert als das Verhältnis des Drehimpulses $\hbar I_\varkappa$ zur Kreisfrequenz $\omega_\varkappa$,

$$\mathcal{J}_\varkappa = \frac{\hbar I_\varkappa}{\omega_\varkappa}. \tag{4–47}$$

Die Frequenz läßt sich aus der kanonischen Bewegungsgleichung für den zu $I_\varkappa$ konjugierten Winkel bestimmen,

$$\omega_\varkappa = \hbar^{-1} \frac{\partial H_{\text{rot}}}{\partial I_\varkappa} = 2\hbar^{-1} I_\varkappa \frac{\partial H_{\text{rot}}}{\partial (I_1^2 + I_2^2)}, \tag{4–48}$$

da der Rotations-HAMILTON-Operator in einer Bande $K = 0$ eine Funktion von $I_1^2 + I_2^2$ ist. Für das Trägheitsmoment ($\mathcal{J}_1 = \mathcal{J}_2 \equiv \mathcal{J}$) erhält man daher

$$\mathcal{J} = \frac{\hbar^2}{2} \left(\frac{\partial H_{\text{rot}}}{\partial (I_1^2 + I_2^2)} \right)^{-1}, \tag{4–49}$$

und somit folgt aus der Entwicklung (4–46) der Energie nach Potenzen von $I(I + 1)$ die Beziehung

$$\begin{aligned} \mathcal{J} &= \frac{\hbar^2}{2} \big(A + 2BI(I + 1) + 3CI^2(I + 1)^2 + \cdots\big)^{-1} \\ &= \frac{\hbar^2}{2} \big(A^{-1} - 2BA^{-2}I(I + 1) + (4B^2A^{-3} - 3CA^{-2})\, I^2(I + 1)^2 + \cdots\big). \end{aligned} \tag{4–50}$$

Die Energie und das Trägheitsmoment können anstatt nach Potenzen des Drehimpulses auch nach Potenzen der Rotationsfrequenz entwickelt werden (HARRIS, 1965). Eine solche Entwicklung tritt natürlicherweise auf bei der Analyse der Rotationseigenschaften im Rahmen der Responsetheorie der Nukleonenbewegung in einem rotierenden

Potential (Cranking-Modell; siehe S. 62ff.). Die Beziehung zwischen der Energie und dem Trägheitsmoment nimmt nun folgende Form an (siehe Gln. (4–47) und (4–49)):

$$\frac{\partial H_{\mathrm{rot}}}{\partial \omega^2} = \frac{\partial H_{\mathrm{rot}}}{\partial (I_1^2 + I_2^2)} \frac{\partial (I_1^2 + I_2^2)}{\partial \omega^2} = \frac{1}{2\mathscr{I}} \frac{\partial (\omega^2 \mathscr{I}^2)}{\partial \omega^2}$$

$$= \tfrac{1}{2}\mathscr{I} + \omega^2 \frac{\partial \mathscr{I}}{\partial \omega^2} \tag{4–51}$$

oder, ausgedrückt durch eine Reihenentwicklung nach ω^2 $(= \omega_1^2 + \omega_2^2)$,

$$\begin{aligned} \mathscr{I} &= \alpha + \beta\omega^2 + \gamma\omega^4 + \delta\omega^6 + \cdots, \\ H_{\mathrm{rot}} &= \tfrac{1}{2}\alpha\omega^2 + \tfrac{3}{4}\beta\omega^4 + \tfrac{5}{6}\gamma\omega^6 + \tfrac{7}{8}\delta\omega^8 + \cdots. \end{aligned} \tag{4–52}$$

Der zum Quantenzustand I gehörende Wert von ω^2 läßt sich aus der Beziehung

$$\hbar^2 I(I+1) = \omega^2 \mathscr{I}^2 \tag{4–53}$$

bestimmen (siehe Gl. (4–47)). Wenn das Trägheitsmoment durch die Entwicklung (4–52) gegeben ist, dann kann die Energie in der Form (4–46) geschrieben werden mit

$$\begin{aligned} \hbar^{-2}A &= \frac{1}{2\alpha}, \\ \hbar^{-4}B &= -\frac{\beta}{4\alpha^4}, \\ \hbar^{-6}C &= \frac{\beta^2}{2\alpha^7} - \frac{\gamma}{6\alpha^6}, \\ \hbar^{-8}D &= -\frac{3\beta^3}{2\alpha^{10}} + \frac{\beta\gamma}{\alpha^9} - \frac{\delta}{8\alpha^8}, \cdots. \end{aligned} \tag{4–54}$$

Die Entwicklungskoeffizienten $\alpha, \beta, \gamma, \ldots$ in Gl. (4–52) liefern daher eine andere Parametrisierung der Rotationsenergie als die in Gl. (4–46) mit Hilfe der Koeffizienten $A, B, C, \ldots$ gegebene. Der nichtlineare Zusammenhang zwischen Drehimpuls und Frequenz hat im allgemeinen unterschiedliche Konvergenzradien für die beiden Entwicklungen zur Folge.

Grundzustandsbanden von gg-Kernen

Die niederenergetischen Spektren der gg-Kerne zeigen eine überraschend einfache Struktur. In bestimmten Bereichen von (N, Z)-Werten (siehe Abb. 4–3) bestehen sie aus einer Folge von Zuständen mit $I\pi = 0+, 2+, 4+, \ldots$ und mit Energien, die annähernd durch die Beziehung (4–44) gegeben sind (siehe Abb. 4–4). Beispiele solcher Rotationsspektren werden im Zusammenhang mit Abb. 4–7 (^{168}Er, S. 51), Abb. 4–9 (^{238}U, S. 55),

Abb. 4-11 (^{172}Hf, S. 57), Abb. 4-13 (^{20}Ne, S. 82), Abb. 4-14 (^{8}Be, S. 85), Abb. 4-29 (^{166}Er, S. 136) und Abb. 4-31 (^{174}Hf, S. 144) ausführlicher diskutiert. Die Gebiete, in denen Rotationsspektren auftreten, entsprechen Grundzustandskonfigurationen mit vielen Teilchen außerhalb abgeschlossener Schalen; diese Eigenschaft läßt sich als eine einfache Folgerung aus der Schalenstruktur der Kerne verstehen. Während die Konfigurationen abgeschlossener Schalen die sphärische Symmetrie bevorzugen, sind

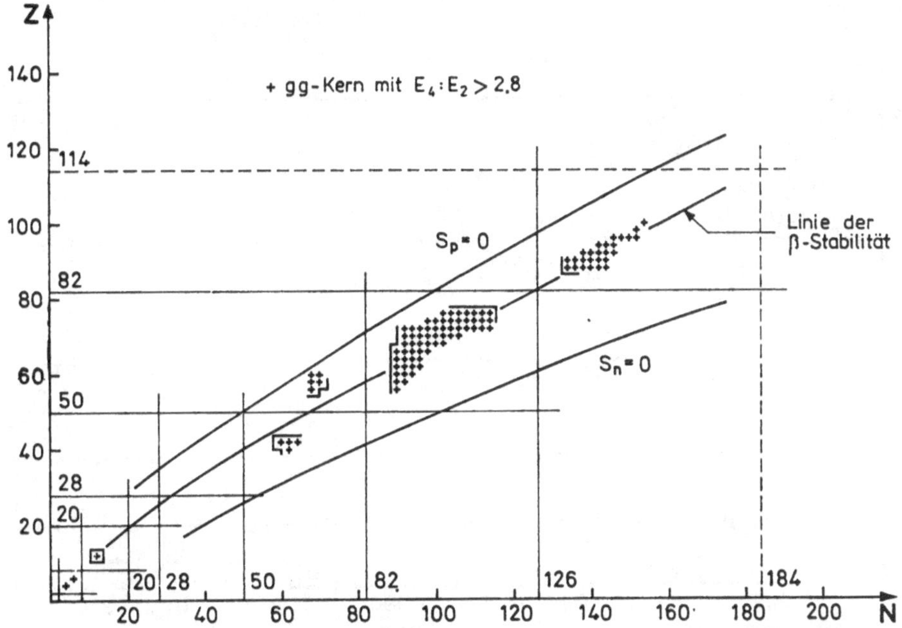

Abb. 4-8 Gebiete deformierter Kerne. Die Kreuze stellen gg-Kerne dar, deren Anregungsspektren eine annähernde $I(I+1)$-Abhängigkeit zeigen, die auf eine Rotationsstruktur hindeutet. Die in die Abbildung einbezogenen Kerne wurden aufgrund des (ziemlich willkürlichen) Kriteriums $E(I=4):E(I=2) > 2{,}8$ ausgewählt. Die Daten wurden den Zusammenstellungen von Sakai (1970 und 1972) entnommen. Die Linie der β-Stabilität und die abgeschätzten Grenzen der Instabilität gegen Proton- und Neutronemission stimmen mit den in Abb. 2-18, Band I, S. 214 angegebenen Kurven überein.

die Bahnen der Teilchen außerhalb abgeschlossener Schalen stark anisotrop und treiben das System von der Kugelsymmetrie weg (Rainwater, 1950). Allgemeine Eigenschaften von Schaleneffekten in der potentiellen Energie der Kerne werden in Kapitel 6, S. 520 ff. diskutiert.

Infolge der Schalenstruktur in dem stark deformierten Potential können metastabile Konfigurationen auftreten, deren Formen von denen im Grundzustand erheblich abweichen. Diese Zustände können von den anderen Zuständen mit kleinerer Deformation durch beträchtliche Barrieren getrennt sein. Daher erscheint die Möglichkeit der Formisomerie als eine ziemlich allgemeine Eigenschaft des Kerns (siehe Kapitel 6, S. 520ff.). Hinweise auf solche deformierte angeregte Konfigurationen geben die Rotationsbanden in den Spektren von ^{16}O und ^{40}Ca, die in ihrer Grundzustandskonfiguration[1]) (abgeschlossene Schale) kugelsymmetrisch sind, sowie die Entdeckung der spontan spaltenden Isomere in den sehr schweren Elementen; siehe Kapitel 6, S. 539ff. (eine Rotationsbandenstruktur, die auf dem Spaltungsisomer von ^{240}Pu aufbaut, wurde von SPECHT u. a., 1972, beobachtet).

Die beobachtete Struktur der Rotationsbanden kann aufgrund der Symmetrien der Kerndeformation eindeutig interpretiert werden. Erstens zeigt das Auftreten von

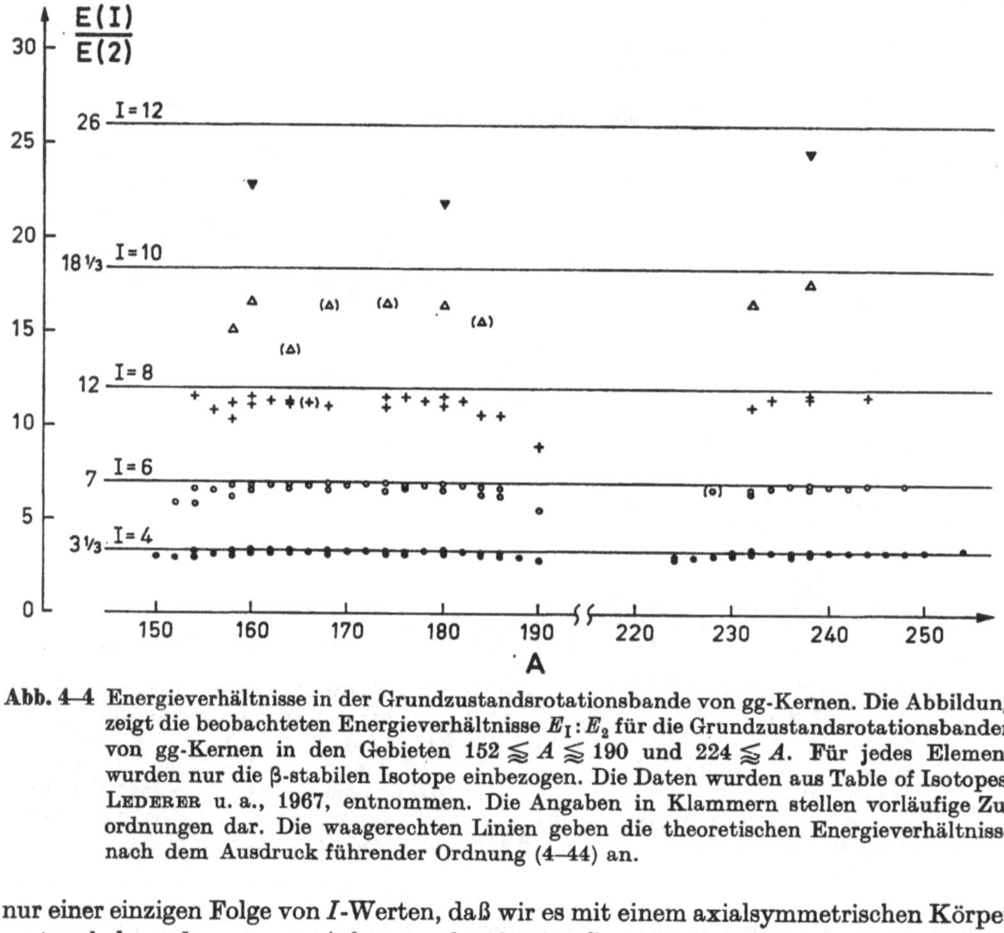

Abb. 4–4 Energieverhältnisse in der Grundzustandsrotationsbande von gg-Kernen. Die Abbildung zeigt die beobachteten Energieverhältnisse $E_I : E_2$ für die Grundzustandsrotationsbanden von gg-Kernen in den Gebieten $152 \lesseqgtr A \lesseqgtr 190$ und $224 \lesseqgtr A$. Für jedes Element wurden nur die β-stabilen Isotope einbezogen. Die Daten wurden aus Table of Isotopes, LEDERER u. a., 1967, entnommen. Die Angaben in Klammern stellen vorläufige Zuordnungen dar. Die waagerechten Linien geben die theoretischen Energieverhältnisse nach dem Ausdruck führender Ordnung (4–44) an.

nur einer einzigen Folge von I-Werten, daß wir es mit einem axialsymmetrischen Körper zu tun haben, der nur um Achsen senkrecht zur Symmetrieachse rotieren kann. (Rotationsbanden für Systeme ohne Axialsymmetrie enthalten mehrere Zustände mit gleichem I; siehe Abschnitt 4–5.) Die annähernde Axialsymmetrie wird auch durch die

[1]) Der Umstand, daß die ersten angeregten Zustände in ^{16}O und ^{40}Ca positive Parität besitzen, während die niedrigliegenden Teilchen-Loch-Anregungen auf die negative Parität beschränkt sind, bedeutet, daß in diesen Zuständen eine größere Zahl von Teilchen angeregt wird. Es wurde vermutet (MORINAGA, 1956), daß die angeregten Zustände positiver Parität mit kollektiven Quadrupoldeformationen zusammenhängen könnten. Die Existenz einer Rotationsbandenstruktur in ^{16}O wurde mit Hilfe der Reaktion ^{12}C(α, α) (CARTER u. a., 1964) und durch die Beobachtung stark vergrößerter $E2$-Übergangsmatrixelemente (GORODETZKY u. a., 1963) überzeugend nachgewiesen.

gute Übereinstimmung mit der $I(I + 1)$-Regel für die Energien bestätigt, die für einen „symmetrischen Rotor“ (ein System, dessen Trägheitsellipsoid sphäroidale Symmetrie besitzt) charakteristisch ist. Das Fehlen von Zuständen mit ungeraden Werten von I demonstriert die $\mathscr{R}$-Symmetrie der Kernform (siehe Abb. 4–2b). Schließlich zeigt das Fehlen von Paritätsdubletts die $\mathscr{P}$-Invarianz der inneren Bewegung, während aus dem Fehlen von Dubletts mit dem gleichen $I\pi$ die $\mathscr{T}$-Invarianz der inneren Bewegung folgt (siehe S. 11). Diese in den Rotationsspektren gefundenen Symmetrieeigenschaften können durch eine sphäroidale Kerndeformation erklärt werden. Die Bevorzugung einer solchen Form läßt sich aufgrund der Tatsache verstehen, daß die Einteilchenbewegung im kugelsymmetrischen Potential, das dem eines harmonischen Oszillators ähnelt, klassischen Bahnen von annähernd elliptischem Typ entspricht. (Dieser Punkt wird in Kapitel 6, S. 508ff. im Zusammenhang mit einer allgemeinen Diskussion der Schalenstruktur ausführlicher betrachtet. Aus der Schalenstruktur folgt auch, daß bei einem Potential mit scharfer Oberfläche die Schalen mit größter Entartung im Grenzfall großer Quantenzahlen klassischen Bahnen mit Dreieckssymmetrie entsprechen. Es ist möglich, daß die im Gebiet um Ra und Th beobachteten niederenergetischen Anregungen ungerader Parität (siehe S. 482ff.) auf eine Annäherung an die Instabilität gegen Oktupoldeformation hinweisen, die der Schalenstruktur entspricht, die auf dreiecksähnlichen Bahnen aufbaut.)

Die beobachteten Banden haben die Quantenzahlen $K\pi r = 0^{++}$. Diese Eigenschaft der Grundzustände von gg-Kernen kann im Rahmen einer Beschreibung der inneren Struktur durch unabhängige Teilchen erklärt werden. In einem axialsymmetrischen Kernpotential können die einzelnen Nukleonenbahnen durch die Projektion Ω des Drehimpulses j auf die Symmetrieachse charakterisiert werden. Aus der Zeitumkehrsymmetrie (oder der $\mathscr{R}$-Symmetrie) folgt, daß die Bahnen in entarteten, konjugierten Paaren mit entgegengesetzten Werten von Ω auftreten. Der Grundzustand eines gg-Kernes entsteht daher durch paarweises Hinzufügen von Teilchen in solchen konjugierten Bahnen mit einer Resultierenden $K = 0$. Bei einem $\mathscr{P}$-invarianten Potential haben die konjugierten Bahnen die gleiche Parität, und jedes Teilchenpaar hat somit $\pi = +1$. Außerdem transformieren sich die konjugierten Einteilchenzustände Ω und $\bar{\Omega}$ bei der Rotation $\mathscr{R}_i$ ineinander (siehe Gl. (4–16)), und der einem Teilchenpaar in konjugierten Bahnen entsprechende antisymmetrisierte Zustand besitzt daher die Quantenzahl $r = +1$,

$$\Phi(1,2) = \frac{1}{\sqrt{2}}\big(\psi_\Omega(1)\,\psi_{\bar{\Omega}}(2) - \psi_{\bar{\Omega}}(1)\,\psi_\Omega(2)\big),$$

$$\mathscr{R}_i\Phi(1,2) = \frac{1}{\sqrt{2}}\big(-\psi_{\bar{\Omega}}(1)\,\psi_\Omega(2) + \psi_\Omega(1)\,\psi_{\bar{\Omega}}(2)\big) = \Phi(1,2), \tag{4–55}$$

$$(\psi_{\bar{\Omega}} = \mathscr{R}_i^{-1}\psi_\Omega = -\mathscr{R}_i\psi_\Omega).$$

Dieses Ergebnis könnte man auch aus Gl. (4–17) erhalten, da der antisymmetrisierte Paarzustand eine Überlagerung geradzahliger J-Werte darstellt.

Die Absolutwerte der Rotationsenergien bestimmen das Trägheitsmoment über Gl. (4–44). Die beobachteten Werte sind in Abb. 4–12 (S. 61) wiedergegeben. Man sieht, daß die Trägheitsmomente für die Grundzustandsbanden in gg-Kernen um einen Faktor 2 bis 3 kleiner sind als im Falle starrer Rotation.

Die Trägheitsmomente eines rotierenden Systems können aufgrund der CORIOLIS-Kräfte, die die Bewegung der einzelnen Teilchen stören, analysiert werden. Für ein System, das durch die Bewegung unabhängiger Teilchen in einem selbstkonsistenten Potential beschrieben wird, erhält man als Trägheitsmoment etwa den Wert für einen starren Körper. Die Paarkorrelationen hindern jedoch die Nukleonen daran, der Rotation so zu folgen, wie dies bei einem System unabhängiger Teilchen der Fall wäre. Die Trägheitsmomente haben dann kleinere Werte als bei starrer Rotation. (Siehe die Diskussion der Trägheitsmomente von Atomkernen auf S. 62ff.)

In den am besten ausgeprägten Rotationsbanden sind die Energien proportional zu $I(I + 1)$ mit einer Genauigkeit von einigen Promille für die niedrigsten I-Werte. Die Abweichungen sind systematischer Natur und lassen sich durch den nächsthöheren Term in der Entwicklung (4–46) gut darstellen (siehe z. B. Abb. 4–8, S. 52, und Abb. 4–9, S. 55). Der Wert von B/A ist in den Bereichen größter Stabilität der deformierten Kernform von der Größenordnung 10^{-3}, aber B/A nimmt zu, wenn man sich den Konfigurationen nähert, bei denen die deformierte Kernform nicht länger stabil ist, wie man aus Abb. 4–4 ersieht. (Die Werte von B/A für die gut ausgeprägten Kernrotationsspektren sind von ähnlicher Größe wie die für die Grundzustandsbande des H_2-Moleküls; bei schwereren Molekülen sind die Abweichungen von der $I(I + 1)$-Energieabhängigkeit meist viel geringer (siehe z. B. HERZBERG, 1950).)

Die Abweichungen von der $I(I + 1)$-Abhängigkeit der Rotationsenergie bringen die Änderung des Trägheitsmomentes mit der Rotationsfrequenz zum Ausdruck. Eine solche Änderung rührt von der Abhängigkeit des Trägheitsmoments von den kollektiven Parametern her, die die Kernform und die Paarkorrelationen charakterisieren. Diese Abhängigkeit hat wiederum zur Folge, daß die Gleichgewichtswerte der Parameter einen zu $I(I + 1)$ proportionalen Term enthalten. Diese Änderung des Gleichgewichts mit I bewirkt eine zu $I^2(I + 1)^2$ proportionale Abnahme der Gesamtenergie.

Wenn der Kern wie ein halbstarrer Körper (wie ein Molekül) rotieren würde, dann entsprächen diese Effekte den klassischen Zentrifugalstörungen und wären in den meisten Fällen klein gegenüber den beobachteten B-Termen. Die Trägheitsmomente werden jedoch durch die Nukleonenkorrelationen stark beeinflußt, was sich in den verringerten Werten der Momente zeigt. Diese Empfindlichkeit kann zu einer viel stärkeren Abhängigkeit des Trägheitsmoments von den kollektiven Parametern führen (siehe z. B. die auf S. 68 diskutierte Abhängigkeit vom Parameter der Paarkorrelationen).

Direkte Informationen über diese Kopplungseffekte lassen sich aus der Messung der Deformationsparameter als Funktion des Rotationsdrehimpulses erhalten (siehe z. B. die Korrekturen zu den $E2$-Intensitätsregeln führender Ordnung, S. 109). Die Abhängigkeit des Trägheitsmoments von den kollektiven Parametern verursacht auch eine Kopplung zwischen der Rotationsbewegung und den Vibrationsanregungen, die den Oszillationen in diesen Parametern entsprechen. Diese Kopplungen führen auch zu beträchtlichen Korrekturen an den Intensitätsregeln für Übergänge zwischen der Grundzustandsbande und Vibrationsanregungen; aus der Analyse dieser Intensitäten kann man auf die Größe des entsprechenden Beitrages zum B-Term in der Rotationsenergie schließen. In den bisher untersuchten Fällen geben die Kopplungen mit $\Delta K = 2$ nur einen geringen Beitrag zum B-Koeffizienten in der Grundzustandsbande (siehe z. B. die Analyse der Kopplung an die $K = 2$-Bande in ^{166}Er, S. 139). Etwas größere Beiträge ergeben die Kopplungen an niedrigliegende Anregungen mit $K = 0$ (siehe z. B. die Analyse des Spektrums von ^{174}Hf, S. 147). Zur Zeit ist noch nicht klar, inwieweit die beobachteten B-Terme der Kopplung an wenige niedrigliegende innere Anregungen zugeordnet werden können.

In vielen Fällen erlaubt die Genauigkeit der Energiemessungen eine Bestimmung von mehreren Termen höherer Ordnung in der Reihenentwicklung nach $I(I + 1)$. Während das Verhältnis B/A auf einen Konvergenzradius $I \approx 30$ hinzudeuten scheint, folgt aus der Größe der Terme höherer Ordnung eine beträchtlich schlechtere Konvergenz. Drückt man die Energie wie in Gl. (4–52) als eine Potenzreihe nach der Rotationsfrequenz statt nach dem Drehimpuls aus, dann ergibt sich eine wesentlich bessere Konvergenz (Harris, 1965; Mariscotti u. a., 1969). Die Reihenentwicklungen nach I und ω werden auf S. 19ff. verglichen; siehe auch Abb. 4–11 (^{172}Hf), S. 57. Der Grund für die offensichtlich größere Einfachheit der Entwicklung nach ω^2 ist gegenwärtig noch unklar.

Mit zunehmenden Werten des Drehimpulses kann die Rotationsbewegung auch große Abweichungen in der inneren Struktur hervorrufen, die den Charakter von Phasenübergängen mit ziemlich abrupten Änderungen im Rotationsspektrum tragen. Diese Effekte werden im Zusammenhang mit dem allgemeineren Problem der Charakterisierung der Elementaranregungen im Yrast-Gebiet diskutiert (siehe S. 33ff.).

Entwicklung der Energie für Banden mit $K \neq 0$

Für $K \neq 0$ enthalten die Kernzustände eine Kombination innerer Wellenfunktionen mit $I_3 = \pm K$ (siehe Gl. (4–19)). Die Rotationsenergie besteht daher zum Teil aus Termen mit $\Delta K = 0$, die dieselbe Form wie für $K = 0$-Banden haben (siehe Gl. (4–46)). Außerdem können zur Rotationsenergie noch Terme mit $\Delta K = \pm 2K$ hinzukommen, die die beiden Komponenten der Wellenfunktion verknüpfen. Die Glieder führender Ordnung mit $\Delta K = \pm 2K$ haben die Form

$$(H_{\mathrm{rot}})_{\Delta K=\pm 2K} = h_{2K}(q, p)\,(I_-)^{2K} + \mathscr{R}\text{-konj.} \tag{4–56}$$

Der zweite Term ist der hermitesch konjugierte Ausdruck und enthält den Operator $(I_+)^{2K}$. Er kann auch als der konjugierte Term, der bei Ausführung der Transformation $\mathscr{R}_i^{-1}\mathscr{R}_e$ entsteht, ausgedrückt werden. (Unter $\mathscr{R}_e$ transformieren sich die Operatoren $I_\pm$ in $-I_\mp$.) Die $\mathscr{R}$-Symmetrie verlangt, daß die Operatoren und Zustandsvektoren invariant gegen die Transformation $\mathscr{R}_i^{-1}\mathscr{R}_e$ sind (siehe Abschnitt 4–2c); daher geben die $\mathscr{R}$-konjugierten Terme in Operatoren wie (4–56) stets identische Matrixelemente, wenn sie zwischen $\mathscr{R}$-symmetrisierten Zuständen wirken.

Der Erwartungswert der zusätzlichen Rotationsenergie (4–56) ist proportional zur Signatur des Niveaus (siehe Gln. (4–20) und (4–23)) und läßt sich wie folgt schreiben:

$$\Delta E_{\mathrm{rot}} = (-1)^{I+K} A_{2K} \frac{(I + K)!}{(I - K)!} \tag{4–57}$$

mit

$$A_{2K} = \langle K |\, h_{2K} \,| \bar{K} \rangle. \tag{4–58}$$

(Die Matrixelemente von $I_\pm$ sind durch Gl. (1A–93) gegeben.)

Für $K = 1/2$ ist der zusätzliche Energieterm (4–56) linear in I_x und daher linear in den Rotationsfrequenzen ω_x. Dieser Energiebeitrag repräsentiert den Diagonalanteil der

CORIOLIS-Kräfte, die im rotierenden Koordinatensystem wirken. Wenn der Drehimpuls $K = 1/2$ einem einzelnen Teilchen, das sich in dem vom rotierenden Kernrumpf erzeugten Potential bewegt, zugeordnet werden kann, gilt daher (siehe die Diskussion des Teilchen-Rotor-Modells im Anhang 4 A)

$$h_{+1} = -\frac{\hbar^2}{2\mathscr{I}} j_+ , \tag{4–59}$$

wobei j der Drehimpuls des Teilchens ist. Der Energieparameter A_1 kann daher in der Form

$$\begin{aligned} A_1 &\equiv \frac{\hbar^2}{2\mathscr{I}} a, \\ a &= -\langle K = 1/2 | j_+ | \overline{K = 1/2} \rangle, \end{aligned} \tag{4–60}$$

ausgedrückt werden. Die hier definierte Größe a wird als Entkopplungsparameter bezeichnet. (In Gl. (4–59) haben wir den Einfluß der Rotationsbewegung auf das Kernpotential (siehe S. 242ff.) sowie den Unterschied zwischen dem Trägheitsmoment $\mathscr{I}$ des Gesamtsystems und dem Moment $\mathscr{I}_0$ des Kernrumpfes, gegenüber dem sich das Teilchen bewegt, vernachlässigt; siehe S. 244ff.)

Der Ausdruck (4–60) für a ergibt Werte der Größenordnung Eins oder darüber, und der Term A_1 muß daher in den Ausdruck führender Ordnung für das Rotationsenergiespektrum[1]) einbezogen werden,

$$\begin{aligned} E_{\text{rot}} &= AI(I+1) + A_1(-1)^{I+1/2}(I+1/2)\,\delta(K, 1/2) \\ &= \frac{\hbar^2}{2\mathscr{I}}\left(I(I+1) + a(-1)^{I+1/2}(I+1/2)\,\delta(K,1/2)\right). \end{aligned} \tag{4–61}$$

Für $K = 1/2$ ist die Rotationsenergie (4–61), abgesehen von einer Konstanten, proportional zu $\left(I + (1+\sigma a)/2\right)^2$, wobei $\sigma = (-1)^{I+1/2}$ die Signatur ist. Daher gehören zu den Zweigen mit unterschiedlicher Signatur Energieparabeln, die auf der I-Achse in entgegengesetzten Richtungen verschoben sind. Wenn der Zahlenwert des Entkopplungsparameters a größer als Eins ist, führen diese Verschiebungen zu einer Inversion der normalen Spinfolge. Im Sonderfall eines inneren Zustandes, in dem der Nukleonenspin die Komponente längs der Symmetrieachse $\Sigma = 1/2$ besitzt, während die übrigen Freiheitsgrade zu einem Zustand $K = 0$ gekoppelt sind, ist der nach Gl. (4–60) gegebene Wert von a gleich der Quantenzahl r für den Zustand $K = 0$; das Energiespektrum (4–61) hat dann die Dublettstruktur, die einem Spin entspricht, der an eine $K = 0$-Rotationsbande mit den Drehimpulsen 0, 2, 4, ... (für $a = r = +1$) oder 1, 3, 5, ... (für $a = r = -1$) schwach gekoppelt ist.

Die Koeffizienten A_{2K} stellen Störungen der Ordnung $2K$ in der CORIOLIS-Wechselwirkung dar. Für $K \geqq 3/2$ ist der zusätzliche Energieterm (4–57) daher viel kleiner als die Rotationsenergien führender Ordnung (siehe z. B. die Diskussion des A_3-Terms im Teilchen-Rotor-Modell, S. 176).

[1]) Der in I lineare Term der Rotationsenergie ist aus Molekülspektren bekannt als eine Modifizierung der Λ-Verdopplung, die durch die Spinbahnkopplung hervorgerufen wird (VAN VLECK, 1929). Bei Kernrotationsspektren wurde dieser Term von DAVIDSON und FEENBERG, 1953, und von BOHR und MOTTELSON, 1953, untersucht.

Der allgemeine Ausdruck für die Anteile $\Delta K = \pm 2K$ des Rotations-HAMILTON-Operators entsteht durch Multiplikation des Operators (4–56) mit einer Funktion von $I_1^2 + I_2^2$, und die zugehörigen Energien lassen sich wie in Gl. (4–46) nach Potenzen von $I(I+1)$ entwickeln. Für die Gesamtenergie erhält man daher für die niedrigsten Werte von K

$$E(K, I) = E_K + AI(I+1) + BI^2(I+1)^2 + \cdots$$

$$+ \begin{cases} (-1)^{I+1/2}\,(I+\tfrac{1}{2})\big(A_1 + B_1 I(I+1) + \cdots\big), & K = \tfrac{1}{2}, \\ (-1)^{I+1}\,I(I+1)\big(A_2 + B_2 I(I+1) + \cdots\big), & K = 1, \\ (-1)^{I+3/2}\,(I-\tfrac{1}{2})(I+\tfrac{1}{2})(I+\tfrac{3}{2})\big(A_3 + B_3 I(I+1) + \cdots\big), & K = \tfrac{3}{2}, \\ (-1)^{I}\,(I-1)\,I(I+1)(I+2)\big(A_4 + B_4 I(I+1) + \cdots\big), & K = 2. \end{cases} \tag{4–62}$$

(Eine andere Form der Entwicklung ergibt sich durch die Ersetzung von $I(I+1)$ durch den Ausdruck $I(I+1) - K^2$, der den Erwartungswert von $I_1^2 + I_2^2$ darstellt. Die Behandlung des Teilchen-Rotor-Modells deutet darauf hin, daß eine solche Entwicklung der Situation besser entsprechen kann. Für $A \gg BK^2 \gg CK^4 \gg \cdots$ ist der Unterschied zwischen beiden Formen der Entwicklung nur geringfügig.)

Rotationsbanden in A-ungerade-Kernen

Die niedrigliegenden Banden in A-ungerade-Kernen sind ausführlich untersucht worden. Wegen der größeren Zustandsdichte in diesen Kernen im Vergleich zu den gg-Kernen sind die niederenergetischen Spektren komplizierter. Bei deformierten Kernen (siehe Abb. 4–3) zeigt sich jedoch, daß die niedrigliegenden Zustände stets in eine Reihe von Banden eingeordnet werden können, die jeweils durch einen inneren Drehimpuls K und eine Parität π charakterisiert sind. Die beobachteten Werte $K\pi$ der niedrigsten Banden entsprechen den Werten $\Omega\pi$ des letzten ungeraden Teilchens, das sich im deformierten Kernpotential bewegt (siehe Kapitel 5). Bei Anregungsenergien von etwa 1 MeV findet man auch Banden von Vibrationsanregungen, die den Quantenzuständen eines einzelnen Teilchens überlagert sind, sowie Banden über Konfigurationen mit drei ungepaarten Teilchen.

Die Zustände in jeder Bande haben die Drehimpulse $I = K, K+1, K+2, \ldots$; die Energien folgen der Beziehung (4–61) mit einer Genauigkeit, die der für die Energien in den Grundzustandsbanden von gg-Kernen vergleichbar ist. Beispiele findet man in Abb. 4–15 (^{169}Tm, S. 87), Abb. 4–16 (^{177}Lu und ^{177}Hf, S. 89), Abb. 4–19 (^{239}Pu, S. 95), Abb. 5–7 (^{159}Tb, S. 221), Abb. 5–9 (^{175}Yb, S. 226), Abb. 5–12 (^{237}Np, S. 232), Abb. 5–14 (^{235}U, S. 239) und Abb. 5–15 (^{25}Mg, S. 248).

Die Abhängigkeit der Rotationsenergie von der Signatur ist besonders augenfällig in den Banden $K = 1/2$, bei denen der A_1-Term gewöhnlich mit dem A-Term vergleichbar ist. (Eine Interpretation des Entkopplungsparameters mit Hilfe der Einteilchenbahnen findet man in Abschnitt 5–3d.) Die erwarteten kleineren signaturabhängigen Effekte wurden auch in Banden mit $K \geqq 3/2$ nachgewiesen (siehe z. B. die $K = 3/2$-Banden in den Abb. 5–7 und 5–14 sowie die Diskussion der Bande $K = 7/2$ auf S. 244).

Die Trägheitsmomente der Banden für ungerade A sind systematisch größer als die der Grundzustandsbanden von gg-Kernen, und zwar um Beträge, die etwa 20% ausmachen, aber in manchen Fällen viel größer sein können (siehe Abb. 4–12). Ein solcher Effekt läßt sich durch die Response des letzten ungeraden Teilchens auf die Rotation des Potentials erklären: Wegen der Paarkorrelationen, die den Beitrag der Rumpfteilchen zum Trägheitsmoment verringern, trägt das ungepaarte Teilchen merklich zum Gesamtmoment bei. In dieser Weise läßt sich die beobachtete starke Abhängigkeit des Zuwachses des Trägheitsmoments von der speziellen Bahn des ungeraden Teilchens verstehen (siehe S. 269ff.). Ein zusätzlicher Einfluß auf das Trägheitsmoment rührt von der verringerten Paarkorrelation bei Anwesenheit des ungeraden Teilchens her (siehe S. 269). Die B-Koeffizienten hängen noch empfindlicher von der Anwesenheit des ungeraden Nukleons ab und haben in einigen A-ungerade-Banden positives Vorzeichen (siehe z. B. die $K\pi = 9/2^+$-Bande in ^{177}Hf, Abb. 4–17).

Angeregte Banden in gg-*Kernen*

Beispiele von Rotationsbandenstrukturen, die angeregten Banden in gg-Kernen entsprechen, werden in Abb. 4–7 (^{168}Er, S. 51), Abb. 4–13 (^{20}Ne, S. 82), Abb. 4–29 (^{166}Er, S. 136), Abb. 4–31 (^{174}Hf, S. 144) und an mehreren Stellen im Kapitel 6 (Abb. 6–31 und 6–44 (Banden gerader und ungerader Parität in Sm-Isotopen, S. 458 und 498), Abb. 6–32 (Os-Isotope, S. 460), Abb. 6–39 (^{234}U, S. 478)) wiedergegeben. Ein charakteristisches Merkmal dieser Spektren ist das Fehlen innerer Anregungen bis zu Energien, die meist um eine Größenordnung höher sind als die Energieabstände zwischen den Banden in A-ungerade-Kernen.

Einige der beobachteten Anregungen in den gg-Kernen lassen sich als Zweiquasiteilchenzustände interpretieren, die beim Aufbrechen eines Paares entstehen. Diese Anregungen kommen im Energiebereich oberhalb 2Δ vor; dieser Wert stellt die zum Aufbrechen eines Paares erforderliche Energie dar (siehe Abb. 2–5, Band I, S. 179). Die Zweiquasiteilchenbanden besitzen Trägheitsmomente, die — ähnlich jenen für A-ungerade-Kerne — systematisch größer sind als die Momente der Grundzustandsbande (siehe z. B. die Banden in ^{168}Er (Tab. 4–1, S. 53)).

Die Spektren der gg-Kerne zeigen auch einige Anregungen, die beträchtlich unter dem Betrag 2Δ liegen und offenbar kollektive Schwingungen um die deformierte Gleichgewichtsform darstellen (siehe Abschnitt 6–3b). Die Quadrupol-Vibrationsanregungen ($K\pi = 2^+$ und $K\pi r = 0^{++}$) besitzen Trägheitsmomente, die sich in den meisten Fällen von denen der Grundzustandsbanden um weniger als 10% unterscheiden (siehe die Beispiele auf S. 473 (γ-Vibration) und auf S. 475 (β-Vibration)). Dieser Befund läßt sich aufgrund der Tatsache verstehen, daß sich das Trägheitsmoment bei den ziemlich kleinen Amplituden der Schwingungen um die Gleichgewichtsform vermutlich nicht wesentlich ändert. Beispiele von Oktupolanregungen liefern die Banden mit $K\pi r = 0^{--}$, die in vielen Kernen unter den niedrigsten inneren Anregungen beobachtet werden. Die Trägheitsmomente in diesen Banden sind typischerweise bis zu 50% größer als in den Grundzustandsbanden (siehe das Beispiel in Abb. 6–44 (^{152}Sm, S. 498)), und diese Erscheinung kann der sehr starken Coriolis-Kopplung an die Oktupolanregung $K\pi = 1^-$ zugeordnet werden (siehe S. 498). Es gibt keinen entsprechenden Effekt für die Quadrupolschwingungen, da der Quadrupolfreiheitsgrad $K\pi = 1^+$ durch die Rotationsbewegung dargestellt wird (siehe Abb. 6–3, S. 311).

Rotationsbanden in uu-*Kernen*

Trotz der hohen Niveaudichte in den niederenergetischen Spektren doppelt-ungerader Kerne war es in einer Reihe von Fällen möglich, ziemlich detaillierte Niveauschemata zu gewinnen. Die vorhandenen Daten sind mit der erwarteten Rotationsbandenstruktur konsistent (siehe das Beispiel in Abb. 4–20 (^{166}Ho, S. 102)). Eine Klassifizierung der inneren Zustände konnte durch die Bahnen des ungeraden Neutrons und Protons gegeben werden. Für jede Konfiguration (Ω_n, Ω_p) erhält man zwei Banden mit $K = |\Omega_n + \Omega_p|$ und $K = |\Omega_n - \Omega_p|$. Im Sonderfall $\Omega_n = \Omega_p$ zerfallen die Zustände $K = 0$ in zwei Banden mit $r = +1$ und $r = -1$ mit den inneren Konfigurationen $2^{-1/2}(|\Omega_n\bar{\Omega}_p\rangle - r\,|\bar{\Omega}_n\Omega_p\rangle)$. Der Erwartungswert der np-Wechselwirkung in diesen Zuständen liefert einen I-unabhängigen, von r abhängigen Term und somit eine Trennung der beiden Banden $K = 0$.

Die Trägheitsmomente der doppelt-ungeraden Konfigurationen sind systematisch größer als die der gg-Kerne und können durch die zusätzlichen Beiträge $\delta\mathscr{I}_n$ und $\delta\mathscr{I}_p$ des ungeraden Neutrons und Protons, die aus den entsprechenden Konfigurationen in den A-ungerade-Kernen bestimmt wurden, annähernd beschrieben werden (siehe die Beispiele in Tab. 4–14, S. 103).

Im Falle von Konfigurationen mit $\Omega_p = \Omega_n = 1/2$, die zu nahe benachbarten Banden mit $K = 0$ und $K = 1$ führen, kann der Einfluß der Coriolis-Kraft besonders groß werden und alternierende Energieverschiebungen in der Bande $K = 1$ erzeugen, die dem A_2-Term in Gl. (4–62) entsprechen. (Eine Analyse von Konfigurationen dieses Typs findet man bei Hansen, 1964, und Sheline u. a., 1966.)

Rotationsstruktur in den Spaltungskanälen

Rotationsbandenstruktur ähnlich der in den niederenergetischen Spektren erwartet man im Spektrum der Spaltungskanäle bei Anregungsenergien nicht allzu weit oberhalb der Spaltbarriere (Bohr, 1956; die Kanalanalyse des Spaltungsprozesses wird im Abschnitt 6–3c diskutiert). Obwohl der spaltende Kern eine Anregungsenergie von etwa 5 MeV besitzt, ist der Kern beim Passieren des Sattelpunkts „kalt", da der Hauptteil der Anregungsenergie als potentielle Deformationsenergie gespeichert wird. Die quantisierten Potentialenergieflächen (die Spaltungskanäle) liegen daher wie auch bei den niederenergetischen Spektren weit auseinander.

Die Rotationsbandenstruktur der Spaltungskanäle wird durch die Symmetrie der Kernform am Sattelpunkt bestimmt, ebenso wie bei den Rotationsbanden über den Grundzustandskonfigurationen. Aussagen über das Kanalspektrum kann man aus der Messung von Spaltungsausbeuten erhalten (siehe z. B. S. 104ff.), und die Winkelverteilungen enthalten Informationen über die Verteilung der Quantenzahl K in den Kanalzuständen (siehe Gl. (4–178)). Die im Gebiet der Spaltbarriere beobachteten Winkelverteilungen zeigen ausgeprägte Anisotropien, die die Vorstellung bestätigen, daß die Spaltung über einen oder einige wenige Kanäle verläuft. Das verfügbare Material ist aber in keinem Falle ausreichend, um die Symmetrie der Form im Sattelpunkt eindeutig zu bestimmen. Die Daten aus der Photospaltung von ^{238}U werden in dem Beispiel auf S. 104ff. diskutiert. Aussagen über die Symmetrie der Sattelpunktsform lassen sich auch aus einer statistischen Analyse der Niveaudichte von Spaltungskanälen erhalten (siehe S. 534ff.).

Rotationsbewegung für Konfigurationen mit vielen Quasiteilchen

Über die Rotationsbewegung für innere Konfigurationen oberhalb von etwa 1 oder 2 MeV in schweren Kernen gibt es nur sehr wenige Daten. Mit der Anregung einer zunehmenden Zahl von Quasiteilchen erwartet man eine Abschwächung der Paarkorrelationen, da mehr und mehr Niveaus in der Umgebung der FERMI-Energie von ungepaarten Teilchen besetzt sind und für die Paarkorrelation nicht zur Verfügung stehen. Schließlich ist zu erwarten, daß dieser Effekt zu Konfigurationen führt, in denen der Paarkorrelationsparameter Δ verschwindet. (Das Verschwinden von Δ ist dem Phasenübergang eines Metalles vom supraleitenden zum normalen Zustand bei der kritischen Temperatur analog.) Mit abnehmendem Δ sollte das Trägheitsmoment zunehmen und bei $\Delta = 0$ den Wert für einen starren Körper erreichen (siehe S. 64ff.). Ein Teil des systematischen Zuwachses des Trägheitsmoments in den Ein- und Zweiquasiteilchenzuständen gegenüber dem Trägheitsmoment in den Grundzustandsbanden von gg-Kernen kann als erster Schritt in dieser Richtung gedeutet werden (siehe S. 269).

Mit zunehmender Anregungsenergie wächst die Niveaudichte stark an, und die einzelnen Niveaus stellen Kombinationen aus vielen verschiedenen Konfigurationen dar, die eine unterschiedliche Zahl von Quasiteilchen enthalten (siehe Band I, S. 163ff.). Wenn die CORIOLIS-Kopplungen vernachlässigt werden können, dann werden die Niveaus jedoch auch weiterhin Rotationsfolgen bilden; bei Systemen mit Axialsymmetrie werden die Banden durch die Quantenzahl K charakterisiert.

Hinweise auf eine starke Mischung verschiedener Werte K bei Energien in der Umgebung der Neutronenbindungsenergie können aus der statistischen Analyse der beim Einfang langsamer Neutronen beobachteten Resonanzen abgeleitet werden. Wäre K eine gute Quantenzahl für Resonanzen langsamer Neutronen, dann würde man drei Gruppen von unkorrelierten starken Resonanzen mit $(K, I) = (I_0 + 1/2, I_0 + 1/2)$, $(I_0 - 1/2, I_0 \pm 1/2)$ sowie zusätzliche schwächere Resonanzen (für $I_0 > 1/2$) für K-verbotene Resonanzprozesse erwarten. (Für das Target mit dem Spin I_0 wird $K = I_0$ angenommen.) Es zeigt sich jedoch, daß in Kernen mit ungeradem A die Verteilung der Energieabstände benachbarter Resonanzen und der Fluktuationen der beobachteten Neutronenbreiten durch die Annahme einer reinen Zufallsverteilung innerhalb jeder der beiden Gruppen von Niveaus mit $I = I_0 \pm 1/2$ erklärt werden kann. (Siehe z. B. DESJARDINS u. a., 1960.) Diese Analyse spricht daher gegen die Existenz weiterer guter Quantenzahlen außer dem Gesamtdrehimpuls und der Parität. Die Bestimmung der Anregungsenergien, bei denen die Quantenzahl K ihren Sinn verliert, und die Art, wie dieser Übergang erfolgt, sind bisher noch offen.

Einfluß der Rotationsbewegung auf die Niveaudichten

Weitere Informationen über die nukleare Rotationsbewegung lassen sich aus der Untersuchung von Niveaudichten bei Anregungsenergien gewinnen, wo statistische Konzeptionen anwendbar sind. Das Auftreten einer kollektiven Rotationsbewegung bedeutet eine Zunahme der für niederenergetische Anregungen verfügbaren Freiheitsgrade. Dies kann eine merkliche Vergrößerung der gesamten Niveaudichte zur Folge haben (BJØRNHOLM u. a., 1974). Die Größe dieses Effekts hängt von der Symmetrie der Deformation ab, die die Freiheitsgrade der Rotationsbewegung bestimmt. Die Kerndeformation bewirkt auch eine Anisotropie in den effektiven Trägheitsmomenten für die Erzeugung eines Drehimpulses in bezug auf verschiedene innere Achsen. Diese Anisotropie hat Konsequenzen für die Abhängigkeit der Niveaudichte von den Drehimpulsquantenzahlen.

Für einen axialsymmetrischen Kern erhält man die Niveaudichte zu gegebenem I durch Summation über die inneren Zustände mit $|K| \leqq I$ (Ericson, 1958). Wenn viele unabhängige Freiheitsgrade zum inneren Drehimpuls beitragen können, erwartet man für die Verteilung in K die Normalform, und wir erhalten daher

$$\varrho_{\text{intr}}(E, K) = (2\pi)^{-1/2}\,\sigma_K^{-1} \exp\left\{-\frac{K^2}{2\sigma_K^2}\right\} \varrho_{\text{intr}}(E), \tag{4–63a}$$

$$\varrho(E, I) = \tfrac{1}{2} \sum_{K=-I}^{I} \varrho_{\text{intr}}\big(E - E_{\text{rot}}(K, I), K\big) \tag{4–63b}$$

$$\approx (8\pi)^{-1/2}\,\sigma_K^{-1}\varrho_{\text{intr}}(E) \times \sum_{K=-I}^{I} \exp\left\{-\frac{1}{T}\left(\frac{\hbar^2}{2\mathscr{I}_\perp} I(I+1) + \left(\frac{\hbar^2}{2\mathscr{I}_3} - \frac{\hbar^2}{2\mathscr{I}_\perp}\right)K^2\right)\right\}, \tag{4–63c}$$

$$\varrho(E, I) \approx (2I+1)\,(8\pi)^{-1/2}\,\sigma_K^{-1}\varrho_{\text{intr}}(E) \qquad \text{für} \quad \begin{cases} E_{\text{rot}} \ll T, \\ K \ll \sigma_K, \end{cases} \tag{4–63d}$$

$$E_{\text{rot}}(K, I) = \frac{\hbar^2}{2\mathscr{I}_\perp}\big(I(I+1) - K^2\big),$$

$$\sigma_K^{-2} = \frac{\hbar^2}{\mathscr{I}_3}\frac{1}{T}.$$

In Gl. (4–63a) ist die gesamte innere Niveaudichte durch $\varrho_{\text{intr}}(E)$ bezeichnet worden; der Parameter σ_K charakterisiert den quadratischen Mittelwert von K. In dem Ausdruck für die gesamte Niveaudichte als Funktion von I rührt der Faktor 1/2 von der angenommenen $\mathscr{R}$-Symmetrie her, die zur Folge hat, daß sich die inneren Zustände mit $\pm K$ zu einer einzelnen Bande mit $I = |K|, |K| + 1, \ldots$ kombinieren, während die Banden mit $K = 0$ nur gerade oder ungerade Werte von I besitzen (siehe Abschnitt 4–2c). Die Temperatur T in dem Ausdruck (4–63c) stellt den reziproken Wert der logarithmischen Ableitung von $\varrho_{\text{intr}}(E)$ dar; die Rotationsenergie wird charakterisiert durch das Trägheitsmoment $\mathscr{I}_\perp$ für kollektive Rotation um eine zur Symmetrieachse senkrechte Achse, während σ_K durch ein effektives Trägheitsmoment $\mathscr{I}_3$ für die Erzeugung eines Drehimpulses um die Symmetrieachse ausgedrückt wird. Der letzte Ausdruck (4–63d) für $\varrho(E, I)$ ist eine Näherung, die für kleine Werte von I gilt. (Die faktorisierte Form (4–63a) von $\varrho_{\text{intr}}(E, K)$ ist eine Näherung, die dann gilt, wenn die Anregungsenergie E groß ist gegenüber der Energie $(E_{\text{rot}})_3 = \hbar^2K^2/2\mathscr{I}_3$, die zur Erzeugung des Drehimpulses K erforderlich ist. Wird diese Bedingung nicht erfüllt, so führt die statistische Analyse zu einer inneren Niveaudichte, die wie in Gl. (2B–51) von der Größe $E - (E_{\text{rot}})_3$ abhängt.)

Die Winkelverteilung im Spaltprozeß kann durch die Rotationsquantenzahlen I und K ausgedrückt werden; K ist hier die Komponente in Richtung der Achse der

Spaltung (siehe Gl. (4–178)). Eine gleichmäßige Verteilung in K bei gegebenem I liefert eine isotrope Winkelverteilung. Daher enthält die Anisotropie eine Information über die Differenz der Trägheitsmomente für Rotationen senkrecht und parallel zur Spaltungsrichtung. Experimentelle Daten für die Winkelverteilung der durch 40-MeV-α-Teilchen induzierten Spaltung werden in dem Beispiel auf S. 534ff. diskutiert; aus der Größe der Anisotropie erhält man eine Abschätzung der Deformation im Sattelpunkt.

Die Ausdrücke (4–63) können mit jenen für sphärische Kerne verglichen werden (siehe Abschnitt 2B–6 für die Bewegung unabhängiger Teilchen). Bei einem sphärischen System erhält man die Niveaudichte als Funktion von I durch eine Zerlegung der gesamten Niveaudichte $\varrho(E)$ nach Komponenten $\varrho(E, M)$ mit definierten Werten der Drehimpulskomponente M in bezug auf eine feste Achse,

$$\varrho(E, M) = (2\pi)^{-1/2}\,\sigma^{-1} \exp\left\{-\frac{M^2}{2\sigma^2}\right\}\varrho(E), \tag{4–64a}$$

$$\begin{aligned}\varrho(E, I) &= \varrho(E, M = I) - \varrho(E, M = I + 1)\\ &\approx (2I + 1)\,(8\pi)^{-1/2}\,\sigma^{-3} \exp\left\{-\frac{I(I + 1)}{2\sigma^2}\right\}\varrho(E).\end{aligned} \tag{4–64b}$$

Ebenso wie für die K-Verteilung in Gl. (4–63a) haben wir eine Normalverteilung in M angenommen; der quadratische Mittelwert wurde durch σ bezeichnet.

Beim Vergleich der Gln. (4–64b) und (4–63d) erkennt man, daß die Niveaudichte des deformierten Kerns für kleine Werte von I im Vergleich zur Niveaudichte des sphärischen Kerns einen zusätzlichen Faktor σ^2 enthält. Diese Zunahme spiegelt die Tatsache wider, daß nur der Bruchteil $(2\sigma^2)^{-1}$ der $M = 0$-Zustände zu Zuständen mit $I = 0$ gehört, während die Hälfte der $K = 0$-Banden einen Zustand $I = 0$ enthalten. Für größere Werte von I enthält die Niveaudichte des deformierten Kerns einen Abschneideparameter, der von der Rotationsenergie herrührt, und die gesamte Niveaudichte hängt vom Trägheitsmoment $\mathscr{I}_\perp$ der kollektiven Rotation ab. Durch Aufsummieren des Ausdruckes (4–63c) über I unter Berücksichtigung der $(2I + 1)$-fachen Entartung jedes Niveaus I erhält man eine gesamte Niveaudichte, die gleich der inneren Dichte $\varrho_{\text{intr}}(E)$, multipliziert mit dem Faktor $(\hbar^{-2}\mathscr{I}_\perp T)$, ist. Die Größenordnung dieses Faktors entspricht der Zahl der Zustände in einer Rotationsbande mit $E_{\text{rot}} \lessapprox T$.

Beim Vergleich der Niveaudichten von sphärischen und deformierten Systemen muß man berücksichtigen, daß das Auftreten der kollektiven Rotationsbewegung mit einer entsprechenden Reduktion der Freiheitsgrade für die innere Bewegung verbunden ist. Die Teilchenanregungen, aus denen sich die Rotation aufbaut, haben jedoch Energien, die bei schweren Kernen von der Größenordnung einiger MeV sind (siehe S. 68ff.), und für Temperaturen, die klein sind im Vergleich zu diesen Energien, ist nicht zu erwarten, daß die Abtrennung der „überzähligen“ Freiheitsgrade die innere Niveaudichte merklich ändert.

In der obigen Diskussion wurde Axialsymmetrie des Systems angenommen. In diesem Falle ist die kollektive Bewegung auf Drehungen um Achsen senkrecht zur Symmetrieachse beschränkt. Die volle Zahl der Freiheitsgrade für Drehungen in drei Dimensionen kommt ins Spiel, wenn die Deformation nicht invariant ist gegen ein beliebiges Element der Drehgruppe. In diesem Falle enthalten die Rotationsbanden $2I + 1$ Niveaus für jeden Wert von I (siehe Abschnitt 4–5). Die gesamte Niveaudichte als Funktion von I kann wie folgt geschrieben werden:

$$\varrho(E, I) = \sum_{\tau=1}^{2I+1} \varrho_{\text{intr}}(E - E_{\text{rot}}(\tau, I)) \tag{4–65a}$$

$$\approx (2I + 1)\, \varrho_{\text{intr}}(E) \qquad \text{für} \qquad E_{\text{rot}}(\tau, I) \ll T. \tag{4–65b}$$

Die Quantenzahl τ numeriert die verschiedenen Rotationsniveaus mit dem gleichen Wert I in einer gegebenen Rotationsbande. Der Ausdruck (4–65b) stellt eine für kleine I gültige Näherung dar und ist um einen Faktor der Ordnung σ_K größer als der entsprechende Ausdruck (4–63d) für einen axialsymmetrischen Kern. Für größere Werte von I kann man die Niveaudichte (4–65a) berechnen, indem man den Ausdruck (4–269) für den Hamilton-Operator der Rotation verwendet und die Summe über τ durch eine Integration über die Oberfläche einer Kugel $I^2 = I_1^2 + I_2^2 + I_3^2$ im $\boldsymbol{I}$-Raum ersetzt. (Das Volumenelement in diesem Raum ist $\pi^{-1}\, dI_1\, dI_2\, dI_3$; diese Größe stellt das Phasenraumelement in Einheiten von $(2\pi\hbar)^3$ dar, integriert über den gesamten Raumwinkel $8\pi^2$ der Orientierungen. Dieses Volumenelement entspricht einer Anzahl von Quantenzuständen pro I-Einheit von $4I^2 \approx (2I + 1)^2$.) Die daraus resultierende I-Abhängigkeit der Niveaudichte ermöglicht im Prinzip eine Bestimmung aller drei Trägheitsmomente $\mathscr{J}_\varkappa$.

Einschränkungen in den Rotationsfreiheitsgraden können auch von einer Invarianz der Kernform gegen endliche Drehungen herrühren. Eine solche Einschränkung ist uns bereits bei der $\mathscr{R}$-Symmetrie für axialsymmetrische Kerne begegnet, die eine Verringerung der Niveaudichte um einen Faktor 2 zur Folge hat. Für eine axialsymmetrische Form ist die $\mathscr{R}$-Symmetrie die einzige mögliche Untergruppe von Drehungen, aber Formen ohne Axialsymmetrie können invariant sein gegen eine beliebige Punktgruppe. Wenn die Form invariant gegen eine Gruppe von g Elementen ist, dann wird die Niveaudichte im Vergleich zu den Werten (4–65) um einen Faktor g^{-1} verringert. Dieses Resultat läßt sich einfach erhalten, wenn man beachtet, daß ein Verlust der betrachteten Symmetrie die Möglichkeit bedeutet, zwischen g verschiedenen Bereichen des Konfigurationsraumes zu unterscheiden, die den g verschiedenen Orientierungen der symmetrieverletzenden Deformation entsprechen. Somit vergrößert sich die gesamte Niveaudichte um einen Faktor g im Vergleich zum symmetrischen Fall.

Ein Beispiel für Symmetrie gegen eine Punktgruppe bildet die allgemeinste Quadrupoldeformation. Eine solche Deformation verletzt die Axialsymmetrie, ist aber invariant gegen die Drehungen $\mathscr{R}_\varkappa$ von 180° um jede der drei Hauptachsen. Die zugehörige Punktgruppe D_2 hat vier Elemente; somit führt die Invarianz zu einer Niveaudichte, die ein Viertel des Wertes (4–65) beträgt.

Zusätzliche kollektive Freiheitsgrade resultieren aus Deformationen, die die Raumspiegelung $\mathscr{P}$ oder die Zeitumkehr $\mathscr{T}$ verletzen. Eine Deformation, die eine dieser Symmetrien verletzt, führt zu einer Verdopplung der Energieniveaus (siehe Abschnitt 4–2e) und damit zu einer Vergrößerung der Niveaudichte um einen Faktor 2.

Das Spektrum im Yrast-Gebiet[1])

Die Untersuchung der Kernstruktur im Gebiet der Yrast-Linie für große Werte des Drehimpulses stellt ein neues Forschungsgebiet dar. Trotz der hohen Anregung kann der Kern als „kalt“ angesehen werden, da die Energie beinahe vollständig zur Erzeugung des Drehimpulses verwendet wurde. Die zur Beschreibung der Kernmaterie unter diesen Bedingungen geeigneten Elementaranregungen können jedoch stark modifiziert sein infolge der großen inneren Spannungen, die mit den Zentrifugal- und Coriolis-Kräften verbunden sind.

[1]) Das niedrigste Niveau zu gegebenem Wert I wird als ein „Yrast“-Niveau bezeichnet (Grover, 1967). Dieses Wort scheint sich von dem altgermanischen „wór“ herzuleiten, das sich in das englische „weary“ und das nordische „ørr“ (im modernen Schwedisch „yr“, im modernen Dänisch „ør“) verwandelte und „verwirrt“ bedeutet. Die Form „yrast“ ist der in natürlicher Weise konstruierte Superlativ von „yr“.

Die vorhandenen Daten für das Yrast-Gebiet stammen teilweise aus detaillierten spektroskopischen Untersuchungen, wobei einzelne Niveaus bis zu $I \approx 20$ identifiziert wurden. Zusätzliche, mehr indirekte Aussagen über Niveaus bis zu $I \approx 50$ wurden aus der Analyse von γ-Kaskaden erhalten, die den durch schwere Ionen ausgelösten Compoundkernreaktionen folgen. Diese Untersuchungen deuten darauf hin, daß es im Yrast-Gebiet selbst bei so hohen Werten des Drehimpulses Gruppen kollektiver Anregungen gibt, die Rotationsstruktur besitzen können (siehe die Diskussion auf S. 55ff.).

Gegenwärtig ist die Erforschung der Yrast-Region in einem noch sehr vorläufigen Stadium. Im folgenden führen wir eine Reihe von Struktureffekten an, die von Bedeutung sein können.

1. Die starke Abhängigkeit des Trägheitsmoments von den Paarkorrelationen besagt, daß diese mit zunehmendem Drehimpuls abgeschwächt werden. Man kann sich einen ziemlich abrupten Phasenübergang von der paarkorrelierten (oder supraflüssigen) Phase zu der eines normalen Fermi-Gases vorstellen (Mottelson und Valatin, 1960). Die beobachteten Rotationsspektren von Kernen mit $A \approx 160$ zeigen auffällige Änderungen für $I \approx 20$, die möglicherweise mit einem solchen Effekt zusammenhängen (siehe das auf S. 59ff. diskutierte Beispiel und die ausführlicheren Daten von Johnson u. a., 1972).

2. Die Axialsymmetrie des Kerns stellt eine entartete Situation mit zwei gleich großen Trägheitsmomenten dar, und eine Abweichung von dieser Symmetrie wird in den meisten Fällen eines dieser Momente auf Kosten des anderen vergrößern. Die Möglichkeit der Ausrichtung des Rotationsdrehimpulses längs der Achse mit dem größten Trägheitsmoment führt daher zu einer Tendenz des Systems, mit zunehmendem Drehimpuls aus der Axialsymmetrie auszubrechen. Vorläufige Abschätzungen dieses Effekts werden im Zusammenhang mit der Analyse der Kopplung der Rotationsbewegung an die kollektiven Schwingungen, die von der Axialsymmetrie wegführen (S. 143ff.), betrachtet; siehe auch die Bemerkungen unter Punkt 5. (Rotationsspektren von Systemen ohne Axialsymmetrie werden im Abschnitt 4–5 diskutiert.)

3. Die Vergrößerung des Trägheitsmoments mit zunehmender Streckung des Kerns bedeutet, daß der Rotationsdrehimpuls zur Instabilität gegenüber Spaltung führen kann (siehe die Abschätzung im Abschnitt 6A–2b im Rahmen des Tröpfchenmodells).

4. Die Coriolis-Kraft verursacht eine starke Änderung der Einteilchenbahnen, wenn die Rotationsfrequenz mit der Differenz der Frequenzen der Teilchenbewegung parallel und senkrecht zur Symmetrieachse vergleichbar wird. Diese Änderungen bewirken eine Tendenz der Nukleonendrehimpulse, sich längs der Drehachse auszurichten. Daraus resultiert eine Verringerung der Deformation bezüglich dieser Achse. In manchen Fällen kann dieser Effekt zu einer allmählichen Änderung der Kernform führen, wobei schließlich Axialsymmetrie in der Drehrichtung entsteht und die Rotationsbande bei einem endlichen Wert des Drehimpulses abbricht (siehe S. 70ff.). Die kritischen Werte I_{max} sind von der Größenordnung der Teilchenzahl (siehe Tab. 4–3, S. 73); daher ist diese Erscheinung besonders wichtig für die leichten Kerne. Vorläufige Hinweise auf einen solchen Effekt in ^{20}Ne werden auf S. 82 behandelt; siehe auch die Diskussion von ^{8}Be auf S. 84ff. In anderen Situationen kann die Coriolis-Kraft ausgewählte Bahnen (vor allem die Bahnen mit großem j und kleinem Ω in schweren Kernen; siehe S. 270) besonders stark beeinflussen; in diesem Fall kann ein Übergang zu einem Kopplungsschema erfolgen, in dem der Drehimpuls dieser Teilchen längs der

Drehachse ausgerichtet wird, lange bevor der Gesamtdrehimpuls den Wert I_{max} erreicht (STEPHENS und SIMON, 1972).

5. Der Kern kann große Werte des Drehimpulses entweder durch kollektive Rotationen oder durch Ausrichtung der Drehimpulse der einzelnen Nukleonen parallel zur Symmetrieachse aufnehmen. Die beim letzteren Mechanismus erforderlichen Energien können mit den Rotationsenergien vergleichbar sein (siehe die statistische Abschätzung auf S. 67), und ein solches Kopplungsschema kann daher im Yrast-Gebiet effektiv konkurrieren. Isomere mit großen Werten K wurden in besonderen Fällen auf der Yrast-Linie beobachtet (siehe die Beispiele der Isomere $K\pi = 8^-$ und $K\pi = 16^+$ in ^{178}Hf auf S. 60). Die Untersuchung der Kernniveaus mit noch höherem Spin, die in Schwerionenreaktionen bevölkert wurden, hat bisher keinen Hinweis auf das Auftreten einer Isomerie geliefert. Dieser Befund kann darauf hindeuten, daß in den untersuchten Yrast-Gebieten der Drehimpuls nicht durch einzelne Nukleonen hervorgerufen wird, möglicherweise infolge einer Abweichung von der Axialsymmetrie der Kernform. Bei noch größeren Werten des Drehimpulses, etwa bei der Größenordnung der kritischen Werte für Instabilität gegen Spaltung (siehe Punkt 3), kann man sich ein Regime vorstellen, in dem die Zentrifugalkräfte, die wie im Falle einer klassischen rotierenden Flüssigkeit abgeplattete Deformationen begünstigen, gegenüber dem Einfluß der Schalenstruktur dominieren und eine diskusähnliche Kernform erzeugen, wobei der Drehimpuls in der Richtung der Symmetrieachse orientiert ist. In einer solchen Situation würden die Yrast-Niveaus keine regulären Folgen bilden, und die Matrixelemente von Strahlungsübergängen wären gleich denen für Bahnänderungen einzelner Nukleonen.

6. Infolge der Störung der Kernform durch die Rotation kann eine kollektive Rotationsbewegung im Yrast-Gebiet auch bei Kernen auftreten, die bei kleineren Drehimpulswerten keine Rotation zeigen (siehe das Vibrationsmodell in Abschnitt 6B-3 sowie die in Abb. 6–33 auf S. 461 dargestellten Daten).

4–3b $E2$-Matrixelemente innerhalb einer Bande

Die Deformation, die die Trennung von Rotations- und innerer Bewegung verursacht (siehe Abschnitt 4–2), kann aus der Untersuchung geeigneter Matrixelemente zwischen den Niveaus einer Bande bestimmt werden. Das Auftreten einer stabilen Deformation bedeutet, daß diese Rotationsmatrixelemente groß sind gegenüber den entsprechenden Matrixelementen, die mit Fluktuationen in den Deformationsparametern (Vibrations- oder Einteilchenübergänge) verknüpft sind. Die beobachteten Deformationen der Kernform sind hauptsächlich vom Quadrupoltyp, und die detailliertesten Angaben über diese Deformationen stammen aus Messungen von $E2$-Matrixelementen innerhalb einer Rotationsbande.

Intensitätsregeln führender Ordnung

Eine axialsymmetrische Quadrupoldeformation kann durch das innere elektrische Quadrupolmoment charakterisiert werden (vgl. Gl. (3–26)),

$$\begin{aligned} eQ_0 &\equiv \langle K| \int \varrho_e(\mathbf{r}')\, r'^2(3\cos^2\vartheta' - 1)\, d\tau'\, |K\rangle \\ &= \left(\frac{16\pi}{5}\right)^{1/2} \langle K|\, \mathscr{M}(E2, \nu = 0)\, |K\rangle. \end{aligned} \tag{4–66}$$

Die gestrichenen Koordinaten beziehen sich auf das innere (körperfeste) System, und $\mathcal{M}(E2, \nu)$ bezeichnet die Komponenten des elektrischen Quadrupoltensors (siehe Gl. (3–29)) im inneren System.[1])

Die $E2$-Momente $\mathcal{M}(E2, \mu)$, die sich auf die Achsen des raumfesten Systems beziehen, erhält man aus den inneren Momenten mit Hilfe der Standardtransformation von Tensoroperatoren (siehe Gl. (1A–52)),

$$\begin{aligned}\mathcal{M}(E2, \mu) &= \sum_{\nu} \mathcal{M}(E2, \nu)\, \mathcal{D}^2_{\mu\nu}(\omega) \\ &= \left(\frac{5}{16\pi}\right)^{1/2} eQ_0 \mathcal{D}^2_{\mu 0}(\omega) \\ &= \frac{e}{2} Q_0 Y_{2\mu}(\theta, \phi), \end{aligned} \qquad (4\text{–}67)$$

wobei $\omega = (\phi, \theta, \psi)$ die Orientierungswinkel des körperfesten Systems sind. (Im letzten Ausdruck in Gl. (4–67) wurde die Beziehung (1A–42) verwendet.) Das Moment (4–67) enthält nur den kollektiven Anteil, der mit der mittleren Deformation des inneren Zustandes zusammenhängt.

Das kollektive $E2$-Moment (4–67) verknüpft Zustände (mit $\Delta I \leqq 2$), die zur gleichen Rotationsbande gehören. Die $E2$-Matrixelemente zwischen zwei solchen Zuständen, die durch die Wellenfunktionen (4–15) oder (4–19) beschrieben werden, lassen sich unter Verwendung der Beziehungen (1A–41) und (1A–43) für die $\mathcal{D}$-Funktionen berechnen, und man erhält die reduzierten Matrixelemente und Übergangswahrscheinlichkeiten (siehe Gln. (1A–61) und (1A–67))

$$\langle KI_2 \| \mathcal{M}(E2) \| KI_1 \rangle = (2I_1 + 1)^{1/2} \langle I_1 K 2 0 \mid I_2 K \rangle \left(\frac{5}{16\pi}\right)^{1/2} eQ_0, \qquad (4\text{–}68\text{a})$$

$$B(E2; KI_1 \to KI_2) = \frac{5}{16\pi} e^2 Q_0^2 \langle I_1 K 2 0 \mid I_2 K \rangle^2. \qquad (4\text{–}68\text{b})$$

Der Vektoradditionskoeffizient $\langle I_1 K 2 0 \mid I_2 K \rangle$ stellt die Kopplung der Drehimpulse im inneren Bezugssystem dar.

Die diagonalen Matrixelemente ($I_1 = I_2$) ergeben die statischen Momente (siehe Gl. (3–30)), und Gl. (4–68a) liefert

$$\begin{aligned} Q &= \langle IK20 \mid IK \rangle \langle II20 \mid II \rangle Q_0 \\ &= \frac{3K^2 - I(I+1)}{(I+1)(2I+3)} Q_0. \end{aligned} \qquad (4\text{–}69)$$

Das Verhältnis zwischen Q und Q_0 ist der Erwartungswert von $P_2(\cos\theta)$ im Zustand $M = I$ und spiegelt die mit der Rotationsbewegung verbundene Mittelung der Ladungsexzentrizität wider. Daher ist $|Q|$ stets kleiner als $|Q_0|$. Für den Spezialfall mit $I = K$

[1]) Komponenten von Tensoroperatoren wie $\mathcal{M}(E2, \nu)$, die sich auf das innere System beziehen, werden oft durch einen Strich gekennzeichnet: $\mathcal{M}'(E2, \nu)$; siehe z. B. Abschnitt 1A–6. Im vorliegenden Textabschnitt ist der Tensorindex ν jedoch ausreichend, um einen Operator als zum inneren Koordinatensystem gehörend zu identifizieren, und der Strich wurde deshalb weggelassen.

(was im allgemeinen für den Grundzustand gilt) erhält man

$$Q = \frac{I}{I+1} \frac{2I-1}{2I+3} Q_0. \tag{4–70}$$

Für $I = 0$ oder $I = 1/2$ zeigt die Kernachse mit gleicher Wahrscheinlichkeit nach allen Richtungen, daher führt die innere Deformation hier nicht zu einem äußeren Moment (dies folgt aus allgemeinen Forderungen der Drehinvarianz). In dem klassischen Grenzfall $I \to \infty$ (und $K = I$) werden die mit der Rotation zusammenhängenden Nullpunktsschwankungen vernachlässigbar klein, und Q erreicht den Wert Q_0. Für die Zustände mit sehr großem I in einer gegebenen Bande (mit festem K) ergibt die Gl. (4–69) $Q \approx -Q_0/2$; das entspricht der Tatsache, daß der Gesamtdrehimpuls senkrecht zur Kernsymmetrieachse ausgerichtet wird $\left(P_2(\cos \frac{1}{2}\pi) = -\frac{1}{2}\right)$.

Die $E2$-Übergänge genügen der Auswahlregel $\Delta I \leq 2$. Für $I \gg K$ haben die Vektoradditionskoeffizienten in Gl. (4–68) die Näherungswerte

$$\langle I_1 K 2 0 \mid I_2 K \rangle \approx \begin{cases} (\frac{3}{8})^{1/2}, & I_2 = I_1 \pm 2, \\ \pm(\frac{3}{2})^{1/2} (K/I), & I_2 = I_1 \pm 1, \\ -\frac{1}{2}, & I_2 = I_1. \end{cases} \tag{4–71}$$

Die großen Matrixelemente entsprechen daher den Werten $\Delta I = 2$ oder 0, und sie verbinden Zustände mit der gleichen Signatur (siehe Gl. (4–23)), während die Übergänge zwischen Zuständen unterschiedlicher Signatur ($\Delta I = 1$) um einen Faktor der Größenordnung $(K/I)^2$ schwächer sind. Diese Auswahlregel entspricht der Tatsache, daß ein rotierender Körper im klassischen Grenzfall ein Quadrupolfeld mit den Frequenzen 0 und $2\omega_{\text{rot}}$ erzeugt.

In der im vorliegenden Abschnitt benutzten Näherung, nach der die E_2-Momente einer statischen inneren Deformation mit Axialsymmetrie zugeordnet werden, lassen sich alle $E2$-Matrixelemente innerhalb einer gegebenen Bande über Beziehungen geometrischer Natur durch einen einzigen Parameter Q_0 ausdrücken. Das empirische Material zum Test dieser Beziehungen wird in Abb. 4–24 (S. 110) wiedergegeben; man vergleiche auch die Beispiele im Zusammenhang mit den Tabellen 4–4 (^{20}Ne, S. 83), 4–6 (^{169}Tm, S. 88), 4–8 (^{177}LU und ^{177}Hf, S. 92) und 4–10 (^{239}Pu, S. 96). Bei den gut ausgeprägten Rotationsspektren stimmen die Verhältnisse der $E2$-Matrixelemente für die niedrigsten Zustände der Bande innerhalb der experimentellen Genauigkeit von einigen Prozent mit der Intensitätsregel führender Ordnung überein. Beim Kern ^{20}Ne zeigen die gemessenen $E2$-Matrixelemente für die Zustände mit $I = 6$ und 8 größere Abweichungen von den Intensitätsregeln führender Ordnung. Diese Abweichungen lassen sich durch eine Ausrichtung der Teilchendrehimpulse erklären, die zum Abbruch der Bande und zu einem verschwindenden $E2$-Moment führen kann (siehe Punkt 4 auf S. 34).

Deformationsparameter

Die Stärke der $E2$-Übergänge zwischen Gliedern einer Rotationsbande, die bei schweren Kernen typischerweise von der Größenordnung hundert Einteilcheneinheiten ist (siehe Abb. 4–5), demonstriert die kollektive Natur der Quadrupoldeformation in den rotierenden Kernen besonders augenfällig.

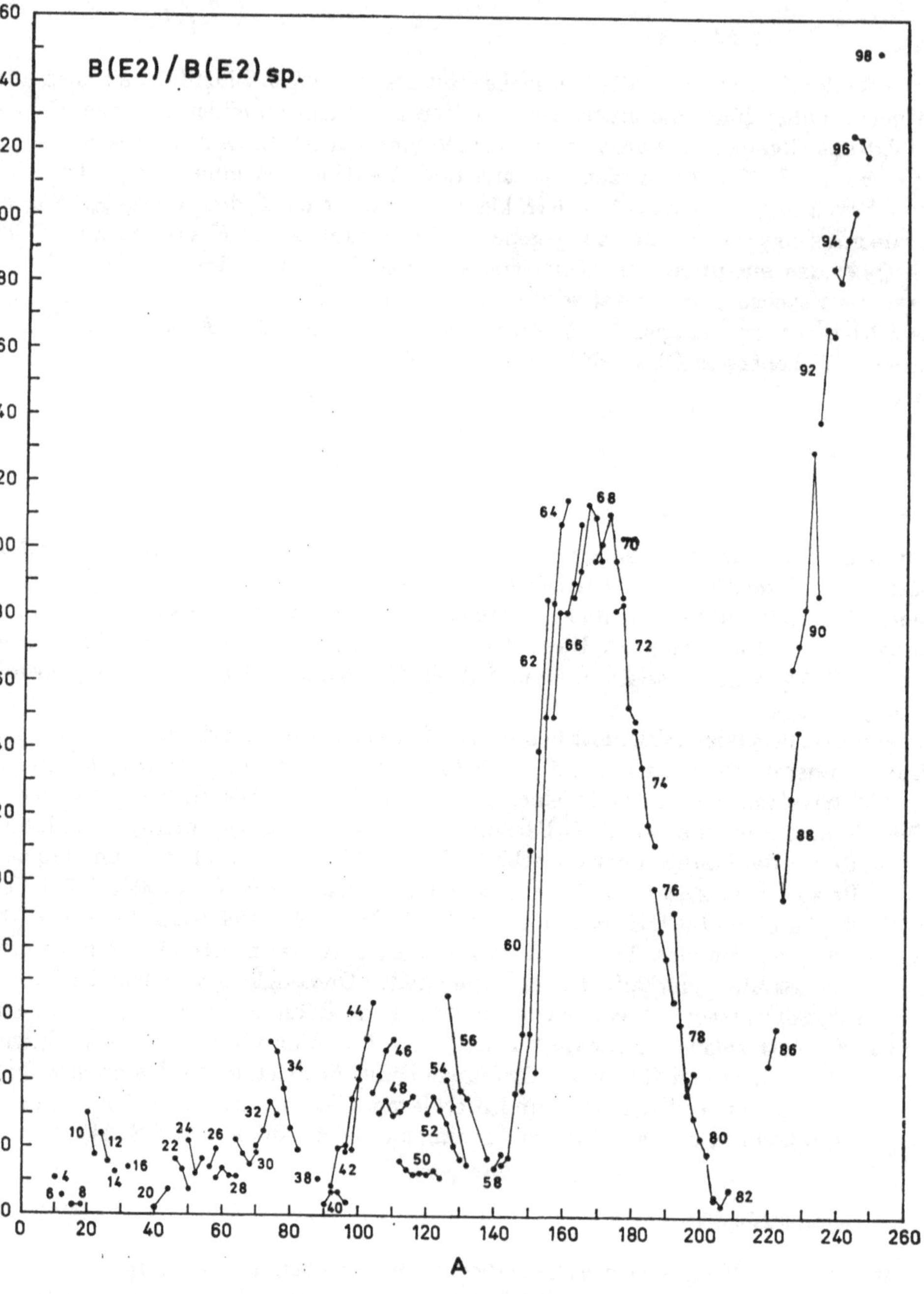
B(E2)/B(E2)sp.
360
340
320
300
280
260
240
220
200
180
160
140
120
100
80
60
40
20
0
0 20 40 60 80 100 120 140 160 180 200 220 240 260
A
4
6
8
10
12
14
16
20
22
24
26
28
30
32
34
38
40
42
44
46
48
50
52
54
56
58
60
62
64
66
68
70
72
74
76
78
80
82
86
88
90
92
94
96
98

Die Größe der beobachteten Matrixelemente bestimmt das innere Moment Q_0. Nimmt man eine kollektive Deformation des Kerns als Ganzes an, dann kann man Q_0 durch einen Deformationsparameter δ ausdrücken, der zweckmäßig durch die Beziehung

$$Q_0 = \tfrac{4}{3}\left\langle \sum_{k=1}^{Z} r_k^2 \right\rangle \delta \tag{4–72}$$

definiert wird, wobei die Summation über alle Protonen im Kern läuft. Aus der Definition (4–72) folgt, daß sich der Parameter δ für einen homogen geladenen sphäroidalen Kern mit einer scharfen Oberfläche über die Beziehung

$$\begin{aligned}\delta &= \frac{3}{2}\,\frac{(R_3)^2 - (R_\perp)^2}{(R_3)^2 + 2(R_\perp)^2} \\ &\approx \frac{\Delta R}{R} + \frac{1}{6}\left(\frac{\Delta R}{R}\right)^2 + \cdots, \\ \Delta R &= R_3 - R_\perp\,, \qquad R = (\tfrac{5}{3}\langle r^2\rangle)^{1/2} \approx \tfrac{1}{3}(R_3 + 2R_\perp),\end{aligned} \tag{4–73}$$

durch die Differenz ΔR der Radien parallel und senkrecht zur Symmetrieachse und den mittleren Radius R ausdrücken läßt.

Die Quadrupoldeformationen können auch durch den Parameter β_2 in der Entwicklung der Dichteverteilung nach Kugelfunktionen charakterisiert werden. Die Beziehung zwischen den beiden Parametern δ und β_2 ist durch Gl. (4–191) gegeben; in führender Ordnung gilt $\delta \approx 0{,}95\beta_2$ für den Grenzfall einer scharfen Oberfläche. Der Vorzug des Deformationsparameters δ liegt in seiner ziemlich direkten Verknüpfung mit dem experimentell bestimmten Quadrupolmoment, und daher wird dieser Parameter im vorliegenden Kapitel sowie in Kapitel 5 meist verwendet.

Die gemessenen Deformationen schwerer Kerne werden in Abb. 4–25 auf S. 114 wiedergegeben. Man sieht, daß die typischen Werte von δ von der Größenordnung 0,2 bis 0,3 sind und daß alle stark deformierten Kerne positive Q_0-Werte (gestreckte Form) besitzen. Bei den leichteren Kernen sind die Deformationsparameter etwas größer (siehe Tab. 4–15, S. 115). Die A-ungerade-Kerne und die uu-Kerne besitzen ähnliche Formen wie die benachbarten gg-Kerne (siehe Abb. 4–25).

←

Abb. 4–5 $E2$-Übergangswahrscheinlichkeiten zwischen dem Grundzustand und dem ersten angeregten 2^+-Zustand in gg-Kernen. Die Werte $B(E2;\, 0^+ \to 2^+)$ sind in Einheiten des „Einteilchen"-Wertes

$$B_{\rm sp}(E2) = \frac{5}{4\pi}\, e^2(\tfrac{3}{5}R^2)^2 = 0{,}30A^{4/3}e^2\,{\rm fm}^4 \qquad (R = 1{,}2A^{1/3}\,{\rm fm})$$

wiedergegeben, der die Übergangswahrscheinlichkeit für eine Zwei-Protonen-Anregung $(j^2)_{J=0} \to (j^2)_{J=2}$ im Grenzfall großer j darstellt, wobei das Radialmatrixelement $\langle j|\, r^2\, |j\rangle = \frac{3}{5}R^2$ gesetzt wurde (siehe z. B. Gln. (1A–72a) und (3C–33)). Die Größe $B_{\rm sp}(E2)$ ist auch gleich der Wahrscheinlichkeit für den Übergang eines einzelnen Protons von $l = 0$ nach $l = 2$ (siehe Gl. (3C–34)). Die Einheit $B_W(E2)$ (siehe Gl. (3C–38)) ist gleich $\frac{1}{5}B_{\rm sp}(E2)$ und wäre die zweckmäßige Einteilcheneinheit für den Übergang $2 \to 0$.
Die empirischen $B(E2)$-Werte wurden der Zusammenstellung von Stelson und Grodzins (1965) entnommen. Die Daten für die Kerne mit zwei abgeschlossenen Schalen stammen aus folgenden Quellen: ^{16}O (Skora u. a., 1966); ^{40}Ca (J. R. MacDonald, D. F. H. Start, R. Anderson, A. G. Robertson und M. A. Grace, Nuclear Phys. **A108**, 6 (1968)); ^{208}Pb (J. F. Ziegler und G. A. Peterson, Phys. Rev. **165**, 1337 (1968)).

In einigen Fällen konnten auch Angaben über die Quadrupoldeformation angeregter Banden erhalten werden. Diese Banden zeigen meist ähnliche Deformationen wie die Grundzustandsbanden (siehe z. B. die Bestimmung von $Q_0(K\pi = 3^+)$ in ^{172}Yb (Forker und Wagner, 1969) und die Diskussion indirekter Daten zu angeregten Banden in ^{175}Lu (S. 133) und ^{166}Er (S. 139)). Auf das Auftreten der Formisomerie mit sehr unterschiedlichen Deformationen in niedrigliegenden Anregungen wurde auf S. 21 hingewiesen.

Theoretische Abschätzungen von Gleichgewichtsdeformationen der Kerne lassen sich aus der Untersuchung der Bewegung unabhängiger Teilchen in deformierten Potentialen finden. Die Gleichgewichtsform kann durch das Minimum der Gesamtenergie des Kerns oder durch die Bedingung der Selbstkonsistenz zwischen der Dichte und dem Potential charakterisiert werden (siehe S. 114ff. und die allgemeinere Diskussion des Einflusses der Schalenstruktur auf die Potentialenergiefläche des Kerns, S. 520ff.). Für die Größe von δ findet man Werte von der Größenordnung des Verhältnisses der Zahl der Nukleonen außerhalb abgeschlossener Schalen zur Gesamtzahl der Nukleonen und somit typischerweise von der Größenordnung $\delta \approx A^{-1/3}$. (Siehe die Diskussion auf S. 114ff. und die Bemerkungen auf S. 523.) Bei Annäherung an die Konfigurationen abgeschlossener Schalen nimmt die Größe der Gleichgewichtsdeformation ab. Bei Konfigurationen mit relativ wenigen Teilchen außerhalb abgeschlossener Schalen ist der Einfluß der Deformation auf die Einteilchenbewegung klein gegenüber dem Einfluß der Paarkorrelationen, und es erfolgt ein Übergang zu einem sphärischen Kopplungsschema mit einem Quadrupolvibrationsspektrum (siehe Kapitel 6, S. 446ff.).

Obwohl die meisten Kerndeformationen vom Quadrupoltyp sind, hat man noch höhere Multipolkomponenten zu erwarten, die experimentell auch beobachtet werden. Angaben über $\lambda = 4$-Momente werden auf S. 119ff. diskutiert; im Gebiet der Seltenen Erden scheinen die Deformationen mit $\lambda = 4$ typischerweise um einen Faktor 5 kleiner als die Quadrupoldeformationen zu sein (siehe Tab. 4–16, S. 119).

Verallgemeinerte Intensitätsbeziehungen

In der vorigen Diskussion haben wir die $E2$-Matrixelemente betrachtet, die einer axialsymmetrischen Deformation mit einem vom Rotationsdrehimpuls unabhängigen Quadrupolmoment entsprechen. Korrekturen an den Intensitätsbeziehungen führender Ordnung werden von den Störungen der inneren Struktur infolge der Coriolis- und Zentrifugalkräfte sowie von nichtaxialsymmetrischen Komponenten in der Ladungsverteilung verursacht.

Eine systematische Analyse der verallgemeinerten Intensitätsbeziehungen kann durch Entwicklung der inneren Momente $\mathcal{M}(E2, \nu)$ (siehe Gl. (4–67)) nach Potenzen des Rotationsdrehimpulses erfolgen. Dieses Verfahren entspricht dem bei der Analyse der Rotationsenergie in Abschnitt 4–3a verwendeten Verfahren, mit Abwandlungen, die aus dem Tensorcharakter des $E2$-Moments herrühren. Im folgenden Kleindruck wird die Struktur der $E2$-Matrixelemente innerhalb einer Rotationsbande als Prototyp der allgemeinen Analyse von Tensormatrixelementen im Rotationskopplungsschema ausführlich diskutiert.

In nullter Ordnung, unter Vernachlässigung der I-Abhängigkeit von $\mathcal{M}(E2, \nu)$, können die Matrixelemente innerhalb einer Bande Beiträge von den Komponenten mit $\nu = 0$ und $\nu = \pm 2K$ enthalten. Die Komponenten mit $\nu = 0$ ergeben das Matrixelement (4–68), während die Komponenten mit $\nu = \pm 2K$ einen zur Signatur proportionalen Term liefern. Da der I-unabhängige Anteil von $\mathscr{M}(E2, \nu)$ gegen die Kombination von Zeitumkehr und hermitescher Konjugation ($c = -1$) invariant ist, folgt aus der Auswahlregel (4–31), daß der signaturabhängige Term für halbzahlige Werte K verschwindet. Daher erscheint dieser Term nur für $K = 1$-Banden, und in der I-unabhängigen Näherung haben die $E2$-Matrixelemente die Form

$$\langle KI_2 \| \mathscr{M}(E2) \| KI_1 \rangle = (2I_1 + 1)^{1/2} \big(\langle I_1 K 2 0 \mid I_2 K \rangle \langle K | \mathscr{M}(E2, \nu = 0) | K \rangle + (-1)^{I_1+1} \langle I_1 - 1 2 2 | I_2 1 \rangle \langle K = 1 | \mathscr{M}(E2, \nu = 2) | \overline{K = 1} \rangle \delta(K, 1) \big), \tag{4–74}$$

wobei der erste Term mit dem Matrixelement (4–68) identisch ist. Der Beitrag des zweiten Terms wird normalerweise sehr klein sein gegenüber dem Beitrag von dem kollektiven $\nu = 0$-Moment. Der Term verschwindet für eine Zweiteilchenkonfiguration (Ω_1, Ω_2), er kann aber Beiträge aus Linearkombinationen solcher Konfigurationen erhalten; für eine Vibrationsanregung mit $K = 1$ stellt der Term das kleine $E2$-Moment mit $\nu = 2$ dar, das als Effekt zweiter Ordnung in der Vibrationsamplitude auftreten kann.

Bei Hinzunahme der in $I_\pm$ linearen Terme können die effektiven Momente wie folgt geschrieben werden:

$$\mathscr{M}(E2, \mu) = \sum_{\nu=-2}^{2} \left(m_{\nu,\nu} \mathscr{D}^2_{\mu\nu} + \tfrac{1}{2} m_{\nu+1,\nu} \{I_-, \mathscr{D}^2_{\mu\nu}\} + \tfrac{1}{2} m_{\nu-1,\nu} \{I_+, \mathscr{D}^2_{\mu\nu}\} \right), \tag{4–75a}$$

$$\begin{aligned} \mathscr{R}_e \{I_-, \mathscr{D}^2_{\mu\nu}\} \mathscr{R}_e^{-1} &= (-1)^{\nu+1} \{I_+, \mathscr{D}^2_{\mu-\nu}\}, \\ \mathscr{R}_i^{-1} m_{\nu+1,\nu} \mathscr{R}_i &= (-1)^{\nu+1} m_{-\nu-1,-\nu}. \end{aligned} \tag{4–75b}$$

Die Bezeichnung $m_{\Delta K,\nu}$ für die inneren Operatoren verweist auf die Tensorkomponente ν und die durch den Operator bewirkte Änderung von K. Wie aus Gl. (4–75b) ersichtlich, können die Terme in $\mathscr{M}(E2, \mu)$, die den Operator I_+ enthalten, auch als die $\mathscr{R}$-Konjugierten der Terme mit I_- ausgedrückt werden (siehe S. 25). Für die inneren Operatoren $m_{\Delta K,\nu}$ gelten die Symmetriebeziehungen

$$(m_{\Delta K,\nu})^\dagger = (-1)^\nu m_{-\Delta K,-\nu}, \tag{4–76a}$$

$$\mathscr{R}_i \mathscr{T} m_{\Delta K,\nu} (\mathscr{R}_i \mathscr{T})^{-1} = m_{\Delta K,\nu}, \tag{4–76b}$$

die aus dem Transformationsverhalten von $\mathscr{M}(E2, \mu)$ bei hermitescher Konjugation und Zeitumkehr folgen. Die Operatoren $I_\pm$ kommutieren nicht mit den $\mathscr{D}$-Funktionen, und in Gl. (4–75) haben wir die $I_\pm$-Abhängigkeit durch symmetrisierte Produkte ausgedrückt. Da der Kommutator von $I_\pm$ und $\mathscr{D}^\lambda_{\mu\nu}$ proportional zu $\mathscr{D}^\lambda_{\mu\nu\mp1}$ ist (siehe Gl. (1A–91)), entspricht eine andere Reihenfolge der Operatoren in Gl. (4–75) einer Umdefinition der in den I-unabhängigen Termen auftretenden Operatoren $m_{\nu,\nu}$.

Zu den Matrixelementen innerhalb einer Bande können die Terme in Gl. (4–75) mit $\Delta K = 0$ und ± 2K beitragen. Man erhält

$$\begin{aligned} &\langle KI_2 \| \mathscr{M}(E2) \| KI_1 \rangle \\ &= (2I_1 + 1)^{1/2} \Big(\langle I_1 K 2 0 \mid I_2 K \rangle \langle K | m_{0,0} | K \rangle \\ &\quad + (-1)^{I_1+1} \langle I_1 - 1 2 2 \mid I_2 1 \rangle \langle K = 1 | m_{2,2} | \overline{K = 1} \rangle \delta(K, 1) \\ &\quad + \big(\langle I_1\, K+1\, 2\, -1 \mid I_2 K \rangle (I_1 - K)^{1/2} (I_1 + K + 1)^{1/2} \\ &\quad - \langle I_1\, K - 1\, 2\, 1 \mid I_2 K \rangle (I_1 + K)^{1/2} (I_1 - K + 1)^{1/2} \big) \langle K | m_{0,-1} | K \rangle \\ &\quad + \tfrac{1}{2} (-1)^{I_1+K} \big(\langle I_1\, -K\, 2\, 2K-1 \mid I_2\, K-1 \rangle (I_2 + K)^{1/2} (I_2 - K + 1)^{1/2} \\ &\quad + \langle I_1\, -K+1\, 2\, 2K-1 \mid I_2 K \rangle (I_1 + K)^{1/2} (I_1 - K + 1)^{1/2} \big) \langle K | m_{2K,2K-1} | \overline{K} \rangle \\ &\quad + \tfrac{1}{2} (-1)^{I_1+K} \big(\langle I_1\, -K\, 2\, 2K+1 \mid I_2\, K+1 \rangle (I_2 - K)^{1/2} (I_2 + K + 1)^{1/2} \\ &\quad + \langle I_1\, -K-1\, 2\, 2K+1 \mid I_2 K \rangle (I_1 - K)^{1/2} (I_1 + K + 1)^{1/2} \big) \langle K | m_{2K,2K+1} | \overline{K} \rangle \Big). \end{aligned} \tag{4–77}$$

Bei der Ableitung dieses Ausdruckes wurde die Beziehung $\langle K| m_{0,1} |K\rangle = -\langle K| m_{0,-1} |K\rangle$ verwendet, die aus den Symmetriebeziehungen (4–76) folgt. Die Terme, welche Produkte von Vektoradditionskoeffizienten und Matrixelementen von $I_\pm$ enthalten, lassen sich in unterschiedlicher Weise ausdrücken; die Form (4–77) ergibt sich aus der Beziehung

$$\{I_-, \mathscr{D}^2_{\mu-1}\} - \{I_+, \mathscr{D}^2_{\mu 1}\} = 2(\mathscr{D}^2_{\mu-1} I_- - \mathscr{D}^2_{\mu 1} I_+) . \tag{4–78}$$

Die inneren Momente $m_{\Delta K=\nu\pm1,\nu}$ sind ungerade gegen Zeitumkehr und nachfolgende hermitesche Konjugation ($c = +1$). Daher tragen die in $I_\pm$ linearen Terme in dem effektiven Moment (4–75a) nicht zu den Matrixelementen in einer Bande mit $K = 0$ bei (siehe Gl. (4–30)). Außerdem verschwinden die Matrixelemente $\langle K| m_{2K,2K\pm1} |\bar{K}\rangle$ für ganzzahlige K (siehe Gl. (4–31)). Abschätzungen der I-abhängigen Terme in dem effektiven Moment (4–75a), die aus der Bandenmischung infolge der Coriolis-Wechselwirkung herrühren, werden auf S. 111ff. betrachtet.

In zweiter Ordnung bezüglich des Rotationsdrehimpulses können im effektiven $E2$-Moment Terme proportional zu I^2_+ und I^2_- ($\nu = \Delta K \pm 2$) auftreten und außerdem Terme mit $\nu = \Delta K$, die innere Momente proportional zu $\frac{1}{2}\{I_+, I_-\} = I_1^2 + I_2^2$ enthalten. Wir beschränken uns auf den Teil des $E2$-Operators, der zu Übergängen mit $\Delta K = 0$ beiträgt,

$$\begin{aligned}\mathscr{M}(E2,\mu)_{\Delta K=0} = {} & m_{0,0}\mathscr{D}^2_{\mu 0} + \tfrac{1}{4} m'_{0,0}\{\{I_+, I_-\}, \mathscr{D}^2_{\mu 0}\} \\ & + (\tfrac{1}{2} m_{0,-1}\{I_-, \mathscr{D}^2_{\mu-1}\} + \mathscr{R}\text{-konj.}) + (\tfrac{1}{2} m_{0,-2}\{I_-^2, \mathscr{D}^2_{\mu-2}\} + \mathscr{R}\text{-konj.}),\end{aligned} \tag{4–79}$$

einschließlich Termen bis zur zweiten Ordnung in $I_\pm$. Die inneren Operatoren genügen den Symmetriebeziehungen (4–76); die Terme mit $\nu = \pm 2$ lassen sich leicht berechnen mit Hilfe der Identität

$$\begin{aligned}[\boldsymbol{I}^2, [\boldsymbol{I}^2, \mathscr{D}^\lambda_{\mu 0}]] = {} & \tfrac{1}{2}\big(\lambda(\lambda+1)\,(\lambda(\lambda+1)-2)\big)^{1/2}\,(\{I_+^2, \mathscr{D}^\lambda_{\mu 2}\} + \{I_-^2, \mathscr{D}^\lambda_{\mu-2}\}) \\ & + \tfrac{1}{2}\lambda(\lambda+1)\,\{\{I_+, I_-\}, \mathscr{D}^\lambda_{\mu 0}\} + \tfrac{1}{2}(\lambda(\lambda+1))^{1/2}\{I_3, \{I_+, \mathscr{D}^\lambda_{\mu 1}\} - \{I_-, \mathscr{D}^\lambda_{\mu-1}\}\} \\ & - \lambda(\lambda+1)\,(\lambda(\lambda+1)-2)\,\mathscr{D}^\lambda_{\mu 0},\end{aligned} \tag{4–80}$$

die man aus Gl. (4A–34) herleiten kann.

Bei einer $K = 0$-Bande tragen die Terme $\nu = \pm 1$ im Moment (4–79) nichts bei (siehe oben), und die $E2$-Matrixelemente haben die Form

$$\begin{aligned}\langle K=0, I_2 \| \mathscr{M}(E2) \| K=0, I_1\rangle = {} & (2I_1+1)^{1/2}\,\langle I_1 0 2 0 | I_2 0\rangle \\ & \times \big(M_1 + M_2(I_2(I_2+1) + I_1(I_1+1)) + M_3(I_2(I_2+1) - I_1(I_1+1))^2\big)\end{aligned} \tag{4–81}$$

mit den inneren Matrixelementen

$$\begin{aligned} M_1 &= \langle K=0| m_{0,0} + 2\sqrt{6}\, m_{0,2} |K=0\rangle, \\ M_2 &= \langle K=0| \frac{1}{2} m'_{0,0} - \frac{\sqrt{6}}{2} m_{0,2} |K=0\rangle, \\ M_3 &= \langle K=0| \frac{1}{2\sqrt{6}} m_{0,2} |K=0\rangle. \end{aligned} \tag{4–82}$$

Die Terme höherer Ordnung im Rotationsdrehimpuls lassen sich (wie bei der Analyse der Terme höherer Ordnung in der Rotationsenergie; siehe S. 19) durch Multiplikation der Terme in Gl. (4–79) mit Funktionen von $\boldsymbol{I}^2$ erhalten. Daher kann die I-Abhängigkeit des effektiven Moments in einer $K = 0$-Bande durch die Größen $I_1(I_1+1)$ und $I_2(I_2+1)$ ausgedrückt werden; aus der Symmetrie des Matrixelements bezüglich der Anfangs- und Endzustände folgt, daß sich das $E2$-Matrixelement stets in der Form (4–81) schreiben läßt, mit einem inneren Moment (dem Faktor in großen runden Klammern), das von den Kombinationen $I_1(I_1+1) + I_2(I_2+1)$ und $(I_1(I_1+1) - I_2(I_2+1))^2$ abhängt.

Die Korrekturen zu den Intensitätsregeln führender Ordnung, die den Matrixelementen M_2 und M_3 in Gl. (4–81) entsprechen, stellen die von der Rotationsbewegung erzeugten Störungen der Kernform dar. Die verschiedenartigen Störungen (siehe S. 40) sind durch unterschiedliche Verhältnisse von M_2 zu M_3 charakterisiert. Zum Beispiel wird eine Zentrifugalstreckung, wobei die Form axialsymmetrisch bleibt, während die Exzentrizität mit I zunimmt, durch den $m'_{0,0}$-Term in Gl. (4–79) beschrieben; das ergibt eine Intensitätsbeziehung mit $M_2 : M_1 > 0$ und $M_3 = 0$; ein solcher Effekt ist verknüpft mit der Kopplung zwischen der Grundzustandsbande und angeregten $K = 0$-Banden, die axialsymmetrische Schwingungen (β-Vibrationen) der Kernform darstellen (siehe Gl. (4–259)).

Die Störungen, die der Kopplung an $K = 2$-Banden entsprechen, geben Korrekturen zu den $E2$-Matrixelementen mit $M_2 = -6M_3$ (siehe Gl. (4–215)); in die Kopplung zwischen den Banden geht die Differenz der Trägheitsmomente bezüglich der inneren Achsen 1 und 2 ein, die den Abweichungen von der Axialsymmetrie entspricht (siehe Gl. (4–285) für einen asymmetrischen Rotor und Gl. (6–295) für die Kopplung an γ-Vibrationsanregungen). Die Kopplung drückt somit die Bevorzugung von Rotationen um die Achse mit dem maximalen Trägheitsmoment aus und hängt mit dem klassischen Zentrifugaleffekt zusammen, der zum Verlust der Axialsymmetrie eines Objekts tendiert, das um eine zur Symmetrieachse senkrechte Achse rotiert (siehe Punkt 2 auf S. 34).

Zusätzlich zu den Beiträgen aus der Kopplung an die $K = 0$- und $K = 2$-Anregungen können die $E2$-Intensitätsbeziehungen in der Grundzustandsbande auch durch die in zweiter Ordnung wirkende Kopplung an $K = 1$-Anregungen beeinflußt werden. Das effektive Moment kann man aus dem Term in Gl. (4–202) erhalten, der von zweiter Ordnung in dem durch Gl. (4–201) gegebenen Störoperator S ist. Für den resultierenden Beitrag zum Matrixelement (4–81) gilt, daß $M_3 = 0$ und M_2 proportional zur Differenz $Q_0(K = 0) - Q_0(K = 1)$ ist und dasselbe Vorzeichen wie diese Größe besitzt.

Es ist hervorzuheben, daß sich die gesamte I-Abhängigkeit des inneren Quadrupolmoments nicht allgemein aus der Kopplung an beobachtete innere Anregungen erhalten läßt, da zusätzliche Effekte durch die Kopplung an die „überzählige“ $K = 1$-Anregung, die den Freiheitsgrad der Rotation beschreibt, auftreten können. Das Modell der Teilchenbewegung in einem rotierenden harmonischen Oszillatorpotential (siehe S. 70ff.) stellt einen Extremfall dar, wobei die gesamte I-Abhängigkeit mit dieser überzähligen Anregung zusammenhängt.

Um beide Matrixelemente M_2 und M_3 zu bestimmen, ist die Messung von statischen Momenten und Übergangsmomenten erforderlich. Die statischen Momente enthalten nur den Parameter M_2, während für den Übergang $I \to I + 2$ der I-abhängige Anteil des inneren Moments proportional zu $(M_2 + 8M_3)\, I(I + 3)$ ist. Die Genauigkeit der gegenwärtigen Messungen von $E2$-Matrixelementen in den Grundzustandsbanden von gg-Kernen ist in den meisten Fällen kaum ausreichend, um Abweichungen von den Intensitätsregeln führender Ordnung festzustellen (siehe Abb. 4–24, S. 110).

4–3c $M1$-Matrixelemente innerhalb einer Bande

$K = 0$-Banden. Magnetisches Moment der Rotationsbewegung

In einer $K = 0$-Bande verschwindet das von der inneren Bewegung erzeugte magnetische Moment infolge der Zeitumkehrsymmetrie, und das $M1$-Moment führender Ordnung ist proportional zum Rotationsdrehimpuls. In dieser Ordnung sind die statischen Momente gegeben durch

$$\mu = g_R I\,, \tag{4–83}$$

wobei der Parameter g_R der effektive g-Faktor für die Rotationsbewegung ist. Die Terme höherer Ordnung lassen sich einbeziehen, indem man g_R als eine Funktion von $I(I + 1)$ behandelt. Innerhalb der Bande treten keine $M1$-Übergänge auf, da sich aufeinanderfolgende Zustände um $\Delta I = 2$ unterscheiden.

Die g_R-Faktoren für gg-Kerne, die aus der beobachteten Präzession der ersten 2^+-Rotationszustände in einem Magnetfeld bestimmt wurden, sind in Abb. 4–6 dargestellt.

Die gemessenen g_R-Werte sind vergleichbar mit dem Wert Z/A, der für eine gleichförmige Rotation eines geladenen Körpers gelten würde, meist jedoch etwas kleiner.

Der Rotationsdrehimpuls ist in erster Linie mit der Bahnbewegung der Nukleonen verknüpft. (Der relative Beitrag der Spins ist sogar noch kleiner als das Verhältnis von Spin- und Bahnmomentquantenzahlen der einzelnen Nukleonen, da die Aufspaltungen der Einteilchenniveaus infolge der Spinbahnkraft im Mittel kleiner sind als die Aufspaltungen infolge der Deformation; siehe Kapitel 5, S. 187.) Der Umstand, daß die

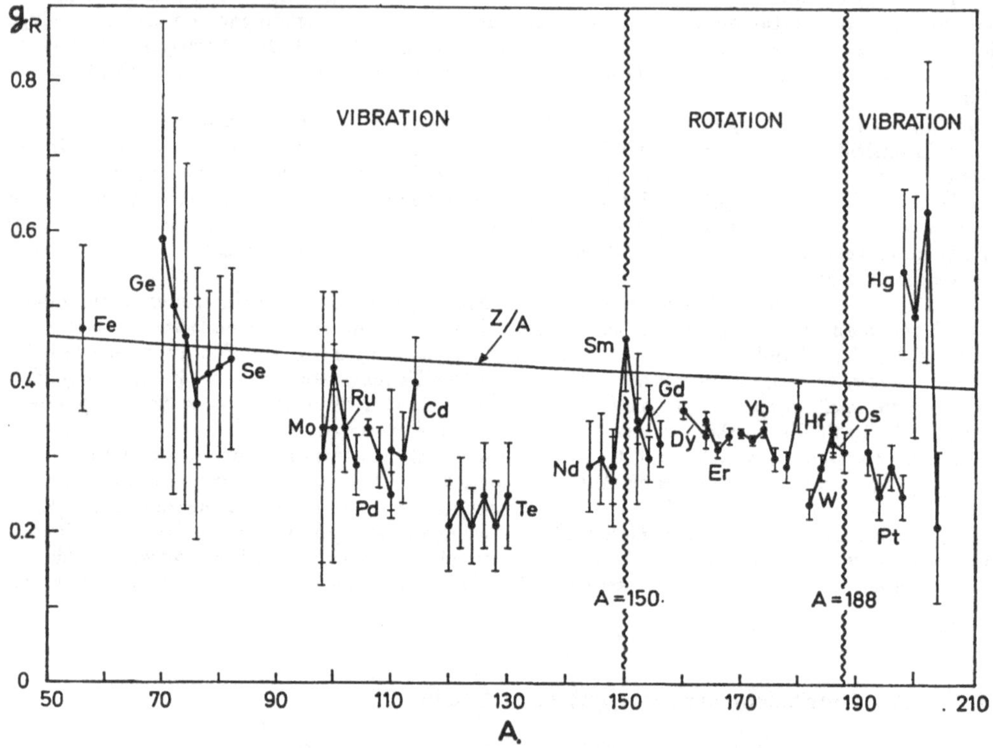

Abb. 4–6 g-Faktoren für die ersten angeregten 2^+-Zustände in gg-Kernen. Die Abbildung basiert auf den experimentellen Daten von G. M. Heestand, R. R. Borchers, B. Herskind, L. Grodzins, R. Kalish und D. E. Murnick, Nuclear Phys. **A133**, 310 (1969) und auf der Übersicht von Grodzins (1968). Wir danken L. Grodzins, B. Herskind und S. Ogaza für Hilfe bei der Vorbereitung der Abbildung.

g_R-Werte etwas kleiner als Z/A sind, weist darauf hin, daß die Protonen weniger effektiv als die Neutronen zur Rotationsbewegung beitragen. Ein solcher Effekt resultiert aus den Paarkorrelationen, die bei Protonen etwas stärker als bei Neutronen sind (Nilsson und Prior, 1961; siehe auch S. 69).

Es gibt einige Informationen über die magnetischen Momente von höheren Niveaus der Grundzustandsrotationsbanden in gg-Kernen. Die Daten über Zustände bis zu $I = 8$ scheinen innerhalb der Meßgenauigkeit mit der Beziehung (4–83) verträglich zu sein (siehe z. B. Kugel u. a., 1971).

Banden mit $K \neq 0$. Inneres magnetisches Moment

In Banden mit $K \neq 0$ erzeugt die innere Nukleonenbewegung ein magnetisches Moment zusätzlich zum Moment aus der Rotationsbewegung. Der $M1$-Operator hat die Form (siehe Gl. (3-39))

$$\mathscr{M}(M1, \mu) = \sum_{\nu} \mathscr{M}(M1, \nu)\, \mathscr{D}^1_{\mu\nu} + \left(\frac{3}{4\pi}\right)^{1/2} \frac{e\hbar}{2Mc}\, g_R(I_\mu - I_3 \mathscr{D}^1_{\mu 0}). \tag{4-84}$$

Der erste Term stellt das von der inneren Bewegung erzeugte Moment dar, das in führender Ordnung von I unabhängig ist. Der zweite Term repräsentiert den Einfluß der Rotation, der proportional zum Drehimpuls senkrecht zur Symmetrieachse ist. Somit hat man bei der Herleitung der $M1$-Intensitätsregeln führender Ordnung bestimmte, im Rotationsdrehimpuls lineare Terme und auch I-unabhängige Glieder im $M1$-Operator einzubeziehen. (Die allgemeine Form des $M1$-Operators mit Berücksichtigung aller in I linearen Terme wird durch Gl. (4-89) gegeben.)

Die Matrixelemente der Operatoren (4-84) zwischen zwei Zuständen der gleichen Bande können in der Form

$$\begin{aligned} \langle KI_2 \| \mathscr{M}(M1) \| KI_1 \rangle &= \left(\frac{3}{4\pi}\right)^{1/2} \frac{e\hbar}{2Mc} (2I_1 + 1)^{1/2} \\ &\times \Big((g_K - g_R) \big(K \langle I_1 K 1 0 \mid I_2 K \rangle - b(-1)^{I_1 + 1/2}\, 2^{-1/2} \langle I_1 - \tfrac{1}{2} 1 1 \mid I_2 \tfrac{1}{2} \rangle\, \delta(K, \tfrac{1}{2}) \big) \\ &+ g_R \big(I_1 (I_1 + 1) \big)^{1/2} \delta(I_1, I_2) \Big) \end{aligned} \tag{4-85}$$

geschrieben werden, mit den Definitionen

$$\begin{aligned} \left(\frac{3}{4\pi}\right)^{1/2} \frac{e\hbar}{2Mc}\, g_K K &\equiv \langle K |\, \mathscr{M}(M1, \nu = 0)\, | K \rangle, \\ \left(\frac{3}{4\pi}\right)^{1/2} \frac{e\hbar}{2Mc} (g_K - g_R)\, b &\equiv -2^{1/2} \langle K = \tfrac{1}{2} |\, \mathscr{M}(M1, \nu = 1)\, | \overline{K = \tfrac{1}{2}} \rangle \end{aligned} \tag{4-86}$$

für den inneren g-Faktor g_K und die Größe b, die als magnetischer Entkopplungsparameter bezeichnet wird.

Für eine Bande mit $K > 1/2$ lassen sich die statischen Momente und $M1$-Übergangswahrscheinlichkeiten wie folgt schreiben:

$$\begin{aligned} \mu &= g_R I + (g_K - g_R) \frac{K^2}{I + 1}, \\ B(M1, KI_1 \to K, I_2 = I_1 \pm 1) &= \frac{3}{4\pi} \left(\frac{e\hbar}{2Mc}\right)^2 (g_K - g_R)^2 K^2 \langle I_1 K 1 0 \mid I_2 K \rangle^2. \end{aligned} \tag{4-87}$$

Der Ausdruck für μ hat die einfachen klassischen Grenzwerte $\mu \to g_R I$ für $I \to \infty$, K fest und $\mu \to g_K I$ für $I = K \to \infty$. Die Übergangswahrscheinlichkeit verschwindet für $g_K = g_R$, da dann das magnetische Moment zum Gesamtdrehimpuls proportional und somit eine Erhaltungsgröße ist.

Für $K = 1/2$ enthalten die $M1$-Matrixelemente (4–85) einen zusätzlichen Beitrag vom $\Delta K = 1$-Term im inneren Moment,

$$\mu(K = \tfrac{1}{2}, I) = g_R I + \frac{g_K - g_R}{4(I+1)} \left(1 + (2I+1)(-1)^{I+1/2} b\right),$$

$$B(M1; K = \tfrac{1}{2}, I_1 \to K = \tfrac{1}{2}, I_2 = I_1 \pm 1) \tag{4–88}$$

$$= \frac{3}{16\pi} \left(\frac{e\hbar}{2Mc}\right)^2 (g_K - g_R)^2 \left(1 + (-1)^{I_>+1/2} b\right)^2 \langle I_1 \tfrac{1}{2} 1 0 \mid I_2 \tfrac{1}{2}\rangle^2,$$

wobei $I_>$ den größeren der beiden Werte I_1 und I_2 bedeutet.

Die Intensitätsbeziehungen für Rotations-$M1$-Matrixelemente sind ausgiebig getestet worden. Man fand zum Beispiel, daß die $M1$-Übergangswahrscheinlichkeiten in Banden mit $K > 1/2$ innerhalb der experimentellen Fehlergrenzen, die in den besten Fällen einige Prozent betragen, mit dem Ausdruck führender Ordnung (4–87) übereinstimmen, der nur den Parameter $(g_K - g_R)$ enthält (Boehm u. a., 1966; Haverfield u. a., 1967; Seaman u. a., 1967. Beispiele sind in Tab. 4–8, S. 92, und 4–10, S. 96, angegeben). Für Banden mit $K = 1/2$ hängen die $M1$-Übergangsamplituden von zwei Parametern $(g_K - g_R)$ und b ab, und die statischen Momente enthalten den zusätzlichen Parameter g_R (siehe Gl. (4–88)). Einen Test dieser Beziehungen findet man in Tab. 4–7, S. 88.

Die bei A-ungerade-Kernen beobachteten Werte g_R sind in Tab. 5–14 wiedergegeben. Sie weichen etwas von denen der benachbarten gg-Kerne ab; ein solcher Unterschied rührt von der Renormierung von g_R infolge des Coriolis-Effekts des letzten ungeraden Teilchens her (siehe Gl. (4A–35)). Die Werte g_K und b spiegeln die Eigenschaften der Bahn des letzten ungeraden Teilchens wider und werden in Kapitel 5, S. 262ff., untersucht.

Die allgemeinste Form des $M1$-Operators unter Einbeziehung von Termen, die im Rotationsdrehimpuls linear sind, kann wie folgt geschrieben werden:

$$\mathcal{M}(M1, \mu) = \sum_{\nu} \left(m_{\nu,\nu} \mathcal{D}^1_{\mu\nu} + (\tfrac{1}{2} m_{\Delta K = \nu+1,\nu} \{I_-, \mathcal{D}^1_{\mu\nu}\} + \mathcal{R}\text{-konj.})\right), \tag{4–89}$$

wobei die inneren Operatoren $m_{\Delta K,\nu}$ die Symmetriebeziehungen (4–76) erfüllen. Die I-unabhängigen inneren Operatoren $m_{\nu,\nu}$ sind gleich den Momenten $\mathcal{M}(M1,\nu)$ in Gl. (4–84), und aus der Identität (4A–33) folgt, daß der Term $\Delta K = 0$, $\nu = -1$ in Gl. (4–89), der innerhalb einer Bande wirkt, dem kollektiven Rotationsmagnetmoment in Gl. (4–84) entspricht. Die zusätzlichen I-abhängigen Terme in Gl. (4–89), die im Ausdruck (4–84) nicht vorkommen, liefern einen signaturabhängigen Beitrag ($\Delta K = 2$, $\nu = 1$) zu den $M1$-Matrixelementen in einer $K = 1$-Bande; bei einer $K = 1/2$-Bande verschwindet der Term $\Delta K = 1$, $\nu = 0$ aufgrund der Auswahlregel (4–31). Während der Term $\Delta K = 0$, $\nu = -1$ einen kollektiven Effekt der Rotationsbewegung darstellt, entsprechen die zusätzlichen I-abhängigen Glieder in Gl. (4–89) dem Einfluß der Coriolis-Wechselwirkung des Teilchens oder der wenigen Teilchen, die zum Drehimpuls K beitragen (siehe z. B. die Analyse der $M1$-Momente im Teilchen-Rotor-Modell auf S. 179ff.). Diese Glieder werden daher als klein im Vergleich zu den in Gl.(4–84) berücksichtigten Termen führender Ordnung erwartet, außer wenn spezielle Entartungen vorhanden sind. (Eine solche Entartung kann zum Beispiel in Zweiteilchenkonfigurationen mit $\Omega_1 = 1/2$ und $\Omega_2 = 1/2$ vorliegen, die zu nahe benachbarten, durch die Coriolis-Wechselwirkung gekoppelten Banden mit $K = 1$ und 0 führen; siehe S. 103.)

4-3d Allgemeine Struktur von Matrixelementen

Die oben betrachteten Beispiele veranschaulichen das allgemeine Verfahren, mit dem man die Form von Matrixelementen im Rotationskopplungsschema bestimmen kann. Für einen beliebigen Tensoroperator (z. B. ein Multipolmoment für γ- oder β-Übergänge oder ein Teilchentransfermoment) ergibt die Transformation in das innere Koordinatensystem (siehe Gl. (1A-98))

$$\mathcal{M}(\lambda\mu) = \sum_{\nu} \mathcal{M}(\lambda\nu; I_{\pm})\, \mathcal{D}^{\lambda}_{\mu\nu}(\omega)\,. \tag{4-90}$$

Die inneren Momente $\mathcal{M}(\lambda\nu)$ sind Skalare (unabhängig von der Orientierung ω), sie können aber von den Komponenten $I_{\pm}$ der Rotationsdrehimpulse und von den inneren Variablen abhängen. Die Drehimpulsabhängigkeit der inneren Momente repräsentiert dynamische Effekte der Rotationsbewegung.

Intensitätsbeziehungen für I-unabhängige Momente

Wenn die Abhängigkeit der inneren Momente von $I_{\pm}$ vernachlässigt werden kann, dann ist das Matrixelement zwischen zwei Zuständen (4-19) gegeben durch (siehe Gl. (1A-43))

$$\begin{aligned} &\langle K_2 I_2 \| \mathcal{M}(\lambda) \| K_1 I_1 \rangle \\ &= (2I_1+1)^{1/2} \big(\langle I_1 \; K_1 \lambda K_2 - K_1 \mid I_2 K_2 \rangle \langle K_2 | \mathcal{M}(\lambda, \nu = K_2 - K_1) | K_1 \rangle \\ &\quad + (-1)^{I_1+K_1} \langle I_1 - K_1 \lambda K_1 + K_2 \mid I_2 K_2 \rangle \langle K_2 | \mathcal{M}(\lambda, \nu = K_1 + K_2) | \bar{K}_1 \rangle \big) \\ &(K_1 \neq 0,\, K_2 \neq 0)\,. \end{aligned} \tag{4-91}$$

Für Matrixelemente innerhalb einer Bande genügt der signaturabhängige Term der Auswahlregel (4-31).

Wenn eine der Banden oder beide $K = 0$ besitzen, dann werden die beiden Terme in Gl. (4-91) einander gleich. und man erhält (siehe die Normierung (4-15) von Zuständen mit $K = 0$)

$$\begin{aligned} &\langle K_2 I_2 \| \mathcal{M}(\lambda) \| K_1 = 0, I_1 \rangle \\ &= (2I_1+1)^{1/2} \langle I_1 0 \lambda K_2 \mid I_2 K_2 \rangle \langle K_2 | \mathcal{M}(\lambda, \nu = K_2) | K_1 = 0 \rangle \begin{cases} \sqrt{2}, & K_2 \neq 0, \\ 1, & K_2 = 0. \end{cases} \end{aligned} \tag{4-92}$$

Das innere Matrixelement innerhalb einer $K = 0$-Bande verschwindet, wenn $\mathcal{M}(\lambda, \nu = 0)$ gegen Zeitumkehr, kombiniert mit hermitescher Konjugation, ungerade ist (siehe Gl. (4-30)).

Die I-Abhängigkeit der Matrixelemente (4-91) und (4-92) ist von einfacher geometrischer Natur. Sie spiegelt die unterschiedlichen Verteilungen der Orientierungswinkel für die verschiedenen Niveaus einer Rotationsbande wider.

K-verbotene Übergänge

Für Übergänge mit $|K_1 - K_2| > \lambda$ verschwinden die Matrixelemente (4–91) und (4–92), da es in der oben verwendeten Näherung nicht möglich ist, die Komponente des Drehimpulses längs der Symmetrieachse zu erhalten. Übergänge dieses Typs werden als K-verboten bezeichnet, und

$$n \equiv |K_1 - K_2| - \lambda \tag{4–93}$$

gibt den Grad des K-Verbots an. Für solche Übergänge stammen die Beiträge führender Ordnung von den zu $(I_\pm)^n$ proportionalen Termen der inneren Momente,

$$\mathcal{M}(\lambda\mu) = m_{\Delta K=\lambda+n,\nu=\lambda}\mathcal{D}^\lambda_{\mu\lambda}(I_-)^n + \mathcal{R}\text{-konj.}, \tag{4–94}$$

wobei der Operator m nur von den inneren Variablen abhängt. Das resultierende Matrixelement hat unter der Annahme $K_2 > K_1$ die Form

$$\begin{aligned}\langle K_2 I_2 \| \mathcal{M}(\lambda) \| K_1 I_1\rangle &= (2I_1+1)^{1/2}\langle I_1 K_2 - \lambda\lambda\lambda \mid I_2 K_2\rangle \\ &\times \left(\frac{(I_1-K_1)!\,(I_1+K_1+n)!}{(I_1-K_1-n)!\,(I_1+K_1)!}\right)^{1/2} \langle K_2| m_{\Delta K=\lambda+n,\nu=\lambda} |K_1\rangle \begin{cases}\sqrt{2}, & K_1 = 0,\\ 1, & K_1 \neq 0,\end{cases} \\ &(K_2 = K_1 + \lambda + n).\end{aligned} \tag{4–95}$$

Korrekturen höherer Ordnung

Korrekturen an den Intensitätsbeziehungen führender Ordnung ergeben sich bei Berücksichtigung von Termen höherer Ordnung in den inneren Momenten. Die allgemeine Form der Entwicklung läßt sich aus ähnlichen Überlegungen wie in der vorhergehenden Diskussion der Energie und der Matrixelemente innerhalb einer Rotationsbande bestimmen. Für Übergänge zwischen verschiedenen Banden haben die Korrekturen erster Ordnung eine besonders einfache Form, wenn $K_2 - K_1 \geqq \lambda$ ist. In diesem Fall enthält das effektive Moment mit $\Delta K = K_2 - K_1 = n + \lambda$ nur einen einzigen Term der Ordnung $(I_\pm)^{n+1}$,

$$\begin{aligned}&\mathcal{M}(\lambda\mu)_{\Delta K=K_2-K_1} \\ &= m_{\Delta K=n+\lambda,\nu=\lambda}\mathcal{D}^\lambda_{\mu\lambda}(I_-)^n + \tfrac{1}{2} m_{\Delta K,\nu=\lambda-1}\left\{(I_-)^{n+1}, \mathcal{D}^\lambda_{\mu,\lambda-1}\right\} + \mathcal{R}\text{-konj.} \\ &= \left(m_{\Delta K,\lambda} + (2\lambda)^{1/2}\left(\tfrac{1}{2}(n+\lambda) - I_3\right) m_{\Delta K,\lambda-1}\right)\mathcal{D}^\lambda_{\mu\lambda}(I_-)^n \\ &\quad + (2\lambda)^{-1/2} m_{\Delta K,\lambda-1}[\boldsymbol{I}^2, \mathcal{D}^\lambda_{\mu\lambda}]\,(I_-)^n + \mathcal{R}\text{-konj.}\end{aligned} \tag{4–96}$$

Die letztere Form wurde mit Hilfe der Identität (4A–34) erhalten. Für $K_1 = 1/2$ kann ein zusätzlicher Beitrag von einem Term der Form

$$\mathcal{M}(\lambda\mu)_{\Delta K=K_2+1/2} = m_{\Delta K=K_2+1/2,\nu=\lambda}\mathcal{D}^\lambda_{\mu\lambda}(I_-)^{n+1} + \mathcal{R}\text{-konj.} \tag{4–97}$$

herrühren. Das gesamte Matrixelement läßt sich deshalb wie folgt schreiben (MIKHAILOV, 1966):

$$\langle K_2 I_2 \| \mathscr{M}(\lambda) \| K_1 I_1 \rangle = (2I_1+1)^{1/2} \langle I_1 K_2 - \lambda\lambda\lambda \mid I_2 K_2 \rangle$$
$$\times \left(\frac{(I_1-K_1)!\,(I_1+K_1+n)!}{(I_1-K_1-n)!\,(I_1+K_1)!} \right)^{1/2} \Big(M_1 + M_2 \big(I_2(I_2+1) - I_1(I_1+1) \big)$$
$$+ M_3 (-1)^{I_1+1/2} (I_1+1/2)\, \delta(K_1, 1/2) \Big) \begin{cases} \sqrt{2}, & K_1 = 0, \\ 1, & K_1 \neq 0, \end{cases} \qquad (4\text{–}98)$$

wobei M_1, M_2 und M_3 innere Matrixelemente sind. Für $K_2 - K_1 < \lambda$ können die Korrekturen erster Ordnung zwei verschiedene Terme mit $\Delta K = K_2 - K_1, \nu = \Delta K \pm 1$ und für $K_2 + K_1 \leqq \lambda + 1$ noch zusätzliche Terme mit $\Delta K = K_2 + K_1$ enthalten.

Empirische Daten

Die Intensitätsrelationen führender Ordnung sollten den Hauptanteil der Übergangsamplituden darstellen, vorausgesetzt, daß

a) eine gute Trennung von innerer Bewegung und Rotation vorliegt, was sich zum Beispiel in einer raschen Konvergenz der Entwicklung der Energie zeigt;

b) das betrachtete Matrixelement gegen kleine Störungen nicht empfindlich ist. Eine empfindliche Abhängigkeit ist zu erwarten, wenn die Matrixelemente führender Ordnung infolge von Auswahlregeln für die innere Bewegung oder durch zufällige Kompensierung sehr klein sind.

Eine besondere Situation liegt vor bei Operatoren wie den magnetischen Multipolmomenten, die explizit von der Geschwindigkeit oder dem Drehimpuls der Nukleonen abhängen. Für solche Operatoren können die zum Rotationsdrehimpuls proportionalen Terme vergleichbar sein mit den Termen, die nur von der inneren Bewegung der Nukleonen abhängen, und beide Arten von Termen müssen in den Intensitätsbeziehungen führender Ordnung berücksichtigt werden (siehe z. B. das $M1$-Moment (4–84)).

Wie in den Abschnitten 4–3b, c ausgeführt wurde, beschreiben die Intensitätsregeln führender Ordnung die $E2$- und $M1$-Übergänge innerhalb von Banden mit beachtlicher Genauigkeit. Diese Beziehungen erweisen sich auch für eine Vielzahl von Übergängen zwischen Banden als gültig. (Siehe die Daten über begünstigte α-Übergänge in Tab. 4–13, S. 100, und Abb. 5–13, S. 233, sowie über β-Übergänge in Abb. 4–26, S. 121, und Tab. 4–17, S. 122. Einen Test der Intensitätsregeln für Nukleonentransferreaktionen findet man z. B. bei DEHNHARD und MAYER-BÖRICKE, 1967.)

Beispiele von Übergängen, die empfindlich von kleinen Beimischungen in den Wellenfunktionen abhängen, bilden die $E1$-Übergänge zwischen niedrigliegenden Banden in A-ungerade-Kernen; diese Übergänge sind durch Auswahlregeln in den Quantenzahlen der Einteilchenbewegung stark verzögert. Die relativen $B(E1)$-Werte folgen nicht den Intensitätsregeln führender Ordnung, sie werden aber durch die verallgemeinerten Beziehungen bei Berücksichtigung von in $I_\pm$ linearen Termen in den Übergangsmomenten (GRIN und PAVLICHENKOW, 1965) sehr gut wiedergegeben. Als Beispiel wird in Abb. 4–18, S. 93, die Analyse von $E1$-Übergängen mit $\Delta K = 1$ auf der Grundlage von Gl. (4–98) mit $n = 0$ illustriert. Niederenergetische $E1$-Übergänge mit größeren Matrixelementen treten bei der Abregung der Banden $K\pi r = 0^{--}$ in gg-Kernen auf und erfüllen annähernd die Intensitätsregeln führender Ordnung (STEPHENS u. a., 1955; siehe auch in Tab. 4–12, S. 97, das Beispiel von $E1$-Übergängen in einem A-ungerade-Kern, die den Intensitätsregeln führender Ordnung genügen und von ähnlicher Natur sein können).

$E2$-Übergänge zwischen Banden sollten empfindlich gegen eine geringe Mischung der beiden Banden sein, da die beigemischten Komponenten mit den kollektiven Matrixelementen beitragen. Ein Beispiel von $E2$-Übergängen mit $\Delta K = 2$, das einen wesentlichen Einfluß des M_2-Terms in Gl. (4–98) erkennen läßt, ist in Abb. 4–30, S. 137, dargestellt. (Bei $E2$-Übergängen mit $\Delta K = 1$ werden die relativen Übergangsraten führender Ordnung durch die Bandenmischung nicht beeinflußt; siehe S. 127 und das Beispiel in Tab. 4–19, S. 132.)

Bei den K-verbotenen Übergängen genügen die relativen Stärken der Intensitätsregel führender Ordnung (4–95) mit einer Genauigkeit ähnlich der für K-erlaubte Übergänge. (Siehe die Beispiele von $M1$-Übergängen mit $n = 1$ in Tab. 4–11, S. 96, und von $E2$-Übergängen mit $n = 4$ in Tab. 4–18, S. 123.)

Die absoluten Übergangsraten für die K-verbotenen Übergänge zwischen niedrigliegenden Zuständen erweisen sich als systematisch verzögert um Faktoren, die typischerweise von der Größenordnung 10^2 pro K-Verbotsgrad sind. (Siehe die Beispiele auf S. 91 (^{177}Lu und ^{177}Hf), S. 121 (^{176}Lu) und S. 123 (^{244}Cm).) Diese Verzögerung liefert einen wichtigen Beleg für die Gültigkeit der Quantenzahl K im niederenergetischen Teil des Spektrums. Die K-verbotenen Matrixelemente enthalten CORIOLIS-Kopplungseffekte der Ordnung n, und aus den beobachteten Übergangsraten folgt für die Amplituden der Bandenmischung die Größenordnung 10^{-n}.

Beispiele zu Abschnitt 4–3

Spektrum von ^{168}Er *aus der Untersuchung der* (n, γ)-*Reaktion* (*Abb. 4–7 und 4–8, Tab. 4–1 und 4–2*)

Nach dem Einfang eines Neutrons durch einen schweren Kern folgt im allgemeinen eine sehr komplizierte Kaskade von γ-Quanten, die der Größenordnung nach 10^6 verschiedene Übergänge zwischen etwa 10^4 verschiedenen Niveaus enthält. Das große Auflösungsvermögen von Kristalldiffraktionsspektrometern ($\Delta E/E \approx 10^{-5}$ in günstigen Fällen; siehe z. B. die Übersichtsarbeit von KNOWLES, 1965) und die relative Einfachheit der niederenergetischen Anregungsspektren haben es in vielen Fällen ermöglicht, die komplexen γ-Spektren zu entwirren und partielle Niveauschemata zu konstruieren, indem man nach Übergangsenergien suchte, die gleich der Summe der Energien von anderen Übergängen sind. Diese Methode ist aus der Untersuchung von Atomspektren bekannt (RITZsches Kombinationsprinzip). Das in Abb. 4–7 gezeigte Spektrum von ^{168}Er wurde auf diese Weise aus den gemessenen γ-Übergangsenergien, die nach dem Einfang thermischer Neutronen in ^{167}Er beobachtet werden, konstruiert.

Man sieht, daß außer der üblichen Grundzustandsrotationsbande von gg-Kernen ($K\pi = 0^+$, $r = +1$) drei andere Banden mit $K\pi = 2^+$, 4^- und 3^- im Spektrum identifiziert wurden. Aus den genau gemessenen Übergangsenergien kann man die höheren Terme in der Entwicklung (4–62) quantitativ bestimmen. In Abb. 4–8 ist die Energie $E(I) - E(I = K)$, dividiert durch $I(I + 1) - K(K + 1)$, als Funktion von $I(I + 1)$ aufgetragen. In einem solchen Diagramm ergibt eine einfache $I(I + 1)$-Abhängigkeit der

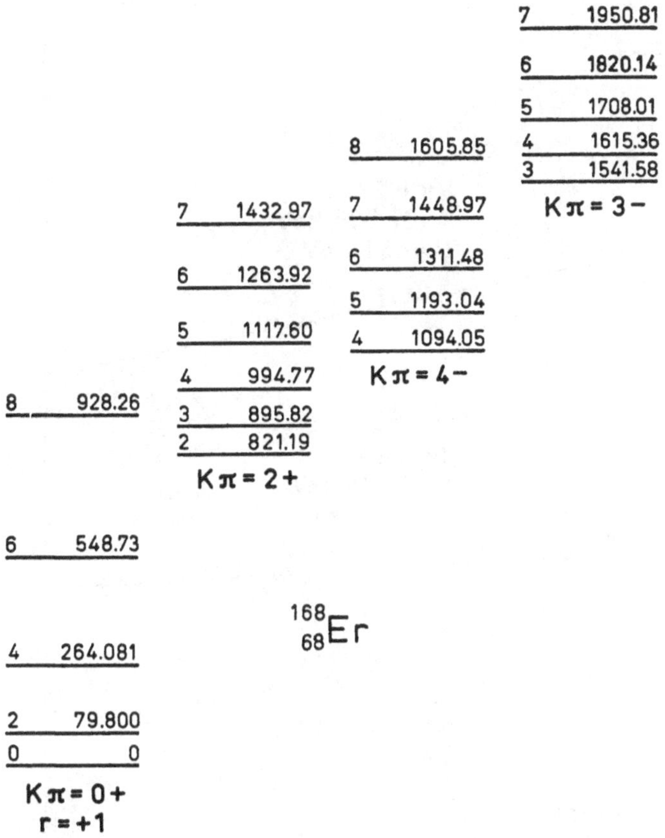

Abb. 4–7 Spektrum von ^{168}Er. Die Daten stammen von H. R. Koch, Z. Physik **192**, 142 (1966), und Dissertation, Technische Hochschule München (1965).

Energie eine waagerechte Gerade, und die Berücksichtigung des $I^2(I + 1)^2$-Terms liefert eine schräge Gerade. Im vorliegenden Fall beschreiben diese beiden dominierenden Terme in der Entwicklung die beobachteten Energien bis hinauf zu den höchsten gemessenen Zuständen ($I = 8$) mit einer Genauigkeit von etwa 0,5%. In den Banden $K\pi = 0^+$ und $K\pi = 2^+$ zeigen die verbleibenden Abweichungen eine glatte Abhängigkeit von I; sie lassen sich mit den in Tab. 4–1 angegebenen Koeffizienten C und D anpassen.

Die Energien in den Banden ungerader Parität zeigen Abweichungen von einer glatten I-Abhängigkeit von der Größenordnung 0,3 keV, dies ist ein Mehrfaches der experimentellen Unsicherheit. Diese Variationen können eine Abhängigkeit von der

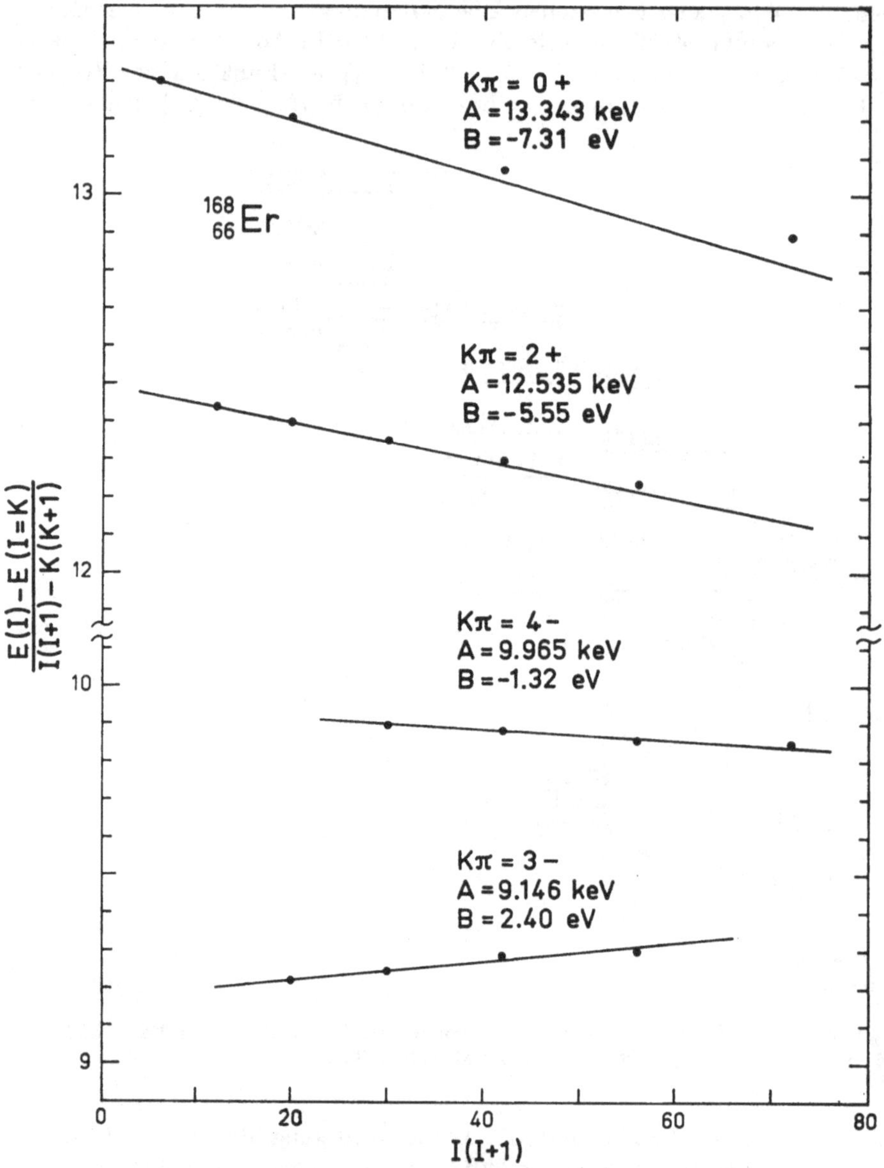

Abb. 4–8 Analyse von Energien in Rotationsbanden in ^{168}Er. Die Daten wurden der Abb. 4–7 entnommen. Die Geraden stellen Anpassungen an die Rotationsspektren dar, die von den Parametern in Tab. 4–1 geringfügig abweichen.

Signatur widerspiegeln, die ein allgemeines Merkmal der Rotationsenergien für Banden mit $K \neq 0$ ist (siehe Gl. (4–62)); die Energien der Bande $K\pi = 2^+$ in ^{168}Er weisen ebenfalls auf eine schwache Signaturabhängigkeit hin (siehe Tab. 4–1)).

Tab. 4–1 Rotationsenergiekoeffizienten für Banden in ^{168}Er. Die Tabelle beruht auf den experimentellen Daten in Abb. 4–7; die Entwicklungsparameter wurden aus den Energien der niedrigsten Niveaus in jeder Bande bestimmt.

$K\pi$	$E(I = K)$ (MeV)	A (keV)	B (eV)	C (meV)	D (μeV)	A_4 (eV)
0^+	0	13,343	−7,31	18,6	−56	0,017
2^+	0,821	12,535	−5,55	14,3		
4^-	1,094	9,965	−1,32			
3^-	1,542	9,146	2,40			

Die sehr hohe Genauigkeit der Energiemessungen der beim (n, γ)-Prozeß in ^{168}Er beobachteten Rotationsspektren erlaubt einen Vergleich verschiedener Parametrisierungen der Rotationsenergie. Man kann zum Beispiel als Alternative zur Entwicklung der Energie nach Potenzen von $I(I+1)$ eine Entwicklung nach der Rotationsfrequenz untersuchen (siehe S. 20). Konvergiert die Entwicklung nach ω^2 rascher als die Entwicklung nach $I(I+1)$, so kann man diesen Umstand ausnutzen, um Beziehungen zwischen den höheren Koeffizienten in der letzteren Entwicklung zu finden. Die Berücksichtigung von nur zwei Termen in der Entwicklung (4–52) ergibt die Relationen

$$\begin{aligned} \frac{C}{A} &= 4\left(\frac{B}{A}\right)^2, \\ \frac{D}{A} &= 24\left(\frac{B}{A}\right)^3. \end{aligned} \qquad (4\text{–}99)$$

Tab. 4–2 Test von Beziehungen, die aus einem linearen Zusammenhang zwischen $\mathcal{J}$ und ω^2 folgen. Die Rotationsenergie-Entwicklungskoeffizienten A, B, C und D wurden aus den Energien der Glieder $I = 0, 2, 4, 6$ und 8 der Grundzustandsrotationsbande berechnet. Die Daten wurden der Zusammenstellung von (n, γ)-Spektren von Groshev u. a., 1968 und 1969, und einer privaten Mitteilung von H. R. Koch, 1970 (^{156}Gd und ^{158}Gd), entnommen.

Kern	A (keV)	$-\frac{B}{A}\cdot 10^3$	$\frac{C}{A}\cdot 10^6$	$4\left(\frac{B}{A}\right)^2\cdot 10^6$	$-\frac{D}{A}\cdot 10^9$	$-24\left(\frac{B}{A}\right)^3\cdot 10^9$
^{156}Gd	15,0332	2,362	14,3	22,3		
^{158}Gd	13,3353	1,069	4,10	4,56		
^{162}Dy	13,5174	0,934	3,74	3,49	16	20
^{164}Dy	12,2858	0,738	1,44	2,18		
^{168}Er	13,3431	0,547	1,39	1,20	4,2	4,0
^{178}Hf	15,6203	1,005	4,14	4,04	22	24

In Tab. 4–2 werden diese Beziehungen mit den Daten für ^{168}Er und andere Kerne verglichen, bei denen ausreichend genaue Energiemessungen vorliegen. In den meisten Fällen sind die Beziehungen (4–99) besser als auf 20% erfüllt. (Siehe auch die entsprechenden, etwas weniger genauen Daten über die doppelt-geraden Aktiniden; Schmorak u. a., 1972.) Eine andere Möglichkeit zur Illustration der Konvergenz der Entwicklung nach ω^2 ist die Darstellung des Trägheitsmoments als Funktion von ω^2 (siehe Abb. 4–11b, S. 57). Die vorliegende Analyse scheint anzudeuten, daß die Entwicklung der Energie der Grundzustandsbanden von gg-Kernen nach Potenzen von $I(I + 1)$ einen beträchtlich kleineren Konvergenzradius aufweist als die entsprechende Entwicklung nach ω^2.

Die (n, γ)-Messungen liefern auch umfangreiche Daten über γ-Verzweigungsverhältnisse, die sich mit Hilfe der aus der Rotationsbeschreibung folgenden Intensitätsregeln interpretieren lassen (Koch, a. a. O., Abb. 4–7). Diese Analyse bestätigt erneut die Bedeutung der Entwicklung nach Potenzen des Rotationsdrehimpulses und liefert gleichzeitig Informationen über die Bandenmischungen infolge der Coriolis-Wechselwirkung. Die Mischung der Banden $K\pi = 0^+$ und $K\pi = 2^+$ kann nach dem gleichen Schema analysiert werden wie der entsprechende Effekt in ^{166}Er (siehe S. 137ff.); die Mischung der Banden $K\pi = 4^-$ und 3^- mit $\Delta K = 1$ ist analog zur Situation in ^{175}Lu (siehe S. 131ff.).

Die für die Bande $K\pi = 2^+$ verantwortliche Anregungsform ist ein systematisches Merkmal beinahe aller deformierten Kerne. Sie wird außerdem durch ziemlich große $E2$-Matrixelemente zur Grundzustandsbande charakterisiert (siehe Abb. 6–38). Diese Eigenschaften legen eine Deutung dieser Anregungsform als eine kollektive Quadrupolschwingung nahe, die von der Axialsymmetrie wegführt (γ-Vibration; siehe S. 473ff. sowie die Analyse der entsprechenden Anregung in ^{166}Er auf S. 140ff., wobei auch eine mögliche Deutung als Rotation eines dreiachsigen Kerns in Betracht gezogen wird).

Die Banden $K\pi = 4^-$ und 3^- können inneren Anregungen, bei denen ein Nukleonenpaar aufgebrochen ist, zugeordnet werden. Die Eigenschaften der Banden und ihrer Kopplung deuten darauf hin, daß eine Konfiguration zweier Neutronen in den Einteilchenbahnen [633 7/2] und [521 1/2] mit $K = \Omega_1 \pm \Omega_2$ vorliegt. (Siehe Tab. 5–13, S. 260.)

Rotationsspektrum von ^{238}U aus der Untersuchung der Coulomb-Anregung mit schweren Ionen (Abb. 4–9)

Der Wirkungsquerschnitt für die Coulomb-Anregung ist proportional zum elektrischen Multipolübergangsmatrixelement. Diese Reaktion ist daher sehr wirksam beim Induzieren von Rotationsanregungen, und sie hat bei der Entdeckung und den ersten Untersuchungen der Rotationsbeziehungen eine entscheidende Rolle gespielt. (Siehe die Zusammenfassung von Alder u. a., 1956, und von Biedenharn und Brussaard, 1965.) Mit Hilfe von schweren Ionen konnte man Vielfach-$E2$-Anregungen erzeugen, die zu Hochspinzuständen der Grundzustandsbande des Targetkerns führen. Abb. 4–9 zeigt das beim Beschuß von ^{238}U mit 182 MeV-Argonionen erhaltene γ-Spektrum. Die starken γ-Übergänge bilden eine Folge, die der Abregung der aufeinanderfolgenden Niveaus der Grundzustandsrotationsbande im ^{238}U ($K\pi r = 0^{++}$) entspricht. Die Abweichungen der Energien von der $I(I + 1)$-Formel nehmen mit I stetig zu und erreichen beim höchsten beobachteten Niveau ($I = 14$) etwa 10%. Die Anpassung mit zwei Parametern, die einen zu $I^2(I + 1)^2$ proportionalen Term einschließt, reproduziert das beobachtete Spektrum innerhalb der Meßgenauigkeit.

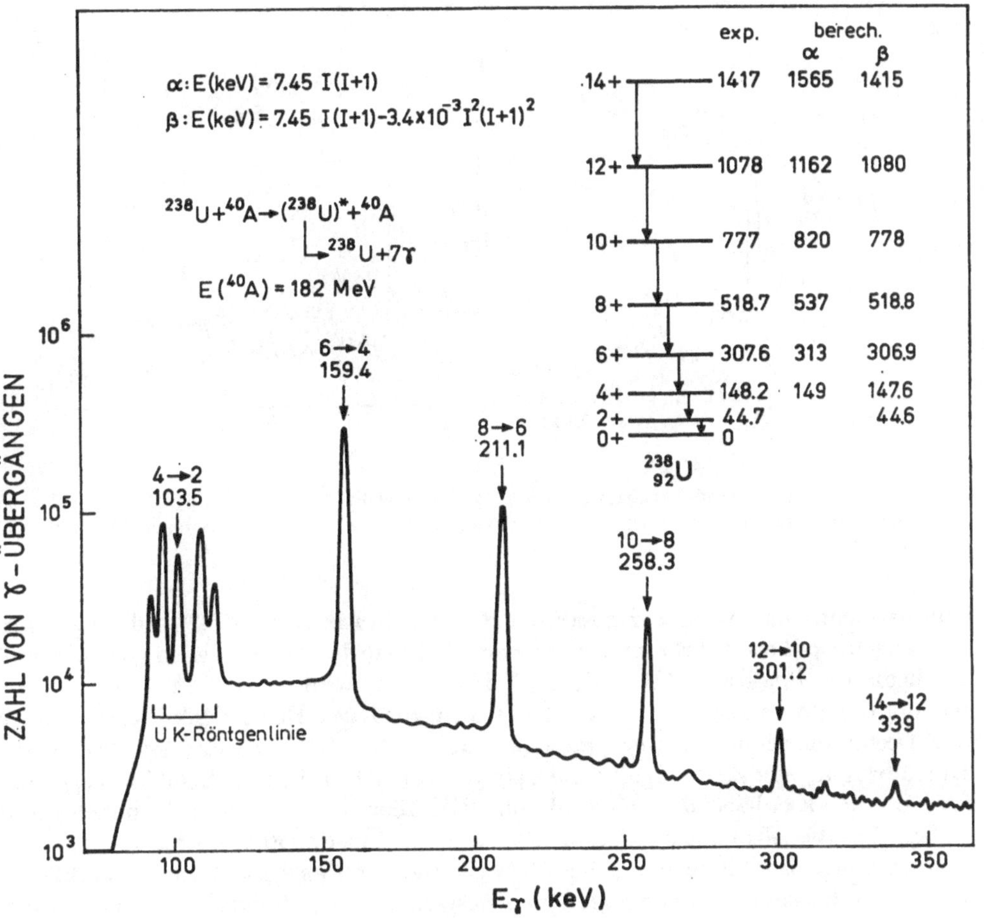

Abb. 4–9 Coulomb-Anregung von Grundzustandsrotationsbanden in ^{238}U. Die Daten stammen von R. M. Diamond und F. S. Stephens, Arkiv Fysik **36**, 221 (1967), und private Mitteilung.

Grundzustandsrotationsbande in ^{172}Hf *aus der* ^{165}Ho(^{11}B, 4n)-*Reaktion* (*Abb. 4–10 und 4–11*)

Die bisher effektivste Methode zur Besiedlung der Hochspinzustände in Rotationsbanden ist die Bildung eines Compoundkerns durch Beschuß mit schweren Ionen. (Diese Methode wurde zuerst von Morinaga und Gugelot, 1963, angewendet.) Die Abb. 4–10 zeigt das Konversionselektronenspektrum aus den Reaktionen, die beim Beschuß von ^{165}Ho mit ^{11}B-Ionen von 56 MeV ablaufen. Der beim Stoß erzeugte Compoundkern ^{176}Hf besitzt etwa 50 MeV Anregungsenergie und enthält Zustände mit Drehimpulsen bis zu $I \approx 25$ (siehe Gl. (6–547)). Der hochangeregte Compoundkern zerfällt vorwiegend durch sukzessive Emission niederenergetischer Neutronen ($E_n \approx 2$ MeV), gefolgt von einer γ-Kaskade, die schließlich in die Grundzustände verschiedener leichterer Hf-Isotope führt. Durch geeignete Wahl der Einschußenergie kann man erreichen,

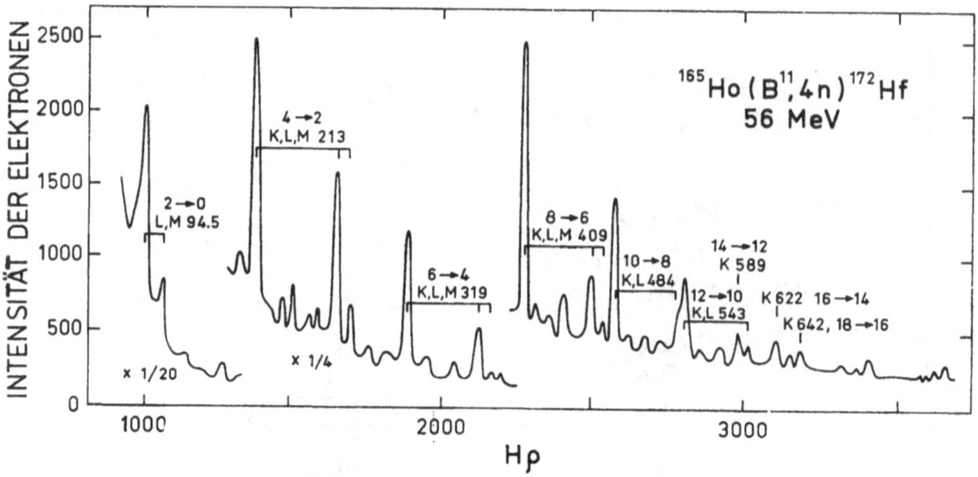

Abb. 4–10 Konversionselektronenspektrum von ^{165}Ho bei Beschuß mit ^{11}B mit 56 MeV. Die Daten stammen von F. S. Stephens, N. L. Lark und R. M. Diamond, Nuclear Phys. **63**, 82 (1965).

daß ein beträchtlicher Anteil der gesamten Reaktionsausbeute (oft 50% oder mehr) in einen einzigen Endkern führt; im vorliegenden Fall wurde die Energie so gewählt, daß die Ausbeute der Reaktion ^{165}Ho(^{11}B, 4n)^{172}Hf maximal wird.

Die vom Compoundkern emittierten Neutronen niedriger Energie können nur einige wenige Drehimpulseinheiten wegführen ($k_n R \approx 2{,}4$ für $E_n = 2$ MeV; Ausdrücke für die Durchdringung der Zentrifugalbarriere sind in Tab. 3F–1, Band I, S. 467, angegeben). Daher muß die abschließende γ-Kaskade im ^{172}Hf über Zustände mit sehr hohen Spins verlaufen. Da die Grundzustandsrotationsbande die niedrigsten Zustände eines gegebenen Drehimpulses bis zu ziemlich großen Werten von I enthält, führt ein merklicher Bruchteil aller Kaskaden zu den angeregten Zuständen dieser Bande. Das Konversionselektronenspektrum in Abb. 4–10 zeigt, daß die Übergänge zwischen den Niveaus der Grundzustandsrotationsbande klar vom Untergrund getrennt werden können, der von den unzähligen anderen nicht aufgelösten Übergängen in der Kaskade erzeugt wird.

Entwicklungen von Rotationsenergien bei niedrigen Werten von I

Durch Addition der Energien der verschiedenen Übergänge erhält man die Energie der Grundzustandsbande als Funktion des Drehimpulses, die in Abb. 4–11a wiedergegeben ist. Diese Darstellung zeigt, daß der Hauptanteil der Energievariation in der Bande durch den zu $I(I+1)$ proportionalen Term führender Ordnung bis zu den

→

Abb. 4–11 Rotationsenergien für die Grundzustandsbande in ^{172}Hf. Die experimentellen Daten wurden aus Abb. 4–10 entnommen. In Abb. 4–11a ist die Energie in Einheiten von $I(I+1)$ über der Größe $I(I+1)$ aufgetragen. In Abb. 4–11b ist das Trägheitsmoment $\mathscr{J}$ als Funktion des Quadrates der Rotationsfrequenz dargestellt. Zum Vergleich: das starre Trägheitsmoment von ^{172}Hf beträgt $\mathscr{J}_{\text{rig}} \approx 80\ \hbar^2\ \text{MeV}^{-1}$ unter Annahme von $\delta = 0{,}3$ und $\langle r^2 \rangle = \frac{3}{5}(1{,}2 \cdot A^{1/3})^2\ \text{fm}^2$.

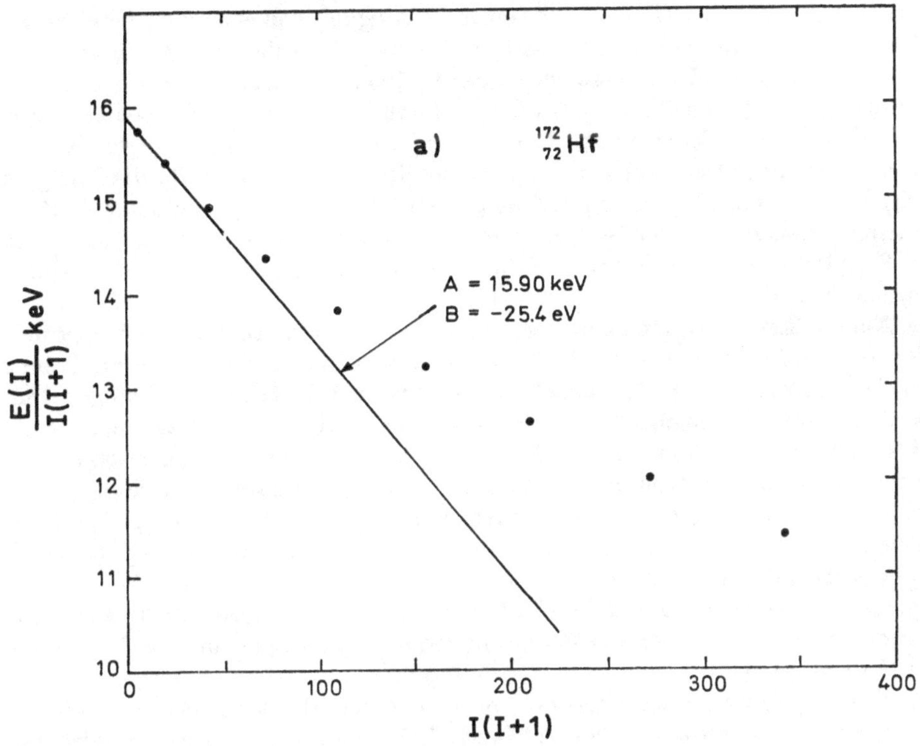
a) $^{172}_{72}$Hf
A = 15.90 keV
B = −25.4 eV
$\frac{E(I)}{I(I+1)}$ keV
I(I+1)
16
15
14
13
12
11
10
0
100
200
300
400

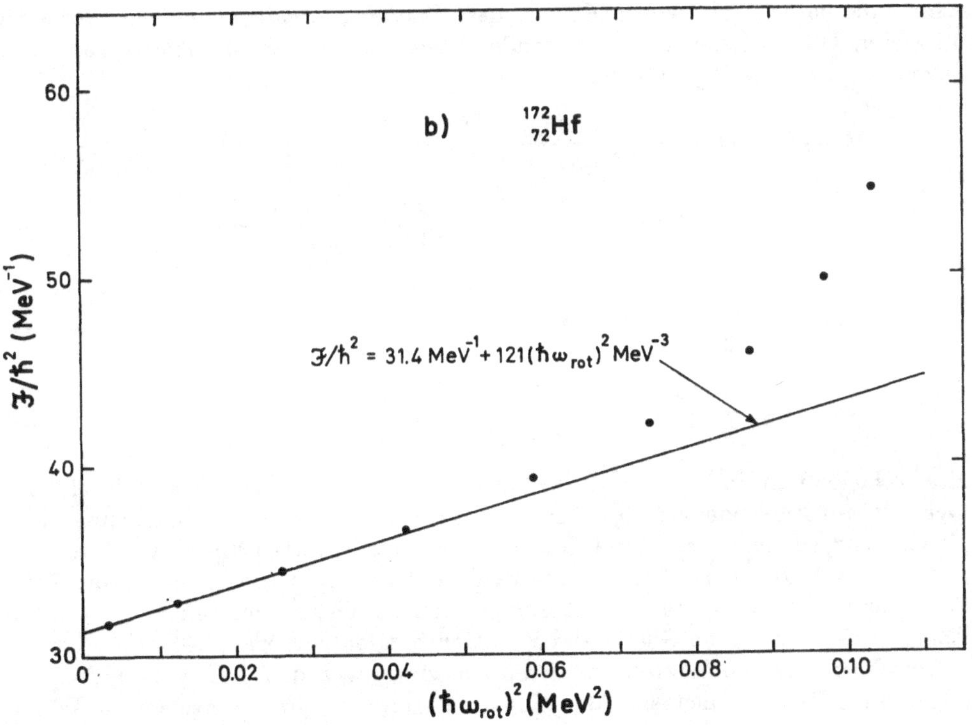
b) $^{172}_{72}$Hf
$\mathcal{J}/\hbar^2 = 31.4\ MeV^{-1} + 121(\hbar\omega_{rot})^2\ MeV^{-3}$
$\mathcal{J}/\hbar^2\ (MeV^{-1})$
$(\hbar\omega_{rot})^2\ (MeV^2)$
60
50
40
30
0
0.02
0.04
0.06
0.08
0.10

höchsten besiedelten Niveaus ($I = 18$) mit einer Genauigkeit von etwa 30% beschrieben wird. Für nicht zu große Werte von I lassen sich die Abweichungen durch einen zu $I^2(I+1)^2$ proportionalen Term annähernd beschreiben; die Koeffizienten A und B in dieser Entwicklung (siehe Gl. (4–46)) wurden durch Anpassung an die beobachteten Energien der niedrigsten Niveaus der Bande erhalten. (Die Bestimmung des Koeffizienten dritter Ordnung C ist infolge der experimentellen Fehlergrenzen für die Energien der niedrigsten Zustände der Bande mit einer beträchtlichen Unsicherheit behaftet.) Das Verhältnis aufeinanderfolgender Terme in der Entwicklung (4–46) ist etwas größer als in den Beispielen in Abb. 4–8 und 4–9 (im vorliegenden Fall ist $B/A = -1{,}4 \cdot 10^{-3}$, verglichen mit $B/A = -0{,}54 \cdot 10^{-3}$ für ^{168}Er).

Für den Nachbarkern ^{174}Hf sind genauere Werte der Rotationsenergien in der Grundzustandsbande verfügbar (siehe Abb. 4–31, S. 144), und die bis zur siebenten Potenz in $I(I+1)$ bestimmten Entwicklungskoeffizienten sind in Tab. 4–20, S. 144, angegeben. Aus dieser Tabelle ist zu ersehen, daß die Koeffizienten A, B und C ziemlich genau bestimmt sind, daß aber die höheren Koeffizienten selbst mit den vorhandenen genaueren Daten wegen der schlechten Konvergenz der Reihe für $I \gtrsim 10$ zweifelhaft sind.

Obwohl die Entwicklung der Energie nach Potenzen von $I(I+1)$ bei ^{172}Hf für $I \gtrsim 10$ ziemlich schlecht konvergiert, variiert die Funktion $E(I)$ weiterhin glatt mit I. Diese Eigenschaft gab Anlaß, nach anderen Parametrisierungen der Rotationsenergie zu suchen. Abb. 4–11b zeigt die gleichen Daten wie Abb. 4–11a, ausgedrückt durch das Trägheitsmoment $\mathscr{I}$ als Funktion der Rotationsfrequenz ω_{rot} (siehe auch die Diskussion des Kerns ^{168}Er auf S. 53ff.).

Um die Rotationsfrequenz zu erhalten, muß man die Ableitung von E_{rot} nach I berechnen (siehe Gl. (4–48)). Zu diesem Zweck haben wir eine näherungsweise Beschreibung verwendet, wobei E_{rot} in den Energieintervallen zwischen aufeinanderfolgenden Gliedern der Rotationsbande durch eine lineare Funktion von $I(I+1)$ angepaßt wird. Damit erhält man

$$(\hbar\omega_{\text{rot}})^2 = 4I(I+1)\left(\frac{\partial E_{\text{rot}}}{\partial I(I+1)}\right)^2$$

$$\approx 2\big(I_1(I_1+1) + I_2(I_2+1)\big)\left(\frac{E(I_2) - E(I_1)}{I_2(I_2+1) - I_1(I_1+1)}\right)^2 \qquad (4\text{–}100)$$

und

$$\mathscr{I}(\omega_{\text{rot}}) = \frac{\hbar^2}{2}\left(\frac{\partial E_{\text{rot}}}{\partial I(I+1)}\right)^{-1}$$

$$\approx \frac{\hbar^2}{2}\,\frac{I_2(I_2+1) - I_1(I_1+1)}{E(I_2) - E(I_1)}. \qquad (4\text{–}101)$$

Man sieht, daß im Fall von ^{172}Hf die Annäherung der Funktion $\mathscr{I}(\omega_{\text{rot}}^2)$ durch eine einfache lineare Funktion von ω_{rot}^2 für einen größeren Bereich des Spektrums gültig ist als die entsprechende, aus zwei Gliedern bestehende Entwicklung der Energie nach Potenzen von $I(I+1)$. Die gleiche Schlußfolgerung wurde anhand von Tab. 4–2, S. 53, für eine Reihe weiterer gg-Kerne gewonnen, für die sehr genaue Messungen der Energien der niedrigsten Glieder der Rotationsbanden vorliegen.

Obwohl bei kleinen Werten von I die Entwicklungen nach $I(I+1)$ und ω_{rot}^2 beide allgemein gelten, können sich die Konvergenzradien sehr unterscheiden. Wenn das

Trägheitsmoment in ω_{rot}^2 linear ist, dann folgt aus der Beziehung (4-53) für die Entwicklung nach $I(I+1)$ ein Konvergenzradius

$$I(I+1) = \frac{4}{27}\left|\frac{A}{B}\right|. \tag{4-102}$$

Für ^{172}Hf mit $|A/B| \approx 600$ ergibt sich aus Gl. (4-102) ein kritischer Wert I von etwa 10, der mit dem in Abb. 4-11a gezeigten Verhalten konsistent ist. Obwohl die im vorliegenden Abschnitt diskutierten Daten stark auf die größere Einfachheit der Entwicklung nach der Rotationsfrequenz hinweisen, ist die Bedeutung dieser Tatsache noch unklar.

Hinweise auf Phasenübergänge

Für die höchsten beobachteten Rotationszustände in der Grundzustandsbande von ^{172}Hf zeigen die Energien eine rapide Zunahme des Trägheitsmoments an (siehe Abb. 4-11b), was auf eine wesentliche Änderung der inneren Struktur bei $I \approx 20$ hinweist. Der Umstand, daß das Trägheitsmoment sich beinahe verdoppelt und sich dem Wert für den starren Rotor nähert, deutet darauf hin, daß der Übergang mit einer beträchtlichen Abnahme der Paarkorrelation verbunden ist (siehe Gl. (4-128)). Eine solche Zerstörung der Paarkorrelation durch die Rotationsbewegung wird als eine allgemeine Eigenschaft supraflüssiger Systeme erwartet (siehe S. 30). Der kritische Wert des Drehimpulses läßt sich abschätzen, indem man die Abnahme der Rotationsenergie, die dem Übergang zum unkorrelierten System entspricht, mit dem Energiegewinn infolge der Paarkorrelationen vergleicht. Die Energie $\mathscr{E}_{\text{pair}}$ ist von der Größenordnung (Δ^2/d), da die Anzahl der an der Korrelation beteiligten Paare von der Ordnung Δ/d ist, wobei d der mittlere Abstand zwischen den zweifach entarteten Einteilchenniveaus ist. Für ein Spektrum mit konstantem Niveauabstand d ist der Energiegewinn durch Paarbildung (für Neutronen und Protonen einzeln) gleich $\frac{1}{2}(\Delta^2/d)$ (siehe Gl. (6-618)). Für Kerne im Gebiet um Hf ist $\Delta \approx 0{,}9$ MeV (siehe z. B. Abb. 2-5, Band I, S. 179), $d \approx 0{,}4$ MeV (siehe z. B. Abb. 5-2 und 5-3) und somit $\mathscr{E}_{\text{pair}} \approx 2$ MeV. Der Unterschied an Rotationsenergie für die supraflüssigen und normalen Systeme beträgt $\Delta\mathscr{E}_{\text{rot}} \approx 10 I^2$ keV (siehe Abb. 4-12), woraus der Größenordnung nach ein Wert $I_{\text{krit}} \approx 15$ folgt. Da die Paarkorrelationen in den Neutronen- und Protonensystemen separat wirken, kann der Phasenübergang zum normalen System in zwei getrennten Schritten erfolgen. Es ist aber zu betonen, daß auch andere Effekte die Rotationsbewegung im betrachteten Drehimpulsbereich stark verändern können (siehe S. 34ff.).

Das Yrast-Gebiet für $I > 20$

Obwohl die aufgelösten Übergänge in Abb. 4-10 nur bis zu Zuständen mit $I = 18$ reichen, zeigen Experimente dieser Art wichtige Eigenschaften der Spektren bei höheren Drehimpulsen, insbesondere für die Niveaus in der Umgebung des Zustandes minimaler Energie bei gegebenem I (Yrast-Gebiet). Aus den Daten ergibt sich:

1. Der Querschnitt für die Besiedlung der Grundzustandsrotationsbande weist darauf hin, daß diese Prozesse über Folgekerne von Compoundkernen verlaufen, deren

Drehimpulse in manchen Experimenten bis zu 50 Einheiten betragen (Stephens u. a., 1968).

2. Die Wahrscheinlichkeit für Besiedlung der Zustände in der Grundzustandsrotationsbande nimmt im Gebiet von $I = 10 \cdots 20$ stark ab (Stephens u. a., 1965; Stephens u. a., 1968).

3. Die γ-Spektren zeigen keine starken Linien außer denen der Grundzustandsrotationsbande. Es hat den Anschein, daß der fehlende Drehimpuls durch eine große Zahl von γ-Quanten weggetragen wird, die einen nichtaufgelösten Untergrund bilden.

4. Die Gesamtverzögerungszeit für die nichtaufgelösten Übergänge, die der Grundzustandskaskade vorausgehen, beträgt für den Hauptteil der Intensität etwa 10^{-11} s (Diamond u. a., 1969a).

Die Vorstellung über die γ-Kaskade, die sich aus diesen Befunden ergibt, geht aus von der Erzeugung eines Compoundkerns, der nach der Neutronenverdampfung eine Energie oberhalb der Yrast-Linie besitzt, die sich bis zu Werten von der Größenordnung der Neutronenseparationsenergie erstreckt. Die ersten γ-Übergänge sollten ähnliche Eigenschaften wie die bei Neutroneneinfangprozessen beobachteten γ-Übergänge haben und eine Abkühlung des Kerns bewirken. Das Fehlen starker Linien deutet aber darauf hin, daß die Kerne in den meisten Kaskaden nicht völlig bis zur Yrast-Linie abkühlen, sondern sich über eine große Anzahl von Wegen etwas oberhalb dieser Linie abregen. Der Anstieg der Yrast-Linie sollte näherungsweise gegeben sein durch den Wert des Trägheitsmoments für einen starren Körper (das ergibt sich sowohl für kollektive Rotationen mit $\Delta = 0$ als auch in einer statistischen Analyse; siehe S. 64ff.). Somit ist die Übergangsenergie für $E2$-Übergänge mit $\Delta I = 2$ und $I \approx 30$, $A \approx 160$ von der Größenordnung 1 MeV. Aus den oben genannten Befunden ergeben sich für diese Übergänge Lebensdauern $\lesssim 10^{-12}$ s, das entspricht Übergangsraten, die mindestens um eine Größenordnung höher als für $E2$-Einteilchenübergänge sind (siehe Gln. (3C–18) und (3C–38)). Diese Beschleunigung sowie die relativ geringe Stärke der Übergänge zur Yrast-Linie hin deuten darauf hin, daß die hauptsächlichen Übergänge längs Trajektorien kollektiver Familien erfolgen. Diese Folgen können etliche Eigenschaften von Rotationsbanden aufweisen (Williamson u. a., 1968; Newton u. a., 1970). Das Fehlen von Verzögerungen in der Mehrzahl der γ-Kaskaden bedeutet, daß die kollektiven Familien keine Bandenköpfe besitzen, wie sie in axialsymmetrischen Kernen Zuständen mit großem K entsprechen würden.

Für kleinere Werte des Drehimpulses wurden in einer Reihe von gg-Kernen Banden mit großen K-Werten, die zu isomeren Zuständen führen, auf der Yrast-Linie oder in deren enger Umgebung beobachtet (siehe z. B. Borggreen u. a., 1967). Ein herausragendes Beispiel bildet das Spektrum von ^{178}Hf (Helmer und Reich, 1968); in diesem Kern beginnt eine Bande mit $K\pi = 8^-$ bei 1,148 MeV, 89 keV oberhalb der Energie des $I = 8$-Niveaus der Grundzustandsbande; wegen des größeren Trägheitsmoments der Bande $K = 8$ kreuzt sie die (extrapolierte) Grundzustandsbande zwischen $I = 10$ und 12. Eine andere innere Konfiguration, die anscheinend einen 4-Quasiteilchenzustand mit $K\pi = 16^+$ darstellt, wurde bei einer Anregungsenergie von etwa 2,5 MeV gefunden, etwa 1 MeV unterhalb der extrapolierten Lage des Niveaus $K = 8$, $I = 16$.

Das Auftreten von Zuständen mit $K \approx I$ im Yrast-Gebiet kann auf Grund der Tatsache verstanden werden, daß die zur Erzeugung eines Drehimpulses durch Ausrichtung der Bahnen einiger Nukleonen aufgewendete Energie durch ein Trägheitsmoment charakterisiert werden kann, das dem für kollektive Rotation vergleichbar ist (siehe S. 67). Das Fehlen von Isomeren mit noch höheren Spins, das durch das oben diskutierte Material angedeutet wird, könnte auf einen Übergang zu einem Kopplungsschema hinweisen, das einer nichtaxialsymmetrischen Form entspricht.

Trägheitsmomente für Grundzustandsbanden von Kernen mit $150 \leqq A \leqq 188$ (*Abb. 4–12*)

In führender Ordnung der Entwicklung nach Potenzen des Drehimpulses enthalten die Rotationsenergien die beiden Parameter A und A_1, die sich auch durch die effektiven Trägheitsmomente $\mathscr{I}$ und den Entkopplungsparameter a ausdrücken lassen (siehe Gln. (4–61)). Die vorhandenen Daten über die Trägheitsmomente für Grundzustandsbanden der Kerne mit $150 \leqq A \leqq 188$ sind in Abb. 4–12 wiedergegeben. Für die Banden mit $K \neq 1/2$ wurden die Trägheitsmomente in der Abbildung aus dem Energieabstand der beiden niedrigsten Niveaus der Bande ($I = K$ und $K + 1$) bestimmt; bei den Banden mit $K = 1/2$ wurde $\mathscr{I}$ aus der beobachteten Lage der drei untersten Niveaus der Bande abgeleitet.

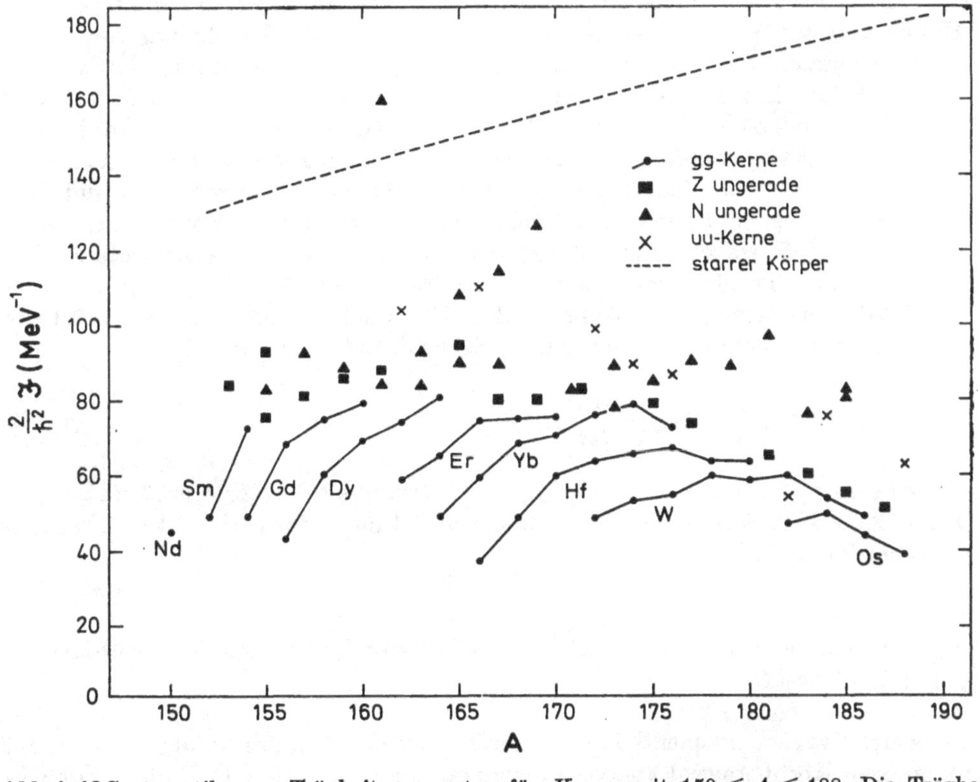

Abb. 4–12 Systematik von Trägheitsmomenten für Kerne mit $150 \leqq A \leqq 188$. Die Trägheitsmomente wurden aus den empirischen Energieniveaus in Table of Isotopes von LEDERER u. a., 1967, bestimmt.

Vergleich mit starrer Rotation und wirbelfreier Strömung

In Abb. 4–12 werden die empirischen Trägheitsmomente mit den Werten verglichen, die einer starren Rotation des deformierten Kerns entsprechen würden,

$$\mathscr{I}_{\text{rig}} = AM\langle x_2^2 + x_3^2 \rangle. \tag{4–103}$$

Bei Annahme von Axialsymmetrie um die innere Achse 3 (und gleicher Dichteverteilung für Neutronen und Protonen) kann das Moment (4–103) in der Form

$$\begin{aligned}\mathscr{I}_{\text{rig}} &= \tfrac{2}{3} AM\langle r^2 \rangle \, (1 + \tfrac{1}{3}\delta) \\ &= \tfrac{2}{5} AMR^2(1 + \tfrac{1}{3}\delta)\end{aligned} \tag{4–104}$$

dargestellt werden; δ ist der aus dem elektrischen Quadrupolmoment bestimmte Deformationsparameter (siehe Gl. (4–72)), und R ist der mittlere Radius, der durch

$$R^2 = \tfrac{5}{3}\langle r^2 \rangle \tag{4–105}$$

definiert ist und gleich $R = 1{,}2A^{1/3}$ fm gesetzt wurde. Für einen Kern mit sphäroidaler Form ist der Parameter δ bei kleiner Exzentrizität gleich $\Delta R/R$, wobei ΔR die Differenz der Halbachsen des Sphäroids ist (siehe Gl. (4–73)). Die zur Berechnung von $\mathscr{I}_{\text{rig}}$ in Abb. 4–12 benutzten Werte δ wurden aus Abb. 4–25, S. 114, entnommen.

Aus Abb. 4–12 sieht man, daß die beobachteten Momente um einen Faktor von etwa 2 kleiner als $\mathscr{I}_{\text{rig}}$ sind. Die beobachteten Momente zeigen systematische Schwankungen, die bei den gg-Kernen besonders offensichtlich sind. Bei Annäherung an die Grenzen der Gebiete mit endlicher Gleichgewichtsdeformation nehmen die Momente ab, und diese Änderung von $\mathscr{I}$ ist mit einer entsprechenden Änderung von δ verbunden (siehe Abb. 4–25). Diese Korrelation ist charakteristisch für ein anderes klassisches Modell: die Rotation eines Tropfens einer wirbelfreien Flüssigkeit. Das Strömungsbild einer solchen Rotationsbewegung ist in Abb. 6A–2, S. 590, wiedergegeben, und das Trägheitsmoment beträgt in führender Ordnung in δ (siehe Gl. (6A–81))

$$\mathscr{I}_{\text{irrot}} \approx \mathscr{I}_{\text{rig}}\delta^2 \approx \mathscr{I}_{\text{rig}} \left(\frac{\Delta R}{R}\right)^2. \tag{4–106}$$

Die beobachteten Werte von $\mathscr{I}$ sind jedoch um etwa einen Faktor 5 größer als $\mathscr{I}_{\text{irrot}}$. (In dem in Abb. 4–12 dargestellten Massenbereich hat die Deformation δ typischerweise die Größenordnung 0,2—0,3.)

Analyse im Rahmen der Nukleonenresponse auf die Rotation des Kernfeldes (Cranking-Modell)

Die nuklearen Trägheitsmomente können durch Untersuchung der Nukleonenbewegung im rotierenden Kernpotential analysiert werden. Die Coriolis- und Zentrifugalkräfte im rotierenden körperfesten Bezugssystem führen zu einem Zuwachs der Energie der Nukleonenbewegung, der mit der Rotationsenergie identifiziert werden kann.

Die Bewegung eines einzelnen Nukleons gegenüber dem mit der Frequenz ω_{rot} rotierenden Potential wird durch den HAMILTON-Operator

$$H = H_0 - \hbar\omega_{\text{rot}} \cdot \boldsymbol{j} \tag{4–107}$$

beschrieben; H_0 beschreibt die Bewegung bei Abwesenheit der Rotation. Man kann zeigen, daß der HAMILTON-Operator (4–107) der allgemeinen Beziehung zwischen der Zeitableitung von Operatoren im rotierenden System und im festen System (bezeichnet durch den Index 0)

$$\frac{\mathrm{d}F}{\mathrm{d}t} = \frac{i}{\hbar}[H, F] = \left(\frac{\mathrm{d}F}{\mathrm{d}t}\right)_0 - i\omega_{\text{rot}} \cdot [\boldsymbol{j}, F] \tag{4–108}$$

äquivalent ist. In diesem Ausdruck ist F ein Operator, der von den Teilchenvariablen abhängt, und der Kommutator von $\boldsymbol{j}$ mit F gibt die Änderung in F bei einer Drehung des Koordinatensystems an (siehe Band I, S. 10). Man kann leicht nachweisen, daß die vom HAMILTON-Operator (4–107) abgeleiteten Bewegungsgleichungen die CORIOLIS- und Zentrifugalkräfte enthalten; der Bahnanteil $-\omega_{\text{rot}}(\boldsymbol{r} \times \boldsymbol{p})$ des Rotations-Störungsterms in Gl. (4–107) ist der bekannte Ausdruck aus der klassischen HAMILTONschen Mechanik. (Es ist zu betonen, daß die obige Herleitung des HAMILTON-Operators im rotierenden System auf der Annahme beruht, daß das Potential, in dem sich das Teilchen bewegt, durch die Rotation nicht beeinflußt wird. Das Auftreten von Termen im Potential, die in der Rotationsfrequenz linear sind, wird auf S. 66 und 242 betrachtet.)

Solange der Einfluß der Rotation als eine kleine Störung der Nukleonenbewegung angesehen werden kann, ist die resultierende Verschiebung der Einteilchenenergien gegeben durch

$$\delta\varepsilon(\nu) = \hbar^2\omega_{\text{rot}}^2 \sum_{\nu'} \frac{\langle\nu'|\, j_1 \,|\nu\rangle^2}{\varepsilon(\nu') - \varepsilon(\nu)}, \tag{4–109}$$

wobei j_1 die Komponente von $\boldsymbol{j}$ längs der Drehachse ist. Der ungestörte Nukleonenzustand wird durch ν bezeichnet, während die infolge der CORIOLIS-Kraft an ν gekoppelten Zustände durch ν' charakterisiert werden. (Bei der Herleitung der Gl. (4–109) muß man berücksichtigen, daß die Energie des Systems durch H_0 repräsentiert wird, während der HAMILTON-Operator H der Zeitverschiebungsoperator ist, der die Entwicklung des Systems im rotierenden (zeitabhängigen) Koordinatensystem beschreibt. Der Unterschied zwischen H und H_0 verursacht eine Vorzeichenänderung von $\delta\varepsilon$.)

Die Energieverschiebung (4–109) ist proportional zum Quadrat der Rotationsfrequenz und kann deshalb als ein Beitrag zum Trägheitsmoment interpretiert werden. Addiert man die Beiträge aller Teilchen, so ergibt sich für das gesamte Trägheitsmoment eines gegebenen Zustands 0 (INGLIS, 1954)

$$\begin{aligned} \mathscr{I}_1 &= 2\hbar^2 \sum_{i \neq 0} \frac{\langle i|\, J_1 \,|0\rangle^2}{E_i - E_0}, \\ J_1 &= \sum_{k=1}^{A} (j_1)_k, \end{aligned} \tag{4–110}$$

wobei i die Vielteilchenzustände der A Nukleonen im deformierten Potential mit den Anregungsenergien E_i numeriert. Das Trägheitsmoment (4–110) läßt sich auch aus dem

Erwartungswert von J_1 im gestörten Zustand und der Beziehung (4–47) bestimmen. Der Ausdruck (4–110) wird als Cranking-Formel bezeichnet, da die Frequenz des rotierenden Potentials als eine von außen vorgeschriebene Größe behandelt wird. Ein zu Gl. (4–109) äquivalentes Ergebnis erhält man im Teilchen-Rotor-Modell, in dem die Frequenz des rotierenden Potentials als eine dynamische Variable behandelt wird (siehe Gl. (4A–15)). Der Ausdruck (4–110) läßt sich auch herleiten, indem man von den Restwechselwirkungen ausgeht, die erforderlich sind, um die Drehinvarianz des Hamilton-Operators, der auf dem deformierten Potential aufbaut, wiederherzustellen (siehe S. 380ff.).

Trägheitsmomente aus der Bewegung unabhängiger Teilchen

Einige der Haupteigenschaften des Trägheitsmoments (4–110) für die Bewegung unabhängiger Teilchen lassen sich bei der Behandlung eines Systems von Teilchen herausstellen, die sich in einem anisotropen harmonischen Oszillatorpotential

$$V = \sum_{\varkappa=1}^{3} \tfrac{1}{2} M\omega_\varkappa^2 x_\varkappa^2 \tag{4–111}$$

bewegen. Die Einteilchenzustände können durch die Oszillatorquantenzahlen $n_\varkappa$ bezeichnet werden, und die Gesamtenergie ist

$$\mathscr{E} = \sum_{\varkappa=1}^{3} \hbar\omega_\varkappa \sum_{k=1}^{A} (n_\varkappa + \tfrac{1}{2})_k . \tag{4–112}$$

Für eine gegebene Konfiguration mit festgelegten Sätzen von Quantenzahlen $(n_\varkappa)_k$ kann man die Gleichgewichtsform aus einer Selbstkonsistenzbetrachtung erhalten. Die Äquipotentialflächen für das deformierte Potential (4–111) sind Ellipsoide, deren Achsen proportional zu $\omega_\varkappa^{-1}$ sind. Die Anisotropie der Dichteverteilung kann durch die quadratischen Mittelwerte

$$\langle \sum_{k=1}^{A} (x_\varkappa^2)_k \rangle = \frac{\hbar}{M\omega_\varkappa} \Sigma_\varkappa \tag{4–113}$$

charakterisiert werden. Hierbei wurde die Bezeichnung

$$\Sigma_\varkappa \equiv \sum_{k=1}^{A} (n_\varkappa + \tfrac{1}{2})_k \tag{4–114}$$

verwendet. Daher wird die Deformation der Dichteverteilung gleich der Deformation des Potentials sein, falls $\omega_\varkappa$ zu $\Sigma_\varkappa^{-1}$ proportional ist,

$$\omega_1\Sigma_1 = \omega_2\Sigma_2 = \omega_3\Sigma_3 . \tag{4–115}$$

Bei einem spinunabhängigen Potential trägt nur das Bahnmoment zum Trägheitsmoment (4–110) bei, und die durch Coriolis-Kopplung erzeugten Anregungen enthalten zwei Arten von Termen, die einer Änderung $\Delta N = 0$ und 2 der gesamten Oszillatorquantenzahl ($N = n_1 + n_2 + n_3$) entsprechen. Die Terme mit $\Delta N = 0$ haben Energienenner $\pm\hbar(\omega_2 - \omega_3)$, die zur Deformation proportional sind, während die Energienenner der Terme mit $\Delta N = 2$ die Summe der Frequenzen enthalten. Für die

Bewegung unabhängiger Teilchen kann das Trägheitsmoment (4–110) als Summe der Beiträge der einzelnen Teilchen dargestellt werden, da sich die nach dem Ausschließungsprinzip verbotenen Terme paarweise aufheben. Mit Hilfe der Beziehung (4–130) zwischen dem Teilchendrehimpuls und den Variablen des harmonischen Oszillators erhält man

$$\mathcal{J}_1 = \frac{\hbar}{2\omega_2\omega_3}\left(\frac{(\omega_2+\omega_3)^2}{\omega_2-\omega_3}(\Sigma_3-\Sigma_2)+\frac{(\omega_2-\omega_3)^2}{\omega_2+\omega_3}(\Sigma_2+\Sigma_3)\right). \tag{4–116}$$

Für die Gleichgewichtsdeformation, die der Gl. (4–115) genügt, sieht man aus Gl. (4–113), daß der Ausdruck (4–116) ein Trägheitsmoment ergibt, das gleich dem Trägheitsmoment bei starrer Rotation eines Systems mit derselben Dichteverteilung ist (Bohr und Mottelson, 1955),

$$\mathcal{J}_1 = \langle\sum_{k=1}^{A} M(x_2^2+x_3^2)_k\rangle = \mathcal{J}_{\text{rig}}. \tag{4–117}$$

Dieses Ergebnis ist unabhängig von der Konfiguration der Teilchen im Oszillatorpotential.

Die Gleichgewichtsbedingung ist für die Beziehung (4–117) wesentlich. Betrachtet man zum Beispiel eine Konfiguration mit $\Sigma_1 = \Sigma_2 = \Sigma_3$ (wie bei abgeschlossenen Schalen) und gibt man eine Deformation durch eine äußere Kraft vor, so liefert nur der zweite Term in Gl. (4–116) einen Beitrag. Das Trägheitsmoment hat den Wert

$$\mathcal{J}_1 = M\frac{\langle\sum_k (x_2^2-x_3^2)_k\rangle^2}{\langle\sum_k (x_2^2+x_3^2)_k\rangle}, \tag{4–118}$$

der um das Quadrat des Deformationsparameters kleiner ist als der Wert für den starren Körper. Das Moment (4–118) entspricht der wirbelfreien Strömung (siehe Gl. (6A–81)).

Das tatsächliche Kernpotential weicht im Radialverlauf und infolge der Spinbahnkopplung beträchtlich vom harmonischen Oszillatorpotential ab. Die numerische Berechnung des Ausdruckes (4–110) liefert für die in Kapitel 5 verwendeten Potentiale (siehe S. 189ff.) jedoch Werte, die dicht bei $\mathcal{J}_{\text{rig}}$ liegen, vorausgesetzt, daß für die Exzentrizität des Potentials der Gleichgewichtswert eingesetzt wurde. Es sei noch hervorgehoben, daß die exakte Beziehung zum Trägheitsmoment des starren Körpers nur für das Potential des harmonischen Oszillators abgeleitet wurde und daß die Genauigkeit und Allgemeingültigkeit dieses Resultats in anderen Fällen noch offen ist.

Die Bedeutung des Wertes des Trägheitsmoments für den starren Körper kann ferner durch den halbklassischen Grenzfall der Fermi-Gas-Näherung verdeutlicht werden. Die Geschwindigkeitsverteilung im rotierenden Koordinatensystem wird durch den Hamilton-Operator (4–107) bestimmt, der (bei Annahme eines spin- und geschwindigkeitsunabhängigen Potentials V) in der Form

$$H = \tfrac{1}{2}M\boldsymbol{v}^2 + V(\boldsymbol{r}) - \tfrac{1}{2}M(\boldsymbol{\omega}_{\text{rot}}\times\boldsymbol{r})^2 \tag{4–119}$$

geschrieben werden kann, wobei die Geschwindigkeit

$$\boldsymbol{v} = \frac{\boldsymbol{p}}{M} - (\boldsymbol{\omega}_{\text{rot}}\times\boldsymbol{r}) \tag{4–120}$$

die Geschwindigkeit des Teilchens gegenüber dem rotierenden Bezugssystem ist. Da der HAMILTON-Operator (4–119) nur das Quadrat der Geschwindigkeit enthält. bleibt die Verteilung $\varrho(\boldsymbol{r}, \boldsymbol{v})$ im Geschwindigkeitsraum isotrop für jeden Punkt $\boldsymbol{r}$. Daher gibt es im rotierenden System keinen resultierenden Strom, und im raumfesten Koordinatensystem ist das Strömungsbild dasselbe wie für einen rotierenden starren Körper. Das gleiche Argument wurde benutzt, um das Fehlen von Diamagnetismus in einem klassischen Elektronengas nachzuweisen (BOHR, 1911; VAN LEUWEN, 1921; siehe auch VAN VLECK, 1932, S. 94ff. Für ein Elektron in einem konstanten Magnetfeld $\boldsymbol{H}$ ist der HAMILTON-Operator durch die beiden ersten Terme in Gl. (4–119) gegeben mit der Substitution von $\boldsymbol{\omega}_{\text{rot}}$ durch $(e/2Mc)\,\boldsymbol{H}$. Der letzte Term im HAMILTON-Operator (4–119) ist das Zentrifugalpotential, das kein Gegenstück in der magnetischen Wechselwirkung besitzt. Das Zentrifugalpotential ist jedoch geschwindigkeitsunabhängig und hat daher auf die obigen Überlegungen keinen Einfluß.)

Die Rolle der Isotropie der Geschwindigkeitsverteilung weist auf die Bedeutung der Gleichgewichtsdeformation für die Ableitung der Beziehung (4–117) hin. Tatsächlich gilt für das Potential des harmonischen Oszillators

$$\left\langle \sum_{k=1}^{A} (v_\varkappa^2)_k \right\rangle = \frac{\hbar}{M}\, \omega_\varkappa \Sigma_\varkappa\,, \tag{4–121}$$

und die Geschwindigkeitsverteilung ist daher bis zu den zweiten Momenten insgesamt isotrop, wenn die Selbstkonsistenzbedingungen (4–115) erfüllt sind. In der Tat kann der Energiegewinn infolge der Deformation des Potentials als eine Verringerung der kinetischen Energie durch die Herausbildung der isotropen Geschwindigkeitsverteilung aufgefaßt werden. Ist die Geschwindigkeitsverteilung nicht isotrop, dann können die CORIOLIS-Kräfte eine Strömung im rotierenden Koordinatensystem hervorrufen, die proportional zur Rotationsfrequenz ist. Zum Beispiel ist die Strömung für eine deformierte Konfiguration abgeschlossener Schalen gleich der in Abb. 6 A–2 für eine wirbelfreie Flüssigkeit angegebenen Strömung.

Die obigen Argumente für den Festkörperwert des Trägheitsmoments werden durch das Auftreten einer Geschwindigkeitsabhängigkeit im Einteilchenpotential (Term der effektiven Masse, siehe Band I, S. 155) nicht beeinflußt. Obwohl die Rotationsbewegung zusätzliche Geschwindigkeiten in der Teilchenbewegung induziert, ist die potentielle Energie durch die Relativgeschwindigkeit der Teilchen an jedem Punkt bestimmt, die durch die kollektive Rotation nicht beeinflußt wird. Bei der Berechnung des Ausdruckes (4–110) führt ein Term mit einer effektiven Masse zu einem Moment $(M^*/M)\,\mathscr{I}_{\text{rig}}$, aber dieser Effekt wird kompensiert durch einen Zusatzterm im rotierenden Potential, der zur Erhaltung der lokalen GALILEI-Invarianz erforderlich ist. Diesen Term erhält man durch die Substitution $\boldsymbol{p} \to \boldsymbol{p} - M\boldsymbol{u}$ im Einteilchenpotential (siehe Gl. (1–16)), wobei $\boldsymbol{u} = \boldsymbol{\omega}_{\text{rot}} \times \boldsymbol{r}$ die kollektive Strömung ist. Der Zusatzterm hat zur Folge, daß die CORIOLIS-Kopplung mit dem Faktor (M/M^*) multipliziert wird, und das resultierende Trägheitsmoment ist wieder gleich $\mathscr{I}_{\text{rig}}$, was sich aus der Berechnung von $\langle J_1 \rangle$ im gestörten Zustand direkt ergibt. (Die Kompensation der effektiven Masse im Rotationsmoment wurde von MIGDAL, 1959, gezeigt. Eine ähnliche Kompensation des Terms mit einer effektiven Masse bei der Beschreibung der Translationsmasse wird auf S. 379 diskutiert.)

Trägheitsmoment bei Ausrichtung von Einteilchenbahnen längs einer Symmetrieachse

Für eine Symmetrieachse verschwindet das Trägheitsmoment (4–110), weil der Kern keine kollektiven Rotationen um eine solche Achse ausführen kann. Die einzelnen Nukleonen besitzen jedoch einen Drehimpuls bezüglich einer solchen Achse, und durch Ausrichtung der Einzelteilchendrehimpulse kann ein resultierender Drehimpuls erzeugt werden. Die mittlere Energie des niedrigsten Zustandes mit gegebenem Drehimpuls längs einer Symmetrieachse läßt sich aus einer statistischen Analyse bestimmen. Dieser Zustand entsteht durch Besetzung der niedrigsten Teilchenbahnen bis zu einer Fermi-Energie $\varepsilon_F(m)$, die als eine Funktion des Einteilchendrehimpulses m längs der gegebenen Achse betrachtet wird. (Bei einem deformierten, jedoch axialsymmetrischen Potential entspricht die Quantenzahl m der Größe Ω, und M entspricht K.) Die Funktion $\varepsilon_F(m)$ ist durch Minimalisierung der Summe der Einteilchenenergien zu bestimmen unter den beiden Nebenbedingungen, daß die Teilchenzahl und die Gesamtdrehimpulskomponente M bestimmte Werte besitzen.

Wir betrachten daher Variationen der Größe

$$\begin{aligned}\mathscr{E}' &= \mathscr{E} - \lambda A - \mu M \\ &= \sum_m \int^{\varepsilon_F(m)} g(\varepsilon, m)\,(\varepsilon - \lambda - \mu m)\,d\varepsilon,\end{aligned} \tag{4–122}$$

die zwei Lagrange-Faktoren λ und μ enthält. Das Einteilchenspektrum zu einem gegebenen Wert m wird durch die Niveaudichte $g(\varepsilon, m)$ beschrieben. Die Bedingung, daß $\mathscr{E}'$ bei beliebigen Variationen von $\varepsilon_F(m)$ stationär wird, ergibt

$$\varepsilon_F(m) = \lambda + \mu m, \tag{4–123}$$

und die Lagrange-Faktoren λ und μ, die die Ableitungen von $\mathscr{E}$ nach A und M darstellen, werden durch die Beziehungen

$$\begin{aligned}A &= \sum_m \int^{\varepsilon_F(m)} g(\varepsilon, m)\,d\varepsilon \approx \int^{\lambda} g(\varepsilon)\,d\varepsilon, \\ g(\varepsilon) &\equiv \sum_m g(\varepsilon, m), \\ M &= \sum_m \int^{\varepsilon_F(m)} g(\varepsilon, m)\,m\,d\varepsilon \approx \mu \sum_m m^2 g(\varepsilon = \lambda, m) \\ &= \mu \langle m^2 \rangle\, g_0, \\ g_0 &\equiv g(\varepsilon = \lambda),\end{aligned} \tag{4–124}$$

bestimmt; $\langle m^2 \rangle$ bezeichnet den Mittelwert von m^2 für die Bahnen in der Umgebung der Fermi-Energie. In Gl. (4–124) haben wir $g(\varepsilon, -m) = g(\varepsilon, m)$ angenommen und die Änderung von $g(\varepsilon, m)$ mit ε im Energieintervall μm um die Fermi-Oberfläche vernachlässigt. In derselben Näherung erhält man für die Energie

$$\begin{aligned}\mathscr{E} &= \sum_m \int^{\varepsilon_F(m)} g(\varepsilon, m)\, \varepsilon \,\mathrm{d}\varepsilon \\ &\approx \mathscr{E}(M = 0) + \tfrac{1}{2}\mu^2 \langle m^2 \rangle g_0 \\ &= \mathscr{E}(M = 0) + \frac{\hbar^2}{2\mathscr{I}} M^2, \end{aligned} \tag{4–125}$$

wobei das effektive Trägheitsmoment durch

$$\mathscr{I} = \hbar^2 \langle m^2 \rangle g_0 \tag{4–126}$$

gegeben ist.

Eine Berechnung von $\langle m^2 \rangle g_0$ in der Fermi-Gas-Näherung ergibt den Festkörperwert für das Trägheitsmoment (4–126); siehe Gln. (2B–59) bis (2B–61). Dieses Ergebnis hängt eng mit der obigen Ableitung des Trägheitsmoments mit Hilfe des Cranking-Modells zusammen. Die Größe $\mathscr{E}'$ in Gl. (4–122) kann als der Erwartungswert des Hamilton-Operators angesehen werden, der die Bewegung in einem mit der Frequenz $\mu\hbar^{-1}$ rotierenden Potential beschreibt. Somit betrachtet man in beiden Fällen die von den Coriolis- und Zentrifugalkräften hervorgerufenen Störungen, und der Festkörperwert für das Trägheitsmoment resultiert aus dem Umstand, daß die Geschwindigkeitsverteilung im rotierenden Koordinatensystem isotrop bleibt.

Während das Trägheitsmoment (4–110) für die kollektive Rotationsbewegung mit kleinen kohärenten Störungen der Bewegung vieler Teilchen verknüpft ist, entspricht das Trägheitsmoment (4–126) für Rotation um eine Symmetrieachse großen Änderungen in den Quantenzahlen einiger weniger Nukleonen an der Fermi-Oberfläche. Für diesen Typ der Rotationsbewegung gelten daher keine einfachen Beziehungen zwischen Zuständen mit aufeinanderfolgenden Drehimpulswerten wie im Fall kollektiver Rotationen deformierter Systeme.

Einfluß von Paarkorrelationen

Der Umstand, daß die Trägheitsmomente beträchtlich kleiner als $\mathscr{I}_{\text{rig}}$ sind, muß den Korrelationen in der inneren Bewegung der Nukleonen zugeschrieben werden. Der Haupteffekt scheint mit den Paarkorrelationen zusammenzuhängen.

Im paarkorrelierten (supraflüssigen) Kern können die Anregungszustände durch Quasiteilchen beschrieben werden (siehe Kapitel 6, S. 562ff.). Bei einem gg-Kern ist der Grundzustand das Quasiteilchenvakuum ($\mathsf{v} = 0$), und die angeregten Zustände in Gl. (4–110) sind Zweiquasiteilchenzustände ($\mathsf{v} = 2$). Die Matrixelemente zwischen den Zuständen mit $\mathsf{v} = 0$ und $\mathsf{v} = 2$ kann man aus Gl. (6–610b) erhalten, und das Trägheitsmoment ist daher durch

$$\mathscr{I}_\varkappa(\mathsf{v} = 0) = 2\hbar^2 \sum_{\nu_1, \nu_2} \frac{|\langle \nu_2 | j_\varkappa | \nu_1 \rangle|^2}{E(\nu_1) + E(\nu_2)} \big(u(\nu_1)\, v(\nu_2) - v(\nu_1)\, u(\nu_2)\big)^2 \tag{4–127}$$

gegeben (Belyaev, 1959; Migdal, 1959); die Summe läuft über alle Zweiquasiteilchenzustände ($\mathsf{v} = 2, \nu_1\nu_2$). Die Quasiteilchenenergien E sowie die Amplituden u und v

können mit Hilfe der Gln. (6–601) und (6–602) aus den Einteilchenenergien ε und dem Energiespaltparameter Δ bestimmt werden; siehe auch Gl. (6–611) für λ. Die Paarkorrelationen verringern das Trägheitsmoment teils durch Vergrößerung der Energienenner in Gl. (4–127), teils durch Verkleinerung der Matrixelemente in den Zählern.

Eine qualitative Abschätzung des Einflusses der Paarkorrelationen ergibt sich, wenn man beachtet, daß die wichtigsten zum Trägheitsmoment (4–127) beitragenden Einteilchenübergänge die gleiche Anregungsenergie $\varepsilon_2 - \varepsilon_1 = \hbar(\omega_2 - \omega_3) = \delta\hbar\omega_0$ besitzen, die der Verschiebung eines Oszillatorquants aus der Richtung der Achse 3 in die Richtung der Achse 2 entspricht. Mittelt man die Lage des chemischen Potentials über die zum Trägheitsmoment beitragenden Bahnen, so erhält man

$$\begin{aligned} \mathscr{I} &= \tfrac{1}{2}\mathscr{I}_{\text{rig}} \int\limits_{-\infty}^{+\infty} \frac{\big(u(\varepsilon+\delta\hbar\omega_0)\,v(\varepsilon) - u(\varepsilon)\,v(\varepsilon+\delta\hbar\omega_0)\big)^2}{E(\varepsilon)+E(\varepsilon+\delta\hbar\omega_0)}\,d\varepsilon \\ &= \mathscr{I}_{\text{rig}}\left(1 - g\left(\frac{\delta\hbar\omega_0}{2\Delta}\right)\right), \qquad (4\text{–}128) \\ g(x) &\equiv \frac{\ln\big(x + (1+x^2)^{1/2}\big)}{x(1+x^2)^{1/2}}. \end{aligned}$$

Für einen Kern mit $A = 160$ und $\delta \approx 0{,}3$ (das entspricht den am stärksten deformierten Kernen aus dem in Abb. 4–12 dargestellten Gebiet) erhalten wir $\hbar\omega_0\delta \approx 2{,}3$ MeV (siehe Gl. (2–131)). Mit dem Wert $\Delta \approx 0{,}9$ MeV (siehe Abb. 2–5, Band I, S. 179) ergibt sich aus dem Ausdruck (4–128) eine Verringerung des Moments um etwa einen Faktor 2 gegenüber dem Wert für einen starren Körper, in Übereinstimmung mit den empirischen Werten in Abb. 4–12. Da Δ_p etwas größer als Δ_n ist (siehe Abb. 2–5), erwartet man, daß der Beitrag der Protonen zum Trägheitsmoment durch die Paarkorrelation stärker vermindert wird als der Beitrag der Neutronen, in Übereinstimmung mit den Daten über die g_R-Faktoren (siehe S. 43).

Eine genauere Berechnung des Ausdrucks (4–127) aufgrund der verfügbaren Daten über das Einteilchenspektrum und der aus den gerade-ungerade-Massendifferenzen bestimmten Werte Δ führt auf Trägheitsmomente, die den Verlauf der empirischen Momente ziemlich gut wiedergeben. Die abgeschätzten Werte sind jedoch offensichtlich systematisch um 10—20% zu klein (Griffin und Rich, 1960; Nilsson und Prior, 1961.)

In einem rotierenden System mit Paarkorrelationen bekommt das Paarfeld eine Komponente, die proportional zur Rotationsfrequenz ist und daher zum Trägheitsmoment beiträgt (Migdal, 1959; die Struktur dieses Zusatzterms im Paarpotential wird auf S. 242 diskutiert). Für $\Delta \ll \hbar\omega_0$, was beim Kern der Fall ist, ist dieser Beitrag relativ klein; er kann einen merklichen Teil der fehlenden 10—20% in der Abschätzung des Trägheitsmoments ausmachen. Der zusätzliche Beitrag zu $\mathscr{I}$ dominiert im Grenzfall $\Delta \gg \hbar\omega_0$, wo er dafür sorgt, daß sich das Trägheitsmoment dem Wert für eine wirbelfreie Strömung nähert, was bei einer Supraflüssigkeit, deren Ausdehnung groß ist im Vergleich zur Kohärenzlänge, zu erwarten ist (Migdal, a. a. O.; siehe auch die Diskussion der Suprasrömung auf S. 340ff.).

Die starke Abhängigkeit des Trägheitsmoments vom Paarkorrelationsparameter Δ bedeutet eine wesentliche Kopplung zwischen Δ und der Rotationsbewegung. Da $\mathcal{J}$ mit abnehmendem Δ zunimmt, muß man erwarten, daß Δ eine abnehmende Funktion von I ist. Bei hinreichend großen I-Werten sollte die Kopplung an die Rotation die Paarkorrelationen zerstören, in Analogie zur Aufhebung der Supraleitung durch ein Magnetfeld (Mottelson und Valatin, 1960). Empirische Befunde, die auf einen solchen Effekt hinzudeuten scheinen, werden auf S. 59 diskutiert.

Bei A-ungerade- und uu-Kernen sind die Trägheitsmomente merklich größer als für die Grundzustandsbanden benachbarter gg-Kerne. Eine solche Zunahme ist eine einfache Folge der Paarkorrelationen (siehe Kapitel 5, S. 218ff.).

Aussagen über Trägheitsmomente bei sehr großen Deformationen wurden aus den beobachteten Übergängen zwischen Rotationszuständen erhalten, die auf den Spaltungsisomeren aufbauen. Im ^{240}Pu wurde für die Rotationskonstante $\hbar^2/2\mathcal{J} = 3{,}3$ keV gefunden (Specht u. a., 1972), das ist etwa um einen Faktor 2 kleiner als der für die Grundzustandsbande dieses Kerns beobachtete Wert. Ein Teil dieser Differenz kann der Zunahme des Festkörperwertes infolge der Deformation zugeschrieben werden; für ein gestrecktes Sphäroid mit einem Achsenverhältnis 2 : 1, das aus der Schalenstrukturinterpretation des Spaltungsisomers erwartet wird (siehe S. 550ff.), ist der Festkörperwert des Trägheitsmoments um einen Faktor $(5/4)\,2^{1/3} \approx 1{,}57$ größer als für einen kugelförmigen Kern, das entspricht dem Wert $\hbar^2/2\mathcal{J}_{\text{rig}} = 2{,}5$ keV. Somit beträgt das beobachtete Moment etwa 75% des Festkörperwertes. Der Umstand, daß das Moment beträchtlich näher am Festkörperwert liegt als im Falle der Grundzustandsbande, stimmt mit der obigen Analyse des Einflusses der Paarkorrelationen überein, da der wesentliche Parameter $(\delta\hbar\omega_0/2\Delta)$ in dem stärker deformierten Formisomer beträchtlich größer ist. Allerdings ist die der Gl. (4–128) zugrunde liegende Annahme, daß die Hauptbeiträge zum Trägheitsmoment von inneren Anregungen mit Energien von etwa $\delta\hbar\omega_0$ herrühren, für Werte δ der Größenordnung Eins nicht mehr gültig.

Bedeutung der endlichen Teilchenzahl für Kernrotationen (Modell des harmonischen Oszillators (Tab. 4–3))

Im vorliegenden Beispiel betrachten wir Eigenschaften der Kernrotation, die mit den Fluktuationen der Kernorientierung infolge der endlichen Teilchenzahl zusammenhängen. In manchen Fällen können die Banden bei einem endlichen Drehimpulswert abbrechen. Ein derartiger Abbruch ist durch starke Abweichungen von den $E2$-Intensitätsregeln führender Ordnung charakterisiert. Ein damit verwandtes Problem betrifft die Einschränkung der inneren Bewegung, die von der Berücksichtigung einiger Teilchenfreiheitsgrade in der Rotationsbewegung herrührt. Diese Probleme lassen sich an Hand einer Untersuchung der Teilchenbewegung in einem harmonischen Oszillatorpotential veranschaulichen. Die Einfachheit dieses Modells erlaubt die explizite Konstruktion der Vielteilchenwellenfunktion des rotierenden Systems, die man auch durch Diagonalisierung geeigneter Zweiteilchenwechselwirkungen, die das deformierte Feld repräsentieren, erhalten kann.[1]

[1] Diese Eigenschaften wurden von Elliott (1958) im Rahmen der SU_3-Klassifizierung der Teilchenbewegung in einem harmonischen Oszillatorpotential erhalten.

Ausrichtung von Drehimpulsen infolge der Rotation

Wir betrachten zunächst die Bewegung von Nukleonen in einem anisotropen Oszillatorpotential, das wie im Cranking-Modell von außen gedreht wird. Bei einem harmonischen Oszillatorpotential ist es zweckmäßig, die Bewegung durch die Schwingungsquanten auszudrücken. Bei fehlender Rotation entsprechen die Eigenzustände den Oszillationen längs der Hauptachsen,

$$H_0 = \sum_{\varkappa=1}^{3} (c_\varkappa^\dagger c_\varkappa + \tfrac{1}{2}) \hbar\omega_\varkappa, \tag{4–129}$$

wobei die Größen $c_\varkappa^\dagger$ und $c_\varkappa$ ein Quant in der Richtung $\varkappa$ erzeugen oder vernichten. Die Eigenwerte des HAMILTON-Operators (4–129) werden in Gl. (4–112) durch die Quantenzahlen $n_\varkappa$ ausgedrückt. (Die Beziehung zwischen den Variablen ($c_\varkappa^\dagger$, $c_\varkappa$) und den Koordinaten und Impulsen eines Teilchens wird in dem Beispiel in Kapitel 5, S. 201ff., behandelt.)

Wir werden die Spinbahnkopplung weglassen; daher ist der CORIOLIS-Term im HAMILTON-Operator proportional zum Bahndrehimpuls des Teilchens. Für eine Rotation um die Achse 1 gilt (siehe Gln. (5–23) und (5–26))

$$\begin{aligned} H_{\text{Cor}} &= -\hbar\omega_{\text{rot}} l_1 = -\omega_{\text{rot}}(x_2 p_3 - x_3 p_2) \\ &= -\hbar\omega_{\text{rot}} \left(\frac{(\omega_2 + \omega_3)}{2(\omega_2\omega_3)^{1/2}} (c_3^\dagger c_2 + c_2^\dagger c_3) - \frac{(\omega_2 - \omega_3)}{2(\omega_2\omega_3)^{1/2}} (c_3^\dagger c_2^\dagger + c_2 c_3) \right). \end{aligned} \tag{4–130}$$

Der erste Term in Gl. (4–130) entspricht Verschiebungen von Quanten aus der Richtung 3 in die Richtung 2 und umgekehrt ($\Delta N = 0$). Der zweite Term entspricht der Erzeugung oder Vernichtung zweier Quanten ($\Delta N = 2$). Die letztgenannten Prozesse enthalten den großen Energienenner $\hbar(\omega_2 + \omega_3)$. Die von diesen Gliedern erzeugten Störungen der Wellenfunktion sind daher um einen Faktor $(\omega_2 - \omega_3)^2/(\omega_2 + \omega_3)^2$, der von der Größenordnung des Quadrats des Deformationsparameters ist, kleiner als der Einfluß der Terme mit $\Delta N = 0$. In der vorliegenden Behandlung der Rotationsstörungen werden wir Effekte dieser Größenordnung durchweg vernachlässigen. (Eine Lösung mit Berücksichtigung der $\Delta N = 2$-Terme findet man bei VALATIN, 1956.)

Der HAMILTON-Operator mit Berücksichtigung des $\Delta N = 0$-Anteils der CORIOLIS-Kopplung kann durch eine lineare Transformation

$$\begin{aligned} c_2 &= a c_\alpha + b c_\beta, \\ c_3 &= -b c_\alpha + a c_\beta \end{aligned} \qquad (a^2 + b^2 = 1) \tag{4–131}$$

auf neue, durch α und β bezeichnete Oszillatorvariable diagonalisiert werden. Mit den (reellen) Koeffizienten a und b, die den Bedingungen

$$\begin{aligned} &2ab = p(1 + p^2)^{-1/2}, \qquad a^2 - b^2 = (1 + p^2)^{-1/2}, \\ &p \equiv \frac{2\omega_{\text{rot}}}{\omega_2 - \omega_3}, \end{aligned} \tag{4–132}$$

genügen, erhalten wir

$$\begin{aligned} H &= H_0 - \hbar\omega_{\text{rot}} l_1 \\ &= (c_1^\dagger c_1 + \tfrac{1}{2})\,\hbar\omega_1 + (c_\alpha^\dagger c_\alpha + \tfrac{1}{2})\,\hbar\omega_\alpha + (c_\beta^\dagger c_\beta + \tfrac{1}{2})\,\hbar\omega_\beta \end{aligned} \tag{4–133}$$

und

$$\begin{aligned} \omega_\alpha &= \tfrac{1}{2}(\omega_2 + \omega_3) + \tfrac{1}{2}(\omega_2 - \omega_3)\,(1 + p^2)^{+1/2}, \\ \omega_\beta &= \tfrac{1}{2}(\omega_2 + \omega_3) - \tfrac{1}{2}(\omega_2 - \omega_3)\,(1 + p^2)^{+1/2}. \end{aligned} \tag{4–134}$$

Die Eigenschwingungen im rotierenden deformierten Potential besitzen einen von Null verschiedenen Bahndrehimpuls längs der Drehachse

$$\langle l_1 \rangle = 2ab(n_\beta - n_\alpha). \tag{4–135}$$

Im Grenzfall $\omega_{\text{rot}} \gg \omega_2 - \omega_3$ (unter der Annahme $\omega_2 > \omega_3$) werden die Quanten α und β Eigenzustände des Drehimpulses in der Richtung 1 mit den Eigenwerten $-\hbar$ bzw. $+\hbar$. In diesem Grenzfall nehmen die Frequenzen ω_α und ω_β die Werte $\frac{1}{2}(\omega_2 + \omega_3) \pm \omega_{\text{rot}}$ an.

Vergrößert man die Rotationsfrequenz allmählich, dann bleibt die Zahl der Quanten in den entsprechenden Eigenschwingungen konstant (Bedingung für adiabatisches Verhalten). Ein Teilchen, das sich ursprünglich im Zustand n_1, n_2, n_3 (für $\omega_{\text{rot}} = 0$) befand, besetzt im rotierenden Potential den Zustand n_1, $n_\alpha = n_2$, $n_\beta = n_3$. Für ein Teilchensystem, das sich anfangs in einem Zustand befand, der durch die Größen

$$\Sigma_\varkappa = \sum_{k=1}^{A} (n_\varkappa + \tfrac{1}{2})_k \tag{4–136}$$

charakterisiert wird, besitzt der Gesamtdrehimpuls im rotierenden Potential den Erwartungswert

$$\begin{aligned} \langle I_1 \rangle &= \langle \sum_k \rangle\, (l_1)_k = 2ab(\Sigma_3 - \Sigma_2) \\ &= 2abI_{\max}, \end{aligned} \tag{4–137}$$

wobei

$$I_{\max} = \Sigma_3 - \Sigma_2 \tag{4–138}$$

der Maximalwert von I_1 ist, den man im Grenzfall $\omega_{\text{rot}} \gg \omega_2 - \omega_3$ erhält.

Die von der Coriolis-Wechselwirkung hervorgerufenen Störungen haben zur Folge, daß sich die Form des Systems mit zunehmender Rotationsfrequenz ändert. Der Übergang von Quanten aus der Richtung 3 in die Richtung 2 führt zu einer Abnahme der Deformation bezüglich der Achse 1 und zu einer entsprechenden Änderung im selbstkonsistenten Potential. Die Dichteverteilung der gestörten Zustände behält die Symmetrie gegen die Inversionen $\mathscr{S}_2$ und $\mathscr{S}_3$ der Achsen 2 und 3, die für den Anfangszustand mit gegebenen Werten n_2 und n_3 charakteristisch ist. In der Tat verletzt die Coriolis-Kopplung zwar $\mathscr{S}_2$ und $\mathscr{S}_3$ sowie die Zeitumkehr $\mathscr{T}$, sie ist aber invariant gegen die Transformationen $\mathscr{S}_2\mathscr{T}$ und $\mathscr{S}_3\mathscr{T}$, die die Inversionssymmetrien $\mathscr{S}_2$ und $\mathscr{S}_3$ der Dichte $\varrho(\boldsymbol{r})$ gewährleisten. Für das statische System wird die Konsistenz von Dichte und Potential durch die Beziehungen (4–115) ausgedrückt. Für das rotierende Potential liefert die entsprechende Bedingung

$$\omega_1\Sigma_1 = \omega_2(a^2\Sigma_2 + b^2\Sigma_3) = \omega_3(b^2\Sigma_2 + a^2\Sigma_3) \tag{4–139}$$

und daher (siehe Gln. (4–132), (4–137) und (4–138))

$$\begin{aligned} \frac{\omega_2 - \omega_3}{\omega_2 + \omega_3} &= (1 + p^2)^{-1/2}\frac{\Sigma_3 - \Sigma_2}{\Sigma_3 + \Sigma_2} \\ &= \left(1 - \frac{\langle I_1\rangle^2}{I_{\max}^2}\right)^{1/2}\frac{\Sigma_3 - \Sigma_2}{\Sigma_3 + \Sigma_2}, \end{aligned} \tag{4–140a}$$

$$(\omega_2 - \omega_3)^2 = (\omega_2 - \omega_3)^2_{\omega_{\mathrm{rot}}=0} - 4\omega^2_{\mathrm{rot}}. \tag{4–140b}$$

Diese Beziehungen zeigen das allmähliche Verschwinden der Deformation bezüglich der Achse 1, wenn sich die Rotationsfrequenz dem Wert nähert, der $\langle I_1\rangle = I_{\max}$ entspricht.

Für das selbstkonsistente Potential besitzt das Trägheitsmoment (das Verhältnis von Drehimpuls (4–137) und Rotationsfrequenz) den konstanten Wert (siehe Gln. (4–132), (4–140) und (4–113))

$$\begin{aligned} \mathscr{I} &= \frac{\hbar\langle I_1\rangle}{\omega_{\mathrm{rot}}} = 2\hbar\,\frac{\Sigma_2 + \Sigma_3}{\omega_2 + \omega_3} \\ &\approx \hbar\left(\frac{\Sigma_2}{\omega_2} + \frac{\Sigma_3}{\omega_3}\right) = \mathscr{I}_{\mathrm{rig}}. \end{aligned} \tag{4–141}$$

Für eine Konfiguration mit Axialsymmetrie ($\Sigma_1 = \Sigma_2$) ist die Rotationsbewegung auf Achsen senkrecht zur Symmetrieachse beschränkt, und die Rotationsenergie ist durchweg proportional zu $I(I+1)$ bis zum Grenzwert $I_{\max}$, bei dem die Bande abrupt abbricht. Für Konfigurationen mit dreiachsiger Form muß man Rotationen um alle drei Hauptachsen betrachten; da aber die Trägheitsmomente $\mathscr{I}_\kappa$ gleich sind, abgesehen von deformationsabhängigen Gliedern, bleibt die Rotationsenergie in dieser Genauigkeit proportional zu $I(I+1)$.

Tab. 4–3 Maximalwerte des Rotationsdrehimpulses bei Ausrichtung der Einzelteilchendrehimpulse

Kern	$I_{\max}$
^{8}Be	4
^{20}Ne	8
^{164}Er	≈ 100
^{238}U	≈ 140

Abschätzungen von $I_{\max}$ für die Grundzustandskonfigurationen mehrerer repräsentativer Kerne sind in Tab. 4–3 angegeben. Die Abschätzungen wurden erhalten, indem man Grundzustandskonfigurationen annahm, die aus der Niveaufolge in Abb. 5–1 bis 5–5 für gestreckte Deformationen mit den in Abb. 4–25, S. 114, gegebenen Werten δ folgen. Die Werte von Σ_κ wurden aus den asymptotischen Quantenzahlen der besetzten Bahnen berechnet, und $I_{\max}$ ergibt sich aus Gl. (4–138). Die Werte von $I_{\max}$ sind in der Mitte der Schalen von der Größenordnung A, da die Differenz zwischen Σ_3 und Σ_2 durch die Teilchen außerhalb abgeschlossener Schalen verursacht wird; es gibt $\sim A^{2/3}$ solcher Teilchen, und jedes trägt $\sim A^{1/3}$ Quanten (siehe z. B. Gln. (2–151) und (2–158)).

Im Fall von ^{8}Be und ^{20}Ne wurden die Zustände der Grundzustandsbande bis zu Werten $I = I_{max}$ beobachtet, aber die Daten liefern keine schlüssigen Aussagen über die Struktur des Spektrums in den Kanälen mit $I > I_{max}$ (siehe S. 84ff. und 81ff.). Bei schwereren Kernen sind die Schätzwerte von I_{max} viel größer als der bisher untersuchte Bereich von I-Werten. Es ist hervorzuheben, daß es bei sehr großen Drehimpulsen wichtig sein kann, die aus der Abhängigkeit des Trägheitsmoments von der Deformation resultierenden Störungen der Kernform durch Zentrifugalkräfte zu berücksichtigen. Solche Effekte verursachen eine Zunahme der Deformation in Abhängigkeit vom Gesamtdrehimpuls und können schließlich zur Spaltung führen. (Diese Effekte werden im Abschnitt 6A–2b anhand des Tröpfchenmodells diskutiert.)

E2-Matrixelemente mit Berücksichtigung der Coriolis-Störung

Die Formänderungen infolge der Rotationsbewegung haben Korrekturen an den $E2$-Matrixelementen innerhalb der Bande zur Folge. (Wir werden annehmen, daß die elektrischen Momente wie bei $T = 0$-Zuständen den Momenten der Massenverteilung proportional sind.)

Liegt bei fehlender Rotation eine ursprünglich längs der Achse 3 gestreckte Gleichgewichtsform vor ($\Sigma_1 = \Sigma_2 < \Sigma_3$, $\omega_1 = \omega_2 > \omega_3$), dann ist die Endform für $I = I_{max}$ abgeplattet ($\omega_1 > \omega_2 = \omega_3$), und diese wird über eine Folge dreiachsiger Formen ($\omega_1 > \omega_2 > \omega_3$) erreicht. Das statische Quadrupolmoment, das durch das diagonale Matrixelement von $\mathcal{M}(E2, \mu = 0)$ im Zustand $M = I$ gegeben ist, enthält die bezüglich der Drehachse gemittelte Dichteverteilung. Da der Erwartungswert von $x_2^2 + x_3^2$ durch die Rotation nicht beeinflußt wird, gibt es keine Korrekturen an den statischen Momenten. Die Übergangsmomente sind jedoch mit dem aus der Rotationsbewegung resultierenden zeitabhängigen Anteil der Dichteverteilung verknüpft und sind proportional zu (siehe Gln. (4–112), (4–132) und (4–140))

$$\left\langle \sum_k (x_2^2 - x_3^2)_k \right\rangle = \frac{\hbar}{M}\left(\frac{a^2\Sigma_2 + b^2\Sigma_3}{\omega_2} - \frac{b^2\Sigma_2 + a^2\Sigma_3}{\omega_3}\right)$$
$$= \left(1 - \frac{\langle I_1\rangle^2}{I_{max}^2}\right)^{1/2} \left\langle \sum_k (x_2^2 - x_3^2)_k \right\rangle_{\omega_{rot}=0} . \qquad (4\text{–}142)$$

Wenn I den Wert I_{max} erreicht, verschwindet die Übergangswahrscheinlichkeit, da eine Drehung um eine Symmetrieachse kein zeitabhängiges Feld erzeugt.

Die obige Diskussion der $E2$-Momente beruht auf einer halbklassischen Näherung, die für $I \gg 1$ gültig ist. Die quantenmechanische Form der $E2$-Matrixelemente in einer $K = 0$-Bande kann durch ein inneres Moment ausgedrückt werden, das eine Funktion der Kombinationen $I_1(I_1 + 1) + I_2(I_2 + 1)$ und $\big(I_1(I_1 + 1) - I_2(I_2 + 1)\big)^2$ ist (siehe S. 42). Da die statischen Momente im vorliegenden Modell durch die Rotation nicht beeinflußt werden, hängt das innere Moment nur von der Kombination $\big(I_1(I_1 + 1) - I_2(I_2 + 1)\big)^2$ ab. Die Größe $\langle I_{\varkappa=1}\rangle^2$ in Gl. (4–142) ist daher durch ein Vielfaches dieser Kombination zu ersetzen. Die Ableitung des Proportionalitätsfaktors I_{max}^{-2} ist nur in führender Ordnung in I_{max} gültig. Da das Matrixelement für den Übergang $I = I_{max} \to I + 2$

identisch verschwindet, ergibt sich für die I-Abhängigkeit des Matrixelements folgender Ausdruck:

$$\langle K=0, I_2 \| \mathcal{M}(E2) \| K=0, I_1\rangle$$
$$= (2I_1+1)^{1/2} \langle I_1 0 2 0 \mid I_2 0\rangle M_1 \left(1 - \left(\frac{I_1(I_1+1) - I_2(I_2+1)}{2(2I_{\max}+3)}\right)^2\right)^{1/2}. \qquad (4\text{–}143)$$

Den Parameter M_1 in Gl. (4–143) erhält man, indem man das statische Moment im vollständig ausgerichteten Zustand mit $M = I = I_{\max}$ untersucht, der im raumfesten Koordinatensystem durch eine Verteilung von Quanten mit $\Sigma_x = \Sigma_y = \Sigma_z + \frac{1}{2} I_{\max}$ beschrieben werden kann. Daher ergibt sich (siehe Gln. (4–113), (4–115) und (4–138))

$$Q(I=I_{\max}) = \frac{Z}{A} \langle I=I_{\max}, M=I | \sum_k (2z^2 - x^2 - y^2)_k | I=I_{\max}, M=I\rangle$$
$$= \frac{Z}{A}\left(2\frac{\hbar}{M\omega_z}\Sigma_z - \frac{\hbar}{M\omega_x}\Sigma_x - \frac{\hbar}{M\omega_y}\Sigma_y\right)$$
$$\approx -2\frac{Z}{A}\frac{\hbar}{M\omega_0} I_{\max}, \qquad (4\text{–}144)$$

wobei ω_0 die mittlere Oszillatorfrequenz ist. Somit findet man (siehe Gln. (4–68) und (4–69))

$$M_1 = \left(\frac{5}{16\pi}\right)^{1/2} 2\frac{Ze}{A}\frac{\hbar}{M\omega_0}(2I_{\max}+3). \qquad (4\text{–}145)$$

In führender Ordnung in $I_{\max}$ fällt die Größe M_1 mit dem inneren Moment für die Teilchenbewegung im statischen Potential zusammen (siehe Gln. (4–113) und (4–138)). Da $I_{\max}$ die Größenordnung A hat (siehe S. 73), ist der konstante Term in Gl. (4–145) von höherer Ordnung als die Korrekturglieder der Größenordnung δ^2, die in der obigen Diskussion durchweg vernachlässigt wurden.

Die oben abgeleiteten Quadrupolmatrixelemente rühren jeweils zur Hälfte von der Anisotropie der Konfiguration (den Differenzen in $\Sigma_\varkappa$) und von der Anisotropie des Potentials (den Differenzen in $\omega_\varkappa$) her; siehe zum Beispiel Gln. (4–115) und (4–144). Der mit der Deformation des Potentials zusammenhängende Teil kann auch als eine kleine Beimischung von Komponenten mit $\Delta N = 2$ zu den Wellenfunktionen des sphärischen Potentials beschrieben werden. Wie in Kapitel 6 ausgeführt wird, lassen sich solche Beimischungen durch eine Renormierung der effektiven Operatoren für die Teilchen außerhalb abgeschlossener Schalen berücksichtigen. (Die Verdopplung des effektiven Quadrupolmoments entspricht der statischen Polarisierbarkeit $\chi(\tau=0, \lambda=2) = 1$, die man aus Gl. (6–370) erhält.)

Rotierende Zustände, dargestellt als Drehimpulsprojektion innerer Zustände

Im harmonischen Oszillatormodell haben die von der Coriolis-Wechselwirkung verursachten Störungen der Einteilchenbewegung einen besonders einfachen Charakter, da alle Anregungen die gleiche Frequenz besitzen, wenn man die Glieder mit $\Delta N = 2$ vernachlässigt. Bei Rotation um die Achse 1 haben die $\Delta N = 0$-Anregungen die einzige Frequenz $\omega_2 - \omega_3$, und die von der Coriolis-Wechselwirkung erzeugte Störung der Wellenfunktion kann man daher durch die Anwendung der Komponente I_1 des Gesamtdrehimpulses (sowie von Potenzen dieses Operators) erhalten. Da die Komponenten $I_\varkappa$ die Erzeuger infinitesimaler Drehungen sind, kann der rotierende Zustand als eine Superposition von Zuständen dargestellt werden, die verschiedenen Orientierungen der inneren Konfiguration entsprechen.

Das Gewicht der verschiedenen Orientierungen ω läßt sich durch Ausnutzung der Drehinvarianz des Gesamt-HAMILTON-Operators erhalten. So kann bei einer axialsymmetrischen Konfiguration mit $I_3 = K$ der innere Zustand $|K; \omega\rangle$ mit der Orientierung ω nach Komponenten mit unterschiedlichen IM entwickelt werden (siehe Gln. (1A–94) und (1A–39)):

$$|K; \omega\rangle = \sum_I c_I \left(\frac{2I+1}{8\pi^2}\right)^{1/2} |KI, M' = K\rangle_{\mathscr{K}'}$$
$$= \sum_{IM} c_I \left(\frac{2I+1}{8\pi^2}\right)^{1/2} (\mathscr{D}^I_{MK}(\omega))^* \, |KIM\rangle_{\mathscr{K}}. \tag{4–146}$$

Hierbei ist $\mathscr{K}'$ das Koordinatensystem mit der Orientierung ω in bezug auf das feste Bezugssystem $\mathscr{K}$, und die Größen c_I sind geeignet normierte Entwicklungskoeffizienten, die reell sind, wenn man für die Zustände $|K; \omega\rangle$ und $|KIM'\rangle_{\mathscr{K}'}$ die Standardphasenbeziehungen annimmt. Durch Umkehrung der Beziehung (4–146) erhalten wir

$$|KIM\rangle = c_I^{-1} \left(\frac{2I+1}{8\pi^2}\right)^{1/2} \int d\omega \, \mathscr{D}^I_{MK}(\omega) \, |K; \omega\rangle. \tag{4–147}$$

(Der Index $\mathscr{K}$ am Zustandsvektor wurde weggelassen.) Somit werden die Eigenzustände $|KIM\rangle$ als die Drehimpulsprojektion aus dem ausgerichteten inneren Zustand dargestellt; und die Beziehung (4–146) zeigt den inneren Zustand als ein Wellenpaket, das durch Superposition der verschiedenen Niveaus der Rotationsbande aufgebaut wird.[1])

Die Entwicklungskoeffizienten c_I lassen sich aus dem Normierungsintegral

$$c_I^2 = \frac{2I+1}{8\pi^2} \int d\omega_2 \int d\omega_1 (\mathscr{D}^I_{MK}(\omega_2))^* \, \mathscr{D}^I_{MK}(\omega_1) \, \langle K; \omega_2 \mid K; \omega_1\rangle$$
$$= \int d\omega (\mathscr{D}^I_{KK}(\omega))^* \, \langle K; \omega \mid K; \omega = 0\rangle \tag{4–148}$$

erhalten. Die letzte Beziehung folgt aus dem Umstand, daß der Überlappungsfaktor $\langle K; \omega_2 \mid K; \omega_1\rangle$ nur von der relativen Orientierung ω von ω_2 und ω_1 abhängt (siehe auch Gl. (1A–45)).

Wir erläutern die Berechnung der Projektionsintegrale anhand von Konfigurationen, die man durch Besetzen der niedrigsten Zustände in einem axialsymmetrischen (und gestreckten) Potential mit Teilchen erhält. In einem solchen Zustand ist die nach dem

[1]) Die Verwendung von Wellenfunktionen vom Typ (4–147) zur Beschreibung der Kollektivbewegung durch die Nukleonenkoordinaten wurde zuerst von HILL und WHEELER (1953) vorgeschlagen. Die aus solchen Wellenfunktionen folgenden Dreheigenschaften wurden von PEIERLS und YOCCOZ (1957), YOCCOZ (1957), VILLARS (1957) und ELLIOTT (1958) weiter untersucht. Projizierte Wellenfunktionen, die die volle Symmetrie des HAMILTON-Operators wiederherstellen, wurden bei der Untersuchung von Atomen und Molekülen im Rahmen der „nichteingeschränkten“ HARTREE-FOCK-Näherung ebenfalls verwendet (siehe z. B. LÖWDIN (1966) und die dort zitierte Literatur).

Ausschließungsprinzip höchstmögliche Zahl von Quanten längs der Achse 3 ausgerichtet. Wir nehmen außerdem an, daß der ausgerichtete Zustand abgeschlossene Unterschalen im Oszillatorpotential enthält und daher $K = 0$ besitzt; für andere Konfigurationen weicht die selbstkonsistente Deformation von der Axialsymmetrie ab. Der ausgerichtete Zustand kann durch Quanten, die einem isotropen Oszillatorpotential entsprechen, beschrieben werden, da der Einfluß der Anisotropie des Potentials durch eine Renormierung der effektiven Momente erfaßt werden kann (siehe S. 75).

Im ausgerichteten $K = 0$-Zustand bilden die Quanten in den Richtungen 1 und 2 zusammen mit einer entsprechenden Anzahl von Quanten in der Richtung 3 einen sphärisch symmetrischen Zustand. Die Anisotropie des ausgerichteten Zustandes ist durch die $\Sigma_3 - \Sigma_2$ zusätzlichen Quanten in der Richtung 3 bestimmt. (Diese Äquivalenz läßt sich mit Hilfe der Transformationseigenschaften der Zustände bezüglich der SU_3-Symmetrie formal beweisen; siehe den Kleindruck auf S. 81.) Für ein einzelnes Quant ist der Überlappungsfaktor $\langle K = 0; \omega \mid K = 0; \omega = 0\rangle$ gleich $\cos\theta\big(= \mathscr{D}^1_{00}(\omega)\big)$. Für den ausgerichteten Zustand erhält man daher

$$\langle K = 0; \omega = \phi\theta\psi \mid K = 0; \omega = 0\rangle = \cos^\lambda\theta, \qquad (4\text{–}149)$$

$$\lambda \equiv \Sigma_3 - \Sigma_2.$$

Die Berechnung des Normierungsintegrals (4–148) liefert somit für die Koeffizienten c_I (siehe z. B. Abramowitz und Stegum 1964, S. 338)

$$c_I = \left(\frac{8\pi^2\lambda!}{(\lambda - I)!!\,(\lambda + I + 1)!!}\right)^{1/2}, \qquad (4\text{–}150)$$

und man sieht, daß die Rotationsbande die Glieder

$$I = \begin{cases} 0, 2, \ldots, \lambda, & \lambda \text{ gerade,} \\ 1, 3, \ldots, \lambda, & \lambda \text{ ungerade,} \end{cases} \qquad (4\text{–}151)$$

enthält, die einer Folge $K = 0$ mit der $\mathscr{R}$-Symmetriequantenzahl $r = (-1)^\lambda$ entsprechen (jedes Quant in der Richtung 3 transformiert sich bei der Drehung $\mathscr{R} = \mathscr{R}_2(\pi)$ mit einem Phasenfaktor -1). Die Bande bricht bei dem oben hergeleiteten Wert von $I_{\max}$ ab (siehe Gl. (4–138)).

Im Grenzfall $\lambda \gg 1$ geht der Überlappungsfaktor (4–149) in eine δ-Funktion über,

$$\langle K = 0; \omega_2 \mid K = 0; \omega_1\rangle \underset{\lambda \gg 1}{\approx} \frac{4\pi^2}{\lambda}\big(\delta(\omega_2 - \omega_1) + (-1)^\lambda\,\delta(\omega_2 - \mathscr{R}\omega_1)\big), \qquad (4\text{–}152)$$

dabei ist $\mathscr{R}\omega_1$ die Orientierung, die man durch Drehen des Koordinatensystems mit der Orientierung ω_1 um 180° um seine 2-Achse erhält. In diesem Grenzfall werden die Werte von c_I unabhängig von I; für $I \ll \lambda$ gilt

$$c_I \underset{I \ll \lambda}{\approx} \left(\frac{8\pi^2}{\lambda}\right)^{1/2}. \qquad (4\text{–}153)$$

In der obigen Analyse wird der Rotationsfreiheitsgrad durch die Überlagerung entarteter innerer Anregungen ausgedrückt, die durch die Operatoren $I_\varkappa$ erzeugt werden. Diese speziellen Kombinationen von Anregungen sind daher als überzählig in dem Sinne anzusehen, daß sie nicht als separate Freiheitsgrade in das innere Spektrum einbezogen werden. (Die Eliminierung der überzähligen Anregungen wird in dem Beispiel ($A = 19$) auf S. 251ff. erläutert.) Im allgemeineren Fall, wenn die durch den Drehoperator erzeugten Anregungen keine entarteten Frequenzen besitzen, ist das Problem der Isolierung der überzähligen Anregungen ein Bestandteil des dynamischen Problems, den rotierenden Zustand durch die Teilchenfreiheitsgrade auszudrücken (siehe Kapitel 6, S. 380ff.).

Die Darstellung (4–147) für den Zustand des rotierenden Kerns war im vorangehenden Text mit den speziellen Eigenschaften des harmonischen Oszillators motiviert worden. Man kann den projizierten Zustand (4–147) aber viel allgemeiner auffassen als die nullte Näherung der Wellenfunktion, ausgedrückt durch die Koordinaten der einzelnen Teilchen.

Es ist leicht zu zeigen, daß die Berechnung von Matrixelementen mit der projizierten Wellenfunktion (4–147) die Intensitätsbeziehungen führender Ordnung für Rotationszustände (I-unabhängige innere Momente; siehe Abschnitt 4–3) liefert, wenn man die Nullpunktsschwankungen in der Orientierung des ausgerichteten Zustandes vernachlässigt; das entspricht der Approximation (4–152) des Überlappungsfaktors durch eine δ-Funktion. Die endlichen Nullpunktsschwankungen führen zu Korrekturen an den Intensitätsregeln führender Ordnung, wie zum Beispiel in den im folgenden betrachteten Quadrupolmatrixelementen. Bei nicht zu großen Werten I können diese Glieder höherer Ordnung als Potenzreihe bezüglich des Rotationsdrehimpulses I mit der in Abschnitt 4–3 aus Symmetriebetrachtungen abgeleiteten Form dargestellt werden.

Bei der Analyse der I-abhängigen Glieder ist jedoch zu beachten, daß der Einfluß der Rotation auf die innere Bewegung im allgemeinen zusätzliche Beiträge hervorruft. Nur im Spezialfall, wenn die durch die Coriolis-Wechselwirkung erzeugten Anregungen alle die gleiche Frequenz besitzen, sind die Störungen durch Rotation in den aus I-unabhängigen inneren Zuständen projizierten Wellenfunktionen systematisch enthalten. (Die Notwendigkeit, I-abhängige Terme in der inneren Wellenfunktion zu berücksichtigen, um die Rotationseigenschaften höherer Ordnung, wie zum Beispiel das Trägheitsmoment, zu beschreiben, wurde unter etwas anderen Gesichtspunkten von Bohr und Mottelson, 1958) und von Peierls und Thouless, 1962, diskutiert.)

Quadrupoloperatoren als Generatoren von Rotationsbanden (SU_3-Symmetrie)

Die Struktur der projizierten Zustände (4–147) kann durch die Matrixelemente der Quadrupoloperatoren charakterisiert werden. Bei der Analyse der Matrixelemente zwischen projizierten Zuständen ist es zweckmäßig, den Satz von Operatoren

$$E(\varkappa', \varkappa) \equiv \sum_{k=1}^{A} (c^\dagger_{\varkappa'} c_\varkappa)_k, \tag{4–154a}$$

$$[E(\varkappa_b, \varkappa_a), E(\varkappa_d, \varkappa_c)] = \delta(a, d)\, E(\varkappa_b, \varkappa_c) - \delta(b, c)\, E(\varkappa_d, \varkappa_a), \tag{4–154b}$$

zu verwenden, die ein Oszillatorquant von einer kartesischen Achse $\varkappa = 1, 2, 3$ zu einer anderen verschieben. Die Kommutationsbeziehungen (4–154b) für die Verschiebungsoperatoren folgen direkt aus denen der Bosonenoperatoren (siehe Gl. (6–2)). Ausgedrückt durch diese Operatoren, schreiben sich die isoskalaren Quadrupolmomente, bezogen auf dasselbe Achsensystem (siehe Gl. (5–24)),

$$\mathscr{M}(2, \nu)_{\Delta N=0} = \left(\frac{5}{16\pi}\right)^{1/2} \frac{\hbar}{M\omega_0} \times \begin{cases} 2E(3,3) - E(1,1) - E(2,2), & \nu = 0, \\ (\tfrac{3}{2})^{1/2}\big(E(2,3) - E(3,2) \mp \big(E(3,1) + E(1,3)\big)\big), & \nu = \pm 1, \\ (\tfrac{3}{2})^{1/2}\big(E(1,1) - E(2,2) \mp \big(E(2,1) - E(1,2)\big)\big), & \nu = \pm 2. \end{cases} \tag{4–155}$$

Hierbei wurden die Glieder $\Delta N = 2$ vernachlässigt, was durch den Index $\Delta N = 0$ angedeutet wird. Das Moment (4–155) ist durch Quanten ausgedrückt, die sich auf die Teilchenbewegung in einem sphärischen Oszillatorpotential mit der Frequenz ω_0 beziehen. Die Drehimpulsoperatoren $I_\varkappa$ lassen sich ebenfalls durch die Verschiebungsoperatoren darstellen (siehe Gl. (5–26)):

$$I_\varkappa = \begin{cases} E(2,3) + E(3,2), & \varkappa = 1, \\ i\big(E(1,3) - E(3,1)\big), & \varkappa = 2, \\ -\big(E(1,2) + E(2,1)\big), & \varkappa = 3. \end{cases} \tag{4–156}$$

Die im vorigen Abschnitt betrachteten axialsymmetrischen Zustände mit maximaler Ausrichtung sind dadurch charakterisiert, daß sie durch die Verschiebungsoperatoren $E(3,1)$ und $E(3,2)$ sowie durch $E(1,2)$ und $E(2,1)$ vernichtet werden. Außerdem sind sie Eigenzustände der Operatoren $E(\varkappa,\varkappa)$. Daher ergibt der Operator des Quadrupolmoments (4–155) bei der Anwendung auf einen solchen Zustand

$$\mathscr{M}(2,\nu)_{\Delta N=0}\,|K=0;\omega\rangle = \left(\frac{5}{16\pi}\right)^{1/2}\frac{\hbar}{M\omega_0}\begin{cases} 2\lambda\,|K=0;\omega\rangle, & \nu = 0, \\ (\tfrac{3}{2})^{1/2} I_\pm\,|K=0;\omega\rangle, & \nu = \pm 1, \\ 0 & \nu = \pm 2. \end{cases} \tag{4–157}$$

Das Moment $\mathscr{M}(2,\mu)$, angewandt auf den projizierten Zustand (4–147), ergibt sich durch die Standardtransformation in das innere Koordinatensystem (siehe Gl. (4–67)),

$$\mathscr{M}(2,\mu)_{\Delta N=0}\,|K=0, IM\rangle = c_I^{-1}\left(\frac{2I+1}{8\pi^2}\right)^{1/2}\left(\frac{5}{16\pi}\right)^{1/2}\frac{\hbar}{M\omega_0}$$
$$\times \int d\omega \mathscr{D}^I_{M0}(\omega)\left(2\lambda\mathscr{D}^2_{\mu 0}(\omega) + (\tfrac{3}{2})^{1/2}\left(\mathscr{D}^2_{\mu 1}I_+ + \mathscr{D}^2_{\mu -1}I_-\right)\right)|K=0;\omega\rangle. \tag{4–158}$$

Die Operatoren $I_\pm$, die den inneren Zustand drehen, können auch als die Generatoren der inversen Drehungen der Orientierungswinkel ω aufgefaßt werden. Somit stellt das Integral (4–158) eine Superposition von Zuständen der Rotationsbande über dem inneren Zustand $|K=0\rangle$ dar. Für die reduzierten Matrixelemente des Quadrupolmoments erhält man (siehe Gln. (1A–91) und (4A–34))

$$\langle K=0, I_2\|\,\mathscr{M}(2)\,\|K=0, I_1\rangle$$
$$= \left(\frac{5}{16\pi}\right)^{1/2}\frac{\hbar}{M\omega_0}(2I_1+1)^{1/2}\langle I_1 0 2 0\,|\,I_2 0\rangle\frac{c_{I_2}}{c_{I_1}}\left(2\lambda + 3 + \tfrac{1}{2}\big(I_2(I_2+1) - I_1(I_1+1)\big)\right)$$
$$= \left(\frac{5}{16\pi}\right)^{1/2}\frac{\hbar}{M\omega_0}(2\lambda+3)\,(2I_1+1)^{1/2}\langle I_1 0 2 0\,|\,I_2 0\rangle$$
$$\times \begin{cases} 1, & I_2 = I_1, \\ \left(1 - \left(\dfrac{2I_1+3}{2\lambda+3}\right)^2\right)^{1/2}, & I_2 = I_1 + 2. \end{cases} \tag{4–159}$$

In der letzten Zeile wurde die Beziehung (4–150) für die Koeffizienten c_I verwendet. Das Resultat (4–159) entspricht den Gln. (4–143) und (4–145), ist aber um einen Faktor 2 kleiner, da sich die Wellenfunktionen im Matrixelement (4–159) auf einen sphärischen Oszillator beziehen; der Einfluß der selbstkonsistenten Deformation auf das Oszillatorpotential kann durch eine Renormierung des effektiven Quadrupolmoments um einen Faktor 2 erfaßt werden (siehe S. 75).

Der Umstand, daß die Quadrupoloperatoren nur Übergänge innerhalb einer einzelnen Bande induzieren, zeigt, daß diese Operatoren Generatoren der Rotationsbewegung sind. Demzufolge sind die Zustände $|K = 0, IM\rangle$ Eigenzustände der Drehinvarianten, die sich als Produkte der Quadrupoloperatoren $\mathcal{M}(2, \mu)_{\Delta N=0}$ konstruieren lassen. Insbesondere kann die quadratische Invariante

$$H' = \tfrac{1}{2}\varkappa \sum_{\mu} \mathcal{M}^{\dagger}(2, \mu)_{\Delta N=0}\, \mathcal{M}(2, \mu)_{\Delta N=0} \tag{4–160}$$

als eine effektive Zweiteilchenkraft aufgefaßt werden, deren Wirkung zwischen Teilchen in einem sphärisch symmetrischen harmonischen Oszillatorpotential zu einer Superposition von Konfigurationen führt, die der Rotationsbewegung entspricht. Wie in Kapitel 6 ausgeführt wird (siehe z. B. S. 292ff.), läßt sich die Wechselwirkung (4–160) auch auffassen als der Einfluß auf die Bewegung jedes Teilchens des deformierten Feldes, das vom gesamten Kernquadrupolmoment erzeugt wird. Der Wert der Kopplungskonstanten $\varkappa$, der für ein deformiertes Feld mit dem selbstkonsistenten Wert (4–115) erforderlich ist, wird durch Gl. (6–78) gegeben, abgesehen von einem Renormierungsfaktor 2, der aus der Vernachlässigung der Terme $\Delta N = 2$ in der Wechselwirkung (4–160) resultiert; siehe S. 447 in Kapitel 6.

Der Eigenwert von H' in den Zuständen $|K = 0, IM\rangle$ läßt sich unter Verwendung des Zusammenhanges zwischen dieser Wechselwirkung und dem aus den Verschiebungsoperatoren gebildeten quadratischen Ausdruck (siehe Gln. (4–155) und (4–156)) ermitteln:

$$\begin{aligned} &\sum_{\varkappa,\varkappa'} E(\varkappa', \varkappa)\, E(\varkappa, \varkappa') - \tfrac{1}{3}\Big(\sum_{\varkappa} E(\varkappa, \varkappa)\Big)^2 \\ &= \frac{8\pi}{15}\left(\frac{M\omega_0}{\hbar}\right)^2 \sum_{\mu} \mathcal{M}^{\dagger}(2, \mu)_{\Delta N=0}\, \mathcal{M}(2, \mu)_{\Delta N=0} + \tfrac{1}{2}\boldsymbol{I}^2. \end{aligned} \tag{4–161}$$

Dieser Ausdruck kommutiert mit allen Verschiebungsoperatoren (siehe Gl. (4–154b)) und ist daher für eine gegebene Bande eine Konstante. Daher ist der Eigenwert von H', abgesehen von einer Konstanten, zu $I(I + 1)$ proportional, und der Koeffizient entspricht dem Festkörperträgheitsmoment, wenn die Kopplungskonstante $\varkappa$ gleich dem oben erwähnten selbstkonsistenten Wert gewählt wurde. Dieses Ergebnis ist äquivalent zu dem Resultat, das durch die Behandlung der Teilchenwechselwirkungen mit Hilfe des rotierenden deformierten Feldes erhalten wurde (siehe Gl. (4–141)).

Die für das harmonische Oszillatormodell oben abgeleiteten einfachen Beziehungen folgen aus einer diesem Modell zugrunde liegenden Symmetrie. Die Verschiebungsoperatoren genügen nämlich den Kommutationsbeziehungen (4–154b), die die Generatoren der unitären Symmetrie in drei Dimensionen, U_3, charakterisieren. (Eine elementare Diskussion der unitären Symmetrie findet man in Abschnitt 1C–3.) Die zum Operator der gesamten Oszillatorquantenzahl $E(1, 1) + E(2, 2) + E(3, 3)$ orthogonalen Generatoren definieren die Gruppe SU_3, und die oben erhaltenen Rotationsbanden spannen irreduzible Darstellungen dieser Gruppe auf. Die Invariante (4–161) ist der Casimir-Operator $G_2(SU_3)$; siehe Gl. (1C–50).

Die Darstellungen von U_3 werden durch die Quantenzahlen $[f_1f_2f_3]$ bezeichnet, die gleichzeitig die Permutationssymmetrie der Quanten charakterisieren. Die entsprechenden Darstellungen der Untergruppe SU_3 werden durch die Quantenzahlen $\lambda = f_1 - f_2$ und $\mu = f_2 - f_3$ gekennzeichnet. Die zur Darstellung $[f_1f_2f_3]$ gehörenden Zustände haben die Eigenschaft, daß man durch Anwendung der Verschiebungsoperatoren f_1 Quanten (und nicht mehr) in einer gegebenen Richtung (z. B. längs der Achse 3) und danach f_2 Quanten (aber nicht mehr) in einer der anderen Richtungen anordnen kann. Somit gehört der oben betrachtete axialsymmetrische ausgerichtete Zustand $|K = 0; \omega\rangle$ zur Darstellung $(\lambda, \mu = 0)$. Die Darstellungen mit $\mu \neq 0$ (und $\lambda \neq 0$) entsprechen Konfigurationen ohne Axialsymmetrie, und die zugehörige Bandenstruktur kann wie das Spektrum des asymmetrischen Rotors mehrere Zustände mit dem gleichen Wert I enthalten. (Die in der Darstellung $(\lambda\mu)$ enthaltenen Drehimpulswerte sind in Gln. (1C–59) und (1C–60) angegeben.)

Die Koeffizienten c_I beschreiben die Transformation von einer Basis, in der die Operatoren $E(\varkappa, \varkappa)$ diagonal sind, zu einer Basis mit den Quantenzahlen IM. Diese Koeffizienten sind durch die Gruppenstruktur bestimmt und daher für unterschiedliche Konfigurationen mit derselben Symmetrie $(\lambda\mu)$ die gleichen.

Rotationsbanden in ^{20}Ne (*Abb. 4–13 und Tab. 4–4*)

Im Gebiet zwischen $A = 16$ und $A \approx 28$ wurden systematisch Rotationsbandenstrukturen in den Kernspektren gefunden. Als Beispiel sind in Abb. 4–13 Folgen von Zuständen im niederenergetischen Spektrum von ^{20}Ne wiedergegeben. Die Untersuchung der Reaktionen ^{16}O(α, α) und ^{12}C(^{12}C, α)^{20}Ne hat beim Nachweis der Hochspinzustände in diesem Spektrum eine besonders wichtige Rolle gespielt. (Andere Beispiele von Rotationsspektren für Kerne in diesem Massenbereich werden in Kapitel 5, S. 247ff., diskutiert.)

Die in Abb. 4–13 gezeigten Niveaus lassen sich in drei Rotationsbanden einordnen. Außer den in der Abbildung dargestellten Zuständen wurde eine Anzahl von Zuständen gerader Parität, beginnend bei etwa 6,7 MeV, gefunden und vorläufig nach Rotationsbanden klassifiziert (siehe z. B. Kuehner und Almqvist, 1967; Nagatani u. a., 1971). Bei diesen leichten Kernen ist die Entwicklung der Rotationsenergie quantitativ nicht so genau, wie es für die Banden in schwereren Kernen charakteristisch ist, aber der zu $I(I+1)$ proportionale Term erster Ordnung beschreibt den Haupttrend in den Energien. Die Energien in der Grundzustandsbande zeigen eine kleine oszillierende Komponente, die die Zustände 4^+ und 8^+ relativ zu den Zuständen 2^+ und 6^+ absenkt. Gegenwärtig ist noch nicht klar, was dieses Alternieren der Energie im Rahmen der kollektiven Beschreibung bedeutet.

Weitere Belege für die Deutung als Rotationen erhält man aus den gemessenen γ-Übergangsstärken (Smulders u. a., 1967). So enthält der Zerfall des Niveaus 4^- bei 7,02 MeV zu den Zuständen 3^- und 2^- bei 5,63 MeV und 4,97 MeV stark beschleunigte $E2$-Übergänge mit der Stärke $B(E2;\ 4^- \to 3^-) = 26 B_W(E2)$ und $B(E2; 4^- \to 2^-) = 11 B_W(E2)$ (mit $B_W(E2) = 3{,}2 e^2\,\text{fm}^4$; siehe Gl. (3C–38)). Das Verhältnis der Übergangswahrscheinlichkeiten (2,4 ± 0,2) stimmt gut mit der Intensitätsregel für $E2$-Übergänge in einer $K = 2$-Bande überein ($B(E2; I = 4 \to I = 3) : B(E2; I = 4 \to I = 2) = \langle 4220 \mid 32\rangle^2 : \langle 4220 \mid 22\rangle^2 = 2{,}24$; siehe Gl. (4–68)). Die absolute Übergangsstärke liefert das innere Quadrupolmoment $Q_0 = 56\,\text{fm}^2$, das mit dem der Grundzustandsbande innerhalb der experimentellen Fehlergrenzen übereinstimmt (siehe Tab. 4–4).

Die Grundzustandsrotationsbande in ^{20}Ne ist auch im Rahmen einer Konfiguration von vier Teilchen in s- oder d-Bahnen außerhalb eines Rumpfes abgeschlossener Schalen,

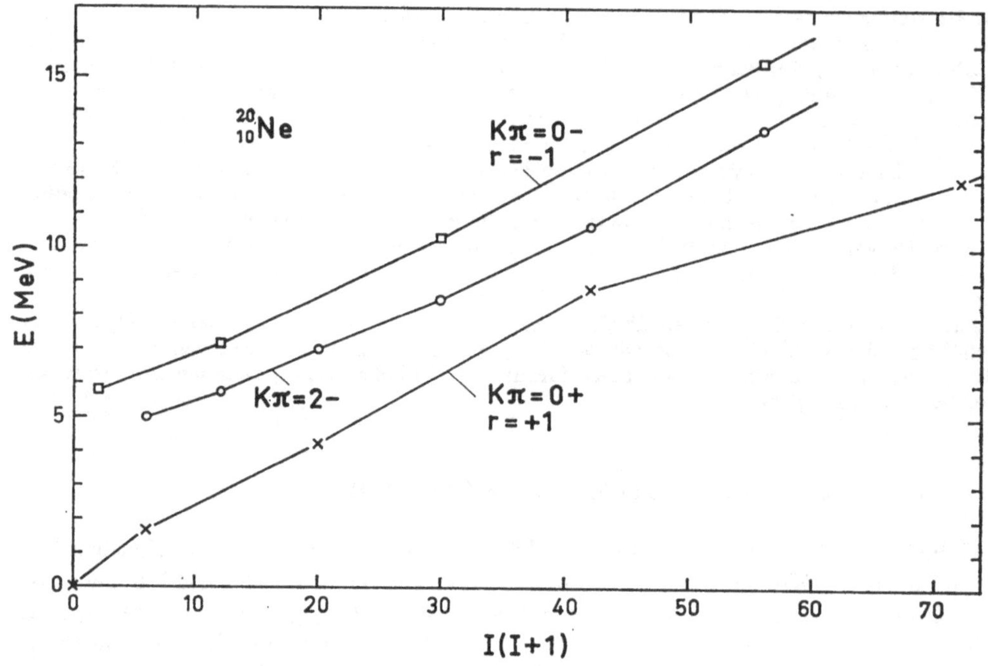

Abb. 4–13 Energieniveaus von ^{20}Ne. Die Daten stammen von J. A. KUEHNER und E. ALMQVIST, Can. J. Phys. **45**, 1605 (1967), und von W. E. HUNT, M. K. MEHTA und R. H. DAVIS, Phys. Rev. **160**, 782 (1967).

der dem ^{16}O-Kern entspricht, diskutiert worden; tatsächlich war der Vergleich zwischen Schalenmodell- und Rotationsbeschreibung der Spektren in diesem Gebiet ein wichtiger Schritt bei der Entwicklung einer mikroskopischen Theorie der Kernrotationen (PAUL, 1957; ELLIOTT, 1958). Die Schalenmodellkonfiguration $(sd)^4$ ergibt einen maximalen Gesamtdrehimpuls I von 8 Einheiten. Bisher gibt es aber noch keinen Hinweis, ob die Bande in ^{20}Ne bei diesem Wert I abbricht oder sich zu noch höheren Drehimpulsen fortsetzt.

Bei Annäherung an den Endpunkt der Bande ist zu erwarten, daß starke Störungen der Kernform infolge der Rotation auftreten, die sich in erheblichen Abweichungen von der Intensitätsregel führender Ordnung für $E2$-Übergänge innerhalb der Bande äußern. Der Endpunkt der Bande entspricht nämlich einer Ausrichtung der Drehimpulse aller Teilchen außerhalb abgeschlossener Schalen, und er ist daher mit einem Übergang zu einem Kopplungsschema verbunden, das einem um die neue Symmetrieachse ($K = I_1 = I$) rotierenden abgeplatteten Kern entspricht. Für eine solche Rotationsbewegung verschwindet die $E2$-Übergangswahrscheinlichkeit. Die allmähliche Ausrichtung der Teilchendrehimpulse infolge der Rotation und ihr Einfluß auf die $E2$-Matrixelemente wurden im vorigen Beispiel (S. 70ff.) für den Fall der Teilchenbewegung im harmonischen Oszillatorpotential betrachtet. In diesem Modell entspricht die Grundzustandsbande in ^{20}Ne einem ausgerichteten Zustand von vier Nukleonen mit $n_1 = n_2 = 0$, $n_3 = 2$, die zum Rumpf abgeschlossener Schalen (^{16}O) hinzukommen. Die aus dieser Konfiguration projizierten Zustände (4—147) spannen die SU_3-Darstellung $(\lambda\mu) = (80)$ mit $I_{\max} = 8$ auf (siehe S. 82 und Gln. (1C–59) und (1C–60)).

Tab. 4–4 Rotations-$E2$-Übergangswahrscheinlichkeiten in ^{20}Ne. Die experimentellen Daten stammen von T. K. Alexander, O. Häusser, A. B. McDonald, A. J. Ferguson, W. T. Diamond und A. E. Litherland, Nuclear Phys. **A 179**, 477 (1972), und dort zitierter Literatur. Angaben über das statische Quadrupolmoment des 2^+-Zustandes wurden aus Coulomb-Anregungsmessungen erhalten; der Wert $Q = -23 \pm 8\,\text{fm}^2$ (D. Schwalm, A. Bamberger, P. G. Bizetti, B. Povh, G. A. P. Engelbertink, J. W. Olness und E. K. Warburton, Nuclear Phys. **A 192**, 449 (1972)) ergibt $Q_0 = 80 \pm 25\,\text{fm}^2$, während man aus der Übergangswahrscheinlichkeit $B(E\,2;\,2 \to 0)$ in Tab. 4–4 den Wert $|Q_0| = 54 \pm 4\,\text{fm}^2$ erhält.

Übergang	$B(E2)$ in $e^2\,\text{fm}^4$	$B(E2):B(E2;\,2\to 0)$		
		Experiment	Q_0 const	$I_{\max} = 8$
$2 \to 0$	57 ± 8	1	1	1
$4 \to 2$	70 ± 7	$1{,}2 \pm 0{,}15$	1,43	1,26
$6 \to 4$	66 ± 8	$1{,}15 \pm 0{,}15$	1,57	1,06
$8 \to 6$	24 ± 8	$0{,}4 \pm 0{,}15$	1,65	0,64
$10 \to 8$			1,69	

Die Tab. 4–4 enthält in Spalte 4 die nach der Rotations-Intensitätsbeziehung führender Ordnung (4–68) berechneten Verhältnisse von $E2$-Übergangswahrscheinlichkeiten; Spalte 5 enthält die nach Gl. (4–143) für einen Abbruch der Bande bei $I_{\max} = 8$ berechneten analogen Größen. Die verfügbaren experimentellen Daten sprechen für einen Abbruch der Bande. (Ähnliche Aussagen über die $E2$-Übergangswahrscheinlichkeiten zwischen den hochliegenden Gliedern der Grundzustandsrotationsbande in ^{19}F ($I_{\max} = 13/2$) machten Jackson u. a., 1969.)

Die Grundzustandsbande von ^{20}Ne kann auch durch die Bewegung eines α-Teilchen-Clusters relativ zum ^{16}O-Rumpf interpretiert werden (Wildermuth und Kanellopoulos, 1958; eine Analyse leichter Kerne aufgrund von α-Clustern sowie die Beziehung zur Schalenmodelldeutung findet man in Übersichtsarbeiten von Neudatchin und Smirnow, 1969, und von Ikeda u. a., 1972). Im Rahmen des harmonischen Oszillatormodells ist eine solche Clusterdarstellung äquivalent zur oben betrachteten Darstellung mit Hilfe des inneren Zustandes bei maximaler Ausrichtung der Bahnen der einzelnen Teilchen. Diese Äquivalenz ist ein Beispiel einer allgemeinen Klasse von Beziehungen, die aus der Invarianz des Hamilton-Operators des harmonischen Oszillators gegen orthogonale Transformationen der Teilchenkoordinaten folgen.

Eine Transformation dieser Art führt zu einem neuen Satz unabhängiger harmonischer Oszillatoren, die alle die Frequenz ω_0 besitzen. Die Eigenzustände können durch die Zahl der Quanten für jede dieser Anregungen bezeichnet werden. Ein bekanntes Beispiel ist die Transformation zu Schwerpunkts- und Relativkoordinaten (siehe Fußnote auf S. 404). In der Clusterdarstellung werden die A Teilchen in Untereinheiten mit $A_1, A_2, \ldots$ Teilchen aufgeteilt; die Koordinaten in einer solchen Darstellung beschreiben die innere Bewegung in jedem Cluster, die Relativbewegung der Clusterschwerpunkte und die Schwerpunktsbewegung für das Gesamtsystem.

Die Generatoren (4–154) der U_3-Symmetrie werden durch eine Transformation zu Clusterkoordinaten nicht beeinflußt; eine solche Transformation wirkt in den Koordinaten x_1, x_2 und x_3 getrennt und hat deshalb keinen Einfluß auf die Verteilung der Oszillatorquanten in den drei verschiedenen Raumrichtungen. Somit spannen die Clusterzustände mit festgelegten Zahlen von Oszillationsquanten, die zu den A verschiedenen Teilchenfreiheitsgraden gehören, Darstellungen von U_3 auf. Die unterschiedlichen Darstellungen der Bewegung im harmonischen Oszillatormodell durch Cluster oder unabhängige Teilchen stellen alternative Sätze von Basiszuständen zur Beschreibung der (antisymmetrisierten) Vielteilchenzustände mit gegebener Anzahl N von Oszillatorquanten, SU_3-Symmetrie $(\lambda\mu)$ und orbitaler Permutationssymmetrie $[f]$ dar.

Bei ^{20}Ne besitzt die niedrigste Konfiguration $(1s)^4(1p)^{12}(2s, 1d)^4$ die Gesamtzahl von Oszillatorquanten $N = 20$; sie enthält nur einen einzigen Satz von Zuständen mit den Symmetriequantenzahlen $(\lambda\mu) = (80)$ und $[f] = [44444]$. (Dies folgt unmittelbar aus dem Umstand, daß die Konfiguration $(ds)^4$ nur einen einzigen Zustand mit $L = 8$ enthält.) Die Zustände der Bande $(\lambda\mu) = (80)$, die oben durch die Projektion (4–147) aus dem ausgerichteten inneren Zustand erhalten wurden, lassen sich auch durch Antisymmetrisierung von Wellenfunktionen erzeugen, die einen α-Teilchen-ähnlichen Cluster ($A_1 = 4$, $N_1 = 0$) und einen ^{16}O-Cluster ($A_2 = 16$, $N_2 = 12$) mit einer Relativbewegung von 8 Quanten beschreiben. Beide Darstellungen sind alternative Betrachtungsweisen der gleichen Gesamtwellenfunktion.

In der Clusterbeschreibung von ^{20}Ne entsprechen die oben diskutierten Störungen der inneren Bewegung durch die Rotation dem Einfluß der Coriolis-Kraft, die eine Änderung der α-Teilchen-Bahn von einer Pendelbewegung ($L = 0$) mit einer gestreckten inneren Dichteverteilung zu einer Kreisbewegung ($L = L_{\max} = 8$) mit einer abgeplatteten Dichteverteilung hervorruft. Die Beziehung (4–159) für die Quadrupolmatrixelemente ist die gleiche wie für ein einzelnes Teilchen in Oszillatorzuständen mit $N = \lambda$; tatsächlich ist diese Beziehung durch die SU_3-Quantenzahlen vollständig festgelegt.

Spektrum von ^{8}Be *aus der* (α, α)*-Streuung* (*Abb. 4–14 und Tab. 4–5*)

Wegen der ungewöhnlich großen Bindungsenergie von ^{4}He sind alle Zustände von ^{8}Be unstabil gegen Teilchenemission. Die niedrigsten Zustände in ^{8}Be wurden mit Hilfe der elastischen (α, α)-Streuung untersucht. Der Grundzustand ($I\pi = 0^+$) führt zu einer scharfen Resonanz, aber die angeregten Zustände ($I\pi = 2^+$ und 4^+) besitzen große α-Breiten. Die Resonanzparameter wurden aus einer Phasenanalyse bestimmt (siehe Abb. 4–14). Die in Tab. 4–5 angegebenen Resonanzparameter wurden durch Anpassung der nuklearen Streuamplitude an den Standardausdruck für den Resonanzquerschnitt (Gln. (3F–10) und (3F–12)) erhalten unter der Annahme, daß die nichtresonante Amplitude durch Hartkugelstreuung dargestellt werden kann.

Die Spins und Paritäten der drei niedrigsten Zustände in ^{8}Be entsprechen den Werten, die man für die Grundzustandsbande eines gg-Kerns ($K\pi r = 0^{++}$) erwartet. Die Energien stimmen mit dem zu $I(I + 1)$ proportionalen Ausdruck führender Ordnung grob überein.

Die Streuphasen in Abb. 4—14 geben auch Hinweise auf anziehende Wechselwirkungen in den Kanälen mit höherem Drehimpuls. Man versuchte, diese Streuphasen durch breite Resonanzen zu interpretieren ($E_{\text{res}}(I = 6) \approx (30 + 10i)$ MeV, $E_{\text{res}}(I = 8) \approx (60 + 35i)$ MeV; Darriulat u. a., a. a. O., Abb. 4–14). Die detaillierte Analyse der Streuung bei hohen Energien ist jedoch schwierig wegen der starken unelastischen Prozesse, die an der Schwelle für die Reaktion $\alpha + \alpha \to {}^7\text{Li} + \text{p}$ bei $(E_\alpha)_{\text{lab}} = 34{,}7$ MeV einsetzen. Die starken Fluktuationen der Streuphasen in Abb. 4–14 um $E_\alpha = 40$ MeV konnten bisher nicht erklärt werden.

Das mögliche Auftreten von Niveaus $I = 6$ und 8 in der Rotationsbande von ^{8}Be gewinnt im Zusammenhang mit der Analyse der Rotationsbewegung durch Einteilchenkonfigurationen besondere Bedeutung. Die niedrigste Schalenmodellkonfiguration für ^{8}Be ist $(1s)^4\,(1p)^4$, und die Wechselwirkungen zwischen den p-Teilchen bevorzugen die Zustände mit vollständig symmetrischer Ortswellenfunktion. Dieser Satz von Zuständen hat die Quantenzahlen $L = 0$, 2, 4 und $S = 0$, $T = 0$, was sich durch Abzählen der m-Komponenten oder mit den in Anhang 1C beschriebenen allgemeinen Methoden zeigen läßt (siehe die Zustände mit $n = 4$ und der Permutationssymmetrie $[f] = [4]$ im Ortsraum (Tab. 1C–4, Band I, S. 140) und $[f] = [1111]$ im Spin-Isospin-Raum (Tab. 1C–5, Band I, S. 143)). Diese Zustände gehören zu der Rotationsbande, die auf einem Zustand aufbaut, bei dem die p-Bahnen in einer gegebenen Richtung orientiert sind. Daher kann man die Zustände durch Drehimpulsprojektion (siehe Gl. (4–147)) aus der ausgerichteten Konfiguration $(l = 1, m = 0)^4$ erhalten.

Die Zustände der Konfiguration $(1s)^4 (1p)^4$ können auch aufgrund der Relativbewegung zweier α-Teilchen-ähnlicher Cluster analysiert werden (PERRING und SKYRME, 1956). Wenn man annimmt, daß sich die Nukleonen in einem harmonischen Oszillatorpotential bewegen, dann ist der HAMILTON-Operator invariant gegen orthogonale Trans-

Tab. 4–5 Parameter für die niedrigsten Resonanzen in der (α, α)-Streuung. Die Parameter für die 0^+-Resonanz stammen von J. BENN, E. B. DALLY, H. H. MÜLLER, R. E. PIXLEY, H. H. STAUB und H. WINKLER, Phys. Letters **20**, 43 (1966). Die Parameter für die Niveaus 2^+ und 4^+ wurden der Zusammenfassung der Phasenanalysen von LAURITSEN und AJZENBERG, 1966, entnommen.

$I\pi$	E_{cm} (MeV)	Γ (MeV)
0^+	0,092	$6{,}8 \cdot 10^{-6}$
2^+	2,9	1,5
4^+	11,4	6,7

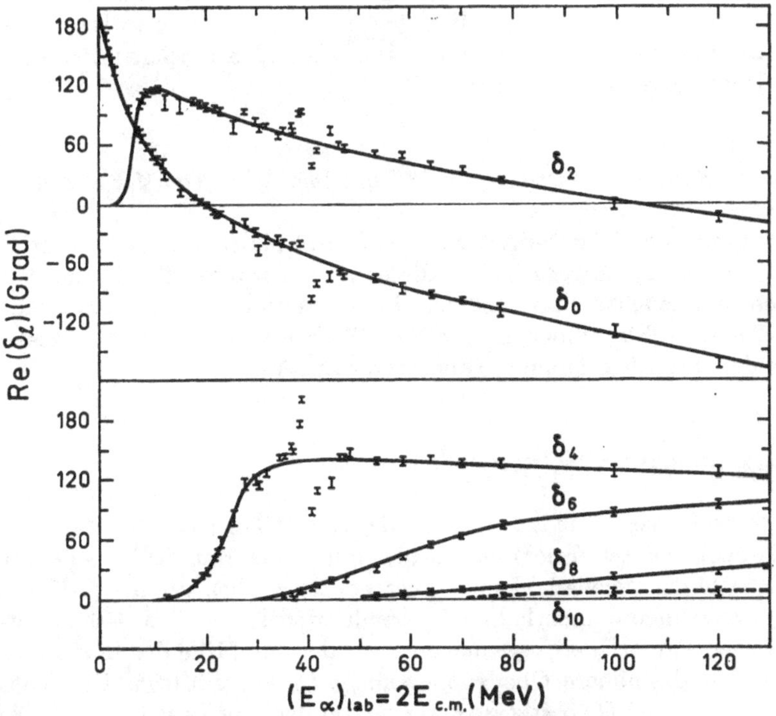

Abb. 4–14 Streuphasen in der (α, α)-Streuung. Die Abbildung zeigt den Realteil der (α, α)-Streuphase; sie wurde der Analyse von P. DARRIULAT, G. IGO, H. G. PUGH und H. E. HOLMGREN, Phys. Rev. **137**, B 315 (1965), entnommen, die auch die Ergebnisse früherer Untersuchungen enthält. Die s-Wellen-Streuphase steigt in einem sehr schmalen Energieintervall ($\Gamma_{res} = 7$ eV) um die Resonanz bei $E_\alpha = 184$ keV von etwa 0° auf etwa 180° an.

formationen der Koordinaten der $A = 8$ Teilchen. Daher kann man zu einem Satz von Koordinaten übergehen, der neben der Relativbewegung der beiden α-Cluster und der Schwerpunktsbewegung des Gesamtsystems auch die innere Bewegung in jedem α-Cluster beschreibt. Jedem dieser Freiheitsgrade entspricht ein Oszillator mit der gleichen Frequenz ω_0. Befinden sich die α-Cluster im Grundzustand, dann enthält der niedrigste Zustand der Relativbewegung, mit dem sich eine in allen acht Nukleonen antisymmetrische Gesamtwellenfunktion bilden läßt, vier Quanten ($N = 4$), entsprechend der Zahl der Quanten der niedrigsten Schalenmodellkonfiguration. Die Relativbewegung der α-Cluster mit $N = 4$ liefert (ebenso wie die Bewegung eines Teilchens im Oszillatorpotential) die Zustände mit $L = 0$, 2 und 4. Die auf diese Weise erzeugten Zustände sind mit den aus der Schalenmodellkonfiguration $(1s)^4\,(1p)^4$ gebildeten Zuständen identisch, da diese Zustände durch die Gesamtzahl der Quanten und die Permutationssymmetrie eindeutig bestimmt sind.

Zustände von ^{8}Be mit $L > 4$ erfordern angeregte Konfigurationen. Bewegen sich die Nukleonen in einem Oszillatorpotential, dann enthalten die niedrigsten Zustände mit $L\pi = 6^+, 8^+$ usw. $N = L$ Quanten; sie lassen sich durch die Relativbewegung zweier α-Cluster mit dieser Anzahl von Quanten erzeugen. Diese Zustände bilden eine Vibrationsfolge, im Unterschied zur Rotationsbande mit den Zuständen $L = 0, 2, 4$, die alle $N = 4$ besitzen. Es ist jedoch möglich, daß zusätzliche Wechselwirkungen, die in diesem einfachen Bild nicht erfaßt werden, die scharfe Unterscheidung zwischen den beiden Anregungstypen verwischen und eine Folge von Zuständen erzeugen können, die etwas schwächer mit dem Drehimpuls variiert.

Grundzustandsrotationsbande von ^{169}Tm (*Abb. 4–15; Tab. 4–6 und 4–7*)

Der Grundzustand von ^{169}Tm besitzt $I\pi = 1/2^+$ und bildet den Kopf einer Rotationsbande mit $K = 1/2$. Die Eigenschaften dieser Bande wurden durch eine Vielfalt von Experimenten untersucht, einschließlich der Coulomb-Anregung, der Analyse der Strahlung nach dem Elektroneneinfang von ^{169}Yb sowie Mössbauer-Messungen zur Bestimmung der statischen Momente angeregter Zustände.

Energieniveaus und Übergangsmatrixelemente

Die Energieniveaus der Grundzustandsbande von ^{169}Tm sind in Abb. 4–15 wiedergegeben. Die beobachteten Energien wurden durch die Entwicklung (4–62) bis zum Term vierter Ordnung angepaßt. Die Konvergenz ist ähnlich wie bei gg-Kernen.

Die $E2$-Matrixelemente innerhalb der Bande werden in Tab. 4–6 analysiert. Die statischen Momente und Übergangsmomente wurden mit Hilfe der Beziehungen (4–69) und (4–68) durch das innere Quadrupolmoment Q_0 ausgedrückt. Die Konstanz des abgeleiteten Wertes von Q_0 bestätigt diese $E2$-Intensitätsregeln innerhalb der experimentellen Genauigkeit von etwa 10%.

Die $M1$-Matrixelemente führender Ordnung innerhalb einer Bande mit $K = 1/2$ hängen von drei Parametern g_K, g_R und b ab (siehe Gl. (4–88)). Mit den Werten $g_K = -1{,}57$, $g_R = 0{,}406$, $b = -0{,}16$ lassen sich alle in der Bande von ^{169}Tm beobachteten $M1$-Matrixelemente anpassen (siehe Tab. 4–7).

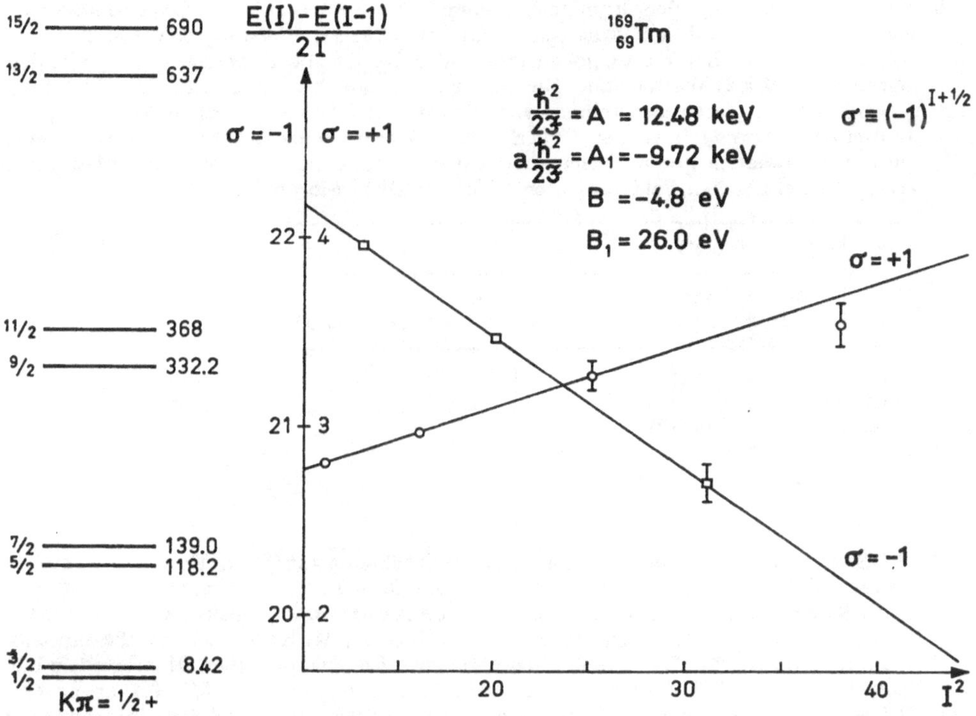

Abb. 4–15 Grundzustandsrotationsbande von ^{169}Tm. Die Abbildung basiert auf den Messungen von P. Alexander und F. Boehm, Nuclear Phys. **46**, 108 (1963) und R. M. Diamond, B. Elbek und F. S. Stephens, Nuclear Phys. **43**, 560 (1963). Die Energien haben die Einheit keV, abweichende Einheiten sind ausdrücklich angegeben.

Interpretation der inneren Konfiguration

Die für die Grundzustandsbande mit $K\pi = 1/2^+$ in ^{169}Tm maßgebende innere Konfiguration kann mit einer Bahn des letzten ungeraden Protons, das sich in einem nichtsphärischen mittleren Potential bewegt, identifiziert und durch die Quantenzahlen [411 1/2] charakterisiert werden (siehe Tab. 5–12, S. 258). Mit der Wellenfunktion für diese Einteilchenbahn (siehe Tab. 5–2, S. 198) kann man den Entkopplungsparameter nach Gl. (5–46) abschätzen, dabei ergibt sich der Wert $a = -0{,}9$, der mit dem empirischen Wert $-0{,}78$ (siehe Abb. 4–15) zu vergleichen ist. Die inneren magnetischen Parameter können mit den Gln. (5–86) und (5–87) abgeschätzt werden, das ergibt $g_K = -1{,}2$ und $b = -0{,}1$, während die oben aus den empirischen Momenten bestimmten Werte $g_K = -1{,}57$ und $b = -0{,}16$ betragen. Die Abschätzung der magnetischen Eigenschaften basiert auf einem effektiven g_s-Faktor von 0,7 $(g_s)_{free}$ (siehe Gl. (5–89)), der aus der Systematik der Einteilchenmomente in deformierten Kernen abgeleitet wurde (siehe Tab. 5–14, S. 263). Es ist zu betonen, daß sich die g-Faktoren in den effektiven $\Delta K = 1$- und $\Delta K = 0$-Einteilchenoperatoren im allgemeinen unterscheiden können (siehe S. 264). Außerdem kann die Coriolis-Kopplung zur Renormierung der g_K- und g_R-Faktoren beitragen. (Siehe Gl. (4A–35) und die Diskussion von g_R (^{159}Tb) auf S. 222; eine Abschätzung dieser Effekte für ^{169}Tm findet man bei Günther u. a., 1969.)

Tab. 4–6 $E2$-Matrixelemente in der Grundzustandsbande von ^{169}Tm. Die $B(E2)$-Werte stammen von J. D. BOWMAN, J. DE BOER und F. BOEHM, Nuclear Phys. **61**, 682 (1965). Die in Klammern stehenden Werte geben die Fehler bei der Bestimmung von Q_0^2 aus den gemessenen $B(E2)$-Werten an. Das elektrische Quadrupolmoment des Zustandes $I = 3/2$ ist der Zusammenstellung von FULLER und COHEN, 1969, entnommen; die Bestimmung von Q (aus der Hyperfeinstruktur in einem MÖSSBAUER-Experiment) enthält die ziemlich große Unsicherheit bei der Bestimmung des von den Elektronen erzeugten elektrischen Feldgradienten (siehe die Diskussion auf S. 113).

I	$Q_0^2(10^{-48}$ cm$^4)$		
	aus $Q(I)$	aus $B(E2; I+1 \rightarrow I)$	aus $B(E2; I+2 \rightarrow I)$
1/2		56 (10)	57 (3)
3/2	40	60 (7)	63 (5)
5/2		56 (13)	

Tab. 4–7 $M1$-Matrixelemente in der Grundzustandsrotationsbande von ^{169}Tm. Die experimentellen Daten und die theoretische Analyse wurden von BOWMAN u. a., a. a. O., Tab. 4–6, von E. N. KAUFMANN, J. D. BOWMAN und S. K. BHATTACHERJEE, Nuclear Phys. **A119**, 417 (1968), und von C. GÜNTHER, H. HÜBEL, A. KLUGE, K. KRIEN und H. TOSCHINSKI, Nuclear Phys. **A123**, 386 (1969), übernommen. Die magnetischen Momente sind in Einheiten von $(e\hbar/2\,Mc)$ und die $B(M1)$-Werte in Einheiten von $(e\hbar/2\,Mc)^2$ angegeben. Bei den mit einem Stern markierten Übergängen wurde nur die relative Intensität der Übergänge mit $\Delta I = 1$ und $\Delta I = 2$ bestimmt; der Wert von $B(M1)$ in der Tabelle wurde unter Annahme der $E2$-Intensitätsregeln mit $Q_0^2 = 58 \cdot 10^{-48}$ cm^4 (siehe Tab. 4–6) erhalten.

I	μ_{exp}	μ_{theor}	$B(M1; I+1 \rightarrow I)_{\text{exp}}$	$B(M1; I+1 \rightarrow I)_{\text{theor}}$
1/2	−0,229 (3)	−0,233	0,047 (10)	0,055
3/2	+0,534 (15)	0,538	0,150 (8)	0,125
5/2	+0,73 (5)	0,74	0,055 (15)	0,071
7/2	+1,32 (6)	1,45	0,144 (7)*	0,14
9/2		1,59		0,075
11/2		2,30	0,143 (12)*	0,14

Rotationsbanden, die im Zerfall von ^{177}Lu^m *besiedelt werden*
(Abb. 4–16 bis 4–18; Tab. 4–8 und 4–9)

Das Auftreten des isomeren Hochspinzustandes ($I\pi = 23/2^-$) in ^{177}Lu bietet die Gelegenheit für eine detaillierte Untersuchung langer Folgen von Rotationszuständen (JØRGENSEN u. a., 1962). Das Zerfallsschema dieses isomeren Zustandes ist in Abb. 4–16 dargestellt. Wie man sieht, erfolgt der Zerfall teils durch einen $E3$-Übergang zur Grundzustandsbande $K\pi = 7/2^+$ im ^{177}Lu und teils durch einen einfach verbotenen β-Übergang zu einem Isomer $I\pi = 23/2^+$ im ^{177}Hf, das sich anschließend über zwei verschiedene Rotationsbanden mit $K\pi = 7/2^-$ und $K\pi = 9/2^+$ abregt.

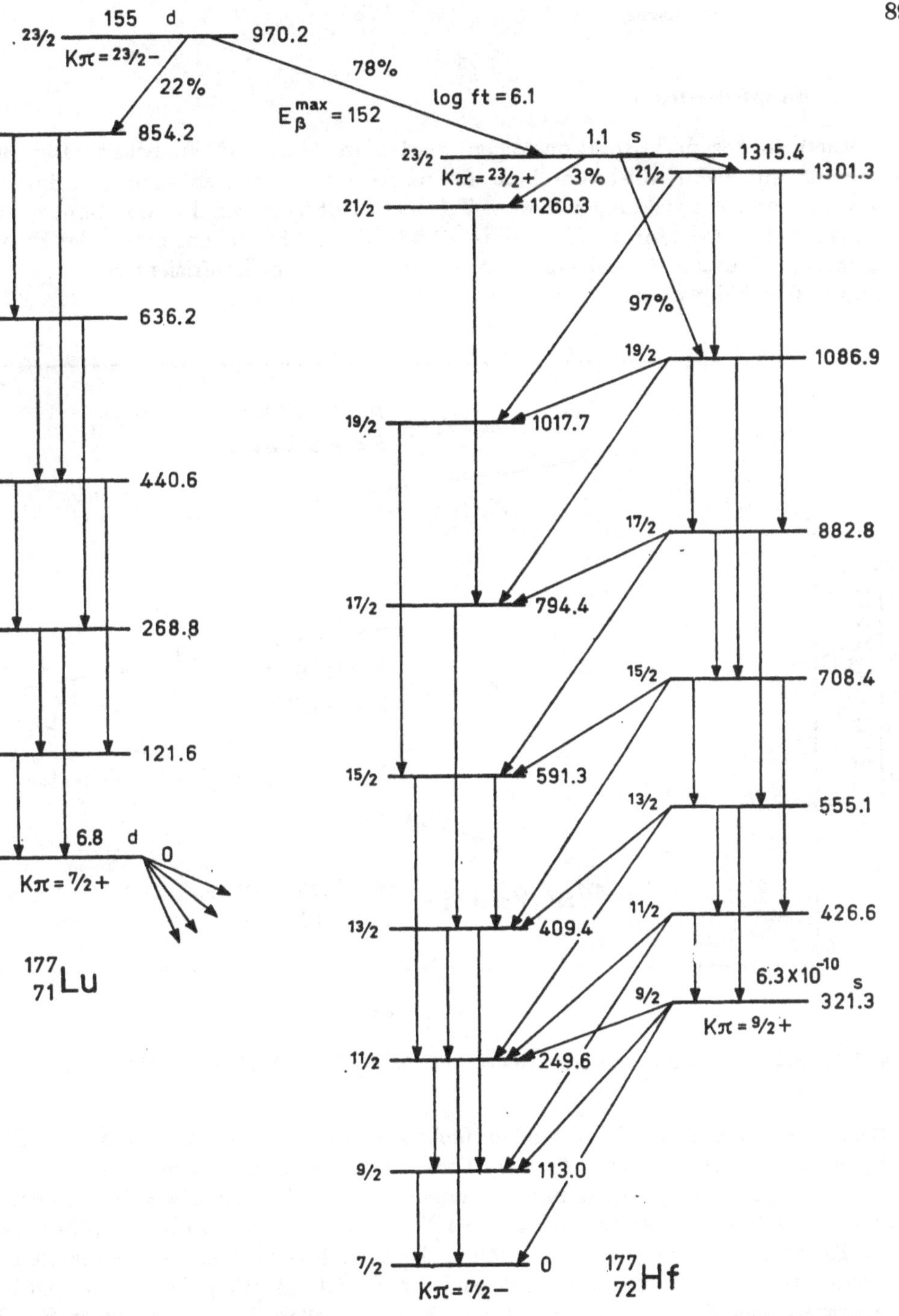

Abb. 4–16 Zerfallsschema für $^{177}Lu^m$. Die Daten sind der Arbeit von J. A. Haverfield, F. M. Bernthal und J. M. Hollander, Nuclear Phys. **A 94**, 337 (1967), entnommen, die auch Ergebnisse früherer Untersuchungen enthält. Weitere, von F. Bernthal angegebene Übergänge (private Mitteilung) wurden ebenfalls aufgenommen. Die Energien in der Abbildung sind in keV gegeben, die Zerfallsdauern sind Halbwertszeiten.

Energiespektrum

Die Energien der drei Rotationsfolgen werden in Abb. 4–17 analysiert. Die Bande $K\pi = 7/2^+$ im ^{177}Lu wird innerhalb der experimentellen Fehlergrenzen durch die Rotationsenergieentwicklung mit zwei Termen wiedergegeben. Bei der Bande $7/2^-$ in ^{177}Hf beobachtet man für die Hochspinzustände kleine Abweichungen von der Entwicklung mit zwei Termen, die auf einen dritten Term mit einem Koeffizienten C der Größenordnung 10 meV hinweisen.

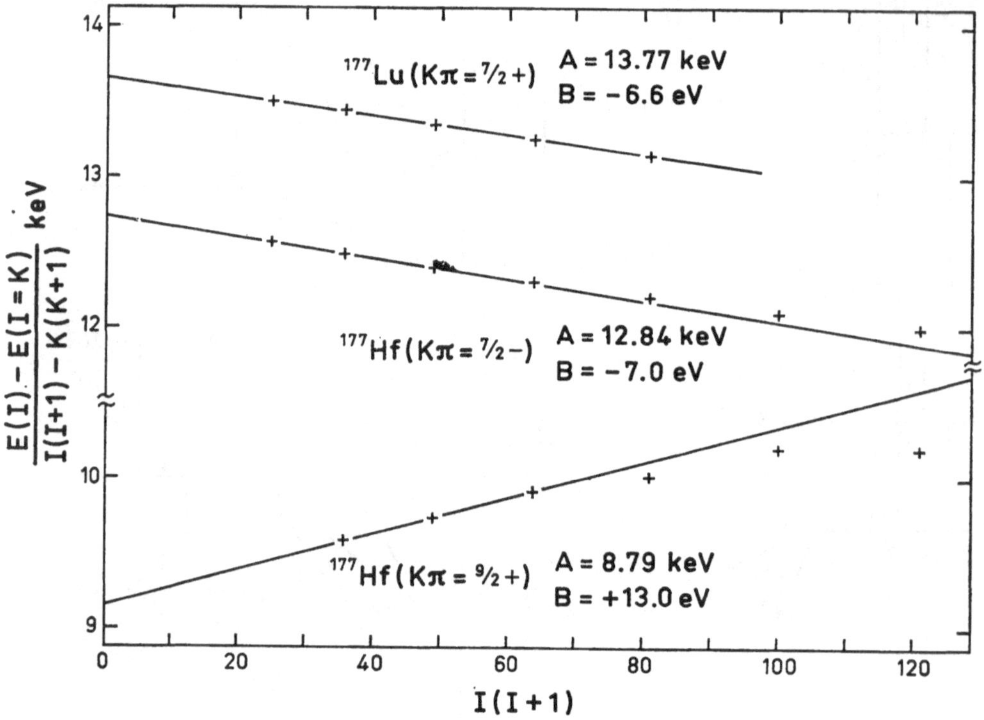

Abb. 4–17 Test von Rotationsenergieverhältnissen für ^{177}Lu und ^{177}Hf (siehe Abb. 4–16)

Bei der $9/2^+$-Bande in ^{177}Hf zeigen die Hochspinzustände kompliziertere Abweichungen von der Entwicklung mit zwei Termen. Diese Abweichungen können mit der besonders starken Coriolis-Wechselwirkung zusammenhängen, die die $K\pi = 9/2^+$-Bande beeinflußt. Das Neutron bewegt sich in einer Bahn mit den Quantenzahlen [624 9/2], die große Komponenten mit $j = 13/2$ enthält (siehe Abb. 5–3), bei denen daher die Coriolis-Matrixelemente besonders groß sind (siehe z. B. Gl. (4–197)). In zweiter Ordnung manifestiert sich die Coriolis-Kopplung in dem großen Trägheitsmoment für diese Bande (siehe Gl. (4–205)), das um etwa 50% größer ist als bei den anderen beiden betrachteten Banden. In höheren Ordnungen erzeugt die Coriolis-Kopplung Terme in der Rotationsenergie mit entsprechend höheren Potenzen in I. Somit kann ein positives Vorzeichen des Koeffizienten B, wie man es für die $9/2^+$-Bande beobachtet, über einen Effekt vierter Ordnung von dem letzten ungeraden Teilchen herrühren, der den Einfluß aller übrigen Teilchen, die wie bei den gg-Kernen einen negativen B-Term ergeben, überkompensiert. In neunter Ordnung erzeugt die CORIOLIS-Kopplung einen signaturabhängigen Term der Form (4–57), der für den irregulären Verlauf der beobachteten Energien verantwortlich sein kann. Bisher gibt es jedoch keine quantitative Erklärung der Anomalien der $K\pi = 9/2^+$-Bande im ^{177}Hf. (Siehe auch die Diskussion der Rotationsenergien für die [743 7/2]-Bande in ^{235}U, S. 244ff.)

Innere Konfigurationen

Die inneren Konfigurationen in Abb. 4–16 lassen sich mit Hilfe der in Kapitel 5 diskutierten Einteilchenbahnen einfach interpretieren. Die Grundzustandsbande in ^{177}Lu wird ebenso wie bei den anderen ungeraden Lu-Isotopen als [404 7/2] klassifiziert (siehe Tab. 5–12, S. 258). Die beiden niedrigliegenden Banden im ^{177}Hf werden den Neutronenbahnen [514 7/2] und [624 9/2] zugeordnet (siehe Tab. 5–13, S. 260). Die Hochspinisomere lassen sich als die Dreiteilchenkonfigurationen ($[404\ 7/2]_p$, $[514\ 7/2]_n$, $[624\ 9/2]_n$) für ^{177}Lu ($K\pi = 23/2^-$) und ($[404\ 7/2]_p$, $[514\ 9/2]_p$, $[514\ 7/2]_n$) für ^{177}Hf ($K\pi = 23/2^+$) interpretieren.

Die beiden isomeren Zustände sind durch einen Einteilchen-β-Übergang ($[624\ 9/2]_n \to [514\ 9/2]_p$) mit $\Delta N = \Delta n_z = 1, \Delta\Lambda = \Delta\Sigma = 0$ verbunden. Ein solcher Übergang wird als einfach-verboten, unbehindert klassifiziert. Die reduzierte Übergangsrate ist $\log ft = 6{,}1$, das ist etwas schneller als der Übergang zwischen den gleichen Einteilchenzuständen bei ^{177}Yb(9/2$^+$) $\to$ ^{177}Lu(9/2$^-$) mit $\log ft = 6{,}8$ und bei ^{181}W(9/2$^+$) $\to$ ^{181}Ta(9/2$^-$) mit $\log ft = 6{,}7$.

Der $E3$-γ-Zerfall des Isomers ^{177}Lu ist hochgradig K-verboten ($n = 5$). Die beobachtete Zerfallsrate ergibt einen Wert von $B(E3;\ I = K = 23/2 \to K = 7/2,\ I = 17/2)$, der von der Größenordnung 10^{-9} der durch Gl. (3C–38) gegebenen Einteilcheneinheit $B_W(E3)$ ist. Für den Zerfall des Isomers ^{177}Hf findet man für den $E1$-Übergang mit $n = 7$ einen Wert $B(E1;\ I = K = 23/2 \to K = 7/2,\ I = 21/2)$ der Größenordnung $10^{-13}\,B_W(E1)$, während der $E2$-Übergang mit $n = 5$ einen Wert $B(E2;\ I = K = 23/2 \to K = 9/2,\ I = 19/2)$ von etwa $10^{-8}\,B_W(E2)$ hat.

Intensitätsbeziehungen für E2- und M1-Übergänge

Aus der Messung der beim Zerfall der Isomere nachfolgenden Strahlung sind eine große Anzahl von Rotations-Verzweigungsverhältnissen $T(KI \to K, I-1)/T(KI \to K, I-2)$ bestimmt worden. Die Intensitätsregeln führender Ordnung beschreiben diese Verzweigungsverhältnisse durch einen einzigen Parameter $(g_K - g_R)^2/Q_0^2$ für jede Rotationsbande (siehe Gln. (4–68) und (4–87)). Die vorhandenen Daten sind in Tab. 4–8 enthalten. Die aus den verschiedenen Verzweigungsverhältnissen gefundene Konstanz des Parameters $(g_K - g_R)^2/Q_0^2$ bestätigt die Intensitätsregeln führender Ordnung innerhalb der experimentellen Genauigkeit. Für eine Reihe von Übergängen wurde das aus dieser Analyse gewonnene $E2/M1$-Verhältnis durch Messungen von Konversionskoeffizienten und Winkelkorrelationen getestet (siehe besonders HÜBEL u. a., 1969). Diese Messungen liefern zusammen mit der Bestimmung der Verzweigungsverhältnisse direkte Tests der $E2$-Intensitätsbeziehungen mit einer Genauigkeit von etwa 10%.

Tab. 4–8 Test von $E2$- und $M1$-Intensitätsregeln beim Zerfall von Rotationsbanden in ^{177}Lu und ^{177}Hf. Das Verhältnis $(g_K - g_R)^2/Q_0^2$ wurde aus relativen γ-Intensitäten $T(E2 + M1;\ KI \to K, I - 1) : T(E2;\ KI \to K, I - 2)$ erhalten. Die experimentellen Daten und die theoretische Analyse wurden der Arbeit von HAVERFIELD u. a., a. a. O., Abb. 4–16, entnommen.

	I	$(g_K - g_R)^2/Q_0^2$ 10^{-7} fm^{-4}
^{177}Lu	11/2	2,6 ± 0,4
$K\pi = 7/2^+$	13/2	2,4 ± 0,3
	15/2	2,6 ± 0,3
	17/2	2,5 ± 0,4
^{177}Hf	11/2	0,04 ± 0,6
$K\pi = 7/2^-$	13/2	0,26 ± 0,12
	15/2	0,24 ± 0,14
^{177}Hf	13/2	2,7 ± 0,3
$K\pi = 9/2^+$	15/2	2,8 ± 0,3
	17/2	2,9 ± 0,3
	19/2	3,0 ± 0,3
	21/2	2,7 ± 0,3

Die Intensitätsregeln lassen sich außer mit den Daten in Tab. 4–8 auch anhand der gemessenen Magnetmomente in den Zuständen $I = 7/2$ ($\mu = 0{,}784 \pm 0{,}001$) und $I = 9/2$ ($\mu = 1{,}04 \pm 0{,}06$) der Bande $K\pi = 7/2^-$ in ^{177}Hf testen. (Siehe BÜTTGENBACH u. a., 1973, und LINDGREN, 1965.) Die Beziehung (4–87) für die statischen Momente ergibt $(g_K - g_R) = -0{,}02 \pm 0{,}05$, und zusammen mit dem aus der COULOMB-Anregung des $7/2 \to 9/2$-Überganges gefundenen Wert $Q_0 = 674$ fm^2 (HANSEN u. a., 1961) erhält man $(g_K - g_R)^2/Q_0^2 = (0{,}0 \pm 0{,}1) \cdot 10^{-7}$ fm^{-4}.

*E*1-*Übergänge*

Die Daten über $E1$-Matrixelemente für Übergänge zwischen den Banden $K\pi = 9/2^+$ und $7/2^-$ in ^{177}Hf sind in Tab. 4–9 zusammengestellt. Die absolute Größe der $B(E1)$-Werte ist teils aus der Lebensdauer des 321-keV-Niveaus, teils aus den Verzweigungsverhältnissen zwischen den $E1$-Übergängen (Interbandübergängen) und den konkurrierenden Rotations-$E2$-Übergängen (innerhalb der Bande $K\pi = 9/2^+$) bestimmt worden. Die Absolutraten der letztgenannten Übergänge wurden entsprechend der Intensitätsregel führender Ordnung mit $Q_0 = 855$ fm^2 angenommen (siehe unten).

Die Intensitätsregel führender Ordnung für die $E1$-Matrixelemente liefert $B(E1;\ I_i \to I_f) = \text{const}\,\langle I_i\, 9/2\, 1 -1 \mid I_f\, 7/2\rangle^2$ und würde daher eine konstante Ordinate für die in Abb. 4–18 eingezeichneten Punkte ergeben. Die beobachteten Werte weichen merklich von dieser Konstanten ab, sind aber konsistent mit der verallgemeinerten Intensitätsregel (siehe Gl. (4–98))

$$B(E1;\ KI_i \to K-1, I_f)$$
$$= \langle I_i K 1 -1 \mid I_f K-1\rangle^2 \big(M_1 + M_2(I_f(I_f+1) - I_i(I_i+1))\big)^2, \qquad (4\text{–}162)$$

Tab. 4–9 $E1$-Übergangsraten in ^{177}Hf. Die Daten stammen von HAVERFIELD u. a., a. a. O., Abb. 4–16, und von F. BERNTHAL (private Mitteilung; siehe auch UCRL-18651, 1969). Die $B(E1)$-Werte für die Zustände mit $I_i > 9/2$ weichen infolge der unterschiedlichen Annahmen über die absoluten $E2$-Raten etwas von den in diesen Literaturstellen gegebenen Werten ab (siehe die Diskussion im Text).

I_i	I_f	E_γ keV	$B(E1)$ $10^{-5}e^2$ fm^2
9/2	7/2	321,3	0,036
	9/2	208,3	6,9
	11/2	71,7	2,3
11/2	9/2	313,7	0,70
	11/2	177,0	10
13/2	11/2	305,5	2,4
	13/2	145,8	13
15/2	13/2	299,0	4,4
	15/2	117,2	9,8
17/2	15/2	291,4	8,4
	17/2	88,4	13
19/2	17/2	292,5	11
	19/2	69,2	8,4
21/2	19/2	283,4	14

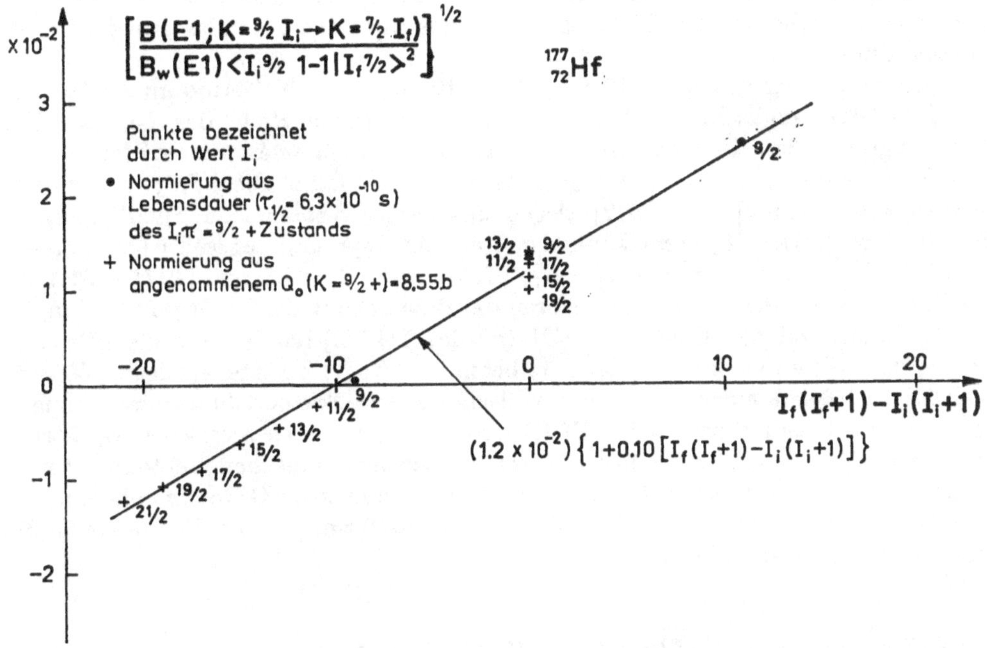

Abb. 4–18 $E1$-Amplituden in ^{177}Hf. Die experimentellen $B(E1)$-Werte sind aus Tab. 4–9 entnommen und in Einheiten von $B_W(E1) = 2{,}0\ e^2\,\text{fm}^2$ gegeben (siehe Gl. (3C–38)). Ähnliche Analysen der $E1$-Übergänge in ^{177}Hf wurden von YU. T. GRIN und I. M. PAVLICHENKOV, Phys. Letters **9**, 249 (1964), und von M. N. VERGNES und J. O. RASMUSSEN, Nuclear Phys. **62**, 233 (1965), mitgeteilt. Siehe auch HAVERFIELD u. a., a. a. O., Abb. 4–16.

die man erhält, wenn man den I-abhängigen Term führender Ordnung im inneren Moment berücksichtigt. Die Möglichkeit einer besseren Anpassung an die experimentellen Daten durch Berücksichtigung von I^2-abhängigen Termen in den inneren Momenten wurde von GRIN (1967) und von BERNTHAL und RASMUSSEN (1967) diskutiert. Die in Abb. 4–18 analysierten vorhandenen Daten scheinen aber solche Terme höherer Ordnung nicht zu erfordern.

Die experimentellen Daten zum Test der $E1$-Intensitätsbeziehungen lassen sich in drei Kategorien unterteilen. Erstens kann man die relativen Stärken der $E1$-Übergänge vom gleichen Anfangsniveau ohne weitere Annahmen vergleichen; diese Übergänge stellen daher besonders direkte Tests dar. Zweitens stützt sich die Analyse der relativen Stärken der Übergänge von den verschiedenen Niveaus mit $I_i > K = 9/2$ auf die $E2$-Intensitätsregel für die Übergänge innerhalb der $K = 9/2$-Bande. Die in Tab. 4–9 enthaltenen Daten scheinen diese Regel mit einer Genauigkeit von etwa 10% zu bestätigen. Schließlich erfordert der Vergleich der $E1$-Übergänge aus dem $I_i = 9/2$-Niveau mit denen aus allen anderen Niveaus die Kenntnis der absoluten $E2$-Übergangsraten, die bisher nicht gemessen wurden. Der angenommene Wert von Q_0 wurde so gewählt, daß eine optimale Anpassung an die $E1$-Intensitätsregel (4–162) erreicht wird. Der hierzu erforderliche Wert von Q_0 ist um etwa 30% größer als die für die Grundzustandsbande von ^{177}Hf ($Q_0 = 674$ fm^2; HANSEN u. a., a. a. O.) und für die [624 9/2]-Grundzustandskonfiguration in ^{179}Hf ($Q_0 = 685$ fm^2; HANSEN u. a., a. a. O.) beobachteten Werte. Ein derart großes Moment Q_0 ist ziemlich überraschend und kann entweder auf einen Fehler in der Lebensdauer des 321-keV-Niveaus von ^{177}Hf oder auf ein irreguläres Verhalten der $E1$-Intensitäten, das über den Rahmen dieser Analyse hinausgeht, hindeuten.

Aus der Anpassung in Abb. 4–18 folgt, daß die M_1- und M_2-Terme im $E1$-Matrixelement (4–162) vergleichbare Beiträge liefern. Die große Rolle des I-abhängigen Terms hängt mit der Kleinheit des führenden Terms zusammen, die wiederum aufgrund der asymptotischen Auswahlregeln erklärt werden kann. Diese Regeln verbieten den Übergang [624 9/2] $\rightarrow$ [514 7/2] wegen des damit verbundenen Spinflips (siehe Tab. 5–3, S. 203). Der M_2-Term kann der CORIOLIS-Kopplung zugeschrieben werden, die zur Mischung von Banden mit $\Delta K = \pm 1$ führt (siehe S. 125ff. und Gl. (4A–31)). Zu den wichtigsten Kopplungseffekten gehören die Beimischung der Bahn [624 7/2] in die [624 9/2]-Bande und der Bahn [514 9/2] in die [514 7/2]-Bande. Aus diesen beigemischten Komponenten können dann unbehindert $E1$-Übergänge erfolgen. Weitere merkliche Beiträge können von der Beimischung der Oktupolvibrationsanregungen herrühren, die bekanntlich starke $E1$-Übergänge im niederenergetischen Spektrum verursachen. (Eine Abschätzung dieser Beiträge sowie der Einteilcheneffekte findet man bei BERNTHAL und RASMUSSEN, 1967.) Da die Korrekturen erster Ordnung unbehinderte $E1$-Matrixelemente enthalten, sollten die folgenden Terme in der Entwicklung die übliche Konvergenzrate zeigen.

Rotationsbanden in ^{239}Pu (*Abb. 4–19; Tab. 4–10 bis 4–13*)

Die Spektren der schwersten Kerne zeigen systematisch Rotationsbandenstruktur für $A \gtrsim 224$. In diesem Massenbereich stellt die α-Radioaktivität ein wichtiges zusätzliches Mittel zur Untersuchung des Rotationskopplungsschemas dar.

Energiespektrum

Das Spektrum von ^{239}Pu wurde im α-Zerfall von ^{243}Cm, im β-Zerfall von ^{239}Np, beim Elektroneneinfang von ^{239}Am und durch Coulomb-Anregung untersucht. Wie Abb. 4–19 zeigt, lassen sich die bekannten Niveaus in eine Reihe von Rotationsbanden einordnen. Der primäre Hinweis auf diese Deutung des Spektrums ergibt sich aus den Spins und Paritäten der Niveaus sowie aus der quantitativen Übereinstimmung der beobachteten Energien mit den Werten (in Klammern), die mit dem Ausdruck erster Ordnung (4–61) berechnet wurden. Zusätzliche Eigenschaften der Niveaus bestätigen die Zuordnungen und stellen weitere Tests des Rotationskopplungsschemas dar.

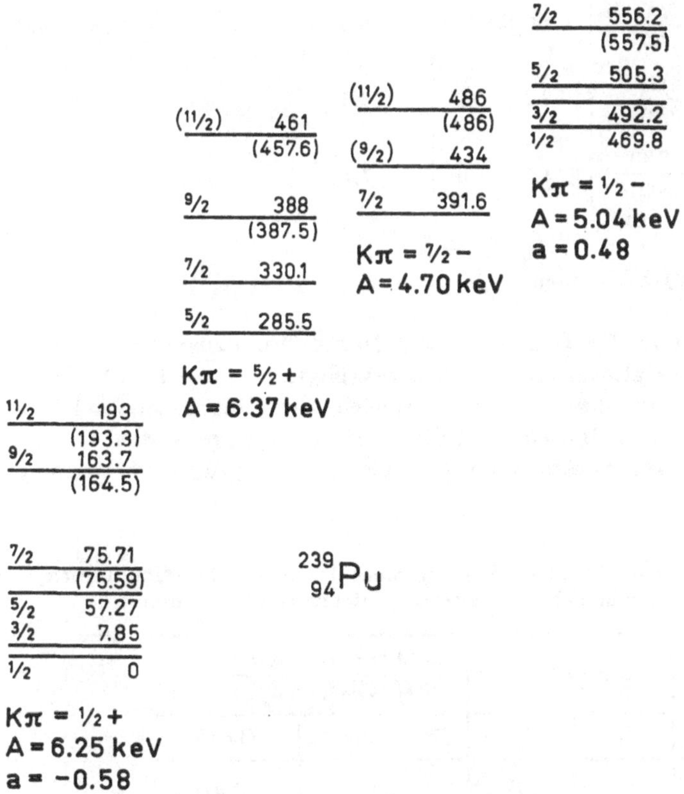

Abb. 4–19 Spektrum von ^{239}Pu. Das Niveauschema wurde aus Table of Isotopes, Lederer u. a., 1967, entnommen.

E2- und M1-Intensitäten in Rotationsübergängen

Die Daten über $E2$- und $M1$-Intensitätsverhältnisse für Übergänge innerhalb der Grundzustandsrotationsbande ($K\pi = 1/2^+$) werden in Tab. 4–10 mit den Intensitätsregeln führender Ordnung (4–68) und (4–88) verglichen. (Für die beiden in Tab. 4–10 betrachteten $M1$-Übergänge kürzt sich der Term, der den magnetischen Entkopplungsparameter b enthält, im Verhältnis der $B(M1)$-Werte heraus.) Die Verhältnisse der reduzierten Übergangswahrscheinlichkeiten wurden aus relativen Intensitäten und $M1 : E2$-Mischungsverhältnissen bestimmt. Bei der Ableitung des $B(M1)$-Verhältnisses wurde die Rotations-Intensitätsregel für $E2$-Übergänge zugrunde gelegt.

Tab. 4–10 $E2$- und $M1$-Intensitätsverhältnisse für Übergänge innerhalb der Grundzustandsrotationsbande von ^{239}Pu mit $K\pi = 1/2^+$. Die experimentellen Daten wurden von G. T. Ewan, J. S. Geiger, R. L. Graham und D. R. MacKenzie, Phys. Rev. 116, 950 (1959), übernommen.

	Experiment	Theorie
$\frac{B(E2;\, 9/2 \to 5/2)}{B(E2;\, 9/2 \to 7/2)}$	14 ± 3	16,5
$\frac{B(E2;\, 5/2 \to 1/2)}{B(E2;\, 5/2 \to 3/2)}$	$3{,}4 \pm 0{,}2$	3,5
$\frac{B(M1;\, 9/2 \to 7/2)}{B(M1;\, 5/2 \to 3/2)}$	1,1	1,1

Verbotene $M1$-Übergänge

Die $M1$-Übergänge von der Bande $K\pi = 5/2^+$ zur Grundzustandsbande sind K-verboten. Die gemessene Halbwertszeit des 285 keV-Niveaus $\tau_{1/2} = 1{,}1 \cdot 10^{-9}$ s ergibt einen Verzögerungsfaktor von etwa 10^3 im Vergleich zur Einteilchenabschätzung (siehe Gl. (3C–38)). Die relativen Intensitäten dieser $M1$-Übergänge werden in Tab. 4–11 angegeben und mit den Intensitätsregeln führender Ordnung für K-verbotene Übergänge (4–95) verglichen.

Tab. 4–11 $M1$-Intensitätsverhältnisse für K-verbotene Übergänge in ^{239}Pu. Die experimentellen Daten wurden der in Tab. 4–10 zitierten Literaturstelle entnommen.

$K_i\pi = 5/2^+$	$K_f\pi = 1/2^+$		$\frac{B(M1;\, K_iI_1 \to K_fI_2)}{B(M1;\, K_iI_1 \to K_fI_3)}$	
I_1	I_2	I_3	Experiment	Theorie
5/2	3/2	5/2	0,6	0,87
	7/2	5/2	0,4	0,31
7/2	5/2	7/2	0,6	0,75
	9/2	7/2	0,4	0,35

$E1$-Übergänge zwischen den Banden $K\pi = 1/2^-$ und $K\pi = 1/2^+$

Eine Anzahl von beobachteten $E1$-Übergängen zwischen den Banden $K\pi = 1/2^-$ und $K\pi = 1/2^+$ in ^{239}Pu wird in Tab. 4–12 mit den Intensitätsregeln führender Ordnung verglichen. Im allgemeinen enthalten die $E1$-Intensitätsregeln führender

Ordnung zwischen zwei $K = 1/2$-Banden zwei verschiedene innere Matrixelemente (siehe Gl. (4–91)),

$$B(E1;\, K\pi = 1/2^-, I_1 \to K\pi = 1/2^+, I_2)$$
$$= |\langle I_1 \tfrac{1}{2} 1 0 \mid I_2 \tfrac{1}{2}\rangle M_1 + (-1)^{I_1+\frac{1}{2}} \langle I_1 - \tfrac{1}{2} 1 1 \mid I_2 \tfrac{1}{2}\rangle M_2|^2, \quad (4\text{–}163)$$
$$M_1 = \langle K\pi = 1/2^+ |\, \mathscr{M}(E1, \nu = 0)\, | K\pi = 1/2^- \rangle,$$
$$M_2 = \langle K\pi = 1/2^+ |\, \mathscr{M}(E1, \nu = 1)\, | \overline{K\pi = 1/2^-} \rangle.$$

Die beobachteten relativen Intensitäten in Tab. 4–12 werden innerhalb der experimentellen Fehlergrenzen durch die Beziehung (4–163) mit $M_2 = 0$ angepaßt und ergeben für das Verhältnis M_2/M_1 eine obere Grenze von etwa 0,1.

Tab. 4–12 $E1$-Intensitätsverhältnisse für Übergänge in ^{239}Pu. Die experimentellen Daten stammen von D. W. Davies und J. M. Hollander, Nuclear Phys. **68**, 161 (1965).

$K_i\pi = 1/2^-$	$K_f\pi = 1/2^+$		$\frac{B(E1;\, K_iI_1 \to K_fI_2)}{B(E1;\, K_iI_1 \to K_fI_3)}$	
I_1	I_2	I_3	Experiment	Theorie ($M_2 = 0$)
1/2	1/2	3/2	0,6	0,5
3/2	1/2	5/2	0,34	0,55
	3/2	5/2	0,06	0,11
5/2	3/2	7/2	0,5	0,7
	5/2	7/2	0,06	0,05
7/2	5/2	9/2	$\approx$0,5	0,77
	7/2	9/2	$<$0,05	0,03

In den meisten experimentellen Tests der $E1$-Intensitätsregeln hat es sich als notwendig erwiesen, ziemlich große I-abhängige Terme im inneren Moment zu berücksichtigen. Dieses Versagen der Beschreibung in führender Ordnung wurde dem stark verzögerten Charakter der $E1$-Übergänge, die in den niederenergetischen Spektren für ungerade A gewöhnlich beobachtet werden, zugeschrieben. (Siehe als Beispiel die $E1$-Übergänge im Spektrum von ^{177}Hf, S. 92ff.) Die $E1$-Übergänge in Tab. 4–12 weichen von dieser Regel ab, und das kann darauf hindeuten, daß die $E1$-Übergänge im vorliegenden Fall nicht so stark verzögert sind (siehe die nachfolgende Diskussion der mit der Bande $K\pi = 1/2^-$ zusammenhängenden Anregungsform).

Alpha-Übergänge

Eine zweckmäßige Einheit für die Stärke von α-Zerfällen bildet die Übergangsrate T_0 zum Grundzustand von gg-Kernen, die sich als eine langsam variierende Funktion der Ladungs- und Massenzahlen erweist. Die empirischen Werte von T_0 können durch die Geiger-Nuttal-Beziehung

$$\log_{10} T_0(E_\alpha, Z) = -\frac{K_1(Z)}{\sqrt{E_\alpha}} + K_2(Z) \quad (4\text{–}164)$$

näherungsweise dargestellt werden, wobei Z die Ladungszahl des Ausgangskerns und E_α die kinetische Energie des α-Teilchens ist. Die Form der Beziehung (4–164) und die Größenordnung der Koeffizienten K_1 und K_2 läßt sich erhalten, indem man die Durchdringung des α-Teilchens durch die COULOMB-Barriere betrachtet (siehe z. B. HYDE u. a., 1964). Eine empirische Anpassung der beobachteten Zerfallsraten für Kerne mit $Z \geqq 84$ (FRÖMAN, 1957) liefert für die Koeffizienten in Gl. (4–164)

$$\begin{aligned} K_1 &= 139{,}8 + 1{,}83(Z-90) + 0{,}012(Z-90)^2, \\ K_2 &= 52{,}1 + 0{,}30(Z-90) + 0{,}001(Z-90)^2, \end{aligned} \tag{4–165}$$

wenn T_0 in s^{-1} und E_α in MeV gegeben ist. Drückt man die α-Übergangsraten zu den angeregten Zuständen der Grundzustandsbanden von gg-Kernen in Einheiten von T_0 aus, so erhält man die reduzierten Intensitäten C_L:

$$T_L = C_L(Z, A)\, T_0(E_\alpha, Z). \tag{4–166}$$

(Eine Zusammenstellung der Koeffizienten C_L findet man z. B. bei HYDE u. a., 1964.)

Die Übergänge zu den Grundzustandsbanden in gg-Kernen verlaufen über die Bildung des α-Teilchens aus Nukleonenpaaren in konjugierten Bahnen, die durch Zeitumkehr miteinander verknüpft sind (Ω_1 und $\Omega_2 = \bar{\Omega}_1$). Dieser Prozeß wird durch die Paarkorrelationen stark beschleunigt (siehe Kapitel 5, S. 236ff.) und ist daher sehr begünstigt im Vergleich zu Übergängen, an denen Nukleonenpaare mit $\Omega_2 \neq \bar{\Omega}_1$ beteiligt sind.

In deformierten A-ungerade-Kernen sind die meisten α-Übergänge stark verzögert im Vergleich zu den Übergängen zu gg-Grundzustandsbanden. Der Verzögerungsfaktor, der die Übergangsrate relativ zu dem durch Gl. (4–166) gegebenen Wert beschreibt, ist meist von der Größenordnung 10^2 bis 10^3 (siehe z. B. Abb. 5–13, S. 233). In jedem Zerfall bei ungeradem A gibt es jedoch eine einzelne Bande im Tochterkern, die mit einem Verzögerungsfaktor der Größenordnung Eins besiedelt wird. Diese Gruppe der „begünstigten Übergänge" wird so interpretiert, daß das α-Teilchen aus Nukleonen in gepaarten Bahnen gebildet wird wie im Fall der Grundzustandsübergänge in gg-Kernen (PERLMAN u. a., 1950; BOHR u. a., 1955). Eine solche Interpretation bedeutet $\Delta K = 0$ und $\pi_i = \pi_f$ für diese Übergänge; diese Auswahlregeln werden in allen Fällen, in denen unabhängige Aussagen vorliegen, bestätigt.

Bei den begünstigten Übergängen in gg-Kernen ist die volle Intensität C_L in einer einzigen α-Gruppe (zum Zustand mit $I = L$) enthalten, in A-ungerade-Kernen kann sie auf mehrere Übergänge verteilt sein. Diese Verteilung ist in erster Näherung durch die Intensitätsregel führender Ordnung bestimmt, die für I-unabhängige Übergangsoperatoren gilt (BOHR u. a., 1955). Wenn man den Einfluß der Rotationsbewegung während des Emissionsvorganges vernachlässigen kann, werden die α-Teilchen in einem Zustand mit $\Omega_\alpha = 0$ relativ zur Kernachse gebildet mit einer Amplitude, die unabhängig vom Rotationsdrehimpuls ist. In dieser Näherung befolgen die Übergangsraten für die Emission von α-Teilchen mit dem Drehimpuls L die Intensitätsregel führender Ordnung für einen Tensoroperator mit dem Rang L und der inneren Komponente $\nu = \Delta K = 0$ (siehe Gl. (4–91))

$$T(L; KI_1 \rightarrow KI_2) = \langle I_1 K L 0 \mid I_2 K \rangle^2\, C_L T_0. \tag{4–167}$$

Es sei hervorgehoben, daß die Herleitung von Gl. (4–167) noch weitere Annahmen enthält, die über die im Zusammenhang mit den Intensitätsregeln für die Emission schwach wechselwirkender Teilchen (β- und γ-Übergänge) betrachteten Annahmen hinausgehen. Im Falle des α-Zerfalls ist das Entfernen des α-Teilchens von der Kernoberfläche mit der Durchdringung eines nichtsphärischen Potentials verbunden, die zu einem anschließenden Drehimpulsaustausch zwischen dem α-Teilchen und dem Tochterkern führen kann. Die Gültigkeit der I-unabhängigen Intensitätsbeziehung (4–167) erfordert daher, daß die Rotationsbewegung während des Durchganges durch den nichtsphärischen Teil der Barriere vernachlässigt werden kann. Diese Forderung entspricht einem kleinen Wert für den Parameter

$$x = \frac{\tau_{\text{pas}}}{\tau_{\text{rot}}}, \tag{4–168}$$

der die Zeit des Durchganges des α-Teilchens durch den Bereich der nichtsphärischen Kopplungen in Einheiten der Rotationsperiode mißt. Da die (imaginäre) Geschwindigkeit des α-Teilchens dicht außerhalb der Kernoberfläche R

$$|v_\alpha| \approx \left(\frac{2}{M_\alpha}\left(\frac{2Ze^2}{R} - E_\alpha\right)\right)^{1/2} \tag{4–169}$$

beträgt, erhält man

$$\tau_{\text{pas}} \approx \frac{R}{|v_\alpha|} \approx 3 \cdot 10^{-22}\,\text{s} \tag{4–170}$$

für einen typischen α-Zerfall schwerer Elemente. Die charakteristische Zeit für Rotationen ist

$$\tau_{\text{rot}} \approx \frac{\mathscr{I}}{\hbar I} \approx 5 \cdot 10^{-20} I^{-1}\,\text{s}. \tag{4–171}$$

Daher gilt $x \ll 1$ für nicht zu große Werte von I.

Eine ausführlichere Behandlung des Durchdringungsproblems kann mit Hilfe der gekoppelten Gleichungen erfolgen, die die Wellenfunktionen der α-Teilchen in den verschiedenen Kanälen $(LI_2)\ I_1$ mit dem gleichen gesamten I_1 beschreiben (siehe das ähnliche Problem der Nukleonenstreuung an deformierten Kernen in Anhang 5A). Numerische Lösungen der gekoppelten Gleichungen für die Durchdringung der Barriere haben gezeigt, daß die Beziehung (4–167) eine gute Näherung darstellt, außer für Partialwellen mit kleinen Werten von C_L (siehe z. B. Chasman und Rasmussen, 1959).

Beim α-Zerfall von ^{243}Cm zum ^{239}Pu unterscheiden sich die absoluten Intensitäten der α-Gruppen, die die Bande $K\pi = 5/2^+$ besiedeln, bis zu einem Faktor 2 von den durch Gl. (4–167) gegebenen Werten, während alle anderen Übergänge um Faktoren 10^2 oder mehr verzögert sind. In Tab. 4–13 werden die relativen Intensitäten der α-Gruppen zu den verschiedenen Zuständen der Bande $K\pi = 5/2^+$ mit der Abschätzung (4–167) verglichen; sie werden mit den gleichen Werten von C_L, die man bei den benachbarten gg-Kernen beobachtet, ziemlich gut beschrieben. Die Absolutraten der in der Tab. 4–13 enthaltenen Übergänge führen auf C_L-Koeffizienten, die um einen Faktor von etwa 0,5 kleiner sind als für die gg-Kerne. (Dieser Wert beruht auf einem direkten Vergleich mit den beobachteten Zerfallsraten der benachbarten geraden Cm-Isotope und einer durch Gln. (4–164) und (4–165) gegebenen Abhängigkeit von der Übergangsenergie.) Die Verzögerung der begünstigten Übergänge in A-ungerade-Kernen wird in Abschnitt 5–3, S. 236ff., diskutiert; die Intensitäten der α-Feinstrukturkomponenten für nichtbegünstigte Übergänge werden im Zusammenhang mit dem in Abb. 5–13, S. 233, illustrierten Beispiel diskutiert.

Tab. 4–18 Relative Intensitäten favorisierter α-Übergänge im Zerfall des ^{243}Cm. Die relativen α-Intensitäten wurden der Table of Isotopes von LEDERER u. a., 1967, entnommen. (Die Identifizierung des Zweiges zum 11/2-Zustand erscheint unsicher.) Die Parameter C_L sind die aus dem Zerfall der benachbarten gg-Kerne ^{242}Cm und ^{244}Cm abgeleiteten Mittelwerte ($C_0 = 1$, $C_2 = 0{,}55$, $C_4 = 0{,}0022$ und $C_6 = 0{,}0025$; LEDERER u. a., 1967). Die Größe $T_0(E_\alpha)$ wurde nach Gln. (4–164) und (4–165) berechnet.

I_f	$C_L\langle 5/2\ 5/2\ L0 \mid I_f\ 5/2\rangle^2$					$T_0(E_\alpha)$ (relative Werte)	relative Intensitäten	
	$L = 0$	$L = 2$	$L = 4$	$L = 6$	Summe		berechnet	experimentell
5/2	1	0,20	0,00		1,20	1	1	1
7/2		0,26	0,00		0,26	0,57	0,12	0,16
9/2		0,09			0,09	0,28	0,021	0,022
11/2			0,0007	0,0006	0,0013	0,11	0,00012	≈ 0,0003

Innere Konfigurationen

Die oben diskutierte Klassifizierung nach Rotationszuständen und die zugehörigen Intensitätsregeln sind unabhängig von jeder detaillierten Annahme über die Struktur der inneren Zustände $K\pi$. Wie aber in Kapitel 5 ausgeführt wird, lassen sich viele Eigenschaften niedrigliegender Banden in A-ungerade-Kernen im Rahmen der Bewegung unabhängiger Teilchen in einem sphäroidalen Potential interpretieren. Bei $^{239}_{94}\mathrm{Pu}_{145}$ mit dem Deformationsparameter $\delta \approx 0{,}25$ (siehe die Systematik in Abb. 4–25) sieht man aus Abb. 5–5, S. 195, daß die beiden niedrigsten Bahnen die Quantenzahlen [631 1/2] und [622 5/2] haben sollten, in guter Übereinstimmung mit den beobachteten $K\pi$-Werten für die niedrigsten inneren Zustände. Die Bande $K\pi = 7/2^-$ kann, wie man nach Abb. 5–5 erwartet, der Bahn [743 7/2] zugeordnet werden. (Eine Diskussion des magnetischen Moments, des Entkopplungsparameters, der Trägheitsmomente und Übergangsraten aufgrund dieser Konfigurationszuordnungen findet man bei MOTTELSON und NILSSON, 1959.) Diese Konfigurationszuordnungen wurden auch in einer ausführlicheren Analyse des Bildungsprozesses für α-Teilchen verwendet, die eine Interpretation der wichtigsten Eigenschaften der Intensitäten nichtbegünstigter α-Übergänge liefert (POGGENBURG, 1965).

Die $K\pi = 1/2^-$-Anregung in ^{239}Pu stellt offenbar eine Oktupolvibrationsanregung ($\nu\pi = 0^-$; $r = -1$) dar, die sich über der Grundzustandskonfiguration $K\pi = 1/2^+$ aufbaut. Eine solche Deutung wird durch den relativ großen Querschnitt für die Anregung dieser Bande in der (d, d')-Reaktion nahegelegt, der dem Anregungsquerschnitt für die Bande $K\pi = 0^-$ in ^{238}Pu ähnlich ist (GROTDAL u. a., 1973). Für eine $\nu = 0$-Oktupolanregung hat der Entkopplungsparameter (4–60) den Wert (siehe Gl. (6–89))

$$a(K\pi = 1/2^-) = -a(K\pi = 1/2^+), \tag{4–172}$$

da die Oktupolanregung für den Operator $\mathscr{T}$ (oder $\mathscr{R}$) den Eigenwert -1 besitzt. Die Beziehung (4–172) stimmt mit den beobachteten Werten ziemlich gut überein. Die $E1$-Übergänge zum Grundzustand sollten außerdem ein verschwindendes $\Delta K = 1$-Matrixelement M_2 haben (siehe Gl. (4–163)), in Übereinstimmung mit den Daten in Tab. 4–12, und sie sollten wie im Fall der niedrigliegenden Oktupolanregungen $K\pi r = 0^{--}$ in gg-Kernen den Intensitätsregeln führender Ordnung genügen.

Rotationsbanden im uu-*Kern* ^{166}Ho (*Abb. 4–20 und Tab. 4–14*)

Die niederenergetischen Spektren von uu-Kernen weisen eine sehr hohe Niveaudichte auf, und die Zerlegung dieser Spektren war schwierig. Durch Kombination der Ergebnisse einer Vielfalt verschiedener Messungen war es in einer Reihe von Fällen möglich, die Haupteigenschaften der niederenergetischen Spektren zu bestimmen. Als Beispiel ist in Abb. 4–20 das Termschema von ^{166}Ho wiedergegeben.

Rotationsbanden

Die beobachteten Niveaus in ^{166}Ho lassen sich in Rotationsfolgen einordnen, die durch die Quantenzahlen K, π und r charakterisiert werden. Die in Klammern angegebenen Zahlen sind die vorausgesagten Energien, die man mit den beobachteten Energien der beiden ersten Glieder der Bande bei Annahme einer zu $I(I+1)$ proportionalen Rotationsenergie erhält. Dieser Vergleich sowie die unter jeder Bande aufgeführten abgeleiteten Werte von A und B zeigen, daß die Konvergenz der Entwicklung (4–62) bei diesem uu-Kern ähnlich der in benachbarten A-ungerade- und gg-Kernen ist. Eine Anzahl relativer γ-Intensitäten wurde für Übergänge innerhalb der verschiedenen Rotationsbanden gemessen; sie stimmen mit den Intensitätsregeln führender Ordnung für Rotationsübergänge überein (Motz u. a., 1967).

Innere Konfigurationen

Man kann versuchen, die inneren Zustände eines uu-Kerns durch die Konfigurationen Ω_n und Ω_p des letzten ungeraden Neutrons und Protons zu beschreiben. Im ^{166}Ho-Spektrum lassen sich die drei untersten Banden mit der Konfiguration $[633\ 7/2]_n$ $[523\ 7/2]_p$ verknüpfen, die man aus der beobachteten Systematik der inneren Zustände von A-ungerade-Kernen erwartet (siehe Tab. 5–12, S. 258, und Tab. 5–13, S. 260). Die Banden $K\pi = 3^+$ und $K\pi = 4^+$ können der Konfiguration $[521\ 1/2]_n$ $[523\ 7/2]_p$ zugeordnet werden, während die Bande $K\pi = 1^+$ der Konfiguration $[523\ 5/2]_n$ $[523\ 7/2]_p$ entspricht. Eine weitere niedrigliegende Bande mit $K\pi = 1^+$ wird für die Konfiguration $[512\ 5/2]_n$ $[523\ 7/2]_p$ erwartet.

Einen direkten und quantitativen Test dieser Konfigurationszuordnungen liefern die gemessenen (d, p)-Intensitäten für die Besiedlung der Niveaus jeder Rotationsbande. Beschreibt man den Targetkern mit ungerader Protonenzahl durch einen gg-Rumpf plus ein Proton in der Konfiguration Ω_p, und besitzt der Endzustand im uu-Kern die Quantenzahlen I_2 und $K_2 = |\Omega_p \pm \Omega_n|$, dann läßt sich die (d, p)-Intensitätsverteilung führender Ordnung in der Form

$$\begin{aligned} & d\sigma\big(\Omega_p, I_1 \to (\Omega_p, \Omega_n), K_2 = |\Omega_p \pm \Omega_n|, I_2\big) \\ & = \sum_j \tfrac{1}{2} \langle I_1 \Omega_p j \pm \Omega_n \mid I_2 \Omega_p \pm \Omega_n \rangle^2 \, d\sigma(0 \to \Omega_n, I_n = j) \end{aligned} \qquad (4\text{–}173)$$

ausdrücken, wobei $d\sigma(0 \to \Omega_n, I_n)$ der Querschnitt für die Besiedlung des Zustandes $\Omega_n I_n$ in einem benachbarten A-ungerade-Kern durch eine (d, p)-Reaktion an einem gg-Target ist. (Ein Beispiel für die Analyse von (d, p)-Intensitäten, die zu einem A-ungerade-Kern führen, findet man in Kapitel 5, S. 224ff.) Die Grundzustandskonfiguration von ^{165}Ho ist [523 7/2], und daher können alle in Abb. 4–20 dargestellten Banden durch einen direkten Neutronentransfer besiedelt werden. Die gemessenen Querschnitte sind mit der Beziehung (4–173) konsistent (Struble u. a., 1965).

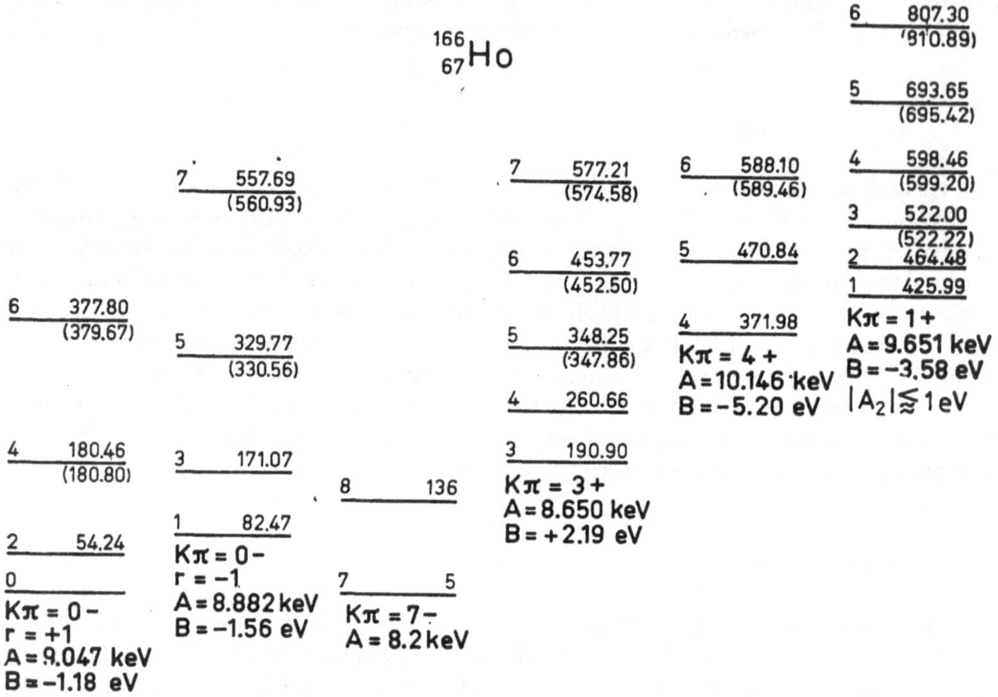

Abb. 4–20 Rotationsbandenstruktur in ^{166}Ho. Das Niveauschema von ^{166}Ho wurde durch eine Kombination hochauflösender Messungen bestimmt, die den β-Zerfall des ^{166}Dy, die ^{165}Ho (d, p)-Reaktion und die Neutroneneinfangreaktion ^{165}Ho (n, γ) einschließen. Die Daten in der Abbildung stammen aus der kooperativen Untersuchung von H. T. Motz, E. T. Jurney, O. W. B. Schult, H. R. Koch, U. Gruber, B. P. Maier, H. Baader, G. L. Struble, J. Kern, R. K. Sheline, T. von Egidy, Th. Elze, E. Bieber und A. Bäcklin, Phys. Rev. **155**, 1265 (1967). (Höherliegende Banden wurden von Bollinger und Thomas, 1970, identifiziert.) Die Koeffizienten in der Rotationsentwicklung wurden aus den niedrigsten Gliedern jeder Rotationsbande bestimmt; die in Klammern stehenden Energien wurden mit diesen Parametern berechnet.

Die beobachteten Rotationsenergieparameter A für die verschiedenen Banden in Abb. 4–20 sind systematisch kleiner als die bei den Grundzustandsbanden benachbarter gg-Kerne gefundenen Werte. (Eine Mittelung dieser Größen ergibt etwa 12,6 keV.) Wie in Kapitel 5 ausgeführt wird, erweist sich der Extrazuwachs des Trägheitsmoments in einem A-ungerade-Kern als eine charakteristische Eigenschaft, die mit der Konfiguration des letzten ungeraden Nukleons verknüpft werden kann (siehe Tab. 5–17, S. 271). Vernachlässigt man die Wechselwirkung zwischen dem letzten ungeraden Neutron und dem letzten ungeraden Proton, dann ist der Zuwachs des Trägheitsmoments eines uu-Kerns durch die Summe der Beiträge der ungeraden Teilchen gegeben (PEKER, 1960; siehe auch Anhang 4A, S. 177),

$$\delta\mathscr{I}(\Omega_n, \Omega_p) \approx \delta\mathscr{I}(\Omega_n) + \delta\mathscr{I}(\Omega_p). \tag{4–174}$$

Diese Beziehung wird in Tab. 4–14 mit den beobachteten Trägheitsmomenten der niedrigliegenden Banden von ^{166}Ho verglichen. Angesichts der Schwierigkeit, aus den A-ungerade-Spektren die Beiträge ungerader Teilchen quantitativ zu bestimmen (siehe Tab. 5–17), erscheint die qualitative Übereinstimmung mit den beobachteten Werten von $\delta\mathscr{I}$ in Tab. 4–14 als befriedigend. Eine Übersicht über Tests der Beziehung (4–174) in uu-Kernen findet man bei SCHARFF-GOLDHABER und TAKAHASHI (1967).

Tab. 4–14 Trägheitsmomente von Rotationsbanden in ^{166}Ho. Alle Momente in der Tabelle sind in Einheiten von $\frac{1}{2}\hbar^2$ MeV^{-1} angegeben. Die Beiträge der verschiedenen Einteilchenkonfigurationen zu $\delta\mathscr{I}$ wurden den beobachteten Rotationsenergien benachbarter A-ungerade-Kerne entnommen (siehe Tab. 5–17, S. 271 ff.). Der Wert $\delta\mathscr{I}_p$ ist der für die Protonenbahn [523 7/2] in ^{165}Ho ($\delta\mathscr{I}_p = \mathscr{I}(^{165}_{67}\text{Ho}) - \frac{1}{2}(\mathscr{I}(^{164}_{66}\text{Dy}) + \mathscr{I}(^{166}_{68}\text{Er}))$; die Werte von $\delta\mathscr{I}_n$ für die Neutronenbahnen [633 7/2] und [521 1/2] stellen Mittelwerte für ^{165}Dy und ^{167}Er dar, und der Wert für die Bahn [523 5/2] ist der Mittelwert für ^{163}Dy und ^{165}Er. Die Zunahmen in ^{166}Ho entsprechen den Unterschieden zwischen den beobachteten Momenten und dem Mittelwert ($2\mathscr{I}/\hbar^2 = 78$ MeV^{-1}) für die benachbarten gg-Kerne; die Werte sind die Mittelwerte der beobachteten Zunahmen in den beiden Rotationsbanden ($K = |\Omega_p \pm \Omega_n|$), die zu jeder Konfiguration gehören (siehe Abb. 4–20).

Neutron	Proton	$\delta\mathscr{I}_n$	$\delta\mathscr{I}_p$	$\delta\mathscr{I}_{\text{berech}}$	$\delta\mathscr{I}_{\text{beob}}$
[633 7/2]	[523 7/2]	32	17	49	38
[521 1/2]	[523 7/2]	13	17	30	28
[523 5/2]	[523 7/2]	19	17	36	25

Der ziemlich große Unterschied der Trägheitsmomente der Banden $K\pi = 3^+$ und $K\pi = 4^+$, die beide zur Konfiguration $[521\ 1/2]_n\,[523\ 7/2]_p$ gehören, kann auf die CORIOLIS-Kopplung dieser Banden zurückgeführt werden. Verwendet man den Kopplungsterm (4–197), so gilt

$$\begin{aligned}&\langle \Omega_n = 1/2, \Omega_p, K = \Omega_p + 1/2, I|\, H_c\, |\overline{\Omega_n = 1/2}, \Omega_p, K = \Omega_p - 1/2, I\rangle \\ &\quad = -A\big((I - \Omega_p + \tfrac{1}{2})\,(I + \Omega_p + \tfrac{1}{2})\big)^{1/2} \langle \Omega_n = 1/2|\, j_+\, |\overline{\Omega_n = 1/2}\rangle,\end{aligned} \tag{4–175}$$

wobei A die Konstante der Rotationsenergie bei Abwesenheit der Kopplung (4–175) ist. Das in Gl. (4–175) auftretende Matrixelement von j_+ ist identisch mit dem, das den Entkopplungsparameter der zur Bahn Ω_n gehörenden Rotationsbande bestimmt (siehe Gl. (4–60)). Aus einer Störungsrechnung zweiter Ordnung erhält man somit

$$A(K = \Omega_p + 1/2) - A(K = \Omega_p - 1/2) = \frac{2(Aa)^2}{E(K = \Omega_p + 1/2) - E(K = \Omega_p - 1/2)}. \tag{4–176}$$

In der betrachteten Näherung können wir $A = 1/2\big(A(K = \Omega_p + 1/2) + A(K = \Omega_p - 1/2)\big)$ setzen. Bei Einsetzen der beobachteten Werte (siehe Abb. 4–20) von $A(K = 3)$, $A(K = 4)$

und ΔE (aus der Differenz der Zustände $I = 4$) ergibt sich der Wert $a = 0{,}97$, der mit dem beobachteten Mittelwert $a = 0{,}6$ für die Bahn [521 1/2] in benachbarten N-ungerade Kernen (siehe Tab. 5–16, S. 268) zu vergleichen ist. Die abgeschätzte Kopplung erklärt somit nur etwa die Hälfte der beobachteten Differenz der Trägheitsmomente.

Die Rotationsenergie für $K = 1$-Banden enthält einen signaturabhängigen Term vom Typ (siehe Gl. (4–62))

$$\delta E = A_2(-1)^{I+1}\, I(I+1). \qquad (4\text{–}177)$$

Die gemessenen Energien der bei 426 keV beginnenden Rotationsbande setzen eine Grenze für A_2, die mindestens um vier Größenordnungen kleiner als der Parameter A ist. Ein relativ kleiner Wert für den A_2-Term ist aufgrund der oben angegebenen Konfigurationszuordnung zu erwarten. Tatsächlich rührt der Term von Effekten zweiter Ordnung der Coriolis-Kopplung an $K = 0$-Banden her, und er verschwindet daher für Zweiteilchenkonfigurationen außer $(\Omega_n, \Omega_p) = (1/2, 1/2)$.

Eine direkte Bestätigung der Konfigurationszuordnung der Bande $K\pi = 1^+$ folgt aus der Beobachtung eines ziemlich großen Gamow-Teller-Matrixelements für den β-Zerfall von ^{166}Dy zum Niveau $I\pi = 1^+$ ($\log ft \approx 4{,}9$; Motz u. a., a. a. O., Abb. 4–20). Ein solches „erlaubtes unbehindertes" Matrixelement identifiziert den Übergang als einen Übergang zwischen Spin-Bahn-Partnern. (Die Klassifizierung der erlaubten β-Zerfälle mit Hilfe der inneren Einteilchenzustände in deformierten Kernen wird in Kapitel 5, S. 265ff., besprochen.)

Spaltungskanäle bei der Photospaltung von ^{238}U *(Abb. 4–21 bis 4–23)*

Hinweise auf Rotationsquantenzahlen in Zwischenstadien des Spaltprozesses wurden aus der Analyse von Winkelverteilungen der Spaltbruchstücke erhalten. Ganz allgemein lassen sich diese Winkelverteilungen durch die Wahrscheinlichkeitsverteilung der Quantenzahl K charakterisieren, die die Komponente des Drehimpulses in der Emissionsrichtung der Fragmente darstellt (siehe die Helizitätswellenfunktion (3A–5)). Für Spaltung, die über einen Compoundkern verläuft, kann man die Interferenz zwischen Kanälen mit unterschiedlichen Gesamtdrehimpulsen außer acht lassen. Der differentielle Querschnitt für die Emission von Fragmenten unter dem Winkel θ relativ zum einfallenden Strahl hat die Form (Bohr, 1956; Strutinsky, 1956; Wheeler, 1963)

$$\mathrm{d}\sigma_f(\theta) = \sum_I \sum_{M=-I}^{I} \sigma(IM) \sum_{K=0}^{I} \frac{\Gamma_f(IK)}{\Gamma(I)} \frac{2I+1}{4} \left(|\mathscr{D}^I_{MK}(\theta)|^2 + |\mathscr{D}^I_{M-K}(\theta)|^2\right) \sin\theta\, \mathrm{d}\theta, \qquad (4\text{–}178)$$

wobei $\sigma(IM)$ der Querschnitt für die Bildung des Compoundkerns mit dem Gesamtdrehimpuls I und der Komponente M in Strahlrichtung ist. Die Partialbreite für Spaltung mit festem K wird mit $\Gamma_f(IK)$ bezeichnet; $\Gamma(I)$ ist die Gesamtbreite für gegebenes I.

Anisotropien der Winkelverteilung bei Spaltprozessen wurden zuerst in der Photospaltung von ^{232}Th und ^{238}U in der Nähe der Schwelle beobachtet (Winhold, Demos und Halpern, 1952). Die Photoabsorption in einem gg-Kern führt auf Zustände mit $M = \pm 1$ (da das Photon die Helizität ± 1 besitzt) und $I = 1$ oder 2, entsprechend der Dipol- oder Quadrupolabsorption. Die Winkelverteilung (4–178) kann daher wie folgt geschrieben werden:

$$W(\theta) = a + b\sin^2\theta + c\sin^2 2\theta \tag{4-179}$$

mit

$$\begin{aligned} a &= \tfrac{3}{4}P(11) + \tfrac{5}{4}P(21), \\ b &= \tfrac{3}{4}P(10) - \tfrac{3}{8}P(11) - \tfrac{5}{8}P(21) + \tfrac{5}{8}P(22), \\ c &= \tfrac{15}{16}P(20) - \tfrac{5}{8}P(21) + \tfrac{5}{32}P(22), \end{aligned} \tag{4-180}$$

$$P(IK) \equiv \frac{\Gamma_f(IK)}{\Gamma(I)} \sum_M \sigma(IM).$$

Experimentelle Daten über die Winkelverteilung der Photospaltung bei gg-Kernen stimmen gut mit der Beziehung (4–179) überein; siehe das Beispiel in Abb. 4–21 zur

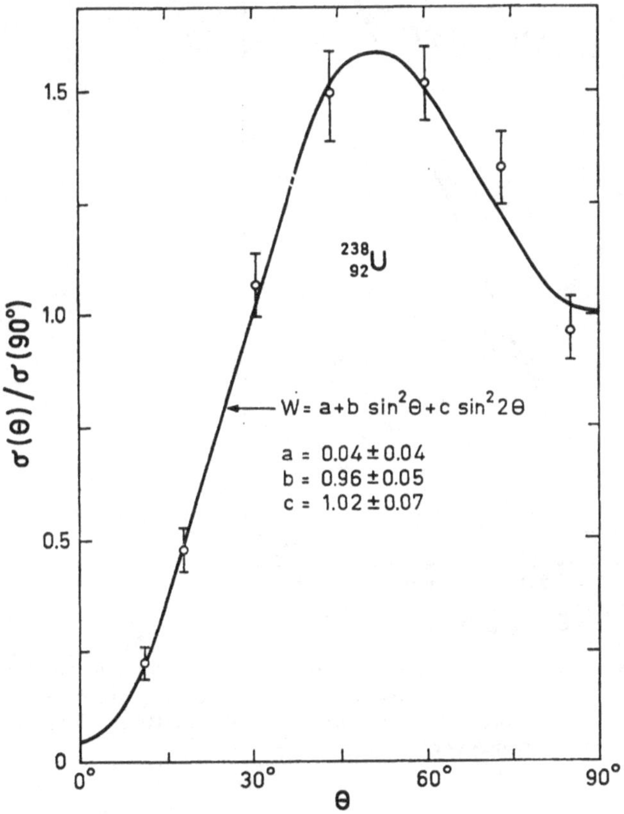

Abb. 4–21 Winkelverteilung von Spaltbruchstücken aus der Photospaltung des ^{238}U. Die Daten stammen von A. S. Soldatov, G. N. Smirenkin, S. P. Kapitza und Y. M. Tsipeniuk, Phys. Letters 14, 217 (1965). Die Spaltungsprozesse resultieren aus dem kontinuierlichen Bremsstrahlungsspektrum, das durch 5,2 MeV-Elektronen erzeugt wurde. Wegen der rapiden Änderung des Spaltungsquerschnittes bei den beteiligten Photonenenergien (siehe Abb. 4–23) liegen die Energien der γ-Quanten, die effektiv zu den beobachteten Spaltungsprozessen beitragen, in einem ziemlich engen Intervall, das sich nach einer Abschätzung bis etwa 100 keV unterhalb des Endpunktes erstreckt.

Photospaltung von ^{238}U dicht unterhalb der Schwelle. (Die Anregungsfunktion von ^{238}U im Schwellenbereich findet man in Abb. 4–23.) Die Energieabhängigkeit der $^{238}U(\gamma, f)$-Anisotropie wird in Abb. 4–22 dargestellt.

Die großen beobachteten Anisotropien im Schwellenbereich weisen darauf hin, daß die Quantenzahl K, die den Spaltprozeß charakterisiert, keineswegs einer Zufallsverteilung unterliegt. Dieser Umstand besagt, daß die K-Verteilung durch ein Stadium im Spalt-

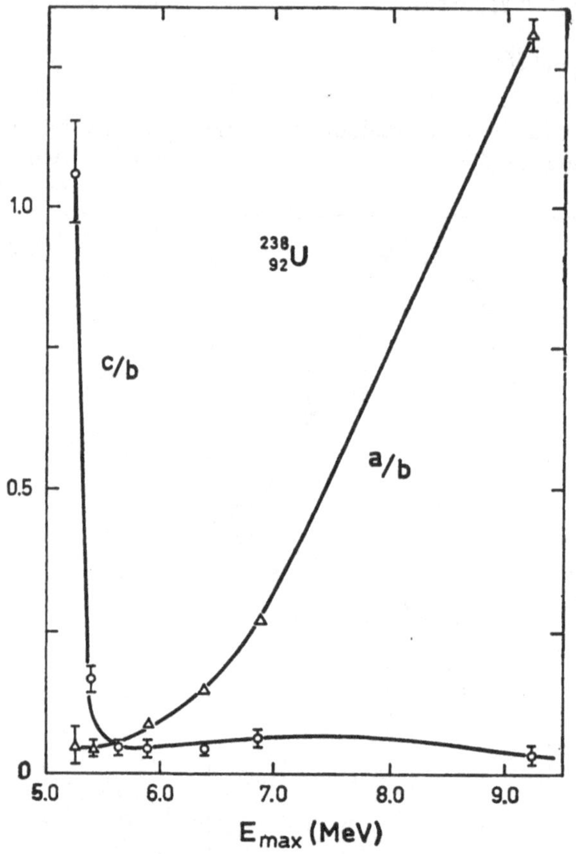

Abb. 4–22 Energieabhängigkeit von Anisotropieparametern in der Photospaltung des ^{238}U. Die Daten wurden der Arbeit von SOLDATOV u. a., a. a. O., Abb. 4–21, entnommen. Jeder Punkt bezieht sich auf die Winkelverteilung, die bei einem kontinuierlichen Bremsstrahlungsspektrum mit der Maximalenergie E_{max} erhalten wurde.

prozeß bestimmt wird, in dem der Kern „kalt“ ist und daher nur wenige Kanäle offen sind (BOHR, 1956). Ein solches Stadium tritt ein, wenn der Kern die Sattelpunktskonfiguration passiert, in der fast die gesamte Anregungsenergie für die Deformation verbraucht wurde.

Das Spektrum der Kanäle ist eng verbunden mit der Symmetrie des Kerns im Sattelpunkt. Besitzt diese Form Axialsymmetrie und $\mathscr{R}$-Invarianz, dann ähnelt das Spektrum dem in der Umgebung des Grundzustandes beobachteten Spektrum; insbesondere bilden die niedrigsten Kanäle eine Bande mit $K\pi r = 0^{++}$. Der Beitrag des $I\pi = 2^+$-Niveaus dieser Bande würde den starken Zuwachs des c-Koeffizienten für Photospaltung des ^{238}U bei den niedrigsten Energien in Abb. 4–22 erklären.

Die $E2$-Photoabsorption ist von Natur aus viel schwächer als der $E1$-Prozeß, und daher erwartet man bei Energien oberhalb des untersten Spaltungskanals $I\pi = 1^-$ ein starkes Überwiegen der Dipolphotospaltung. Tatsächlich ist im Energiegebiet oberhalb 5,5 MeV in Abb. 4–22 der Koeffizient b viel größer als die Koeffizienten a und c, und das charakterisiert den dominierenden Prozeß als Dipolspaltung über einen Kanal mit $K\pi r = 0^{--}$.

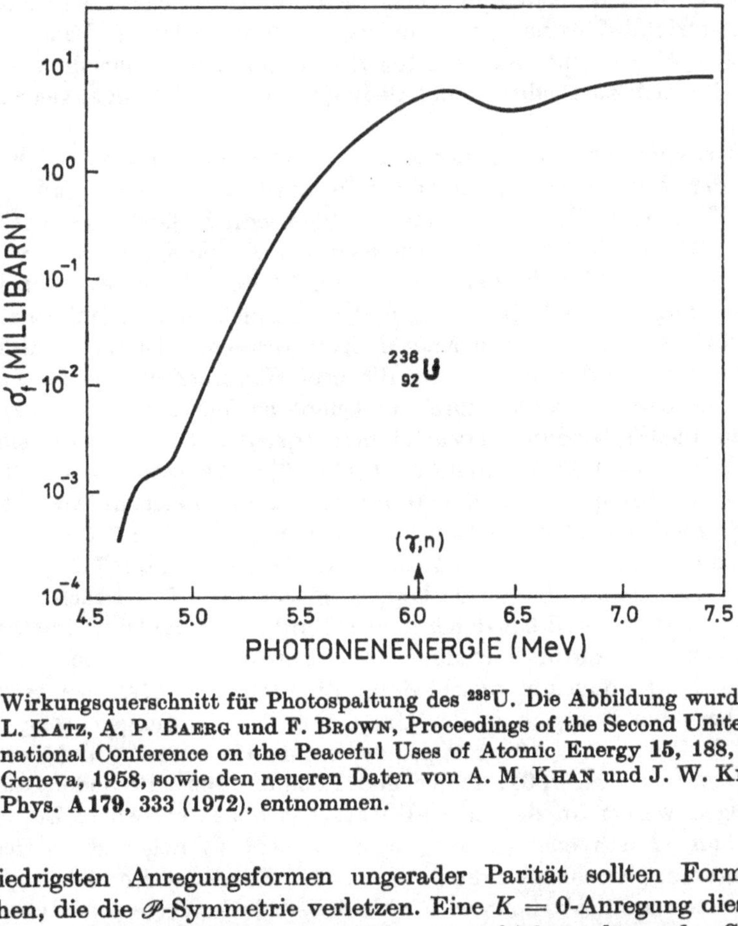

Abb. 4–23 Wirkungsquerschnitt für Photospaltung des ^{238}U. Die Abbildung wurde der Arbeit von L. Katz, A. P. Baerg und F. Brown, Proceedings of the Second United Nations International Conference on the Peaceful Uses of Atomic Energy **15**, 188, United Nations, Geneva, 1958, sowie den neueren Daten von A. M. Khan und J. W. Knowles, Nuclear Phys. **A179**, 333 (1972), entnommen.

Die niedrigsten Anregungsformen ungerader Parität sollten Formdeformationen entsprechen, die die $\mathscr{P}$-Symmetrie verletzen. Eine $K = 0$-Anregung dieses Typs erhält die Axialsymmetrie und ist mit einer Massenverschiebung längs der Symmetrieachse verknüpft (Massenasymmetrie); eine $K = 1$-Anregung erhält die Spiegelungssymmetrie in bezug auf eine zur Achse senkrechte Ebene und führt zu einer Biegung des Systems. Die Befunde aus der Photospaltung zeigen, daß die $K\pi = 0^-$-Anregung beträchtlich tiefer liegt als die $K\pi = 1^-$-Anregung, und sie deuten darauf hin, daß die Konfiguration des Kerns im Sattelpunkt relativ weich, aber nicht instabil gegen Anregungen mit Massenasymmetrie ist. Wenn das System eine statische Deformation dieser Art besäße, dann würden die Zustände $I\pi = 1^-$ und $I\pi = 2^+$ zur Grundzustandsbande gehören (siehe Abb. 4–2b), und die Dipol-Photospaltung sollte im gesamten Schwellenbereich dominieren. (Die Befunde aus den Photospaltungsanisotropien in geraden Pu-Isotopen sind ähnlich denen in ^{238}U, während bei ^{232}Th der Betrag des c-Terms viel kleiner ist, was bedeuten könnte, daß die Sattelpunktskonfiguration in diesem Kern die $\mathscr{P}$-Symmetrie verletzt; siehe RABOTNOV u. a., 1970.)

Bei höheren Energien wird die Photospaltung annähernd isotrop. Dies läßt sich aufgrund der Dipolspaltung mit $P(11) = 2P(10)$ verstehen, was für eine statistische Verteilung zu erwarten ist. (Bei einer solchen Verteilung haben die inneren Zustände mit $K \neq 0$, die Drehimpulsprojektionen $I_3 = \pm K$ darstellen, das doppelte Gewicht im Vergleich zu den $K = 0$-Zuständen. Bei der Abzählung der Rotationszustände folgt aus der $\mathscr{R}$-Symmetrie, daß es nur einen einzigen Zustand (KI) zum Paar innerer Zustände mit $I_3 = \pm K \neq 0$ gibt, während für $K = 0$ eine entsprechende Verringerung der Anzahl der Rotationszustände aus der Bedingung $r = (-1)^I$ folgt; siehe Abschnitt 4–2c.)

Weicht die Sattelpunktsform von der Axialsymmetrie ab, dann unterscheidet sich das Spektrum der Kanäle wesentlich von dem oben betrachteten Fall (siehe Abschnitt 4–5). Bei Fehlen von Invarianz gegen beliebige endliche Drehungen enthalten die Rotationsbanden $2I + 1$ Zustände für jeden Wert von I, und alle Werte von K treten mit gleichem Gewicht auf. Die Winkelverteilung für Photospaltung wäre daher isotrop, da die Rotationsenergieabstände für $I = 1$ und $I = 2$ klein sind gegenüber den Energien, die die Schwelle eines einzelnen Kanals charakterisieren. Ist die Form invariant gegen die Drehungen $\mathscr{R}_\varkappa(\pi)$ von 180° um die drei Hauptachsen wie im Falle eines Ellipsoids, dann werden die Banden durch die Quantenzahlen $(r_1r_2r_3)$ bezeichnet; siehe S. 151ff. Für die niedrigste Bande erwartet man $(r_1r_2r_3) = (+++)$; sie enthält den Satz von Zuständen $I = 0, 2^2, 3, \ldots$ (siehe Gl. (4–277)). Die Zustände $I = 2$ spannen einen Raum auf, der Komponenten $K = 0$ und $K = 2$ mit gleichem Gewicht enthält; das sollte eine Quadrupol-Photospaltung mit $a = 0$ und $c/b = 7/4$ ergeben (siehe Gl. (4–180)). Eine solche Deutung wird durch die Daten in Abb. 4–22 nicht ausgeschlossen. Eine ellipsoidale Deformation koppelt $K = 0$ und $K = 1$ nicht (Symmetrie gegen die Operation $\mathscr{R}_3(\pi)$) und hat daher keinen Einfluß auf die Dipol-Photospaltung.

Weitere Aussagen über die K-Verteilung im Kanalspektrum wurden aus den Messungen von Winkelverteilungen in verschiedenen direkten Kernreaktionen erhalten, die den Compoundkern bei Energien in der Umgebung der Spaltungsschwelle erzeugen ((d, pf), siehe z. B. BRITT u. a., 1965; (t, pf), siehe z. B. ECCLESHALL und YATES, 1965; (α, α'f), siehe WILKINS u. a., 1964; BRITT und PLASIL, 1966). Besonders auffallende Winkelverteilungen werden in der (α, α')-Reaktion beobachtet, wobei Zustände mit hohem Drehimpuls ($I \approx 8$ oder größer für $E_\alpha \approx 40$ MeV) angeregt werden. Diese Winkelverteilungen zeigen einen starken Peak in der Richtung des übertragenen Impulses. Aus der Breite des Peaks kann man schließen, daß die Werte von K (und M) viel kleiner als I sind. Obwohl eine zweifelsfreie Deutung wegen der mangelnden Kenntnis des Reaktionsmechanismus und somit der relativen Beträge der Partialquerschnitte $\sigma(IM)$ in Gl. (4–178) schwierig ist, scheinen die Daten für Energien von etwa 1 MeV in der Umgebung der Schwelle mit der Spaltung vorwiegend durch Kanäle $K = 0$ verträglich zu sein (WILKINS u. a., 1964). Bei Anregungsenergien von einigen MeV oberhalb der Schwelle verringern sich die Winkelanisotropien, da wie im Falle der Photospaltung Kanäle mit höheren Werten von K offen sind. Für Spaltungsreaktionen bei noch höheren Anregungsenergien (und großen Drehimpulsen) können die Winkelverteilungen aufgrund einer statistischen Verteilung von Kanälen mit unterschiedlichen K interpretiert werden; sie liefern Aussagen über die Trägheitsmomente parallel und senkrecht zur Symmetrieachse (siehe das Beispiel in Kapitel 6, S. 534ff.).

Die Interpretation der K-Verteilung der Spaltbruchstücke aufgrund des Kanalspektrums am Sattelpunkt enthält die Annahme, daß die Quantenzahl K während des Übergangs vom Sattelpunkt zur Trennung konstant bleibt, was man erwartet, wenn dieses Stadium des Prozesses im Vergleich zur Rotationsperiode schnell abläuft. Die im Schwellenbereich der Photospaltung von ^{238}U beobachteten großen Anisotropien sind mit dieser Annahme verträglich. Der Übergang vom Sattelpunkt zur Trennung kann erheblich verzögert werden, wenn die Potentialenergiefunktion in diesem Gebiet ein zweites Minimum enthält. Das System kann dann in dieses Minimum „eingefangen" werden; in diesem Fall ist die Winkelverteilung der spaltenden Kerne bestimmt durch das Kanalspektrum an der äußeren Barriere, die den Kern zeitweilig im zweiten Minimum festhält (siehe Kapitel 6, S. 550).

Intensitätsbeziehungen für E2-Matrixelemente innerhalb einer Rotationsbande (Abb. 4–24)

Die $E2$-Matrixelemente innerhalb einer Rotationsbande werden in erster Näherung durch einen einzigen Parameter, Q_0, bestimmt (siehe Gl. (4–68)), und die Verhältnisse von Matrixelementen sind daher durch die Quantenzahlen KIM vollständig charakterisiert.

E2-Übergangswahrscheinlichkeiten

Eine günstige Gelegenheit zum Test der $E2$-Rotationsintensitätsbeziehung bietet der Coulomb-Anregungsprozeß. In einem A-ungerade-Kern mit dem Grundzustandsspin I_0 $(= K)$ kann die Coulomb-Anregung erster Ordnung die beiden ersten angeregten Zustände mit $I = I_0 + 1$ und $I_0 + 2$ besiedeln, und das Verhältnis der $B(E2)$-Werte läßt sich durch Vergleich der Intensitäten der entsprechenden Gruppen unelastisch gestreuter Teilchen direkt bestimmen. Die so erhaltenen $B(E2)$-Werte sind in Abb. 4–24 wiedergegeben. (Weitere Belege für die Gültigkeit der $E2$-Intensitätsregeln in den Banden von A-ungerade-Kernen sind in den Tabellen 4–6, S. 88, 4–8, S. 92, und 4–10, S. 96, enthalten.)

Die $E2$-Intensitätsbeziehung für die Grundzustandsbande von gg-Kernen wird durch Messungen der Vielfach-Coulomb-Anregung sowie durch Lebensdauermessungen getestet. Beispiele für gemessene $B(E2)$-Verhältnisse der Übergänge $6 \to 4$, $4 \to 2$ und $2 \to 0$ sind in Abb. 4–24 dargestellt.

Die verallgemeinerten $E2$-Intensitätsbeziehungen bei Berücksichtigung der Rotationsstörungen werden auf S. 40ff. diskutiert. Für $K = 0$-Banden sind die Korrekturen niedrigster Ordnung quadratisch in I und von der Form (4–81); für die Übergänge $I + 2 \to I$ lassen sich die $B(E2)$-Werte wie folgt schreiben:

$$B(E2; I+2 \to I) = \frac{5}{16\pi} e^2 Q_0^2 \langle I+2020 \mid I0\rangle^2 \left(1 + 2\alpha I(I+3)\right)^2 \qquad (4\text{–}181)$$

mit

$$\left(\frac{5}{16\pi}\right)^{1/2} eQ_0 = M_1 + 6M_2 + 36M_3,$$
$$\alpha \approx \frac{M_2 + 8M_3}{M_1}. \tag{4–182}$$

Die Korrekturen an den Intensitätsregeln führender Ordnung enthalten daher nur einen einzigen Parameter α. Die Daten in Abb. 4–24 sind mit der Beziehung führender Ordnung konsistent und ergeben $|\alpha| \lessapprox 10^{-3}$, außer für den Kern ^{152}Sm, bei dem $\alpha \approx (1 \pm 0{,}5) \cdot 10^{-3}$ ist.

Ein Teil der durch den Parameter α beschriebenen Störung kann der Kopplung zwischen der Grundzustandsbande und den Vibrationsanregungen, die Quadrupolschwingungen um die Gleichgewichtsform darstellen, zugeschrieben werden. Diese Kopplung läßt sich aus einer Analyse der $E2$-Intensitäten für den Zerfall der Vibrations-

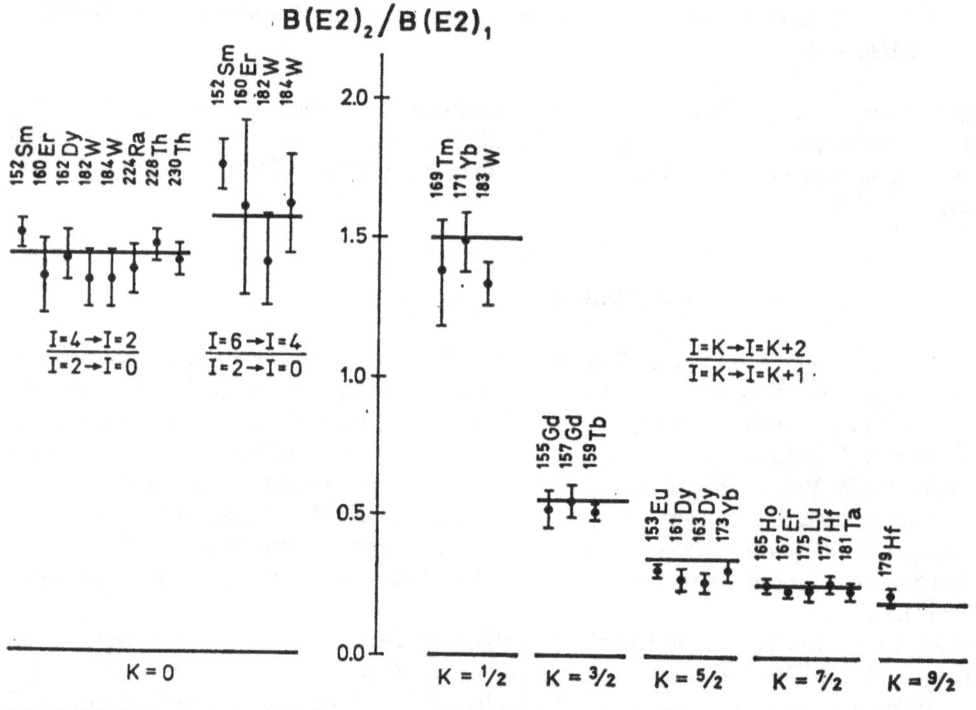

Abb. 4–24 $E2$-Intensitätsverhältnisse in Rotationsübergängen. Die Daten für die A-ungerade-Kerne stammen von B. ELBEK, a. a. O., Abb. 4–25. Angaben für ^{169}Tm findet man in Tab. 4–6. Die Daten für die gg-Kerne wurden folgenden Arbeiten entnommen: A. C. LI und A. SCHWARZSCHILD, Phys. Rev. **129**, 2664 (1963); W. R. NEAL und H. W. KRANER, Phys. Rev. **137**, B1164 (1965); R. M. DIAMOND, F. S. STEPHENS, R. NORDHAGEN und K. NAKAI, Contributions to International Conference on Properties of Nuclear States, S. 7, Montreal (1969); R. M. DIAMOND, F. S. STEPHENS, W. H. KELLY und D. WARD, Phys. Rev. Letters **22**, 546 (1969); W. T. MILNER, K. K. MCGOWAN, R. L. ROBINSON, P. H. STELSON und R. O. SAYER, Nuclear Phys. **A177**, 1 (1971). Angaben über $E2$-Intensitätsbeziehungen in der Grundzustandsbande von ^{20}Ne findet man in Tab. 4–4.

banden bestimmen. Solche Analysen werden anhand der Vibrationsbande $K = 2$ (γ-Vibration) in ^{166}Er (siehe S. 135ff.) und der Bande $K = 0$ (β-Vibration) in ^{174}Hf (siehe S. 145ff.) illustriert. In diesen Fällen sind die Beiträge zu α von der Größenordnung einiger 10^{-4}, und die entsprechenden Korrekturen sind außerhalb der Meßgenauigkeit derzeitiger Experimente. Beträchtlich größere Effekte werden jedoch in den Übergangsgebieten zwischen sphärischen und deformierten Kernen erwartet, wo die Schwingungsamplituden um die Gleichgewichtsform groß werden können.

Ein zusätzlicher Beitrag zu α rührt von der Tendenz der Rotation her, die Einzelteilchendrehimpulse in Richtung des Gesamtdrehimpulses zu orientieren. Dieser Effekt kann auch aufgrund der Kopplung an die überzählige $K = 1$-Anregung beschrieben werden. Die Abschätzung mit dem harmonischen Oszillatormodell auf S. 70ff. ergibt $\alpha \approx -(2I_{\max})^{-2} \approx -2 \cdot 10^{-5}$ für $A \approx 160$ (Werte von $I_{\max}$: siehe Gl. (4–143) und Tab. 4–3, S. 73). Der Effekt ist daher für die Kerne in Abb. 4–24 vernachlässigbar, er wird aber wichtig für leichte Kerne (siehe die Diskussion von ^{20}Ne auf S. 81ff.).

Bei Banden mit $K \neq 0$ tragen zu den $E2$-Matrixelementen die in I linearen Terme in den inneren Momenten bei. Für Banden mit $K > 3/2$ enthält dieser Beitrag nur ein einziges inneres Matrixelement, und die resultierende Intensitätsbeziehung hat die Form (siehe Gl. (4–75))

$$\begin{aligned} &B(E2;\, KI_1 \to KI_2) \\ &= \frac{5}{16\pi} e^2 Q_0^2 \Big(\langle I_1 K 2 0 \mid I_2 K \rangle + \zeta \big(\langle I_1 K + 1\, 2 -1 \mid I_2 K \rangle (I_1 - K)^{1/2} (I_1 + K + 1)^{1/2} \\ &\quad - \langle I_1 K - 1\, 2 1 \mid I_2 K \rangle (I_1 + K)^{1/2} (I_1 - K + 1)^{1/2} \big) \Big)^2, \\ &\zeta = \frac{\langle K |\, m_{0,-1}\, | K \rangle}{\langle K |\, m_{0,0}\, | K \rangle}, \\ &\left(\frac{5}{16\pi}\right)^{1/2} e Q_0 = \langle K |\, m_{0,0}\, | K \rangle . \end{aligned} \tag{4–183}$$

Für $K = 1/2$ und $3/2$ enthält die Korrektur am Matrixelement führender Ordnung einen weiteren, zur Signatur proportionalen Term (siehe Gl. (4–77)).

Der zu ζ proportionale Term in Gl. (4–183) kann einer $\Delta K = 1$-Bandenmischung infolge der CORIOLIS-Kopplung zugeschrieben werden. Der Einfluß dieser Kopplung läßt sich nach Gln. (4–202) und (4–203) durch die Amplituden $\varepsilon_{\pm 1}$ der beigemischten Banden ausdrücken:

$$\begin{aligned} &\big(\delta \mathcal{M}(E2, \mu)\big)_{\Delta K = 0} \\ &= i[S, \mathcal{M}(E2, \mu)] - \tfrac{1}{2} \big[S, [S, \mathcal{M}(E2, \mu)]\big] \\ &= \big(\tfrac{1}{2}\sqrt{6}\, \{\varepsilon_{+1}, \mathcal{M}_{-1}\} + \tfrac{3}{2}\, \{\varepsilon_{+1}, \varepsilon_{-1}\}\, \mathcal{M}_0\big)\, \mathcal{D}^2_{\mu 0} \\ &\quad + \big(\tfrac{1}{2}\, [\varepsilon_{+1}, \mathcal{M}_{-1}] + \tfrac{1}{4}\sqrt{6}\, [\varepsilon_{+1}, \varepsilon_{-1}]\, \mathcal{M}_0\big)\, \{I_-, \mathcal{D}^2_{\mu -1}\} + \mathcal{R}\text{-konj.} \end{aligned} \tag{4–184}$$

Wir haben die ungestörten inneren Momente $\big(\mathcal{M}_\nu \equiv \mathcal{M}(E2, \nu)\big)$ als I-unabhängig angenommen und die Terme zweiter Ordnung, die das kollektive Moment $\mathcal{M}_0 = (5/16\pi)^{1/2} e Q_0$ enthalten, berücksichtigt, wobei Q_0 als Konstante behandelt wird. Die zu $\mathcal{D}^2_{\mu 0}$ proportionalen Terme ergeben eine geringe Renormierung des inneren Moments Q_0, während die in $I_\pm$ linearen Terme dieselbe Form wie in Gl. (4–203) besitzen und

$$\zeta = \zeta_1 + \zeta_2,$$

$$\zeta_1 = \left(\left(\frac{5}{16\pi}\right)^{1/2} eQ_0\right)^{-1} \langle K | \, [\varepsilon_{+1}, \mathscr{M}_{-1}] \, | K \rangle, \tag{4–185}$$

$$\zeta_2 = \frac{\sqrt{6}}{2} \langle K | \, [\varepsilon_{+1}, \varepsilon_{-1}] \, | K \rangle$$

$$= \frac{\sqrt{6}}{2} \Big(\sum_i \langle i, K+1 | \, \varepsilon_{+1} \, | K \rangle^2 - \sum_i \langle i, K-1 | \, \varepsilon_{-1} \, | K \rangle^2 \Big)$$

liefern. Die Erwartungswerte der Kommutatoren können durch Summen über die Zwischenzustände mit $K \pm 1$ ausgedrückt werden, wie es für den Beitrag zweiter Ordnung ζ_2 gezeigt wurde. (Beachte, daß $\varepsilon_{-1} = -(\varepsilon_{+1})^+$ gilt.)

Da ζ für $K = 0$-Banden verschwindet, kann man versuchen, den Wert von ζ für die niedrigliegenden Banden in A-ungerade-Kernen durch den Beitrag des letzten ungeraden Teilchens abzuschätzen. In einer Anzahl von Fällen war es möglich, experimentelle Abschätzungen der $\Delta K = 1$-Bandenmischungsamplituden zu erhalten, und es hat den Anschein, daß der zu $\varepsilon_{+1} Q_0$ proportionale Term in den $E2$-Übergängen zwischen den Banden gewöhnlich viel größer als der zu $\mathscr{M}(E2, \nu = 1)$ proportionale direkte Term ist (siehe z. B. die Diskussion von ^{175}Lu, S. 131, und von ^{235}U, S. 240). Daher ist zu erwarten, daß der Hauptbeitrag zu ζ vom Term zweiter Ordnung ζ_2 herrührt.

Der Betrag von ζ kann natürlich bei zufällig eng benachbarten Banden sehr groß werden, aber bei den Grundzustandsbanden kommen solche Entartungen nicht vor. Typisch für die größten bekannten Grundzustandsbeimischungen sind die Amplituden $\langle [752\ 5/2] | \varepsilon_{-1} | [743\ 7/2] \rangle \approx 3 \cdot 10^{-2}$ für ^{235}U (siehe S. 241) und $\langle [521\ 3/2] | \varepsilon_{-1} | [523\ 5/2] \rangle \approx 2 \cdot 10^{-2}$ für ^{163}Dy (siehe Tveter und Herskind, 1969). Aus diesen Beimischungen folgt $\zeta \approx \zeta_2 \approx -10^{-3}$, und das führt wiederum zu einer Vergrößerung des Verhältnisses $B(E2; I_0 \to I_0 + 2) : B(E2; I_0 \to I_0 + 1)$ um etwa 1%. Es sei betont, daß die Daten über die $\Delta K = 1$-Kopplungen sehr unvollständig sind, und in den betrachteten Fällen wird es zusätzliche positive und negative Beiträge zu ζ aus anderen $\Delta K = 1$-Anregungen geben.

Die Abweichungen bei den gemessenen Querschnitten für die Dy-Isotope (siehe Abb. 4–24) sind um eine Größenordnung höher als der oben abgeschätzte Effekt. Sie betragen zwar nur einige Einheiten der Standardabweichung; falls sie aber durch genauere Messungen bestätigt werden sollten, wären sie im Rahmen der bisher betrachteten Kopplungen schwer zu erklären.

Statische E2-Momente

Die gemessenen statischen Quadrupolmomente liefern weitere Aussagen über $E2$-Matrixelemente innerhalb einer Rotationsbande. Tatsächlich gab die Entdeckung der sehr großen Quadrupolmomente, die aus einer Analyse der Hyperfeinstruktur von

Atomspektren abgeleitet wurden, den ersten Hinweis auf kollektive Kerndeformationen (siehe Fußnote auf S. 1), und sie zeigte auch, daß gestreckte Kerndeformationen vorliegen.

Der Betrag der statischen Quadrupolmomente kann mit den Übergangsmomenten verglichen werden, um die $E2$-Intensitätsregeln zusätzlich zu testen (siehe Gln. (4–70) und (4–68)). Die umfangreichen Daten aus Hyperfeinstrukturmessungen bei Atomen und Molekülen können wegen der ungenauen Kenntnis des von den gebundenen Elektronen erzeugten elektrischen Feldgradienten am Kern bei solchen Tests nicht unmittelbar verwendet werden. Auf die Verhältnisse der Quadrupolmomente verschiedener Isotope des gleichen Elements wirkt sich diese Unsicherheit nicht aus, und die erhaltenen Werte sind innerhalb der experimentellen Meßgenauigkeit (von der Ordnung einiger Prozent) mit den Verhältnissen der Übergangsmomente konsistent (siehe z. B. das Verhältnis der Momente von Lu (Spalding und Smith, 1962), Gd (Stephens u. a., 1967) und W (Persson u. a., 1968)).

Quantitative Bestimmungen von statischen Quadrupolmomenten können aus hochauflösenden Untersuchungen der Energieniveaus von Myonenatomen in Zuständen mit großem Bahndrehimpuls gewonnen werden. Vorläufige Experimente dieser Art haben den Wert Q (^{175}Lu) $\approx$ 350 fm^2 ergeben (Leisi u. a., 1973), der mit dem inneren Moment $Q_0 \approx$ 750 fm^2, das aus den Daten in Abb. 4–25 folgt, gut übereinstimmt. Weitere Aussagen über statische Kernquadrupolmomente erhält man aus der mehrfachen Coulomb-Anregung (siehe z. B. das Moment des 2^+-Zustandes von ^{188}Os in Abb. 6–32).

Bestimmung von Kerndeformationen (Abb. 4–25; Tab. 4–15 und 4–16)
Quadrupoldeformationen aus elektromagnetischen Momenten

Die Angaben über die Quadrupoldeformation in nichtsphärischen Kernen, die nach Gln. (4–68) und (4–72) aus $E2$-Matrixelementen bestimmt wurden, sind in Abb. 4–25 und Tab. 4–15 zusammengefaßt.

Die meisten Daten stammen aus Coulomb-Anregungsquerschnitten oder Lebensdauermessungen. Diese Messungen bestimmen nur das Quadrat des inneren Quadrupolmoments; das Vorzeichen läßt sich aus der Messung statischer Quadrupolmomente finden. Für die in Abb. 4–25 gezeigten Kerne ist das verfügbare Material über statische Momente in allen Fällen mit einer gestreckten Form verträglich.

Zusätzliche Aussagen über die Quadrupoldeformation der Ladungsdichte im Kern liefert die Untersuchung der Myonatomspektren und der Elektronenstreuung. Die nichtsphärischen Komponenten des Coulomb-Feldes eines deformierten Kerns bewirken, daß bei schweren Atomen die Bewegung des Myons in Zuständen dicht am Kern stark an die Kernrotation gekoppelt ist, und die Energieniveaus des Myonenatoms enthalten daher Aussagen über eine Anzahl verschiedener $E2$-Matrixelemente innerhalb der Grundzustandsrotationsbande (Wilets, 1954; Jacobsohn, 1954). Die vorliegenden Daten liefern Werte für die innere Deformation, die mit den in Abb. 4–25 enthaltenen Werten konsistent sind und vergleichbare Genauigkeit besitzen (siehe z. B. die Übersichtsarbeiten von Devons und Duerdoth, 1969, und von Wu und Wilets, 1969; siehe auch Chen, 1969). Da der Radius der inneren Myonenbahnen mit dem Kernradius vergleichbar ist, hängen die Myonenspektren empfindlich von der Radialverteilung des Kernquadrupolmoments ab. Die Daten sind konsistent mit dem einfachen Formfaktor,

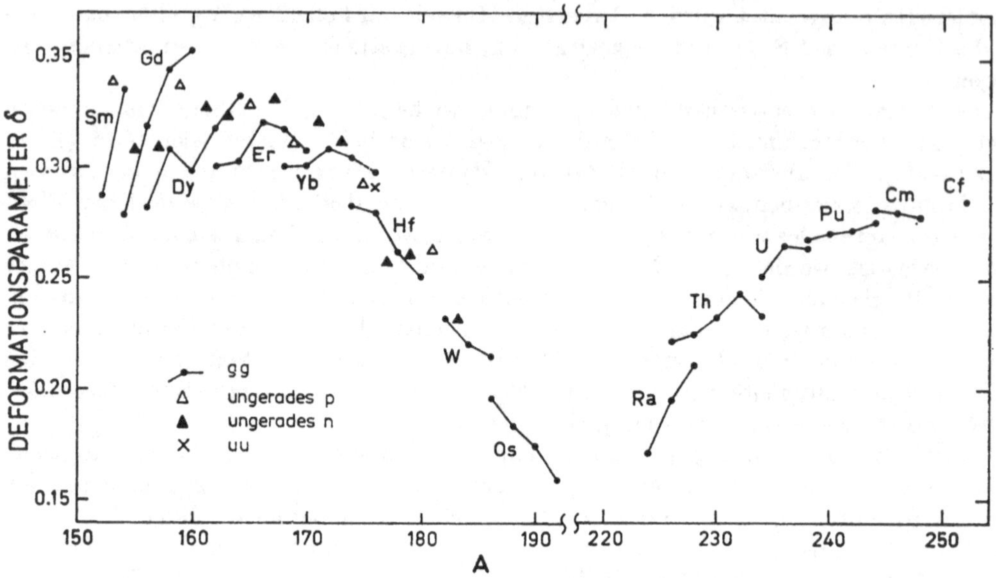

Abb. 4–25 Quadrupoldeformationen von Kerngrundzuständen ($A > 150$). Die Daten für das Gebiet $150 < A < 190$ stammen von B. Elbek, Determination of Nuclear Transition Probabilities by Coulomb Excitation, Munksgaard, Copenhagen (1963), wo die Ergebnisse folgender Experimente zusammengefaßt sind: B. Elbek, K. O. Nielsen und M. C. Olesen, Phys. Rev. **108**, 406 (1957); V. Ramšak, M. C. Olesen und B. Elbek, Nuclear Phys. **6**, 451 (1958); M. C. Olesen und B. Elbek, Nucelar Phys. **15**, 134 (1960); B. Elbek, M. C. Olesen und O. Skilbreid, Nuclear Phys. **10**, 294 (1959); **19**, 523 (1960); O. Hansen, M. C. Olesen, O. Skilbreid und B. Elbek, Nuclear Phys. **25**, 634 (1961). Die Daten für den Bereich schwerer Elemente stammen aus den Lebensdauermessungen von R. E. Bell, S. Bjornholm und J. C. Severiens, Mat. Fys. Medd. Dan. Vid. Selsk. **32**, no. 12 (1960), und aus der Untersuchung der Coulomb-Anregung von J. L. C. Ford, Jr., P. H. Stelson, C. E. Bemis, Jr., F. K. McGowan, R. L. Robinson und W. T. Milner, Phys. Rev. Letters **27**, 1232 (1971).

den man für eine einheitliche Deformation der Flächen konstanter Dichte erhält (siehe Gl. (4–189)). Detaillierte Angaben über die $E2$-Übergangsmomente in Rotationsbanden werden auch zunehmend aus der unelastischen Elektronenstreuung gewonnen (Bertozzi u. a., 1972).

Abschätzungen aufgrund der Schalenstruktur

Eine Abschätzung der Kernexzentrizität kann man im aligned-Kopplungsschema finden, nach dem sich jedes Nukleon unabhängig in dem von den übrigen Nukleonen erzeugten deformierten Feld bewegt. Die Gleichgewichtsdeformation kann mit einem Selbstkonsistenzargument bestimmt werden, indem man fordert, daß die Exzentrizität des Potentials und der Dichte im Gleichgewicht übereinstimmen sollen. Eine einfache Abschätzung der Quadrupoldeformationen läßt sich erhalten, indem man die Bewegung unabhängiger Teilchen in einem anisotropen Oszillatorpotential betrachtet (siehe S. 64).

Tab. 4–15 Quadrupoldeformationen von Grundzuständen leichter Kerne. Die Q_0-Werte wurden mit Hilfe von Gl. (4–68) aus $E2$-Übergangswahrscheinlichkeiten bestimmt. Die empirischen Daten für $A \leqq 19$ stammen aus den Zusammenstellungen von AJZENBERG-SELOVE und LAURITSEN, 1959 und 1966. Wir danken T. LAURITSEN für eine kritische Zusammenfassung der vorhandenen Daten. Angaben für ^{20}Ne findet man in Tab. 4–4; die Daten für $A = 24$ und 25 wurden der Zusammenstellung von ENDT und VAN DER LEUN, 1967, entnommen. Für Kerne, bei denen statische Quadrupolmomente gemessen wurden, ist das Vorzeichen des (nach Gl. (4–69) erhaltenen) inneren Quadrupolmoments in Spalte 2 ebenfalls angegeben. Die Werte von $\langle r^2 \rangle$ sind etwas größer als die Standardabschätzung $\frac{3}{5} R^2 = 0{,}6\ (1{,}2 A^{1/3}\ \mathrm{fm})^2$. Die verwendeten Werte von $\langle r^2 \rangle$ beruhen auf Daten der elastischen Elektronenstreuung, soweit verfügbar. Die Werte für ^{7}Li, ^{9}Be und ^{11}B stammen von R. E. RAND, R. FROSCH und M. R. YEARIAN, Phys. Rev. **144**, 859 (1966). Der Wert für ^{12}C stammt von H. F. EHRENBERG, R. HOFSTADTER, U. MEYER-BERKHOUT, D. G. RAVENHALL und S. E. SOBOTTKA, Phys. Rev. **113**, 666 (1959), der Wert für ^{24}Mg von R. H. HELM, Phys. Rev. **104**, 1466 (1956). Für Kerne, bei denen keine direkten Bestimmungen vorliegen, beruhen die Werte von $\langle r^2 \rangle$ in der Tabelle auf Extrapolationen von benachbarten Isotopen unter Annahme einer $A^{2/3}$-Abhängigkeit.

Kern	$\lvert Q_0 \rvert$ fm^2	$\langle r^2 \rangle$ fm^2	δ
^{7}Li	19+	5,4	0,88
^{9}Be	32+	5,1	1,2
^{10}Be	26	5,1	0,95
^{11}B	20	5,0	0,60
^{12}C	22	6,25	0,44
^{13}N	16	6,5	0,26
^{19}F	33	7,6	0,36
^{19}Ne	43	7,6	0,43
^{20}Ne	54+	7,9	0,51
^{24}Mg	57+	8,9	0,40
^{25}Mg	50+	9,1	0,34

Die Selbstkonsistenzbedingung besagt, daß die Frequenzen $\omega_\varkappa$ längs der drei Hauptachsen umgekehrt proportional zu den Größen $\Sigma_\varkappa$ sind, die die Gesamtzahl von Quanten in den entsprechenden Richtungen angeben (siehe Gl. (4–115)). Die Berechnung des in Gl. (4–72) definierten Deformationsparameters δ ergibt (siehe Gl. (4–113))

$$\begin{aligned} \delta &= \frac{3}{4} \frac{\left\langle \sum_{k=1}^{A} (2x_3^2 - x_1^2 - x_2^2)_k \right\rangle}{\left\langle \sum_{k=1}^{A} (x_1^2 + x_2^2 + x_3^2)_k \right\rangle} \\ &= \frac{3}{4} \frac{2\omega_3^{-1}\Sigma_3 - \omega_1^{-1}\Sigma_1 - \omega_2^{-1}\Sigma_2}{\omega_1^{-1}\Sigma_1 + \omega_2^{-1}\Sigma_2 + \omega_3^{-1}\Sigma_3} \\ &= \frac{3}{4} \frac{2\Sigma_3^2 - \Sigma_1^2 - \Sigma_2^2}{\Sigma_1^2 + \Sigma_2^2 + \Sigma_3^2}. \end{aligned} \tag{4–186}$$

Der Exzentrizitätsparameter δ hängt ab von den Unterschieden der Anzahlen von Oszillatorquanten in den verschiedenen Richtungen, die durch die Größen $\Sigma_\varkappa$ beschrieben werden. Für axialsymmetrische Deformationen mit $\delta \ll 1$ kann man die Exzentrizität in der Form

$$\delta \approx \frac{3(\Sigma_3 - \Sigma_2)}{\Sigma_1 + \Sigma_2 + \Sigma_3}$$
$$\approx \pm 4(\tfrac{2}{3})^{1/3} I_{\max} A^{-4/3} \tag{4–187}$$

darstellen, wobei in der letzten Zeile die Abschätzungen (2–157) und (2–158) für $\Sigma(N + 3/2)$ verwendet wurden und die Anisotropie der Quanten durch die Größe $I_{\max}(= |\Sigma_3 - \Sigma_2|)$ ausgedrückt ist, die den Maximalwert von I im ausgerichteten Zustand angibt (siehe Gl. (4–138)).

Die δ-Werte nach Gl. (4–187) sind von der Größenordnung des Verhältnisses der Teilchen außerhalb abgeschlossener Schalen zur Gesamtzahl der Teilchen. In der Schalenmitte haben die niedrigsten Konfigurationen Exzentrizitäten der Größenordnung $A^{-1/3}$. Eine Berechnung von $\Sigma_\varkappa$ anhand der beobachteten Besetzungsfolge der Einteilchenzustände (siehe Kapitel 5) ergibt δ-Werte, die mit den Daten in Abb. 4–25 und Tab. 4–15 qualitativ übereinstimmen; man vergleiche zum Beispiel mit den Werten von δ, die aus den in Tab. 4–3 angegebenen Werten von $I_{\max}$ folgen. Bei dieser einfachen Abschätzung der Gleichgewichtsdeformation werden die Abweichungen der Einteilchenwellenfunktionen von denen des harmonischen Oszillators und ebenso der Einfluß der Paarkorrelationen vernachlässigt. Die Paarkorrelationen begünstigen die sphärische Form (wegen ihrer höheren Entartung der Einteilchenniveaus) und sind insbesondere für den Übergang zu einer sphärischen Gleichgewichtsform bei der Annäherung an Konfigurationen mit abgeschlossenen Schalen verantwortlich (siehe Kapitel 6, S. 446ff.).

Es ist bemerkenswert, daß alle bisher identifizierten stark deformierten Kerne eine gestreckte Form aufweisen. Für ein harmonisches Oszillatorpotential gibt es im Grenzfall großer Quantenzahlen eine Symmetrie zwischen der gestreckten Form, die am Schalenanfang auftritt, und der abgeplatteten Deformation am Ende der Schale. (Man sieht aus Gl. (4–186), daß in diesem Grenzfall Konfigurationen, die dem Vertauschen von Teilchen und Löchern entsprechen, Werte δ mit gleichem Betrag ergeben.) Die Abweichungen vom Potential des harmonischen Oszillators bewirken, daß das Einteilchenspektrum im sphärischen Potential nicht symmetrisch bezüglich Teilchen und Löchern in Hauptschalen ist (siehe z. B. Abb. 5–1 und die Bemerkungen in Kapitel 5, S. 259), und detaillierte Abschätzungen sind konsistent mit den beobachteten gestreckten Formen der Kerne in Abb. 4–25 (und ebenfalls der Kerne am Anfang der *sd*-Schale). Es bleibt jedoch ein interessantes Problem, die Struktureigenschaften zu identifizieren, die für die systematische Bevorzugung der gestreckten Deformationen verantwortlich sind.

Ein anderes wichtiges Merkmal bei der qualitativen Charakterisierung der Kerndeformationen ist die Bevorzugung der Axialsymmetrie. Für ein harmonisches Oszillatorpotential bleiben bei axialsymmetrischen Quadrupoldeformationen die Einteilchenzustände entartet in bezug auf die Verteilung der Quanten in der x_1x_2-Ebene, und im allgemeinen würde dieses Potential daher zu ellipsoidalen Deformationen mit drei unterschiedlichen Achsen führen. Da die Entartung der Bahnen im axialsymmetrischen Potential von der Ordnung $A^{1/3}$ ist, sind die Abweichungen von der Axialsymmetrie nur von der Ordnung $A^{-2/3}$, entsprechend der Anzahl der Teilchen, die eine Unterschale besetzen können. Effekte, die einer Abweichung von der Axialsymmetrie entgegenwirken, sind die Spinbahnkopplung (da das Bahnmoment durch das asymmetrische Potential ausgelöscht wird; siehe Abschnitt 5–1c, S. 188) und die Paarkorrelationen (die eine maximale Entartung der Einteilchenbahnen begünstigen). Zur Zeit gibt es keine klaren Hinweise für das Auftreten stabiler Kerndeformationen ohne Axialsymmetrie (siehe z. B. die Diskussion der Spektren von ^{166}Er (S. 142) und ^{24}Mg (S. 250)). Es ist jedoch möglich, daß solche Formen bei Hochspinzuständen eine Rolle spielen (siehe S. 34ff.).

Deformationen von Kernfeldern

Die Analyse der elektromagnetischen Wechselwirkungseffekte liefert Aussagen über die Form der Ladungsverteilung im Kern; Aussagen über die Deformation des Kernfeldes lassen sich aus der Streuung oder aus gebundenen Zuständen stark wechselwirkender Teilchen erhalten. Die verfügbaren vorläufigen Daten sind mit δ-Werten aus $E2$-Messungen konsistent. (Siehe z. B. die Daten aus der (α, α')-Streuung in Tab. 4–16. Eine Analyse der (p, p')-Streuung findet man in Tab. 6–2, S. 304. Über Befunde aus der Streuung von Neutronen und Protonen an orientierten Kernen berichteten Marshak u. a., 1968, und Fisher u. a., 1971. Das umfangreiche Material über den Einfluß der Deformation des Kernpotentials auf die gebundenen Neutronen- und Protonenzustände wird in Kapitel 5 diskutiert. Angaben über die Deformation des auf Pionen wirkenden Potentials wurden aus der Analyse von Pionenatomen erhalten (Leisi u. a., 1973).)

Die Coulomb-Wechselwirkung und das Vorhandensein eines Neutronenüberschusses haben zur Folge, daß die Deformation der Neutronen- und Protonendichteverteilungen etwas verschieden sein können und daher ein Isovektorpotential erzeugen können, dessen Deformation von der des isoskalaren Potentials abweicht. Die Deformation des Isovektorfeldes könnte durch den Vergleich der Querschnitte für Anregung von Rotationszuständen durch unelastische Streuung von Neutronen und Protonen, von π^+ und π^- oder durch die Beobachtung der Isobar-Analogzustände der Rotationsanregungen im direkten (p, n)-Prozeß bestimmt werden (siehe die Diskussion der Isospinstruktur von Vibrationen in Kapitel 6, S. 321 ff.).

Ein anderes Maß für die Deformation der Kernform liefert die Aufspaltung der Dipolresonanz in deformierten Kernen. Die Angaben aus diesen Messungen werden in Tab. 6–7 zusammengefaßt. Die hieraus abgeleiteten Deformationsparameter sind mit denen in Abb. 4–25 innerhalb der Meßgenauigkeit konsistent.

Parameter für die Beschreibung von Kernformen mit höherer Multipoldeformation

Eine systematische Charakterisierung der verschiedenen Komponenten der Deformation der Kernform kann auf einer makroskopischen Analyse dieser Deformationen als der eines Systems mit einer diffusen Oberfläche, deren Dicke klein gegenüber dem Radius ist,[1])

[1]) Die makroskopische Analyse von Eigenschaften, die aus der Existenz einer Oberflächenregion, deren Dicke klein gegen den Kernradius ist, folgen, wurde besonders von Myers und Swiatecki (1969) und Myers (1973) betrachtet; solche Systeme werden als „leptoderm" bezeichnet.

aufgebaut werden. In einem solchen System kann die Dichte $\varrho_0(r)$ bei Kugelsymmetrie in der Form $\varrho_0 f\big((r - R_0)/a_0\big)$ geschrieben werden; ϱ_0 ist die Dichte am Mittelpunkt eines schweren Kerns, und der Formfaktor f enthält den Radius R_0 und den Parameter der Oberflächendicke a_0 (wie z. B. beim WOODS-SAXON-Formfaktor (2–62)). Eine Deformation mit einer Wellenlänge, die groß gegen die Oberflächendicke ist, kann als eine Verschiebung der Oberfläche in jedem lokalen Gebiet beschrieben werden. Die resultierende Dichteverteilung erhält man, indem man R_0 durch den winkelabhängigen Radius $R(\vartheta, \varphi)$ ersetzt und gleichzeitig den Dickeparameter so korrigiert, daß der Betrag der Normalableitung der Dichte an jedem Punkt einer Fläche konstanter Dichte durch die Deformation nicht beeinflußt wird. Charakterisiert man die deformierte Oberfläche durch die Multipolparameter $\alpha_{\lambda\mu}$, so gilt

$$\varrho(\boldsymbol{r}) = \varrho_0 f\big((r - R(\vartheta, \varphi))/a(\vartheta, \varphi)\big), \tag{4–188a}$$

$$R(\vartheta, \varphi) = R_0\left(1 + \sum_{\lambda \geqq 2, \mu} \alpha_{\lambda\mu} Y^*_{\lambda\mu}(\vartheta, \varphi) - \frac{c}{4\pi} \sum_{\lambda \geqq 2, \mu} |\alpha_{\lambda\mu}|^2\right), \tag{4–188b}$$

$$\begin{aligned} a(\vartheta, \varphi) &= a_0\big(1 + \tfrac{1}{2}\,(\nabla R)^2_{r=R(\vartheta,\varphi)}\big) \\ &= a_0\left(1 + \tfrac{1}{2} R_0^2 \left(\sum_{\lambda \geqq 2, \mu} \alpha_{\lambda\mu} \nabla Y^*_{\lambda\mu}\right)^2_{r=R(\vartheta,\varphi)}\right) \end{aligned} \tag{4–188c}$$

einschließlich der Korrektur führender Ordnung zur Dicke a. Der letzte Term in R wurde mitgenommen, um die Teilchenzahl in der Ordnung α^2 zu erhalten; der Koeffizient c ist gleich Eins für eine scharfe Oberfläche und läßt sich allgemeiner durch Radialmomente ausdrücken (siehe (Gl. 4–189c)). Deformationen mit $\lambda = 1$ sind in der Entwicklung in Gl. (4–188) nicht berücksichtigt worden, da eine solche Deformation einer Verschiebung des Kugelmittelpunktes äquivalent ist. Die Entwicklung der deformierten Dichteverteilung nach Potenzen von $\alpha_{\lambda\mu}$ ergibt

$$\begin{aligned} \varrho(\boldsymbol{r}) = \varrho_0(r) &- R_0 \frac{\partial \varrho_0}{\partial r}\left(\sum \alpha_{\lambda\mu} Y^*_{\lambda\mu} - \frac{c}{4\pi} \sum |\alpha_{\lambda\mu}|^2 + \tfrac{1}{2}(r - R_0)\, R_0\big(\sum \alpha_{\lambda\mu} \nabla Y^*_{\lambda\mu}\big)^2\right) \\ &+ \tfrac{1}{2} R_0^2 \frac{\partial^2 \varrho_0}{\partial r^2}\big(\sum \alpha_{\lambda\mu} Y^*_{\lambda\mu}\big)^2 + \cdots, \end{aligned} \tag{4–189a}$$

$$\varrho_0(r) \equiv \varrho(\boldsymbol{r}, \alpha_{\lambda\mu} = 0) = \varrho_0 f\big((r - R)/a_0\big),$$

$$\varrho_0 R_0 = \int_0^\infty \varrho_0(r)\, \mathrm{d}r, \tag{4–189b}$$

$$c = \frac{1}{2} \frac{\langle r^{-2} \rangle}{\langle r^{-1} \rangle} R_0, \tag{4–189c}$$

$$\langle r^n \rangle \equiv \frac{\int_0^\infty \varrho_0(r)\, r^{n+2}\, \mathrm{d}r}{\int_0^\infty \varrho_0(r)\, r^2\, \mathrm{d}r}. \tag{4–189d}$$

Bei der Berechnung des Koeffizienten c aus der Normierungsbedingung wurde angenommen, daß der Radius R_0 durch die Beziehung (4–189b) definiert ist, die insbesondere für den Radiusparameter im WOODS-SAXON-Formfaktor (2–62) gilt, wenn man Terme der Ordnung $\exp\{-R_0/a\}$ vernachlässigt.

Für die Dichteverteilung (4–189a) können die Multipolmomente als Potenzreihe in $\alpha_{\lambda\mu}$ ausgedrückt werden, deren Koeffizienten die radialen Momente $\langle r^n \rangle$ von ϱ_0 enthalten (die Berechnung dieser Momente mit dem WOODS-SAXON-Formfaktor findet man in Band I, S. 168). So sind zum Beispiel die elektrischen Quadrupol- und Hexadekapolmomente für eine Ladungsverteilung der Form (4–189a) mit Berücksichtigung der Terme zweiter Ordnung, die $\alpha_{2\mu}$ enthalten, gegeben durch

$$\mathscr{M}(E2,\mu) = \frac{3}{4\pi} ZeR_0^2 \left(\frac{4}{3} \frac{\langle r \rangle}{R_0} \alpha_{2\mu} - \left(\frac{10}{7\pi} \right)^{1/2} (\alpha_2\alpha_2)_{2\mu} \left(1 + \frac{3}{4} \left(1 - \frac{2}{3} \langle r^{-1} \rangle R_0 \right) \right) \right),$$

$$\mathscr{M}(E4,\mu) = \frac{3}{4\pi} ZeR_0^4 \left(2 \frac{\langle r^3 \rangle}{R_0^3} \alpha_{4\mu} \right. \tag{4–190}$$

$$\left. + \frac{5}{3} \frac{\langle r^2 \rangle}{R_0^2} \left(\frac{45}{14\pi} \right)^{1/2} (\alpha_2\alpha_2)_{4\mu} \left(1 - \frac{2}{3} \left(1 - \frac{4}{5} \frac{\langle r \rangle R_0}{\langle r^2 \rangle} \right) \right) \right).$$

Bei einer axialsymmetrischen Deformation gilt für die Komponenten in bezug auf das innere Koordinatensystem $\alpha_{\lambda\nu} = \beta_\lambda \delta(\nu, 0)$. Die Beziehung zwischen den Quadrupoldeformationsparametern δ und β_2 ergibt sich aus dem Vergleich der Gln. (4–72) und (4–190),

$$\delta = \left(\frac{45}{16\pi} \right)^{1/2} \left(\frac{4}{5} \frac{\langle r \rangle R_0}{\langle r^2 \rangle} \beta_2 + \frac{3}{5} \frac{R_0^2}{\langle r^2 \rangle} \left(\frac{20}{49\pi} \right)^{1/2} \beta_2^2 + \cdots \right)$$

$$\approx 0{,}945 \beta_2 \left(1 - \frac{4}{3} \pi^2 \left(\frac{a_0}{R_0} \right)^2 \right) + 0{,}34 \beta_2^2, \tag{4–191}$$

wobei die Korrektur der Oberflächendicke nur im linearen Term berücksichtigt und für den WOODS-SAXON-Formfaktor berechnet wurde (siehe Gl. (2–65)).

Tab. 4–16 Deformationen von Kernen seltener Erden aus der (α, α')-Streuung. Die Parameter β_2 und β_4 für Quadrupol- und Hexadekapoldeformationen wurden den Messungen und der Analyse der (α, α')-Streuung von D. L. HENDRIE, N. K. GLENDENNING, B. G. HARVEY, O. N. JARVIS, H. H. DUHM, J. SAUDINOS und J. MAHONEY, Phys. Letters **26B**, 127 (1968a), entnommen.

	^{152}Sm	^{154}Sm	^{158}Gd	^{166}Er	^{174}Yb	^{176}Yb	^{178}Hf
β_2	0,246	0,270	0,282	0,276	0,276	0,276	0,246
β_4	0,048	0,054	0,036	0,0	−0,048	−0,054	−0,072

Hinweise auf Hexadekapolmomente ($\lambda = 4$) wurden aus der Anregung der 4^+-Zustände in den Grundzustandsbanden von gg-Kernen durch COULOMB-Anregung, unelastische Elektronenstreuung sowie durch unelastische Streuung nuklearer Inzidenzteilchen erhalten. Als Beispiel zeigt Tab. 4–16 die Deformationsparameter aus einer Analyse der Streuung von 50-MeV-α-Teilchen, bei der die β_4-Deformationen erstmals erhalten wurden. Diese Experimente bestimmen die Deformationsparameter $(\beta_\lambda)_{\text{pot}}$ des effektiven Potentials, das auf das α-Teilchen wirkt; der Deformationsparameter β_λ der Dichte wurde unter der Annahme erhalten, daß die Größe $R_0\beta_\lambda$ für das Potential und die Dichte gleich groß ist (daraus folgt in diesem Fall $\beta_\lambda \approx 1{,}2(\beta_\lambda)_{\text{pot}}$, da der mittlere Radius des Potentials etwa 20% größer als der Radius der Dichteverteilung ist; siehe Kapitel 6, S. 303). Die Deformationsparameter in Tab. 4–16 stimmen gut mit den aus elektromagnetischen Anregungen erhaltenen Werten überein (siehe Erb u. a., 1972, und Bertozzi u. a., 1972).

Eine qualitative Abschätzung des Trends der Hexadekapoldeformationen kann man aufgrund der Momente der Bahnen in der Umgebung der Fermi-Oberfläche erhalten (Hendrie u. a., 1968, 1968a). Für Teilchen in einem axialsymmetrischen harmonischen Oszillatorpotential können die Bahnen durch die Quantenzahlen N, n_3 und Λ charakterisiert werden (siehe S. 187), und man erhält

$$\langle Nn_3\Lambda|\, r^4 Y_{40}\, |Nn_3\Lambda\rangle$$

$$= \left(\frac{9}{4\pi}\right)^{1/2} \frac{3}{4} (27n_3^2 - 22n_3N + 3N^2 - \Lambda^2 - 6n_3 - 2N) \left(\frac{\hbar}{2M\omega_0}\right)^2. \qquad (4\text{–}192)$$

In diesem Ausdruck wurde die Anisotropie des Oszillatorpotentials vernachlässigt. Der Einfluß der Anisotropie auf eine einzelne Bahn ist gering (von der Größenordnung δ), aber der kumulative Effekt bewirkt ein merkliches Hexadekapolmoment der Größenordnung $A\delta^2$, das dem zweiten Term in der Beziehung (4–190) für das $\lambda = 4$-Moment entspricht.

Bei einem gestreckten Potential werden in einer gegebenen Hauptschale zuerst die Bahnen mit $n_3 = N$ aufgefüllt, und diese Zustände haben große positive Hexadekapolmomente. Mit abnehmenden Werten von n_3 (bei festem N) werden die Matrixelemente (4–192) kleiner und bei mittleren Werten von n_3 negativ. Typische Bahnen, die bei den in Tab. 4–16 angeführten Kernen aufgefüllt werden, besitzen $N = 5$, $n_3 = 2$ für die Neutronen und $N = 4$, $n_3 = 1$ für die Protonen (siehe Tab. 5–12 und 5–13, S. 258ff.); die negativen $\lambda = 4$-Momente dieser Bahnen erklären die beobachtete Abnahme von β_4 mit wachsendem A. Ein ähnlicher Trend wurde in der ersten Hälfte der *sd*-Schale gefunden ($\beta_4(^{20}\text{Ne}) \approx +0{,}2$; $\beta_4(^{24}\text{Mg}) \approx -0{,}05$; siehe Horikawa u. a., 1971, und dort angegebene Literatur). Die erste aufzufüllende Bahn in der *sd*-Schale besitzt $(Nn_3\Lambda) = (220)$ (siehe Abb. 5–1, S. 191) und verursacht den großen positiven Wert von β_4 für ^{20}Ne. Die nächste Bahn besitzt $(Nn_3\Lambda) = (211)$ mit einem etwa gleichen Betrag, aber umgekehrtem Vorzeichen für $\langle r^4 Y_{40}\rangle$, und das erklärt den kleinen Wert von β_4 für ^{24}Mg. Erste Hinweise auf $\lambda = 4$-Deformationen in den Aktiniden wurden aus der Analyse der Intensitäten von Feinstrukturkomponenten im α-Zerfall erhalten (Fröman, 1957); detailliertere Messungen mit Hilfe der Coulomb-Anregung findet man bei Bemis u. a., 1973.

β-*Zerfall von* ^{176}Lu (*Abb. 4–26*)

Zwei Zustände im ^{176}Lu zerfallen durch β-Emission in verschiedene Niveaus der Grundzustandsrotationsbande von ^{176}Hf (siehe Abb. 4–26).

Das kurzlebige Isomer ($\tau_{1/2} = 3{,}7$ h, $I\pi = 1^-$) zerfällt über einfach-verbotene Übergänge zu den Zuständen $I\pi = 0^+$ und 2^+ in ^{176}Hf. Der Zerfall zum Grundzustand muß

$\lambda = 1$ besitzen, während der Übergang zum Niveau 2^+ eine Mischung von $\lambda = 1$ und $\lambda = 2$ sein könnte. Der berechnete ft-Wert für einen einfach-verbotenen Einteilchenübergang vom Typ $\lambda = 2$ ist jedoch um die Größenordnung $\xi^2(\approx 10^2)$ größer als der ft-Wert für einen analogen Übergang mit $\lambda = 1$ (siehe Band I, S. 436ff.). Der beobachtete ft-Wert für den fraglichen Übergang entspricht dem eines unbehinderten einfach-verbotenen $\lambda = 1$-Überganges, und daher ist nicht zu erwarten, daß $\lambda = 2$ zu diesem Übergang merklich beitragen kann. Die Intensitätsregel führender Ordnung (4–91) ergibt somit

$$\frac{ft(1 \to 2)}{ft(1 \to 0)} = \frac{\langle 1K1-K \mid 00\rangle^2}{\langle 1K1-K \mid 20\rangle^2} = \begin{cases} 1/2 & (K=0), \\ 2 & (K=1), \end{cases} \tag{4–193}$$

ausgedrückt durch die K-Quantenzahl des ^{176}Lu-Isomers. Der beobachtete Wert von $0{,}5 \pm 0{,}1$ für das Verhältnis der ft-Werte (Hansen, 1964) entscheidet klar zugunsten von $K = 0$ und testet gleichzeitig die Intensitätsregeln im β-Zerfall.

Die Interpretation von ^{176}Lu ($I\pi = 1^-$) als $K\pi = 0^-$, $r = -1$ wird gestützt durch die Beobachtung eines negativen Quadrupolmoments für diesen Zustand ($Q = -230$ fm^2; siehe die Zusammenstellung von Fuller und Cohen, 1965). Die niedrigsten inneren Zustände in ^{176}Lu ähneln in vielen Details denen von ^{166}Ho (siehe Abb. 4–20) mit $\Omega_p = \Omega_n = 7/2$. Bei ^{176}Lu gelten jedoch die Einteilchenzuordnungen [404 7/2] für das Proton und [514 7/2] für das Neutron (siehe Tab. 5–12, S. 258, und 5–13, S. 260), und

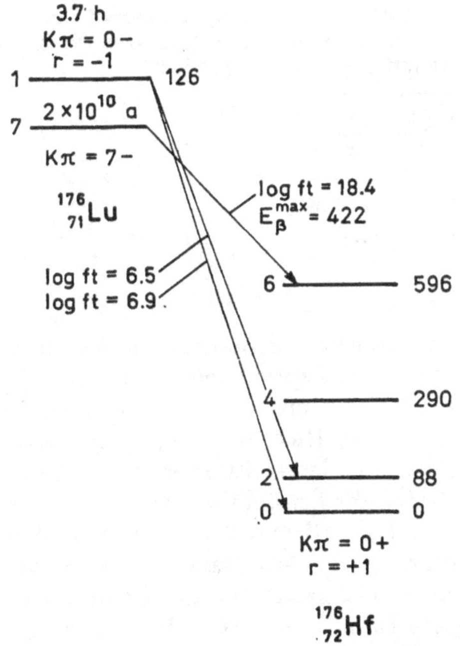

Abb. 4–26 Zerfallsschema für ^{176}Lu. Die Daten stammen aus Table of Isotopes, Lederer u. a., 1967, mit Ausnahme der Anregungsenergie des ^{176}Lu-Isomers, die von M. M. Minor, R. K. Sheline, E. B. Shera und E. T. Jurney, Phys. Rev. **187**, 1516 (1969), übernommen wurde. Alle Energien sind in keV angegeben.

die Energieabstände zwischen den drei Banden ($K = 7$; $K = 0$, $r = \pm 1$), die aus der Kopplung dieser Bahnen resultieren, unterscheiden sich stark von denen in ^{166}Ho. Zusätzliche Angaben, die die Klassifizierung der Niveaus in ^{176}Lu bestätigen, folgen aus Untersuchungen der ^{175}Lu(n, γ)-Reaktion (MINOR u. a., a. a. O., Abb. 4–26).

Der langlebige ^{176}Lu-Grundzustand ($I\pi = 7^-$) zerfällt über einen hochgradig verzögerten, einfach-verbotenen Übergang zum Zustand $I = 6$ der Grundzustandsbande $K\pi r = 0{+}{+}$ in ^{176}Hf. Durch Vergleich des ft-Wertes dieses Überganges mit dem eines nichtverzögerten, einfach-verbotenen Übergangs (z. B. dem Zerfall des ^{176}Lu-Isomers $I\pi = 1^-$) läßt sich für die Verzögerung die Ordnung 10^{12} abschätzen. Diese Verzögerung kann dem K-Verbot des Überganges zugeschrieben werden. Bei Annahme von $\lambda = 1$ ist der Übergang 6fach K-verboten, und aus der beobachteten Verzögerung ergibt sich eine Verminderung der Übergangsstärke von etwa 10^2 für jede Ordnung des K-Verbots.

β-*Zerfall von* ^{172}Tm (*Tab. 4–17*)

Der ^{172}Tm-Grundzustand ($I\pi = 2^-$) zerfällt über einfach-verbotene β-Übergänge mit $\lambda = 2$ zu den ersten drei Niveaus der Grundzustandsrotationsbande von ^{172}Yb. Aufgrund der Intensitätsregeln erster Ordnung erwartet man, daß die f_1t-Werte proportional zu $\langle 222 - 2 \mid I_f 0\rangle^{-2}$ sind (siehe Gl. (4–92)). Die gemessenen Intensitätsverhältnisse werden in Tab. 4–17 mit diesem Ausdruck verglichen.

Tab. 4–17 Intensitätsverhältnisse für einfach-verbotene Übergänge im Zerfall von ^{172}Tm. Die Daten stammen von P. G. HANSEN, H. L. NIELSEN, K. WILSKY, Y. K. AGARWAL, C. V. K. BABA und S. K. BHATTACHERJEE, Nuclear Phys. 76, 257 (1966).

I_f	$\log f_1t$	$\frac{f_1t(2 \to I_f)}{f_1t(2 \to 0)}$	$\frac{\langle 2 - 222 \mid 00\rangle^2}{\langle 2 - 222 \mid I_f 0\rangle^2}$
0	8,63	1	1
2	8,43	$0{,}63 \pm 0{,}19$	0,7
4	9,77	$13{,}7 \pm 2$	14

Der Übergang zum 2^+-Zustand in ^{172}Yb kann Beimischungen von $\lambda = 0$ und $\lambda = 1$ enthalten, aber diese Komponenten, die durch die Leptonenmatrixelemente begünstigt werden, sind K-verboten. Aussagen über die Verteilung von Komponenten $\lambda = 0$ und $\lambda = 1$ im $2^- \to 2^+$-Übergang lassen sich aus β—γ-Richtungs- und Polarisationskorrelationen sowie aus Messungen der Spektralform der emittierten β-Teilchen erhalten. Übergänge mit $\lambda = 2$ haben eine Spektralform, die beträchtlich von der eines erlaubten β-Zerfalls abweicht, während Übergänge mit $\lambda = 0$ und $\lambda = 1$ annähernd die Form erlaubter Zerfälle besitzen (in der Näherung $\xi \gg 1$; siehe Band I, S. 437). Aus der betrachteten Spektralform für den β-Zweig $2^- \to 2^+$ folgt für die Übergangsstärke der Komponenten $\lambda = 0$ oder $\lambda = 1$ eine obere Grenze von 10% (HANSEN u. a., a. a. O., Tab. 4–17). Ein Vergleich dieses Grenzwertes mit typischen ft-Werten bei beobachteten unbehinderten Übergängen dieser Art ($ft \approx 10^6 - 10^7$) ergibt eine Verringerung der Übergangswahrscheinlichkeit um einen Faktor von etwa 10^3 für diesen in erster Ordnung K-verbotenen Übergang.

K-verbotene E2-Übergänge in ^{244}Cm (*Abb. 4–27 und Tab. 4–18*)

Der Zerfall des 1042-keV-Isomers in ^{244}Cm (siehe Abb. 4–27) bietet eine Gelegenheit, die $E2$-Intensitätsregel für K-verbotene Übergänge zu testen. Der isomere Zustand besitzt $K = 6$, und die Übergänge zur Grundzustandsbande haben somit den Verbotsgrad $n = 4$. Für solche Übergänge hat die $E2$-Intensitätsrelation führender Ordnung die Form (siehe Gl. (4–95))

$$B(E2; K_i = 6, I_i \to K_f = 0, I_f)$$
$$= \langle I_i 6 2 -2 \mid I_f 4\rangle^2 \frac{(I_f + 4)!}{(I_f - 4)!} 2\langle K = 6 | \, m_{6,2} \, | K = 0\rangle^2. \qquad (4\text{–}194)$$

Aus Tab. 4–18 ist zu ersehen, daß die beobachteten $B(E2)$-Werte dieser Beziehung genügen.

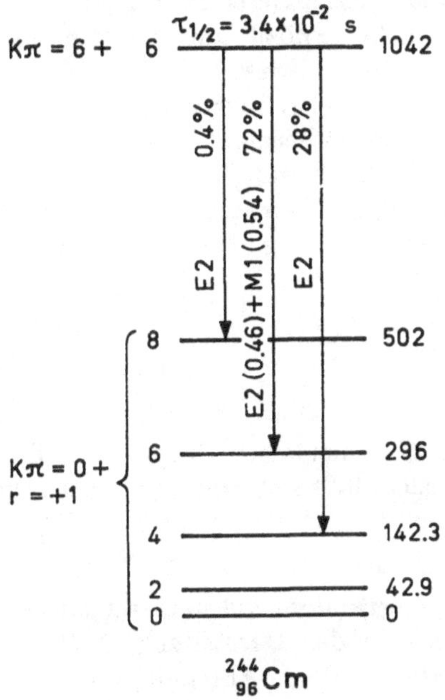

Abb. 4–27 Zerfallsschema für ^{244m}Cm. Die Daten wurden von S. E. Vandenbosch und P. Day, Nuclear Phys. **30**, 177 (1962), und von P. G. Hansen, K. Wilsky, C. V. K. Baba und S. E. Vandenbosch, Nuclear Phys. **45**, 410 (1963), übernommen.

Tab. 4–18 Verhältnisse von $B(E2)$-Werten für K-verbotene $E2$-Übergänge in ^{244}Cm (siehe Literaturstellen bei Abb. 4–27)

	Experiment	Theorie
$\frac{B(E2;\, 6 \to 6)}{B(E2;\, 6 \to 4)}$	3,6	3,7
$\frac{B(E2;\, 6 \to 8)}{B(E2;\, 6 \to 4)}$	0,34	0,39

Die absoluten Zerfallsraten, die aus der Lebensdauer des Isomers folgen, zeigen, daß die $E2$-Übergänge um Faktoren von etwa 10^{10} verzögert sind und daß der $M1$-Übergang ($KI = 66 \rightarrow KI = 06$; siehe Abb. 4–27) um etwa 10^{12} verzögert ist gegenüber Einteilchenabschätzungen (Gl. (3C–38)). Der Verzögerungsfaktor beträgt daher für beide Multipole etwa 300 pro K-Verbotsgrad.

4–4 Kopplung zwischen Rotation und innerer Bewegung bei axialsymmetrischen Kernen

Die phänomenologische Analyse von Matrixelementen in dem in Abschnitt 4–3 behandelten Rotationskopplungsschema basiert auf der Symmetrie der Deformation und auf der Adiabatizitätsbedingung, die es erlaubt, die Matrixelemente durch eine Entwicklung nach Potenzen des Rotationsdrehimpulses darzustellen. In einer solchen Beschreibung tritt die Kopplung von Rotation und innerer Bewegung, die von den Coriolis- und Zentrifugalkräften herrührt, nicht explizit auf, sondern manifestiert sich in der I-Abhängigkeit der effektiven Operatoren. Diese Kopplungseffekte können auch durch die Mischung verschiedener Rotationsbanden ausgedrückt werden. Im vorliegenden Abschnitt werden solche Bandenmischungen betrachtet, bei denen die niedrigliegenden inneren Anregungen beteiligt sind. Durch eine Weiterentwicklung dieses Verfahrens kann man versuchen, alle I-abhängigen Kerneigenschaften aufgrund der Wechselwirkung zwischen Rotation und innerer Bewegung abzuleiten. (Das auf S. 62ff. betrachtete Cranking-Modell ist ein Beispiel einer solchen Erweiterung.)

Coriolis-Wechselwirkung

Der Hamilton-Operator, der die Kopplung zwischen einer Gruppe von Banden beschreibt, die mit $i = 1, 2, \ldots, n$ numeriert werden, läßt sich wie folgt ausdrücken:

$$H = H_0 + H_c, \tag{4–195}$$

wobei H_0 in i diagonal ist, während H_c Zustände verknüpft, die zu verschiedenen Banden gehören (aber den gleichen Wert I besitzen). In der Darstellung (4–195) wird angenommen, daß der Hamilton-Operator in allen anderen Anregungsformen außer den explizit betrachteten diagonal ist. Die Operatoren enthalten daher die I-abhängigen Terme, die allen übrigen Kopplungen außer den durch H_c beschriebenen entsprechen.

Die Kopplung H_c drückt die nichtdiagonalen Effekte der Rotation im Raum der Zustände i aus, und der Kopplungsterm niedrigster Ordnung ist proportional zum Rotationsdrehimpuls

$$H_c = h_{+1} I_- + \mathscr{R}\text{-konj.} \tag{4–196}$$

Hierbei ist h_{+1} $(= h_{\Delta K = +1})$ ein innerer Operator (eine Matrix im Raum i). Die Wechselwirkung (4–196) verursacht eine Kopplung zwischen Banden mit $\Delta K = 1$ und ebenso zwischen zwei Banden mit $K = 1/2$. Der diagonale Effekt der Wechselwirkung (4–196) in einer Bande mit $K = 1/2$ erzeugt einen signaturabhängigen Term in der Rotationsenergie (siehe den Entkopplungsterm in Gl. (4–61)).

Wenn die inneren Freiheitsgrade i durch ein Teilchen oder einige wenige Teilchen beschrieben werden können, die sich in einem von den übrigen Nukleonen erzeugten mittleren Potential bewegen, und wenn man annimmt, daß dieses Potential nicht von der Rotationsbewegung abhängt, dann ist die Kopplung H_c die CORIOLIS-Wechselwirkung (siehe die Diskussion des Teilchen-Rotor-Modells in Anhang 4A), und es gilt

$$h_{+1} = -\frac{\hbar^2}{2\mathscr{I}_0} J_+ . \tag{4-197}$$

Hierbei ist $\mathscr{I}_0$ das Trägheitsmoment des Restkerns, und $J_+ = J_1 + iJ_2$ ist die Komponente des Gesamtdrehimpulses der betrachteten Teilchen.

Coriolis-Kopplungseffekte erster Ordnung

Die Kopplung (4-196) zwischen zwei Banden mit $\Delta K = 1$ verursacht eine Mischung dieser Banden,

$$\begin{aligned} |\hat{K}I\rangle &\approx |KI\rangle - c(I)\,|K+1, I\rangle, \\ |\hat{K}+1, I\rangle &\approx |K+1, I\rangle + c(I)\,|KI\rangle; \end{aligned} \tag{4-198}$$

das Zeichen $\hat{}$ bedeutet die gekoppelten (oder renormierten) Zustände; die Mischungsamplitude ist in erster Ordnung

$$c(I) = \langle K+1|\, \varepsilon_{+1}\, |K\rangle\, (I-K)^{1/2}\, (I+K+1)^{1/2} \begin{cases} \sqrt{2}, & K = 0, \\ 1, & K \neq 0; \end{cases} \tag{4-199}$$

$$\langle K_2|\, \varepsilon_{+1}\, |K_1\rangle \equiv \frac{\langle K_2|\, h_{+1}\, |K_1\rangle}{E(K_2) - E(K_1)} \qquad (K_2 = K_1 + 1).$$

Im Energienenner des letzten Ausdrucks vernachlässigen wir die Rotationsenergien gegenüber den inneren Energien. Die oben stehenden Ausdrücke gelten auch für die Mischung zweier $K = 1/2$-Banden, wenn der innere Zustand $|K_1\rangle$ durch den zeitumgekehrten Zustand $|\bar{K}_1\rangle$ ersetzt und der Signaturfaktor $(-1)^{I_1+K_1}$ zu $c(I)$ hinzugefügt wird.

Die störungstheoretische Behandlung der CORIOLIS-Kopplung beruht auf der Kleinheit der Größe ε_{+1}. Da die inneren Anregungsenergien in schweren Kernen von der Größenordnung 1 MeV sind, liefert der Ausdruck (4-197) für h_{+1} zusammen mit Gl. (4-199) Werte für die Matrixelemente von ε_{+1} von der Größenordnung einiger Prozent. (Empirische Werte von ε_{+1} wurden aus der Analyse der Spektren von ^{175}Lu (S. 131) und ^{235}U (S. 238) bestimmt.)

Die Bandenmischung (4-198) führt zu Änderungen in den verschiedenen Matrixelementen, die die gekoppelten Banden enthalten (KERMAN, 1956). Kompakte Ausdrücke für diese Effekte erhält man, indem man die Bandenmischung durch eine kanonische Transformation

$$\begin{aligned} |\hat{K}I\rangle &= \exp\{-iS\}\,|KI\rangle \\ &\approx |KI\rangle - iS\,|KI\rangle \end{aligned} \tag{4-200}$$

beschreibt, wobei der Operator S linear in der durch Gl. (4–199) definierten Matrix ε_{+1} ist,

$$S = -i(\varepsilon_{+1} I_- + \mathscr{R}\text{-konj.}). \tag{4–201}$$

Die Transformation $\exp\{iS\}$ diagonalisiert den Hamilton-Operator (4–195) in führender Ordnung der Kopplung (siehe Anhang 4A, S. 178ff.).

Die Matrixelemente eines Operators $\mathscr{M}$ zwischen den gestörten Zuständen lassen sich durch Berechnen des transformierten Operators

$$\begin{aligned} \exp\{iS\}\, \mathscr{M} \exp\{-iS\} &= \mathscr{M} + i[S, \mathscr{M}] - \tfrac{1}{2}\big[S, [S, \mathscr{M}]\big] + \cdots \\ &= \mathscr{M} + \delta\mathscr{M} \end{aligned} \tag{4–202}$$

in der ungestörten Basis erhalten. Für einen Tensoroperator $\mathscr{M}(\lambda, \mu)$ ergibt die Transformation (4–90) auf die inneren Achsen in erster Ordnung von S

$$\begin{aligned} \delta\mathscr{M}(\lambda\mu) &\approx i[S, \mathscr{M}(\lambda\mu)] \\ &= \Big[(\varepsilon_{+1} I_- + \mathscr{R}\text{-conj.}), \sum_\nu \mathscr{M}(\lambda\nu)\, \mathscr{D}^\lambda_{\mu\nu}\Big] \\ &= \sum_\nu \tfrac{1}{2}\{\varepsilon_{+1}, \mathscr{M}(\lambda\nu)\}\big[I_-, \mathscr{D}^\lambda_{\mu\nu}\big] + \tfrac{1}{2}[\varepsilon_{+1}, \mathscr{M}(\lambda\nu)]\,\{I_-, \mathscr{D}^\lambda_{\mu\nu}\} + \mathscr{R}\text{-konj.}, \end{aligned} \tag{4–203}$$

wobei die inneren Momente $\mathscr{M}(\lambda\nu)$ als I-unabhängig angenommen wurden. Wir haben die Identität (4A-26) für Kommutatoren von Produkten sowie die übliche Bezeichnung für Antikommutatoren ($\{a, b\} = ab + ba$) benutzt.

Im ersten Term von Gl. (4–203) ist der Kommutator von I_- und $\mathscr{D}^\lambda_{\mu\nu}$ proportional zu $\mathscr{D}^\lambda_{\mu,\nu+1}$ (siehe Gl. (1A-91)). Dieser Term ergibt daher eine I-unabhängige Renormierung der inneren Momente und führt nicht zu einer Änderung der Intensitätsregeln führender Ordnung. Der zweite Term in Gl. (4–203) bringt effektive Momente, die in $I_\pm$ linear sind, ins Spiel und führt zu verallgemeinerten Intensitätsrelationen von dem in Abschnitt 4–3 behandelten Typ.

Für Dipolmomente werden die verschiedenen in Gl. (4–203) vorkommenden Terme in Anhang 4A (siehe S. 179ff.) diskutiert. Die Kopplung führt teils zu einer Renormierung der Terme führender Ordnung, wie zum Beispiel der Parameter g_K, g_R und b, die die $M1$-Übergänge innerhalb einer Bande charakterisieren, und teils erzeugt sie neue, in $I_\pm$ lineare Terme, die zu Matrixelementen mit $\Delta K = 0$, ± 1 und ± 2 beitragen. (Coriolis-Effekte in $M1$-Übergängen zwischen Banden in ^{175}Lu werden auf S. 133ff. behandelt. Die I-abhängigen Terme in den bei ^{177}Hf beobachteten $E1$-Übergangsmomenten können ebenfalls dem Einfluß von Coriolis-Kopplungen erster Ordnung zugeschrieben werden; siehe S. 94.)

Die Kopplung zwischen zwei Banden hat einen besonders großen Einfluß auf die $E2$-Übergänge zwischen den Banden, da die beigemischten Komponenten in den Wellenfunktionen mit dem zu Q_0 proportionalen kollektiven Matrixelement beitragen. Der resultierende Beitrag zum $E2$-Übergangsmoment ist in den Termen in Gl. (4–203) enthalten, in denen die Größe $\mathscr{M}(E2, \nu = 0) = \big(5/(16\pi)\big)^{1/2} eQ_0$ vorkommt. Vernachlässigt man den Unterschied zwischen den Q_0-Werten für die beiden Banden, dann verschwindet der Kommutator von ε_{+1} und $\mathscr{M}(E2, \nu = 0)$, und das induzierte Moment $\delta\mathscr{M}(E2)$ ergibt eine I-unabhängige Renormierung des inneren Übergangsmoments $\mathscr{M}(E2, \nu = 1)$, ohne die relativen Übergangswahrscheinlichkeiten zu beeinflussen. Für niederfrequente

$E2$-Übergänge ($\Delta E \lesssim 1$ MeV) ist das induzierte Moment groß gegenüber dem ungestörten Moment, und es verursacht eine starke Erhöhung der absoluten Übergangsraten. (Siehe die Abschätzung in Kapitel 5, S. 245ff., und das Beispiel auf S. 131ff.)

Bei $E2$-Übergängen innerhalb einer Bande führt der zweite Term in Gl. (4–203) zu Abweichungen von den Intensitätsregeln führender Ordnung ($K \neq 0$ vorausgesetzt), aber die Effekte sind, da sie von den inneren Übergangsmomenten $\mathscr{M}(E2, \nu = 1)$ abhängen, wahrscheinlich klein im Vergleich zu den kollektiven Momenten $\mathscr{M}(E2, \nu = 0)$ im Term führender Ordnung. (Siehe das Beispiel auf S. 109ff.)

In einigen Fällen war es möglich, die Amplitude der Bandenmischung $\langle K + 1 | \varepsilon_{+1} | K \rangle$ aufgrund mehrerer verschiedener beobachteter Beiträge zu den Übergängen zwischen den Banden abzuschätzen und somit die Konsistenz der Analyse zu testen. (Siehe das Beispiel ^{175}Lu auf S. 131ff. Die Interpretation der beobachteten Matrixelemente von h_{+1} aufgrund der inneren Einteilchenkonfigurationen wird in Abschnitt 5-3d diskutiert.)

Beiträge zweiter Ordnung zur Rotationsenergie

Die Kopplung (4–196) erzeugt eine Abstoßung zwischen den wechselwirkenden Banden, die zu Energieverschiebungen

$$\delta E(K_1 I) = -\delta E(K_2 = K_1 + 1, I)$$
$$= -\frac{\langle K_2 | h_{+1}(q) | K_1 \rangle^2}{E(K_2) - E(K_1)} \big(I(I+1) - K_1(K_1+1)\big) \qquad (4\text{–}204)$$

führt. Der zu $I(I+1)$ proportionale Term läuft auf eine Renormierung des Koeffizienten A in der Rotationsenergie (siehe Gl. (4–46)) hinaus und entspricht einem Beitrag zum Trägheitsmoment von

$$\delta \mathscr{I}(K_1) \approx -\delta \mathscr{I}(K_2) \approx 2\hbar^2 \frac{\langle K_2 | J_1 | K_1 \rangle^2}{E(K_2) - E(K_1)}. \qquad (4\text{–}205)$$

Bei der Ableitung von Gl. (4–205) haben wir $\delta \mathscr{I} \ll \mathscr{I}_0$ angenommen und die Beziehung (4–197) für h_{+1} verwendet (beachte, daß $J_1 = 1/2(J_+ + J_-)$). Der Beitrag des Terms (4–205) zur Differenz der Trägheitsmomente von gg- und A-ungerade-Kernen wird in Abschnitt 5-3d, S. 218ff., behandelt.

Der Ausdruck (4–205) stimmt mit dem überein, den man durch Untersuchung von Teilchen in einem äußeren Potential erhält, das mit einer festen Frequenz rotiert (Cranking-Modell; siehe S. 62ff.). Die obige Herleitung gilt für einen einzelnen Freiheitsgrad; wenn mehrere Freiheitsgrade zusammen einen wesentlichen Teil des Gesamtträgheitsmoments ausmachen, dann unterscheiden sich die Ergebnisse (4–204) und (4–205). Die Analyse im Rahmen des Cranking-Modells entspricht der Addition der Beiträge (4–205) zum resultierenden Moment $\mathscr{I}$ (siehe Gl. (4–110)), und das sollte korrekt sein, solange kein einzelner Freiheitsgrad einen wesentlichen Teil des Gesamtträgheitsmoments liefert. Dieses Ergebnis läßt sich erhalten, indem man die Kopplung zwischen den inneren Freiheitsgraden behandelt, die durch den „Rückstoßterm" erzeugt wird, wie in Anhang 4A, S. 176ff. anhand der Analyse des Teilchen-Rotor-Modells ausgeführt wird. (Die Diskussion von Casimir, 1931, begründete das Ergebnis für den Einfluß eines harmonisch an einen Rotor gekoppelten Teilchens auf das Trägheitsmoment.)

Effektive Kopplungen mit $\Delta K = 2$

Wenn das Spektrum Elementaranregungen mit $\Delta K = 2$ enthält, dann können wichtige Rotationskopplungseffekte beschrieben werden durch eine effektive Kopplung der Form

$$H_c = h_{+2} I_-^2 + \mathscr{R}\text{-konj.}, \tag{4–206}$$

die eine direkte Mischung der Banden hervorruft. Kopplungseffekte, die im Rotationsdrehimpuls von zweiter Ordnung sind, rühren von der CORIOLIS-Kopplung (4–196) her, die in zweiter Ordnung über Zwischenzustände mit $\Delta K = 1$ wirkt. Diese Effekte können durch die direkte Kopplung (4–206) dargestellt werden, falls die Energien der $\Delta K = 1$-Anregungen groß gegenüber der Energie der $\Delta K = 2$-Anregung sind.

Ein Term der Art (4–206), der in I von zweiter Ordnung ist, läßt sich auffassen als Anteil der Rotationsenergie, der die Abhängigkeit des Trägheitsmoments von den inneren Variablen ausdrückt, die der $\Delta K = 2$-Anregung entsprechen. (Siehe den Ausdruck (6–296) für die Kopplung an γ-Vibrationen und Gl. (4–285) für den asymmetrischen Rotor.)

Der Einfluß der Kopplung (4–206) kann durch eine kanonische Transformation

$$S = -i(\varepsilon_{+2} I_-^2 + \mathscr{R}\text{-konj.}) \tag{4–207}$$

behandelt werden, wobei

$$\langle K_2 | \, \varepsilon_{+2} \, | K_1 \rangle = \frac{\langle K_2 | \, h_{+2} \, | K_1 \rangle}{E(K_2) - E(K_1)} \qquad (K_2 = K_1 + 2). \tag{4–208}$$

(Siehe die analogen Gln. (4–201) und (4–199) für die $\Delta K = 1$-Kopplung.)

Die $E2$-Übergänge zwischen den gekoppelten Banden bilden einen empfindlichen Indikator der Kopplung, da die beigemischten Amplituden mit den für Übergänge innerhalb einer Bande charakteristischen großen Matrixelementen beitragen. Das zugehörige zusätzliche Moment ist (siehe die Beziehungen (1A–91) und (4A–34) für die $\mathscr{D}$-Funktionen)

$$\begin{aligned}
\delta\mathscr{M}(E2, \mu)_{\Delta K=2} &= [\varepsilon_{+2} I_-^2, \mathscr{M}(E2, \mu)] + \mathscr{R}\text{-konj.} \\
&= \varepsilon_{+2} \left(\frac{5}{16\pi}\right)^{1/2} eQ_0 [I_-^2, \mathscr{D}^2_{\mu 0}] + \mathscr{R}\text{-konj.} \\
&= \varepsilon_{+2} \left(\frac{15}{8\pi}\right)^{1/2} eQ_0 \{I_-, \mathscr{D}^2_{\mu 1}\} + \mathscr{R}\text{-konj.} \\
&= \varepsilon_{+2} \left(\frac{15}{8\pi}\right)^{1/2} eQ_0 ([\boldsymbol{I}^2, \mathscr{D}^2_{\mu 2}] - 2\{I_3, \mathscr{D}^2_{\mu 2}\}) + \mathscr{R}\text{-konj.}
\end{aligned} \tag{4–209}$$

Wir haben den Ausdruck (4–67) für den kollektiven Anteil des $E2$-Operators verwendet und angenommen, daß Q_0 in den beiden Banden den gleichen Wert hat. Ein Unterschied in den Q_0-Werten für die beigemischten Banden würde Terme höherer Ordnung in I ergeben (siehe Gl. (4–235)).

Berücksichtigt man das induzierte Moment (4–209), dann wird das gesamte Übergangsmatrixelement

$$\langle K_2 = K_1 + 2, I_2 \| \mathcal{M}(E2) \| K_1 I_1 \rangle = (2I_1 + 1)^{1/2} \langle I_1 K_1 2 2 \mid I_2 K_2 \rangle$$
$$\times \big(M_1 + M_2(I_2(I_2+1) - I_1(I_1+1))\big) \begin{cases} \sqrt{2}, & K_1 = 0, \\ 1, & K_1 \neq 0, \end{cases} \qquad (4\text{–}210)$$

mit

$$M_1 = \langle K_2 | \mathcal{M}(E2, \nu = 2) | K_1 \rangle - 4(K_1 + 1) M_2,$$
$$M_2 = \left(\frac{15}{8\pi}\right)^{1/2} eQ_0 \langle K_2 | \varepsilon_{+2} | K_1 \rangle. \qquad (4\text{–}211)$$

Wir haben hier angenommen, daß das $E2$-Übergangsmoment bei Abwesenheit der Kopplung H_c von I unabhängig ist. Zusätzliche Kopplungseffekte wie die CORIOLIS-Kopplung erster Ordnung über Zwischenzustände mit $K = K_1 + 1$ können jedoch I-abhängige Terme zum $E2$-Moment liefern (siehe Gl. (4–203)). In der vorliegenden Analyse sind diese Terme in den effektiven Operatoren in der Darstellung, die H_0 diagonalisiert, enthalten. Da das effektive Moment für $E2$-Übergänge mit $\Delta K = 2$ bei Berücksichtigung von in $I_\pm$ linearen Termen die unikale Form (4–96) besitzt und zu einer verallgemeinerten Intensitätsrelation vom Typ (4–210) führt, ist es nicht möglich, aufgrund der I-Abhängigkeit der beobachteten Matrixelemente diese verschiedenen Kopplungseffekte zu unterscheiden.

Die beobachteten $E2$-Übergänge zwischen den Grundzustandsbanden und den niedrigliegenden $K\pi = 2^+$-Banden in gg-Kernen zeigen große Abweichungen von den Intensitätsregeln führender Ordnung. Ein Beispiel zum Test der verallgemeinerten Beziehung (4–210) wird auf S. 135ff. behandelt.

In zweiter Ordnung erzeugt die Kopplung (4–206) eine Abstoßung zwischen den Niveaus der wechselwirkenden Banden. Die Niveauverschiebungen sind von vierter Ordnung in I und geben zum B-Term in der Rotationsenergie den Beitrag

$$\delta B(K_1) = -\delta B(K_2)$$
$$= -\big(E(K_2) - E(K_1)\big) \langle K_2 | \varepsilon_{+2} | K_1 \rangle^2 \qquad (K_1 \neq 0 \neq K_2). \qquad (4\text{–}212)$$

Besitzt eine der Banden $K = 0$ (und die Symmetrie r), dann beeinflußt die Kopplung nur Niveaus mit $(-1)^I = r$. Für die $K = 2$-Bande erhält man dann einen Beitrag zum A_4-Term und auch zum B-Term (siehe Gl. (4–62)),

$$\delta B(K = 2) = r\delta A_4(K = 2) = -\tfrac{1}{2}\,\delta B(K = 0)$$
$$= \big(E(K = 2) - E(K = 0)\big) \langle K = 2 | \varepsilon_{+2} | K = 0 \rangle^2. \qquad (4\text{–}213)$$

Die Störung der $E2$-Übergänge innerhalb der Banden infolge der $\Delta K = 2$-Kopplung läßt sich durch das zusätzliche Moment

$$\delta\mathcal{M}(E2, \mu)_{\Delta K = 0} = [\varepsilon_{+2} I_-^2, \mathcal{M}(E2, \nu = -2)\, \mathcal{D}^2_{\mu -2}] + \mathcal{R}\text{-konj.}$$
$$= \tfrac{1}{2} \{\varepsilon_{+2}, \mathcal{M}(E2, \nu = -2)\} [I_-^2, \mathcal{D}^2_{\mu -2}]$$
$$+ \tfrac{1}{2} [\varepsilon_{+2}, \mathcal{M}(E2, \nu = -2)] \{I_-^2, \mathcal{D}^2_{\mu -2}\} + \mathcal{R}\text{-konj.} \qquad (4\text{–}214)$$

ausdrücken. Für eine $K = 0$-Bande verschwindet der Erwartungswert des ersten Terms, da ε_{+2} ungerade und $\mathscr{M}(E2, \nu = -2)$ gerade gegen Zeitumkehr und nachfolgende hermitesche Konjugation ist. Aus der Identität (4–80) folgt daher, daß das reduzierte $E2$-Matrixelement die Form (4–81) hat mit

$$\begin{aligned} M_1 &= \left(\frac{5}{16\pi}\right)^{1/2} eQ_0 + 24M_3, \\ M_2 &= -6M_3, \\ M_3 &= \frac{1}{2\sqrt{6}} \langle K = 0 | \, [\varepsilon_{+2}, \mathscr{M}(E2, \nu = -2)] \, | K = 0 \rangle \\ &= -\frac{1}{\sqrt{6}} \langle K = 2 | \, \varepsilon_{+2} \, | K = 0 \rangle \langle K = 2 | \, \mathscr{M}(E2, \nu = 2) \, | K = 0 \rangle. \end{aligned} \tag{4–215}$$

Die $\Delta K = 2$-Kopplung verursacht auch $M1$-Übergänge zwischen den Banden, die nach den Intensitätsregeln führender Ordnung verboten sind. Dieser Effekt sowie weitere Konsequenzen der Kopplung zwischen den Grundzustandsbanden und den γ-Vibrationsbanden mit $K = 2$ in gg-Kernen werden im Zusammenhang mit dem Beispiel auf S. 135 behandelt.

Effektive Kopplungen mit $\Delta K = 0$

Die Kopplung zwischen zwei Banden mit dem gleichen Wert K kann durch eine Wechselwirkung der Form

$$H_c = \tfrac{1}{2} h_0 (I_+ I_- + I_- I_+) = h_0 (\boldsymbol{I}^2 - I_3^2) \tag{4–216}$$

dargestellt werden. Der innere Operator h_0 soll die Abhängigkeit des Trägheitsmoments von den inneren Variablen erfassen, die der $\Delta K = 0$-Anregung entsprechen. Die Kopplung (4–216) kann zum Beispiel die Zentrifugalstörung der Gleichgewichtsform (siehe Gl. (6–296)) oder den Einfluß der Rotation auf die Paarkorrelationen beschreiben (siehe die qualitative Abschätzung (4–128) der Abhängigkeit von $\mathscr{J}$ von Δ). Die Bedingungen dafür, die Coriolis-Effekte zweiter Ordnung durch die direkte Kopplung (4–216) darzustellen, sind die gleichen wie die oben für die effektive $\Delta K = 2$-Kopplung diskutierten Bedingungen.

Der Einfluß der Wechselwirkung (4–216) auf die $E2$-Übergänge zwischen den gekoppelten Banden wird durch das zusätzliche Moment

$$\delta \mathscr{M}(E2, \mu) = \varepsilon_0 \left(\frac{5}{16\pi}\right)^{1/2} eQ_0 [\boldsymbol{I}^2, \mathscr{D}^2_{\mu 0}] \tag{4–217}$$

beschrieben mit

$$\langle \alpha_2 K | \, \varepsilon_0 \, | \alpha_1 K \rangle = \frac{\langle \alpha_2 K | \, h_0 \, | \alpha_1 K \rangle}{E(\alpha_2 K) - E(\alpha_1 K)}. \tag{4–218}$$

Die miteinander gemischten Banden werden durch die Quantenzahl α unterschieden, und wir haben für diese beiden Banden gleiche Q_0-Werte angenommen. Die gesamte Übergangsamplitude läßt sich wie folgt darstellen:

$$\langle\alpha_2 K I_2 \| \mathcal{M}(E2) \| \alpha_1 K I_1\rangle$$
$$= (2I_1+1)^{1/2} \langle I_1 K 2 0 \mid I_2 K\rangle \big(M_1 + M_2(I_2(I_1+1) - I_1(I_1+1))\big) \quad (4\text{–}219)$$

mit

$$M_1 = \langle\alpha_2 K | \mathcal{M}(E2, \nu = 0) | \alpha_1 K\rangle,$$
$$M_2 = \left(\frac{5}{16\pi}\right)^{1/2} e Q_0 \langle\alpha_2 K | \varepsilon_0 | \alpha_1 K\rangle. \quad (4\text{–}220)$$

Das Matrixelement (4–219) hat die unikale Form, die man durch Berücksichtigung der in $I_\pm$ linearen Terme im inneren Moment erhält (siehe Gl. (4–75)). Weitere Beiträge zu M_2 können von Kopplungseffekten herrühren, die nicht in H_c enthalten sind (siehe die Bemerkungen nach Gl. (4–210)).

Ein Test der verallgemeinerten Intensitätsbeziehung (4–219) wird in dem Beispiel auf S. 145ff. diskutiert. Verschiedene zusätzliche Konsequenzen der Kopplung (4–216), einschließlich Energieverschiebungen und Einfluß auf $E0$- und $E2$-Matrixelemente in den gekoppelten Banden, werden ebenfalls im Zusammenhang mit diesem Beispiel betrachtet.

Beispiele zu Abschnitt 4–4

Einfluß der Coriolis-Kopplung auf M1- und E2-Übergänge in ¹⁷⁵Lu (Abb. 4–28 und Tab. 4–19)

Die Grundzustandsbande von ^{175}Lu besitzt $K = 7/2$; eine $K = 5/2$-Anregung tritt bei 343 keV auf (siehe Abb. 4–28). Die angeregte Bande wird im β-Zerfall von ^{175}Hf besiedelt, und die gemessenen $B(M1)$- und $B(E2)$-Werte für Übergänge zwischen den Banden sind in Tab. 4–19 aufgeführt. Aus diesen Daten kann man Aussagen über die Coriolis-Kopplung der beiden Banden erhalten (Hansen u. a., a. a. O., Abb. 4–28).

E2-Übergänge

Die $E2$-Übergangswahrscheinlichkeiten genügen der Intensitätsregel führender Ordnung (4–68). Die Absolutraten, die von der Größenordnung der Einteilcheneinheit $B_W(E2)$ sind, weisen jedoch auf eine Kopplung zwischen den Banden hin. Die Banden $K = 7/2$ und $K = 5/2$ können den Bahnen [404 7/2] und [402 5/2] des ungeraden Protons zugeordnet werden (siehe Tab. 5–12, S. 258). Der $E2$-Übergang zwischen diesen Bahnen verletzt die $E2$, $\Delta K = 1$-Auswahlregeln für die asymptotischen Quantenzahlen ($\Delta n_3 = 1$,

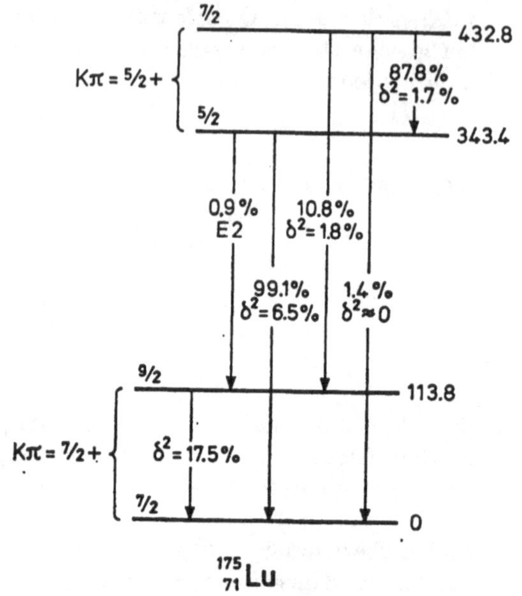

Abb. 4–28 $E2$- und $M1$-Übergänge in ^{175}Lu. Die experimentellen Daten stammen von P. G. Hansen, P. Hornshøj und K. H. Johansen, Nuclear Phys. **A126**, 464 (1969). In der Abbildung sind die Verzweigungsverhältnisse im Zerfall der verschiedenen Niveaus angegeben; die Größe δ^2 bei den gemischten $M1+E2$-Übergängen ist das Verhältnis der Intensitäten der $E2$- und $M1$-Übergänge.

Tab. 4–19 $E2$- und $M1$-Übergangsmatrixelemente in ^{175}Lu. Die Tabelle basiert auf den Daten von Hansen u. a., a. a. O., Abb. 4–28, und der Halbwertszeit $\tau_{1/2} = 3{,}2 \cdot 10^{-10}$ s für das 343 keV-Niveau (B. I. Deutch, Nuclear Phys. **30**, 191 (1962)). Die Größen m sind experimentell bestimmte innere Matrixelemente, die durch die Beziehungen

$$m(E2) \equiv \left(\frac{16\pi}{5}\right)^{1/2} (2I_i + 1)^{-1/2} \langle I_i K_i 2 \Delta K \mid I_f K_f \rangle^{-1} \langle K_f I_f \| \mathcal{M}(E2) \| K_i I_i \rangle,$$

$$m(M1) \equiv \left(\frac{4\pi}{3}\right)^{1/2} (2I_i + 1)^{-1/2} \langle I_i K_i 1 \Delta K \mid I_f K_f \rangle^{-1} \langle K_f I_f \| \mathcal{M}(M1) \| K_i I_i \rangle$$

definiert sind. Die Vorzeichen der $M1$-Matrixelemente in Spalte 8 wurden aus den gemessenen relativen Phasen der $M1$- und $E2$-Amplituden erhalten unter Annahme eines positiven Vorzeichens für die $E2$-Matrixelemente in Spalte 6. Für die Übergänge innerhalb der Banden sind die Größen Q_0 und $(g_K - g_R)\,K$ in den Spalten 6 bzw. 8 gegeben. Bei der Analyse wurde angenommen, daß das innere Quadrupolmoment Q_0 in der $K = 5/2$-Bande mit dem gemessenen Wert für die $K = 7/2$-Bande übereinstimmt.

K_i	I_i	K_f	I_f	$B(E2)$ $e^2\,\mathrm{fm}^4$	$m(E2)$ $e\,\mathrm{fm}^2$	$B(M1)$ $(e\hbar/2Mc)^2$	$m(M1)$ $e\hbar/2Mc$
5/2	5/2	7/2	7/2	21 ± 5	20 ± 2	$(2{,}6 \pm 0{,}2) \cdot 10^{-3}$	$-(10{,}4 \pm 0{,}5) \cdot 10^{-2}$
		7/2	9/2	22 ± 3	22 ± 1		
5/2	7/2	7/2	7/2			$(3{,}6 \pm 0{,}6) \cdot 10^{-3}$	$\pm(26 \pm 2) \cdot 10^{-2}$
		7/2	9/2	$2{,}8 \pm 1{,}0$	18 ± 3	$(1{,}1 \pm 0{,}3) \cdot 10^{-3}$	$-(7{,}8 \pm 0{,}9) \cdot 10^{-2}$
		5/2	5/2		750*)	$(6{,}5 \pm 1{,}1) \cdot 10^{-1}$	$+3{,}6 \pm 0{,}3$
7/2	9/2	7/2	7/2	$1{,}90 \cdot 10^4$	750	$(8{,}0 \pm 0{,}8) \cdot 10^{-2}$	$+1{,}38 \pm 0{,}07$

*) angenommener Wert

$\Delta\Lambda = 1$, $\Delta\Sigma = 0$) und ist daher verzögert. Eine Abschätzung des Matrixelements $\langle\Omega = 7/2|\,\mathscr{M}(E2, \nu = 1)\,|\Omega = 5/2\rangle$ mit den Protonwellenfunktionen in Tab. 5-2, S. 198, ergibt $B(E2)$-Werte, die nur etwa das 10^{-3}-fache der beobachteten Werte betragen. Daraus kann man schließen, daß der Übergang zwischen den Einteilchenzuständen nur einen kleinen Bruchteil der beobachteten Übergangsrate ausmachen kann.

Die ziemlich großen $E2$-Matrixelemente zwischen den Banden können aufgrund einer Bandenmischung durch die CORIOLIS-Kraft interpretiert werden. Selbst eine kleine Beimischung verursacht große $E2$-Matrixelemente wegen der dabei auftretenden kollektiven Momente. (Tatsächlich erwartet man ganz allgemein, daß der CORIOLIS-Kopplungsterm den Hauptanteil des $E2$-Matrixelements für niederfrequente $\Delta K = 1$-Übergänge liefert; siehe S. 246.) Das induzierte $E2$-Übergangsmoment kann man nach Gl. (4-203) erhalten (siehe auch Gln. (4-67) und (1A-91)):

$$\begin{aligned}\delta\mathscr{M}(E2, \mu) &= \left(\frac{5}{64\pi}\right)^{1/2} e\left(\sqrt{6}\,\{\varepsilon_{+1}, Q_0\}\,\mathscr{D}^2_{\mu 1} + [\varepsilon_{+1}, Q_0]\,\{I_-, \mathscr{D}^2_{\mu 0}\}\right) + \mathscr{R}\text{-konj.}\\ &\approx \left(\frac{15}{8\pi}\right)^{1/2} eQ_0\varepsilon_{+1}\mathscr{D}^2_{\mu 1} + \mathscr{R}\text{-konj.}\end{aligned} \qquad (4\text{-}221)$$

In dem letzten Ausdruck für $\delta\mathscr{M}(E2, \mu)$ wurde angenommen, daß beide Banden den gleichen Wert Q_0 besitzen; der Q_0 enthaltende Kommutator verschwindet dann. Das induzierte Moment (4-221) ergibt eine I-unabhängige Renormierung des inneren Moments $\mathscr{M}(E2, \nu = 1)$, in Übereinstimmung mit den Daten in Tab. 4-19. Die beobachteten absoluten Übergangsraten bestimmen die Größe $\varepsilon_{+1}Q_0$; mit dem Wert $Q_0 = 750\ \text{fm}^2$, der sich aus der COULOMB-Anregung der $K = 7/2$-Bande ergibt (siehe Abb. 4-25, S. 114), erhält man

$$\langle K = 7/2|\,\varepsilon_{+1}\,|K = 5/2\rangle \approx 0{,}0112 \pm 0{,}0005. \qquad (4\text{-}222)$$

Wir haben die relative Phase zwischen den beiden inneren Zuständen so gewählt, daß das effektive innere $E2$-Übergangsmoment (mit $\nu = 1$) positiv ist (siehe Gl. (4-221)). Diese Phasenwahl stimmt mit der in Tab. 4-19 verwendeten Konvention überein.

Ein Unterschied in den Q_0-Werten der beiden gekoppelten Banden führt zu einer Änderung der $E2$-Intensitätsbeziehungen, die man aus dem zu $[\varepsilon_{+1}, Q_0]$ proportionalen Term in Gl. (4-221) ableiten kann. Aus der beobachteten Übereinstimmung mit den Intensitätsregeln führender Ordnung folgt $|Q_0(5/2) - Q_0(7/2)| \lesssim 0{,}1Q_0$.

M1-Übergänge

Die $M1$-Matrixelemente für Übergänge zwischen den Banden $K = 5/2$ und $K = 7/2$ zeigen bedeutende Abweichungen von der Intensitätsbeziehung führender Ordnung (siehe Tab. 4-19). Die Daten können aber mit der verallgemeinerten Beziehung, die man durch Berücksichtigung in $I_\pm$ linearer Terme in den inneren Momenten erhält (siehe Gl. (4-98)), angepaßt werden:

$$\begin{aligned}&\langle K_f = 7/2, I_f\|\,\mathscr{M}(M1)\,\|K_i = 5/2, I_i\rangle\\ &= (2I_i + 1)^{1/2}\,\langle I_iK_i11\mid I_fK_f\rangle\left(M_1 + M_2(I_f(I_f+1) - I_i(I_i+1))\right)\end{aligned} \qquad (4\text{-}223)$$

mit

$$\left.\begin{aligned} M_1 &= -0{,}26 \pm 0{,}02 \\ M_2 &= 0{,}021 \pm 0{,}002 \end{aligned}\right\} \left(\frac{3}{4\pi}\right)^{1/2} \frac{e\hbar}{2Mc}. \tag{4–224}$$

Die Abweichungen von den Intensitätsregeln führender Ordnung können der CORIOLIS-Kopplung zugeschrieben werden. Das induzierte $M1$-Moment ist durch Gl. (4A–31) gegeben, und für die in Gl. (4–223) vorkommenden Matrixelemente M_1 und M_2 erhält man daher

$$\begin{aligned} M_1 &= \langle K = 7/2 |\, \mathcal{M}(M1, \nu = 1)\, | K = 5/2 \rangle \\ &\quad + \frac{1}{\sqrt{2}} \langle K = 7/2 |\, \{\varepsilon_{+1}, \mathcal{M}(M1, \nu = 0)\} - 6[\varepsilon_{+1}, \mathcal{M}(M1, \nu = 0)]\, | K = 5/2 \rangle, \\ M_2 &= \frac{1}{\sqrt{2}} \langle K = 7/2 |\, [\varepsilon_{+1}, \mathcal{M}(M1, \nu = 0)]\, | K = 5/2 \rangle. \end{aligned} \tag{4–225}$$

Zu den Matrixelementen, die die CORIOLIS-Kopplung enthalten, kann die Beimischung der beiden Banden und ebenso die Kopplung an andere $K = 5/2$- und $K = 7/2$-Banden beitragen, die über nichtdiagonale Matrixelemente von $\mathcal{M}(M1, \nu = 0)$ ins Spiel kommen. Diese letzteren Beiträge sollten im vorliegenden Beispiel klein sein, teils wegen der größeren Energienenner für die Zustände, die mit großen CORIOLIS-Matrixelementen gekoppelt sind, und teils deshalb, weil die nichtdiagonalen Matrixelemente von $\mathcal{M}(M1, \nu = 0)$ im Grenzfall der asymptotischen Quantenzahlen verschwinden. (Siehe Tab. 5–3, S. 203.)

Der aus der Mischung der $K = 5/2$- und $K = 7/2$-Banden resultierende Wert von M_2 ist gegeben durch

$$\begin{aligned} M_2 &= \frac{1}{\sqrt{2}} \langle K = 7/2 |\, \varepsilon_{+1}\, | K = 5/2 \rangle \\ &\times \big(\langle K = 5/2 |\, \mathcal{M}(M1, \nu = 0)\, | K = 5/2 \rangle - \langle K = 7/2 |\, \mathcal{M}(M1, \nu = 0)\, | K = 7/2 \rangle \big). \end{aligned} \tag{4–226}$$

Die inneren $M1$-Matrixelemente lassen sich durch die g-Faktoren ausdrücken (siehe Gln. (4–84) und (4–86)):

$$\langle K |\, \mathcal{M}(M1, \nu = 0)\, | K \rangle = \left(\frac{3}{4\pi}\right)^{1/2} \frac{e\hbar}{2Mc} (g_K - g_R)\, K. \tag{4–227}$$

Die aus $M1$-Übergängen innerhalb der beiden Banden bestimmten empirischen Werte von $(g_K - g_R)$ sind in Tab. 4–19 angegeben. Aus dem beobachteten Wert von M_2 (siehe Gl. (4–224)) erhält man somit

$$\langle K = 7/2 |\, \varepsilon_{+1}\, | K = 5/2 \rangle \approx 0{,}013 \pm 0{,}003, \tag{4–228}$$

was mit der aus $E2$-Übergängen bestimmten Bandenmischungsamplitude (4–222) konsistent ist.

Coriolis-Matrixelement

Schreibt man die Bandenmischung der CORIOLIS-Wechselwirkung zu, so folgt aus dem beobachteten Wert ε_{+1} zusammen mit den Beziehungen (4–197) und(4–199)

$$\langle K = 7/2 | h_{+1} | K = 5/2 \rangle = -\frac{\hbar^2}{2\mathcal{J}_0} \langle K = 7/2 | j_+ | K = 5/2 \rangle$$
$$\approx -5{,}0 \text{ keV}. \qquad (4\text{–}229)$$

Eine Abschätzung dieses Matrixelements mit den Protonwellenfunktionen in Tab. 5–2, S. 198, für die Bahnen [404 7/2] und [402 5/2] und mit dem Rotationsparameter $\hbar^2/2\mathcal{J}_0 = 13{,}7$ keV (dem Mittelwert für ^{174}Yb und ^{176}Hf) ergibt $\langle K = 7/2 | h_{+1} | K = 5/2 \rangle \approx -5{,}8$ keV. In dieser Abschätzung wurde der Faktor $u(5/2)\, u(7/2) + v(5/2)\, v(7/2) \approx 0{,}9$ berücksichtigt, der den Einfluß der Paarkorrelationen enthält (siehe Gl. (5–43)).

Die Bandenmischung hat auch Korrekturen an den $M1$- und $E2$-Übergängen innerhalb der Banden sowie an den Rotationsenergien zur Folge, aber wegen der Kleinheit von ε_{+1} sind die Effekte zu gering, um im vorliegenden Beispiel beobachtet zu werden.

Analyse von E2-Übergängen zwischen der Grundzustandsbande und der $K = 2^+$-Bande (γ-Vibration) in ^{166}Er (Abb. 4–29 und 4–30)

Die Intensitätsbeziehungen für $E2$-Übergänge zwischen der Grundzustandsbande und den systematisch auftretenden $K\pi = 2^+$-Banden, die in den meisten deformierten gg-Kernen als niedrigliegende Anregungen gefunden wurden, sind ausgiebig untersucht worden. Als Beispiel betrachten wir die verfügbare Information über den $E2$-Zerfall der $K = 2$-Bande in ^{166}Er. Diese Bande wird sowohl im Zerfall des ^{166}Ho-Grundzustandes ($I\pi = 0^-$) als auch im Zerfall des ^{166}Ho-Hochspinisomers ($I\pi = 7^-$) besiedelt, was die Untersuchung von Übergängen über einen weiten Bereich von I-Werten ermöglicht. Das zugehörige Niveauschema für ^{166}Er ist in Abb. 4–29 wiedergegeben.

I-Abhängigkeit von E2-Matrixelementen

Die γ-Übergänge zwischen den $K = 2$- und $K = 0$-Banden sind vermutlich vorwiegend $E2$-Strahlung, was durch die K-Auswahlregel nahegelegt wird. Für eine Anzahl von Übergängen in Abb. 4–29 haben Winkelkorrelationsmessungen bestätigt, daß die $M1$-Beimischungen höchstens einige Prozent der Amplitude betragen (REICH und CLINE, 1965).

Die Experimente messen direkt die relative Stärke der Übergänge aus jedem Anfangszustand I_i (in der $K = 2$-Bande) und liefern daher eine Reihe von Tests der $E2$-Intensitätsregeln, die unabhängig von weiteren Annahmen sind. Zusätzliche Aussagen ergeben sich aus der beobachteten Konkurrenz mit $E2$-Übergängen innerhalb der $K = 2$-Bande. Durch Annahme der Intensitätsregeln führender Ordnung für diese Übergänge in der Bande ist es möglich, die $E2$-Raten für jene Übergänge zwischen den Banden, die von den Niveaus mit $I_i = 4, 5, 6$ und 7 ausgehen, zu vergleichen. Die verfügbaren Daten über die $E2$-Amplituden der Übergänge zwischen den $K = 2$- und $K = 0$-Banden in ^{166}Er sind in Abb. 4–30 zusammengefaßt.

Die $E2$-Amplituden in Abb. 4–30 zeigen systematische Abweichungen von der Intensitätsregel führender Ordnung, die einer waagerechten Geraden entsprechen würde. Diese Abweichungen können gut erfaßt werden mit Hilfe der verallgemeinerten

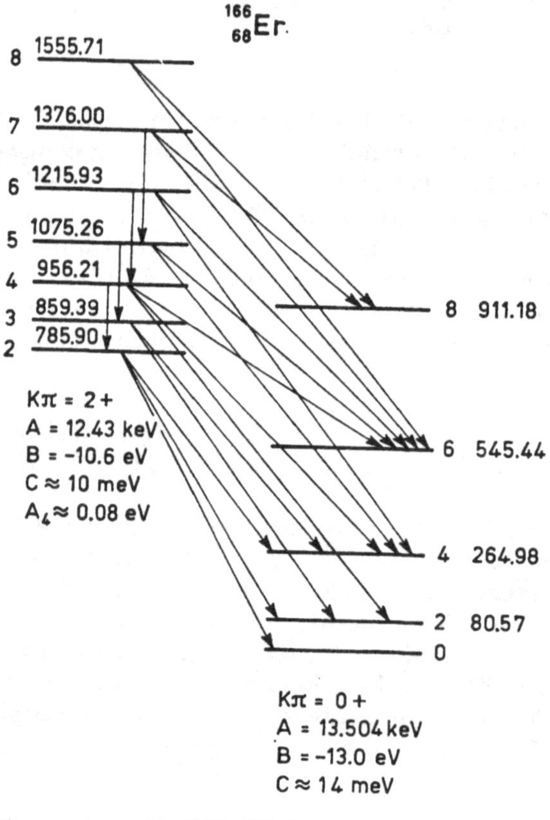

Abb. 4–29 Niveauschema für ^{166}Er. Die Daten stammen von C. W. Reich und J. E. Cline, Nuclear Phys. **A 159**, 181 (1970).

Intensitätsrelation (4–98), die man durch Berücksichtigung der I-abhängigen Terme erster Ordnung im inneren Übergangsmoment erhält,

$$B(E2; K = 2, I_i \to K = 0, I_f)$$
$$= 2M_1^2 \langle I_i 2 2 -2 \mid I_f 0\rangle^2 \left(1 + a_2(I_f(I_f+1) - I_i(I_i+1))\right)^2, \qquad (4\text{–}230)$$
$$a_2 = -\frac{M_2}{M_1}.$$

(Über erste Untersuchungen der $E2$-Intensitätsrelationen für den Zerfall von γ-Vibrationsbanden berichteten Hansen u. a., 1959, die eine etwas andere, jedoch äquivalente

Form der Beziehung (4–230) benutzten, die den Parameter

$$z_2 = \frac{-2M_2}{M_1 + 4M_2} = \frac{2a_2}{1 - 4a_2} \tag{4–231}$$

enthält. Die Form (4–230) wurde von MIKHAILOV, 1966, angegeben.)

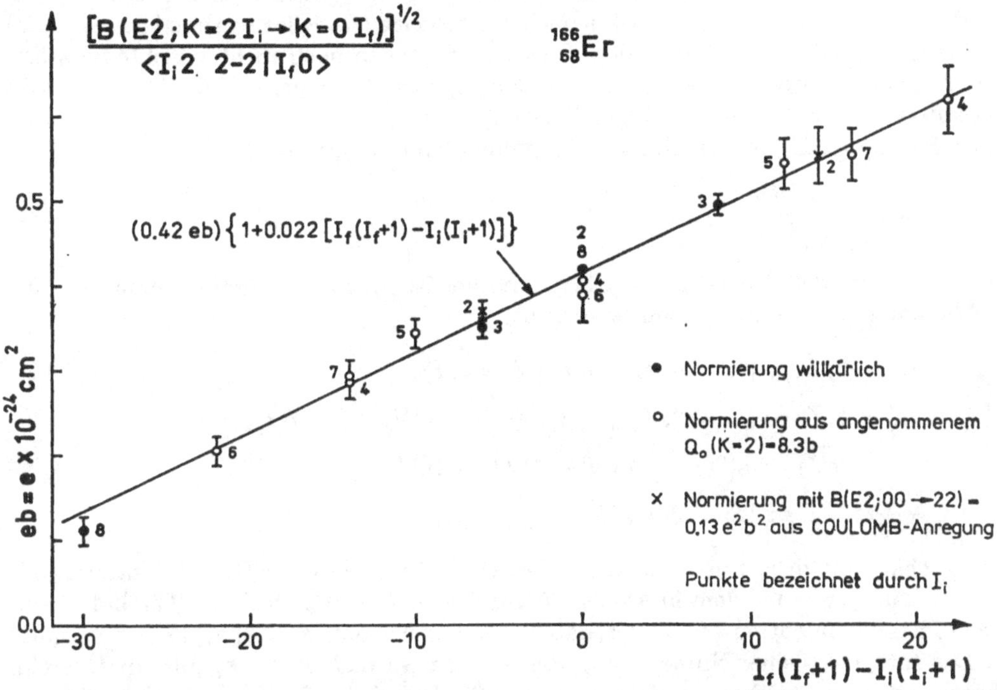

Abb. 4–30 $E2$-Übergangsamplituden in ^{166}Er. Die Abbildung basiert auf den relativen Intensitäten von γ-Übergängen, die von C. J. GALLAGHER Jr., O. B. NIELSEN und A. W. SUNYAR, Phys. Letters **16**, 298 (1965), und von C. GÜNTHER und D. R. PARSIGNAULT, Phys. Rev. **158**, 1297 (1967), gemessen wurden. Die absoluten Amplituden für die Übergänge mit $I_i = 2$ wurden aus der Messung der COULOMB-Anregung $B(E2;\, K = 0, I = 0 \rightarrow K = 2, I = 2) = (0{,}13 \pm 0{,}01)\, e^2b^2$ bestimmt (J. M. DOMINGOS, G. D. SYMONS und A. C. DOUGLAS, Nuclear Phys. **A180**, 600, 1972). Die Absolutraten für die Zerfälle der Niveaus mit $I_i = 4$, 5, 6 und 7 können über die beobachteten Intensitäten der Übergänge innerhalb der Bande mit dem Parameter $Q_0(K = 2)$ verknüpft werden. Der in der Abbildung benutzte Wert $Q_0(K = 2)$ wurde so gewählt, um eine optimale Anpassung mit einer Geraden zu erhalten. Bei den Übergängen mit $I_i = 3$ und 8 haben nur die Relativwerte eine Bedeutung.

Analyse im Rahmen der $\Delta K = 2$-Kopplung

Die vorangehende Analyse enthält weder Annahmen über die Struktur der $K = 2$-Anregung noch über die Herkunft der Korrekturglieder in den $E2$-Momenten. Weitere Beziehungen lassen sich herleiten, wenn man über die für das Matrixelement M_2 verantwortliche Kopplung speziellere Annahmen macht. Wir werden insbesondere die

Folgerungen einer effektiven $\Delta K = 2$-Kopplung untersuchen, die die beiden Banden direkt mischt (siehe S. 128ff.).

Ein zusätzlicher Beitrag zum Matrixelement M_2 kann von Coriolis-Effekten erster Ordnung herrühren, die zur Beimischung von $K = 1$-Komponenten in den Banden $K = 0$ und $K = 2$ führen. Diese Komponenten tragen über $E2$-Matrixelemente mit $\Delta K = 1$ bei, aber das offensichtliche Fehlen niedrigliegender kollektiver $E2$-Anregungen mit $K\pi = 1^+$ kann bedeuten, daß diese Beiträge zu M_2 klein sind gegenüber jenen aus der $\Delta K = 2$-Kopplung. Es ist jedoch zu betonen, daß das vorhandene Material die Frage kollektiver Effekte in den $K = 1$-Anregungen noch nicht vollständig klärt. (Die mögliche Bedeutung der $\Delta K = 1$-Beiträge zu M_2 wurde von Günther und Parsignault, a. a. O., Abb. 4–30, diskutiert.)

Der Beitrag zu M_2 aus der $\Delta K = 2$-Kopplung kann in der Form

$$M_2 = \varepsilon_2 \left(\frac{15}{8\pi}\right)^{1/2} eQ_0 \tag{4–232}$$

ausgedrückt werden (siehe Gl. (4–211)). Hierbei ist ε_2 die reduzierte Amplitude, die die Mischung der beiden Banden beschreibt,

$$\begin{aligned}
|\hat{K} = 0, I\rangle &\approx |K = 0, I\rangle - c(I)\,|K = 2, I\rangle, \\
|\hat{K} = 2, I\rangle &\approx |K = 2, I\rangle + \tfrac{1}{2}\, c(I)\left(1 + (-1)^I\right) |K = 0, I\rangle, \\
c(I) &= \varepsilon_2\left(2(I-1)\, I(I+1)\,(I+2)\right)^{1/2}, \\
\varepsilon_2 &\equiv \langle K = 2|\, \varepsilon_{+2}\, |K = 0\rangle \approx -1{,}1 \cdot 10^{-3}.
\end{aligned} \tag{4–233}$$

Die Abschätzung für ε_2 wurde aus dem Wert $Q_0 = 756\ \mathrm{fm}^2$ für die Grundzustandsbande (Elbek u. a., 1960) und dem in Abb. 4–30 gegebenen Wert M_2 erhalten. (Wir haben eine solche Phasenkonvention verwendet, daß das Matrixelement $\langle K = 2|\, h_{+2}\, |K = 0\rangle$ negativ ist. Das entspricht einer Numerierung der Achsen, so daß $\mathscr{I}_1 > \mathscr{I}_2$ gilt, in Übereinstimmung mit der üblichen Bezeichnungsweise für dreiachsige Rotoren (siehe Gl. (4–282)). Diese Konvention ergibt ein negatives Vorzeichen für ε_2 und $c(I)$, und das beobachtete negative Vorzeichen von $M_2 : M_1$ bedeutet daher, daß M_1 positiv ist.) Der Wert von ε_2 entspricht einem Kopplungsmatrixelement (siehe Gl. (4–208))

$$\begin{aligned}
h_2 &\equiv \langle K = 2|\, h_{+2}\, |K = 0\rangle = \varepsilon_2\left(E(K = 2) - E(K = 0)\right) \\
&\approx -0{,}8\ \mathrm{keV}.
\end{aligned} \tag{4–234}$$

Bei der Herleitung der Intensitätsbeziehung (4–230) im Rahmen der $\Delta K = 2$-Kopplung wurde angenommen, daß die inneren Quadrupolmomente der beiden Banden gleich sind. Ein Unterschied der Quadrupolmomente führt zu der allgemeineren Beziehung (es wurden nur Terme linear in ε_2 mitgenommen)

$$\begin{aligned}
&B(E2; K = 2, I_i \to K = 0, I_f) \\
&= 2\langle I_i 2 2 -2 \mid I_f 0\rangle^2 \big(M_1 + M_2(I_i(I_i+1) - I_f(I_f+1)) \\
&\quad + M_3\big((I_i(I_i+1) - I_f(I_f+1))^2 - 2(I_i(I_i+1) + I_f(I_f+1))\big)\big)^2
\end{aligned} \tag{4–235}$$

mit

$$M_2 = \varepsilon_2 \left(\frac{15}{8\pi}\right)^{1/2} eQ_0(K=2),$$

$$M_3 = \varepsilon_2 \frac{1}{12} \left(\frac{15}{8\pi}\right)^{1/2} e\big(Q_0(K=0) - Q_0(K=2)\big). \tag{4–236}$$

Die Daten in Abb. 4–30 setzen einen Grenzwert für das Matrixelement M_3, woraus $|Q_0(K=2) - Q_0(K=0)| \lesssim 0{,}1 Q_0$ folgt. Der aus der Analyse in Abb. 4–30 erhaltene Wert von $Q_0(K=2)$ ist mit diesem Grenzwert verträglich.

Die Bandenkopplung (4–233) verursacht Beiträge zu den Rotationsenergietermen B und A_4 (siehe Gl. (4–213)),

$$\delta B(K=0) = -2\varepsilon_2^2 (E_2 - E_0) = -1{,}8 \text{ eV},$$

$$\delta B(K=2) = \delta A_4(K=2) = -\tfrac{1}{2}\delta B(K=0). \tag{4–237}$$

Der beobachtete B-Wert für die Grundzustandsbande (siehe Abb. 4–29) liegt etwa eine Größenordnung höher als der Beitrag (4–237). Er muß daher zusätzlichen (bisher nicht identifizierten) Rotationskopplungseffekten zugeschrieben werden. Dieselbe Schlußfolgerung gilt für den Term $B(K=2)$. Der aus der Kopplung an die Grundzustandsbande resultierende Beitrag zu $A_4(K=2)$ ist jedoch um mehr als eine Größenordnung höher als der beobachtete Wert (siehe Abb. 4–29). Aus der gegenwärtigen Interpretation folgt daher, daß der Einfluß von Kopplungen an höherliegende $K\pi = 0^+$-Banden den Beitrag (4–237) zu A_4 mit großer Genauigkeit kompensiert (siehe S. 142).

Die Bandenmischung (4–233) führt zu kleinen Korrekturen in den Intensitätsregeln für $E2$-Übergänge innerhalb der Banden. Für die $K=0$-Bande hat die abgeänderte Beziehung die Form (4–81) mit Koeffizienten, die durch (4–215) gegeben sind;

$$\frac{M_3}{M_1} = -\frac{\varepsilon_2}{\sqrt{12}} \left(\frac{B(E2; 0 \to K=2, I=2)}{B(E2; 0 \to K=0, I=2)}\right)^{1/2}$$

$$\approx \frac{1}{12} a_2 \frac{B(E2; 0 \to K=2, I=2)}{B(E2; 0 \to K=0, I=2)}$$

$$\approx -5 \cdot 10^{-5}, \tag{4–238}$$

$$M_2 = -6 M_3.$$

Für die Übergänge $I+2 \to I$ wird die Korrektur zur Intensitätsregel führender Ordnung mitunter durch den in Gl. (4–181) eingeführten Parameter α ausgedrückt. Die Kopplung an die $K=2$-Bande liefert einen Beitrag zu α, der durch

$$\delta\alpha = \frac{M_2 + 8M_3}{M_1}$$

$$\approx -1 \cdot 10^{-4} \tag{4–239}$$

gegeben ist (siehe Gln. (4–230), (4–232) und (4–238)). Ein solcher Wert von α bedeutet eine Korrektur des Verhältnisses $B(E2; I=4 \to I=2) : B(E2; I=2 \to I=0)$ um etwa 0,5%. (Untersuchungen der Vielfach-Coulomb-Anregung haben für die Grundzustandsbande von ^{166}Er eine Abschätzung für α von etwa -10^{-3} ergeben (Sayer u. a.,

1970); das würde ziemlich große Beiträge aus bisher nicht identifizierten Kopplungen bedeuten.)

Die Kopplung zwischen den Banden $K = 0$ und $K = 2$ verursacht auch $M1$-Übergänge zwischen den Banden, deren Amplituden proportional zur Amplitude der $M1$-Matrixelemente innerhalb der Banden sind. Nimmt man für beide Banden denselben Wert von g_R an, dann trägt nur der zu $(g_K - g_R)\, I_3$ proportionale Teil des $M1$-Operators bei, und man erhält

$$\begin{aligned}
&\langle K = 2, I_2 \| \mathcal{M}(M1) \| K = 0, I_1 \rangle \\
&\quad = \big((2I_1 + 1)(I_1 - 1)\, I_1(I_1 + 1)(I_1 + 2)\big)^{1/2} \langle I_1 2\, 1 0 \mid I_2 2 \rangle\, M \\
&\quad = \big(2(2I_1 + 1)\, I_1(I_1 + 1)\big)^{1/2} \langle I_1 1 1 1 \mid I_2 2 \rangle \big(M_1 + M_2(I_2(I_2 + 1) - I_1(I_1 + 1))\big)
\end{aligned} \tag{4–240}$$

mit

$$\begin{aligned}
M &= -2\sqrt{2}\left(\frac{3}{4\pi}\right)^{1/2} \frac{e\hbar}{2Mc}\big(g_K(K = 2) - g_R\big)\, \varepsilon_2, \\
M_1 &= -4M_2, \\
M_2 &= \tfrac{1}{2} M.
\end{aligned} \tag{4–241}$$

Der letzte Ausdruck in Gl. (4–240) gibt das Matrixelement in der Standardform für einfach K-verbotene Übergänge an (siehe Gl. (4–98)). Die Analyse von γ-Übergangsstärken innerhalb der $K = 2$-Bande in ^{166}Er ergab den Wert $|g_K - g_R| \approx 0{,}11$ (Reich und Cline, 1970); das entspricht $M1 : E2$-Intensitätsverhältnissen der Größenordnung 10^{-4} für die Interbandübergänge in Abb. 4–29.

Da die direkte Bandenmischung für die Erzeugung von $M1$-Übergängen zwischen den Banden ziemlich uneffektiv ist wegen des kleinen Wertes von $g_K - g_R$, ist es wahrscheinlich, daß größere Beiträge zu den $M1$-Übergängen zwischen den Banden von Coriolis-Effekten erster Ordnung herrühren, die über Zwischenzustände mit $K = 1$ wirksam werden. Solche Effekte ergeben ein Matrixelement der Form (4–240) mit

$$\begin{aligned}
M_1 &= \langle K = 2 | \, [\varepsilon_{+1}, \mathcal{M}(M1, \nu = 1)] \, | K = 0 \rangle, \\
M_2 &= 0.
\end{aligned} \tag{4–242}$$

Dieses Matrixelement hat dieselbe Gestalt wie die Intensitätsregel führender Ordnung für einfach K-verbotene $M1$-Übergänge (siehe Gl. (4–95)). Die Kopplungen $\Delta K = 2$ und $\Delta K = 1$ geben daher für die $M1$-Übergänge unterschiedliche Intensitätsregeln und können durch eine Messung der relativen Intensitäten unterschieden werden. (Hinweise, die eine Interpretation der beobachteten $M1$-Beimischungen im Zerfall der $K = 2$-Bande in ^{152}Sm und ^{154}Gd aufgrund von $\Delta K = 1$-Kopplungen unterstützen, findet man bei Rud und Nielsen, 1970.)

Interpretation der $K\pi = 2^+$-Anregung

Die niedrige Anregungsenergie und das große $E2$-Matrixelement für die Anregung der $K = 2$-Bande deuten darauf hin, daß hier eine kollektive Anregung vorliegt, bei der die Kernform von der Axialsymmetrie abweicht. (Der $B(E2)$-Wert für die Anregung des Zustandes $K = 2$, $I = 2$ beträgt etwa $28 B_W(E2)$, das ist das 14fache der entsprechenden

Einteilcheneinheit (siehe S. 474).) Eine solche kollektive Anregung könnte den Charakter einer Schwingung um eine axialsymmetrische Gleichgewichtsform haben oder mit einer von der Axialsymmetrie abweichenden Gleichgewichtsform zusammenhängen.

Weicht die Gleichgewichtsform um mehr als die Nullpunktsschwingungsamplitude von der Axialsymmetrie ab, dann kann das System als asymmetrischer Rotor behandelt werden (siehe Abschnitt 4–5). Da die Abweichungen von der Axialsymmetrie klein sind, können wir die Näherungsausdrücke von Abschnitt 4–5c verwenden, um die drei verschiedenen Rotationsenergiekonstanten $A_\varkappa$ zu finden:

$$\begin{aligned} E(2_1) &= 3(A_1 + A_2), \\ E(2_2) &= A_1 + A_2 + 4A_3, \\ h_2 &= \tfrac{1}{4}(A_1 - A_2) \\ &\left(A_\varkappa = \frac{\hbar^2}{2\mathscr{I}_\varkappa}\right). \end{aligned} \tag{4–243}$$

Verwendet man die Energien in Abb. 4–29 und den Wert (4–234) für h_2, so ergibt sich

$$\begin{aligned} A_1 &= 11{,}8\ \text{keV}, \\ A_2 &= 15{,}0\ \text{keV}, \\ A_3 &= 190\ \ \text{keV}. \end{aligned} \tag{4–244}$$

Bei einem ellipsoidförmigen System hängt der bei Rotationsübergängen auftretende $E2$-Operator von zwei inneren Quadrupolmomenten ab,

$$\begin{aligned} \mathscr{M}(E2,\mu) &= \left(\frac{5}{16\pi}\right)^{1/2} e\big(Q_0\mathscr{D}^2_{\mu 0} + Q_2(\mathscr{D}^2_{\mu 2} + \mathscr{D}^2_{\mu -2})\big), \\ Q_0 &\equiv \langle\alpha| \sum_p (2x_3^2 - x_1^2 - x_2^2)_p |\alpha\rangle, \\ Q_2 &\equiv \sqrt{\tfrac{3}{2}}\langle\alpha| \sum_p (x_1^2 - x_2^2)_p |\alpha\rangle, \end{aligned} \tag{4–245}$$

wobei α der innere Zustand ist (der als ein Eigenzustand der Operationen $\mathscr{R}_\varkappa(\pi)$ angenommen wird (siehe S. 152)). Das Verhältnis von Q_2 und Q_0 ist ein Maß für die Abweichung von der Symmetrie um die Achse 3, die oft durch den Parameter γ ausgedrückt wird:

$$\tan\gamma = \sqrt{2}\,\frac{Q_2}{Q_0}. \tag{4–246}$$

Die $E2$-Matrixelemente, die man mit dem Wert M_1, wie er aus den Daten in Abb. 4–30 folgt, und dem auf S. 138 angeführten Wert von Q_0 erhält, ergeben

$$\begin{aligned} Q_2 &= \left(\frac{16\pi}{5}\right)^{1/2} e^{-1}M_1 = 94\ \text{fm}^2, \\ Q_0 &= 756\ \text{fm}^2, \\ \tan\gamma &= 0{,}18. \end{aligned} \tag{4–247}$$

Für ein Ellipsoid mit einer gleichförmigen Ladungsverteilung und einer scharfen Oberfläche entsprechen die Werte (4–247) Hauptachsen mit Verschiebungen $\delta R_1 = -0{,}07\,R_0$, $\delta R_2 = -0{,}14\,R_0$ und $\delta R_3 = 0{,}21\,R_0$ bei Annahme eines mittleren Radius $R_0 = 1{,}2\,A^{1/3}$ fm.

Interpretiert man die $K\pi = 2^+$-Anregung als Schwingung, dann repräsentiert die Anregungsenergie die Vibrationsfrequenz $\left(E(2_2) = \hbar\omega_\gamma\right)$, und der $B(E2)$-Wert für die Anregung der Bande $n_\gamma = 1$ ist ein Maß für die Schwingungsamplitude. Bei Annahme einer annähernd harmonischen Bewegung erhält man

$$\gamma_0 \equiv \langle\gamma^2\rangle^{1/2} \approx \sqrt{2}\,\frac{\langle K=2|\,\mathscr{M}(E2,\nu=2)\,|K=0\rangle}{\langle K=0|\,\mathscr{M}(E2,\nu=0)\,|K=0\rangle} = 0{,}18 \tag{4–248}$$

für die Nullpunktsamplitude im Grundzustand.

Das Kopplungsmatrixelement h_2 mißt die Abhängigkeit des Trägheitsmoments von der Schwingungsamplitude γ (siehe Gln. (4–234) und (6–296)),

$$\frac{1}{\mathscr{I}}\left(\frac{\partial\mathscr{I}_1}{\partial\gamma}\right)_{\gamma=0} = -\frac{h_2}{\gamma_0}\,\frac{4\mathscr{I}}{\hbar^2} = 0{,}7\,. \tag{4–249}$$

Dieser Wert ist — obwohl etwas kleiner — mit dem Wert vergleichbar, der sich ergibt, wenn man die Trägheitsmomente als proportional zum Quadrat der Exzentrizitäten annimmt (siehe Gl. (6B–17)),

$$\left(\frac{1}{\mathscr{I}_1}\,\frac{\partial\mathscr{I}_1}{\partial\gamma}\right)_{\gamma=0} = \left(\sin^{-2}\left(\gamma-\frac{2\pi}{3}\right)\frac{\partial}{\partial\gamma}\sin^2\left(\gamma-\frac{2\pi}{3}\right)\right)_{\gamma=0} = \frac{2}{\sqrt{3}} = 1{,}15\,. \tag{4–250}$$

Die Interpretationen der Anregung $K\pi = 2^+$ als Vibration oder Rotation haben sehr unterschiedliche Konsequenzen für die höheren Zustände, die Vielfachanregungen entsprechen. Im Rotationsmodell besitzt die nächste Bande die Quantenzahlen $K\pi = 4^+$ und eine Energie gleich dem Vierfachen der Energie der $K\pi = 2^+$-Bande (siehe Gl. (4–284)). Dagegen führt die Superposition von zwei Vibrationsquanten zu Banden mit $K\pi = 0^+$ und 4^+ und zu Energien, die etwa das Doppelte der Energie der $n_\gamma = 1$-Bande betragen. Im Spektrum von ^{166}Er gibt es zur Zeit keine Hinweise auf Banden, die Doppelanregungen entsprechen. Indirekte Aussagen über das Vorliegen einer $K = 0$, $n_\gamma = 2$-Bande liefert der beobachtete sehr kleine Wert des A_4-Koeffizienten in der $K\pi = 2^+$-Bande (siehe S. 139). Bei harmonischen Schwingungen kompensiert die Kopplung an die $K\pi = 0^+$, $n_\gamma = 2$-Bande exakt den Beitrag der $n_\gamma = 0$-(Grundzustands-) Bande; in der Deutung als asymmetrischer Rotor muß die Kleinheit des A_4-Terms im Vergleich zum Beitrag (4–237) einer zufälligen Kompensation zugeschrieben werden, die durch die Kopplung an andere Freiheitsgrade hervorgerufen wird.

Das verfügbare, wenn auch nicht schlüssige Material scheint somit eine Deutung der $K\pi = 2^+$-Anregung als γ-Vibration gegenüber der Deutung als Rotation mit statischer γ-Deformation zu begünstigen. In diesem Zusammenhang ist zu betonen, daß bei der Anwendung des asymmetrischen Rotormodells angenommen wird, daß die Nullpunktsschwingungen in der Asymmetriekoordinate γ klein gegenüber dem Mittelwert dieser Koordinate sind. Die gegenwärtige Information über die $K = 2$-Anregung enthält keine direkten Aussagen über das Verhältnis dieser beiden Größen, aber man könnte erwarten, daß die Nullpunktschwingungen in der γ-Richtung von ähnlicher Größe wie die in der β-Richtung sind. Die experimentell beobachteten $E2$-Matrixelemente für die Anregung der β-Vibrationen sind vergleichbar mit denen für die Anregung der $K\pi = 2^+$-Banden (siehe das Beispiel auf S. 475), was darauf hindeuten kann, daß selbst bei einem Gleichgewicht mit $\gamma \neq 0$ die Nullpunktschwankungen in γ von ähnlicher Größe sind wie der Gleichgewichtswert. (Während die Modelle harmonischer Vibrationen und Rotationen einer statischen nichtaxialen Kernform Grenzfälle von Kopplungsschemata darstellen, können die beteiligten Freiheitsgrade allgemeiner im Rahmen eines zweidimensionalen (anharmonischen) Oszillators mit der Radialvariablen γ und einem Azimutwinkel für Drehungen um die Achse 3 behandelt werden.)

Einfluß der Kopplung bei großem Drehimpuls

Die obige Analyse der $\Delta K = 2$-Kopplung beruht auf einer Störungsrechnung, die erfordert, daß die Koeffizienten $c(I)$ in Gl. (4–233) klein gegen Eins sind. Für die größten Werte von I in Abb. 4–29 ist diese Bedingung ziemlich gut erfüllt $\left(c(I) \lesssim 0{,}1\right)$. Die Kopplung nimmt jedoch mit I stark zu, und für $I \approx 20$ ist die Störungsbehandlung nicht länger gültig. Bei so großen Werten von I erfolgt ein Übergang zu einem neuen Kopplungsschema, in dem das System um die Achse mit dem größten Trägheitsmoment rotiert.

Die Natur des Übergangs hängt von der Interpretation der $\Delta K = 2$-Anregungen ab. Wenn diese Anregung einer Rotation um die Achse 3 einer starren asymmetrischen Figur entspricht, dann gilt für große Drehimpulse das in Abschnitt 4–5e beschriebene Kopplungsschema, in dem das System um die 1-Achse rotiert. Man kann zeigen, daß die Bedingung (4–307) für die Gültigkeit dieses Kopplungsschemas erfüllt ist, sobald die Störungslösung (4–233) unbrauchbar wird.

Wenn die $\Delta K = 2$-Anregung einer Vibration um eine axialsymmetrische Gleichgewichtsform entspricht, dann bedingt die Kopplung (4–206) eine Tendenz des Systems, von der Axialsymmetrie abzuweichen wegen der Verringerung der Rotationsenergie, die man durch Aufhebung der Entartung der Trägheitsmomente senkrecht zur Achse 3 erreichen kann. Den Gleichgewichtswert von γ als eine Funktion von I kann man ableiten, indem man die Summe der potentiellen Energie in γ und der Rotationsenergie betrachtet. Für kleine γ lassen sich die Koeffizienten führender Ordnung in der potentiellen und der Rotationsenergie aus der obigen Analyse erhalten:

$$\begin{aligned} V(\gamma) &= \frac{1}{2}\left(\frac{\gamma}{\gamma_0}\right)^2 \hbar\omega_\gamma, \\ A_1(\gamma) &= A + 2\left(\frac{\gamma}{\gamma_0}\right) h_2, \\ A_2(\gamma) &= A - 2\left(\frac{\gamma}{\gamma_0}\right) h_2, \\ A_3(\gamma) &= \frac{1}{8}\left(\frac{\gamma_0}{\gamma}\right)^2 \hbar\omega_\gamma, \end{aligned} \qquad (4\text{–}251)$$

wobei γ_0 die durch Gl. (4–248) gegebene Nullpunktsamplitude in γ ist. Die Terme $V(\gamma)$ und $A_3(\gamma)$ beschreiben die potentielle Energie und die Zentrifugalenergie im zweidimensionalen Oszillator mit der Radialvariablen γ und dem Drehimpuls $\frac{1}{2}I_3$. Die Differenz zwischen den Termen $A_1(\gamma)$ und $A_2(\gamma)$ liefert die Kopplung (4–206), die den Oszillator vom Gleichgewicht $\gamma = 0$ wegtreibt. Diese Kopplung kann für genügend kleine Werte von I als eine Störung behandelt werden und ergibt eine zu γ^2 proportionale Verringerung der Energie, die einer Abnahme der effektiven Rückstellkraft in der

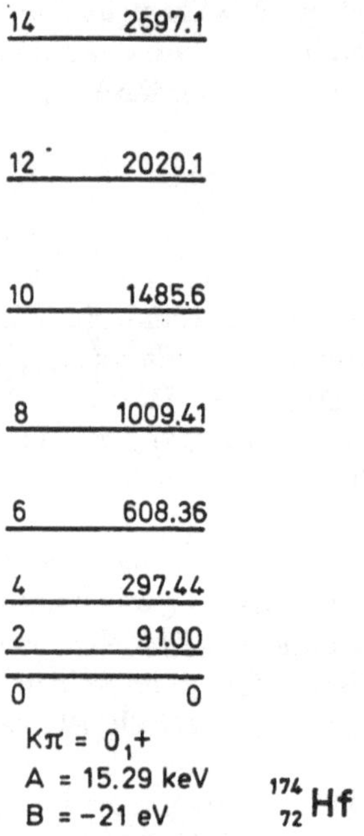

Abb. 4–31 Niedrigliegende $K\pi = 0^+$-Banden in ^{174}Hf. Die Daten stammen von J. H. Jett, D. A. Lind, G. D. Jones und R. A. Ristinen, Bull. Am. Phys. Soc. II, **13**, 671 (1968); S. A. Hjorth, S. Jägare, H. Ryde und A. Johnson (private Mitteilung, 1970); H. Ejiri und G. B. Hagemann, Nuclear Phys. **A161**, 449 (1971). Die Koeffizienten A und B in der Abbildung wurden aus den Energien der beiden niedrigsten angeregten Zustände in jeder Bande bestimmt.

Tab. 4–20 $I(I+1)$-Entwicklung der Grundzustandsrotationsbande von ^{174}Hf. Die Energien dieser Bande wurden aus Abb. 4–31 genommen. Die Entwicklungskoeffizienten sind in keV gegeben, multipliziert mit der am Kopf jeder Spalte aufgeführten Potenz von 10. Diese Koeffizienten wurden durch Anpassung der Energien bis zu einem gegebenen Wert von I_{max} durch ein Polynom in $I(I+1)$ mit $\frac{1}{2}I_{max}$-Termen erhalten. Wir danken I. Hamamoto für ihre Hilfe bei der Vorbereitung der Tabelle.

I_{max}	A	$-B(10^{-2})$	$C(10^{-4})$	$-D(10^{-6})$	$E(10^{-8})$	$-F(10^{-10})$	$G(10^{-12})$
2	15,167						
4	15,293	2,106					
6	15,305	2,356	0,96				
8	15,309	2,459	1,54	0,85			
10	15,312	2,523	1,96	1,81	0,69		
12	15,314	2,570	2,30	2,79	1,82	0,45	
14	15,315	2,609	2,60	3,73	3,21	1,38	0,230

γ-Bewegung entspricht. Bei $I \sim |\hbar\omega_\gamma/h_2|^{1/2}$ wird das Gleichgewicht $\gamma = 0$ unstabil, und die Störungsbehandlung der Kopplung versagt. Für größere Werte von I bildet sich ein Gleichgewicht mit $\gamma > \gamma_0$ heraus, und die Rotationsbewegung kann näherungsweise durch das Kopplungsschema beschrieben werden, in dem der Drehimpuls in der Richtung des größten Trägheitsmoments orientiert ist ($I \approx I_1$; siehe Abschnitt 4–5e). Es ist hervorzuheben, daß bei den sehr großen Werten I, die dem Übergang zu einer dreiachsigen Form entsprechen, die Rotationsbewegung durch Kopplungen, die in der vorliegenden Analyse nicht berücksichtigt wurden, stark beeinflußt werden kann (siehe auch die Diskussion des Spektrums im Yrast-Gebiet, S. 59ff.).

Rotationskopplungseffekte zwischen der Grundzustandsbande und der angeregten $K\pi = 0^+$-Bande (β-Vibration) in ^{174}Hf (Abb. 4–31 und 4–32; Tab. 4–20 und 4–21)

Ein umfangreicher Satz von Daten aus der Coulomb-Anregung und aus (α, xn)-Reaktionen zum ^{174}Hf liefert Aussagen über die Rotationskopplungseffekte in den $\Delta K = 0$-Übergängen zwischen der Grundzustandsrotationsbande und der angeregten $K\pi = 2^+$-Bande bei 828 keV (siehe Abb. 4–31). Die Energien der Grundzustandsbande werden in Tab. 4–20 im Rahmen einer Entwicklung nach Potenzen von $I(I + 1)$ analysiert. Die Ergebnisse dieser Analyse werden zusammen mit anderen Angaben über das Verhalten der Rotationsenergien in den Grundzustandsbanden von gg-Kernen auf S. 58 diskutiert.

Übergänge zwischen den beiden $K = 0$-Banden

Die Amplituden für die $E2$-Übergänge zwischen der angeregten 0^+-Bande ($K = 0_2$) und der Grundzustandsbande ($K = 0_1$) sind in Abb. 4–32 dargestellt. Die Daten weichen merklich von der Intensitätsregel führender Ordnung ab, die einer waagerechten Geraden in Abb. 4–32 entsprechen würde; sie sind aber vereinbar mit der verallgemeinerten Intensitätsregel, die eine lineare I-Abhängigkeit im inneren Moment berücksichtigt (siehe Gl. (4–219)):

$$\begin{aligned} B(E2; K = 0_2, I_i \to K = 0_1, I_f) &\\ &= \langle I_i 0 2 0 \mid I_f 0\rangle^2 \left(M_1 + M_2(I_i(I_i + 1) - I_f(I_f + 1))\right)^2 \\ &= \langle I_i 0 2 0 \mid I_f 0\rangle^2 M_1^2\left(1 + a_0(I_i(I_i + 1) - I_f(I_f + 1))\right)^2, \end{aligned} \qquad (4\text{–}252)$$

$$a_0 = \frac{M_2}{M_1}.$$

Der letzte Ausdruck definiert den Parameter a_0, der in der Literatur häufig verwendet wird. Die empirischen Daten in Abb. 4–32 ergeben einen Wert $a_0 \approx -0{,}025$. Die Interpretation der Matrixelemente M_1 und M_2 wird im folgenden betrachtet.

Die $M1$- und $E0$-Amplituden sind in Tab. 4–21 aufgeführt. Die $E0$-Matrixelemente sind annähernd unabhängig von I, was mit der Intensitätsregel führender Ordnung für einen skalaren Operator übereinstimmt. Für die $M1$-Übergänge ergibt das I-unabhängige Moment ein zu $\langle I0\,10 \mid I0\rangle$ proportionales Matrixelement, das verschwindet.

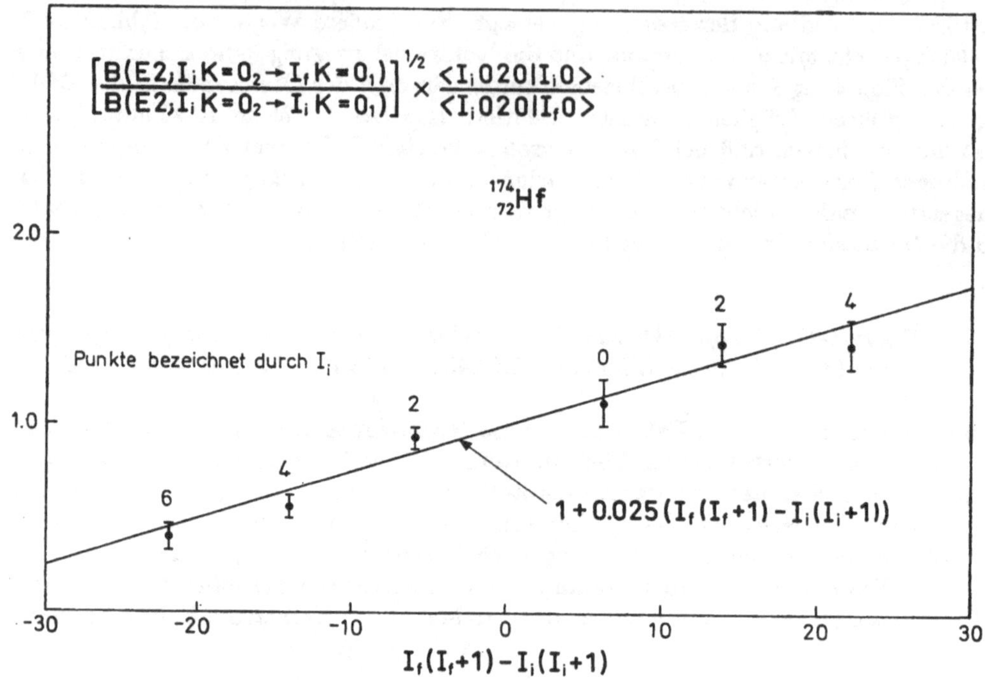

Abb. 4–32 $E2$-Intensitäten für Übergänge zwischen den Banden 0_2^+ und 0_1^+ in ^{174}Hf. Die Daten stammen von Ejiri und Hagemann, a. a. O., Abb. 4–31. Die relative Phase der verschiedenen Übergänge ist experimentell nicht bestimmt worden, und beim Aufstellen der Abbildung wurde angenommen, daß das Verhältnis der reduzierten Matrixelemente, die durch die Quadratwurzel der $B(E2)$-Werte dargestellt werden, dasselbe Vorzeichen wie das Verhältnis der Clebsch-Gordan-Koeffizienten besitzt.

Tab. 4–21 $M1$- und $E0$-Matrixelemente für Übergänge zwischen den Banden 0_2^+ und 0_1^+ in ^{174}Hf. Die Daten stammen von Ejiri und Hagemann, a. a. O., Abb. 4–31. Die Größe in Spalte 2 ist das experimentell bestimmte innere Matrixelement

$$m(M1) \equiv \left(\frac{4\pi}{3}\right)^{1/2} ((2I+1)\, I(I+1))^{-1/2} \langle K = 0_2, I \| \mathscr{M}(M1) \| K = 0_1, I\rangle .$$

Das Vorzeichen ist relativ zum $E2$-Matrixelement, das negativ gesetzt wurde, bestimmt (positives M_1, siehe Gl. (4–219)).

I	$m(M1)$ $10^{-2} e\hbar/2Mc$	$\lvert\langle 0_2 \lvert r^2 \rvert 0_1\rangle\rvert$ fm^2
0		12,0 ± 1,5
2	≦ 2	12,0 ± 1,0
4	1,6 ± 0,6	10,5 ± 1,5
6	3,2 ± 0,5	11,5 ± 1,5

Der Beitrag führender Ordnung zum Übergangsmoment ist daher linear im Drehimpuls; es gibt nur einen einzigen, zu $\boldsymbol{I}$ proportionalen Term (siehe Gl. (4–89)), der die geeignete Symmetrie für den $M1$-Operator

$$\mathscr{M}(M1, \mu) = \left(\frac{3}{4\pi}\right)^{1/2} \frac{e\hbar}{2Mc}\, g_R I_\mu \tag{4–253}$$

besitzt; hierbei ist g_R ein Operator in den inneren Variablen. Das Moment (4–253) ergibt das Übergangsmatrixelement

$$\begin{aligned}\langle K = 0_2, I_2 \| \mathscr{M}(M1) \| K = 0_1, I_1\rangle \\ = \left(\frac{3}{4\pi}\right)^{1/2} \frac{e\hbar}{2Mc} \langle 0_2|\, g_R \,|0_1\rangle \left((2I_1 + 1)\, I_1(I_1 + 1)\right)^{1/2} \delta(I_1, I_2)\,.\end{aligned} \tag{4–254}$$

Die $M1$-Übergangswahrscheinlichkeiten in Tab. 4–21 zeigen eine starke Zunahme mit I, sind aber kaum genau genug, um die Beziehung (4–254) zu testen.

Analyse im Rahmen der Kopplung zwischen den Banden

Die in Abb. 4–32 dargestellten Abweichungen von den $E2$-Intensitätsregeln führender Ordnung können von einer Reihe von Effekten herrühren, die mit der Kopplung zwischen innerer Bewegung und Rotation verbunden sind. Die niedrige Frequenz und das ziemlich große Matrixelement für die Anregung der $K = 0_2$-Bande (siehe unten) deuten aber darauf hin, daß wichtige Beiträge zum Matrixelement M_2 aus der Mischung der beiden Banden stammen, die durch eine effektive $\Delta K = 0$-Kopplung beschrieben wird. Im weiteren Text verfolgen wir die Konsequenzen der Annahme, daß das gesamte Matrixelement M_2 in dieser Weise interpretiert werden kann.

Die Kopplung der beiden Banden hat die Form

$$\begin{aligned}|\hat{K} = 0_1, I\rangle &\approx |K = 0_1, I\rangle - \varepsilon_0 I(I+1)\, |K = 0_2, I\rangle, \\ |\hat{K} = 0_2, I\rangle &\approx |K = 0_2, I\rangle + \varepsilon_0 I(I+1)\, |K = 0_1, I\rangle.\end{aligned} \tag{4–255}$$

Die Amplitude ε_0 kann aus Gl. (4–220) bestimmt werden,

$$\begin{aligned}\varepsilon_0 \equiv \langle 0_2|\, \varepsilon_0 \,|0_1\rangle = \left(\frac{16\pi}{5}\right)^{1/2} \frac{M_2}{eQ_0} \approx a_0 \left(\frac{B(E2;\, 0 \to K = 0_2, I = 2)}{B(E2;\, 0 \to K = 0_1, I = 2)}\right)^{1/2} \\ \approx -3 \cdot 10^{-3}.\end{aligned} \tag{4–256}$$

Die Abschätzung für ε_0 beruht auf dem oben angegebenen Wert a_0 und den Übergangswahrscheinlichkeiten $B(E2;\, K = 0_1, I = 0 \to K = 0_2, I = 2) = (0{,}06 \pm 0{,}01)\, e^2\, 10^{-48}\,\mathrm{cm}^4$ und $B(E2;\, K = 0_1, I = 0 \to K = 0_1, I = 2) = 5{,}3 e^2\, 10^{-48}\,\mathrm{cm}^4$, die dem Wert $Q_0 = 730\,\mathrm{fm}^2$ entsprechen (Ejiri und Hagemann, a. a. O., Abb. 4–31). Das Vorzeichen von ε_0 hängt von der relativen Phase für die inneren Zustände 0_1 und 0_2 ab, die so gewählt wurde, daß das $E2$-Matrixelement M_1 in Gl. (4–252) positiv ist. Die Amplitude ε_0 ist verknüpft mit dem Matrixelement des Operators h_0, der im effektiven Hamilton-Operator (4–216) für die $K = 0$-Kopplung auftritt, und mit Hilfe von Gl. (4–218) erhält man

$$\langle 0_2|h_0|0_1\rangle \approx -2{,}6\ \mathrm{keV}. \tag{4–257}$$

Die Kopplung der beiden Banden verursacht eine zu $I^2(I+1)^2$ proportionale Korrektur der Energien der Grundzustandsbande mit einem Koeffizienten

$$\begin{aligned}\delta B(K = 0_1) &= -\varepsilon_0^2\big(E(K = 0_2) - E(K = 0_1)\big)\\ &\approx -8\ \mathrm{eV},\end{aligned} \tag{4–258}$$

der etwas kleiner als die Hälfte des experimentell beobachteten Wertes für den B-Koeffizienten der Grundzustandsbande ist (siehe Tab. 4–20). Die Kopplung trägt auch zum B-Koeffizienten der $K = 0_2$-Bande mit dem gleichen Betrag, aber entgegengesetztem Vorzeichen bei. Jedoch können vergleichbare Beiträge mit negativem Vorzeichen von der Kopplung der $K = 0_2$-Bande an die höherliegende $K = 0$-Bande stammen, die aus der Doppelanregung der für die $K = 0_2$-Bande verantwortlichen Anregungsform resultieren sollte.

Die Bandenmischung (4–255) verursacht Korrekturen an den $E2$-Matrixelementen innerhalb der Grundzustandsrotationsbande, die sich in der Form

$$\begin{aligned}&\langle K = 0_1, I_2\|\,\mathcal{M}(E2)\,\|K = 0_1, I_1\rangle\\ &= (2I_1+1)^{1/2}\,\langle I_1 020\mid I_2 0\rangle\left(\frac{5}{16\pi}\right)^{1/2} eQ_0\big(1+\alpha(I_1(I_1+1)+I_2(I_2+1))\big)\end{aligned} \tag{4–259}$$

schreiben lassen, wobei

$$\begin{aligned}\alpha &= -\left(\frac{16\pi}{5}\right)^{1/2}\frac{\varepsilon_0 M_1}{eQ_0} \approx -a_0\,\frac{B(E2;0\to K=0_2, I=2)}{B(E2;0\to K=0_1, I=2)}\\ &\approx 4\cdot 10^{-4}.\end{aligned} \tag{4–260}$$

Die numerische Abschätzung beruht auf den in Gl. (4–256) verwendeten experimentellen Daten. Für Übergangsmatrixelemente ($I_2 = I_1 \pm 2$) ist der Parameter α in Gl. (4–259) äquivalent zu dem in Gl. (4–181) eingeführten Parameter, und der Wert (4–260) hat Korrekturen im Verhältnis $B(E2;4\to 2):B(E2;2\to 0)$ von etwa 1,6% zur Folge. Die verfügbaren experimentellen Angaben sind nicht genau genug, um Effekte dieser Größe nachzuweisen.

Aus der beobachteten Intensität der $E0$-Übergänge zwischen den beiden Banden kann man die I-Abhängigkeit des mittleren quadratischen Ladungsradius der Grundzustandsbande abschätzen,

$$\begin{aligned}\delta\langle r^2\rangle &= \frac{2\varepsilon_0}{Z}\langle K = 0_2|\sum_{p=1}^{Z} r_p^2\,|K = 0_1\rangle\, I(I+1)\\ &\approx (\pm)\,4\times 10^{-5}\, I(I+1)\,\langle r^2\rangle\\ &(\langle r^2\rangle \approx 27\ \mathrm{fm}^2).\end{aligned} \tag{4–261}$$

Hierbei haben wir den Wert ε_0 aus Gl. (4–256) und das gemittelte Monopolmatrixelement in Tab. 4–21 verwendet. (Das Vorzeichen dieses Matrixelements ist noch nicht bestimmt worden.) Die Größe des I-abhängigen Terms (4–261) wurde für ^{174}Hf nicht gemessen, aber etwas kleinere Werte wurden für die schwereren Hf-Isotope aufgrund von MÖSSBAUER-Resonanzuntersuchungen angegeben (siehe die Zusammenstellung von SHENOY und KALVIUS, 1971).

Die Kopplung zwischen den Banden beeinflußt auch den $M1$-Übergang,

$$\begin{aligned}\langle K = 0_2, I_2 \| \mathscr{M}(M1) \| K = 0_1, I_1 \rangle \\ = \left(\frac{3}{4\pi}\right)^{1/2} \frac{e\hbar}{2Mc} \varepsilon_0 \big(g_R(K = 0_1) - g_R(K = 0_2)\big) \\ \times \big((2I_1 + 1) I_1(I_1 + 1)\big)^{1/2} I_1(I_1 + 1)\, \delta(I_1, I_2).\end{aligned} \qquad (4\text{–}262)$$

Das Matrixelement (4–262) ist von höherer Ordnung in I als der führende Term (4–254), und mit verbesserter Genauigkeit der experimentellen Daten in Tab. 4–21 sollte es möglich sein, die beiden Beiträge zu $B(M1)$ getrennt zu bestimmen. Ein Anzeichen für die mögliche Größe des Terms läßt sich unter der Annahme $|g_R(K = 0_2) - g_R(K = 0_1)| \approx 0{,}1$ erhalten, woraus sich zusammen mit dem Wert (4–256) für ε_0 eine $M1$-Amplitude herleitet, die etwa um einen Faktor 2 kleiner ist als die Werte in Tab. 4–21.

Interpretation der $K = 0_2$-Anregung

Die $K\pi = 0_2^+$-Anregung in ^{174}Hf ist durch eine ziemlich große $E2$-Anregungswahrscheinlichkeit charakterisiert. (Der oben angeführte Wert von $B(E2; K = 0_1, I = 0 \rightarrow K = 0_2, I = 2)$ beträgt etwa $10 B_W(E2)$; $B_W(E2)$ ist die entsprechende Einteilcheneinheit (siehe S. 475).) Diese Beschleunigung deutet darauf hin, daß die Anregung als eine kollektive Schwingungsform beschrieben werden kann, bei der sich die Kernquadrupoldeformation ändert (siehe Kapitel 6, S. 309ff.). Die Schwingungsamplitude kann aus dem $E2$-Übergangsmatrixelement bestimmt werden; da der Übergangsoperator im Deformationsparameter β linear ist, so gilt

$$\begin{aligned}\frac{1}{\beta_0} \langle 0_2 | \beta - \beta_0 | 0_1 \rangle &= \left(\frac{16\pi}{5}\right)^{1/2} \frac{M_1}{eQ_0} \\ &\approx \left(\frac{B(E2; 0 \rightarrow K = 0_2, I = 2)}{B(E2; 0 \rightarrow K = 0_1, I = 2)}\right)^{1/2} \\ &\approx 0{,}12;\end{aligned} \qquad (4\text{–}263)$$

β_0 ist der Gleichgewichtswert von β. (Die Beziehung zwischen den Quadrupoldeformationsparametern β und δ ist durch Gl. (4–191) gegeben.)

Das $E0$-Matrixelement in Tab. 4–21 beträgt einige (der durch Gl. (6–434) definierten) Einteilcheneinheiten und kann verglichen werden mit dem Wert, der einer volumenerhaltenden Quadrupolschwingung entspricht (REINER, 1961; siehe Gln. (6–82) und (6–84)),

$$\begin{aligned}\langle 0_2 | \sum_{p=1}^{Z} r_p^2 | 0_1 \rangle &= 2\beta_0 \left(\frac{3}{4\pi} Z R_0^2\right) \left(1 + \frac{4}{3}\pi^2 \left(\frac{a}{R_0}\right)^2\right) \langle 0_2 | \beta - \beta_0 | 0_1 \rangle \\ &\approx 13 \text{ fm}^2,\end{aligned} \qquad (4\text{–}264)$$

wobei $R_0 = 6{,}1$ fm und $a = 0{,}54$ fm verwendet wurden (siehe Gln. (2–69) und (2–70)).

In der Vibrationsbeschreibung kann das in Gl. (4–254) auftretende innere Matrixelement für den $M1$-Übergang in der Form

$$\langle 0_2 | g_R | 0_1 \rangle \approx \left(\frac{\partial g_R}{\partial \beta} \right)_{\beta=\beta_0} \langle 0_2 | \beta - \beta_0 | 0_1 \rangle \tag{4–265}$$

ausgedrückt werden. Die $B(M1)$-Werte in Tab. 4–21 ergeben, wenn sie als Effekt erster Ordnung (4–254) interpretiert werden, für die Ableitung $(\partial g_R / \partial \beta) \approx 0{,}5$.

Ähnlich läßt sich das Matrixelement des effektiven Kopplungsoperators h_0 durch die Abhängigkeit des Trägheitsmoments von der Exzentrizität ausdrücken (siehe Gl. (6–296)),

$$\langle 0_2 | h_0 | 0_1 \rangle = \frac{\partial}{\partial \beta} \left(\frac{\hbar^2}{2\mathscr{I}(\beta)} \right)_{\beta=\beta_0} \langle 0_2 | \beta - \beta_0 | 0_1 \rangle , \tag{4–266}$$

und der empirische Wert von h_0 (siehe Gl. (4–257)) ergibt

$$\left(\frac{\beta}{\mathscr{I}} \frac{\partial \mathscr{I}}{\partial \beta} \right)_{\beta=\beta_0} \approx 1{,}5 . \tag{4–267}$$

Dieser Wert ist viel größer als die Abhängigkeit des Festkörperträgheitsmoments von der Exzentrizität (siehe Gl. (4–104)), aber der Einfluß der Paarung auf das Trägheitsmoment hängt ziemlich stark von der Schwingungsamplitude ab. Eine solche Abhängigkeit rührt zum Teil daher, daß die Anregungsenergien der durch CORIOLIS-Wechselwirkung induzierten Einteilchenübergänge von der Kernexzentrizität abhängen. In der einfachen Abschätzung (4–128) für das Trägheitsmoment ist die Einteilchenübergangsenergie proportional zu β, und die Abhängigkeit von $\mathscr{I}$ von dieser Energie ergibt

$$\begin{gathered} \frac{\beta}{\mathscr{I}} \left(\frac{\partial \mathscr{I}}{\partial \beta} \right)_{\Delta\ \mathrm{const}} = - \frac{x}{(1 - g(x))} \frac{\mathrm{d}g}{\mathrm{d}x} \approx 0{,}9 \\ \left(x = \frac{\hbar\omega_0\delta}{2\Delta} \approx 1{,}3 \right) \end{gathered} \tag{4–268}$$

unter Annahme der auf S. 69 gegebenen Werte der Parameter $\hbar\omega_0\delta$ und Δ. Ein zusätzlicher Beitrag zu $\partial\mathscr{I}/\partial\beta$ kann entstehen, wenn der Parameter der Paarkorrelation Δ von der Schwingungsamplitude β abhängt.

4–5 Rotationsspektren für Systeme ohne Axialsymmetrie

Die Betrachtungen in den vorangegangenen Abschnitten gelten für Systeme mit Axialsymmetrie, bei denen die kollektive Rotation auf Achsen senkrecht zur Symmetrieachse beschränkt ist. In jedem Quantensystem gibt es Fluktuationen der Form, die zu momentanen Abweichungen von der Axialsymmetrie führen. Diese Fluktuationen wurden im vorangehenden Text als innere Anregungen behandelt, und ihr Einfluß auf die Rotationsbewegung ist in den in Abschnitt 4–3 abgeleiteten allgemeinen Ausdrücken enthalten (siehe auch die Diskussion der $\Delta K = 2$-Kopplung in Abschnitt 4–4)

Besitzt das System eine stabile Gleichgewichtsform, die von der Axialsymmetrie um einen Betrag abweicht, der größer ist als die Nullpunktsschwankungen der Form, dann wird es möglich, in der Separation von Rotation und innerer Bewegung einen Schritt weiter zu gehen und kollektive Rotationen um alle Achsen der inneren Struktur zu betrachten. In einer solchen Situation erhalten die Familien von Rotationszuständen eine weitere Dimension, und die Rotationsbeziehungen sind entsprechend umfangreicher.

Die Untersuchung der Rotationsbewegung in Kernen mit asymmetrischer Form ist potentiell ein weites Betätigungsfeld. Obwohl es gegenwärtig keine wohlbegründeten Beispiele von Kernspektren gibt, die einer asymmetrischen Gleichgewichtsform entsprechen, ist es wahrscheinlich, daß man bei der Untersuchung von Kernen unter neuen Bedingungen (große Deformationen, hohe Drehimpulse und Isospins usw.) auf solche Spektren stößt. Die Diskussion im vorliegenden Abschnitt richtet sich teils auf diese möglichen Anwendungen auf Kernspektren, sie wird aber auch dadurch motiviert, daß die Analyse der allgemeineren Rotationsbewegung nichtaxialer Systeme einen breiteren Überblick über viele der in den vorangehenden Abschnitten behandelten Probleme ermöglicht. (Die Quantentheorie asymmetrischer Rotoren wurde im Zusammenhang mit der Analyse der Spektren vielatomiger Moleküle weitgehend entwickelt; siehe z. B. die Texte von HERZBERG, 1945, und von TOWNES und SCHAWLOW, 1955. Die Möglichkeit, den asymmetrischen Rotor zur Interpretation von Kernspektren zu verwenden, wurde besonders von DAWYDOV und FILIPPOV, 1958, betont; siehe auch die Übersichtsarbeit von DAVIDSON, 1965.)

4-5a Symmetrieklassifizierung für gerade A

Bei der Analyse der Rotationsbewegung eines Systems mit gerader Zahl von Fermionen werden wir einen nichtentarteten inneren Zustand annehmen, was zu erwarten ist, wenn der innere HAMILTON-Operator neben der Invarianz gegen Raumspiegelung und Zeitumkehr keine höhere Symmetrie als Drehungen um π um eine oder mehrere Achsen besitzt. In einer solchen Situation hat, wie im folgenden ausgeführt wird, die innere Invarianzgruppe nur eindimensionale irreduzible Darstellungen. (Im Gegensatz hierzu hat die Zeitumkehrinvarianz bei einem A-ungerade-System eine zweifache Entartung zur Folge. Bei Systemen mit geradem A können mehrdimensionale irreduzible Darstellungen auftreten, wenn die innere Invarianzgruppe eine Achse der Ordnung $n \geqq 3$ enthält (eine Achse der Ordnung n bedeutet Invarianz bezüglich Rotationen um $2\pi/n$). Tatsächlich folgt aus der Existenz einer Achse der Ordnung $n \geqq 3$ zusammen mit der Zeitumkehr (die nichtdiagonale Matrixelemente zwischen den Zuständen mit komplexkonjugierten Eigenwerten für die Drehungen besitzt) oder zusammen mit einer zusätzlichen Drehachse, daß die innere Invarianzgruppe nichtkommutierende Elemente enthält.)

Symmetrie des Hamilton-Operators

Wenn wir annehmen, daß die Deformation die Zeitumkehrinvarianz erhält, dann sind die nichtentarteten inneren Zustände Eigenzustände von $\mathscr{T}$ und besitzen die Erwartungswerte Null für innere Operatoren, die bezüglich $\mathscr{T}$ ungerade sind. Daher ist der Rotations-HAMILTON-Operator, ausgedrückt als eine Funktion der Komponenten $I_\varkappa$ des Gesamtdrehimpulses in bezug auf innere Achsen, invariant gegen die Inversion $I_\varkappa \to -I_\varkappa$. In führender Ordnung ist H_{rot} daher ein in den Größen $I_\varkappa$ bilinearer Ausdruck, der durch eine Hauptachsentransformation auf Diagonalform gebracht werden kann,

$$H_{\text{rot}} = \sum_{\varkappa=1}^{3} A_\varkappa I_\varkappa^2. \tag{4–269}$$

Die Koeffizienten $A_\varkappa$, die Erwartungswerte für den inneren Zustand darstellen, lassen sich durch die Trägheitsmomente ausdrücken,

$$A_\varkappa = \frac{\hbar^2}{2\mathcal{I}_\varkappa}. \tag{4–270}$$

Der HAMILTON-Operator (4–269) ist invariant gegen Drehungen um den Winkel π um jede der drei Hauptachsen,

$$\mathcal{R}_\varkappa(\pi) = \exp\{-i\pi I_\varkappa\}. \tag{4–271}$$

Aus den Kommutationsrelationen für die inneren Komponenten $I_\varkappa$ (siehe Gl. (1A–91)) folgen die Identitäten

$$\begin{aligned} &\mathcal{R}_1(\pi) = \mathcal{R}_3(\pi)\,\mathcal{R}_2(\pi), \\ &\mathcal{R}_2(\pi)\,\mathcal{R}_3(\pi) = \mathcal{R}_3(\pi)\,\mathcal{R}_2(\pi)\,\mathcal{R}(2\pi) \quad \text{und zyklische Vertauschungen,} \end{aligned} \tag{4–272}$$

wobei

$$\mathcal{R}(2\pi) = \big(\mathcal{R}_1(\pi)\big)^2 = \big(\mathcal{R}_2(\pi)\big)^2 = \big(\mathcal{R}_3(\pi)\big)^2 = (-1)^A \tag{4–273}$$

eine Drehung um 2π ist. Für geradzahlige A ist eine solche Drehung gleich dem Einheitsoperator, und die Operationen $\mathcal{R}_\varkappa(\pi)$ kommutieren untereinander; die allgemeineren Beziehungen (4–272) gelten auch für A-ungerade-Systeme, die im folgenden betrachtet werden.

Für geradzahlige A ist die Symmetriegruppe des HAMILTON-Operators, die aus den kommutierenden Elementen 1, $\mathcal{R}_1(\pi)$, $\mathcal{R}_2(\pi)$ und $\mathcal{R}_3(\pi)$ besteht, die Punktgruppe D_2. Die Eigenwerte von $\mathcal{R}_\varkappa(\pi)$ sind $r_\varkappa = \pm 1$, und da $r_1 = r_2 r_3$ gilt, hat die Symmetriegruppe die vier (eindimensionalen) Darstellungen

$$(r_1 r_2 r_3) = \begin{array}{l} (+\,+\,+), \\ (+\,-\,-), \\ (-\,+\,-), \\ (-\,-\,+). \end{array} \tag{4–274}$$

Die Symmetriequantenzahlen $r_\varkappa$ numerieren daher die Eigenzustände des HAMILTON-Operators (4–269) des asymmetrischen Rotors.

Eigenzustände

Für ein System mit drei verschiedenen Trägheitsmomenten ist keine der Komponenten $I_\varkappa$ eine Erhaltungsgröße, aber Eigenzustände mit der Symmetriequantenzahl $r_\varkappa$ enthalten nur Komponenten mit geraden Werten von $I_\varkappa$ (für $r_\varkappa = +1$) oder ungeraden $I_\varkappa$ (für $r_\varkappa = -1$). In der Darstellung, in welcher I_3 diagonal (mit den Eigenwerten K) ist, hat die Entwicklung der Rotationswellenfunktion mit festgelegter Symmetrie r_2r_3 folgende Form:

$$\varphi_{r_2r_3;\tau IM}(\omega) = \sum_{\substack{K=0,2,\ldots,(r_3=+1)\\ K=1,3,\ldots,(r_3=-1)}} c(r_2r_3;\tau IK)\, \chi_{r_2r_3;IKM}(\omega); \tag{4–275}$$

hierbei numeriert τ die verschiedenen Zustände in der Bande mit demselben I, und es gilt

$$\chi_{r_2r_3;IKM}(\omega) = \left(\frac{2I+1}{16\pi^2}\right)^{1/2} \left(\mathscr{D}^I_{MK}(\omega) + r_2(-1)^{I+K}\, \mathscr{D}^I_{M-K}(\omega)\right) \left(1 + \delta(K,0)\right)^{-1/2}. \tag{4–276}$$

Die relative Phase der Komponenten mit entgegengesetztem K ist durch die Quantenzahl r_2 gegeben (siehe Gl. (4–18), wo die Operation $\mathscr{R}_2(\pi)$ durch $\mathscr{R}_e$ bezeichnet wurde). Komponenten mit $K = 0$ treten nur für $r_3 = +1$ und $(-1)^I = r_2$ auf; aus dieser Auswahlregel folgt, daß die Eigenzustände des Rotations-Hamilton-Operators mit fester Punktsymmetrie $(r_1r_2r_3)$ die Sätze von I-Werten

$$I = \begin{cases} 0, 2^2, 3, 4^3, 5^2, \ldots, \\ 1, 2, 3^2, 4^2, 5^3, \ldots, \end{cases} \qquad (r_1r_2r_3) = \begin{cases} (+\,+\,+), \\ (+\,-\,-), (-\,+\,-), (-\,-\,+), \end{cases} \tag{4–277}$$

enthalten. Die vier Symmetrieklassen ergeben insgesamt $(2I + 1)$ Zustände für jeden I-Wert.

Einschränkungen infolge innerer D_2-Symmetrie

Die Form (4–269) für den Rotations-Hamilton-Operator führender Ordnung, die zur Klassifizierung der Zustände aufgrund der D_2-Symmetrie führt, beruhte nur auf der Annahme der Zeitumkehrinvarianz der Deformation. Wenn die Deformation und somit der innere Hamilton-Operator zusätzlich D_2-invariant ist wie im Fall ellipsoidaler Symmetrie, gelten für die Rotationsfreiheitsgrade analoge Einschränkungen wie im Falle axialsymmetrischer Systeme (siehe Abschnitt 4–2).

Bei einer Deformation mit D_2-Symmetrie sind Orientierungen, die um eine Drehung $\mathscr{R}_\varkappa(\pi)$ differieren, ununterscheidbar, und diese Drehungen werden Bestandteil der inneren Freiheitsgrade. Die entsprechende Verringerung in den Rotationsfreiheitsgraden kann durch die zu Gl. (4–11) analoge Einschränkung $\left(\mathscr{R}_\varkappa(\pi)\right)_e = \left(\mathscr{R}_\varkappa(\pi)\right)_i$ ausgedrückt werden. Daher enthält das Rotationsspektrum für einen inneren Zustand mit Quantenzahlen $r_\varkappa$ nur die Zustände, die zur Symmetrieklasse mit den gleichen Werten von $r_\varkappa$ gehören. Im Gegensatz dazu gehören bei einer D_2-Symmetrie verletzenden Deformation die Drehungen $\mathscr{R}_\varkappa(\pi)$ nicht länger zu den inneren Freiheitsgraden, und das Rotationsspektrum enthält alle Zustände (4–277), die zu den vier verschiedenen Symmetrieklassen gehören.

Zusätzliche innere Symmetrien

Ist die Deformation invariant gegen endliche Drehungen, die nicht in der Gruppe D_2 enthalten sind, dann besitzt der Rotations-HAMILTON-Operator die Invarianz der erweiterten Symmetriegruppe, die die D_2-Gruppe und die zusätzlichen Elemente der Invarianz der Deformation einschließt. In diesem Fall wird der Trägheitstensor Axialsymmetrie besitzen; die erweiterte Gruppe muß wenigstens eine Achse der Ordnung $n > 2$ enthalten, und eine solche Achse ist eine Symmetrieachse für den Trägheitstensor. Die Existenz einer Symmetrieachse für den Trägheitstensor besagt, daß die Trägheitsmomente in Richtungen senkrecht zur Symmetrieachse gleich sind und daß die Komponente des Drehimpulses längs dieser Achse eine Erhaltungsgröße ist. Ein System mit diesen Eigenschaften wird als symmetrischer Kreisel bezeichnet. Besitzt die innere Struktur zwei oder mehr Achsen der Ordnung $n > 2$ (wie im Falle der Tetraeder- oder der kubischen Symmetrie), dann wird der Trägheitstensor kugelsymmetrisch ($A_1 = A_2 = A_3$), und das System wird als sphärischer Kreisel bezeichnet. (Das Auftreten einer Symmetrieachse der Ordnung $n \geqq 3$ kann zur Entartung in der inneren Bewegung (siehe S. 151) und somit zum Auftreten in $I_\varkappa$ linearer Terme im Rotations-HAMILTON-Operator führen.)

Die Eigenzustände des Rotations-HAMILTON-Operators können durch die Darstellungen der erweiterten Symmetriegruppe klassifiziert werden. Bei einem gegebenen inneren Zustand ist das Rotationsspektrum auf die Darstellungen beschränkt, die dieselben Symmetriequantenzahlen wie der innere Zustand bezüglich der Drehungen besitzen, die die innere Struktur invariant lassen. Wenn der innere Zustand zum Beispiel für eine Drehung von $2\pi/n$ um eine Achse der Ordnung n den Eigenwert $\exp\{-2\pi i\nu/n\}$ hat, dann enthält das Rotationsspektrum nur Zustände mit $K = \nu$, $\nu \pm n, \nu \pm 2n, \ldots$ in bezug auf diese Achse. Gehört der innere Zustand zu einer mehrdimensionalen irreduziblen Darstellung der inneren Invarianzgruppe (wie im Fall der mit der $\mathcal{R}_2(\pi)$-Invarianz kombinierten Axialsymmetrie), dann enthält die Wellenfunktion eine Linearkombination der verschiedenen inneren Zustände zur gegebenen Darstellung, die man durch eine Symmetrisierungsprozedur ähnlich der für die axialsymmetrischen Kerne verwendeten (siehe Gl. (4–19)) erhält.

Man kann auch die Möglichkeit von Deformationen betrachten, die gegenüber einer Kombination einer endlichen Drehung und einer Spiegelung in Raum oder Zeit invariant sind, ohne bezüglich dieser Operationen einzeln invariant zu sein. In einer solchen Situation sind die Rotationsfreiheitsgrade in der in Abschnitt 4–2f beschriebenen Art mit den zur Inversion gehörenden Freiheitsgraden gekoppelt. Wenn zum Beispiel eine Deformation mit der Symmetrie $Y_{32} + Y_{3-2}$ einer elliptischen Deformation überlagert wird, dann ist die innere Struktur invariant gegen $\mathcal{R}_3(\pi)$ und gegen die Kombination $\mathcal{S}_2 = \mathcal{R}_2(\pi)\mathcal{P}$, und die inneren Zustände können durch die Eigenwerte r_3 und s_2 dieser beiden Operationen numeriert werden. Das Rotationsspektrum enthält die Darstellungen (r_3, $r_2 = \pm 1$), die den gleichen Wert von r_3 wie der innere Zustand besitzen, und die beiden Darstellungen haben entgegengesetzte Parität ($\pi = r_2 s_2$).

Moleküle mit identischen Kernen

In Molekülspektren ergeben sich Einschränkungen für die Rotationsfreiheitsgrade, wenn eine Permutation identischer Kerne durch eine Drehung des Moleküls erreicht werden kann. (Die Symmetrieklassifizierung der Zustände vielatomiger Moleküle wird zum Beispiel bei LANDAU und LIFSCHITZ, 1979, S. 343ff., diskutiert.) Die Drehungen, die entweder die Gleichgewichtslagen der Kerne unverändert lassen oder zu Permutationen identischer Kerne führen, bilden eine Untergruppe G der Drehungen in drei Dimensionen. Die Gruppe G ist in der „Molekülsymmetriegruppe" enthalten, die die Invarianz des HAMILTON-Operators für die elektronischen und Vibrationsfreiheitsgrade in bezug auf das innere Koordinatensystem charakterisiert; die Molekülsymmetriegruppe ist ihrerseits in der Invarianzgruppe des Rotations-HAMILTON-Operators enthalten. Die Elemente von G können entweder durch (äußere) Gesamtdrehungen oder als innere Operationen, die aus Drehungen von Elektronen- und Vibrationsvariablen sowie Permutationen identischer Kerne bestehen, ausgedrückt werden. In Analogie zu den oben diskutierten Einschränkungen für nukleare Systeme ist das Molekülspektrum eingeschränkt durch die Bedingung

$$D(G;\ \text{Rotation}) = D(G;\ \text{elektronisch}) \otimes D(G;\ \text{Vibration}) \otimes D(G;\ \text{Permutation}). \tag{4–278}$$

Die Darstellungen $D(G)$ charakterisieren die Symmetrie der verschiedenen Komponenten in der Molekülwellenfunktion bezüglich der Gruppe G. Der Faktor $D(G$; Permutation) bezieht sich auf die räumliche Permutationssymmetrie der Kerne, die ihrerseits durch die Statistik und durch die Wellenfunktion für die Kernspins bestimmt wird.

Als Beispiel betrachten wir das Molekül C_2H_4 (Äthylen, >C=C<), in dem die Protonen an den Ecken eines ebenen Rechtecks liegen und die beiden Kohlenstoffkerne (als ^{12}C angenommen) auf einer Achse, die zwei gegenüberliegende Seiten des Rechtecks halbiert, symmetrisch angeordnet sind. Für dieses Molekül besteht die Symmetriegruppe G aus dem Einheitsoperator und den drei Drehungen $\mathscr{R}_\varkappa(\pi)$ um Achsen durch die Molekülmitte; jede dieser Drehungen enthält ein Paar von Transpositionen der vier Protonen, $(P_{12}P_{34})$, $(P_{13}P_{24})$, $(P_{14}P_{23})$. Zwei dieser Rotationen ergeben auch eine Vertauschung der ^{12}C-Kerne, aber die Bose-Statistik und der Spin Null für diese Kerne haben zur Folge, daß diese Vertauschung immer einen Faktor $+1$ ergibt. Die Invarianzgruppe erweist sich als $G = D_2$, deren Darstellungen eindimensional sind, und die Bedingung (4–278) reduziert sich daher auf die entsprechende Beziehung für die Eigenwerte, $r_\varkappa$ (Rotation) $= r_\varkappa$ (elektronisch) $\times\, r_\varkappa$ (Vibration) $\times\, r_\varkappa$ (Permutation). Die Permutationen der H-Atome bilden eine Untergruppe der symmetrischen Gruppe S_4, und für die Protonen mit Spin 1/2 und Fermi-Statistik sind die möglichen räumlichen Permutationssymmetrien $[f] = [1111]$, $[211]$ und $[22]$, denen die konjugierten Spinpermutationssymmetrien $[\tilde{f}] = [4]$, $[31]$ und $[22]$ mit dem zugehörigen Gesamtspin $S = 2$, 1 und 0 entsprechen (siehe Anhang 1 C, Band I, S. 120 und 126). Die Bestimmung der Quantenzahlen $r_\varkappa$ (Permutation) erfordert die Zerlegung der Darstellungen von S_4 in Darstellungen der (zu D_2 isomorphen) Untergruppe, die aus dem Einsoperator und den drei Paaren von Transpositionen besteht. Im vorliegenden Fall läßt sich die Zerlegung unmittelbar erhalten, indem man beachtet, daß die drei Darstellungen von D_2 mit negativen Werten von $r_\varkappa$ (siehe Gl. (4–274)) zusammen auftreten müssen und daß diese Darstellungen in $[f] = [211]$ vorkommen, für die man eine der Basisfunktionen als symmetrisch in den Teilchen 1 und 2 und antisymmetrisch in den Teilchen 3 und 4 wählen kann (siehe Tab. 1 C–1, Band I, S. 135), die daher eine Eigenfunktion von $P_{12}P_{34}$ mit dem Eigenwert -1 ist. Da die Dimensionen von $[f]$ für $[1111]$, $[211]$ und $[22]$ gleich 1, 3 und 2 sind (siehe Band I, S. 116), erhält man folgende Zerlegungen: Ein Protonenspinzustand mit $S = 2$, der zu $[\tilde{f}] = [1111]$ gehört, besitzt $r_\varkappa$ (Permutation) $= (+++)$, während $S = 1([f] = [211])$ die Darstellungen $(+--)$, $(-+-)$, $(--+)$ ergibt, und $S = 0$ $([f] = [22])$ enthält die symmetrische Darstellung $(+++)$ zweimal. Somit kann man bei Kenntnis der Quantenzahlen $r_\varkappa$ für die elektronische und die Vibrationsbewegung die möglichen Symmetrien $r_\varkappa$ (Rotation) für einen gegebenen Wert von S bestimmen. Der im Rotationsspektrum enthaltene Satz von Zuständen folgt dann aus Gl. (4–277).

4–5b Energiespektren

Die Bestimmung der Eigenwerte des Rotations-Hamilton-Operators (4–269) mit drei verschiedenen Trägheitsmomenten erfordert die Diagonalisierung von Matrizen, deren Dimension mit I zunimmt. Das Energiespektrum kann in der Form

$$E_{\mathrm{rot}} = \tfrac{1}{2}(A_1 + A_3)\, I(I+1) + \tfrac{1}{2}(A_1 - A_3)\, E_{\tau I}(\varkappa) \tag{4–279}$$

geschrieben werden, wobei $E_{\tau I}(\varkappa)$ die Eigenwerte der Matrix

$$H(\varkappa) = I_1^2 + \varkappa I_2^2 - I_3^2 \tag{4–280}$$

sind, die von einem einzigen, üblicherweise mit $\varkappa$ bezeichneten Asymmetrieparameter

$$\varkappa = \frac{2A_2 - A_1 - A_3}{A_1 - A_3} \tag{4–281}$$

abhängen. Da man die Hauptachsen wie folgt numerieren kann,

$$
\begin{aligned}
&A_1 \leqq A_2 \leqq A_3 \\
&(\mathscr{I}_1 \geqq \mathscr{I}_2 \geqq \mathscr{I}_3),
\end{aligned}
\tag{4–282}
$$

ist es ausreichend, die Eigenwerte von $H(\varkappa)$ im Intervall

$$-1 \leqq \varkappa \leqq 1 \tag{4–283}$$

zu bestimmen. Für $\mathscr{I}_2 = \mathscr{I}_1$ (entsprechend $\varkappa = 1$) ist das Trägheitsellipsoid abgeplattet und für $\mathscr{I}_2 = \mathscr{I}_3$ ($\varkappa = -1$) gestreckt. (Wenn die Trägheitsmomente die klassischen Werte eines starren Körpers besitzen, dann folgt aus einer gestreckten (abgeplatteten) Form ein abgeplattetes (gestrecktes) Trägheitsellipsoid, aber diese Beziehung gilt nicht allgemein für Quantensysteme. Bei einem axialsymmetrischen System zum Beispiel verschwindet das Trägheitsmoment bezüglich dieser Achse, und das Trägheitsellipsoid ist daher gestreckt, unabhängig davon, ob die Form gestreckt oder abgeplattet ist.)

Das Spektrum der Eigenwerte von $H(\varkappa)$ als Funktion von $\varkappa$ ist in Abb. 4–33 für einige Werte von I wiedergegeben. Die Zustände werden durch die Symmetriequantenzahlen (r_1, r_2, r_3) bezeichnet. Der Satz von Eigenwerten $E_{\tau I}$ für negative $\varkappa$ ist, abgesehen vom umgekehrten Vorzeichen, derselbe wie für positive $\varkappa$; die Inversion bewirkt eine Vertauschung der Achsen 1 und 3. (Tabellen der Eigenwerte $E_{\tau I}$ wurden von King u. a., 1943 und 1949 ($I \leqq 12$), und von Erlandsson, 1956 ($13 \leqq I \leqq 40$), angegeben; die Eigenschaften des Spektrums für große I werden im nachfolgenden Text weiter untersucht.)

Wenn zwei der Trägheitsmomente gleich sind (axialsymmetrischer Rotor, $\varkappa = \pm 1$), dann besteht das Spektrum aus einer Folge von Banden mit festem Wert K, der die Komponente des Drehimpulses längs der Symmetrieachse des Trägheitstensors darstellt, und die Energie innerhalb jeder Bande ist linear in $I(I+1)$. Für $\varkappa = 1$ ist die 3-Achse die Symmetrieachse und $K = I_3$, während für $\varkappa = -1$ die 1-Achse zur Symmetrieachse wird und $K = I_1$ (siehe Abb. 4–33a). Eine geringe Asymmetrie läßt sich mit Hilfe einer Kopplung zwischen Banden mit unterschiedlichen Werten von K berücksichtigen, und das Spektrum kann als eine Potenzreihe in $I(I+1)$ ausgedrückt werden (siehe Abschnitt 4–5c). Für mittlere Werte von $\varkappa$ gibt es keine Erhaltungsgröße K mehr, und die Entwicklung nach Potenzen von $I(I+1)$ wird im allgemeinen keine brauchbare Darstellung sein. Trotzdem lassen sich für beliebige Werte von $\varkappa$ analytische Trajektorien definieren, die Zustände mit aufeinanderfolgenden Werten von I zu Rotationsfolgen verbinden (Regge-Trajektorien). Das Spektrum des asymmetrischen Rotors mit seiner Multiplizität von Zuständen zu gegebenem I führt jedoch auf Mehrdeutigkeiten in der Definition der Regge-Trajektorien. Diese Eigenschaft wird durch das Beispiel auf S. 166ff. erläutert.

In einem Kern mit einer bezüglich $\mathscr{R}_\varkappa(\pi)$ invarianten Form sind die Einteilchenbahnen zweifach entartet, und die Grundzustandskonfiguration eines gg-Kernes entsteht durch paarweises Auffüllen konjugierter Bahnen. Ein solcher innerer Zustand hat die Quantenzahlen $r_1 = r_2 = r_3 = \pi = +1$ (siehe die analogen Argumente für axialsymmetrische Figuren auf S. 23). Für einen asymmetrischen Rotor mit dieser inneren Symmetrie enthält das niederenergetische Spektrum die Folge $I\pi = 0^+, 2^+, 4^+, \dots$ (wie bei einer $K = 0$-Bande), und die nächste Gruppe von Anregungen besitzt $I\pi = 2^+, 3^+, 4^+$ (wie bei einer Bande mit $K\pi = 2^+$). Eine solche Struktur wird häufig beobachtet

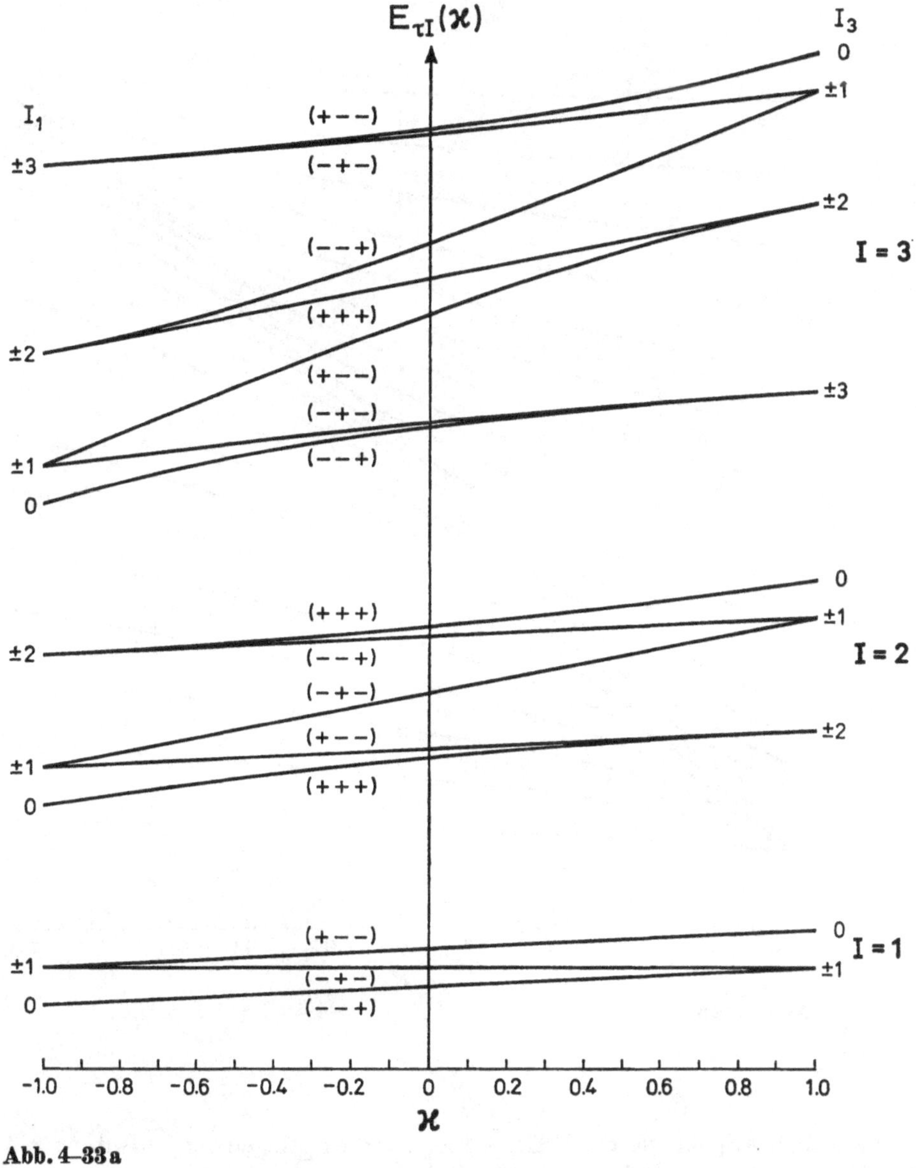

Abb. 4–33a

Abb. 4–33 Eigenwerte der charakteristischen Matrix $H(\varkappa)$ für den asymmetrischen Rotor. Die Eigenwerte wurden den Tabellen von G. W. King, R. M. Hainer und P. C. Cross, J. Chem. Phys. **11**, 27 (1943), und **17**, 826 (1949), und von G. Erlandsson, Arkiv Fysik **10**, 65 (1956), entnommen und sind für einige Werte von I als Funktion des Asymmetrieparameters $\varkappa$ dargestellt; die Zustände werden durch die Quantenzahlen $(r_1 r_2 r_3)$ der Gruppe D_2 charakterisiert.

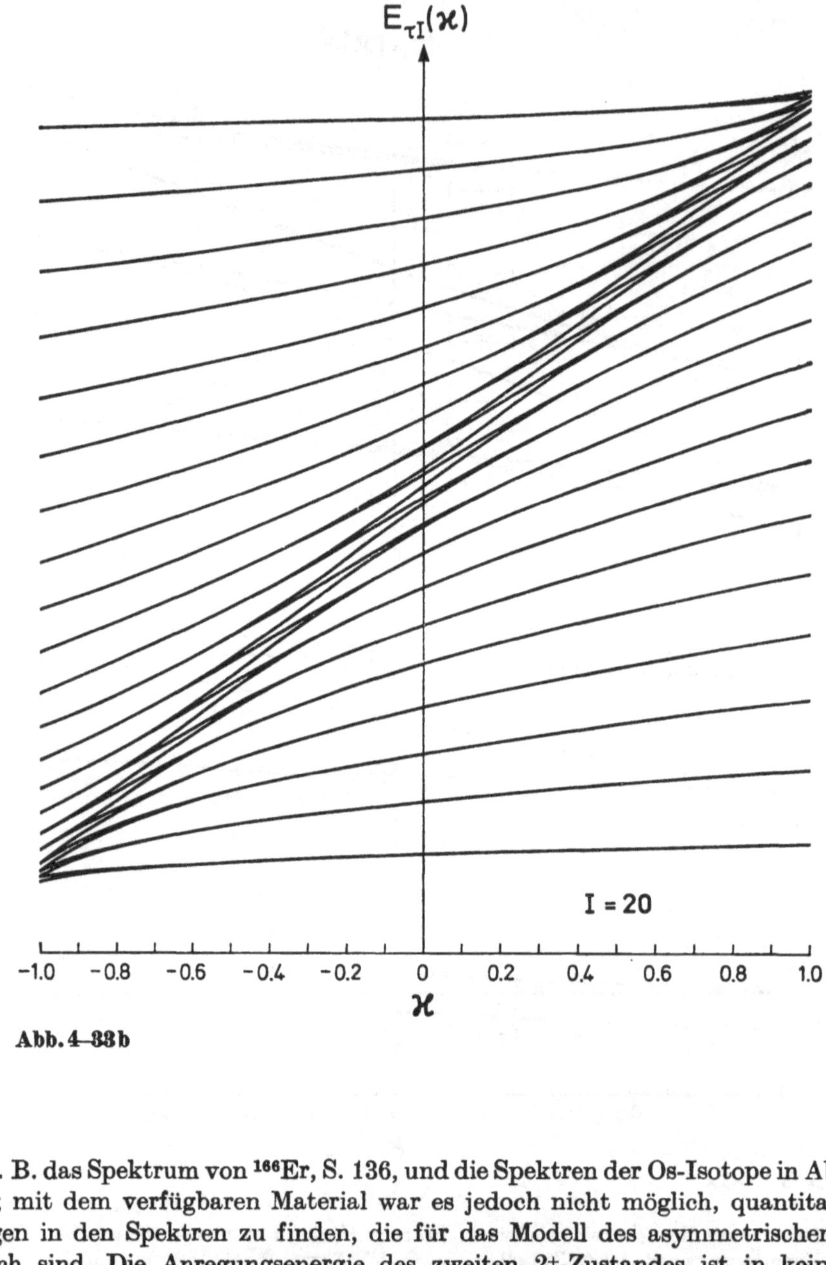

Abb. 4–33b

(siehe z. B. das Spektrum von ^{166}Er, S. 136, und die Spektren der Os-Isotope in Abb. 6–32, S. 460); mit dem verfügbaren Material war es jedoch nicht möglich, quantitative Beziehungen in den Spektren zu finden, die für das Modell des asymmetrischen Rotors spezifisch sind. Die Anregungsenergie des zweiten 2^+-Zustandes ist in keinem Fall unterhalb 500 keV beobachtet worden; sie ist daher beträchtlich größer als die Rotationsanregungsenergien in den stark deformierten Kernen. Auf dieser Basis sind die Anregungen meist durch Schwingungsfreiheitsgrade beschrieben worden, aber viele Eigenschaften der Spektren sind zur Zeit noch unklar (siehe die Diskussion der Quadrupolschwingungen in Kapitel 6, S. 473ff. und S. 477ff.). Die Möglichkeit, einige dieser Spektren aufgrund von Kernformen mit einem kleinen Asymmetrieparameter zu interpretieren, wird auf S. 140ff. und in Abschnitt 4–5c weiter untersucht. Eine Entscheidung zwischen der Deutung als Rotation bzw. Vibration wäre durch den Nachweis von Niveaus möglich, die einer wiederholten Anregung der für den zweiten $I\pi = 2^+$-Zustand verantwortlichen Anregungsform entsprechen. Im Modell des asymmetrischen Rotors entsprechen diese Zustände einer $K\pi = 4^+$-Bande, die bei einer Energie zwischen dem 10/3- und 4fachen der Energie des zweiten $I\pi = 2^+$-Zustandes beginnt. (Im Grenzfall der Abplattung ($\varkappa = -1$) besitzen der zweite 2^+- und der dritte 4^+-Zustand die Quantenzahl $I_1 = 0$ und die Energien $A_3 I(I+1)$; im Grenzfall gestreckter Form ($\varkappa = 1$) besitzen die Zustände $|I_3| = I$ und Energien $A_1 I + A_3 I^2$.) Für harmonische Schwingungen um eine axialsymmetrische Gleichgewichtsform führt die zweifache Anregung zu zwei Banden mit $K\pi = 0^+$ und 4^+, deren Anregungsenergien etwa das Doppelte der Energie des zweiten $I\pi = 2^+$-Zustandes betragen.

Zusätzliche Tests des Kopplungsschemas eines asymmetrischen Rotors könnten durch Angaben über die Intensitätsregeln für Übergänge, an denen unterschiedliche Zustände mit der gleichen inneren Konfiguration beteiligt sind, gewonnen werden. Für Wellenfunktionen der Form (4–275) lassen sich die Matrixelemente von Tensoroperatoren wie im Falle der Herleitung der Intensitätsregeln für den axialsymmetrischen Rotor (siehe Abschnitt 4–3d) durch eine Transformation zum inneren Koordinatensystem berechnen. Die resultierenden Intensitätsregeln hängen von den Koeffizienten $c(K)$ ab, die ihrerseits vom Asymmetrieparameter $\varkappa$ abhängen und im allgemeinen eine Anzahl innerer Matrixelemente enthalten, die den verschiedenen Komponenten ν des Tensoroperators entsprechen. Diese Intensitätsregeln sind umfassender als jene für axialsymmetrische Kerne, da zu einem gegebenen inneren Zustand eines asymmetrischen Systems eine größere Zahl von Rotationsniveaus gehört.

4–5c Systeme mit kleiner Asymmetrie

Wenn zwei der Trägheitsmomente annähernd gleich groß sind ($\mathscr{I}_1 \approx \mathscr{I}_2$), dann läßt sich das Spektrum in Banden zerlegen, die durch die Quantenzahl $K(= I_3)$ charakterisiert werden. Bei der Behandlung eines solchen nahezu symmetrischen Rotors ist es zweckmäßig, den Hamilton-Operator (4–269) in der Form

$$\begin{aligned} H_{\text{rot}} &= \tfrac{1}{2}(A_1 + A_2)\,\boldsymbol{I}^2 + \tfrac{1}{2}(2A_3 - A_1 - A_2)\,I_3^2 + H_c, \\ H_c &= \tfrac{1}{4}(A_1 - A_2)\,(I_-^2 + I_+^2), \end{aligned} \tag{4–284}$$

zu schreiben. Die Korrekturen zur axialsymmetrischen Bandenstruktur werden durch den Term H_c in Gl. (4–284) beschrieben, der die Form (4–206) für effektive $\Delta K = 2$-Kopplungen besitzt, mit

$$h_{+2} = \tfrac{1}{4}(A_1 - A_2). \tag{4–285}$$

Mit den in Abschnitt 4–4 gegebenen Ausdrücken kann man daher die Effekte führender Ordnung der Kopplung erhalten, einschließlich Korrekturen erster Ordnung zu den Intensitätsregeln für $E2$-Übergänge zwischen Banden mit $\Delta K = 2$ sowie Korrekturen zweiter Ordnung zu den Rotationsenergien und zu den $E2$-Übergängen innerhalb der Banden.

Als ein Beispiel für Korrekturen höherer Ordnung geben wir die Koeffizienten in der Entwicklung (4–62) der Rotationsenergie für die $K = 0$-Bande (in einem System mit $r_2 = r_3 = +1$),

$$A = \tfrac{1}{2}(A_1 + A_2) + \frac{1}{8}\frac{a^2}{b} + \cdots,$$

$$B = -\frac{1}{16}\frac{a^2}{b} - \frac{19}{1024}\frac{a^4}{b^3} + \cdots,$$

$$C = -\frac{3}{1024}\frac{a^4}{b^3} + \cdots, \qquad (4\text{–}286)$$

$$D = \frac{7}{4096}\frac{a^4}{b^3} + \cdots,$$

$$a \equiv A_1 - A_2, \qquad b \equiv 2A_3 - A_1 - A_2,$$

und für die $K = 2$-Bande,

$$A = \tfrac{1}{2}(A_1 + A_2) + \frac{1}{8}\frac{a^2}{b} + \cdots,$$

$$A_4 = \frac{1}{32}\frac{a^2}{b} + \cdots, \qquad (4\text{–}287)$$

$$B = \frac{1}{48}\frac{a^2}{b} + \cdots.$$

Es muß betont werden, daß die obigen Ausdrücke für die Koeffizienten der Rotationsenergie auf dem Rotations-Hamilton-Operator führender Ordnung (4–269) beruhen, der in den I_κ quadratisch ist. Zusätzliche Beiträge können von Termen höherer Ordnung im Rotations-Hamilton-Operator mit vierten und höheren Potenzen des Drehimpulses herrühren.

Angesichts des systematischen Auftretens angeregter $K\pi = 2^+$-Banden in den Spektren stark deformierter gg-Kerne kann man versuchen, diese Spektren mit Hilfe eines von der Axialsymmetrie geringfügig abweichenden Rotors zu beschreiben. Die Energie des zweiten 2^+-Zustandes liegt typischerweise um eine Größenordnung über der Energie des ersten angeregten 2^+-Zustandes, woraus $A_3 \approx 10A_1$ folgt, während die beobachtete Stärke der $\Delta K = 2$-Kopplung $|A_1 - A_2| \approx 10^{-1}A_1$ ergibt (siehe das Beispiel auf S. 141). Die Annahme eines geringfügig asymmetrischen Rotors führt über die Beziehungen für $E2$-Matrixelemente zwischen den Banden $K = 0$ und $K = 2$, die man aus der allgemeinen Analyse der $\Delta K = 2$-Kopplungen erhält (siehe Abschnitt 4–4), nicht hinaus, aber die beobachteten Rotationsenergien können mit den Beziehungen (4–286) und (4–287) verglichen werden. Beispiele bieten die Spektren von ^{168}Er (Tab. 4–1, S. 53), ^{166}Er (Abb. 4–29, S. 136) und ^{174}Hf (Tab. 4–20, S. 144). Die beobachteten Terme höherer Ordnung in den Energien zeigen ein ganz anderes Verhalten im Vergleich zu dem nach Gln. (4–286) und (4–287) erwarteten Verlauf. So sind die B-Terme in den Banden $K = 0$ und $K = 2$ ziemlich ähnlich, im Gegensatz zu Gln. (4–286) und (4–287), aus denen $B(K = 2) \approx -\tfrac{1}{3}B(K = 0)$ folgt. Für die Terme C und D in den beobachteten

$K = 0$-Banden findet man $C > 0$, $D < 0$ und $|C| \gtrsim 10^2 |D|$, während Gl. (4-286) $C < 0$, $D > 0$ und $|C| \approx \frac{12}{7}|D|$ ergibt. Die beobachteten A_4-Terme in den $K = 2$-Banden sind entweder sehr klein (verglichen mit $B(K = 0)$) oder negativ, im Gegensatz zum Ergebnis (4-287), nach dem $A_4 \approx \frac{1}{2}|B(K = 0)|$ gilt. Somit können die beobachteten Abweichungen von den Rotationsenergien führender Ordnung in den niedrigliegenden Banden von gg-Kernen nicht Abweichungen der Kernform von der Axialsymmetrie zugeschrieben werden.

4-5d Symmetrieklassifizierung für ungerade A

Das Fehlen definitiver Hinweise auf das Auftreten solcher Strukturen in den Spektren von gg-Kernen, die asymmetrischen Rotoren entsprechen, macht es schwierig, die entsprechenden Beziehungen mit den komplexeren Spektren der A-ungerade-Kerne zu testen (siehe z. B. die Bemerkungen über das Spektrum von $A = 25$ auf S. 250ff.). Im vorliegenden Abschnitt behandeln wir kurz die allgemeinen Merkmale der A-ungerade-Spektren, die sich aus Symmetriebetrachtungen ergeben. (Das Spektrum eines an einen nichtaxialen Rotor gekoppelten Teilchens wurde von Hecht und Satchler, 1972, analysiert.)

Bei einem System mit ungerader Fermionenzahl sind die inneren Zustände zweifach entartet, wenn die Deformation gegen Zeitumkehr invariant ist (Kramers-Entartung, siehe Band I, S. 19). Der Rotations-Hamilton-Operator ist daher eine 2×2-Matrix im Raum der konjugierten inneren Zustände, die durch $|\alpha, \varrho = 1\rangle$ und $|\alpha, \varrho = -1\rangle = -\mathscr{T} \times |\alpha, \varrho = 1\rangle$ bezeichnet werden (siehe Gl. (1B-20)). Eine solche Matrix läßt sich als eine Linearkombination der Einheitsmatrix ϱ_0 und der drei Pauli-Matrizen $\boldsymbol{\varrho}(= \varrho_1, \varrho_2, \varrho_3)$ schreiben. Da ϱ_0 gegenüber Zeitumkehr gerade ist, während die Komponenten von $\boldsymbol{\varrho}$ ungerade sind (siehe Gl. (1B-23)), hat der Rotations-Hamilton-Operator die Form

$$H_{\text{rot}} = \varrho_0 H_0(I_\varkappa) + \boldsymbol{\varrho} \cdot \boldsymbol{H}(I_\varkappa), \tag{4-288}$$

wobei H_0 gerade und $\boldsymbol{H}$ ungerade ist bezüglich der Inversion $I_\varkappa \to -I_\varkappa$. Berücksichtigt man nur die in $I_\varkappa$ linearen und bilinearen Terme führender Ordnung, dann läßt sich der Rotations-Hamilton-Operator schreiben als

$$H_{\text{rot}} = \sum_{\varkappa=1}^{3} A_\varkappa \left(I_\varkappa^2 - \sum_{k=1}^{3} a_{k\varkappa} \varrho_k I_\varkappa\right). \tag{4-289}$$

Hierbei wurden die inneren Achsen so gewählt, daß sie mit den Hauptachsen des Trägheitstensors in H_0 zusammenfallen. Die Koeffizienten $a_{k\varkappa}$ in Gl. (4-289) sind reell (da H_{rot} hermitesch ist) und analog zum Entkopplungsparameter in $K = 1/2$-Banden axialsymmetrischer Kerne.

Besitzt der innere Hamilton-Operator D_2-Symmetrie, dann kann man Basiszustände $\alpha\varrho$ wählen, die Eigenzustände von $\mathscr{R}_3(\pi)$ sind. Da für ein A-ungerade-System $(\mathscr{R}_3(\pi))^2 = -1$ gilt (siehe Gl. (4-273)), sind die Eigenwerte von $\mathscr{R}_3(\pi)$ gleich $\pm i$. Die Zustände $\varrho = \pm 1$ haben komplex-konjugierte Eigenwerte r_3, und bei Wahl des Zustandes $\varrho = 1$ als Zustand mit dem Eigenwert $-i$ gilt $\mathscr{R}_3(\pi) = -i\varrho_3$. Die Phasen der Zustände können in Übereinstimmung mit der Standardkonvention $\mathscr{R}_2(\pi)\,\mathscr{T} = +1$ bestimmt werden. Da $\mathscr{T} = i\varrho_2$ (siehe Gl. (1B-22)), folgt aus dieser Bedingung $\mathscr{R}_2(\pi) = -i\varrho_2$, und es gilt daher

$$\mathscr{R}_\varkappa(\pi) = -i\varrho_\varkappa \tag{4–290}$$

als eine Konsequenz der Beziehung $\mathscr{R}_1(\pi) = \mathscr{R}_2(\pi)\,\mathscr{R}_3(\pi)$ und zyklischer Vertauschungen. (Diese Beziehungen für die Operatoren $(\mathscr{R}_\varkappa(\pi))_i$, die auf die inneren Variablen wirken, sind invers zu den Beziehungen (4–272) für die entsprechenden Operatoren $(\mathscr{R}_\varkappa(\pi))_e$, die auf die Orientierungswinkel wirken.)

Die Invarianz gegen die Operationen $\mathscr{R}_\varkappa(\pi)$ besagt, daß der Rotations-Hamilton-Operator (4–289) in der Basis (4–290) die Form

$$H_{\text{rot}} = \sum_{\varkappa=1}^{3} A_\varkappa (I_\varkappa^2 - a_\varkappa \varrho_\varkappa I_\varkappa) \tag{4–291}$$

annimmt, die einer diagonalen Entkopplungsmatrix $a_{k\varkappa} = a_\varkappa \delta_{k,\varkappa}$ entspricht.

Bei einem A-ungerade-System kann die Gesamtwellenfunktion Rotationskomponenten mit allen möglichen K-Werten $(-I \leqq K \leqq I)$ enthalten, von denen jeder mit beiden inneren Zuständen $\varrho = \pm 1$ auftritt. Die $\mathscr{R}_\varkappa(\pi)$-Symmetrie der inneren Bewegung ergibt die Auswahlregeln

$$\mathscr{R}_3(\pi) = \exp\{-i\pi K\} = -i\varrho_3 = \begin{cases} -i, & \varrho = 1, \\ i, & \varrho = -1, \end{cases} \tag{4–292}$$

und die Beziehung $\mathscr{R}_2(\pi)\,\mathscr{T} = 1$ führt auf Wellenfunktionen der Form

$$\begin{aligned} \Psi_{\alpha\tau IM} &= \sum_{K=\ldots,-3/2,1/2,5/2,\ldots} c(\alpha\tau IK)\,\psi_{\alpha IKM}, \\ \psi_{\alpha IKM} &= \left(\frac{2I+1}{16\,\pi^2}\right)^{1/2} \left(\Phi_{\alpha,\varrho=1}\mathscr{D}^I_{MK}(\omega) - (-1)^{I+K}\,\Phi_{\alpha,\varrho=-1}\mathscr{D}^I_{M-K}(\omega)\right). \end{aligned} \tag{4–293}$$

(Im Grenzfall der Axialsymmetrie ist der durch Φ_K bezeichnete innere Zustand gleich $\Phi_{\alpha,\varrho=1}$ für $K = 1/2, 5/2, \ldots$ und $\Phi_{\alpha,\varrho=-1}$ für $K = 3/2, 7/2, \ldots$ Da $\Phi_{\alpha,\varrho=-1} = -\mathscr{T}\Phi_{\alpha,\varrho=1}$ gilt, entspricht das Minuszeichen zwischen den beiden Komponenten von $\psi_{\alpha IKM}$ in Gl. (4–293) dem Pluszeichen in Gl. (4–19).) Zu einem gegebenen Wert I enthalten die Zustände (4–293) $(I + 1/2)$ Terme, und das Rotationsspektrum hat die Komponenten

$$I = 1/2,\ (3/2)^2,\ (5/2)^3,\ \ldots \tag{4–294}$$

Die Multiplizität der Zustände beträgt $2(2I + 1)$ (infolge der zweifachen Entartung der inneren Zustände), dividiert durch 4 (wegen der Invarianz gegen die D_2-Gruppe mit 4 Elementen).

Für ein System, das aus einem an einen asymmetrischen Rotor gekoppelten Teilchen besteht, erhält man die Rotationsenergie (4–289) aus dem Ausdruck (4–269) für den Rotor durch Ersetzen der Größe $I_\varkappa$ durch $R_\varkappa = I_\varkappa - j_\varkappa$. Der Operator $j_\varkappa$, als 2×2-Matrix im Raum $|\alpha, \varrho = \pm 1\rangle$ aufgefaßt, ist linear in ϱ_k, daher ist der Koeffizient $a_{k\varkappa}$ in Gl. (4–289) gleich der Spur des Produktes $j_\varkappa \varrho_k$. Besitzt das vom Rotor erzeugte Potential D_2-Symmetrie, so ist der Rotations-Hamilton-Operator gegeben durch Gl. (4–291) mit

$$a_\varkappa = \operatorname{Tr}(j_\varkappa \varrho_\varkappa). \tag{4–295}$$

Die Entkopplungsparameter $a_\varkappa$ hängen von der Symmetrie $r_\varkappa$ des Rotors und von den Einteilchenwellenfunktionen ab. Für einen Teilchenzustand mit $j = 1/2$ gilt zum Beispiel $\mathscr{R}_\varkappa(\pi) = r_\varkappa \exp\{-i\pi j_\varkappa\} = -2ij_\varkappa r_\varkappa$ (siehe Gl. (1A–48)), und die Beziehung (4–290) ergibt daher $a_\varkappa = r_\varkappa$. Für diese Werte von $a_\varkappa$ liefert der Rotations-HAMILTON-Operator (4–291) ein Dublettspektrum, das einer verschwindenden Kopplung zwischen dem Teilchen mit $j = 1/2$ und dem Rotor mit der Symmetrie $r_\varkappa$ entspricht.

4–5e Zustände mit großem I

Für die Hochspinzustände im Yrast-Gebiet kann man einfache und aufschlußreiche Lösungen für den asymmetrischen Rotor erhalten. In der klassischen Theorie des asymmetrischen Rotors reduziert sich die Bewegung auf eine einfache Rotation ohne Präzession der Achsen, wenn der Drehimpuls längs der Achse mit dem größten oder kleinsten Trägheitsmoment gerichtet ist. Entsprechend besitzen in der Quantentheorie die Zustände mit kleinster (oder größter) Energie zu gegebenem I im Grenzfall großer I eine einfache Struktur (GOLDEN und BRAGG, 1949).

Numeriert man die Achsen so, daß $\mathscr{I}_1 > \mathscr{I}_2 > \mathscr{I}_3$ $(A_1 < A_2 < A_3)$, dann besitzen die Zustände niedrigster Energie zu gegebenem I (die Yrast-Zustände) $|I_1| \approx I$. Die Kopplung zwischen den Komponenten der Rotationswellenfunktion mit positiven und negativen Werten von I_1 wird für die Zustände mit $|I_1| \approx I \gg 1$ vernachlässigbar, und I_1 kann somit als positive Größe behandelt werden. Die zur 1-Achse senkrechten Drehimpulskomponenten genügen den Vertauschungsrelationen

$$[I_-, I_+] = 2I_1 \approx 2I \qquad (I_\pm \equiv I_2 \pm iI_3) \tag{4–296}$$

und können daher näherungsweise durch Erzeugungs- und Vernichtungsoperatoren für Bosonen ausgedrückt werden,

$$\begin{aligned} c^\dagger &= \frac{1}{\sqrt{2I}} I_+, \qquad c = \frac{1}{\sqrt{2I}} I_-, \\ [c, c^\dagger] &\approx 1. \end{aligned} \tag{4–297}$$

Mit Hilfe dieser Variablen läßt sich der Rotations-HAMILTON-Operator (4–269) wie folgt schreiben:

$$\begin{aligned} H &= A_1 I^2 + \tfrac{1}{2}(A_2 + A_3 - 2A_1)(I_2^2 + I_3^2) + \tfrac{1}{2}(A_2 - A_3)(I_2^2 - I_3^2) \\ &= A_1 I^2 + H' \end{aligned} \tag{4–298}$$

mit

$$\begin{aligned} H' &= \tfrac{1}{2}\alpha(c^\dagger c + cc^\dagger) + \tfrac{1}{2}\beta(c^\dagger c^\dagger + cc) \\ &= \alpha(n + \tfrac{1}{2}) + \tfrac{1}{2}\beta(c^\dagger c^\dagger + cc), \end{aligned} \tag{4–299}$$

$$n = c^\dagger c \approx I - I_1,$$

$$\alpha \equiv (A_2 + A_3 - 2A_1)\, I,$$

$$\beta \equiv (A_2 - A_3)\, I.$$

Die Anzahl der Bosonenanregungen ist mit n bezeichnet, und das Bosonenvakuum ($n = 0$) ist der Zustand mit $I_1 = I$; jedes Quant besitzt einen Drehimpuls -1 bezüglich der 1-Achse. (Bei einem A-ungerade-System enthält der HAMILTON-Operator führender Ordnung zusätzliche, in $I_\varkappa$ lineare Terme (siehe Gl. (4–289)), die in $c^\dagger$ und c lineare Terme verursachen können. Für ein System mit D_2-Symmetrie kann man jedoch die Glieder $a_2 I_2 \varrho_2$ und $a_3 I_3 \varrho_3$ in der betrachteten Näherung vernachlässigen, während $a_1 I_1 \varrho_1$ näherungsweise eine Konstante ($\approx a_1 I$) ist.)

Der HAMILTON-Operator (4–298) kann durch eine kanonische Transformation zu den neuen Bosonenvariablen $\hat{c}^\dagger$ und $\hat{c}$ diagonalisiert werden,

$$\begin{aligned} c^\dagger &= x\hat{c}^\dagger + y\hat{c}, \\ \hat{c}^\dagger &= xc^\dagger - yc \end{aligned} \qquad (x^2 - y^2 = 1), \tag{4–300}$$

und man erhält

$$\begin{aligned} H' &= \hbar\omega(\hat{n} + \tfrac{1}{2}), \\ \hat{n} &= \hat{c}^\dagger \hat{c}, \end{aligned} \tag{4–301}$$

mit den Anregungsquanten

$$\hbar\omega = (\alpha^2 - \beta^2)^{1/2} = 2I\big((A_2 - A_1)(A_3 - A_1)\big)^{1/2} \tag{4–302}$$

und den Transformationskoeffizienten

$$\left.\begin{matrix} x \\ y \end{matrix}\right\} = \left(\frac{1}{2}\left(\frac{\alpha}{(\alpha^2 - \beta^2)^{1/2}} \pm 1\right)\right)^{1/2}. \tag{4–303}$$

Die stationären Zustände können somit durch die Quantenzahl $\hat{n}$ sowie durch I (und M) charakterisiert werden, und die Energiewerte sind

$$E(\hat{n}, I) = A_1 I(I+1) + (\hat{n} + \tfrac{1}{2})\,\hbar\omega. \tag{4–304}$$

Die Quantenzahl $\hat{n}$ beschreibt die Präzessionsbewegung der Achsen bezüglich der Richtung von I; für kleine Amplituden hat diese Bewegung den Charakter einer harmonischen Schwingung mit der Frequenz ω. Besitzt der innere Zustand D_2-Symmetrie, dann ist das Spektrum eines Rotors mit geradzahligem A beschränkt auf die Zustände mit

$$(-1)^{\hat{n}} = r_1(-1)^I, \tag{4–305}$$

während für ungerade A alle Werte von $\hat{n}$ im Spektrum vorkommen. Das asymptotische Spektrum (4–304) für ein A-gerade-System kann man im Beispiel in Abb. 4–34, S. 169, erkennen.

Die näherungsweise Lösung (4–304) ist gültig für

$$I^2 \gg \langle I_2^2 + I_3^2 \rangle = I\langle c^\dagger c + cc^\dagger \rangle \tag{4–306}$$

(siehe Gln. (4–296) und (4–297)). Unter Verwendung der oben angegebenen Lösung kann die Bedingung (4–306) in der Form

$$I \gg (2\hat{n} + 1)\,\frac{A_2 + A_3 - 2A_1}{2(A_3 - A_1)^{1/2}\,(A_2 - A_1)^{1/2}} \tag{4–307}$$

ausgedrückt werden. Wenn die drei Trägheitsmomente vergleichbare Größen besitzen (und $\hat{n}$ klein ist), dann entspricht die Bedingung (4–307) $I \gg 1$. Ist einer der Trägheitsparameter viel größer als die beiden anderen ($A_3 \gg A_2, A_1$), wie im Fall eines Kerns, der nur geringfügig von der Axialsymmetrie abweicht, dann erfolgt der Übergang in das oben beschriebene Kopplungsschema mit $K = I_1 \approx I$ bei Drehimpulsen der Größenordnung $\left(A_3/(A_2 - A_1)\right)^{1/2}$, während die Yrast-Zustände für kleinere I-Werte $K = I_3 \approx 0$ besitzen.

Das $E2$-Moment des Kerns kann durch zwei innere Quadrupolmomente Q_0 und Q_2 ausgedrückt werden (siehe Gl. (4–245)). Für die Zustände im Yrast-Gebiet mit $|I_1| \approx I$ werden wir ein inneres Koordinatensystem $\mathscr{K}'$ mit den Achsen $x' = x_2$, $y' = x_3$, $z' = x_1$ definieren, so daß ϑ, ϕ die Orientierung der 1-Achse ist. Somit ist Q_0 das Quadrupolmoment in bezug auf die 1-Achse, und Q_2 ist ein Maß für die Asymmetrie der Kernform bezüglich dieser Achse. In der Darstellung, in welcher $K = I$ diagonal ist, sind die reduzierten $E2$-Matrixelemente gegeben durch

$$\begin{aligned}\langle I'K' \| \mathscr{M}(E2) \| IK \rangle = (2I+1)^{1/2} \left(\frac{5}{16\pi}\right)^{1/2} e\big(Q_0 \langle IK20 \mid I'K' \rangle \\ + Q_2(\langle IK22 \mid I'K' \rangle + \langle IK2-2 \mid I'K' \rangle)\big). \qquad (4\text{–}308)\end{aligned}$$

Für $K \approx I$ haben die Vektoradditionskoeffizienten in Gl. (4–308) unter Vernachlässigung von Gliedern der Größenordnung I^{-1} oder kleiner die Näherungswerte

$$\begin{aligned}&\langle IK20 \mid IK \rangle \approx \langle IK2 \pm 2 \mid I \pm 2\, K \pm 2 \rangle \approx 1, \\ &\langle IK20 \mid I+1\, K \rangle \approx -\langle I+1\, K20 \mid IK \rangle \approx \left(\frac{3}{I}\right)^{1/2} (I - K + 1)^{1/2}, \qquad (4\text{–}309) \\ &\langle IK22 \mid I+1\, K+2 \rangle \approx -\langle I+1\, K+2\, 2-2 \mid IK \rangle \approx -\left(\frac{2}{I}\right)^{1/2} (I-K)^{1/2}.\end{aligned}$$

In dieser Näherung wird das Matrixelement (4–308) zweckmäßig durch die Variablen I und $n = I - K$ ausgedrückt. Führt man den Operator $m(I_1, I_2)$ ein, der durch

$$\begin{aligned}&\langle I', K' = I' - n' \| \mathscr{M}(E2) \| I, K = I - n \rangle \\ &\quad = (2I+1)^{1/2} \left(\frac{5}{16\pi}\right)^{1/2} e\langle n' |\, m(I, I')\, | n \rangle \qquad (4\text{–}310)\end{aligned}$$

definiert ist, so erhalten wir

$$\begin{aligned}m(I, I') \approx\; & Q_0 \delta(I, I') + Q_2 \delta(I \pm 2, I') \\ & + \left(\left(\frac{3}{I}\right)^{1/2} Q_0 c^\dagger - \left(\frac{2}{I}\right)^{1/2} Q_2 c\right) \delta(I+1, I') \\ & + \left(-\left(\frac{3}{I}\right)^{1/2} Q_0 c + \left(\frac{2}{I}\right)^{1/2} Q_2 c^\dagger\right) \delta(I-1, I'), \qquad (4\text{–}311)\end{aligned}$$

wobei die Operatoren $c^\dagger$ und c die Erzeugungs- und Vernichtungsoperatoren (4–297) sind. Der Operator m kann mit Hilfe der Transformation (4–300) durch die Variable $\hat{n}$

ausgedrückt werden, in der der HAMILTON-Operator in der betrachteten Näherung diagonal ist.

Die Terme führender Ordnung im Operator (4–311) ergeben keine Änderung von $\hat{n}$; sie liefern das statische Moment

$$Q \approx Q_0 \tag{4–312}$$

sowie die Übergänge

$$B(E2; \hat{n}I \to \hat{n}, I \pm 2) \approx \frac{5}{16\pi} e^2 Q_2^2, \tag{4–313}$$

die durch die Drehung des inneren Q_2-Moments um die 1-Achse induziert werden.

Die Terme in Gl. (4–311) mit $I' = I \pm 1$ sind proportional zur Schwingungsamplitude und enthalten Übergänge mit $\Delta\hat{n} = \pm 1$,

$$\begin{aligned} B(E2; \hat{n}I \to \hat{n}-1, I-1) &= \frac{5}{16\pi} e^2 \frac{\hat{n}}{I} \left(\sqrt{3}\, Q_0 x - \sqrt{2}\, Q_2 y\right)^2, \\ B(E2; \hat{n}I \to \hat{n}+1, I-1) &= \frac{5}{16\pi} e^2 \frac{\hat{n}+1}{I} \left(\sqrt{3}\, Q_0 y - \sqrt{2}\, Q_2 x\right)^2. \end{aligned} \tag{4–314}$$

Die Stärke dieser Übergänge ist um einen Faktor der Größenordnung $\hat{n}/I$, der das Quadrat der Amplitude der Präzessionsbewegung darstellt, kleiner als die Stärke der Übergänge (4–313) ohne Änderung der Vibrationsquantenzahl.

Die qualitativen Eigenschaften des Spektrums des asymmetrischen Rotors im Yrast-Gebiet entsprechen also Folgen von eindimensionalen Rotationstrajektorien mit starken $E2$-Übergängen längs der Trajektorien und viel schwächeren Übergängen zwischen den verschiedenen Trajektorien. Im Gegensatz zu den Banden symmetrischer Rotoren, die Bandenköpfe mit $I = K$ besitzen (was zur K-Isomerie führen kann), verschmelzen die verschiedenen Trajektorien des asymmetrischen Rotors zu einer einzigen gemeinsamen Bande mit $I = 0$ (oder $I = 1/2$) für jeden beliebigen inneren Zustand. Vorläufige Daten über Kernspektren im Yrast-Gebiet für $A \approx 160$ und $I \approx 30$ können auf das Auftreten von Strukturen hindeuten, die für den asymmetrischen Rotor charakteristisch sind (siehe S. 59ff.).

Beispiele zu Abschnitt 4–5

Regge-Trajektorien für einen asymmetrischen Rotor (Abb. 4–34)

Das Konzept einer REGGE-Trajektorie (siehe Band I, S. 12) ist eng mit dem der Rotationsbandenstruktur verbunden. Eindimensionale Trajektorien, die analytische Funktionen des Gesamtdrehimpulses I sind, lassen sich trivialerweise für den starren, axialsymmetrischen Rotor definieren, dessen Energie eine in $I(I+1)$ lineare Funktion ist.

Solche Trajektorien können im Zweikörperproblem auch ganz allgemein definiert werden, da die Separation der Winkel- und Radialbewegung zu einer Radialwellengleichung führt, in der der Drehimpuls nur als ein Parameter erscheint und daher kontinuierlich variiert werden kann. Das charakteristische Merkmal dieser Systeme ist die Existenz einer inneren Achse der Rotationssymmetrie, bezüglich der man die Quantenzahl K definieren kann; für gegebene Werte der drei Quantenzahlen KIM ist die Rotationsbewegung vollständig festgelegt. Beim axialsymmetrischen Rotor ist K eine Erhaltungsgröße und dient zur Numerierung der Trajektorien. Für ein System zweier spinloser Teilchen muß K den Wert Null besitzen, während man bei zwei Teilchen mit Spin die Trajektorien durch Diagonalisierung einer Matrix mit einer Dimensionszahl entsprechend den möglichen Werten der Helizitäten erhält.

In allgemeineren Vielteilchensystemen ist die Quantenzahl K keine Erhaltungsgröße; es braucht in der Tat keinen eindeutigen Weg zur Einführung eines inneren Koordinatensystems zu geben. In einer solchen Situation enthält die Definition der Regge-Trajektorien neue Züge, von denen einige anhand des asymmetrischen Rotors veranschaulicht werden können.

Die Energie eines asymmetrischen Rotors kann als eine analytische Funktion des Gesamtdrehimpulses I definiert werden, indem man das Eigenwertproblem als eine Matrixgleichung in der Darstellung, in der I_3 diagonal ist, betrachtet. Die Invarianz des Rotations-Hamilton-Operators bezüglich der Gruppe D_2 (siehe Abschnitt 4–5a) bedeutet, daß die Matrix (für ein System mit geradzahligem A) in vier Untermatrizen zerfällt, die durch die Symmetriequantenzahlen $r_3 = (-1)^{I_3}$ und c_3 charakterisiert werden, von denen die letztere die relative Phase der Komponenten mit $I_3 = \pm K$ darstellt, wobei $K = |I_3|$ ist. Für die physikalischen Zustände gilt (siehe Gln. (4–273) und (4–276))

$$c_3 = r_2(-1)^{I+K} = r_2 r_3(-1)^I = r_1(-1)^I. \tag{4–315}$$

In der Darstellung IKc_3 sind die Matrixelemente des Hamilton-Operators (4–269) gegeben durch

$$\langle IKc_3|\, H_{\mathrm{rot}}\, |IKc_3\rangle = AI(I+1) + (A_3 - A)\, K^2 + \tfrac{1}{4}\, c_3(A_1 - A_2)\, I(I+1)\, \delta(K,1), \tag{4–316}$$

$$\langle I, K+2, c_3|\, H_{\mathrm{rot}}\, |IKc_3\rangle = \langle IKc_3|\, H_{\mathrm{rot}}\, |I, K+2, c_3\rangle$$
$$= \tfrac{1}{4}(A_1 - A_2)\big((I-K-1)(I-K)(I+K+1)(I+K+2)\big)^{1/2} \begin{cases} \sqrt{2}, & K = 0, \\ 1, & K \neq 0, \end{cases}$$

$$A_\varkappa = \frac{\hbar^2}{2\mathcal{J}_\varkappa}, \qquad A = \tfrac{1}{2}(A_1 + A_2).$$

In diesen Matrizen kann I als ein kontinuierlich veränderlicher Parameter behandelt werden, während das Spektrum der Werte K (K gerade für $r_3 = +1$ und K ungerade für $r_3 = -1$) und die Phase $c_3(= \pm 1)$ festgehalten werden. (Der Zustand $K = 0$ tritt nur bei der Trajektorie mit $r_3 = +1$ und $c_3 = +1$ auf.) Für nichtganzzahlige Werte von I verschwinden die Matrixelemente ($K \leftrightarrow K+2$) nicht mehr für bestimmte Werte K ($K = I$ oder $I - 1$), und wir erhalten daher unendliche Matrizen, die sich bis zu beliebig großen positiven Werten K erstrecken. Für $I - 1 < K < I$ werden die nichtdiagonalen

Matrixelemente imaginär; die analytische Fortsetzung erhält man aus der symmetrischen (nicht-hermiteschen) Matrix, wie in Gl. (4–316) angedeutet ist.

Die Bedingung für die Existenz diskreter Eigenwerte für die unendliche Matrix (4–316) läßt sich durch Untersuchung des asymptotischen Verhaltens der Koeffizienten $c(K)$ in den Eigenvektoren (4–275) für große K bestimmen. In führender Ordnung in K gilt

$$(A_3 - A)\, c(K) \underset{K \gg I}{\approx} -\tfrac{1}{4}(A_1 - A_2)\big(c(K-2) + c(K+2)\big). \tag{4–317}$$

Daher nähert sich das Verhältnis

$$\alpha = \frac{c(K+2)}{c(K)} \tag{4–318}$$

einem konstanten Wert, der durch

$$\alpha + \frac{1}{\alpha} = -2\,\frac{2A_3 - A_1 - A_2}{A_1 - A_2} \tag{4–319}$$

gegeben ist. Wenn $\mathscr{I}_3$ entweder das größte oder das kleinste der drei Trägheitsmomente ist, dann wird die rechte Seite der Gl. (4–319) positiv und größer als 2 ($\mathscr{I}_2$ wird als das mittlere Trägheitsmoment angenommen). Die beiden Wurzeln α_1, α_2 sind dann reell und positiv mit $\alpha_1 < 1$ und $\alpha_2 > 1$, und $c(K)$ ist eine Überlagerung einer exponentiell ansteigenden und einer exponentiell abnehmenden Funktion von K. Somit definiert die Bedingung, daß keine exponentiell zunehmende Komponente vorliegen darf, in der üblichen Weise einen Satz diskreter Eigenwerte. Für die auf der mittleren Achse beruhende Darstellung sind die Wurzeln von Gl. (4–319) komplex mit $|\alpha_1| = |\alpha_2| = 1$. Die Berücksichtigung von Termen der Ordnung K^{-1} in Gl. (4–317) zeigt, daß in diesem Fall $|c(K)|$ stets proportional zu K^{-1} ist; die unendlichen Matrizen haben daher keine diskreten Eigenwerte, sondern ein kontinuierliches Spektrum. (Die Diskussion der Konvergenz der Lösungen stammt von R. Cutkosky, private Mitteilung. Eine ausführlichere Behandlung der analytischen Struktur des Spektrums des asymmetrischen Rotors als eine Funktion von I findet man bei Talman, 1971.)

Für gegebene Trägheitsmomente, die so numeriert sind, daß $\mathscr{I}_1 > \mathscr{I}_2 > \mathscr{I}_3$ ist, kann man somit Regge-Trajektorien auf zwei verschiedene Arten definieren, indem man entweder die I_3- oder die I_1-Darstellung benutzt. Diese beiden Sätze von Trajektorien werden in Abb. 4–34 für die Verhältnisse der Trägheitsmomente $\mathscr{I}_1 : \mathscr{I}_2 : \mathscr{I}_3 = 4:2:1$ veranschaulicht. Die Trajektorien mit positivem r_3 (die auf geradzahligen I_3-Werten aufbauen) und solche mit positiven r_1 (geradzahligen I_1) sind mit durchgezogenen Linien und jene mit negativen r_3 und negativen r_1 durch gestrichelte Kurven dargestellt. Innerhalb jedes Satzes werden die Trajektorien durch eine laufende Nummer K bezeichnet, die die Reihenfolge der Lösungen bei gegebenem I angibt; mit zunehmendem Wert K nimmt die Energie der I_3-Trajektorien zu und die Energie der I_1-Trajektorien ab. (Variiert man die Trägheitsmomente kontinuierlich, so daß der Rotor bezüglich der 3-Achse (oder 1-Achse) symmetrisch wird, dann wird die Nummer K an den I_3- (oder I_1-) Trajektorien gleich dem Eigenwert von $|I_3|$ (oder $|I_1|$).) Für $K \neq 0$ gibt es zu jedem Wert von K zwei Trajektorien entsprechend der Phase c_3 (oder c_1) zwischen den

Komponenten $\pm K$. Wie man an den c_3-abhängigen Termen in Gl. (4–316) sieht, besitzt die niedrigste I_3-Trajektorie zu gegebenem K den Wert $r_3 c_3 = -1$; bei den I_1-Trajektorien hat das niedrigste Glied den Wert $r_1 c_1 = +1$. Die Aufspaltung der c-Dubletts nimmt mit steigenden Werten von I zu, nimmt aber mit wachsendem K ab, da die c-abhängigen Terme nur die Matrixelemente in Gl. (4–316) mit den niedrigsten K-Werten beeinflussen.

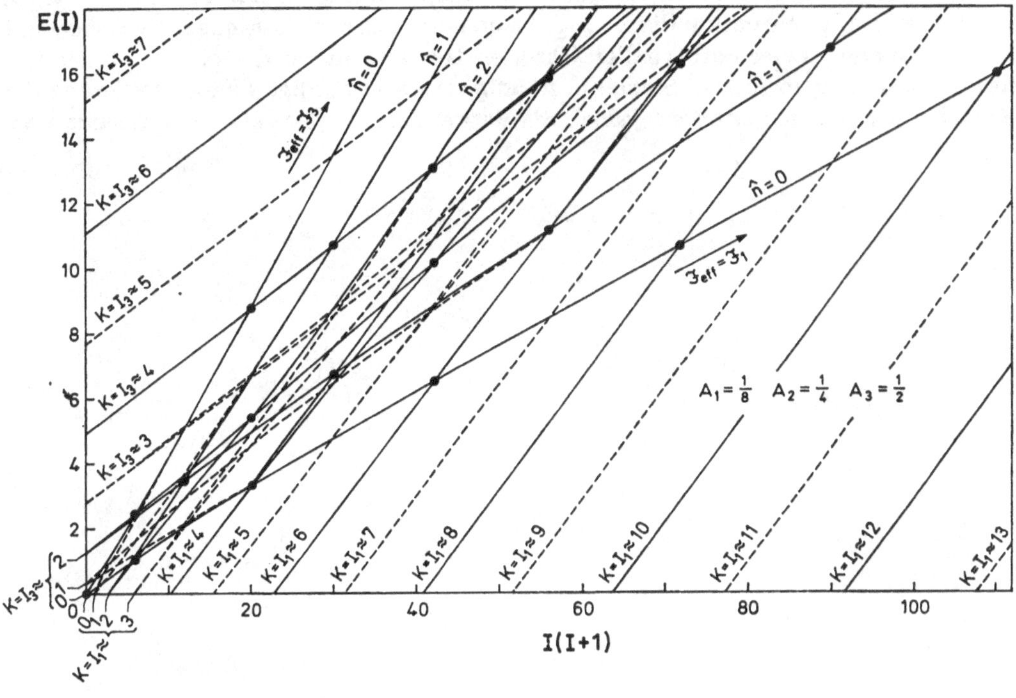

Abb. 4–34 Regge-Trajektorien für einen asymmetrischen Rotor. Wir danken H. Lütken und J. D. Talman für ihre Hilfe bei der Vorbereitung der Abbildung.

Die physikalischen Zustände entsprechen den Schnittpunkten zweier Trajektorien mit dem gleichen Satz von Symmetriequantenzahlen $(r_1 r_2 r_3)$; siehe Gl. (4–315). Die physikalischen Zustände mit der Symmetrie $(r_1 r_2 r_3) = (+++)$ sind in der Abbildung durch volle Kreise hervorgehoben.

Das Spektrum des asymmetrischen Rotors nimmt in den Gebieten, die den höchsten und den niedrigsten Zuständen zu gegebenem I (und $I \gg 1$) entsprechen, eine einfache Struktur an. In diesen asymptotischen Gebieten kann die Bewegung näherungsweise durch eine Rotation um eine einzelne Achse und eine vibrationsähnliche Präzessionsbewegung beschrieben werden (siehe Abschnitt 4–5e). Daher haben die physikalischen Zustände im Yrast-Gebiet (kleinste Energie zu gegebenem I) die näherungsweise guten Quantenzahlen $K = I_1 \approx I$, die der laufenden Nummer der I_1-Trajektorien entsprechen. Die Zustände mit unterschiedlichen I, aber gleicher innerer Vibrationsbewegung, liegen auf den I_3-Trajektorien, die durch die Schwingungsquantenzahl $\hat{n}$

numeriert werden können und deren Anstieg durch das Trägheitsmoment $\mathscr{I}_1$ bestimmt ist (siehe Abb. 4–34). Somit haben die I_3-Trajektorien in diesem Bereich des Spektrums die charakteristischen Eigenschaften von Rotationsbanden, während die I_1-Trajektorien Vibrationsfolgen darstellen.

Die für den asymmetrischen Rotor erhaltenen Ergebnisse liefern ein Beispiel von der Vielfalt von Kopplungsschemata, die bei der Definition von REGGE-Trajektorien in Systemen mit vielen Freiheitsgraden verwendet werden können. Die beiden Sätze von Trajektorien in Abb. 4–34 entsprechen den Kopplungsschemata, die die einfachen Strukturen des Spektrums für die niedrigsten und die höchsten Zustände mit gegebenem I charakterisieren. Jeder Satz von Trajektorien läßt sich durch das gesamte Spektrum fortsetzen und ist in diesem Sinne vollständig. Die vollständige Charakterisierung der Rotationsbeziehungen erfordert jedoch die Verwendung beider Sätze von Trajektorien.

ANHANG

4 A Teilchen-Rotor-Modell

Das einfache Modell eines an einen Rotor gekoppelten Teilchens liefert eine Näherungsbeschreibung vieler Eigenschaften der niedrigliegenden Banden in A-ungerade-Kernen und illustriert gleichzeitig verschiedene allgemeine Merkmale rotierender Systeme. Es hat daher in der Entwicklung der Theorie nuklearer Rotationsspektren eine wichtige Rolle gespielt. Die Anwendung des Modells auf Streuprobleme wird im Anhang 5 A betrachtet.

4 A–1 Gekoppeltes System

Es wird angenommen, daß der Rotor axialsymmetrisch und $\mathscr{R}$-invariant ist (siehe Abschnitt 4–2c) und die Quantenzahlen $R_3 = 0$, $r = +1$ besitzt, wie es für die Grundzustände von gg-Kernen zutrifft (siehe S. 22). Der Drehimpuls des Rotors wird mit $\boldsymbol{R}$ bezeichnet, R_3 ist seine Komponente längs der Symmetrieachse, und das Spektrum besteht aus der Folge $R = 0, 2, 4, \ldots$ (siehe Gl. (4–15)).

Die Energie des Rotors wird als proportional zum Quadrat des Drehimpulses angesetzt, entsprechend dem HAMILTON-Operator

$$H_{\text{rot}} = \frac{\hbar^2}{2\mathscr{I}_0}(R_1^2 + R_2^2) = \frac{\hbar^2}{2\mathscr{I}_0}\boldsymbol{R}^2, \tag{4 A–1}$$

der zum klassischen Ausdruck für einen symmetrischen starren Körper gehört, der nur um Achsen senkrecht zur Symmetrieachse rotiert (Hantel). Das Trägheitsmoment des Rotors wird mit $\mathscr{I}_0$ bezeichnet. Der Ausdruck (4 A–1) kann als erster Term einer Entwicklung der Rotationsenergie nach Potenzen des Drehimpulses aufgefaßt werden (siehe S. 18); höhere Terme würden der Störung des Rotors infolge der Zentrifugal- und CORIOLIS-Kräfte entsprechen.

Die Wechselwirkung zwischen dem Rotor und dem Teilchen wird durch ein Potential V beschrieben, das von den Variablen des Teilchens im körperfesten System abhängt. Das Potential kann geschwindigkeits- und spinabhängig sein und insbesondere eine Spinbahnkopplung enthalten, aber V wird als invariant gegen Raumspiegelung und Zeitumkehr sowie als axialsymmetrisch und invariant gegen die Drehung $\mathscr{R} = \mathscr{R}_2(\pi)$ angenommen.

Das vorliegende Modell läßt mögliche Terme im Potential, die von der Rotationsfrequenz abhängen, außer Betracht. Solche Terme können von Störungen des Rotors herrühren (zu ω_{rot}^2 proportionale Zentrifugalstörungen sowie in ω_{rot} lineare Terme, die den geschwindigkeitsabhängigen Wechselwirkungen zugeordnet werden; siehe S. 66 und S. 242ff.). Der HAMILTON-Operator für das gekoppelte System ist

$$H = H_{\text{rot}} + T + V, \tag{4A-2}$$

wobei T die kinetische Energie des Teilchens bedeutet. Die Anisotropie des Potentials sorgt für die Kopplung zwischen der Bewegung des Teilchens und der des Rotors.

4A-2 Adiabatische Näherung

Wenn die Rotationsfrequenz klein ist im Vergleich zu den Anregungsfrequenzen, die die relativ zum Potential V unterschiedlich orientierten Bahnen charakterisieren, dann ist die Bewegung des Teilchens stark an den Rotor gekoppelt, und sie folgt der Präzessionsbewegung der Rotorachse in annähernd adiabatischer Weise. Das gekoppelte System kann dann durch eine Überlagerung der inneren Bewegung für feste Orientierung des Rotors und einer Rotationsbewegung des Systems als Ganzes beschrieben werden.

4A-2a *Wellenfunktionen*

Die innere Bewegung wird bestimmt durch die Wellengleichung

$$(T + V)\,\Phi_K(q) = E_K \Phi_K(q), \tag{4A-3}$$

wobei q innere Koordinaten (einschließlich der Spinvariablen) darstellt. Die Eigenfunktionen Φ_K und Eigenwerte E_K der inneren Bewegung werden durch die Quantenzahl K unterschieden, die die Komponente I_3 des Gesamtdrehimpulses repräsentiert; da der Rotor $R_3 = 0$ besitzt, ist die Quantenzahl K gleich dem Eigenwert der Komponente j_3 des Teilchendrehimpulses (die oft mit Ω bezeichnet wird). Die inneren Zustände sind infolge der $\mathscr{R}$-Invarianz oder $\mathscr{T}$-Invarianz des inneren HAMILTON-Operators bezüglich des Vorzeichens von K entartet. Die Zustände mit negativem K werden durch $\bar{K}$ bezeichnet, und wir verwenden die Phasenwahl (siehe Gln. (4-16) und (4-27))

$$\Phi_{\bar{K}}(q) = \mathscr{T}\Phi_K(q) = \mathscr{R}_i^{-1}\Phi_K(q) = -\mathscr{R}_i\Phi_K(q). \tag{4A-4}$$

Es wird angenommen, daß das Teilchen ein Fermion ist; daher gilt $\mathscr{R}_i^2 = \mathscr{R}_i(2\pi) = -1$, und K nimmt die Werte 1/2, 3/2, ... an.

Die Rotationsbewegung wird durch die Quantenzahlen KIM festgelegt, und die Gesamtwellenfunktion hat die für ein $\mathscr{R}$-invariantes System geeignete Form (siehe Gl. (4-19))

$$\Psi_{KIM} = \left(\frac{2I+1}{16\pi^2}\right)^{1/2} \left(\Phi_K(q)\,\mathscr{D}^I_{MK}(\omega) + (-1)^{I+K}\,\Phi_{\bar{K}}(q)\,\mathscr{D}^I_{M-K}(\omega)\right), \tag{4A-5}$$

wobei ω die Orientierung des Rotors darstellt. Die Wellenfunktionen (4A-5) bilden einen vollständigen orthonormierten Satz, der eine zweckmäßige Basis zur Beschreibung des gekoppelten Systems darstellt, wenn die Adiabatizitätsbedingung erfüllt ist.

Die Kopplung zwischen den Drehimpulsen des Teilchens und des Rotors, die in der Wellenfunktion (4 A–5) implizit enthalten ist, kann durch Transformation in die für ein schwach gekoppeltes System geeignete Darstellung $(jR)\,IM$ gezeigt werden. Unter Verwendung der Transformation (1 A–34) vom inneren zum raumfesten Koordinatensystem sowie der Kopplungsregel (1 A–43) für die $\mathscr{D}$-Funktionen erhält man

$$\langle (ljR)\,IM \mid KIM\rangle = \langle ljK \mid K\rangle \left(\frac{2R+1}{2I+1}\right)^{1/2} \langle jKR0 \mid IK\rangle \frac{1}{\sqrt{2}} \left(1 + (-1)^R\right). \tag{4 A–6}$$

Der erste Faktor stellt die Entwicklung des inneren Zustandes $\Phi_K(q)$ nach einer sphärischen Basis ljK dar, die durch den Bahndrehimpuls l und den Gesamtdrehimpuls j des Teilchens charakterisiert wird. Die symmetrisierte Form der Wellenfunktion (4 A–5) sorgt dafür, daß die Amplitude (4 A–6) nur für $R = 0, 2, \ldots$ von Null verschieden ist. Der zweite und dritte Faktor in Gl. (4 A–6) geben das Gewicht der verschiedenen Zustände R des Rotors im adiabatischen Kopplungsschema an.

4 A–2b *Energie*

Um den Hamilton-Operator in der Darstellung (4 A–5) auszudrücken, verwenden wir die Beziehung $\boldsymbol{R} = \boldsymbol{I} - \boldsymbol{j}$. Der Drehimpuls des Rotors wird hierbei zerlegt in einen Teil $\boldsymbol{I}$, der das System als Ganzes dreht und somit nur auf die Rotationswellenfunktionen wirkt, und einen Teil $\boldsymbol{j}$, der nur auf die inneren Variablen wirkt.

Für die Energie des Rotors (4 A–1) erhält man

$$\begin{aligned} H_{\mathrm{rot}} &= \frac{\hbar^2}{2\mathscr{I}_0}\left((I_1 - j_1)^2 + (I_2 - j_2)^2\right) \\ &= \frac{\hbar^2}{2\mathscr{I}_0}\boldsymbol{I}^2 + \frac{\hbar^2}{2\mathscr{I}_0}(j_1^2 + j_2^2 - j_3^2) - \frac{\hbar^2}{2\mathscr{I}_0}(j_+ I_- + j_- I_+) \end{aligned} \tag{4 A–7}$$

mit der Bezeichnung $I_\pm = I_1 \pm iI_2$ und $j_\pm = j_1 \pm ij_2$. Der erste Term im Hamilton-Operator (4 A–7) hängt nur vom Gesamtdrehimpuls ab und ist eine Erhaltungsgröße. Der zweite Term in Gl. (4 A–7) stellt eine Rückstoßenergie des Rotors dar und hängt nur von den inneren Variablen ab; dieser Term könnte in Gl. (4 A–3) einbezogen werden, die die innere Wellenfunktion Φ_K bestimmt. Da aber die Rückstoßenergie der Größe nach mit den Rotationsenergien vergleichbar und somit klein gegenüber inneren Energien ist, kann man den Einfluß auf Φ_K in erster Näherung vernachlässigen. Der dritte Term in Gl. (4 A–7) stellt die Coriolis- und Zentrifugalkräfte dar, die im rotierenden Koordinatensystem auf das Teilchen wirken (siehe Gln. (4–107) und (4–119)). Dieser Term ist in K nichtdiagonal ($\Delta K = \pm 1$) und bewirkt eine Kopplung zwischen innerer Bewegung und Rotation. Im Sonderfall von $K = 1/2$-Banden verknüpft die Coriolis-Wechselwirkung die Komponenten mit entgegengesetztem K in den Zuständen (4 A–5) und trägt daher zum Energieerwartungswert bei.

Der Ausdruck (4A–7) für H_{rot} führt zu einem Gesamt-HAMILTON-Operator, der sich in der Form (siehe Gl. (4A–2))

$$H = H_0 + H_c, \tag{4A–8a}$$

$$H_0 = T + V + \frac{\hbar^2}{2\mathscr{I}_0} \boldsymbol{I}^2, \tag{4A–8b}$$

$$H_c = -\frac{\hbar^2}{2\mathscr{I}_0}(j_+I_- + j_-I_+) + \frac{\hbar^2}{2\mathscr{I}_0}(j_1^2 + j_2^2 - j_3^2), \tag{4A–8c}$$

schreiben läßt. Die Wellenfunktionen (4A–5) sind die Eigenzustände von H_0, und in dieser Basis ist der Energieerwartungswert gegeben durch (siehe Gln. (4–20) und (1A–93))

$$\begin{aligned} E_{KI} &= \langle KIM|\, H\, |KIM\rangle = E_K + E_{\text{rot}}, \\ E_{\text{rot}} &= \langle KIM|\, H_{\text{rot}}\, |KIM\rangle \\ &= \frac{\hbar^2}{2\mathscr{I}_0}\big(I(I+1) + a(-1)^{I+1/2}\,(I+1/2)\,\delta(K, 1/2)\big) \\ &\quad + \frac{\hbar^2}{2\mathscr{I}_0}\langle K|\, j_1^2 + j_2^2 - j_3^2\, |K\rangle. \end{aligned} \tag{4A–9}$$

Der Parameter a in der Rotationsenergie für $K = 1/2$-Banden hat den Wert

$$a = -\langle K = 1/2|\, j_+\, |\overline{K = 1/2}\rangle \tag{4A–10}$$

und wird als Entkopplungsparameter bezeichnet.

4A–2c *Matrixelemente*

Die Matrixelemente der verschiedenen Operatoren, wie der elektrischen und magnetischen Multipolmomente, können in der Basis (4A–5) mit Hilfe des in Abschnitt 4–3 beschriebenen allgemeinen Verfahrens berechnet werden. Für einen Tensoroperator ist die Transformation zum körperfesten Koordinatensystem durch Gl. (4–90) gegeben; sie führt auf Matrixelemente, die Produkte von Faktoren aus innerer Bewegung und Rotation enthalten.

Ein Beispiel ist das $M1$-Moment, das durch die g-Faktoren für die verschiedenen Drehimpulse im System ausgedrückt werden kann (siehe Gln. (3–36) und (3–39)),

$$\begin{aligned} \mathscr{M}(M1, \mu) &= \left(\frac{3}{4\pi}\right)^{1/2} \frac{e\hbar}{2Mc}(g_R R_\mu + g_l l_\mu + g_s s_\mu) \\ &= \left(\frac{3}{4\pi}\right)^{1/2} \frac{e\hbar}{2Mc}\big(g_R I_\mu + (g_l - g_R)\, l_\mu + (g_s - g_R)\, s_\mu\big). \end{aligned} \tag{4A–11}$$

Für Übergänge zwischen zwei Zuständen in der gleichen Bande hat das reduzierte $M1$-Matrixelement die Form (4–85), die im Abschnitt 4–3c aufgrund von Symmetriebetrachtungen abgeleitet wurde. Das vorliegende Modell ergibt explizite Ausdrücke für die inneren Matrixelemente, die in diesem allgemeinen Ausdruck vorkommen,

$$\begin{aligned} g_K K &= \langle K|\, g_l l_3 + g_s s_3\, |K\rangle, \\ b(g_K - g_R) &= \langle K = 1/2|\, (g_l - g_R)\, l_+ + (g_s - g_R)\, s_+\, |\overline{K = 1/2}\rangle. \end{aligned} \tag{4A–12}$$

Die Größe g_K ist der mittlere g-Faktor für die innere Bewegung. Das Auftreten des Parameters b, der als magnetischer Entkopplungsparameter bezeichnet wird, ist ein spezielles Merkmal von $M1$-Übergängen innerhalb von $K = 1/2$-Banden.

4 A–3 Nichtadiabatische Effekte

Die Kopplung H_c (siehe Gl. (4 A–8)) bewirkt eine Verflechtung von Rotation und innerer Bewegung, die man im Rahmen einer Mischung verschiedener Rotationsbanden analysieren kann. (Der Einfluß der von der Coriolis-Wechselwirkung erzeugten Bandenmischung wurde von Kerman, 1956, diskutiert.)

4 A–3a *Beiträge zur Energie*

Bei niedrigen Rotationsfrequenzen kann die Kopplung H_c durch eine Störungsentwicklung behandelt werden (außer wenn spezielle Entartungen im inneren Spektrum vorliegen). In zweiter Ordnung gibt H_c den Energiebeitrag

$$\delta E_{KI}^{(2)} = -\sum_{\nu} \frac{\langle \nu IM|\, H_c\, |KIM\rangle^2}{E_\nu - E_K}, \tag{4A–13}$$

wobei ν die Banden numeriert, die durch die Wechselwirkung H_c an den Zustand KIM gekoppelt werden. Die Störung (4 A–13) verursacht einen zu $I(I + 1)$ proportionalen Term, der vom Effekt der Coriolis-Kopplung zweiter Ordnung herrührt. Außerdem enthält der Ausdruck (4 A–13) einen von I unabhängigen Term und für $K = 1/2$-Banden einen in I linearen, signaturabhängigen Term, der aus der kombinierten Wirkung der Coriolis- und der Rückstoßenergien in der Kopplung H_c (siehe Gl. (4 A–8c)) herrührt. Der Koeffizient von $I(I + 1)$ ist

$$\delta A = -\left(\frac{\hbar^2}{2\mathcal{J}_0}\right)^2 \sum_{\nu,\, K_\nu = K \pm 1} \frac{\langle \nu|\, j_\pm\, |K\rangle^2}{E_\nu - E_K}, \tag{4A–14}$$

wobei die Summation über alle Banden ν mit $K_\nu = K \pm 1$ läuft. Für $K = 1/2$-Banden sind die Terme in Gl. (4 A–14) mit $K_\nu = K - 1$ als angeregte Banden mit $K_\nu = 1/2$ zu interpretieren.

Der Beitrag (4 A–14) zur Rotationsenergie kann unter der Annahme $\delta\mathcal{J} \ll \mathcal{J}_0$ als eine Renormierung des effektiven Trägheitsmomentes ausgedrückt werden,

$$\begin{aligned} \mathcal{J} &= \mathcal{J}_0 + \delta\mathcal{J}, \\ \delta\mathcal{J} &= -\frac{2\mathcal{J}_0^2}{\hbar^2}\,\delta A = 2\hbar^2 \sum_{\nu} \frac{\langle \nu|\, j_1\, |K\rangle^2}{E_\nu - E_K}. \end{aligned} \tag{4A–15}$$

Die Zunahme der Trägheit des Systems stellt den Beitrag des Teilchens dar, das vom Rotor mitgeführt wird. Sie ergibt sich auch, indem man ein Teilchen betrachtet, das sich in einem äußeren, mit einer konstanten Frequenz $\omega_{\text{rot}} = (\mathcal{J}_0)^{-1}\hbar I$ rotierenden Feld bewegt (Cranking-Modell, siehe S. 62ff.).

In dritter Ordnung in H_c erhält man einen in I kubischen Beitrag zur Energie von $K = 3/2$-Banden,

$$\delta E_{KI}^{(3)} = (-1)^{I+3/2}(I-1/2)(I+1/2)(I+3/2)A_3,$$

$$A_3 = -\left(\frac{\hbar^2}{2\mathcal{J}_0}\right)^3 \sum_{\substack{\nu,\nu' \\ K_\nu = K_{\nu'}=1/2}} \frac{\langle K=3/2|\, j_+ |\nu\rangle \langle \nu|\, j_+ |\bar{\nu}'\rangle \langle \bar{\nu}'|\, j_+ |\overline{K=3/2}\rangle}{(E_\nu - E_K)(E_{\nu'} - E_K)}. \quad (4\text{A}-16)$$

Außerdem geben die Effekte von H_c in dritter Ordnung zur Energie von $K = 1/2$-Banden einen zu $(-1)^{I+1/2}(I+1/2)\,I(I+1)$ proportionalen Beitrag sowie Glieder niedrigerer Ordnung in I. Die Störung vierter Ordnung liefert zu $I^2(I+1)^2$ proportionale Terme, und durch Fortsetzung zu höherer Ordnung erhält man eine Potenzreihenentwicklung für die Energie mit der allgemeinen Form (4–62).

Der Beitrag führender Ordnung zum Term mit I^n in der Energieentwicklung rührt von der Coriolis-Kopplung in n-ter Ordnung her. Er ist gegeben durch

$$\delta E^{(n)} \sim \frac{\hbar^2 j}{\mathcal{J}_0}\left(\frac{\hbar j}{\mathcal{J}_0 \omega_{\text{int}}}\right)^{n-1} I^n \approx \hbar\omega_{\text{int}}\left(\frac{\omega_{\text{rot}} j}{\omega_{\text{int}}}\right)^n, \quad (4\text{A}-17)$$

wobei ω_{int} ein Maß für die inneren Frequenzen ($\hbar\omega_{\text{int}} \sim E_\nu - E_K$) ist und j den Wert der Matrixelemente von j_+ darstellt. Die Rotationsfrequenz ω_{rot} ist das Verhältnis zwischen dem Drehimpuls $\hbar I$ und dem Trägheitsmoment.

Besitzt das innere Spektrum Vibrationscharakter, dann erfordert die Gültigkeit des Rotationskopplungsschemas, daß die Adiabatizitätsbedingung $\omega_{\text{rot}} \ll \omega_{\text{int}} = \omega_{\text{vib}}$ erfüllt ist (siehe S. 2). Die Abschätzung (4A–17) bedeutet eine stärker einschränkende Bedingung für die Konvergenz der Störungsentwicklung im Fall von Teilchenbewegung mit großen Werten von j. Für Teilchenbahnen mit großem Drehimpuls erzeugt die Coriolis-Wechselwirkung nur relativ kleine Änderungen in der Bahnorientierung; daher ist die Kleinheit der Störung der Wellenfunktion keine notwendige Bedingung für die Konvergenz der Entwicklung der Energie und der Matrixelemente nach Potenzen des Rotationsdrehimpulses. Tatsächlich läßt die Abschätzung (4A–17) die Möglichkeit offen, daß sich die Terme höherer Ordnung systematisch kompensieren. Ein Beispiel liefert die Bewegung eines Teilchens in einem rotierenden Oszillatorpotential, für die die Entwicklung der Energie durch das Verhältnis von ω_{rot} zur Differenz der Oszillatorfrequenzen längs verschiedener Achsen bestimmt ist, unabhängig vom Drehimpuls der Teilchenbahn (Valatin, 1956; Hemmer, 1962).

Die Rückstoßenergie in H_c (siehe Gl. (4A–8c)) ist von I unabhängig und trägt daher nur über Rotationsstörungen der Ordnung $n+1$ oder höher zum Koeffizienten der I^n-abhängigen Terme bei. Die resultierenden Korrekturen zum Koeffizienten nach der Abschätzung in n-ter Ordnung haben daher die relative Größe $(\hbar j)^2/\mathcal{J}(E_\nu - E_K)$, das ist vergleichbar mit $\delta\mathcal{J}/\mathcal{J}_0$ (siehe Gl. (4A–15)). Der Rückstoßterm hat besonders einfache Konsequenzen, wenn die inneren Anregungen annähernd unabhängige Freiheitsgrade enthalten (Spin und Bahn bei Abwesenheit der Spinbahnkopplung; zwei oder mehr unabhängige Teilchen usw.). In einer solchen Situation verursacht der Teil des Rückstoßterms, der die verschiedenen Komponenten koppelt, eine Renormierung des in der CORIOLIS-Kopplung auftretenden Trägheitsmoments.

Ein Beispiel zur Illustration dieses Effekts des Rückstoßterms bietet der Entkopplungsterm bei Abwesenheit der Spinbahnkopplung. Für eine $K = 1/2$-Bande mit $l_3 = \Lambda = 0$ ergibt die Energie zweiter Ordnung, die von den jeweils in erster Ordnung wirkenden CORIOLIS- und Rückstoßtermen herrührt,

$$\begin{aligned}\delta E^{(2)} &= (-1)^{I+1/2}\,(I + 1/2)\,\delta A_1,\\ \delta A_1 &= 2\left(\frac{\hbar^2}{2\mathscr{I}_0}\right)^2 \sum_{\nu, K_\nu = 1/2} \frac{\langle K = 1/2|\, j_1^2 + j_2^2\, |\nu\rangle \langle \nu|\, j_+\, |\overline{K = 1/2}\rangle}{E_\nu - E_K}\\ &= -2\left(\frac{\hbar^2}{2\mathscr{I}_0}\right)^2 \sum_{\varkappa, \Lambda_\varkappa = 1} \frac{\langle \Lambda = 0|\, l_-\, |\varkappa\rangle \langle \varkappa|\, l_+\, |\Lambda = 0\rangle}{E_\varkappa - E_\Lambda}\, a. \end{aligned} \tag{4 A–18}$$

Die intermediären Zustände besitzen $K_\nu = 1/2$, $\Sigma(= s_3) = -1/2$, und der mit $\varkappa$ bezeichnete Bahnanteil besitzt $\Lambda_\varkappa = 1$. Im CORIOLIS-Matrixelement trägt nur der Bahnanteil von j_+ bei, und der Faktor a ist der Entkopplungsparameter in der ungestörten Bande, der gleich dem Wert von $r(= \pm 1)$ für die $\Lambda = 0$-Bahn ist (siehe S. 26). Das Matrixelement des Rückstoßterms erhält einen Beitrag von dem Anteil $j_1^2 + j_2^2$, der $l_- s_+$ enthält. Die Summe in Gl. (4 A–18) ist die gleiche wie die im Ausdruck für δA der $\Lambda = 0$-Bande (siehe Gl. (4 A–14) und beachte den Faktor $\sqrt{2}$ in den Matrixelementen (4–92) zwischen einem Zustand mit $\Lambda = 0$ und einem Zustand mit $\Lambda \neq 0$). Man erhält deshalb

$$\delta A_1 = a\delta A. \tag{4 A–19}$$

Daher bleibt der Entkopplungsparameter, der als das Verhältnis der (renormierten) Koeffizienten A_1 und A definiert ist, gleich dem ungestörten Wert r, und das Spektrum mit Berücksichtigung der nichtadiabatischen Effekte behält die Dublettstruktur, wie sie durch das Fehlen der Spinbahnkopplung gefordert wird.

Eine weitere Illustration der Rolle des Rückstoßterms liefert der Beitrag zum Trägheitsmoment für ein System, das aus einem Rotor und zwei unabhängigen Teilchen n und p (einem Neutron und einem Proton) besteht. In diesem Fall ist der Beitrag dritter Ordnung zum Koeffizienten der $I(I + 1)$-abhängigen Energie, der aus dem Rückstoßterm (einmal angewandt) und dem CORIOLIS-Term (zweimal angewandt, einmal auf n und einmal auf p) resultiert, gegeben durch

$$\begin{aligned}\delta E^{(3)} &= 2\left(\frac{\hbar^2}{2\mathscr{I}_0}\right)^3 I(I+1)\\ &\times \Bigg(\sum_{\substack{\nu_n, \nu_p\\ K(\nu_n) = K_n \pm 1\\ K(\nu_p) = K_p \pm 1}} \frac{\langle K_n K_p|\, (j_p)_\mp\, |K_n \nu_p\rangle \langle K_n \nu_p|\, (j_n)_\mp (j_p)_\pm\, |\nu_n K_p\rangle \langle \nu_n K_p|\, (j_n)_\pm\, |K_n K_p\rangle}{\big(E(\nu_n) - E(K_n)\big)\big(E(\nu_p) - E(K_p)\big)}\\ &+ \sum_{\substack{\nu_n, \nu_p\\ K(\nu_n) = K_n \pm 1\\ K(\nu_p) = K_p \pm 1}} \left(\frac{\langle K_n K_p|\, (j_n)_\mp (j_p)_\pm\, |\nu_n \nu_p\rangle \langle \nu_n \nu_p|\, (j_p)_\mp\, |\nu_n K_p\rangle \langle \nu_n K_p|\, (j_n)_\pm\, |K_n K_p\rangle}{\big(E(\nu_n) + E(\nu_p) - E(K_n) - E(K_p)\big)\big(E(\nu_n) - E(K_n)\big)} + (\mathrm{n} \leftrightarrow \mathrm{p}) \right) \Bigg)\\ &= \hbar^2 \frac{(\delta\mathscr{I}_n)\,(\delta\mathscr{I}_p)}{(\mathscr{I}_0)^3}\, I(I+1). \end{aligned} \tag{4 A–20}$$

Derselbe Term tritt auf, wenn man die separaten Beiträge von n und p zum Trägheitsmoment addiert anstatt zur Energie selbst.

Das Ergebnis (4A–20) entspricht der Tatsache, daß man bei der Abschätzung des Beitrages des Protons zur Rotationsenergie das System als Kopplung eines Protons an einen effektiven Rotor, der aus dem Neutron und dem Rumpf besteht, betrachten kann. Das Trägheitsmoment dieses Rotors ist gleich $\mathscr{I}_0 + \delta\mathscr{I}_n$, und daher enthält die auf das Proton wirkende CORIOLIS-Kopplung dieses renormierte Moment.

Es ist zu betonen, daß entsprechende Terme dritter Ordnung, die die CORIOLIS-Kopplung, zweifach angewandt auf das Neutron oder das Proton, enthalten, im allgemeinen nicht zu Ergebnissen führen, die den aus der Entwicklung von $(\mathscr{I}_0 + \delta\mathscr{I}_n + \delta\mathscr{I}_p)^{-1}$ resultierenden äquivalent sind. Für einen einzelnen Freiheitsgrad läßt sich der Einfluß des Rückstoßterms nur dann in der oben beschriebenen Weise ausdrücken, wenn die Anregung des Freiheitsgrades wiederholt werden kann wie im Falle der Vibrationsanregungen.

4A–3b *Renormierung von Operatoren*

Eine systematische Analyse des Einflusses von H_c auf die verschiedenen Matrixelemente des Systems Teilchen-Rotor läßt sich entwickeln, indem man die Störungsentwicklung durch eine kanonische Transformation

$$\begin{aligned} H' &= \exp\{iS\}\, H \exp\{-iS\} \\ &= H + i[S, H] - \tfrac{1}{2}[S, [S, H]] + \cdots \end{aligned} \tag{4A–21}$$

beschreibt, die den HAMILTON-Operator in der Darstellung (4A–5) diagonalisiert.

In erster Ordnung in $I_\pm$ wird die Transformation S bestimmt durch die Bedingung

$$i[S, H_0] = \frac{\hbar^2}{2\mathscr{I}_0}(j_+ I_- + j_- I_+). \tag{4A–22}$$

Wir haben den Rückstoßterm in H_c vernachlässigt, der in der betrachteten Ordnung nur I-unabhängige Effekte hervorruft. Aus Gl. (4A–22) erhält man

$$S = -i(\varepsilon_+ I_- + \varepsilon_- I_+), \tag{4A–23}$$

wobei der innere Operator $\varepsilon_\pm$ (in Abschnitt 4–4 mit $\varepsilon_{\pm 1}$ bezeichnet) gegeben ist durch

$$\begin{aligned} [H_0, \varepsilon_\pm] &= h_\pm \equiv -\frac{\hbar^2}{2\mathscr{I}_0} j_\pm , \\ \langle K' |\, \varepsilon_\pm \,| K\rangle &= \frac{\langle K' |\, h_\pm \,| K\rangle}{E_{K'} - E_K}. \end{aligned} \tag{4A–24}$$

(In Gl. (4A–22) wurde nur der nichtdiagonale Anteil der CORIOLIS-Wechselwirkung berücksichtigt.)

Mit dem durch Gl. (4 A-23) gegebenen S nimmt der transformierte HAMILTON-Operator (4 A-21) bis zur zweiten Ordnung in $I_\pm$ die Form

$$\begin{aligned} H' &= H_0 + (H_c)_{\text{diag}} + \tfrac{1}{2}[(\varepsilon_+ I_- + \varepsilon_- I_+), (h_+ I_- + h_- I_+)] \\ &= H_0 + (H_c)_{\text{diag}} + \tfrac{1}{2}(\{\varepsilon_+, h_-\} - \{\varepsilon_-, h_+\})\, I_3 \\ &\quad + \tfrac{1}{2}([\varepsilon_+, h_-] + [\varepsilon_-, h_+])\,(I_1^2 + I_2^2) + \tfrac{1}{2}[\varepsilon_+, h_+]\, I_-^2 + \tfrac{1}{2}[\varepsilon_-, h_-]\, I_+^2 \end{aligned} \tag{4 A-25}$$

an, was sich aus der Beziehung

$$[aA, bB] = \tfrac{1}{2}\{a, b\}\,[A, B] + \tfrac{1}{2}[a, b]\,\{A, B\} \tag{4 A-26}$$

für Operatorprodukte ergibt, in denen a und b mit A und B kommutieren.

Im HAMILTON-Operator (4 A-25) ergibt der zu $I_3 (= j_3)$ proportionale Term eine Korrektur zur inneren Bewegung. Der zu $I_1^2 + I_2^2$ proportionale Term liefert die Renormierung (4 A-15) des Trägheitsmoments und erzeugt eine Kopplung zwischen unterschiedlichen Banden mit $\Delta K = 0$. Schließlich ergeben die zu I_-^2 und I_+^2 proportionalen Terme eine Kopplung zwischen Banden mit $\Delta K = \pm 2$.

Der Einfluß der CORIOLIS-Kopplung auf die Matrixelemente eines gegebenen Operators F ergibt sich aus dem transformierten Operator

$$F' = \exp\{iS\}\, F \exp\{-iS\} = F + \delta F \tag{4 A-27}$$

mit

$$\begin{aligned} \delta F &= i[S, F] + \cdots \\ &= [(\varepsilon_+ I_- + \varepsilon_- I_+), F] + \cdots \end{aligned} \tag{4 A-28}$$

Der transformierte Operator ist im Raum der ungestörten Wellenfunktionen (4 A-5) zu berechnen, und somit werden die Konsequenzen der von der CORIOLIS-Kopplung verursachten Bandenmischung durch den zusätzlichen Term δF im effektiven Übergangsoperator beschrieben.

Als Illustration betrachten wir die Renormierung eines Dipolmomentes

$$\mathcal{M}(\lambda = 1, \mu) = \sum_\nu \mathcal{M}_\nu \mathcal{D}^1_{\mu\nu}(\omega). \tag{4 A-29}$$

Die Komponenten $\mathcal{M}_\nu \equiv \mathcal{M}(\lambda = 1, \nu)$ beziehen sich auf das innere Koordinatensystem (siehe Gl. (4-90)). Für das induzierte Moment $\delta\mathcal{M}$ erhält man aus Gl. (4 A-28) in führender Ordnung

$$\begin{aligned} \delta\mathcal{M}(\lambda = 1, \mu) &= [(\varepsilon_+ I_- + \varepsilon_- I_+), \sum_\nu \mathcal{M}_\nu \mathcal{D}^1_{\mu\nu}] \\ &= \sum_{\Delta K = -2}^{2} \delta\mathcal{M}(\lambda = 1, \mu)_{\Delta K} \end{aligned} \tag{4 A-30}$$

mit

$$
\begin{aligned}
\delta\mathcal{M}(\lambda = 1, \mu)_{\Delta K=0} &= [\varepsilon_+ I_-, \mathcal{M}_{-1}\mathcal{D}^1_{\mu-1}] + [\varepsilon_- I_+, \mathcal{M}_{+1}\mathcal{D}^1_{\mu 1}] \\
&= 2^{-1/2}(\{\varepsilon_+, \mathcal{M}_{-1}\} + \{\varepsilon_-, \mathcal{M}_{+1}\})\,\mathcal{D}^1_{\mu 0} \\
&\quad + 2^{-1/2}([\varepsilon_+, \mathcal{M}_{-1}] - [\varepsilon_-, \mathcal{M}_{+1}])\,(I_\mu - I_3\mathcal{D}^1_{\mu 0}) \\
&\quad + 2^{-3/2}([\varepsilon_+, \mathcal{M}_{-1}] + [\varepsilon_-, \mathcal{M}_{+1}])\,[\boldsymbol{I}^2, \mathcal{D}^1_{\mu 0}], \\
\delta\mathcal{M}(\lambda = 1, \mu)_{\Delta K=\pm 1} &= [\varepsilon_\pm I_\mp, \mathcal{M}_0\mathcal{D}^1_{\mu 0}] \\
&= 2^{-1/2}\{\varepsilon_\pm, \mathcal{M}_0\}\,\mathcal{D}^1_{\mu\pm 1} \\
&\quad + 2^{-1/2}[\varepsilon_\pm, \mathcal{M}_0]\,([\boldsymbol{I}^2, \mathcal{D}^1_{\mu\pm 1}] \mp \{I_3, \mathcal{D}^1_{\mu\pm 1}\}), \qquad (4\text{A}-31) \\
\delta\mathcal{M}(\lambda = 1, \mu)_{\Delta K=\pm 2} &= [\varepsilon_\pm I_\mp, \mathcal{M}_{\pm 1}\mathcal{D}^1_{\mu\pm 1}] \\
&= [\varepsilon_\pm, \mathcal{M}_{\pm 1}]\,I_\mp\mathcal{D}^1_{\mu\pm 1}.
\end{aligned}
$$

Wir haben angenommen, daß die inneren Momente $\mathcal{M}_\nu$ mit $I_\pm$ kommutieren wie im Falle von Operatoren (wie dem elektrischen Dipolmoment), die nicht explizit vom Rotationsdrehimpuls abhängen. Das $M1$-Moment enthält einen zu $\boldsymbol{I}$ proportionalen Term (siehe Gl. (4A–11)), aber da dieser Term mit S kommutiert, läßt sich das induzierte Moment aus den vorangehenden Gleichungen erhalten mit

$$
\mathcal{M}_\nu = \left(\frac{3}{4\pi}\right)^{1/2} \frac{e\hbar}{2Mc} \big((g_l - g_R)\, l_\nu + (g_s - g_R)\, s_\nu\big). \qquad (4\text{A}-32)
$$

Bei der Berechnung der Terme in Gl. (4A–31) wurden die Beziehung (1A–91) für den Kommutator von $I_\pm$ und $\mathcal{D}^\lambda_{\mu\nu}$ und die Antikommutationsbeziehung (siehe Gln. (1A–88) und (1A–89))

$$
\begin{aligned}
\{I_-, \mathcal{D}^1_{\mu-1}\} - \{I_+, \mathcal{D}^1_{\mu 1}\} &= 2^{1/2} \sum_{\nu=\pm 1} \{I_\nu, \mathcal{D}^1_{\mu\nu}\} \\
&= 2^{3/2}(I_\mu - I_3\mathcal{D}^1_{\mu 0}) \qquad (4\text{A}-33)
\end{aligned}
$$

sowie die Identität

$$
\begin{aligned}
[\boldsymbol{I}^2, \mathcal{D}^\lambda_{\mu\nu}] &= \nu\{I_3, \mathcal{D}^\lambda_{\mu\nu}\} + \tfrac{1}{2}\big(\lambda(\lambda+1) - \nu(\nu+1)\big)^{1/2}\{I_+, \mathcal{D}^\lambda_{\mu,\nu+1}\} \\
&\quad + \tfrac{1}{2}\big(\lambda(\lambda+1) - \nu(\nu-1)\big)^{1/2}\{I_-, \mathcal{D}^\lambda_{\mu,\nu-1}\} \qquad (4\text{A}-34)
\end{aligned}
$$

verwendet.

Das durch Gl. (4A–31) gegebene induzierte Moment $\delta\mathcal{M}$ enthält zum Teil I-unabhängige Terme, die einer Renormierung der ungestörten inneren Momente $\mathcal{M}_\nu$ äquivalent sind. Ferner enthält $\delta\mathcal{M}$ in $I_\pm$ lineare Terme, die zu Matrixelementen mit einer von den ungestörten Momenten abweichenden I-Abhängigkeit führen. Außerdem tragen diese Glieder zu den K-verbotenen Übergängen mit $\Delta K = 2$ bei, für die das Matrixelement bei Abwesenheit der Coriolis-Kopplung verschwindet.

Für $M1$-Übergänge innerhalb einer Bande repräsentieren die ersten beiden Terme mit $\Delta K = 0$ in Gl. (4A–31) Renormierungen der inneren g-Faktoren und der Rotations-

g-Faktoren um den Betrag (siehe Gln. (4A-11) und (4A-12))

$$\begin{aligned} K\delta g_K &= \langle K|\,\{\varepsilon_+, ((g_l - g_R)\,l_- + (g_s - g_R)\,s_-)\}\,|K\rangle, \\ \delta g_R &= \langle K|\,[\varepsilon_+, ((g_l - g_R)\,l_- + (g_s - g_R)\,s_-)]\,|K\rangle, \end{aligned} \tag{4A-35}$$

während der erste Term mit $\Delta K = 1$ in Gl. (4A-31) eine Renormierung des Parameters b in $K = 1/2$-Banden ergibt (siehe Gl. (4A-12)),

$$\delta((g_K - g_R)\,b) = -\langle K = 1/2|\,\{\varepsilon_+, ((g_l - g_R)\,l_3 + (g_s - g_R)\,s_3)\}\,|\overline{K = 1/2}\rangle. \tag{4A-36}$$

Die Terme in Gl. (4A-31), die die Größe $[\boldsymbol{I}^2, \mathscr{D}^1_{\mu\nu}]$ enthalten, tragen innerhalb einer Bande nichts bei, da die inneren Matrixelemente als Folge des Verhaltens der Operatoren bei hermitescher Konjugation und Zeitumkehr verschwinden. Man sieht, daß die $M1$-Operatoren in einer Bande bis zu Termen, die in der Coriolis-Kopplung linear sind, die allgemeine Form nach Gl. (4-89) besitzen.

4A-3c *Transformation der Koordinaten*

Die kanonische Transformation, die den Hamilton-Operator diagonalisiert, kann als eine Koordinatentransformation zu einem neuen Satz von Variablen aufgefaßt werden, mit denen der Hamilton-Operator in der Darstellung (4A-5) diagonal ist. Bezeichnet man die ursprünglichen Variablen mit $x = (qp, \omega I_\varkappa)$, wobei q und p die Teilchenvariablen relativ zur Orientierung des Rotors darstellen, dann sind die neuen Variablen gegeben durch

$$x' = \exp\{-iS\}\, x \exp\{iS\}. \tag{4A-37}$$

Ausgedrückt in diesen Variablen, besitzt der Hamilton-Operator die Form (siehe Gl. (4A-21))

$$\begin{aligned} H(qp, I_\varkappa) &= \exp\{-iS\}\, H'(qp, I_\varkappa) \exp\{iS\} \\ &= H'(q'p', I'_\varkappa) \\ &= H'_{\mathrm{intr}}(q'p') + H'_{\mathrm{rot},\nu}(I'_\varkappa). \end{aligned} \tag{4A-38}$$

Die Eigenzustände des effektiven inneren Hamilton-Operators H'_{intr} werden charakterisiert durch einen Satz von Quantenzahlen ν, der K enthält. Der effektive Rotations-Hamilton-Operator hängt von ν ab und kann als eine Funktion der Komponenten $I'_\varkappa$ des Drehimpulses bezüglich des inneren Koordinatensystems mit der Orientierung ω' ausgedrückt werden. (Der Hamilton-Operator, der ein Skalar ist, kann nicht explizit von den Orientierungswinkeln abhängen.)

Die stationären Zustände, ausgedrückt durch die Koordinaten (q, ω), sind Überlagerungen von Wellenfunktionen der Form (4A-5) und beschreiben Sätze von gekoppelten Rotationsbanden. In den neuen Variablen (q', ω') behalten die stationären Zustände die Form (4A-5), und die Kopplungen werden nunmehr durch die Struktur der Operatoren

$$F(x) = F'(x') \tag{4A-39}$$

ausgedrückt, wobei F' der transformierte Operator (4 A–27) ist. Zum Beispiel haben die elektromagnetischen Momente, die ziemlich einfache Funktionen von x sind, in den Variablen x' eine kompliziertere Gestalt, was durch die Renormierung der Dipolmomente (siehe Gl. (4 A–31)) illustriert wird.

Für die Transformation erster Ordnung (4 A–23) ist die Renormierung der Koordinaten gegeben durch

$$\begin{aligned} \delta q &= q' - q = -[\varepsilon_+, q]\, I_- - [\varepsilon_-, q]\, I_+, \\ \delta\omega &= \omega' - \omega = -\varepsilon_+[I_-, \omega] - \varepsilon_-[I_+, \omega]. \end{aligned} \tag{4 A–40}$$

Für die Eulerschen Winkel ergibt die Berechnung der Kommutatoren

$$\begin{aligned} \delta\theta &= \varepsilon_+\, e^{i\psi} - \varepsilon_-\, e^{-i\psi}, \\ \delta\phi &= \frac{-i}{\sin\theta}(\varepsilon_+\, e^{i\psi} + \varepsilon_-\, e^{-i\psi}), \\ \delta\psi &= i \cot\theta(\varepsilon_+\, e^{i\psi} + \varepsilon_-\, e^{-i\psi}). \end{aligned} \tag{4 A–41}$$

Die Renormierung bedeutet, daß die kollektiven Orientierungswinkel in gewissem Umfang von den Teilchenvariablen abhängen. Die neuen inneren Koordinaten q' hängen ihrerseits von der Rotationsfrequenz ab. (Eine weiterführende Diskussion kollektiver Koordinaten für die Rotation findet man bei Bohr und Mottelson, 1958.)

KAPITEL

5 Einteilchenbewegung in nichtsphärischen Kernen

Wie in Kapitel 4 dargestellt wurde, zeigen die Spektren einer ziemlich umfangreichen Klasse von Kernen charakteristische Relationen zwischen den Energien und Intensitäten der Übergänge, die einer näherungsweisen Separation der Rotationsbewegung des Systems als Ganzes und der inneren Bewegung bezüglich eines körperfesten Koordinatensystems entsprechen. Diese Separation ist darauf zurückzuführen, daß der Kern eine nichtsphärische Gleichgewichtsform hat. Der Ausgangspunkt für die Beschreibung der inneren Freiheitsgrade ist die Analyse der Einteilchenbewegung in nichtsphärischen Potentialen, auf deren Form und Symmetrien die Rotationsspektren wichtige Hinweise geben.[1])

Das vorliegende Kapitel beginnt mit einer Diskussion des deformierten Potentials und der zugehörigen Einteilchenzustände (Abschnitt 5–1). Die Hauptresultate sind in den Abbildungen und Tabellen enthalten, die die Einteilchenspektren als Funktion der Exzentrizität darstellen. Diese Spektren liefern eine unmittelbare Klassifizierung der beobachteten tiefliegenden Zustände einer großen Gruppe von ungeraden Kernen. Diese Klassifizierung erschließt die Möglichkeit, zahlreiche unterschiedliche Eigenschaften der Einteilchenbewegung zu untersuchen. Insbesondere kann man die notwendigen Verallgemeinerungen dieser Freiheitsgrade einführen, die sich aus der Berücksichtigung der Paarkorrelationen, der Polarisationseffekte und der Kopplung an die Rotationsbewegung (Abschnitt 5–3) ergeben. In diesem Sinne erweitern die Erscheinungen, die der Gegenstand des vorliegenden Kapitels sind, wesentlich die verfügbare Information über die Einteilchenbewegung im Kern.

[1]) Die ersten Untersuchungen der Nukleonenbewegung in sphäroidalen Potentialen wurden von Hill und Wheeler (1953), Moszkowski (1955), Nilsson (1955) und Gottfried (1956) durchgeführt. Eine besondere Rolle spielten die Rechnungen von Nilsson (a. a. O.), die die Basis für die Klassifizierung einer großen Anzahl von Spektren ungerader deformierter Kerne bildeten (Mottelson und Nilsson (1955, 1959); siehe auch Stephens, Asaro und Perlman (1959) wegen der Klassifizierung im Gebiet der schweren Elemente; Paul (1957), Rakavy (1957) und Litherland u. a. (1958) wegen der Klassifizierung für die Kerne der *sd*-Schale; Kurath und Pičman (1959) für die Kerne der *p*-Schale).

5–1 Stationäre Zustände der Teilchenbewegung in einem sphäroidalen Potential

5–1a Symmetrie und Form der Gleichgewichtsdeformation des Kerns

Die beobachteten Quantenzahlen der Rotationsspektren weisen darauf hin, daß in den bisher untersuchten Fällen die Gleichgewichtsform des Kerns axialsymmetrisch und $\mathscr{R}$-invariant ist und daß die Deformation die $\mathscr{P}$- und $\mathscr{T}$-Symmetrie erhält (siehe Abschnitt 4–3a, S. 22ff.). Die gemessenen Momente zeigen, daß die Hauptdeformation Quadrupolsymmetrie besitzt. Das entspricht einer sphäroidalen Kernform, wobei die Exzentrizität in typischen Fällen etwa 0,2 bis 0,3 beträgt (siehe Abb. 4–25, S. 114). (Wie in Kapitel 6, S. 510ff., gezeigt wird, kann man das Auftreten von sphäroidaler Symmetrie anhand einiger einfacher Eigenschaften der Schalenstruktur des Kerns verstehen.)

Die Betrachtungen des vorliegenden Kapitels beschränken sich auf solche Formen des deformierten Potentials, die aus den niederenergetischen Spektren, der zur Zeit einzigen Quelle detaillierter Information über die Einteilchenbewegung in deformierten Kernen, hervorgehen. Die Erscheinung der Formisomerie (siehe S. 21) eröffnet die Möglichkeit, diese Untersuchungen auf Potentiale mit viel größerer Deformation auszudehnen. (In Kapitel 6, S. 511ff., werden die Einteilchenspektren in sehr stark deformierten Potentialen, die bei den Spaltisomeren auftreten, diskutiert.) Weiterhin wird durch die Spektren schwerer Kerne und die beobachtete Asymmetrie der Massen der Spaltfragmente die Möglichkeit einer Instabilität gegenüber Deformationen mit negativer Parität nahegelegt. (Siehe z. B. die Diskussion der Oktupolschwingung, S. 482ff. Eine Analyse der Einteilchenbewegung als Funktion der Deformation negativer Parität im Gebiet der Spaltbarriere findet man bei Gustafson u. a., 1971.) Die Möglichkeit von Formen ohne Axialsymmetrie stellt eine andere potentiell wichtige Erweiterung der vorliegenden Untersuchungen dar. (Siehe Abschnitt 4–5b; wegen einer frühen Untersuchung der Nukleonenbewegung in ellipsoidalen Potentialen siehe z. B. Newton, 1960.) Das Interesse an einer solchen Verallgemeinerung wird dadurch bekräftigt, daß für Zustände mit hohem Drehimpuls die Zentrifugalkräfte eine systematische Tendenz zu Abweichungen von der Axialsymmetrie hervorrufen (siehe S. 34). Die Rotationsbewegung verursacht auch eine die Zeitumkehrsymmetrie verletzende Komponente des Kernpotentials (Coriolis-Wechselwirkung). Dadurch können sich bei hohen Rotationsfrequenzen wesentliche Änderungen der Einteilchenbewegung ergeben (siehe z. B. die Analyse der Bewegung in einem rotierenden Oszillatorpotential auf S. 70ff.). In Vielteilchensystemen, die aus Elektronen bestehen, führen die Austauscheffekte der Coulomb-Kraft zum Auftreten von spinabhängigen, die $\mathscr{T}$-Invarianz verletzenden Potentialen. Diese sind die Ursache für die Erscheinungen des Ferromagnetismus (siehe z. B. den Übersichtsartikel von Herring, 1966). In Atomen und Molekülen rufen die Valenzelektronen eine Polarisation des Spins der Rumpfelektronen hervor, die durch eine Spinabhängigkeit des Hartree-Fock-Potentials beschrieben werden kann (siehe z. B. den Übersichtsartikel von Watson and Freeman, 1967). In gleicher Weise kann man die Spinpolarisierbarkeit des Kerns als einen Effekt verstehen, der durch ein deformiertes, die $\mathscr{T}$-Symmetrie verletzendes Feld hervorgerufen wird (siehe Tewari und Banerjee, 1966).

5–1b Deformiertes Potential

Eine axialsymmetrische Quadrupoldeformation des spinunabhängigen Anteils des Kernpotentials kann in der Form

$$V(r, \vartheta) = V_0(r) + V_2(r)\, P_2(\cos\vartheta) \tag{5–1}$$

ausgedrückt werden, wobei ϑ den Polarwinkel des Teilchens bezüglich der Symmetrieachse des Kerns bezeichnet. Eine Kerndeformation, die die Oberflächendicke in erster

Ordnung nicht beeinflußt, kann durch eine Winkelabhängigkeit des Radiusparameters R in Ausdrücken wie (2–169) beschrieben werden; siehe die Diskussion des leptodermen Modells auf S. 117ff. Für eine Deformation, die eine Kugelfläche $R = R_0$ in ein Rotationsellipsoid transformiert, dessen Differenz der Hauptachsen $R_0\delta$ beträgt, erhalten wir in erster Ordnung des Deformationsparameters

$$\begin{aligned} V(r, \vartheta) &\approx V_0 f(r - R(\vartheta)) \\ &\approx V_0 f(r - R_0) - \tfrac{2}{3}\delta R_0 V_0 \frac{\partial f}{\partial r} P_2(\cos\vartheta), \\ R(\vartheta) &= R_0\left(1 + \tfrac{2}{3}\delta P_2(\cos\vartheta)\right). \end{aligned} \tag{5-2}$$

Dabei wurde das sphärische Potential $V_0 f(r - R_0)$ durch die Konstante V_0 und den radialen Formfaktor f ausgedrückt. Da das mittlere Kernpotential durch Nukleonenwechselwirkungen erzeugt wird, deren Reichweite klein im Vergleich zu R ist, erwartet man, daß der Parameter δ in Gl. (5–2) mit dem entsprechenden Parameter (4–72), der die Quadrupoldeformation der Nukleonendichte beschreibt, annähernd übereinstimmt. (Wegen weiterer Bemerkungen über diesen Punkt siehe S. 303.)

Der durch Gl. (5–2) beschriebene Effekt führender Ordnung bildet die Grundlage für die Diskussionen in diesem Kapitel. Feinere Details des Potentials betreffen die Winkelabhängigkeit der Oberflächendicke und die Möglichkeit höherer Multipolkomponenten (Hinweise auf die Größenordnung der Y_{40}-Deformation werden auf S. 120 diskutiert). Der Neutronenüberschuß und die durch die Coulomb-Wechselwirkung verursachte Polarisation lassen unterschiedliche Deformationen des isoskalaren und isovektoriellen Teils des Gesamtpotentials möglich erscheinen.

Die Deformation des Spinbahnpotentials folgt aus der Deformation des Zentralpotentials, wenn man wie in Kapitel 2, Band I, Seite 229, annimmt, daß die Spinbahnkopplung proportional zum lokalen Gradienten eines Potentials ist (siehe auch die Ableitung über eine Mittelung der Zweikörper-Spinbahnwechselwirkung, Band I, S. 272),

$$\begin{aligned} V_{ls}(r, \vartheta) &= V_{ls} r_0^2 \nabla \left(f_{ls}(r) - \tfrac{2}{3}\delta R_0 \frac{\partial f_{ls}}{\partial r} P_2(\cos\vartheta)\right) \cdot (\boldsymbol{p} \times \boldsymbol{s}) \\ &= V_{ls} r_0^2 (\boldsymbol{l}\cdot\boldsymbol{s}) \frac{1}{r}\frac{\partial f_{ls}}{\partial r} - \tfrac{2}{3}\delta V_{ls} r_0^2 \frac{R_0}{r} \left\{ \left(\frac{\partial^2 f_{ls}}{\partial r^2} - \frac{2}{r}\frac{\partial f_{ls}}{\partial r}\right) P_2(\cos\vartheta)(\boldsymbol{l}\cdot\boldsymbol{s}) \right. \\ &\quad \left. + \frac{1}{r}\frac{\partial f_{ls}}{\partial r}\left(3x_3(\boldsymbol{p}\times\boldsymbol{s})_3 - (\boldsymbol{l}\cdot\boldsymbol{s})\right)\right\}. \end{aligned} \tag{5-3}$$

In diesem Ausdruck haben wir die Form (2–144) für das Spinbahnpotential im sphärischen Kern benutzt, wobei f_{ls} den radialen Formfaktor und V_{ls} die Potentialstärke darstellen. Außerdem haben wir wie in Gl. (5–2) bis zur ersten Ordnung in der Deformation entwickelt (siehe Gl. (3A–26) für den Gradienten einer Kugelfunktion).

Die Abschätzung (5–3) für den Einfluß der Deformation auf das Spinbahnpotential hängt ziemlich empfindlich von der Struktur des Oberflächengebiets ab. Es existiert zur Zeit nur wenig experimentelles Material, das einen Test dieses Anteils des deformierten Potentials erlaubt. Die Polarisationsmessungen bei der unelastischen Protonenstreuung scheinen mit Gl. (5–3) konsistent zu sein (siehe z. B. Sherif, 1969).

Da das Spinbahnpotential in sphärischen Kernen um eine Größenordnung kleiner als das spinunabhängige Potential ist, wird der deformierte Teil von V_{ls} entsprechend kleiner als die Deformation des spinunabhängigen Potentials, und er kann bei der Analyse der Einteilchenbewegung oft vernachlässigt werden.

5–1 c Struktur der Einteilchenwellenfunktionen

Aus der $\mathscr{P}$-Invarianz und der Axialsymmetrie des Kernpotentials folgt, daß die Parität π und die Projektion Ω des Drehimpulses auf die Symmetrieachse Erhaltungsgrößen der Einteilchenbewegung sind. Diese Zustände sind zweifach entartet, da zwei Orbitale, die sich nur im Vorzeichen von Ω unterscheiden, die gleiche Bewegung repräsentieren. Der einzige Unterschied besteht im Umlaufsinn der Bahn um die Symmetrieachse (Zeitumkehrsymmetrie oder $\mathscr{R}$-Symmetrie). Man kann einen qualitativen Überblick über die Struktur der Einteilchenzustände gewinnen, indem man die Grenzfälle großer und kleiner Deformation betrachtet.

Im Falle kleiner Deformation können die Zustände näherungsweise durch die Quantenzahlen nlj, die dem sphärischen Potential entsprechen, charakterisiert werden. Die Energie beträgt in erster Ordnung in δ

$$\begin{aligned}\varepsilon(nlj\Omega) &= \varepsilon_0(nlj) - \frac{3\Omega^2 - j(j+1)}{4j(j+1)}\langle V_2(r)\rangle_{nlj},\\ \Omega &= \pm\tfrac{1}{2}, \pm\tfrac{3}{2}, \ldots, \pm j,\end{aligned} \tag{5–4}$$

wobei $\varepsilon_0(nlj)$ den Eigenwert für das sphärische Potential bezeichnet. Die $2j + 1$ Zustände für eine gegebene Kombination nlj spalten auf, nur die Entartung bezüglich $\pm\Omega$ bleibt erhalten. Wenn V_2 positiv ist (negatives δ), dann hat das Potential eine abgeplattete Form, und die Störung bevorzugt Orbitale mit großem $|\Omega|$. Das entspricht der Tatsache, daß diese Zustände eine Bewegung in der Äquatorebene repräsentieren.

Außer den Diagonalgliedern (5–4) besitzt das deformierte Potential (5–1) zu nichtdiagonale Matrixelemente mit $\Delta\Omega = 0$, $\Delta l = 0, \pm 2$. Da das Einteilchenspektrum des sphärischen Potentials eng benachbarte Zustände enthält, die diese Auswahlregeln erfüllen, kann schon eine ziemlich kleine Deformation zu einer beträchtlichen Mischung von Zuständen mit unterschiedlichen Werten nlj führen. Für die in typischen deformierten Kernen tatsächlich auftretenden Deformationen kann die Näherung (5–4) völlig ungeeignet sein.

Eine näherungsweise Beschreibung der Einteilchenbewegung im Falle großer Deformationen beruht auf der Ähnlichkeit des Kernpotentials mit dem eines harmonischen Oszillators (siehe z. B. Abb. 2–22, Band I, S. 235). Eine sphäroidale Deformation kann durch das anisotrope Oszillatorpotential

$$\begin{aligned}V &= \tfrac{1}{2}M\left(\omega_3^2x_3^2 + \omega_\perp^2(x_1^2 + x_2^2)\right)\\ &= \tfrac{1}{2}M\omega_0^2r^2\left(1 - \tfrac{4}{3}\delta P_2(\cos\vartheta)\right),\end{aligned} \tag{5–5}$$

$$\omega_3 \approx \omega_0(1 - \tfrac{2}{3}\delta), \qquad \omega_\perp \approx \omega_0(1 + \tfrac{1}{3}\delta),$$

dargestellt werden, wobei ω_0 die Frequenz für das sphärische Oszillatorpotential bedeutet, während ω_3 und $\omega_\perp$ die Frequenzen parallel und senkrecht zur Symmetrieachse des deformierten Potentials darstellen. Die Deformation transformiert die sphärischen Äquipotentialflächen in Ellipsoide, wobei angenommen wird, daß das Volumen nicht von der Deformation abhängt ($\omega_3\omega_\perp^2 = \omega_0^3$). In erster Ordnung der Deformation ist der in Gl. (5–5) definierte Deformationsparameter gleich der Differenz zwischen der großen und der kleinen Halbachse, geteilt durch den mittleren Radius (vgl. Gl. (4–73) für die deformierte Dichteverteilung).

Für das sphäroidale Potential (5–5) kann die Bewegung in unabhängige Oszillationen längs der 3-Achse und in der (12)-Ebene separiert werden. Die Energie ist durch

$$\varepsilon(n_3 n_\perp) = (n_3 + \tfrac{1}{2})\,\hbar\omega_3 + (n_\perp + 1)\,\hbar\omega_\perp \tag{5–6}$$

gegeben, wobei $n_\perp = n_1 + n_2$ die Zahl der Oszillatorquanten senkrecht zur Symmetrieachse bezeichnet. Die entarteten Zustände mit dem gleichen Wert $n_\perp$ können durch die Komponente Λ des Bahndrehimpulses längs der Symmetrieachse klassifiziert werden. Die Größe Λ nimmt die Werte

$$\Lambda = \pm n_\perp, \pm(n_\perp - 2), \ldots, \pm 1 \text{ oder } 0 \tag{5–7}$$

an.

Das Kernpotential weicht vom harmonischen Oszillator sowohl durch die unterschiedliche Radialabhängigkeit, die einer wohldefinierten Oberfläche entspricht, als auch durch das Auftreten einer Spinbahnwechselwirkung ab. Die Niveauverschiebungen, die mit dem Einfluß der Oberfläche zusammenhängen, werden im Beispiel auf Seite 189ff. betrachtet. Die Diskussion wird im Beispiel in Kapitel 6, S. 510ff., weitergeführt. Insbesondere heben diese Verschiebungen die Entartung der Zustände mit unterschiedlichen Λ, aber gleichen Werten von $(n_3 n_\perp)$ auf: die Energie $\varepsilon(n_3 n_\perp \Lambda)$ nimmt mit wachsendem Λ ab. Das entspricht der Bevorzugung von Zuständen mit großem l im sphärischen Potential (siehe Band I, S. 233).

Ohne Spinbahnkopplung besitzen die Einteilchenzustände in einem axialsymmetrischen (und zeitumkehrinvarianten) Potential eine vierfache Entartung (für $\Lambda \neq 0$), die dem Vorzeichen von Λ und der Spinkomponente $\Sigma (= \pm 1/2)$ bezüglich der Symmetrieachse entspricht. Die Spinbahnkopplung verursacht eine Aufspaltung der Zustände mit unterschiedlichen Werten der Projektion des Gesamtdrehimpulses

$$\Omega = \Lambda + \Sigma. \tag{5–8}$$

In führender Ordnung verursacht die Kopplung eine Energieverschiebung

$$\Delta\varepsilon_{ls} = V_{ls} r_0^2 \langle n_3 n_\perp \Lambda | \frac{1}{r}\frac{\partial f_{ls}}{\partial r} | n_3 n_\perp \Lambda \rangle \Lambda\Sigma, \tag{5–9}$$

die die Zustände mit parallelem Spin und Bahndrehimpuls bevorzugt (V_{ls} ist positiv). In der Abschätzung (5–9) wurde der Einfluß der Deformation auf das Spinbahnpotential vernachlässigt.

In den Abb. 5–1 bis 5–5 (S. 191ff.) sind numerische Lösungen für das Einteilchenspektrum dargestellt, die sowohl für kleine als auch für große Deformationsparameter gelten. Die hauptsächlichen Merkmale dieser Spektren kann man anhand des Überganges zwischen den oben betrachteten Kopplungsschemata ($nlj\Omega$) und ($n_3 n_\perp \Lambda\Omega$) verstehen. Für kleine δ zeigen die Abbildungen die durch Gl. (5–6) gegebene lineare δ-Abhängigkeit. Für große δ ist die Änderung wiederum annähernd linear, der Anstieg wird jedoch durch Gl. (5–6) beschrieben. Aus den Abbildungen ist ersichtlich, daß der Übergang in einem δ-Intervall allmählich erfolgt, aber für die meisten Bahnen erst bei δ-Werten, die der Gleichgewichtsform stark deformierter Kerne entsprechen, etwa abgeschlossen ist.

Angesichts der näherungsweisen Gültigkeit der Quantenzahlen $n_3 n_\perp \Lambda\Sigma$ ist es zweckmäßig, die Zustände durch diese „asymptotischen" Quantenzahlen zu klassifizieren. Die übliche Bezeichnung ist $[Nn_3\Lambda\Omega]$, wobei $N = n_3 + n_\perp$ die Gesamtzahl der Oszillatorquanten angibt. Die Gültigkeit der asymptotischen Quantenzahlen ist auch aus den in den Tab. 5–2, S. 198ff., und 5–9, S. 253, aufgeführten Wellenfunktionen ersichtlich. Die Quantenzahlen n_3, $n_\perp$ und Λ haben Auswahlregeln für die Einteilchenmatrixelemente zur Folge (siehe z. B. Tab. 5–3, S. 203). Es zeigt sich, daß die asymptotischen Auswahlregeln bei der Verteilung der Übergangsstärke von Multipoloperatoren eine wesentliche Rolle spielen (siehe Abschnitt 5–3b).

Die Gültigkeit der Quantenzahlen Λ und Σ ist eine ziemlich allgemeine Eigenschaft von stark deformierten, axialsymmetrischen Potentialen. Es tritt eine starke Aufspaltung der durch die Spinbahnwechselwirkung gekoppelten Zustände auf, die im sphärischen Grenzfall entartet sind. (Verletzt die Deformation die Axialsymmetrie, so hat das zur Folge, daß die Quantenzahlen Λ und Σ nicht mehr gelten und die Spinbahnkopplung erster Ordnung verschwindet. Das erklärt sich dadurch, daß in Potentialen mit niedriger Symmetrie die Bahnbewegung bei fehlender Kopplung an die Spinfreiheitsgrade nicht entartet ist. In diesem Fall haben alle Komponenten des Bahndrehimpulses aufgrund der Zeitumkehrinvarianz einen verschwindenden Erwartungswert. (Entartung in der Bahnbewegung kann auftreten, wenn das Potential zusammen mit der Zeitumkehrinvarianz eine Symmetrieachse der Ordnung $n \geqq 3$ behält; siehe S. 151.) Dieses Resultat entspricht der Auslöschung des Bahndrehimpulses in mehratomigen Molekülen und in Kristallfeldern (siehe z. B. van Vleck, 1932); wegen einer Diskussion des Bahndrehimpulses in Molekülen und Kristallen siehe Herzberg, 1966, Kapitel 1, und Ballhausen, 1962).

Die Separation der Bahnbewegung, die sich in den Quantenzahlen n_3 und $n_\perp$ manifestiert, ist eine etwas spezifischere Eigenschaft, die damit zusammenhängt, daß das Kernpotential einem harmonischen Oszillator ähnelt. Ein direkter empirischer Hinweis auf diese Separation ist die Tatsache, daß sich Niveaus mit unterschiedlichem $n_3 n_\perp$, aber gleichen Werten von Ω und π fast schneiden (siehe S. 200).

Die Analyse der Einteilchenspektren in deformierten Kernen kann auf die ungebundenen Zustände erweitert werden, die sich als Einteilchenresonanzen manifestieren. Die Stärke, die im sphärischen Potential auf eine bestimmte Einteilchenresonanz nlj konzentriert ist, verteilt sich im sphäroidalen Potential über viele Resonanzen, die durch die Quantenzahlen $\Omega\pi$ mit $\Omega \leqq j$ und $\pi = (-1)^l$ charakterisiert werden. Man kann somit von einer Aufspaltung der Einteilchenstärkefunktion durch die Deformation sprechen. Dieser Effekt wird anhand der Stärkefunktion für s-Wellen in Abb. 5–6, S. 205, erläutert. (Im Anhang 5A wird der allgemeine Formalismus für die Behandlung von Streuproblemen bei deformierten Potentialen betrachtet.)

Beispiele zu Abschnitt 5-1

Einteilchenspektren in Abhängigkeit von der sphäroidalen Exzentrizität (Abb. 5-1 bis 5-5, Tab. 5-1)

Durch eine einfache Modifikation des harmonischen Oszillators kann man eine angenäherte Beschreibung des deformierten Kernpotentials erhalten, die bei der Interpretation der Einteilchenbewegung in deformierten Kernen häufig benutzt wird (Nilsson, 1955, Gustafson u. a., 1967):

$$H = \frac{\boldsymbol{p}^2}{2M} + \tfrac{1}{2} M\left(\omega_3^2 x_3^2 + \omega_\perp^2 (x_1^2 + x_2^2)\right) + v_{ll}\, \hbar\omega_0(\boldsymbol{l}^2 - \langle \boldsymbol{l}^2 \rangle_N) + v_{ls}\, \hbar\omega_0(\boldsymbol{l} \cdot \boldsymbol{s}), \tag{5-10}$$

$$\langle \boldsymbol{l}^2 \rangle_N = \tfrac{1}{2} N(N+3).$$

Im Falle $\omega_3 = \omega_\perp = \omega_0$ entspricht der Hamilton-Operator (5-10) einem sphärischen harmonischen Oszillator, ergänzt durch einen Spinbahnkopplungsterm der Form (5-3) und einen Term proportional zu $\boldsymbol{l}^2$. Letzterer hebt die Entartung innerhalb jeder Oszillatorhauptschale auf. Dabei werden entsprechend der Niveaufolge in Potentialen mit stärker ausgeprägter Oberfläche die Zustände mit großem l bevorzugt (siehe Band I, S. 233). Der Term $\langle \boldsymbol{l}^2 \rangle_N$ ist für jede Oszillatorschale eine Konstante, die so gewählt wird, daß der $\boldsymbol{l}^2$-Term die mittlere Energiedifferenz zwischen den Schalen nicht beeinflußt. Da die $\boldsymbol{l}^2$- und $\boldsymbol{l} \cdot \boldsymbol{s}$-Terme relativ kleine Störungen des Oszillatorpotentials darstellen, wurde der Einfluß der Deformation auf diese Korrekturen vernachlässigt. (Wegen großer Deformationen siehe die Diskussion auf S. 511 ff.)

Die Werte der Konstanten v_{ll} und v_{ls}, die in Tab. 5-1 aufgeführt sind, wurden durch Anpassung des Hamilton-Operators (5-10) an die verfügbaren Daten über die inneren Anregungen deformierter Kerne gewonnen. Näherungswerte für v_{ll} und v_{ls} können auch aus den Parametern des sphärischen Woods-Saxon-Potentials abgeleitet werden; siehe Band I, S. 251, und die Diskussion auf S. 511 ff. (Die beobachteten Dubletts in leichten Kernen werden durch die einfache Form der Spinbahnkopplung in Gl. (5-10) nur qualitativ beschrieben. Für den Fall N und Z kleiner als 20 ist der Wert von v_{ls} in Tab. 5-1 so bestimmt, daß die Aufspaltung der d-Dubletts in den Kernen oberhalb von ^{16}O wiedergegeben wird.)

Es ist zweckmäßig, den Deformationsparameter für den anisotropen Oszillator durch

$$\delta_{\mathrm{osc}} = 3\,\frac{\omega_\perp - \omega_3}{2\omega_\perp + \omega_3} \tag{5-11}$$

zu definieren. Dies führt zu einer linearen Beziehung für die Eigenwerte (5-6),

$$\varepsilon(n_3 n_\perp) = \hbar\overline{\omega}\left(N + \tfrac{3}{2} - \tfrac{1}{3}\,\delta_{\mathrm{osc}}(2n_3 - n_\perp)\right), \tag{5-12}$$

wobei $N = n_3 + n_\perp$ die Gesamtzahl der Oszillatorquanten und $\overline{\omega}$ die mittlere Frequenz ist,

$$\overline{\omega} = \tfrac{1}{3}(\omega_1 + \omega_2 + \omega_3) = \tfrac{1}{3}(2\omega_\perp + \omega_3). \tag{5-13}$$

In führender Ordnung entspricht die Definition (5–11) dem in Gl. (5–5) eingeführten Deformationsparameter sowie, wenn man gleiche Exzentrizität von Potential und Dichteverteilung voraussetzt, dem Parameter δ, der durch das Quadrupolmoment definiert wird (siehe Gl. (4–72)). Die verschiedenen Deformationsparameter unterscheiden sich jedoch, wenn man Terme höherer Ordnung berücksichtigt. Wir haben daher in Gl. (5–11) den Deformationsparameter explizit gekennzeichnet, um dessen Definition durch die Oszillatorfrequenzen auszudrücken. (Die Beziehung zwischen δ und dem Parameter β_2, der in der Entwicklung des Radiusparameters nach Multipolen auftritt, ist durch Gl. (4–191) gegeben.)

Tab. 5–1 Parameter, die in den Einteilchenpotentialen von Abb. 5–1 bis 5–5 benutzt wurden

Abbildung	Gebiet	$-v_{ls}$	$-v_{ll}$
5–1	N und $Z < 20$	0,16	0
5–2	$50 < Z < 82$	0,127	0,0382
5–3	$82 < N < 126$	0,127	0,0268
5–4	$82 < Z < 126$	0,115	0,0375
5–5	$126 < N$	0,127	0,0206

Bei der Diagonalisierung des Einteilchen-Hamilton-Operators kann man die Darstellung $n_3 n_\perp$ benutzen, für die der l-unabhängige Teil von H die Diagonalform (5–12) hat. In dieser Darstellung ist der $\boldsymbol{l}$-Operator durch Gl. (5–26) gegeben. Er enthält sowohl Terme, die die Anzahl der Oszillatorquanten erhalten ($\Delta N = 0$), als auch Terme mit $\Delta N = 2$. Letztere sind im Vergleich zu den $\Delta N = 0$-Termen von der Ordnung δ und werden vernachlässigt. (In diesem Zusammenhang siehe die Bemerkung auf S. 200 bezüglich der Überschneidung von Niveaus mit $\Delta N = 2$.)

Die durch numerische Diagonalisierung des Hamilton-Operators (5–10) erhaltenen Spektren sind in den Abb. 5–1 bis 5–5 dargestellt. Die Eigenwerte in Einheiten $\hbar\bar{\omega}$ sind als Funktion des Deformationsparameters δ_{osc} gezeichnet. Abgesehen von den Termen der Ordnung δ_{osc}^2 kann die mittlere Frequenz $\bar{\omega}$ mit der Frequenz ω_0 identifiziert werden. Diese wurde für sphärische Kerne zu

$$\hbar\bar{\omega} \approx \hbar\omega_0 = 41 A^{-1/3}\ \text{MeV} \tag{5–14}$$

abgeschätzt (siehe Band I, S. 220). Dieser Schätzwert basiert auf einer Anpassung des Oszillatorpotentials, die den korrekten mittleren quadratischen Radius der Dichteverteilung liefert. Eine solche Eichung des Oszillatorpotentials führt gleichzeitig auf einen Abstand der Hauptschalen in der Nähe des Fermi-Niveaus, der mit dem entsprechenden Wert für ein Woods-Saxon-Potential übereinstimmt (siehe z. B. Abb. 2–30, Band I, S. 252). Diese Übereinstimmung bleibt erhalten, wenn man das Oszillatorpotential in die Form (5–10) abwandelt.

Die experimentelle Information über die Exzentrizität des Kerns erhält man größtenteils aus Messungen der $E2$-Matrixelemente. Man bestimmt somit den Deformationsparameter δ, der in Gl. (4–72) definiert ist. Wie oben schon erwähnt wurde, unterscheidet sich dieser Parameter von δ_{osc} durch Terme höherer Ordnung. Will man diese jedoch bei der Analyse berücksichtigen, so ist es erforderlich, eine Reihe von anderen

Effekten, zu betrachten, zum Beispiel die Winkelabhängigkeit der Oberflächendicke und unterschiedliche Exzentrizitäten der Dichte und des Potentials.

Bezüglich des letzten Punktes ist zu bemerken, daß es möglicherweise zweckmäßiger ist, die Größen $R_0\delta$, die die Verschiebung der Oberflächen angeben, als gleich anzunehmen (siehe z. B. Tab. 6-2, S. 304). Diese Beziehung würde für das Potential um etwa 10—20% kleinere δ-Werte als für die Dichte liefern. Da die Spektren in Abb. 5-1

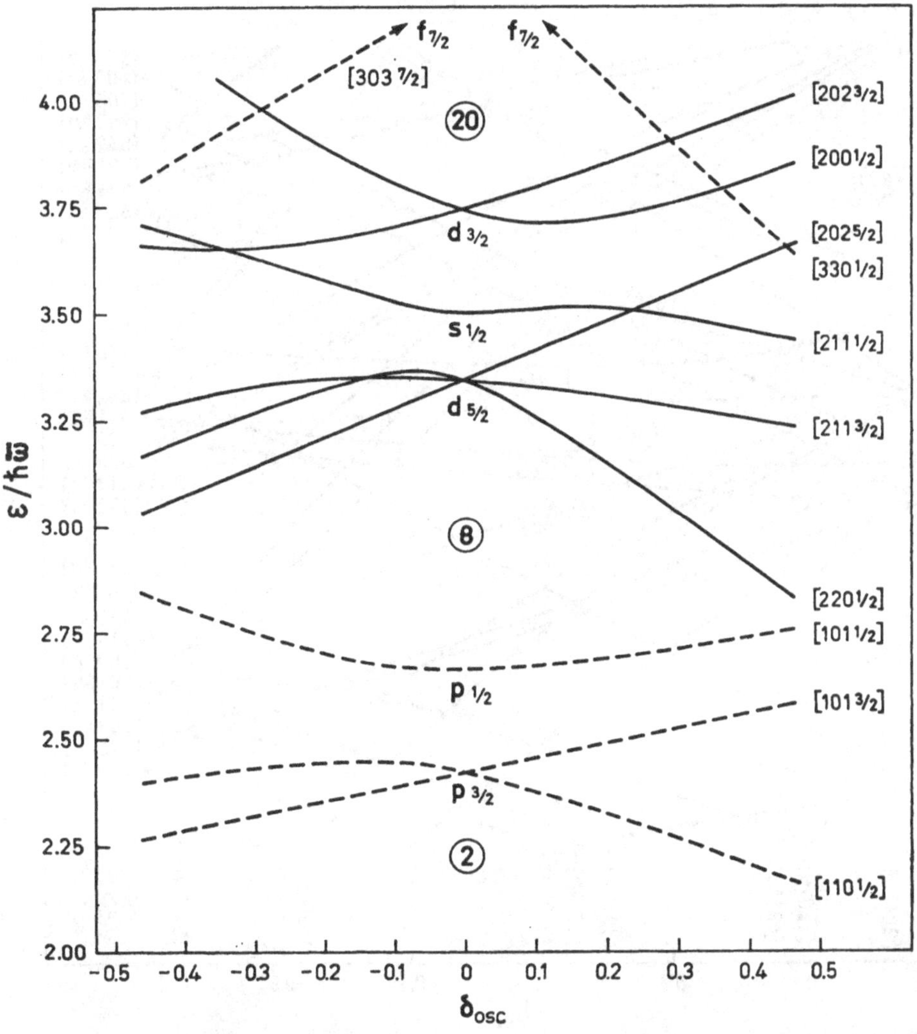

Abb. 5-1 Spektrum der Einteilchenzustände in einem sphäroidalen Potential (N und $Z < 50$). Das Spektrum wurde aus B. R. Mottelson und S. G. Nilsson, Mat. Fys. Skr. Dan. Vid. Selsk. 1, no. 8 (1959), entnommen. Die Zustände sind durch die asymptotischen Quantenzahlen $[Nn_3\Lambda\Omega]$ bezeichnet, die sich auf große gestreckte Deformationen beziehen. Niveaus mit gerader bzw. ungerader Parität sind mit durchgezogenen bzw. gestrichelten Linien gezeichnet.

bis 5–5 durch solche relativ kleinen Änderungen von δ nur wenig beeinflußt werden, basieren die Diskussionen in diesem Kapitel auf der Annahme, daß δ_{osc} näherungsweise den aus Q_0 erhaltenen Deformationsparametern (siehe Abb. 4–25 und Tab. 4–15) gleichgesetzt werden kann.

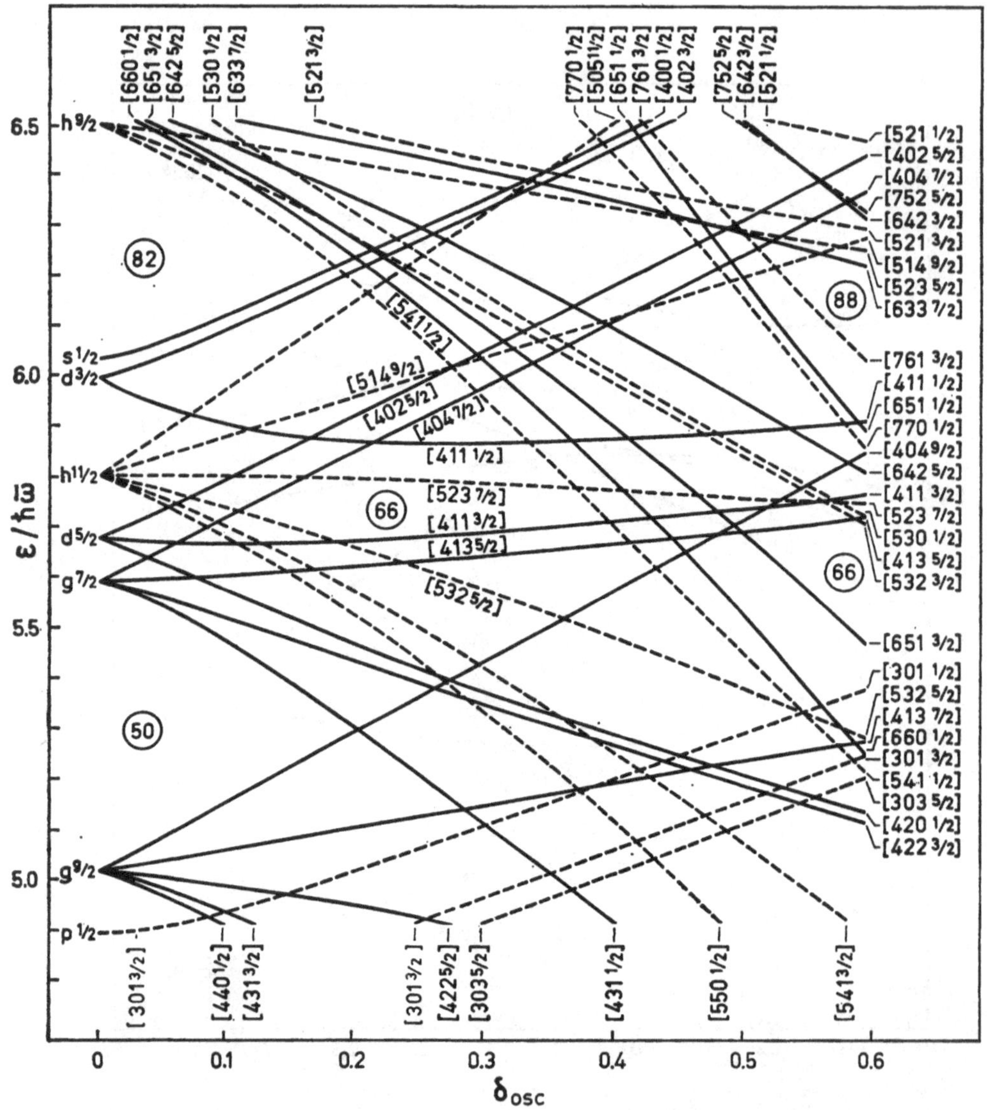

Abb. 5–2 Protonenniveaus in einem gestreckten Potential ($50 < Z < 82$). Die Spektren in diese und in den folgenden Abbildungen (Abb. 5–2 bis 5–5) sind von C. Gustafson, I. L Lamm, B. Nilsson und S. G. Nilsson, Arkiv Fysik **36**, 613 (1967), übernommen. Die Zustände wurden durch die asymptotischen Quantenzahlen $[Nn_3\Lambda\Omega]$ klassifiziert. Niveaus mit gerader bzw. ungerader Parität sind mit durchgezogenen bzw. gestrichelten Linien gezeichnet.

Die Haupttrends der Energieniveaus in Abb. 5–1 bis 5–5 kann man aufgrund der Näherungslösungen für kleine und große Deformationen (siehe S. 188) verstehen. Der Erwartungswert von H in der für kleine δ geeigneten Darstellung $Nlj\Omega$ ist durch Gl. (5–4) gegeben, während der Erwartungswert in der Darstellung $n_3 n_\perp \Lambda\Omega$, die dem zylindrischen

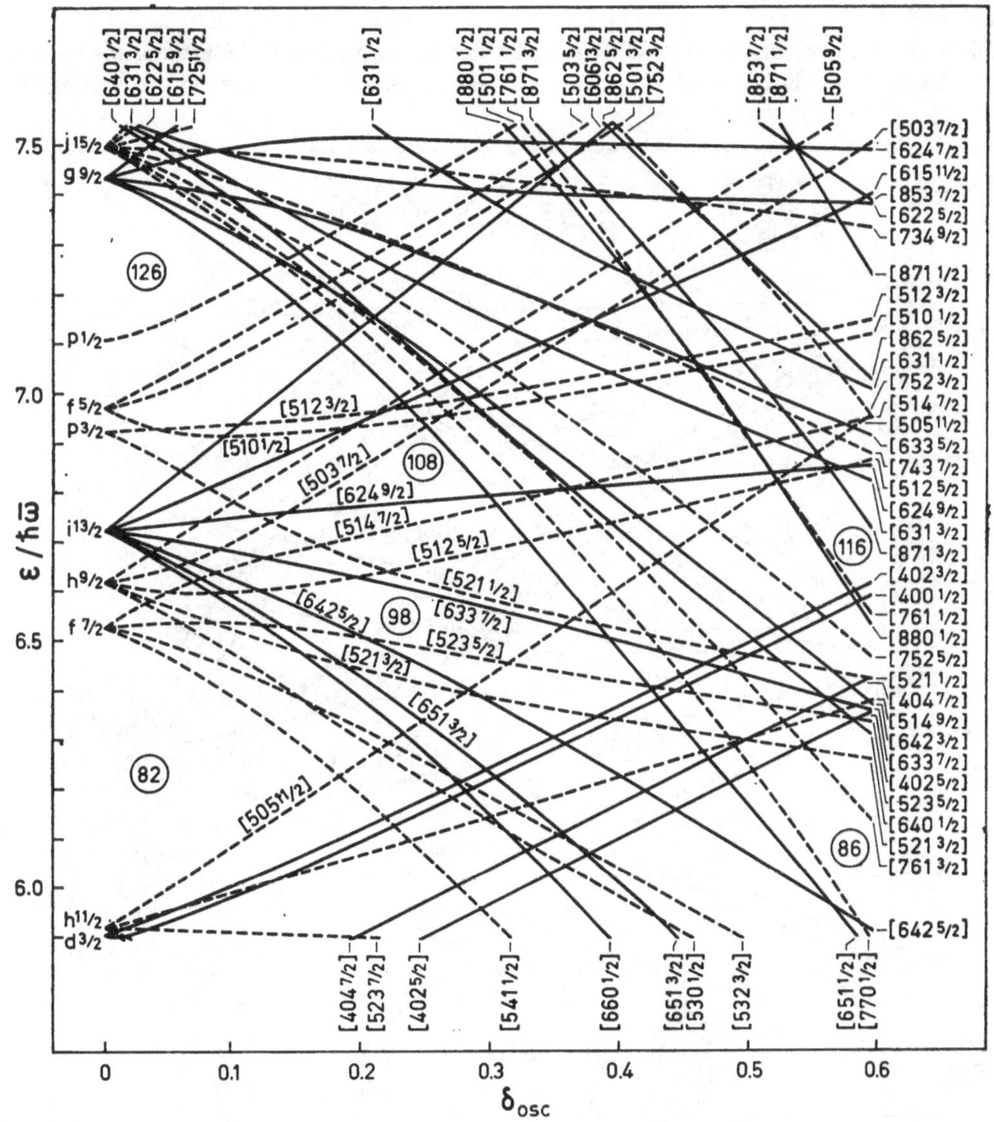

Abb. 5–3 Neutronenniveaus in einem gestreckten Potential ($82 < N < 126$) (siehe Text zu Abb. 5–2)

Oszillator entspricht, die Form

$$\langle n_3 n_\perp \Lambda\Omega |\, H \,| n_3 n_\perp \Lambda\Omega\rangle$$
$$= \hbar\bar{\omega}\big(N + \tfrac{3}{2} - \tfrac{1}{3}\,\delta_{\text{osc}}(3n_3 - N)\big) - v_{ll}\big(\tfrac{1}{2}(2n_3 - N - \tfrac{1}{2})^2 - \Lambda^2 - \tfrac{1}{8}\big) + v_{ls}\Lambda\Sigma\big) \qquad (5\text{–}15)$$
$$(N = n_3 + n_\perp,\ \Omega = \Lambda + \Sigma)$$

hat.

Die Deformation, bei der der Übergang zu der asymptotischen Näherung (5–15) erfolgt, kann man dadurch abschätzen, daß man die durch Deformation bedingten

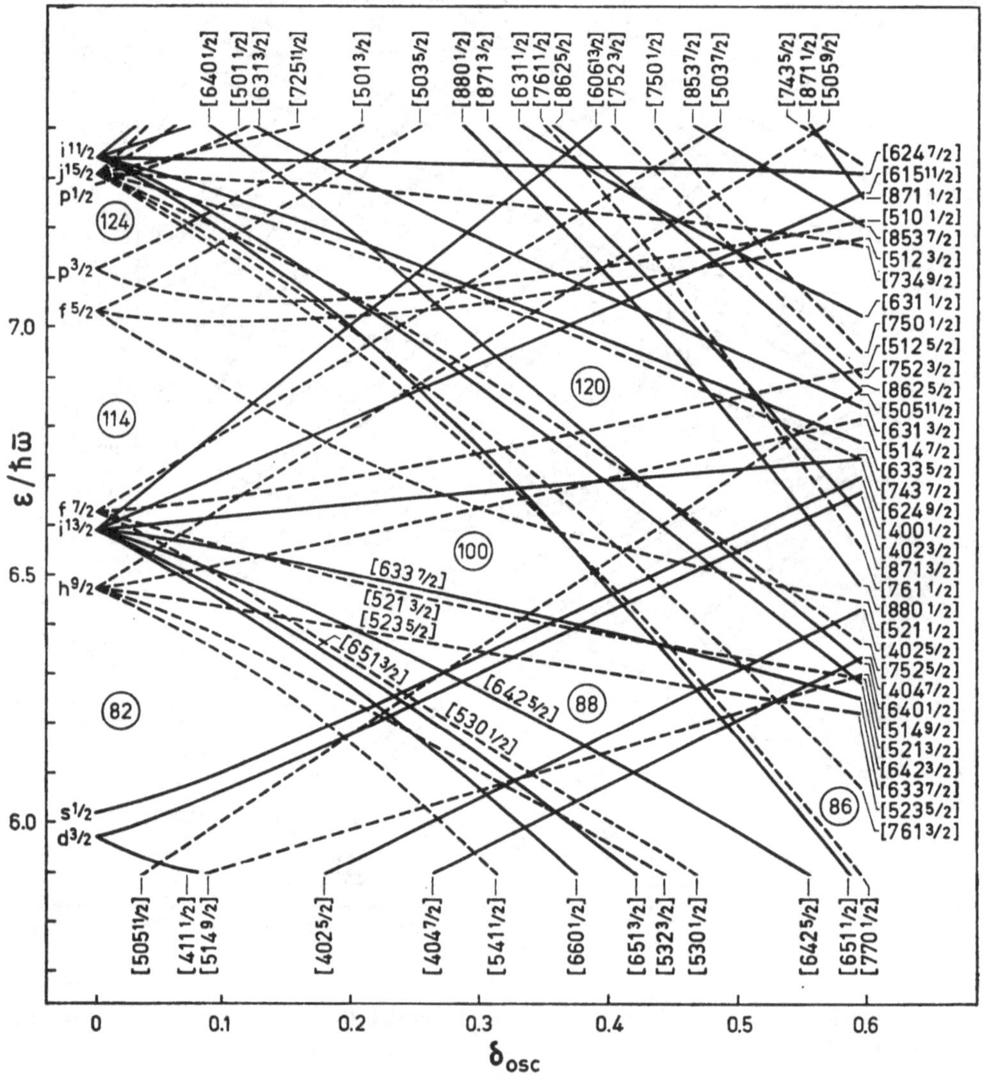

Abb. 5-4 Protonenniveaus in einem gestreckten Potential ($Z > 82$) (siehe Text zu Abb. 5–2)

Energieverschiebungen mit denen vergleicht, die auf die Terme v_{ll} und v_{ls} zurückzuführen sind. Erstere sind von der Größenordnung $N\hbar\omega_0\delta$, während letztere mit l anwachsen und für die größten Drehimpulswerte den Abstand zwischen den Hauptschalen erreichen können. Somit ist für typische Deformationen ($\delta \sim A^{-1/3} \sim N^{-1}$) die asymptotische Beschreibung für die meisten Bahnen anwendbar. Diese Beschreibung kann jedoch für Bahnen mit besonders großen j-Werten ungeeignet sein. (Zum Beispiel wird sogar für $\delta \approx 0{,}3$ die Folge der Protonenbahnen [550 1/2], [541 3/2], [532 5/2], ... in Abb. 5–2 noch recht gut als $h_{11/2}$ beschrieben (siehe Tab. 5–2). Analog werden die Neutronenbahnen [660 1/2], [651 3/2], ... in Abb. 5–3 gut durch $i_{13/2}$ wiedergegeben.)

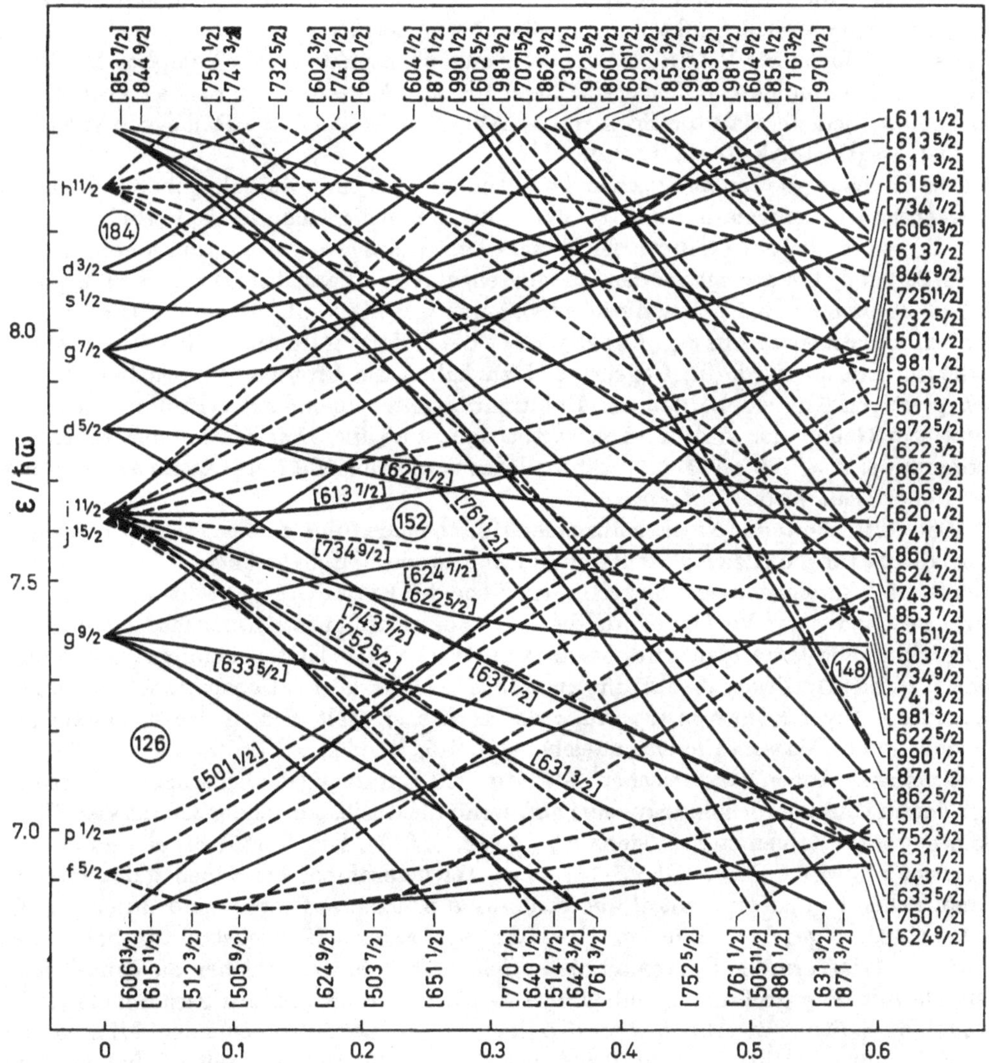

Abb. 5–5 Neutronenniveaus in einem gestreckten Potential ($N > 126$) (siehe Text zu Abb. 5–2)

Das Modell (5–10) für das deformierte Potential hat die Eigenschaft, daß die A-Abhängigkeit näherungsweise durch eine Änderung der Energieskala repräsentiert wird. Das Modell ist speziell für die Beschreibung der Niveaus im Gebiet der FERMI-Oberfläche konstruiert. Es kann sich für hochangeregte Niveaus als weniger geeignet erweisen, da das Potential über die Oberflächenregion hinaus kontinuierlich anwächst. Wegen einer Übersicht über Rechnungen mit verschiedenen Modellen für das deformierte Potential, WOODS-SAXON-Form eingeschlossen, siehe OGLE u. a. (1972).

Die Niveaudiagramme in Abb. 5–1 bis 5–5 bilden die Basis für die Interpretation der Spektren von Kernen mit ungerader Massenzahl. Dies wird in den Beispielen zu Abschnitt 5–3 relativ ausführlich erläutert. Als Hilfe für diese Anwendungen sind die Teilchenzahlen, die man durch Auffüllen der Zustände bis zu einem gegebenen Niveau erhält, an verschiedenen Punkten des Spektrums eingetragen.

Für stark deformierte Potentiale sind die Einteilchenspektren sehr komplex. Die Verteilung der Niveaudichte fluktuiert weniger als im Fall eines sphärischen Potentials. Man bemerkt jedoch, daß die Spektren in Abb. 5–1 bis 5–5 eine Reihe von ziemlich einfachen Regelmäßigkeiten aufweisen.

1. Die Niveaus, die im sphärischen Potential zu einer Hauptschale gehören, fächern mit wachsender Deformation auf, so daß eine ziemlich gleichmäßige Verteilung entsteht. Dieses Verhalten erlaubt, die Trends der Gleichgewichtsdeformationen, die in Abb. 4–25 auf S. 114 gezeigt werden, zu verstehen. Am Anfang des deformierten Gebiets bei $N \approx 90$ und $\delta \approx 0{,}3$ haben die Neutronenniveaus als Funktionen der Deformation einen mäßig negativen Anstieg. Daher wächst die Deformation an, bis bei $N \approx 100$ ein Maximum erreicht wird. Im Gegensatz dazu haben die Protonenniveaus für $Z > 62$ einen positiven Anstieg, so daß die Deformation mit zunehmender Protonenzahl abnimmt. Im Gebiet der Aktiniden erwartet man, daß die Deformation bis zu einem Maximum bei $Z \approx 100$ anwächst, während das entsprechende Neutronenmaximum bei $N \approx 150$ erreicht wird.

2. Das Auffächern der Niveaus aus einer Hauptschale führt zu einer relativ niedrigen Niveaudichte für die Gleichgewichtsdeformationen in der Schalenmitte. Eine Sonde für die mittlere Einteilchenniveaudichte in der Nähe der FERMI-Grenze steht in Gestalt der Paarkorrelationen zur Verfügung, da die Stärke der Konfigurationsmischung, die durch die Paarkraft hervorgerufen wird, stark vom Abstand der Einteilchenniveaus abhängt (siehe z. B. den Ausdruck (6–616) für die Größe des Paarkorrelationsparameters Δ). Die verminderte Niveaudichte in deformierten Kernen spiegelt sich in der Abnahme der ungerade-gerade-Massendifferenzen (siehe Abb. 2–5, Band I, S. 179) wider.

3. Beim anisotropen harmonischen Oszillator tritt Entartung des Einteilchenspektrums in größerem Umfang (Schalenstruktur) auf, wenn die Oszillatorfrequenzen im Verhältnis (kleiner) ganzer Zahlen stehen (siehe Abb. 6–48, S. 512). Das Verhältnis $\omega_\perp : \omega_3 = 2 : 1$ entspricht $\delta_{osc} = 0{,}6$ (siehe Gl. (5–11)). Die Teilchenzahlen, bei denen dann im rein harmonischen Oszillatorpotential abgeschlossene Schalen auftreten, sind durch ..., 60, 80, 110 '140, ... gegeben. Wie im Falle der sphärischen Schalenstruktur heben der $\boldsymbol{l}^2$- und der $\boldsymbol{l} \cdot \boldsymbol{s}$-Term die Entartung dieser Schalen auf und verschieben die Einteilchenzustände mit dem größten Λ und $\Omega = \Lambda + 1/2$ in die nächstniedrigere Schale (siehe Kapitel 6, S. 516). In Abb. 5–2 bis 5–5 kann man die entsprechenden Minima der Einteilchenniveaudichte bei den Teilchenzahlen ..., 66, 86, 116, 148, ... finden. (Für solche großen Deformationen wird es notwendig, den Einfluß der Deformation auf den $\boldsymbol{l}^2$- und den $\boldsymbol{l} \cdot \boldsymbol{s}$-Term in Betracht zu ziehen; siehe S. 514ff.)

Einteilchenwellenfunktionen für das sphäroidale Potential (Tab. 5–2)

Die im vorhergehenden Beispiel diskutierte Diagonalisierung des Hamilton-Operators (5–10) führt zu Eigenfunktionen in der zylindrischen Oszillatorbasis $n_3 n_\perp \Lambda\Omega$. In Tab. 5–2a ist eine Auswahl dieser Wellenfunktionen für die in Abb. 5–2 und 5–3 dargestellten Einteilchenspektren aufgeführt. Die Tabelle soll die Struktur der Eigenzustände illustrieren und dem Leser eine Grundlage für die Analyse der empirischen Daten über die niederenergetischen Spektren von ungeraden Kernen des Massengebiets $150 < A < 190$ liefern. Die Eigenzustände sind durch die asymptotischen Quantenzahlen $[Nn_3\Lambda\Omega]$ bezeichnet und für die Deformation $\delta = 0{,}3$ angegeben. Die Auswertung der Matrixelemente von Einteilchenoperatoren in der $n_3 n_\perp \Lambda\Omega$-Darstellung wird im nächsten Beispiel, S. 200ff., diskutiert.

Weitere Eigenschaften der deformierten Wellenfunktionen können durch die Transformation der Wellenfunktion in die sphärische Basis $Nl\Lambda\Omega$ gezeigt werden. Diese Transformation läßt sich in zwei Schritten durchführen. Der erste, der den Übergang zu einem isotropen Oszillator beinhaltet, wird durch eine Skalentransformation der Wellenfunktionen mit den Faktoren $(\omega_3/\omega_0)^{1/2}$ parallel bzw. $(\omega_\perp/\omega_0)^{1/2}$ senkrecht zur Symmetrieachse realisiert. Der zweite Schritt enthält eine Transformation aus der isotropen zylindrischen Basis zur sphärischen Basis. (Eine Diskussion der Transformationen zwischen verschiedenen Oszillatordarstellungen findet man bei Talman, 1970.)

Durch die Skalentransformation vergrößert sich die Zahl der wesentlichen Komponenten der Zustände in der sphärischen Basis merklich. Es ist daher zweckmäßig, diesen Anteil der Transformation auf die Operatoren zu übertragen und Wellenfunktionen zu verwenden, die allein aus der zweiten Transformation resultieren. Die Zustände in Tab. 5–2b wurden auf diese Weise aus den in Tab. 5–2a aufgeführten Wellenfunktionen berechnet. Bei der Auswertung der Matrixelemente mit den Wellenfunktionen in Tab. 5–2b folgen aus der Skalentransformation der Orts- und Impulsoperatoren die Beziehungen

$$\begin{aligned}
x_1 &\to x_1 \left(\frac{\omega_0}{\omega_\perp}\right)^{1/2} \approx x_1(1 - \tfrac{1}{6}\delta), & p_1 &\to p_1 \left(\frac{\omega_\perp}{\omega_0}\right)^{1/2} \approx p_1(1 + \tfrac{1}{6}\delta),\\
x_2 &\to x_2 \left(\frac{\omega_0}{\omega_\perp}\right)^{1/2} \approx x_2(1 - \tfrac{1}{6}\delta), & p_2 &\to p_2 \left(\frac{\omega_\perp}{\omega_0}\right)^{1/2} \approx p_2(1 + \tfrac{1}{6}\delta), \qquad (5\text{–}16)\\
x_3 &\to x_3 \left(\frac{\omega_0}{\omega_3}\right)^{1/2} \approx x_3(1 + \tfrac{1}{3}\delta), & p_3 &\to p_3 \left(\frac{\omega_3}{\omega_0}\right)^{1/2} \approx p_3(1 - \tfrac{1}{3}\delta).
\end{aligned}$$

Während die Skalentransformation im allgemeinen zu Korrekturen der Matrixelemente von der Größenordnung δ führt, werden die Matrixelemente des Drehimpulsoperators zwischen Zuständen einer Oszillatorschale ($\Delta N = 0$) nur in der Größenordnung δ^2 geändert.

Eine Entwicklung nach Basiszuständen, die durch den Gesamtdrehimpuls j des Teilchens charakterisiert werden, kann man aus den Wellenfunktionen in Tab. 5–2b

Tab. 5-2 Wellenfunktionen für die Nukleonenbewegung im gestreckten Potential. Die Tabelle gibt die Eigenzustände des HAMILTON-Operators (5-10) mit den in Tab. 5-1 ($50 < Z < 82$; $82 < N < 126$) aufgeführten Parametern und einer Deformation $\delta = 0{,}3$ an. In Tab. 5-2a wurden die Wellenfunktionen in der Basis $Nn_3\Lambda\Omega$ entwickelt, während in Tab. 5-2b die gleichen Zustände in der Basis $Nl\Lambda\Omega$ angegeben sind. Die Wellenfunktionen ähneln bis auf kleine Änderungen der Potentialparameter denen, die in den umfangreicheren Tabellen von S. G. NILSSON, Mat. Fys. Medd. Vid. Selsk. **29**, no. 16 (1955), enthalten sind. In Tab. 5-2a entsprechen die Phasen der Komponenten der auf S. 231ff. beschriebenen Konvention (siehe insbesondere Gl. (5-27)), und die Gesamt-

Tab. 5-2a Zylindrische Basis

$N = 4$ $[Nn_3\Lambda\Omega]$		$n_3 = 4$ $\Lambda = 0$	$n_3 = 3$ $\Lambda = 1$	$n_3 = 2$ $\Lambda = 0, 2$	$n_3 = 1$ $\Lambda = 1, 3$	$n_3 = 0$ $\Lambda = 0, 2, 4$
Protonen						
413 5/2				−0,342	0,938	0,054
411 3/2			−0,250	−0,223	0,926	0,174
411 1/2		0,130	−0,255	−0,310	0,900	0,108
404 7/2					−0,219	0,976
402 5/2				−0,151	−0,111	0,982
402 3/2			0,061	−0,156	−0,203	0,965
400 1/2		0,026	0,051	−0,179	−0,168	0,968
Neutronen						
404 7/2					−0,219	0,976
400 1/2		0,010	0,047	−0,123	−0,213	0,968
402 3/2			0,048	−0,115	−0,218	0,968

$N = 5$ $[Nn_3\Lambda\Omega]$	$n_3 = 5$ $\Lambda = 0$	$n_3 = 4$ $\Lambda = 1$	$n_3 = 3$ $\Lambda = 0, 2$	$n_3 = 2$ $\Lambda = 1, 3$	$n_3 = 1$ $\Lambda = 0, 2, 4$	$n_3 = 0$ $\Lambda = 1, 3, 5$
Protonen						
532 5/2			0,861	0,397	0,310	0,075
523 7/2				0,934	0,312	0,177
514 9/2					0,978	0,211
541 1/2	−0,669	0,605	−0,158	0,396	0,022	0,063
Neutronen						
530 1/2	−0,107	−0,618	0,702	0,160	0,291	0,055
505 11/2						1,000
521 3/2		−0,152	−0,475	0,826	0,189	0,184
523 5/2			−0,452	0,850	0,204	0,178
521 1/2	0,181	−0,234	−0,453	0,797	0,184	0,197
512 5/2			−0,141	−0,330	0,919	0,166
514 7/2				−0,331	0,932	0,151
510 1/2	0,022	0,110	−0,207	−0,337	0,898	0,157
512 3/2		0,110	−0,199	−0,335	0,901	0,156

$N = 6$ $[Nn_3\Lambda\Omega]$	$n_3 = 5$ $\Lambda = 1$	$n_3 = 4$ $\Lambda = 0, 2$	$n_3 = 3$ $\Lambda = 1, 3$	$n_3 = 2$ $\Lambda = 0, 2, 4$	$n_3 = 1$ $\Lambda = 1, 3, 5$	$n_3 = 0$ $\Lambda = 0, 2, 4, 6$
Neutronen						
641 3/2	0,698	0,489	0,463	0,218	0,107	0,026
642 5/2		0,811	0,435	0,368	0,126	0,045
633 7/2			0,889	0,371	0,263	0,058
624 9/2				0,943	0,296	0,151

phase ist so gewählt, daß der führende Koeffizient $\langle \mathrm{Nn}_3\Lambda\Omega \mid [\mathrm{Nn}_3\Lambda\Omega]\rangle$ positiv wird. Die Phasen der in Tab. 5-2b verwendeten sphärischen Basis entsprechen den Winkelwellenfunktionen $i^l Y_{l\Lambda}$ und einer für $r \to \infty$ positiven Radialwellenfunktion (siehe Band I, S. 376; diese Phasenkonvention unterscheidet sich um den Faktor i^l von der bei Nilsson, a. a. O., verwendeten). Die Gesamtphase ist die gleiche wie in Tab. 5-2a, die für alle Zustände in der Tabelle auf ein positives Vorzeichen für die größte Komponente führt. Wir danken J. Damgaard, I. L. Lamm und S. G. Nilsson für die Hilfe bei der Vorbereitung der Tabelle.

Tab. 5-2b Sphärische Basis

$N = 4$	$\Sigma = +1/2 \quad \Lambda = \Omega - 1/2$			$\Sigma = -1/2 \quad \Lambda = \Omega + 1/2$	
$[Nn_3\Lambda\Omega]$	$l = 4$	$l = 2$	$l = 0$	$l = 4$	$l = 2$
Protonen					
413 5/2	−0,296	0,179		0,938	
411 3/2	0,418	0,864		−0,140	0,246
411 1/2	−0,163	−0,099	0,297	0,396	0,848
404 7/2	−0,218			0,976	
402 5/2	0,232	0,966		−0,111	
402 3/2	−0,086	−0,193		0,221	0,952
400 1/2	0,147	0,539	0,811	−0,072	−0,160
Neutronen					
404 7/2	−0,219			0,976	
400 1/2	0,186	0,563	0,775	−0,104	−0,192
402 3/2	−0,106	−0,196		0,259	0,940

$N = 5$	$\Sigma = +1/2 \quad \Lambda = \Omega - 1/2$			$\Sigma = -1/2 \quad \Lambda = \Omega + 1/2$		
$[Nn_3\Lambda\Omega]$	$l = 5$	$l = 3$	$l = 1$	$l = 5$	$l = 3$	$l = 1$
Protonen						
532 5/2	0,882	−0,244		0,399	−0,062	
523 7/2	0,939	−0,144		0,312		
514 9/2	0,978			0,211		
541 1/2	−0,354	0,485	−0,335	0,686	−0,232	0,040
Neutronen						
530 1/2	0,663	0,179	−0,342	−0,249	0,552	−0,212
505 11/2	1,000					
521 3/2	0,571	0,575	−0,287	−0,278	0,429	
523 5/2	−0,251	0,427		0,861	−0,116	
521 1/2	−0,207	0,081	0,471	0,501	0,629	−0,287
512 5/2	0,415	0,832		−0,255	0,267	
514 7/2	−0,262	0,252		0,932		
510 1/2	0,281	0,672	0,565	−0,153	−0,151	0,323
512 3/2	−0,151	−0,150	0,321	0,358	0,850	

$N = 6$	$\Sigma = +1/2 \quad \Lambda = \Omega - 1/2$			$\Sigma = -1/2 \quad \Lambda = \Omega + 1/2$		
$[Nn_3\Lambda\Omega]$	$l = 6$	$l = 4$	$l = 2$	$l = 6$	$l = 4$	$l = 2$
Neutronen						
651 3/2	0,746	−0,377	0,120	0,497	−0,199	0,034
642 5/2	0,829	−0,324	0,055	0,437	−0,120	
633 7/2	0,895	−0,240		0,371	−0,056	
624 9/2	0,945	−0,141		0,296		

mit Hilfe der Transformation

$$
\begin{aligned}
\langle Nl, j = l \pm \tfrac{1}{2}, \Omega \mid \nu \rangle &= \sum_{\Lambda\Sigma} \langle l\Lambda\, \tfrac{1}{2}\Sigma \mid j\Omega \rangle \langle Nl\Lambda\Sigma \mid \nu \rangle \\
&= \pm \left(\frac{l \pm \Omega + \frac{1}{2}}{2l+1} \right)^{1/2} \langle Nl, \Omega - \tfrac{1}{2}, \tfrac{1}{2} \mid \nu \rangle \\
&\quad + \left(\frac{l \mp \Omega + \frac{1}{2}}{2l+1} \right)^{1/2} \langle Nl, \Omega + \tfrac{1}{2}, -\tfrac{1}{2} \mid \nu \rangle
\end{aligned}
\tag{5–17}
$$

erhalten, wobei $\nu(=[Nn_3\Lambda\Sigma])$ die Eigenzustände bezeichnet. Die Wellenfunktionen der (sd)-Schale in der $Nlj\Omega$-Darstellung sind in Tab. 5–9, S. 253, angegeben.

Die Eigenzustände in Tab. 5–2b zeigen eine sehr starke Mischung von Komponenten mit unterschiedlichen l-Werten, die durch die Deformation hervorgerufen wird. Aus Tab. 5–2a ist ersichtlich, daß die asymptotischen Quantenzahlen näherungsweise gültig sind. Für die meisten Zustände ist die größte Komponente mit einem Anteil von 80% oder mehr in der Gesamtwellenfunktion enthalten. Jedoch nähern sich die Zustände, die im sphärischen Grenzfall große j-Werte besitzen, langsamer dem asymptotischen Grenzfall und enthalten bei $\delta = 0{,}3$ große Beimischungen. Die gleiche Schlußfolgerung wurde aus der Änderung der Energien in Abhängigkeit von δ gezogen (siehe S. 192).

Auf S. 190 haben wir diskutiert, daß die $\Delta N = 2$-Matrixelemente der Terme $\boldsymbol{l}^2$ und $\boldsymbol{l} \cdot \boldsymbol{s}$ bei der Diagonalisierung des HAMILTON-Operators vernachlässigt wurden. Als Folge dieser Näherung zeigen Niveaus mit unterschiedlichem N, aber gleichem $\Omega\pi$ Überschneidungen. (Siehe z. B. die $\Omega\pi = 3/2^+$-Niveaus [402 3/2] und [651 3/2] in Abb. 5–3, die sich bei $\delta \approx 0{,}3$ überschneiden.) Man erwartet, daß die Wechselwirkung zwischen diesen annähernd entarteten Niveaus mit $\Delta N = 2$ klein ist, da sich die Quantenzahlen n_3 und $n_\perp$ beträchtlich unterscheiden. Abschätzungen ergaben eine Wechselwirkungsenergie der Größenordnung von 100 keV oder weniger. Die Werte hängen empfindlich von höheren Multipolen in der Deformation und von der Radialform des Potentials ab (NEMIROVSKY und CHEPURNOV, 1966; ANDERSEN, 1968 und 1972). In dem schmalen δ-Intervall, in dem der Abstand zwischen den ungestörten Niveaus vergleichbar mit deren Wechselwirkung ist, tritt eine starke Mischung der Einteilchenzustände auf. Eine dementsprechende Verteilung der Niveaucharakteristika wurde für die Intensitäten bei Einteilchen-Transferreaktionen beobachtet, wobei man experimentelle Werte des Wechselwirkungsmatrixelements zwischen 50—100 keV ableiten konnte (SHELINE u. a., 1967; TJØM und ELBEK, 1967; GROTDAL u. a., 1970). In der Kleinheit dieser Kopplungsmatrixelemente tritt die näherungsweise Separation der Bewegung in Schwingungen senkrecht und parallel zur Symmetrieachse ziemlich auffällig zutage.

Matrixelemente für Oszillatorwellenfunktionen in der zylindrischen Basis (Tab. 5–3)

Bei der Auswertung der Matrixelemente von Teilchen, die sich im Potential eines harmonischen Oszillators bewegen, ist es oft zweckmäßig, die Bewegung durch die Schwingungsquanten auszudrücken. Im Falle des eindimensionalen Oszillators sind die Operatoren $c^\dagger$ und c, die Quanten erzeugen bzw. vernichten, durch Linearkombinationen aus der Teilchenkoordinate und dem Teilchenimpuls gegeben,

$$\begin{aligned} x &= \left(\frac{\hbar}{2M\omega}\right)^{1/2}(c^\dagger + c), \\ p &= i\left(\frac{\hbar M\omega}{2}\right)^{1/2}(c^\dagger - c), \\ c^\dagger &= \left(\frac{M\omega}{2\hbar}\right)^{1/2}\left(x - \frac{i}{M\omega}p\right), \end{aligned} \tag{5-18}$$

wobei ω die Oszillatorfrequenz bezeichnet. Die nichtverschwindenden Matrixelemente von $c^\dagger$ sind

$$\langle n+1|\, c^\dagger\, |n\rangle = (n+1)^{1/2}, \tag{5-19}$$

und die normierte Wellenfunktion läßt sich in der Form

$$|n\rangle = (n!)^{-1/2}\,(c^\dagger)^n\,|n=0\rangle \tag{5-20}$$

schreiben.

Für den dreidimensionalen Oszillator werden wir die Standardphasen der Zustände benutzen, so daß $\mathcal{R}\mathcal{T} = +1$ gilt, wobei $\mathcal{R}$ eine Drehung von 180° um die 2-Achse darstellt. Die Matrixelemente von p_1, x_2 und p_3 sind dann reell und werden in der (n_1, n_2, n_3)-Basis als positiv vereinbart, während die Matrixelemente von x_1, p_2 und x_3 rein imaginär sind. (Die Phase des Matrixelementes von x in Gl. (2-154) ist die gleiche wie für den eindimensionalen harmonischen Oszillator in Gl. (5-18).) Nimmt man noch an, daß die Operatoren $c_\varkappa^\dagger$ wie in Gl. (5-19) reelle und positive Matrixelemente besitzen, so erhält man

$$\begin{aligned} c_1^\dagger &= \left(\frac{M\omega_1}{2\hbar}\right)^{1/2}\left(ix_1 + \frac{p_1}{M\omega_1}\right), \\ c_2^\dagger &= \left(\frac{M\omega_2}{2\hbar}\right)^{1/2}\left(x_2 - \frac{ip_2}{M\omega_2}\right), \\ c_3^\dagger &= \left(\frac{M\omega_3}{2\hbar}\right)^{1/2}\left(ix_3 + \frac{p_3}{M\omega_3}\right). \end{aligned} \tag{5-21}$$

Im Grenzfall sphärischer Symmetrie ($\omega_1 = \omega_2 = \omega_3$) bilden die Größen $c_1^\dagger$, $ic_2^\dagger$, $c_3^\dagger$ die kartesischen Komponenten eines Vektors.

Im Falle eines sphäroidalen Oszillatorpotentials kann man eine zylindrische Darstellung benutzen. Man charakterisiert dabei die Teilchenzustände durch die Zahl n_3 der Quanten in Richtung der Symmetrieachse und die Zahl n_+ (und n_-) der Quanten, die sich in der (12)-Ebene bewegen und $+1$ (und -1) Drehimpulseinheiten bezüglich der

3-Achse tragen. Die Gesamtzahl der Quanten und die 3-Komponente des Gesamtdrehimpulses sind durch

$$N = n_3 + n_+ + n_-, \qquad \Lambda = n_+ - n_- \tag{5-22}$$

gegeben.

In der zylindrischen $(n_+ n_- n_3)$-Basis werden wir die Phasen so wählen, daß die Operatoren $c_+^\dagger$, $c_3^\dagger$, $c_-^\dagger$ positive Matrixelemente haben und im Grenzfall sphärischer Symmetrie die sphärischen Komponenten eines Vektoroperators bilden (siehe Gl. (1 A–56)),

$$\begin{aligned} c_\pm^\dagger &= \mp 2^{-1/2}(c_1^\dagger \mp c_2^\dagger) \\ &= \mp\left(\frac{M\omega_\perp}{4\hbar}\right)^{1/2}\left(i(x_1 \pm ix_2) + \frac{p_1 \pm ip_2}{M\omega_\perp}\right), \\ c_3^\dagger &= \left(\frac{M\omega_3}{2\hbar}\right)^{1/2}\left(ix_3 + \frac{p_3}{M\omega_3}\right). \end{aligned} \tag{5-23}$$

Die inversen Relationen lauten

$$\begin{aligned} x_1 \pm ix_2 &= \pm i\left(\frac{\hbar}{M\omega_\perp}\right)^{1/2}(c_\pm^\dagger + c_\mp), \\ p_1 \pm ip_2 &= \mp(\hbar M\omega_\perp)^{1/2}\,(c_\pm^\dagger - c_\mp), \\ x_3 &= -i\left(\frac{\hbar}{2M\omega_3}\right)^{1/2}(c_3^\dagger - c_3), \\ p_3 &= \left(\frac{\hbar M\omega_3}{2}\right)^{1/2}(c_3^\dagger + c_3). \end{aligned} \tag{5-24}$$

Die Wellenfunktionen in Tab. 5–2a sind in der Basis $Nn_3\Lambda$ ausgedrückt, in der die Matrixelemente der Koordinaten durch

$$\begin{aligned} \langle N'n_3, \Lambda \pm 1|\, x_1 \pm ix_2\, |Nn_3\Lambda\rangle &= \pm i\left(\frac{\hbar}{2M\omega_\perp}\right)^{1/2}\Big((N - n_3 \pm \Lambda + 2)^{1/2}\,\delta(N', N+1) \\ &\qquad + (N - n_3 \mp \Lambda)^{1/2}\,\delta(N', N-1)\Big), \\ \langle N \pm 1, n_3 \pm 1, \Lambda|\, x_3\, |Nn_3\Lambda\rangle &= \mp i\left(\frac{\hbar}{2M\omega_3}\right)^{1/2}(n_3 + \tfrac{1}{2} \pm \tfrac{1}{2})^{1/2} \end{aligned} \tag{5-25}$$

gegeben sind (siehe Gl. (5–24)).

Der Bahndrehimpuls ist ein bilinearer Ausdruck in den Operatoren $c^\dagger$ und c,

$$\begin{aligned} l_1 \pm il_2 &= (2\omega_3\omega_\perp)^{-1/2}\left((\omega_3 + \omega_\perp)\,(c_3^\dagger c_\mp + c_\pm^\dagger c_3) + (\omega_3 - \omega_\perp)\,(c_3^\dagger c_\pm^\dagger + c_3 c_\mp)\right), \\ l_3 &= c_+^\dagger c_+ - c_-^\dagger c_-, \end{aligned} \tag{5-26}$$

und man erhält die Matrixelemente

$$\begin{aligned}\langle Nn_3', \Lambda \pm 1|\, l_1 \pm il_2\, |Nn_3\Lambda\rangle &= \frac{\omega_3 + \omega_\perp}{2(\omega_3\omega_\perp)^{1/2}} \big((n_3+1)^{1/2}(N-n_3 \mp \Lambda)^{1/2}\delta(n_3', n_3+1) \\ &\quad + (n_3)^{1/2}(N - n_3 \pm \Lambda + 2)^{1/2}\,\delta(n_3', n_3 - 1)\big), \\ \langle Nn_3\Lambda|\, l_3\, |Nn_3\Lambda\rangle &= \Lambda. \end{aligned} \tag{5–27}$$

Die Komponenten $l_1 \pm il_2$ haben zusätzliche Matrixelemente für $\Delta N = \pm 2$, die mit dem zweiten Glied in Gl. (5–26) verknüpft sind. Jedoch sind die $\Delta N = 2$-Matrixelemente um einen Faktor δ kleiner als die $\Delta N = 0$-Matrixelemente. Dies entspricht der Tatsache, daß der Bahndrehimpuls für ein sphärisches Potential ein Bewegungsintegral wird.

Die obigen Beziehungen erlauben eine bequeme Auswertung der Matrixelemente verschiedener Multipoloperatoren. Die Auswahlregeln für $E1$- und $M1$-Momente sind in Tab. 5–3 zusammengefaßt; die Matrixelemente folgen aus den Gln. (5–25) bis (5–27). Für Multipole höherer Ordnung lassen sich die Auswahlregeln und Matrixelemente dadurch erhalten, daß man die Operatoren durch Polynome der Koordinaten und Drehimpulskomponenten ausdrückt. (Auswahlregeln für die Multipoloperatoren von γ- und β-Übergängen sind bei Mottelson und Nilsson, 1959, tabelliert.)

Tab. 5–3 Auswahlregeln für $E1$- und $M1$-Momente im sphäroidalen Oszillatorpotential

Multipol	$\nu = \Delta\Omega$	Operator	$\lvert\Delta N\rvert$	$\lvert\Delta n_3\rvert$	$\Delta\Lambda$	$\Delta\Sigma$
$E1$	± 1	$x_1 \pm ix_2$	1	0	± 1	0
	0	x_3	1	1	0	0
$M1$	± 1	$l_1 \pm il_2$	0,2	1	± 1	0
	± 1	$s_1 \pm is_2$	0	0	0	± 1
	0	s_3, l_3	0	0	0	0

Stärkefunktion für langsame Neutronen, die mit einem nichtsphärischen Kern wechselwirken (Abb. 5–6, Tab. 5–4 und 5–5)

Als Illustration für den Einfluß der Kerndeformation auf die Einteilchenstärkefunktion im Resonanzgebiet betrachten wir ein Modell, in dem langsame Neutronen mit einem komplexen Kastenpotential sphäroidaler Form und ohne Spinbahnkopplung wechselwirken (Margolis und Troubetzkoy, 1957),

$$\begin{aligned} V(r) &= V + iW, \qquad & r < R(\vartheta) = R_0\big(1 + \tfrac{2}{3}\delta P_2(\cos\vartheta)\big), \\ &= 0, & r > R(\vartheta). \end{aligned} \tag{5–28}$$

Der Winkel ϑ wird von der Symmetrieachse des Kerns aus gemessen, für die eine feste Orientierung während des Stoßes angenommen wird (adiabatische Näherung, siehe S. 208). Für die Einschußenergie Null nimmt die Entwicklung der Wellenfunktion nach Kugelfunktionen die Form

$$\psi(\boldsymbol{r}) = \sum_l \mathscr{R}_l(r)\, i^l Y_{l0}(\vartheta),$$

$$\mathscr{R}_l(r) = \begin{cases} A_l j_l(Kr), & r < R(\vartheta), \\ \left.\begin{array}{ll} B_l r^{-(l+1)}, & l > 0, \\ 1 - \dfrac{a}{r}, & l = 0, \end{array}\right\} & r > R(\vartheta), \end{cases} \tag{5–29}$$

$$K = \left(-\frac{2M}{\hbar^2}(V + iW)\right)^{1/2}$$

an, wobei j_l eine sphärische Bessel-Funktion ist. Die Koeffizienten A_l, B_l und die Streulänge a sind komplexe Konstanten, die durch die Forderung bestimmt werden, daß die Wellenfunktion und ihre Ableitung an der nichtsphärischen Oberfläche $R(\vartheta)$ stetig sind. Die Randbedingungen in Gl. (5–29) entsprechen dem Grenzfall sehr kleiner Einschußenergien, für den man auslaufende Wellen mit $l \neq 0$ vernachlässigen kann. In dieser Grenze reduziert sich die Streuamplitude auf die Streulänge ($f = -a$; siehe Gln. (2–183) und (3F–33)). Der Absorptionsquerschnitt (Compoundkernbildung) ist durch die Beziehung (siehe Gl. (3F–72))

$$\sigma_{\text{comp}} = -4\pi\lambda\!\!\!^{-} \operatorname{Im} a \tag{5–30}$$

gegeben, die auch durch die s-Wellen-Stärkefunktion ausgedrückt werden kann (siehe Gl. (2–159)),

$$\frac{\Gamma_n^{(0)}}{D} = \left(\frac{\sigma_{\text{comp}}}{2\pi^2\lambda\!\!\!^{-2}}\right)_{1\,\text{eV}} = -\frac{\operatorname{Im} a}{7{,}2 \times 10^3\,\text{fm}}. \tag{5–31}$$

Dabei ist $\Gamma_n^{(0)}$ die auf eine Neutronenenergie von 1 eV reduzierte mittlere Neutronenbreite der s-Wellen-Resonanzen, während D der mittlere Abstand dieser Resonanzen ist.

Die mit dem Potential (5–28) erhaltenen Stärkefunktionen sind in Abb. 5–6 in Abhängigkeit von der Massenzahl dargestellt. Aus den in der Abbildung angegebenen Parametern folgt

$$|KR_0| = 2{,}05A^{1/3}, \tag{5–32}$$

wobei K die Wellenzahl im Innengebiet ist (siehe Gl. (5–29)). Das Maximum der Stärkefunktion, das in Abb. 5–6 für sphärische Kerne bei $A \approx 150$ auftritt, entspricht der $4s$-Resonanz ($|KR_0| = \frac{7}{2}\pi$).

Wie aus Abb. 5–6 ersichtlich ist, verursacht die Deformation eine Aufspaltung der $4s$-Resonanz in mehrere Komponenten. Dieser Effekt kann der Kopplung an benachbarte Resonanzen in den Kanälen mit $l = 2, 4, \ldots$ zugeschrieben werden. Er ist analog zum Einfluß der Deformation auf die gebundenen Zustände, der zu einer Verteilung der s-Wellen-Stärke auf die verschiedenen Zustände mit $\Lambda\pi = 0^+$ führt. Man kann eine einfache Abschätzung der Stärkefunktion in der Umgebung der $4s$-Resonanz erhalten, indem man die Kopplung zwischen den Zuständen der $N = 6$-Schale ($4s$, $3d$, $2g$ und $1i$) betrachtet. Die Lage dieser Zustände bei fehlender Kopplung läßt sich durch den Wert

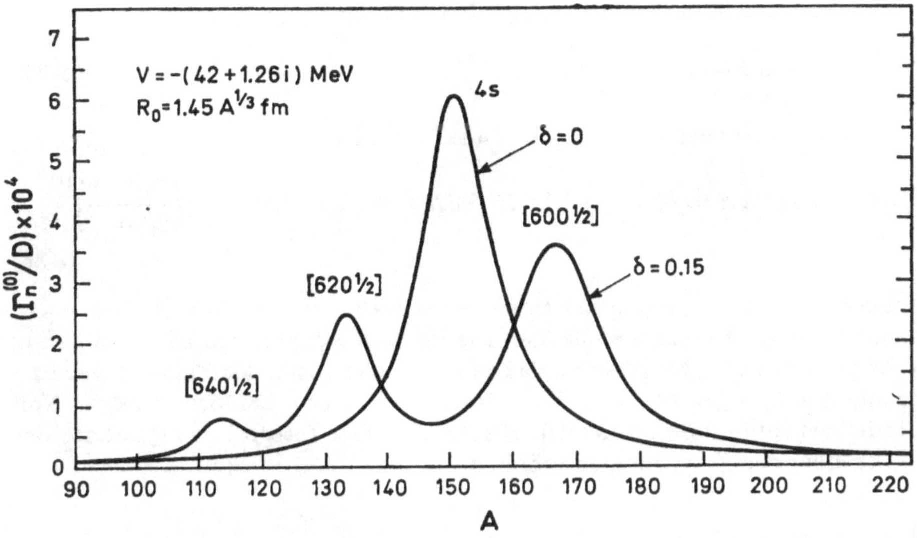

Abb. 5-6 Stärkefunktion für *s*-Wellen-Neutronen, die mit der Energie Null auf ein deformiertes Kastenpotential treffen. Die theoretische Analyse stammt von B. MARGOLIS und E. S. TROUBETZKOY, Phys. Rev. **106**, 105 (1957).

von R_0, bei dem sie die Energie Null haben, charakterisieren. Der Imaginärteil des Potentials hat keinen merklichen Einfluß auf die Lage der Resonanzen. Für ein reelles Potential führt die Bedingung, daß die Resonanzenergie gleich Null ist, auf die Beziehung

$$R_0 \left(\frac{\mathrm{d}}{\mathrm{d}r}\, j_l(Kr) \right)_{R_0} = -(l+1)\, j_l(KR_0)\,, \tag{5-33}$$

die mit

$$j_{l-1}(KR_0) = 0 \tag{5-34}$$

äquivalent ist. Die resultierenden Eigenwerte für die vier Resonanzen in der $N = 6$-Schale sind

$$KR_0 = \begin{cases} 11{,}00, & 4s, \\ 10{,}90, & 3d, \\ 10{,}42, & 2g, \\ 9{,}36, & 1i. \end{cases} \tag{5-35}$$

Diese können mittels der Relation

$$\begin{aligned} \Delta E &\approx \frac{\hbar^2}{MR_0^2}\, KR_0 \Delta(KR_0) \\ &\approx 220 A^{-2/3} \Delta(KR_0)\ \mathrm{MeV} \end{aligned} \tag{5-36}$$

als Energiedifferenzen ausgedrückt werden, wobei $KR_0 = 11$ und $R_0 = 1{,}45 A^{1/3}$ fm eingesetzt wurde.

In erster Ordnung in δ hat die Kopplung die Form (siehe Gl. (5–2))

$$H_c = \tfrac{2}{3}\,\delta V R_0 \delta(r - R_0)\, P_2(\cos\vartheta) \tag{5–37}$$

mit den Matrixelementen (siehe Gln. (1 A–42) und (1 A–44))

$$\langle l', \Lambda = 0|\, H_c\, |l, \Lambda = 0\rangle = \tfrac{2}{3}\,\delta i^{l-l'} V R_0^3 \mathscr{R}_l(R_0)\, \mathscr{R}_{l'}(R_0)\, \langle l020 \mid l'0\rangle^2 \left(\frac{2l+1}{2l'+1}\right)^{1/2}. \tag{5–38}$$

Bei der Auswertung der Kopplungsmatrixelemente (5–38) werden wir Radialwellenfunktionen benutzen, die Resonanzen bei der Energie Null entsprechen. Diese Näherung ist gerechtfertigt, wenn man voraussetzt, daß die Verschiebungen der Einteilchenstärke die Bedingung $\Delta(KR_0) \ll \pi$ erfüllen. Für Resonanzzustände bei der Energie Null kann die Radialwellenfunktion an der Oberfläche aus dem Integral des Quadrats der Wellenfunktion über das Kernvolumen erhalten werden,

$$\int_0^{R_0} \left(\mathscr{R}_l(r)\right)^2 r^2\, dr = \tfrac{1}{2} R_0^3 \left(\mathscr{R}_l(R_0)\right)^2 \tag{5–39a}$$

$$= \begin{cases} 1, & l = 0, \\ \dfrac{2l-1}{2l+1}, & l \neq 0. \end{cases} \tag{5–39b}$$

Die Beziehung (5–39a) folgt aus den Standardausdrücken für Integrale der Bessel-Funktionen unter Berücksichtigung der Randbedingungen (5–33). Die Relation (5–39b) drückt die Normierungsbedingung aus: Für Zustände mit $l \neq 0$ enthält das Normierungsintegral einen zusätzlichen Beitrag aus dem Gebiet außerhalb der Kernoberfläche, der durch Gl. (3 F–56) gegeben ist. Dieses Gebiet liefert für $l = 0$-Wellen wegen der starken Reflexion an der Oberfläche $r = R_0$ keinen Beitrag. Ist das Neutron erst einmal in den Kern eingedrungen, dann verbleibt es dort unendlich lange (für Einschußenergie Null). Im Gegensatz dazu werden die $l \neq 0$-Wellen durch die Zentrifugalbarriere in der Umgebung des Kerns gehalten, sie durchdringen aber relativ leicht die Oberfläche $r = R_0$ in beiden Richtungen. Es ist auch ersichtlich, daß das Quadrat der Wellenfunktion bei $r = R_0$ direkt mit der Einteilchenbreite für Resonanzstreuung in Beziehung gesetzt werden kann; der auslaufende Fluß ist nämlich gleich der aus Gl. (5–39) erhaltenen Dichte, multipliziert mit dem Zentrifugalbarrierenfaktor v_l und der Geschwindigkeit im Außenraum (siehe Gl. (3 F–51) und die Diskussion in Abschnitt 3 F–2 b).

Diagonalisiert man den Hamilton-Operator, der aus den durch die Gln. (5–35) und (5–36) gegebenen Diagonalelementen sowie den durch die Gln. (5–38) und (5–39) gegebenen nichtdiagonalen Termen besteht, dann erhält man die in Tab. 5–4 aufgeführten Eigenwerte und s-Wellen-Stärken. Die Eigenzustände sind durch die asymptotischen Quantenzahlen $Nn_3\Lambda$ bezeichnet. Die Differenzen zwischen den Werten von KR_0 können mit Hilfe von

$$\frac{\Delta A}{A} = 3\,\frac{\Delta(KR_0)}{KR_0} = 1{,}46 A^{-1/3} \Delta(KR_0) \tag{5–40}$$

durch Differenzen von A ausgedrückt werden. Man sieht, daß die Werte in Tab. 5-4 die Verteilung der s-Wellen-Stärke in Abb. 5-6 recht gut widerspiegeln. Die Breiten der einzelnen Resonanzen sind durch das Absorptionspotential W bestimmt und werden daher von der Deformation nur wenig beeinflußt. Wie oben erwähnt, wurde bei der Behandlung der Kopplung angenommen, daß $\Delta(KR_0) \ll \pi$ gilt. Während diese Bedingung für die beiden Hauptkomponenten in der s-Wellen-Stärkefunktion recht gut erfüllt ist, wird sie im Falle des sehr schwach angeregten Zustandes mit $KR_0 \approx 9$ stark verletzt.

Tab. 5-4 Eigenzustände für Neutronen mit der Energie Null im deformierten Potential. Die Potentialparameter sind die gleichen wie in Abb. 5-6.

$[Nn_3\Lambda]$	KR_0	$\langle l = 0 \mid [Nn_3\Lambda]\rangle^2$
[600]	11,29	0,62
[620]	10,60	0,34
[640]	10,11	0,04
[660]	(9,01)	$(6 \cdot 10^{-5})$

Die empirischen Daten über die s-Wellen-Stärkefunktion im Gebiet $140 < A < 180$ zeigen starke Abweichungen von den Werten für ein sphärisches Potential (siehe Abb. 2-26, Band I, S. 242), und die Resultate des einfachen Modells verdeutlichen, daß der Einfluß der Kerndeformation bei der Interpretation dieser Daten berücksichtigt werden muß. Man erwartet jedoch, daß auch die Effekte, die auf die endliche Oberflächendicke des Potentials und auf die Spinbahnwechselwirkung zurückzuführen sind, bei einer quantitativen Analyse eine wesentliche Rolle spielen.

Die Reflexion der Neutronen an einer diffusen Kernoberfläche ist kleiner. Damit vergrößert sich die Einteilchenbreite und folglich auch die Gesamtfläche unter der Stärkefunktion. (Vergleiche die Ergebnisse für ein sphärisches Potential in Abb. 5-6 mit denen in Abb. 2-26, Band I, S. 242. Siehe auch die Behandlung des Einflusses der Dicke der Oberflächenschicht auf die Einteilchenbreite in Band I, S. 473. Abschätzungen der Neutronenstärkefunktion für diffuse sphäroidale Potentiale kann man bei Chase u. a., 1958, finden.)

Die Spinbahnkopplung verursacht eine Mischung der $\Lambda = 0$, $\Sigma = 1/2$- und $\Lambda = 1$, $\Sigma = -1/2$-Zustände und somit eine zusätzliche Aufspaltung der s-Wellen-Stärkefunktion. Zur Illustration dieser zusätzlichen Kopplung ist die mit dem Hamilton-Operator (5-10) berechnete s-Wellen-Stärke für die Zustände $N = 6$, $\Omega = 1/2$ in Tab. 5-5 aufgeführt. Man sieht, daß für den in Abb. 5-6 benutzten Wert $\delta = 0{,}15$ die Spinbahnkopplung den Haupteffekt in der Verteilung der $l = 0$-Stärke ausmacht. Sogar für $\delta = 0{,}30$, der größten Deformation im betrachteten Gebiet, ist dieser Effekt noch beträchtlich. Die letzte Spalte von Tab. 5-5 zeigt die Verteilung der $l = 0$-Stärke im Fall eines sphäroidalen Oszillatorpotentials, das eine asymptotische Situation repräsentiert, in der die Deformationseffekte groß sind im Vergleich zur Spinbahnkopplung sowie zum Abstand zwischen den Zuständen zum gleichen Wert von N im sphärischen Potential.

In der obigen Diskussion wurde die Rotationsenergie des Targetkerns vernachlässigt. Wie bei der Behandlung des Problems gebundener Zustände ist diese Näherung dann gerechtfertigt, wenn die Rotationsfrequenz klein ist im Vergleich zu den Frequenzen, die die Struktur des inneren Zustands charakterisieren. Bei der Behandlung der niederenergetischen Streuung ist es im allgemeinen notwendig, die Rotationsenergie im Gebiet außerhalb des Kerns zu berücksichtigen, da sie dort die Teilchenausbreitung entscheidend beeinflussen kann. Im vorliegenden Fall ist diese Korrektur weniger wichtig, weil sie keinen Einfluß auf den $l = 0$-Kanal hat und in den anderen Kanälen die Rotationsenergie klein gegen die Zentrifugalbarriere ist. (Die Anwendung der adiabatischen Näherung im Rahmen einer allgemeineren Behandlung der Streuung an nichtsphärischen Systemen wird im Anhang 5A diskutiert.)

Tab. 5–5 Stärke der s-Wellen für Neutronenzustände mit $N = 6$. Die Amplituden der Entwicklung für $\delta = 0{,}15$ und $0{,}30$ sind aus S. G. Nilsson, Mat. Fys. Medd. Dan. Vid. Selsk. **29**, no. 16 (1955) entnommen. Die Werte in der letzten Spalte beziehen sich auf ein sphäroidales harmonisches Oszillatorpotential (im Grenzfall kleiner Deformationen).

$[Nn_3\Lambda\Omega]$	$\langle l = 0 \mid [Nn_3\Lambda\Omega = 1/2]\rangle^2$		
	$\delta = 0{,}15$	$\delta = 0{,}3$	asymptotisch
[600 1/2]	0,59	0,55	16/35
[611 1/2]	0,17	0,08	0
[620 1/2]	0,08	0,15	8/35
[631 1/2]	0,14	0,11	0
[640 1/2]	0,002	0,03	6/35
[651 1/2]	0,02	0,07	0
[660 1/2]	0,0003	0,01	5/35

5–2 Klassifizierung der Spektren von Kernen mit ungerader Massenzahl

Das „aligned"-Kopplungsschema

Das Auftreten einer nichtsphärischen Komponente im Einteilchenpotential hebt die für einen sphärischen Kern charakteristischen Entartungen auf, und es verbleibt nur die zweifache Entartung, die mit der Zeitumkehrinvarianz zusammenhängt. Daher erhält man in einem gg-Kern den niedrigsten Zustand unabhängiger Teilchen, indem man die konjugierten Einteilchenzustände paarweise auffüllt. Dieser Zustand ist nicht entartet. Die Grundzustandskonfiguration ist durch Ausrichtung der Bahnbewegung der Nukleonen in Richtung der Orientierung des deformierten Feldes gekennzeichnet („aligned"-Kopplungsschema). In einem axialsymmetrischen Potential hat die paarweise Auffüllung der Zustände zur Folge, daß

$$K = \sum_{k=1}^{A} \Omega_k = 0 . \qquad (5\text{–}41)$$

Der letzte besetzte Zustand der Grundzustandskonfiguration wird als Fermi-Niveau bezeichnet. Angeregte Konfigurationen erhält man dadurch, daß man ein oder mehrere Teilchen aus den besetzten Zuständen in die freien Zustände oberhalb des Fermi-Niveaus bringt. Die freien Zustände unterhalb des Fermi-Niveaus werden als Löcher und die besetzten Zustände oberhalb des Fermi-Niveaus als Teilchen bezeichnet (siehe die Diskussion der Teilchen-Loch-Darstellung im Anhang 3B).

In einem ungeraden Kern ergeben sich niedrigliegende Konfigurationen dadurch, daß einer der Einteilchenzustände einfach besetzt ist (ein Teilchen oder ein Loch), während die restlichen Nukleonen die tiefsten verbleibenden Niveaus paarweise besetzen. Die Werte $K\pi$ einer solchen Konfiguration sind die gleichen wie die Quantenzahlen $\Omega\pi$ des Teilchens bzw. Loches. Kompliziertere Konfigurationen können durch Anregung von einem oder mehreren Teilchen aus dem gepaarten „Rumpf" erzeugt werden.

Paarkorrelationen. Quasiteilchen

Eine merkliche Modifizierung der Bewegung unabhängiger Teilchen sollte aufgrund der Wechselwirkungen, die den Paarungseffekt im Kern hervorrufen, erwartet werden. Tatsächlich liegen in schweren Kernen ($A > 100$) die entsprechenden Wechselwirkungsenergien, für die der Massenunterschied zwischen geraden und ungeraden Kernen ein Maß darstellt, in der Größenordnung von 1 MeV (siehe Abb. 2–5, Band I, S. 179) und sind daher um einige Male größer als die Abstände zwischen den Einteilchenzuständen im deformierten Feld. Trotz der ziemlich starken Konfigurationsmischung, die man in solch einer Situation erwarten muß, können wesentliche Merkmale der Einteilchenbewegung erhalten bleiben. Der Grund dafür besteht darin, daß der Paareffekt durch solche Wechselwirkungen erzeugt wird, die nur Übergänge $(\nu_1\bar{\nu}_1) \to (\nu_2\bar{\nu}_2)$ von zwei Teilchen in konjugierten Bahnen hervorrufen, wie das in sphärischen Kernen für den gepaarten Zweiteilchenzustand mit $I\pi = 0+$ der Fall ist. (Wegen einer Analyse des Korrelationseffekts im gepaarten Zweiteilchenzustand siehe die Diskussion des Grundzustandes von ^{206}Pb auf S. 556ff.)

Im Grundzustand eines deformierten gg-Kerns erzeugt die durch die Übergangsmatrixelemente $(\nu_1\bar{\nu}_1) \to (\nu_2\bar{\nu}_2)$ hervorgerufene Konfigurationsmischung eine kohärente Superposition von Komponenten, die nur Teilchen in konjugierten Bahnen enthalten. In einem ungeraden Kern enthalten die niedrigsten Zustände ein einzelnes ungepaartes Teilchen auf einem Einteilchenniveau in der Nähe des Fermi-Niveaus. Dieses Teilchen wird durch die Paarwechselwirkungen vom betrachteten Typ nicht beeinflußt, während für die restlichen Teilchen die Paarkorrelationen denen im Grundzustand von gg-Kernen ähneln. Solche Zustände ungerader Kerne lassen sich durch die Quantenzahlen des ungepaarten Teilchens klassifizieren.

Somit kann das paarkorrelierte System durch verallgemeinerte Einteilchenanregungen, die man als Quasiteilchen bezeichnet, beschrieben werden, wobei die Zahl der Quasiteilchen durch v angegeben wird. Der Grundzustand eines gg-Kernes ist das Quasiteilchenvakuum ($\mathsf{v} = 0$), und die tiefliegenden Zustände von ungeraden Kernen sind Einquasiteilchenzustände ($\mathsf{v} = 1$).

Die Paarkorrelationen rufen eine starke Konfigurationsmischung aller Niveaus $(\nu\bar{\nu})$ hervor, deren Abstand vom Fermi-Niveau die Größenordnung Δ nicht überschreitet. Wenn die Anzahl dieser Niveaus groß ist, dann kann man eine ziemlich einfache kollektive Beschreibung der Paarkorrelationen mit Hilfe eines verallgemeinerten Einteilchenpotentials erhalten, das Teilchenpaare in konjugierten Bahnen erzeugt bzw. vernichtet. (Die kollektiven Freiheitsgrade eines solchen „Paarfeldes" werden in Abschnitt 6–3f diskutiert. Die Quasiteilchen, die sich aus der Einteilchenbewegung bei Präsenz des Paarfeldes ergeben, werden im Beispiel auf S. 562ff. betrachtet.) Obwohl die Quasiteilchen die Quantenzahlen der Einteilchenzustände behalten, werden ihre Eigenschaften durch das Paarfeld merklich modifiziert. Diese Änderungen werden bei der Analyse in diesem Kapitel ebenfalls berücksichtigt.

Identifizierung von Einquasiteilchenzuständen

Die beobachteten Spektren deformierter ungerader Kerne ermöglichen umfangreiche Tests des „aligned"-Kopplungsschemas. Die tiefliegenden Zustände bilden Rotationsbanden mit den Quantenzahlen $K\pi$, die der berechneten Folge der $\Omega\pi$-Werte für die Einteilchenbewegung im sphäroidalen Potential entsprechen. Beispiele sind in den Abb. 5–7, S. 221 (^{159}Tb), 5–9, S. 226 (^{175}Yb), 5–12, S. 232 (^{237}Np), 5–14, S. 239 (^{235}U), und 5–15, S. 248 (^{25}Mg und ^{25}Al) sowie in den Beispielen in Kapitel 4 dargestellt; siehe Abb. 4–15, S. 87 (^{169}Tm), 4–16, S. 89 (^{177}Lu und ^{177}Hf), 4–19, S. 95 (^{239}Pu), und 4–28, S. 132 (^{175}Lu). Die Analyse der verschiedenen Eigenschaften dieser Banden bestätigt die Zuordnung und ermöglicht detaillierte Vergleiche mit den berechneten Einteilchenzuständen (siehe Abschnitt 5–3). Die systematische Klassifizierung der tiefliegenden Banden in deformierten ungeraden Kernen mit $150 < A < 190$ ist in den Tab. 5–12, S. 258, und 5–13, S. 260, zusammengefaßt. Für Kerne mit $19 \leqq A \leqq 25$ ist die Klassifizierung der Spektren ungerader Kerne in Tab. 5–8, S. 249, gegeben.

Die Folge der Einteilchenniveaus bestätigt, daß die Deformation des Potentials näherungsweise mit der aus den $E2$-Übergangswahrscheinlichkeiten bestimmten Deformation übereinstimmt. Die Hinweise auf β_4-Deformationen (siehe Tab. 4–16, S. 119) werden ebenfalls durch feinere Details in der Verteilung der Abstände der Einteilchenniveaus unterstützt (siehe S. 259).

Es ist eine auffällige Eigenschaft der Spektren ungerader schwerer deformierter Kerne, daß nur die Zustände, die im niederenergetischen Spektrum unter 0,5 MeV auftreten, mit Einteilchenkonfigurationen in Zusammenhang gebracht werden können. Im Gebiet zwischen 0,5 MeV und 1 MeV treten zusätzliche Zustände auf, die wahrscheinlich den $\mathsf{v} = 1$-Konfigurationen überlagerte Vibrationen darstellen (siehe Fußnoten zu den Tab. 5–12 und 5–13). Bei höheren Energien beobachtet man eine viel größere Niveaudichte, wobei eine Reihe von Niveaus als Konfigurationen mit drei ungepaarten Teilchen identifiziert werden konnten (siehe z. B. die Hochspinisomere in Abb. 4–16, S. 89). Das Fehlen von Dreiquasiteilchenzuständen im unteren Teil der Spektren ungerader Kerne läßt sich den Paarkorrelationen zuschreiben, die zur Folge haben, daß eine Energie von etwa 2Δ für das Aufbrechen eines Paares benötigt wird. (In ähnlicher Weise beobachtet man in gg-Kernen keine Zweiquasiteilchenkonfigurationen unterhalb einer Anregungsenergie von etwa 1 MeV; siehe z. B. das Spektrum von ^{168}Er in Abb. 4–7, S. 51, und ^{234}U in Abb. 6–39, S. 478.)

Die systematische Identifizierung von inneren Einteilchenzuständen ungerader deformierter Kerne ermöglicht es, eine absolute Energieskala für das Einteilchenspektrum aufzustellen und somit das Einteilchenpotential auf eine mögliche Geschwindigkeitsabhängigkeit zu testen (effektive Masse; siehe Band I, S. 155ff.). Bei der Untersuchung muß man den oben erwähnten Effekt der Paarkorrelationen berücksichtigen, der eine systematische Verkleinerung der Abstände zwischen den tiefliegenden Quasiteilchenzuständen zur Folge hat. Korrigiert man die absolute Skala der beobachteten Einteilchenenergien bezüglich dieses Effektes, so scheint diese in Übereinstimmung mit den Rechnungen für ein statisches Potential zu sein (siehe die Diskussion der empirischen Daten auf S. 231).

Die Beschreibung der niedrigliegenden Zustände ungerader deformierter Kerne durch Quasiteilchen ist das Gegenstück zum verallgemeinerten Einteilchenmodell für sphärische Kerne, das in Abschnitt 2-4 (siehe Band I, S. 236ff.) diskutiert wird. Der hauptsächliche Wechselwirkungseffekt, der in Richtung einer Zerstörung des Quasiteilchenkopplungsschemas wirkt, ist die Kopplung an die Formschwingungen vom Quadrupoltyp. Wegen der großen Amplitude und der niedrigen Frequenz dieser Schwingungen in sphärischen Kernen hat die Einteilchenbeschreibung nur qualitative Bedeutung. (Ein Maß für die Stärke der Teilchen-Vibrationskopplung ist durch den in Gl. (6-212) definierten Parameter f_2 gegeben. Die Quadrupolparameter in den Abb. 6-28 und 6-29 entsprechen Werten von f_2, die von der Ordnung Eins sind.) In sphäroidalen Kernen ist jedoch der Hauptteil dieser Kopplung im deformierten mittleren Feld enthalten, und die Amplituden der Schwingungen um die sphäroidale Form sind viel kleiner als für die meisten sphärischen Kerne. (Die Nullpunktsamplituden der β- und γ-Schwingungen haben in typischen Fällen die Größenordnung $\Delta\beta \approx 0{,}05$ bzw. $\beta_0\Delta\gamma \approx 0{,}05$ (siehe die durch Gln. (4-263) und (4-248) gegebenen Beispiele), während die entsprechende Größe für die Quadrupolschwingungen in sphärischen Kernen um einen Faktor Zwei bis Fünf größer ist.) Damit wird die quantitative Gültigkeit der Einquasiteilchenbeschreibung in deformierten Kernen merklich besser als in sphärischen.

Bei der Abzählung der angeregten Konfigurationen muß man berücksichtigen, daß gewisse Kombinationen von inneren Anregungen in dem Sinne überzählig sind, daß sie schon in den Rotationsfreiheitsgraden berücksichtigt wurden. Die Rotationsbewegung ist hauptsächlich aus inneren Anregungen mit einer Energie von der Größenordnung $\hbar\omega_0\delta$ aufgebaut, welche durch die Coriolis-Wechselwirkung stark angeregt werden (siehe Kapitel 4, S. 68ff. und Kapitel 5, S. 245ff.). In ungeraden Kernen bestehen die überzähligen Anregungen vornehmlich aus Konfigurationen von drei Quasiteilchen. In schweren Kernen enthalten die überzähligen Anregungen Konfigurationen mit einer im Vergleich zu den Abständen der Einteilchenniveaus großen Anregungsenergie, und sie spielen damit keine Rolle bei der Klassifizierung der Zustände in den Tab. 5-12 und 5-13. In leichten Kernen dagegen kann es sogar bei der Analyse der niedrigsten inneren Zustände wichtig sein, die überzähligen Anregungen auszuschließen (als Beispiel siehe das $A = 19$-Spektrum, das auf S. 251ff. diskutiert wird).

5-3 Momente und Übergänge

5-3a Einteilchentransfer

Die Reaktionen, bei denen ein einzelnes Nukleon übertragen wird, stellen ein spezifisches Mittel zur Bestimmung der Einteilchenstruktur in den Konfigurationen des Atomkernes dar. Die Amplituden sind proportional zu den Einteilchen-Abstammungskoeffizienten (siehe Anhang 3E) und werden im Falle deformierter Kerne durch eine Transformation in das innere Koordinatensystem unter Benutzung der Tensoreigenschaften des Operators $a^\dagger(j)$ erhalten (Satchler, 1955; siehe auch Gl. (3E-8)). Für Übergänge aus der Grundzustandsbande eines gg-Kernes ($\mathsf{v} = 0$) in einen Einquasiteilchenzustand ($\mathsf{v} = 1, \nu$)

ist der Abstammungskoeffizient durch

$$\langle \mathsf{v} = 1, \nu; K = \Omega, I_2 \| a^\dagger(j) \| \mathsf{v} = 0; K = 0, I_1 \rangle$$
$$= \sqrt{2}\,(2I_1 + 1)^{1/2} \langle I_1 0 j \Omega \mid I_2 \Omega \rangle \langle l j \Omega \mid \nu \rangle\, u(\nu) \tag{5–42}$$

gegeben (siehe Gln. (4–92) und (6–599b)). Der Faktor $\langle lj\Omega \mid \nu\rangle$ gibt die Entwicklung des inneren Einteilchenzustandes ν nach sphärischen Komponenten an. Der Faktor $u(\nu)$ in Gl. (5–42) ist die Wahrscheinlichkeitsamplitude dafür, daß im Grundzustand des gg-Kernes der Einteilchenzustand ν unbesetzt ist. Bei Abwesenheit von Paarkorrelationen würde der Faktor u für alle Einteilchenbahnen oberhalb der Fermi-Grenze (Teilchenzustände) gleich Eins und für alle Lochzustände gleich Null sein. Die Paarkorrelationen haben zur Folge, daß die Amplitude u mit wachsender Energie des Zustandes bezüglich der Fermi-Niveaus allmählich von Null nach Eins übergeht. Der Übergang erstreckt sich über einen Energiebereich der Größenordnung Δ. Für ein konstantes statisches Paarfeld gibt Gl. (6–601) an, wie u von der Einteilchenenergie abhängt; siehe auch Abb. 6–63a. Im Falle einer Pickup-Reaktion, die von einem gg-Kern zu einem Einquasiteilchenzustand in einem ungeraden Kern führt, enthält der Querschnitt das Matrixelement des Vernichtungsoperators $a(j)$, das mit dem Matrixelement von $a^\dagger(j)$ zusammenfällt, abgesehen von der Substitution von $u(\nu)$ durch die Amplitude $v(\nu)$ für die Besetzung des Zustandes ν im Grundzustand des gg-Kernes ($u^2 + v^2 = 1$).

Die beobachteten Werte der Transferquerschnitte für die Bevölkerung der tiefliegenden Banden in ungeraden Kernen bestätigen direkt die qualitative Gültigkeit dieser Einteilcheninterpretation (siehe das Beispiel auf S. 224ff.). Die relativen Intensitäten für die Übergänge zu den unterschiedlichen Zuständen der Rotationsbanden werden durch die Koeffizienten $\langle lj\Omega \mid \nu\rangle$ bestimmt und liefern charakteristische „Fingerabdrücke" für die Identifizierung der verschiedenen inneren Zustände und für die Überprüfung der berechneten Einteilchenwellenfunktionen (Vergnes und Sheline, 1963; siehe auch den Übersichtsartikel von Elbek und Tjøm, 1969; Beispiele sind in Abb. 5–10, S. 227, und Tab. 5–11, S. 256, angegeben).

Der Paarkorrelationseffekt, der einen allmählichen Übergang zwischen Anregungen mit Teilchencharakter zu solchen mit Lochcharakter hervorruft, wird durch Untersuchungen des Einteilchentransfers klar demonstriert (siehe Abb. 5–10). Die Analyse der Querschnitte für Transfer in ein und denselben Zustand in einer Folge von Kernen mit wachsender Nukleonenzahl liefert Werte für Δ, die mit den aus den ungerade-gerade-Massendifferenzen erhaltenen Werten konsistent sind (siehe die in Abb. 5–11, S. 229, illustrierten Beispiele).

Im Falle von Übergängen, die ungebundene Zustände enthalten, können die Einteilchen-Abstammungskoeffizienten auch aus den Partialbreiten in den Querschnitten für Resonanzstreuung bestimmt werden (siehe Anhang 3F). Eine Möglichkeit für Untersuchungen dieser Art stellen die protoneninduzierten Reaktionen dar, die über Zustände mit dem Isospin $T = M_T + 1$ ablaufen (Isobar-Analogresonanzen; siehe das auf S. 225 zitierte Beispiel). Solche Studien ermöglichen die Bestimmung der Transferamplituden zwischen angeregten Zuständen sowohl des Ausgangs- als auch des Endkernes, die in Einteilchen-Transferreaktionen nicht direkt zugänglich sind.

5–3b Einteilchenmomente und -übergänge

Matrixelemente für Einquasiteilchenzustände

Aus den gemessenen Momenten und Übergangswahrscheinlichkeiten von γ- und β-Übergängen kann man die inneren Matrixelemente $\langle K_2| \mathcal{M}(\lambda\nu) |K_1\rangle$, die in den in Abschnitt 4–3 angegebenen Ausdrücken auftreten, bestimmen. Für Einquasiteilchenzustände kann das innere Matrixelement als Produkt aus dem entsprechenden Einteilchenmatrixelement und einem von den Paarkorrelationen abhängigen Faktor dargestellt werden. (Im Falle von Diagonalmatrixelementen (Übergänge innerhalb einer Bande) kann ein zusätzlicher kollektiver Beitrag auftreten, der den Erwartungswert von $\mathcal{M}(\lambda, \nu = 0)$ im $\mathsf{v} = 0$-Zustand repräsentiert.) Für elektromagnetische Momente erhält man (siehe Gl. (6–610a))

$$\langle \mathsf{v} = 1, \Omega_2| \mathcal{M}(\lambda\nu) |\mathsf{v} = 1, \Omega_1\rangle = \langle \Omega_2| \mathcal{M}(\lambda\nu) |\Omega_1\rangle (u_1 u_2 + c v_1 v_2). \tag{5–43}$$

Der letzte Faktor in Gl. (5–43) kann aus der Tatsache abgeleitet werden, daß ein Quasiteilchen eine Linearkombination eines Teilchens mit der Amplitude u und eines Lochs mit der Amplitude v darstellt (siehe Gl. (6–599a)). Der Phasenfaktor $c(= \pm 1)$ beschreibt die Transformation des Moments $\mathcal{M}(\lambda)$ bei Teilchen-Loch-Konjugation (siehe Gl. (3–14)). So gilt $c = -1$ für $E\lambda$-Momente, bei denen Teilchen und Löcher das umgekehrte Vorzeichen haben, und $c = +1$ für $M\lambda$-Momente, bei denen Teilchen und Löcher das gleiche Vorzeichen besitzen.

Die durch die Paarkorrelationen verursachte Verringerung der Einteilchenübergangsstärke hängt mit dem Auftreten von Übergängen zusammen, die in einem unkorrelierten System wegen der Teilchenzahlerhaltung verboten sind. So tritt bei Abwesenheit von Paarkorrelationen der Übergang $\Omega_1 \to \Omega_2$ als Einteilchen- oder Einlochübergang auf, wenn beide Bahnen auf der gleichen Seite des Fermi-Niveaus liegen. Befinden sich die Bahnen auf verschiedenen Seiten, dann tritt der Übergang als Teilchen-Loch-Anregung $0 \to (\bar{\Omega}_1)^{-1} \Omega_2$ auf. In einem System mit Paarkorrelationen erscheinen beide Arten von Prozessen ($\Delta\mathsf{v} = 0$ und $\Delta\mathsf{v} = 2$) für beliebige Paare von Einteilchenzuständen, wobei die summierte Übergangsstärke gleich dem Einteilchenwert ist (siehe Gl. (6–610)).

Enthalten die Momente einen Ladungsaustausch, wie es für β-Übergänge der Fall ist, dann liefert nur die Teilchen- oder die Lochkomponente einen Beitrag, und man erhält (siehe Gl. (6–599b))

$$\begin{aligned} \langle \mathsf{v}_n = 1, \Omega_n| \mathcal{M}(\mu_\tau = +1, \lambda\nu) |\mathsf{v}_p = 1, \Omega_p\rangle &= \langle \Omega_n| \mathcal{M}(\mu_\tau = +1, \lambda\nu) |\Omega_p\rangle u_n u_p, \\ \langle \mathsf{v}_n = 1, \Omega_n| \mathcal{M}(\mu_\tau = -1, \lambda\nu) |\mathsf{v}_p = 1, \Omega_p\rangle &= \langle \bar{\Omega}_p| \mathcal{M}(\mu_\tau = -1, \lambda\nu) |\bar{\Omega}_n\rangle v_n v_p. \end{aligned} \tag{5–44}$$

(Im obigen Ausdruck haben wir angenommen, daß man die Paarkorrelationen für Neutronen und Protonen getrennt behandeln kann. Die Vernachlässigung der np-Paarung ist gerechtfertigt, wenn der Korrelationsparameter Δ klein im Vergleich zur Differenz der Fermi-Energien von Neutronen und Protonen ist. Diese Bedingung ist in schweren deformierten Kernen mit $A > 150$ gut erfüllt.)

Im Falle der $M\lambda$-Operatoren haben die Paarkorrelationen keinen Einfluß auf die statischen Momente, und die Matrixelemente für niederenergetische Übergänge werden nur schwach beeinflußt. Für $E\lambda$-Momente erwartet man, daß die Paarkorrelationen die

Einteilchenübergangsstärken im niederenergetischen Spektrum stark reduzieren, jedoch erlauben die verfügbaren Daten keine quantitative Überprüfung dieser Eigenschaft. Die $E\lambda$-Übergänge sind durch andere Auswahlregeln stark behindert; siehe den nachfolgenden Text und das Beispiel (^{159}Tb) auf S. 223. Die $E2$-Übergänge reagieren sehr empfindlich auf die Kopplung an die kollektiven Freiheitsgrade; siehe zum Beispiel die Diskussion von ^{235}U auf S. 240ff. Für β-Übergänge zwischen Zuständen in der Nähe des Fermi-Niveaus verursachen die Paarkorrelationen eine Verkleinerung der Übergangsraten um etwa einen Faktor 4 (siehe die Analyse dieser Momente auf S. 265ff.).

Asymptotische Auswahlregeln und Verteilung der Einteilchenstärke

Die annähernde Gültigkeit der asymptotischen Quantenzahlen $Nn_3\Lambda\Sigma$ hat zur Folge, daß die Matrixelemente für Übergänge zwischen Einteilchenzuständen durch ziemlich weitreichende Auswahlregeln bestimmt werden (Alaga, 1955). Die Interpretation der beobachteten Übergangsraten für β- und γ-Übergänge hat bei der Begründung der Klassifizierung der inneren Zustände eine hervorragende Rolle gespielt. Beispiele sind auf S. 223 ($E1$, ^{159}Tb), S. 94 ($E1$, ^{177}Hf), S. 131 ($E2$, ^{175}Lu), S. 228 ($M3$, ^{175}Yb), S. 224 (GT- und einfach verbotener β-Zerfall, ^{159}Gd), S. 228 (GT, ^{175}Yb) diskutiert. Man findet, daß Übergänge, die die Auswahlregeln verletzen, im Vergleich zu erlaubten Übergängen systematisch um Faktoren von wenigstens 10 bis 100 verzögert sind.

Die Gültigkeit der asymptotischen Quantenzahlen bedingt auch ein ziemlich einfaches Schema für das Spektrum der Einteilchenstärke (Responsefunktion) verschiedener Multipoloperatoren. So gelten für unbehinderte $E1$-Übergänge mit $\Delta K (= \Delta\Omega) = 0$ die Auswahlregeln $\Delta N = 1$, $\Delta n_3 = 1$, $\Delta\Lambda = 0$, $\Delta\Sigma = 0$, und die Übergangsenergien $\Delta\varepsilon$ gruppieren sich um $\hbar\omega_3$, während für die $\Delta K = 1$-Übergänge $\Delta\varepsilon \approx \hbar\omega_\perp$ und $\Delta N = 1$, $\Delta n_3 = 0$, $\Delta\Lambda = \pm 1$, $\Delta\Sigma = 0$ gilt (siehe Tab. 5-3, S. 203). Da diese Energien in schweren Kernen von der Größenordnung 5—10 MeV sind, erwartet man, daß alle niederenergetischen $E1$-Übergänge behindert sind. Dies wird von den empirischen Daten bestätigt.

Im Falle des zum Spinoperator **s** proportionalen Einteilchenmoments (das für die β-Übergänge vom Gamow-Teller-(GT)-Typ verantwortlich ist und gewöhnlich den Hauptterm in den $M1$-Momenten darstellt) erlauben die asymptotischen Auswahlregeln für $\Delta K = 0$ nur diagonale Matrixelemente, die statische Momente und Übergänge innerhalb einer Bande beschreiben (sowie β-Übergänge zwischen isobar-analogen-Banden). Wie die Analyse in Tab. 5-14, S. 263, zeigt, wird für diese Matrixelemente die Gültigkeit der Quantenzahl Σ besonders durch die Systematik der g_K-Werte getestet. Für die $\Delta K = 1$-Matrixelemente des Spinoperators gilt $\Delta N = \Delta n_3 = \Delta\Lambda = 0$, $\Delta\Sigma = \pm 1$, und die Spinbahnpartner, die durch Energien von 1—5 MeV (siehe Gl. (5-9)) getrennt sind, werden über diese Matrixelemente miteinander verbunden. Es gibt zur Zeit keine quantitativen Belege für die erwarteten starken $M1$-Übergänge, die entsprechenden unbehinderten GT-Übergänge wurden jedoch systematisch untersucht (siehe Tab. 5-15, S. 266).

Das Spektrum der Einteilchenübergangsstärke für verschiedene Multipoloperatoren ist nicht nur für die Klassifizierung der inneren Quasiteilchenzustände von Bedeutung, es liefert auch den Ausgangspunkt für eine Analyse der kollektiven Vibrationsanregungen, die von der Bewegung der individuellen Teilchen ausgeht. Das qualitative Schema, das sich auf der Grundlage der asymptotischen Auswahlregeln ergibt, führt auf einfache Vorstellungen darüber, wie die Schalenstruktur die kollektiven Anregungen beeinflussen sollte (siehe z. B. die Diskussion der Systematik der β- und γ-Vibrationen auf S. 475ff. und 473ff.).

Polarisationseffekte

Die quantitative Analyse der beobachteten inneren Matrixelemente liefert Informationen über die effektiven Einteilchenmomente. Genau wie im Falle der in Kapitel 3 diskutierten Konfigurationen mit einzelnen Teilchen außerhalb abgeschlossener Schalen können die effektiven Momente wesentlich dadurch beeinflußt werden, daß der Rumpf durch das zusätzliche Teilchen polarisiert wird.

Für behinderte Übergänge sind die Matrixelemente empfindlich gegenüber kleinen Unsicherheiten in den Einteilchenwellenfunktionen sowie gegenüber der Coriolis-Kopplung; daher kam der klarste Hinweis auf Polarisationseffekte aus der Analyse der unbehinderten Matrixelemente. Den Hauptteil der Daten liefern die $M1$-Matrixelemente innerhalb der Rotationsbanden und die GT-Matrixelemente zwischen inneren Zuständen, die Spinbahnpartner sind. Die Analyse der Daten ergibt einen Spin-g-Faktor in $M1$-Matrixelementen mit $\Delta K = 0$, der für Kerne mit $A > 150$ auf etwa $0{,}7(g_s)_{\text{frei}}$ renormiert ist (siehe die Diskussion in Verbindung mit Tab. 5–14, S. 263), und ergibt eine effektive axiale Vektorkopplungsstärke für GT-Übergänge mit $\Delta K = 1$ von $\approx 0{,}5(g_A)_{\text{frei}}$ (siehe die Diskussion in Verbindung mit Tab. 5–15, S. 266). Diese Verringerung der Spinmomente ist von der gleichen Größe, wie man sie in sphärischen Kernen beobachtet (siehe Abschnitt 3–3b). Der größere Effekt in den Ladungsaustauschmomenten, die man in den GT-Übergängen mißt, kann als Folge des Neutronenüberschusses interpretiert werden, der eine größere Amplitude der Fluktuationen der entsprechenden Spinfelder im gg-Rumpf verursacht (siehe S. 266). Da für große Deformationen Σ näherungsweise ein Bewegungsintegral wird, erwartet man im Vergleich zum $\Delta K = 0$-Moment, das in g_K auftritt, einen stärkeren Renormierungseffekt für das magnetische Spinmoment mit $\Delta K = 1$ (siehe S. 264; vorläufige Information über die $\Delta K = 1$-Momente liefert der Parameter $(g_K - g_R)b$ in $K = 1/2$-Banden). Bei der Analyse der $A = 25$-Spektren hängen der isovektorielle Spin-g-Faktor und das GT-Moment über die Isospininvarianz zusammen; die Daten sind konsistent mit einem einheitlichen Renormierungsfaktor von ungefähr 0,8 für beide Momente (siehe S. 253ff.).

5–3c Paartransfer und α-Zerfall

Im Gebiet der schweren Elemente ($A > 220$) stellen die Intensitäten der α-Übergänge ein wertvolles Mittel dar, um die Klassifizierung der inneren Konfigurationen festzulegen und ihre detaillierte Struktur zu testen. Die Bildung eines α-Teilchens erfordert ein räumlich begrenzt korreliertes Neutronenpaar und ein analoges Protonenpaar und hängt daher empfindlich von den Paarkorrelationen der Neutronen und Protonen ab. Diese Korrelationen ermöglichen kollektive α-Übergänge, bei denen das α-Teilchen aus Nukleonen in gepaarten Einteilchenzuständen $(\nu\bar{\nu})$ gebildet wird, wobei die Konfigurationen der Quasiteilchen unverändert bleiben. Diese spezielle Klasse von Übergängen enthält die Grundzustandsübergänge von gg-Kernen und die „begünstigten" Übergänge in ungeraden Kernen, bei denen sich die Konfiguration des Quasiteilchens nicht ändert. Bei den letzteren findet man reduzierte Intensitäten, die um zwei bis drei Größenordnungen über den Intensitäten der „nichtbegünstigten" Übergänge, bei denen sich die Quasiteilchenkonfiguration ändert, liegen. Beispiele für die Dominanz der begünstigten Übergänge im α-Zerfall ungerader Kerne werden im Zusammenhang mit Abb. 4–19, S. 95, und Abb. 5–13, S. 233, diskutiert. Der Vergleich mit den Grundzustandsübergängen von gg-Kernen zeigt, daß die begünstigten Übergänge in ungeraden Kernen durch das Vorhandensein des Quasiteilchens um etwa einen Faktor 2 behindert sind. Der Hauptteil dieses Effekts scheint von der Reduzierung der Paarkorrelationen durch das ungepaarte Teilchen herzurühren (siehe die Abschätzung dieses Effekts auf S. 237).

Die Intensitäten der nichtbegünstigten α-Übergänge, die mit einem Wechsel der Quasiteilchenkonfiguration zusammenhängen, spiegeln hauptsächlich die räumliche Überlappung der beiden beteiligten Einteilchenzustände wider (die Struktur dieses Matrixelements ist durch Gl. (5–58) gegeben; siehe auch Gln. (5–63) bis (5–66)). Man findet, daß ziemlich große Werte des Drehimpulses auftreten können ($L \approx 5$ bis 8). Das ist teilweise darauf zurückzuführen, daß die Zentrifugalbarriere für α-Teilchen nur wenig wirksam ist, und zum anderen darauf, daß die Auswahlregeln für die α-Bildungsamplitude häufig eine starke Reduzierung der Intensitäten der Komponenten mit kleinem L bedingen. Als Folge davon können viele Zustände einer gegebenen Rotationsbande mit vergleichbaren reduzierten Amplituden bevölkert werden (siehe Abb. 5–13). Die Rechnungen auf der Grundlage von Einteilchenzuständen in einem deformierten Potential können die qualitativen Merkmale der beobachteten Intensitätsverteilungen reproduzieren und liefern wesentliche Informationen bezüglich der Zuordnung der Einteilchenkonfigurationen (Poggenburg u. a., 1969; siehe auch Abb. 5–13).

Die Zweiteilchen-Transferreaktionen stellen ein vielversprechendes Mittel zur Untersuchung von Matrixelementen dar, die den im α-Zerfallsprozeß auftretenden Matrixelementen analog sind. Die verfügbaren Daten bestätigen die erwartete kollektive Verstärkung von Übergängen ohne Änderung der Quasiteilchenkonfiguration und sind potentiell in der Lage, detaillierte Informationen vom oben diskutierten Typ über die inneren Konfigurationen zu liefern (siehe z. B. den Übersichtsartikel von Broglia u. a., 1973).

5–3d Kopplung von Teilchen an die Rotationsbewegung

Die Rotationsbewegung in ungeraden Kernen wird durch das Vorhandensein des letzten ungeraden Teilchens beeinflußt. Dieser Kopplungseffekt liefert weitere Aussagen über die Einteilchenbewegung in deformierten Kernen. Außerdem stellt er eine Verbindung zwischen der individuellen Teilchenbewegung und der kollektiven Rotation des Kerns als Ganzes her.

Im rotierenden Bezugssystem spüren die Teilchen die Coriolis-Kraft, die zu einer Teilchen-Rotationskopplung der Form (siehe Gl. (4–107) sowie die Diskussion des Teilchen-Rotor-Modells in Abschnitt 4A–2b)

$$H_c = -A_0(j_+I_- + j_-I_+), \qquad A_0 \equiv \frac{\hbar^2}{2\mathscr{I}_0} \tag{5–45}$$

führt, wobei $\mathscr{J}_0$ das Trägheitsmoment des gg-Rumpfes ist. Man erwartet für $\mathscr{J}_0$ einen ähnlichen Wert wie für die Grundzustandsbanden der benachbarten gg-Kerne, jedoch kann das Vorhandensein des letzten ungeraden Teilchens die Rotationsbewegung des gg-Rumpfes in gewissem Umfang modifizieren (siehe S. 269).

Zusätzliche Kopplungen zwischen Teilchen- und Rotationsbewegung treten auf, wenn das auf die einzelnen Teilchen wirkende Potential durch die Rotationsbewegung verändert wird. In der Rotationsfrequenz lineare Terme treten auf, wenn geschwindigkeitsabhängige Potentiale vorliegen (Terme mit einer effektiven Masse und Paarfelder; siehe S. 66 und S. 242). Die Rolle dieser geschwindigkeitsabhängigen Beiträge zum Kernpotential muß noch geklärt werden, jedoch stellt die Analyse der verschiedenen Erscheinungen, die mit der Teilchen-Rotationskopplung zusammenhängen, die hauptsächliche Informationsquelle über diese Effekte dar.

Coriolis-Effekte erster Ordnung. Entkopplungsparameter und $\Delta K = 1$-Übergänge

Der Erwartungswert der Coriolis-Kopplung verursacht den signaturabhängigen Term in den Rotationsenergien von $K = 1/2$-Banden (siehe Gl. (4–61)). Vernachlässigt man den Unterschied zwischen $\mathscr{J}_0$ und dem Trägheitsmoment $\mathscr{J}$ des ungeraden Kernes und berechnet man die Kopplung (5–45) in einem Einquasiteilchenzustand, so ergibt sich für den Entkopplungsparameter

$$\begin{aligned} a &= -\langle \mathrm{v} = 1, \nu |\, j_+ \,| \mathrm{v} = 1, \bar{\nu} \rangle \\ &= -\langle \nu |\, j_+ \,| \bar{\nu} \rangle \\ &= \sum_{Nlj} (-1)^{j-1/2} (j + \tfrac{1}{2}) \langle Nlj, \Omega = \tfrac{1}{2} \mid \nu \rangle^2 \\ &= (-1)^N \sum_{Nl} \big(\langle Nl, \Lambda = 0, \Sigma = \tfrac{1}{2} \mid \nu \rangle^2 \\ &\quad + 2(l(l+1))^{1/2} \langle Nl, \Lambda = 0, \Sigma = \tfrac{1}{2} \mid \nu \rangle \langle Nl, \Lambda = 1, \Sigma = -\tfrac{1}{2} \mid \nu \rangle \big), \end{aligned} \tag{5–46}$$

wobei ν den Einteilchenzustand mit $\Omega = 1/2$ bezeichnet. In Analogie zum $M1$-Moment wird das Diagonalmatrixelement von j_+ durch die Paarkorrelationen nicht beeinflußt (siehe Gl. (5–43)).

Die auf der Grundlage von Gl. (5–46) erhaltenen theoretischen Abschätzungen des Entkopplungsparameters werden im Zusammenhang mit der Analyse der Spektren von ^{169}Tm (Abb. 4–15, S. 87) und ^{159}Tb (Abb. 5–7, S. 221) mit den experimentellen Werten verglichen. Eine Zusammenstellung der Entkopplungsparameter findet man in Tab. 5–16, S. 268 ($150 < A < 180$), und Tab. 5–8, S. 249 ($19 \leqq A \leqq 25$). Die Entkopplungsparameter variieren beim Übergang von einem Einteilchenzustand zum anderen beträchtlich und stellen ein wertvolles Kennzeichen der verschiedenen $K = 1/2$-Banden dar. Die theoretischen Werte geben die beobachteten Befunde recht gut wieder.

Die zwischen Banden mit $\Delta K = 1$ wirksamen nichtdiagonalen Effekte der Coriolis-Kopplung haben Korrekturen zu den Matrixelementen, die sich im statischen Grenzfall ergeben, zur Folge. Eine günstige Möglichkeit, diese Effekte zu untersuchen, bieten die $E2$-Übergangswahrscheinlichkeiten zwischen Banden mit $\Delta K = 1$, weil deren Hauptbeitrag von der Bandenmischung infolge der Teilchen-Rotationskopplung herrührt. Die Analyse der Spektren von ^{175}Lu, S. 131ff., und ^{235}U, S. 240ff., liefert entsprechende Beispiele. Der letztere Fall stellt einen besonders aussagekräftigen Test dar, weil die beteiligten Einteilchenzustände durch große, unbehinderte CORIOLIS-Matrixelemente verbunden sind. Dabei findet man, daß die Auswertung des Ausdruckes (5–45) für Einquasiteilchenzustände die Kopplung um etwa einen Faktor 2 überschätzt. (Hinweise auf eine Überschätzung der CORIOLIS-Matrixelemente ergeben sich auch aus der Analyse anderer Übergangsmatrixelemente von Zuständen, die durch große CORIOLIS-Matrixelemente gekoppelt sind; siehe z. B. die auf S. 273ff. zitierten Literaturstellen.)

Beitrag zweiter Ordnung zur Rotationsenergie

Die CORIOLIS-Kopplung gibt in zweiter Ordnung einen zu $I(I+1)$ proportionalen Beitrag zur Energie, der als Renormierung des Parameters A in der Rotationsenergie betrachtet werden kann,

$$\delta A(\nu) = -(A_0)^2 \sum_{\nu'} \langle \nu' | j_\pm | \nu \rangle^2 \left(\frac{(uu' + vv')^2}{E(\nu') - E(\nu)} - \frac{(uv' - vu')^2}{E(\nu) + E(\nu')} \right). \tag{5–47}$$

Der erste Term repräsentiert den Effekt der CORIOLIS-Kopplung zwischen den Einquasiteilchenzuständen $\mathsf{v} = 1, \nu$ und $\mathsf{v} = 1, \nu'$; der die Paarkorrelationsamplituden u und v enthaltende Faktor fällt mit dem Koeffizienten in Gl. (5–43) zusammen. Der zweite Term berücksichtigt, daß das ungerade Teilchen einige der Anregungen, die zur Rotationsenergie des gg-Systems beitragen, ausschließt. Für diese Übergänge mit $\Delta \mathsf{v} = 2$ kann man den Paarkorrelationsfaktor aus Gl. (6–610b) erhalten. (Die Renormierung des Trägheitsmoments läßt sich als die durch eine Teilchen-Rotationskopplung bedingte Selbstenergie des Quasiteilchens interpretieren. Die beiden Glieder in Gl. (5–47) entsprechen den beiden Diagrammen in Abb. 6–11b, die die aus der Teilchen-Vibrationskopplung resultierenden Selbstenergieeffekte darstellen.) Für einen Einteilchenzustand in der Nähe der FERMI-Niveaus ($u(\nu) = v(\nu) = (2)^{-1/2}$; $E(\nu) \approx \Delta$; siehe Gln. (6–601) und (6–602)) geht der Ausdruck (5–47) über in

$$\delta A(\nu) = -(A_0)^2\, 2\Delta \sum_{\nu'} \frac{\langle \nu' | j_\pm | \nu \rangle^2}{\big(\varepsilon(\nu) - \varepsilon(\nu')\big)^2}. \tag{5–48}$$

Im Grenzfall $\Delta \to 0$ verschwindet die Renormierung (5–48). Das entspricht der Situation, daß das Trägheitsmoment des ungeraden Kernes gleich dem Mittelwert der Momente der benachbarten gg-Kerne ist.

Die beobachteten Trägheitsmomente von ungeraden Kernen sind systematisch größer als die Trägheitsmomente der benachbarten gg-Kerne (siehe Abb. 4–12, S. 61, und Tab. 5–17, S. 271). Bei der Erklärung dieses Unterschiedes muß man berücksichtigen, daß das Vorhandensein des ungeraden Teilchens die Eigenschaften des gg-Rumpfes verändert. Dabei spielt insbesondere der Blockierungseffekt in den Paarkorrelationen eine große Rolle. Die Diskussion auf S. 270 zeigt, daß dieser Effekt das Trägheitsmoment von tiefliegenden Einquasiteilchenzuständen um etwa 15% vergrößern kann. Während dieser Effekt für alle tiefliegenden Einquasiteilchenzustände ungefähr gleich sein sollte, hängt der Beitrag (5–48) stark von dem betreffenden Einteilchenzustand ab und wird besonders groß für Zustände mit großem j und kleinem Ω (wie die $N = 5$-Protonenniveaus und die $N = 6$-Neutronenniveaus im Gebiet $150 < A < 180$). Man findet tatsächlich, daß diese Einteilchenbahnen systematisch größere Trägheitsmomente als die Nachbarkonfigurationen haben (siehe Tab. 5–17). Bei einer quantitativen Abschätzung stößt man jedoch auf die gleichen Schwierigkeiten wie bei der Analyse der oben diskutierten Effekte erster Ordnung, da der Zuwachs des Trägheitsmoments um etwa einen Faktor 2 überschätzt wird (siehe das Beispiel ^{235}U auf S. 243). Noch größere Diskrepanzen treten bei angeregten teilchen- oder lochartigen Konfigurationen, auf, die durch Coriolis-Matrixelemente stark gekoppelt sind (siehe S. 270).

Glieder höherer Ordnung

Die vielen Glieder höherer Ordnung, die man in der Rotationsenergie findet, stellen weitere Hinweise auf Einflüsse der Coriolis-Kopplung dar. Im gegenwärtigen Stadium ist jedoch die Interpretation dieser Effekte höherer Ordnung noch ziemlich qualitativ (siehe z. B. die Diskussion des Parameters A_7 für die Grundzustandsbande sowie die starke Vergrößerung des B-Terms der angeregten Konfiguration [633 5/2] im Spektrum von ^{235}U, S. 244ff.).

Zusammenfassung der Information über die Teilchen-Rotationskopplung

Die empirische Bestimmung der Coriolis-Matrixelemente, wie sie oben diskutiert wurde, zeigt, daß diese Matrixelemente wesentlich von den theoretischen Werten abweichen, die Quasiteilchen in einem statischen Paarfeld entsprechen. (Dieser Effekt wurde erstmalig 1960 von Stephens festgestellt.) Die Ursache dieser Diskrepanz ist zur Zeit noch unklar, aber die folgenden Punkte könnten von Bedeutung sein, und ihre Konsequenzen sollten überprüft werden.

1. Der Effekt ist in einer Reihe von Fällen gut gesichert. Diese Fälle liegen dann vor, wenn große Coriolis-Matrixelemente auftreten, die nur wenig empfindlich vom Deformationsparameter sowie anderen speziellen Eigenschaften des Einteilchenpotentials abhängen.

2. Man kann erwarten, daß der Spinbeitrag des Coriolis-Matrixelements durch ähnliche Polarisationseffekte, wie sie bei $M1$- und GT-Matrixelementen angetroffen werden, verringert wird. (Einen vorläufigen Beleg für das Auftreten eines solchen Effekts erhält man aus der Analyse der Entkopplungsparameter auf S. 268.) Jedoch stellt der Beitrag der Bahnbewegung den Hauptteil der Coriolis-Matrixelemente dar.

3. Das Auftreten von geschwindigkeitsabhängigen Gliedern im Potential (effektive Masse) könnte eine entsprechende Modifizierung des Bahnanteils der Coriolis-Kopplung nahelegen. Man erwartet aber, daß dieser Effekt durch Wechselwirkungen, die wegen der Galilei-Invarianz vorhanden sein müssen, näherungsweise kompensiert wird (siehe S. 66). Überdies sind die empirischen Coriolis-Matrixelemente nicht mit einer gleichmäßigen Verringerung aller niederenergetischen Matrixelemente verträglich (vergleiche die ziemlich geringe Renormierung des Entkopplungsparameters mit den großen Korrekturen, die für einige nichtdiagonale Matrixelemente erforderlich sind).

4. Information über die Coriolis-Matrixelemente mit $\Delta\nu = 2$ erhält man aus den Trägheitsmomenten der Grundzustandsbanden in gg-Kernen. Die theoretischen Ab-

schätzungen auf der Grundlage der Quasiteilchenbeschreibung scheinen die empirischen Daten annähernd wiederzugeben (siehe S. 68ff.). Die Untersuchung der erwarteten Schemata von $K\pi = 1^+$-Anregungen in gg-Kernen würde eine wertvolle Erweiterung dieser Information liefern (siehe S. 246).

5. Die stärksten Überschätzungen der CORIOLIS-Matrixelemente in ungeraden Kernen trifft man bei der Kopplung zwischen teilchenartigen und lochartigen Quasiteilchenzuständen an, die bei Abwesenheit der Paarkorrelationen verschwinden würde (siehe S. 270). Keine oder nur kleine Diskrepanzen beobachtet man für diagonale Matrixelemente (Entkopplungsparameter) und für Matrixelemente zwischen angeregten Zuständen auf der gleichen Seite der FERMI-Oberfläche (siehe die Diskussion des A_7-Terms in ^{235}U auf S. 245). Diese Merkmale deuten auf zusätzliche Kopplungseffekte hin, die aufgrund der Rotationsabhängigkeit des Paarfeldes erwartet werden können (siehe S. 241).

Beispiele zu Abschnitt 5–3

Spektrum von ^{159}Tb *(Abb. 5–7 und 5–8)*

Innere Konfigurationen

Die Grundzustandsdeformation in ^{159}Tb ist gestreckt und beträgt $\delta \approx 0{,}3$ (siehe Abb. 4–25). Daher legt das Niveauspektrum für Protonen in Abb. 5–2 die Grundzustandskonfiguration [411 3/2] (für $Z = 65$) nahe, und die benachbarten Einteilchenzustände [413 5/2], [532 5/2] und [523 7/2] sollten tiefliegende angeregte Konfigurationen liefern. Die tiefsten beobachteten Banden in ^{159}Tb haben gerade solche Werte $K\pi$, die den ersten drei dieser Einteilchenzustände entsprechen (siehe Abb. 5–7). Die Konfiguration [523 7/2] wurde noch nicht beobachtet, sie wird jedoch für die bisher untersuchten Reaktionen auch nicht erwartet. (Im Spektrum von ^{161}Tb, das recht ähnlich ist, hat man die Konfiguration [523 7/2] bei einer Anregungsenergie von 417 keV identifizieren können; siehe Tab. 5–12, S. 258).

Oberhalb von 500 keV hat die COULOMB-Anregung die Existenz von Banden positiver Parität gezeigt, die aus der Grundzustandsbande mit $B(E2)$-Werten der Größenordnung $B_W(E2)$ angeregt werden. Die Bande bei 972 keV wurde vorläufig als die in diesem Bereich des Spektrums erwartete Einteilchenkonfiguration [411 1/2] klassifiziert (siehe Tab. 5–12). Diese Zuordnung wird durch den beobachteten Wert des Entkopplungsparameters unterstützt, der denen für das [411 1/2]-Niveaus in den Nachbarkernen sehr nahe kommt und ziemlich gut mit der theoretischen Abschätzung (5–46) übereinstimmt (siehe Tab. 5–16).

Für die zwei stark bevölkerten Banden ($K\pi = 1/2^+$ bei 580 keV und $K\pi = 7/2^+$ bei 1280 keV) ist eine Interpretation als kollektive Anregungen mit $\nu\pi = 2^+$ (γ-Schwingung), die der Grundzustandskonfiguration [411 3/2] überlagert sind, vorgeschlagen worden. Diese Deutung erklärt die ziemlich großen $B(E2)$-Werte, die vergleichbar sind mit den Werten, die für γ-Vibrationsanregungen in den benachbarten gg-Kernen beobachtet werden, sowie den kleinen Entkopplungsparameter der $K = 1/2^+$-Bande (siehe Abschnitt 6-3b). Die erwartete Kopplung zwischen Einteilchen- und Vibrationsbewegung legt eine beträchtliche Mischung der zwei $K\pi = 1/2^+$-Banden nahe, jedoch läßt die verfügbare Information keinen eindeutigen Schluß über diesen Punkt zu (Bès und Cho, 1966; Soloviev und Vogel, 1967).

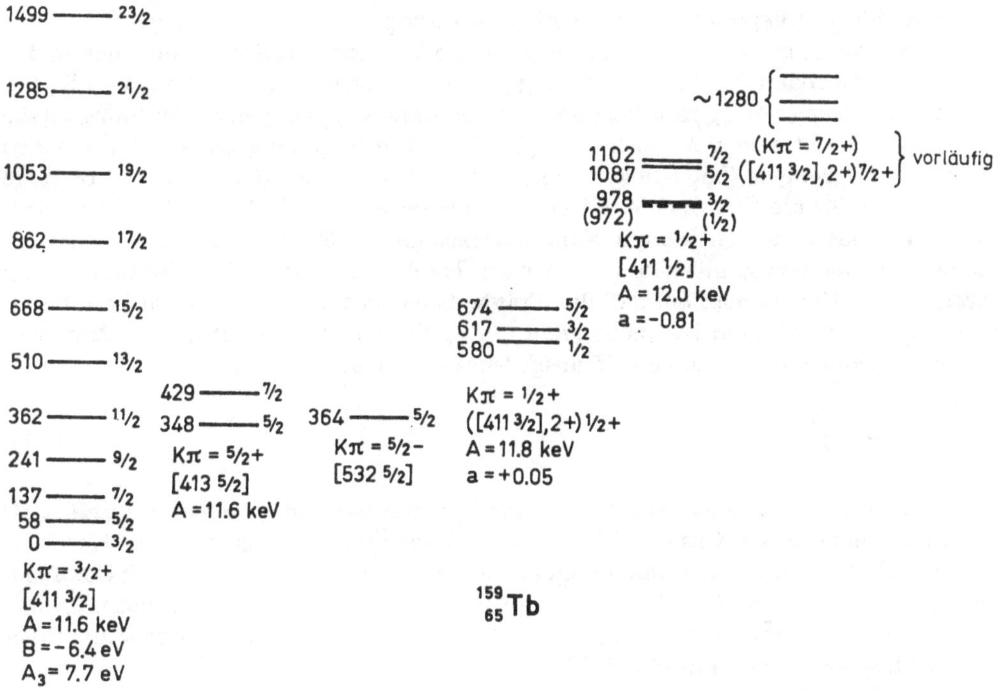

Abb. 5-7 Spektrum von ^{159}Tb. Die beobachteten Niveaus sind in Rotationsbanden gruppiert. Für jede Bande ist die Klassifizierung der inneren Konfiguration zusammen mit den aus den beobachteten Rotationsenergien abgeleiteteten Trägheitsparametern angegeben. Das Spektrum beruht auf den in Tables of Isotopes von Lederer u. a. zusammengefaßten experimentellen Daten und zusätzlicher Information über hochliegende Zustände, die aus Untersuchungen der Coulomb-Anregung durch R. M. Diamond, B. Elbek und F. S. Stephens, Nuclear Phys. **43**, 560 (1963), und J. S. Greenberg, D. A. Bromley, G. C. Seaman und E. V. Bishop in Proceedings of the Third Conference on Reactions Between Complex Nuclei, S. 295, ed. A. Ghiorso u. a., University of California Press, Berkeley 1963, erhalten wurde.

*M*1-*Momente in der Grundzustandsbande*

Die für die Grundzustandsrotationsbande gemessenen $M1$-Matrixelemente (Boehm u. a., 1966) ergeben zusammen mit dem magnetischen Moment des Grundzustands (siehe die Literaturstelle im Text zu Tab. 5-14, S. 263)

$$\begin{aligned} g_K &= 1{,}83 \pm 0{,}04, \\ g_R &= 0{,}42 \pm 0{,}06. \end{aligned} \tag{5-49}$$

Für die Einteilchenwellenfunktion des [411 3/2]-Orbitals findet man (siehe Gl. (5–86) und Tab. 5–2)

$$g_K = 0{,}73 + 0{,}27(g_s)_{\mathrm{eff}}. \tag{5–50}$$

Wie anhand von Tab. 5–14 diskutiert wird, ergibt sich aus der Systematik der Matrixelemente in diesem Gebiet der Wert $(g_s)_{\mathrm{eff}} \approx 0{,}7(g_s)_{\mathrm{frei}} \approx 4{,}0$, der g_K in gute Übereinstimmung mit dem experimentellen Wert (5–49) bringt.

Der Wert von g_R ist beträchtlich größer als der g-Faktor für Rotation, den man in den Grundzustandsbanden der benachbarten gg-Kerne beobachtet (siehe Abb. 4–6, S. 44). Eine Renormierung von g_R resultiert aus der Coriolis-Kopplung erster Ordnung an die Banden $K\pi = 1/2^+$ und $5/2^+$ (siehe Gl. (4A–35)). Die Kopplung an die tiefliegenden Einteilchenanregungen (bei 348 keV und 972 keV) sollte keine merklichen Beiträge liefern, da die für die Coriolis-Matrixelemente berechneten Werte ziemlich klein sind. Der Beitrag der weiter entfernten Einteilchenzustände läßt sich dadurch abschätzen, daß die Zunahme von g_R mit dem Zuwachs des Trägheitsmoments $\mathscr{I}$ in Zusammenhang gebracht wird. Nimmt man an, daß das Trägheitsmoment in erster Linie auf die Bahnbewegung zurückzuführen ist, dann kann der g_R-Faktor als Verhältnis des Protonenmoments $\mathscr{I}_p$ zum Gesamtmoment $\mathscr{I}$ ausgedrückt werden,

$$g_R \approx \frac{\mathscr{I}_p}{\mathscr{I}}. \tag{5–51}$$

Die beobachteten Trägheitsmomente in ungeraden Kernen sind systematisch größer als in den benachbarten gg-Kernen. Schreibt man diese Vergrößerung in einem Kern mit ungerader Protonenzahl der Bahnbewegung der Protonen zu (als Resultat der Coriolis-Kopplung oder der Abschwächung der Protonenpaarkorrelationen durch das ungerade Proton) und macht man die analogen Annahmen für einen Kern mit ungerader Neutronenzahl, so ergibt sich aus Gl. (5–51)

$$\delta g_R \approx \begin{cases} \dfrac{\delta\mathscr{I}}{\mathscr{I}}(1 - g_R), & Z \text{ ungerade,} \\[2ex] -\dfrac{\delta\mathscr{I}}{\mathscr{I}}\, g_R, & N \text{ ungerade.} \end{cases} \tag{5–52}$$

Für die Grundzustandsbande in ^{159}Tb findet man $\delta\mathscr{I}/\mathscr{I} \approx 0{,}2$ (siehe Tab. 5–17); da $g_R \approx 0{,}3$, ergibt sich $\delta g_R \approx 0{,}15$, ein Wert von der Größenordnung des beobachteten Effekts.

Rotationsenergien der Grundzustandsbande

Die Vielfach-Coulomb-Anregung mit schweren Ionen hat die Bevölkerung der Hochspinzustände in der Grundzustandsbande von ^{159}Tb ermöglicht. Die Energien dieser Zustände weisen einen schwachen signaturabhängigen Beitrag auf, der durch den kubischen Term in Gl. (4–62) beschrieben werden kann. In Abb. 5–8 sind die Energien so aufgetragen, daß der Ausdruck (4–62) bei Berücksichtigung der drei Terme führender Ordnung mit den Koeffizienten A, B und A_3 zwei Geraden mit den Anstiegen $2B \pm A_3$, die den beiden Werten der Signatur $\sigma(I) = (-1)^{I+3/2} = \pm 1$ entsprechen, liefert. (Der Schnittpunkt der Geraden hat die Ordinate $A + 1/2B$.)

Der A_3-Term kann als Störung dritter Ordnung bezüglich der Coriolis-Kopplung ausgedrückt werden (siehe Gl. (4A–16) für das Teilchen-Rotor-Modell). Die Auswertung von A_3 geschieht auf ähnliche Weise wie die Berechnung der Zunahme des Trägheitsmoments in ungeraden Kernen (siehe S. 218). Es ist aber möglich, daß sich die Beiträge der verschiedenen Zwischenzustände mit $K = 1/2$ in beträchtlichem Maße kompensieren. Bisher ist es noch nicht gelungen, die beobachteten A_3-Terme quantitativ zu interpretieren.

Behinderte E1-Übergänge

Die Halbwertszeit des 364-keV-Zustands in ^{159}Tb beträgt $\tau_{1/2} = 1{,}6 \cdot 10^{-10}$ s. Dies entspricht einem Verzögerungsfaktor von ungefähr 10^5 im Vergleich zur Einteilchenabschätzung für die $E1$-Zerfallsrate. Man erwartet eine starke Behinderung, da entsprechend der Klassifizierung der Einteilchenzustände $\Delta n_3 = 2$ gilt und somit die in Tab. 5–3 aufgeführten asymptotischen Auswahlregeln verletzt werden. Eine Abschätzung der $E1$-Übergangswahrscheinlichkeit mit Hilfe der Wellenfunktionen in Tab. 5–2 führt auf einen Wert, der dem beobachteten nahekommt. Die quantitative Übereinstimmung muß jedoch als zufällig angesehen werden, da man erwartet, daß die Paarkorrelationen (siehe Gl. (5–43)) und die $E1$-Polarisation (siehe Gl. (6–329))

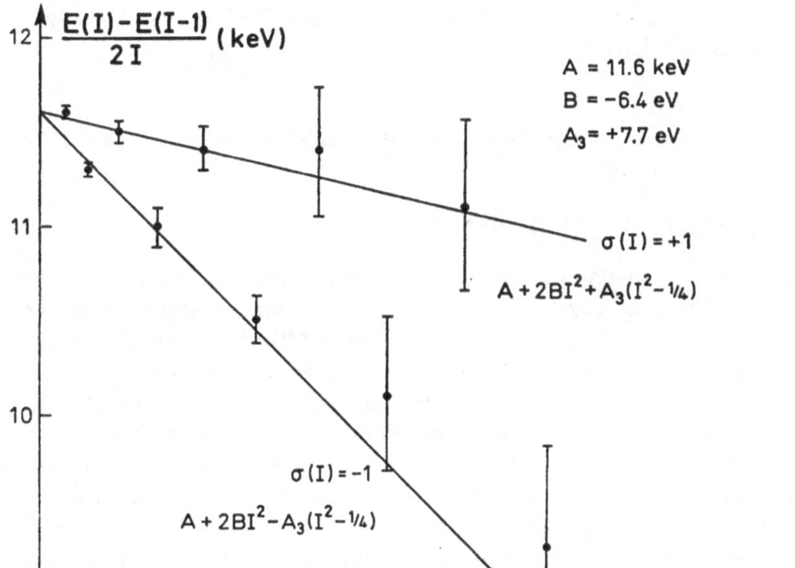

Abb. 5–8 Rotationsenergien in der Grundzustandsbande von ^{159}Tb. Die in Abb. 5–7 angegebenen Energien wurden so analysiert, daß die Beiträge zu den drei Gliedern führender Ordnung (A, A_3, B) in der Rotationsentwicklung für eine $K = 3/2$-Bande sichtbar wurden.

jeweils zu einer Reduzierung um etwa eine Größenordnung führen. Außerdem muß man in einer quantitativen Rechnung die Coriolis-Kopplung berücksichtigen. Letztere könnte sich als besonders wichtig erweisen, weil das I-unabhängige Matrixelement stark behindert ist, während die Coriolis-Kopplung in erster Ordnung Bahnen mit großen $E1$-Matrixelementen beimischt ([521 3/2] in den Ausgangs- und [422 5/2] in den Endzustand). Tatsächlich weichen die relativen Intensitäten der Übergänge zu den Niveaus 3/2, 5/2 und 7/2 der Grundzustandsbande wesentlich von den I-unabhängigen Intensitätsregeln ab und demonstrieren so die Bedeutung der Coriolis-Kopplung (siehe die Analyse einer ähnlichen Situation im Zerfallsschema von ^{177}Hf, Abb. 4–18, S. 93).

Auswahlregeln im β-Zerfall

Der Grundzustand von $^{159}_{64}$Gd hat die Konfiguration [521 3/2] (siehe Tab. 5–13), und der β-Zerfall zu $^{159}_{65}$Tb bevorzugt stark die Konfiguration [411 3/2] ($\log ft = 6{,}7$) im Vergleich zum [413 5/2]-Zustand ($\log ft = 8{,}2$). Dieser Unterschied stimmt mit den asymptotischen Auswahlregeln für einfach verbotene β-Übergänge überein, für die das Übergangsmoment linear von den Koordinaten oder Impulsen abhängt (siehe Gl. (3D–43)). So ist der $\Delta\Lambda = 2$-Übergang zum [413 5/2]-Zustand behindert, während der Übergang zum [411 3/2]-Zustand ($\Delta N = \Delta n_3 = 1$, $\Delta\Lambda = \Delta\Sigma = 0$) unbehindert ist.

Der Zerfall von ^{159}Gd in die [532 5/2]-Bande ist ein erlaubter GT-Übergang ($\Delta I = 1$, keine Änderung der Parität). Der beobachtete Wert $\log ft = 6{,}6$ entspricht einer Verzögerung von etwa 10^2 im Vergleich zu erlaubten, unbehinderten Übergängen (siehe Tab. 5–15, S. 266). Diese Behinderung kann man aufgrund der Änderung der inneren Konfiguration $\Delta n_3 = 1$, $\Delta\Lambda = 1$ verstehen, die einer Verletzung der asymptotischen Auswahlregeln für GT-Übergänge entspricht (siehe Tab. 5–3).

Spektrum von ^{175}Yb *und Informationen aus Einteilchentransferreaktionen (Abb. 5–9 bis 5–11)*

„Fingerabdrücke" von (d, p)- *und* (d, t)-*Prozessen*

Die verfügbare Information über das niederenergetische Spektrum von ^{175}Yb ist in Abb. 5–9 dargestellt. Die Angaben über dieses Spektrum stammen in erster Linie aus Untersuchungen der Reaktionen ^{174}Yb(d, p) und ^{176}Yb(d, t), bei denen ein einzelnes Neutron übertragen wird. Wie in Abschnitt 5–3a diskutiert wurde, stehen die relativen Intensitäten von Einteilchentransferreaktionen zu verschiedenen Zuständen einer Rotationsbande in direkter Beziehung zur Struktur des entsprechenden Einteilchenzustandes (siehe Gl. (5–42)). Das berechnete Schema für die tiefliegenden Konfigurationen von $^{175}_{70}$Yb$_{105}$, die man nach Abb. 5–3 erwartet, ist auf der linken Seite von Abb. 5–10 gezeigt. Die Querschnitte wurden aus Gl. (3E–9) erhalten, indem Einteilchen-Abstammungskoeffizienten der Form (5–42) mit $u(\nu) = 1$ angenommen und die in Tab. 5–2 angegebenen Wellenfunktionen verwendet wurden. Die Einteilchenquerschnitte wurden mit Hilfe der Bornschen Näherung mit gestörten Wellen (Vernachlässigung von Mehrstufenprozessen) berechnet. Die aus den Rechnungen erhaltenen relativen Intensitäten können sowohl für die (d, p)- als auch die (d, t)-Reaktion benutzt werden (abgesehen von kleinen Korrekturen aufgrund des Unterschiedes in den Q-Werten).

Die beobachteten Intensitäten für die (d, p)- und (d, t)-Prozesse sind in Abb. 5–10 auf der rechten Seite dargestellt. Man sieht, daß die theoretischen Rechnungen die hauptsächlichen Eigenschaften der beobachteten relativen Intensitäten der verschiedenen Zustände jeder Bande überzeugend wiedergeben (man beachte die logarithmische Skala). Diese Übereinstimmung stützt die Zuordnung der inneren Quantenzahlen und liefert einen qualitativen Test der in Tab. 5–2 angegebenen Wellenfunktionen. Bei einer quantitativen Analyse der Intensitäten für Einteilchentransferreaktionen muß man den Einfluß der CORIOLIS-Kopplung (siehe z. B. ERSKINE, 1965, und CASTEN u. a., 1972) sowie die Möglichkeit von Mehrstufenprozessen, bei denen der Transfer von unelastischer Streuung innerhalb der Rotationsbanden des Target- und des Endkerns begleitet ist, berücksichtigen (siehe z. B. ASCUITTO u. a., 1974).

Die im (d, p)-Prozeß untersuchten Einteilchen-Abstammungskoeffizienten wurden auch bei der Resonanzstreuung von Protonen an $^{174}_{70}$Yb gemessen, die über die Zustände $M_T = 33/2$, $T = 35/2$ in $^{175}_{71}$Lu verläuft, die isobaranalog zu den niederenergetischen Zuständen von ^{175}Yb sind (WHINERAY u. a., 1970; FOISSEL u. a., 1972; wegen einer ähnlichen Analyse für einen sphärischen Kern siehe Abb. 1–9 und Tab. 1–2 in Band I, S. 47 und 48). Die Belege aus der Resonanzstreuung von Protonen unterstützen zusätzlich die aus den Einteilchentransferdaten gezogenen Schlußfolgerungen. Die Isobar-Analogresonanzen haben eine ziemlich große Breite ($\Gamma \approx 100$ keV), die es schwierig macht, die Beiträge der einzelnen Niveaus in einem so komplizierten Spektrum wie ^{175}Yb zu trennen. Jedoch bietet die Einfachheit des Resonanzstreuprozesses selbst einige Vorteile. So beruhte zum Beispiel die erste Identifizierung der positiven Parität der [651 1/2]-Bande in ^{175}Yb auf der Beobachtung der starken Interferenz mit der COULOMB-Streuung bei 90°. Die genaue Bestimmung der Energien der Isobar-Analogzustände liefert auch Aussagen über die kleinen Verschiebungen in den COULOMB-Energien, die spezifisch für die Orbitale des ungeraden Teilchens sind. (Siehe diesbezüglich die Diskussion der COULOMB-Energien im isobaren Dublett $A = 25$, S. 257.)

Zusätzliche Belege zur Klassifizierung der inneren Zustände

Die Klassifizierung der inneren Zustände von ^{175}Yb kann durch die beobachteten Rotationsenergien und Übergangswahrscheinlichkeiten weiter gestützt werden. Die Werte der Entkopplungsparameter a, die man aus den Energieniveaus der $K = 1/2$-Banden ableitet, stimmen annähernd mit den aus den Wellenfunktionen in Tab. 5–2 erhaltenen Werten überein,

$$a_{\text{ber}} = \begin{cases} 0{,}9, & [521\,/12], \\ -0{,}2, & [510\;1/2]. \end{cases} \tag{5–53}$$

Der beobachtete positive Wert ($a = +0{,}17$) für die [510 1/2]-Bande kann auf eine Reduzierung des Spinbeitrages als Folge von Polarisationseffekten (siehe S. 268) hinweisen. Für das [651 1/2]-Niveau hängt der Wert von a ziemlich empfindlich von Details des Potentials ab. So erhält man für die Parameter in Tab. 5–1 den Wert $a = +0{,}9$ bei $\delta = 0{,}3$ und $a = -0{,}5$ bei $\delta = 0{,}4$. Diese rapide Änderung mit δ spiegelt die starke Wechselwirkung der beiden $\Omega = 1/2$-Zustände wider, die im sphärischen Grenzfall in die Einteilchenzustände $g_{9/2}$ und $i_{11/2}$ übergehen. (Ein negativer Wert von a bei $\delta \approx 0{,}3$ könnte auch durch eine geringe Änderung der Parameter v_{ll} und v_{ls}

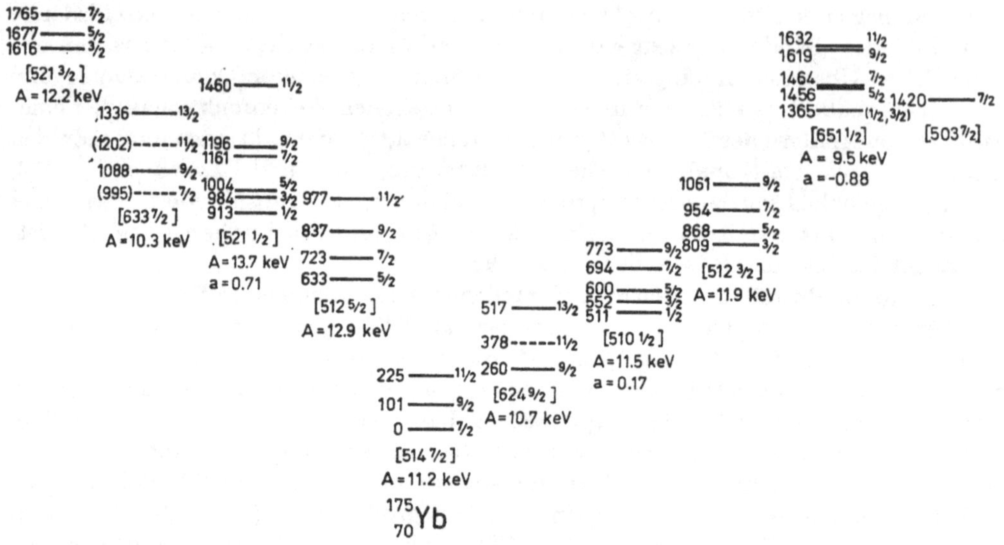

Abb. 5–9 Spektrum von ^{175}Yb. Die Abbildung gibt die bekannten niederenergetischen Niveaus von ^{175}Yb an. Die als Teilchenzustände klassifizierten Niveaus sind rechts von der Grundzustandsbande eingezeichnet, während die Lochzustände links eingezeichnet sind. Die experimentellen Daten sind aus den Untersuchungen der (d, p)- und (d, t)-Reaktion durch D. G. Burke, B. Zeidman, B. Elbek, B. Herskind und M. Olsen, Mat. Fys. Medd. Dan. Vid. Selsk. **35**, no. 2 (1966), entnommen. Eine Ausnahme bilden die Angaben über die [651 1/2]- und [503 7/2]-Banden, die der Arbeit von S. Whineray, F. S. Dietrich und R. G. Stokstad, Nuclear Phys. **A157**, 529 (1970), entnommen sind. Bei einigen Rotationsbanden wurden verschiedene niedrigliegende Zustände nicht beobachtet. Der Grund ist wahrscheinlich die erwartete niedrige Intensität der entsprechenden Teilchengruppe (siehe Abb. 5–10). In diesen Fällen wurde die vermutete Lage des Niveaus als gestrichelte Linie in die Zeichnung aufgenommen.

→

Abb. 5–10 Intensitäten der (d, p)- und (d, t)-Reaktionen zu ^{175}Yb. Die beobachteten Wirkungsquerschnitte der Reaktionen ^{174}Yb(d, p) und ^{176}Yb(d, t) ($E_d = 12$ MeV) sind aus Burke u. a. (a. a. O., Abb. 5–9) entnommen. Die Abbildung gibt die relativen Intensitäten an, die auf die beobachtete Intensität des Übergangs zum Grundzustand ([514 7/2], $I = 7/2$) normiert sind. Für den letzteren Querschnitt wurde angenommen, daß er sowohl für die (d, p)- als auch (d, t)-Reaktion gleich der Hälfte des in der linken Hälfte der Zeichnung angegebenen theoretischen Wertes ist. Die theoretischen Wirkungsquerschnitte sind der gleichen Arbeit entnommen. Sie wurden aus einer DWBA-Analyse der (d, t)-Reaktion mit $Q = 0$ bei einem Streuwinkel von 90° unter der Annahme der in Abschnitt 5–3a gegebenen Abstammungskoeffizienten mit der Paaramplitude $v(\nu) = 1$ erhalten. (Zum Vergleich: der Grundzustandsübergang in ^{176}Yb(d, t)^{175}Yb hat den Q-Wert $Q = -0{,}62$ MeV.) Die Verteilungen der relativen Intensitäten, die sich aus DWBA-Rechnungen ergeben, sind für (d, p)- und (d, t)-Reaktionen sehr ähnlich. Wir danken K. Nybö für die Hilfe bei der Vorbereitung der Abbildung.

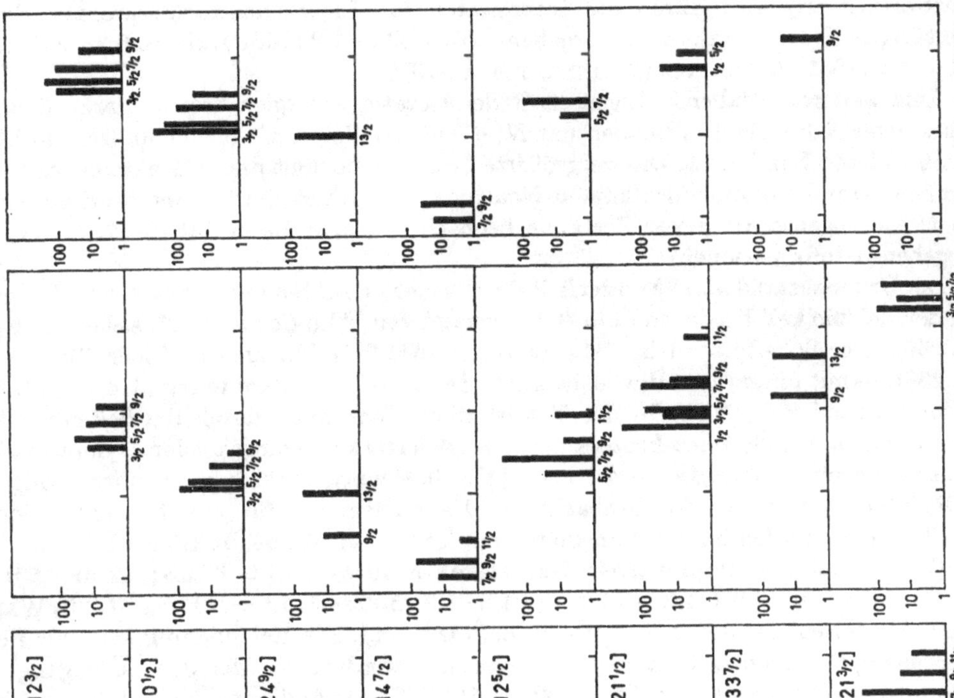

Abb. 5-10 Text siehe S. 226

erhalten werden.) Die Dominanz der $i_{11/2}$-Komponente über die $g_{9/2}$-Komponente, die in erster Linie für den negativen Wert von a im beobachteten [651 1/2]-Zustand verantwortlich ist, wird durch die Intensitäten für Einteilchentransferprozesse direkt bestätigt. Diese Reaktionen ergeben $\langle i_{11/2}, \Omega = 1/2 \mid [651\ 1/2]\rangle^2 \approx 0{,}3$ und $\langle g_{9/2}, \Omega = 1/2 \mid [651\ 1/2]\rangle^2 \approx 0{,}1$ (WHINERAY u. a., 1970).

Eine weitere auffallende Eigenschaft der Rotationsenergien besteht darin, daß der Parameter A für die drei Banden mit $N = 6$ etwas kleiner als für die anderen in ^{175}Yb beobachteten Banden ist. Das vergrößerte Trägheitsmoment dieser Zustände kann dem großen Bahndrehimpuls des letzten Neutrons zugeordnet werden und wird als systematische Eigenschaft dieser Zustände beobachtet (siehe die in Tab. 5–17, S. 271, angegebenen Informationen).

Der Grundzustand von ^{175}Yb zerfällt durch einen erlaubten unbehinderten β-Übergang in den bei 396 keV liegenden $I\pi = 9/2^-$-Zustand von $^{175}_{71}$Lu ($\log ft = 4{,}7$, siehe Tab. 5–15, S. 266). Der $9/2^-$-Zustand in ^{175}Lu wird als [514 9/2] klassifiziert (siehe Tab. 5–12, S. 258); damit unterstützt die beobachtete Zerfallsrate die Zuordnung [514 7/2] für den Grundzustand von ^{175}Yb. In der Tat ist diese Zuordnung durch die Seltenheit von erlaubten unbehinderten β-Prozessen, die mit den stark einschränkenden asymptotischen Auswahlregeln ($\Delta N = \Delta n_3 = \Delta \Lambda = 0$, $\Delta \Sigma = 0, 1$) zusammenhängt, ziemlich zwingend. (Die absoluten Werte der beobachteten Matrixelemente für erlaubte unbehinderte β-Übergänge werden im Zusammenhang mit Tab. 5–15, S. 266, diskutiert.)

Die beobachtete Halbwertszeit des 511-keV-Niveaus ($\tau_{1/2} = 67$ ms; LEDERER u. a., 1967) entspricht $B(M3; 1/2^- \to 7/2^-) = 1{,}8 \cdot 10^2 (e\hbar/2Mc)^2\,\text{fm}^4 = 0{,}11 B_W(M3)$ in WEISSKOPF-Einheiten, die durch Gl. (3C–38) definiert sind. Die Behinderung kann als Folge der asymptotischen Auswahlregeln angesehen werden, da die dem Übergang zugeordneten Konfigurationen ([510 1/2] → [514 7/2]) der Änderung $\Delta\Lambda = 4$ entsprechen. Die Wellenfunktionen in Tab. 5–2 führen auf einen $B(M3)$-Wert, der annähernd mit dem beobachteten Wert zusammenfällt. Man erwartet, daß das Matrixelement durch Polarisationseffekte, die denen bei $M1$- und GAMOW-TELLER-Übergängen beobachteten analog sind, wesentlich reduziert wird, obwohl es zur Zeit fast keine experimentellen Hinweise auf solche Effekte in den $M3$-Momenten gibt.

Reihenfolge der inneren Zustände

Die Reihenfolge der Einteilchenzustände in Abb. 5–10 ist die gleiche wie in Abb. 5–3 (für $\delta \approx 0{,}3$). Daher sind die Konfigurationen, die als Teilchenzustände erwartet werden, oberhalb der Grundzustandskonfiguration [514 7/2] angeordnet. Die Niveaus unterhalb dieser Konfiguration sollten als Lochzustände erscheinen.

Es ist ersichtlich, daß die Reihenfolge der inneren Zustände mit dem Einteilchenspektrum in Abb. 5–3 bei der Deformation $\delta \approx 0{,}3$ in Einklang steht. Eine Ausnahme stellt die Lage des [651 1/2]-Zustandes dar, der bei einer etwas höheren Energie beobachtet wird, als man nach Abb. 5–3 erwartet. Die vorhergesagte Lage dieses Niveaus hängt jedoch empfindlich vom Abstand der Hauptschalen ab, den das in Abb. 5–3 benutzte Potential etwas zu unterschätzen scheint. (Vergleiche die Spektren in Abb. 3–3, Band I, S. 341, die die Einteilchenniveaus für Neutronen im Gebiet um $N = 126$ zeigen.) Im Energiegebiet, das durch die Experimente erfaßt wird, ist die einzige fehlende Einteilchenkonfiguration der Lochzustand [523 5/2], der für die Neutronenkonfigurationen $N = 93 - 99$ beobachtet wurde (siehe Tab. 5–13, S. 260). Man erwartet diesen Zustand in ^{175}Yb etwas oberhalb von 1 MeV, aber es wäre schwierig ihn, in den bisher berichteten Experimenten zu identifizieren.

Paarkorrelationseffekte

Die Tatsache, daß der gleiche Einteilchenzustand sowohl in der Stripping- als auch in der Pickup-Reaktion bevölkert werden kann, bedeutet, daß im Grundzustand von gg-Kernen die Zustände in der Nähe des Fermi-Niveaus nur teilweise besetzt sind. Die in Abb. 5–10 verwendete Normierung weist der (d, p)-Reaktion zum Grundzustand die gleiche Stärke zu wie der (d, t)-Reaktion zum gleichen Endzustand. Es ist ersichtlich, daß mit wachsender Anregungsenergie die (d, p)-Reaktion für die teilchenartigen Zustände dominiert, während die (d, t)-Reaktion für lochartige Zustände überwiegt.

Diese Eigenschaften kann man durch das Konzept der Paarkorrelationen unmittelbar interpretieren. Ein quantitativer Test der Paarkorrelationseffekte in den Querschnitten für Einteilchentransfer ist dadurch möglich, daß man die Querschnitte für Übergänge

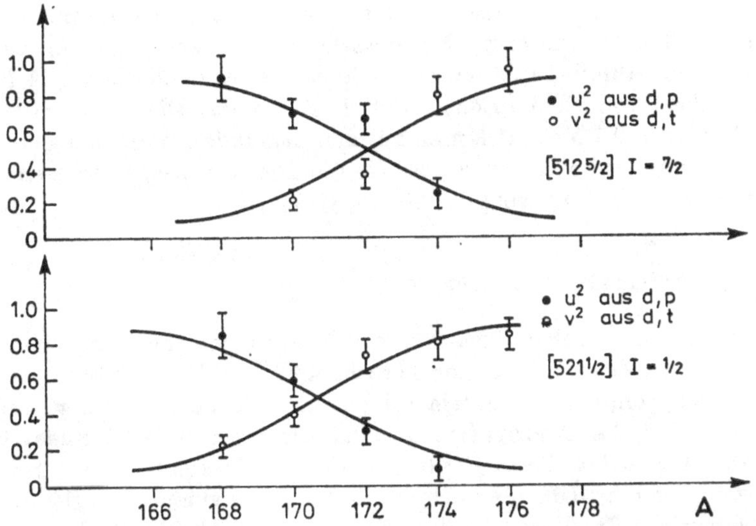

Abb. 5–11 Einfluß der Paarkorrelationen auf die Intensitäten von Transferreaktionen. Die Abbildung beruht auf den empirischen Daten und der Analyse von Burke u. a., a. a. O., Abb. 5–9 und 5–10. Die beobachteten Wirkungsquerschnitte sind auf konstanten Q-Wert korrigiert, wobei die auf der Grundlage der DWBA erhaltene theoretische Q-Abhängigkeit benutzt wurde. Die Werte von u^2 (und v^2) repräsentieren das Verhältnis dieser korrigierten Wirkungsquerschnitte zu den angenommenen Einteilchenwerten,

$d\sigma$(d, p; [521 1/2], $I = 1/2$) = 144 μb/sr,
$d\sigma$(d, p; [512 5/2], $I = 7/2$) = 247 μb/sr,
$d\sigma$(d, t; [521 1/2], $I = 1/2$) = 572 μb/sr,
$d\sigma$(d, t; [512 5/2], $I = 7/2$) = 495 μb/sr,

die sich auf $Q = 4{,}0$ MeV für die (d, p)-Reaktionen und $Q = -1{,}5$ MeV für die (d, t) Reaktionen beziehen.

zu ein und derselben Konfiguration bei einer Folge von Isotopen vergleicht. Die Verhältnisse der Querschnitte ergeben die relativen Werte der Koeffizienten u^2 (oder v^2) (siehe Gl. (5–42)). Abb. 5–11 stellt die Resultate aus der Messung der Intensitäten von zwei wesentlichen Übergängen dar, die bei den ungeraden Yb-Isotopen beobachtet werden. Die Änderung von u^2 (oder v^2) kann hauptsächlich durch die Verschiebung des FERMI-Niveaus λ bezüglich des fixierten Einteilchenspektrums beschrieben werden. Nimmt man eine lineare Änderung von λ mit N an, ergibt sich aus Gl. (6–601)

$$v^2(N) = 1 - u^2(N) = \frac{1}{2}\left(1 + \frac{N - N_0}{((N - N_0)^2 + \gamma^2)^{1/2}}\right) \tag{5–54}$$

mit

$$\gamma = \Delta \left(\frac{\partial\lambda}{\partial N}\right)^{-1} = \frac{2\Delta}{d}, \tag{5–55}$$

wobei Δ der Paarkorrelationsparameter ist, während d den mittleren Abstand der zweifach entarteten Einteilchenniveaus und N_0 den Wert der Neutronenzahl darstellt, für den λ mit dem in Frage stehenden Niveau übereinstimmt. Die durchgezogenen Linien in Abb. 5–11, die die empirischen Daten recht gut wiedergeben, entsprechen Gl. (5–54) mit $\gamma = 3{,}8$. Der mittlere Niveauabstand d in der Umgebung des FERMI-Niveaus ergibt sich aus Abb. 5–3 zu $d \approx 0{,}4$ MeV (unter der Annahme $\hbar\omega_0 \approx 41 A^{-1/3}$ MeV). Der beobachtete Wert von γ entspricht somit $\Delta \approx 0{,}8$ MeV. Diese Abschätzung kann man mit dem Wert $\Delta = 0{,}7$ MeV, den man aus den ungerade-gerade-Massendifferenzen der Yb-Isotope erhält (siehe Gl. (2–92) sowie die Neutronenseparationsenergien bei BURKE u. a., a. a. O., Abb. 5–9), vergleichen.

Energien der Quasiteilchenzustände

Die Beobachtung der Einteilchenniveaus von ^{175}Yb in einem beträchtlichen Energiebereich sowie die Übereinstimmung der berechneten und beobachteten Niveaufolge ermöglichen es, die absolute Energieskala für das Einteilchenspektrum zu bestimmen. Aus Abb. 5–3 folgt (für die Deformation $\delta = 0{,}3$, die aus dem $E2$-Moment bestimmt wurde; siehe Abb. 4–25), daß die in ^{175}Yb gefundenen Niveaus nach den Rechnungen einen Bereich von ungefähr $0{,}6\hbar\omega_0$ einnehmen sollten, was einem Energieintervall von etwa 4,4 MeV entspricht. Im Vergleich dazu beträgt das beobachtete Energieintervall, das man durch Addition der Teilchenenergien zu den Lochenergien erhält, etwa 3,0 MeV. Diese Kompression der absoluten Energieskala ist ein systematisches Merkmal der Spektren ungerader deformierter Kerne (BAKKE, 1958; siehe auch die Übersicht von BUNKER und REICH, 1971).

Eine Kompression der Energieskala für Einteilchenzustände ist eine unmittelbare Folge der Paarkorrelationen, weil das Auftreten eines ungepaarten Nukleons im Niveau ν_1 die Teilchenpaare daran hindert, die Konfiguration $(\nu_1\bar{\nu}_1)$ auszunutzen, und damit zu einem Verlust an Paarkorrelationsenergie führt. Für einen Zustand in der Nähe des FERMI-Niveaus entspricht die resultierende Energieverschiebung der ungerade-gerade-Massendifferenz Δ; mit steigendem Abstand des Zustands vom FERMI-Niveau wird diese Energieverschiebung jedoch immer kleiner.

Im Falle eines konstanten Paarfeldes ist die Quasiteilchenenergie (siehe Gl. (6-602)) durch

$$E(\nu) = \left((\varepsilon(\nu) - \lambda)^2 + \Delta^2\right)^{1/2} \tag{5-57}$$

gegeben, wobei $\varepsilon(\nu)$ die Einteilchenenergie bei Abwesenheit der Paarkorrelationen ist, während λ die FERMI-Energie bezeichnet. Aus Gl. (5-57) folgt, daß für einen genügend großen Bereich von Anregungsenergien, der sowohl Teilchen- als auch Lochanregungen enthält, das beobachtete Intervall von Anregungen im Vergleich zum Bereich der $\varepsilon(\nu)$-Werte um etwa 2Δ reduziert sein sollte (siehe auch Abb. 6-63b). Der Wert von Δ, den man aus den gerade-ungerade-Massendifferenzen erhält, beträgt $\Delta \approx 0{,}7$ MeV. Wird diese Korrektur berücksichtigt, dann findet man, daß die beobachtete Energieskala mit der von Abb. 5-3 in Einklang steht. Es ist wesentlich, daß die berechneten Energiespektren auf einem geschwindigkeitsunabhängigen Potential beruhen; daher geben die vorliegenden Daten keinen Hinweis auf eine Dehnung der Energieskala, die man aufgrund der beobachteten Energieabhängigkeit des Potentials im optischen Modell erwarten könnte (siehe z. B. Abb. 2-29, Band I, S. 250).

Der Ausdruck (5-57) für die Quasiteilchenenergien läßt eine starke Änderung der Niveaudichte in der Nähe des Grundzustandes eines ungeraden Kerns erwarten; jedoch zeigen die Daten in Abb. 5-9 kein solches Verhalten. Die Tatsache, daß dieser Effekt in einem bestimmten beliebig herausgegriffenen Spektrum nicht beobachtet wird, könnte eine Besonderheit des Einteilchenspektrums $\varepsilon(\nu)$ sein, jedoch wird das Fehlen des Effekts durch die Systematik der inneren Zustände bestätigt. So findet man, daß die mittlere Anregungsenergie des ersten angeregten Zustands der Kerne mit ungeradem N in Tab. 5-13 ungefähr 140 keV beträgt. Dieser Wert ist vergleichbar mit dem mittleren Abstand der niedrigsten inneren Zustände des Spektrums von ^{175}Yb bis zu einigen MeV, und er ist einige Male größer, als man nach Ausdruck (5-57) erwartet. Die Singularität in der Quasiteilchen-Niveaudichte bei $\varepsilon(\nu) \approx \lambda$ folgt aus der Annahme, daß alle Zustände wie in Gl. (6-597) das gleiche Paarungspotential besitzen. Man erwartet, daß diese Annahme in einer Situation gerechtfertigt ist, bei der das Paarungspotential durch eine große Anzahl von Teilchenkonfigurationen, die gleichmäßig über das Kernvolumen verteilt sind, erzeugt wird. In deformierten Kernen ist jedoch der Wert von Δ nur wenige Male größer als der Abstand der Einteilchenniveaus, und Δ kann daher etwas vom betrachteten Zustand abhängen. Die beobachteten Abstände der niedrigliegenden Einteilchenzustände scheinen auf Änderungen von Δ in der Größenordnung von 200 keV hinzuweisen.

Spektrum von ^{237}Np und Interpretation der Intensitäten der Feinstruktur im α-Zerfall (Abb. 5-12 und 5-13)

Die Entwicklung der α-Spektroskopie hat die Beobachtung von sehr schwachen Feinstrukturkomponenten (mit relativen Intensitäten unterhalb 10^{-6}) ermöglicht und eine reiche Datenkollektion über die Energiespektren und das nukleare Kopplungsschema der schweren Elemente geliefert. Als Beispiel zeigt Abb. 5-12 das Niveauspektrum von ^{237}Np, das im α-Zerfall von ^{241}Am bevölkert wird. Die Klassifizierung der Zustände beruht auf der Analyse der Intensitäten der α-Feinstrukturkomponenten (LEDERER u. a., 1966) und wird weiter gestützt durch Informationen über β- und γ-Übergangsraten,

Rotationsenergieparameter sowie insbesondere durch die Untersuchungen der Reaktionen ^{236}U(^{3}He, d) und ^{236}U(α, t), die analoge Daten wie die in Abb. 5–10 erläuterten Einteilchentransferuntersuchungen für ^{175}Yb liefern. Es ist ersichtlich, daß die inneren Zustände von ^{237}Np unterhalb von 700 keV gerade die sind, die nach Abb. 5–4 im Gebiet $Z \approx 93$, $\delta \approx 0{,}25$ erwartet werden (siehe Abb. 4–25, S. 114). Legt man das Spektrum in Abb. 5–4 zugrunde, dann läßt sich für den Zustand $K\pi = 5/2^-$ bei 722 keV kein entsprechender Einquasiteilchenzustand finden. Der Zustand kann aber als β-Vibrationsanregung, die der Konfiguration [523 5/2] überlagert ist, interpretiert werden (siehe S. 238).

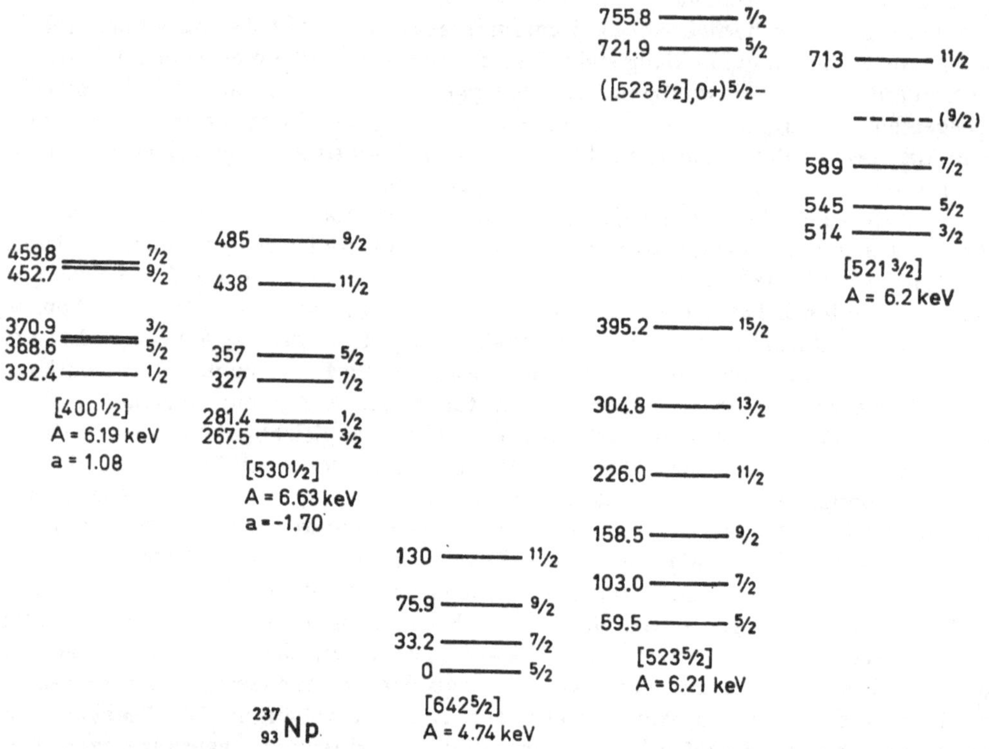

Abb. 5–12 Niveauschema von ^{237}Np. Das Niveauschema von ^{237}Np beruht teils auf dem Zerfall von ^{241}Am (S. A. Baranov, V. M. Kulakov und V. M. Shatinsky, Nuclear Phys. **56**, 252 (1964), und C. M. Lederer, J. K. Poggenburg, F. Asaro und I. Perlman, Nuclear Phys. **84**, 481 (1966)) und teils auf der Untersuchung von Einteilchen-Transferreaktionen (Th. W. Elze und J. R. Huizenga, Phys. Rev. **C1**, 328 (1970)).

Matrixelement für α-Zerfall

Die Intensitäten der beobachteten α-Feinstrukturkomponenten sind in Abb. 5–13 in Form des inversen Verzögerungsfaktors F^{-1} gegeben, der als die Übergangswahrscheinlichkeit in Einheiten der Größe $T_0(E_\alpha, Z)$, die die Grundzustandsübergänge von gg-Kernen beschreibt (siehe Gl. (4–164)), definiert ist. Wie auf S. 97 ff. diskutiert wurde, läßt sich die Übergangsamplitude für den α-Zerfall als Produkt aus zwei Faktoren aus-

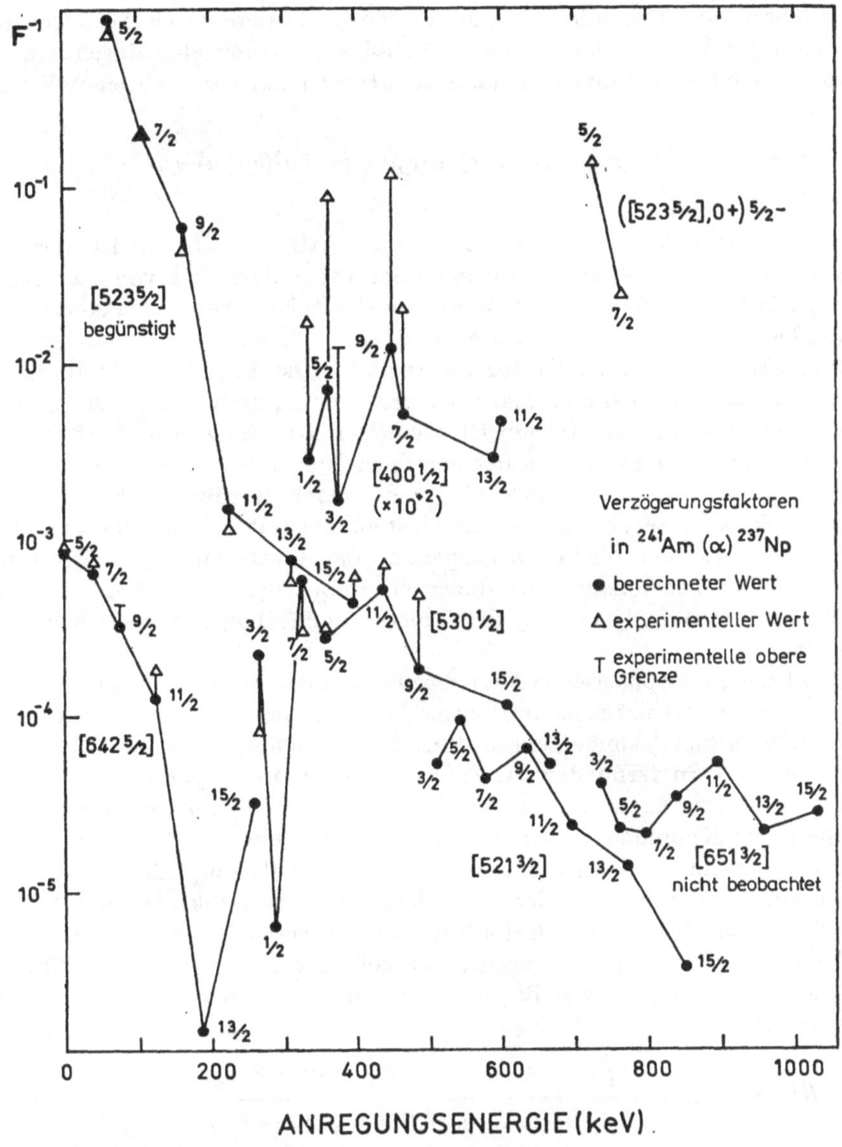

Abb. 5–13 Verzögerungsfaktoren in $^{241}Am(\alpha)^{237}Np$. Die experimentellen Daten stammen aus den in Abb. 5–12 aufgeführten Arbeiten. Die Verzögerungsfaktoren sind in der Zusammenstellung von MICHEL (1966) enthalten; siehe auch LEDERER u. a. (1967). Die theoretischen Berechnungen der α-Zerfallswahrscheinlichkeiten stammen von J. K. POGGENBURG, Ph. D. thesis, University of California, UCRL 16187 (1965); siehe auch J. K. POGGENBURG, H. J. MANG und J. O. RASMUSSEN, Phys. Rev. **181**, 1697 (1969). Die erwartete [651 3/2]-Bande wurde bisher noch nicht beobachtet, und den für diese Bande in der Abbildung angegebenen Anregungsenergien sollte keine Bedeutung beigemessen werden.

drücken; einer repräsentiert die Bildung des α-Teilchens an der Kernoberfläche, der andere beschreibt die Durchdringung der COULOMB-Barriere durch das α-Teilchen.

Der Bildungsfaktor entspricht einer Verallgemeinerung des durch Gl. (3E–17) definierten Operators für den Zweinukleonentransfer auf den Fall eines Vierteilchenclusters,

$$A_\alpha^\dagger(\boldsymbol{r}) = \tfrac{1}{4} \sum_{\substack{\nu_{n1}\nu_{n2} \\ \nu_{p1}\nu_{p2}}} \langle \nu_{n1}\nu_{n2}\nu_{p1}\nu_{p2} \mid \alpha, \boldsymbol{r}\rangle\, a^\dagger(\nu_{p2})\, a^\dagger(\nu_{p1})\, a^\dagger(\nu_{n2})\, a^\dagger(\nu_{n1}), \tag{5–58}$$

wobei der Faktor $\langle \nu_{n1}\nu_{n2}\nu_{p1}\nu_{p2} \mid \alpha, \boldsymbol{r}\rangle$ der Transformationskoeffizient ist, der die Überlappung eines α-Teilchens am Ort $\boldsymbol{r}$ mit dem Produktzustand von vier Nukleonen, antisymmetrisch bezüglich der Quantenzahlen der beiden Neutronen sowie der beiden Protonen, beschreibt. (Die Summation in Gl. (5–58) kann auf $\nu_{n1} < \nu_{n2}$ und $\nu_{p1} < \nu_{p2}$ beschränkt werden, wobei der Faktor 1/4 wegfällt.) Die Amplitude für die Bildung des α-Teilchens ist proportional zum Matrixelement von A_α zwischen Ausgangs- und Endzustand, berechnet an der Kernoberfläche. (Der α-Bildungsprozeß ist in einer Beschreibung durch Konfigurationen der einzelnen Nukleonen insbesondere durch MANG (1957) und MANG und RASMUSSEN (1962) behandelt worden.) Die Berechnung der absoluten α-Zerfallsrate enthält Unsicherheiten, die mit der Behandlung der Oberflächenregion sowie mit Vielteilchenaspekten der Clusterbildung zusammenhängen. Wir werden daher insbesondere die reduzierten Amplituden betrachten, die die Zerfallswahrscheinlichkeiten in bezug auf die Grundzustandsübergänge zwischen gg-Kernen beschreiben.

Aufgrund der nichtsphärischen Kernoberfläche entsteht beim Durchgang durch das klassisch verbotene Gebiet eine Anisotropie in der Bewegung des α-Teilchens bezüglich der Kernorientierung, die mit einem Austausch von Drehimpuls zwischen dem α-Teilchen und dem Tochterkern verbunden ist. Ein zusätzlicher Drehimpulsaustausch wird durch die nichtsphärischen Komponenten des COULOMB-Feldes verursacht. Eine vereinfachte Behandlung der Kopplung zwischen dem α-Teilchen und der Kernorientierung geht von der Tatsache aus, daß der Austausch von Drehimpuls hauptsächlich auf ein kleines Gebiet unmittelbar außerhalb der Kernoberfläche beschränkt ist und während des Durchgangs durch diesen Bereich die Kernrotation vernachlässigt werden kann (siehe Kapitel 4, S. 98). Die Amplitude dafür, daß sich ein α-Teilchen mit dem Drehimpuls L außerhalb des nichtsphärischen Bereichs der Barriere befindet, läßt sich daher durch die Koeffizienten

$$f(L, K_i \to K_f) = \frac{\int \langle K_f |\, A_\alpha(R; \vartheta, \varphi)\, | K_i\rangle\, B(\vartheta)\, i^L Y_{L, M'=K_i-K_f}(\vartheta, \varphi)\, d\Omega}{\int \langle \mathsf{v}=0 |\, A_\alpha(R; \vartheta, \varphi)\, | \mathsf{v}=0\rangle\, B(\vartheta)\, Y_{00}\, d\Omega} \tag{5–59}$$

beschreiben, wobei die Integration über die verschiedenen Richtungen ϑ, φ bezüglich der Kernsymmetrieachse läuft und der Faktor $B(\vartheta)$ die ϑ-Abhängigkeit der Wellenfunktion beschreibt, die infolge der Durchdringung der nichtsphärischen Barriere auftritt. Die Koeffizienten (5–59) sind reduzierte Amplituden, die in Einheiten der Amplitude für den Grundzustandszerfall von gg-Kernen gemessen werden.

Die Durchdringung des dreidimensionalen Barrierengebiets kann näherungsweise durch ein eindimensionales Radialintegral beschrieben werden, wenn man voraussetzt, daß das Zentrifugalpotential klein im Vergleich zum Betrag der (negativen) kinetischen Energie ist ($L \ll \varkappa R_0$, wobei $\varkappa$ der Absolutwert der Wellenzahl des α-Teilchens im

Gebiet außerhalb der Kernoberfläche ist; für ^{237}Np beträgt der Wert von $\varkappa R_0$ etwa 20). Damit erhält man in der WKB-Näherung (FRÖMAN, 1957)

$$B(\vartheta) = \exp\left\{\left(\frac{2M_\alpha}{\hbar^2}\left(\frac{Z_\alpha Z e^2}{R_0} - E_\alpha\right)\right)^{1/2} \frac{2}{3} R_0 \delta P_2(\cos\vartheta)\right.$$
$$- \int_{R_0} \left(\left(\frac{2M_\alpha}{\hbar^2}\left(\frac{Z_\alpha Z e^2}{r} - E_\alpha + \frac{Z_\alpha Q_0 e^2}{2r^3} P_2(\cos\vartheta)\right)\right)^{1/2}\right.$$
$$\left.\left. - \left(\frac{2M_\alpha}{\hbar^2}\left(\frac{Z_\alpha Z e^2}{r} - E_\alpha\right)\right)^{1/2}\right) \mathrm{d}r\right\} \tag{5–60a}$$
$$\approx \exp\left\{\left(\frac{2M_\alpha}{\hbar^2}\frac{Z_\alpha Z e^2}{R_0} R_0^2\right)^{1/2} \frac{8}{15} \delta P_2(\cos\vartheta)\right\}, \tag{5–60b}$$

wobei M_α und Z_α die Massen- bzw. Ladungszahl des α-Teilchens sind. Im Integral (5–60a) repräsentiert der erste Term die Übertragung des α-Teilchens von der Kernoberfläche auf eine sphärische Oberfläche mit dem mittleren Radius R_0, während der zweite Term den Effekt des nichtsphärischen Anteils des COULOMB-Feldes beschreibt. Es ist nur die Quadrupolkomponente der Kerndeformation berücksichtigt worden. In Gl. (5–60b) wurde die Energie des α-Teilchens E_α gegenüber der Höhe der Barriere ($\approx$ 30 MeV) vernachlässigt und die Beziehung $Q_0 = (4/5)\, R_0{}^2 Z\delta$ benutzt (siehe Gl. (4–72)). Für typische Werte der Deformation in schweren Kernen hat der Koeffizient von $P_2(\cos\vartheta)$ im Exponenten von Gl. (5–60b) die Größenordnung Eins. Somit besteht während des Durchdringens des nichtsphärischen Teils der Barriere eine merkliche Wahrscheinlichkeit für den Austausch von einigen Drehimpulseinheiten zwischen der Bahnbewegung des α-Teilchens und der Kernrotation.

Drückt man die Übergangswahrscheinlichkeiten zu den verschiedenen Zuständen der Rotationsbande in einem ungeraden Kern durch die reduzierten Amplituden (5–59) aus, so erhält man

$$T(L, I_i K_i \to I_f K_f) = T_0(E_\alpha, Z)\, p_L \mid \langle I_i K_i L\; K_f - K_i \mid I_f K_f\rangle\, f(L, K_i \to K_f)$$
$$+ (-1)^{I_f + K_f} \langle I_i K_i L\; -K_f - K_i \mid I_f - K_f\rangle\, f(L, K_i \to \bar{K}_f)|^2, \tag{5–61}$$

wobei p_L den Einfluß des Zentrifugalpotentials auf den Durchgang des α-Teilchens angibt. In der WKB-Näherung ist der Faktor p_L durch

$$p_L = \exp\left\{-2\int_{R_0}\left(\left(\frac{2M_\alpha}{\hbar^2}\left(\frac{Z_\alpha Z e^2}{r} - E_\alpha\right) + \frac{L(L+1)}{r^2}\right)^{1/2}\right.\right.$$
$$\left.\left. - \left(\frac{2M_\alpha}{\hbar^2}\left(\frac{Z_\alpha Z e^2}{r} - E_\alpha\right)\right)^{1/2}\right) \mathrm{d}r\right\}$$
$$\approx \exp\left\{-2\frac{L(L+1)}{\varkappa R_0}\right\} \qquad \left(\varkappa \approx \left(\frac{2M_\alpha}{\hbar^2}\frac{Z_\alpha Z e^2}{R_0}\right)^{1/2}\right) \tag{5–62}$$

gegeben, wobei sich der letzte Ausdruck dadurch ergibt, daß $E_\alpha = 0$ gesetzt und nur das Glied führender Ordnung in $L(L+1)$ berücksichtigt wurde.

Einfluß der Paarkorrelationen

Die Paarkorrelationen haben einen bedeutenden Einfluß auf den α-Bildungsprozeß (MANG und RASMUSSEN, 1962; SOLOVIEV, 1962). Für die Grundzustandsübergänge in gg-Kernen nimmt der Abstammungskoeffizient folgende Form an (siehe Gln. (5–58) und (6–599)):

$$\langle \mathrm{v} = 0 | \, A^\dagger_\alpha(\boldsymbol{r}) \, | \mathrm{v} = 0 \rangle = \sum_{\substack{\nu_n > 0 \\ \nu_p > 0}} \langle \nu_n \bar{\nu}_n \nu_p \bar{\nu}_p | \, A^\dagger_\alpha(\boldsymbol{r}) \, | 0 \rangle \, u(\nu_n) \, v(\nu_n) \, u(\nu_p) \, v(\nu_p) \, . \qquad (5\text{–}63)$$

Der Kohärenzeffekt im Matrixelement (5–63) ähnelt dem, der den Beitrag der verschiedenen Einteilchenzustände zu den Paarfeldern ausdrückt (siehe Gl. (6–612)). Vernachlässigt man die endliche Größe des α-Teilchens, dann enthält die Größe $A^\dagger_\alpha(\boldsymbol{r})$ tatsächlich das Produkt der lokalen Paarfelder für Neutronen und Protonen, die durch Gl. (6–141) definiert sind. In diesem Grenzfall haben die Matrixelemente von $A^\dagger_\alpha(\boldsymbol{r})$ für die Erzeugung von Paaren aus Nukleonen in konjugierten Einteilchenbahnen alle das gleiche Vorzeichen, weil die Wellenfunktionen ψ_ν und $\psi_{\bar{\nu}}$ am gleichen Raumpunkt zueinander komplex konjugiert sind. Daher hat das Überlappungsmatrixelement für den antisymmetrisierten Zweiteilchenzustand $\nu\bar{\nu}$ den Wert

$$\langle \boldsymbol{r}_1 = \boldsymbol{r}_2 = \boldsymbol{r}; S = 0 \mid \nu\bar{\nu} \rangle_a = - \sum_{\Sigma = \pm \frac{1}{2}} |\langle \boldsymbol{r}, \Sigma \mid \nu \rangle|^2 . \qquad (5\text{–}64)$$

Man erwartet, daß diese Kohärenz der Matrixelemente durch die endlichen Abmessungen des α-Teilchens nur unwesentlich gestört wird, weil diese nicht viel größer als die Wellenlänge der Nukleonen an der FERMI-Oberfläche sind. Die verfügbaren numerischen Untersuchungen bestätigen diese Vermutung (MANG und RASMUSSEN, 1962).

Die Summe in Gl. (5–63) enthält Beiträge von allen Einteilchenzuständen in der Nähe der FERMI-Oberfläche, die weder völlig besetzt noch völlig frei sind und daher zu den Paarkorrelationen beitragen. Ein Maß für die Verstärkung ist die Größe

$$q \equiv \sum_{\nu > 0} u(\nu) \, v(\nu) , \qquad (5\text{–}65)$$

die sich aus der beobachteten Stärke der Paarkorrelationen abschätzen läßt. In der Näherung eines konstanten statischen Paarfeldes ist der Parameter Δ gleich q, multipliziert mit dem mittleren Matrixelement G (siehe Gl. (6–613)), für das man in schweren Kernen die Größe $G \approx 100$ keV findet (siehe z. B. die Diskussion auf S. 567). Für Np beträgt der Wert von Δ etwa 0,7 MeV (siehe Abb. 2–5, Band I, S. 179), und man erhält somit eine Gesamtverstärkung der α-Zerfallsrate um den Faktor $q_n^2 q_p^2 \approx 10^3$.

Begünstigte Übergänge

Das Übergangsmatrixelement zwischen Einquasiteilchenzuständen in Kernen mit ungeradem Z und geradem N kann man aus der Quasiteilchentransformation (6–599) ableiten,

$$\langle \mathrm{v} = 1, \nu'_p | \, A^\dagger_\alpha(\boldsymbol{r}) \, | \mathrm{v} = 1, \nu_p \rangle = \langle \mathrm{v} = 0 | \, A^\dagger_\alpha(\boldsymbol{r}) \, | \mathrm{v} = 0 \rangle \, \delta(\nu_p, \nu'_p)$$
$$- \, u(\nu'_p) \, v(\nu_p) \sum_{\nu_n > 0} \langle \nu_n \bar{\nu}_n \nu'_p \bar{\nu}_p | \, A^\dagger_\alpha(\boldsymbol{r}) \, | 0 \rangle \, u(\nu_n) \, v(\nu_n) \, . \qquad (5\text{–}66)$$

Für begünstigte Übergänge dominiert im Matrixelement (5–66) der erste Term, der wie bei den Grundzustandsübergängen von gg-Kernen den Beitrag des gepaarten Rumpfes darstellt. Zu den nicht begünstigten Übergängen trägt nur der zweite Term in Gl. (5–66) bei. Dieses Glied enthält keine Summation über die Protonenzustände, und das Matrixelement ist daher im Vergleich zum begünstigten Zerfall um einen Faktor q_p verringert (zusätzlich zu der unten betrachteten Behinderung aufgrund der Auswahlregeln in den Einteilchenmatrixelementen).

Beim Vergleich der Zerfallsraten für begünstigte Zerfälle in ungeraden Kernen mit den Raten in den benachbarten gg-Kernen muß man berücksichtigen, daß sowohl der vom letzten Teilchen besetzte Zustand nicht zum α-Zerfall beitragen kann (zweites Glied in Gl. (5–66)) als auch die Paarkorrelationen im gg-Rumpf durch das Vorhandensein des ungepaarten Teilchens reduziert sind (Blockierungseffekt). Beide Effekte sind in der Verringerung der Summe (5–65) enthalten, die die Stärke des Paarfeldes mißt. In den Zuständen mit $\mathrm{v} = 1$ läuft die Summation über die Einteilchenbahnen ν, die für die Paarkorrelationen zur Verfügung stehen, und somit wird der Zustand des ungepaarten Teilchens ausgeschlossen. Die begünstigten Übergänge im α-Zerfall des ^{241}Am sind um einen Faktor 2 langsamer als die Grundzustandsübergänge in den gg-Nachbarkernen. So ergibt eine Analyse der Übergangsraten von ^{241}Am mit Hilfe des Ausdrucks (4–167) die Werte $C_0 = 0{,}6$, $C_2 = 0{,}3$ und $C_4 = 0{,}003$, die man mit den im Zerfall von ^{240}Pu beobachteten C_L-Werten ($C_0 = 1$ (Normierung), $C_2 = 0{,}6$ und $C_4 = 0{,}01$) vergleichen kann. Die Untersuchung der (p, t)-Reaktion hat Hinweise auf eine ähnliche Reduzierung der Wahrscheinlichkeiten für die Bildung eines Dineutrons in begünstigten Übergängen zwischen ungeraden Kernen im Vergleich zu den Übergängen zwischen gg-Kernen ergeben (Oothoudt und Hintz, 1973).

Eine Veringerung der Intensitäten um einen Faktor 2 kann durch die Annahme interpretiert werden, daß die Stärke des Paarfeldes in ungeraden Kernen um etwa 30% kleiner als im Grundzustand von gg-Kernen ist. Eine vergleichbare Reduzierung wird nach Gl. (6–614) für die Selbstkonsistenz von Δ erwartet (siehe auch Gl. (6–602)). Behandelt man die Änderung von Δ als kleine Störung, so findet man, daß die Blockierung eines Zustands in der Nähe des Fermi-Niveaus zu einer Abnahme von Δ um den Wert $d/2$ führt, wobei d der mittlere Abstand zwischen den zweifach entarteten Zuständen im Einteilchenpotential ist. Aus Abb. 5–4, S. 194, ist ersichtlich, daß $d \approx 0{,}3$ MeV gilt, was einer Reduzierung von Δ um 20% entspricht.

Nichtbegünstigte Übergänge

Während die relativen Intensitäten in der begünstigten Bande den kollektiven α-Bildungsprozeß widerspiegeln, hängen die nichtbegünstigten Übergänge empfindlich von den Einteilchenkonfigurationen im Mutter- und Tochterkern ab. Wie Abb. 5–13 zeigt, liefern daher diese Schemata charakteristische „Fingerabdrücke", die man für die Zuordnung von Niveaus und Tests der inneren Wellenfunktionen benutzen kann. Die theoretischen Werte in Abb. 5–13 stellen die relativen Intensitäten dar, die nach Gl. (5–66) mit den Einteilchenwellenfunktionen, die man aus dem Hamilton-Operator (5–10) erhält, berechnet wurden.

Aus Abb. 5–13 ist ersichtlich, daß die beobachteten Verzögerungsfaktoren für nichtbegünstigte Übergänge in der Größenordnung 10^3 liegen. Die Interpretation dieser

Intensitäten ergibt, daß die Amplituden $f(L)$ für große L-Werte die Größenordnung 10^{-1} erreichen, die etwa dem Faktor $(q_p)^{-1}$ entspricht. Bei kleinen Werten von L ist die Behinderung aufgrund der Auswahlregeln für die Einteilchenquantenzahlen in den meisten Fällen beträchtlich größer. Der Übergang [523 5/2] → [642 5/2] zum Beispiel enthält ein Umklappen des Spins ($\Delta\Sigma = 1$), und der Hauptbeitrag rührt somit von der Amplitude $f(L, K_i \to \bar{K}_f)$ in Gl. (5–61) her. Diese Amplitude entspricht $\Delta K = 5$ und gibt daher nur für $L \geqq 5$ einen Beitrag. Tatsächlich findet man, daß die $L = 5$-Amplitude ebenfalls verzögert ist und die größten Matrixelemente bei $L = 7$ und 9 auftreten. (Diese zusätzliche Behinderung kann damit in Zusammenhang gebracht werden, daß der Übergang nicht nur $\Delta\Lambda = 5$, sondern auch $\Delta n_3 = 2$ erfordert.)

Die Intensitäten in Abb. 5–13 zeigen eine ziemlich markante Abhängigkeit von der Signatur $\sigma = (-1)^{I_f+K_f}$, die die Interferenz zwischen den beiden Termen in Gl. (5–61) widerspiegelt. Diese Signaturabhängigkeit stellt ein wertvolles Mittel für die Identifizierung der verschiedenen inneren Konfigurationen dar. Wie man sieht, sind die Rechnungen in der Lage, die qualitativen Merkmale dieses Effekts wiederzugeben. Bisher ist noch keine einfache Regel gefunden worden, die das Vorzeichen des Interferenzeffekts aus den Quantenzahlen der Einteilchenzustände vorhersagt.

Die größten Diskrepanzen zwischen den berechneten und gemessenen Intensitäten in der α-Feinstruktur treten in der Bande [400 1/2] auf, für die die Rechnungen zwar die relativen Intensitäten befriedigend wiedergeben, die absoluten Intensitäten aber um eine Größenordnung unterschätzen. Diese Abweichungen kann man damit in Zusammenhang bringen, daß die Wellenfunktionen des harmonischen Oszillators die Abhängigkeit der Radialwellenfunktionen von der Gesamtzahl N der Oszillatorquanten nicht richtig beschreiben.

Bei der Feinstruktur des α-Zerfalls von ^{241}Am sticht die bei 722 keV beginnende Bande $K\pi = 5/2^-$ in auffälliger Weise heraus, da sie die einzige Bande ist, deren reduzierte Intensitäten innerhalb der drei Größenordnungen der begünstigten Bande liegen. Die Intensität dieser Übergänge legt eine Interpretation als β-Vibrationsanregung ($\nu\pi = 0^+$), die auf der Konfiguration [523 5/2] aufgebaut ist, nahe. Man kann diese α-Intensität mit der bei $^{242}_{96}$Cm(α)$^{238}_{94}$Pu beobachteten vergleichen, wo der Übergang zum Zustand $n_\beta = 1$, $I\pi = 0^+$ bei 943 keV mit $F^{-1} = 0{,}14$ auftritt (Lederer u. a., 1967).

Spektrum von ^{235}U und die Analyse der Coriolis-Kopplungseffekte (Abb. 5–14; Tab. 5–6 und 5–7)

Das Spektrum von ^{235}U ist durch eine Vielzahl von Reaktionen, darunter α-Zerfall, Coulomb-Anregung, Einteilchentransfer und (n, γ)-Prozeß, ausgiebig untersucht worden. Die in Abb. 5–14 zusammengefaßten Daten bestimmen mehr als 50 Niveaus in einem Gebiet bis ungefähr 1 MeV. Trotz der Komplexität des Spektrums haben die sehr spezifischen Intensitätsschemata, die bei den verschiedenen Reaktionen beobachtet werden, eine Klassifizierung in Rotationsbanden und eine Zuordnung der inneren Konfigurationen ermöglicht. Die beobachteten Einteilchenkonfigurationen entsprechen recht gut den nach Abb. 5–5, S. 195, für $N \approx 143$ erwarteten, wenn man die aus $B(E2)$-Werten für die Rotationszustände bestimmte Deformation $\delta \approx 0{,}25$ annimmt (siehe Abb. 4–25, S. 114).

Von den Einteilchenniveaus, die nach Abb. 5–5 erwartet werden, fehlt im niederenergetischen Spektrum in Abb. 5–14 nur die Konfiguration [624 7/2]. Ein vorläufiger Hinweis darauf, daß diese Bande in ^{235}U auftritt und bei etwa 500 keV beginnt, wurde von Braid u. a. (1970) berichtet.

Zusätzlich zu den Einquasiteilchenzuständen enthält das Spektrum oberhalb von 600 keV eine Reihe von Zuständen, die als Konfigurationen klassifiziert wurden, bei denen den tiefsten Einquasiteilchenzuständen Vibrationsanregungen überlagert sind (siehe Abb. 5–14). Für die auf der Grundzustandskonfiguration basierenden β- und γ-Schwingungen wird diese Interpretation durch die beobachteten großen $E2$-Anregungswahrscheinlichkeiten unterstützt (Stephens u. a., 1968).

Im vorliegenden Beispiel werden wir besonders die Belege über die Coriolis-Kopplung, die sich im Spektrum von ^{235}U offenbaren, diskutieren. Die $N = 7$-Orbitale sind

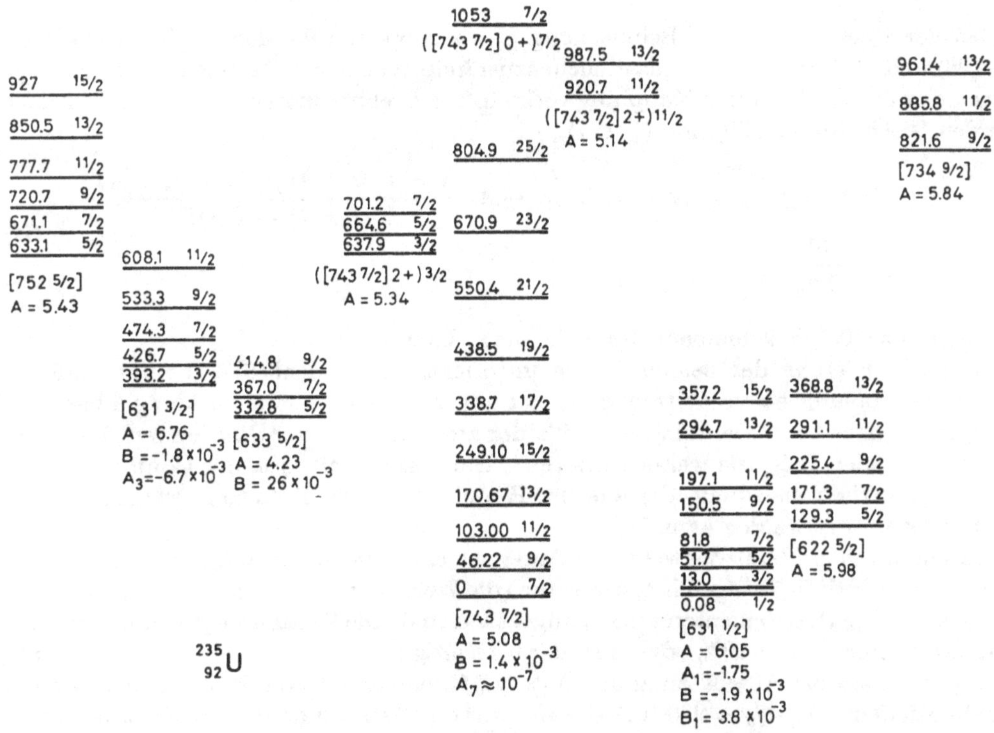

Abb. 5–14 Spektrum von ^{235}U. Die Abbildung beruht auf den experimentellen Daten aus der Coulomb-Anregung von ^{235}U (F. S. Stephens, M. D. Holtz, R. M. Diamond und J. O. Newton, Nuclear Phys. **A115**, 129 (1968)), dem α-Zerfall von ^{239}Pu (J. E. Cline, Nuclear Phys. **A106**, 481 (1968)), Einteilchen-Transferreaktionen (Th. W. Elze und J. R. Huizenga, Nuclear Phys. **A133**, 10 (1969); T. H. Braid, R. R. Chasman, J. R. Erskine und A. M. Friedmann, Phys. Rev. **C1**, 275 (1970)) und der Reaktion ^{234}U(n, γ) (E. T. Jurney, Neutron Capture Gamma-Ray Spectroscopy, Proceedings of the International Symposium held in Studsvik, S. 431, International Atomic Energy Agency, Vienna, 1969). Alle Energien sind in keV angegeben. Die teilchenartigen Zustände sind rechts und die lochartigen Zustände links von der Grundzustandsbande eingezeichnet.

überwiegend vom Typ $j = 15/2$ und haben damit sehr große CORIOLIS-Matrixelemente. Sowohl die Rotationsenergien als auch die $E2$-Übergangswahrscheinlichkeiten liefern Aussagen über die Größe dieser Matrixelemente (STEPHENS u. a., 1968).

Abschätzung der Coriolis-Kopplung aus den E2-Matrixelementen

Die Teilchen-Rotationskopplung in erster Ordnung kann man ziemlich direkt aus den $E2$-Matrixelementen zwischen Rotationsbanden mit $\Delta K = 1$ bestimmen. Für solche Übergänge führt die CORIOLIS-Kopplung in erster Ordnung zu einer I-unabhängigen Renormierung des inneren $E2$-Übergangsoperators (siehe Gln. (4–203) und (4–221))

$$\hat{\mathcal{M}}(E2, \nu = \pm 1) = \mathcal{M}(E2, \nu = \pm 1) + \left(\frac{15}{8\pi}\right)^{1/2} eQ_0 \varepsilon_{\pm 1}, \tag{5–67}$$

wobei der Operator $\varepsilon_{\pm 1}$ die Beimischung der gekoppelten Banden angibt (siehe Gln. (4–198) und (4–199)). Für Einquasiteilchenzustände können die Matrixelemente von $\varepsilon_{\pm 1}$ durch den mit der CORIOLIS-Kopplung verknüpften Drehimpulsoperator $j_\pm$ ausgedrückt werden (siehe Gln. (4–199) und (4–197)),

$$\begin{aligned} \langle \mathrm{v} = 1, \Omega \pm 1 | \, \varepsilon_{\pm 1} \, | \mathrm{v} = 1, \Omega \rangle &= -A_0 \frac{\langle \mathrm{v} = 1, \Omega \pm 1 | \, j_\pm \, | \mathrm{v} = 1, \Omega \rangle}{E(\Omega \pm 1) - E(\Omega)}, \\ A_0 &= \frac{\hbar^2}{2\mathcal{J}_0}, \end{aligned} \tag{5–68}$$

wobei $\mathcal{J}_0$ das Trägheitsmoment des rotierenden Rumpfes ist.

Eine Abschätzung der beiden Terme im effektiven Moment (5–67) zeigt, daß die Rotationskopplung einen Beitrag gibt, der um etwa eine Größenordnung über dem inneren Moment liegt. Die relative Größe der zwei Beiträge wird im letzten Abschnitt des vorliegenden Beispiels weiter diskutiert. Dort zeigen wir, daß der CORIOLIS-Effekt als eine Polarisationsladung, die aus der Kopplung an die Rotationsbewegung resultiert, interpretiert werden kann.[1])

Die empirischen $B(E2)$-Werte für die Anregung der Banden $K\pi = 5/2^-$ und $K\pi = 9/2^-$ in ^{235}U sind in Tab. 5–7 aufgeführt, in der auch die Werte von $\varepsilon_{\pm 1}$, die man mittels Gl. (5–67) aus diesen $E2$-Matrixelementen erhält, angegeben sind. Die Bestimmung von $\varepsilon_{\pm 1}$ enthält eine Korrektur von $+10\%$, die der Berücksichtigung des inneren Moments $\mathcal{M}(E2, \nu = \pm 1)$ gemäß der Abschätzung auf Seite 245ff. entspricht. Die Bestimmung von $\varepsilon_{\pm 1}$ beruht auf dem Wert $Q_0 = 980$ fm^2, der sich aus der Messung des statischen Quadrupolmoments im Myonatom ergibt (DEY u. a., 1973).

Die auf Gl. (5–58) basierenden theoretischen Abschätzungen der Matrixelemente von $\varepsilon_{\pm 1}$ sind in Spalte 4 von Tab. 5–7 aufgeführt. Bei der Abschätzung wurden die in Tab. 5–6 angegebenen Einteilchenmatrixelemente von $j_\pm$ und der Trägheitsparameter $A_0 = 7{,}4$ keV, der den Mittelwert für die Grundzustandsbanden von ^{234}U und ^{236}U darstellt, benutzt. Die berechneten Matrixelemente in Tab. 5–7 enthalten eine kleine Korrektur, die sich

[1]) Belege für eine große Verstärkung der $E2$-Übergänge mit $\Delta K = 1$ wurden durch LÖBNER (1965) gesammelt. Abschätzungen der Matrixelemente, die sich aus der CORIOLIS-Kopplung ergeben, wurden von FAESSLER (1966) angegeben.

aus den Paarkorrelationen ergibt (siehe Gl. (5–43)). Nimmt man an, daß der Grundzustand in der Nähe des FERMI-Niveaus liegt, dann gilt $u_1 \approx v_1 \approx 2^{-1/2}$ und (siehe Gl. (6–601))

$$u_1 u_2 + v_1 v_2 \approx 2^{-1/2}\left(1 + \frac{\Delta}{E_2}\right)^{1/2}$$

$$\approx \left(\frac{1}{2}\,\frac{E_2 - E_1 + 2\Delta}{E_2 - E_1 + \Delta}\right)^{1/2}. \tag{5–69}$$

Damit werden die Matrixelemente um einen Faktor von etwa 0,85 (für $\Delta \approx 0{,}7$ MeV) reduziert. Wie man aus Tab. 5–7 ersieht, überschreiten die theoretischen Abschätzungen von $\varepsilon_{\pm 1}$ die aus den beobachteten $B(E2)$-Matrixelementen abgeleiteten Werte um etwa einen Faktor 2.

Tab. 5–6 CORIOLIS-Matrixelemente für Zustände ungerader Parität in ^{235}U. Die Einteilchenmatrixelemente von $j_+ = j_1 + ij_2$ wurden mit den von B. R. MOTTELSON und S. G. NILSSON, Mat. Fys. Skr. Dan. Vid. Selsk. 1, no. 8 (1959), angegebenen Wellenfunktionen für eine Deformation von $\delta = 0{,}25$ und ein Potential mit den Parametern $v_{ll} = -0{,}02$ und $v_{ls} = -0{,}1$ erhalten.

$[Nn_3\Lambda\Omega]$	$\langle\Omega\,\lvert j^+\rvert\,\Omega - 1\rangle$
[770 1/2]	7,37
[761 3/2]	7,36
[752 5/2]	7,30
[743 7/2]	7,10
[734 9/2]	6,72
[725 11/2]	6,13
[716 13/2]	5,24
[707 15/2]	3,86

Tab. 5–7 Amplituden der CORIOLIS-Mischung für die [743 7/2]-Bande in ^{235}U. Die in der zweiten Spalte aufgeführten $B(E2)$-Werte stellen die Summe der Übergänge zu den verschiedenen Niveaus der Grundzustandsbande der Endkonfiguration dar.

$$B(E2) \equiv \sum_{I_f} B(E2;\, K_i I_i \to K_f I_f).$$

Die Daten sind aus STEPHENS u. a., a. a. O., Abb. 5–14, entnommen.

K_i	K_f	$B(E2)$ e^2 fm^4	$\langle K_f\rvert\,\varepsilon_{\pm 1}\,\lvert K_1\rangle$	
			beob.	berech.
7/2	5/2	430	$3{,}2 \cdot 10^{-2}$	$6{,}8 \cdot 10^{-2}$
7/2	9/2	320	$2{,}7 \cdot 10^{-2}$	$5{,}5 \cdot 10^{-2}$

Im Rahmen des Modells, das die Kopplung eines Quasiteilchens an einen Rotor beschreibt, enthält die CORIOLIS-Kopplung zwei Größen: das Trägheitsmoment $\mathcal{J}_0$ des Rotors und das Matrixelement $j_\pm$, das die Quasiteilchenzustände verknüpft. Bei der obigen Abschätzung für $\varepsilon_{\pm 1}$ wurde der Wert für $\mathcal{J}_0$ aus den Grundzustandsbanden der benachbarten gg-Kerne entnommen. Die Anwesenheit des ungeraden Teilchens führt jedoch zu einer Änderung des Trägheitsmoments des gg-Rumpfes. (Siehe den Einfluß der „Blockierung" auf die Paarkorrelationen und die Rolle der Terme vierter Ordnung in der Rotationsenergie des gg-Rumpfes, die auf S. 269ff. diskutiert werden.) Die quantitative Abschätzung dieser Effekte ist etwas unsicher; das beobachtete Trägheitsmoment der im folgenden analysierten Grundzustandsbande von ^{235}U scheint jedoch zu belegen, daß im vorliegenden Fall die Zunahme von $\mathcal{J}_0$ nicht größer als 20% sein kann.

Die Abschätzung des Einteilchenmatrixelementes von $j_\pm$ ist verhältnismäßig wenig empfindlich gegenüber Details des Einteilchenpotentials, weil die betreffenden Zustände in ziemlich guter Näherung durch $j_{15/2}$-Orbitale beschrieben werden. Überdies ist die berechnete Korrektur aufgrund der Paarkorrelationen klein und daher unempfindlich gegenüber den Parametern des Paarfeldes.

Bei der ziemlich starken Coriolis-Kopplung für die betrachteten Zustände erhebt sich die Frage nach der möglichen Bedeutung von Kopplungseffekten höherer Ordnung. Solche Effekte könnten in den $K = 5/2$- und $K = 9/2$-Banden dann besonders groß sein, wenn die noch nicht beobachteten $j_{15/2}$-Zustände (mit $\Omega = 1/2$, $3/2$, $11/2$ usw.) einen geringen Energieabstand besitzen. Jedoch beträgt die Größe der Coriolis-Matrixelemente, die diese Zustände koppeln, nur einige Hundert keV (für $I \leqq 11/2$), und man erwartet, daß der größte Teil der Coriolis-Stärke, der den beobachteten Übergängen entzogen wird, in Übergängen zu anderen angeregten Zuständen innerhalb eines halben MeV um die experimentell gefundene Anregung erscheint. Diese Übergänge müßten bei der Coulomb-Anregung auftreten und außerdem Beiträge zum effektiven Trägheitsmoment der Grundzustandsbande liefern, die aber die folgende Analyse auszuschließen scheint.

Somit sollte die oben diskutierte Analyse der Teilchen-Rotationskopplung Hinweise auf wesentliche Zusatzglieder zur Coriolis-Kopplung liefern, die zu einer Reduzierung der Rotationskopplung mit $\Delta K = 1$ führen können. Solche zusätzlichen Kopplungsglieder erster Ordnung in der Rotationsfrequenz und im Drehimpuls lassen sich in der Form

$$H_c = A_0 F_+ I_- + \mathcal{R}\text{-konj.} \tag{5–70}$$

ausdrücken, wobei das Einteilchenfeld F_+ und das hermitesch konjugierte Feld F_- bezüglich Zeitumkehr und $\mathcal{R}$-Konjugation die gleiche Symmetrie wie $j_\pm$ haben. Kopplungen der Form (5–70) werden durch geschwindigkeitsabhängige Wechselwirkungen verursacht. So gibt zum Beispiel eine geschwindigkeitsabhängige Komponente $V(p)$ des Einteilchenpotentials im nichtrotierenden System bei der Transformation in ein rotierendes Koordinatensystem zu einem Glied der Form (5–70) Anlaß, wobei F_+ wie bei der Coriolis-Kopplung zu l_+ proportional ist. Der Beitrag dieses Gliedes ist jedoch größtenteils unecht, weil die Geschwindigkeitsabhängigkeit des Potentials relativ zur kollektiven Strömung gerechnet werden muß (siehe S. 66).

Eine andere Kopplung der Form (5–70) ergibt sich aus den Paarkorrelationen. Die Paarkorrelationen im nichtrotierenden System enthalten Teilchen in den bezüglich Zeitumkehr konjugierten Zuständen $(\nu, \bar{\nu})$, im rotierenden Kern entsprechen die gepaarten Orbitale jedoch einer umgekehrten Bewegung bezüglich der kollektiven Strömung. Diese Modifizierung kann durch ein Paarfeld mit der Symmetrie Y_{21} im inneren Koordinatensystem beschrieben werden (wenn man annimmt, daß die Kernform Y_{20}-Symmetrie hat),

$$F_+ = \int \big(\varrho_2(\boldsymbol{r}) - \varrho_{-2}(\boldsymbol{r})\big)\, f(r)\, Y_{21}(\vartheta, \varphi)\, d\tau\,, \tag{5–71}$$

wobei $\varrho_{\pm 2}(\boldsymbol{r})$ die durch die Gln. (6–141) und (6–142) definierten Paardichten sind und $f(r)$ reell ist. Das Quadrupolpaarfeld (5–71) besitzt die Matrixelemente

$$\begin{aligned}\langle \mathsf{v} = 1, \nu_2 | \, F_+ \, | \mathsf{v} = 1, \nu_1 \rangle &= \langle \nu_2 | \, f(r) \, Y_{21} \, | \nu_1 \rangle \, (u_1 v_2 - v_1 u_2), \\ \langle \mathsf{v} = 2, \nu_1 \nu_2 | \, F_+ \, | \mathsf{v} = 0 \rangle &= \langle \nu_2 | \, f(r) \, Y_{21} \, | \bar{\nu}_1 \rangle \, (u_1 u_2 + v_1 v_2).\end{aligned} \tag{5–72}$$

Im Falle von Einquasiteilchenzuständen verschwinden die Matrixelemente (5–72), wenn die Einteilchenzustände entartet sind ($u_2 = u_1$). Insbesondere tritt kein Beitrag zum Entkopplungsparameter in $K = 1/2$-Banden auf. Die $\Delta \mathsf{v} = 0$-Matrixelemente sind dann am größten, wenn die Zustände ν_1 und ν_2 auf verschiedenen Seiten der Fermi-Oberfläche liegen. Diese Eigenschaften erinnern an die zusätzlichen Kopplungseffekte, auf die die experimentellen Informationen hinweisen (siehe S. 219). Jedoch bleibt die Frage offen, ob ein Paarfeld der Form (5–71) den Unterschied zwischen der Coriolis-Kopplung und der beobachteten $\Delta K = 1$-Kopplung quantitativ wiedergeben kann. In diesem Zusammenhang muß man auch die Einflüsse des Quadrupolpaarfeldes auf das Trägheitsmoment im gg-System (die aus $\Delta \mathsf{v} = 2$-Matrixelementen resultieren) sowie auf die inneren Anregungen vom Typ $K\pi = 1^+$ betrachten.

Beitrag der Coriolis-Kopplung zum Trägheitsmoment

Der große Unterschied zwischen der Rotationskonstante der Grundzustandsbande von ^{235}U ($A = 5{,}1$ keV) und der entsprechenden Größe in den benachbarten gg-Kernen ($A = 7{,}4$ keV) ist charakteristisch für Banden in ungeraden Kernen, die sich auf Orbitale mit großem j aufbauen (siehe Tab. 5–17, S. 271). Ein Beitrag zu δA entsteht aus den oben betrachteten Coriolis-Kopplungen an die Banden $K\pi = 5/2^-$ und $K\pi = 9/2^-$,

$$\delta A = -\sum_{\substack{\nu' \\ (\Omega(\nu') = \Omega(\nu) \pm 1)}} \langle \nu' | \, \varepsilon_{\pm 1} \, | \nu \rangle^2 \big(E(\nu') - E(\nu) \big). \tag{5–73}$$

Setzt man die berechneten Werte von $\varepsilon_\pm$ aus der letzten Spalte von Tab. 5–7 in Gl. (5–73) ein, so erhält man $\delta A = -5{,}4$ keV. Dieser Wert beträgt mehr als das Doppelte des beobachteten Effekts. Der Beitrag (5–73) wird teilweise dadurch kompensiert, daß das Vorhandensein des ungeraden Teilchens einige der Anregungen ausschließt, die zum Trägheitsmoment des geraden Rumpfes beitragen. Diesen Effekt liefert das zweite Glied von Gl. (5–47), und eine Abschätzung unter Benutzung der gleichen Näherung wie in Gl. (5–69) führt im betrachteten Fall auf eine Verringerung von δA um etwa 10%. Somit liefert die Information über den Trägheitsparameter einen unabhängigen Beleg für die Überschätzung der Coriolis-Kopplung in ^{235}U.

Berechnet man den Beitrag (5–73) anhand der empirischen Werte von $\varepsilon_{\pm 1}$ aus der dritten Spalte von Tab. 5–7, so erhält man den Wert $\delta A = -1{,}1$ keV, der weniger als die Hälfte des beobachteten Effekts beträgt. Andere Einteilchenzustände $\Omega\pi = 5/2^-$ und $9/2^-$ ergeben zusätzliche negative Beiträge zu δA, eine Abschätzung, die auf dem Spektrum in Abb. 5–5 beruht, zeigt jedoch, daß diese Glieder viel kleiner als die betrachteten Terme sind.

Weitere Beiträge zu δA resultieren aus den Effekten, auf die bei der obigen Diskussion der Coriolis-Matrixelemente verwiesen wurde (Verschiebung der Einteilchenübergangsstärke zu anderen Niveaus sowie Verringerung von A_0). Die beobachtete Größe von δA kann dazu benutzt werden, Grenzwerte für diese Effekte zu bestimmen. Nehmen wir zuerst an, daß A_0 den Wert hat, der durch die Grundzustandsbanden der benachbarten gg-Kerne gegeben ist, dann liefert die beobachtete Kopplung an die $K = 5/2$- und $K = 9/2$-Banden, gemäß der Analyse in Tab. 5–7, nur etwa ein Viertel der Übergangsintensitäten der Operatoren $j_\pm$, die für die betrachteten Quasiteilchenzustände erwartet werden. Wenn die restliche Stärke zu höheren Zuständen verschoben ist, dann muß die Anregungsenergie dieser Zustände um etwa 2 MeV größer sein, damit der Gesamtbeitrag zu δA den beobachteten Wert nicht überschreitet. Eine Verringerung von A_0 durch die Anwesenheit des ungeraden Teilchens würde noch höhere Energien für die fehlende Coriolis-Stärke erfordern. Eine untere Grenze für A_0 erhält man dadurch, daß man den Rest von δA, der nach der Subtraktion der anhand der empirischen Werte für $\varepsilon_{\pm 1}$ berechneten Glieder (2–73) verbleibt, dem Unterschied von A_0 in den gg- und ungeraden Kernen zuschreibt. Der A_0-Wert in ^{235}U ist dann etwa 20% kleiner als in den benachbarten gg-Kernen. (Der gleiche Grenzwert wird durch die Größe von A in den tiefliegenden Banden gerader Parität in ^{235}U nahegelegt; siehe Abb. 5–14.)

Der Trägheitsparameter, den man bei der Abschätzung der Coriolis-Matrixelemente für das ungerade Teilchen benutzen muß, schließt die Änderungen der Rotationseigenschaften des gg-Rumpfes ein, die durch das ungerade Teilchen erzeugt werden. Er berücksichtigt jedoch nicht den Trägheitseffekt (5–73) des Teilchens selbst. Wie anhand des Teilchen-Rotormodells illustriert wurde (siehe Anhang 4A), wird die Reaktion des Teilchens auf den Rotor durch den kombinierten Einfluß der Coriolis- und der Rückstoßterme beschrieben, die beide das Trägheitsmoment des Rotors enthalten (siehe Gl. (4A–8c) und S. 176). Der Rückstoßterm bedingt teilweise Korrekturen der Einteilchenenergien; im oben diskutierten Beispiel sind diese Energien jedoch aus dem experimentellen Spektrum entnommen, so daß solche Korrekturen schon erfaßt sind. Außerdem verändert das Rückstoßglied die Wellenfunktionen des Teilchens in der Weise, daß die Amplitude der $j = 15/2$-Komponente verkleinert wird. Da aber die Zustände, die mit großen Matrixelementen von $j_1^2 + j_2^2$ beigemischt sein können, Anregungsenergien von mehr als 5 MeV haben (siehe Abb. 5–5), läßt sich abschätzen, daß die resultierenden Korrekturen der Coriolis-Matrixelemente kleiner als einige Prozent sind.

A_7-Term in der Grundzustandsbande

Ein weiteres charakteristisches Merkmal der Banden, die sich auf Einteilchenzustände mit großem j aufbauen, ist das verhältnismäßig große signaturabhängige Glied in der Rotationsenergie. Die Analyse der empirischen Energien liefert den Wert $A_7 \approx (1{,}0 \pm 0{,}4) \cdot 10^{-4}$ eV für den Koeffizienten im signaturabhängigen Term führender Ordnung in der Entwicklung (4–62). Der Fehler ist ziemlich groß, da diese Größe aus den Zuständen mit niedrigem Drehimpuls bestimmt werden muß, wo die Entwicklung (4–62) schnell konvergiert. Glieder höherer Ordnung werden bereits für $I \approx 17/2$ wichtig.

Man erwartet, daß der A_7-Term hauptsächlich aus dem Coriolis-Effekt siebenter Ordnung herrührt, der die Folge von Quasiteilchenzuständen [743 7/2] → [752 5/2] → [761 3/2] → [770 1/2] → $\overline{[770\ 1/2]}$ → $\overline{[761\ 3/2]}$ → $\overline{[752\ 5/2]}$ → $\overline{[743\ 7/2]}$ beinhaltet,

$$A_7 = (A_0)^7 \frac{\langle 7/2|\, j_+\, |5/2\rangle^2 \langle 5/2|\, j_+\, |3/2\rangle^2 \langle 3/2|\, j_+\, |1/2\rangle^2 \langle 1/2|\, j_+\, |\overline{1/2}\rangle}{(E_{7/2} - E_{5/2})^2 (E_{7/2} - E_{3/2})^2 (E_{7/2} - E_{1/2})^2} . \tag{5–74}$$

Die Energien der Zwischenzustände $K = 3/2$ und $K = 1/2$ sind nicht bekannt, sie können aber aus dem Einteilchenspektrum in Abb. 5-5 und dem Ausdruck (5-57) für den Paarkorrelationseffekt abgeschätzt werden. Unter der Annahme $\delta = 0{,}25$, $\Delta = 0{,}7$ MeV und $\lambda \approx \varepsilon([743\ 7/2])$ erhält man $E_{3/2} - E_{7/2} \approx 1{,}05$ MeV und $E_{1/2} - E_{7/2} \approx 1{,}4$ MeV. Die Einteilchenmatrixelemente von j_+ sind in Tab. 5-6 aufgeführt. Der Paarungseffekt ist nur für das Matrixelement $7/2 \rightarrow 5/2$ wesentlich (für das der Korrekturfaktor durch Gl. (5-69) gegeben wird). Mit diesen Energien und Kopplungsmatrixelementen sowie $A_0 = 7{,}4$ keV erhält man $A_7 \approx 10^{-3}$ eV, einen Wert, der um etwa einen Faktor 10 größer als der beobachtete ist.

Der empirische Wert von A_7 stellt damit eine weitere Unterstützung der Schlußfolgerung dar, daß die Teilchen-Rotationskopplung gegenüber der Abschätzung, die auf der Coriolis-Wechselwirkung beruht, verringert ist. Benutzt man die empirischen Werte der Amplituden $\varepsilon_{\pm 1}$, die zur Kopplung zwischen den Banden $K = 7/2$ und $K = 5/2$ gehören, dann überschreitet die Abschätzung für A_7 den beobachteten Wert um einen Faktor von ungefähr 2. Somit scheinen die Kopplungsmatrixelemente zwischen den angeregten Banden besser in Einklang mit den Coriolis-Abschätzungen zu stehen, als das für die Kopplung $7/2 \leftrightarrow 5/2$ der Fall ist. Diese Schlußfolgerung ist jedoch wegen der Unsicherheiten in der Lage der erwarteten $K = 3/2$- und $K = 1/2$-Banden als vorläufig anzusehen.

Trägheitsparameter in der [633 5/2]*-Bande*

Die beobachteten Trägheitsmomente für die tiefliegenden Banden positiver Parität in ^{235}U sind um etwa 20% größer als die Momente in den benachbarten gg-Kernen. Dieser Sachverhalt ist typisch für Konfigurationen, die keinen ausgesprochen großen Einteilchendrehimpuls besitzen (siehe Tab. 5-17). Das sehr große Trägheitsmoment der [633 5/2]-Bande kann mit der starken Kopplung an die [624 7/2]-Bande, für die eine vorläufige Identifizierung bei 500 keV vorgeschlagen wird (siehe Literaturstelle auf S. 239), in Zusammenhang gebracht werden. Diese Interpretation wird zusätzlich dadurch unterstützt, daß man in der Rotationsenergie ein großes positives Glied vierter Ordnung ($B \approx +25$ eV) beobachtet. Die Kopplung der beiden Banden liefert die Beziehung $\delta B_1 = (\delta A_1)^2 (E_2 - E_1)^{-1}$, die für $(E_2 - E_1) \approx 130$ keV und $\delta A_1 \approx -1{,}8$ keV annähernd erfüllt ist. Der Wert δA_1 entspricht dem Unterschied zwischen den A-Koeffizienten für die [633 5/2]-Bande und die tieferliegenden Banden positiver Parität. Aus einer solchen Interpretation folgt für die [624 7/2]-Bande ein entsprechender positiver Beitrag zu A und ein großer negativer Beitrag zu B.

Interpretation des Coriolis-Effekts in den E2-Momenten als Polarisationsladung

Der Ausdruck (5-67) stellt das $E2$-Moment für $\Delta K = 1$-Übergänge als eine Summe von einem inneren Moment $\mathcal{M}(E2, \nu = \pm 1)$ und einem Beitrag, der aus der Coriolis-Kopplung resultiert, dar. Das innere Moment würde im Falle einer reinen Neutronenanregung verschwinden, es erhält jedoch Polarisationsbeiträge aus der Kopplung an innere Anregungen mit $\Delta K = 1$. Der Beitrag der hochfrequenten Quadrupolanregungen ($\Delta N = 2$) kann auf der Grundlage des in Kapitel 6 diskutierten Modells abgeschätzt werden, das für ein Neutron $\delta e_{\text{pol}} = 0{,}6\, e$ liefert. (Siehe Gl. (6-386): bei Vernachlässigung von Korrekturen in der Größenordnung des Deformationsparameters ist der hochfrequente Polarisationseffekt unabhängig von ΔK und gleich dem für einen sphärischen Kern.) Zusätzliche Beiträge werden durch die niederfrequenten inneren Anregungen ($\Delta N = 0$) verursacht. Die hauptsächliche Quadrupolstärke der $\Delta N = 0$-Anregungen mit $\Delta K = 1$ hängt mit dem $E2$-Moment der Rotationsbewegung zusammen und erscheint daher nicht als innere Anregung (siehe die Analyse der „überzähligen" Anregung in Kapitel 6, S. 380ff.). Wenn alle $\Delta K = 1$-Anregungen die gleiche Frequenz hätten, dann würde die Rotationsbewegung die gesamte $E2$-Stärke, die mit diesen Anregungen verbunden ist, auf sich vereinen. Bei fehlender Entartung verbleibt jedoch eine gewisse $E2$-Stärke im inneren Spektrum; eine Abschätzung der restlichen $E2$-Stärke, die mit $\Delta N = 0$-Anregungen verknüpft ist, liefert einen Beitrag zur Polarisationsladung von $\delta e_{\text{pol}} \approx 0{,}2\, e$ (Hamamoto, 1971). Somit erwartet man aus den inneren Anregungen eine Gesamtpolarisationsladung von $e_{\text{pol,int}} \approx 0{,}8\, e$. (Im Hinblick auf die Überschätzung der in Tab. 5–7 angegebenen totalen $E2$-Momente kann man die Möglichkeit in Betracht ziehen, daß die innere Polarisationsladung, die mit dem umgekehrten Vorzeichen wie der Coriolis-Beitrag eingeht, wesentlich unterschätzt wurde. Größere Werte von $e_{\text{pol,int}}$ könnten auftreten, wenn das Spektrum der Anregungen $K\pi = 1^+$ in den gg-Kernen verhältnismäßig tiefliegende Banden enthält, die mit dem Grundzustand durch beschleunigte $E2$-Matrixelemente verknüpft sind.)

Das zweite Glied im Moment (5–67) kann als Beitrag zur effektiven Gesamtladung angesehen werden, der aus der Kopplung an die Rotationsbewegung resultiert. Die Struktur dieses Gliedes kann unter Benutzung der Beziehung zwischen den Matrixelementen von $j_\pm$ und $Y_{2\pm1}$, die aus der Y_{20}-Symmetrie des deformierten Feldes folgt, dargestellt werden (siehe Gl. (5–1)),

$$\begin{aligned}\frac{\mathrm{d}}{\mathrm{d}t} j_\pm &= i[H, j_\pm] = i[V_2(r)\, P_2(\cos\vartheta), l_\pm] \\ &= -i\left(\frac{24\pi}{5}\right)^{1/2} V_2(r)\, Y_{2\pm1}(\vartheta, \varphi),\end{aligned} \tag{5–75}$$

wobei der innere Hamilton-Operator H die für die Monopolpaarkorrelationen verantwortlichen Wechselwirkungen enthalten kann. (In Gl. (5–75) wurde der Einfluß der Deformation auf die Spinbahnkopplung vernachlässigt.) Für das gesamte effektive $E2$-Moment erhalten wir somit aus den Gln. (5–67), (5–68) und (5–75)

$$\begin{aligned}&\langle \mathsf{v} = 1, \Omega \pm 1 |\, \hat{\mathscr{M}}(E2, \nu = \pm 1)\, | \mathsf{v} = 1, \Omega \rangle \\ &= \langle \mathsf{v} = 1, \Omega \pm 1 |\, r^2 Y_{2\pm1}\, | \mathsf{v} = 1, \Omega \rangle\, (e_{\text{eff,int}} + e_{\text{pol,rot}})\end{aligned} \tag{5–76}$$

mit

$$e_{\text{pol,rot}} = \frac{3\hbar^2 Q_0 e}{2\mathscr{J}_0(E(\Omega \pm 1) - E(\Omega))^2}\, \frac{\langle \Omega \pm 1 |\, V_2(r)\, Y_{2\pm1}\, | \Omega \rangle}{\langle \Omega \pm 1 |\, r^2 Y_{2\pm1}\, | \Omega \rangle}. \tag{5–77}$$

Der Ausdruck (5–77) besitzt das Vorzeichen und die Frequenzabhängigkeit, die für eine Polarisationsladung charakteristisch sind, die aus der Kopplung an eine kollektive Anregung mit der Frequenz Null resultiert (siehe Gl. (6–216)). Eine qualitative Abschätzung von $e_{\text{pol,rot}}$ läßt sich dadurch erhalten, daß man ein deformiertes Oszillatorpotential (siehe Gl. (5–5)) annimmt und die Beziehungen (4–72) und (4–104) für Q_0 und $\mathscr{J}_{\text{rig}}$ ausnutzt,

$$e_{\text{pol,rot}} \approx -2\, \frac{Ze}{A} \left(\frac{\mathscr{J}_{\text{rig}}}{\mathscr{J}_0}\right) \left(\frac{\hbar\omega_0\delta}{E(\Omega \pm 1) - E(\Omega)}\right)^2. \tag{5–78}$$

Da für ^{235}U $\hbar\omega_0\delta \approx 1{,}6$ MeV ist, während $E(\Omega \pm 1) - E(\Omega) \approx 0{,}7$ MeV und $\mathscr{J}_{\text{rig}} \approx 2\mathscr{J}_0$ gilt, erhalten wir $e_{\text{pol,rot}} \approx -8e$. Somit sollte die Rotationskopplung für alle niederfrequenten $E2$-Übergänge mit $\Delta K = 1$ den dominierenden Beitrag zum $E2$-Moment liefern.

Die Struktur der Rotationspolarisation läßt sich weiter aufklären, indem man beachtet, daß die in Gl. (5–78) auftretende Energie $\hbar\omega_0\delta$ der Anregungsenergie $\Delta\varepsilon$ der wesentlichen Einteilchenanregungen mit $\Delta K = 1$ entspricht, aus denen sich die Rotationsbewegung aufbaut (siehe die Diskussion des Trägheitsmoments im Rahmen des Cranking-Modells, S. 68). Wenn alle Einteilchenanregungen diese eine Frequenz hätten und keine Paarkorrelationen vorhanden wären, dann würde man, wie oben erwähnt, erwarten, daß die Rotationsbewegung die gesamte $E2$-Stärke mit

$\Delta K = 1$ sammelt und daß keine Übergangsstärke in den Einteilchenanregungen verbleibt. Eine solche vollständige Abschirmung ist eine Folgerung aus der obigen Analyse, die man mit Hilfe der Gl. (5-78) entsprechenden Beziehung für das isoskalare Quadrupolmoment in einem Kern mit $N = Z$ leicht bestätigen kann. In diesem Fall ist der Polarisierbarkeitskoeffizient, der das Verhältnis zwischen dem induzierten Moment und dem Moment des nackten Teilchens darstellt, durch $\chi_{\text{rot}} = -2$ gegeben (da $\mathcal{J}_0 = \mathcal{J}_{\text{rig}}$ bei Abwesenheit von Paarkorrelation). Er kompensiert somit exakt das durch die hochfrequente Polarisierbarkeit vergrößerte Moment des Teilchens ($\chi_{\text{int}} = 1$, siehe Gl. (6-370)). Der große Wert von $e_{\text{pol,rot}}$, den man für die $\Delta K = 1$-Übergänge in ^{235}U erhält, stellt eine überstarke Abschirmung des inneren Moments dar. Diese resultiert teils daraus, daß die Einteilchenanregungsenergie $\Delta\varepsilon$ ziemlich klein im Vergleich zu $\hbar\omega_0\delta$ ist, und teils aus den Paarkorrelationen, die das Trägheitsmoment unter den Festkörperwert bringen und zugleich die Energien der $\Delta v = 0$-Anregungen, die im niederenergetischen Spektrum ungerader Kerne auftreten, verringern.

Einteilchenzustände in deformierten Kernen der (sd)-Schale. Spektren von ^{25}Mg *und* ^{25}Al *(Abb. 5-15; Tab. 5-8 bis 5-11)*

Klassifizierung der Spektren ungerader Kerne mit $19 \leqq A \leqq 25$

Für eine große Klasse von Konfigurationen in leichten Kernen können die qualitativen Merkmale der beobachteten Spektren unmittelbar im Rahmen des aligned-Kopplungsschemas, das auf der Einteilchenbewegung in einem sphäroidalen Potential beruht, verstanden werden.[1]) Abbildung 5-15 zeigt die Spektren von ^{25}Mg und ^{25}Al, die besonders gut untersucht sind. Man sieht, daß die Energien und Quantenzahlen $I\pi$ der beobachteten Zustände mit einer Klassifizierung durch Rotationsbanden, die durch die Quantenzahlen $K\pi$ charakterisiert werden, konsistent sind. Diese Interpretation wird durch die gemessenen großen $E2$-Matrixelemente innerhalb der Banden und durch die beobachtete annähernde Gültigkeit der $E2$- und $M1$-Intensitätsbeziehungen führender Ordnung (siehe Tab. 5-10) unterstützt.

Die beobachteten Quantenzahlen der inneren Zustände in Abb. 5-15 entsprechen den $K\pi$-Werten, die man nach Abb. 5-1 für eine gestreckte Deformation erwartet (siehe Tab. 4-15, S. 115). Wie in Tab. 5-8 gezeigt wird, läßt sich eine solche Klassifizierung auf die anderen $T = 1/2$-Spektren am Anfang der (*sd*)-Schale ausdehnen. Eine Ausnahme bilden die Kerne mit $A = 17$, deren tiefliegende Zustände einem einzelnen Teilchen außerhalb der abgeschlossenen Schalen von ^{16}O entsprechen (siehe Abb. 3-2b, Band I, S. 336).

Wie bei schwereren Kernen sind die Deformationen so groß, daß Orbitale aus angrenzenden Hauptschalen im niederenergetischen Spektrum des gleichen Kerns auftreten können. Beispiele dafür liefert Tab. 5-8 mit der [101 1/2]-Bande, die am Anfang der (*sd*)-Schale auftritt, und der [330 1/2]-Bande in Kernen um $A = 25$. (Ein auffallender Effekt dieser Art in den leichteren Kernen ist die gerade Parität für den

[1]) Verweise auf Arbeiten, in denen das aligned-Kopplungsschema für leichte Kerne begründet wird, findet man in der Fußnote auf S. 183. Der Vergleich dieser Wellenfunktion mit denen aus Schalenmodellrechnungen spielte eine wichtige Rolle bei der Begründung des Zusammenhangs zwischen der Bewegung unabhängiger Teilchen und der kollektiven Rotation (Elliott, 1958; Redlich, 1958). Die im aligned-Kopplungsschema enthaltene Konfigurationsmischung ist ebenfalls aus der Hartree-Fock-Behandlung des deformierten Feldes abgeleitet worden (Kelson und Levinson, 1964, siehe auch die Übersichtsarbeit von Ripka, 1968).

Grundzustand des „p-Schalen“-Kerns ^{11}Be (ALBURGER u. a., 1964), die eine Folge der starken Bevorzugung des Zustandes [220 1/2] für gestreckte Deformationen zu sein scheint.)

Außer den Einquasiteilchenzuständen in Tab. 5–8 gibt es in den Spektren der ungeraden Kerne in der (sd)-Schale Hinweise auf kollektive Vibrationsanregungen bei Energien von etwa 3 oder 4 MeV. Ein Beispiel dafür ist die Bande $K\pi = 9/2^+$ bei 4,05 MeV in ^{25}Mg (siehe Abb. 5–15). Diese Bande hat eine ähnliche Energie wie die Bande $K\pi = 2^+$ in ^{24}Mg, die bei 4,23 MeV auftritt. Ihre Interpretation als kollektive γ-Vibration wird weiter gestützt durch die verhältnismäßig große $E2$-Übergangswahrscheinlichkeit $B(E2;\ 5/2^+ \rightarrow 9/2^+) = 34e^2\,\mathrm{fm}^4 = (1{,}0 \pm 0{,}2)\,B_W$, die mit der in ^{24}Mg beobachteten Übergangswahrscheinlichkeit $B(E2;\ 0 \rightarrow K = I = 2) = 1{,}4 B_W$ vergleichbar ist. (Siehe die Zitate im Text zu Tab. 5–10; in ungeraden Kernen führt die γ-Vibrationsanregung zu zwei Banden mit $K = \Omega \pm 2$, von denen jede die Hälfte der Stärke trägt.)

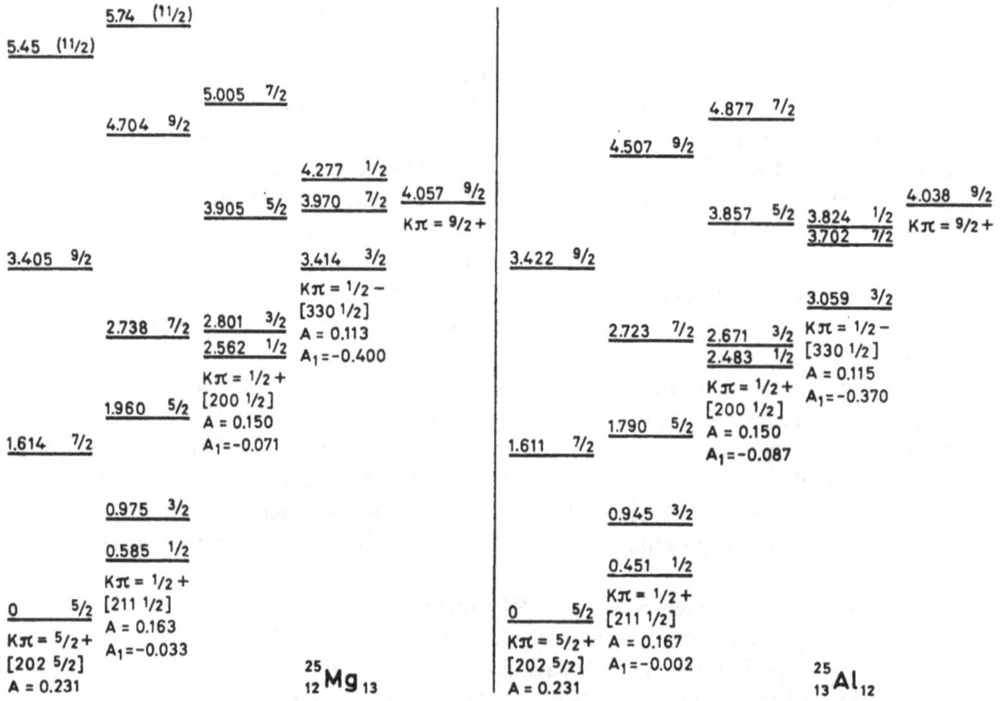

Abb. 5–15 Spektren von ^{25}Mg und ^{25}Al. Die Erkenntnis, daß auch im System mit $A = 25$ eine Rotationsbandenstruktur auftritt, folgte aus der umfangreichen Serie von Experimenten in Chalk River (siehe die Übersicht von A. E. LITHERLAND, H. MCMANUS, E. B. PAUL, D. A. BROMLEY und H. E. GOVE, Can. J. Phys. **36**, 378 (1958)). Die Abbildung beruht auf den experimentellen Daten, die von ENDT und VAN DER LEUN, 1967, und LITHERLAND 1968, zusammengestellt wurden. Die vorläufige Zuordnung $I = 11/2$ für die 5,45 MeV- und 5,74 MeV-Zustände beruht auf den Daten von S. HINDS, R. MIDDLETON und A. E. LITHERLAND, Proceedings of the Rutherford Jubilee Intern. Conf., S. 305, herausgegeben von J. B. BIRKS, HEYWOOD and Co., London 1961. Die Energien sind in MeV angegeben.

Tab. 5–8 enthält nur Zustände mit $T = 1/2$. Für $T = 3/2$-Zustände ist die Information viel weniger detailliert, es scheint jedoch, daß die Tendenz zur Ausbildung des aligned-Kopplungsschemas nicht so ausgeprägt ist wie für die $T = 1/2$-Zustände. Das Spektrum von ^{19}O zum Beispiel zeigt im Gegensatz zu ^{19}F keine einfachen Rotationsbeziehungen (siehe die Übersichtsarbeit von AJZENBERG-SELOVE, 1972). Die geringere Bedeutung des aligned-Kopplungsschemas für $T = 3/2$-Zustände kann teils dem Einfluß des Ausschließungsprinzips und teils der Rolle der Isovektorwechselwirkungen zugeschrieben werden. Infolge des Ausschließungsprinzips erfordert eine Vergrößerung des Neutronenüberschusses eine Umgruppierung von Teilchen aus Bahnen, die durch die Deformation begünstigt werden, in weniger vorteilhafte Bahnen. Der abstoßende Charakter des Isovektorfeldes im Kern (siehe die Diskussion in Band I, S. 156) bewirkt, daß sich die Stärke des deformierten Felds verringert, wenn außerhalb abgeschlossener Schalen ein großer Neutronenüberschuß auftritt (siehe auch Kapitel 6, S. 446).

Tab. 5–8 Innere Zustände in deformierten ungeraden Kernen mit $19 \leqq A \leqq 25$. Die Tabelle gibt die Anregungsenergie (in MeV) des niedrigsten Niveaus der Banden an, die den verschiedenen Einteilchenzuständen $[Nn_3\Lambda\Omega]$ entsprechen. Die Klassifizierung beruht auf den Daten und deren Analyse für die Fälle: ^{19}F (AJZENBERG-SELOVE und LAURITSEN, 1959); ^{21}Ne (A. J. HOWARD, J. G. PRONKO und C. A. WHITTEN, Jr. Phys. Rev. **184**, 1094 (1969); A. A. PILT, R. H. SPEAR, R. V. ELLIOTT, D. T. KELLY, J. A. KUEHNER, G. T. EWAN und C. ROLFS. Can. J. Phys. **50**, 1286 (1972)); ^{23}Na (J. DUBOIS, Nuclear Phys. **A 104**, 657 (1967)); ^{25}Mg (siehe Abb. 5–15).

Kern	[101 1/2] ($a = 0{,}5$)	[220 1/2] ($a = 2{,}0$)	[211 3/2]	[202 5/2]	[211 1/2] ($a = -0{,}1$)	[200 1/2] ($a = 0{,}0$)	[202 3/2]	[330 1/2] ($a = -2{,}5$)
^{19}F	0,11 ($a = 1{,}1$)	0 ($a = 3{,}2$)						
^{21}Ne	2,79 ($a = 0{,}7$)		0		2,80			(4,73)
^{23}Na	2,64 ($a = 0{,}8$)	(4,43)	0		2,39 ($a = 0{,}0$)			
^{25}Mg				0	0,58 ($a = -0{,}2$)	2,56 ($a = -0{,}5$)		3,41 ($a = -3{,}5$)

Formen der Kerne mit (sd)-Konfigurationen

Die starke Bevorzugung der gestreckten Deformation am Anfang der (*sd*)-Schale läßt sich aufgrund der Tatsache verstehen, daß die Energie des [220 1/2]-Zustandes als Funktion der Deformation stärker abnimmt als für jeden beliebigen tiefliegenden Zustand in einem Potential mit abgeplatter Form (siehe Abb. 5–1). Unter Benutzung der Beziehung (4–186) für das harmonische Oszillatorpotential kann man eine einfache Abschätzung für das Quadrupolmoment der Gleichgewichtsform ableiten. So findet man für ^{20}Ne, das zusätzlich zu den abgeschlossenen Schalen die Konfiguration $[220\ 1/2]^4$ hat, aus (4–72) das Moment

$$Q_0 = 42\ \text{fm}^2, \tag{5–79}$$

wobei für den mittleren quadratischen Radius $\langle r^2 \rangle = \frac{3}{5}\,(1{,}2A^{1/3}\,\mathrm{fm})^2$ angenommen wird. Der Wert (5–79) ist vergleichbar mit dem inneren Moment, das man aus dem $B(E2)$-Wert für Rotation ableitet (siehe Tab. 4–15, S. 115). Quantenkorrekturen, die mit den Nullpunktsfluktuationen in der Orientierung des inneren Koordinatensystems zusammenhängen, vergrößern Q_0 um etwa 20% (siehe Gl. (4–145)). Es gibt auch experimentelle Hinweise auf ein ziemlich großes $E4$-Moment in ^{20}Ne, das aus der Form der [220 1/2]-Bahn verständlich ist (siehe Kapitel 4, S. 120).

Für ein harmonisches Oszillatorpotential würde man eine Bevorzugung der abgeplatteten Form am Ende der Schale $N = 2$ erwarten, die mit den Lochzuständen mit der gleichen asymptotischen Quantenzahl [220 1/2], die sich nun auf ein abgeplattetes Potential bezieht, zusammenhängt. Die Spinbahnkraft, die eine Tendenz zu einer Unterschalenstruktur bei N oder $Z = 16$ hervorruft, reduziert jedoch die Tendenz zur Deformation im letzten Teil der (sd)-Schale beträchtlich, so daß die Spektren in diesem Gebiet keine so gut entwickelte Rotationsstruktur wie für $19 \leqq A \leqq 25$ zeigen. Einen gewissen Hinweis auf das Auftreten einer Deformation im Gebiet $A = 28$ liefert das Quadrupolmoment des 2^+-Zustandes von ^{28}Si ($Q = +17\,\mathrm{fm}^2$; Häusser u. a., 1969), das $Q_0 = -60\,\mathrm{fm}^2$ und $\delta \approx -0{,}4$ entspricht. Eine überzeugende Bestätigung der abgeplatteten Form stellt die Beobachtung einer gut entwickelten Rotationsbande mit $K\pi = 7/2^-$ in ^{29}Si dar (Viggars u. a., 1973). Aus Abb. 5–1 ist ersichtlich, daß solch eine Bande der Konfiguration [303 7/2] entspricht, die man für abgeplattete Deformationen erwartet. Für gestreckte Deformation hat die niedrigste Bande negativer Parität $K\pi = 1/2^-$, ebenso wie im Spektrum von $A = 25$ (siehe Abb. 5–15, S. 248).

Im Gebiet um $A = 24$ legt die Struktur der Einteilchenniveaus in Abb. 5–1 die Tendenz zu Kernformen mit ellipsoidaler Symmetrie nahe, weil die beiden Bahnen [211 3/2] und [211 1/2] durch ein Einteilchenfeld mit Y_{22}-Symmetrie stark gekoppelt werden. Im Falle eines Oszillatorpotentials ist die niedrigste Konfiguration für $A = 24$ durch $[n_1 = 0, n_2 = 0, n_3 = 2]^4\,[n_1 = 1, n_2 = 0, n_3 = 1]^4$ zuzüglich der abgeschlossenen Schalen gegeben. Die Gleichgewichtsform ergibt sich aus den Gln. (4–113) und (4–115) zu

$$\langle x_1^2 \rangle : \langle x_2^2 \rangle : \langle x_3^2 \rangle = 20^2 : 16^2 : 28^2. \tag{5–80}$$

Dies entspricht den inneren Momenten

$$\begin{aligned} Q_0 &= \frac{Z}{A} \langle \sum_{k=1}^{A} (2x_3^2 - x_1^2 - x_2^2)_k \rangle = 55\,\mathrm{fm}^2, \\ Q_2 &= \left(\frac{3}{2}\right)^{1/2} \frac{Z}{A} \langle \sum_{k=1}^{A} (x_1^2 - x_2^2)_k \rangle = 11\,\mathrm{fm}^2 \end{aligned} \tag{5–81}$$

und dem Asymmetrieparameter

$$\tan \gamma = \sqrt{2}\, \frac{Q_2}{Q_0} = 0{,}27. \tag{5–82}$$

Der Wert (5–81) für Q_0 stimmt mit den experimentellen Daten (siehe Tab. 4–15, S. 115) überein, und Q_2 ist vergleichbar mit dem Wert, den man aus der $E2$-Übergangswahrscheinlichkeit für die Anregung des zweiten 2^+-Zustandes bei 4,23 MeV erhält (siehe Gl. (4–245) und den auf S. 248 angeführten $B(E2)$-Wert). Die verfügbare Information über das Spektrum von ^{24}Mg läßt jedoch die Frage offen, ob die $K = 2$-Bande die Rotation eines dreiachsigen Gebildes oder eine Vibrationsanregung repräsentiert (siehe die Diskussion des analogen Problems beim Spektrum von ^{166}Er, S. 140ff.).

Man kann auch versuchen, die Information aus den ungeraden Kernen im Gebiet um $A = 24$ zur Frage der Axialsymmetrie in Beziehung zu bringen (siehe z. B. Chi und und Davidson, 1963). Im Fall ellipsoidaler Symmetrie enthält jede Bande im ungeraden Kern die Zustände $I = 1/2$, $(3/2)^2$, $(5/2)^3, \ldots$ (siehe Gl. (4–294)). Das Auftreten von drei Zuständen mit $I = 1/2$ im niederenergetischen Spektrum von $A = 25$ bedeutet daher, daß mindestens drei innere Konfigurationen im Spiel sind. Eine solche Interpretation führt auf eine ziemlich große Zahl von Parametern, und es ist noch nicht gelungen, Beziehungen festzustellen, die für das Kopplungsschema des asymmetrischen Rotors spezifisch sind.

Separation der überzähligen Zustände, die mit der Rotation zusammenhängen

In leichten Kernen sind die Rotationsfreiheitsgrade mit der Bewegung von ziemlich wenigen Teilchen verknüpft, und das Problem der Überzähligkeit der Gesamtzahl der Freiheitsgrade tritt in besonders akuter Weise auf. Wir werden einige Aspekte des Problems illustrieren, indem wir die niedrigsten Zustände für die Konfigurationen von drei Teilchen in der (*sd*)-Schale betrachten. Die Bedeutung der endlichen Teilchenzahl für die Kernrotation wird in dem Beispiel in Kapitel 4, S. 70ff., weiter diskutiert.

Die in der Rotationsbewegung enthaltenen inneren Anregungen werden durch die Wirkung der mit infinitesimalen Drehungen verknüpften Operatoren $J_{\pm}$ aus den tieferliegenden Konfigurationen erzeugt. Im Fall des Grundzustandes von ^{19}F mit der Konfiguration $[220\ 1/2]^3$ erzeugen die Drehoperatoren Linearkombinationen von Konfigurationen, die hauptsächlich aus $([220\ 1/2]^2\ [211\ 3/2])$ und $([220\ 1/2]^2\ [211\ 1/2])$ bestehen. Diese Konfigurationen sollten in der Näherung unabhängiger Teilchen die tiefsten Anregungen positiver Parität liefern. Berücksichtigt man die Entartung jedes Einteilchenzustandes bezüglich des Vorzeichens von Ω und die verschiedenen Möglichkeiten, die Neutronen und Protonen auf die verschiedenen Orbitale zu verteilen, dann erhält man aus diesen Konfigurationen fünf Zustände mit $K = 1/2$, vier Zustände mit $K = 3/2$ und einen Zustand mit $K = 5/2$. Von diesen Zuständen haben ein $K = 1/2$- und ein $K = 3/2$-Zustand den Isospin $T = 3/2$, während die restlichen Zustände $T = 1/2$ besitzen. Der Rotationsfreiheitsgrad entspricht einer isoskalaren Anregung mit $\Delta K = 1$ und wird daher durch eine Linearkombination der $K = 1/2$-Zustände mit $T = 1/2$ und eine weitere mit $K = 3/2$, $T = 1/2$ dargestellt. Somit verbleiben die folgenden echten inneren Anregungen: $(K = 1/2,\ T = 1/2)^3$, $(K = 3/2,\ T = 1/2)^2$, $(K = 5/2, T = 1/2)$, $(K = 1/2, T = 3/2)$ und $(K = 3/2\ T = 3/2)$.

Im betrachteten Fall sollten alle echten inneren Anregungen infolge der Restwechselwirkungen zwischen den Nukleonen ziemlich hohe Anregungsenergien haben. Diese Wechselwirkungen begünstigen Zustände mit niedrigem Gesamtisospin (was z. B. durch das Symmetriepotential des Kerns manifestiert wird). Dieses Merkmal kann als Spezialfall der Tendenz zur Bevorzugung von Zuständen, die bei Austausch der Ortskoordinaten der wechselwirkenden Teilchen symmetrisch sind, angesehen werden. (Diese Tendenz wird durch effektive Nukleonenwechselwirkungen ausgedrückt, die vom Ortsaustauschoperator abhängen; siehe z. B. die in Band I, S. 271 betrachtete Serber-Kraft). Der

Grundzustand von ^{19}F hat im Grenzfall der asymptotischen Quantenzahlen die vollständig symmetrische Ortswellenfunktion $[220]^3$, die an die total antisymmetrische Spin-Isospin-Wellenfunktion gekoppelt ist ($[f] = [3]$ im Ortsraum und $[f] = [111]$, $(S, T) = (1/2, 1/2)$ im Spin-Isospinraum, siehe Tab. 1C–5, Band I, S. 143). Die angeregte Bahnkonfiguration ($[220]^2$ [211]) enthalt nur einen vollständig symmetrischen Zustand ($[f] = 3$) und gerade dieser Zustand ergibt sich aus dem Grundzustand durch Anwendung des Operators J_+. Es folgt daher, daß alle oben aufgezählten echten Zustände zu der niedrigeren Bahnsymmetrie $[f] = [21]$ gehören. (Die Konfiguration $[220]^2$ [211] gibt zu einer einzigen Bande mit $\Lambda = 1$ Anlaß. Koppelt man diese Bande an die Spin-Isospinzustände $(S, T) = (1/2, 1/2)$, $(1/2, 3/2)$ und $(3/2, 1/2)$ (siehe Tab. 1C–5), so erhält man die Multiplizität der oben aufgezählten Banden.) Ein systematisches Verfahren für die Separation von Rotations- und inneren Freiheitsgraden im Falle des harmonischen Oszillatorpotentials kann auf der Grundlage der SU_3-Klassifizierung aufgebaut werden (Elliott, 1958; für die Konfigurationen der p-Schale ist diese Klassifizierung in Tab. 1C–4, Band I, S. 140, angegeben). Methoden, die für die Teilchenbewegung in allgemeineren Potentialen geeignet sind, werden in Kapitel 6, S. 380ff., diskutiert.

Die einzigen Zustände mit gut begründeten $(sd)^3$-Konfigurationen im Spektrum von ^{19}F sind außer der Grundzustandsbande jene $T = 3/2$-Zustände, die isobaranalog zu den tiefliegenden Zuständen von ^{19}O sind. Diese tiefsten $T = 3/2$-Zustände in ^{19}F treten bei etwa 7,5 MeV auf, einer Energie, die beträchtlich größer als die Einteilchenenergiedifferenz zwischen den Zuständen [220 1/2] und [211 3/2] in Abb. 5–1 ist. Diese $T = 3/2$-Zustände zeigen nicht die für das aligned-Kopplungsschema charakteristische Rotationsstruktur (siehe S. 249). Die tiefsten inneren Anregungen in ^{19}F mit $T = 1/2$ enthalten eine Bande mit $K\pi = 1/2^-$, die der Konfiguration $p^{-1}(sd)^4$ entspricht (siehe Tab. 5–8), und eine Bande, die bei 3,01 MeV beginnt und der man vorläufig $K\pi = 3/2^+$ zuordnet (Dixon u. a., 1971). Die niedrige Energie und die reguläre Bandenstruktur der Anregungen positiver Parität legen nahe, daß die Schalenmodellkonfiguration überwiegend aus Komponenten $p^{-2}(sd)^5$ oder $p^{-4}(sd)^7$ besteht.

Eine weitere überzählige Anregung hängt mit der Schwerpunktsbewegung zusammen. Da der Generator von Verschiebungen der Gesamtimpuls $\boldsymbol{P}$ ist, haben die überzähligen Anregungen die Quantenzahlen $\Delta K = 0$ oder 1 und $\pi = -1$. Die Anregungen ungerader Parität in Tab. 5–8 besitzen diese Symmetrie, sie haben aber sehr kleine Matrixelemente von $\boldsymbol{P}$, weil dieser Operator den Auswahlregeln $\Delta n_3 = 1$, $\Delta\Lambda = 0$ oder $\Delta n_3 = 0$, $\Delta\Lambda = 1$ gehorcht. Daher sollten die Eigenschaften dieser Anregungen durch die Eliminierung des überzähligen Freiheitsgrades, der mit der Schwerpunktsbewegung verknüpft ist, nur unwesentlich beeinflußt werden.

Entkopplungsparameter

Die Klassifizierung in Tab. 5–8 wird durch Messungen verschiedener Eigenschaften der inneren Zustände weiter bestätigt. Die experimentell bestimmten Entkopplungsparameter für die $K = 1/2$-Banden sind in Tab. 5–8 angegeben. Sie können mit den theoretischen Werten, die zusammen mit den Konfigurationen aufgeführt sind, verglichen werden. Die theoretischen Abschätzungen wurden aus Gl. (5–46) und den Wellenfunktionen in Tab. 5–9 erhalten. Man sieht, daß sie die charakteristischen Unterschiede zwischen den beobachteten Entkopplungsparametern der verschiedenen Banden wiedergeben. Für die Zustände [220 1/2] und [330 1/2], die besonders große Trägheitsmomente haben, können Rotationskopplungseffekte höherer Ordnung wichtig sein. Solche Effekte sind möglicherweise für den zu kleinen theoretischen Wert von a bei diesen Banden verantwortlich; siehe S. 267.

Tab. 5–9 Einteilchenwellenfunktionen für Kerne mit $19 \leqq A \leqq 25$. Die Tabelle gibt die Entwicklungskoeffizienten $\langle Nlj\Omega \,|\nu\rangle$ der Einteilchenzustände ν an, die durch die asymptotischen Quantenzahlen $[Nn_3\Lambda\Omega]$ bezeichnet werden. Die Wellenfunktionen wurden aus dem HAMILTON-Operator (5–10) unter Benutzung der Parameter in Tab. 5–1 und der Deformation $\delta = 0{,}4$ erhalten. Die Phasen sind dieselben wie in Tab. 5–2b und Gl. (5–17).

$[Nn_3\Lambda\Omega]$	$j = 1/2$	$j = 3/2$	$j = 5/2$	$j = 7/2$
[101 1/2]	0,920	0,392		
[220 1/2]	−0,523	−0,285	0,803	
[211 3/2]		−0,236	0,972	
[202 5/2]			1,000	
[211 1/2]	0,419	0,735	0,533	
[200 1/2]	0,743	−0,615	0,265	
[202 3/2]		0,972	0,236	
[330 1/2]	0,279	−0,646	−0,188	0,685

*M*1- *und GT-Matrixelemente für* $A = 25$

Die empirischen Daten über die $M1$-Momente in den [202 5/2]- und [211 1/2]-Banden von ^{25}Mg und ^{25}Al sind in Tab. 5–10 zusammengestellt und werden mit Hilfe der Ausdrücke (4–87) und (4–88) analysiert. Für die $K = 5/2$-Banden liefert die Konstanz der aus den verschiedenen Matrixelementen abgeleiteten Größe $(g_K - g_R)$ einen Test des Rotationskopplungsschemas.

Die empirischen Werte von g_K und b können mit den Werten verglichen werden, die man aus den Ausdrücken (5–86) und (5–87) mittels der Wellenfunktionen in Tab. 5–9 bestimmt. Die berechneten Werte in der Tabelle entsprechen der Annahme $g_l = (g_l)_{\text{frei}}$ und $g_K = 0{,}5$ und werden durch den Parameter x ausgedrückt, der das Verhältnis von $(g_s)_{\text{eff}}$ und $(g_s)_{\text{frei}}$ darstellt. Setzt man $x \approx 0{,}9$, so kann man den beobachteten Wert von g_K für das $K = 5/2$-Orbital erhalten.

Solch ein kleiner Wert für den Spinpolarisationseffekt steht jedoch im Widerspruch zur Information über die GT-Übergangswahrscheinlichkeit im β-Zerfall von ^{25}Al. Mit der beobachteten reduzierten Lebensdauer ($ft = 3\,900$) für den Grundzustandsübergang erhält man aus den Gln. (3–46), (3–50) und (4–91)

$$\langle K = 5/2, M_T = 1/2 | \sum \sigma_3 t_+ \,| K = 5/2, M_T = -1/2\rangle = 0{,}75 . \tag{5–83}$$

Diese Zahl ist mit dem Wert 1,0, der sich aus der Wellenfunktion in Tab. 5–9 für die [202 5/2]-Konfiguration ergibt, zu vergleichen. Das Matrixelement (5–83) ist durch die Drehinvarianz im Isospinraum mit dem isovektoriellen Spinbeitrag zu g_K verknüpft, und aus der β-Zerfallsrate folgt $x \approx 0{,}75$. Die Diskrepanz zwischen den Werten der Spinpolarisation, die man aus den magnetischen Momenten und dem β-Zerfall ableitet,

Tab. 5–10 $E2$- und $M1$-Matrixelemente für $A = 25$. Die Werte von Q_0 (in fm²) und der magnetischen g-Faktoren wurden aus den Momenten und Übergangswahrscheinlichkeiten innerhalb einer Bande (in Spalte 1) abgeleitet. Die berechneten Werte beruhen auf den Wellenfunktionen in Tab. 5–9, und die Größe x stellt das Verhältnis zwischen dem effektiven Wert von g_s und dem des freien Nukleons dar. Die empirischen Daten sind aus der Übersichtsarbeit von LITHERLAND (1968) und aus J. F. SHARPEY-SCHAFER, R. W. OLLERHEAD, A. J. FERGUSON und A. E. LITHERLAND, Can. J. Phys. **46**, 2039 (1968); N. ANYAS-WEISS und A. E. LITHERLAND, Can. J. Phys. **47**, 2609 (1969) und T. R. ALEXANDER, O. HÄUSSER, A. B. MCDONALD und G. T. EWAN, Can. J. Phys. **50**, 2198 (1972) sowie aus im letzten Artikel zitierten Literaturstellen entnommen.

	^{25}Mg	^{25}Al
gemessene Größe	$K = 5/2$ [202 5/2]	
$Q(5/2)$	$Q_0 \approx 60$	
$B(E2; 7/2 \to 5/2)$	$Q_0 = 55 \pm 6$	$Q_0 \approx 50$
$B(E2; 9/2 \to 7/2)$	$Q_0 = 30 \pm 15$	$Q_0 = 45 \pm 15$
$B(E2; 9/2 \to 5/2)$		$Q_0 = 40 \pm 15$
$\mu(5/2)$	$g_K = -0{,}68 - 0{,}4(g_R - 0{,}5\ )$	
$B(M1; 7/2 \to 5/2)$	$g_K - g_R = -1{,}3 \pm 0{,}1$	$g_K - g_R = 1{,}4 \pm 0{,}2$
$B(M1; 9/2 \to 7/2)$	$g_K - g_R = -1{,}5 \pm 0{,}3$	$g_K - g_R = 1{,}4 \pm 0{,}4$
	$(g_K)_{\text{berech}} = -0{,}76x$	$(g_K)_{\text{berech}} = 0{,}8 + 1{,}11x$
	$K = 1/2$ [211 1/2]	
$B(E2; 3/2 \to 1/2)$	$Q_0 \approx 60$	$Q_0 \approx 55$
$B(E2; 5/2 \to 3/2)$	$Q_0 \approx 75$	$Q_0 \approx 75$
$B(E2; 5/2 \to 1/2)$	$Q_0 \approx 65$	$Q_0 \approx 110$
$B(E2; 7/2 \to 3/2)$	$Q_0 \approx 60$	$Q_0 \approx 60$
$B(M1; 3/2 \to 1/2)$	$\{ g_K - g_R = 1{,}2 \pm 0{,}3$	
$B(M1; 5/2 \to 3/2)$	$\{ b(g_K - g_R) = 0{,}2 \pm 0{,}3$	$\{ g_K - g_R = -1{,}4 \pm 0{,}3$
$B(M1; 7/2 \to 5/2)$		$\{ b(g_K - g_R) = -0{,}1 \pm 0{,}3$
	$(g_K)_{\text{berech}} = 2{,}5x$	$(g_K)_{\text{berech}} = 1{,}6 - 3{,}6x$
	$(b(g_K - g_R))_{\text{berech}} = -0{,}03 + 0{,}7x$	$(b(g_K - g_R))_{\text{berech}} = 0{,}2 - 1{,}0x$

ähnelt der Situation, mit der man bei der Analyse der Einteilchenkonfiguration $d_{5/2}$ in $A = 17$ konfrontiert wird (siehe Band I, S. 362). In beiden Fällen läßt sich die Diskrepanz dadurch beseitigen, daß man eine Renormierung des Bahn-g-Faktors um $\delta g_l \approx -0{,}1\tau_z$ einführt. (Hinweise auf den gleichen Effekt in den magnetischen Momenten im Gebiet um ^{208}Pb werden auf S. 416 angeführt.)

Für das $K = 1/2$-Orbital in Tab. 5–10 ist der beobachtete Wert von g_K mit $x \approx 0{,}7$ konsistent. Er ist aber nicht genau genug, um die Renormierung von g_l zu testen. Bezüglich des b-Parameters könnten die Daten auf einen größeren Spinpolarisationseffekt hinweisen. Solch eine stärkere Reduzierung des effektiven Moments für die transversale Spinkomponente sollte eine allgemeine Folge der annähernden Gültigkeit der asymptotischen Quantenzahlen sein, die die Spinfluktuationen in longitudinaler Richtung gegenüber Fluktuationen in transversaler Richtung verringert (siehe S. 263). Im Falle des ^{24}Mg-Rumpfs sind die transversalen Spinfluktuationen wegen der großen Matrixelemente zwischen den besetzten [211 3/2]- und den freien [211 1/2]-Zuständen besonders stark.

Der β-Zerfall von ^{25}Al hat eine schwache Verzweigung zu dem $I = 7/2$-Niveau der Grundzustandsbande von ^{25}Mg. Die beobachtete Intensität von etwa 0,1% (siehe ENDT und VAN DER LEUN, 1967) entspricht $ft \approx 2 \cdot 10^5$ und führt auf ein inneres Matrixelement von etwa einem Drittel des Wertes (5–83). Solch eine starke Verletzung der Rotations-Intensitätsbeziehungen erscheint überraschend, insbesondere im Hinblick auf die Übereinstimmung bei den $M1$-Matrixelementen.

Der widersprüchliche Charakter der Information, die man aus den GT- und $M1$-Matrixelementen für den Übergang $I = 5/2 \to I = 7/2$ erhält, kann durch Benutzung des Ausdruckes (1–65) für den Operator des magnetischen Moments und der Drehinvarianz im Isospinraum genauer gezeigt werden. Man findet

$$\begin{aligned}&\langle I = 7/2,\, M_T = 1/2 \,\|\textstyle\sum t_+\sigma\|\, I = 5/2,\, M_T = -1/2\rangle \\ &= \frac{1}{4{,}71}\big(-\langle I = 7/2,\, M_T = 1/2 \,\|\mu\|\, I = 5/2,\, M_T = 1/2\rangle \\ &\quad + \langle I = 7/2,\, M_T = -1/2 \,\|\mu\|\, I = 5/2,\, M_T = -1/2\rangle \\ &\quad - \langle I = 7/2,\, M_T = 1/2 \,\|\textstyle\sum \tau_z l\|\, I = 5/2,\, M_T = 1/2\rangle\big) \\ &= 1{,}8 - 0{,}21\,\langle I = 7/2,\, M_T = 1/2,\, \|\textstyle\sum \tau_z l\|\, I = 5/2,\, M_T = 1/2\rangle, \qquad (5\text{–}84)\end{aligned}$$

wobei die beobachteten $M1$-Matrixelemente für ^{25}Mg und ^{25}Al aus Tab. 5–10 eingesetzt wurden. Der empirische Wert für das reduzierte GT-Matrixelement (5–84) beträgt ungefähr 0,35, und die obige Relation fordert somit einen Wert von etwa 7 für das isovektorielle Bahnmatrixelement. Solch ein großer Wert erscheint unwahrscheinlich. Zum isovektoriellen Bahnmatrixelement trägt der gg-Rumpf ^{24}Mg (der $T = 0$ hat) nicht bei, und das ungerade Neutron gibt im Rotationskopplungsschema den Beitrag 2,6.

Einteilchentransfer für $A = 25$

Die starke Bevölkerung der tiefliegenden Zustände von ^{25}Mg in der Reaktion ^{24}Mg(d, p) bestätigt die Interpretation dieser Zustände als Einteilchenbewegung bezüglich des ^{24}Mg-Rumpfs. Die Reaktionsamplituden liefern Abstammungsfaktoren, aus denen man die Entwicklungskoeffizienten $\langle lj\Omega \mid \nu\rangle$ für die Einteilchenzustände bestimmen kann (siehe Gl. (5–42)). Die so erhaltenen Wahrscheinlichkeiten $\langle lj\Omega \mid \nu\rangle^2$ sind in Tab. 5–11 mit den theoretischen Werten verglichen, die den in Tab. 5–9 angegebenen Wellenfunktionen entsprechen. Bei den theoretischen Abschätzungen wurden Effekte der Paarkorrelationen nicht berücksichtigt, da im vorliegenden Fall die Existenz eines kollektiven Paarfeldes unwahrscheinlich erscheint. In der Tat ist der Abstand zwischen den besetzten und freien Niveaus in Abb. 5–1 ungefähr zweimal so groß wie der Parameter Δ, der aus den ungerade-gerade-Massendifferenzen bestimmt wird (siehe Abb. 2–5, Band I, S. 179). Dieses Merkmal wird durch das Fehlen von Lochzuständen im beobachteten Spektrum bis zu einer Anregungsenergie von etwa 4 MeV bestätigt.

Die theoretischen Werte in Tab. 5–11 liefern eine qualitative Interpretation der beobachteten Intensitätsverteilungen. Bei einem quantitativen Vergleich muß man Mehrstufenprozesse sowie den Einfluß der CORIOLIS-Kopplung betrachten. Auf die Bedeutung der Mehrstufenprozesse weist die Tatsache hin, daß die unelastische Deuteronen- und Protonenstreuung, die zu Rotationsanregungen der Grundzustandsbande führt, mit Ausnahme der Vorwärtswinkel ähnliche Querschnitte wie die elastische Streuung hat (siehe z. B. SCHULZ u. a., 1970). Der Einfluß von Mehrstufenprozessen wurde von

SCHULZ u. a., 1970; MACKINTOSH, 1970; BRAUNSCHWEIG u. a., 1971, untersucht. Einen ziemlich direkten Hinweis auf diese Prozesse bildet die Anregung des $I = 7/2$-Niveaus der Grundzustandsbande von ^{25}Mg (MIDDLETON und HINDS, 1962; HOSONO, 1968). Eine kleine Amplitude für diesen Übergang ergibt sich aus der Beimischung von $N = 4$-Komponenten in der inneren Einteilchenwellenfunktion. Diese Komponente kann aus dem Matrixelement des deformierten Potentials (5–5) abgeschätzt werden (siehe Gln. (3–14) und (2–154)),

$$\langle N = 4, g_{7/2}, \Omega = 5/2 | \tfrac{2}{3} \delta M \omega_0^2 r^2 P_2 | N = 2, d_{5/2}, \Omega = 5/2 \rangle = \left(\frac{2}{21}\right)^{1/2} \hbar\omega_0 \delta . \tag{5–85}$$

Mit $\delta \approx 0{,}4$ und $\Delta\varepsilon \approx 2\hbar\omega_0$ erhalten wir eine $g_{7/2}$-Amplitude von ungefähr 0,06, die einen direkten (d, p)-Querschnitt von weniger als 10^{-3} des Grundzustandsübergangs beiträgt. Die beobachtete Intensität liegt in der Größenordnung von einem Zehntel des Grundzustandsüberganges. Somit scheinen die Mehrstufenprozesse den Hauptmechanismus für die Bevölkerung des $I = 7/2$-Niveaus darzustellen.

Die CORIOLIS-Kopplung ist besonders stark für die [330 1/2]-Bande, die eine große $f_{7/2}$-Komponente enthält. Diese Kopplung scheint für die beobachtete große Intensität der Übergänge in den $I = 7/2$-Zustand dieser Bande verantwortlich zu sein. Im Grenzfall, wenn die CORIOLIS-Kopplung groß im Vergleich zu den energetischen Abständen aller $f_{7/2}$-Orbitale ist, konzentriert sich die gesamte $f_{7/2}$-Stärke (die in den Einheiten von Tab. 5–11 gleich Vier ist) im niedrigsten $I = 7/2$-Zustand (sphärisches Kopplungsschema). Eine Abschätzung des CORIOLIS-Matrixelementes zwischen den $I = 7/2$-Zuständen der [330 1/2]- und [321 3/2]-Banden ergibt Werte von einigen MeV, die mit der Energiedifferenz zwischen den Banden vergleichbar sind. Ein Matrixelement dieser Größe entspricht einem intermediären Kopplungsschema, in Übereinstimmung mit der beobachteten Intensität des $f_{7/2}$-Einteilchentransferprozesses.

Tab. 5–11 Information über die Einteilchenzustände in ^{25}Mg aus der ^{24}Mg(d, p)-Reaktion. Die Tabelle führt die Quadrate der Entwicklungsamplituden $\langle lj\Omega | \nu \rangle$ an, die sich aus den bei 25° für 15 MeV-Deuteronen beobachteten differentiellen Wirkungsquerschnitten ergeben. Die experimentellen Daten und die DWBA-Analyse stammen von D. ČUJEC, Phys. Rev. **126**, B 1305 (1964). Die Einteilchenquerschnitte sind auf den Grundzustandsübergang normiert, für den $\langle d_{5/2}, \Omega = 5/2 | \nu \rangle = 1$ angenommen wird.

ν		$\langle lj\Omega \mid \rangle^2$			
		$j = 1/2$	$j = 3/2$	$j = 5/2$	$j = 7/2$
[202 5/2]	beob.			(1,0)	a
	berech.			1,0	
[211 1/2]	beob.	0,23	0,44	0,19	a
	berech.	0,18	0,54	0,28	
[200 1/2]	beob.	0,08	0,40	0,02	
	berech.	0,55	0,38	0,07	
[330 1/2]	beob.	0,2	0,6	0,04	1,4
	berech.	0,08	0,42		0,47

(a) Schwache Gruppen mit Intensitäten geringer als 10% des Grundzustandsübergangs und mit annähernd isotroper Winkelverteilung.

Coulomb-Energien

Die detaillierte Korrespondenz zwischen den Energieniveaus von ^{25}Mg und ^{25}Al (siehe Abb. 5-15) liefert einen überzeugenden Beweis für die Ladungssymmetrie der Kernkräfte (siehe Band I, S. 35). Der quantitative Vergleich zeigt kleinere Unterschiede, die der Abhängigkeit der Ladungsverteilung (und der des magnetischen Moments) von den Quantenzahlen der verschiedenen Zustände zugeschrieben werden kann. Aufgrund der reichlich vorhandenen Daten und der Einfachheit des Kopplungsschemas für deformierte Kerne ist die Analyse dieser Effekte potentiell eine Quelle wertvoller Information über die Struktur der Zustände. Eine detaillierte Analyse liegt noch nicht vor, und wir werden uns auf einige qualitative Bemerkungen beschränken.

Die inneren Anregungsenergien in ^{25}Al unterscheiden sich von denen in ^{25}Mg um Beträge der Größenordnung 100 keV. Das Vorzeichen deutet an, daß die COULOMB-Energie für eine Bahn längs der Symmetrieachse ($n_3 \approx N$) kleiner ist als für eine Bahn in der Äquatorebene ($n_\perp \approx N$). Somit ist das Vorzeichen das gleiche wie das des Unterschieds zwischen dem COULOMB-Feld am Pol und am Äquator eines homogen geladenen gestreckten Sphäroids. Die quantitative Abschätzung enthält jedoch eine delikate Balance zwischen dem Erwartungswert der Quadrupolkomponente im COULOMB-Feld, die äquatoriale Bahnen begünstigt, und dem umgekehrten Effekt aufgrund des isotropen Anteils des COULOMB-Feldes. Letzterer begünstigt Bahnen längs der Symmetrieachse, weil diese infolge der Deformation des Kernfelds eine etwas größere radiale Auslenkung haben.

Man erwartet, daß die quantitative Interpretation der Verschiebungen der COULOMB-Energie durch Polarisationseffekte, die denen bei anderen Einteilchenmatrixelementen analog sind, wesentlich beeinflußt wird (AUERBACH u. a., 1969; DAMGAARD u. a., 1970). So sollte die Kopplung der einzelnen Teilchen an die kollektiven Isovektor-Monopolanregungen des Rumpfs die Isovektordichte am Teilchenort merklich verringern und diese gleichmäßiger über den Kern als Ganzes verteilen. (Der Effekt ähnelt der Polarisationsladung, die im Zusammenhang mit den isovektoriellen Dipol- und Quadrupolanregungen in Kapitel 6, S. 416 und S. 441 ff. diskutiert wird.)

Überblick über die inneren Zustände von ungeraden Kernen mit $150 < A < 188$ (*Tab. 5-12 und 5-13*)

Die vorangegangenen Beispiele illustrieren die Klassifizierung der Spektren ungerader Kerne auf der Grundlage der inneren Zustände in Abb. 5-1 bis 5-5. Für die ungeraden Kerne im Gebiet $150 < A < 188$ werden die systematischen Merkmale dieser Klassifizierung in den Tab. 5-12 und 5-13 gezeigt, die die verfügbaren Daten über die Lage der inneren Zustände enthalten. Die Einteilchenorbitale werden durch die asymptotischen Quantenzahlen $Nn_3\Lambda\Omega$ bezeichnet, und die Zahlen in den Tabellen repräsentieren die Anregungsenergie (in keV) des Bandenkopfs ($I = K$) der entsprechenden Konfiguration. Die Zuordnung der beobachteten inneren Zustände beruht teils auf der Korrespondenz mit den erwarteten Werten von $\Omega\pi$ und teils auf detaillierteren Eigenschaften der Banden. Unter den letzteren spielen die Intensitäten für den Einteilchentransfer eine besonders wichtige Rolle (siehe das Beispiel auf S. 224 ff.).

Tab. 5–12 Klassifizierung der Einteilchenzustände in Kernen mit ungerader Protonenzahl, $63 \leqq Z \leqq 75$. Die Tabelle führt die inneren Zustände an, die überwiegend aus Einteilchenkonfigurationen bestehen. Es sind die Anregungsenergien der Bandenköpfe ($I = K = \Omega$), die mit den angegebenen Orbitalen verknüpft sind, eingetragen. Für einige Banden sind die Niveaus mit $K = I$ noch nicht identifiziert. Für diese stellen die Energien in der Tabelle (in Klammern angegeben) extrapolierte Werte dar, die auf den beobachteten höheren Zuständen der Bande beruhen. Die Tabelle stützt sich auf die Übersichtsarbeit von M. E. Bunker und C. W. Reich, Rev. Mod. Phys. **43**, 343 (1971); Angaben über die [541 1/2]-Bande in ^{167}Tm findet man bei A. Johnson, K.-G. Rensfeld und S. A. Hjorth, AFI Annual Report 1969, S. 23 (Research Institute for Physics, Stockholm).

	532 5/2	413 5/2	411 3/2	523 7/2	411 1/2	404 7/2	514 9/2	402 5/2	541 1/2	
$^{153}_{63}$Eu	97	0	103							
^{155}Eu	104	0	246							
$^{155}_{65}$Tb	227	271	0							
^{157}Tb	326		0							a
^{159}Tb	364	348	0		(970)					a
^{161}Tb	480	315	0	417						
$^{161}_{67}$Ho	827			0	211					a
^{163}Ho				0	298	440				
^{165}Ho		995	362	0	429	716				a
$^{167}_{69}$Tm				293	0	179			(175)	
^{169}Tm				379	0	316				a
^{171}Tm				425	0	636				a
$^{171}_{71}$Lu				662	208	0	470	296	71	
^{173}Lu					425	0		357	128	
^{175}Lu						0	396	343	358	
^{177}Lu					570	0	150	458		
$^{177}_{73}$Ta						0	74	70	(217)	
^{179}Ta					520	0	31	239	750	
^{181}Ta					615	0	6	482		
^{183}Ta						0	73	459		
$^{181}_{75}$Re					826		262	0	432	
^{183}Re						851	496	0	702	
^{185}Re					880	872	387	0	1045	a
^{187}Re					626		206	0		a

(a) Hinweise auf niedrigliegende γ-Vibrationsanregungen ($E < 700$ keV): ^{157}Tb, ([411 3/2], 2^+) $1/2^+$, 598 keV; ^{159}Tb, ([411 3/2], 2^+) $1/2^+$, 581 keV; ^{161}Ho ([523 7/2], 2^+) $3/2^-$, 593 keV; ^{165}Ho ([523 7/2], 2^+) $3/2^-$, 515 keV; ([523 7/2], 2^+) $11/2^-$, 689 keV; ^{169}Tm ([411 1/2], 2^+) $3/2^+$, 571 keV; ^{171} Tm ([411 1/2], 2^+) $3/2^+$, 676 keV; ^{185}Re ([402 5/2], 2^+) $1/2^+$, 646 keV; ^{187}Re ([402 5/2], 2^+) $1/2^+$, 512 keV; ([514 9/2], 2^+) $5/2^-$, 686 keV).

Weitere Information liefern die Rotationsenergien, Momente und Übergangswahrscheinlichkeiten, wie in den vorangegangenen Beispielen diskutiert wurde. (Siehe auch die Systematik der g_K-Werte in Tab. 5–14, S. 263, der ft-Werte für β-Zerfall in Tab. 5–15 S. 266, der Entkopplungsparameter in Tab. 5–16, S. 268, und der Trägheitsmomente in Tab. 5–17, S. 271.)

Die Folge der beobachteten Orbitale in den Tab. 5–12 und 5–13 entspricht annähernd den theoretischen Spektren in Abb. 5–2 und 5–3 für den Wert $\delta \approx 0{,}3$, der für die Gleichgewichtsdeformation in diesem Gebiet typisch ist (siehe Abb. 4–25, S. 114). Bei diesen Deformationen ($\delta \sim A^{-1/3}$) gibt es Überschneidungen von Zuständen, die aus unterschiedlichen Hauptschalen des sphäroidalen Potentials stammen. (Beispiele dafür sind die [400 1/2]-, [402 3/2]- und [505 11/2]-Neutronenzustände am Anfang sowie der [541 1/2]-Protonenzustand und der [651 1/2]- Neutronenzustand am Ende des betrachteten Gebiets.)

Die Variationen von δ sowie der höheren Multipole der Kernform verursachen systematische Änderungen der Zustände, die in den verschiedenen Kernen beobachtet werden. So hat zum Beispiel die Abnahme von δ im Gebiet oberhalb von $A \approx 170$ (siehe Abb. 4–25) zur Folge, daß die Energie der Zustände aus der höheren Schale ([541 1/2] für Protonen und [651 1/2] für Neutronen) relativ zu den übrigen Zuständen zunimmt. In der Mitte des betrachteten Bereichs ist die Änderung der Kernform hauptsächlich mit einer Abnahme von β_4 (bei wachsendem A) verbunden, während δ annähernd konstant bleibt (siehe die Angaben in Tab. 4–16, S. 119). Dieser Trend in β_4 begünstigt Bahnen, die etwas außerhalb der Äquatorebene liegen, verglichen mit den Bahnen ($n_3 = 0$) in dieser Ebene (siehe Gl. (4–192) und die anschließende Diskussion). Ein solcher Effekt spiegelt sich in den beobachteten Energien der Protonenzustände [411 1/2] und [514 9/2] relativ zu den [404 7/2]- und [402 5/2]-Zuständen wider. (Die Bedeutung der β_4-Deformation für die Niveauabfolge in den Isotopen von Tm und Lu wurde von Ekström u. a., 1971, 1972, diskutiert.)

Die quantitative Beschreibung der Spektren für ungerade A mit Hilfe von Einteilchenzuständen in einem deformierten statischen Potential wird durch die Kopplung an die Rotationsbewegung sowie an andere innere Freiheitsgrade begrenzt. Die Coriolis-Kopplung ist in den meisten Fällen nur eine kleine Störung (für nicht zu große Werte von I), jedoch für einige Orbitale mit großen j-Werten (und kleinen Werten von Ω) kann die Kopplung so stark werden, daß sich diese Zustände nicht mehr durch eine innere Konfiguration mit einem gut definierten Wert von K beschreiben lassen. Diese Situation liegt für die Neutronenzustände vor, auf die in den Fußnoten (d) und (e) zu Tab. 5–13 verwiesen wird. Die zugehörigen Banden zeigen bedeutende Abweichungen von den normalen Rotationsspektren, aber es scheint, daß die beobachteten Schemata aus der Wirkung der Coriolis-Kraft innerhalb des Systems von Einquasiteilchenzuständen folgen (siehe z. B. Elbek, 1969, und Hjorth u. a., 1970).

In dem umfangreichen Material, das der Klassifizierung in den Tab. 5–12 und 5–13 zugrunde liegt, gibt es keine Hinweise auf Zustände unterhalb von 500 keV, die nicht mit den Einteilchenkonfigurationen verknüpft werden können. Im Energiegebiet etwas oberhalb von 500 keV sind einige zusätzliche innere Zustände gefunden worden, die man als Quadrupolanregungen, die einem tieferliegenden Einteilchenzustand überlagert sind, interpretieren kann (siehe die Fußnoten zu den Tab. 5–12 und 5–13). Bei höheren Anregungsenergien wird eine größere Zustandsdichte beobachtet, die sowohl Dreiquasiteilchenzustände als auch Vibrationsanregungen und Einteilchenzustände einschließt. Die systematische Interpretation der Spektren oberhalb von 1 MeV trägt wegen der großen Vielfalt möglicher Kopplungseffekte zwischen den Elementaranregungen noch vorläufigen Charakter. Jedoch war es aufgrund von Untersuchungen des Einteilchentransfers möglich, eine beträchtliche Anzahl von Zuständen im Gebiet von 1—2 MeV zu identifizieren, die den Hauptteil der Stärke einer speziellen Einteilchenkonfiguration zu enthalten scheinen. (Siehe z. B. die Zitate in Tab. 5–13; vorläufige Angaben über die Einteilchenstärkefunktion bei noch höheren Energien findet man z. B. bei BACK u. a., 1974.)

Tab. 5–18 Klassifizierung der Einteilchenzustände in Kernen mit ungerader Neutronenzahl, $91 \leqq N \leqq 111$. Die Tabelle ist analog zu Tab. 5–12 und beruht auf der Übersichtsarbeit von BUNKER und REICH (a. a. O., Tab. 5–12). Zusätzliche Informationen aus Einteilchen-Transferreaktionen wurden folgenden Arbeiten entnommen: Gd-Isotope (P. O. TJØM und B. ELBEK, Mat. Fys. Medd. Dan. Vid. Selsk. **36**, no. 8 (1967)); Dy-Isotope (T. GROTDAL, K. NYBØ und B. ELBEK, ibid. **37**, no. 12 (1970)); Er-Isotope (P. O. TJØM und B. ELBEK, ibid. **37**, no. 7 (1969)); W-Isotope (R. F. CASTEN, P. KLEINHEINZ, P. J. DALY und B. ELBEK, ibid. **38**, no. 13 (1972)); [651 1/2] — Zustand in den Yb-Isotopen (S. WHINNERAY, F. S. DIETRICH und R. G. STOKSTAD, Nuclear Phys. **A 157**, 529 (1970)).

	530 1/2	532 3/2	400 1/2	660 1/2	402 3/2	651 3/2	505 11/2	521 3/2	642 5/2
$^{153}Sm_{91}$		127	415		321	0	98	36	
^{155}Gd	422		368		269	105	121	0	
^{157}Dy	(500)	399	388		307	235	199	0	
$^{157}Gd_{93}$	(809)	700	684		475		425	0	64
^{159}Dy	(735)	627	564		418	549	354	0	178
^{161}Er			481		369	463	396	0	(230)
$^{159}Gd_{95}$	(1120)	1109	973	780	744		681	0	68
^{161}Dy	(825)		608	774	550	679	486	75	0
^{163}Er	(815)		541		463		444	104	69
$^{161}Gd_{97}$								313	
^{163}Dy	(1250)		1057	736	857	1084	495	422	251
^{165}Er	(990)		746	507	534		591	243	47
$^{165}Dy_{99}$								574	
^{167}Er			1135		1086		1052	753	812
^{169}Yb								660	591
$^{169}Er_{101}$							1394	714	
^{171}Yb								902	
$^{171}Er_{103}$									
^{173}Yb								1224	
^{175}Hf									
$^{175}Yb_{105}$								1620	
^{177}Hf									
^{179}W									

Tab. 5-18 (Fortsetzung)

	523 5/2	633 7/2	521 1/2	512 5/2	514 7/2	624 9/2	510 1/2	512 3/2	503 7/2	
$^{153}Sm_{91}$			696							d
^{155}Gd	321		560							a, d, f
^{157}Dy	344		463	(900)						d
$^{157}Gd_{93}$	435		704							a
^{159}Dy	310		538	(1000)			(1440)			d, e
^{161}Er	172									d, e
$^{159}Gd_{95}$	146		507	873			1602			a, b, d
^{161}Dy	26		367	799			(1276)			a, d
^{163}Er	0		346	609			1074			e
$^{161}Gd_{97}$	0	446	356	809		800	1309			b
^{163}Dy	0	(417)	351	719			1159			a, d
^{165}Er	0		297	478			920			d
$^{165}Dy_{99}$	534	0	108	184			570	1258		f
^{167}Er	668	0	208	346			763	1384		e, f
^{169}Yb	570	0	24	191	960					b
$^{169}Er_{101}$	850	244	0	92	823		562	1082		
^{171}Yb		95	0	122	835	935	945			b
$^{171}Er_{103}$			195	0	531	378	706	906		
^{173}Yb		351	399	0	637		1031	1340		b
^{175}Hf		207	126	0	348					
$^{175}Yb_{105}$		(995)	920	639	0	265	514	811		b
^{177}Hf		746	560	509	0	321	590	804	1058	
^{179}W		478	222	430	0	309				
$^{177}Yb_{107}$					104	0	332	709	1226	b
^{179}Hf			614	518	214	0	375	720	872	
^{181}W		(954)	385	366	409	0	458	726	662	
$^{183}W_{109}$			936	905	1072	623	0	209	453	c
$^{185}W_{111}$			1013	888	1058	716	24	0	244	c
^{187}Os							0	10	100	c

(a) Hinweise für das Auftreten des [404 7/2]-Zustands (^{155}Gd, 1295 keV; ^{157}Gd, 1825 keV; ^{159}Gd, 1960 keV; ^{161}Dy, 1416 keV; ^{163}Dy, 1840 keV)
(b) Hinweise für das Auftreten des [651 1/2]-Zustands (^{159}Gd, 1977 keV; ^{161}Gd, 1489 keV; ^{169}Yb, 1590 keV; ^{171}Yb, 1610 keV; ^{173}Yb, 1630 keV; ^{175}Yb, 1366 keV; ^{177}Yb, 1380 keV)
(c) Hinweise für das Auftreten des [615 11/2]-Zustands (^{183}W, 310 keV; ^{185}W, 198 keV; ^{187}Os, 257 keV)
(d) Die Coriolis-Kopplung zwischen den [660 1/2]- und [651 3/2]-Zuständen hat eine starke Bandenmischung zur Folge. Der Zustand $I\pi = 1/2^+$ wurde in den aufgeführten Fällen aufgrund seiner $l = 0$-Einteilchen-Transferstärke identifiziert. Der Hauptteil der Stärke resultiert aus der [400 1/2]-Komponente, die durch die $\Delta N = 2$-Kopplung, für die man die Größenordnung 100 keV findet (siehe S. 200), beigemischt wird. In ähnlicher Weise wurden die Zustände $I\pi = 3/2^+$ durch die mit den [402 3/2]-Beimischungen verknüpfte $l = 2$-Transferstärke identifiziert.
(e) Die beobachteten Rotationsenergien der [642 5/2]-Bande weisen auf starke Coriolis-Mischung mit den [651 3/2]- und [660 1/2]-Konfigurationen hin.
(f) Hinweise auf ziemlich tiefliegende Anregungen ($E < 700$ keV) mit β- und γ-Vibrationscharakter (^{155}Gd, ([521 3/2], 0^+) $3/2^-$, 593 keV; ^{165}Dy ([633 7/2], 2^+) $3/2^+$, 539 keV; ^{167}Er, ([633 7/2], 2^+) $3/2^+$, 531 keV).

Magnetische g-Faktoren für ungerade Kerne mit $150 < A < 190$ *(Tab. 5–14)*

Die gyromagnetischen Faktoren g_K und g_R für eine Rotationsbande mit $K \neq 1/2$ kann man dadurch erhalten, daß man ein gemessenes magnetisches Moment mit einem $M1$-Übergangsmatrixelement kombiniert (siehe Gl. (4–87)). Für $K = 1/2$-Banden enthalten die $M1$-Matrixelemente den zusätzlichen Parameter b (siehe Gl. (4–88)), und die Analyse erfordert die Bestimmung eines weiteren Moments oder einer Übergangswahrscheinlichkeit (siehe z. B. die Analyse der $M1$-Momente in der $K = 1/2$-Bande von ^{169}Tm in Tab. 4–7, S. 88). Tab. 5–14 enthält die verfügbaren Daten über die $M1$-Parameter von Rotationsbanden in ungeraden Kernen mit $150 < A < 190$.

Wie man aus Tab. 5–14 ersieht, stellt der g_K-Faktor eine charakteristische Größe dar, die zur Klassifizierung der Einteilchenkonfigurationen ausgenutzt werden kann. Die großen Variationen in $g_K - g_R$ zeigen sich unmittelbar in den $E2 : M1$-Verhältnissen für die Rotationsübergänge mit $\Delta I = 1$. So haben die kleinen Werte von $g_K - g_R$ für die Neutronenkonfigurationen [523 5/2] und [514 7/2] zur Folge, daß die $\Delta I = 1$-Übergänge innerhalb der Rotationsbanden, die sich auf diesen Zuständen aufbauen, große $E2$-Beimischungen haben (von der Ordnung 50% und mehr). Dieses Merkmal ermöglicht eine eindeutige Identifizierung. (Siehe z. B. in Tab. 4–8, S. 92, den auffallenden Unterschied im $E2 : M1$-Verhältnis für die Übergänge innerhalb der [514 7/2]- und der [624 9/2]-Bande in ^{177}Hf.)

Für die Einquasiteilchenzustände läßt sich der g_K-Faktor aus dem Ausdruck (siehe z. B. Gl. (4A–12))

$$\begin{aligned} g_K &= \frac{1}{\Omega} \langle \Omega | \, g_l l_3 + g_s s_3 \, | \Omega \rangle \\ &= \frac{1}{\Omega} \big(g_l \Omega + (g_s - g_l) \langle \Omega | \, s_3 \, | \Omega \rangle \big) \end{aligned} \tag{5–86}$$

abschätzen, wobei g_s und g_l die Spin- bzw. Bahn-g-Faktoren des letzten ungeraden Nukleons sind. Der aus den Paarkorrelationen resultierende Faktor ist für diese diagonalen Matrixelemente gleich Eins (siehe Gl. (5–43)). Für $\Omega = 1/2$ ist der magnetische Entkopplungsparameter durch (siehe Gl. (4A–12))

$$(g_K - g_R) \, b = \langle \Omega = 1/2 | \, (g_l - g_R) \, l_+ + (g_s - g_R) \, s_+ \, | \overline{\Omega = 1/2} \rangle \tag{5–87a}$$

$$= -(g_l - g_R) \, a + (g_s - g_l) \langle \Omega = 1/2 | \, s_+ \, | \overline{\Omega = 1/2} \rangle \tag{5–87b}$$

$$= -(g_l - g_R) \, a - \tfrac{1}{2} (-1)^l \, (g_s + g_K - 2 g_l) \tag{5–87c}$$

gegeben. Die Beziehungen (5–87b) und (5–87c) zwischen dem magnetischen Entkopplungsparameter b und dem durch Gl. (5–46) gegebenen Rotationsentkopplungsparameter a sind spezifisch für innere Einteilchenzustände. Die Beziehung (5–87c) wurde unter Ausnutzung der Identität

$$\begin{aligned} &\langle \Omega = 1/2 | \, s_+ \, | \overline{\Omega = 1/2} \rangle \\ &= \langle \Lambda = 0, \Sigma = 1/2 | \, s_+ \, | \overline{\Lambda = 0, \Sigma = 1/2} \rangle \, \langle \Lambda = 0, \Sigma = 1/2 \, | \Omega = 1/2 \rangle^2 \\ &= -(-1)^l \, (\tfrac{1}{2} + \langle \Omega = 1/2 | \, s_3 \, | \Omega = 1/2 \rangle) \end{aligned} \tag{5–88}$$

Tab. 5–14 Magnetische g-Faktoren für ungerade Kerne ($150 < A < 190$). Die experimentellen Daten sind aus F. Boehm, G. Goldring, G. B. Hagemann, G. D. Symons und A. Tveter, Phys. Letters **22 B**, 627 (1966) entnommen; zusätzliche Werte für Eu, Dy, Hf und Re wurden aus den Verzweigungsverhältnissen und den magnetischen Momenten, die in den Übersichtsarbeiten von Rogers (1965) und Lederer u. a. (1967) zusammengefaßt sind, erhalten. Die statischen Momente für ^{177}Hf und ^{179}Hf stammen von S. Büttgenbach, M. Herschel, G. Meisel, E. Schrödl und W. Witte, Phys. Letters **48 B**, 479 (1973). Die Parameter für ^{169}Tm wurden auf S. 86 angeführt. Für die $K = 1/2$-Banden sind die mit einem Stern markierten Größen die beobachteten und berechneten Werte von $(g_K - g_R)\,b$, und in der letzten Spalte ist der effektive g_s-Faktor (in Einheiten von $(g_s)_{\text{frei}}$) angegeben, der für diese transversalen Matrixelemente abgeleitet wurde. Wir danken I. L. Lamm für die Hilfe bei der Vorbereitung dieser Tabelle.

Kern	Bahn	g_R	$(g_K)_{\text{beob}}$	$(g_K)_{\text{berech}}$	$(g_s)_{\text{eff}}/(g_s)_{\text{frei}}$
	Konfigurationen mit ungeradem Proton				
^{153}Eu	413 5/2	0,47	0,67	0,30	0,57
^{159}Tb	411 3/2	0,42	1,83	2,28	0,71
^{165}Ho	523 7/2	0,43	1,35	1,53	0,72
^{169}Tm	411 1/2	0,41	−1,57	−2,44	0,79
			0,32*	−0,05*	0,47*
^{175}Lu	404 7/2	0,31	0,73	0,41	0,55
^{181}Ta	404 7/2	0,29	0,78	0,41	0,48
^{185}Re	402 5/2	0,42	1,61	1,90	0,74
^{187}Re	402 5/2	0,41	1,63	1,90	0,76
	Konfigurationen mit ungeradem Neutron				
^{155}Gd	521 3/2	0,32	−0,48	−0,61	0,79
^{157}Gd	521 3/2	0,26	−0,53	−0,61	0,87
^{161}Dy	642 5/2	0,21	−0,34	−0,45	0,76
^{161}Dy	523 5/2	0,32	0,17	0,39	0,44
^{163}Dy	523 5/2	0,27	0,25	0,39	0,64
^{167}Er	633 7/2	0,18	−0,26	−0,39	0,67
^{171}Yb	521 1/2	0,28	1,43	1,75	0,82
			−0,48*	−0,79*	0,71*
^{173}Yb	512 5/2	0,28	−0,49	−0,56	0,87
^{177}Hf	514 7/2	0,26	0,21	0,40	0,52
^{179}Hf	624 9/2	0,22	−0,22	−0,35	0,63

erhalten, wobei $\langle \Lambda = 0, \Sigma = 1/2 \mid \Omega = 1/2\rangle^2$ die Wahrscheinlichkeit für $s_3 = \Sigma = 1/2$ im Zustand $|\Omega = 1/2\rangle$ bezeichnet und $(-1)^l$ die Quantenzahl r für den $|\Lambda = 0\rangle$-Zustand ist, die mit der Parität der Einteilchenbahn zusammenfällt.

Die empirischen Daten für g_K und b werden in Tab. 5–14 mit den theoretischen Abschätzungen verglichen, die auf den Gln. (5–86) und (5–87a), den Wellenfunktionen in Tab. 5–2 und den g-Faktoren g_s und g_l für freie Nukleonen beruhen. Die empirischen Werte g_K weichen systematisch von diesen Rechnungen ab, und zwar auf eine Weise, die in Analogie zu den $M1$-Momenten von Konfigurationen mit einem Teilchen außerhalb einer abgeschlossenen Schale (siehe Band I, S. 352ff.) durch eine Spinpolarisation näherungsweise erfaßt werden kann. Die letzte Spalte in Tab. 5–14 gibt den Wert $(g_s)_{\text{eff}}/(g_s)_{\text{frei}}$ an, für den die Einteilchenwellenfunktionen in Tab. 5–2 den beobachteten Wert von g_K liefern. Es ist ersichtlich, daß die beobachteten Werte von g_K auf einen Polarisationseffekt der Größe

$$(g_s)_{\text{eff}} \approx 0{,}7(g_s)_{\text{frei}} \tag{5–89}$$

hinweisen. Für Banden mit $K = 1/2$ weist die Information über den Parameter $(g_K - g_R)\, b$ in Tab. 5–14 auf eine wesentliche Reduktion des effektiven g_s-Faktors hin. Bei der Analyse in Tab. 5–14 wurde $g_l = (g_l)_{\text{frei}}$ angenommen. Eine Renormierung von g_l um den Betrag $\delta g_l \approx -0{,}1\tau_z$, den andere Angaben nahelegen (siehe S. 254 und 416), würde zu einer Änderung der Renormierungsfaktoren für g_s führen, die für die Bahnen mit dem größten Λ in der Größenordnung von 0,1 liegt.

Den Spinpolarisationseffekt kann man durch Kopplung an Anregungen des gg-Rumpfs, die durch spinabhängige Felder erzeugt werden (siehe Abschnitt 6–3e), beschreiben. Die Renormierung des longitudinalen g-Faktors g_K ist mit $\Delta K = 0$-Anregungen verknüpft, während das transversale Matrixelement $(g_K - g_R)\, b$ durch die $\Delta K = 1$-Anregungen beeinflußt wird. Für große Deformationen werden die Quantenzahlen Λ und Σ Bewegungsintegrale, und die Spinfluktuationen vom $\Delta K = 0$-Typ verschwinden. Man kann daher erwarten, daß der longitudinale Wert von $(g_s)_{\text{eff}}$ weniger als der transversale von der Renormierung betroffen ist (Bochnacki und Ogaza 1966; Hinweise auf einen Unterschied in der transversalen und longitudinalen Renormierung wurden von Bodenstedt und Rogers, 1964, diskutiert). Die Tatsache, daß die Werte von $(g_s)_{\text{eff}}$ für das longitudinale Moment mit den in sphärischen Kernen beobachteten Werten (siehe Band I, S. 360) vergleichbar (wenn auch etwas größer) sind, läßt erkennen, daß die Auslöschung der Spinfluktuationen, die für den Grenzfall großer Deformationen charakteristisch ist, bei den Gleichgewichtsdeformationen der Kerne nur teilweise erreicht wird. (Eine weitere Reduzierung der Spinpolarisation in deformierten Kernen im Vergleich zu Konfigurationen mit abgeschlossenen Schalen wird durch die Paarkorrelationen verursacht. Da die Paarung die Wahrscheinlichkeit, die Nukleonen in Spinsingulettzuständen zu finden, vergrößert, haben diese Korrelationen die Tendenz, die Amplitude der Spinfluktuationen zu reduzieren.)

Es sollte unterstrichen werden, daß die obige Beschreibung der Renormierungseffekte im $M1$-Operator als eine qualitative Näherung angesehen werden muß, da das effektive Moment Glieder anderer neuen Struktur enthalten kann, die im Moment eines einzelnen freien Teilchen nicht vorkommen. So enthält der Operator μ_{eff}, der in der Berechnung von g_K auftritt, bei Berücksichtigung der Spinpolarisationseffekte die Glieder

$$(\mu_{\text{eff}})_{\Delta K=0} = g_{l0} l_3 + g_{s0} s_3 + g'_{s0}(s_3 Y_{20}) + g''_{s0} \frac{1}{\sqrt{2}} (s_{+1} Y_{2-1} + s_{-1} Y_{21}), \tag{5–90}$$

wobei der zusätzliche Index 0 an den g-Faktoren den Wert von ΔK bezeichnet. In einem sphärischen Kern enthält das effektive spinabhängige Moment nur einen einzigen Tensor, in den Y_2 eingeht (siehe Gl. (3–44)). Im Ausdruck (5–90) haben wir mögliche kleinere Terme, die höhere Kugelfunktionen enthalten, vernachlässigt. Die transversale Komponente von μ_{eff}, die in den $M1$-Übergängen zwischen Banden mit $\Delta K = 1$ sowie bei der Berechnung des magnetischen Entkopplungsparameters für $K = 1/2$-Banden auftritt, enthält die Glieder

$$(\mu_{\text{eff}})_{\Delta K=1} = g_{l1} l_{+1} + g_{s1} s_{+1} + g'_{s1}(s_{+1} Y_{20}) + g''_{s1}(s_3 Y_{21}) + \mathscr{R}\text{-konj.} \tag{5–91}$$

Bei einer phänomenologischen Analyse treten alle g-Faktoren, die in den Gln. (5–90) und (5–91) erscheinen, als unabhängige Parameter des effektiven $M1$-Operators auf. Die

Bestimmung der einzelnen Beiträge zum effektiven $M1$-Moment würde wertvolle Informationen über die Struktur der spinabhängigen Felder im Kern liefern.

Das auffälligste Merkmal der g_R-Werte in Tab. 5-14 ist die Tendenz, daß die Werte für ungerade Protonenzahl die Werte für ungerade Neutronenzahl übersteigen. Die Werte von g_R für die Grundzustandsbanden der gg-Kerne sind in Abb. 4-6, S. 44, angegeben, und man sieht, daß sie zwischen den Werten für Kerne mit ungeradem Z und ungeradem N liegen. Die Zunahme der Rotations-g-Faktoren für Kerne ungerader Massenzahl kann mit dem Fakt in Zusammenhang gebracht werden, daß die Trägheitsmomente dieser Kerne systematisch größer sind als die der gg-Kerne. Das bedeutet, daß das letzte ungerade Teilchen einen wesentlichen Anteil zum Gesamtstrom, der mit der kollektiven Rotation in einem ungeraden Kern verknüpft ist, beiträgt. (Eine genäherte Beziehung zwischen der Zunahme des g-Faktors und des Trägheitsmoments wird in Zusammenhang mit dem Beispiel ^{159}Tb auf S. 221 diskutiert.)

Matrixelemente für unbehinderte Gamow-Teller-β-Übergänge (Tab. 5-15)

Die einzigen erlaubten β-Übergänge mit nicht verschwindenden Matrixelementen für die asymptotischen Wellenfunktionen sind die Übergänge zwischen Komponenten eines Isobarenmultipletts (ungeänderte Bahn des ungeraden Teilchens) und die Übergänge zwischen einem Spinbahndublett $\Omega = \Lambda - 1/2 \leftrightarrow \Omega = \Lambda + 1/2$ (die anderen Quantenzahlen bleiben ungeändert). Ein Beispiel des ersten Typs (^{25}Al $\to$ ^{25}Mg) wird auf S. 253 diskutiert. Solche Übergänge sind in Kernen mit Neutronenüberschuß energetisch verboten. In schweren Kernen gehören die Fermi-Niveaus für Neutronen und Protonen zu verschiedenen Hauptschalen, und Übergänge zwischen Spinbahnpartnern treten nur für Orbitale mit sehr großen j auf, bei denen die Spinbahnenergie von der Größenordnung der Energiedifferenz zwischen den Hauptschalen ist. Diese Übergänge sind daher ziemlich selten, und die Beobachtung eines erlaubten unbehinderten β-Zerfalls ermöglicht eine ziemlich eindeutige Identifizierung der beteiligten Einteilchenzustände (siehe das Beispiel ^{175}Yb auf S. 228).

Die ft-Werte für Übergänge zwischen Spinbahnpartnern, die in Kernen mit $150 < A < 185$ auftreten, sind in Tab. 5-15 zusammengestellt. Man sieht, daß sie sich um den Wert $\log ft \approx 4{,}7$ gruppieren. Für andere erlaubte β-Übergänge, die die asymptotischen Auswahlregeln verletzen, findet man log ft-Werte im Bereich 6···8 (siehe das auf S. 224 diskutierte Beispiel (^{159}Gd $\to$ ^{159}Tb) sowie die Zusammenstellungen von Mottelson und Nilsson, 1959, und Lederer u. a., 1967).

Die ft-Werte in Tab. 5-15 beziehen sich auf Übergänge zwischen Bandenköpfen $(K, I = K \rightleftarrows K + 1, I = K + 1)$ und liefern die Übergangswahrscheinlichkeiten (siehe Gln. (3-46), (3-50) und (4-91))

$$\langle K + 1 | \, t_\pm \sigma_+ \, | K \rangle^2 \left(\frac{2I_f + 1}{2I_> + 1} \right) = \frac{8{,}3 \cdot 10^3}{ft(s)}, \tag{5-92}$$

wobei $I_>$ der größere der Werte I_i und I_f ist. Das innere Matrixelement, das man aus den beobachteten ft-Werten ableitet, fällt daher in den Bereich

$$\left| \langle K + 1 | \, t_\pm \sigma_+ \, | K \rangle \right| \approx 0{,}4. \tag{5-93}$$

Im asymptotischen Grenzfall ist das Einteilchenmatrixelement des Operators $t_{\pm}\sigma_{\pm}$ gleich 2; für die Zustände in Tab. 5–15 führen die Wellenfunktionen aus Tab. 5–2 auf Matrixelemente, die etwa 10% kleiner als dieser Grenzwert sind.

Die Korrektur bezüglich der Paarkorrelationen wird durch Gl. (5–44) gegeben; sie entspricht einer Verringerung des inneren Matrixelements um einen Faktor 2, wenn sowohl der Ausgangs- als auch der Endzustand in der Nähe der FERMI-Energie liegen ($u \approx v \approx 2^{-1/2}$ für $\varepsilon(\nu) \approx \varepsilon_F$). (In einigen Fällen in Tab. 5–15 führen die Übergänge zu angeregten Zuständen. In diesen Fällen liegt der Paarkorrelationsfaktor etwas näher bei Eins; siehe z. B. die von SOLOVIEV, 1961, und ZYLICZ u. a., 1967, angegebenen Abschätzungen.) Mit der Korrektur bezüglich der Paarkorrelationen ist das berechnete GAMOW-TELLER-(GT)-Matrixelement für Übergänge zwischen Einquasiteilchenzuständen ungefähr um einen Faktor zwei größer als der gemessene Wert.

Es wird erwartet, daß Polarisationseffekte analog zur Spinpolarisation, die für die $M1$-Matrixelemente diskutiert wurde, zu einer wesentlichen Verkleinerung der GT-Matrixelemente führen (siehe die Diskussion der Polarisationseffekte in den $M1$-Momenten, S. 264, sowie bei GT-Übergängen in sphärischen Kernen, Band I, S. 363). Die oben genannten Befunde scheinen darauf hinzuweisen, daß der Spinpolarisationseffekt für GT-Übergänge etwa doppelt so groß ist wie für die g_K-Faktoren. Diesen Unterschied kann man qualitativ als Einfluß des Neutronenüberschusses und der Deformation auf die Renormierungsfaktoren verstehen. Wenn für den gg-Rumpf $N = Z$ gilt, dann ist der isovektorielle Teil des magnetischen Spinmoments durch Drehung im Isospinraum mit dem GT-Moment verknüpft (siehe Band I, S. 362 und das Beispiel ($A = 25$) auf S. 253). Mit wachsendem Neutronenüberschuß nimmt die Stärke der Ladungsaustausch-Spinfluktuationen zu, und man muß für das GT-Moment einen größeren Renormierungseffekt als für den $M1$-Operator erwarten. Außerdem hat die Kerndeformation eine Verringerung der Renormierung des longitudinalen ($\Delta K = 0$) $M1$-Moments zur Folge (siehe S. 264).

Tab. 5–15 Erlaubte unbehinderte β-Übergänge in deformierten ungeraden Kernen mit $150 < A < 185$. Die Tabelle enthält die Übergänge, die aufgrund der Konfigurationszuordnungen in Tab. 5–12 und 5–13 als „erlaubt unbehindert" klassifiziert werden. Die Zahlen in Klammern in Spalte 3 geben die Anregungsenergie des Zustands (in keV) im Tochterkern an. Die log *ft*-Werte beruhen auf der kritischen Übersichtsarbeit von J. ZYLICZ, P. G. HANSEN, H. L. NIELSEN und K. WILSKY, Arkiv Fysik **36**, 643 (1967).

Übergang	Ausgangskern	Tochterkern	log *ft*
$[523\ 7/2]_p \leftrightarrow [523\ 5/2]_n$	$^{159}_{67}$Ho	$^{159}_{66}$Dy (310)	≈ 4,8
	$^{161}_{64}$Gd	$^{161}_{65}$Tb (418)	4,85 ± 0,04
	$^{161}_{67}$Ho	$^{161}_{66}$Dy (26)	4,8 ± 0,2
	$^{163}_{68}$Er	$^{163}_{67}$Ho (0)	4,83 ± 0,01
	$^{165}_{68}$Er	$^{165}_{67}$Ho (0)	4,64 ± 0,02
	$^{165}_{70}$Yb	$^{165}_{69}$Tm	4,8 ± 0,1
	$^{167}_{67}$Ho	$^{167}_{68}$Er (668)	4,8 ± 0,2
	$^{167}_{70}$Yb	$^{167}_{69}$Tm (293)	4,55 ± 0,05
	$^{169}_{67}$Ho	$^{169}_{68}$Er (850)	4,7
$[514\ 9/2]_p \leftrightarrow [514\ 7/2]_n$	$^{175}_{70}$Yb	$^{175}_{71}$Lu (396)	4,7
	$^{179}_{74}$W	$^{179}_{73}$Ta (31)	4,6
	$^{181}_{76}$Os	$^{181}_{75}$Re (262)	4,4

Entkopplungsparameter in Rotationsbanden mit $K = 1/2$ (Tab. 5–16)

Tab. 5–16 zeigt die Systematik der beobachteten Entkopplungsparameter für tiefliegende Einquasiteilchenkonfigurationen ($E < 500$ keV) im Gebiet $150 < A < 190$. Für Kerne mit $19 \leqq A \leqq 25$ sind die entsprechenden Daten in Tab. 5–8, S. 249, enthalten. (Entkopplungsparameter für Banden in Aktiniden kann man in den Abb. 4–19 (^{239}Pu), 5–12 (^{237}Np) und 5–14 (^{235}U) finden.) Es ist ersichtlich, daß der Entkopplungsparameter für einen bestimmten Quasiteilchenzustand in verschiedenen Kernen annähernd den gleichen Wert hat und so eine Markierung für die $K = 1/2$-Konfigurationen darstellt.

Die berechneten a-Werte in Tab. 5–16 wurden aus Gl. (5–46) unter Benutzung der Wellenfunktionen in Tab. 5–2, die $\delta = 0{,}3$ entsprechen, erhalten. Im asymptotischen Grenzfall ist der Entkopplungsparameter durch $a = 0$ (für $\Lambda = 1$) und $a = (-1)^N = \pi$ (für $\Lambda = 0$) gegeben. Die beobachteten und die berechneten Werte von a unterscheiden sich beträchtlich von diesen Grenzwerten und spiegeln die Empfindlichkeit dieses Parameters bezüglich der feineren Einzelheiten der Wellenfunktionen wider. Bei den Orbitalen mit großen Werten von a dominiert ein einziger j-Wert ($f_{7/2}$ für [330 1/2] und $h_{9/2}$ für [541 1/2]), der den Beitrag $a(j) = (-1)^{j-1/2}(j + 1/2)$ liefert (siehe Gl. (5–46)).

Das in I lineare Glied in der Rotationsenergie offenbart in besonders einfacher Weise die Kopplung zwischen innerer Bewegung und Rotation. Die annähernde Übereinstimmung zwischen den theoretischen Abschätzungen und den beobachteten Werten der Entkopplungsparameter in Tab. 5–16 ist ein aussagekräftiger Test der Annahmen über die Struktur der Einteilchen-Rotationskopplung (siehe S. 219). Bei einer ausführlicheren Analyse der Entkopplungsparameter muß man sowohl die Möglichkeit von Polarisationseffekten als auch die Konsequenzen des Unterschieds der Trägheitsmomente von gg-Kernen und ungeraden Kernen in Betracht ziehen.

Im Ausdruck (5–46) für a wurde angenommen, daß der Trägheitsparameter A der $K = 1/2$-Bande dem Parameter A_0, der die Rotationsenergie des gg-Rumpfs beschreibt, gleich ist. In den Fällen, bei denen sich A und A_0 unterscheiden, enthält die theoretische Abschätzung einen zusätzlichen Faktor A_0/A (siehe Gln. (4–61) und (5–45)). Für die meisten Orbitale in Tab. 5–16 ist diese Korrektur ziemlich klein. In der Tat sind die Werte von A nur 10—20% kleiner als die Werte von A_0, die in den Grundzustandsbanden der gg-Kerne beobachtet werden (siehe Tab. 5–17, S. 271). Dieser Unterschied kann größtenteils der Änderung von A_0, die sich aus dem Vorhandensein des ungeraden Teilchens ergibt, zugeschrieben werden (siehe S. 270).

Für den [541 1/2]-Protonenzustand sind die Werte von A besonders klein (siehe Tab. 5–17). Diese Zunahme des Trägheitsmoments scheint aus der starken CORIOLIS-Kopplung an die Zustände [532 3/2] und [530 1/2] zu folgen, von denen man erwartet, daß sie energetisch ziemlich eng benachbart sind (siehe Abb. 5–2). Eine solche Interpretation entspricht einer Vergrößerung der theoretischen Abschätzung für a um etwa 30%; das würde hinsichtlich der gemessenen Werte eine wesentliche Verbesserung darstellen (HJORTH und RYDE, 1970). Bei diesem Vergleich sollte man auch beachten, daß der Wert von a für die [541 1/2]-Bande ziemlich empfindlich von der Kerndeformation abhängt. Die theoretischen Abschätzungen in Tab. 5–16 beziehen sich auf $\delta = 0{,}3$, aber die Ableitung hat den großen Wert $\mathrm{d}a/\mathrm{d}\delta \approx -10$. Die aus Abb. 4–25 ersichtliche Variation von δ trägt daher wesentlich zu den Änderungen des beobachteten a-Werts für diesen Zustand bei.

Der Beitrag des Nukleonenspins zum Entkopplungsparameter wird durch Polarisationseffekte beeinflußt, die den bei den magnetischen Momenten diskutierten ähneln (siehe S. 263ff.). Da der Operator s_+ eingeht, ist die Polarisierbarkeit des transversalen isoskalaren Spinfelds ($\Delta K = 1$, $\pi = +1$, $\tau = 0$) relevant. Im Gegensatz dazu hängt das magnetische Moment besonders empfindlich von den isovektoriellen Spinfeldern ab. Gegenwärtig gibt es fast keine empirische Information über die effektive Wechselwirkung der isoskalaren Spinfelder.

Tab. 5–16 Entkopplungsparameter für Einteilchenkonfigurationen ($150 < A < 190$). Die Tabelle enthält die Anregungsenergien der Bandenköpfe ($I = K = 1/2$) und die Entkopplungsparameter, die man aus den Energien der $I = 1/2$-, $3/2$- und $5/2$-Glieder der Bande erhält. Für einen Teil der [541 1/2]-Banden ist diese Information nicht verfügbar. In diesen Fällen beruhen die Entkopplungsparameter a (mit einem Stern markiert) und die extrapolierten Bandenkopfenergien auf den tiefsten beobachteten Gliedern der Bande. Die experimentellen Daten sind aus den in Tab. 5–12 und 5–13 angegebenen Arbeiten entnommen.

Bahn	Kern	E (keV)	a_{beob}
$[411\ 1/2]_p$	^{165}Ho	429	−0,44
$a_{berech} = -0{,}9$	^{167}Tm	0	−0,72
$(a_{orb} = -1{,}0)$	^{169}Tm	0	−0,77
	^{171}Tm	0	−0,86
	^{171}Lu	208	−0,71
	^{173}Lu	425	−0,75
$[541\ 1/2]_p$	^{167}Tm	(175)	3,6*
$a_{berech} = 3{,}0$	^{171}Lu	71	4,0*
$(a_{orb} = 3{,}5)$	^{173}Lu	128	4,2
	^{175}Lu	358	4,2
	^{175}Ta	(80)	5,1*
	^{177}Ta	(230)	5,7*
$[521\ 1/2]_n$	^{161}Gd	356	0,31
$a_{berech} = 0{,}9$	^{163}Dy	351	0,26
$(a_{orb} = 1{,}2)$	^{165}Er	297	0,56
	^{165}Dy	108	0,58
	^{167}Er	208	0,70
	^{169}Yb	24	0,80
	^{169}Er	0	0,83
	^{171}Yb	0	0,85
	^{173}Hf	0	0,82
	^{171}Er	195	0,62
	^{173}Yb	399	0,73
	^{175}Hf	126	0,75
$[510\ 1/2]_n$	^{177}Yb	332	0,24
$a_{berech} = -0{,}2$	^{179}Hf	375	0,16
$(a_{orb} = +0{,}7)$	^{181}W	458	0,59
	^{183}W	0	0,19
	^{185}Os	0	0,02
	^{185}W	24	0,10
	^{187}W	146	−0,00

Den relativen Beitrag von Spin und Bahn zu den berechneten Entkopplungsparametern kann man aus den in Tab. 5-16 aufgeführten Werten von $a_{orb} = -\langle \Omega = 1/2 | l_+ | \overline{\Omega = 1/2} \rangle$ erhalten. Für die meisten Konfigurationen ergibt sich der Hauptbeitrag aus dem Bahnmatrixelement, jedoch für die Konfiguration [510 1/2] bringt der Spin einen beträchtlichen Beitrag, und der empirische Wert scheint einen Polarisationseffekt zu belegen, der den Spinbeitrag bis zu einem Faktor 2 reduzieren kann.

Wie die Betrachtung auf S. 264 in Zusammenhang mit der Interpretation des Bahn-g-Faktors zeigt, kann eine Renormierung der Matrixelemente des Bahndrehimpulses von geschwindigkeitsabhängigen Wechselwirkungen herrühren. Ähnliche Renormierungseffekte des isoskalaren Bahnmoments sollten aber wegen der näherungsweisen Gültigkeit der lokalen Galilei-Invarianz (siehe S. 66) kleiner sein. Information über die Matrixelemente von l_+ wird vor allem durch die Entkopplungsparameter der Orbitale [411 1/2] und [521 1/2] geliefert. Die Daten in Tab. 5-16 könnten auf eine leichte Verringerung der Matrixelemente von l_+ hindeuten (wobei berücksichtigt ist, daß die für diese Orbitale berechneten Werte von a durch Spinpolarisationseffekte und durch den Unterschied zwischen A und A_0 etwas vergrößert werden können).

Trägheitsmomente von Rotationsbanden in ungeraden Kernen mit $150 < A < 190$ (*Tab. 5-17*)

Die Information über die Trägheitsparameter $A = \hbar^2/2\mathscr{J}$ für Einquasiteilchenzustände in ungeraden Kernen ist in Tab. 5-17 angegeben. Die Tabelle enthält auch die mittleren Trägheitsparameter für die gg-Nachbarkerne. Es ist ersichtlich, daß die Trägheitsmomente der Banden mit ungeradem A größer als die der gg-Kerne sind. Dieser Unterschied beträgt in typischen Fällen 20%, es treten aber große Variationen auf (siehe auch Abb. 4-12).

Systematisch größere Trägheitsmomente für die tiefliegenden Banden in ungeraden Kernen rühren von den Paarkorrelationen her, die für die Reduzierung der Trägheitsmomente in gg-Kernen um einen Faktor 2 im Vergleich zum Festkörperwert verantwortlich sind (siehe Kapitel 4, S. 68ff.). Das Auftreten des ungeraden Teilchens führt zu einer Verkleinerung des Paarkorrelationsparameters Δ und daher zur Reduktion des Rotationsparameters A. Eine zusätzliche Vergrößerung des Trägheitsmoments resultiert aus der Coriolis-Kopplung zwischen den Einquasiteilchenzuständen.

Aus der Analyse der Intensitäten des α-Zerfalls und der Querschnitte für Zweiteilchen-Transferreaktionen (siehe S. 215) ergibt sich, daß Δ^2 in den tiefliegenden Banden von ungeraden Kernen im Vergleich zu den $\mathsf{v} = 0$-Banden von gg-Kernen um etwa einen Faktor 2 abgeschwächt ist. Solch eine Reduzierung wird näherungsweise durch den „Blockierungseffekt" des letzten ungeraden Teilchens beschrieben (siehe S. 237). Eine Abnahme von Δ^2 um einen Faktor 2 (für die Neutronen oder die Protonen) hat nach der Abschätzung (4-128) eine Zunahme des Trägheitsmoments um etwa 15% zur Folge.

Gl. (5-47) gibt die Zunahme des Trägheitsmoments an, die von den Effekten zweiter Ordnung in der Coriolis-Kopplung, die auf das letzte ungerade Teilchen wirkt, hervorgerufen wird. Der Ausdruck berücksichtigt auch, daß das Teilchen einige der Anregungen, die zum Trägheitsmoment des gg-Rumpfs beitragen, blockiert. Für Zustände in der Nähe des FERMI-Niveaus kann man den Ausdruck (5–48) benutzen, und eine qualitative Abschätzung läßt sich mit der asymptotischen Form für die inneren Wellenfunktionen erhalten. Die CORIOLIS-Kopplung ruft Übergänge mit $\Delta n_\perp = \pm 1$, $\Delta n_3 = \mp 1$ hervor, die Einteilchenanregungsenergien $\Delta\varepsilon = \pm\hbar(\omega_\perp - \omega_3) = \pm\hbar\omega_0\delta$ besitzen. Somit erhält man (siehe Gl. (5–27) für die Matrixelemente von $l_\pm$)

$$\delta A = -\frac{4A_0^2\Delta}{(\hbar\omega_0\delta)^2}\bigl(2n_3(N - n_3) + N + n_3\bigr). \tag{5–94}$$

In der Abschätzung (5–94) haben wir die viel kleineren Beiträge vom Nukleonenspin sowie von den orbitalen Übergängen mit $\Delta N = 2$ vernachlässigt. Der Ausdruck (5–94) ergibt Werte für $-\delta A/A_0$ zwischen 5% und 20%.

Für die in Tab. 5–17 aufgenommenen Protonenzustände mit $N = 5$ und Neutronenzustände mit $N = 6$ wird δA durch den auf der asymptotischen Darstellung beruhenden Wert (5–94) unterschätzt. Diese Zustände können näherungsweise durch die Einteilchenbewegung in den Bahnen $h_{11/2}$ bzw. $i_{13/2}$ beschrieben werden. Die entsprechenden CORIOLIS-Matrixelemente $\langle\langle j, \Omega + 1|\, j_+\, |j\Omega\rangle = \bigl(j(j + 1) - \Omega(\Omega + 1)\bigr)^{1/2}$ sind für $\Omega \ll j$ beträchtlich größer als die Abschätzung (5–27). Außerdem sind die Energienenner nach (5–4) um ungefähr einen Faktor Ω/j kleiner als im asymptotischen Grenzfall (die Kleinheit dieser Energiedifferenzen für $\Omega \ll j$ ist aus Abb. 5–2 und 5–3 ersichtlich). So ergibt die Auswertung von Gl. (5–48) im Falle der Protonenorbitale mit $N = 5$ und Neutronenorbitale mit $N = 6$ aus Tab. 5–17 Werte für δA, die in einigen Fällen mit A_0 vergleichbar werden.

Die beobachteten Trägheitsmomente für niedrigliegende Banden in ungeraden Kernen zeigen klar, daß die Zunahme von $\mathcal{J}$ bei den $N = 5$-Protonen- und $N = 6$-Neutronenkonfigurationen besonders groß ist; dies kann dem starken CORIOLIS-Effekt für diese Orbitale zugeschrieben werden. Für die anderen Zustände in Tab. 5–17 ist es schwieriger, die Effekte der CORIOLIS-Kopplung zu erkennen, weil die Korrektur zum Trägheitsmoment, die aus der Änderung von Δ stammt, vergleichbar mit der Abschätzung (5–94) oder größer als diese sein sollte.

Eine quantitative Analyse des CORIOLIS-Beitrages zu $\mathcal{J}$ läßt sich dann durchführen, wenn die betreffenden Einteilchenkonfigurationen aus anderen Daten bekannt sind. Diese Informationen sind für wenige Fälle, die Orbitale mit großen j-Werten betreffen, verfügbar, und man findet, daß die Abschätzung der CORIOLIS-Kopplung auf Werte von δA führt, die etwa um einen Faktor 2 größer als die beobachteten sind (siehe das auf S. 243ff. diskutierte Beispiel ^{235}U).

Für Zustände mit großem j kann durch das Glied vierter Ordnung in der Rotationsenergie des gg-Rumpfs eine zusätzliche wesentliche Zunahme des effektiven Trägheitsmoments hervorgerufen werden. Das Glied vierter Ordnung liefert die Energie $B(\boldsymbol{I} - \boldsymbol{j})^4$ (siehe die analoge Behandlung des Glieds zweiter Ordnung (4A–7) im Teilchen-Rotor-Modell), die den Beitrag

$$\delta A = 4B\bigl(j(j + 1) - \tfrac{3}{2}K^2\bigr) \tag{5–95}$$

zum Koeffizienten des zu $I(I + 1)$ proportionalen Anteils der Rotationsenergie zur Folge hat. Bei der Berechnung des Beitrages (5–95) muß man den Koeffizienten B verwenden, der die Energie des gg-Rumpfes bei Anwesenheit des ungeraden Teilchens beschreibt.

Tab. 5–17 Trägheitsmomente von Rotationsbanden, die auf den Einteilchenkonfigurationen in Kernen mit $150 < A < 190$ aufbauen. Die Tabellen enthalten die Rotationskonstante $A = \hbar^2/2\mathcal{J}$ (in keV), die man aus dem Abstand der zwei tiefsten Niveaus der Bande (für $K = 1/2$ der drei tiefsten Niveaus) erhält. Wenn die tiefsten Niveaus nicht beobachtet wurden, sind die Rotationskonstanten aus höheren Zuständen der Bande abgeschätzt und in Klammern aufgeführt. Die Werte für die Grundzustandskonfiguration sind fett gedruckt. Die experimentellen Daten sind den in Tab. 5–12 und 5–13 (S. 258 bzw. 260) angegebenen Arbeiten entnommen. Die in den Fußnoten (a) und (c) zu Tab. 5–13 als stark Coriolis-gemischt eingeordneten Banden werden durch die Entwicklung der Rotationsenergie schlecht beschrieben. Sie wurden in die vorliegende Tabelle nicht aufgenommen. (Als Kriterium für die Aufnahme in die Tabelle wurde gefordert, daß die Trägheitsmomente, die aus den beiden tiefsten Energieintervallen folgen, innerhalb von 20% übereinstimmen.) Die Rotationskonstante in Spalte 2 stellt den Mittelwert aus den beiden benachbarten gg-Kernen dar. Die Daten stammen aus der Zusammenstellung von Lederer u. a., 1967; siehe auch Abb. 4–12, S. 61.

Tab. 5–17a Protonenzustände

Kern	g-g	532 5/2	413 5/2	411 3/2	523 7/2	411 1/2	404 7/2	514 9/2	402 5/2	541 1/2
$^{153}_{63}$Eu	20,4	7,7	**11,9**	13,9						
^{155}Eu	14,3	9,2	**11,2**	12,3						
$^{155}_{65}$Tb	21,8			**13,1**						
^{157}Tb	15,7	4,5		**12,2**						
^{159}Tb	13,8		11,6	**11,6**		12,0				
^{161}Tb	13,0	15,1	11,4	**11,2**						
$^{161}_{67}$Ho	15,7				**11,0**	(12,5)				
^{163}Ho	14,3				**10,2**					
^{165}Ho	12,8		12,1	11,6	**10,5**	11,7	11,7			
$^{167}_{69}$Tm	14,0				10,1	**12,4**	12,9			≈ 11
^{169}Tm	13,7				10,4	**12,4**	13,0			
^{171}Tm	13,2					**12,0**				
$^{171}_{71}$Lu	14,9				14,0	13,2	**13,6**	11,3	14,2	(10,8)
^{173}Lu	14,1					12,7				8,6
^{175}Lu	13,7						**12,6**		12,8	10,0
^{177}Lu	14,6					14,2	**13,5**	12,6	13,4	
$^{177}_{73}$Ta	16,5						**14,6**	13,5	14,5	(12,5)
^{179}Ta	16,4						**14,9**			
^{181}Ta	16,1						**15,1**	13,9		
^{183}Ta							**15,9**		16,2	
$^{181}_{75}$Re	19,2							14,9	**16,8**	
^{183}Re	18,3						16,8	15,3	**16,8**	
^{185}Re	20,7							15,3	**17,9**	
^{187}Re	23,1							16,6	**19,2**	

Tab. 5–17 b Neutronenzustände

Kern	gg	530 1/2	532 3/2	505 11/2	521 3/2	642 5/2	523 5/2	633 7/2	651 1/2
$^{153}Sm_{91}$	16,9		11,1		11,0				
^{155}Gd	17,7	8,3		12,4	12,0				
^{157}Dy	19,7	(8,7)	11,0		12,2		11,3		
$^{157}Gd_{93}$	14,1	(7,7)	10,2		10,9	7,4	11,7		
^{159}Dy	15,5	(7,4)	12,6		11,8		12,2		
^{161}Er	19,0			14,0	11,9		13,5		
$^{159}Gd_{95}$	12,9	(7,7)	9,8		10,1	(7,3)	11,6		7,3
^{161}Dy	13,9	(7,5)			11,4	6,8	11,1		
^{163}Er	16,1	(8,9)		13,1	12,0		12,0		
$^{161}Gd_{97}$					(10,4)		10,4	(7,1)	7,6
^{163}Dy	12,8	7,0			10,7	5,0	10,5	(9,2)	
^{165}Er	14,3	(10,2)			10,6		11,0		
$^{165}Dy_{99}$								9,8	
^{167}Er	13,6				11,5		11,0	8,8	
^{169}Yb	14,3				12,4		11,1	7,9	
$^{169}Er_{101}$	13,3				11,0		12,4	8,4	
^{171}Yb	13,6				(14,8)			8,0	
$^{171}Er_{103}$									
^{173}Yb	12,9				10,8			6,9	
^{175}Hf	14,9								
$^{175}Yb_{105}$	13,2				12,2			(10,3)	
^{177}Hf	15,1							11,4	
^{179}W	17,8							10,6	

Kern	gg	521 1/2	512 5/2	514 7/2	624 9/2	510 1/2	512 3/2	503 7/2	615 11/2
$^{153}Sm_{91}$	16,9	13,6							
^{155}Gd	17,7	13,5							
^{157}Dy	19,7	12,8	(12,9)						
$^{157}Gd_{93}$	14,1	12,2						10,4	
^{159}Dy	15,5	12,6	11,1			(12,4)			
^{161}Er	19,0								
$^{159}Gd_{95}$	12,9	11,5	10,7			11,6			
^{161}Dy	13,9	11,8	11,6			(11,3)			
^{163}Er	16,1	13,3	12,8			11,3			
$^{161}Gd_{97}$		10,5	11,4			11,4			
^{163}Dy	12,8	10,2	11,7			13,0			
^{165}Er	14,3	12,6	13,9			13,1			
$^{165}Dy_{99}$		10,6	11,1			11,1	12,0		
^{167}Er	13,6	11,2	11,9			11,6	11,9		
^{169}Yb	14,3	11,7	12,5			12,4			

Tab. 5–17 b (Fortsetzung)

Kern	gg	521 1/2	512 5/2	514 7/2	624 9/2	510 1/2	512 3/2	503 7/2	615 11/2
$^{169}Er_{101}$	13,3	**11,8**	12,1	12,0		11,7	12,6		
^{171}Yb	13,6	**12,0**	12,2	12,6		14,0			
$^{171}Er_{103}$		12,0	**10,9**	12,7	10,0	11,5	13,2		
^{173}Yb	12,9	12,1	**11,2**	12,5		11,7	12,8		
^{175}Hf	14,9	13,5	**11,6**	14,1					
$^{175}Yb_{105}$	13,2	13,7	12,7	**11,6**	(10,7)	11,6	12,0		
^{177}Hf	15,1		13,8	**12,6**	9,6		14,8		
^{179}W	17,8	15,0	14,3	**13,3**					
$^{177}Yb_{107}$				12,3	**11,2**	12,3	12,8		
^{179}Hf	15,5	13,1	13,8	13,6	**11,2**	13,2	13,5		
^{181}W	16,8	14,6	15,8	13,3	**10,3**	15,1	16,2		
$^{183}W_{109}$	17,6	18,2	13,9	16,2	(14,0)	**13,0**	16,6	15,8	13,7
$^{185}W_{111}$	19,5	16,7	14,0	17,9	12,7	21,1	**13,2**	16,4	14,3
^{187}Os	24,4					**23,7**	13,1		

Zusätzliche Hinweise darauf, daß die Coriolis-Wechselwirkung das Rotationskopplungsmatrixelement zwischen den Einquasiteilchenzuständen überschätzt, liefert eine Klasse von angeregten Konfigurationen in Tab. 5–17. Die Einteilchenzustände, die durch unbehinderte Matrixelemente von $l_\pm$ ($\Delta n_3 = \pm 1$, $\Delta n_\perp = \mp 1$) verknüpft sind, haben typische Energieunterschiede von der Ordnung 2 MeV; befindet sich jedoch die Fermi-Energie ungefähr in der Mitte zwischen beiden, dann können die Einquasiteilchenzustände nahezu entartet bei einer Anregungsenergie von etwa 0,5 MeV liegen. Bei Abwesenheit von Paarkorrelationen würde das Coriolis-Matrixelement zwischen diesen Teilchen- und Lochzuständen verschwinden. Für Quasiteilchenzustände bleibt das Matrixelement aber endlich, obwohl der Wert um den Faktor $u_1u_2 + v_1v_2 \approx \Delta/E$ verringert ist, wobei E die Quasiteilchenenergie (5–57) bedeutet, die annähernd gleich der Summe von Δ und der Anregungsenergie über dem Grundzustand ist. Tab. 5–17 enthält viele Beispiele von solchen stark gekoppelten benachbarten Konfigurationen, für die der Ausdruck (5–47) große Beiträge zum Trägheitsmoment liefert. Beispiele, in denen die Abschätzungen für $\delta\mathscr{A}/\mathscr{A}_0$ die Werte $\pm 50\%$ überschreiten (negativ für den unteren und positiv für den oberen Zustand), liefern die Orbitale [532 5/2] und [523 7/2] in ^{161}Tb, [532 3/2] und [523 5/2] in ^{157}Dy, [633 7/2] und [624 9/2] in ^{179}W, [521 1/2] und [510 1/2] in ^{177}Hf und in ^{181}W und [521 1/2] und [512 3/2] in ^{179}Hf. Die beobachteten Trägheitsmomente dieser Banden in Tab. 5–17 zeigen nicht die erwarteten großen Effekte der Coriolis-Kopplung. In einigen Fällen setzen die Daten Grenzen für $\delta\mathscr{A}$, die wenigstens eine Größenordnung kleiner als die theoretischen Abschätzungen sind. In einer Reihe von Fällen hat die Untersuchung von anderen Eigenschaften die starke Reduzierung des Coriolis-Kopplungseffekts für diese Niveaus zusätzlich bestätigt. (Siehe z. B. die Diskussion des erlaubten unbehinderten β-Zerfalls zu ^{161}Tb bei Zylicz u. a., 1966, und die Analyse der Einteilchen-Transferreaktionen in den W-Isotopen durch CASTEN u. a., 1972). Die für die Abschwächung der CORIOLIS-Wechselwirkung verantwortlichen Effekte sind noch nicht identifiziert. Jedoch legt die besonders starke Veringerung des Rotationskopplungsmatrixelements zwischen Zuständen auf entgegengesetzten Seiten der FERMI-Oberfläche die Kopplung an das durch Rotation induzierte Paarfeld (siehe S. 242) nahe.

Neben dem Trägheitsbeitrag, der mit den Zuständen mit großem j zusammenhängt, kann die Wirkung der CORIOLIS-Kopplung auf das letzte ungerade Teilchen an einer Reihe von zusätzlichen Besonderheiten der Daten in Tab. 5–17 erkannt werden.

1. Große CORIOLIS-Matrixelemente, die ziemlich eng benachbarte Einteilchenzustände verbinden, treten für die niedrigsten Orbitale auf, die aus der höheren sphärischen Schale herabkommen. Diese Zustände, die als angeregte Konfigurationen erscheinen, besitzen sehr große Trägheitsmomente. (Beispiele dafür sind der [541 1/2]-Protonenzustand und der [651 1/2]-Neutronenzustand. In gleicher Weise kann das große Trägheitsmoment, das man für den [530 1/2]-Neutronenlochzustand beobachtet, der Kopplung an die in der Nachbarschaft erwartete [541 1/2]-Konfiguration zugeschrieben werden.)

2. Für angeregte Konfigurationen liefert die Kopplung an tieferliegende Zustände einen negativen Beitrag zum Trägheitsmoment. Ein auffälliges Beispiel ist der $h_{11/2}$-Zustand [532 5/2] in ^{161}Tb, dessen anomal kleines Trägheitsmoment die Kopplung an die tiefer liegende Konfiguration [532 7/2] widerzuspiegeln scheint. (Obwohl ein ziemlich großer Effekt beobachtet wird, ist dieser beträchtlich kleiner als die theoretische Abschätzung für Einquasiteilchenzustände; siehe die obige Diskussion.)

3. Das Einteilchenspektrum enthält eine Reihe von eng benachbarten Niveaus mit $\Delta\Omega = 1$, wie zum Beispiel die [402 5/2]- und [404 7/2]-Protonenzustände und die [510 1/2]- und [512 3/2]-Neutronenzustände. Die Matrixelemente von $j_\pm$ sind durch die asymptotischen Quantenzahlen verboten, und die abgeschätzten Werte sind von der Größenordnung Eins oder kleiner. Wenn die Quasiteilchenzustände jedoch sehr eng zusammenkommen, dann kann die Kopplung wesentliche Beiträge zur Rotationsenergie verursachen. Beispiele dafür sind die Unterschiede in den Trägheitsmomenten der Konfigurationen [510 1/2] und [512 3/2] in ^{183}W, ^{185}W und ^{187}Os. Interpretiert man die beobachteten Unterschiede mit Hilfe von Gl. (5–47), dann entsprechen sie einem CORIOLIS-Matrixelement von $\langle [512\ 3/2] |\ j_+ \ | [510\ 1/2] \rangle \approx 1$, das ziemlich gut mit der theoretischen Abschätzung anhand der Wellenfunktionen in Tab. 5–2 übereinstimmt.

ANHANG

5A Streuung an nichtsphärischen Systemen

Bei der Streuung an einem nichtsphärischen Kern verursacht die Deformation des Potentials eine Kopplung zwischen den Rotationsfreiheitsgraden des Targets und der Bahnbewegung des Inzidenzteilchens. Im vorliegenden Anhang betrachten wir die allgemeinen Methoden zur Behandlung eines solchen verallgemeinerten optischen Modells, das auch als Prototyp einer breiten Klasse von Streuproblemen, in denen innere Freiheitsgrade des Targets explizit berücksichtigt werden, angesehen werden kann. (Eine Übersicht über die Erweiterung des optischen Modells auf Vibrations- und Rotationsanregungen in Kernen findet man z. B. bei HODGSON, 1971.)

Der HAMILTON-Operator, der die Potentialstreuung an einem nichtsphärischen Objekt beschreibt, läßt sich in der Form

$$H = T + V + H_{\text{rot}} \tag{5A–1}$$

darstellen, wobei T die kinetische Energie des Teilchens und V das deformierte Potential ist. Das Potential V kann Absorptionsterme enthalten, die die Compoundkernbildung beschreiben. Die Rotationsenergie wird durch den Operator H_{rot} repräsentiert, dessen Eigenwerte durch den Gesamtdrehimpuls R des Targetkerns (und im Falle eines nichtaxialen Rotors durch eine zusätzliche Quantenzahl τ; siehe Gl. (4–9)) festgelegt werden können. Das vorliegende Modell für Streuprobleme ist das Analogon des in Anhang 4A behandelten Teilchen-Rotor-Modells.

5A–1 Behandlung durch gekoppelte Kanäle

Eine allgemeine Methode für die Behandlung des durch den HAMILTON-Operator (5A–1) definierten Streuproblems erhält man durch Entwicklung der Wellenfunktion in der Form

$$\Psi_{IM} = \sum_{ljR} \mathscr{R}_{ljRI}(\boldsymbol{r})\, \Phi_{ljRIM}, \tag{5A–2}$$

wobei die Kanäle durch den Bahn- und den Gesamtdrehimpuls (l und j) des Teilchens, den Rotationsdrehimpuls (R) des Targetkerns und den Gesamtdrehimpuls ($\boldsymbol{I} = \boldsymbol{j} + \boldsymbol{R}$) spezifiziert werden. Für ein spiegelsymmetrisches Target ist der Wert von l bei gegebenem j durch die Paritätsquantenzahl bestimmt, und die Summe in Gl. (5A–2) enthält daher für eine gegebene Kombination $I\pi$ nur die zwei Variablen j und R. Die Wellenfunktionen Φ beschreiben die Abhängigkeit von den Spin- und Winkelkoordinaten des

Teilchens sowie den Orientierungswinkeln des Targets. Die SCHRÖDINGER-Gleichung für den Zustand (5 A–2) führt auf ein System von gekoppelten Differentialgleichungen für die Radialfunktionen,

$$\left(-\frac{\hbar^2}{2M}\left(\frac{\mathrm{d}^2}{\mathrm{d}r^2}-\frac{l(l+1)}{r^2}\right)+E_{\mathrm{rot}}(R)-E\right)r\mathscr{R}_{ljRI}(r)$$

$$+\sum_{l'j'R'}\langle l'j'R'I|\;V\;|ljRI\rangle\, r\mathscr{R}_{l'j'R'I}(r)=0, \tag{5 A–3}$$

wobei $E_{\mathrm{rot}}(R)$ der Eigenwert von H_{rot} und E die Gesamtenergie ist.

Das Matrixelement von V in Gl. (5 A–3) ist eine Funktion der Radialkoordinate und kann durch eine Entwicklung des Potentials nach Kugelfunktionen erhalten werden. So läßt sich für einen axialsymmetrischen Kern der spinunabhängige Teil des Potentials in der Form

$$V(r,\vartheta')=\sum_\lambda V_\lambda(r)\,P_\lambda(\cos\vartheta') \tag{5 A–4}$$

ausdrücken, wobei ϑ' der Polarwinkel des Teilchens bezüglich der Symmetrieachse des Kerns ist. Die Matrixelemente von $P_\lambda(\cos\vartheta')$ erhält man mit der Standardtechnik für die Umkopplung von Drehimpulsen (siehe Gln. (1 A–72), (1 A–43) und (1 A–46) sowie die Wellenfunktion (4–7) für einen axialsymmetrischen Kern),

$$\langle l'j'R'IM|\;P_\lambda(\cos\vartheta')\;|ljRIM\rangle$$

$$=(-1)^{I+j+R'}(4\pi)^{1/2}(2\lambda+1)^{-1/2}(2R+1)^{1/2}\langle RK_R\lambda 0|R'K_R\rangle\begin{Bmatrix} jRI\\ R'j'\lambda\end{Bmatrix}\langle l'j'\|Y_\lambda\|lj\rangle, \tag{5 A–5}$$

wobei K_R die Projektion von R auf die Symmetrieachse des Kerns ist ($K_R = 0$ für ein gg-Target). Die reduzierten Matrixelemente von Y_λ kann man aus Gl. (3 A–14) erhalten.

Die Streumatrix in der $(ljR)I$-Darstellung ergibt sich durch Lösung der gekoppelten Radialgleichungen (5 A–3) für gegebenes I (und gegebene Parität) mit der Randbedingung, daß einfallende Wellen nur im durch 1 bezeichneten Eingangskanal auftreten,

$$\mathscr{R}_{l_1j_1R_1I}\underset{r\to\infty}{=}\frac{1}{r}\left(\exp\{-i(k_1r-\tfrac{1}{2}\pi l_1)\}-\langle l_1j_1R_1I|\;S\;|l_1j_1R_1I\rangle\exp\{i(k_1r-\tfrac{1}{2}\pi l_1)\}\right),$$

$$\mathscr{R}_{ljRI}\underset{r\to\infty}{=}\begin{cases}-\left(\dfrac{k_1}{k}\right)^{1/2}\langle ljRI|\;S\;|l_1j_1R_1I\rangle\dfrac{1}{r}\exp\{i(kr-\tfrac{1}{2}\pi l)\}, & E_p>0,\\ & (ljR)\neq(l_1j_1R_1)\\ \alpha_{ljRI}\dfrac{1}{r}\exp(-\varkappa r), & E_p<0,\end{cases} \tag{5 A–6}$$

wobei E_p die Energie des Teilchens im betrachteten Kanal ist,

$$E_p=E-E_{\mathrm{rot}}(R)$$

$$=\frac{\hbar^2}{2M}\begin{cases}k^2, & E_p>0,\\ -\varkappa^2, & E_p<0.\end{cases} \tag{5 A–7}$$

Die Koeffizienten α_{ljRI} charakterisieren die asymptotische Wellenfunktion in den geschlossenen Kanälen ($E_p < 0$), während die Amplituden der auslaufenden Wellen in den offenen Kanälen die Elemente der S-Matrix definieren.

Die Streuamplitude für bestimmte Richtungen der einlaufenden und auslaufenden Teilchen kann aus den Elementen der S-Matrix in Gl. (5A–6) durch die Transformation zur Darstellung, die durch den Impuls $\boldsymbol{p} = \hbar\boldsymbol{k}$, die Helizität h und die Drehimpulsquantenzahlen RM_R des Targets (siehe Gln. (3F–5) und (1B–31)) festgelegt ist, erhalten werden,

$$f\big((\boldsymbol{p}hRM_R)_1 \to (\boldsymbol{p}hRM_R)_2\big) = -2\pi i(k_1k_2)^{-1/2} \sum_{l_1j_1l_2j_2IM} \langle(\hat{\boldsymbol{p}}hRM_R)_2 \mid (ljR)_2\,IM\rangle$$

$$\times \big(\langle(ljR)_2\,I|\,S\,|(ljR)_1\,I\rangle - \delta((ljR)_1, (ljR)_2)\big)\,\langle(ljR)_1\,IM \mid (\hat{\boldsymbol{p}}hRM_R)_1\rangle, \qquad (5\text{A–8a})$$

$$\langle\hat{\boldsymbol{p}}hRM_R \mid ljRIM\rangle = \sum_m \langle jmRM_R \mid IM\rangle\,\langle l0\,\tfrac{1}{2}h \mid jh\rangle \left(\frac{2l+1}{8\pi^2}\right)^{1/2} \mathscr{D}^j_{mh}(\hat{\boldsymbol{p}}). \qquad (5\text{A–8b})$$

Der entsprechende differentielle Wirkungsquerschnitt ist durch die Beziehung

$$\mathrm{d}\sigma\big((\boldsymbol{p}hRM_R)_1 \to (\boldsymbol{p}hRM_R)_2\big) = 2\pi\,\frac{k_2}{k_1}\,|f(1 \to 2)|^2\,\mathrm{d}\Omega \qquad (5\text{A–9})$$

gegeben mit dem Raumwinkelelement $\mathrm{d}\Omega = 2\pi \sin\vartheta\,\mathrm{d}\vartheta\,\mathrm{d}\varphi$ (siehe den Ausdruck (1B–34), der in der Helizitätsdarstellung, wie in Band I, S. 105, dargelegt wurde, einen zusätzlichen Faktor 2π enthält).

Der totale Wirkungsquerschnitt ergibt sich aus dem optischen Theorem (siehe Gl. (2–90), wobei in der Helizitätsdarstellung ebenfalls ein zusätzlicher Faktor 2π hinzukommt).

$$\sigma_{\text{tot}} = \frac{8\pi^2}{k_1}\,\mathrm{Im}\,f\big((\boldsymbol{p}hRM_R)_1 \to (\boldsymbol{p}hRM_R)_1\big)$$

$$= \frac{16\pi^3}{k_1^2} \sum_{ljl_1j_1IM} \langle(\hat{\boldsymbol{p}}hRM_R)_1 \mid ljR_1IM\rangle$$

$$\times\big(\delta((lj), (l_1j_1)) - \mathrm{Re}\,\langle ljR_1I|\,S\,|l_1j_1R_1I\rangle\big)\,\langle l_1j_1R_1IM \mid (\hat{\boldsymbol{p}}hRM_R)_1\rangle, \qquad (5\text{A–10a})$$

$$\langle(\hat{\boldsymbol{p}}hRM_R)_1 \mid ljR_1IM\rangle = \left(\frac{2l+1}{8\pi^2}\right)^{1/2} \langle l0\,\tfrac{1}{2}h_1 \mid jh_1\rangle\,\langle jh_1R_1M_{R_1} \mid IM\rangle. \qquad (5\text{A–10b})$$

In Gl. (5A–10b) wurde die räumliche Quantisierungsachse so gewählt, daß sie mit der Einschußrichtung zusammenfällt, so daß $\mathscr{D}^j_{mh}(\hat{\boldsymbol{p}}_1) = \delta(m, h)$ gilt. Der totale Wirkungsquerschnitt (5A–10a) schließt sowohl direkte Prozesse als auch Compoundkernbildung ein. Den totalen Querschnitt für direkte Prozesse (einschließlich elastischer Streuung) erhält man durch Integration über alle Endzustände in Gl. (5A–9). Somit ergibt sich für fixierte Helizität und Targetpolarisation $(RM_R)_1$ im Eingangskanal

$$\sigma_{\mathrm{dir}} = \sum_{(hRM_R)_2} 2\pi \frac{k_2}{k_1} \int \mathrm{d}\Omega_2 \left|f\big((phRM_R)_1 \to (phRM_R)_2\big)\right|^2$$

$$= \frac{8\pi^3}{k_1^2} \sum_{R_2} \sum_{lj l_1 j_1 l_2 j_2 IM} \langle (\hat{p}hRM_R)_1 \mid ljR_1IM\rangle$$

$$\times \big(\langle ljR_1I|\, S^\dagger\, |l_2j_2R_2I\rangle - \delta((ljR_1), (l_2j_2R_2))\big)$$

$$\times \big(\langle l_2j_2R_2I|\, S\, |l_1j_1R_1I\rangle - \delta((l_1j_1R_1), (l_2j_2R_2))\big) \langle l_1j_1R_1IM \mid (\hat{p}hRM_R)_1\rangle. \quad (5\,\mathrm{A}\text{–}11)$$

Der Anteil des Wirkungsquerschnitts (5 A–11) mit $R_2 \neq R_1$ repräsentiert direkte Rotationsanregungen. Die Differenz zwischen den Wirkungsquerschnitten (5 A–10) und (5 A–11) ist der Wirkungsquerschnitt für Compoundkernbildung, der sich in der Form

$$\sigma_{\mathrm{comp}} = \sigma_{\mathrm{tot}} - \sigma_{\mathrm{dir}}$$

$$= \frac{8\pi^3}{k_1^2} \sum_{ljl_1j_1IM} \langle (\hat{p}hRM_R)_1 \mid ljR_1IM\rangle$$

$$\times \big(\delta((lj), (l_1j_1)) - \langle ljR_1I|\, S^\dagger S\, |l_1j_1R_1I\rangle\big) \langle l_1j_1R_1IM \mid (\hat{p}hRM_R)_1\rangle \quad (5\,\mathrm{A}\text{–}12)$$

durch die Abweichung der S-Matrix von der Unitarität, die aus dem Absorptionsanteil des optischen Potentials folgt, ausdrücken läßt.

5 A–2 Adiabatische Näherung

Wenn die Rotationsbewegung während der Stoßzeit vernachlässigt werden kann, dann erhält man wie bei der Behandlung gebundener Zustände (siehe Anhang 4 A) eine Näherungslösung, indem man die Streuung für eine fixierte Orientierung des Kerns betrachtet.[1]) Bezeichnet man die Streuamplitude für ein Target mit der Orientierung ω durch $f\big((ph)_1 \to (ph)_2; \omega\big)$, dann ist die Amplitude für einen Streuprozeß, bei dem sich das Target anfangs in dem Zustand mit den Quantenzahlen $R_1(M_R)_1$ und danach im Zustand $R_2(M_R)_2$ befindet, durch das Matrixelement

$$f\big((phRM_R)_1 \to (phRM_R)_2\big) = \langle R_2(M_R)_2|\, f\big((ph)_1 \to (ph)_2; \omega\big)\, |R_1(M_R)_1\rangle \quad (5\,\mathrm{A}\text{–}13)$$

gegeben.

Die Streuung für fixierte Orientierung ist ein Einteilchenproblem (obwohl es die dreidimensionale Geometrie enthält). Somit reduziert sich die Schrödinger-Gleichung auf ein klassisches Problem, mit dem man bei der Streuung elektromagnetischer und akustischer Wellen konfrontiert wird (siehe z. B. das Buch von van de Hulst, 1957).

[1]) Die adiabatische Näherung wurde von Drozdov (1955; 1958) und Inopin (1956) auf nukleare Streuprobleme angewandt. Für stark absorbierte Teilchen führt die Behandlung auf einfache Beziehungen zwischen elastischer und inelastischer Streuung (Blair, 1959; Blair u. a., 1962; Austern und Blair, 1965).

Für ein axialsymmetrisches Potential erhalten die Einteilchenzustände die Projektion Ω des Drehimpulses auf die Symmetrieachse.

Das Einteilchenproblem, das sich aus der adiabatischen Näherung ergibt, kann in ähnlicher Weise wie die obige allgemeinere Analyse im Rahmen der gekoppelten Kanäle behandelt werden. Dabei ergibt sich eine Vereinfachung durch die Reduzierung der Zahl der gekoppelten Kanäle. (Für ein axial- und spiegelsymmetrisches Potential ist die Anzahl der gekoppelten Kanäle für gegebene Werte $\Omega\pi$ durch die eine Variable j (bei Teilchen mit $s = 0$ oder 1/2) festgelegt, während die nichtadiabatische Behandlung die Kopplung aller Kanäle enthält, die für gegebenes $I\pi$ durch die zwei Variablen jR spezifiziert werden. Für einen unsymmetrischen Körper enthält die adiabatische Behandlung die Kopplung aller Kanäle, die durch drei Drehimpulsquantenzahlen, wie zum Beispiel ljm, spezifiziert werden, während die allgemeine Behandlung die Kopplung aller Kanäle beinhaltet, die durch vier solche Quantenzahlen, lj für das Teilchen, $R\tau$ für den Rotor, spezifiziert sind.)

In der $lj\Omega$-Darstellung für die Streuung an einem axialsymmetrischen Potential hat die Einteilchenwellenfunktion die Form

$$\psi_\Omega = \sum_{lj} \mathcal{R}_{lj\Omega}(r)\, (i^l Y_l \chi)_{(\frac{1}{2})j\Omega}, \tag{5A-14}$$

wobei der letzte Faktor die Spin-Winkel-Wellenfunktion (siehe Gl. (3A-1)) ist. Die Kopplung an die Kerndeformation enthält das Matrixelement von $P_\lambda(\cos\vartheta')$, das man aus Gl. (3A-14) erhalten kann. Die Streumatrix läßt sich durch Lösen der zu Gl. (5A-3) analogen gekoppelten radialen Differentialgleichungen mit den Randbedingungen

$$\mathcal{R}_{lj\Omega} \underset{r\to\infty}{=} \frac{1}{r}\Big(\delta(ll_1)\,\delta(jj_1)\exp\{-i(kr - \tfrac{1}{2}\pi l)\} - \langle lj\Omega|\, S\, |l_1 j_1 \Omega\rangle \exp\{i(kr - \tfrac{1}{2}\pi l)\}\Big) \tag{5A-15}$$

finden, wobei k die Wellenzahl ist, die in der betrachteten Näherung in allen Kanälen gleich ist.

Bei fester Orientierung des Targets kann die Streuamplitude in der Form (siehe Gln. (1B-31) und (3F-5))

$$f\big((\boldsymbol{ph})_1 \to (\boldsymbol{ph})_2;\omega\big) = -2\pi i (k_1 k_2)^{-1/2} \sum_{(ljm)_1 (ljm)_2} \langle (\hat{\boldsymbol{p}}h)_2 \mid (ljm)_2\rangle$$
$$\times \Big(\langle (ljm)_2|\, S(\omega)\, |(ljm)_1\rangle - \delta((ljm)_1, (ljm)_2)\Big) \langle (ljm)_1 \mid (\hat{\boldsymbol{p}}h)_1\rangle, \tag{5A-16a}$$

$$\langle \hat{\boldsymbol{p}}h \mid ljm\rangle = \langle l0\, \tfrac{1}{2}h \mid jh\rangle \left(\frac{2l+1}{8\pi^2}\right)^{1/2} \mathcal{D}^j_{mh}(\hat{\boldsymbol{p}}) \tag{5A-16b}$$

ausgedrückt werden, wobei sich die Elemente der S-Matrix in der ljm-Darstellung durch eine Transformation aus dem inneren System ergeben,

$$\langle l_2 j_2 m_2|\, S(\omega)\, |l_1 j_1 m_1\rangle = \sum_\Omega \big(\mathcal{D}^{j_2}_{m_2\Omega}(\omega)\big)^* \langle l_2 j_2 \Omega|\, S\, |l_1 j_1 \Omega\rangle\, \mathcal{D}^{j_1}_{m_1\Omega}(\omega). \tag{5A-17}$$

Führt man in Gl. (5A-13) die Integration über ω aus, wobei $f(1 \to 2;\omega)$ durch die Gln. (5A-16) und (5A-17) gegeben ist, dann erhält man eine Streuamplitude der Form

(5 A–8) mit faktorisierten S-Matrixelementen,

$$\langle (ljR)_2 I | S | (ljR)_1 I \rangle = \sum_{\Omega} \frac{\big((2R_1+1)(2R_2+1)\big)^{1/2}}{2I+1} \langle j_2 \Omega R_2 K_R \mid I K_R + \Omega \rangle$$

$$\times \langle l_2 j_2 \Omega | S | l_1 j_1 \Omega \rangle \langle j_1 \Omega R_1 K_R \mid I K_R + \Omega \rangle . \qquad (5\,A\text{–}18)$$

Das Resultat (5 A–18), das die Konsequenzen der adiabatischen Näherung zum Ausdruck bringt, läßt sich auch direkt erhalten, indem man berücksichtigt, daß die Gesamtwellenfunktion in dieser Näherung durch das Produkt der inneren Wellenfunktion (5 A–14) und der Rotationswellenfunktion $\mathscr{D}^I_{MK}$ mit $K = K_R + \Omega$ gegeben ist: Gl. (4 A–6) liefert die Transformation dieser Wellenfunktion in die $(ljR)IM$-Darstellung.

Bei der oben beschriebenen adiabatischen Näherung werden die Rotationsenergien als klein im Vergleich zu den übrigen in diesem Problem auftretenden Energien angenommen. Wenn die Energie des ein- oder auslaufenden Teilchens klein ist oder wenn die Durchdringung der Zentrifugal- und Coulomb-Barrieren empfindlich von Energieunterschieden der Größenordnung E_{rot} abhängt, dann muß man die obige Behandlung abwandeln. Die wesentlichen Resultate lassen sich aber übernehmen, wenn die adiabatische Behandlung für die Beschreibung der Teilchenbewegung im Kerninnern und im nichtsphärischen Bereich der Barriere geeignet ist. Dazu verbindet man die adiabatische Wellenfunktion im Innengebiet, wo der Drehimpulsaustausch stattfindet, mit der Wellenfunktion im Außengebiet, die durch die ungekoppelte Bewegung in den verschiedenen Kanälen $(ljR)I$ beschrieben werden kann und für die sich daher die Rotationsenergie leicht berücksichtigen läßt (siehe z. B. die Behandlung der Streuung langsamer Neutronen, S. 203ff., und des α-Zerfalls, S. 97ff.).

KAPITEL

6 Vibrationsspektren

6-1 Einleitung

Auftreten kollektiver Schwingungen

Die Anregungsspektren zahlreicher Vielteilchensysteme können durch Elementaranregungen beschrieben werden, die verschiedene, annähernd unabhängige Fluktuationen um den Gleichgewichtszustand darstellen.[1]) Die Natur dieser Fluktuationen hängt von der inneren Struktur des Systems ab. Daher können Elementaranregungen mit Einteilchenanregungen verknüpft sein oder kollektive Schwingungen der Dichte, der Form oder einiger anderer die Gleichgewichtskonfiguration charakterisierender Parameter verkörpern.

Bei einer Beschreibung durch Normalschwingungen erhält man das Anregungsspektrum als Überlagerung einzelner Quanten der Elementaranregungen, die in erster Näherung als nichtwechselwirkende Größen betrachtet werden. Die Abweichungen von dieser idealisierten Vorstellung lassen sich durch Wechselwirkungen zwischen den Normalschwingungen berücksichtigen. Diese Wechselwirkungen liefern die natürlichen Grenzen einer solchen Beschreibung.

Beispiele kollektiver Schwingungen von Quantensystemen sind aus der Untersuchung von Molekülen bekannt. Die Atome des Moleküls bilden eine annähernd starre Struktur, deren Normalschwingungen den niederenergetischen inneren Anregungen entsprechen. Elastische Wellen in makroskopischen Festkörpern sind Gitterschwingungen um das Gleichgewicht.

Bei Systemen, die in erster Näherung durch die Bewegung unabhängiger Teilchen in einem mittleren Feld beschrieben werden (Kerne, Elektronen in Metallen usw.), können infolge der Wechselwirkungen zwischen den Teilchen kollektive Schwingungen auftreten, die zu Korrelationen der Teilchenbewegung führen und mit Oszillationen der mittleren Dichte sowie des mittleren Feldes verbunden sind. Ein Beispiel dafür sind die Dichteschwingungen (Plasmonen) in einem Elektronengas. Inwieweit sich die Fluktuationen in kollektive Anregungen und Einteilchenanregungen aufteilen lassen, kann sowohl von sehr detaillierten Eigenschaften des Einteilchenspektrums als auch von der Stärke und dem Charakter der Wechselwirkungen abhängen. Die Elementaranregungen solcher Systeme können daher teils aus wohldefinierten kollektiven Schwingungen, die einer korrelierten Bewegung einer großen Anzahl von Teilchen entsprechen, und teils aus solchen Anregungen bestehen, an denen nur ein einziges Teilchen oder nur wenige Freiheitsgrade der Teilchenbewegung beteiligt sind.

Die Möglichkeit kollektiver Formoszillationen des Atomkerns wird stark nahegelegt

[1]) Der Begriff der Elementaranregungen wurde von LANDAU (1941) im Zusammenhang mit der Analyse des Anregungsspektrums von suprafüssigem Helium eingeführt.

durch die Tatsache, daß einige Kerne eine nichtsphärische Gleichgewichtsform besitzen (siehe Kapitel 4), während zum Beispiel Kerne mit abgeschlossenen Schalen eine sphärische Gleichgewichtsform aufweisen. Zwischen diesen Grenzfällen kann man daher Situationen erwarten, bei denen die Kernform um das Gleichgewicht stark fluktuiert.

Tatsächlich ist das Auftreten niedrigliegender Zustände, die durch elektrische Quadrupolprozesse stark angeregt werden, ein auffallendes Merkmal fast aller Kernspektren (siehe z. B. Abb. 4–5, S. 38). Diese Zustände gehören bei nichtsphärischen Kernen zur Grundzustandsrotationsbande, bei den übrigen Kernen haben wir es mit kollektiven Vibrationen der Kernform zu tun.

Bei höheren Anregungsenergien wurden einige weitere Schwingungsformen gefunden. Sie entsprechen zum Teil Formoszillationen verschiedener Multipolordnung, zum Teil solchen Fluktuationen, bei denen sich Neutronen und Protonen insgesamt gegeneinander bewegen. Zusätzlich zu den Anregungsformen, die ein klassisches Analogon besitzen, treten in den Kernspektren auch Schwingungsformen auf, die einen Ladungsaustausch, die Anregung der Nukleonenspins oder Oszillationen im Paarfeld (Erzeugung oder Vernichtung von zwei Nukleonen) einschließen.

Die Vielfalt der Schwingungsformen in Kernen und die Probleme, die sich aus den Wechselwirkungen der Anregungsquanten ergeben, stellen ein weitgespanntes Gebiet dar, das zahlreiche Gesichtspunkte über die Struktur quantenmechanischer Vielteilchensysteme umfaßt. Um dem Leser zu helfen, sich in dieser Vielfalt zurechtzufinden, geben wir im folgenden einen Überblick über die Anordnung des Materials im vorliegenden Kapitel und die hauptsächlichen Diskussionspunkte.

Übersicht über Kernschwingungen und damit zusammenhängende Probleme

Bei der Analyse der Vibrationsbewegung kann man von den allgemeinen Eigenschaften ausgehen, die aus der Symmetrie der Gleichgewichtskonfiguration und der Natur der Wechselwirkungen folgen. Dieses Problem ist der phänomenologischen Analyse der Rotationsbewegung in Kapitel 4 analog. Die Vibrationsbewegung wird jedoch durch die Schalenstruktur der Einteilchenbewegung so grundlegend beeinflußt, daß wir es für notwendig hielten, von vornherein die theoretischen Konzeptionen aufzunehmen, die eine Beziehung zwischen der kollektiven Bewegung und den Einteilchenfreiheitsgraden herstellen. Deshalb verwenden wir bei der Diskussion im vorliegenden Kapitel sowohl eine mikroskopische als auch eine makroskopische Beschreibung der Vibrationsbewegung. Die mikroskopische Behandlung liefert vor allem die qualitativen Eigenschaften der Schwingungsformen und deren Kopplungen. Die Frage, inwieweit dieses Schema eine quantitative Beschreibung der Kernschwingungen bietet, geht über den Rahmen des vorliegenden Kapitels hinaus und bleibt noch zu klären.

Als ersten Schritt zur Diskussion der nuklearen Schwingungsformen betrachten wir in Abschnitt 6–2 einfache Grundeigenschaften der Schwingungen in Quantensystemen. Die Abschnitte 6–2a und 6–2b fassen die komplementären Beziehungen zwischen den phänomenologischen Beschreibungen durch Amplituden und Erzeugungsoperatoren für Vibrationsquanten zusammen. Der Abschnitt 6–2c befaßt sich mit dem Mechanismus der Entstehung kollektiver Schwingungen aus den Anregungen einzelner Teilchen. Die Herausbildung einer kohärenten Bewegung vieler Nukleonen läßt sich aufgrund des oszillierenden Potentials verstehen, das aus einer kollektiven Schwingung der Nukleonendichte resultiert. Diese Erscheinung wird in einem stark vereinfachten Modell für die Teilchenfreiheitsgrade veranschaulicht, das die wesentlichen physikalischen Effekte zu isolieren gestattet.

Abschnitt 6–3 beinhaltet die Klassifizierung der Kernschwingungen nach Symmetrieeigenschaften. Da der Kern in vielen verschiedenen Dimensionen schwingen kann, enthält eine solche Klassifizierung zahlreiche Symmetriequantenzahlen, einschließlich Multipolarität, Spin und Bahndrehimpuls, Isospin und Nukleonenzahl. Einige dieser Schwingungsformen können mit Vibrationen in klassischen Systemen verglichen werden, so daß das Tröpfchenmodell ständig wichtige Anregungen für die Weiterentwicklung der Thematik liefert. (Die Normalschwingungen eines Flüssigkeitstropfens werden in Anhang 6A behandelt.) Der Gültigkeitsbereich dieser klassischen Vorstellungen über Kernschwingungen wird in Abschnitt 6–3 zusammengefaßt; eine ausführlichere Betrachtung der Schaleneffekte erfolgt in den Beispielen am Ende des Kapitels.

In Abschnitt 6–3 wird auch die Kernspaltung als eine Erweiterung der Phänomene von Formoszillationen kleiner Amplitude diskutiert. Die Behandlung großer Deformationen, wie sie im Spaltungsprozeß auftreten, führt auch auf das offene Problem, allgemeine Eigenschaften der Kernmaterie mit mikroskopischen Effekten aus der Schalenstruktur zu verbinden.

Die Schwingungsformen, deren Quanten aus korrelierten Nukleonenpaaren bestehen (Abschnitt 6–3f), sind unmittelbar mit dem Paareffekt verknüpft, der, wie in den vorangegangenen Kapiteln besprochen wurde, weitreichende Konsequenzen für die Kerneigenschaften bei niedrigen Energien hat (siehe Kapitel 5). Die Paarkorrelationen in Kernen können als Kondensat von Paarquanten (Deformation des Paarfeldes) angesehen werden, das dem supraflüssigen makroskopischen Fermi-System ähnlich ist. Die Einteilchenfreiheitsgrade beim Vorliegen eines solchen Kondensats sind die Quasiteilchen, deren Eigenschaften in dem Beispiel auf Seite 562ff. abgeleitet werden.

Die Existenz algebraischer Identitäten für die Multipolmomente führt auf Summenregeln für die entsprechenden Übergangswahrscheinlichkeiten, die in Abschnitt 6–4 behandelt werden. Solche Summenregeln sind auf vielen Gebieten der Quantenphysik ein recht allgemeines Hilfsmittel zur Analyse komplexer Systeme. Sie wurden deshalb in das vorliegende Kapitel aufgenommen, weil starke Vibrationsanregungen oft einen beträchtlichen Anteil der gesamten Multipolstärke in Einheiten der Summenregel für einfache Multipolfelder ausmachen.

Die Diskussion in den Abschnitten 6–2 und 6–3 bezieht sich auf die Näherung unabhängiger harmonischer Vibrationen. In den Abschnitten 6–5 und 6–6 werden die Wechselwirkungen zwischen den Normalschwingungen betrachtet. Ein grundlegendes Element dieser Wechselwirkungen ist der Einfluß einer Vibration auf die Bewegung unabhängiger Teilchen. Eine solche Kopplung rührt von dem mittleren Potential her, das durch die Vibrationsbewegung erzeugt wird. Sie wurde bereits in Abschnitt 6–2 als der für die Erzeugung der Kollektivbewegung selbst verantwortliche Mechanismus angesehen. Die Teilchen-Vibrationskopplung wird in Abschnitt 6–5 untersucht; sie bildet eine Grundlage für die Erklärung vieler Effekte, die mit dem Zusammenspiel von Vibrationsbewegung und Einteilchenfreiheitsgraden verknüpft sind (z. B. effektive Ladungen und Momente der Einteilchenzustände oder die Wechselwirkungsenergie zwischen einem Teilchen und einem Schwingungsquant). In höherer Ordnung führt die Teilchen-Vibrationskopplung zu Wechselwirkungen zwischen den Schwingungsquanten. Die phänomenologische Analyse der Anharmonizitäten von Vibrationsanregungen und der damit zusammenhängenden Probleme der Kopplung zwischen verschiedenen kollektiven Anregungen ist Gegenstand von Abschnitt 6–6.

Beispiele für die Eigenschaften von Vibrationen sind nicht am Ende jedes Abschnitts, sondern am Ende des Kapitels zusammengestellt. Diese Anordnung ermöglicht es, die verschiedenen Eigenschaften einer gegebenen Anregungsform im Zusammenhang zu diskutieren. Die Behandlung des Spaltprozesses baut auf einer allgemeineren Auffassung der Schalenstruktur des Einteilchenspektrums auf, als sie in Kapitel 2 entwickelt wurde. Die Methoden für eine solche verallgemeinerte Behandlung der Schalenstruktur werden anhand einiger Beispiele auf S. 499ff. diskutiert.

6–2 Quantentheorie harmonischer Schwingungen

Die Schwingungen eines Quantensystems können durch Kollektivkoordinaten beschrieben werden, die die Amplituden der Dichtefluktuationen um den Gleichgewichtszustand darstellen. Die Bewegungsgleichungen haben dieselbe Form wie in der klassischen Theorie, den Quantencharakter erhält man aus einer kanonischen Quantisierungsvorschrift. Eine theoretische Beschreibung kann auch von den Anregungsquanten ausgehen; die grundlegenden dynamischen Variablen sind dann die Erzeugungs- und Vernichtungsoperatoren für Quanten.

6–2a Erzeugungsoperatoren für Anregungsquanten

Eine Vibrationsanregung ist dadurch charakterisiert, daß sie vielfach wiederholt werden kann. Der n-te angeregte Zustand einer bestimmten Schwingungsform kann daher als ein aus n einzelnen Quanten bestehender Zustand aufgefaßt werden. Die Quanten befolgen die Bose-Statistik, da für eine gegebene Anzahl von Quanten ebenso wie bei identischen Teilchen mit vollständig symmetrischer Wellenfunktion nur ein einziger Zustand existiert. Ein solches Bosonensystem läßt sich durch Operatoren $c^\dagger$ und c beschreiben, die ein Anregungsquant erzeugen oder vernichten.

Wenn die Anregungen ohne Änderung der Schwingungsform überlagert werden können, lassen sich die Quanten als nichtwechselwirkende Größen betrachten. In dieser Näherung sind die Bosonenoperatoren durch die Beziehung

$$c^\dagger |n\rangle = (n+1)^{1/2} |n+1\rangle \tag{6–1}$$

definiert, wobei $|n\rangle$ der Zustand mit n Anregungsquanten ist. Der Faktor $(n+1)^{1/2}$ in Gl. (6–1) bewirkt, daß die Übergangswahrscheinlichkeit $\langle n+1| c^\dagger |n\rangle^2$ gleich $n+1$ ist. Die physikalische Bedeutung dieses „Bosonenfaktors" läßt sich anhand des Zerfalls $|n+1\rangle \to |n\rangle$ veranschaulichen: wenn bei dem Prozeß die Quanten unabhängig voneinander wirken, dann ist die totale Zerfallsrate proportional zur Anzahl $n+1$ der Quanten.

Die Definitionsgleichung (6–1) führt auf die Kommutationsbeziehung

$$[c, c^\dagger] = 1, \tag{6–2}$$

und die Anzahl der Quanten ist durch den Operator

$$n_{op} = c^\dagger c \tag{6–3}$$

gegeben. Die Anregungszustände $|n\rangle$ lassen sich aus dem Grundzustand $|n = 0\rangle$ aufbauen, indem man den Erzeugungsoperator

$$|n\rangle = (n!)^{-1/2} (c^\dagger)^n \, |n = 0\rangle \tag{6–4}$$

n-mal anwendet.

Für nichtwechselwirkende Quanten der Energie $\hbar\omega$ hat der HAMILTON-Operator die Form

$$H = \hbar\omega c^\dagger c + E(n = 0), \tag{6–5}$$

und die Bewegungsgleichung für $c^\dagger$ ist

$$\dot{c}^\dagger = \frac{i}{\hbar} [H, c^\dagger] = i\omega c^\dagger. \tag{6–6}$$

Daher sind die Bosonenoperatoren harmonische Funktionen der Zeit,

$$c^\dagger(t) = \exp\{i\omega t\}\, c^\dagger(t = 0). \tag{6–7}$$

Anharmonische Effekte der Schwingung können als Wechselwirkungen zwischen den Quanten behandelt werden (siehe Abschnitt 6–6). Bei einigen Schwingungsformen des Kerns sind diese Effekte selbst für die niedrigsten Zustände des Spektrums von Bedeutung.

6–2b Schwingungsamplituden

Die mit einer Schwingung verbundene Dichteänderung kann durch eine Amplitude α charakterisiert werden, die die Verschiebung aus dem Gleichgewicht darstellt. Im vorliegenden Abschnitt betrachten wir Vibrationen mit reellen (hermiteschen) Amplituden, wie sie bei stehenden Wellen in einem deformierbaren System vorliegen. Schwingungsquanten mit nichtverschwindenden Werten für eine Erhaltungsgröße wie Ladung, Nukleonenzahl oder eine Drehimpulskomponente werden durch nichthermitesche Amplituden beschrieben. Die Erweiterung der vorliegenden Betrachtung auf nichthermitesche Schwingungsformen wird in Abschnitt 6–3 betrachtet.

Bei kleinen Werten von α läßt sich die Vibrationsenergie nach Potenzen von α und der Zeitableitung $\dot{\alpha}$ ausdrücken. In führender Ordnung erhält man

$$E(\alpha, \dot{\alpha}) = \tfrac{1}{2} C\alpha^2 + \tfrac{1}{2} D\dot{\alpha}^2. \tag{6–8}$$

(Bei Schwingungen um das Gleichgewicht treten keine in $\dot{\alpha}$ linearen Glieder auf. Außerdem verletzen Terme proportional zu $\dot{\alpha}$ oder $\alpha\dot{\alpha}$ die Symmetrie gegen Zeitumkehr. Sie können nicht auftreten, wenn man eine Invarianz des Gleichgewichtszustandes gegen Zeitumkehr annimmt.)

Der Ausdruck (6–8) stellt einen harmonischen Oszillator dar. Das erste Glied ist die potentielle Energie V der Deformation. Der Koeffizient C wird als Parameter der Rückstellkraft bezeichnet. Das zweite Glied in Gl. (6–8) ist die kinetische Energie T. Die Größe D bezeichnet man als Massenparameter[1]). Führt man den Impuls

$$\pi = \frac{\partial}{\partial \dot{\alpha}} (T - V) = D\dot{\alpha} \tag{6–9}$$

ein, dann ergibt sich der HAMILTON-Operator

$$H = \tfrac{1}{2} D^{-1} \pi^2 + \tfrac{1}{2} C \alpha^2. \tag{6–10}$$

Die Beziehungen (6–8) bis (6–10) sind dieselben wie für einen klassischen Oszillator. Die hermiteschen Operatoren α und π erfüllen die kanonischen Kommutationsbeziehungen,

$$[\pi, \alpha] = -i\hbar. \tag{6–11}$$

Das Energiespektrum ist durch die bekannte Beziehung für einen harmonischen Oszillator

$$E(n) = (n + \tfrac{1}{2})\hbar\omega \tag{6–12}$$

gegeben mit der klassischen Frequenz

$$\omega = \left(\frac{C}{D}\right)^{1/2}. \tag{6–13}$$

Die Wellenfunktionen $\varphi_n(\alpha)$ der Schwingungen haben die Form

$$\varphi_n(\alpha) = (2\pi)^{-1/4} (2^n n! \alpha_0)^{-1/2} H_n\left(2^{-1/2} \frac{\alpha}{\alpha_0}\right) \exp\left\{-\frac{1}{4} \frac{\alpha^2}{\alpha_0^2}\right\}. \tag{6–14}$$

Dabei sind H_n das n-te hermitesche Polynom $\big(H_0(x) = 1,\ H_1(x) = 2x,\ H_2(x) = 4x^2 - 2, \ldots\big)$ und α_0 die Amplitude der Nullpunktsschwingung,

$$\begin{aligned} \alpha_0 &\equiv \langle n = 0 |\, \alpha^2 \,| n = 0 \rangle^{1/2} = \langle n = 1 |\, \alpha \,| n = 0 \rangle \\ &= \left(\frac{\hbar}{2D\omega}\right)^{1/2} = \left(\frac{\hbar\omega}{2C}\right)^{1/2} = \left(\frac{\hbar^2}{4CD}\right)^{1/4}. \end{aligned} \tag{6–15}$$

(In den Gln. (6–14) und (6–15) wurde angenommen, daß die Matrixelemente von α reell sind; für Zustände mit der Phasenkonvention (1–39) muß α dann invariant gegenüber der Transformation $\mathcal{RT}$ sein. Falls α bei $\mathcal{RT}$ das Vorzeichen wechselt, dann erhält man die Standardphase, indem man in die Wellenfunktion (6–14) einen Faktor i^n einfügt. Die Matrixelemente von α werden damit imaginär. Außerdem geht in die Transformation (6–16) ein zusätzlicher Faktor i ein, siehe z. B. die Gln. (5–21) und (6–51).)

[1]) Der Massenparameter einer Vibration wird üblicherweise mit B bezeichnet. Wir haben eine andere Bezeichnung gewählt, um eine Verwechslung mit der reduzierten Übergangswahrscheinlichkeit zu vermeiden.

Die Transformation von den Variablen α, π zu den in Abschnitt 6–2a eingeführten Variablen $c^\dagger$, c ist in harmonischer Näherung gegeben durch

$$\alpha = \alpha_0(c^\dagger + c),$$

$$\pi = \frac{i\hbar}{2\alpha_0}(c^\dagger - c), \tag{6–16}$$

$$c^\dagger = \frac{1}{2\alpha_0}\alpha - \frac{i\alpha_0}{\hbar}\pi = \frac{1}{2\alpha_0}\left(\alpha - \frac{i}{\omega}\dot{\alpha}\right).$$

Die Transformation entspricht einer Zerlegung der Amplituden α und π in Anteile positiver und negativer Frequenz mit der Zeitabhängigkeit $\exp\{-i\omega t\}$ und $\exp\{i\omega t\}$; siehe Gl. (6–7). (Die Beziehung (6–16) ist die gleiche wie Gl. (5–18) für die Teilchenbewegung in einem harmonischen Oszillatorpotential.)

Bei einem System mit vielen Freiheitsgraden kann die Gesamtwellenfunktion durch die Schwingungskoordinate α und zusätzliche Koordinaten q für die restlichenFreiheitsgrade (andere Schwingungsformen, Einteilchenanregungen usw.) ausgedrückt werden. In der Näherung unabhängiger Normalschwingungen kann man die Gesamtwellenfunktion in der Form

$$\Psi_{\sigma,n}(\alpha, q) = \Phi_\sigma(q)\,\varphi_n(\alpha) \tag{6–17}$$

schreiben, wobei $\Phi_\sigma(q)$ den inneren Zustand bezeichnet, der durch einen Satz von Quantenzahlen σ charakterisiert wird. Die Wellenfunktion $\varphi_n(\alpha)$ der Schwingung wird im allgemeinen von den inneren Quantenzahlen σ abhängen. In einem Molekül zum Beispiel hängt die potentielle Schwingungsenergie stark vom Elektronenzustand ab, da die Molekülbindung durch wenige Valenzelektronen bestimmt wird. Die Eigenschaften der Kernschwingungen können durch eine große Zahl von Nukleonen bedingt sein, die etwa der Teilchenzahl in einer Hauptschale entspricht, so daß in diesem Fall die Vibration schwächer von den Quantenzahlen der letzten Teilchen abhängen sollte.

Der funktionale Zusammenhang zwischen den Kollektivkoordinaten α und den Teilchenvariablen (Koordinaten, Impulse und Spins) hängt von der Dynamik des Systems ab. Er wird durch das Kriterium bestimmt, daß die Wellenfunktion, ausgedrückt in den Variablen q, α, angenähert in der separierten Form (6–17) dargestellt werden kann. Die Schwingungskoordinaten α können annähernd mit den Multipolmomenten des Systems (oder bei Molekülen mit dem Kernabstand) zusammenfallen. Die Fluktuationen der aktuellen Koordinate α um diese makroskopischen Werte sind jedoch im allgemeinen wichtig, um die Separierbarkeit der Bewegung zu gewährleisten. (Siehe die Diskussion der kollektiven Orientierungswinkel rotierender Kerne in Abschnitt 4A–3c und die Analyse der kollektiven Schwingungsvariablen auf der Grundlage von Einteilchenanregungen in Abschnitt 6–5h. Die besonderen Bedingungen, unter denen sich die Kollektivkoordinate durch die Ortskoordinaten der Teilchen (Punkttransformation) ausdrücken läßt, werden in dem Beispiel auf S. 437 besprochen.)

6–2c Kollektivbewegung infolge eines schwingenden Einteilchenpotentials

Das Auftreten kollektiver Schwingungen in einem System, dem eine unabhängige Teilchenbewegung zugrunde liegt, läßt sich mit Hilfe der Änderungen des mittleren Einteilchenpotentials verstehen, die durch eine Oszillation der Nukleonendichte hervorgerufen werden. Solche Änderungen des Einteilchenpotentials verursachen Anregungen der Nukleonenbewegung. Eine kollektive Bewegung wird aufrechterhalten, wenn die induzierten und die zur Erzeugung des oszillierenden Potentials erforderlichen Dichteänderungen gleich groß sind.

Für kleine Schwingungsamplituden sind die Änderungen des Einteilchenpotentials der Amplitude α proportional und können in der Form

$$\delta V = \varkappa \alpha F(x) \tag{6–18}$$

geschrieben werden. Dabei ist $F(x)$ ein Einteilchenoperator, der die Abhängigkeit des Potentials von den Nukleonenvariablen x (Ort, Spin, Isospin) beschreibt. (Bei deformiertem Spinbahnpotential und bei nichtlokalen Einteilchenpotentialen kann F auch geschwindigkeitsabhängig sein.) Der Operator F, der oft als Schwingungsfeld bezeichnet wird, ist durch die Symmetriequantenzahlen der Vibration (Multipolarität, Isospin usw.) teilweise charakterisiert (siehe Abschnitt 6–3). Wie im Falle des statischen Kernpotentials wird die vollständige Struktur von F letztlich durch die Forderung nach Selbstkonsistenz bestimmt. Der Parameter $\varkappa$ in Gl. (6–18) ist eine Kopplungskonstante, die die Beziehung zwischen Potential und Dichte für die betrachtete Schwingungsform charakterisiert.

Die Response des Teilchens auf ein oszillierendes Potential der Form (6–18) läßt sich durch das Spektrum der vom Feld F erzeugten Einteilchenanregungen ausdrücken. Beispiele für solche Einteilchenresponsefunktionen bei Feldern verschiedener Multipolarität sind in Abb. 6–16 und 6–17, S. 396ff., dargestellt. Ein auffallendes Merkmal dieser Spektren ist die Konzentration der Übergangsstärke auf ziemlich schmale Bereiche der Anregungsenergie. Diese Konzentration hängt damit zusammen, daß die Bewegung im Kernpotential (im Gegensatz zur Elektronenbewegung in Atomen oder Metallen) durch eine gut definierte, für Teilchen in den zuletzt aufgefüllten Schalen gleiche Umlaufzeit charakterisiert wird.

Im vorliegenden Abschnitt betrachten wir die Kollektivbewegung, die durch die Feldkopplung in einem System mit entarteter Einteilchenanregung hervorgerufen wird. Dieses einfache Modell enthält die wesentlichen Züge einer mikroskopischen Beschreibung kollektiver Schwingungsformen durch die Teilchenfreiheitsgrade und läßt sich leicht verallgemeinern.

Bei der nachfolgenden Diskussion kann man am einfachsten an eine Anregung aus einem Grundzustand mit abgeschlossenen Schalen denken. Die vom Feld F hervorgerufenen Anregungen enthalten dann ein Teilchen-Loch-Paar. Die Behandlung läßt sich jedoch sofort auf Konfigurationen mit teilweise gefüllten Schalen übertragen, da die Paarkorrelationen zu einem nichtentarteten Grundzustand ($\mathsf{v} = 0$) führen, dessen Anregungen als Zweiquasiteilchenkonfigurationen ($\mathsf{v} = 2$) beschrieben werden können. (Die Eigenschaften von Quasiteilchenanregungen werden in dem Beispiel auf S. 562ff. betrachtet.)

Bei der Wirkung des Feldes F auf den Grundzustand $|\mathsf{v} = 0\rangle$ der Einteilchenbewegung entsteht der angeregte Zustand

$$\begin{aligned} F|\mathsf{v} = 0\rangle &= \sum_i |i\rangle \langle i| \, F \, |\mathsf{v} = 0\rangle, \\ F &\equiv \sum_k F(x_k), \end{aligned} \tag{6–19}$$

wobei i die einzelnen Teilchen-Loch-(oder Zweiquasiteilchen-)Konfigurationen bezeichnet. Bei entarteten Zuständen $|i\rangle$ ist die Anregung (6–19) ein Eigenzustand des Einteilchen-Hamilton-Operators. Wenn diese Anregung viele verschiedene Einteilchenanregungen i enthält, dann kann sie viele Male wiederholt werden, und der sich ergebende

Satz von Zuständen entspricht, wie in Abschnitt 6–2a beschrieben wurde, der harmonischen Schwingung. Die Anregungsquanten haben die Eigenschaften nahezu unabhängiger Bosonen und können mit den Erzeugungs- und Vernichtungsoperatoren $c^{(0)\dagger}$, $c^{(0)}$ durch den HAMILTON-Operator

$$\begin{aligned} H^{(0)} &= \hbar\omega^{(0)} c^{(0)\dagger} c^{(0)} \\ &= n^{(0)} \hbar\omega^{(0)} \end{aligned} \tag{6–20}$$

beschrieben werden. Dabei ist $\hbar\omega^{(0)}$ die gemeinsame Anregungsenergie der entarteten Teilchen-Loch-Zustände $|i\rangle$ und $n^{(0)}$ die Zahl der Quanten. Der obere Index (0) bezieht sich darauf, daß die bisher betrachteten Quanten eine kohärente Bewegung unabhängiger Teilchen ohne Berücksichtigung der Feldwechselwirkung darstellen. Wie bereits betont, besteht die entscheidende Bedingung für eine Bosonenbeschreibung darin, daß in dem kohärenten Zustand (6–19) zahlreiche Komponenten $|i\rangle$ auftreten. Die Abzählung dieser Komponenten enthält Zustände wie $\left((n_1 l_1 j_1 m_1)^{-1} (n_2 l_2 j_2 m_2)\right)$, die durch die Teilchen- und Loch-Quantenzahlen vollständig festgelegt sind. Daher liefert ein gekoppelter Zustand $(j_1^{-1} j_2)\lambda$ im allgemeinen mehrere verschiedene Komponenten i.

Die mit den Bosonenoperatoren $c^{(0)}$ verknüpfte kollektive Schwingung kann auch wie in Abschnitt 6–2b durch eine Deformationsvariable α beschrieben werden. Es ist zweckmäßig, die Koordinate α so zu normieren, daß die Amplitude der Nullpunktsschwingung $\alpha_0{}^{(0)}$ mit der Amplitude des Feldes F übereinstimmt,

$$\begin{aligned} \alpha_0^{(0)} &\equiv \langle n^{(0)} = 1|\, \alpha\, |n^{(0)} = 0\rangle \\ &= \langle n^{(0)} = 1|\, F\, |n^{(0)} = 0\rangle = \Big(\sum_i \langle i|\, F\, |\nu = 0\rangle^2\Big)^{1/2}. \end{aligned} \tag{6–21}$$

Der Zustand $|n^{(0)} = 0\rangle$ ist der Grundzustand $|\nu = 0\rangle$ der Einteilchenbewegung, während sich der normierte Zustand $|n^{(0)} = 1\rangle$ ergibt, indem man die Anregung (6–19) mit dem Normierungsfaktor $(\alpha_0^{(0)})^{-1}$ multipliziert. (Im Ausdruck (6–21) wird angenommen, daß die Matrixelemente von F (und von α) reell sind; siehe die Bemerkung auf S. 286.)

Ausgedrückt durch die Amplitude α, hat der HAMILTON-Operator (6–20) die Form

$$\begin{aligned} H^{(0)} &= \tfrac{1}{2} (D^{(0)})^{-1} \pi^2 + \tfrac{1}{2} C^{(0)} \alpha^2 - \tfrac{1}{2} \hbar\omega^{(0)}, \\ \pi &= D^{(0)} \dot{\alpha}, \end{aligned} \tag{6–22}$$

mit dem Parameter der Rückstellkraft und dem Massenparameter (siehe Gln. (6–13) und (6–15))

$$\begin{aligned} C^{(0)} &= \frac{\hbar\omega^{(0)}}{2(\alpha_0^{(0)})^2}, \\ D^{(0)} &= \frac{\hbar}{2\omega^{(0)} (\alpha_0^{(0)})^2}. \end{aligned} \tag{6–23}$$

Im Raum der Zustände, die durch die Quantenzahl $n^{(0)}$ beschrieben werden, verknüpfen die Matrixelemente von F Zustände mit $\Delta n^{(0)} = 1$. Die Matrixelemente von F und α sind in der betrachteten Näherung gleich und von kollektiver Natur. Sie führen auf Übergangswahrscheinlichkeiten, die, verglichen mit dem Einteilchenwert, um einen Faktor größer sind, der etwa der Anzahl der Komponenten i in der Anregung (6–19) entspricht (siehe Gl. (6–21)). Das Feld F kann weitere von Null verschiedene Matrixelemente im Raum von $n^{(0)}$ besitzen und ebenso Matrixelemente, die diesen Raum mit anderen Einteilchenanregungen koppeln. Diese zusätzlichen Matrixelemente sind Ursache für anharmonische Effekte der Schwingung und für Kopplungen an andere Freiheitsgrade; sie werden im vorliegenden Abschnitt vernachlässigt.

In der Näherung, in der die Matrixelemente von F und α gleich sind, kann die Feldkopplung (6–18) als Beitrag zum HAMILTON-Operator der Schwingung

$$H' = \tfrac{1}{2}\sum_k \varkappa\alpha F(x_k) = \tfrac{1}{2}\varkappa F^2 = \tfrac{1}{2}\varkappa\alpha^2 \qquad (6\text{–}24)$$

behandelt werden. Der Faktor 1/2 ergibt sich daraus, daß das Potential (6–18) durch Zweikörperwechselwirkungen hervorgerufen wird, die doppelt gezählt werden, wenn man das Potential über alle Teilchen summiert.

Den gesamten HAMILTON-Operator erhält man durch Addition der Beiträge (6–22) und (6–24),

$$H = H^{(0)} + H' = \tfrac{1}{2}D^{-1}\pi^2 + \tfrac{1}{2}C\alpha^2 - \tfrac{1}{2}\hbar\omega^{(0)} \qquad (6\text{–}25\text{a})$$

$$= n\hbar\omega + \tfrac{1}{2}(\hbar\omega - \hbar\omega^{(0)}) \qquad (6\text{–}25\text{b})$$

mit

$$C = C^{(0)} + \varkappa, \quad D = D^{(0)} \qquad (6\text{–}26)$$

und

$$\hbar\omega = \hbar\left(\frac{C}{D}\right)^{1/2} = \hbar\omega^{(0)}\left(1 + \frac{\varkappa}{C^{(0)}}\right)^{1/2} \qquad (6\text{–}27\text{a})$$

$$\underset{|\varkappa|\ll C}{\approx} \hbar\omega^{(0)} + \varkappa\langle n^{(0)} = 1|\, F\, |n^{(0)} = 0\rangle^2 . \qquad (6\text{–}27\text{b})$$

Der Einfluß der Feldkopplung (6–18) äußert sich somit in einer Abänderung der Rückstellkraft der Schwingung, während der Massenparameter nicht beeinflußt wird.

Die Quantenzahl n in Gl. (6–25b) stellt die Anzahl der Quanten im wechselwirkenden System dar. Die Grundzustandsenergie ($n = 0$) ist durch das letzte Glied in Gl. (6–25b) gegeben. Bei einer Entwicklung nach Potenzen der Wechselwirkungsstärke $\varkappa$ liefert der Hauptterm der Grundzustandsenergie den Erwartungswert der Wechselwirkungsenergie H' im ungestörten Grundzustand, $n^{(0)} = 0$ (siehe Gl. (6–27b)). Terme höherer Ordnung ergeben sich aus der Änderung des Grundzustandes infolge der Wechselwirkung. Diese Änderung äußert sich in einer abgeänderten Nullpunktsamplitude,

$$\alpha_0 \equiv \langle n = 1|\, \alpha\, |n = 0\rangle = \langle n = 1|\, F\, |n = 0\rangle = \left(\frac{\hbar\omega}{2C}\right)^{1/2} = \alpha_0^{(0)}\left(\frac{\omega^{(0)}}{\omega}\right)^{1/2} = \alpha_0^{(0)}\left(1 + \frac{\varkappa}{C^{(0)}}\right)^{-1/4} . \qquad (6\text{–}28)$$

Aus Gl. (6–28) ist ersichtlich, daß die Wechselwirkungen die Oszillatorstärke $\hbar\omega\, |\langle n = 1|\, F\, |n = 0\rangle|^2$ für das Feld F nicht beeinflussen. (Die Erhaltung der Oszillatorstärke folgt unmittelbar aus dem Umstand, daß die Wechselwirkung mit dem Feld F kommutiert; siehe die Diskussion der Summenregeln für den Oszillator in Abschnitt 6–4a.)

Eine Feldkopplung mit $\varkappa > 0$ entspricht Wechselwirkungseffekten, die den Dichteänderungen entgegenwirken und, verglichen mit der Einteilchenfrequenz, zu einer Zunahme der Frequenz der Kollektivbewegung führen ($\omega > \omega^{(0)}$). Wechselwirkungen mit $\varkappa < 0$ begünstigen Dichteänderungen und verringern die Frequenz der Kollektivbewegung. Für große negative Werte von $\varkappa$ nahe bei $-C^{(0)}$ geht die Schwingungsfrequenz gegen Null, was einer Instabilität des angenommenen Gleichgewichtszustandes bezüglich der betrachteten Deformation entspricht. Für noch größere negative Werte von $\varkappa$ führen die Wechselwirkungen zu einem Gleichgewichtszustand mit $\alpha \neq 0$. Die Abb. 6–1 gibt eine schematische Darstellung der potentiellen Energie $V(\alpha)$ für verschiedene, auf $C^{(0)}$ bezogene $\varkappa$-Werte. Bei einer Kopplung, die nahe am kritischen Wert für Instabilität liegt ($\varkappa \approx -C^{(0)}$), muß man im allgemeinen stark anharmonische Vibrationsbewegungen erwarten.

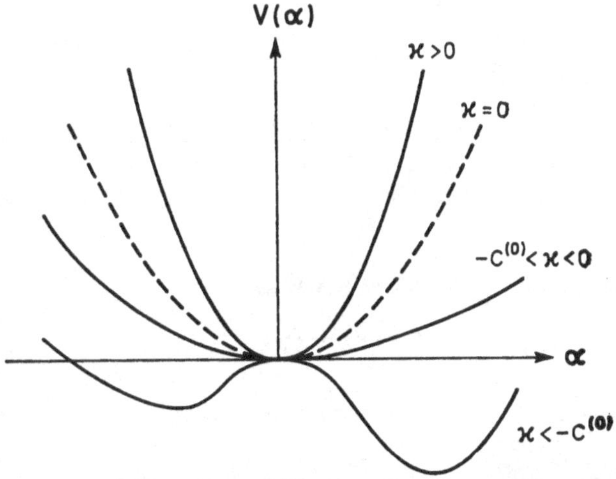

Abb. 6–1 Potentielle Energie. Die Abbildung gibt eine schematische Darstellung der potentiellen Energie des Kerns als Funktion des Deformationsparameters α. Die verschiedenen Kurven entsprechen verschiedenen Werten der Feldkopplungskonstanten $\varkappa$.

Bei Kernschwingungen kommen sowohl Wechselwirkungen mit positivem als auch solche mit negativem Vorzeichen ins Spiel. Beispiele für Schwingungsformen mit anziehender Wechselwirkung sind Oberflächenschwingungen (siehe S. 446ff.). Die niederfrequente Quadrupolschwingung zeigt eine Instabilität, die dem Auftreten von Kernen mit statischer Deformation entspricht. Beispiele für Schwingungsformen mit abstoßenden Wechselwirkungen sind Neutron-Proton-Polarisationsschwingungen (siehe S. 411) und Isovektor-Spinanregungen (siehe S. 553).

Die Diagonalisierung des Hamilton-Operators unter Einschluß der Feldkopplung kann als Transformation der Bosonenvariablen $c^{(0)\dagger}$, $c^{(0)}$ auf neue Variable $c^{\dagger}$, c angesehen werden, die den Schwingungsquanten im wechselwirkenden System zugeordnet sind. Der Hamilton-Operator (6–25) ist eine quadratische Form in den Variablen $c^{(0)\dagger}$, $c^{(0)}$,

$$H = \hbar\omega^{(0)} c^{(0)\dagger} c^{(0)} + \tfrac{1}{2}\varkappa(\alpha_0^{(0)})^2 \, (c^{(0)\dagger} + c^{(0)})^2, \qquad (6\text{–}29)$$

und kann durch eine lineare Transformation auf neue Bosonenvariable $c^\dagger$, c diagonalisiert werden,

$$\begin{aligned} c^\dagger &= Xc^{(0)\dagger} - Yc^{(0)}, \\ c^{(0)\dagger} &= Xc^\dagger + Yc. \end{aligned} \tag{6–30}$$

Die Forderung, daß die Transformation (6–30) die Bosonen-Kommutationsbeziehungen (6–2) erhält, führt auf die Normierungsbedingung

$$X^2 - Y^2 = 1 \tag{6–31}$$

für die (reellen) Amplituden X und Y. Die Bedingung, daß der HAMILTON-Operator in den neuen Variablen diagonal in der Anzahl der Quanten ist, bedeutet

$$X = \frac{\varkappa \alpha_0 \alpha_0^{(0)}}{\hbar(\omega - \omega^{(0)})}, \qquad Y = -\frac{\varkappa \alpha_0 \alpha_0^{(0)}}{\hbar(\omega + \omega^{(0)})} \tag{6–32}$$

und

$$H = \tfrac{1}{2}(\hbar\omega - \hbar\omega^{(0)}) + \hbar\omega c^\dagger c. \tag{6–33}$$

Das Auftreten der Amplitude Y in der Transformation (6–30) spiegelt die Änderung des Grundzustandes wider, die oben als modifizierte Nullpunktsoszillation diskutiert wurde. Die Beziehung zwischen den Grundzuständen hat, ausgedrückt in den Bosonenvariablen, die Form

$$\begin{aligned} |n = 0\rangle &= (1 - K^2)^{1/4} \exp\left\{\tfrac{1}{2} K c^{(0)\dagger} c^{(0)\dagger}\right\} |n^{(0)} = 0\rangle \\ &\approx |n^{(0)} = 0\rangle + 2^{-1/2} K\, |n^{(0)} = 2\rangle + \cdots, \end{aligned} \tag{6–34}$$

$$K = \frac{Y}{X} = \frac{\omega^{(0)} - \omega}{\omega^{(0)} + \omega},$$

wie durch Anwendung des HAMILTON-Operators (6–29) gezeigt werden kann.

Obwohl wir im vorliegenden Abschnitt kollektive Variable wie Schwingungsamplituden und Bosonenoperatoren verwenden, liegt eine vollständig mikroskopische Behandlung vor, da die kollektiven Variablen durch die Freiheitsgrade der einzelnen Teilchen ausgedrückt wurden. So kann der Operator $c^{(0)\dagger}$, der ein Quant der Grundschwingung (6–19) erzeugt, in der Form

$$c^{(0)\dagger} = (\alpha_0^{(0)})^{-1} \sum_i \langle i|\, F\, |\nu = 0\rangle\, A_i^\dagger \tag{6–35}$$

geschrieben werden, wobei der Operator $A_i^\dagger$ den Teilchen-Loch-Zustand $|i\rangle$ erzeugt, wenn er auf den Grundzustand $|\nu = 0\rangle$ der Einteilchenbewegung wirkt. Aus den Gln. (6–30), (6–32) und (6–35) erhält man für die Operatoren der Normalschwingungen

$$\begin{aligned} c^\dagger &= \sum_i (X_i A_i^\dagger - Y_i A_i), \\ X_i &= \frac{\varkappa \alpha_0 \langle i|\, F\, |\nu = 0\rangle}{\hbar(\omega - \omega^{(0)})}, \qquad Y_i = -\frac{\varkappa \alpha_0 \langle i|\, F\, |\nu = 0\rangle}{\hbar(\omega + \omega^{(0)})}. \end{aligned} \tag{6–36}$$

Mit diesen Beziehungen lassen sich die verschiedenen Eigenschaften der kollektiven Zustände durch Matrixelemente für die Einteilchenzustände ausdrücken.

Die aus der Feldkopplung resultierende Wechselwirkung kann auch als effektive Zweiteilchenwechselwirkung

$$V(1, 2) = \varkappa F(1) F(2) \tag{6-37}$$

aufgefaßt werden. Die in diesem Abschnitt durchgeführte Analyse ist daher einer Untersuchung von Korrelationseffekten in Vielteilchensystemen äquivalent, die durch eine separable Wechselwirkung hervorgerufen werden. Der Ausdruck (6-37) stellt nur eine einzelne Komponente der effektiven Wechselwirkung zwischen den Nukleonen im Atomkern dar. Daher kann eine kurzreichweitige Kraft $V(|\boldsymbol{r}_1 - \boldsymbol{r}_2|)$ eine Vielfalt kollektiver Schwingungsformen hervorbringen, die jeweils mit einem Ansatz der Form (6-37) behandelt werden können.

Wir werden im vorliegenden Band versuchen, die Eigenschaften der Feldkopplungen auf der Grundlage der empirischen Belege über das statische Kernpotential und die Anregungsformen herauszuarbeiten. Das Problem, die für kollektive Anregungen verantwortlichen effektiven Wechselwirkungen mit der freien Nukleon-Nukleon-Wechselwirkung zu verbinden, beinhaltet die vielen subtilen Korrelationen, die man bei der Analyse der Beziehungen zwischen den Zweikörperkräften und den statischen Kernpotentialen berücksichtigen muß (siehe Abschnitt 2-5). Die aus dieser Beziehung gewonnene Information kann jedoch als Orientierung hinsichtlich Struktur und Stärke der an kollektiven Anregungen beteiligten Felder von Bedeutung sein.

Die obige Diskussion der mikroskopischen Struktur kollektiver Schwingungen wurde vereinfacht durch die Annahme, daß in der Einteilchen-Responsefunktion eine Entartung vorliegt und anharmonische Effekte vernachlässigt werden können. Eine solche vereinfachte Behandlung stellt für die Untersuchung vieler Kernanregungen eine erste Näherung dar. Die Verallgemeinerung auf eine nichtentartete Einteilchen-Responsefunktion ist leicht möglich und wird in Abschnitt 6-5h angegeben. Die Behandlung von Anharmonizitäten schließt eine Vielfalt verschiedener Effekte ein und ist Gegenstand von Abschnitt 6-6.

6-3 Normalschwingungen des Kerns

Die verschiedenen Schwingungsformen des Kerns lassen sich durch die Symmetriequantenzahlen der Schwingungsquanten und die damit zusammenhängenden Symmetrieeigenschaften der Dichte- und Feldschwankungen, die mit der Vibrationsbewegung einhergehen, charakterisieren. Einige der betrachteten Symmetrien werden durch die Nukleonenwechselwirkungen nur teilweise erfüllt; außerdem besitzt die Gleichgewichtskonfiguration, auf der die Schwingungen aufbauen, im allgemeinen nicht die volle Invarianz des Hamilton-Operators. Daher ist die Analyse der Symmetriebrechung, die in verschiedenen Formen auftritt, für die Klassifizierung der Kernschwingungen wesentlich.

6-3a Formschwingungen. Sphärische Gleichgewichtsform

Schwingungsamplituden, Dichteänderungen

Bei sphärischem Gleichgewichtszustand können die Schwingungen durch die Multipolordnung charakterisiert werden, die den Drehimpuls eines Schwingungsquants darstellt. Jede Schwingung λ ist den verschiedenen Drehimpulskomponenten μ der Schwingung entsprechend $(2\lambda + 1)$-fach entartet. Der Satz von Erzeugungsoperatoren $c^\dagger(\lambda\mu)$ mit $\mu = -\lambda, -\lambda+1, \ldots, +\lambda$ bildet einen sphärischen Tensor (siehe die Definition solcher Tensoren in Band I, S. 80). Die Schwingungsamplituden $\alpha_{\lambda\mu}$ mit entsprechenden Tensoreigenschaften beschreiben die Entwicklung der Dichteschwankungen nach Kugelfunktionen. Die Theorie der Schwingungen eines Flüssigkeitstropfens liefert das klassische Beispiel einer solchen Beschreibung (siehe Anhang 6A).[1])

Im vorliegenden Abschnitt betrachten wir Schwingungen, die mit Änderungen der gesamten Teilchendichte (summiert über die Spin- und Isospinvariablen) verknüpft sind,

$$\varrho(\boldsymbol{r}) = \sum_{k=1}^{A} \delta(\boldsymbol{r} - \boldsymbol{r}_k). \tag{6–38}$$

In führender Ordnung sind die Dichteänderungen linear in den Schwingungsamplituden $\alpha_{\lambda\mu}$, und die Drehinvarianz führt für eine Schwingung mit der Symmetrie λ auf die Form

$$\begin{aligned} \delta\varrho(\boldsymbol{r}) &= f_\lambda(r) \sum_\mu Y^*_{\lambda\mu}(\vartheta, \varphi)\, \alpha_{\lambda\mu} \\ &= (-1)^\lambda (2\lambda + 1)^{1/2} f_\lambda(r)\, (Y_\lambda \alpha_\lambda)_0 . \end{aligned} \tag{6–39}$$

Der radiale Formfaktor $f_\lambda(r)$ hängt von der inneren Struktur des schwingenden Systems ab und wird später diskutiert (S. 295). Der Dichteoperator ist eine Funktion sowohl der inneren Variablen als auch der kollektiven Amplituden $\alpha_{\lambda\mu}$. Die Gl. (6–39) ist als eine Mittelung der Dichteänderungen über die innere (durch die Wellenfunktion $\Phi_\sigma(q)$ in Gl. (6–17) beschriebene) Bewegung aufzufassen.

Der Dichteoperator (6–38) ist hermitesch, der sphärische Tensor $\alpha_{\lambda\mu}$ ist daher selbstadjungiert. Bei einer geeigneten Wahl der Gesamtphase erhalten wir

$$\alpha^\dagger_{\lambda\mu} = (-1)^\mu \alpha_{\lambda -\mu}. \tag{6–40}$$

Die Radialfunktion $f_\lambda(r)$ in Gl. (6–39) ist dann reell.

Wenn das Gleichgewicht invariant gegen räumliche Spiegelungen und Zeitumkehr ist, dann transformieren sich die $\alpha_{\lambda\mu}$ bei $\mathscr{P}$ und $\mathscr{T}$ nach

$$\begin{aligned} \mathscr{P}\alpha_{\lambda\mu}\mathscr{P}^{-1} &= (-1)^\lambda \alpha_{\lambda\mu}, \\ \mathscr{T}\alpha_{\lambda\mu}\mathscr{T}^{-1} &= (-1)^\mu \alpha_{\lambda-\mu} = \alpha^\dagger_{\lambda\mu}. \end{aligned} \tag{6–41}$$

Diese Beziehungen folgen aus dem Umstand, daß $\varrho(\boldsymbol{r})$ durch $\mathscr{P}$ in $\varrho(-\boldsymbol{r})$ übergeht und invariant gegenüber $\mathscr{T}$ ist. (Eine Abweichung des Gleichgewichtszustandes, auf dem

[1]) Die Quantisierung der Schwingungen im Tröpfchenmodell wurde von FLÜGGE (1941) und FIERZ (1943) untersucht.

die Schwingungen aufbauen, von der $\mathscr{P}$- oder $\mathscr{T}$-Symmetrie würde eine Dublettstruktur der Energieniveaus zur Folge haben, die bei Kernspektren nicht beobachtet wird; siehe Abschnitt 4–2e.)

Zu den energetisch niedrigsten Schwingungsformen gehören erwartungsgemäß Dichteänderungen ohne radiale Knoten. Sie können als Formschwingungen bezeichnet werden. Ein einfaches Modell für eine solche Anregung ergibt sich, wenn man Deformationen betrachtet, die den Radiusparameter R verändern, während die Oberflächendicke winkelunabhängig bleibt (siehe Gl. (4–189)),

$$\varrho(\boldsymbol{r}, \alpha_{\lambda\mu}) \approx \varrho_0(r) - R_0 \frac{\partial \varrho_0}{\partial r} \sum_\mu Y^*_{\lambda\mu} \alpha_{\lambda\mu}. \tag{6–42}$$

Hierbei ist $\varrho_0(r)$ die Gleichgewichtsdichte. Die durch Gl. (6–42) gegebene Dichteänderung hat die Form (6–39) mit dem radialen Formfaktor

$$f_\lambda(r) = -R_0 \frac{\partial \varrho_0}{\partial r}. \tag{6–43}$$

Für $\lambda = 1$ ergibt die Deformation (6–42) eine Translation ohne Formänderung. Daher stellt die Formschwingung mit $\lambda = 1$ eine Schwerpunktsbewegung dar. Bei einem System mit konstanter Dichte und scharfer Oberfläche ist die Dichteänderung (6–42) einer durch Gl. (6 A–1) beschriebenen Oberflächendeformation äquivalent. (Es muß betont werden, daß es gegenwärtig keine direkten Beweise für die Annahme gibt, daß die Oberflächendickte unabhängig von der Deformation ist.)

Hamilton-Operator

In der harmonischen Näherung ist der Hamilton-Operator wie in Gl. (6–10) eine quadratische Funktion der Schwingungsamplituden und der kanonisch konjugierten Impulse. Für eine Schwingung λ führt die Forderung nach Drehinvarianz auf die Form

$$\begin{aligned} H &= \tfrac{1}{2} D_\lambda^{-1} \sum_\mu \pi^\dagger_{\lambda\mu} \pi_{\lambda\mu} + \tfrac{1}{2} C_\lambda \sum_\mu \alpha^\dagger_{\lambda\mu} \alpha_{\lambda\mu} \\ &= \tfrac{1}{2} (-1)^\lambda (2\lambda + 1)^{1/2} \left(D_\lambda^{-1} (\pi_\lambda \pi_\lambda)_0 + C_\lambda (\alpha_\lambda \alpha_\lambda)_0 \right). \end{aligned} \tag{6–44}$$

Die Bewegungsgleichungen liefern (siehe die Beziehung (6–40))

$$\pi_{\lambda\mu} = D_\lambda \dot{\alpha}^\dagger_{\lambda\mu} = D_\lambda (-1)^\mu \dot{\alpha}_{\lambda-\mu}, \tag{6–45}$$

und die Schwingungsfrequenz beträgt

$$\omega_\lambda = \left(\frac{C_\lambda}{D_\lambda} \right)^{1/2}. \tag{6–46}$$

Der Hamilton-Operator (6–44) stellt die unabhängigen Schwingungen der $(2\lambda + 1)$ entarteten Anregungen dar, die mit einer Deformation der Ordnung λ verknüpft sind. Die Vibrationsbewegung läßt sich wie bei der klassischen Analyse der Schwingungen eines Flüssigkeitstropfens (siehe Abschnitt 6 A–1 c) durch laufende oder stehende Wellen beschreiben.

Die Quanteneigenschaften der Schwingungen können durch Erzeugungs- und Vernichtungsoperatoren $c^\dagger(\lambda\mu)$ und $c(\lambda\mu)$ ausgedrückt werden, die Bosonen-Kommutationsbeziehungen (siehe Gl. (6–2)) erfüllen

$$\begin{aligned}&[c(\lambda\mu), c(\lambda\mu')] = [c^\dagger(\lambda\mu), c^\dagger(\lambda\mu')] = 0,\\&[c(\lambda\mu), c^\dagger(\lambda\mu')] = \delta(\mu, \mu').\end{aligned} \tag{6–47}$$

Die Zahl der Quanten mit bestimmten $\lambda\mu$ wird durch die Operatoren

$$(n_{\lambda\mu})_{\text{op}} = c^\dagger(\lambda\mu)\, c(\lambda\mu) \tag{6–48}$$

dargestellt (siehe Gl. (6–3)). Der Hamilton-Operator ist eine Summe aus Gliedern der Art (6–5) (siehe auch Gl. (6–12)),

$$H = \hbar\omega_\lambda \sum_\mu \left(c^\dagger(\lambda\mu)\, c(\lambda\mu) + \tfrac{1}{2}\right). \tag{6–49}$$

Die Amplituden $\alpha_{\lambda\mu}$ und die dazu konjugierten Impulse $\pi_{\lambda\mu}$ befolgen die kanonischen Kommutationsbeziehungen

$$\begin{aligned}&[\alpha_{\lambda\mu}, \alpha_{\lambda\mu'}] = [\pi_{\lambda\mu}, \pi_{\lambda\mu'}] = 0,\\&[\pi_{\lambda\mu}, \alpha_{\lambda\mu'}] = -i\hbar\delta(\mu, \mu')\end{aligned} \tag{6–50}$$

und hängen wie in Gl. (6–16) linear mit den Operatoren $c^\dagger(\lambda\mu)$, $c(\lambda\mu)$ zusammen,

$$\begin{aligned}\alpha_{\lambda\mu} &= i^{-\lambda}(\alpha_\lambda)_0 \left(c^\dagger(\lambda\mu) + c(\overline{\lambda\mu})\right),\\ \pi_{\lambda\mu} &= i^{\lambda-1}\frac{\hbar}{2(\alpha_\lambda)_0}\left(c(\lambda\mu) - c^\dagger(\overline{\lambda\mu})\right),\\ c^\dagger(\lambda\mu) &= \frac{i^\lambda}{2(\alpha_\lambda)_0}\,\alpha_{\lambda\mu} - i^{\lambda+1}\frac{(\alpha_\lambda)_0}{\hbar}(-1)^\mu\,\pi_{\lambda-\mu}\\ &= \frac{i^\lambda}{2(\alpha_\lambda)_0}\left(\alpha_{\lambda\mu} - \frac{i}{\omega_\lambda}\,\dot{\alpha}_{\lambda\mu}\right).\end{aligned} \tag{6–51}$$

Während $(\alpha_\lambda)_0$ die Amplitude der Nullpunktsschwingung der einzelnen Schwingungsformen $\lambda\mu$ darstellt, wird die Gesamtamplitude β_0 der Nullpunktsschwingung mit der Multipolordnung λ gegeben durch

$$\begin{aligned}\beta_\lambda^2 &= (2\lambda+1)\,(\alpha_\lambda)_0^2 = \langle n_\lambda = 0|\sum_\mu \alpha^\dagger_{\lambda\mu}\alpha_{\lambda\mu}\,|n_\lambda = 0\rangle\\ &= \left|\langle n_\lambda = 1\|\,\alpha_\lambda\,\|n_\lambda = 0\rangle\right|^2\\ &= (2\lambda+1)\frac{\hbar}{2D_\lambda\omega_\lambda} = (2\lambda+1)\frac{\hbar\omega_\lambda}{2C_\lambda} = (2\lambda+1)\frac{\hbar}{2(C_\lambda D_\lambda)^{1/2}},\end{aligned} \tag{6–52}$$

wobei $|n_\lambda = 0\rangle$ der Grundzustand ist. In Gl. (6–51) wurden für die Erzeugungsoperatoren die Standardphasen verwendet (siehe Gl. (1A–87)),

$$c^\dagger(\overline{\lambda\mu}) \equiv \mathscr{T} c^\dagger(\lambda\mu)\,\mathscr{T}^{-1} = (-1)^{\lambda+\mu}\, c^\dagger(\lambda-\mu). \tag{6–53}$$

Mit dieser Phasenkonvention bestimmt das Verhalten der $\alpha_{\lambda\mu}$ bei hermitescher Konjugation und bei Zeitumkehr (siehe Gln. (6–40) und (6–41)) die Phasen in Gl. (6–51) bis auf einen Faktor ± 1.

Aus Gl. (6–51) ist ersichtlich, daß die Amplitude $\alpha_{\lambda\mu}$ mit der Erzeugung eines Quants mit der Drehimpulskomponente μ und der Vernichtung eines Quants mit der Komponente $-\mu$ zusammenhängt. Allgemeiner gilt, daß die Amplitude α_γ eine Kombination aus $c^\dagger(\gamma)$ und $c(-\gamma)$ ist, wenn die Quanten für einen beliebigen Satz additiver Quantenzahlen einen von Null verschiedenen Wert besitzen. Bei Oszillationen der Dichte (6–38) besitzen die Quanten den Wert Null für alle additiven Quantenzahlen außer für μ, entsprechend dem Umstand, daß die Amplituden $\alpha_{\lambda\mu}$ selbstadjungierte sphärische Tensoren sind.

Der Drehimpuls der Vibrationsbewegung kann als Bilinearform in den Amplituden $\alpha_{\lambda\mu}$ und $\dot{\alpha}_{\lambda\mu}$ oder in den Operatoren $c^\dagger(\lambda\mu)$ und $c(\overline{\lambda\mu})$ ausgedrückt werden. Diese Form ist durch den Vektorcharakter des Drehimpulsoperators eindeutig bestimmt (siehe den analogen Ausdruck (1 A–86) für Fermionen-Tensoroperatoren und Gl. (1 A–63) für das reduzierte Matrixelement des Drehimpulses),

$$I_\mu = \frac{1}{\sqrt{3}} \langle\lambda\| I \|\lambda\rangle \left(c^\dagger(\lambda)\, c(\bar{\lambda})\right)_{(\lambda\bar{\lambda})1\mu}$$

$$= \left(\frac{1}{3}\lambda(\lambda+1)(2\lambda+1)\right)^{1/2} \sum_{\mu'\mu''} \langle\lambda\mu'\lambda\mu'' \mid 1\mu\rangle\, c^\dagger(\lambda\mu')\, c(\overline{\lambda\mu''}). \tag{6–54}$$

Benutzt man die Amplituden (α, π) als Variable, dann erhält man den kanonischen Ausdruck (6 A–12) für den Drehimpuls der Schwingung.

Die Quanten einer Dichteschwingung der Symmetrie λ haben die Parität

$$\pi = (-1)^\lambda. \tag{6–55}$$

Die Paritätsquantenzahl folgt aus der $\mathscr{P}$-Transformation (6–41) für $\alpha_{\lambda\mu}$, die wegen der linearen Beziehung (6–51) auch für die Operatoren $c^\dagger(\lambda\mu)$ gilt.

Spektrum

Die Anregungsenergie ist in harmonischer Näherung gleich

$$E(n_\lambda) - E(n_\lambda = 0) = n_\lambda \hbar\omega_\lambda, \tag{6–56}$$

wobei n_λ die Anzahl der Quanten ist,

$$n_\lambda = \sum_\mu n_{\lambda\mu}. \tag{6–57}$$

Für gegebenes n_λ kann man den Gesamtdrehimpuls I der Schwingung durch Kopplung der Drehimpulse λ der einzelnen Quanten unter Berücksichtigung der Bose-Statistik erhalten. Die symmetrischen Zustände für $n_\lambda = 2$ haben deshalb den Gesamtdrehimpuls

$$I = 0, 2, \ldots, 2\lambda. \tag{6–58}$$

Die möglichen I-Werte bei gegebenem n_λ erhält man durch einfaches Abzählen der Anzahl der Zustände mit verschiedenen Komponenten des Gesamtdrehimpulses,

$$M = \sum_{\mu} \mu n_{\lambda\mu}. \tag{6–59}$$

Für Quadrupoloszillationen ($\lambda = 2$) sind die Zustände mit $n_2 \leqq 6$ in Tab. 6–1 aufgeführt. Für $n_2 > 3$ können mehrere Zustände mit den gleichen Quantenzahlen n_2, I (und M) auftreten; diese lassen sich durch die Quantenzahl der Seniorität v weiter unterscheiden (siehe S. 605ff.). Die explizite Konstruktion von Vielphononenzuständen mit Hilfe von Abstammungskoeffizienten wird in Abschnitt 6B–4 diskutiert.

Tab. 6–1 Liste der Zustände mit mehreren Quadrupolphononen. Die Tabelle enthält die Zahl der Zustände mit $n_2(\leqq 6)$ Quadrupolquanten und dem Gesamtdrehimpuls I.

n_2	I												
	0	1	2	3	4	5	6	7	8	9	10	11	12
0	1												
1			1										
2	1		1		1								
3	1		1	1	1		1						
4	1		2		2	1	1		1				
5	1		2	1	2	1	2	1	1		1		
6	2		2	1	3	1	3	1	2	1	1		1

Beschreibung von Schwingungen durch Rotations- und innere Freiheitsgrade

Eine Deformation der Multipolordnung λ läßt sich beschreiben durch $(2\lambda - 2)$ Parameter, die die innere Form charakterisieren, und drei Winkelvariable (Eulersche Winkel), die die Orientierung des deformierten Kerns bezüglich eines festen Koordinatensystems angeben. Daher können die $2\lambda + 1$ Schwingungsfreiheitsgrade aufgefaßt werden als $2\lambda - 2$ innere Anregungen, die Formschwingungen darstellen, und drei Rotationsanregungen, die mit Änderungen der Orientierung bei fixiertem inneren Zustand verknüpft sind. Auf diese Weise erscheinen die Rotationsfreiheitsgrade als spezielle Überlagerungen von Schwingungen. Für Quadrupolschwingungen wird die Transformation der Amplituden und des Hamilton-Operators auf Form- und Winkelvariable im Anhang 6B angegeben. In diesem Fall liegt ein Ellipsoid vor, das durch einen Parameter β, der die Größe der Gesamtdeformation angibt, und einen Parameter γ, der die Abweichung von der Axialsymmetrie mißt, charakterisiert wird.

Die Darstellung durch Form- und Winkelvariable hat besonders einfache Konsequenzen, wenn die innere Form kleine Schwingungen um einen nichtsphärischen Gleichgewichtszustand ausführt: die Bewegung zerfällt dann in Rotation und innere Formschwingungen, und das Spektrum zeigt eine Rotationsbandenstruktur, wie in Kapitel 4 diskutiert wurde. Diese Situation tritt auf, wenn die potentielle Energie anharmonische Terme enthält, die ein ausgeprägtes Minimum bei einer deformierten Kernform hervorrufen. Die Analyse der anharmonischen Effekte im Rahmen einer solchen Vorstellung liefert einen Zusammenhang zwischen den Vibrationsspektren sphärischer Kerne und den Rotations-Vibrations-Spektren deformierter Kerne (siehe S. 382ff. und S. 595).

Selbst für ein Potential, das wie im Falle harmonischer Schwingungen eine sphärische Kernform begünstigt, kann die Gleichgewichtsform bei hinreichend großen Drehimpulsen infolge der Zentrifugalkräfte nichtsphärisch werden. Dieser Effekt ist im Yrast-Bereich des Vibrationsspektrums besonders ausgeprägt. (Siehe Abschnitt 6B-3. Die Rotationsbandenstruktur und die Klassifizierung der inneren Anregungen im Yrast-Gebiet werden für $\lambda = 2$ in Abb. 6B-2, S. 599, illustriert.) Eine andere Deutung der einfachen Struktur des Spektrums im Yrast-Gebiet kann von dem Umstand ausgehen, daß eine Ausrichtung der Drehimpulse der einzelnen Quanten ein Kondensat aus vielen identischen Quanten bedeutet. (Siehe die analoge Situation für Paarquanten, S. 336ff.)

Eλ-Momente

Eine Formschwingung der Ordnung λ, die mit einer Dichteänderung (6-39) verknüpft ist, wird durch ein großes Multipolmoment gleicher Ordnung charakterisiert,

$$\begin{aligned}\mathcal{M}(\lambda\mu) &= \int \varrho(\boldsymbol{r})\, r^{\lambda} Y_{\lambda\mu}(\vartheta, \varphi)\, d\tau \\ &= \int r^{\lambda+2} f_{\lambda}(r)\, dr\, \alpha_{\lambda\mu}. \end{aligned} \tag{6-60}$$

Das Moment (6-60) bezieht sich auf die gesamte Teilchendichte. Man erhält das elektrische Moment $\mathcal{M}(E\lambda, \mu)$, indem man $\varrho(\boldsymbol{r})$ und $f_{\lambda}(r)$ durch die entsprechenden Funktionen für die Ladungsdichte ersetzt.

Bei einer Formschwingung erwartet man, daß das Verhältnis von Protonen- und Neutronendichte annähernd konstant bleibt (siehe die Diskussion auf S. 327). In diesem Falle wird

$$\mathcal{M}(E\lambda, \mu) \approx \frac{Ze}{A} \mathcal{M}(\lambda\mu). \tag{6-61}$$

Wenn wir weiterhin annehmen, daß der radiale Formfaktor die Form (6-43) hat, dann läßt sich das $E\lambda$-Moment durch

$$\begin{aligned}\mathcal{M}(E\lambda, \mu) &\approx -\frac{Ze}{A} R_0 \int r^{\lambda+2} \frac{\partial \varrho_0}{\partial r}\, dr\, \alpha_{\lambda\mu} \\ &= \frac{\lambda+2}{4\pi} ZeR_0 \langle r^{\lambda-1} \rangle\, \alpha_{\lambda\mu} \end{aligned} \tag{6-62}$$

ausdrücken, wobei sich das radiale Moment auf die sphärische Verteilung ϱ_0 bezieht. Man kann das elektrische Multipolmoment auch in der Form

$$\mathcal{M}(E\lambda, \mu) = \frac{3}{4\pi} ZeR^{\lambda} \alpha_{\lambda\mu} \tag{6-63}$$

darstellen. Der effektive Radius R ist durch

$$3R^{\lambda} = (\lambda + 2)\, R_0 \langle r^{\lambda-1} \rangle \tag{6-64}$$

definiert. Die Beziehung (6-63) gilt auch für eine Oberflächendeformation eines Systems mit konstanter Dichte und scharfem Radius R (siehe Gl. (6A-2)). Da die Kernoberfläche eine endliche Dicke besitzt, hängt der durch Gl. (6–64) definierte Parameter R etwas von λ ab. Die Momente $\langle r^n \rangle$ wurden in Band I, S. 160, für eine WOODS-SAXON-Dichteverteilung berechnet.

Obwohl die Dichteänderungen, die mit Kernschwingungen verbunden sind, von der Form (6–42) abweichen können, ist es oft günstig, die Beziehung (6–63) zur Normierung der Schwingungsamplitude zu benutzen. (Bei axialsymmetrischer Quadrupoldeformation ist die Amplitude α_{20} gleich dem Deformationsparameter β, der seinerseits über Gl. (4–191) mit dem in Gl. (4–72) definierten Parameter der Exzentrizität δ zusammenhängt.)

Mit der Normierung (6–63) ist die Übergangswahrscheinlichkeit für die Anregung eines Schwingungsquants gegeben durch (siehe Gln. (6–51) und (6–52))

$$\begin{aligned} B(E\lambda; n_\lambda = 0 \to n_\lambda = 1) &= \left(\frac{3}{4\pi} ZeR^\lambda\right)^2 \beta_\lambda^2 \\ &= (2\lambda + 1) \left(\frac{3}{4\pi} ZeR^\lambda\right)^2 \frac{\hbar}{2D_\lambda \omega_\lambda} \\ &= (2\lambda + 1) \left(\frac{3}{4\pi} ZeR^\lambda\right)^2 \frac{\hbar\omega_\lambda}{2C_\lambda}. \end{aligned} \tag{6–65}$$

In harmonischer Näherung befolgen die Matrixelemente von $\mathscr{M}(E\lambda, \mu)$ die Auswahlregel $\Delta n_\lambda = \pm 1$, und alle Verhältnisse zwischen den Übergangsmatrixelementen liegen fest. Das reduzierte Matrixelement ist gegeben durch

$$\begin{aligned} &\langle n_\lambda + 1, \zeta_{n+1} I_{n+1} \| \mathscr{M}(E\lambda) \| n_\lambda \zeta_n I_n \rangle \\ &= i^{-\lambda} \frac{3}{4\pi} ZeR^\lambda \left(\frac{\hbar}{2D_\lambda \omega_\lambda}\right)^{1/2} \langle n_\lambda + 1, \zeta_{n+1} I_{n+1} \| c^\dagger(\lambda) \| n_\lambda \zeta_n I_n \rangle. \end{aligned} \tag{6–66}$$

Die Vibrationszustände sind festgelegt durch die Anzahl n_λ der Phononen, den Gesamtdrehimpuls I_n und zusätzliche Quantenzahlen ζ_n, die notwendig sind, um zwischen Zuständen mit gleichem n_λ und I_n zu unterscheiden. Das reduzierte Matrixelement des Erzeugungsoperators ist der in Abschnitt 6B–4 diskutierte Abstammungskoeffizient.

Für unabhängige Quanten ist die gesamte Zerfallsrate gleich der Summe der Zerfallsraten für die einzelnen Quanten,

$$\sum_{\zeta_{n-1}, I_{n-1}} B(E\lambda; n_\lambda \zeta_n I_n \to n_\lambda - 1, \zeta_{n-1} I_{n-1}) = n_\lambda B(E\lambda; n_\lambda = 1 \to n_\lambda = 0). \tag{6–67}$$

Diese Beziehung drückt auch die Summenregel für die Abstammungskoeffizienten aus, die aus Gl. (6–48) folgt.

Auftreten von Formschwingungen

In den niederenergetischen Spektren der gg-Kerne treten systematisch 2^+- und 3^--Zustände auf, deren Eigenschaften eine Interpretation als Schwingungen nahelegen. Die großen Übergangswahrscheinlichkeiten und der Umstand, daß ihre Eigenschaften ziemlich glatt mit N und Z variieren, weisen auf den kollektiven Charakter dieser Anregungen hin. Die Systematik der Anregungsenergien der 2^+- und 3^--Zustände ist in Abb. 2-17a, b, Band I, S. 206–207, und Abb. 6-40, S. 483, angegeben. Die Übergangswahrscheinlichkeiten liegen eine Größenordnung über der Einteilcheneinheit und entsprechen Nullpunktsamplituden β_2 und β_3 von etwa 0,2, wenn man wie in Gl. (6-65) die Zustände als Formschwingungen interpretiert (siehe die $B(E2)$-Werte in Abb. 4-5, S. 38, und die $B(E3)$-Werte in Tab. 6-14, S. 484). Die verfügbaren Daten über den radialen Formfaktor für das Übergangsmoment weisen auf ein starkes Maximum an der Kernoberfläche hin, wie es bei Formschwingungen auftritt (siehe z. B. Heisenberg und Sick, 1970).

Es gibt auch einige Hinweise auf kollektive Dichteschwingungen mit $I\pi = 4^+$. (Siehe z. B. die 4^+-Anregungen in den Cd-Isotopen ($\hbar\omega_4 = 2{,}3$ MeV) mit etwa zehnmal größeren Wirkungsquerschnitten als der Einteilchenwert (Koike u. a., 1969) und in ^{208}Pb($\hbar\omega_4 = 4{,}3$ MeV, $B(E4; 4 \rightarrow 0) \approx 25 B_W$; Ziegler und Peterson, 1968).)

Angaben über Vielfachanregungen sind gegenwärtig auf Quadrupolschwingungen beschränkt. In den Spektren treten Zustände mit $I\pi = 0^+$, 2^+ und 4^+ auf (siehe Gl. (6-58)), deren qualitative Eigenschaften Doppelanregungen ($n_2 = 2$) entsprechen. Die Energiewerte und die $E2$-Matrixelemente zeigen jedoch quantitativ erhebliche Abweichungen von den Beziehungen (6-56) und (6-66) für harmonische Schwingungen. (Diese anharmonischen Effekte werden auf S. 466ff. diskutiert; siehe auch Abschnitt 6-6a.) Bisher sind die Daten über Vielquantenzustände auf die Haupttrajektorie mit $I = 2n_2$ beschränkt. Daher war es nicht möglich, die Struktur des Spektrums im Yrast-Gebiet zu prüfen.

Das Auftreten von Anregungen $\lambda\pi = 2^+$ und 3^- als niedrigste kollektive Schwingungsformen ist für ein System charakteristisch, das einen sphärischen Gleichgewichtszustand und eine Steifheit gegen Kompression besitzt, die groß ist im Vergleich zur Steifheit gegen Oberflächendeformation. Das Modell des Flüssigkeitstropfens stellt einen Prototyp eines solchen Systems dar (siehe Anhang 6A). Die quantitativen Eigenschaften der beobachteten Kernanregungen unterscheiden sich jedoch wesentlich von denen, die aus einer solchen makroskopischen Beschreibung folgen. Insbesondere werden die Eigenschaften der Quadrupolschwingungen durch die Schalenstruktur grundlegend beeinflußt. Bei Kernen mit vielen Teilchen außerhalb abgeschlossener Schalen hat die Quadrupolschwingung eine sehr niedrige Frequenz und eine große Amplitude; dies hängt mit den Erscheinungen der Instabilität zusammen, die sich im Auftreten von Kernen mit nichtsphärischer Gleichgewichtsform äußert. Diese Schwingungsform wird bei Annäherung an abgeschlossene Schalen zunehmend schwächer, und in Kernen mit abgeschlossenen Neutronen- und Protonenschalen treten keine Quadrupolschwingungen mit niedriger Frequenz auf. Die Formschwingungen niedrigster Frequenz sind bei solchen Kernen vom Oktupoltyp.

Der quantitative Vergleich mit dem Tröpfchenmodell kann über die Massenparameter D_λ und die Parameter der Rückstellkraft C_λ erfolgen, die aus den beobachteten $\hbar\omega_\lambda$- und $B(E\lambda)$-Werten mit Hilfe der Gln. (6-46) und (6-65) bestimmt werden können. Die Abb. 6-28, S. 455, und 6-29, S. 456, zeigen diese Parameter für die Quadrupolschwingung. Man sieht, daß der Parameter der Rückstellkraft C_2 in der Nähe abgeschlossener Schalen um eine Größenordnung über dem Wert aus dem Tröpfchenmodell liegt, aber viel kleiner als dieser Wert wird, wenn man die Gebiete erreicht, wo die Kerne stabile Quadrupoldeformationen besitzen. Der Massenparameter D_2 ist um eine Größenordnung größer als der Wert für einen wirbelfreien Flüssigkeitstropfen.

Die Unzulänglichkeit der Analogie zum Flüssigkeitstropfen kann der großen mittleren freien Weglänge der Nukleonenbewegung im Kern zugeschrieben werden. Die kollektiven Schwingungen eines solchen Systems können nicht durch Energiedichten beschrieben werden, die durch lokale Dichteänderungen und einen lokalen kollektiven Fluß bestimmt sind.

Die Struktur der kollektiven Schwingungen eines Systems mit unabhängiger Teilchenbewegung läßt sich, wie in Abschnitt 6–2c beschrieben, mit Hilfe der Kopplung der Nukleonen an das oszillierende, durch die kollektive Deformation erzeugte Potential analysieren. Auf dieser Grundlage kann man die grundlegenden qualitativen Eigenschaften der beobachteten Quadrupol- und Oktupolschwingungen (siehe S. 446ff. bzw. S. 482ff.) in einfacher Weise verstehen. Das Auftreten kollektiver Schwingungen niedriger Frequenz und die damit verbundene Instabilität der Kernform hängen mit den näherungsweisen Entartungen im Einteilchenspektrum des sphärischen Potentials zusammen. Die allgemeinen Bedingungen für das Auftreten solcher Entartungen werden auf S. 499ff. betrachtet; das bei Kernen beobachtete Überwiegen der Quadrupolinstabilität läßt sich als eine Folge der annähernden Gültigkeit des harmonischen Oszillatorpotentials für die Einteilchenbewegung verstehen (siehe S. 510).

Die Quadrupolschwingungen niedriger Frequenz hängen hauptsächlich mit Teilchenübergängen innerhalb teilweise gefüllter Schalen zusammen. Bei Übergängen zwischen Hauptschalen erwartet man zusätzliche Quadrupolanregungen. Das Auftreten einer solchen zusätzlichen Quadrupolstärke hoher Frequenz kann unmittelbar aus der Oszillatorsummenregel (siehe Abschnitt 6–4a) geschlossen werden, da die niederfrequente Schwingung nur etwa 10% der Oszillatorsumme liefert. Die zu erwartenden Eigenschaften der hochfrequenten Quadrupol-Formschwingungen und die verfügbaren experimentellen Belege werden auf S. 436ff. diskutiert. (Die zu erwartende hochfrequente Oktupolstärke wird auf S. 479ff. betrachtet.)

Die bisher untersuchten Anregungsformen besitzen radiale Formfaktoren ohne Knoten, die den Formschwingungen entsprechen. Dichteänderungen mit radialen Knoten entsprechen Kompressionsschwingungen. Gegenwärtig liegen aber keine experimentellen Hinweise auf derartige kollektive Anregungen im Kern vor. Kompressionsschwingungen können mit $\lambda\pi = 0^+, 1^-, 2^+, \ldots$ auftreten, wegen der radialen Knoten ergeben diese Anregungen aber ziemlich geringe Multipolmomente (siehe Abschnitt 6A–3); sie können jedoch bei unelastischen Streuprozessen mit großer Impulsübertragung oder stark absorbierten Teilchen angeregt werden. (Die experimentelle Untersuchung dieser Anregungsformen würde Informationen über die Kompressibilität des Kerns liefern.)

Bei der Beschreibung der kollektiven Bewegung in makroskopischen Quantenflüssigkeiten unterscheidet man zwischen dem hydrodynamischen und dem stoßfreien Stadium, in Abhängigkeit davon, ob die Relaxationszeit für die Quasiteilchen gegenüber der Periode der kollektiven Schwingung klein oder groß ist (siehe z. B. Pines und Nozières, 1966). Die Relaxation ist durch die Wechselwirkungen mit thermischen Anregungen bedingt und verschwindet im Grenzfall niedriger Temperaturen. Deshalb gehören die im vorliegenden Kapitel betrachteten Kernanregungen zum stoßfreien Stadium und sind eher mit dem „nullten Schall" zu vergleichen als mit dem „ersten Schall", der für das hydrodynamische Stadium mit lokalem thermodynamischen Gleichgewicht charakteristisch ist. Der Kern bietet die Möglichkeit, kollektive Anregungen in einer Quantenflüssigkeit zu untersuchen, deren Wellenlängen mit den Abmessungen des Systems vergleichbar und deren Eigenschaften durch die Quantisierung der Teilchenbewegung im Gesamtsystem stark beeinflußt werden. Es ist möglich, daß ähnliche Erscheinungen bei Plasmaschwingungen in Atomen auftreten (siehe z. B. Fano und Cooper, 1968, Amusia u. a., 1971, und Wendin, 1973).

Schwingungsfeld

Eine Dichteänderung der Multipolordnung λ ruft eine Änderung des Kernpotentials hervor, die in erster Ordnung in der Deformation die gleiche Multipolarität und daher die Form

$$\delta V = -k_\lambda(r) \sum_\mu Y^*_{\lambda\mu}(\vartheta, \varphi)\, \alpha_{\lambda\mu} \tag{6–68}$$

hat. Für eine Formschwingung erwartet man, daß das Gesamtpotential $V + \delta V$ näherungsweise durch eine Deformation des mittleren statischen Potentials erhalten werden kann. Wie in Kapitel 5 diskutiert wurde, liefert eine solche Annahme das in stark deformierten Kernen beobachtete Potential ziemlich gut. Eine Deformation des Zentralpotentials mit einer der Dichteänderung (6–42) gleichen Form führt auf den Wert

$$k_\lambda(r) = R_0 \frac{\partial V}{\partial r} \tag{6–69}$$

für den Formfaktor in Gl. (6–68).

Das deformierte Feld (6–68) hat zur Folge, daß die Formschwingungen bei der unelastischen Streuung sowohl von Nukleonen als auch von anderen Teilchen (d, α, π, K usw.) stark angeregt werden. Tatsächlich dominieren in den Spektren der unelastisch gestreuten Teilchen wenige herausragende Gruppen, die als Anregung der niedrigsten Formschwingungen identifiziert werden können (siehe das Beispiel in Abb. 6–2).[1]

Die Werte der Übergangsmatrixelemente β_2 und β_3, die aus den in Abb. 6–2 enthaltenen unelastischen Wirkungsquerschnitten folgen, werden in Tab. 6–2 angegeben und mit Werten sowohl aus anderen unelastischen Prozessen als auch aus $E\lambda$-Übergangsmomenten verglichen. Es ist ersichtlich, daß die Deformationsparameter ziemlich gut miteinander übereinstimmen. Der Vergleich ist nicht eindeutig, weil sich die mittleren Radiusparameter der verschiedenen Anregungsprozesse etwas voneinander unterscheiden. Diese Unterschiede sind mit der nichtlinearen Beziehung zwischen Potential und Dichte sowie mit der starken Absorption zusammengesetzter Inzidenzteilchen verknüpft. Falls die Oberflächenverschiebung $\delta R = R_0 \alpha_{\lambda\mu} Y^*_{\lambda\mu}$ die physikalisch wichtige Größe darstellt, dann ist für verschiedene Prozesse, wie in Tab. 6–2 angegeben, das Produkt $\beta_\lambda R_0$ zu vergleichen (Blair, 1960).

Ausführlichere Untersuchungen unelastischer Streuprozesse können wichtige Fragen klären, die die Struktur der Schwingungsfelder betreffen, wie Radial- und Geschwindigkeitsabhängigkeit und die Abhängigkeit von den Spin- und Isospinvariablen der Nukleo-

[1]) Die selektive Anregung dieser Niveaus wurde zuerst in der Protonenstreuung (Cohen, 1957; Cohen und Rubin, 1958) und bald darauf in der Deuteronen- und α-Teilchen-Streuung (Yntema und Zeidman, 1959; Fulbright u. a., 1959) beobachtet. Die aus den gemessenen unelastischen Wirkungsquerschnitten abgeleiteten Amplituden der Vibrationsbewegung stimmten ziemlich gut mit den Werten aus Messungen der $E\lambda$-Übergangsraten überein (McDaniels u. a., 1960; Buck, 1963; Satchler u. a., 1963) und lieferten somit eine wichtige Bestätigung der Interpretation dieser Zustände als Formschwingungen.

Tab. 6–2 Vergleich der aus verschiedenen Anregungsprozessen abgeleiteten Schwingungsamplituden von ^{120}Sn. Die Tabelle vergleicht die Amplituden aus verschiedenen Prozessen, die die niederfrequenten Quadrupol- und Oktupolschwingungen in ^{120}Sn anregen ($\hbar\omega_2 = 1{,}17$ MeV und $\hbar\omega_3 = 2{,}39$ MeV). Die unelastische Neutronenstreuung wurde an einer natürlichen Mischung der Zinn-Isotope untersucht. Der bei der Analyse der verschiedenen Prozesse angenommene Radiusparameter R_0 ist in der letzten Spalte angegeben. Die experimentellen Werte und die Analysen wurden entnommen aus: COULOMB-Anregung (P. H. STELSON, F. K. MCGOWAN, R. L. ROBINSON und W. T. MILNER, Phys. Rev. **C2**, 2015 (1970); D. G. ALKAZOV, Y. P. GANGRSKII, I. K. LEMBERG und Y. I. UNDRALOV, Izv. Akad. Nauk SSSR, Ser. Fiz. **28**, 232 (1964)); (d, d′) (R. K. JOLLY, Phys. Rev. **139**, B 318 (1965)); (α, α′) (I. KUMABE, H. OGATA, T. H. KIM, M. INOUE, Y. OKUMA und M. MATOBA, J. Phys. Soc. Japan **25**, 14 (1968)); (p, p′) (JARVIS u. a., a. a. O., Abb. 6–2); (n, n′) (P. H. STELSON, R. L. ROBINSON, H. J. KIM, J. RAPAPORT und G. R. SATCHLER, Nuclear Phys. **68**, 97 (1965)).

	$\beta_2 R_0$ fm	$\beta_3 R_0$ fm	R_0 fm
$B(E\lambda)$	0,64	0,87	5,9
σ(d, d′; 15 MeV)	0,69	0,80	5,8
σ(α, α′; 34 MeV)	0,82	0,90	7,5
σ(p, p′; 18 MeV)	0,74	0,86	6,2
σ(n, n′; 14 MeV)	0,74	1,05	6,2

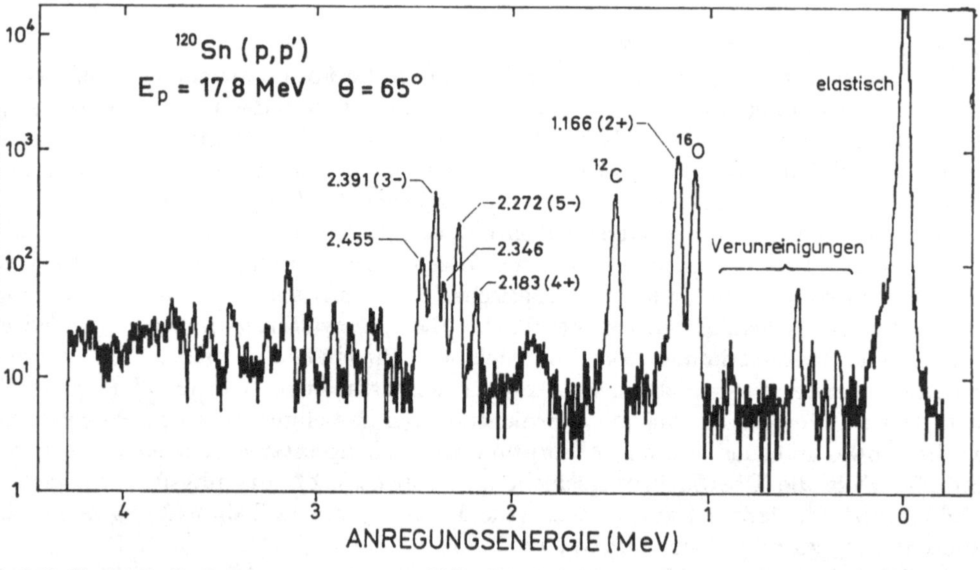

Abb. 6–2 Unelastische Protonenstreuung an ^{120}Sn. Die Abbildung zeigt das Spektrum der an einem ^{120}Sn-Target unter 65° gestreuten und in einem Si-Detektor nachgewiesenen Protonen. Sowohl die schwache Gruppe unter 1 MeV als auch die mit ^{12}C und ^{16}O gekennzeichneten starken Gruppen entsprechen der elastischen Streuung an verschiedenen Verunreinigungen. Die breite Gruppe bei etwa 1,9 MeV resultiert aus einem γ-Übergang im Detektor nach Anregung des 2^+-Zustandes in ^{28}Si. Die den niedrigsten Zuständen in ^{120}Sn entsprechenden Gruppen sind durch die Anregungsenergie in MeV und, soweit bekannt, durch Spin und Parität bezeichnet. Die meisten der deutlichen Maxima oberhalb 2,5 MeV wurden ebenfalls als Anregungszustände von ^{120}Sn identifiziert. Die Daten sind Experimenten von O. N. JARVIS, B. G. HARVEY, D. L. HENDRIE und J. MAHONEY, Nuclear Phys. **A102**, 625 (1967), entnommen. Wir möchten B. G. HARVEY für zusätzliche Informationen über dieses Experiment danken.

nen. Das Problem der Isospinabhängigkeit wird auf S. 327ff. diskutiert. Was die Spinabhängigkeit angeht, so erwartet man einen Term, der mit der Störung des Spinbahnpotentials zusammenhängt. Falls man für dieses Potential die Form (2–144) ansetzt, liefert eine Deformation, wie sie in Gl. (6–42) angenommen wurde,

$$\delta V_{ls} = -(2\lambda+1)^{1/2} V_{ls} r_0^2 \nabla \left(R_0 \frac{\partial f}{\partial r} (Y_\lambda \alpha_\lambda)_0 \right) \cdot (\boldsymbol{p} \times \boldsymbol{s})$$

$$= -(2\lambda+1)^{1/2} V_{ls} r_0^2 \frac{R_0}{r} \left(\left(\frac{\partial^2 f}{\partial r^2} - \frac{\lambda}{r} \frac{\partial f}{\partial r} \right) (Y_\lambda \alpha_\lambda)_0 (\boldsymbol{l} \cdot \boldsymbol{s}) \right.$$

$$\left. + \lambda^{1/2} (2\lambda+1)^{1/2} \frac{\partial f}{\partial r} \left((Y_{\lambda-1}, (\boldsymbol{p} \times \boldsymbol{s}))_\lambda \alpha_\lambda \right)_0 \right). \qquad (6\text{–}70)$$

(Siehe Gl. (3 A–26) und vergleiche mit dem entsprechenden Term (5–3) für axialsymmetrisch deformierte Kerne.) Hinweise auf eine solche Komponente des Schwingungsfeldes ergab die Analyse von Polarisationseffekten bei der unelastischen Streuung (siehe z. B. Sherif, 1969).

Das durch die Vibration erzeugte Potential kann zusätzliche, zu $\dot{\alpha}_{\lambda\mu}$ proportionale Glieder enthalten; das entsprechende Einteilchenfeld ist ungerade gegen Zeitumkehr (kombiniert mit hermitescher Konjugation). Derartige Glieder rühren von der Geschwindigkeitsabhängigkeit des mittleren Einteilchenpotentials her. Man erhält sie, indem man die Nukleonengeschwindigkeiten auf den lokalen kollektiven Fluß bezieht (lokale Galilei-Invarianz, Belyaev, 1963). Beispiele für solche Kopplungsterme werden bei der Analyse hochfrequenter Quadrupolschwingungen (S. 438ff.) und der Schwerpunktsanregung (S. 379) diskutiert.

Das Schwingungsfeld kann auch über die resultierende Kopplung zwischen der Schwingung und der unabhängigen Teilchenbewegung in den gebundenen Kernzuständen untersucht werden. Die verschiedenen Effekte dieser Teilchen-Vibrations-Kopplung werden in Abschnitt 6–5 betrachtet. Die experimentellen Daten liefern eine Kopplung, die annähernd die Stärke (6–69) hat; siehe zum Beispiel die Diskussion der effektiven Ladungen für $E2$-Momente in ungeraden Kernen, S. 443 und 461, und der Teilchen-Oktupolkopplung in ^{209}Bi und ^{209}Pb, S. 486ff.

Bei der Diskussion der Wechselwirkungseffekte in der Vibrationsbewegung in Abschnitt 6–2c wurde die Vibrationskopplung in der Form (6–18) ausgedrückt, die für eine Schwingung der Multipolordnung λ dem Ausdruck

$$\delta V = \varkappa_\lambda \sum_\mu \alpha_{\lambda\mu} F^\dagger_{\lambda\mu}(x) \qquad (6\text{–}71)$$

entspricht. Hierbei ist $\varkappa_\lambda$ eine Kopplungskonstante, und $F_{\lambda\mu}$ ist so normiert, daß bei einer Mittelung über die deformierte Dichteverteilung

$$\langle \sum_k F_{\lambda\mu}(x_k) \rangle = \int \delta\varrho F_{\lambda\mu}\, d\tau = \alpha_{\lambda\mu} \qquad (6\text{–}72)$$

gilt. Für die Kopplung (6–68) mit dem Formfaktor (6–69) kann man das dimensionslose Feld

$$F_{\lambda\mu} = -\varkappa_\lambda^{-1} R_0 \frac{\partial V}{\partial r} Y_{\lambda\mu} \qquad (6\text{–}73)$$

verwenden. Die entsprechende Kopplungskonstante erhält man durch Berechnen des Mittelwertes (6–72) mit einem durch Gl. (6–42) gegebenen $\delta\varrho$,

$$\varkappa_\lambda = \int R_0 \frac{\partial V}{\partial r} R_0 \frac{\partial \varrho_0}{\partial r} r^2 \, dr$$

$$= -\frac{R_0^2}{4\pi} \int \frac{1}{r^2} \frac{\partial}{\partial r} \left(r^2 \frac{\partial V}{\partial r} \right) \varrho_0 \, d\tau . \tag{6–74}$$

(Für anziehende Felder sind $\varkappa$ und V negativ.)

Eine qualitative Übersicht über den Einfluß der Schalenstruktur auf Formschwingungen erhält man aus der Betrachtung von Schwingungsfeldern mit dem Multipoloperator $r^\lambda Y_{\lambda\mu}$ für $F_{\lambda\mu}$ in Verbindung mit einem mittleren harmonischen Oszillatorpotential. In diesem Modell haben das Spektrum der Einteilchenanregungen und die resultierenden kollektiven Anregungen einen besonders einfachen und durchsichtigen Charakter. Für ein Oszillatorpotential

$$V = \tfrac{1}{2} M\omega_0^2 r^2 \tag{6–75}$$

kann eine Deformation der Standardform (6–71) mit

$$F_{\lambda\mu} = r^\lambda Y_{\lambda\mu} \tag{6–76}$$

in der Form

$$\delta V = \frac{k_\lambda}{M\omega_0^2} r^{\lambda-1} \frac{\partial V}{\partial r} \sum_\mu Y_{\lambda\mu}^* \alpha_{\lambda\mu} \tag{6–77}$$

geschrieben werden. Für $\lambda = 2$ stellt das deformierte Potential einen anisotropen Oszillator dar (siehe Gl. (5–5)). Wenn die Flächen gleicher Dichte und die Äquipotentialflächen die gleichen Deformationen aufweisen, dann ist die Dichteänderung $\delta\varrho$ durch Gl. (6–77) gegeben, wenn man V durch ϱ_0 ersetzt. Die Normierungsbedingung (6–72) liefert dann

$$\varkappa_\lambda = -\frac{4\pi}{2\lambda+1} \frac{M\omega_0^2}{A\langle r^{2\lambda-2}\rangle} . \tag{6–78}$$

Die Quadrupol- und Oktupolanregungen im Oszillatormodell mit der Kopplung (6–78) werden auf S. 436ff. bzw. S. 479ff. diskutiert.

M 1-*Momente*

Wie aus Zeitumkehr und Rotationssymmetrie folgt, ist das mit der Formschwingung λ verbundene magnetische Dipolmoment in führender Ordnung proportional zu α_λ und $\dot{\alpha}_\lambda$. Der einzig mögliche, durch Kopplung von α_λ und $\dot{\alpha}_\lambda$ gebildete Vektor ist derselbe wie der im Vibrationsdrehimpuls auftretende (durch Gl. (6–54) oder (6 A–12) gegebene) Vektor. Wir erhalten deshalb

$$\boldsymbol{\mu} = g_\lambda \boldsymbol{I}, \tag{6–79}$$

wobei g_λ für eine gegebene Schwingungsform eine Konstante ist. Folglich haben alle Zustände des Vibrationsspektrums in führender Ordnung den gleichen statischen g-Faktor. Außerdem gibt es keine M1-Übergänge, da der Gesamtdrehimpuls I eine Erhaltungsgröße ist.

Für Quadrupolschwingungen liegen umfangreiche Daten vor, die einen Test des Verbots der M1-Matrixelemente für den Übergang $(n_2 = 2, I = 2) \rightarrow (n_2 = 1, I = 2)$

erlauben. Die $B(M1)$-Werte sind in den meisten Fällen kleiner als $10^{-2}\,(e\hbar/2Mc)^2$; siehe die Beispiele in Abb. 6–30, S. 457, und 6–32, S. 460. (Die $M1:E2$-Mischungsverhältnisse für diese Übergänge wurden von KRANE, 1974, zusammengestellt.[1]))

Der Wert von g_λ ist eine Eigenschaft der mit der Vibrationsbewegung verknüpften kollektiven Strömung. Bei einer Formschwingung kann man erwarten, daß der Hauptbeitrag von der Bahnbewegung der Teilchen herrührt und das Verhältnis von Ladung und Masse in dieser Strömung annähernd so groß ist wie bei der statischen Dichte. Wir erhalten dann

$$g_\lambda \approx \frac{Z}{A}. \tag{6–80}$$

Dieser Wert entspricht einem gleichförmig geladenen Flüssigkeitstropfen. Die hauptsächlichen empirischen Aussagen betreffen die Quadrupolanregung $n_2 = 1$, $I\pi = 2^+$, für die g-Werte etwa der Größe (6–80) gefunden wurden, obwohl wichtige Abweichungen auftreten (siehe Abb. 4–6, S. 44). In einigen Fällen wurde der g-Faktor für Anregungen $n_3 = 1$, $I\pi = 3^-$ gemessen (^{16}O, $\hbar\omega_3 = 6{,}1$ MeV, $g = 0{,}55 \pm 0{,}03$, RANDOLPH u. a., 1973; ^{208}Pb, $\hbar\omega_3 = 2{,}6$ MeV, $g = 0{,}58 \pm 0{,}14$, BOWMAN u. a., 1969).

E0-Momente

Elektrische Multipolmomente, deren Ordnung sich von der Multipolordnung der Vibrationsbewegung unterscheidet, müssen zweite oder höhere Potenzen der Schwingungsamplituden enthalten. Daher ist das $E0$-Moment

$$m(E0) = \int r^2 \varrho_{el}(\boldsymbol{r})\, d\tau \tag{6–81}$$

in führender Ordnung quadratisch in der Schwingungsamplitude. Es kann zwei Glieder enthalten, die zu $(\alpha_\lambda \alpha_\lambda)_0$ bzw. $(\dot\alpha_\lambda \dot\alpha_\lambda)_0$ proportional sind. Wenn die Frequenz der Schwingungsbewegung klein ist im Vergleich zu Einteilchenanregungen (adiabatisches Verhalten), dann stimmt die Nukleonendichteverteilung für gegebenes α_λ annähernd mit der Dichteverteilung für eine statische Deformation überein, so daß $m(E0)$ nur schwach von $\dot\alpha_\lambda$ abhängen sollte. (Die adiabatische Näherung wird in Abschnitt 6–6a diskutiert.) Unter diesen Bedingungen gibt es in $m(E0)$ nur einen einzigen Term zweiter Ordnung,

$$m(E0) = m(E0, \alpha = 0) + k \sum_\mu |\alpha_{\lambda\mu}|^2, \tag{6–82}$$

und alle Matrixelemente lassen sich durch einen einzigen Parameter k ausdrücken. So ist zum Beispiel

$$\langle n_\lambda IM|\, m(E0)\, |n_\lambda IM\rangle - \langle n_\lambda = 0|\, m(E0)\, |n_\lambda = 0\rangle = k n_\lambda \frac{\hbar}{D_\lambda \omega_\lambda}, \tag{6–83a}$$

$$\langle n_\lambda = 2, I = 0|\, m(E0)\, |n_\lambda = 0\rangle = k \left(\lambda + \frac{1}{2}\right)^{1/2} \frac{\hbar}{D_\lambda \omega_\lambda}. \tag{6–83b}$$

[1]) Die starke Verzögerung des $M1$-Matrixelements für den Übergang zwischen dem ersten und dem zweiten 2^+-Zustand gehörte zu den ersten systematischen Eigenschaften, die bei dem Spektrum der gg-Kerne beobachtet wurden (KRAUSHAAR und GOLDHABER, 1953).

Man kann versuchen, den Koeffizienten k abzuschätzen, indem man eine Deformation betrachtet, die durch eine Verschiebung der Oberfläche ohne Änderung der Dichte im Inneren oder der Oberflächendicke senkrecht zur Oberfläche dargestellt wird (siehe Gl. (4–188)). Die Entwicklung (4–189) dieser Dichteverteilung bis zur zweiten Ordnung in den Amplituden $\alpha_{\lambda\mu}$ liefert ein $E0$-Moment mit

$$k = \frac{3}{4\pi} ZeR_0^2 \left(2 - \frac{2}{3} \frac{\langle r^{-2}\rangle \langle r\rangle}{\langle r^{-1}\rangle} + \frac{1}{2} \lambda(\lambda + 1) \left(1 - \frac{2}{3} \langle r^{-1}\rangle R_0\right)\right) \tag{6–84 a}$$

$$\approx \frac{3}{4\pi} ZeR_0^2 \left(1 + \frac{\pi^2}{3} (\lambda - 1)(\lambda + 2) \left(\frac{a_0}{R_0}\right)^2\right), \tag{6–84 b}$$

wobei wir in Gl. (6–84b) die Radialmomente (2–65) für den WOODS-SAXON-Formfaktor benutzt haben. Es muß jedoch betont werden, daß das einer Formschwingung entsprechende Monopolmoment empfindlich von möglichen Änderungen der radialen Dichteverteilung abhängt. Das Ergebnis (6–84) sollte deshalb nur die Größenordnung des Effektes liefern. Hinweise auf den Wert von k können aus dem gemessenen $E0$-Matrixelement für den Übergang $n = 2$, $I = 0 \rightarrow n = 0$ in ^{114}Cd (siehe Abb. 6–30, S. 457) abgeleitet werden; der mit Hilfe von Gl. (6–83b) bestimmte Wert von k ist etwa um einen Faktor 2 kleiner als die Abschätzung (6–84). Für den deformierten Kern ^{174}Hf stimmt der beobachtete k-Wert für die Monopolschwingung $K\pi = 0^+$ ziemlich gut mit dem Schätzwert (6–84) überein; siehe S. 149. (Zusätzliche, indirekte Abschätzungen der mit einer Quadrupoldeformation verknüpften Monopolmomente erhält man aus Isotopieverschiebungen in Atomspektren. Sie sind etwas kleiner als der Schätzwert (6–84); siehe z. B. die Ausführungen über ^{152}Sm in Band I, S. 172.)

Die Glieder in der Dichte, die von zweiter Ordnung in dem Deformationsparameter $\alpha_{\lambda\mu}$ sind, rufen auch elektrische Momente der Multipolordnung 2, 4, ..., 2λ hervor. Daher erhält man für eine Quadrupolschwingung einen Beitrag zweiter Ordnung zum $E2$-Moment, der zu Matrixelementen mit $\Delta n_2 = 0$ und ± 2 führt. Ähnliche Effekte können aber auch infolge einer Anharmonizität der Schwingungsbewegung auftreten, und die Terme im Moment, die über die führende Ordnung hinausgehen, müssen daher zusammen mit Termen höherer Ordnung im HAMILTON-Operator analysiert werden (siehe Abschnitt 6–6a).

Überlagerung von Schwingungs- und Teilchenbewegung[1])

Besitzt der innere Zustand einen endlichen Drehimpuls J (wie im Fall von A-ungeradeoder uu-Kernen oder bei angeregten Konfigurationen in gg-Kernen), dann führt eine Vibrationsanregung mit dem Drehimpuls R zu einem Multiplett von Zuständen mit den Gesamtdrehimpulsen

$$I = |J - R|, |J - R| + 1, \ldots, J + R. \tag{6–85}$$

[1]) Die Spektren und Momente, die sich aus der Überlagerung einer annähernd unabhängigen Teilchenbewegung und einer Vibrationsbewegung ergeben, wurden in einem frühen Stadium der Untersuchung einer kollektiven Kernbewegung betrachtet (FOLDY und MILFORD, 1950, BOHR und MOTTELSON, 1953; siehe auch die Übersichtsarbeit und die Literaturzitate von ALDER u. a., 1956, S. 538 und 539). Die Allgemeingültigkeit eines solchen Kopplungsschemas (Modell der core-Anregung) wurde von DE-SHALIT, 1961, betont.

Die Teilchen-Vibrationskopplung bewirkt Energieaufspaltungen innerhalb des Multipletts (6–85) und eine Mischung von Zuständen mit verschiedenen Quantenzahlen JR; diese Kopplungseffekte werden in Abschnitt 6–5 betrachtet.

Im Grenzfall schwacher Kopplung lassen sich die verschiedenen Kernmomente als eine Summe aus Beiträgen von Schwingungs- und inneren Freiheitsgraden ausdrücken, und die Matrixelemente können nach dem allgemeinen Ausdruck (1A–72a) für Multipoloperatoren in schwach gekoppelten Systemen berechnet werden.

Die $E\lambda$-Übergänge mit $\Delta n_\lambda = \pm 1$ ohne Änderung des inneren Zustandes sind mit großen kollektiven Matrixelementen verknüpft. Im Fall schwacher Kopplung tragen nur die Schwingungsmomente zu solchen Übergängen bei, und der $B(E\lambda)$-Wert hängt unmittelbar mit der Wahrscheinlichkeit des Vibrationsübergangs zusammen,

$$B(E\lambda;\, n_\lambda RJI \to n_\lambda \pm 1,\, R'JI') = (2I'+1)\,(2R+1) \begin{Bmatrix} R & J & I \\ I' & \lambda & R' \end{Bmatrix}^2 B(E\lambda;\, n_\lambda R \to n_\lambda \pm 1,\, R'). \tag{6–86}$$

Die Summe der Übergangswahrscheinlichkeiten zu den verschiedenen Gliedern I' des Endzustandsmultipletts ist gleich $B(E\lambda;\, n_\lambda R \to n_\lambda \pm 1,\, R')$, was sich durch Anwendung der Vollständigkeitsrelation (1A–17) formal zeigen läßt.

Die Zustände innerhalb eines Multipletts sind durch $M1$-Matrixelemente verknüpft,

$$\begin{aligned}\langle RJI' \| \mathscr{M}(M1) \| RJI \rangle = \left(\frac{3}{4\pi}\right)^{1/2} \frac{e\hbar}{2Mc} \Big(& g_J \big(I(I+1)\,(2I+1)\big)^{1/2} \delta(I, I') \\ & + (-1)^{R+J+I+1} (g_R - g_J)\,(2I+1)^{1/2}\,(2I'+1)^{1/2} \\ & \times \big(R(R+1)\,(2R+1)\big)^{1/2} \begin{Bmatrix} R & J & I \\ I' & 1 & R \end{Bmatrix} \Big).\end{aligned} \tag{6–87}$$

Die $M1$-Übergänge besitzen typische Einteilchenstärken, da sich die g-Faktoren für die Teilchenbewegung von denen der Kollektivbewegung meist beträchtlich unterscheiden.

Das Multiplett von Zuständen, das durch Anregung eines Oktupolquants aus dem ^{209}Bi-Grundzustand entsteht, liefert ein Beispiel für eine schwache Teilchen-Vibrationskopplung (siehe Abb. 6–42, S. 493). Die zu Gl. (6–86) äquivalente Intensitätsbeziehung für die Anregung des Multipletts durch unelastische Streuung wird in Tab. 6–16, S. 494, getestet. In anderen Fällen findet man eine viel stärkere Kopplung und somit eine ausgeprägte Verflechtung von innerer und Vibrationsbewegung (siehe z. B. die in Abb. 6–30, S. 457, dargestellten Quadrupolanregungen in den ungeraden Cd-Isotopen).

6–3b Schwingungen um einen sphäroidalen Gleichgewichtszustand

Die Symmetrie des Gleichgewichtszustandes ist entscheidend für die Struktur der Vibrationsanregungen. Wir betrachten in diesem Abschnitt die Eigenschaften von Schwingungen um eine Gleichgewichtsform mit Axialsymmetrie und Invarianz gegen Spiegelung an einer Ebene senkrecht zur Symmetrieachse. Diese Situation ist für die meisten Kerndeformationen gegeben.

Symmetrieklassifizierung

Für eine axialsymmetrische Gleichgewichtsform lassen sich die Normalschwingungen durch die Quantenzahl ν charakterisieren, die die Komponente des Vibrationsdrehimpulses längs der Symmetrieachse darstellt. Die Spiegelungssymmetrie liefert die zusätzliche Quantenzahl π. Außerdem ist eine axial- und spiegelsymmetrische Form invariant gegen eine Drehung $\mathscr{R}$ von 180° um eine Achse senkrecht zur Symmetrieachse (siehe die Diskussion der $\mathscr{R}$-Symmetrie in Kapitel 4, S. 6). Aus der $\mathscr{R}$-Symmetrie ergibt sich eine Entartung der Schwingungen mit $\pm\nu$ (was auch aus der $\mathscr{T}$-Invarianz folgt): für $\nu = 0$ lassen sich die Schwingungen durch die Quantenzahl

$$r = \pm 1 \tag{6–88}$$

klassifizieren, die mit der $\mathscr{R}$-Transformation der Vibrationsanregung zusammenhängt. Für eine Formschwingung mit $\nu = 0$ gilt $r = \pi$, da eine axialsymmetrische Form gegenüber der Transformation $\mathscr{R}\mathscr{P}$ (Spiegelung an einer die Symmetrieachse enthaltenden Ebene) invariant ist.

Wenn der innere Drehimpuls (bei Abwesenheit von Schwingungen) wie bei der Grundzustandskonfiguration von gg-Kernen den Wert $K_0 = 0$ hat, dann führt die Anregung eines Quants mit $\nu = 0$ zu einer $K = 0$-Bande mit $(-1)^I = r$ (siehe Gl. (4–14)). Für $\nu \neq 0$ erzeugen die konjugierten Schwingungsformen $(\pm\nu)$ zusammen eine einzige Bande mit $K = |\nu|$ und $I = K, K+1, \ldots$ (siehe Gl. (4–19)).

Für innere Zustände mit $K_0 \neq 0$ ergibt die Anregung eines Quants mit $\nu \neq 0$ zwei Banden mit $K = |K_0 + \nu|$ und $|K_0 - \nu|$. Die Entartung dieser beiden Banden wird sowohl durch die Teilchen-Vibrationskopplung als auch durch die Kopplung an die Rotationsbewegung aufgehoben. Bei $K = 1/2$-Banden verschwindet der Entkopplungsparameter a für eine Vibrationsanregung $(n_\nu = 1)$ mit $\nu \neq 0$, während für $\nu = 0$ die Größe a nach

$$a(n_{\nu=0} = 1, K = K_0 = 1/2) = ra(n_{\nu=0} = 0, K_0 = 1/2) \tag{6–89}$$

mit der Quantenzahl r der Vibrationsanregung verknüpft ist (siehe Gl. (4–60) und beachte, daß für die Vibrationsanregung $\mathscr{R}\mathscr{T} = 1$ gilt).

Die Geometrie der einfachsten Formschwingungen gerader Parität und die zugehörigen Spektren werden in Abb. 6–3 schematisch illustriert. Die Deformationen gegenüber der Gleichgewichtsform werden vom Quadrupoltyp ($\lambda = 2$) angenommen. Die Deformationsamplituden im inneren Koordinatensystem sind mit $a_{\lambda\nu}$ bezeichnet und werden, wie bei Quadrupoldeformationen üblich, durch die Deformationsparameter β und γ ausgedrückt (siehe Gl. (6B–2) und Abb. 6B–1). Die sphäroidale Gleichgewichtsform besitzt $\gamma = 0$ (gestreckte Deformation) oder $\gamma = \pi$ (abgeplattete Deformation) und den Parameter β_0 der Gesamtdeformation. Für kleine Schwingungen um einen Gleichgewichtszustand mit gestreckter Deformation gilt

$$\begin{aligned} a_{20} &= \beta \cos\gamma \approx \beta_0 + (\beta - \beta_0), \\ a_{22} &= \frac{1}{\sqrt{2}}\,\beta \sin\gamma \approx \frac{1}{\sqrt{2}}\,\beta_0\gamma. \end{aligned} \tag{6–90}$$

Die $\nu = 0$-Schwingungen erhalten die Axialsymmetrie und werden als β-Vibrationen bezeichnet. Schwingungen mit $\nu = \pm 2$ (γ-Vibrationen) verletzen die Axialsymmetrie und führen zu ellipsoidalen Kernformen.

Eine Quadrupoldeformation mit $|\nu| = 1$ ist einer Drehung um eine zur Symmetrieachse senkrechten Achse ohne Änderung der Kernform äquivalent (siehe Abb. 6–3). Diese Anregungsform ist deshalb „überzählig“ in dem Sinne, daß sie nicht als innere (Nicht-Rotations-) Anregung auftritt. Das Fehlen der $\lambda = 2$, $|\nu| = 1$-Anregung ist dem

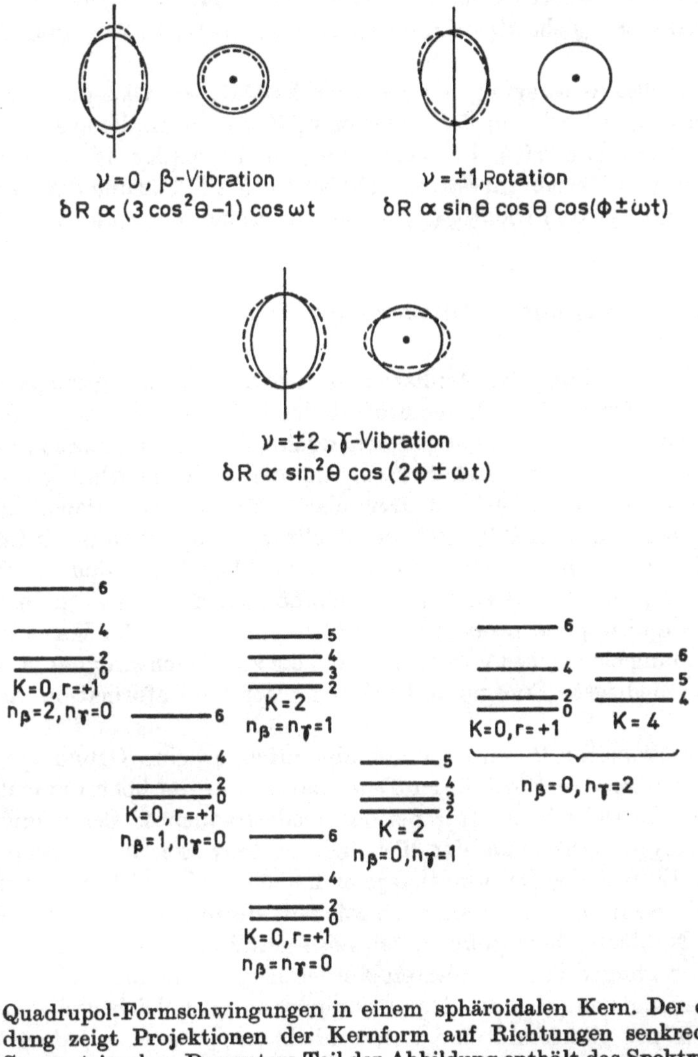

Abb. 6–3 Quadrupol-Formschwingungen in einem sphäroidalen Kern. Der obere Teil der Abbildung zeigt Projektionen der Kernform auf Richtungen senkrecht und parallel zur Symmetrieachse. Der untere Teil der Abbildung enthält das Spektrum bei Anregung von ein oder zwei Quanten. Die relative Größe von $\hbar\omega_\beta$ und $\hbar\omega_\gamma$ hängt von der inneren Struktur ab; den in der Abbildung benutzten Werten ist keine Bedeutung beizumessen. Für die Banden mit zwei Quanten wurde angenommen, daß die Vibrationsbewegung harmonisch, ohne Wechselwirkung zwischen den β- und γ-Schwingungsquanten abläuft und die Rotationsenergie proportional zu $I(I + 1) - K^2$ ist.

Fehlen der Formschwingung mit $\lambda = 1$ analog, deren Freiheitsgrade einer Schwerpunktsbewegung entsprechen (siehe S. 295). Die Beseitigung des überzähligen $|\nu| = 1$-Zustandes in deformierten Kernen wird auf S. 380ff. betrachtet.

In den Spektren vieler deformierter Kerne hat man niedrigliegende Anregungen mit $K\pi r = 0{+}{+}$ und $K\pi = 2^{+}$ beobachtet, die näherungsweise als β- und γ-Schwingungen beschrieben werden können. (Siehe die Beispiele auf S. 135ff. (γ-Schwingungen in ^{166}Er) und S. 145ff. (β-Schwingungen in ^{174}Hf); wegen einer Diskussion der Systematik dieser Anregungsformen siehe S. 472ff.) Die Überlagerung von β- und γ-Schwingungen und Quasiteilchenanregungen trifft man in vielen Spektren deformierter Kerne mit ungerader Massenzahl an (siehe die Fußnoten zu Tab. 5–12, S. 258, und Tab. 5–13 S. 260).

Niederfrequente Kollektivanregungen ungerader Parität, die Oktupolschwingungen entsprechen, treten in den Spektren deformierter gg-Kerne ebenfalls systematisch auf (siehe die Diskussion auf S. 482ff.). Das Auftreten von Formschwingungen ungerader Parität im Spektrum von Kernen im Sattelpunkt ist für die Erklärung der Asymmetrie und Anisotropie im Spaltprozeß wichtig (siehe die Diskussion in Kapitel 4, S. 107).

Frequenzaufspaltung infolge statischer Deformation

Bei der klassischen Beschreibung der Oszillationen eines Systems mit geringer Exzentrizität der Gleichgewichtsform läßt sich der Einfluß der Deformation als eine Störung in den Gleichungen für die Eigenschwingungen behandeln (siehe die Diskussion des Tröpfchenmodells in Abschnitt 6A–4d). Jede Schwingung der Multipolordnung λ spaltet in Komponenten mit $\nu = 0, \pm 1, \ldots, \pm\lambda$ auf. Der relative Betrag der Aufspaltung ist von der Größenordnung der Exzentrizität, und die Struktur des Spektrums wird durch die Symmetrie der Deformation bestimmt. Bei einer sphärischen Form sind die Frequenzverschiebungen daher proportional zum Quadrupolmoment der Schwingung bezüglich der Symmetrieachse und folglich proportional zu $3\nu^2 - \lambda(\lambda + 1)$. Bei Formschwingungen hat die Verschiebung ein solches Vorzeichen, daß die $\nu = 0$-Schwingung bei gestreckter Deformation die niedrigste Energie und bei abgeplatteter Deformation die höchste Energie besitzt.

Eine solche makroskopische Beschreibung bildet offenbar eine Grundlage, um die empirischen Befunde über den Einfluß der Deformation auf die hochfrequente Dipolschwingung zu erklären (siehe S. 419ff.). Bei den niederfrequenten Schwingungen, die empfindlich vom Kopplungsschema der Teilchen in teilweise aufgefüllten Schalen abhängen, kann der Einfluß der Deformation jedoch nicht als kleine Störung angesehen werden. Tatsächlich beeinflussen Kerndeformationen, obwohl sie zahlenmäßig klein sind ($\delta \lessgtr 0{,}3$), die Nukleonenbewegung in teilweise gefüllten Schalen sehr stark. Bei niederfrequenten Anregungen in deformierten Kernen kann es möglich sein, eine Multipolquantenzahl λ anzugeben, die die Hauptkomponente der Dichteschwingung beschreibt. Anregungen mit gleichem λ und unterschiedlichem ν werden jedoch im allgemeinen unterschiedliche Eigenschaften besitzen und nicht in einfacher Weise mit den in sphärischen Kernen beobachteten Anregungen zusammenhängen.

Übergangsmatrixelemente

Eine Formschwingung $\lambda\nu$ ist durch eine große $E\lambda$-Übergangswahrscheinlichkeit für die Anregung eines Schwingungsquants charakterisiert. Die $E\lambda$-Momente und $B(E\lambda)$-Werte haben bei gleicher Normierung wie in Gl. (6–63) die Form (siehe Gln. (4–91) und (4–92))

$$\mathscr{M}(E\lambda, \mu) = \frac{3}{4\pi} ZeR^\lambda \sum_\nu a_{\lambda\nu} \mathscr{D}^\lambda_{\mu\nu}(\omega), \tag{6–91a}$$

$$\begin{aligned} & B(E\lambda;\, K_0,\, n_{\lambda\nu} = 0,\, I_1 \to K_0,\, n_{\lambda\nu} = 1,\, K = |K_0 \pm \nu|,\, I_2) \\ & = \left(\frac{3}{4\pi} ZeR^\lambda\right)^2 |\langle n_{\lambda\nu} = 1|\, a_{\lambda\nu}\, |n_{\lambda\nu} = 0\rangle|^2 \\ & \times \langle I_1 K_0 \lambda \pm \nu \mid I_2 K_0 \pm \nu\rangle^2 \begin{cases} 2, & K_0 = 0,\ \nu \neq 0, \\ 1 & \text{sonst}, \end{cases} \end{aligned} \tag{6–91b}$$

wobei die Nullpunktsamplitude in üblicher Weise mit der Frequenz und dem Massenparameter zusammenhängt:

$$|\langle n_{\lambda\nu} = 1|\, a_{\lambda\nu}\, |n_{\lambda\nu} = 0\rangle|^2 = \frac{\hbar}{2 D_{\lambda\nu} \omega_{\lambda\nu}}. \tag{6–92}$$

Der Ausdruck (6–91b) stellt die Intensitätsbeziehung führender Ordnung dar, die I-unabhängigen Momenten entspricht. Die I-abhängigen Korrekturen zu den Momenten, die von der Rotations-Vibrationskopplung herrühren, werden in Abschnitt 6–6c diskutiert.

Die beobachteten $E2$-Übergangswahrscheinlichkeiten für die Anregung von β- und γ-Schwingungen betragen typischerweise das Fünf- bis Zehnfache der entsprechenden Einteilcheneinheiten (siehe S. 475ff. und S. 474ff.). Obwohl eine Verstärkung vorliegt, sind diese Übergangswahrscheinlichkeiten beträchtlich kleiner als für Quadrupolschwingungen in sphärischen Kernen. Die aus den $E2$-Matrixelementen abgeleiteten Schwingungsamplituden $\beta - \beta_0$ und $\beta_0\gamma$ sind von der Größenordnung 0,05. Bei solch kleinen Amplituden sind nur relativ wenige Teilchen an der Schwingungsbewegung beteiligt.

6–3c Kollektivbewegung beim Spaltprozeß

In den vorangegangenen Abschnitten haben wir Elementaranregungen betrachtet, die mit Formschwingungen kleiner Amplitude verknüpft sind. Beim Spaltprozeß liegt im Gegensatz zu diesen Anregungsformen eine Kollektivbewegung mit großer Amplitude vor. Das Auftreten der Spaltung als spontaner Prozeß oder als eine durch Einschußteilchen niedriger Energie ausgelöste Kernreaktion spiegelt die geringe Stabilität schwerer Kerne wider, die sich aus der weitreichenden Coulomb-Abstoßung zwischen den Protonen ergibt (Meitner und Frisch, 1939; Bohr und Wheeler, 1939; Frenkel, 1939). Der Spaltprozeß nimmt in der Entwicklung der Kernphysik einen besonderen Platz ein. Er sollte aber als Teil eines größeren Bereiches von Erscheinungen angesehen werden, die mit sehr großen Kerndeformationen und kollektiver Strömung verbunden sind und gegenwärtig bei der Untersuchung von Reaktionen mit beschleunigten schweren Ionen der Forschung zugänglich werden.

Die ersten Untersuchungen des Spaltprozesses konzentrierten sich auf die makroskopischen Eigenschaften, die mit dem Tröpfchenmodell beschrieben werden können. Mit der Entdeckung der Spaltisomere rückten in letzter Zeit die Konsequenzen, die sich für viele Eigenschaften der Spaltung aus der Schalenstruktur der Kerne ergeben, in den Mittelpunkt des Interesses.

Makroskopische Eigenschaften der Fläche der potentiellen Energie. Spaltbarriere

Viele qualitative Merkmale, die mit großen Kerndeformationen zusammenhängen, werden durch allgemeine Eigenschaften der Kernmaterie bestimmt. Diese Merkmale hängen wie im Tröpfchenmodell schwach von den Teilchenzahlen N und Z und den Deformationsparametern α ab. Für eine Deformation, die das Volumen angenähert erhält, sind die Hauptterme in diesem „makroskopischen" Teil der Kernenergie $\tilde{\mathscr{E}}(\alpha)$ daher mit der Oberflächen- und COULOMB-Energie verknüpft,

$$\tilde{\mathscr{E}}(\alpha) \approx \mathscr{E}_{\text{surf}} + \mathscr{E}_{\text{Coul}}. \tag{6–93}$$

Die Größe $\mathscr{E}_{\text{surf}}$ ist dem Oberflächenzuwachs proportional, wobei der Proportionalitätsfaktor mit dem Parameter b_{surf} in der halbempirischen Massenformel (2–12) verknüpft werden kann; siehe Gl. (6 A–19). Das Glied $\mathscr{E}_{\text{Coul}}$ drückt die Verringerung der COULOMB-Energie bei Deformation aus.

Bei kleinen, auf eine Kugelform bezogenen Deformationen sind sowohl die Oberflächen- als auch die COULOMB-Energien quadratische Funktionen in den Deformationsparametern. Das Verhältnis der Koeffizienten in $\mathscr{E}_{\text{Coul}}$ und $\mathscr{E}_{\text{surf}}$ ist proportional zu Z^2/A und für eine Quadrupoldeformation durch die Größe (siehe Gl. (6 A–24))

$$\begin{aligned} x &= \frac{3}{10} \frac{e^2}{r_0} b_{\text{surf}}^{-1} \frac{Z^2}{A} \\ &\approx 0{,}0203 \frac{Z^2}{A} \qquad (r_0 = 1{,}25 \text{ fm}; \qquad b_{\text{surf}} = 17 \text{ MeV}) \end{aligned} \tag{6–94}$$

gegeben, die als Spaltbarkeitsparameter bezeichnet wird. In Gl. (6–94) wurden für r_0 und b_{surf} die Werte aus der halbempirischen Massenformel benutzt (siehe Gl. (2–14)). Bei $x < 1$ besitzt die Gesamtenergie $\tilde{\mathscr{E}}(\alpha)$ ein Minimum für eine sphärische Kernform. Bei einem kritischen Wert von Z^2/A, der $x = 1$ entspricht, wird die sphärische Form jedoch instabil gegen Quadrupoldeformationen; die Parameter aus Gl. (6–94) liefern

$$\left(\frac{Z^2}{A}\right)_{\text{krit}} \approx 49. \tag{6–95}$$

Für $x < 1$ wächst die Energie $\tilde{\mathscr{E}}(\alpha)$ bei kleinen α-Werten mit der Deformation an, erreicht aber schließlich einen Sattelpunkt (die Spaltbarriere), nach dem die Energie abnimmt, wenn sich das System der Aufteilung in zwei oder mehr Bruchstücke nähert. Die Berechnung des Verlaufs der potentiellen Energie und der entsprechenden Spaltbarrieren auf der Grundlage des Tröpfchenmodells wird in Abschnitt 6 A–2 behandelt.

Die resultierenden Höhen der Spaltbarrieren und Sattelpunktformen sind in Abb. 6A-1 in Abhängigkeit vom Spaltbarkeitsparameter x dargestellt. Besitzt das System einen Drehimpuls, dann wird die Barriere infolge der Zentrifugalkräfte herabgesetzt, und im Sattelpunkt wird eine dreiaxiale Kernform erreicht. Bei hinreichend großen Drehimpulswerten besitzt das System keinen stabilen Gleichgewichtszustand (siehe S. 579ff.).

In Abb. 6-56, S. 533, werden die empirischen Werte für die Spaltbarrieren mit Abschätzungen nach dem Tröpfchenmodell verglichen. Da die Spaltbarrieren schwerer Kerne kleine Differenzen zwischen großen Oberflächen- und COULOMB-Termen darstellen, folgt aus der qualitativen Übereinstimmung in Abb. 6-56, daß bei solch großen Deformationen die Rückstellkraft infolge der Kernwechselwirkungen durch die aus den Kernmassen bestimmte Oberflächenspannung ziemlich gut beschrieben wird. (Die berechnete Spaltbarriere beträgt zum Beispiel für ^{238}U mit $x \approx 0{,}73$ etwa 10 MeV, während die Oberflächenenergie um etwa 100 MeV zunimmt.)

Aussagen über die Kernform im Sattelpunkt erhielt man aus der Analyse der Winkelverteilungen von Spaltprodukten (siehe das Beispiel auf S. 534ff.). Die aus solchen Analysen abgeleiteten Deformationen fallen mit zunehmenden Werten von Z^2/A und stimmen auch qualitativ annähernd mit den Vorhersagen des Tröpfchenmodells überein, obwohl die Daten eine Zunahme des numerischen Koeffizienten in Gl. (6-94) um etwa 10% und einen entsprechenden Abfall von $(Z^2/A)_{\text{krit}}$ in Gl. (6-95) nahelegen.

Einfluß der Schalenstruktur auf die potentielle Energie. Formisomere

Wichtige Beiträge zur potentiellen Energie des Kerns können von Schaleneffekten herrühren.[1]) Die Unregelmäßigkeiten im Einteilchenspektrum, die mit der Schalenstruktur zusammenhängen, führen dazu, daß die Energie des Kerns nicht glatt mit der Teilchenzahl variiert, wie es in der Beschreibung durch pauschale Eigenschaften der Fall ist, sondern spezifische Schwankungen zeigt, die von der Schalenauffüllung abhängen. Solche Effekte zeigen sich bereits im Auftreten nichtsphärischer Gleichgewichtsformen (siehe insbesondere Kapitel 4, S.114 ff.) sowie in den Eigenschaften niederfrequenter Formschwingungen (siehe S. 300ff.).

Der Beitrag der Schalenstruktur zur potentiellen Energie (Schalenkorrektur) läßt sich aus einer Analyse der Relativenergien von Nukleonenkonfigurationen in einem Potential mit vorgegebener Form ableiten. Solche Relativenergien sind durch die Einteilchenenergien der besetzten Zustände gegeben, und die Schalenkorrektur ist deshalb in der Summe

$$\mathscr{E}_{1\text{p}} = \sum_{k=1}^{A} \varepsilon_k \tag{6-96}$$

[1]) Die Möglichkeit von Schaleneffekten beim Spaltprozeß wurde im Schalenmodell bereits frühzeitig betrachtet, insbesondere im Zusammenhang mit der Asymmetrie der Massenverteilung (siehe z. B. HILL und WHEELER, 1953, und die Bemerkungen zu dieser Diskussion durch MAYER und JENSEN, 1955, S. 37). Die erfolgreiche Klassifizierung der Einteilchenbahnen in deformierten Gleichgewichtskonfigurationen bildete die Grundlage für die Erweiterung der Analyse auf stark deformierte Formen, wie sie im Spaltprozeß auftreten (STRUTINSKY, 1966; GUSTAFSON u. a., 1967). Ein entscheidender Gesichtspunkt war dabei die Trennung des glatten, mit den Eigenschaften der Kernmaterie verknüpften Verhaltens und der spezifischeren Schaleneffekte, die in der Summe der Einteilchenenergien enthalten sind (MYERS und SWIATECKI, 1966; STRUTINSKY, 1966).

enthalten. Es muß betont werden, daß die Energie der unabhängigen Teilchen $\mathscr{E}_{\mathrm{ip}}$ keinesfalls eine Abschätzung der Gesamtenergie des Kerns darstellt. Die Abweichung von $\mathscr{E}_{\mathrm{ip}}$ von einer glatten Funktion der Teilchenzahl stellt jedoch eine Näherung der Schalenenergie dar, die insoweit gelten sollte, als die Besetzung der Bahnen der Besetzung aufgrund einer Beschreibung durch unabhängige Teilchen entspricht. Eine formalere Ableitung dieses Ergebnisses wird in der Näherung eines selbstkonsistenten Feldes im folgenden Kleindruck angegeben. Die Einflüsse der Paarkorrelation lassen sich berücksichtigen, indem man die Summe (6–96) über unabhängige Teilchen durch die Gesamtenergie der unabhängigen Quasiteilchenbewegung in einem Paarpotential ersetzt (siehe Gl. (6–603)).

Bei einem System aus vielen Teilchen variiert der Hauptanteil von $\mathscr{E}_{\mathrm{ip}}$ glatt mit der Teilchenzahl. Dieser glatte Anteil $\tilde{\mathscr{E}}_{\mathrm{ip}}$ kann bestimmt werden, indem man das asymptotische Verhalten von $\mathscr{E}_{\mathrm{ip}}$ im Grenzfall großer Teilchenzahlen betrachtet. Die durch eine Schalenstruktur bedingte Energie $\mathscr{E}_{\mathrm{sh}}$ erhält man dann als Differenz

$$\mathscr{E}_{\mathrm{sh}} = \mathscr{E}_{\mathrm{ip}} - \tilde{\mathscr{E}}_{\mathrm{ip}} \tag{6–97}$$

von $\mathscr{E}_{\mathrm{ip}}$ und der asymptotischen Funktion $\tilde{\mathscr{E}}_{\mathrm{ip}}$.

Bei einem System mit Sättigungseigenschaften wie im Falle des Kerns, dessen potentielle Energie asymptotisch wie $A^{1/3}$ zunimmt, läßt sich die Funktion $\tilde{\mathscr{E}}_{\mathrm{ip}}$ durch eine Entwicklung vom gleichen Typ ausdrücken, wie sie in der halbempirischen Massenformel (2–12) verwendet wurde. Die Koeffizienten der verschiedenen Glieder könnten zum Beispiel durch numerische Berechnung von $\mathscr{E}_{\mathrm{ip}}$ als Funktion der Teilchenzahl bei beliebig vorgegebener Potentialform bestimmt werden. Ein solches Verfahren wäre analog zur Bestimmung der Parameter b_{vol}, b_{surf} usw. in Gl. (2–12) aus den empirischen Massen. Der asymptotische Anteil von $\mathscr{E}_{\mathrm{ip}}$ kann auch durch analytische Methoden erhalten werden. Die führenden Terme in der Teilchenzahl (die Volumenterme) werden durch die halbklassische oder FERMI-Gas-Näherung gegeben (siehe Gl. (6–511)). Die folgenden, zu $A^{2/3}$ proportionalen Glieder entsprechen einer Energie pro Oberflächeneinheit und lassen sich berechnen, indem man die Kontinuumslösungen betrachtet, die durch eine unendlich ausgedehnte ebene Oberfläche definiert sind (SWIATECKI, 1951; SIEMENS und SOBICZEWSKI, 1972).

Ein anderer Weg zur Charakterisierung der asymptotischen Form $\tilde{\mathscr{E}}_{\mathrm{ip}}$ kann, wie in dem Beispiel auf S. 524 ff. besprochen, vom asymptotischen Ausdruck $\tilde{g}(\varepsilon)$ für die Einteilchenniveaudichte in dem festgelegten Potential ausgehen. (Die in der Literatur gegenwärtig benutzte Bestimmung der glatten Funktion $\tilde{\mathscr{E}}_{\mathrm{ip}}$ basiert auf einer Energiemittelung der Einteilchenniveaudichte; STRUTINSKY, 1966. Bei einem unendlich tiefen Potential sind die Energiemittelung und die Bestimmung der asymptotischen Form in der Teilchenzahl äquivalent; siehe S. 524. Bei einem endlich tiefen Potential gilt die Äquivalenz nur dann, wenn der Schalenabstand klein gegenüber der Separationsenergie ist.)

Der Betrag von $\mathscr{E}_{\mathrm{sh}}$ ist von der Größenordnung des Produkts aus der Entartung der Schalen und dem Energieabstand zwischen aufeinanderfolgenden Schalen. Während der Abstand zwischen den Schalen ganz allgemein von der Größenordnung der grundlegenden Einteilchenfrequenz $\varepsilon_F A^{-1/3}$ ist, spiegelt die Entartung der Schalen die Symmetrien des Potentials wider. (Siehe das Beispiel auf S. 499 ff., in dem die Charakterisierung der Schalen im Einteilchenspektrum und die enge Beziehung der Schalenstruktur zum Auftreten geschlossener klassischer Bahnen besprochen werden.)

Die hauptsächlichen Schaleneffekte im sphärischen Kernpotential führen auf Beiträge zur Energie des Kerns, die in den Kernmassen im Grundzustand beobachtet werden ($\mathscr{E}_{sh} \approx -10$ MeV in schweren Kernen mit abgeschlossenen Schalen; siehe das Beispiel auf S. 517ff.). Die großen Spaltbarrieren der Kerne im Gebiet um ^{208}Pb (siehe Abb. 6–56, S. 533) können auch durch eine große negative Schalenkorrektur in den Grundzuständen dieser Kerne erklärt werden.

Bei deformierten Potentialen treten besonders große Schalenkorrekturen auf, wenn das Potential dem eines anisotropen harmonischen Oszillators mit rationalen Frequenzverhältnissen ähnelt (siehe S. 504ff. und Tab. 6–17). Ein Potential mit der Symmetrie $\omega_\perp:\omega_3 = 2:1$ entspricht einer Deformation im Bereich der Spaltbarriere für schwere Kerne ($Z \approx 92$), und der dieser Symmetrie entsprechende Schaleneffekt scheint für das Auftreten von Formisomeren, die im Spaltprozeß nachgewiesen wurden, verantwortlich zu sein. Der experimentelle Nachweis von Spaltisomeren wird im Beispiel auf S. 539ff. besprochen. Eine ausführlichere Analyse der Schalenstruktur in einem Kernpotential mit dem Achsenverhältnis 2:1 wird in dem Beispiel auf S. 511ff. gegeben; in diesem Potential entspricht die abgeschlossene Konfiguration mit der Neutronenzahl $N = 148$ dem Gebiet größter Stabilität für Spaltisomere.

Eine auffällige Eigenschaft des Spaltprozesses ist die Massenasymmetrie der Fragmente, die bei der niederenergetischen Spaltung von Kernen im Gebiet $90 \lesssim Z \lesssim 100$ beobachtet wurde. (Eine Übersicht über die experimentellen Daten findet man bei Hyde, 1964.) Das Tröpfchenmodell erklärt diese Erscheinung nicht (siehe Abschnitt 6A–2). Es ist wahrscheinlich, daß die Massenasymmetrie Schaleneffekten zugeschrieben werden muß, die bei den auftretenden Nukleonenzahlen in einem bestimmten Stadium des Spaltprozesses Deformationen begünstigen, die von der Spiegelsymmetrie abweichen (Moeller und Nilsson, 1970; Pauli u. a., 1971).

Die Begründung dafür, die Schalenstruktur mit einem Teil der Summe der Einteilchenenergien zu identifizieren, läßt sich für ein System, bei dem die Wechselwirkungen in Hartree-Fock-Näherung behandelt werden können, in einfacher Weise herleiten (Strutinsky, 1968). In dieser Näherung läßt sich die Gesamtenergie wie folgt schreiben (siehe Gl. (3B–34)):

$$\begin{aligned}
\mathscr{E} &= \mathscr{E}_{\text{kin}} + \mathscr{E}_{\text{pot}}, \\
\mathscr{E}_{\text{kin}} &= \int dx\, dx' \langle x'|\, T\, |x\rangle \langle x|\, \varrho\, |x'\rangle_0 = \sum_{i=1}^{A} \langle \nu_i|\, T\, |\nu_i\rangle, \\
\mathscr{E}_{\text{pot}} &= \tfrac{1}{2} \int dx_1\, dx_1'\, dx_2\, dx_2' \langle x_1' x_2'|\, V\, |x_1 x_2\rangle_a \langle x_1|\, \varrho\, |x_1'\rangle_0 \langle x_2|\, \varrho\, |x_2'\rangle_0 \\
&= \tfrac{1}{2} \int dx\, dx' \langle x'|\, U\, |x\rangle \langle x|\, \varrho\, |x'\rangle_0 = \tfrac{1}{2} \sum_{i=1}^{A} \langle \nu_i|\, U\, |\nu_i\rangle
\end{aligned} \tag{6–98}$$

mit dem selbstkonsistenten Potential

$$\langle x'|\, U\, |x\rangle = \int dx_1\, dx_1' \langle x'\, x_1'|\, V\, |x x_1\rangle_a \langle x_1|\, \varrho\, |x_1'\rangle_0. \tag{6–99}$$

In Gl. (6–98) wurden die Energien durch die Einteilchen-Dichtematrix ϱ (siehe Gl. (2A–37)) ausgedrückt, und der Index Null bezeichnet den Erwartungswert für die Grundzustandskonfiguration, in der die Teilchen die A niedrigsten Einteilchenbahnen ν_i in dem selbstkonsistenten Potential U besetzen.

Die Dichte $\langle x|\, \varrho\, |x'\rangle_0$ und das zugehörige Einteilchenpotential können in der Form

$$\begin{aligned}
\langle x\, |\varrho|\, x'\rangle_0 &= \tilde{\varrho}(x, x') + \delta\varrho(x, x'), \\
\langle x'\, |U|\, x\rangle &= \langle x'|\, \tilde{U}\, |x\rangle + \langle x'|\, \delta U\, |x\rangle
\end{aligned} \tag{6–100}$$

geschrieben werden, wobei die Größe $\tilde{\varrho}(x, x')$ eine glatte Funktion der Teilchenzahl ist, die man durch Untersuchung des asymptotischen Grenzfalls für große Teilchenzahlen erhält. Das Potential $\tilde{U}$ ergibt sich aus der Beziehung (6–99), indem man die HARTREE-FOCK-Dichte $\langle x_1 |\varrho| x_1' \rangle_0$ durch den glatten Anteil $\tilde{\varrho}(x_1, x_1')$ ersetzt. Vernachlässigt man Glieder der Ordnung $(\delta\varrho)^2$, dann kann die Gesamtenergie (6–98) als

$$\begin{aligned} \mathscr{E} &= -\tilde{\mathscr{E}}_{\text{pot}} + \mathscr{E}_{\text{ip}}, \\ \tilde{\mathscr{E}}_{\text{pot}} &= \tfrac{1}{2} \int \mathrm{d}x\, \mathrm{d}x' \langle x' |\, \tilde{U}\, | x \rangle\, \tilde{\varrho}(x, x'), \\ \mathscr{E}_{\text{ip}} &= \int \mathrm{d}x\, \mathrm{d}x' \langle x' |\, T + \tilde{U}\, | x \rangle \langle x |\, \varrho\, | x' \rangle_0 \\ &= \sum_{i=1}^{A} \langle \nu_i(U) |\, T + \tilde{U}\, | \nu_i(U) \rangle \approx \sum_{i=1}^{A} \langle \nu_i(\tilde{U}) |\, T + \tilde{U}\, | \nu_i(\tilde{U}) \rangle = \sum_{i=1}^{A} \varepsilon_i(\tilde{U}) \end{aligned} \qquad (6\text{–}101)$$

geschrieben werden, wobei $\nu_i(U)$ und $\nu_i(\tilde{U})$ die Einteilchenzustände in den Potentialen U bzw. $\tilde{U}$ bezeichnen. Die Erwartungswerte des HAMILTON-Operators $T + \tilde{U}$ sind bezüglich kleiner Variationen der Einteilchenwellenfunktionen stationär. In der letzten Zeile von Gl. (6–101) können daher die Zustände $\nu_i(U)$ in der betrachteten Genauigkeit durch $\nu_i(\tilde{U})$ ersetzt werden.

Da $\tilde{\mathscr{E}}_{\text{pot}}$ in Gl. (6–101) eine glatte Funktion der Teilchenzahl darstellt, ist die Schalenstrukturenergie in der Summe der für das Potential $\tilde{U}$ berechneten Einteilcheneigenwerte enthalten. Die obige Ableitung ist analog zum Nachweis, daß in der Näherung unabhängiger Teilchen die Energiedifferenz zwischen zwei benachbarten Konfigurationen gleich der Differenz zwischen den Summen der im gleichen mittleren Potential berechneten Einteilchenenergien ist.

Temperaturabhängigkeit der Schalenstrukturenergie

Bei endlichen Temperaturen erhält man den Einfluß der Schalenstruktur auf die Energie und die Niveaudichte des Kerns durch eine Berechnung der thermodynamischen Funktionen auf der Grundlage des Niveauspektrums der unabhängigen Teilchenbewegung. (Die Hilfsmittel für eine solche statistische Analyse wurden in Anhang 2B beschrieben.) Die thermodynamischen Funktionen hängen von einem Mittelwert der Einteilchenniveauabstände in einem Energieintervall (auf beiden Seiten des FERMI-Niveaus) der Größenordnung der Temperatur ab. Man erwartet also, daß sich die Schaleneffekte stark verringern, wenn die Temperatur Werte erreicht, die mit dem Energieabstand zwischen den Schalen vergleichbar sind. Beispiele, die dieses Verhalten verdeutlichen, werden auf S. 525ff. betrachtet. Belege für die Schaleneffekte in den Niveaudichten des Kerns werden auf S. 529 besprochen.

Bei endlichen Temperaturen ist die freie Energie

$$F(\alpha, T) = \mathscr{E}(\alpha) - TS \qquad (6\text{–}102)$$

die Verallgemeinerung der potentiellen Energie, die den Spaltprozeß bewirkt, wobei S die Entropie und T die Temperatur bedeuten. Beispiele für Beiträge der Schalenstruktur zur freien Energie als Funktion der Temperatur sind in Abb. 6–54, S. 528, angegeben. Man erwartet, daß die Schaleneffekte in der Spaltbarriere bei Temperaturen von etwa 1 MeV klein werden, was einer Anregungsenergie von etwa 30 MeV in einem schweren Kern entspricht (siehe S. 538).

Um die Bedeutung der freien Energie zu demonstrieren, folgen wir einem Standardverfahren der Thermodynamik und betrachten einen reversiblen Prozeß, bei dem der Kern seine Deformation ändert und dabei an einem anderen System, etwa einem äußeren elektrischen Feld, die Arbeit

$p\,d\alpha$ verrichtet. Die Größe p ist die Kraft, mit der der Kern auf das äußere System wirkt. Die Änderung der Energie des Kerns bei einem solchen Prozeß ist gegeben durch

$$d\mathscr{E} = dQ - p\,d\alpha, \tag{6–103}$$

wobei dQ die auf den Kern übertragene Wärmemenge ist. Die Entropieänderung beträgt

$$dS = \frac{dQ}{T} = \frac{1}{T}(d\mathscr{E} + p\,d\alpha), \tag{6–104}$$

und aus Gl. (6–102) folgt

$$dF = -S\,dT - p\,d\alpha. \tag{6–105}$$

Die Kraft p erfüllt daher die Beziehung

$$p = -\left(\frac{\partial F}{\partial \alpha}\right)_T, \tag{6–106}$$

welche zeigt, daß die freie Energie eine verallgemeinerte potentielle Energie darstellt. Aus Gl. (6–104) ist auch ersichtlich, daß

$$p = T\left(\frac{\partial S}{\partial \alpha}\right)_{\mathscr{E}} \tag{6–107}$$

gilt. Das Gleichgewicht, zu dem das System strebt, ist daher bei gegebener Energie durch ein Maximum in S oder, äquivalent dazu, bei konstanter Temperatur durch ein Minimum in F charakterisiert.

Bewegung um den Sattelpunkt. Spaltkanäle

Die Reaktionswahrscheinlichkeit für den Spaltprozeß kann in Analogie zur Beschreibung molekularer Reaktionsraten durch Transmission über die erreichbaren Spaltkanäle beschrieben werden (Bohr und Wheeler, 1939). Die Spaltkanäle stellen Zustände dar, deren Quantenzahlen für alle Freiheitsgrade mit Ausnahme der Bewegung durch die Barriere festgelegt sind. Man erwartet, daß das Spektrum der Kanäle die Struktur von Rotationsbanden besitzt, deren Quantenzahlen durch die Symmetrie der Sattelpunktsdeformation bestimmt werden (siehe Kapitel 4, S. 30ff.). Die inneren Quantenzahlen, die verschiedene Kanäle bezeichnen, umfassen sowohl Vibrations- als auch Quasiteilchenanregungen (siehe z. B. auf S. 106ff. die Diskussion der niederenergetischen Kanäle, die zur Photospaltung beitragen).

Wenn die Kollektivbewegung zum Sattelpunkt hin von den inneren Freiheitsgraden separiert werden kann, wie es bei einem adiabatischen Prozeß der Fall ist, dann läßt sich der Transmissionskoeffizient aus einer eindimensionalen Schwingungsgleichung für die Spaltungsvariable α bestimmen. Eine einfache Abschätzung ergibt sich in „harmonischer" Näherung, die eine Parabelform für die Barriere und einen von α unabhängigen Massenparameter annimmt,

$$H = \tfrac{1}{2} D^{-1} \pi_\alpha^2 - \tfrac{1}{2} C \alpha^2, \tag{6–108}$$

wobei α vom instabilen Gleichgewicht im Sattelpunkt aus gemessen wird. Für den Hamilton-Operator (6–108) ist der Transmissionsfaktor P gegeben durch (Hill und

WHEELER, 1953; siehe auch WHEELER, 1963)

$$\begin{aligned} P &= \left(1 + \exp\left\{-2\pi \frac{E}{\hbar\omega}\right\}\right)^{-1}, \\ \omega &= \left(\frac{C}{D}\right)^{1/2}. \end{aligned} \tag{6–109}$$

Die Energie E wird dabei in bezug auf den Sattelpunkt gemessen. Die Gl. (6–109) wird im folgenden Kleindruck abgeleitet.

Der Transmissionsfaktor beschreibt, wie sich der Spaltkanal allmählich öffnet, wenn sich die Energie der Spaltbarriere nähert. Die im Schwellenbereich beobachtete Energievariation der Spaltquerschnitte kann angenähert durch Transmissionsfaktoren der Form (6–109) ausgedrückt werden, wobei $\hbar\omega$-Werte der Größe 0,5—1 MeV auftreten, die die gleiche Größenordnung wie die Anregungsenergien der Quadrupolformschwingungen in sphäroidalen Kernen besitzen. Beispiele dafür liefern der in Abb. 4–23, S. 107, angegebene Wirkungsquerschnitt der Photospaltung von ^{238}U und die auf S. 549 besprochene neutroneninduzierte Spaltung von ^{241}Pu. Es muß jedoch betont werden, daß die Gültigkeit der adiabatischen Näherung, die der eindimensionalen Behandlung zugrunde liegt, eine offene Frage bleibt (siehe in diesem Zusammenhang die Belege für die Kopplung von Formdeformation und Paarfreiheitsgraden, die sich in den Eigenschaften der β-Vibrationen äußert, S. 476ff.).

Wenn der Kern mit einer Energie unterhalb der Spaltschwelle schwingt ($P \ll 1$), dann wird die Spaltrate gleich dem Produkt aus P und der Frequenz, mit der sich die Vibrationsbewegung dem Sattelpunkt annähert. Die Spaltungsbreite ist daher gegeben durch

$$\Gamma_f = \frac{\hbar\omega_{\mathrm{vib}}}{2\pi} P, \tag{6–110}$$

wobei ω_{vib} die Schwingungsfrequenz (das 2π-fache der inversen Periode) ist.

Bei Anregungsenergien, die mit der Spaltbarriere vergleichbar sind, werden die Spaltungsbreiten der einzelnen Kanäle wie Stärkefunktionen im dichten Spektrum der Compoundkernzustände verteilt. Die Breite der Stärkefunktion ist durch die Dämpfungsrate der Vibrationsbewegung infolge Spaltung bestimmt. Wenn die Dämpfungszeit kurz ist gegenüber der Schwingungsperiode, dann kann man die mittleren Spaltungsbreiten durch eine statistische Betrachtung erhalten (BOHR und WHEELER, 1939), die der Ableitung der mittleren Neutronenbreiten für einen schwarzen Kern (siehe Band I, S. 241) analog ist,

$$\Gamma_f = \frac{D}{2\pi} \sum_c P_c, \tag{6–111}$$

wobei D der mittlere Abstand der Niveaus mit gegebenen Werten $I\pi$ ist und die Summe über die Spaltungskanäle mit diesen Quantenzahlen läuft. Die Beziehung (6–111) liefert eine Grundlage, um die Daten über Spaltungsbreiten durch das Kanalspektrum zu erklären. (Aussagen aus niederenergetischen Neutronenresonanzen findet man z. B. bei LYNN, 1968a; für höhere Anregungen siehe z. B. VANDENBOSCH und HUIZENGA, 1958.)

Die Eigenfunktionen des HAMILTON-Operators (6–108) können durch parabolische Zylinderfunktionen D_ν (siehe z. B. ERDELYI, 1953, Band II, S. 116ff.) ausgedrückt werden. Der Eigenzustand, der eine von negativen α-Werten her einlaufende Bewegung darstellt, ist gegeben durch

$$\begin{aligned} \varphi(\alpha) &= \text{const}\, D_\nu\left(\frac{\alpha}{\alpha_0}\exp\left\{-i\frac{\pi}{4}\right\}\right), \\ \alpha_0 &= \left(\frac{\hbar}{2D\omega}\right)^{1/2}, \qquad \omega = \left(\frac{C}{D}\right)^{1/2}, \qquad \nu = i\frac{E}{\hbar\omega} - \frac{1}{2}, \end{aligned} \tag{6–112}$$

mit der asymptotischen Form für große $|\alpha|$

$$D_\nu\left(\frac{\alpha}{\alpha_0}\exp\left\{-i\frac{\pi}{4}\right\}\right) \underset{|\alpha|\gg\alpha_0}{\approx} \begin{cases} \left(\frac{\alpha}{\alpha_0}\right)^\nu \exp\left\{\frac{\pi}{4}\frac{E}{\hbar\omega} + i\frac{\pi}{8} + i\frac{1}{4}\left(\frac{\alpha}{\alpha_0}\right)^2\right\}, & \alpha > 0, \\ \left|\frac{\alpha}{\alpha_0}\right|^\nu \exp\left\{-\frac{3\pi}{4}\frac{E}{\hbar\omega} - i\frac{3\pi}{8} + i\frac{1}{4}\left(\frac{\alpha}{\alpha_0}\right)^2\right\} & \\ \quad - \frac{(2\pi)^{1/2}}{\Gamma(-\nu)}\left|\frac{\alpha}{\alpha_0}\right|^{-\nu-1} \exp\left\{-\frac{\pi}{4}\frac{E}{\hbar\omega} - i\frac{7\pi}{8} - i\frac{1}{4}\left(\frac{\alpha}{\alpha_0}\right)^2\right\}. & \alpha < 0, \end{cases} \tag{6–113}$$

Für $\alpha < 0$ stellt das letzte Glied in Gl. (6–113) die einfallende, sich in Richtung der positiven Achse ausbreitende Welle dar; der erste Term ist die reflektierte Welle. Das Intensitätsverhältnis der durchgelassenen und einfallenden Wellen liefert den Transmissionskoeffizienten (6–109).

Den Ausdruck (6–109) für die Durchdringungswahrscheinlichkeit der Barriere kann man auch in einer WKB-Näherung erhalten. Für $E < 0$ wird die Durchdringung durch das Phasenintegral

$$S = \hbar^{-1}\int |\pi_\alpha|\, d\alpha = \frac{2}{\hbar}(2D)^{1/2}\int_0^{|2E/C|^{1/2}}\left(|E| - \frac{1}{2}C\alpha^2\right)^{1/2} d\alpha = -\pi\frac{E}{\hbar\omega} \tag{6–114}$$

bestimmt; die Durchdringungswahrscheinlichkeit ist in führender Ordnung durch $\exp\{-2S\}$ gegeben. Liegt die Energie in der Nähe des Barrierenmaximums, dann führt eine verbesserte Behandlung, die die nächsthöheren Glieder der WKB-Näherung berücksichtigt, auf die Durchdringungswahrscheinlichkeit $(1 + \exp\{2S\})^{-1}$. Dieser Ausdruck gilt als Funktion der Energie auch für positive E-Werte. (Siehe z. B. FRÖMAN und FRÖMAN, 1965, S. 90.)

6–3d Isospin von Schwingungen. Polarisations- und Ladungsaustauschschwingungen

Schwingungen in Kernen mit $N = Z$ ($T_0 = 0$)

Die innere Bewegung der Grundzustandskonfiguration eines gg-Kerns mit $N = Z$ ist rotationsinvariant im Isospinraum, wenn man den Einfluß des COULOMB-Feldes vernachlässigt. Die Schwingungen können dann durch die Quantenzahl τ klassifiziert werden, die den Isospin des Anregungsquants darstellt. Aus Teilchen-Loch-Anregungen oder korrelierten Teilchenpaaren aufgebaute Schwingungsquanten besitzen $\tau = 0$ oder 1.

Der Eigenwert von τ_z wird mit μ_τ bezeichnet. Anregungen mit $\mu_\tau = 0$ lassen sich durch den Eigenwert r_τ des Operators der Ladungssymmetrie $\mathscr{R}_\tau$ charakterisieren, der Neutronen und Protonen austauscht. Der Operator $\mathscr{R}_\tau$ kann durch eine Drehung von 180° um die y-Achse im Isospinraum dargestellt werden (siehe Gl. (1–59)), und für ein Quant mit $\mu_\tau = 0$ erhält man

$$r_\tau = (-1)^\tau. \tag{6–115}$$

(Beschränkt man sich auf Schwingungsformen mit $\tau = 0$ und 1 (und $\mu_\tau = 0$), dann sind die Quantenzahlen r_τ und τ gleichbedeutend.) Die isoskalaren Anregungen sind ladungssymmetrisch; Neutronen und Protonen bewegen sich in Phase, ebenso wie bei den in Abschnitt 6–3a betrachteten Formoszillationen. Die isovektoriellen Anregungen sind ladungsantisymmetrisch; Neutronen und Protonen schwingen gegeneinander (Neutron-Proton-Polarisation).

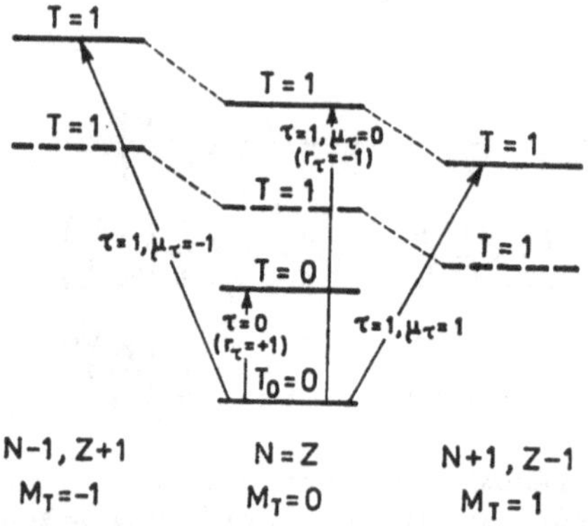

Abb. 6–4 Isospin der Vibrationsanregungen in einem Kern mit $T_0 = 0$. Die Abbildung illustriert die Anregung der $\tau = 0$- und $\tau = 1$-Schwingungen in einem Kern mit dem Isospin Null im Grundzustand. Isobaranalogzustände sind durch dünne unterbrochene Linien verbunden. Die Grundzustände benachbarter Kerne und ihre Analogzustände im Target werden durch gestrichelte Linien angedeutet. Die relative Lage der Niveaus besitzt keine quantitative Bedeutung.

Anregungen mit $\tau = 0$ und 1 sind in Abb. 6–4 dargestellt; die Schwingungen mit $\mu_\tau \neq 0$ werden durch Ladungsaustauschprozesse angeregt, wobei Zustände in isobaren Kernen entstehen. Für die gegebene Schwingungsform mit $\tau = 1$ gehören die verschiedenen Komponenten μ_τ zu einem Isospin-Triplett (Analogzustände). Die Coulomb-Energie führt zu einer Aufspaltung der Schwingungsfrequenzen,

$$\hbar\omega(\tau, \mu_\tau) \approx \hbar\omega(\tau, \mu_\tau = 0) - \mu_\tau \Delta E_{\text{Coul}}, \qquad (6\text{–}116)$$

wobei die Coulomb-Energieverschiebung pro Einheit der Ladungszahl Z, E_{Coul}, durch den Ausdruck (2–19) näherungsweise abgeschätzt werden kann. Bei Ladungsaustauschschwingungen stellen die Frequenzen in Gl. (6–116) die Differenz der Bindungsenergien der Zustände mit $n = 1$ und $n = 0$ dar, die auch gleich dem Q-Wert für die Anregung des Schwingungsquants in (n, p)- oder (p, n)-Reaktionen ist. Definiert man die Anregungsfrequenzen durch die Massendifferenz der Zustände mit $n = 1$ und $n = 0$, dann muß zum Ausdruck (6–116) die Größe $\mu_\tau(M_n - M_p)\,c^2$ hinzugefügt werden.

Zustände mit mehreren, zur gleichen Schwingungsform gehörigen Quanten sind in den Isospin- und Ort-Spin-Variablen vollständig symmetrisch (Bose-Statistik). Daher bilden zwei $\tau = 1$-Quanten der Multipolordnung λ, die zu einem Kern mit $I_0 = 0$ und $T_0 = 0$ hinzugefügt werden, die Zustände

$$\begin{aligned} I &= 0, 2, \ldots, 2\lambda, \qquad & T &= 0, 2, \\ I &= 1, 3, \ldots, 2\lambda - 1, \qquad & T &= 1. \end{aligned} \qquad (6\text{–}117)$$

Die in harmonischer Näherung geltende Entartung in T wird aufgehoben, da die Wechselwirkung zwischen den Nukleonen die Zustände mit niedrigem T systematisch begünstigt. (Siehe z. B. den durch Gl. (6–129) gegebenen Kopplungseffekt.)

Bei einer beliebigen Anzahl von Quanten lassen sich die total symmetrischen Zustände durch die Darstellungen $[f]$ der Permutationssymmetrie in den getrennten Isospin- und Orträumen klassifizieren. Die möglichen Darstellungen und die damit verbundenen Quantenzahlen T und I können nach den in Anhang 1C besprochenen Methoden gewonnen werden; sie entsprechen einer Klassifizierung nach U_3 und $U_{2\lambda+1}$.

Isovektorielle Dichten und Felder

Während Formschwingungen mit Änderungen in der gesamten (oder isoskalaren) Dichte (6–38) verknüpft sind, enthalten die Polarisationsschwingungen von Neutronen und Protonen Oszillationen der isovektoriellen Dichte

$$\varrho_1(\boldsymbol{r}) = \varrho_n(\boldsymbol{r}) - \varrho_p(\boldsymbol{r}), \tag{6–118}$$

die die Differenz der Neutronen- und Protonendichten darstellt. Die Dichte (6–118) ist die $\mu_\tau = 0$-Komponente des Isovektors

$$\varrho_{\tau=1,\mu_\tau}(\boldsymbol{r}) = \sum_k 2t_{\mu_\tau}(k)\, \delta(\boldsymbol{r} - \boldsymbol{r}_k), \tag{6–119}$$

ausgedrückt durch die sphärischen Komponenten des Isospins des Nukleons,

$$t_{\mu_\tau} = \begin{cases} +2^{-1/2}(t_x - it_y), & \mu_\tau = -1, \\ t_z, & \mu_\tau = 0, \\ -2^{-1/2}(t_x + it_y), & \mu_\tau = +1. \end{cases} \tag{6–120}$$

Die Ladungsaustauschschwingungen entsprechen Oszillationen der $\mu_\tau = \pm 1$-Komponenten der Isovektordichte (6–119). (Man kann die drei Dichtefunktionen (6–119) und die durch Gl. (6–38) gegebene isoskalare Dichte $\varrho_{\tau=0}$ auch zu einer 2×2-Dichtematrix $\varrho(\boldsymbol{r}, \boldsymbol{t})$ kombinieren; siehe Abschnitt 2A–7.)

Bei einer Schwingung mit den Quantenzahlen $\lambda\mu\tau\mu_\tau$ haben die Dichteänderungen die Form

$$\delta\varrho_{\tau\mu_\tau}(\boldsymbol{r}) = f_{\lambda\tau}(r)\, Y^*_{\lambda\mu}(\hat{\boldsymbol{r}})\, \alpha_{\lambda\mu\tau\mu_\tau}, \tag{6–121}$$

wobei die Amplituden $\alpha_{\lambda\mu\tau\mu_\tau}$ Tensoren sowohl im Isospin- als auch im Ortsraum sind. (Die Bedingung für die Hermitizität solcher Tensoren kann durch die Operation $\mathscr{F} = \mathscr{R}_\tau^{-1}\mathscr{T}$ ausgedrückt werden; siehe Gl. (3B–14).)

Die Dichtevariationen (6–121) geben Anlaß zu den Multipolmomenten

$$\begin{aligned} \mathscr{M}(\tau\mu_\tau, \lambda\mu) &\equiv \int \varrho_{\tau\mu_\tau}(\boldsymbol{r})\, r^\lambda Y_{\lambda\mu}(\hat{\boldsymbol{r}})\, d\tau \\ &= \begin{cases} \sum_k r_k^\lambda Y_{\lambda\mu}(\hat{\boldsymbol{r}}_k) & (\tau = 0), \\ \sum_k 2t_{\mu_\tau}(k)\, r_k^\lambda Y_{\lambda\mu}(\hat{\boldsymbol{r}}_k) & (\tau = 1) \end{cases} \\ &= \alpha_{\lambda\mu\tau\mu_\tau} \int dr f_{\lambda\tau}(r)\, r^{\lambda+2}. \end{aligned} \tag{6–122}$$

Das Moment mit $\tau = 0$ ist gleich dem Moment für die gesamte Teilchendichte, das durch Gl. (6–60) gegeben wird.

Das elektrische Multipolmoment ist eine Kombination der isoskalaren und der isovektoriellen Momente,

$$\begin{aligned}\mathcal{M}(E\lambda, \mu) &= \int \varrho_{\mathrm{el}}(\boldsymbol{r})\, r^\lambda Y_{\lambda\mu}(\hat{\boldsymbol{r}})\, d\tau \\ &= \frac{e}{2}\left(\mathcal{M}(\tau = 0, \lambda\mu) - \mathcal{M}(\tau = 1, \mu_\tau = 0, \lambda\mu)\right). \end{aligned} \qquad (6\text{–}123)$$

Sowohl die Polarisationsschwingungen ($\tau = 1$, $\mu_\tau = 0$) als auch die Formschwingungen ($\tau = 0$) können daher kollektive Oszillationen der elektrischen Multipolmomente hervorrufen.

Die isovektoriellen Dichtevariationen rufen entsprechende Variationen des isovektoriellen Potentials hervor, die aus der isovektoriellen Komponente des statischen Kernpotentials abgeschätzt werden können. Der in $N = Z$ lineare Symmetrieterm des Potentials stellt tatsächlich den Einfluß einer relativ kleinen isovektoriellen Dichte dar, die der gesamten isoskalaren Dichte ϱ_0 überlagert ist. Aus dem Ausdruck (2–26) für das Kernpotential ergibt sich (für $\mu_\tau = 0$)

$$\delta V = \frac{1}{2} V_1 t_z \frac{\delta\varrho_1}{\varrho_0}, \qquad (6\text{–}124)$$

wobei das Symmetriepotential V_1 abstoßend (positiv) und von der Größenordnung 100 MeV ist. Die Beziehung (6–124) beruht auf der Annahme, daß die statischen und die schwingenden isovektoriellen Felder beide überwiegend Volumeneffekte darstellen; der Zusammenhang zwischen der isovektoriellen Dichte und dem Potential im Oberflächengebiet wirft wichtige ungelöste Probleme auf. (Eine damit zusammenhängende Unsicherheit bei der Beschreibung des isovektoriellen Potentials ist mit der Tatsache verknüpft, daß die zum mittleren statischen Potential V_1 führende Analyse die beobachtete Gleichheit der Radien der Neutronen- und Protonendichteverteilungen nicht korrekt gewährleistet; siehe die Bemerkungen auf S. 444.) Der mögliche Einfluß von geschwindigkeitsabhängigen isovektoriellen Wechselwirkungen auf den Trägheitsparameter der isovektoriellen Schwingungsformen wird auf S. 413ff. diskutiert.

Für $\lambda \neq 0$ erwartet man, daß die niedrigste isovektorielle Schwingungsform keine Knoten besitzt. Ein einfaches Modell zur Erklärung dieser Schwingungen kann von einem über das Kernvolumen ausgedehnten Schwingungsfeld der Form

$$F_{\lambda\mu, \tau=1, \mu_\tau=0} = 2t_z r^\lambda Y_{\lambda\mu} \qquad (6\text{–}125)$$

ausgehen. Normiert man die Amplitude so, daß der Mittelwert von F gleich α ist (siehe Gl. (6–72)), dann wird die Dichtevariation gegeben durch

$$\delta\varrho_1 = \frac{4\pi\varrho_0}{A\langle r^{2\lambda}\rangle} \sum_\mu r^\lambda Y^*_{\lambda\mu} \alpha_{\lambda\mu, \tau=1, \mu_\tau=0}, \qquad (6\text{–}126)$$

und das Potential (6–124) nimmt die Standardform (6–71) an mit

$$\varkappa_{\lambda, \tau=1} = \frac{\pi V_1}{A\langle r^{2\lambda}\rangle}. \qquad (6\text{–}127)$$

Die aus den Feldern (6–125) und Kopplungen (6–127) folgenden kollektiven Schwingungsformen werden auf S. 410ff. ($\lambda = 1$), S. 439ff. ($\lambda = 2$) und S. 481ff. ($\lambda = 3$) behandelt.

Auftreten von Neutron-Proton-Polarisationsschwingungen

Das wichtigste Beispiel für eine Schwingung mit $\tau = 1$ ist die beim Kernphotoeffekt beobachtete Dipolresonanz ($\lambda\pi = 1^-$), die auf S. 404ff. besprochen wird. Der isovektorielle Charakter dieser Schwingungsform kann aus dem großen elektrischen Dipolmoment gefolgert werden; das bedeutet, daß Protonen und Neutronen gegeneinander schwingen. (Einer isoskalaren Schwingung entspricht für $\lambda = 1$ kein elektrisches Dipolmoment, weil das isoskalare Dipolmoment proportional zur Schwerpunktskoordinate ist und deshalb durch innere Anregungen nicht beeinflußt wird.) Die Resonanzfrequenzen und $E1$-Übergangsstärken der isovektoriellen Dipolschwingung sind in Abb. 6–19, S. 407, und Abb. 6–20, S. 409, angegeben. Sie variieren glatt mit N und Z.

Die Eigenschaften der Dipolschwingung in Kernen mit $A \gtrapprox 50$ können durch ein isovektorielles Dipolfeld mit einer durch Gl. (6–124) gegebenen Stärke ziemlich gut beschrieben werden; siehe S. 410ff. Es ist auch möglich, die Anregung als Polarisationsschwingung eines aus zwei Flüssigkeiten bestehenden Tröpfchens zu beschreiben (siehe Abschnitt 6A–4). Die Ähnlichkeit der Resultate, die man mit diesen beiden offenbar sehr unterschiedlichen Beschreibungsweisen erhält, ist eine spezifische Eigenschaft der Dipolschwingung, die dem Umstand zugeschrieben werden kann, daß die hauptsächliche Einteilchen-Dipolübergangsstärke in einem einzigen, ziemlich engen Bereich des Anregungsspektrums konzentriert ist. (Die mikroskopische und die Tröpfchenmodell-Beschreibung der Dipolschwingung werden auf S. 418ff. miteinander verglichen.)

Die ziemlich hochfrequente Dipolschwingung ($\hbar\omega \approx 10-25$ MeV) liegt in einem Bereich des Spektrums mit sehr hoher Niveaudichte, und die kollektive Bewegung ist ziemlich stark gedämpft ($\Gamma \approx 4-10$ MeV); die beobachtete Resonanzlinie stellt deshalb eine Stärkefunktion dar. Bisher konnten die beobachtete Breite und Struktur der Linie nicht im einzelnen erklärt werden. Verschiedene Effekte, die beitragen können, werden jedoch auf S. 431ff. besprochen.

Bisher gibt es keinen unmittelbaren Hinweis auf andere isovektorielle Dichteschwingungen. Die Bedeutung der $\lambda\pi = 0^+$-Schwingung für die Verletzung der isobaren Symmetrie wurde in Band I, S. 180ff., diskutiert. Die zu erwartenden Eigenschaften der $\lambda\pi = 2^+$-Schwingung, die sich aus der Wechselwirkung (6–127) ergibt, werden auf S. 439ff. betrachtet.

Einfluß des Neutronenüberschusses

In einem Kern mit Neutronenüberschuß und entsprechendem Grundzustandsisospin $T_0 = M_{T_0} = (N - Z)/2$ führt die Anregung einer Isovektorschwingung auf ein Triplett von Zuständen $(T_0, n_{\tau=1} = 1)\, TM_T$ mit $T = T_0 - 1,\ T_0,\ T_0 + 1$. Ohne Kopplung zwischen T_0 und der Schwingung wären die Komponenten des Tripletts bis auf die Coulomb-Energiedifferenz zwischen Isobaranalogzuständen entartet; außerdem würde sich das Multipolmatrixelement für die Anregung der Zustände durch eine Vektorkopplung im Isospinraum ergeben (Fallieros u. a., 1965),

$$\langle (T_0, n_\tau = 1)\, TM_T |\, \mathscr{M}(\tau\mu_\tau)\, | T_0 M_{T_0} \rangle = m_0 \langle T_0 M_{T_0} \tau\mu_\tau \mid TM_T \rangle, \qquad (6\text{–}128)$$

wobei m_0 sowohl von T als auch von den Komponenten M_{T_0}, μ_τ und M_T unabhängig ist.

Die hauptsächlichen Kopplungseffekte sind jedoch mit den isovektoriellen Feldern im Kern verknüpft. Daher führt der Neutronenüberschuß zu einem statischen Isovektorpotential, das auf den Isospin der Vibrationsbewegung so wirkt, daß Zustände mit niedrigem Gesamtisospin begünstigt werden. Die Kopplungsenergie läßt sich nach Gl. (2–29) abschätzen,

$$H' = \frac{V_1}{A}(\boldsymbol{\tau} \cdot \boldsymbol{T}_0) = \frac{V_1}{2A}\big(T(T+1) - T_0(T_0+1) - \tau(\tau+1)\big). \qquad (6\text{–}129)$$

Da V_1 die Größenordnung 100 MeV besitzt, werden die Wechselwirkungsenergien (6–129) sogar für mittlere Werte von T_0 ziemlich groß.

Außerdem hat der Neutronenüberschuß zur Folge, daß bei Ladungsaustauschschwingungen wegen des Ausschließungsprinzips andere Konfigurationen erreicht werden können als bei $\mu_\tau = 0$-Schwingungen (siehe Abb. 6–22, S. 423). Der Effekt läßt sich durch eine Kopplung der Überschußneutronen ausdrücken (im Gegensatz zur Wechselwirkung (6–129), die dem statischen, isovektoriellen Monopolfeld entspricht); diese Kopplung verändert sowohl die Intensitätsbeziehungen (6–128) als auch die Schwingungsenergien.

Die durch einen Neutronenüberschuß hervorgerufene Energieverschiebung führender Ordnung ist ganz allgemein linear in T_0 und hat daher wie in Gl. (6–129) die Form

$$H' = a(\boldsymbol{\tau} \cdot \boldsymbol{T}_0). \qquad (6\text{–}130)$$

Bei einer Dipolschwingung liefert die Kopplung über das isovektorielle Dipolfeld einen negativen Beitrag zum Koeffizienten a, der den positiven Koeffizienten in Gl. (6–129) etwa zur Hälfte kompensiert; siehe Gl. (6–349).

Für einen Tensoroperator $\mathcal{M}(\tau\mu_\tau)$ hat das Matrixelement (6–128) unter Berücksichtigung der in T_0 linearen Korrekturen die allgemeine Form

$$\begin{aligned}&\langle (T_0, n_\tau = 1)\, TM_T |\, \mathcal{M}(\tau\mu_\tau)\, | T_0 M_{T_0}\rangle \\ &= \langle T_0 M_{T_0} \tau\mu_\tau \mid TM_T\rangle \big(m_0 + m_1(T(T+1) - T_0(T_0+1) - \tau(\tau+1))\big). \qquad (6\text{–}131)\end{aligned}$$

Da $\mathcal{M}(\tau = 1, \mu_\tau)$ einen Vektor im Isospinraum darstellt, muß der in T_0 und in dem Erzeugungsoperator $\boldsymbol{c}^\dagger$ für das Schwingungsquant lineare Term tatsächlich proportional zum Ausdruck $\boldsymbol{T}_0 \times \boldsymbol{c}^\dagger$ sein, der seinerseits proportional zu $(\boldsymbol{T}_0 \cdot \boldsymbol{\tau})\, \boldsymbol{c}^\dagger$ ist, wenn er auf einen Zustand mit $n_\tau = 0$ wirkt. (Man beachte, daß $\boldsymbol{\tau} = -i\boldsymbol{c}^\dagger \times \boldsymbol{c}$ gilt.) Für die Dipolschwingung ist eine Abschätzung von m_1 durch Gl. (6–359) gegeben.

Wenn der Neutronenüberschuß einen wesentlichen Anteil der an der Vibrationsbewegung beteiligten Einteilchenniveaus ausmacht, dann besitzen Anregungsformen, die sich in der Orientierung des Isospins der Schwingung relativ zu T_0 unterscheiden, ganz unterschiedliche Eigenschaften (siehe z. B. die in Abb. 6–23, S. 425, dargestellten Dipolschwingungen). Die Folgerungen aus der isobaren Invarianz sind dann auf solche beschränkt, die mit dem Auftreten der Quantenzahl T des Gesamtisospins zusammenhängen. Das Schema der Zustände mit einem einzigen Anregungsquant ist in Abb. 6–5 illustriert; die Anregungen wurden durch die Quantenzahl $\Delta T = T - T_0$ bezeichnet.

Übergänge zu verschiedenen Komponenten eines Isobarenmultipletts, die durch einen Operator mit der Tensorordnung τ bezüglich des Isospins hervorgerufen werden, sind durch das WIGNER-ECKART-Theorem im Isospinraum miteinander verknüpft (siehe Gl. (1A-132)),

$$\langle TM_T | \mathscr{M}(\tau\mu_\tau) | T_0 M_{T_0} \rangle = \langle T_0 M_{T_0} \tau\mu_\tau | TM_T \rangle (2T+1)^{-1/2} \langle T \| \mathscr{M}(\tau) \| T_0 \rangle . \tag{6-132}$$

Dabei stellt der letzte Faktor ein reduziertes Matrixelement dar. Für $T_0 \gg 1$ und $M_{T_0} = T_0$ (Grundzustand) haben die Vektoradditionskoeffizienten in Gl. (6-132) den asymptotischen Wert

$$\langle T_0 T_0 1 \mu_\tau \mid T = T_0 + \Delta T, T_0 + \mu_\tau \rangle \underset{T_0 \gg 1}{\approx} \begin{cases} 1, & \Delta T = \mu_\tau, \\ (T_0)^{-1/2}, & \Delta T = \mu_\tau + 1, \\ 2^{-1/2} T_0^{-1}, & \Delta T = \mu_\tau + 2. \end{cases} \tag{6-133}$$

Die Übergänge zu den (in Abb. 6-5 durch Pfeile bezeichneten) vollständig ausgerichteten Zuständen mit $M_T = T$ sind stark, verglichen mit Übergängen zu Isobaranalogzuständen. (Das Überwiegen der Übergänge mit $\Delta T = \mu_\tau$ wird durch ein halbklassisches Bild der Isospinkopplung erklärt.)

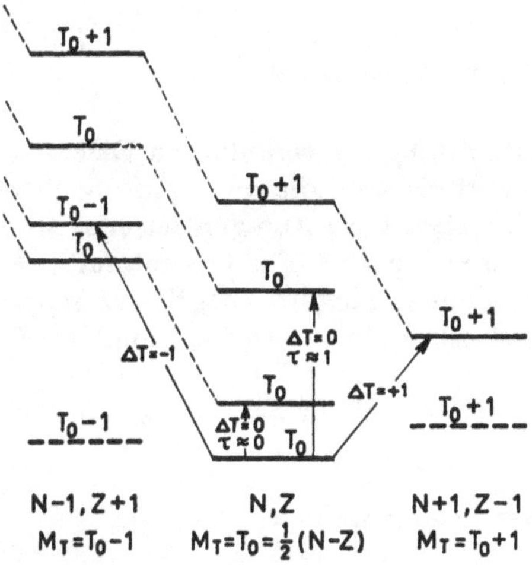

Abb. 6-5 Isospin der Vibrationsanregungen in einem Kern mit Neutronenüberschuß. Die Abbildung illustriert schematisch die Struktur der Zustände, die gebildet werden, wenn man auf einen Kern mit Neutronenüberschuß ein Schwingungsquant mit $\Delta T = +1, 0$ oder -1 überträgt. Die relative Lage der Anregungen mit verschiedenem T besitzt keine quantitative Bedeutung. Isobaranalogzustände sind durch dünne unterbrochene Linien verbunden. Die Grundzustände der Kerne mit $M_T = T_0 \pm 1$ werden durch gestrichelte Linien angedeutet.

Liegt ein Neutronenüberschuß vor, dann sind die Schwingungen mit $\Delta T = 0$ Mischungen aus $\tau = 0$- und $\tau = 1$-Anregungen. Die starken Neutron-Proton-Kräfte haben jedoch zur Folge, daß die kollektiven Dichteoszillationen dazu tendieren, eine „makroskopische" τ-Symmetrie zu erlangen. Bei gegebener räumlicher Symmetrie erwartet man daher, daß die niedrigste Schwingung annähernd eine Formschwingung mit Erhaltung des lokalen Neutron-Proton-Verhältnisses darstellt ($\tau \approx 0$, $r_\tau \approx +1$); eine solche Schwingung erzeugt mittlere Felder und Momente, die überwiegend isoskalar sind. Die orthogonale Anregung mit höherer Frequenz entspricht einer Bewegung der Neutronen gegenüber den Protonen ($\tau \approx 1$, $r_\tau \approx -1$); die entsprechenden Felder und Momente sind überwiegend isovektoriell. (Siehe die Diskussion der Dipol- und Quadrupolschwingungen auf S. 416ff. bzw. S. 440ff.) Bei Formoszillationen wurde der überwiegende $\tau = 0$-Charakter durch Vergleich mit unelastischer Streuung von α-Teilchen, die die Amplitude des isoskalaren Feldes bestimmt, und mit elektromagnetischer Anregung, die die Amplitude der Protonschwingung bestimmt, überprüft (siehe Tab. 6–2 und die Systematik von BERNSTEIN, 1969).

Die Isospinstruktur der $\Delta T = 0$-Schwingungen stellt ein Beispiel für eine Symmetriebrechung mit sehr unterschiedlichen makroskopischen und mikroskopischen Effekten dar. Obwohl die Isospinsymmetrie (für $N - Z \ll A$) makroskopisch annähernd erhalten bleibt, kann die Symmetrie im mikroskopischen Bereich der individuellen, die Schwingung aufbauenden Anregungen vollständig verletzt sein. Die Symmetriebrechung ist eine Folge des Neutronenüberschusses im „Vakuumzustand“ (Gleichgewichtskonfiguration), aber nicht der Wechselwirkungen, die für die kollektive Schwingung verantwortlich sind.

6–3e Kollektive Schwingungen mit Spinfreiheitsgraden[1])

Die Spinabhängigkeit der mit einer Kernschwingung verknüpften Dichteoszillationen läßt sich durch eine Quantenzahl σ charakterisieren, die den Spin des Schwingungsquants darstellt. Anregungen, die mit Teilchen-Loch-Anregungen oder Zweiteilchenkorrelationen zusammenhängen, besitzen $\sigma = 0$ oder 1. Die Gesamtmultipolordnung λ ergibt sich aus der Kopplung von σ an den Bahndrehimpuls $\varkappa$ des Schwingungsquants.

Die Parität der Schwingungsquanten ist durch die Multipolordnung der Bahnbewegung bestimmt,

$$\pi = (-1)^\varkappa. \tag{6–134}$$

Für feste Werte von $\lambda\pi$ sind die möglichen Quantenzahlen

$$\begin{aligned}
\lambda \neq 0, &\quad \begin{cases} \pi = (-1)^\lambda, & \varkappa = \lambda, \quad \sigma = 0, 1, \\ \pi = (-1)^{\lambda+1}, & \varkappa = \lambda \pm 1, \quad \sigma = 1, \end{cases} \\
\lambda = 0, &\quad \begin{cases} \pi = +1, & \varkappa = 0, \quad \sigma = 0, \\ \pi = -1, & \varkappa = 1, \quad \sigma = 1. \end{cases}
\end{aligned} \tag{6–135}$$

Mit Ausnahme von $\lambda = 0$ kann also eine Schwingung mit gegebenem $\lambda\pi$ durch zwei verschiedene $\varkappa\sigma$-Kombinationen gebildet werden.

1) Erste Diskussionen der kollektiven Schwingungen, die Dichteverteilungen der Spins im Kern enthalten, findet man bei WILD (1955) und GLASSGOLD u. a. (1959). Auf mögliche $\lambda\pi = 1^+$-Schwingungen, die sich aus der starken Spinbahnkopplung ergeben, hat KURATH (1963) hingewiesen.

Wenn zwischen den Nukleonen nur Zentralkräfte wirken würden (die einen Grundzustand mit $S = L = 0$ ergeben), dann hätten die Schwingungsquanten bestimmte Spin- und Bahnquantenzahlen $\varkappa\sigma$, und das zugehörige Vibrationsfeld hätte die gleichen Werte von $\varkappa$ und σ wie die Dichteoszillationen. Durch nichtzentrale Kräfte erfolgt jedoch eine Kopplung der Dichten und Felder mit den beiden verschiedenen Symmetrien, die zum gleichen Satz von Quantenzahlen $\lambda\pi$ gehören.

Eine solche Kopplung folgt bereits aus der ziemlich starken Spinbahnwechselwirkung im mittleren Einteilchenpotential (mit dem Vakuumzustand verbundene Symmetriebrechung). Tatsächlich enthalten die Dichteoszillationen, die durch die individuellen, die kollektive Schwingung $\lambda\pi$ aufbauenden Einteilchenanregungen $l_1 j_1 \to l_2 j_2$ hervorgerufen werden, Komponenten mit beiden Werten von $\varkappa\sigma$ (und mit einer relativen Amplitude, die durch die Umkopplungskoeffizienten $\langle (l_1\, 1/2)\, j_1, (l_2\, 1/2)\, j_2; \lambda \,|\, (l_1 l_2)\, \varkappa, (1/2\; 1/2)\, \sigma; \lambda \rangle$ beim Übergang von der jj- zur LS-Kopplung bestimmt ist).

Außerdem können die mit spinabhängigen Deformationen verknüpften Wechselwirkungen Komponenten enthalten, die in den Quantenzahlen $\varkappa\sigma$ nichtdiagonal sind. Wechselwirkungen, die die Kanäle $\varkappa = \lambda - 1$, $\sigma = 1$ und $\varkappa = \lambda + 1$, $\sigma = 1$ koppeln, ergeben sich aus effektiven nichtzentralen Zweikörperkräften, die (wie die Tensorwechselwirkung) in den Nukleonenspins bilinear sind, während die in den Nukleonenspins linearen Kräfte (wie die Zweiteilchen-Spinbahnwechselwirkung) die Schwingungen $\varkappa = \lambda$, $\sigma = 0$ und $\varkappa = \lambda$, $\sigma = 1$ koppeln. Die Deformation des Spinbahnpotentials, die durch Gl. (6–70) beschrieben wird, ist ein Beispiel für den zuletzt genannten Kopplungstyp.

Die effektiven Wechselwirkungen und die sich daraus ergebende Kollektivbewegung der spinabhängigen Felder sind bisher ziemlich schlecht bekannt. Eine statische Dichtedeformation mit $\sigma = 1$ ist ungerade gegen Zeitumkehr (wie im folgenden Kleindruck gezeigt wird); deshalb liefert das mittlere Potential keine Abschätzungen für das durch eine $\sigma = 1$-Deformation erzeugte Potential, im Unterschied zu den spinunabhängigen Feldern mit $\tau = 0$ bzw. 1 (siehe Gln. (6–74) bzw. (6–124)).

Informationen über spinabhängige Wechselwirkungen folgen aus Polarisationserscheinungen, die den effektiven Spin-g-Faktor bei $M1$-Momenten (siehe Band I, S. 352ff., und Kapitel 5, S. 262) und die effektiven Kopplungskonstanten bei β-Übergängen vom GT-Typ (siehe Band I, S. 363, und Kapitel 5, S. 265) beeinflussen. Die Analyse dieser Polarisationseffekte weist auf eine Wechselwirkung im $\varkappa = 0$, $\sigma = 1$, $\tau = 1$-Kanal hin, die abstoßend ist und eine ähnliche Stärke besitzt wie die in den vorangehenden Abschnitten diskutierten Kopplungen mit $\sigma = 0$.

Die durch Felder mit $\varkappa = 0$, $\sigma = 1$ erzeugten kollektiven Schwingungen werden in dem Beispiel auf S. 551ff. betrachtet. Die verfügbaren Informationen über kollektive $M1$-Übergänge ergeben eine Wechselwirkung im $\tau = 1$-Kanal, die mit der aus den effektiven g-Faktoren abgeleiteten Wechselwirkung vergleichbar ist. Die Belege für die Wechselwirkung im $\tau = 0$-Kanal sind gegenwärtig sehr qualitativ (siehe z. B. den aus der Analyse der Entkopplungsparameter bei $K = 1/2$-Rotationsbanden folgenden Hinweis auf einen repulsiven Effekt; S. 268). Das Fehlen stark anziehender spinabhängiger Felder wird durch die Tatsache bestätigt, daß im Kern keine niedrigliegenden kollektiven Spinanregungen auftreten. (In flüssigem ^{3}He kann die kurzreichweitige Abstoßung, die im ^1S-Kanal viel stärker ist als im ^3P-Kanal, durch eine Wechselwirkung dargestellt werden, die eine Parallelstellung der Kernspins begünstigt (siehe den in Band I, S. 272, diskutierten analogen Effekt im Kern); diese anziehende Spin-Spin-Wechselwirkung führt zu einer beträchtlichen Änderung der Responsefunktion für spinabhängige Felder, die als Paramagnoneneffekt bezeichnet wird; siehe z. B. die Übersicht von WHEATLEY, 1970, über die Eigenschaften des flüssigen ^{3}He.)

Die Kopplung zwischen Anregungen mit $\varkappa = \lambda$, $\sigma = 0$ und $\varkappa = \lambda$, $\sigma = 1$ besagt, daß in den niederfrequenten kollektiven Schwingungen mit $\pi = (-1)^\lambda$, die im vorangehenden Text als kollektive Formoszillationen mit $\sigma = 0$ interpretiert wurden, Felder mit $\sigma = 1$ auftreten können. Tatsächlich besitzen die Einteilchenanregungen, aus denen diese Schwingungsformen aufgebaut sind, Energien von der Größenordnung der Spinbahnaufspaltungen. Folglich gehen die beiden Bahnen mit $j = l \pm 1/2$ mit ganz verschiedenen Amplituden ein. Daher ist die $\varkappa\sigma$-Symmetrie im mikroskopischen Bereich vollständig verletzt, aber das Zusammenspiel vieler Bahnen kann zu Kompensationen in der langwelligen $\sigma = 1$-Dichte führen, so daß sich eine makroskopische $\sigma \approx 0$-Symmetrie ergibt (vergleiche die auf S. 327 diskutierte ähnliche Situation für die τ-Symmetrie in Kernen mit großem Neutronenüberschuß). Das Überwiegen der $\sigma = 0$-Felder in den niederfrequenten Formoszillationen wird nahegelegt durch die enge Beziehung zwischen diesen Schwingungsformen und den Rotationsanregungen deformierter Kerne; die beobachteten Rotationsbanden bestätigen die Invarianz der statischen Kerndeformationen gegenüber Zeitumkehr (siehe Kapitel 4, S. 22), die deshalb $\sigma = 0$ besitzen müssen, abgesehen von geschwindigkeitsabhängigen Gliedern wie dem Spinbahnpotential. Die Analyse der Teilchen-Vibrationskopplung von A-ungerade-Kernen liefert Belege für die Gültigkeit einer angenäherten $\sigma = 0$-Symmetrie der niederfrequenten Formoszillationen (siehe das Beispiel auf S. 487).

Eine Deformation mit der Symmetrie $\sigma = 1$ läßt sich durch spinabhängige Dichtefunktionen beschreiben, die denen für isospinabhängige Deformationen analog sind; siehe Gln. (6–119) und (6–121). Die deformierte Dichte für eine Schwingungsform mit den Quantenzahlen $\varkappa$, $\sigma = 1$, $\lambda\mu$ wird zweckmäßig durch einen Dichtematrixformalismus ausgedrückt (siehe Abschnitt 2A–7),

$$\delta\varrho(\boldsymbol{r}, \boldsymbol{s}) = f_{\varkappa,\sigma=1,\lambda}(r)\,(Y_\varkappa\sigma)^\dagger_{(\varkappa 1)\lambda\mu}\,\alpha_{\varkappa,\sigma=1,\lambda\mu}. \tag{6–136}$$

Bei Zeitumkehr geht $\varrho(\boldsymbol{r}, \boldsymbol{s})$ in $\varrho(\boldsymbol{r}, -\boldsymbol{s})$ über; folglich sind die Amplituden $\alpha_{\varkappa,\sigma=1,\lambda\mu}$ ungerade bei Zeitumkehr, kombiniert mit hermitescher Konjugation (wegen der entsprechenden Beziehung für die $\sigma = 0$-Amplituden siehe Gl. (6–41)).

6–3f Zweinukleonentransfer. Paarschwingungen

Die Kernanregungen lassen sich durch eine weitere Quantenzahl, die Zahl der übertragenen Nukleonen, charakterisieren, welche die mit der Anregung eines Quants verknüpfte Änderung der Nukleonenzahl angibt.[1]) Die in den vorangegangenen Abschnitten betrachteten Schwingungen erhalten die Nukleonenzahl (obwohl sie Neutronen in Protonen oder umgekehrt transformieren können) und besitzen deshalb $\alpha = 0$. Drückt man sie durch Nukleonenfreiheitsgrade aus, dann bestehen diese kollektiven Schwingungen aus Teilchen-Loch-Anregungen (siehe Abschnitt 6–2c). Kollektive Schwingungsformen mit $\alpha = \pm 2$ entsprechen korrelierten Teilchen- oder Lochpaaren.

[1]) Im Hinblick auf die analogen Beziehungen für die anderen Schwingungsquantenzahlen σ und τ wurde die Bezeichnung α als griechisches Gegenstück zum lateinischen A gewählt. Die Vorteile, die das Weiterführen dieser Tradition in der Bezeichnungsweise bringt, sollten das Risiko aufwiegen, daß die Quantenzahl α mit der Schwingungsamplitude α verwechselt wird.

Das Bestreben der Nukleonen, korrelierte Paare mit Drehimpuls und Parität 0^+ zu bilden, zeigte sich bereits als wesentliches Merkmal des Kopplungsschemas für Teilchenkonfigurationen in nichtabgeschlossenen Schalen (siehe z. B. Band I, S. 221, und Kapitel 5, S. 209ff.).

Korrelierte Nukleonenpaare können Eigenschaften besitzen, die für Schwingungsquanten charakteristisch sind. Im vorliegenden Abschnitt betrachten wir die allgemeinen Resultate, die sich ergeben, wenn man das Hinzufügen (oder das Abtrennen) eines Paares als eine elementare Anregungsform betrachtet.[1]) Bei dieser Analyse muß man unterscheiden zwischen Kernen mit abgeschlossener Schale (S. 331ff.) und Konfigurationen zwischen abgeschlossenen Schalen, bei denen die 0^+-Paare ein Kondensat bilden (siehe S. 336). Aus dem Auftreten eines solchen Kondensats im Kern ergeben sich viele Analogien zur Beschreibung makroskopischer suprаflüssiger Systeme, obwohl wegen der geringen Größe des Kerns keine Supraströme vorkommen (siehe die Diskussion im Kleindruck auf S. 339ff.).

Paarschwingungen in Kernen mit abgeschlossenen Schalen

Die Spektren der Kerne mit zwei Teilchen (oder Löchern) außerhalb einer abgeschlossenen Konfiguration zeigen niedrigliegende Zustände mit beträchtlichen Korrelationen in der Zweiteilchenbewegung. Das ist insbesondere der Fall für die $I\pi = 0^+$-Grundzustände, die Paarkonfigurationen aus identischen Teilchen oder Löchern enthalten. Die Korrelation läßt sich als Folge einer kurzreichweitigen anziehenden Kraft zwischen den Nukleonen verstehen, die eine solche Überlagerung von Einteilchenkonfigurationen hervorruft, daß eine räumliche Überlappung der beiden Teilchen oder Löcher entsteht. (Siehe z. B. die Analyse des ^{206}Pb-Grundzustandes auf S. 556ff.) Besteht die Korrelation aus der Überlagerung einer großen Anzahl verschiedener Zweiteilchenkonfigurationen, dann läßt sich das Hinzufügen oder Abtrennen des korrelierten Paares als elementare Anregung (Paarschwingung) behandeln, die wiederholt und mit anderen Anregungen kombiniert werden kann, um das gesamte Anregungsspektrum zu beschreiben.

In der vorliegenden Diskussion betrachten wir besonders Paare mit Gesamtdrehimpuls und Parität $\lambda\pi = 0^+$, obwohl die Analyse sofort auf andere Kanäle übertragen werden kann. Bei einem schweren Kern, in dem Neutronen und Protonen Bahnen mit verschiedenen $j\pi$-Werten besetzen, lassen sich niederenergetische Quanten mit $\alpha = \pm 2$, $\lambda\pi = 0^+$ nur aus Paaren identischer Teilchen bilden.

Die Struktur von $\lambda\pi = 0^+$-Neutronenpaarschwingungen ist in Abb. 6–6 schematisch illustriert. Das Spektrum enthält zwei elementare Anregungen mit Neutrontransferzahlen $\alpha = +2$ und $\alpha = -2$, die der Bildung der Grundzustände der Kerne mit Neutronenzahlen $N_0 + 2$ und $N_0 - 2$ entsprechen, wobei N_0 die Neutronenzahl der abge-

[1]) Mit Teilchentransfer verknüpfte kollektive Kernanregungen wurden in früheren Versionen der vorliegenden Bände untersucht (siehe z. B. Bohr, 1964, 1968). Das Gebiet wurde von Bès und Broglia, 1966, entwickelt; siehe auch die Diskussion der Paarschwingung im Zusammenhang mit dem Phasenübergang vom supraflüssigen zum normalen Fermi-System (Högaasen-Feldman, 1961). Ein wesentlicher Schritt bei der experimentellen Untersuchung des Paartransfers war die Beobachtung starker Grundzustandsübergänge bei (t, p)-Reaktionen an suprafluiden Kernen (Middleton und Pullen, 1964); angeregte Zustände vom Paarschwingungstyp wurden von Bjerregaard u. a. (1966a) im ^{208}Pb-Gebiet nachgewiesen.

schlossenen Konfiguration ist. Die Zustände werden durch die Zahlen $(n_{\alpha=-2}, n_{\alpha=+2})$ bezeichnet, die die Anzahl der Quanten beider Anregungsformen angeben. Kann die Wechselwirkung zwischen den Quanten vernachlässigt werden (harmonische Näherung), dann lassen sich mit der in Abb. 6–6 verwendeten Energieskala die Energien der Schwingungszustände in der Form

$$E = \hbar\omega_{-2}n_{-2} + \hbar\omega_{+2}n_{+2} \tag{6–137}$$

schreiben.

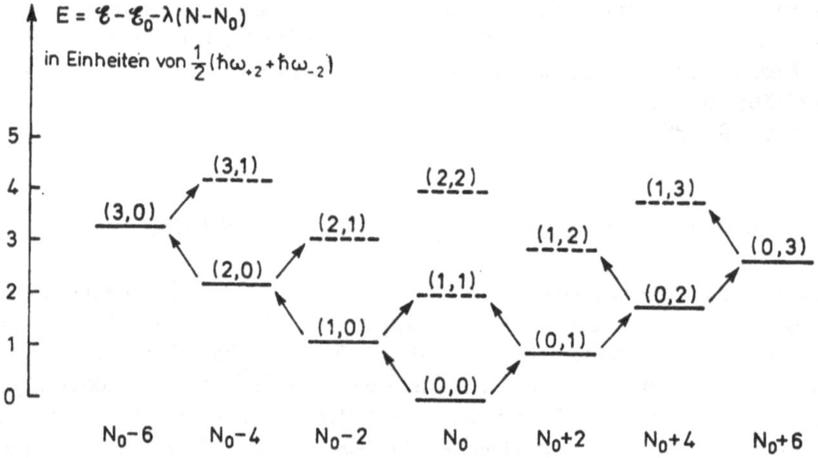

Abb. 6–6 Neutron-Paarschwingungen mit $\lambda\pi = 0^+$. Die Zustände sind durch die Quantenzahlen $(n_{\alpha=-2}, n_{\alpha=+2})$ bezeichnet. Ausgezogene Linien stellen Grundzustände dar; die Pfeile deuten starke Zweiteilchen-Transferübergänge aus diesen Zuständen an. Das dargestellte Spektrum entspricht der harmonischen Näherung, in der die Anregungsquanten als nichtwechselwirkende Größen betrachtet werden. Die in der Abbildung eingezeichnete Energie E ist die Gesamtenergie relativ zum Wert $\mathscr{E}_0$ für die Konfiguration mit abgeschlossener Schale (für $N = N_0$ der Grundzustand), von dem eine lineare Funktion der Neutronenzahl abgezogen wurde. Die Struktur der Zeichnung ist vom Koeffizienten λ in der linearen Funktion unabhängig. Es ist aber oft günstig, für λ den Mittelwert der ersten Einteilchenniveaus $\varepsilon(j_>)$ und $\varepsilon(j_<)$ ober- bzw. unterhalb des Energiespalts zu wählen, der mit der Konfiguration abgeschlossener Schalen verknüpft ist. Mit dieser Wahl von λ sinddie Energien der Quanten $\hbar\omega_{\pm 2} = \varepsilon(j_>) - \varepsilon(j_<) - \Delta\mathscr{B}_\pm$, wobei $\Delta\mathscr{B}_\pm$ die Bindungsenergien der Teilchen- (oder Loch-) Paare relativ zu den Werten $-2\varepsilon(j_>)$ (oder $2\varepsilon(j_<)$) für die Bewegung unabhängiger Teilchen sind; in der Abbildung wurde angenommen, daß $\Delta\mathscr{B}_+$ etwas größer als $\Delta\mathscr{B}_-$ ist (siehe Abb. 6–62, S. 561, für das ^{208}Pb-Gebiet).

Wenn der Schalenabschluß bei N_0 mit einem großen Energiespalt zwischen den Einteilchenbahnen ober- und unterhalb von N_0 verknüpft ist, dann enthalten die $\alpha = +2$-Quanten in erster Näherung die Nukleonenbahnen oberhalb N_0, während in die $\alpha = -2$-Quanten die Bahnen unterhalb N_0 eingehen. Die Eigenschaften der Quanten können jedoch bereits durch relativ schwache Nullpunktsschwingungen der abgeschlossenen Schalen, die mit virtueller Anregung von 0^+-Neutronenpaaren über den Energiespalt hinweg verknüpft sind, wesentlich verändert werden. (Siehe die Diskussion zur Renormierung der Paarwechselwirkung auf S. 558ff.)

Da die Quanten für das Hinzufügen von Paaren aus der räumlichen Korrelation der Teilchen resultieren, wird diese Schwingungsform stark angeregt durch Zweiteilchen-Transferreaktionen wie (t, p)-Prozesse, bei denen zwei räumlich eng korrelierte Nukleonen übertragen werden (siehe Abschnitt 3E–2). Diese Prozesse spielen daher für die Untersuchungen der Paarschwingungen eine ähnliche Rolle wie die unelastische Streuung für die Untersuchung der Formschwingungen mit $\alpha = 0$. Der Übergangsoperator für einen Prozeß, bei dem zwei Nukleonen hinzugefügt werden, ist in führender Ordnung in den Schwingungsamplituden (harmonische Näherung) linear in den Operatoren $c^{\dagger}_{\alpha=2}$ und $c_{\alpha=-2}$, die ein Quant mit $\alpha = 2$ erzeugen bzw. ein Quant mit $\alpha = -2$ vernichten. Die Matrixelemente erhält man aus den allgemeinen Beziehungen (siehe Gl. (6–1))

$$\begin{aligned} \langle n_{-2}, n_{+2} + 1 | \, c^{\dagger}_{\alpha=2} \, | n_{-2}, n_{+2} \rangle &= (n_{+2} + 1)^{1/2}, \\ \langle n_{-2} - 1, n_{+2} | \, c_{\alpha=-2} \, | n_{-2}, n_{+2} \rangle &= (n_{-2})^{1/2}. \end{aligned} \tag{6–138}$$

Anregungen im ^{208}Pb, die durch Hinzufügen und Abtrennung eines Neutronenpaares entstehen, werden in dem Beispiel auf S. 558ff. diskutiert. Man findet, daß die Quanten ihre Identität annähernd behalten, wenn sie mit anderen Anregungsquanten kombiniert werden. Das beobachtete Spektrum der Paarschwingungen (Abb. 6–62, S. 561) entspricht qualitativ dem für harmonische Schwingungen erwarteten Spektrum, zeigt aber auch anharmonische Effekte. (Eine Übersicht über den Nachweis von Paarschwingungen findet man bei Broglia u. a., 1973.)

Bei einer abgeschlossenen Konfiguration mit $N_0 = Z_0$, $T_0 = 0$ sind die Paarschwingungen nn, pp und np durch isobare Invarianz miteinander verknüpft. Die Quanten mit $\lambda\pi = 0^+$ besitzen den Isospin $\tau = 1$. Die Anregung von n Quanten des gleichen Typs ($\alpha = +2$ oder $\alpha = -2$) führt auf Zustände mit dem Gesamtisospin

$$T = n, n - 2, \ldots, 0 \quad \text{oder} \quad 1 \tag{6–139}$$

analog zu den l-Werten eines dreidimensionalen harmonischen Oszillators (siehe Gl. (2–150)). (Die Zustände (6–139) lassen sich auch, ebenso wie die symmetrischen Zustände der Konfiguration p^n, durch die Darstellung $(\lambda\mu) = (n0)$ der Gruppe SU_3 klassifizieren; siehe Band I, S. 140ff.)

In harmonischer Näherung kann man die relativen Übergangsamplituden für Zweiteilchen-Transferreaktionen aus Abstammungsfaktoren

$$\begin{aligned} &\langle n + 1, T'M'_T | \, c^{\dagger}(\tau = 1, \mu_\tau) \, | nTM_T \rangle \\ &= \langle TM_T 1\mu_\tau \mid T'M'_T \rangle \begin{cases} \left(\dfrac{(T+1)(n+T+3)}{2T+3} \right)^{1/2}, & T' = T + 1, \\ \left(\dfrac{T(n-T+2)}{2T-1} \right)^{1/2}, & T' = T - 1, \end{cases} \end{aligned} \tag{6–140}$$

erhalten, die Clebsch-Gordan-Koeffizienten der Gruppe SU_3 darstellen. Diese Abstammungsfaktoren lassen sich, wie im Falle des dreidimensionalen Oszillators, auch als Produkt aus einem Radialmatrixelement (siehe Gl. (2–154)) und dem Winkelmatrixelement $\langle l'm' | \, Y_{1\mu} \, | lm \rangle$ darstellen. Die Phasen der Matrixelemente in Gl. (6–140) folgen der Standardwahl für den harmonischen Oszillator, wie sie auf S. 200ff. definiert wurde.

Wenn Quanten mit $\alpha = -2$ und $\alpha = +2$ überlagert werden, dann erhält man eine Multiplizität von Zuständen, die sich zum Beispiel mit Hilfe der Quantenzahlen $(n_{-2}, T_{-2}; n_{+2}, T_{+2})\, T$ mit $T = T_{+2} + T_{-2}, T_{+2} + T_{-2} - 1, \ldots, |T_{+2} - T_{-2}|$ durchnumerieren lassen. Die Zustände mit der gleichen Anzahl von Quanten, aber verschiedenen T-Werten sind energetisch aufgespalten infolge der ziemlich starken Wechselwirkungen, die Zustände mit niedrigem Isospin begünstigen (siehe die Kopplung (6–129)).

Im Schema der 0^+-Anregungen, die bei Zweiteilchen-Transferreaktionen im ^{56}Ni-Gebiet beobachtet werden, lassen sich einige der beobachteten Eigenschaften durch Paarschwingungen erklären; bei diesen Spektren spielen jedoch anharmonische Effekte eine wesentliche Rolle (Nathan, 1968; Hansen und Nathan, 1971).

Paardichten und -potentiale

Die Eigenschaften der im vorangegangenen Abschnitt betrachteten Paarschwingungen folgen unmittelbar aus der Existenz korrelierter Paare als Elementaranregungen. Wie im Falle der $\alpha = 0$-Anregungen zeigen die Paarschwingungen sowohl Teilchen- als auch Feldaspekte, die der Beschreibung durch Quanten bzw. Amplituden entsprechen. Die Amplituden der Paarschwingungen liefern ein Maß für die Dichten und Potentiale, die bei der Erzeugung und Vernichtung von Teilchenpaaren auftreten. Diese Felder spielen eine ähnliche Rolle wie die deformierten Einteilchendichten und -potentiale bei den $\alpha = 0$-Anregungen. Obwohl die systematische Diskussion der bei der Paarung auftretenden Nukleonenkorrelationen Gegenstand von Kapitel 8 ist, werden die Paarfelder im vorliegenden Abschnitt kurz betrachtet, da sie das vereinheitlichende Konzept für die Deutung der im vorliegenden Band behandelten Manifestierungen nuklearer Paarkorrelationen bilden.

Die Dichte, die zwei identische Nukleonen am gleichen Raumpunkt erzeugt, ist, ausgedrückt durch die Einteilchenerzeugungsoperatoren $a^\dagger$ (siehe Anhang 2A), gegeben durch

$$\begin{aligned} &\varrho_{\alpha=2}(\boldsymbol{r}) = a^\dagger\big(\overline{\boldsymbol{r}, m_s = \tfrac{1}{2}}\big)\, a^\dagger(\boldsymbol{r}, m_s = \tfrac{1}{2}) \\ &\Big(a^\dagger\big(\overline{\boldsymbol{r}, m_s = \tfrac{1}{2}}\big) = -a^\dagger(\boldsymbol{r}, m_s = -\tfrac{1}{2})\Big). \end{aligned} \qquad (6\text{–}141)$$

Der Dichteoperator (6–141) und der dazu hermitesch konjugierte Ausdruck, der zwei Teilchen vernichtet,

$$\varrho_{\alpha=-2}(\boldsymbol{r}) = \varrho^\dagger_{\alpha=2}(\boldsymbol{r}), \qquad (6\text{–}142)$$

sind das Gegenstück zum lokalen Einteilchendichteoperator

$$\varrho_{\alpha=0}(\boldsymbol{r}) = \sum_{m_s} a^\dagger(\boldsymbol{r}m_s)\, a(\boldsymbol{r}m_s) = \sum_k \delta(\boldsymbol{r} - \boldsymbol{r}_k), \qquad (6\text{–}143)$$

der zur Beschreibung von Deformationseffekten bei Formschwingungen benutzt wurde. Operatoren, die wie die $\alpha = 0$-Dichte (6–143) und das entsprechende Einteilchenpotential bilinear in $a^\dagger$ und a sind, hängen mit Übergängen eines einzelnen Teilchens (oder eines Lochs) und der Erzeugung (oder Vernichtung) eines Teilchen-Loch-Paares zusammen; die verallgemeinerte $\alpha = 2$-Einteilchendichte (6–141) und die entsprechenden Potentiale erzeugen ein Teilchenpaar (oder vernichten ein Lochpaar) und besitzen Matrixelemente, die einen Lochzustand mit einem Teilchenzustand (Übergang eines Lochs in ein Teilchen) verknüpfen.

Eine Paarschwingung mit dem Drehimpuls λ enthält Deformationen der Dichten $\varrho_{\pm 2}$ mit entsprechender Multipolordnung. Da die lokale Dichte (6–141) zwei identische Teilchen am gleichen Raumpunkt erzeugt, befindet sich das Paar in einem Singulett-Zustand ($\sigma = 0$), und der Gesamtdrehimpuls der entsprechenden Quanten ist gleich dem Bahndrehimpuls ($\lambda = \varkappa$). Die Parität ist $\pi = (-1)^\lambda$, da bei der Transformation $\mathscr{P}$ gilt: $\varrho_2(\boldsymbol{r}) \to \varrho_2(-\boldsymbol{r})$.

Bei einer Monopolschwingung ist die Paardichte räumlich isotrop. Es gibt wenig Hinweise auf den radialen Formfaktor. Wir werden eine Schwingung betrachten, deren Paardichte über das Kernvolumen annähernd konstant ist. Die Amplitude läßt sich daher durch das Monopolmoment

$$M_2 (= M_{\alpha=2,\lambda=0}) = \int \varrho_2(\boldsymbol{r})\, d\tau \tag{6–144}$$

charakterisieren. Entwickelt man die Erzeugungsoperatoren $a^\dagger(\boldsymbol{r}m_s)$ nach den Operatoren $a^\dagger(\nu)$, die ein Teilchen in einem Schalenmodellzustand ν erzeugen (siehe Gl. (2A–34)), dann wird das Moment (6–144)

$$M_2 = \sum_{\nu>0} a^\dagger(\bar{\nu})\, a^\dagger(\nu) . \tag{6–145}$$

Die Bezeichnung $\nu > 0$ weist darauf hin, daß die Summe für jedes entartete Paar von Einteilchenniveaus ($\nu\bar{\nu}$) nur ein einziges Glied enthält.

Die Amplitude $\alpha_2 (= \alpha_{\alpha=2,\lambda=0})$ einer Monopoldeformation der Paardichte hängt linear von den Operatoren $c_2^\dagger$ und c_{-2} ab, die ein Quant der beiden Anregungen mit der Nukleonentransferzahl ± 2 erzeugen und vernichten (siehe S. 297),

$$\begin{aligned} \alpha_2 &= (\alpha_2)_0\, c_2^\dagger + (\alpha_{-2})_0\, c_{-2} , \\ \alpha_{-2} = \alpha_2^\dagger &= (\alpha_2)_0\, c_2 + (\alpha_{-2})_0\, c_{-2}^\dagger . \end{aligned} \tag{6–146}$$

Dabei sind die Koeffizienten $(\alpha_2)_0$ und $(\alpha_{-2})_0$ die durch die Matrixelemente von M_2 bestimmten Nullpunktsamplituden,

$$\begin{aligned} (\alpha_2)_0 &= \langle n_2 = 1 |\, M_2 \,| n_2 = 0 \rangle , \\ (\alpha_{-2})_0 &= \langle n_{-2} = 1 |\, M_2^\dagger \,| n_{-2} = 0 \rangle . \end{aligned} \tag{6–147}$$

Die Matrixelemente von M_2 sind für Zustände mit der Standardphase reell, da M_2 sowohl gegen Zeitumkehr als auch gegen Drehungen invariant ist. Die Nullpunktsamplituden und die Frequenzen der beiden Anregungsformen mit $\alpha = \pm 2$ unterscheiden sich voneinander, da es keine Symmetrie gibt, die die beiden Schwingungsformen mit Transferzahlen ± 2 miteinander verbindet. Folglich sind die Amplituden α_2 und α_{-2} nichtvertauschbare Variable.

Die Paardichte ruft ein entsprechendes Paarpotential hervor, das durch Erzeugung (und Vernichtung) von Teilchenpaaren auf die Nukleonenfreiheitsgrade wirkt. Die Annahme, daß die $\lambda = 0$-Paarschwingung mit dem einfachen Feld M_2 verknüpft ist, führt auf ein Potential der Form (vergleiche Gln. (6–71) und (6–72))

$$\begin{aligned} \delta V_{\text{pair}} &= -G\alpha_2^\dagger \sum_{\nu>0} a^\dagger(\bar{\nu})\, a^\dagger(\nu) + \text{hermit. konj.}, \\ \alpha_2 &= \langle M_2 \rangle, \end{aligned} \tag{6–148}$$

wobei G eine Kopplungskonstante darstellt. Die Wechselwirkung (6–148) koppelt die Schwingungsbewegung und die Bewegung der individuellen Teilchen. Sie spielt bei der Erzeugung der kollektiven Paarkorrelation eine ähnliche Rolle wie die Teilchen-Vibrationskopplung bei Formschwingungen (siehe das Beispiel auf S. 558ff.).

Statische Paardeformation. Paarrotationen

Bei Kernen mit vielen Teilchen außerhalb abgeschlossener Schalen treten im Grundzustand zahlreiche 0^+-Paare auf. Eine solche Ansammlung identischer Quanten, die als Kondensat bezeichnet wird, läßt sich durch eine statische Deformation des Feldes beschreiben, das diese Quanten erzeugt. Die Deformation des Paarfeldes M_2 wird groß im Vergleich zu den Nullpunktsschwankungen, wenn die Matrixelemente von M_2 für das Hinzufügen eines Paares zum Kondensat, verglichen mit anderen Matrixelementen von M_2, groß werden; der Betrag von M_2 ist dann annähernd eine Konstante, wie man aus der Berechnung des Erwartungswertes von $M_2^\dagger M_2$ und höherer Potenzen dieser Größe ersieht. In harmonischer Näherung wachsen die Matrixelemente für das Hinzufügen eines Paares zum Kondensat wie die Quadratwurzel aus der Anzahl der Quanten (siehe Gl. (6–138)) und dominieren daher für $n_2 \gg 1$ (und $n_2 \gg n_{-2}$). Die Größe dieser Matrixelemente kann sich durch anharmonische Effekte wesentlich ändern. Man erwartet aber, daß das Kondensat, eine große Anzahl von Einteilchenkonfigurationen bei der Korrelation jedes Paares vorausgesetzt, zu einer Verstärkung der Paarschwingung mit Hinzufügung zweier Teilchen und zu Matrixelementen führt, die sich beim Übergang von einem Kern zum nächsten nicht wesentlich ändern. Bei einer solchen Sachlage können wir M_2 in der Form

$$M_2 = |M_2| \exp\{i\varphi\} \tag{6–149}$$

ausdrücken. Dabei ist M_2 annähernd konstant (eine c-Zahl), während φ die Phase des Paarmoments darstellt. Aus der Kommutationsbeziehung

$$\left[\frac{N}{2}, M_2\right] = M_2, \tag{6–150}$$

wobei N die Teilchenzahl bedeutet, folgt, daß der Winkel φ zur Anzahl der Paare konjugiert ist,

$$\left[\frac{N}{2}, \varphi\right] = -i \tag{6–151}$$

Wir können den Winkel φ deshalb als räumlichen Orientierungswinkel der Paardeformation in einem Raum ansehen, in dem die Anzahl der Paare die Rolle des Drehimpulses spielt. Ein solcher Raum wird als Eichraum bezeichnet.[1])

Das Auftreten einer statischen Paardeformation, die groß gegenüber den Nullpunktsfluktuationen ist, hat ähnliche Konsequenzen, wie sie aus einer statischen Deformation der Kernform folgen. Insbesondere zerfällt die Bewegung näherungsweise in Rotations- und innere Komponenten. Die Winkelvariable der Rotationsbewegung ist der Phasenwinkel φ der Paardeformation, der die Orientierung im Eichraum beschreibt. Die innere Bewegung besteht aus den Oszillationen des Betrages der Paardeformation und zusätzlichen Freiheitsgraden, die eine Bewegung relativ zum rotierenden Paarfeld beschreiben. Eine solche Separation entspricht Wellenfunktionen der Form

$$\Psi_{N,\sigma} = \Phi_\sigma(q)\,(2\pi)^{-1/2} \exp\left\{i \frac{N}{2} \varphi\right\}, \tag{6–152}$$

wobei $\Phi_\sigma(q)$ die innere Bewegung darstellt. Die ,,Rotations"quantenzahl N nimmt einen Satz von Werten an, die sich um eine gerade Zahl unterscheiden,

$$N = N_1,\ N_1 \pm 2,\ N_1 \pm 4, \ldots \tag{6–153}$$

Die durch eine Wellenfunktion der Form (6–152) ausgedrückte Separation der Bewegung ist mit einer Folge von Zuständen mit verschiedenen Werten der Teilchenzahl N, aber mit annähernd gleicher innerer Struktur σ verknüpft. Insbesondere bilden die Grundzustände der gg-Kerne eine solche Folge, wenn die Struktur der Paarquanten des Kondensats mit der Quantenzahl N nur schwach variiert.

Die Auswahlregel $\Delta N = 2$ im Spektrum (6–153) entspricht der Bedingung $\Delta I = 2$ bei $K = 0$-Banden in Kernen mit $\mathscr{R}$-invarianten Deformationen (siehe Gl. (4–12)). Daher kann man die Symmetrie der Paardeformation bezüglich einer Drehung um den Winkel 2π im Eichraum als formale Grundlage für die Auswahlregel in N ansehen. (Eine Drehung um den Winkel φ_0 im Eichraum wird durch den Operator (vergleiche Gl. (1–10))

$$\mathscr{G}(\varphi_0) = \exp\left\{-i \frac{N}{2} \varphi_0\right\} \tag{6–154}$$

hervorgerufen. Folglich ist $\mathscr{G}(2\pi) = (-1)^N$, und $(-1)^{N_1}$ stellt den Eigenwert des inneren Zustandes bei dieser Operation dar.)

Die Existenz einer großen statischen Paardeformation drückt sich unmittelbar in den Intensitäten von Zweiteilchen-Transferreaktionen aus. So erfolgen in Kernen zwischen

[1]) Die Konzeption der Eichvariablen hat ihren Ursprung in der klassischen Elektrodynamik, in der die elektrischen und magnetischen Felder gegenüber einer Transformation invariant sind, die zu den Potentialen den Gradienten einer beliebigen Funktion Λ addiert. Diese Freiheit kann benutzt werden, um die in einer bestimmten Rechnung verwendeten Potentiale günstig zu ,,eichen". In einer Quantenbeschreibung ist eine Eichtransformation der Potentiale begleitet von einer Änderung $(e/\hbar c)\Lambda$ in der Phase der Felder, die Teilchen der Ladung e vernichten und die entsprechenden Antiteilchen erzeugen. Für einen speziellen Typ von Eichtransformationen mit von den Raum-Zeit-Koordinaten unabhängigem Λ werden die Potentiale nicht beeinflußt, aber die Forderung nach der Eichinvarianz des Hamilton-Operators sichert die Ladungserhaltung; die Quantelung der Ladung entspricht der Möglichkeit, die Eichvariable φ wie eine Winkelkoordinate zu behandeln.

abgeschlossenen Schalen die weitaus stärksten Übergänge zwischen den Gliedern der Paarrotationsbande, mit einer zur Paardeformation proportionalen Übergangsamplitude. Im Gegensatz dazu treten im Bereich abgeschlossener Schalen die Übergänge zwischen verschiedenen Schwingungsformen ($\Delta n_2 = \pm 1$ und $\Delta n_{-2} = \mp 1$) mit vergleichbarer Stärke auf (siehe Abb. 6–6), mit Übergangsamplituden in der Größenordnung der Nullpunktsamplitude des Paarfeldes.

Die statische Paardeformation verändert die Nukleonenbewegung wesentlich. Die sich ergebenden Einteilchenfreiheitsgrade lassen sich in einfacher Weise durch Quasiteilchen ausdrücken, die Mischungen aus Teilchen und Löchern darstellen (siehe S. 562ff.). Die kollektiven inneren Anregungen werden ebenfalls wesentlich modifiziert und gehören nicht länger zu einem bestimmten Wert der Nukleonentransferzahl α (vergleiche die Verletzung der Multipolsymmetrie λ bei Schwingungen eines nichtsphärischen Kerns); insbesondere können niederfrequente Formschwingungen zusätzlich zur $\alpha = 0$-Deformation des Potentials wesentliche Feldkomponenten mit $\alpha = \pm 2$ enthalten (siehe die Diskussion der β-Schwingungen auf S. 476).

Die Rotationsfrequenz des deformierten Paarfeldes ist durch die kanonische Gleichung

$$\dot{\varphi} = \frac{2}{\hbar} \frac{\partial H}{\partial N} = \frac{2\lambda}{\hbar} \tag{6–155}$$

gegeben, wobei λ das chemische Potential ist, das den mittleren Energiezuwachs pro hinzugefügtes Teilchen darstellt. Bei der Rotationsbewegung im gewöhnlichen Raum mit relativ geringen Drehimpulsen I ist die Rotationsfrequenz klein gegenüber den Frequenzen der inneren Bewegung (adiabatische Bedingung), und es besteht die Möglichkeit, die Eigenschaften des Systems nach Potenzen des Drehimpulses zu entwickeln. Im Gegensatz dazu ist die Frequenz der Rotation im Eichraum niemals klein gegenüber den inneren Frequenzen. Sie hat immer einen wesentlichen Einfluß auf die innere Bewegung. Die Annahme einer statischen, gegenüber ihren Fluktuationen großen Paardeformation bedeutet jedoch, daß sich die Eigenschaften des Systems bei Änderungen in N um einige Einheiten nicht wesentlich ändern. Man kann daher in den verschiedenen Matrixelementen eine Entwicklung nach Potenzen von $N - N_1$ vornehmen. Diese Situation ist ähnlich der bei der Rotationsbewegung mit sehr hohen Werten des Drehimpulses I (siehe z. B. in Abschnitt 6B–3 die Behandlung der Quadrupolschwingungen im Yrast-Bereich).

Die obige Diskussion setzt ein skalares Paarfeld voraus. Neue Aspekte des Kondensats kommen ins Spiel, wenn das Boson zu einem entarteten Multiplett gehört, da dann bei der Bildung des Kondensats eine Richtung in dem entsprechenden Raum ausgewählt wird (Symmetriebrechung). Im Kern tritt eine solche Situation auf, wenn Neutronen und Protonen Paare aus äquivalenten Bahnen bilden; das Paarfeld ist dann ein Isospintriplett, und durch das Kondensat ergibt sich eine Deformation im Isospinraum mit einer Rotationsbandenstruktur in den Variablen T und A (Ginocchio und Weneser, 1968; Dussel u. a., 1971). Bei flüssigem ^{3}He scheint das Auftreten eines anisotropen Kondensats im Temperaturbereich von einigen Milligrad mit einer Paarung im ^{3}P-Zustand verknüpft zu sein (siehe Leggett, 1972). Eine Paarung in P-Zuständen kann auch bei Kernmaterie hoher Dichte im Innern von Neutronensternen auftreten (siehe Hoffberg u. a., 1970).

Suprafluidität

Wie bereits angedeutet, stehen die Effekte der Paarkorrelation in Kernen in unmittelbarer Beziehung zu den Erscheinungen der Suprafluidität (einschließlich der Supraleitfähigkeit) in makroskopischen Systemen. Tatsächlich lieferten die Methoden, die entwickelt wurden, um die Supraleitfähigkeit durch Korrelation in der Elektronenbewegung zu behandeln, den Schlüssel zum Verständnis des Paareffekts, der seit den Anfängen der Kernphysik bekannt war (Bohr, Mottelson und Pines, 1958). Im Zusammenhang mit den oben benutzten Konzeptionen diskutieren wir im vorliegenden Abschnitt kurz die Eigenschaften des Suprastroms in makroskopischen Systemen.

Das charakteristische Merkmal der supraleitenden Phase ist das Vorliegen einer großen Anzahl identischer Bosonen in einem einzigen Quantenzustand, dem Kondensat. In Supraleitern bestehen die Bosonen aus Paaren gebundener Elektronen, die sich an der Fermi-Oberfläche bilden (Cooper, 1956). Sie sind den Paarquanten im Kern analog. In He II enthält das Kondensat ^{4}He-Atome mit dem Impuls Null (bei ruhender Flüssigkeit). Die Folgen des Kondensats werden wie im Kern durch eine Deformation des Feldes beschrieben, das in diesem Kondensat Bosonen erzeugt oder vernichtet (Bogoliubov, 1947; Bardeen, Cooper und Schrieffer, 1957; siehe auch die Übersicht von Nozières, 1966). Das zentrale Konzept zur Diskussion des Suprastroms ist der Phasenwinkel φ des Kondensatfeldes, der die Orientierung im Eichraum darstellt und zur Zahl der Bosonen im Kondensat konjugiert ist. (Das Kondensatfeld (Ordnungsparameter) wurde durch Ginzburg und Landau, 1950, in der phänomenologischen Theorie der Supraleitfähigkeit eingeführt, bevor die mikroskopische Interpretation dieses Feldes gefunden wurde; siehe z. B. Anderson, 1969.)

Die kollektive Beschleunigung der Prozesse, bei denen sich die Bosonenzahl im Kondensat erhöht oder verringert und die bei Kernen in Zweiteilchen-Transferreaktionen (Paarrotation) untersucht werden, äußert sich eindrucksvoll in den Erscheinungen, die mit dem Durchgang eines Suprastroms durch zwei, durch eine dünne Barriere getrennte Halbleiter verknüpft sind (Josephson, 1962; Anderson, 1964). In einer solchen Verbindung läßt sich das Tunneln von Elektronenpaaren durch die Barriere als eine Kopplung darstellen, die auf der einen Seite der Barriere ein Boson vernichtet und auf der anderen Seite dem Kondensat ein Boson hinzufügt. Der Operator, der ein Boson erzeugt, ist proportional zu $\exp\{i\varphi\}$ (siehe z. B. Gl. (6–149)). Die Kopplung nimmt daher die Form

$$H' = a \cos(\varphi_1 - \varphi_2 + \delta) \tag{6–156}$$

an, wobei φ_1 und φ_2 die Eichwinkel der beiden Supraleiter sind, während δ die mit dem Tunnelvorgang verknüpfte Phasenverschiebung der Elektronen darstellt. Die Konstante a ist ein Maß für die Intensität des Tunnelvorgangs durch die Barriere. Mit der Kopplung (6–156) lauten die Bewegungsgleichungen für die Phasen φ_1 und φ_2 und für die Operatoren N_1, N_2 der Elektronenzahl (siehe Gl. (6–155))

$$\dot{\varphi}_1 = \frac{2}{\hbar}\lambda_1, \qquad \dot{\varphi}_2 = \frac{2}{\hbar}\lambda_2,$$

$$\begin{aligned} \dot{N}_1 = -\dot{N}_2 = -\frac{2}{\hbar}\frac{\partial H'}{\partial \varphi_1} &= 2\hbar^{-1} a \sin(\varphi_1 - \varphi_2 + \delta) \\ &= -2\hbar^{-1} a \sin\left(\frac{2eV}{\hbar}(t - t_0) - \delta\right), \end{aligned} \tag{6–157}$$

wobei λ_1 und λ_2 die chemischen Potentiale für die beiden Supraleiter sind, V bezeichnet das elektrostatische Potential über der Tunnelverbindung, das den Unterschied der chemischen Potentiale ($-eV = \lambda_1 - \lambda_2$) bestimmt. Die Gleichungen (6–157) beschreiben den Strom zwischen den Supraleitern, der sich aus der Phasendifferenz zwischen den beiden Kondensaten ergibt und der deshalb eine Frequenz hat, die durch die Differenz der Paarrotationsfrequenzen auf beiden Seiten der Barriere gegeben ist. Präzisionsmessungen der Frequenz des Wechselstromes in einer solchen Tunnelverbindung haben zur genauesten Bestimmung des Verhältnisses e/h geführt (Taylor u. a., 1969).

Dem Suprastrom durch einen Supraleiter oder der Supraströmung von He II liegt ein Kondensat zugrunde, bei dem der Phasenwinkel φ über das Volumen des suprafluiden Systems variiert. Eine solche Variation ist, in Übereinstimmung mit der kanonischen Gleichung (siehe Gl. (6–155)),

$$\nabla\dot{\varphi} = \frac{1}{\hbar}\nabla\lambda_B = -\frac{1}{\hbar}\boldsymbol{F}_B, \tag{6–158}$$

mit einer entsprechenden Variation im chemischen Potential verbunden, wobei λ_B das chemische Potential des Bosons ($\lambda_B = 2\lambda$ für suprafluide Fermi-Systeme) und $\boldsymbol{F}_B$ die auf die Bosonen des Kondensats wirkende Kraft sind. Die Gl. (6–158) stellt φ als Geschwindigkeitspotential dar, das dem Fluß

$$\boldsymbol{v} = -\frac{\hbar}{M_B}\nabla\varphi(\boldsymbol{r}) \tag{6–159}$$

entspricht, wobei M_B die Bosonenmasse ist ($M_B = 2M$ für Fermionenkondensate). Bei Systemen aus geladenen Teilchen enthält der Strom ein zusätzliches, dem magnetischen Vektorpotential proportionales Glied (siehe Gl. (6–162)). In einem homogenen System mit der Temperatur Null stellt der Fluß (6–159) die Translationsbewegung der gesamten Flüssigkeit in der Umgebung des Raumpunktes $\boldsymbol{r}$ dar, was einer Wellenfunktion entspricht, bei der alle Einteilchenzustände der stationären Flüssigkeit mit dem Faktor $\exp\{-i(M/M_B)\,\varphi(\boldsymbol{r})\}$ multipliziert wurden. Die Bosonen des Kondensats nehmen daher alle die gleiche ortsabhängige Phase an.

Im Falle eines stationären Stromes folgt für ein System mit konstanter mittlerer Dichte aus der Kontinuitätsgleichung die Beziehung

$$\nabla^2\varphi(\boldsymbol{r}) = 0. \tag{6–160}$$

Zu den Lösungen von Gl. (6–160) gehören Ströme, die entweder in suprafluide Bereiche hinein- oder aus ihnen herausfließen oder die in einem vielfach verbundenen Bereich zirkulieren wie in einem supraleitenden Ring oder um ein Gebiet, in dem die Suprafluidität aufgehoben wurde (Wirbelbewegung). In mehrfach zusammenhängenden Bereichen bedeutet die Einwertigkeit des Kondensatfeldes

$$\oint \nabla\varphi \cdot d\boldsymbol{s} = 2\pi\nu, \qquad \nu = 0,\ \pm 1,\ \pm 2, \ldots, \tag{6–161}$$

wobei der Integrationsweg eine beliebige geschlossene Kurve ist, die vollständig innerhalb des supraflüssigen Gebietes liegt. Die Bedingung (6–161) entspricht einer Quantisierung der Zirkulation $\oint \boldsymbol{v}\cdot d\boldsymbol{s}$ in Einheiten von h/M_B (Onsager, 1954; Feynman, 1955). Bei einem Fluß mit der kollektiven Zirkulationszahl ν bewegt sich jedes Boson des Kondensats in einem Zustand mit dem mittleren Drehimpuls $\nu\hbar$; eine Änderung in ν hat daher eine gleichzeitige Zustandsänderung einer makroskopischen Zahl von Teilchen zur Folge. Die Quantenzahl ν bezeichnet deshalb verschiedene thermodynamische Phasen der Supraflüssigkeit; die hohe Stabilität des Suprastroms kann als makroskopische Isomerie angesehen werden (siehe in diesem Zusammenhang Bohr und Mottelson, 1962).

Bei Supraleitern folgt aus der Ladung $-2e$ der Bosonen, daß die Phase φ des Kondensats in $\varphi + (2e/\hbar c)\,\Lambda$ transformiert wird, wenn sich die Eichung der elektromagnetischen Potentiale ändert (siehe Fußnote auf S. 337). Man erhält deshalb die eichinvariante Geschwindigkeit des Suprastromes aus Gl. (6–159), indem man einen Term mit dem magnetischen Vektorpotential $\boldsymbol{A}$ hinzufügt,

$$\boldsymbol{v} = -\frac{\hbar}{2M}\left(\nabla\varphi - \frac{2e}{\hbar c}\boldsymbol{A}\right). \tag{6–162}$$

Die Form (6–162) kann auch als Ausdruck der kanonischen Beziehung $M_B\boldsymbol{v} = \boldsymbol{p} - (e_B/c)\,\boldsymbol{A}$ zwischen Geschwindigkeit und Impuls (für ein Teilchen mit der Masse $M_B = 2M$ und der Ladung $e_B = -2e$) angesehen werden. Im stationären Fall verschwindet $\nabla\cdot\boldsymbol{A}$, und Gl. (6–160) bleibt deshalb gültig. Bei einem mehrfach zusammenhängenden Gebiet bedeutet die Bedingung (6–161)

$$\oint \boldsymbol{v}\cdot d\boldsymbol{s} - \frac{e}{Mc}\Phi = \frac{h}{2M}\nu, \tag{6–163}$$

wobei $\Phi = \oint \boldsymbol{A} \cdot d\boldsymbol{s}$ der durch den Integrationsweg eingeschlossene magnetische Fluß ist. Bei Supraleitern mit Abmessungen, die groß gegenüber der Eindringtiefe für magnetische Felder sind, verschwindet der Strom im Inneren, und aus Gl. (6–163) folgt eine Quantisierung des Flusses Φ (LONDON, 1950). Die experimentelle Beobachtung der Flußquantisierung in Einheiten von $hc/2e$ (DEAVER und FAIRBANK, 1961; DOLL und NÄBAUER, 1961) liefert eine direkte Bestätigung dafür, daß die Supraleitfähigkeit mit einem Bosonenkondensat verknüpft ist, wobei jedes Boson zwei Ladungseinheiten trägt (BYERS und YANG, 1961; ONSAGER, 1961).

Ein Suprastrom mit den oben diskutierten Eigenschaften ist möglich, wenn $\varphi(\boldsymbol{r})$ über ein Raumgebiet, das die Korrelation in der supraflüssigen Phase charakterisiert, annähernd konstant bleibt. Die Wellenfunktion aller effektiv wechselwirkenden Teilchen wird dann mit einem annähernd gleichen Phasenfaktor multipliziert, und die Korrelationsstruktur wird nicht wesentlich beeinflußt. In He II ist die als Kohärenzlänge bezeichnete Abmessung von der Größenordnung des Abstandes a_0 zwischen den Atomen, was sich daraus ergibt, daß die kritische Temperatur mit der Energie $\hbar^2/Ma_0^2$ vergleichbar ist. In FERMI-Systemen ist die Kohärenzlänge ξ von der Größenordnung der räumlichen Ausdehnung der korrelierten Paare. Sie ist deshalb bestimmt durch den Impulsbereich δp der Einteilchenzustände, die zur Korrelation beitragen,

$$\xi \sim \frac{\hbar}{\delta p} \sim \frac{\hbar v_F}{\Delta}, \tag{6–164}$$

wobei v_F die FERMI-Geschwindigkeit und 2Δ den Energiespalt bezeichnet, der durch die Paar bildung entsteht.

In Kernen lassen sich die Paare nicht in Bereichen lokalisieren, die kleiner als der Kernradius R sind. Eine stärkere Lokalisierung würde einen Raum der Einteilchenzustände erfordern, der mehrere Hauptschalen umfaßt. Das ließe sich nur erreichen, wenn die Bindungsenergie eines Paares groß gegenüber dem Abstand zwischen Hauptschalen wäre ($\Delta \gg \hbar\omega_0$; vergleiche auch die Abschätzung (6–164) des Kohärenzabstandes, die $\xi \sim (\hbar\omega_0/\Delta)\, R$ liefert). Deshalb hat das überraschende Phänomen eines quantisierten Suprastromes im Kern kein unmittelbares Gegenstück. Diese Erscheinungen können aber bei der Dynamik der Kernmaterie, wie sie in Neutronensternen vorliegt, eine wichtige Rolle spielen (siehe RUDERMAN, 1972).

6–4 Summenregeln für Multipol-Oszillatorstärken

Bei der Analyse von Spektren komplexer Systeme ist es oft zweckmäßig, allgemeine Beziehungen auszunutzen, die aus algebraischen Relationen zwischen Operatoren folgen und sich in Form von Summenregeln ausdrücken lassen. Der vorliegende Abschnitt stellt verschiedene Aspekte dieser Beziehungen zusammen, die bei der Untersuchung kollektiver Anregungen angewandt werden können. Einige Leser werden es vorziehen, die Diskussion der Dynamik kollektiver Anregungen fortzusetzen und auf das Material des vorliegenden Abschnitts zurückzugreifen, wenn es für spezifische Anwendungen benötigt wird. (Die Anwendung von Oszillatorsummen als Einheiten der Vibrationsstärke wird in Abschnitt 6–4b betrachtet.)

6–4a Klassische Oszillatorsummen

Momente, die nur von räumlichen Koordinaten abhängen

Die mit einem Moment F verknüpfte Oszillatorstärke ist gleich der Übergangswahrscheinlichkeit, multipliziert mit der Anregungsenergie. Die Summe der Oszillatorstärken läßt sich (unter der Annahme, daß F ein reeller (hermitescher) Operator ist) in der

Form

$$S(F) \equiv \sum_a (E_a - E_0) |\langle a| F |0\rangle|^2$$
$$= \tfrac{1}{2}\langle 0| \left[F, [H, F]\right] |0\rangle \qquad (6\text{–}165)$$

ausdrücken, wobei a den vollständigen Satz angeregter Zustände bezeichnet, die durch Anwendung von F auf den Anfangszustand 0 erreicht werden können.

Wenn F ein Einteilchenmoment ist, das nur von den räumlichen Koordinaten abhängt,

$$F = \sum_k F(\boldsymbol{r}_k), \qquad (6\text{–}166)$$

und wenn die Wechselwirkungen nicht explizit von den Impulsen der Teilchen abhängen, dann liefert der Kommutator in Gl. (6–165) nur Beiträge von der kinetischen Energie. Man erhält

$$S(F) = \langle 0| \sum_k \frac{\hbar^2}{2M_k} \left(\nabla_k F(\boldsymbol{r}_k)\right)^2 |0\rangle. \qquad (6\text{–}167)$$

Die Beziehung (6–167) drückt die Oszillatorsumme als Erwartungswert eines Einteilchenoperators aus.

Das klassische Beispiel einer solchen Summenregel bezieht sich auf die Dipolanregungen in Atomen, für die das Übergangsmoment linear in der räumlichen Koordinate $\boldsymbol{r}_k$ des Elektrons ist. Für $F = \boldsymbol{r}$ hängt die Summe (6–167) nur von der Zahl der Teilchen und deren Massen ab. In der Atomphysik ist es üblich, die Oszillatorstärke für einen Übergang $0 \to a$ durch

$$f_{0a} = \frac{2m}{\hbar^2} (E_a - E_0) |\langle a| \sum_k z_k |0\rangle|^2, \qquad (6\text{–}168\text{a})$$

$$\frac{1}{2I_0 + 1} \sum_{M_0} f_{0a} = \frac{8\pi}{9} \frac{m}{e^2\hbar^2} (E_a - E_0)\, B(E1;\, 0 \to a) \qquad (6\text{–}168\text{b})$$

zu definieren, wobei m die Elektronenmasse bezeichnet. In Gl. (6–168b) ist die über die verschiedenen Orientierungen des Anfangszustandes gemittelte Oszillatorstärke durch die reduzierte Übergangswahrscheinlichkeit $B(E1)$ ausgedrückt. Aus der Normierung der Oszillatorstärke in Gl. (6–168) folgt, daß die Summe $\sum_a f_{0a}$ gleich der Elektronenzahl des Atoms wird. Die Response des Atoms auf ein oszillierendes, schwaches elektrisches Feld langer Wellenlänge läßt sich beschreiben, indem man das Atom auffaßt als ein System harmonischer Oszillatoren (virtuelle Oszillatoren) mit der Masse m, der Ladung $(f_{0a})^{1/2} e$ und den Frequenzen $\omega_{0a} = \hbar^{-1}(E_a - E_0)$, die den im Absorptionsspektrum beobachteten Werten entsprechen.[1])

[1]) Die f-Summenregel für virtuelle Oszillatoren spielte eine wichtige Rolle bei der Entwicklung der Quantenmechanik, da sie aus einer klassischen Analyse der Response eines Atoms auf ein hochfrequentes äußeres Feld abgeleitet wurde (Thomas, 1925; Kuhn, 1925). Auf der Grundlage des Korrespondenzprinzipsw urde vorausschauend erkannt, daß diese asymptotischen Beziehungen einen Gültigkeitsbereich haben, der über ihre klassische Ableitung hinausgeht. Mit der Einführung der Quantenmechanik wurde bestätigt, daß die Summenregel wie in der obigen Ableitung unmittelbar aus den Kommutationsbeziehungen für p und q folgt (Heisenberg, 1925).

Für ein Multipolfeld

$$F_{\lambda\mu} = f(r)\, Y_{\lambda\mu}(\vartheta, \varphi) \tag{6–169}$$

kann die Oszillatorsumme (6–167) mit Hilfe der Gradientenformel (siehe Gl. (3 A–26))

$$\begin{aligned}\nabla f(r)\, Y_{\lambda\mu} &= \left(\frac{\lambda}{2\lambda+1}\right)^{1/2} \left((\lambda+1)\frac{f(r)}{r} + \frac{df}{dr}\right) (Y_{\lambda-1}\boldsymbol{e})_{(\lambda-1,1)\lambda\mu} \\ &+ \left(\frac{\lambda+1}{2\lambda+1}\right)^{1/2} \left(\lambda\frac{f(r)}{r} - \frac{df}{dr}\right) (Y_{\lambda+1}\boldsymbol{e})_{(\lambda+1,1)\lambda\mu}\end{aligned} \tag{6–170}$$

berechnet werden, die

$$\sum_{\mu} \nabla\big(f(r)\, Y^*_{\lambda\mu}(\vartheta, \varphi)\big) \cdot \nabla\big(f(r)\, Y_{\lambda\mu}(\vartheta, \varphi)\big) = \frac{2\lambda+1}{4\pi}\left(\left(\frac{df}{dr}\right)^2 + \lambda(\lambda+1)\left(\frac{f}{r}\right)^2\right) \tag{6–171}$$

ergibt. Man erhält deshalb

$$\begin{aligned} S(F_\lambda) &\equiv \sum_{\alpha I} (E_{\alpha I} - E_0)\, B(F_\lambda;\, 0 \to \alpha I) \\ &= \sum_{\alpha I M \mu} (E_{\alpha I} - E_0)\, \big|\langle \alpha I M |\, F_{\lambda\mu}\, |0\rangle\big|^2 \\ &= \langle 0 |\, \frac{\hbar^2}{2M} \sum_{\mu, k} |\nabla_k F_{\lambda\mu}(\boldsymbol{r}_k)|^2\, |0\rangle \\ &= \frac{2\lambda+1}{4\pi}\, \frac{\hbar^2}{2M}\, A\, \left\langle \left(\frac{df}{dr}\right)^2 + \lambda(\lambda+1)\left(\frac{f}{r}\right)^2 \right\rangle, \end{aligned} \tag{6–172}$$

wobei $B(F_\lambda;\, 0 \to \alpha I)$ die reduzierte Übergangswahrscheinlichkeit für das Feld F_λ ist, während der letzte Faktor in Gl. (6–172) einen Mittelwert pro Teilchen im Grundzustand eines Systems aus A Teilchen mit jeweils der Masse M darstellt. Die Summation über μ in Gl. (6–171) bedeutet eine skalare Kopplung der beiden Multipolmomente; Summenregeln mit Tensorkopplung der Matrixelemente werden in Abschnitt 6–4c betrachtet.

Die spezielle Bedeutung der Summenregel mit linearer Energiewichtung folgt aus der Tatsache, daß diese Summe als Erwartungswert eines Einteilchenoperators ausgedrückt werden kann und daher gegenüber Einzelheiten der Korrelationen im Anfangszustand relativ unempfindlich ist. Summen mit anderer Energiewichtung lassen sich auch durch Erwartungswerte im Anfangszustand darstellen, sie enthalten aber im allgemeinen Zwei- oder Vielteilchenoperatoren und sind daher empfindlich gegenüber Korrelationen. Zum Beispiel läßt sich die Summe über die Übergangswahrscheinlichkeiten in der Form

$$\sum_{a} |\langle a|\, F\, |0\rangle|^2 = \int F^*(\boldsymbol{r})\, \varrho_0(\boldsymbol{r}, \boldsymbol{r}')\, F(\boldsymbol{r}')\, d\tau\, d\tau' + \int \varrho_0(\boldsymbol{r})\, |F(\boldsymbol{r})|^2\, d\tau \tag{6–173}$$

ausdrücken, wobei $\varrho_0(\boldsymbol{r})$ die Einteilchendichte im Anfangszustand 0 ist, während $\varrho_0(\boldsymbol{r}, \boldsymbol{r}')$ den Erwartungswert der Zweiteilchendichtefunktion (siehe Gl. (2–33)) darstellt.

Diese allgemeineren Summen können schwierig zu berechnen sein, eine experimentelle Bestimmung ist aber durch die Response des Systems auf äußere Störungen (Streuquerschnitte, Polarisierbarkeiten usw.) möglich. Zum Beispiel läßt sich die statische Polarisierbarkeit für eine zu F proportionale Störung durch die Summe $(E_a - E_0)^{-1} \times |\langle a| F |0\rangle|^2$ ausdrücken, siehe Gl. (6–238).

Die geschwindigkeitsabhängigen Komponenten der Nukleon-Nukleon-Wechselwirkung führen zu Korrekturen an den oben abgeleiteten Oszillatorsummenregeln. Die GALILEI-Invarianz bedeutet jedoch, daß die Wechselwirkungen mit dem isoskalaren Dipolfeld $F = x$ kommutieren. Folglich hängen die Korrekturen zur Summenregel von der zweiten Ortsableitung von F ab, und sie sind von der Größenordnung $(ka)^2$, wobei a die Reichweite der Wechselwirkung und k die Wellenzahl des Feldes F ist.

Sogar ohne geschwindigkeitsabhängige Nukleonenwechselwirkungen wird das mittlere selbstkonsistente Einteilchenpotential im allgemeinen eine Geschwindigkeitsabhängigkeit aufweisen (siehe z. B. die Diskussion der effektiven Masse in Kapitel 2, Band I, S. 270). Bei einer solchen Situation liefern die Einteilchenanregungen des Schalenmodells eine Oszillatorsumme, die mit den Identitäten (6–167) und (6–172) nicht übereinstimmt. Dieser Fehler wird kompensiert durch die effektiven Wechselwirkungen, die im mittleren Einteilchenpotential nicht enthalten sind. Die explizite Konstruktion dieser zusätzlichen Terme wird für isoskalare Dipol- und Quadrupolschwingungen auf S. 379 bzw. S. 438 diskutiert.

Das Auftreten eines statischen Paarpotentials verletzt auch die GALILEI-Invarianz der verallgemeinerten Einteilchenbewegung. Die von der Summenregel geforderten zusätzlichen Wechselwirkungen werden im Zusammenhang mit der Analyse des Pushing-Modells auf S. 379 betrachtet. (Siehe auch die Diskussion des Cranking-Modells für die Rotationsbewegung, S. 68.)

Es ist wichtig zu betonen, daß die oben abgeleiteten Summenregeln die Teilchen als elementar behandeln und deshalb mögliche Beiträge von inneren Teilchenfreiheitsgraden vernachlässigen. Obwohl die Übergangsmomente für die Anregung solcher innerer Freiheitsgrade klein sein werden, wenn die Größe der Teilchen gegenüber den Abmessungen des Systems klein ist, kann die hohe Frequenz dieser Anregungen zu großen Beiträgen zur Oszillatorsumme führen. Ein hypothetisches Modell, das diesen Punkt illustriert, wäre ein Atom, in dem die Elektronen aus zwei stark gebundenen Teilchen zusammengesetzt wären, von denen jedes etwa die halbe Elektronenmasse besitzt. Nimmt man an, daß einer dieser Bestandteile neutral ist und der andere die volle Elektronenladung trägt, dann würde die f-Summe des elektrischen Dipolmomentes durch die hochfrequenten inneren Anregungen verdoppelt.

Beim Kern zeigt sich die innere Struktur der Nukleonen im Spektrum der angeregten Baryonenzustände und in der Möglichkeit der Mesonenerzeugung (siehe z. B. Abb. 1–11, Band I, S. 58, und Abb. 1–12, Band I, S. 64). Bei Energien, die diesen Anregungen entsprechen, muß man wichtige Beiträge zu den Summenregeln erwarten, die in der Abschätzung (6–172) nicht enthalten sind; es ist deshalb notwendig, das Energieintervall festzulegen, über das die Summation läuft. Die Summenregeln, wie sie oben angegeben wurden, kann man nur dann eindeutig anwenden, wenn die mit der Nukleonenbewegung selbst verknüpfte Oszillatorstärke durch Energien ausgeschöpft wird, die merklich unterhalb der Energien der inneren Nukleonenanregungen liegen. Die Oszillatorstärken sowohl für die Einteilchenbewegung im mittleren Potential als auch für die bekannten oder zu erwartenden kollektiven Anregungen treten bei Energien auf, die viel kleiner als Baryonenanregungen sind. Es verbleiben aber offene Fragen, die mit dem Einfluß der sehr kurzreichweitigen Nukleonenkorrelationen auf die Verteilung der Oszillatorstärke zusammenhängen (siehe Abschnitt 6–4d).

Eλ-Momente

Das elektrische Multipolmoment eines Nukleonensystems

$$\mathscr{M}(E\lambda, \mu) = e \sum_k \left((\tfrac{1}{2} - t_z) \, r^\lambda Y_{\lambda\mu} \right)_k \tag{6–174}$$

hängt von der Isospinvariablen ab; die Oszillatorsumme kann deshalb durch Ladungsaustauschkomponenten der Nukleonenwechselwirkungen beeinflußt werden. Im vorliegenden Abschnitt betrachten wir die $E\lambda$-Summenregeln, die sich ergeben, wenn man in Gl. (6–165) im Hamilton-Operator nur die Glieder der kinetischen Energie berücksichtigt. Die resultierenden Werte bezeichnet man als klassische Oszillatorsummen $S(E\lambda)_{\text{klass}}$. Der Einfluß der Ladungsaustauschwechselwirkungen wird in Abschnitt 6–4d besprochen.

Die im vorliegenden Abschnitt diskutierten klassischen Summenregeln vernachlässigen auch Effekte der geschwindigkeitsabhängigen Wechselwirkungen. Während diese Wechselwirkungen infolge der Galilei-Invarianz (siehe S. 344) auf die Summenregeln für isoskalare Momente ziemlich geringen Einfluß haben, können die Summenregeln für isovektorielle (und $E\lambda$-) Momente wesentlich modifiziert werden. (Die Änderung der $E1$-Oszillatorstärke bei der Dipolschwingung, die sich aus effektiven geschwindigkeitsabhängigen Wechselwirkungen ergibt, wird auf S. 413ff. betrachtet.)

Die elektrische Dipolsummenregel für Kernanregungen enthält den auf den Massenschwerpunkt bezogenen $E1$-Operator, der in der Form (siehe Gl. (3C–35))

$$\mathscr{M}(E1, \mu) = e \sum_k \left(\left(\frac{N - Z}{2A} - t_z \right) r Y_{1\mu} \right)_k \tag{6–175}$$

geschrieben werden kann. Aus Gl. (6–172) erhalten wir deshalb

$$\begin{aligned} S(E1)_{\text{klass}} &= \frac{9}{4\pi} \frac{\hbar^2}{2M} \frac{NZ}{A} e^2 \\ &= 14{,}8 \frac{NZ}{A} e^2 \, \text{fm}^2 \, \text{MeV}. \end{aligned} \tag{6–176}$$

Die Abtrennung des Schwerpunktsfreiheitsgrades liefert in Gl. (6–176) den Faktor N/A. Die mit der Schwerpunktsbewegung des Kerns verknüpfte Oszillatorstärke tritt als ein Beitrag zur atomaren Oszillatorsumme auf, der sich aus dem Kernrückstoß ergibt; da der Beitrag jedes Teilchens zur Oszillatorsumme proportional zum Quadrat seiner Ladung und umgekehrt proportional zu seiner Masse ist, liefert der Kern einen Beitrag $Z^2(m/AM)$ zur atomaren f-Summe. Aus Gl. (6–168b) ist ersichtlich, daß dieser Wert dem Schwerpunktsbeitrag entspricht, der von der Oszillatorsumme (6–176) der inneren Kernanregungen abgetrennt wurde.

Für höhere Multipole erwartet man eine Schwerpunktskorrektur von der Größenordnung $ZA^{-\lambda}$ (oder weniger), die im folgenden vernachlässigt wird (wegen einer Diskussion der Rückstoßeffekte für das $E2$-Moment siehe Band I, S. 358). Aus dem $E\lambda$-Moment (6–174) und der Beziehung (6–172) erhält man daher

$$S(E\lambda)_{\text{klass}} = \frac{\lambda(2\lambda + 1)^2}{4\pi} \frac{\hbar^2}{2M} Ze^2 \langle r^{2\lambda-2} \rangle_{\text{prot}}, \quad \lambda \geqq 2, \tag{6–177}$$

wobei der letzte Faktor ein radialer Mittelwert für die Protonen im Anfangszustand ist.

Für $E0$-Übergänge ist das Moment führender Ordnung proportional zu r^2 (siehe Gl. (3C–20)), und für die entsprechende Summenregel ergibt sich (siehe Gl. (6–167))

$$\begin{aligned} S(E0) &\equiv \sum_a (E_a - E_0) \left|\langle a|\, m(E0)\, |0\rangle\right|^2 \\ &= \sum_a (E_a - E_0) \left|\langle a|\, e \sum_k \left((\tfrac{1}{2} - t_z)\, r^2\right)_k |0\rangle\right|^2, \end{aligned} \qquad (6\text{–}178\text{a})$$

$$S(E0)_{\text{klass}} = \frac{2\hbar^2}{M} Ze^2 \langle r^2\rangle_{\text{prot}}. \qquad (6\text{–}178\text{b})$$

Das $E\lambda$-Moment stellt die Summe aus einem isoskalaren und einem isovektoriellen Anteil dar. Für die $\tau = 0$- und $\tau = 1$-Momente (6–122) erhält man die entsprechenden klassischen Oszillatorsummen

$$\begin{aligned} S(\tau = 0, \lambda)_{\text{klass}} = S(\tau = 1, \mu_\tau = 0, \lambda)_{\text{klass}} &= \frac{\lambda(2\lambda+1)^2}{4\pi} \frac{\hbar^2}{2M} A\langle r^{2\lambda-2}\rangle \\ &\approx \frac{A}{Ze^2} S(E\lambda)_{\text{klass}}, \quad \lambda \geqq 2, \end{aligned} \qquad (6\text{–}179\text{a})$$

$$\begin{aligned} S(\tau = 0, \lambda) &\equiv \sum_{\alpha I} (E_{\alpha I} - E_0)\, B(\tau = 0, \lambda;\, 0 \to \alpha I), \\ S(\tau = 1, \mu_\tau = 0, \lambda) &\equiv \sum_{\alpha I} (E_{\alpha I} - E_0)\, B(\tau = 1, \mu_\tau = 0, \lambda;\, 0 \to \alpha I). \end{aligned} \qquad (6\text{–}179\text{b})$$

In der letzten Zeile von Gl. (6–179a) wurde angenommen, daß der Wert $\langle r^{2\lambda-2}\rangle$ für Protonen und Neutronen gleich ist.

6–4b Vibrationsoszillatorstärke in Einheiten der Summenregel

Sphärische Kerne

Die Oszillatorsummen stellen natürliche Einheiten zur Messung der Stärke kollektiver Anregungen dar. Für Formschwingungen eines sphärischen Kerns erhält man (siehe Gln. (6–65) und (6–177))

$$\begin{aligned} \hbar\omega_\lambda B(E\lambda;\, n_\lambda = 0 \to n_\lambda = 1) &= (2\lambda + 1) \left(\frac{3}{4\pi} ZeR^\lambda\right)^2 \frac{\hbar^2}{2D_\lambda} \\ &= \frac{D_\lambda(\text{irrot})}{D_\lambda} \frac{Z}{A} S(E\lambda)_{\text{klass}}, \end{aligned} \qquad (6\text{–}180)$$

wobei

$$D_\lambda(\text{irrot}) = \frac{3}{4\pi} \frac{1}{\lambda} AMR^2 \qquad (6\text{–}181)$$

der Massenparameter für eine Oberflächenschwingung in einem Flüssigkeitstropfen mit wirbelfreiem Geschwindigkeitsfeld ist (siehe Gl. (6A–31)). In Gl. (6–180) wurde für die radiale Mittelung in $S(E\lambda)$ die Abschätzung (6–64) benutzt, die den Einfluß der unscharfen Kernoberfläche vernachlässigt.

Nimmt man für die Schwingungsbewegung ein annähernd konstantes Verhältnis von Protonen- und Neutronendichten an, dann besitzen die Anregungen $\tau \approx 0$ und

$$B(\tau = 0, \lambda) \approx \left(\frac{A}{Ze}\right)^2 B(E\lambda). \tag{6–182}$$

In diesem Fall ist die Beziehung (6–180) äquivalent zum Ausdruck

$$\hbar\omega_\lambda B(\tau = 0, \lambda; n_\lambda = 0 \rightarrow n_\lambda = 1) \approx \frac{D_\lambda(\text{irrot})}{D_\lambda} S(\tau = 0, \lambda)_{\text{klass}} \tag{6–183}$$

für die Oszillatorstärke der $\tau = 0$-Schwingung (siehe Gl. (6–179)).

Aus den Ausdrücken (6–180) und (6–183) folgt, daß das Verhältnis des Massenparameters der Schwingung zum Massenparameter für eine wirbelfreie Strömung ein Maß dafür ist, inwieweit eine gegebene Schwingungsform die Summenregel ausschöpft. Das Tröpfchenmodell stellt einen Grenzfall dar, in dem die gesamte $\tau = 0$-Oszillatorsumme auf eine einzige Oberflächenschwingung konzentriert ist. (Die Bedeutung der wirbelfreien Strömung in einem klassischen System hängt damit zusammen, daß dieses Geschwindigkeitsfeld bei gegebener Zeitabhängigkeit der Dichte die geringste kinetische Energie liefert; Lamb, 1916, S. 45.)

Beim Kern kann die Übergangsstärke einer gegebenen Multipolordnung infolge der Schalenstruktur auf mehrere Anregungen verteilt sein (siehe S. 435). Jede Anregung enthält dann nur einen Bruchteil der Oszillatorsumme, und der Massenparameter ist größer als bei einer wirbelfreien Strömung. Für die niederfrequenten Formschwingungen stellt die gemessene Oszillatorstärke höchstens 10% von $S(E\lambda)_{\text{klass}}$ dar; siehe Abb. 6–29, S. 456 ($\lambda = 2$), und Tab. 6–14, S. 484 ($\lambda = 3$). Man erwartet, daß der Hauptanteil der Oszillatorstärke hochfrequenten Schwingungen entspricht (siehe S. 436ff. und S. 479ff.). Im Falle der Isovektor-Dipolübergänge ist die Oszillatorstärke hauptsächlich in einer einzigen Anregung konzentriert, die die klassische Summenregel annähernd ausschöpft (siehe Abb. 6–20, S. 409). Eine ähnliche Situation erwartet man bei hochfrequenten Quadrupolschwingungen. Die diesen Schwingungen entsprechende kollektive Strömung ist wirbelfrei und wird durch Gl. (6–373b) explizit gegeben.

Nichtsphärische Kerne

Bei einem deformierten Kern ist die Oszillatorstärke der kollektiven Anregungen teils mit Rotations- und teils mit Vibrationsanregungen verknüpft. Die $E2$-Rotations-Oszillatorstärke eines gg-Kerns mit Axialsymmetrie ist gegeben durch (siehe Gl. (4–68))

$$\begin{aligned}&(E_2 - E_0)\, B(E2; K_0 = 0, I_0 = 0 \rightarrow K_0 = 0, I_0 = 2)\\ &= \frac{3\hbar^2}{\mathscr{I}} \frac{5}{16\pi} e^2 Q_0^2 = \frac{2}{5} \frac{\mathscr{I}(\text{irrot})}{\mathscr{I}} \frac{Z}{A} S(E2)_{\text{klass}},\end{aligned} \tag{6–184}$$

wobei das Trägheitsmoment

$$\mathcal{J}(\text{irrot}) = \tfrac{2}{5}AMR^2\delta^2 = 3D_2(\text{irrot})\,\beta^2 \tag{6–185}$$

einer durch wirbelfreie Strömung beschriebenen Rotationsbewegung entspricht. (Wegen der Deformationsparameter δ und β siehe die Gln. (6A–81) und (6–181) sowie die Beziehungen (4–72), (4–73) und (4–191); in Gl. (6–185) wurden die Korrekturen infolge der Unschärfe der Kernoberfläche und auch Glieder höherer Ordnung in β vernachlässigt.)

Für einen A-ungerade-Kern (oder allgemeiner für einen beliebigen Anfangszustand I_0) läßt sich die Oszillatorsumme für Rotationsübergänge wie bei der Ableitung von Gl. (6–165) durch den Doppelkommutator des HAMILTON-Operators mit dem Multipoloperator berechnen. Nimmt man die Intensitätsbeziehungen führender Ordnung für die $E2$-Übergänge in einer Bande und die Rotationsenergien proportional zu $I(I+1)$ an, dann ergeben sich die gleichen Resultate wie in Gl. (6–184) (siehe die Gln. (4A–34), (1A–39) und (1A–91)),

$$\begin{aligned}
&\sum_I \big(E(K_0I) - E(K_0I_0)\big)\, B(E2;\, K_0I_0 \to K_0I) \\
&= \tfrac{1}{2}\langle K_0I_0M_0| \sum_\mu \big[\mathcal{M}^\dagger(E2,\mu),\, [H_{\text{rot}},\, \mathcal{M}(E2,\mu)]\big]\, |K_0I_0M_0\rangle \\
&\approx \frac{5}{32\pi}\, e^2Q_0^2\, \frac{\hbar^2}{2\mathcal{J}}\, \langle K_0I_0M_0| \sum_\mu \big[\mathcal{D}^{2*}_{\mu 0},\, [\boldsymbol{I}^2,\, \mathcal{D}^2_{\mu 0}]\big]\, |K_0I_0M_0\rangle \\
&= \frac{15}{8\pi}\, e^2Q_0^2\, \frac{\hbar^2}{2\mathcal{J}}.
\end{aligned} \tag{6–186}$$

Für β- und γ-Quadrupolformschwingungen (siehe Abb. 6–3, S. 311) erhält man aus Gl. (6–91) für einen gg-Kern

$$\begin{aligned}
\hbar\omega_\beta B(E2;\, n_\beta = 0,\, I = 0 \to n_\beta = 1,\, I = 2) &= \frac{1}{5}\,\frac{D_2(\text{irrot})}{D_\beta}\,\frac{Z}{A}\, S(E2)_{\text{klass}}, \\
\hbar\omega_\gamma B(E2;\, n_\gamma = 0,\, I = 0 \to n_\gamma = 1,\, I = 2) &= \frac{2}{5}\,\frac{D_2(\text{irrot})}{D_\gamma}\,\frac{Z}{A}\, S(E2)_{\text{klass}}, \\
\hbar\omega_{\text{rot}} B(E2;\, n = 0,\, I = 0 \to n = 0,\, I = 2) &= \frac{2}{5}\,\frac{D_2(\text{irrot})}{D_{\text{rot}}}\,\frac{Z}{A}\, S(E2)_{\text{klass}}.
\end{aligned} \tag{6–187}$$

Zum Vergleich haben wir die Oszillatorstärke (6–184) für Rotationen hinzugefügt und einen Massenparameter D_{rot} der Rotation durch

$$\mathcal{J} = 3D_{\text{rot}}\beta^2 \tag{6–188}$$

definiert. Die Faktoren 1/5, 2/5 und 2/5 in Gl. (6–187) entsprechen dem Umstand, daß von den 5 Freiheitsgraden der Quadrupolschwingung ein Freiheitsgrad den β-Schwingungen, zwei den γ-Schwingungen und zwei der Rotationsbewegung entsprechen (siehe Abb. 6–3).

Für Anfangszustände mit $(K_0I_0) \neq (00)$ erhält man die Werte (6–187) durch Summation über die Übergänge zu den verschiedenen Niveaus der Schwingungsbanden. Bei der

Anregung von γ-Schwingungen in einem Kern mit $K_0 \neq 0$ tragen die Banden mit $K = K_0 \pm 2$ jeweils die Hälfte des durch Gl. (6–187) gegebenen Wertes bei.

Bei deformierten Kernen entspricht die Quadrupoloszillatorstärke im niederenergetischen Spektrum hauptsächlich den Rotationsanregungen. Die empirischen Trägheitsmomente sind etwa fünfmal größer als $\mathscr{J}$(irrot); siehe Abb. 4–12, S. 61. Die Oszillatorstärke der Rotationsübergänge beträgt daher etwa 5% des Wertes $S(E2)_{\text{klass}}$, der mit dem Wert für niederfrequente Quadrupolschwingungen in sphärischen Kernen vergleichbar ist (siehe Abb. 6–29, S. 456). Eine Oszillatorstärke von einigen Prozent von $S(E2)_{\text{klass}}$ entspricht den beobachteten Quadrupolschwingungen $\nu\pi = 0^+$ und 2^+ in deformierten Kernen. Diese Anregungen besitzen daher Massenparameter, die nicht nur groß gegenüber den Werten für den wirbelfreien Fall, sondern auch mehrfach größer als der Massenparameter für Rotation sind (siehe S. 476 und 474).

6–4c Tensorsummen

Die in Abschnitt 6–4a besprochenen Summenregeln wurden durch skalare Momente im Grundzustand ausgedrückt. Für ein System mit einer anisotropen Dichteverteilung im Anfangszustand hängt die Oszillatorstärke von der Richtung des Drehimpulses der Anregung relativ zum Drehimpuls des Anfangszustandes ab. Diese Abhängigkeit läßt sich durch Summenregeln ausdrücken, die eine Tensorkopplung der Multipolmomente enthalten. Die allgemeineren Summenregeln dieses Typs wurden bisher bei der Analyse experimenteller Daten wenig angewendet. Wir betrachten in diesem Abschnitt einige Beispiele, die das Wesen dieser Beziehungen veranschaulichen. Das letzte Beispiel des Abschnitts betrifft die Folgerungen aus der Asymmetrie im Isospinraum infolge des Neutronenüberschusses.

Eine einfache Erweiterung der skalaren Summenregel (6–172) erhält man durch Kopplung der beiden Multipoloperatoren in dem Doppelkommutator zu einem Tensor mit dem Rang λ_0. Für die isoskalaren Momente ergibt sich

$$
\begin{aligned}
&[[\mathscr{M}(\tau = 0, \lambda), H], \mathscr{M}(\tau = 0, \lambda)]_{(\lambda\lambda)\lambda_0\mu_0} \\
&= \frac{\hbar^2}{M} \sum_k \left(\nabla_k(r_k^\lambda Y_\lambda(k)) \cdot \nabla_k(r_k^\lambda Y_\lambda(k))\right)_{(\lambda\lambda)\lambda_0\mu_0} \\
&= -(2\lambda + 1)\left(\frac{(2\lambda + \lambda_0 + 1)(2\lambda + \lambda_0)(2\lambda - \lambda_0)(2\lambda - \lambda_0 - 1)}{4\pi(2\lambda_0 + 1)}\right)^{1/2} \\
&\quad \times \langle \lambda{-}1\, 0\, \lambda{-}1\, 0 \mid \lambda_0 0\rangle \frac{\hbar^2}{2M} \sum_{k=1}^{A} (r^{2\lambda-2} Y_{\lambda_0\mu_0})_k .
\end{aligned}
\tag{6–189}
$$

Wie in Gl. (6–172) wurde dabei nur der Beitrag der kinetischen Energie berücksichtigt. Bei der Ableitung der letzten Zeile von Gl. (6–189) haben wir die Beziehung

$$
\nabla r^\lambda Y_{\lambda\mu} = \left(\lambda(2\lambda + 1)\right)^{1/2} r^{\lambda-1} (Y_{\lambda-1}\mathbf{e})_{(\lambda-1,1)\lambda\mu}
\tag{6–190}
$$

benutzt, die ein Spezialfall von Gl. (6–170) ist.

Matrixelemente des Kommutators in Gl. (6–189) lassen sich mit Hilfe der allgemeinen Beziehung für Produkte von Tensoroperatoren berechnen,

$$\begin{aligned} &\langle I_2 \| (F_{\lambda_1} G_{\lambda_2})_{\lambda_0} \| I_1 \rangle \\ &= \sum_{\alpha I} (-1)^{I_1+I_2+\lambda_0} (2\lambda_0+1)^{1/2} \begin{Bmatrix} \lambda_1 & \lambda_2 & \lambda_0 \\ I_1 & I_2 & I \end{Bmatrix} \langle I_2 \| F_{\lambda_1} \| \alpha I \rangle \langle \alpha I \| G_{\lambda_2} \| I_1 \rangle, \end{aligned} \qquad (6\text{–}191)$$

die durch Summation über einen vollständigen Satz von Zwischenzuständen mit den Quantenzahlen αI und eine Umkopplung I_1, $(\lambda_1\lambda_2)\ \lambda_0$; $I_2 \to (I_1\lambda_2)\ I$, λ_1; I_2 (siehe Gln. (1A–9) und (1A–19)) abgeleitet werden kann. Für den Erwartungswert im Zustand I_0 erhält man aus Gln. (6–189) und (6–191) mit Hilfe der Beziehung (1A–79) für die hermitesche Konjugation des reduzierten Matrixelements und mit der Symmetrie $c_H = (-1)^\lambda$ des Multipolmoments $\mathscr{M}(\lambda)$

$$\begin{aligned} &\sum_{\alpha I} (E_{\alpha I} - E_0)\, B(\tau = 0, \lambda; I_0 \to \alpha I) \begin{Bmatrix} \lambda & \lambda & \lambda_0 \\ I_0 & I_0 & I \end{Bmatrix} (-1)^{I_0+I} \left(1 + (-1)^{\lambda_0}\right) \\ &= -\frac{2\lambda+1}{(2\lambda_0+1)(2I_0+1)} \left((2\lambda+\lambda_0+1)(2\lambda+\lambda_0)(2\lambda-\lambda_0)(2\lambda-\lambda_0-1)\right)^{1/2} \\ &\quad \times \langle \lambda{-}1\ 0\ \lambda{-}1\ 0 \mid \lambda_0 0 \rangle (4\pi)^{-1/2} \frac{\hbar^2}{2M} \langle I_0 \| \sum_{k=1}^{A} (r^{2\lambda-2} Y_{\lambda_0})_k \| I_0 \rangle . \end{aligned} \qquad (6\text{–}192)$$

Im Spezialfall $\lambda = \lambda_0 = 2$ verknüpft die Tensorsummenregel (6–192) das statische Quadrupolmoment des Zustandes I_0 mit der Oszillatorstärke der Quadrupolübergänge aus diesem Zustand. Für ein Vibrationsspektrum verschwinden in harmonischer Näherung beide Seiten von Gl. (6–192). Das statische Quadrupolmoment verschwindet nämlich in jedem Zustand (entsprechend der Auswahlregel $\Delta n = \pm 1$ für den Quadrupoloperator, siehe S. 300), und man kann zeigen, daß die in Gl. (6–66) verkörperten harmonischen Beziehungen das Verschwinden der linken Seite von Gl. (6–192) gewährleisten. (Dieses Ergebnis läßt sich auch unmittelbar erhalten, indem man beachtet, daß sowohl das Moment $\mathscr{M}(\lambda\mu)$ als auch seine zeitliche Ableitung in harmonischer Näherung lineare Funktionen der Operatoren $c^\dagger(\lambda\mu)$ und $c(\overline{\lambda\mu})$ sind; folglich ist der Doppelkommutator eine c-Zahl, die für $\lambda_0 \neq 0$ verschwinden muß.) Daher verknüpft die Summenregel (6–192) das statische Quadrupolmoment in einem Schwingungszustand I_0 mit den anharmonischen Effekten in den Vibrationsübergängen und den zusätzlichen Quadrupolübergängen, die zu Niveaus außerhalb des Vibrationsspektrums führen.

Für einen nichtsphärischen Kern läßt sich die rechte Seite der Tensorsummenregel (6–192) für $\lambda = \lambda_0 = 2$ mit dem inneren Quadrupolmoment in Beziehung setzen. Man erhält für $K = 0$, $I_0 = 2$ den Wert $(4\pi)^{-1}(\hbar^2/M)\, Q_0(A/Z)$, wobei sich der letzte Faktor aus der Tatsache ergibt, daß die Summenregel für das isoskalare Moment aufgeschrieben wurde, während Q_0 das elektrische Moment darstellt. Auf der linken Seite liefern die Übergänge innerhalb der Bande den Beitrag $(3/28\pi)\,(Q_0A/Z)^2\,(\hbar^2/2\mathscr{J})$, wobei die Intensitätsbeziehung führender Ordnung (4–68) für Rotationen angenommen wurde. Zum Beispiel machen die Rotationsanregungen in ^{166}Er ($Q_0 \approx 756\ \mathrm{fm}^2$, $\hbar^2/2\mathscr{J} \approx 13{,}4$ keV (siehe S. 138)) etwa 26% der Tensorsumme aus. Die in Abb. 4–30, S. 137, angegebenen Übergänge zur γ-Vibrationsbande tragen etwa -13% der Summenregel bei. Daher sind etwa 90% der Summe mit Übergängen verknüpft, die noch nicht beobachtet wurden. Man erwartet, daß die Hauptbeiträge zur Tensorsummenregel von hochfrequenten

Quadrupolanregungen mit $K = 0$, 1 und 2 (siehe S. 472) herrühren, wie es bei der skalaren Summenregel für die Quadrupoloszillatorstärke der Fall ist.

Eine andere Form der Tensorsummenregel, die mit Einteilchenoperatoren berechnet werden kann, erhält man durch Untersuchung des Kommutators der Zeitableitung zweier Multipolmomente (Dothan u. a., 1965). Im Falle des Quadrupolmoments läßt sich die Kopplung zu $\lambda_0 = 1$ durch den Bahndrehimpuls ausdrücken,

$$[\dot{\mathscr{M}}(\tau = 0, \lambda = 2), \dot{\mathscr{M}}(\tau = 0, \lambda' = 2)]_{(\lambda\lambda')1\mu} = -\frac{15\sqrt{10}}{4\pi}\frac{\hbar^2}{M^2} L_\mu. \tag{6–193}$$

Nimmt man den Erwartungswert im Zustand I_0, dann erhält man durch Schritte analog denen bei der Ableitung der Summenregel (6–192) die Beziehung

$$\sum_{\alpha I} (E_{\alpha I} - E_0)^2 B(\tau = 0, \lambda = 2; I_0 \to \alpha I) \big(I(I+1) - I_0(I_0+1) - 6\big)$$
$$= \frac{150}{4\pi}\frac{\hbar^4}{M^2} I_0(I_0+1) \frac{\langle I_0 \| L \| I_0 \rangle}{\big(I_0(I_0+1)(2I_0+1)\big)^{1/2}}. \tag{6–194}$$

Für niedrigliegende kollektive Anregungen in gg-Kernen erwartet man, daß der Gesamtdrehimpuls hauptsächlich der Bahnbewegung entspricht,

$$\langle I_0 \| L \| I_0 \rangle \approx \langle I_0 \| I \| I_0 \rangle = \big(I_0(I_0+1)(2I_0+1)\big)^{1/2}. \tag{6–195}$$

In diesem Fall beträgt der letzte Faktor in Gl. (6–194) annähernd Eins.

Bei einem Vibrationsspektrum drückt die Summenregel (6–194) wie die Beziehung (6–192) eine Nebenbedingung für die Anharmonizitäten im Spektrum aus. (Bei einem harmonischen Spektrum verschwindet die linke Seite von Gl. (6–194), wie aus den Überlegungen auf S. 350 folgt.)

Bei einem deformierten Kern liefern die Übergänge innerhalb einer Bande für $K = 0$, $I_0 = 2$ den Beitrag $(225/\pi)\,(Q_0 A/Z)^2\,(\hbar^2/2\mathscr{I})^2$, wenn man die Intensitätsbeziehungen führender Ordnung zugrunde legt. Bei dem oben betrachteten Beispiel ^{166}Er macht dieser Beitrag etwa 36% der Tensorsumme (6–194) aus. Die Übergänge zur γ-Vibrationsbande ergeben einen kleinen negativen Beitrag von etwa −2%; daher muß wie bei anderen mit der Energie gewichteten Summenregeln der Hauptbeitrag (noch nicht beobachteten) hochfrequenten Übergängen entsprechen. (Die von angeregten Banden herrührenden Beiträge zur Summe (6–194) verschwinden in dem Maße, wie die Rotationsenergien und die Abweichungen von den Intensitätsregeln führender Ordnung vernachlässigt werden können; aber selbst geringe Abweichungen werden infolge der starken Energiewichtung wesentlich.)

Die Operatoren $\dot{\mathscr{M}}(\tau = 0, \lambda = 2, \mu)$ sind zusammen mit dem Drehimpuls L_μ bezüglich Kommutation abgeschlossen und bilden die Generatoren der nichtkompakten Lieschen Gruppe $SL\,(3, R)$ (Dothan u. a., 1965); unter den Darstellungen dieser Gruppe gibt es sowohl Sätze von Zuständen, die wie bei axialsymmetrischen Kernen eine einzelne Rotationsbande bilden, als auch Zustände, die der größeren Anzahl von Freiheitsgraden des asymmetrischen Rotors entsprechen (Weaver u. a., 1973). Die Annahme, daß die Kernzustände Darstellungen dieser Gruppe realisieren, würde bedeuten, daß Summenregeln vom Typ (6–194) durch Übergänge innerhalb einer einzigen Darstellung ausgeschöpft werden. Der experimentelle Befund, daß der Hauptanteil der Summenregel Übergängen in hochfrequente Zustände zugeordnet ist, entspricht der Tatsache, daß die kollektiven Orientierungswinkel, aus denen die wirklichen Banden erzeugt werden können, kompliziertere Funktionen der Nukleonenvariablen sind als die Orientierung des Massentensors und seiner Zeitableitung.

Zu den energiegewichteten Summenregeln (6–192) und (6–194) tragen hauptsächlich die hochfrequenten Anregungen bei. Summenregeln, die die niederenergetischen Übergänge stärker betonen, lassen sich erhalten, indem man die Multipolmomente anstatt ihrer Zeitableitungen betrachtet. Aus der Vertauschbarkeit der verschiedenen Tensorkomponenten μ eines Multipolmoments $\mathscr{M}(\lambda\mu)$, das nur von den räumlichen Koordinaten der Teilchen abhängt, folgt die Beziehung (Belyaev und Zelevinsky, 1970; siehe Gl. (6–191))

$$\left(1-(-1)^{\lambda_0}\right)\sum_{\alpha I}\begin{Bmatrix}\lambda & \lambda & \lambda_0\\ I_1 & I_2 & I\end{Bmatrix}\langle I_2\|\,\mathscr{M}(\lambda)\,\|\alpha I\rangle\,\langle\alpha I\|\,\mathscr{M}(\lambda)\,\|I_1\rangle=0\,. \qquad (6\text{–}196)$$

Bei einem Vibrationsspektrum hat die Summenregel (6–196) zusätzliche Einschränkungen für die anharmonischen Effekte außer den oben beobachteten zur Folge. Bei einem deformierten Kern sind die Beziehungen (6–196) für die Übergänge innerhalb einer einzelnen Rotationsbande den Intensitätsregeln führender Ordnung äquivalent; daher folgt aus der Annahme, daß starke Multipolübergänge nur zwischen den Zuständen einer einzelnen Bande auftreten, das Kopplungsschema für Rotationen, wie es in Kapitel 4 entwickelt wurde (Belyaev und Zelevinsky, 1970; siehe auch Kerman und Klein, 1963).

Eine Asymmetrie im Isospinraum ergibt sich aus dem Neutronenüberschuß. Summenregeln mit Tensorstruktur im Isospinraum kann man benutzen, um die Asymmetrie der Anregungen zu charakterisieren, die durch verschiedene Komponenten μ_τ der Isovektormomente induziert werden. Ein Beispiel dafür ist die Kommutationsbeziehung für die Momente (6–122)

$$\begin{aligned}&[\mathscr{M}(\tau=1,\,\mu_\tau=-1,\,\lambda),\,\mathscr{M}(\tau=1,\,\mu_\tau=+1,\,\lambda)]_{(\lambda\lambda)0}\\&=\frac{(-1)^\lambda}{\pi}\,(2\lambda+1)^{1/2}\sum_k\,(t_z r^{2\lambda})_k\,,\end{aligned} \qquad (6\text{–}197)$$

die zur Summenregel

$$\begin{aligned}&\sum_{\alpha I}B(\tau=1,\,\mu_\tau=-1,\,\lambda;\,0\to\alpha I)-\sum_{\alpha I}B(\tau=1,\,\mu_\tau=+1,\,\lambda;\,0\to\alpha I)\\&=\frac{1}{2\pi}\,(2\lambda+1)\,(N\langle r^{2\lambda}\rangle_{\text{neut}}-Z\langle r^{2\lambda}\rangle_{\text{prot}})\end{aligned} \qquad (6\text{–}198)$$

führt. Bei schweren Kernen wird der Unterschied zwischen den $\mu_\tau=+1$- und $\mu_\tau=-1$-Übergangsstärken groß, die $\mu_\tau=+1$-Stärke verschwindet nahezu für die Dipolanregungen in β-stabilen Kernen oberhalb ^{208}Pb.

6-4d Ladungsaustauschbeiträge zur $E\lambda$-Oszillatorsumme

Aus der Abhängigkeit der elektrischen Momente von den Isospinvariablen folgt, daß die Ladungsaustauschkomponenten der Nukleonenwechselwirkungen zu den $E\lambda$-Summenregeln beitragen (Levinger und Bethe, 1950; siehe auch den Übersichtsartikel von

LEVINGER, 1960). Eine isovektorielle Wechselwirkung

$$V_{\text{exch}}(1, 2) = (\boldsymbol{\tau}_1 \cdot \boldsymbol{\tau}_2)\, V(\boldsymbol{r}_1\sigma_1, \boldsymbol{r}_2\sigma_2) \tag{6–199}$$

liefert einen Beitrag zur Oszillatorsumme $S(E\lambda)$ von

$$\delta S(E\lambda) = e^2 \frac{2\lambda + 1}{4\pi} \langle 0| \sum_{pn} P_{pn}\big(r_p^{2\lambda} + r_n^{2\lambda} - 2r_p^\lambda r_n^\lambda P_\lambda(\cos\vartheta_{pn})\big)\, V(\boldsymbol{r}_p\sigma_p, \boldsymbol{r}_n\sigma_n)\, |0\rangle . \tag{6–200}$$

Die Summe in Gl. (6–200) läuft über alle Neutron-Proton-Paare, und P_{pn} ist der Austauschoperator für die Orts- und Spinvariablen von Neutron und Proton ($P_{pn} = +1$ für ein symmetrisches Paar ($T = 0$) und $P_{pn} = -1$ für ein antisymmetrisches Paar ($T = 1$)). In Gl. (6–200) ist der in Klammern stehende Faktor für $\lambda = 1$ gleich $(\boldsymbol{r}_p - \boldsymbol{r}_n)^2$. Er wird für $\boldsymbol{r}_p = \boldsymbol{r}_n$ immer gleich Null, da der Effekt verschwindet, wenn die Reichweite des Austausches geladener Mesonen gegen Null geht. Die physikalische Grundlage für die zusätzliche Oszillatorstärke (6–200) besteht darin, daß die Ladungsaustauschwechselwirkungen die Masse der Ladungsträger effektiv ändern, da eine Ladungsübertragung erfolgt, ohne daß sich die Nukleonen selbst bewegen.

In der Summe über np-Paare in Gl. (6–200) heben sich infolge des Austauschoperators P_{np} viele Glieder weg. Die relative Bahnbewegung ist symmetrisch für Abstände kleiner als die FERMI-Wellenlänge, und durch das größere statistische Gewicht der $S = 1$-Zustände, verglichen mit dem der $S = 0$-Zustände, dominieren die Paare mit $T = 0$ ($P_{np} = +1$). Für Abstände größer als die FERMI-Wellenlänge wird die Anzahl der symmetrischen und antisymmetrischen np-Paare annähernd gleich (siehe z. B. die Diskussion der Zweiteilchen-Korrelationsfunktion für ein FERMI-Gas in Abschnitt 2–1h).

Die isovektorielle Komponente im mittleren statischen Kernpotential läßt sich durch eine effektive Zweiteilchenkraft darstellen (siehe Gl. 2–29)),

$$V_{\text{exch}} = (\boldsymbol{\tau}_1 \cdot \boldsymbol{\tau}_2)\, \frac{V_1}{4A}. \tag{6–201}$$

Für solch eine separable Wechselwirkung kann der Austauschbeitrag (6–200) zur Dipolsumme ziemlich einfach berechnet werden, wenn der Zustand $|0\rangle$ in der Näherung unabhängiger Teilchen eingesetzt wird. Für die Monopolwechselwirkung (6–201) tragen die Glieder r_p^2 und r_n^2 in Gl. (6–200) nur dann bei, wenn Neutron und Proton die gleiche Bahn besetzen, während der Term $2\boldsymbol{r}_p\boldsymbol{r}_n$ nur dann Beiträge liefert, wenn die Teilchen verschiedene Bahnen besetzen. Da sich diese beiden Terme gegenseitig wegheben, läßt sich δS durch Matrixelemente zwischen besetzten und unbesetzten Bahnen ausdrücken,

$$\delta S(E1) = \frac{3}{16\pi} e^2 \frac{V_1}{A} \sum_{\substack{\nu_1 \text{ bes.} \\ \nu_2 \text{ unbes.}}} |\langle \nu_2 | \boldsymbol{r} | \nu_1 \rangle|^2 \tag{6–202a}$$

$$= \frac{3}{16\pi} e^2 \frac{V_1}{A} \sum_a \big|\langle a| \sum_k (\boldsymbol{r}\tau_z)_k |0\rangle^2\big| \tag{6–202b}$$

$$= \frac{V_1}{A} \sum_{\alpha I} B(E1; 0 \to \alpha I), \tag{6–202c}$$

wobei ν die Einteilchenbahnen einschließlich der Quantenzahl m_t bezeichnet und $N = Z$ angenommen wurde. Da die $E\,1$-Oszillatorstärke im wesentlichen in einem Energiebereich konzentriert ist, der dem Abstand zwischen Hauptschalen entspricht ($\Delta E \approx \hbar\omega_0 \approx 41\,A^{-1/3}$ MeV), wird ersichtlich, daß der Austauschbeitrag (6–202c), verglichen mit der gesamten Dipolsumme (6–172), von der relativen Größenordnung $A^{-2/3}$ ist. Das Ergebnis (6–202c) hätte man auch unmittelbar aus der Tatsache ableiten können, daß die einfache Wechselwirkung (6–201), summiert über alle Teilchen, gleich $V_1/(2A)\,T(T+1)$ ist. Eine solche Wechselwirkung beeinflußt die Wellenfunktionen nicht, sondern erhöht nach Gl. (6–202c) nur die Energie einer isovektoriellen Anregung ($T = 0 \rightarrow T = 1$) um den Betrag V_1A^{-1}.

Der Einfluß des isovektoriellen Dipolfeldes, das bei der Bestimmung der kollektiven Eigenschaften der Dipolschwingung eine wesentliche Rolle spielt (siehe S. 410ff.), kann ähnlich wie der oben besprochene Fall der Monopolwechselwirkung behandelt werden. Man erhält wiederum nur eine kleine Korrektur zur Summenregel, die von der relativen Größenordnung $A^{-2/3}$ ist. Das gleiche Ergebnis gilt für die Ladungsaustauschkomponenten des geschwindigkeitsabhängigen isovektoriellen Dipolfeldes, das auf S. 413ff. betrachtet wird. (Diese Ergebnisse mögen angesichts des erheblichen Einflusses des isovektoriellen Dipolfeldes auf die Frequenz der Dipolanregung überraschend erscheinen. Tatsächlich wird dieser kollektive Effekt durch die $\mu_\tau = 0$-Komponente der Dipolwechselwirkung hervorgerufen, die mit dem $E\,1$-Moment kommutiert.)

Größere Austauschbeiträge zur Oszillatorsumme können vom Einfluß einer kurzreichweitigen Nukleonenwechselwirkung vom Typ (6–199) herrühren. Eine qualitative Abschätzung dieser Beiträge läßt sich mit den Wellenfunktionen des Fermi-Gas-Modells erhalten (Levinger und Bethe, 1950). Nimmt man $N = Z$ und gleiche Besetzung der beiden Spinrichtungen an, dann kann der Beitrag zur Dipolsumme in der Form

$$\delta S(E\,1) = \frac{3e^2}{32\pi} A\varrho_0 \int \big(V_\tau(r) + 3V_{\sigma\tau}(r)\big)\, r^2 C^2(k_F r)\, d\tau \tag{6–203}$$

ausgedrückt werden, wobei $C^2(k_F r)$ die Zweiteilchen-Korrelationsfunktion ist (siehe Abschnitt 2–1h); für ein Neutron und ein Proton ist die Zweiteilchendichte gleich $\varrho_n\varrho_p \times (1 + \pi C^2)$, wobei π die Parität der Relativbewegung und $\varrho_n = \varrho_p = \varrho_0/2$ ist. Das np-Paar besitzt $T = 0$ und $T = 1$ mit gleichem Gewicht, und das relative Gewicht der Zustände mit $\pi = \pm 1$ ergibt sich aus dem statistischen Gewicht $(2S + 1)$ des Kanalspins. Die Zentralkraftkomponenten V_τ und $V_{\sigma\tau}$ hängen mit der (S, T)-Parametrisierung der Zweiteilchenwechselwirkung über Gl. (1–88) zusammen; die Nichtzentralkräfte tragen in der betrachteten Näherung nichts bei. Der Beitrag (6–203) verschwindet, wenn die Reichweite der Kraft gegen Null geht. Er wird auch klein für Wechselwirkungen mit sehr großer Reichweite, weil $C^2(k_F r)$ wie $(k_F r)^{-4}$ gegen Null geht. Dieser starke Abfall von $C^2(k_F r)$ ist die Ursache dafür, daß der Austauschbeitrag aus der oben betrachteten Feldwechselwirkung (6–201) klein ist.

Für die in Abb. 2–35 angegebene Zweiteilchenwechselwirkung (Hamada-Johnston-Wechselwirkung) liefert eine Berechnung des Ausdrucks (6–203) durch Integration vom hard core-Radius ab den Wert $\delta S(E\,1) \approx +0{,}4 S(E\,1)_{\text{klass}}$. Es muß kaum besonders betont werden, daß eine solche Abschätzung nur qualitative Bedeutung besitzt. Teils wird die Relativbewegung der Nukleonen bei kleinen Abständen stark verändert, teils können Beiträge zu $\delta S(E\,1)$ von Tensorkräften herrühren, die in der Fermi-Gas-

Näherung nicht wirksam werden. Außerdem ist bei kleinen Nukleonenabständen die Struktur der Wechselwirkungen wie auch des $E1$-Operators unsicher. Schließlich ist zu betonen, daß die vorliegende Analyse auf ein Modell aufbaut, in dem eine vollständige Separation der Nukleonen- und Mesonenfreiheitsgrade angenommen wird. Man kann nicht erwarten, daß ein solches Modell geeignet ist, um die Oszillatorstärke für Anregungsenergien zu beschreiben, die für die inneren Freiheitsgrade der Nukleonen charakteristisch sind.

Die $E1$-Summenregel mit Berücksichtigung der Beiträge von Ladungsaustausch- und geschwindigkeitsabhängigen Wechselwirkungen bezieht sich auf die gesamte Oszillatorsumme, die allen von Nukleonenfreiheitsgraden herrührenden Anregungsformen entspricht. Eine andere Frage ist die Frequenzverteilung der Oszillatorstärke und insbesondere die Stärke der $E1$-Riesenresonanz bei Photoabsorption. Die zuletzt genannte Stärke läßt sich mit der Geschwindigkeitsabhängigkeit der effektiven Wechselwirkungen zwischen Teilchen in Bahnen in der Nähe der Fermi-Grenzen in Zusammenhang bringen (siehe S. 413ff.). Die Beziehung dieser effektiven Wechselwirkungen zu den grundlegenden Kräften zwischen Nukleonen ist jedoch gegenwärtig noch nicht klar.

Da der Ladungsaustauschbeitrag zur Dipolsummenregel den Freiheitsgraden geladener Mesonen zugeschrieben werden kann, ergibt sich die Frage, welche Beziehung zwischen diesem Beitrag und dem Wirkungsquerschnitt mesonischer Photoprozesse besteht. Die Dipoloszillatorsumme läßt sich durch den integrierten Photoabsorptionsquerschnitt ausdrücken (siehe Gl. (6–310)). Man kann daher versuchen, den fraglichen Zusammenhang durch eine Dispersionsrelation herzustellen, die die Vorwärtsstreuamplitude bei der Frequenz Null mit dem über alle Energien integrierten totalen Wirkungsquerschnitt verknüpft (Gell-Mann u. a., 1954). Der über alle Energien integrierte nukleare Photoabsorptionsquerschnitt divergiert, es ist aber darauf hingewiesen worden, daß sich ein konvergentes Integral erhalten läßt, wenn man die Differenz $\sigma_A - Z\sigma_p - N\sigma_n$ zwischen dem Wirkungsquerschnitt σ_A für den Kern und dem Wirkungsquerschnitt für einzelne Nukleonen (σ_p und σ_n) betrachtet. Aus der Entdeckung wichtiger Kohärenzeffekte in der Kernphotoabsorption bis zu sehr hohen Energien (siehe S. 410) folgt jedoch, daß zu dem subtrahierten Integral Beiträge vom Energiebereich bis zu 20 GeV hinzukommen, die bei schweren Kernen um mehr als eine Größenordnung höher sind als der Beitrag, der der klassischen Dipolsumme entspricht. Das Integral über die Differenz zwischen Kern- und Nukleonenwirkungsquerschnitten wird daher wahrscheinlich divergieren und keinesfalls erlauben, eine die Beziehungz wischen den Ladungsaustauschbeiträgen zum Kernphotoeffekt und mesonischen Photoprozessen herzustellen.

6–5 Teilchen-Vibrationskopplung

Die mit kollektiven Schwingungen verbundene Änderung im mittleren Kernpotential liefert eine Kopplung zwischen den Schwingungs- und Teilchenfreiheitsgraden. Im vorliegenden Abschnitt betrachten wir die verschiedenen Effekte, die von dieser Kopplung herrühren, wie die Renormierung der Eigenschaften von Teilchen und Schwingungsquanten sowie die effektiven Wechselwirkungen zwischen diesen Elementaranregungen. Die Analyse führt auch in natürlicher Weise auf eine selbstkonsistente Beschreibung der Vibrationsbewegung und stellt somit eine Verallgemeinerung der schematischen Behandlung dieser Beziehung dar, die in Abschnitt 6–2c gegeben wurde.

Die Teilchen-Vibrationskopplung im Kern ist analog zu den Verschiebungspotentialen, die bei der Analyse verschiedener kondensierter atomarer Systeme benutzt werden (Elektron-Phonon-Kopplung in Metallen (siehe z. B. Pines, 1963), Teilchen-Phonon-Kopplung in ^{3}He-^{4}He-Gemischen (Bardeen, Baym und Pines, 1967)). Die Elementaranregungen in wechselwirkenden FERMI-Systemen (Elektronengas in Metallen, flüssiges ^{3}He, Kernmaterie) können auf der Grundlage der von LANDAU entwickelten Theorie der FERMI-Flüssigkeiten behandelt werden (siehe z. B. PINES und NOZIÈRES, 1966). Diese Formulierung operiert mit einer phänomenologischen effektiven Wechselwirkung zwischen den Quasiteilchen, aus der sich die Kopplung zwischen Teilchen und kollektiven Anregungsformen ableiten läßt. Die Beschreibung der Dynamik des Kerns mit Hilfe der Konzeptionen, die man in der Theorie der FERMI-Flüssigkeiten benutzt, wurde von MIGDAL (1967) entwickelt.

6–5a Kopplungsmatrixelemente

Die Teilchen-Vibrationskopplung führender Ordnung ist linear in der Schwingungsamplitude α. Für eine Schwingungsform mit einer reellen (hermiteschen) Amplitude läßt sich die Kopplung in der Form (siehe Gl. (6–18))

$$H' = \varkappa\alpha F \tag{6–204}$$

ausdrücken. Die Struktur des Einteilchenfeldes F und die Größe der Kopplungskonstanten $\varkappa$ werden in Abschnitt 6–3 für verschiedene Kernanregungen besprochen.

Die Kopplung (6–204) erzeugt eine Streuung des Teilchens unter Emission oder Absorption eines Quants. Das Matrixelement für diese Prozesse ist (in der Darstellung, die unabhängigen Elementaranregungen entspricht; siehe Gln. (6–16) und (6–1)) gegeben durch

$$\langle \nu_2, n+1 |\, H' \,| \nu_1, n\rangle = \varkappa\alpha_0(n+1)^{1/2}\,\langle \nu_2 |\, F \,| \nu_1\rangle, \tag{6–205}$$

wobei die Teilchenzustände mit ν_1 und ν_2 bezeichnet werden und α_0 die Nullpunktsamplitude der Schwingungsbewegung darstellt. (In Gl. (6–205) wurde angenommen, daß die Matrixelemente von α (und F) reell sind; siehe die Bemerkung auf S. 286.) Die Wechselwirkung (6–204) ruft auch Prozesse hervor, bei denen ein Teilchen-Loch-Paar durch die Feldwechselwirkung erzeugt oder vernichtet wird,

$$\begin{aligned} \langle \nu_1^{-1}\nu_2, n=0 |\, H' \,| n=1\rangle &= \langle \nu_1^{-1}\nu_2, n=1 |\, H' \,| n=0\rangle \\ &= \varkappa\alpha_0\langle \nu_1^{-1}\nu_2 |\, F \,| 0\rangle \\ &= \varkappa\alpha_0\langle \nu_2 |\, F \,| \bar{\nu}_1\rangle. \end{aligned} \tag{6–206}$$

Im letzten Schritt wurde die Beziehung (3B–19) benutzt; siehe auch die Diagramme in Abb. 3B–1, Band I, S. 371. (Die Matrixelemente (6–205) und (6–206) beziehen sich auf Felder mit verschwindender Nukleonentransferzahl ($\alpha = 0$). Für ein Paarfeld enthalten die entsprechenden Matrixelemente die Erzeugung oder Vernichtung von zwei Teilchen; siehe die Kopplung (6–148).)

Bei Kernen mit vielen Teilchen außerhalb abgeschlossener Schalen läßt sich der Einfluß von Paarkorrelationen auf die Matrixelemente der Feldkopplung berücksichtigen, indem man das Feld F durch Quasiteilchenvariable ausdrückt (siehe Gl. (6–610)),

$$\langle \mathrm{v}=1, \nu_2; n=1 |\, H' \,| \mathrm{v}=1, \nu_1; n=0\rangle = \varkappa\alpha_0(u_1u_2 + cv_1v_2)\,\langle \nu_2 |\, F \,| \nu_1\rangle, \tag{6–207a}$$

$$\langle \mathrm{v}=2, \nu_1\nu_2; n=0 |\, H' \,| \mathrm{v}=0; n=1\rangle = \varkappa\alpha_0(v_1u_2 - cu_1v_2)\,\langle \nu_2 |\, F \,| \bar{\nu}_1\rangle, \tag{6–207b}$$

wobei der Phasenfaktor c für spin- und geschwindigkeitsunabhängige Felder gleich -1, für Felder, die linear vom Spin oder von der Geschwindigkeit abhängen, gleich $+1$ ist. Der zusätzliche Faktor, der sich aus den Paarkorrelationen ergibt, kann als eine Interpolation zwischen Einteilchenkonfigurationen ($u = 1$, $v = 0$) und Einlochkonfigurationen ($u = 0$, $v = 1$) angesehen werden.

In einem sphärischen Kern enthält die Kopplung das Skalarprodukt der Tensoren $\alpha_{\lambda\mu}$ und $F_{\lambda\mu}$ (siehe Gl. (6–68) für Formschwingungen),[1])

$$\begin{aligned} H' &= -k_\lambda(r) \sum_\mu Y^*_{\lambda\mu}(\vartheta, \varphi)\, \alpha_{\lambda\mu} \\ &= (-1)^{\lambda+1} (2\lambda + 1)^{1/2}\, k_\lambda(r)\, (Y_\lambda \alpha_\lambda)_0, \end{aligned} \tag{6–208}$$

wobei $r\vartheta\varphi$ die Polarkoordinaten des Teilchens sind. Für die Streuung eines Teilchens mit Anregung eines Quants ist das Matrixelement der Kopplung (6–208) gegeben durch (siehe Gln. (1A–72), (3A–14) und (6–51))

$$\begin{aligned} h(j_1, j_2\lambda) &\equiv \langle j_2, n_\lambda = 1; I = j_1, M = m_1 |\, H' \,| j_1 m_1 \rangle \\ &= (-1)^{j_1+j_2} (2j_1 + 1)^{-1/2} (2\lambda + 1)^{-1/2} \langle j_2 \| k_\lambda Y_\lambda \| j_1 \rangle \langle n_\lambda = 1 \| \alpha_\lambda \| n_\lambda = 0 \rangle \\ &= -i^{l_1+\lambda-l_2} \left(\frac{2\lambda + 1}{4\pi}\right)^{1/2} \langle j_1 \tfrac{1}{2} \lambda 0 \mid j_2 \tfrac{1}{2} \rangle \left(\frac{\hbar\omega_\lambda}{2C_\lambda}\right)^{1/2} \langle j_2 |\, k_\lambda(r) \,| j_1 \rangle \end{aligned} \tag{6–209}$$

mit der Auswahlregel für die Parität, die verlangt, daß $l_1 + \lambda - l_2$ nur gerade Werte annimmt. Das Matrixelement (6–209) erfüllt die Symmetriebeziehung

$$h(j_1, j_2\lambda) = (-1)^{j_1+\lambda-j_2} \left(\frac{2j_2 + 1}{2j_1 + 1}\right)^{1/2} h(j_2, j_1\lambda). \tag{6–210}$$

Für Prozesse mit Erzeugung eines Teilchen-Loch-Paares erhalten wir die Matrixelemente (siehe Gl. (3B–25))

$$\begin{aligned} \langle (j_1^{-1} j_2)\, \lambda\mu |\, H' \,| n_{\lambda\mu} = 1 \rangle &= -\left(\frac{2j_1 + 1}{2\lambda + 1}\right)^{1/2} h(j_1, j_2\lambda), \\ \langle (j_1^{-1} j_2)\, \lambda, n_\lambda = 1; I = 0 |\, H' \,| 0 \rangle &= -(2j_1 + 1)^{1/2} h(j_1, j_2\lambda). \end{aligned} \tag{6–211}$$

Die Verstärkung dieser Matrixelemente um den Faktor $(2j_1 + 1)^{1/2}$ im Vergleich zum Matrixelement (6–209) drückt den Umstand aus, daß jedes der $(2j_1 + 1)$ Teilchen in der besetzten Schale durch die Wechselwirkung mit dem Schwingungsfeld angeregt werden kann. Die grundlegenden Matrixelemente erster Ordnung (6–209) und (6–211) werden durch die Diagramme in Abb. 6–7 veranschaulicht.

Wenn j_1 und j_2 größer als λ oder mit λ vergleichbar sind, dann wird der Vektoradditionskoeffizient $\langle j_1 \tfrac{1}{2} \lambda 0 \mid j_2 \tfrac{1}{2} \rangle$ im Kopplungsmatrixelement (6–209) durch eine angenäherte Auswahlregel bestimmt, die Übergänge mit einem Umklappen des Spins ($j_1 = l_1 \pm \tfrac{1}{2} \to j_2 = l_2 \mp \tfrac{1}{2}$) stark verzögert im Vergleich zu Übergängen, bei denen

[1]) Der Einfluß dieser Kopplung auf die Mischung von Teilchen- und Schwingungsfreiheitsgraden wurde von Foldy und Milford (1950) und Bohr (1952) untersucht; siehe auch die in der Fußnote auf S. 308 angeführten Literaturzitate.

die relative Orientierung von Spin und Bahn erhalten bleibt. Diese Auswahlregel, die halbklassisch leicht erklärt werden kann, ergibt sich aus der Annahme, daß das Schwingungsfeld nur auf die räumliche Koordinate des Teilchens wirkt; daher können die kleinen Spinflip-Matrixelemente empfindlich von möglichen spinabhängigen Komponenten des Schwingungsfeldes abhängen (siehe Abschnitt 6–3e).

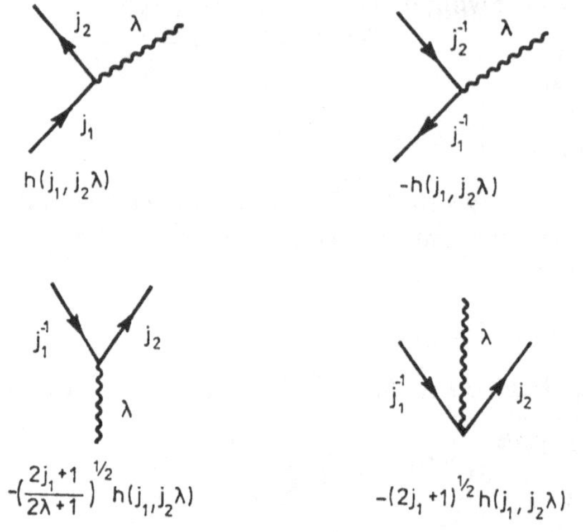

Abb. 6–7 Diagramme zur Teilchen-Vibrationskopplung in erster Ordnung. Die Phasenbeziehungen entsprechen der Kopplung an Formschwingungen.

Dividiert man ein Standardkopplungsmatrixelement durch $\hbar\omega_\lambda$, dann ergibt sich ein dimensionsloser Parameter, der oft benutzt wird, um die Stärke der Teilchen-Vibrationskopplung zu charakterisieren. Für eine Formschwingung können wir daher den Parameter (siehe Gl. (6–209))

$$f_\lambda = \left(\frac{2\lambda + 1}{16\pi}\right)^{1/2} \left(\frac{\hbar\omega_\lambda}{2C_\lambda}\right)^{1/2} \frac{\langle k_\lambda \rangle}{\hbar\omega_\lambda} \tag{6–212}$$

benutzen. Bei dieser Definition von f_λ wurde für den Vektoradditionskoeffizienten der Wert 1/2 eingesetzt, der für Übergänge ohne Umklappen des Spins einen typischen Wert darstellt. (Im Falle $\lambda = 2$ hat der Koeffizient $\langle j\,\frac{1}{2}\,20 \mid j\,\frac{1}{2}\rangle$ asymptotisch (für große j) den numerischen Wert 1/2.)

Die Abschätzung (6–69) für den Formfaktor $k_\lambda(r)$ einer Formschwingung führt auf die radialen Kopplungsmatrixelemente

$$\langle j_2|\, k_\lambda(r)\, |j_1\rangle \approx \langle j_2|\, R_0 \frac{\partial V}{\partial r}\, |j_1\rangle. \tag{6–213}$$

Für Zustände in der Nähe der FERMI-Grenze haben die Radialwellenfunktionen im Bereich der Kernoberfläche Werte in der Größenordnung von $R^{-3/2}$ (siehe Gl. (3–22)). Daher erhält man für das Matrixelement (6–213) Werte von etwa 50 MeV.

Aus der Diskussion in den Beispielen folgt, daß der Parameter f_λ für hochfrequente Schwingungen immer ziemlich klein gegen Eins ist ($f_\lambda \sim A^{-1/3}$, da C_λ proportional zu A

und ω_λ proportional zu $A^{-1/3}$ ist (siehe z. B. die Gln. (6–367) und (6–369) und beachte, daß die in den Gln. (6–208) und (6–365) verwendeten Amplituden sich um einen Faktor der Größenordnung AR^2 unterscheiden, der proportional zu $A^{5/3}$ ist)). Bei niederfrequenten Formschwingungen liegen die Werte von f_3 meistens im Intervall 0,1—0,5, während f_2 stark von der Schalenstruktur abhängt und größer als Eins werden kann. Gilt $f_\lambda \ll 1$, dann läßt sich die Kopplung durch eine Störungsentwicklung behandeln; durch die großen Werte für die niederenergetischen Quadrupolschwingungen sind Teilchen- und Schwingungsfreiheitsgrade aber stark verflochten. Für $f_2 \gg 1$ erzeugt das Teilchen eine statische Formdeformation, die groß gegenüber den Nullpunktsschwankungen wird, und das gekoppelte System läßt sich durch eine Separation in Rotations- und innere Freiheitsgrade behandeln. (Für die niederfrequente Quadrupolanregung sind die empirischen Frequenzen und Parameter der Rückstellkraft in Abb. 2–17, Band I, S. 206, und Abb. 6–28, S. 455, zusammengestellt. Beispiele für die Nullpunktsamplituden der Oktupolschwingungen werden in Tab. 6–14, S. 484, angegeben.)

6–5b Effektive Momente

Wegen der großen Übergangsmomente, die den Vibrationsanregungen entsprechen, führt die Teilchen-Vibrationskopplung zu bedeutenden Änderungen der effektiven Einteilchenmomente. Als ein Ergebnis dieser Kopplung sind die Einteilchenzustände mit einer Wolke von Quanten „bekleidet"; in erster Ordnung in der Kopplung sind die „angezogenen" (oder renormierten) Zustände $\tilde{\nu}_1$ gegeben durch

$$|\tilde{\nu}_1\rangle \approx |\nu_1\rangle - \sum_{\nu_2} \frac{\langle \nu_2, n=1|\, H'\, |\nu_1\rangle}{\Delta E_{21} + \hbar\omega} |\nu_2, n=1\rangle, \tag{6–214}$$

wobei ΔE_{21} die Energie der Einteilchenanregung darstellt. (Sie ist ohne Paarkorrelationen gleich $\varepsilon(\nu_2) - \varepsilon(\nu_1)$.) Betrachtet man die Matrixelemente des Feldoperators F zwischen „angezogenen" Einteilchenzuständen, dann ergibt die Berücksichtigung des Schwingungsmoments eine einfache Renormierung des Übergangsmoments

$$\langle \nu_2|\, \hat{F}\, |\nu_1\rangle \equiv \langle \tilde{\nu}_2|\, F\, |\tilde{\nu}_1\rangle = (1 + \chi_F)\, \langle \nu_2|\, F\, |\nu_1\rangle \tag{6–215}$$

mit dem Koeffizienten χ_F, der sich durch

$$\begin{aligned} \chi_F &= -2\varkappa\alpha_0^2 \frac{\hbar\omega}{(\hbar\omega)^2 - (\Delta E_{21})^2} \\ &= -\frac{\varkappa}{C} \frac{(\hbar\omega)^2}{(\hbar\omega)^2 - (\Delta E_{21})^2} \end{aligned} \tag{6–216}$$

ausdrücken läßt (siehe Gl. (6–28)). Der gleiche Renormierungsfaktor gilt sowohl für die Matrixelemente von F bei Erzeugung eines Teilchen-Loch-Paars als auch für Matrixelemente mit Quasiteilchen. Die Renormierung der Einteilchenmomente wird durch die Diagramme in Abb. 6–8 veranschaulicht.

Das Verhältnis χ_F von induziertem Moment zum Moment eines einzelnen Teilchens wird als Koeffizient der Polarisierbarkeit bezeichnet. Die einfache Form (6–216) gilt für

Momente, die zur Feldkopplung proportional sind. Im allgemeineren Fall enthält der Koeffizient der Polarisierbarkeit das Verhältnis aus den Einteilchenmatrixelementen der Feldkopplung und des Moments. Er kann daher expliziter von den beteiligten Einteilchenzuständen abhängen (siehe z. B. Gl. (6–218)).

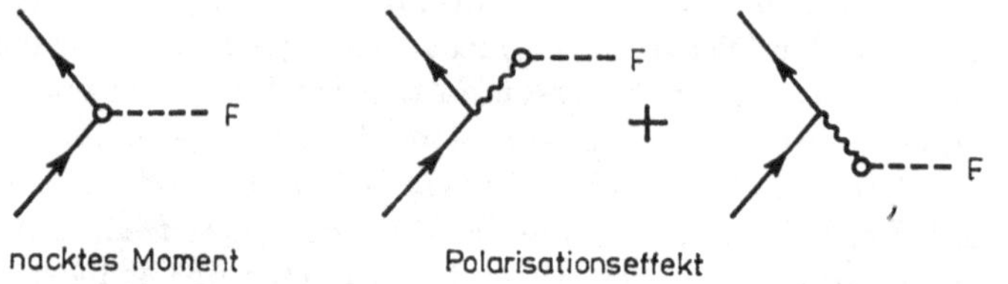

Abb. 6–8 Renormierung des Einteilchenmoments durch Teilchen-Vibrationskopplung

Für niederfrequente Übergänge ($|\Delta E| \ll \hbar\omega$) erreicht die Polarisierbarkeit (6–216) den statischen Grenzfall, in dem sich die Kerndeformation α dem momentanen Wert des Moments F_p anpaßt, das vom Teilchen p herrührt,

$$\alpha = -\frac{\varkappa}{C} F_p . \qquad (6\text{–}217)$$

Dieser Wert entspricht dem Minimum der potentiellen Energie $C\alpha^2/2 + \varkappa\alpha F_p$. Der Betrag von χ_F im statischen Grenzfall ist von der Größenordnung der dimensionslosen Kopplungskonstanten f, multipliziert mit dem Verhältnis aus kollektiven und Einteilchenübergangsmomenten von F, und er kann daher, selbst für kleine Werte von f, etwa gleich oder größer als Eins werden. (Für die hochfrequenten Formschwingungen sind die Werte von f von der Größenordnung $A^{-1/3}$, während das kollektive Moment, ausgedrückt in Einteilcheneinheiten, von der Größenordnung $A^{1/3}$ ist; folglich ist χ von der Größenordnung Eins.)

Die Größe $\chi_F(\Delta E = 0)$ hat ein anderes Vorzeichen als $\varkappa$, da der statische Polarisationseffekt, der durch eine anziehende Kopplung ($\varkappa < 0$) hervorgerufen wird, sich mit dem Einteilchenmoment in Phase befindet, während eine abstoßende Kopplung ($\varkappa > 0$) bedeutet, daß Polarisationseffekt und Einteilchenmoment entgegengesetzte Phasen besitzen (Abschirmung des Einteilchenmoments). Wie bei der bekannten klassischen Bewegung einer erzwungenen Schwingung ändert sich das Vorzeichen des induzierten Moments bezüglich der treibenden Kraft bei Frequenzen $|\Delta E| > \hbar\omega$. (Bei dem in Abschnitt 6–2c betrachteten Modell, in dem die Kollektivbewegung durch die Kohärenz der entarteten Teilchenanregungen mit ungestörten Frequenzen $\omega^{(0)}$ entsteht, ist aus Gl. (6–216) zusammen mit den Gln. (6–26) und (6–27a) ersichtlich, daß $\chi_F(\Delta E_{21} = \hbar\omega^{(0)}) = -1$ gilt (vollständige Abschirmung). Dieses Ergebnis entspricht der Tatsache, daß die gesamte Übergangsstärke für das Feld F in der kollektiven Anregung enthalten ist.)

Für die elektrischen Multipolmomente wird der Koeffizient der Polarisierbarkeit gewöhnlich durch die Polarisationsladung ausgedrückt (siehe Abschnitt 3–3a). Die Polarisationsladung, die der Kopplung an eine Formschwingung ($\tau \approx 0$) entspricht, enthält das Verhältnis aus den Matrixelementen der Kopplung $-k_\lambda(r)\, Y_{\lambda\mu}\, \alpha^\dagger_{\lambda\mu}$ und dem Matrixelement des Multipolmoments $r^\lambda Y_{\lambda\mu}$. Mit dem gleichen Verfahren, das bei der Ableitung von Gl. (6–216) benutzt wurde, erhalten wir (siehe Gl. (6–63) für die Normierung der Amplitude von Formschwingungen in)

$$(e_{\mathrm{pol}})_{\lambda,\tau=0} = \frac{\langle j_2|\, k_\lambda(r)\, |j_1\rangle}{\langle j_2|\, r^\lambda\, |j_1\rangle} \frac{3}{4\pi} \frac{ZeR^\lambda}{C_\lambda} \frac{(\hbar\omega_\lambda)^2}{(\hbar\omega_\lambda)^2 - (\Delta E_{21})^2}$$

$$= \frac{8\pi}{3(2\lambda+1)} \frac{B(E\lambda;\, 0 \to \lambda)}{ZeR^\lambda\hbar\omega_\lambda} \frac{\langle j_2|\, k_\lambda(r)\, |j_1\rangle}{\langle j_2|\, r^\lambda\, |j_1\rangle} \frac{(\hbar\omega_\lambda)^2}{(\hbar\omega_\lambda)^2 - (\Delta E_{21})^2}. \qquad (6\text{–}218)$$

In der zweiten Zeile von Gl. (6–218) wurde der Parameter der Rückstellkraft C_λ mit Hilfe von Gl. (6–65) durch die Schwingungsfrequenz und die Übergangswahrscheinlichkeit ausgedrückt. (Bei Kernen mit $N > Z$ folgt aus der isovektoriellen Komponente von $k_\lambda(r)$, daß die überwiegend isoskalare Polarisationsladung (6–218) einen geringen isovektoriellen Anteil enthält; siehe S. 440ff.)

Die Isovektoranregungen tragen eine $\tau = 1$-Komponente zur effektiven Ladung bei. Für die durch Gln. (6–124) und (6–121) gegebene Kopplung mit dem radialen Formfaktor $f_\lambda(r)$ erhalten wir

$$(e_{\mathrm{pol}})_{\lambda,\tau=1} = t_z \frac{eV_1}{4\varrho_0 C_\lambda} \frac{\langle j_2|\, f_\lambda(r)\, |j_1\rangle}{\langle j_2|\, r^\lambda\, |j_1\rangle} \frac{(\hbar\omega_\lambda)^2}{(\hbar\omega_\lambda)^2 - (\Delta E_{21})^2} \int f_\lambda(r)\, r^{\lambda+2}\, dr \qquad (6\text{–}219)$$

unter Verwendung der Ausdrücke (6–122) und (6–123) für das elektrische Multipolmoment.

Bei elektrischen Dipolübergängen entspricht der hauptsächliche Polarisationseffekt der hochfrequenten Isovektoranregung. Die abstoßende Kopplung in dieser Schwingungsform verringert die niederfrequenten $E1$-Einteilchenübergangsmomente um etwa einen Faktor 0,3, der mit vorläufigen empirischen Angaben verträglich ist. (Siehe S. 416ff.; entsprechende Daten für das Dipolmoment des Ladungsaustausches werden auf S. 430ff. betrachtet.)

Für $E2$-Übergänge ist der isoskalare Polarisationseffekt stark von der Schalenstruktur abhängig. Bei doppelt magischen Kernen tragen nur die hochfrequenten Schwingungen bei, und die Polarisationsladungen sind von der Größenordnung Eins; siehe Tab. 6–9, S. 444. Bei Kernen mit Teilchen in nichtabgeschlossenen Schalen liefern die niederfrequenten Formschwingungen mit großer Amplitude den Hauptbeitrag, und die erwarteten und beobachteten Werte der effektiven Ladung liegen zwischen etwa 5 und 20 (siehe Tab. 6–10, S. 461, und Abb. 6–28, S. 455). Die sehr großen Werte von e_{eff} spiegeln den Umstand wider, daß die Kugelform nahezu instabil ist (siehe S. 446ff.). Die isovektoriellen $E2$-Polarisationsladungen sollten hauptsächlich aus der hochfrequenten kollektiven Schwingung resultieren; es wurde abgeschätzt, daß diese die isovektorielle Ladung um mehr als einen Faktor 2 verringert (siehe Gl. (6–382)). Die vorläufigen Belege sind in Tab. 6–9 angegeben.

Bei $E3$-Momenten erwartet man, daß der hauptsächliche Polarisationseffekt von der ziemlich niederfrequenten Formschwingung herrührt. Abschätzungen dieses Beitrages im ^{208}Pb-Gebiet ergeben für e_{pol} Werte von der Größenordnung $5e$, die mit den verfügbaren Daten übereinstimmen; siehe Tab. 6–15, S. 487. (Eine Abschätzung der Polarisationsladung in $E4$-Übergängen findet man bei Hamamoto, 1972.)

Der allgemeine Ausdruck (6–216) für den Koeffizienten der Polarisierbarkeit läßt sich auch auf spinabhängige Felder anwenden, die bei der Renormierung der $M1$-Momente auftreten (siehe Kapitel 3, Band I, S. 353ff., und Kapitel 5, S. 262ff.). Die Beziehung zwischen $(g_s)_{eff}$ und der $\lambda\pi = 1^+$, $\tau = 1$, $\mu_\tau = 0$-Schwingung wird in dem Beispiel auf S. 551 diskutiert.

Die oben besprochenen Koeffizienten der Polarisierbarkeit charakterisieren die Reaktion des Kerns auf die von dem zusätzlichen Teilchen ausgeübte Kraft; die gleichen Koeffizienten können benutzt werden, um die Reaktion des Kerns auf ein äußeres, zu F proportionales Feld zu beschreiben (siehe S. 372ff.). Die Koeffizienten der Polarisierbarkeit können daher auch aus der Streuung geladener Teilchen und aus Energieverschiebungen in exotischen Atomen bestimmt werden. Das Wechselwirkungspotential, das aus der statischen Polarisierbarkeit folgt, ist durch Gl. (6–292) gegeben, die sowohl einen skalaren Term als auch eine Tensorkomponente enthält, die unelastische Streuprozesse verursacht.

6–5 c Matrixelemente für Einteilchentransfer

Die Einteilchen-Transferprozesse stellen eine Methode zur direkten Messung geringer, durch Teilchen-Vibrationskopplung hervorgerufener Amplitudenbeimischungen dar. Durch die Mischung des Teilchenzustandes j_1 und des Einphononenzustandes $(j_2, n_\lambda = 1)$ mit $I = j_1$ kann letzterer in einem Einteilchen-Transferprozeß, der von einer abgeschlossenen Schale ausgeht, besiedelt werden (siehe Gln. (6–209) und (6–214)),

$$\langle j_2, n_\lambda = 1; I = j_1, M = m_1 | \hat{a}^\dagger(j_1 m_1) | 0 \rangle = \frac{h(j_1, j_2\lambda)}{\varepsilon(j_2) - \varepsilon(j_1) + \hbar\omega_\lambda}. \qquad (6\text{–}220)$$

Die Bezeichnung $\hat{a}^\dagger(j_1 m_1)$ weist darauf hin, daß wir es mit dem renormierten Operator zu tun haben, dessen Matrixelemente zwischen ungestörten Zuständen die Effekte der Teilchen-Vibrationskopplung einschließen (siehe Gl. (6–215)). Ein Beispiel für einen Transferprozeß, der die Kopplung an die Oktupolschwingung in ^{209}Bi beinhaltet, wird auf S. 492 besprochen.

Für die Niveaus j_1 unterhalb der Fermi-Oberfläche $(\varepsilon(j_1) < \varepsilon_F)$ tritt infolge des Matrixelementes (6–211), das die Konfiguration $(j_1^{-1} j_2)$, $n_\lambda = 1$; $I = 0$ zum Grundzustand beimischt, ein ähnlicher Effekt auf,

$$|\hat{0}\rangle \approx |0\rangle + \sum_{j_1 j_2} \frac{(2j_1 + 1)^{1/2} h(j_1, j_2\lambda)}{\varepsilon(j_2) - \varepsilon(j_1) + \hbar\omega_\lambda} |(j_1^{-1} j_2)\, \lambda, n_\lambda = 1; I = 0\rangle, \qquad (6\text{–}221)$$

wobei $\varepsilon(j_2) - \varepsilon(j_1)$ die Anregungsenergie der Teilchen-Loch-Konfiguration $(j_1^{-1} j_2)$ ist. Der daraus folgende Beitrag zum Transfermatrixelement ergibt sich wiederum aus Gl. (6–220). (Zur Ableitung dieses Ergebnisses kann man die Kopplungsbeziehung (1A–22) sowie die Teilchen-Loch-Transformation (3–7) verwenden.) Deshalb hätten wir das Ergebnis auch durch Vernachlässigung der Teilchen in abgeschlossenen Schalen erhalten können. Die Diagramme in Abb. 6–9 veranschaulichen die enge Beziehung zwischen den beiden Beiträgen zu den Transfermatrixelementen für $\varepsilon(j_1) > \varepsilon_F$ und $\varepsilon(j_1) < \varepsilon_F$.

Bei Systemen mit Paarkorrelation tragen beide Diagramme aus Abb. 6–9 zum Transfermatrixelement mit einem Einquasiteilchenzustand j_1 bei. Der Beitrag des ersten Diagramms wird zusätzlich zum Faktor $u(j_1)\, u(j_2) + cv(j_1)\, v(j_2)$, der dem Vertex der Streuung entspricht (siehe Gl. (6–207a)), noch mit dem Faktor $u(j_1)$ multipliziert (siehe Gl. (6–599)). Der Beitrag des zweiten Diagramms enthält außer dem Faktor

$v(j_1)\,u(j_2) - cu(j_1)\,v(j_2)$ vom Vertex für die Paarerzeugung (siehe Gl. (6–207b)) noch den Faktor $v(j_1)$. Außerdem ändern sich die Energienenner durch die Ersetzung der Einteilchenenergien durch Quasiteilchenenergien.

Eine Einteilchen-Transferreaktion, die aus einem ungeraden Kern ($\mathsf{v} = 1$, $n = 0$) in eine Vibrationsanregung ($\mathsf{v} = 0$, $n = 1$) führt, wird durch ähnliche Diagramme wie in Abb. 6–9 beschrieben. Sie mißt den Beitrag der Einteilchenkonfigurationen zur Schwingungsbewegung (siehe das Beispiel auf S. 462ff.).

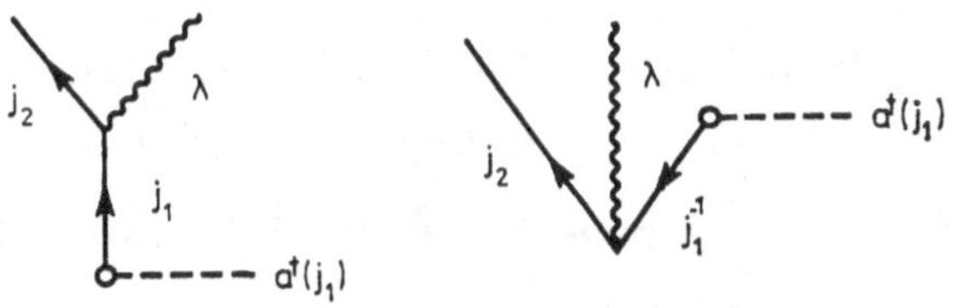

Abb. 6–9 Diagramme für einen Teilchentransferprozeß mit Anregung eines Phonons

6–5d Teilchen-Phonon-Wechselwirkungsenergie

Die Teilchen-Vibrationskopplung erzeugt in zweiter Ordnung eine effektive Wechselwirkung zwischen einem Teilchen und einem Phonon, die die Entartung des Multipletts $(j_1\lambda)\,I$ aufhebt, das durch die Überlagerung eines Teilchens und eines Schwingungsquants gebildet wird. Die Teilchen-Phonon-Wechselwirkung enthält vier Glieder, die den verschiedenen Typen von Zwischenzuständen entsprechen (siehe die Diagramme in den Abb. 6–10a—d),

$$V = V^{(a)} + V^{(b)} + V^{(c)} + V^{(d)}. \tag{6–222}$$

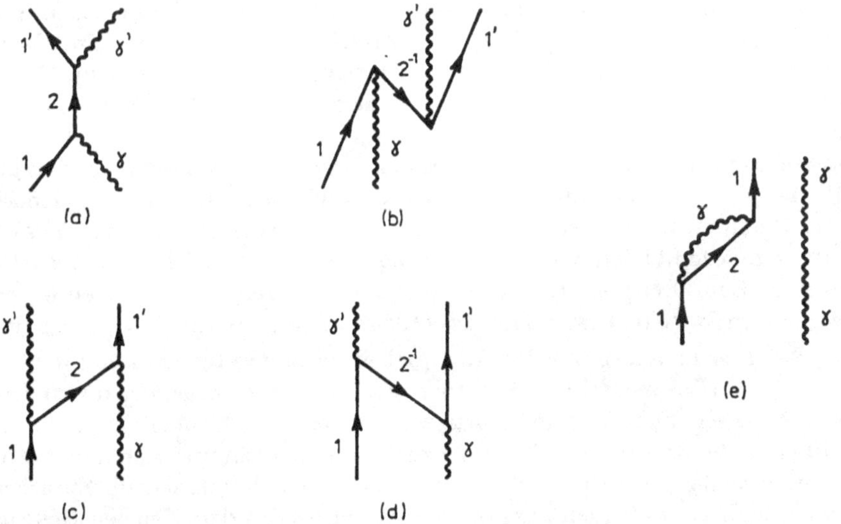

Abb. 6–10 Diagramme für die Teilchen-Phonon-Wechselwirkung. Das unverbundene Diagramm (e) stellt einen Selbstenergieterm für das Teilchen dar, der in der Teilchen-Phonon-Wechselwirkung nicht zu berücksichtigen ist.

Um die Struktur der verschiedenen Glieder in Gl. (6–222) hervorzuheben, vernachlässigen wir zuerst die Drehimpulskopplung und bezeichnen die Teilchen- und Lochzustände mit 1 ($= j_1 m_1$), 2 usw. und die Schwingungsquanten mit $\gamma (= \lambda\mu)$, γ' usw. Die vier Wechselwirkungsterme zweiter Ordnung, die von einem Anfangszustand 1γ zu einem Endzustand $1'\gamma'$ führen, enthalten daher (außer einem Energienenner) die folgenden Produkte aus Matrixelementen erster Ordnung:

$$\langle 1'\gamma' | H' | 2 \rangle \langle 2 | H' | 1\gamma \rangle, \tag{6–223a}$$

$$\begin{aligned} \langle 1'\gamma' | H' | 2^{-1}1'\gamma' 1\gamma \rangle \langle 2^{-1}1'\gamma' 1\gamma | H' | 1\gamma \rangle &= -\langle 1'\gamma' | H' | 2^{-1}1\gamma 1'\gamma' \rangle \langle 2^{-1}1'\gamma' 1\gamma | H' | 1\gamma \rangle \\ &= -\langle 0 | H' | 2^{-1}1\gamma \rangle \langle 2^{-1}1'\gamma' | H' | 0 \rangle \\ &= -\langle 1'\gamma' | H' | \bar{2} \rangle \langle \bar{2} | H' | 1\gamma \rangle, \end{aligned} \tag{6–223b}$$

$$\begin{aligned} \langle 1'\gamma' | H' | 2\gamma'\gamma \rangle \langle 2\gamma'\gamma | H' | 1\gamma \rangle &= \langle 1'\gamma' | H' | 2\gamma\gamma' \rangle \langle 2\gamma'\gamma | H' | 1\gamma \rangle \\ &= \langle 1' | H' | 2\gamma \rangle \langle 2\gamma' | H' | 1 \rangle, \end{aligned} \tag{6–223c}$$

$$\begin{aligned} \langle 1'\gamma' | H' | 12^{-1}1' \rangle \langle 12^{-1}1' | H' | 1\gamma \rangle &= -\langle 1'\gamma' | H' | 1'2^{-1}1 \rangle \langle 12^{-1}1' | H' | 1\gamma \rangle \\ &= -\langle \gamma' | H' | 2^{-1}1 \rangle \langle 2^{-1}1' | H' | \gamma \rangle \\ &= -\langle 1' | H' | \bar{2}\gamma \rangle \langle \bar{2}\gamma' | H' | 1 \rangle. \end{aligned} \tag{6–223d}$$

In den Zwischenzuständen haben wir Teilchen (und Löcher) und Quanten vertauscht und dabei berücksichtigt, daß die Zustände beim Austausch von Bosonen symmetrisch und beim Austausch von Fermionen antisymmetrisch sind. Außerdem geht bei der Berechnung der Matrixelemente in die Gln. (6–223b) und (6–223d) die Crossing-Beziehung ein, wodurch ein Loch 2^{-1} im End- (oder Anfangs-) Zustand durch einen Teilchenzustand $\bar{2}$ im Anfangs- (oder End-) Zustand ersetzt werden kann (siehe Abb. 3B–1, Band I, S. 389). Die endgültige Form der Matrixelemente in den Gln. (6–223b) und (6–223d) drückt die enge Beziehung zu den Matrixelementen in den Gln. (6–223a) bzw. (6–223c) aus, wodurch die Topologie der Diagramme in Abb. 6–10 zum Ausdruck kommt.

Wenn die Teilchen oder die Quanten in den End- und Anfangszuständen gleich sind ($1 = 1'$ oder $\gamma = \gamma'$), dann enthalten einige der Zwischenzustände zwei identische Teilchen oder Quanten. In einer solchen Situation würde die Benutzung von Zuständen mit der geeigneten Permutationssymmetrie die Berechnung der Matrixelemente in Gl. (6–223) modifizieren. Zum Beispiel tritt in Gl. (6–223c) bei den Matrixelementen mit einem symmetrisierten Zwischenzustand mit zwei identischen Quanten ($\gamma = \gamma'$) ein zusätzlicher Faktor $\sqrt{2}$ auf (siehe Gl. (6–1)). Der Energiebeitrag in zweiter Ordnung wird daher mit einem Faktor 2 (Bosonenfaktor) multipliziert. Bei der Darstellung durch Diagramme drückt sich dieser Faktor 2 im Auftreten zweier verschiedener Diagramme 6–10c und 6–10e aus, die den gleichen Zwischenzustand enthalten und sich nur in der Art und Weise unterscheiden, wie die Vertices den identischen Phononen im Zwischenzustand zugeordnet sind. Diese beiden Diagramme liefern jeweils den gleichen Beitrag zur Gesamtenergie des Teilchen-Phonon-Zustandes. Das Diagramm 6–10e, das nicht verbundene Anteile enthält („unlinked diagram"), stellt eine Wechselwirkung dar, die bereits bei einer Einteilchenkonfiguration auftritt (Selbstenergieterm; siehe Abschnitt

6–5e). Dieser Term ist in der Teilchen-Phonon-Wechselwirkungsenergie, die die Differenz zwischen der Gesamtenergie des Teilchen-Phonon-Zustandes und den separaten Energien der Einteilchen- und Einphononenzustände darstellt, nicht zu berücksichtigen. Daher erhält man den Beitrag zur Teilchen-Phonon-Wechselwirkung, indem man das nicht verbundene Diagramm 6–10e wegläßt und dem Diagramm 6–10c wie in Gl. (6–223c) das Gewicht Eins gibt. In ähnlicher Weise würde das Matrixelement (6–223d) für $1 = 1'$ mit einem antisymmetrisierten Zwischenzustand verschwinden (Ausschließungsprinzip). Mit der Diagrammtechnik erhält man dieses Ergebnis, indem man die entgegengesetzten Beiträge des Diagramms 6–10d, das die Teilchen-Phonon-Wechselwirkung darstellt, und des Diagramms, bei dem die identischen Fermionen im Zwischenzustand vertauscht wurden, miteinander kombiniert. Das zuletzt genannte Diagramm ist nicht verbunden und stellt einen Beitrag zur Selbstenergie des Phonons dar. (Aus diesen Beziehungen folgt, daß die Glieder der Teilchen-Phonon-Wechselwirkung mit identischen Teilchen oder Quanten im Zwischenzustand als Modifizierung der Selbstenergieterme angesehen werden können, die sich bei Anwesenheit eines zusätzlichen Teilchens oder Quants aus Symmetriebedingungen ergibt.)

Die Diagrammtechnik, die in den obigen Beispielen veranschaulicht wurde, läßt sich in folgenden allgemeinen Regeln zusammenfassen:

1. Bei Diagrammen mit identischen Teilchen oder Phononen ist es nicht notwendig, die Symmetriebedingungen in den Zwischenzuständen explizit einzuführen, vorausgesetzt, daß die identischen Quanten im Diagramm unterschiedliche Rollen spielen (wie es für alle Diagramme in Abb. 6–10 der Fall ist). Bosonenfaktoren und der Ausschluß von Zuständen durch die Antisymmetrie von Fermionen werden bei der Durchnumerierung unterschiedlicher Diagramme, die alle einfach gezählt wurden, automatisch berücksichtigt. Ein Anfangs- oder Endzustand mit n identischen Phononen verlangt jedoch einen zusätzlichen Faktor $(n!)^{1/2}$ (siehe z. B. Abb. 6–12). Diagramme mit identischen Quanten, die ununterscheidbare Rollen spielen, verlangen ebenfalls zusätzliche Gewichtsfaktoren, die die Symmetrie ausdrücken; siehe den Faktor $n!$ für die n ununterscheidbaren Bosonen in Abb. 6–36c und den Faktor 1/2 für die ununterscheidbaren Fermionen in Abb. 6–61a.

2. Die verbundenen Diagramme liefern unmittelbar diejenigen Beiträge zu einem gegebenen Matrixelement, die der Wechselwirkung von Elementaranregungen entsprechen, im Unterschied zu den Effekten, die Beiträge von den Bestandteilen der betrachteten Zustände darstellen. Die zuletzt genannten Effekte treten als unverbundene Diagramme auf.

3. Bei der Berechnung der Glieder höherer Ordnung muß man Diagramme mitnehmen, bei denen der Anfangs- oder Endzustand als Zwischenzustand erneut auftritt, was zum Energienenner Null führen würde. Solche Diagramme stellen die Renormierung der Wellenfunktionen für Anfangs- oder Endzustände dar. Sie werden nach dem Standardverfahren der quantenmechanischen Störungstheorie berechnet. (Das letzte Diagramm von Abb. 6–37 ist ein Beispiel dafür.)

Diese Regeln zur systematischen Berechnung der Störungsentwicklung für gekoppelte Felder sind aus der Feldtheorie der Elementarteilchen und anderer Vielteilchensysteme gut bekannt (siehe z. B. Wick, 1955). Wie die Beispiele im vorliegenden Abschnitt zeigen, enthält der auf der Teilchen-Vibrationskopplung beruhende Formalismus in konsistenter Weise die Effekte, die sich aus der Identität der in den Teilchenfreiheitsgraden und in den kollektiven Schwingungen auftretenden Nukleonen ergeben. (Eine systematischere, auf der Analyse spezieller Modelle aufbauende Diskussion findet man bei BÈS u. a., 1974.)

Für drehimpulsgekoppelte Zustände $(j_1\lambda)\,I$ sind die durch Abb. 6–10a und 6–10b veranschaulichten Matrixelemente proportional zu $\delta(j_2, I)$. Die in Abb. 6–10c und 6–10d gezeigten Matrixelemente lassen sich mit Hilfe einer Umkopplung in den Zwischenzuständen berechnen. So erhält man für die Energieaufspaltung innerhalb des Multipletts (siehe Gl. (6–209))

$$\begin{aligned}&\langle j_1, n_\lambda = 1; IM|\, V^{(a)} + V^{(b)}\,|j_1, n_\lambda = 1; IM\rangle\\&\quad = \sum_{j_2} \frac{h^2(j_2, j_1\lambda)}{\varepsilon(j_1) - \varepsilon(j_2) + \hbar\omega_\lambda}\, \delta(j_2, I),\end{aligned} \tag{6–224a}$$

$$\begin{aligned}&\langle j_1, n_\lambda = 1; IM|\, V^{(c)} + V^{(d)}\,|j_1, n_\lambda = 1; IM\rangle\\&\quad = \sum_{j_2} \frac{h^2(j_1, j_2\lambda)}{\varepsilon(j_1) - \varepsilon(j_2) - \hbar\omega_\lambda}\, \langle (j_2\lambda')\, j_1, \lambda; I \mid (j_2\lambda)\, j_1, \lambda'; I\rangle\\&\quad = \sum_{j_2} \frac{h^2(j_1, j_2\lambda)}{\varepsilon(j_2) - \varepsilon(j_1) + \hbar\omega_\lambda}\, (2j_1 + 1) \begin{Bmatrix} \lambda & j_1 & j_2 \\ \lambda & j_1 & I \end{Bmatrix}.\end{aligned} \tag{6–224b}$$

Bei der Summe über j_2 tragen die Zustände oberhalb der FERMI-Oberfläche zu $V^{(a)}$ und $V^{(c)}$ bei, während die Zustände unterhalb der FERMI-Oberfläche Beiträge zu $V^{(b)}$ und $V^{(d)}$ liefern. Es ist zu sehen, daß die Beiträge von Zuständen unterhalb der FERMI-Oberfläche die gleichen wären wie im Falle der Abwesenheit der Teilchen in abgeschlossenen Schalen. Die Wechselwirkung ist daher dieselbe wie für ein Phonon, das an ein einzelnes Teilchen im Kernpotential gekoppelt ist. (Diese Beziehung gilt nicht bei Paarkorrelationen; zur Wechselwirkung eines Quasiteilchens mit einem Phonon tragen für jede Einteilchenbahn j_2 alle vier Diagramme bei.)

Die Oktupolanregungen in den zu ^{208}Pb benachbarten Kernen sind geeignet, um die Wechselwirkung zwischen Teilchen und Schwingungsquanten zu untersuchen (siehe S. 491ff.). Die Kopplung an niederfrequente Quadrupolschwingungen ist gewöhnlich ziemlich stark, und bei der quantitativen Analyse der Spektren ungerader Kerne wurden nur geringe Fortschritte erzielt. Die Teilchen-Vibrationswechselwirkung erklärt jedoch einige Merkmale dieser Spektren qualitativ (siehe insbesondere die Diskussion der beobachteten niederenergetischen Zustände mit $I = j - 1$, wobei j der Drehimpuls der Einteilchenbahn ist, S. 465ff.).

6–5e Selbstenergien

Die Teilchen-Vibrationskopplung führt in zweiter Ordnung ebenfalls zu Energieverschiebungen bei Zuständen mit einem einzigen Teilchen (oder Loch) oder einem einzigen Quant sowie zu einem Beitrag zur Energie der Konfiguration abgeschlossener Schalen (des „Vakuumzustandes"). Die entsprechenden Diagramme sind in Abb. 6–11 angegeben.

Die Energieverschiebung der abgeschlossenen Konfiguration, die mit der virtuellen Anregung eines Teilchen-Loch-Paares $(j_1^{-1}j_2)$ und eines Quants λ verknüpft ist (Abb.

6–11a), erhält man aus dem Matrixelement (6–211),

$$\delta\mathscr{E}_0 = -\frac{(2j_1+1)\,h^2(j_1, j_2\lambda)}{\varepsilon(j_2)-\varepsilon(j_1)+\hbar\omega_\lambda}. \tag{6–225}$$

Zur Selbstenergie eines einzelnen Teilchens tragen die beiden Diagramme in Abb. 6–11b bei, die der Kopplung an Bahnen j_2 oberhalb und unterhalb des FERMI-Niveaus entsprechen,

$$\delta\varepsilon(j_1) = \begin{cases} \dfrac{h^2(j_1, j_2\lambda)}{\varepsilon(j_1)-\varepsilon(j_2)-\hbar\omega_\lambda}, & \varepsilon(j_2) > \varepsilon_F, \\[2ex] -\dfrac{h^2(j_1, j_2\lambda)}{\varepsilon(j_2)-\varepsilon(j_1)-\hbar\omega_\lambda}, & \varepsilon(j_2) < \varepsilon_F. \end{cases} \tag{6–226}$$

Das Minuszeichen im zweiten Term hängt wie in den Gln. (6–223b) und (6–223d) mit dem Teilchenaustausch im Zwischenzustand zusammen. Die Energieverschiebungen (6–226) sind von der Größenordnung $f_\lambda^2\hbar\omega_\lambda$, ausgedrückt durch den in Gl. (6–212) angegebenen dimensionslosen Kopplungsparameter f_λ. Daher gilt für die Kopplung an hochfrequente Schwingungen $\delta\varepsilon \sim \varepsilon_F A^{-1}$, größere Verschiebungen können sich aber durch die Kopplung an niederfrequente Quadrupol- und Oktupolschwingungen ergeben (siehe z. B. S. 486ff.). Die Einteilchenselbstenergie verringert die Energie sowohl der

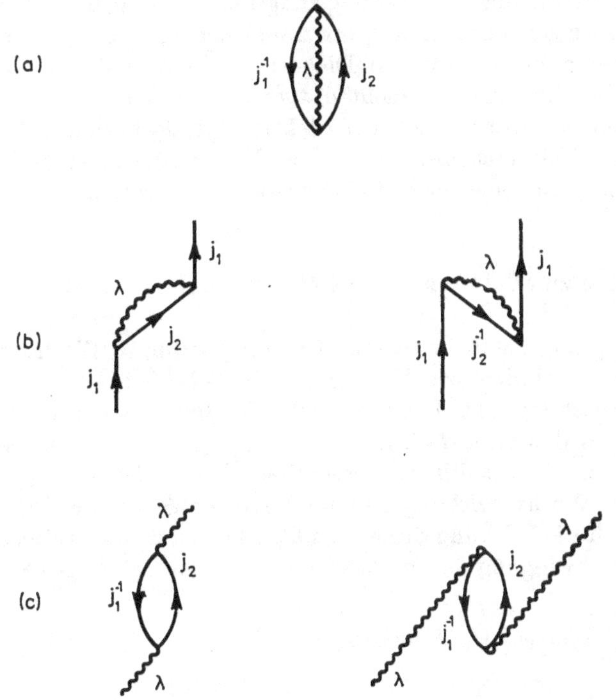

Abb. 6–11 Selbstenergieterme. Diagramm (a) stellt die Selbstenergie des Volumens dar, während die Diagramme (b) und (c) den Selbstenergieterm für ein Teilchen bzw. ein Phonon bedeuten.

niedrigsten Teilchen- als auch der Lochzustände und verkleinert somit den Spalt zwischen besetzten und unbesetzten Bahnen (HAMAMOTO und SIEMENS, 1974). Dieser Effekt kann eine Rolle spielen, um die beobachteten Niveauabstände in der Nähe der FERMI-Oberfläche, die mit einem geschwindigkeitsunabhängigen Potential konsistent sind (siehe z. B. Abb. 3–3, Band I, S. 341, und Kapitel 5, S. 230), mit den Belegen über eine beträchtliche, im optischen Potential (siehe z. B. Abb. 2–29, Band I, S. 250) und in den Energien stark gebundener Lochzustände (siehe z. B. Abb. 3–5, Band I, S. 344) angedeutete Geschwindigkeitsabhängigkeit in Übereinstimmung zu bringen.

Die Phononenselbstenergie wird durch die Diagramme in Abb. 6–11c dargestellt,

$$\delta\hbar\omega_\lambda = -\frac{2j_1+1}{2\lambda+1} h^2(j_1, j_2\lambda)\left(\frac{1}{\varepsilon(j_2)-\varepsilon(j_1)-\hbar\omega_\lambda}+\frac{1}{\varepsilon(j_2)-\varepsilon(j_1)+\hbar\omega_\lambda}\right)$$

$$= -\frac{2j_1+1}{2\lambda+1} h^2(j_1, j_2\lambda)\frac{2\big(\varepsilon(j_2)-\varepsilon(j_1)\big)}{\big(\varepsilon(j_2)-\varepsilon(j_1)\big)^2-(\hbar\omega_\lambda)^2}. \tag{6–227}$$

Die Energieverschiebung (6–227) stellt die Änderung der Phononenfrequenz dar, die sich aus der Kopplung an eine bestimmte Teilchen-Loch-Konfiguration ($j_1^{-1}j_2$) ergibt. Berücksichtigt man die Kopplung an alle Teilchen- und Lochfreiheitsgrade, dann kann man eine Selbstkonsistenzbedingung für die Frequenz der Schwingungsbewegung (siehe Abschnitt 6–5h) erhalten.

Bei der Berechnung der Selbstenergie (6–226) und (6–227) folgten wir den auf S. 365 besprochenen Regeln zur Auswertung der Störungsdiagramme. So geht in das zweite Diagramm von Abb. 6–11b ein Zwischenzustand mit zwei Teilchen in der gleichen Bahn j_1m_1 ein, und bei der Berechnung des zweiten Diagramms in Abb. 6–11c wurde der Bosonenfaktor für identische Phononen $\lambda\mu$ nicht mitgenommen. Die Folgerungen aus der Statistik identischer Teilchen wurden exakt berücksichtigt, da in den nichtverbundenen Diagrammen, die die Vakuumselbstenergie bei Vorhandensein eines Teilchens oder eines Phonons darstellen, die gleichen Zwischenzustände auftreten.

6–5f Polarisationsbeiträge zu effektiven Zweiteilchenwechselwirkungen

Die Teilchen-Vibrationskopplung führt in zweiter Ordnung zu einer Wechselwirkung zwischen zwei Teilchen, die sich ähnlich wie die in Abschnitt 6–5d betrachtete Teilchen-Phonon-Wechselwirkung berechnen läßt. Um die Stärke der Polarisationskraft zu veranschaulichen, betrachten wir den Grenzfall, in dem die Frequenz des ausgetauschten Phonons groß gegenüber der Energiedifferenz zwischen den Teilchenzuständen ist. In diesem Fall kann man die Wechselwirkung als eine Folge der statischen Deformation (6–217) betrachten, die durch die Wirkung des ersten Teilchens auf das zweiteent steht. Daher erhält man für eine Schwingung der Multipolordnung λ (siehe Gl. (6–68))

$$V_\lambda(1,2) = -\frac{2\lambda+1}{4\pi C_\lambda} k_\lambda(r_1)\, k_\lambda(r_2)\, P_\lambda(\cos\vartheta_{12}). \tag{6–228}$$

Die Größenordnung der Polarisationswechselwirkung (6–228) ist (wie die Selbstenergie eines Teilchens) gegeben durch $f_\lambda^2\hbar\omega_\lambda$. Für hochfrequente Schwingungen gilt $f_\lambda^2\hbar\omega_\lambda \sim \varepsilon_F A^{-1}$, was mit der mittleren Nukleonenwechselwirkung im Kern ($\sim V_0 A^{-1}$) vergleichbar ist. Die Größe der Polarisationswechselwirkung wird unmittelbar aus der Tatsache ersichtlich, daß durch die Deformation der abgeschlossenen Schalen, die ein einzelnes Teilchen erzeugt, Polarisationsmomente entstehen, die mit den reinen Teilchenmomenten vergleichbar sind (siehe S. 437); folglich ist der entsprechende Beitrag zur Polarisationswechselwirkung (6–228) etwa so groß wie die direkte Kraft.

Die Polarisationswechselwirkung, die sich aus der Kopplung an niederfrequente Schwingungen ergibt, kann beträchtlich größer sein als die Kraft zwischen „nackten" Teilchen; da die Frequenz dieser Schwingungen mit den Teilchenfrequenzen vergleichbar sein kann, ist es wie bei der Berechnung der Teilchen-Phonon-Wechselwirkung notwendig, über die statische Näherung (6–228) hinauszugehen.

6–5g Effekte höherer Ordnung

Die in den Abschnitten 6–5b bis 6–5f betrachteten Glieder erster und zweiter Ordnung stellen die Effekte führender Ordnung der Teilchen-Vibrationskopplung dar. Die Berücksichtigung von Termen höherer Ordnung führt teils zu Korrekturen an diesen Effekten und teils zu verschiedenen zusätzlichen Wechselwirkungen wie Anharmonizität der Schwingungsbewegung und Kopplung zwischen Phononen verschiedener Schwingungsformen.[1])

Als ein Beispiel für Effekte höherer Ordnung betrachten wir die Kopplung zwischen Ein- und Zweiphononenzuständen. Diese Wechselwirkung ist von dritter Ordnung in der Teilchen-Vibrationskopplung und wird durch die Diagramme in Abb. 6–12 veranschaulicht, die ein geschlossenes Dreieck aus Teilchenlinien enthalten. Zusätzliche Diagramme, die zu diesem Prozeß beitragen, erhält man durch Austausch von Teilchen und Löchern (indem man die Pfeilrichtung in der geschlossenen Schleife umkehrt) und durch einen Austausch der beiden auslaufenden Phononen.

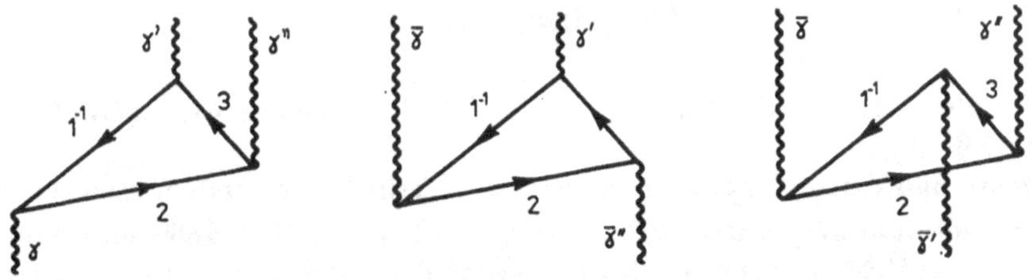

Abb. 6–12 Kopplung zwischen Ein- und Zweiphononenzuständen

1) Anharmonische Effekte, die sich aus der Kopplung von Teilchenanregungen an Quadrupolschwingungen ergeben, betrachteten Scharff-Goldhaber und Weneser (1955) und Raz (1959). Die große Anharmonizität der Quadrupolschwingung wurde durch die Untersuchung der Coulomb-Anregung der $n_2 = 2$-Zustände gezeigt (siehe z. B. McGowan, 1959) und durch die Beobachtung stark unterstützt, daß die statischen Quadrupolmomente der $n_2 = 1$-Zustände ihrer Größe nach mit den Übergangsmomenten vergleichbar sind (de Boer u. a., 1965). Diese Entdeckungen stimulierten die Entwicklung systematischer Methoden zur Behandlung anharmonischer Effekte (Belyaev und Zelevinsky, 1962; Marumori u. a., 1964; Tamura und Udagawa, 1964; Alaga und Ialongo, 1966 (siehe auch Alaga, 1969); Dreizler u. a., 1967; Ottaviani u. a., 1967; Sørensen, 1967; Kumar und Baranger, 1968; Marshalek, 1973. Die Entwicklung der Methoden, die von einer Teilchen-Vibrationskopplung ausgehen, findet man in den Literaturhinweisen in der Fußnote auf S. 492).

Der Beitrag des ersten Diagramms in Abb. 6–12 zur Amplitude des Zweiphononenzustandes, der zum Einphononenzustand beigemischt ist, wird durch das Standardergebnis der dritten Störungsordnung gegeben,

$$c^{(1)} = \frac{\langle f|\, H'\, |a_2\rangle \langle a_2|\, H'\, |a_1\rangle \langle a_1|\, H'\, |i\rangle}{(E_i - E_f)\,(E_i - E_{a_2})\,(E_i - E_{a_1})}$$

$$= \frac{\langle \gamma'|\, H'\, |1^{-1}3\rangle \langle 3\gamma''|\, H'\, |2\rangle \langle 1^{-1}2|\, H'\, |\gamma\rangle}{(\hbar\omega_\gamma - \hbar\omega_{\gamma'} - \hbar\omega_{\gamma''})\,(\hbar\omega_\gamma - \hbar\omega_{\gamma''} - \varepsilon_3 + \varepsilon_1)\,(\hbar\omega_\gamma - \varepsilon_2 + \varepsilon_1)}, \tag{6–229}$$

wobei i und f den Anfangs- und Endzustand und a_1, a_2 die beiden Zwischenzustände bezeichnen. In ähnlicher Weise erhält man den Beitrag der zusätzlichen Diagramme.

Von besonderem Interesse ist die Kopplung des Einphononenzustandes an einen Zweiphononenzustand des gleichen Typs. Eine solche Situation kann für Quanten mit gerader Parität und mit geradzahligem Drehimpuls λ auftreten,

$$|\hat{n}_\lambda = 1\rangle \approx |n_\lambda = 1\rangle + c\, |n_\lambda = 2, I = \lambda\rangle. \tag{6–230}$$

Diese Wechselwirkung stellt den dominierenden anharmonischen Effekt in der Vibrationsbewegung dar, dessen Konsequenzen in Abschnitt 6–6a betrachtet werden. Aus Gl. (6–229) und den Matrixelementen (6–209) und (6–211) für Formschwingungen erhalten wir durch die Umkopplung $j_1, (j_3\lambda'')\, j_2;\, \lambda \to (j_1 j_3)\, \lambda', \lambda'';\, \lambda$

$$c^{(1)}(j_1^{-1} j_2 j_3) = \frac{K(j_1 j_2 j_3)}{\hbar\omega_\lambda\big(\varepsilon(j_3) - \varepsilon(j_1)\big)\,\big(\varepsilon(j_2) - \varepsilon(j_1) - \hbar\omega_\lambda\big)} \tag{6–231}$$

mit

$$K(j_1 j_2 j_3) = 2^{1/2}\,(2\lambda + 1)^{-1/2}\,(2j_1 + 1)^{1/2}\,(2j_2 + 1)^{1/2}\,(2j_3 + 1)^{1/2}$$
$$\times \begin{Bmatrix} j_1 & j_2 & \lambda \\ \lambda & \lambda & j_3 \end{Bmatrix} h(j_1, j_2\lambda)\, h(j_2, j_3\lambda)\, h(j_3, j_1\lambda). \tag{6–232}$$

Der Faktor $2^{1/2}$ hängt mit der Identität der beiden Phononen im Endzustand zusammen (siehe Gl. (6B–36)).

Das zweite und dritte Diagramm in Abb. 6–12 erhält man, indem man bei zwei der Vertices $c^\dagger(\lambda\mu)$ und $c(\overline{\lambda\mu})$ austauscht, so daß die gleichen Matrixelemente von H' wie in Gl. (6–229) auftreten; siehe Gl. (6–51). Wegen der Symmetrien (1A–11) der Vektoradditionskoeffizienten ist die Drehimpulskopplung dieselbe. Diese Beiträge unterscheiden sich von Gl. (6–231) nur durch die Energienenner, und die Amplitude wird

$$c(j_1^{-1} j_2 j_3) = \sum_{p=1}^{3} c^{(p)}(j_1^{-1} j_2 j_3)$$
$$= \frac{K(j_1 j_2 j_3)}{\hbar\omega_\lambda} \left(\frac{1}{\Delta E_{31}(\Delta E_{21} - \hbar\omega_\lambda)} + \frac{1}{\Delta E_{31}(\Delta E_{21} + \hbar\omega_\lambda)} + \frac{1}{(\Delta E_{31} + 2\hbar\omega_\lambda)\,(\Delta E_{21} + \hbar\omega_\lambda)} \right) \tag{6–233}$$

$$\big(\Delta E_{ik} \equiv \varepsilon(j_i) - \varepsilon(j_k)\big).$$

Für $j_2 \neq j_3$ treten zwei Termfolgen auf, bei denen j_2 und j_3 miteinander vertauscht sind $\left(c(j_1^{-1}j_2j_3) + c(j_1^{-1}j_3j_2)\right)$. Sie unterscheiden sich wiederum nur durch die Energienenner, da $K(j_1j_2j_3)$ bei beliebiger Permutation der drei Drehimpulse symmetrisch ist. Schließlich tragen zur Gesamtamplitude c in Gl. (6–230) Zwischenzustände aus einem Teilchen und zwei Löchern bei, die die gleiche Form wie Gl. (6–233) besitzen, abgesehen von einer Vorzeichenänderung, die daraus resultiert, daß ein Teilchen mit anderem Vorzeichen angekoppelt wird als ein Loch.

Die Berechnung der oben betrachteten Glieder dritter Ordnung veranschaulicht das allgemeine Verfahren zur Bestimmung der Terme höherer Ordnung der Störungsreihe. Die störungstheoretische Behandlung der Teilchen-Vibrationskopplung H' läßt sich auch durch eine Reihe kanonischer Transformationen ausdrücken, die zu einer Diagonalisierung des Gesamt-Hamilton-Operators $H_0 + H'$ führen, wobei H_0 die unabhängige Bewegung der Teilchen und Vibrationsquanten repräsentiert. (Siehe die ähnliche Analyse der Teilchen-Rotationskopplung in Kapitel 4, S. 125ff.)

6–5h Durch Teilchen-Vibrationskopplung angeregte Normalschwingungen

In den vorangegangenen Teilen von Abschnitt 6–5 wurden einige Konsequenzen betrachtet, die sich aus der Teilchen-Vibrationskopplung für die Renormierung der Eigenschaften von Elementaranregungen und für das Auftreten einer Wechselwirkung zwischen ihnen ergeben. Die systematische Behandlung der Teilchen-Vibrationskopplung läuft auf eine Kernfeldtheorie hinaus, die in konsistenter Weise die Tatsache berücksichtigt, daß Schwingungsquanten und Teilchenanregungen aus den gleichen Freiheitsgraden aufgebaut sind. Die Antisymmetrie zwischen den explizit betrachteten Teilchen und den Teilchen, die in die kollektiven Anregungen eingehen, drückt man durch Austauschwechselwirkungen aus, wie sie Abb. 6–10d veranschaulicht (siehe S. 363). Die Berücksichtigung dieser Austauschwechselwirkungen sichert gleichzeitig die Orthogonalität der Zustände, die aus verschiedenen Elementaranregungen aufgebaut sind.

Bisher wurden Effekte der Teilchen-Vibrationskopplung betrachtet, die mit der Kopplung an einzelne Teilchenkonfigurationen zusammenhängen. Erweitert man die Behandlung so, daß das Zusammenspiel aller Teilchenfreiheitsgrade erfaßt wird, dann erhält man eine Beschreibung der Schwingungen durch selbstkonsistente Oszillationen der Dichte und des Potentials des Kerns.[1] Der vorliegende Abschnitt enthält eine Ableitung der Normalschwingungen, die auf einem Verfahren aufbaut, das die in Abschnitt 6–2c angegebene schematische Behandlung verallgemeinert. Wir deuten auch kurz an, wie diese Formulierung mit einer auf effektiven Zweikörperwechselwirkungen beruhenden Behandlung zusammenhängt.

[1]) Eine Behandlung der Kernschwingungen, die von der Bewegung unabhängiger Teilchen ausgeht, wurde zuerst bei der Berechnung der potentiellen und kinetischen Energien langsam variierender mittlerer Kernfelder formuliert (Inglis, 1955; Araújo, 1956, 1959; Ferrell, 1957; Griffin und Wheeler, 1957; Griffin, 1957; Belyaev, 1959). Die allgemeine Behandlung der Normalschwingungen des Kerns, die auf einer Random-Phase-Näherung aufbaut, entwickelten Glassgold u. a. (1959), Ferrell und Fallieros (1959), Goldstone und Gottfried (1959), Takagi (1959), Ikeda u. a. (1959), Arvieu und Veneroni (1960), Baranger (1960), Kobayashi und Marumori (1960), Marumori (1960) und Thouless (1961).

Responsefunktion und Random-Phase-Näherung

Die Analyse der selbstkonsistenten Anregungsformen des Kerns läßt sich auf einer Untersuchung der Responsefunktion des Kerns aufbauen, die die Kernpolarisation unter dem Einfluß eines zeitabhängigen äußeren Feldes beschreibt.[1]) Ein solches Feld erzeugt bei der Wirkung auf ein Kernmoment F eine Kopplung der Form

$$H' = \varkappa \alpha_{\text{ext}} F. \tag{6–234}$$

Dabei bedeutet α_{ext} die Amplitude des äußeren Feldes, die auch so normiert werden kann, daß $\varkappa$ mit der oben benutzten nuklearen Feldkopplungskonstante übereinstimmt (siehe Gl. (6–204)).

Bei einem schwachen Feld α_{ext} mit harmonischer Zeitabhängigkeit

$$\alpha_{\text{ext}} = (\alpha_{\text{ext}})_0 \cos \omega_{\text{ext}} t \tag{6–235}$$

ist der gestörte Kernzustand gegeben durch

$$| \rangle = |0\rangle - \frac{\varkappa}{2\hbar} (\alpha_{\text{ext}})_0 \sum_a \left(\frac{\exp\{-i\omega_{\text{ext}} t\}}{\omega_a - \omega_{\text{ext}}} + \frac{\exp\{i\omega_{\text{ext}} t\}}{\omega_a + \omega_{\text{ext}}} \right) F_a |a\rangle, \tag{6–236}$$

$$F_a \equiv \langle a| F |0\rangle, \qquad \hbar\omega_a \equiv E_a - E_0,$$

wobei a die Kernanregungen mit Energien $\hbar\omega_a$ bezeichnet und der Zustand $|0\rangle$ den Grundzustand des Systems darstellt. (Die Lösung (6–236) entspricht einem adiabatischen Einschalten des Feldes; im allgemeineren Fall enthält die Lösung der Wellengleichung zusätzliche Terme, die ein zeitabhängiges induziertes Moment hervorrufen, das jedoch für die folgende Diskussion keine Bedeutung hat.)

Aus Gl. (6–236) erhält man das induzierte Moment F,

$$\langle F\rangle = \chi(\omega_{\text{ext}})\, \alpha_{\text{ext}} = \chi(\omega_{\text{ext}})\, (\alpha_{\text{ext}})_0 \cos \omega_{\text{ext}} t \tag{6–237}$$

mit

$$\chi(\omega_{\text{ext}}) \equiv -\frac{2\varkappa}{\hbar} \sum_a \frac{|F_a|^2\, \omega_a}{(\omega_a)^2 - (\omega_{\text{ext}})^2}. \tag{6–238}$$

Der Koeffizient der Polarisierbarkeit χ ist durch eine Summe über Kernanregungen ausgedrückt. Jedes Glied der Summe hat die gleiche Form wie der oben abgeleitete Koeffizient der Polarisierbarkeit für eine mit dem Feld F verknüpfte Schwingung (siehe Gl. (6–216), wobei ΔE_{21} der Größe $\hbar\omega_{\text{ext}}$ entspricht und $\alpha_0 = |F_a|$ gilt; siehe die Beziehung (6–28) für das Matrixelement der Schwingung).

In dem Ausdruck (6–238) sind die Zustände a die Normalschwingungen, die den Einfluß der inneren Kernfelder berücksichtigen. Bei einer mit einem oszillierenden Feld F verknüpften Kernschwingung enthält das Gesamtfeld, das auf die Nukleonen wirkt,

[1]) Die Response einer Substanz auf elektrische Felder wird durch eine dielektrische Konstante beschrieben, die eine Funktion der Frequenz und der Wellenzahl ist. Diese Responsefunktion wurde bei einer selbstkonsistenten Behandlung der Eigenschaften eines Elektronengases von Lindhard (1954) und Nozières und Pines (1958) angewandt. Eine Diskussion der Responsefunktion als allgemeine Methode zur Untersuchung von Quantenflüssigkeiten findet man in dem Lehrbuch von Pines und Nozières (1966).

die Summe aus dem äußeren Feld mit der Amplitude α_{ext} und dem inneren Feld mit einer durch das induzierte Moment (6-237) gegebenen Amplitude

$$\alpha = \alpha_{\text{ext}} + \langle F \rangle = (1 + \chi)\, \alpha_{\text{ext}}. \tag{6-239}$$

Beachtet man, daß die Kernpolarisation auch aus einer Betrachtung des auf die einzelnen Nukleonen wirkenden Gesamtfeldes der Amplitude α abgeleitet werden kann, dann ergibt sich die Selbstkonsistenzbedingung

$$\langle F \rangle = \chi^{(0)} \alpha \tag{6-240}$$

mit

$$\chi^{(0)}(\omega) = -\frac{2\varkappa}{\hbar} \sum_i \frac{|F_i|^2\, \omega_i}{\omega_i^2 - \omega^2}, \tag{6-241}$$

$$F_i \equiv \langle \mathsf{v} = 2, i |\, F \,| \mathsf{v} = 0 \rangle, \qquad \hbar\omega_i \equiv E(\mathsf{v} = 2, i) - E(\mathsf{v} = 0).$$

Der Grundzustand der unabhängigen Teilchenbewegung, der Paarkorrelationen enthalten kann, ist das Quasiteilchenvakuum $\mathsf{v} = 0$; die durch einen Einteilchenoperator F angeregten Zustände sind die Zwei-Quasiteilchenzustände $\mathsf{v} = 2, i$.

Aus den Beziehungen (6-239) und (6-240) erhält man

$$\chi = \chi^{(0)}(1 + \chi) \tag{6-242}$$

oder

$$\chi(\omega) = \frac{\chi^{(0)}(\omega)}{1 - \chi^{(0)}(\omega)}, \tag{6-243}$$

wodurch die Response des Systems wechselwirkender Nukleonen auf die Response der einzelnen Nukleonen zurückgeführt wird.

Die Beziehung (6-243) bestimmt die Eigenfrequenzen und Übergangsmatrixelemente, die in dem Ausdruck (6-238) für χ auftreten. Die Eigenfrequenzen ω_a sind die Pole von χ und folglich die Wurzeln der Gleichung

$$\chi^{(0)}(\omega_a) = -\frac{2\varkappa}{\hbar} \sum_i \frac{|F_i|^2\, \omega_i}{\omega_i^2 - \omega_a^2} = 1, \tag{6-244}$$

während die Übergangsmatrixelemente durch die Residuen gegeben sind,

$$|F_a|^2 = -\frac{\hbar}{\varkappa} \left(\left(\frac{\partial}{\partial\omega}\, \chi^{(0)} \right)_{\omega = \omega_a} \right)^{-1} = \frac{\hbar^2}{4\varkappa^2} \frac{1}{\omega_a} \left(\sum_i \frac{|F_i|^2\, \omega_i}{(\omega_i^2 - \omega_a^2)^2} \right)^{-1}. \tag{6-245}$$

Die Relationen (6-244) und (6-245) sind Verallgemeinerungen der Ausdrücke (6-27) und (6-28), die für den Spezialfall gelten, daß alle inneren Zustände i entartet sind. Die obige Behandlung der Normalschwingungen wird oft als Random-Phase-Näherung bezeichnet.[1])

[1]) Diese Bezeichnung geht auf die erste Anwendung einer solchen Näherung bei der Behandlung kollektiver Eigenschaften eines Elektronengases (Bohm und Pines, 1953) zurück und bezieht sich auf die Vernachlässigung von Korrelationen (durch die Annahme stochastischer Phasen) bei Dichtekomponenten, deren Wellenzahlen sich von denen des kollektiven Feldes unterscheiden.

Es ist ersichtlich, daß die Oszillatorsumme durch die Wechselwirkungen nicht beeinflußt wird,

$$\sum_a |F_a|^2 \omega_a = \sum_i |F_i|^2 \omega_i . \tag{6–246}$$

Dieses Ergebnis folgt am einfachsten aus der Beziehung (6–243) durch den Grenzübergang $\omega \to \infty$. (Siehe in diesem Zusammenhang die Fußnote auf S. 342. Die Identität (6–246) ergibt sich auch aus den in Abschnitt 6–4a abgeleiteten Summenregeln, da die Feldwechselwirkung einer Zweiteilchenwechselwirkung $\varkappa F(1)\, F(2)$ äquivalent ist und daher mit dem Moment F kommutiert.)

Die aus Gl. (6–244) erhaltenen Eigenschwingungen stellen teils mit dem Feld F verknüpfte kollektive Schwingungen und teils ein durch die Feldkopplung modifiziertes Spektrum von Zwei-Quasiteilchenanregungen dar. Diese Modifikation erhält man auch, wenn man wie in Abschnitt 6–5b die Effekte der Teilchen-Vibrationskopplung betrachtet. Die Kopplung mischt Teilchen- und kollektive Freiheitsgrade in solcher Weise, daß die Einteilchenübergangsstärke teilweise auf die kollektiven Anregungen übertragen wird. (Das in Abschnitt 6–2c betrachtete Modell mit Entartung entspricht dem Grenzfall, bei dem die gesamte Übergangsstärke als kollektive Anregung auftritt.) Da sich die vorliegende Analyse ausschließlich auf die Effekte konzentrierte, die von der Kopplung an das Feld F herrühren, können zusätzliche Wechselwirkungseffekte wichtig werden, wenn man die Eigenschaften anderer Anregungen als der mit diesem besonderen Feld verknüpften kollektiven Schwingungen untersucht.

Es sei betont, daß die vorliegende Behandlung der Normalschwingungen eine Störungsnäherung erster Ordnung benutzt, um die Response des Kerns zu berechnen. Der Ausdruck (6–238) gilt immer für ein hinreichend schwaches äußeres Feld. Bei Normalschwingungen, die sich selbst aufrecht erhalten, hat das auf ein Nukleon wirkende oszillierende Feld jedoch eine endliche Amplitude. Die lineare Näherung (6–240) läßt sich deshalb nur verwenden, wenn man voraussetzt, daß die Nullpunktsamplitude der Schwingungsbewegung hinreichend klein ist. Wie anhand des entarteten Modells (S. 290) diskutiert wurde, führen die Einflüsse des Feldes auf die Teilchenbewegung in höherer Ordnung zu anharmonischen Termen im Hamilton-Operator der Schwingung. (Siehe z. B. die Diskussion dieser Terme bei niederfrequenten Quadrupol-Formschwingungen auf S. 449ff.)

Wenn die kollektive Anregung (wie es für hochfrequente Schwingungen stets der Fall ist) in einem Gebiet des Spektrums liegt, in dem die Niveaus i ein Kontinuum bilden oder eine hohe Dichte aufweisen, dann wird die Stärke der Kollektivanregung über ein endliches Energieintervall verteilt. Die resultierende Stärkefunktion kann man durch die Kopplung der kollektiven Anregung an die Teilchenfreiheitsgrade mit $\omega_i \approx \omega_a$ erklären; bleibt diese Kopplung pro Energieeinheit über die Breite der kollektiven Anregung annähernd konstant, dann hat die Stärkefunktion eine Linienform, die einer Breit-Wigner-Resonanz der Breite

$$\Gamma_a = \frac{2\pi}{D} \langle H_{ai} \rangle^2 = 2\pi (\varkappa F_a)^2 \frac{\langle F_i^2 \rangle}{D} \tag{6–247}$$

entspricht, wobei $H_{ai} = \varkappa F_a F_i$ das Kopplungsmatrixelement, D der mittlere Abstand und $\langle F_i^2 \rangle$ die mittlere Stärke der Niveaus i ist. Das Ergebnis (6–247) folgt aus den Beziehungen (6–244) und (6–245), man erhält es aber auch unmittelbar aus der in

Anhang $2D$ angegebenen allgemeinen Analyse der Stärkefunktionsphänomene (siehe die Gln. (2D–10) und (2D–11)).

In makroskopischen Systemen wird die Dämpfung einer kollektiven Anregung, die wie in Gl. (6–247) mit ihrem Zerfall in ein Teilchen-Loch-Paar verknüpft ist, als LANDAU-Dämpfung bezeichnet (siehe z. B. PINES und NOZIÈRES, 1966). Dieser Dämpfungstyp wurde zuerst im Zusammenhang mit den kollektiven Schwingung eneines klassischen Plasmas betrachtet, die sogar ohne Stöße Energie auf die einzelnen Teilchen übertragen können, wenn diese Teilchen eine Geschwindigkeit besitzen, die gleich der Wellengeschwindigkeit der kollektiven Anregung ist (LANDAU, 1946; siehe auch die Lehrbücher von GINZBURG, 1964, und CLEMMOW und DOUGHERTY, 1969).

Mikroskopische Beschreibung der Schwingungsquanten

Die im vorangegangenen Abschnitt beschriebene Behandlung der Normalschwingungen drückt die kollektiven Variablen der Schwingung mit Hilfe der Freiheitsgrade der einzelnen Teilchen aus. Wie bei dem einfachen Modell in Abschnitt 6–2c läßt sich diese Beziehung durch die Transformation zwischen dem Satz von Operatoren $A_a^\dagger$, A_a, die Normalschwingungen erzeugen und vernichten, und dem Satz von Operatoren $A_i^\dagger$, A_i, die Zwei-Quasiteilchenkonfigurationen $\nu = 2, i$ erzeugen und vernichten, explizit ausdrücken. (Die Erzeugungs- und Vernichtungsoperatoren für eine Schwingung werden gewöhnlich mit $c^\dagger$ und c bezeichnet, im vorliegenden Abschnitt benutzen wir jedoch die Bezeichnung $A_a^\dagger$, A_a für das Gesamtspektrum der Normalschwingungen, das auch nichtkollektive Anregungen einschließt.)

Aus der Annahme, daß die Response der Teilchenbewegung auf das Feld F als Effekt erster Ordnung von F auf die einzelnen Anregungsformen i behandelt werden kann, folgt eine lineare Beziehung zwischen ($A_a^\dagger$, A_a) und ($A_i^\dagger$, A_i). Die Transformation zwischen den beiden Variablensätzen läßt sich in der Form

$$\begin{aligned} A_a^\dagger &= \sum_i (X_{ai} A_i^\dagger - Y_{ai} A_i), \\ A_a &= \sum_i (-Y_{ai} A_i^\dagger + X_{ai} A_i), \end{aligned} \tag{6–248a}$$

$$\begin{aligned} A_i^\dagger &= \sum_a (X_{ai} A_a^\dagger + Y_{ai} A_a), \\ A_i &= \sum_a (Y_{ai} A_a^\dagger + X_{ai} A_a) \end{aligned} \tag{6–248b}$$

ausdrücken. Die Amplituden X_{ai} und Y_{ai} sind reell für den Fall, daß die beiden Sätze von Zuständen a und i Standardphasen besitzen. Sie erfüllen die Orthonormalitätsbeziehungen

$$\begin{aligned} &\sum_i (X_{ai} X_{a'i} - Y_{ai} Y_{a'i}) = \delta(a, a'), \\ &\sum_i (X_{ai} Y_{a'i} - Y_{ai} X_{a'i}) = 0, \end{aligned} \tag{6–249a}$$

$$\begin{aligned} &\sum_a (X_{ai} X_{ai'} - Y_{ai} Y_{ai'}) = \delta(i, i'), \\ &\sum_a (X_{ai} Y_{ai'} - Y_{ai} X_{ai'}) = 0. \end{aligned} \tag{6–249b}$$

Wenn man Gl. (6–248a) als Definition für die Transformationsmatrizen X und Y ansieht, dann läßt sich die Orthonormalitätsbeziehung (6–249a) erhalten, indem man die Kommutatoren der Variablen $A_a^\dagger$, A_a durch die Kommutatoren der Variablen $A_i^\dagger$, A_i ausdrückt und den Erwartungswert im Grundzustand 0 bildet. Aus der Gültigkeit der störungstheoretischen Behandlung folgt, daß jeder Quasiteilchenzustand in diesem Zustand nur mit geringer Wahrscheinlichkeit angeregt ist. Folglich gilt

$$\langle 0|\,[A_i, A_{i'}^\dagger]\,|0\rangle \approx \delta(i, i'). \tag{6–250}$$

Wegen der Antikommutationsbeziehungen für Operatoren, die einzelne Quasiteilchen erzeugen (oder vernichten), verschwinden die Kommutatoren $[A_i^\dagger, A_{i'}^\dagger]$ und $[A_i, A_{i'}]$ identisch. Aus den Beziehungen (6–248a) und (6–249a) folgen die inversen Beziehungen (6–248b) und (6–249b).

Die Amplituden X_{ai} und Y_{ai} erhält man aus einer Betrachtung der Wellenfunktion für die Bewegung unabhängiger Teilchen, die durch ein Feld F gestört wird, das mit der Frequenz ω_a oszilliert. Die Störung der Wellenfunktion, die durch eine Kopplung (6–234) an ein äußeres Feld hervorgerufen wird, läßt sich durch eine unitäre Transformation ($\exp\{-iS\} \approx 1 - iS$) mit

$$S = -i\frac{\varkappa}{2\hbar}(\alpha_{\text{ext}})_0 \sum_i \left(\frac{\exp\{-i\omega_{\text{ext}}t\}}{\omega_i - \omega_{\text{ext}}} + \frac{\exp\{i\omega_{\text{ext}}t\}}{\omega_i + \omega_{\text{ext}}}\right) F_i A_i^\dagger + \text{hermit. konj.} \tag{6–251}$$

ausdrücken (siehe die analoge Ableitung der gestörten Wellenfunktion (6–236) in der a-Darstellung). Wenn ω_{ext} gleich der Frequenz ω_a der Normalschwingung wird, dann ist die durch das äußere Feld induzierte Nukleonenbewegung die gleiche wie bei Oszillationen, die aus der nuklearen Feldkopplung resultieren. Der Operator $S(\omega_{\text{ext}} = \omega_a)$ läßt sich deshalb durch die Variablen $A_a^\dagger$, A_a der betrachteten Anregung ausdrücken. Der Teil von S mit positiven Frequenzen erzeugt Quanten und ist proportional zu $A_a^\dagger$, während der Anteil mit negativen Frequenzen zu A_a proportional ist. Die Amplituden sind durch die Selbstkonsistenzbedingung $\chi^{(0)}(\omega_a) = 1$ bestimmt, aus der folgt

$$\begin{aligned} &\delta\langle F\rangle = i[S, F] = \alpha_{\text{ext}} \quad \left(F = \sum_a F_a A_a^\dagger + \text{hermit. konj.}\right), \\ &S(\omega_{\text{ext}} = \omega_a) = \frac{i}{2}\frac{(\alpha_{\text{ext}})_0}{F_a^*} A_a^\dagger \exp\{-i\omega_a t\} + \text{hermit. konj.} \end{aligned} \tag{6–252}$$

Geht man mit der Transformation (6–248a) in Gl. (6–252) ein und vergleicht mit dem Ausdruck (6–251), dann ergibt sich

$$X_{ai} = \frac{\varkappa}{\hbar}\frac{F_a F_i^*}{\omega_a - \omega_i}, \qquad Y_{ai} = -\frac{\varkappa}{\hbar}\frac{F_a F_i}{\omega_a + \omega_i}. \tag{6–253}$$

Die Amplituden (6–253) werden durch die Diagramme in Abb. 6–13 veranschaulicht.

Die Selbstkonsistenzbedingung für die Eigenfrequenzen ω_a ist in Abb. 6–14 illustriert. Die Beziehung zwischen den Diagrammen dieser Abbildung drückt die Bedingung aus, daß das Moment F der Schwingung gleich dem Moment ist, das durch die Übergänge einzelner Teilchen erzeugt wird. Diese Forderung liefert zusammen mit den Werten (6–253) für die Amplituden X_{ai} und Y_{ai} die Eigenwertgleichung (6–244).

Die Beziehung (6–248) zwischen dem Satz von Variablen $A_i^\dagger$, A_i, die die Bewegung unabhängiger Teilchen beschreiben, und dem Satz $A_a^\dagger$, A_a, der die Normalschwingungen darstellt, kann als kanonische Transformation zwischen Bosonenvariablen angesehen werden. Eine Behandlung der nichtkollektiven Variablen wie $A_i^\dagger$ und A_i durch Bosonenoperatoren ist gerechtfertigt, wenn die Zustände, auf die diese Operatoren wirken, nur eine geringe Besetzungswahrscheinlichkeit für jeden gegebenen Quasiteilchenzustand enthalten wie im Fall der Beziehung (6–250). Bei kollektiven Anregungen, die aus vielen verschiedenen Quasiteilchenanregungen aufgebaut sind, ist diese Bedingung sogar für

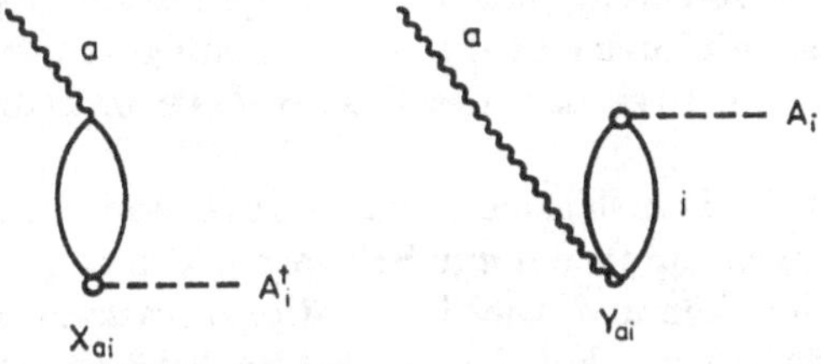

Abb. 6–13 Amplituden der Teilchenkonfigurationen in Normalschwingungen

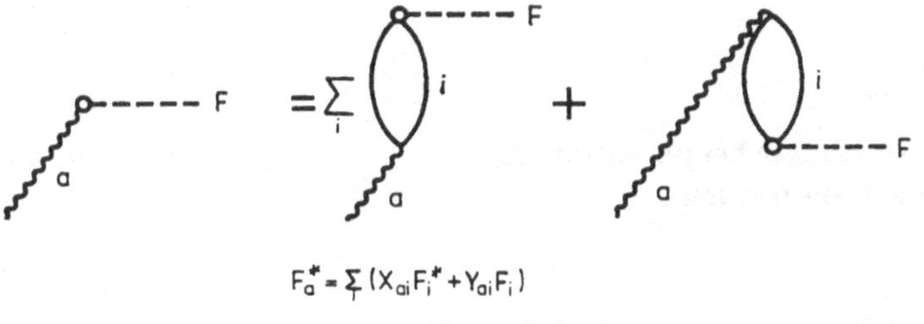

Abb. 6–14 Selbstkonsistenzbedingung für Normalschwingungen

Zustände mit mehreren Quanten erfüllt; die Eigenzustände a, die sich durch eine einzige $v = 2$-Konfiguration näherungsweise beschreiben lassen, stellen jedoch Anregungsformen dar, die nur ein einziges Mal erzeugt werden können.

Die Behandlung der kollektiven Anregungen, die durch die Feldkopplung hervorgerufen werden, läßt sich auch als Diagonalisierung einer effektiven Zweikörperwechselwirkung des Typs (6–37) formulieren. In der Näherung, die die Quasiteilchenoperatoren $A_i^\dagger$, A_i als Bosonenvariable behandelt, hat der Hamilton-Operator die Form

$$\begin{aligned} H &= \sum_i \hbar\omega_i A_i^\dagger A_i + \tfrac{1}{2}\varkappa F^2, \\ F &= \sum_i (F_i A_i^\dagger + F_i^* A_i). \end{aligned} \tag{6–254}$$

Dieser Hamilton-Operator wird durch eine kanonische Transformation (6–248) mit durch Gl. (6–253) gegebenen Koeffizienten diagonalisiert,

$$\begin{aligned} H &= \tfrac{1}{2}\sum_a \hbar\omega_a - \tfrac{1}{2}\sum_i \hbar\omega_i + \sum_a \hbar\omega_a A_a^\dagger A_a, \\ F &= \sum_a (F_a A_a^\dagger + F_a^* A_a), \end{aligned} \tag{6–255}$$

wobei die Eigenfrequenzen ω_a und die Matrixelemente des Feldes F_a für Normalanregungen durch Gln. (6–244) und (6–245) gegeben sind. Die Grundzustandsenergie wird wie in Gl. (6–33) durch die Nullpunktsenergie der effektiven Oszillatoren i und a ausgedrückt.

Translationsbewegung

Die obige Behandlung der Normalschwingungen läßt sich auf die Analyse der kollektiven Anregungen anwenden, die mit einer Brechung der inneren Symmetrie verbunden sind. Für diese Anregungen kann man die Struktur der Feldkopplung aus dem statischen Potential erhalten, indem man die Invarianz des Gesamt-HAMILTON-Operators ausnutzt.

Das Schalenmodellpotential verletzt die Translationsinvarianz des Gesamt-HAMILTON-Operators, so daß Einteilchenanregungen durch ein zur Schwerpunktskoordinate proportionales Feld hervorgerufen werden können. Die Translationsinvarianz läßt sich wiederherstellen, indem man den Einfluß des kollektiven Feldes berücksichtigt, das durch eine geringe Verschiebung α des Kerns hervorgerufen wird. Eine solche Verschiebung in x-Richtung verursacht die Kopplung

$$H' = -\alpha \frac{\partial V}{\partial x}, \tag{6–256}$$

wobei V das mittlere Einteilchenpotential ist. Die Kopplung (6–256) kann auch in der Standardform geschrieben werden,

$$H' = \varkappa \alpha F \tag{6–257}$$

mit (vergleiche Gl. (6–74))

$$F = -\frac{1}{\varkappa} \frac{\partial V}{\partial x},$$

$$\varkappa = \int \frac{\partial V}{\partial x} \frac{\partial \varrho_0}{\partial x} \, \mathrm{d}\tau = -A \left\langle \frac{\partial^2 V}{\partial x^2} \right\rangle, \tag{6–258}$$

wobei α so normiert ist, daß $\langle F \rangle = \alpha$ gilt. Das Spektrum der Normalschwingungen, die durch die Feldkopplung (6–257) erzeugt werden, enthält eine Anregung mit der Frequenz Null, was sich aus Gl. (6–244) und der Beziehung

$$\sum_k \frac{\partial V}{\partial x_k} = \frac{i}{\hbar} [P_x, H_0] \tag{6–259}$$

ergibt, woraus

$$\sum_i \frac{|F_i|^2}{\hbar \omega_i} = \frac{i}{2\hbar \varkappa^2} \langle \mathrm{v} = 0 | \sum_k \left(\left[p_x, \frac{\partial V}{\partial x} \right] \right)_k | \mathrm{v} = 0 \rangle$$

$$= \frac{1}{2\varkappa^2} \langle \mathrm{v} = 0 | \sum_k \frac{\partial^2 V}{\partial x_k^2} | \mathrm{v} = 0 \rangle = -\frac{1}{2\varkappa} \tag{6–260}$$

folgt. Dabei stellt $\mathsf{v} = 0$ den Grundzustand der unabhängigen Quasiteilchenbewegung dar. Das Auftreten der Anregung mit der Frequenz Null spiegelt den Umstand wider, daß die Berücksichtigung der Kopplung (6–256) die Translationsinvarianz des Gesamt-Hamilton-Operators in führender Ordnung in α wiederherstellt.

Die zusätzlichen Wurzeln der Gl. (6–244) für die Normalschwingungen entsprechen Kernanregungen mit $\lambda\pi = 1^-$. Diese Anregungen werden durch die Feldkopplung verändert, die dafür sorgt, daß sie zu dem „überzähligen" Freiheitsgrad der Schwerpunktsbewegung orthogonal werden.

Der zur Oszillatorstärke äquivalente Massenparameter der Translationsanregung (siehe z. B. Gl. (6–15)) läßt sich aus der Beziehung (6–245) ableiten,

$$\begin{aligned} D_a &= \frac{\hbar}{2}(\omega_a|F_a|^2)^{-1} \\ &= \frac{2}{\hbar}\sum_i \frac{|\langle \mathsf{v}=2, i|\,\partial V/\partial x\,|\mathsf{v}=0\rangle|^2}{\omega_i^3} \\ &= \frac{2}{\hbar}\sum_i \frac{|\langle \mathsf{v}=2, i|\,P_x\,|\mathsf{v}=0\rangle|^2}{\omega_i} \\ &= \frac{i}{\hbar}M\langle \mathsf{v}=0|\sum_k([p_x, x])_k\,|\mathsf{v}=0\rangle = AM. \end{aligned} \tag{6–261}$$

Bei der Ableitung der letzten Zeile von Gl. (6–261) wurde angenommen, daß der Gesamtimpuls P_x der Nukleonen gleich der Nukleonenmasse multipliziert mit der Summe der Zeitableitungen der einzelnen Ortskoordinaten ist, was aus der Galilei-Invarianz folgt (siehe Gl. (1–20)).

Eine Geschwindigkeitsabhängigkeit des Einteilchenpotentials verletzt die Galilei-Invarianz, die bei der obigen Ableitung vorausgesetzt wurde. Diese Verletzung muß korrigiert werden, indem man eine zusätzliche Feldkopplung mitnimmt, die sich aus einer gleichförmigen kollektiven Bewegung mit der Geschwindigkeit $\dot{\alpha}$ in x-Richtung ergibt,

$$H' = -M\dot{\alpha}\frac{\partial V}{\partial p_x} = \frac{i}{\hbar}M\dot{\alpha}[x, V], \tag{6–262}$$

wodurch die Galilei-Invarianz in führender Ordnung wiederhergestellt wird. (Der Operator einer Galilei-Transformation wird durch Gl. (1–17) gegeben). Der kombinierte Effekt der beiden Kopplungen (6–256) und (6–262) läßt sich durch eine einfache Erweiterung der Analyse der Normalschwingungen für ein einzelnes Feld behandeln. Man erhält eine Anregung der Frequenz Null mit $D_a = AM$, was durch die Galilei-Invarianz, kombiniert mit der Translationsinvarianz, garantiert wird.

Bei einem geschwindigkeitsabhängigen Einteilchenpotential, das durch ein Glied mit einer effektiven Masse beschrieben wird, ist die Feldkopplung (6–262) dem Impuls des Teilchens proportional. Der Hamilton-Operator für Quasiteilchen, der die Teilchenbewegung bei Anwesenheit eines Paarfeldes beschreibt, hängt effektiv ebenfalls von der Geschwindigkeit ab, da die Teilchen in Zuständen gepaart sind, die im unbewegten Koordinatensystem bei Zeitumkehr zueinander konjugiert sind. Die mit dieser Geschwindigkeitsabhängigkeit verknüpfte Kopplung (6–262) erhält man aus dem Kommutator

$$\frac{i}{\hbar}[x, V_{\text{Paar}}] = \frac{i}{\hbar}\left[\int \varrho_0(\boldsymbol{r})\, x\, \mathrm{d}\tau, -\Delta \int \big(\varrho_2(\boldsymbol{r}') + \varrho_{-2}(\boldsymbol{r}')\big)\, \mathrm{d}\tau'\right]$$

$$= -\frac{2\Delta}{\hbar} \int i\big(\varrho_2(\boldsymbol{r}) - \varrho_{-2}(\boldsymbol{r})\big)\, x\, \mathrm{d}\tau, \qquad (6\text{–}263)$$

wobei ϱ_0 und $\varrho_{\pm 2}$ die Einteilchen- und Paardichten sind (siehe Gln. (6–141) bis (6–143)), während das Paarpotential V_{Paar} durch Gl. (6–597) gegeben ist; siehe auch Gln. (6–144) und (6–145). Man erkennt, daß das Feld in Gl. (6–263) zu dem Teil des Dipolpaarmoments proportional ist, der sich gegen Zeitumkehr, kombiniert mit hermitescher Konjugation, ungerade verhält. Die Anregungen, die dieses Feld hervorruft, enthalten die Matrixelemente

$$\langle \mathsf{v} = 2, \nu_1\nu_2 | \int \big(\varrho_2(\boldsymbol{r}) - \varrho_{-2}(\boldsymbol{r})\big)\, x\, \mathrm{d}\tau\, | \mathsf{v} = 0\rangle = (u_1u_2 + v_1v_2)\, \langle \nu_2 | x | \bar{\nu}_1\rangle, \qquad (6\text{–}264)$$

was aus der Quasiteilchentransformation (6–599) abgeleitet werden kann.

Aus den Gln. (6–248a) und (6–253) zusammen mit der Beziehung (6–259) folgt, daß der Erzeugungsoperator $A_a^\dagger$ für die Anregung mit der Frequenz Null zum Gesamtimpuls P_x proportional ist. Der Proportionalitätsfaktor wird jedoch unendlich, wenn ω_a gegen Null geht, was der unendlich großen Amplitude einer Schwingung mit der Frequenz Null entspricht. Ungeachtet der formalen Schwierigkeiten, die mit diesem Grenzübergang zusammenhängen, scheint die Separation dieser Anregungsform von den restlichen Freiheitsgraden durch die obige Behandlung richtig beschrieben zu werden, da man das Problem für eine Kopplungskonstante $\varkappa$ betrachten kann, die etwas kleiner ist als der Wert (6–258), der der Translationsinvarianz entspricht. Ohne Kopplung ist die Nullpunktsamplitude der Schwerpunktsbewegung von der Größenordnung $\alpha_0^{(0)} \approx A^{-2/3}R$. Daher ist es möglich, $\varkappa$ so zu wählen, daß die Nullpunktsamplitude groß gegenüber $\alpha_0^{(0)}$ wird, aber nicht so groß, um die störungstheoretische Grundlage der Random-Phase-Näherung zu verletzen.

Rotationsbewegung

Bei einem deformierten Kern läßt sich die Rotationsinvarianz wiederherstellen, indem man die Kopplung betrachtet, die sich aus einer Drehung um den kleinen Winkel α um die innere 1-Achse ergibt,

$$H' = -\alpha \frac{\partial V}{\partial \varphi_1} = \varkappa \alpha F \qquad (6\text{–}265)$$

mit

$$\varkappa = -A \left\langle \frac{\partial^2 V}{\partial \varphi_1^2} \right\rangle,$$

$$F = -\frac{1}{\varkappa} \frac{\partial V}{\partial \varphi_1}. \qquad (6\text{–}266)$$

Der Winkel φ_1 stellt den Azimutwinkel bezüglich der Drehachse dar. Die Random-Phase-Gleichung (6–244) hat infolge der Beziehung

$$\sum_k \left(\frac{\partial V}{\partial \varphi_1}\right)_k = i[J_1, H_0] \tag{6–267}$$

wiederum eine Lösung mit der Frequenz Null, wobei $\hbar J_1$ die zu dem Winkel φ_1 konjugierte Komponente des Gesamtdrehimpulses ist. In Übereinstimmung mit dem Ergebnis, das aus dem Cranking-Modell abgeleitet wurde (siehe Gl. (4–110)), findet man für den Trägheitsparameter der Anregung mit der Frequenz Null

$$D_a = 2\hbar^2 \sum_i \frac{|\langle \mathsf{v} = 2, i|\, J_1\, |\mathsf{v} = 0\rangle|^2}{\hbar\omega_i}. \tag{6–268}$$

Die anderen Wurzeln der Random-Phase-Gleichung (6–244) entsprechen inneren $K\pi = 1^+$-Anregungen, die durch die Coriolis-Kopplung modifiziert werden, so daß der durch die Rotationsbewegung dargestellte überzählige Freiheitsgrad herausfällt. Bei geschwindigkeitsabhängigem Einteilchenpotential muß man weitere Kopplungen hinzufügen, die zur Rotationsfrequenz proportional sind, analog zur Kopplung (6–262) im Pushing-Modell; siehe die Diskussion der effektiven Masse im Cranking-Modell auf S. 66 und des frequenzabhängigen Paarfeldes auf S. 69 und S. 242.

6–6 Anharmonische Effekte bei Vibrationsbewegung. Kopplung verschiedener Anregungen

Im vorliegenden Abschnitt betrachten wir die phänomenologische Analyse der Eigenschaften von Schwingungen, die über die harmonische Näherung hinausgehen. Die untersuchten Kopplungen illustrieren einige der Hilfsmittel, die man zur Behandlung einer breiten Klasse von Problemen, die mit der Kopplung der vielen verschiedenen Kernanregungen verknüpft sind, anwenden kann. Eine Grundlage für eine mikroskopische Abschätzung der in einer solchen Analyse auftretenden Parameter stellt die Behandlung der Teilchen-Vibrationskopplung dar, die im vorangegangenen Abschnitt betrachtet wurde.

Die im vorliegenden Abschnitt untersuchten anharmonischen Effekte betreffen die niederfrequenten Quadrupolschwingungen, für die es zahlreiche Belege für Vielfachanregungen gibt. Aus den Daten folgen große Abweichungen von der harmonischen Näherung, die mit der besonders großen Nullpunktsamplitude dieser kollektiven Anregung zusammenhängen. Die Paarschwingungen zeigen ebenfalls beträchtliche anharmonische Effekte (siehe S. 560ff.). Bei Schwingungen, die Teilchenanregungen zwischen verschiedenen Hauptschalen enthalten (wie den hochfrequenten Dipol- und Quadrupolschwingungen und den relativ niederfrequenten Oktupolschwingungen in magischen Kernen), erwartet man jedoch relativ geringe Anharmonizitäten, da eine Vielzahl verschiedener Teilchenkonfigurationen zu diesen Anregungen beitragen kann (siehe z. B. die Diskussion der Kopplung zwischen Oktupolquanten auf S. 489ff.).

6–6a Anharmonische Effekte bei niederfrequenten Quadrupolschwingungen

Die bei einer Schwingung auftretenden anharmonischen Effekte lassen sich in vielen verschiedenen Formen ausdrücken. Im vorliegenden Abschnitt betrachten wir zwei unterschiedliche Methoden. Die erste Methode besteht in einer phänomenologischen Parametrisierung der effektiven Phononenwechselwirkungen und der nichtlinearen Terme in den Übergangsoperatoren. Bei der zweiten Methode versucht man, die wesentlichen anharmonischen Glieder des durch die Schwingungsamplitude ausgedrückten HAMILTON-Operators zu charakterisieren.

Effektive Wechselwirkungen zwischen Phononen

Eine phänomenologische Analyse der Anharmonizitäten kann von einer Darstellung ausgehen, in der der HAMILTON-Operator in der Phononenzahl diagonal ist. In dieser Darstellung lassen sich die anharmonischen Effekte als Potenzreihen in den Phononenerzeugungs- und -vernichtungsoperatoren ausdrücken (BRINK u. a., 1965). Eine solche Beschreibung anharmonischer Effekte ähnelt der in Abschnitt 4–3 angegebenen phänomenologischen Behandlung der Kopplung zwischen Rotation und innerer Bewegung.

Bei einer Quadrupolschwingung sind die anharmonischen Glieder führender Ordnung im Energiespektrum von der Form $c_2^\dagger c_2^\dagger c_2 c_2$. Sie stellen eine Kopplung zwischen Phononenpaaren dar. Die Wechselwirkung läßt sich in der Form

$$H' = \sum_{R=0,2,4} \sum_{M=-R}^{R} \tfrac{1}{2} V_R (c_2^\dagger c_2^\dagger)_{RM} (\bar{c}_2 \bar{c}_2)_{\overline{RM}} \qquad (6\text{–}269)$$

ausdrücken, wobei R der Gesamtdrehimpuls des Phononenpaares ist und die sphärischen Tensoren $c^\dagger(\lambda = 2)$ und $c(\overline{\lambda = 2})$ abkürzend mit $c_2^\dagger$ und $\bar{c}_2$ bezeichnet wurden.

Die Wechselwirkung (6–269) enthält drei Parameter V_R, die die Phonon-Phonon-Wechselwirkung in den $n = 2$-Niveaus darstellen,

$$V_R = E(n = 2, I = R) - 2E(n = 1). \qquad (6\text{–}270)$$

Für die Niveaus mit $n \geqq 3$ kann man die Wechselwirkung (6–269) mit Hilfe von Abstammungskoeffizienten (siehe S. 602ff.) berechnen. Mit den Einphononen-Abstammungskoeffizienten aus Tabelle 6B–1, S. 604, erhält man für $n = 3$

$$\langle n=3, IM | H' | n=3, IM \rangle = (2I+1)^{-1} \sum_R V_R \langle n=3, I \| c_2^\dagger \| n=2, R \rangle^2. \qquad (6\text{–}271)$$

Wir erwähnen auch die einfache Beziehung

$$\langle n, I = 2n, M | H' | n, I = 2n, M \rangle = \tfrac{1}{2} n(n-1) V_{R=4} \qquad (6\text{–}272)$$

für Zustände mit maximalem Drehimpuls $I_n = 2n$.

Die Angaben über Quadrupol-Vibrationsniveaus mit $n \geqq 3$ sind sehr unvollständig. Für eine Reihe von Kernen wurde die Folge der Niveaus mit $I = 2n$ bis zu ziemlich großen Werten von n bestimmt und durch eine Wechselwirkung der Form (6–272) angepaßt; siehe Abb. 6–33, S. 461. In einigen Fällen wurden $I\pi = 3^+$-Niveaus beobachtet, ihre Lage weicht aber beträchtlich von den Werten ab, die aus den Beziehungen (6–270) und (6–271) folgen; siehe Tab. 6–13, S. 467. Man kann versuchen, diese Abweichungen auf anharmonische Glieder höherer Ordnung zurückzuführen, die einer Wechselwirkung zwischen drei oder mehr Phononen entsprechen. Bei einer Entwicklung nach Potenzen von $c_2^\dagger$ und c_2 ist der nächste Term die Dreiphononenwechselwirkung, die die Form $\big((c_2^\dagger c_2^\dagger c_2^\dagger)_R\,(\bar{c}_2\bar{c}_2\bar{c}_2)_R\big)_0$ mit $R = 0, 2, 3, 4, 6$ besitzt. Es ist jedoch noch unklar, ob eine solche Entwicklung eine brauchbare Beschreibung liefert.

E2-Momente

Die Entwicklung der $E2$-Momente nach den Tensoroperatoren $c_2^\dagger$ und $\bar{c}_2$ läßt sich unter Berücksichtigung der Invarianz von $\mathscr{M}(E2, \mu)$ gegen Zeitumkehr mit anschließender hermitescher Konjugation wie folgt schreiben:

$$\begin{aligned}\mathscr{M}(E2, \mu) = {} & m_{10}(c_{2\mu}^\dagger + \bar{c}_{2\mu}) + m_{11}(c_2^\dagger\bar{c}_2)_{2\mu} + 2^{-1/2}m_{20}\big((c_2^\dagger c_2^\dagger)_{2\mu} + (\bar{c}_2\bar{c}_2)_{2\mu}\big)\\ & + \sum_{R=0,2,4} 2^{-1/2}m_{21,R}\big(((c_2^\dagger c_2^\dagger)_R\,\bar{c}_2)_{2\mu} + (c_2^\dagger(\bar{c}_2\bar{c}_2)_R)_{2\mu}\big)\\ & + 6^{-1/2}m_{30}\big((c_2^\dagger c_2^\dagger c_2^\dagger)_{2\mu} + (\bar{c}_2\bar{c}_2\bar{c}_2)_{2\mu}\big).\end{aligned} \tag{6–273}$$

Aus den Transformationseigenschaften von $\mathscr{M}(E2, \mu)$ und $c^\dagger(2\mu)$ bei Zeitumkehr (siehe Gl. (6–53)) ergibt sich, daß die Koeffizienten m in Gl. (6–273) reell sind.

In der harmonischen Näherung befolgt das $E2$-Moment die Auswahlregel $\Delta n = \pm 1$; anharmonische Glieder führender Ordnung geben Anlaß zu Matrixelementen mit $\Delta n = 0$ und 2. Die $\Delta n = 0$-Terme enthalten sowohl statische Momente als auch Übergänge zwischen den Niveaus eines Multipletts mit gegebenem n, und die Matrixelemente von $(c_2^\dagger\bar{c}_2)_2$ sind durch die Beziehung (6B–42) gegeben. Daher erhält man für $n = 1$ und $n = 2$ die in Tab. 6–3 angegebenen nichtverschwindenden Matrixelemente. Experimentelle Belege, die die vorausgesagte Beziehung zwischen $\Delta n = 0$-Übergangsmatrixelementen und statischen Momenten testen, werden auf S. 467 diskutiert.

Tab. 6–3 Anharmonische Terme in den $E2$-Momenten für Übergänge zwischen Quadrupol-Vibrationszuständen. Die Tabelle gibt die reduzierten Matrixelemente des Quadrupoloperators $(c_2^\dagger\bar{c}_2)_{\lambda=2,\mu}$ an.

		$n = 1$	$n = 2$		
		$I = 2$	$I = 0$	$I = 2$	$I = 4$
$n = 1$	$I = 2$	$5^{1/2}$			
$n = 2$	$I = 0$			2	
	$I = 2$		2	$-(3/7)\,5^{1/2}$	12/7
	$I = 4$			12/7	$(3/7)\,110^{1/2}$

Bei $\Delta n = 2$-Übergängen, die durch das Moment (6–273) hervorgerufen werden, sind die Matrixelemente, in denen die Zustände $n = 0$ und $n = 1$ vorkommen, gegeben durch

$$\begin{aligned} \langle n = 2, I = 2 \| \, 2^{-1/2}(c_2^\dagger c_2^\dagger)_2 \, \| n = 0 \rangle &= 5^{1/2}, \\ \langle n = 3, I \| \, 2^{-1/2}(c_2^\dagger c_2^\dagger)_2 \, \| n = 1 \rangle &= (-1)^I \langle n = 3, I \| \, c_2^\dagger \, \| n = 2, R = 2 \rangle, \end{aligned} \qquad (6\text{–}274)$$

wobei man die Abstammungskoeffizienten aus Tabelle 6B–1, S. 604, entnehmen kann.

Die in dem effektiven Moment (6–273) auftretenden Glieder dritter Ordnung in ($c_2^\dagger$, $\bar{c}_2$) liefern teils Übergänge mit $\Delta n = 3$ und teils Änderungen der Intensitätsbeziehungen führender Ordnung für $\Delta n = 1$-Übergänge; so erhält man für Übergänge von $n = 1$ nach $n = 2$

$$\langle n = 2, I = R \| \, \mathcal{M}(E2) \, \| n = 1 \rangle = \left(2^{1/2}(2R + 1)^{1/2} \, m_{10} + 5^{1/2} m_{21,R}\right). \qquad (6\text{–}275)$$

Mit den Parametern $m_{21,R}$, die aufgrund dieser Beziehung empirisch bestimmt wurden, lassen sich die $\Delta n = 1$-Übergangswahrscheinlichkeiten zwischen Zuständen mit $n \geq 3$ voraussagen. Die verfügbaren Daten reichen nicht aus, um diese Zusammenhänge zu überprüfen.

Der Ausdruck (6–273) basiert vollständig auf der Symmetrie des $E2$-Operators bei Drehungen und Zeitumkehr. Unter der Annahme, daß die wichtigen Matrixelemente des $E2$-Moments alle im Schwingungsspektrum enthalten wären, gäbe es zusätzliche Einschränkungen für die Koeffizienten der Entwicklung (6–273), die von Operatoridentitäten herrühren, denen die $E2$-Momente genügen. Insbesondere würden aus der Vertauschbarkeit der verschiedenen Komponenten von $\mathcal{M}(E2, \mu)$ Einschränkungen dieser Art folgen, die sich auch durch die Forderung ausdrücken lassen, daß die Summenregel (6–196) durch das Schwingungsspektrum ausgeschöpft wird.

Potentielle und kinetische Energien. Adiabatische Näherung

Ein anderer Zugang zur Beschreibung anharmonischer Effekte kann von einer Analyse der potentiellen und kinetischen Schwingungsenergien $V(\alpha_2)$ und $T(\alpha_2, \dot{\alpha}_2)$ ausgehen, die durch die Amplituden α_2 und ihre Zeitableitung $\dot{\alpha}_2$ ausgedrückt werden.[1])

In harmonischer Näherung ist die Energie eine quadratische Form in den Amplituden α und $\dot{\alpha}$. Anharmonische Effekte im Spektrum können durch Glieder im HAMILTON-Operator beschrieben werden, die in α_2 und $\dot{\alpha}_2$ (oder π_2) von dritter, vierter oder noch höherer Ordnung sind. Die große Anzahl solcher Terme, die durch Drehinvarianz und Invarianz gegen Zeitumkehr zugelassen sind, schränkt die Brauchbarkeit dieser allgemeinen Entwicklung ein.

Die Zahl der wesentlichen Glieder in der Entwicklung des HAMILTON-Operators wird weiter verringert, wenn die Schwingungsfrequenz klein gegenüber den Frequenzen der Quasiteilchenanregungen ist. Unter solchen adiabatischen Bedingungen erwartet man, daß die anharmonischen Terme in der potentiellen Energie überwiegen, da die Schwingungsbewegung langsam, aber mit großer Amplitude erfolgt. (Bei einer mikroskopischen

[1]) Erste Untersuchungen der anharmonischen Effekte führender Ordnung im HAMILTON-Operator der Kernquadrupolschwingung wurden von BÈS (1961), KERMAN und SHAKIN (1962), BELYAEV und ZELEVINSKY (1962) und CHANG (1964) vorgenommen.

Analyse, die von einer Teilchen-Vibrationskopplung ausgeht, entspricht die adiabatische Näherung der Vernachlässigung der Phononenfrequenz in den Anregungsenergien der Zwischenzustände, die in den Nennern von Ausdrücken wie Gl. (6–233) auftreten. In dieser Näherung liefern Diagramme, die auseinander hervorgehen, indem man die Erzeugung eines Phonons und die Vernichtung des zeitumgekehrten Phonons am gleichen Vertex miteinander vertauscht, den gleichen Beitrag zum effektiven HAMILTON-Operator. Die Summe dieser beiden Terme ist der Amplitude α_2 proportional, und die effektive Wechselwirkung ist daher eine Funktion $V(\alpha_2)$ dieser Amplitude.) Die erwartete Dominanz der anharmonischen Glieder in der potentiellen Energie ist mit der vergleichbaren Größe der kinetischen und potentiellen Energie einer Oszillatorbewegung konsistent, weil die adiabatischen Schwingungen einer Situation entsprechen, in der das harmonische Glied in der potentiellen Energie (die Rückstellkraft) fast verschwindet und deshalb Glieder höherer Ordnung in der potentiellen Energie relativ groß werden.

Man erwartet auch, daß das $E2$-Moment unter adiabatischen Bedingungen nur von der Amplitude α_2 abhängt; dann läßt sich die bei der Definition von α_2 bestehende Freiheit ausnutzen, um ein $E2$-Moment anzugeben, das in α_2 linear ist. (Unter allgemeineren Bedingungen ist es nicht möglich, eine Deformationskoordinate α_2 so zu wählen, daß sie in $\mathcal{M}(E2)$ linear eingeht, da der im Schwingungsspektrum wirkende $E2$-Operator im allgemeinen nicht der Algebra (6–50) genügt, die für die Amplituden α_2 angenommen wurde; siehe die Bemerkungen im Kleindruck auf S. 384.)

Die störungstheoretische Behandlung der Glieder dritter und vierter Ordnung in der potentiellen Energie wird auf S. 470ff. betrachtet. Die resultierenden Ausdrücke werden auf S. 469ff. mit experimentellen Angaben über die Anharmonizitäten in der niederfrequenten Quadrupolschwingung verglichen. Die verfügbaren Daten werden durch die Effekte niedrigster Ordnung in diesen anharmonischen Gliedern der potentiellen Energie offensichtlich nicht gut wiedergegeben.

Das Versagen der Analyse anharmonischer Effekte mit Hilfe von Modifizierungen der potentiellen Energie, die als eine Potenzreihe in den Schwingungsamplituden ausgedrückt wird, spiegeln den Umstand wider, daß die sphärische Kernform schnell instabil wird, wenn man zu abgeschlossenen Konfigurationen Teilchen hinzufügt (siehe S. 446ff.). Tatsächlich sind die Amplituden der Quadrupolschwingungen, die bei $E2$-Übergangswahrscheinlichkeiten gemessen werden, mit den statischen Deformationen der Kerne mit Rotationsspektren vergleichbar. Unter solchen Umständen muß man erwarten, daß die Schwingungsbewegung mit wesentlichen Änderungen des Kopplungsschemas der Nukleonen verknüpft ist, die nicht nur die potentielle Energie, sondern auch die Massenparameter der Schwingung beeinflussen. Eine rein phänomenologische Analyse solcher Spektren, die zwischen harmonischen Schwingungen und Rotations-Vibrations-Spektren bei statischer Kerndeformation liegen, ist schwierig, weil eine große Anzahl von Parametern eingeht (siehe Anhang 6B). Gegenwärtig bemüht man sich stark, die Richtschnur für derartige Untersuchungen aus einer mikroskopischen Analyse zu erhalten.

Man erwartet, daß die Vibrationsbewegung im Yrast-Bereich ($I \approx I_{\max} = 2n \gg 1$) in Rotations- und innere Anteile zerfällt; die qualitative Klassifizierung des Spektrums hängt daher weniger empfindlich von den Einzelheiten der anharmonischen Glieder im HAMILTON-Operator ab (siehe S. 601). Experimentelle Daten für diesen Teil des Spektrums können deshalb besonders wertvoll sein, um die Vielzahl der verschiedenen anharmonischen Effekte zu ordnen.

6–6b Kopplung von Quadrupol- und Dipolschwingungen

Eng verwandt mit den anharmonischen Effekten im Spektrum einer einzelnen Schwingung sind die Wechselwirkungen zwischen den Quanten verschiedener Schwingungsformen. Als einen Prototyp solcher Kopplungen betrachten wir im vorliegenden Abschnitt die Wechselwirkung zwischen Dipol- und Quadrupolschwingungen.

Die Kopplung führender Ordnung zwischen Dipol- und Quadrupolschwingungen besteht aus Gliedern dritter Ordnung in den Amplituden. Die Forderungen nach Drehinvarianz, Symmetrie bei räumlichen Spiegelungen und Zeitumkehr beschränken die Terme dritter Ordnung auf folgende Kombinationen:

$$H' = k_1(\alpha_1\alpha_1\alpha_2)_0 + k_2(\dot{\alpha}_1\dot{\alpha}_1\alpha_2)_0 + k_3(\alpha_1\dot{\alpha}_1\dot{\alpha}_2)_0. \tag{6–276}$$

(Kopplungseffekte höherer Ordnung untersuchten Huber u. a., 1967.)

Die Bedeutung der Koeffizienten k_1, k_2, k_3 in Gl. (6–276) wird ersichtlich, wenn man die Kopplung H' als Einfluß der Quadrupoldeformation und ihrer Zeitableitung auf die Dipolschwingungen betrachtet. Da die Frequenz der Quadrupolschwingungen, verglichen mit der Frequenz der Dipolschwingung, klein ist, erwartet man, daß die Zeitabhängigkeit der Quadrupoldeformation relativ unbedeutend und der letzte Term in Gl. (6–276) folglich klein ist. Für feste Werte von $\alpha_{2\mu}$ folgt aus den ersten beiden Gliedern der Kopplung (6–276) eine Aufspaltung der Dipolschwingung in drei Komponenten, die mit den drei Hauptachsen der ellipsoidalen Kernform zusammenhängen. Die Parameter k_1 und k_2 charakterisieren den Einfluß der Deformation auf die Rückstellkraft und den Massenparameter der drei Eigenschwingungen.

Die beobachteten Eigenschaften der Dipolschwingung in sphärischen Kernen deuten darauf hin, daß die Oszillatorstärke relativ schwach von der Deformation abhängt. Tatsächlich findet man bei schweren Kernen, daß die Dipolschwingung die klassische Oszillatorsummenregel, die von den Dimensionen des Systems unabhängig ist, annähernd ausschöpft (siehe Gl. (6–176) und die empirischen Daten in Abb. 6–20, S. 409). Eine Erhaltung der Oszillatorstärke für jede Komponente der Dipolschwingung eines deformierten Kerns würde bedeuten, daß der Massenparameter durch die Deformation nicht beeinflußt wird und der zweite Term in Gl. (6–276) folglich vernachlässigt werden kann.

Ausgehend von der Tatsache, daß die Dipolfrequenz dem Kernradius annähernd umgekehrt proportional ist ($\omega \sim A^{-1/3}$, siehe Abb. 6–19, S. 407), läßt sich die Größe des Koeffizienten k_1 mit einem Skalenargument abschätzen. Eine Deformation mit den Änderungen $\delta R_\varkappa$ der Hauptachsen $\varkappa = 1, 2, 3$ führt zu Frequenzverschiebungen $\delta\omega_{1\varkappa}$ und Variationen $\delta C_{1\varkappa}$ in den Parametern der Rückstellkraft, die durch

$$\frac{\delta C_{1\varkappa}}{C_1} \approx 2\frac{\delta\omega_{1\varkappa}}{\omega_1} \approx -2\frac{\delta R_\varkappa}{R} \tag{6–277}$$

gegeben sind, wobei sich C_1, ω_1 und R auf einen sphärischen Kern beziehen. Der Schätzwert (6–277) für $\delta C_{1\varkappa}$ entspricht dem Kopplungskoeffizienten

$$k_1 = -\frac{5}{2}\left(\frac{3}{2\pi}\right)^{1/2} C_1 \approx -1{,}7C_1 \tag{6–278}$$

(die Beziehung zwischen $\delta R_\varkappa$ und α_2 wird durch Gl. (6B–4) gegeben). Der Wert des numerischen Koeffizienten in Gl. (6–278) ist etwas modellabhängig. Die Beschreibung der Dipolschwingung eines ellipsoidförmigen Kerns im Tröpfchenmodell liefert daher Werte von $\delta\omega_{1\varkappa}$, die um den Faktor 0,91 kleiner sind als der Schätzwert (6–277) (siehe Gl. (6A–75)), sowie eine entsprechende Verringerung von k_1.

Die durch eine statische Quadrupoldeformation verursachte Aufspaltung der Dipolfrequenzen läßt sich bei der Photoabsorption an deformierten Kernen direkt beobachten (siehe das Beispiel in Abb. 6–21, S. 420). Der Abstand der Resonanzfrequenzen stimmt annähernd mit dem Schätzwert (6–277) überein; siehe Tab. 6–7, S. 421.

Bei einem sphärischen Kern folgt aus dem Kopplungsterm (6–276) eine Verknüpfung von Quadrupol- und Dipolbewegung mit wichtigen Konsequenzen sowohl für die Breite und Linienform der Dipolresonanz (Le Tourneux, 1965) als auch für die Dipolpolarisierbarkeit des Kerns (siehe unten). Die Wechselwirkungsenergie (6–276) ist von der Größenordnung $\alpha_2\hbar\omega_1$. Dieser Wert kann größer als $\hbar\omega_2$ sein, ist aber klein gegenüber der Dipolanregungsenergie. In erster Näherung ist es deshalb ausreichend, die Kopplung zwischen Zuständen mit der gleichen Anzahl von Dipolquanten zu betrachten. Sie wird gegeben durch (siehe Gl. (6–51))

$$H' = \frac{k_1\hbar\omega_1}{C_1}\left(\frac{\hbar\omega_2}{2C_2}\right)^{1/2}\left(c_1^\dagger\bar{c}_1(c_2^\dagger + \bar{c}_2)\right)_0. \tag{6–279}$$

Die Kopplung verschwindet für $n_1 = 0$; für $n_1 = 1$ erhält man die Matrixelemente (siehe Gl. (1A–72))

$$\begin{aligned}&\langle n_2 + 1, R'; n_1 = 1; IM|\, H'\, |n_2, R; n_1 = 1; IM\rangle\\ &= (-1)^{R+I+1}\begin{Bmatrix}1 & R & I\\ R' & 1 & 2\end{Bmatrix}\langle n_2 + 1, R'\|\, c_2^\dagger\, \|n_2, R\rangle\, k_1\left(\frac{\hbar\omega_1}{C_1}\right)\left(\frac{\hbar\omega_2}{2C_2}\right)^{1/2},\end{aligned} \tag{6–280}$$

wobei R der Drehimpuls der Quadrupolschwingung ist. Die Abstammungsfaktoren für Quadrupolquanten lassen sich mit Methoden berechnen, wie sie in Abschnitt 6B–4 dargelegt wurden.

Die Stärke der Kopplung (6–279) läßt sich durch einen dimensionslosen Parameter η messen, der das Verhältnis zwischen den Matrixelementen (6–280) und $\hbar\omega_2$ charakterisiert,

$$\begin{aligned}\eta &\equiv -\frac{k_1}{C_1}\frac{\omega_1}{\omega_2}\left(\frac{\hbar\omega_2}{2C_2}\right)^{1/2}\\ &\approx 1{,}7\,\frac{\omega_1}{\omega_2}\,(\alpha_2)_0,\end{aligned} \tag{6–281}$$

wobei $(\alpha_2)_0$ die Nullpunktsamplitude für Quadrupolformschwingungen bedeutet (siehe Gl. (6–52)). Bei Kernen mit großen Quadrupolschwingungsamplituden wird der Parameter η beträchtlich größer als Eins (üblicherweise etwa 5); bei der Behandlung der Kopplung ist es deshalb im allgemeinen notwendig, über eine Störungsrechnung hinauszugehen.

Für große Werte von η erhält man eine näherungsweise Beschreibung der Linienform für Photoabsorption, indem man den Prozeß bei festgehaltenen Werten $\alpha_{2\mu}$ betrachtet und anschließend über die Nullpunktsquadrupolbewegung im Anfangszustand mittelt (Semenko, 1964; Kerman und Quang, 1964, Le Tourneux, 1965). Tatsächlich ist die

Übergangsstärke für $\eta \gg 1$ über ein verglichen mit $\hbar\omega_2$ großes Energieintervall verteilt; deshalb können wir einfallende Wellenpakete mit einer zeitlichen Breite betrachten, die gegenüber der Periode der Quadrupolbewegung klein ist. Innerhalb dieses Zeitintervalls kann man die Zeitabhängigkeit von $\alpha_{2\mu}$ vernachlässigen, und die Wahrscheinlichkeit pro Energieeinheit für die Absorption eines Quants E wird proportional zu

$$P(E) \equiv \tfrac{1}{3} \sum_{\varkappa=1}^{3} \int\int \varphi_0^2(\beta)\, \delta(E - \hbar\omega_{1\varkappa}(\beta, \gamma))\, \beta^4\, \mathrm{d}\beta\, |\sin 3\gamma|\, \mathrm{d}\gamma. \tag{6–282}$$

Dabei bezeichnet $\varphi_0(\beta)$ die Wellenfunktion des Grundzustandes der Quadrupolschwingungen (siehe Gl. (6B–20a); das Volumenelement im β, γ-Raum ist durch Gl. (6B–18) gegeben). Die Frequenzen

$$\omega_{1\varkappa}(\beta, \gamma) = \omega_1 \left(1 + \left(\frac{2}{15}\right)^{1/2} \frac{k_1}{C_1}\, \beta \cos\left(\gamma - \frac{2\pi}{3}\varkappa\right)\right) \tag{6–283}$$

entsprechen den drei Dipolresonanzen eines ellipsoidförmigen Kerns mit Formparametern β und γ (siehe Gln. (6–277) und (6B–4)). Führt man die Integration in Gl. (6–282) aus, dann ergibt sich

$$P(E) = \left(\frac{5}{3\pi}\right)^{1/2} (\eta\hbar\omega_2)^{-1} \left(\left(\frac{45x^2}{4\eta^2} - 1\right) \exp\left\{-\frac{15x^2}{4\eta^2}\right\} + 2\exp\left\{-\frac{15x^2}{\eta^2}\right\}\right),$$
$$x \equiv \frac{E - \hbar\omega_1}{\hbar\omega_2}. \tag{6–284}$$

Die Größe $P(E)$ ist bei Integration über E auf Eins normiert; $P(E)\,\mathrm{d}E$ stellt daher die Summe der Intensitäten $\langle n_1 = 1, n_2 = 0 \mid i\rangle^2$ über die Eigenzustände i mit $n_1 = 1$ (und festem Wert für M) im betrachteten Energieintervall dar.

Die Breite der Dipolstärkefunktion, die aus der Kopplung (6–279) resultiert, läßt sich allgemeiner abschätzen, indem man das zweite Moment

$$\begin{aligned} \langle (E - \hbar\omega_1)^2 \rangle &= \sum_i (E_i - \hbar\omega_1)^2 \langle n_1 = 1, n_2 = 0 \mid i\rangle^2 \\ &= \langle n_1 = 1, n_2 = 0|\, (H')^2\, |n_1 = 1, n_2 = 0\rangle \\ &= \tfrac{1}{3}\eta^2(\hbar\omega_2)^2 = 0{,}20\beta_2^2(\hbar\omega_1)^2 \end{aligned} \tag{6–285}$$

berechnet, wobei β_2^2 die mittlere quadratische Quadrupolfluktuation im Grundzustand ist (siehe Gl. (6–52)). Die mittlere Lage der Übergangsstärke wird durch die Kopplung nicht beeinflußt, da der Erwartungswert von H' im Zustand $n_1 = 1$, $n_2 = 0$ verschwindet.

Das zweite Moment ist im vorliegenden Fall ein brauchbares Maß für die Linienverbreiterung, da die Summe über i in Gl. (6–285) ziemlich unempfindlich von Beiträgen der weit entfernten Bereiche der Stärkefunktion abhängt. (Diese Situation steht im Gegensatz zur LORENTZ-Linienform, für die das zweite Moment divergiert und deshalb kein Maß für die Linienbreite liefert; siehe Band I, S. 321.) Tatsächlich sind alle höheren Momente $\langle (E - \hbar\omega_1)^n \rangle$ für gerades n von der Ordnung $(\eta\hbar\omega_2)^n$, was einer Stärkefunktion entspricht, die stärker als jede Potenz der Energie abfällt. (Siehe die GAUSS-Form der Stärkefunktion (6–284) für große η.)

Die detaillierte Struktur der Dipolabsorptionslinie erhält man aus einer numerischen Diagonalisierung des gekoppelten HAMILTON-Operators. Ein Beispiel dafür wird in Abb. 6–15 dargestellt. Es ist ersichtlich, daß die Näherung starker Kopplung für die Linienverbreiterung in Abb. 6–15 verantwortlich ist, obwohl sie die feineren Einzelheiten des berechneten Spektrums nicht wiedergibt.

Der Schätzwert (6–285) für den Beitrag der Dipol-Quadrupol-Kopplung zur Breite der Dipolresonanz wird in Abb. 6–25, S. 432, mit den beobachteten Breiten verglichen.

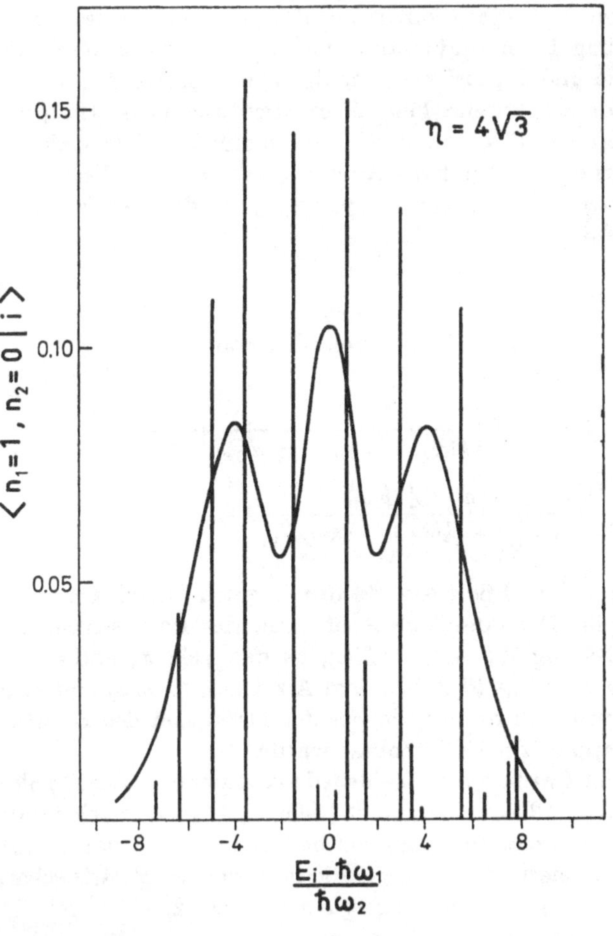

Abb. 6–15 Kopplung der Dipolschwingung an Quadrupoloszillationen. Die Matrix, die gekoppelte Dipol- und Quadrupolschwingungen darstellt, wurde für Zustände mit einem einzelnen Dipolquant ($n_1 = 1$) und dem Gesamtdrehimpuls $I = 1$ unter Berücksichtigung aller Komponenten mit bis zu 14 Quadrupolquanten diagonalisiert. Die Länge der Linien für die verschiedenen Eigenwerte E_i stellt ein Maß für die Amplitudenquadrate der Komponente mit $n_2 = 0$ dar und gibt daher die relative Stärke der Übergangswahrscheinlichkeit $B(E1; 0 \rightarrow i)$ für Dipolabsorption im Grundzustand an. Die ausgezogene Kurve entspricht der durch Gl. (6–284) gegebenen Näherung der starken Kopplung. Die Abbildung wurde aus J. LE TOURNEUX, Mat. Fys. Medd. Dan. Vid. Selsk. **34**, no. 11 (1965) entnommen.

Der Einfluß der Kopplung stellt offenbar einen wichtigen Teil der Gesamtbreite dar, aber in den meisten Fällen liefern andere Wechselwirkungen vergleichbare Beiträge.

Die Dipol-Quadrupol-Kopplung läßt sich auch bei Prozessen zweiter Ordnung untersuchen, in denen über eine virtuelle Anregung der Dipolschwingung Rotations- oder Vibrationsanregungen des Kerns erreicht werden (RAMAN-Streuung von γ-Strahlen (BALDIN, 1959; MARIĆ und MÖBIUS, 1959; siehe auch die Übersichtsarbeit von FULLER und HAYWARD, 1962a); COULOMB-Anregung von Quadrupolschwingungen durch Dipolanregungen zweiter Ordnung (EICHLER, 1964; MACDONALD, 1964; siehe auch die Übersichtsarbeit von DE BOER und EICHLER, 1968)). Bei diesen Prozessen läßt sich die Anregung von Rotationen und Vibrationen mit Frequenzen, die gegenüber der Frequenz der Dipolschwingung klein sind, durch die Dipolpolarisierbarkeit beschreiben, die als Funktion der Form und der Orientierung des Kerns betrachtet wird.

Liegt das polarisierende elektrische Feld $\boldsymbol{E}$ in Richtung einer Hauptachse $\varkappa$ des deformierten Kerns, dann hat das induzierte Dipolmoment $\boldsymbol{d}$ die gleiche Richtung. Es ergibt sich aus der Störung, die durch die Kopplung $H' = -d_\varkappa E_\varkappa$ hervorgerufen wird. Nimmt man für das elektrische Feld eine Frequenz ω_E an, dann erhält man (siehe die Ableitung von Gl. (6–238))

$$\begin{aligned} E_\varkappa &= (E_\varkappa)_0 \cos \omega_E t, \\ \langle d_\varkappa \rangle &= p_\varkappa(\omega_E)\, \tfrac{1}{2}\, (E_\varkappa)_0 \exp\{-i\omega_E t\} + \text{komplex konj.}, \end{aligned} \qquad (6\text{–}286\,\text{a})$$

$$\begin{aligned} p_\varkappa(\omega_E) &= |\langle n_{1\varkappa} = 1 |\, d_\varkappa\, |0\rangle|^2 \left(\frac{1}{\hbar(\omega_{1\varkappa} - \omega_E) - \frac{1}{2} i \Gamma_{1\varkappa}} + \frac{1}{\hbar(\omega_{1\varkappa} + \omega_E) + \frac{1}{2} i \Gamma_{1\varkappa}} \right) \\ &= \frac{2\, |\langle n_{1\varkappa} = 1 |\, d_\varkappa\, |0\rangle|^2\, \hbar\omega_{1\varkappa}}{(\hbar\omega_{1\varkappa})^2 + \frac{1}{4}\Gamma_{1\varkappa}^2 - (\hbar\omega_E)^2 - i\hbar\omega_E \Gamma_{1\varkappa}}. \end{aligned} \qquad (6\text{–}286\,\text{b})$$

Dabei wird die Dämpfung der Dipolzustände durch einen Imaginärteil $-i\Gamma_{1\varkappa}/2$ der Resonanzenergie dargestellt. Der komplexe Koeffizient der Polarisierbarkeit (6–286b) erfüllt die Symmetriebeziehung $p_\varkappa(-\omega) = p_\varkappa^*(\omega)$, da das Feld $E_\varkappa$ und das Moment $d_\varkappa$ reell sind. Für $\Gamma_{1\varkappa}$ ist das Ergebnis (6–286b) dem Ausdruck (6–216) äquivalent, unterscheidet sich aber um einen Faktor $-\varkappa$, da bei der Definition des Koeffizienten der Polarisierbarkeit χ die Kopplung $-\varkappa\alpha F$ benutzt wurde.

Man erwartet, daß die $E\,1$-Oszillatorstärke für jede Komponente der Dipolschwingung von der Deformation annähernd unabhängig ist (siehe S. 386). Vernachlässigt man eine geringe Verschiebung der Resonanzfrequenz von der Ordnung Γ^2, dann ergibt sich für den Koeffizienten der Polarisierbarkeit, ausgedrückt durch die Polarisierbarkeit p des nichtdeformierten Kerns mit der Resonanzenergie $\hbar\omega_1 - i\Gamma_1/2$,

$$\begin{aligned} p_\varkappa &= p\, \frac{\omega_1^2 - \omega_E^2 - i\omega_E \hbar^{-1}\Gamma_1}{\omega_{1\varkappa}^2 - \omega_E^2 - i\omega_E \hbar^{-1}\Gamma_{1\varkappa}}, \\ p &= \frac{8\pi}{9} B(E\,1; n_1 = 0 \to n_1 = 1)\, \frac{\hbar\omega_1}{(\hbar\omega_1)^2 - (\hbar\omega_E)^2 - i\hbar\omega_E\Gamma_1} \\ &\approx \frac{NZe^2}{MA(\omega_1^2 - \omega_E^2 - i\omega_E\hbar^{-1}\Gamma_1)}. \end{aligned} \qquad (6\text{–}287)$$

Im zweiten Ausdruck für p haben wir den Wert der klassischen Summenregel (6–176) für die Oszillatorstärke der Dipolschwingung angenommen.

Für ein elektrisches Feld mit beliebiger Richtung relativ zur Orientierung des Kerns kann die Polarisierbarkeit in kartesischen Koordinaten durch einen symmetrischen Tensor zweiten Ranges mit Eigenwerten $p_\varkappa$ und mit Hauptachsen, die mit dem inneren Koordinatensystem des Kerns zusammenfallen, beschrieben werden. Bei einer Zerlegung nach sphärischen Tensoren gehen in die Polarisierbarkeit ein Skalar $p^{(0)}$ und ein Quadrupoltensor $p^{(2)}_\mu$ ein,

$$\langle d_\mu \rangle = p^{(0)} E_\mu + (p^{(2)} E)_{(21)1\mu}, \tag{6–288}$$

wobei d_μ und E_μ die sphärischen Komponenten der Vektoren $\boldsymbol{d}$ und $\boldsymbol{E}$ sind (siehe Gl. (1A–56)). Die sphärischen Tensorkomponenten der Polarisierbarkeit hängen mit den Eigenwerten $p_\varkappa$ und den Orientierungswinkeln φ, θ, ψ über eine Standardtransformation zusammen,

$$\begin{aligned} p^{(0)} &= \tfrac{1}{3}(p_1 + p_2 + p_3), \\ p^{(2)}_\mu &= -\tfrac{1}{3}\left(\tfrac{5}{2}\right)^{1/2} \Big((2p_3 - p_1 - p_2)\, \mathscr{D}^2_{\mu 0}(\varphi, \theta, \psi) \\ &\quad + \left(\tfrac{3}{2}\right)^{1/2} (p_1 - p_2) \big(\mathscr{D}^2_{\mu 2}(\varphi, \theta, \psi) + \mathscr{D}^2_{\mu -2}(\varphi, \theta, \psi)\big)\Big). \end{aligned} \tag{6–289}$$

(Eine analoge Beziehung drückt die Quadrupoldeformation $\alpha_{2\mu}$ durch die Orientierungswinkel des Kerns und die Änderungen der Kernachsen aus; siehe die Gln. (6B–1), (6B–2) und (6B–4).)

Besitzt die Deformation nur einen geringen Einfluß auf die Polarisierbarkeit, dann kann man eine Entwicklung nach der Kerndeformation vornehmen, die in erster Ordnung auf

$$p_\varkappa = p \left(1 + \frac{2\omega_1^2}{\omega_1^2 - \omega_E^2} \frac{\delta R_\varkappa}{R}\right) \tag{6–290}$$

führt (siehe die Gln. (6–287) und (6–277)), wobei die Dämpfungsglieder vernachlässigt wurden. Die entsprechenden Tensorpolarisierbarkeiten sind

$$\begin{aligned} p^{(0)} &= p, \\ p^{(2)}_\mu &= -5(2\pi)^{-1/2} p \frac{\omega_1^2}{\omega_1^2 - \omega_E^2} \alpha_{2\mu}, \end{aligned} \tag{6–291}$$

ausgedrückt durch die Amplituden $\alpha_{2\mu}$ der Quadrupoldeformation (siehe Gln. (6B–2) und (6B–4)).

Aus der Abhängigkeit der Polarisierbarkeit von der Orientierung und der Form des Kerns folgt eine Kopplung der Rotations- und Schwingungsfreiheitsgrade. Die Streuamplitude für die Streuung von γ-Quanten an Kernen ist proportional zum induzierten Dipolmoment; die relativen Wahrscheinlichkeiten für elastische und unelastische Streuung sind daher durch die Absolutquadrate der Matrixelemente der Polarisierbarkeitskoeffizienten bestimmt. (Siehe die entsprechende adiabatische Behandlung der Streuung eines Teilchens an einem deformierten Kern in Anhang 5A, S. 278ff.) Belege für die Raman-Streuung von γ-Quanten an deformierten Kernen werden auf S. 421 diskutiert.

Die Dipolpolarisierbarkeit ruft auch eine Wechselwirkung zwischen dem Kern und einem geladenen Teilchen hervor, die die Streuquerschnitte und die Energieniveaus gebundener Systeme beeinflussen kann. Wenn die Perioden der Relativbewegung groß gegenüber der Periode der Dipolschwingung sind, dann läßt sich die Wechselwirkung durch die statische Polarisierbarkeit ausdrücken. Aus den Gln. (6–288) und (6–291) erhält man

$$V_{\text{pol}} = -\frac{1}{2}\langle \boldsymbol{d}\rangle \cdot \boldsymbol{E} = -\frac{1}{2}\left(\frac{Z_1 e}{r^2}\right)^2 p(\omega_E = 0)\left(1 + 2\sum_{\mu} \alpha_{2\mu} Y^*_{2\mu}(\vartheta, \varphi)\right), \tag{6–292}$$

wobei r, ϑ, φ die Polarkoordinaten des Teilchens mit der Ladung $Z_1 e$ sind.

6–6c Rotations-Vibrationskopplung

Die Schwingungen deformierter Kerne wurden in erster Näherung bezogen auf einen statischen, nichtsphärischen Gleichgewichtszustand betrachtet (Abschnitt 6–3b). Aus der endlichen Frequenz der Rotationsbewegung folgt eine Kopplung der Schwingungs- und Rotationsfreiheitsgrade, die nach dem in Kapitel 4 besprochenen allgemeinen Verfahren analysiert werden kann.

Die Rotations-Vibrationskopplung führender Ordnung ist linear im Drehimpuls der Rotation ($\Delta K = 1$; siehe Gl. (4–196)). Ein solcher Term ergibt sich aus der Coriolis-Kraft, die auf den inneren Drehimpuls wirkt (siehe Gl. (4–197)),

$$H' = -\frac{\hbar^2}{2\mathscr{I}_0}(R_+ I_- + R_- I_+). \tag{6–293}$$

Dabei stellen $R_\pm = R_1 \pm i R_2$ die Komponenten des Vibrationsdrehimpulses dar. Besitzt der Kern Anregungsformen mit verschiedenen ν, die näherungsweise als verschiedene Orientierungen einer Anregung der Multipolordnung λ dargestellt werden können (siehe S. 312ff.), dann lassen sich die Matrixelemente des Operators R_+, der ein Quant von ν nach $\nu + 1$ verschiebt, durch λ und ν ausdrücken. Man erhält (siehe Gln. (1A–4) und (1A–93))

$$\begin{aligned} &\langle n_{\nu+1} = 1, K = \nu + 1, IM |\, H' \,| n_\nu = 1, K = \nu, IM\rangle \\ &= -\frac{\hbar^2}{2\mathscr{I}_0}\big((\lambda - \nu)(\lambda + \nu + 1)(I - \nu)(I + \nu + 1)\big)^{1/2} \begin{cases} 2^{1/2}, & \nu = 0, \\ 1, & \nu > 0. \end{cases} \end{aligned} \tag{6–294}$$

Die Abschätzung (6–294) sollte für die hochfrequenten Schwingungen gelten, bei denen der Einfluß der Deformation eine relativ kleine Störung darstellt. Bei diesen Schwingungen ist jedoch die Coriolis-Kopplung sehr klein, verglichen mit dem energetischen Abstand der Anregungen mit verschiedenen ν. (Während diese Energieabstände von der Größenordnung $\hbar\omega_0\delta \approx \varepsilon_F A^{-2/3}$ sind, ist die Coriolis-Kopplung von der Größenordnung $\lambda I \varepsilon_F A^{-5/3}$.) Für die Dipolschwingung wird die schwache Kopplung an die Rotation dadurch bestätigt, daß das Verhältnis der Oszillatorstärken für die Anregung der Schwingungen $\nu = 0$ und $\nu = 1$ mit dem Wert 1:2 übereinstimmt, den man bei Vernachlässigung der Rotationsbewegung erhält (siehe z. B. Abb. 6–21, S. 420).

Bei niederfrequenten Schwingungen sind die Energieabstände $\hbar(\omega_{\nu+1} - \omega_\nu)$ viel kleiner (etwa einige Hundert keV). Kopplungen der Größenordnung (6–294) können deshalb zu einer Entkopplung der Schwingungsbewegung von der statischen Deformation führen, so daß die Übergangsstärke wie in sphärischen Kernen auf die niedrigsten Vibrationsanregungen einer gegebenen Multipolordnung konzentriert wird. Die niederfrequenten Schwingungen werden jedoch durch die Deformation wesentlich beeinflußt (siehe S. 312), und die Abschätzung (6–294) gilt nicht quantitativ. Einflüsse der CORIOLIS-Kopplung auf niederfrequente Oktupolbanden werden auf S. 498 besprochen. Bei der niederfrequenten Quadrupolschwingung in sphäroidalen Kernen gibt es keine Rotationskopplungen erster Ordnung der Form (6–294), da die $\nu = 1$-Anregung der Rotationsbewegung selbst entspricht (siehe S. 311).

Die Kopplungen zweiter Ordnung im Rotationsdrehimpuls besitzen $\Delta K = 0$ und 2 und haben die Form (4–216) bzw. (4–206). Verläuft die Schwingungsbewegung gegenüber der inneren Bewegung adiabatisch ($\hbar\omega_{\mathrm{vib}} \ll \Delta E_{\mathrm{intr}}$), dann lassen sich die inneren Operatoren h_0 und h_{+2} durch die Abhängigkeit des Trägheitsmoments von den Schwingungsamplituden α ausdrücken,

$$\begin{aligned} h_0 &= \frac{\hbar^2}{2}\left(\frac{1}{\mathscr{I}(\alpha)} - \frac{1}{\mathscr{I}(\alpha_{\mathrm{eq}})}\right), \qquad \left(\mathscr{I}^{-1} = \frac{1}{2}\left(\mathscr{I}_1^{-1} + \mathscr{I}_2^{-1}\right)\right), \\ h_{+2} &= \frac{\hbar^2}{8}\left(\frac{1}{\mathscr{I}_1(\alpha)} - \frac{1}{\mathscr{I}_2(\alpha)}\right), \end{aligned} \tag{6–295}$$

wobei α_{eq} die axialsymmetrische Gleichgewichtsform bezeichnet und $\mathscr{I}(\alpha)$ das Trägheitsmoment für eine statische Deformation α ist.

Für die Quadrupolschwingungen führt eine Entwicklung der Kopplungsparameter (6–295) in erster Ordnung in den Schwingungsamplituden $\beta - \beta_0$ und γ auf (siehe Gl. (6–90))

$$\begin{aligned} h_0 &\approx -\frac{\hbar^2}{2}(\beta - \beta_0)\left(\frac{1}{\mathscr{I}^2}\frac{\partial \mathscr{I}}{\partial \beta}\right)_{\beta=\beta_0}, \\ h_{+2} &\approx -\frac{\hbar^2}{4}\gamma\left(\frac{1}{\mathscr{I}^2}\frac{\partial \mathscr{I}_1}{\partial \gamma}\right)_{\gamma=0}. \end{aligned} \tag{6–296}$$

Wir haben die Beziehung $\mathscr{I}_1(\gamma) = \mathscr{I}_2(-\gamma)$ benutzt, die aus der Symmetrie der Deformation folgt (siehe Gl. (6B–15)). Die Matrixelemente von h_0 und h_{+2} können aus der Analyse der relativen $E2$-Intensitäten für die Übergänge zwischen den Vibrationsanregungen und der Grundzustandsbande bestimmt werden. Für die Koeffizienten a_0 und a_2 in den Gln. (4–252) und (4–230) erhält man die Beziehungen (siehe die Gln. (4–208), (4–211), (4–218), (4–220) und (4–231))

$$a_0 = -\frac{\hbar^2}{2\mathscr{I}}\frac{\beta_0}{\hbar\omega_\beta}\left(\frac{1}{\mathscr{I}}\frac{\partial \mathscr{I}}{\partial \beta}\right)_{\beta=\beta_0}, \tag{6–297a}$$

$$a_2 = \frac{z_2}{2 + 4z_2}, \tag{6–297b}$$

$$z_2 = -\sqrt{3}\,\frac{\hbar^2}{\mathscr{I}}\frac{1}{\hbar\omega_\gamma}\left(\frac{1}{\mathscr{I}}\frac{\partial \mathscr{I}_1}{\partial \gamma}\right)_{\gamma=0}. \tag{6–297c}$$

Wir haben hier die Ausdrücke (siehe Gl. (6–90) und (6–91a))

$$\mathcal{M}(E2,\nu) = \left(\frac{5}{16\pi}\right)^{1/2} eQ_0 \begin{cases} \beta_0^{-1}(\beta - \beta_0), & \nu = 0, \\ 2^{-1/2}\gamma, & \nu = 2, \end{cases} \tag{6–298}$$

für das innere $E2$-Moment der β- und γ-Schwingung, bezogen auf das statische Quadrupolmoment Q_0, verwendet.

Beispiele für die Analyse der Kopplung von Rotationsbewegung und β- und γ-Schwingungen werden auf S. 137ff. (γ-Schwingung in ^{166}Er) und S. 147ff. (β-Schwingung in ^{174}Hf) diskutiert. Man findet Werte von $\mathcal{J}^{-1}(\partial\mathcal{J}_1/\partial\gamma)$ und $\beta\mathcal{J}^{-1}(\partial\mathcal{J}/\partial\beta)$ von der Größenordnung Eins. Bei starrer Rotation sind diese logarithmischen Ableitungen von der Größenordnung des Deformationsparameters β_0, die beobachteten größeren Werte stimmen aber mit der erwarteten starken Deformationsabhängigkeit des Trägheitsmoments überein (siehe z. B. Gln. (4–249) und (4–267)).

Die Entwicklung der effektiven Trägheitsmomente in Gl. (6–295) führt auf eine Vielzahl von Kopplungstermen höherer Ordnung. Die Glieder zweiter Ordnung in der Schwingungsamplitude berücksichtigen Kopplungen, die in den Schwingungsquantenzahlen diagonal sind und die Änderung des Trägheitsmoments darstellen, die sich aus der mit einem Schwingungsquant verknüpften Zunahme von $\langle\alpha^2\rangle$ ergibt. Die Glieder zweiter Ordnung berücksichtigen auch Kopplungen, die ebenso wie die Kopplung von β- und γ-Schwingungsbanden ein Quant zwischen Anregungen mit $\Delta\nu = 0, \pm 2$ verschieben. Man erwartet, daß derartige Trägheitsglieder zweiter Ordnung eine Größenordnung kleiner sind als die Terme (6–296) erster Ordnung; die beobachteten Matrixelemente zweiter Ordnung für β- und γ-Schwingungen sind jedoch in vielen Fällen wie die Glieder erster Ordnung von der Größenordnung 1 keV. (Die Trägheitsmomente für Banden mit $n_\beta = 1$ und $n_\gamma = 1$ erhält man aus den auf S. 473 (γ-Schwingungen) und S. 475 (β-Schwingungen) zitierten Abbildungen. Angaben über das Matrixelement $\langle n_\gamma = 1|\, h_2\, |n_\beta = 1\rangle$ stammen von Rud u. a., 1971, ^{152}Sm und ^{154}Gd; Baader, 1970, ^{158}Gd; Günther u. a., 1971, ^{182}W und ^{184}W; Stephens u. a., 1963, ^{238}U und ^{232}Th.) Dieses Versagen der Beschreibung durch eine klassische adiabatische Entwicklung kann damit zusammenhängen, daß nur wenige Quasiteilchenkonfigurationen zu diesen Anregungen effektiv beitragen. Tatsächlich erwartet man, daß die bei Zwei-Quasiteilchenanregungen auftretenden Kopplungen ($\Delta\nu = 0$) ziemlich groß sind (siehe z. B. den auf S. 218 besprochenen Zuwachs des Trägheitsmoments bei Quasiteilchenanregungen). Es ist auch möglich, daß die großen Kopplungseffekte mit den zusätzlichen Freiheitsgraden zusammenhängen, die in den Kanälen $K\pi = 0^+$ und 2^+ beobachtet werden (siehe S. 477).

Beispiele zu Kapitel 6

Responsefunktion

Spektren der Einteilchenanregungen für Multipolfelder im Kern mit $Z = 46$, $N = 60$ (Abb. 6–16 und 6–17; Tab. 6–4 und 6–5)

Der Ausgangspunkt für die mikroskopische Beschreibung der Vibrationsbewegung eines Kerns ist die Analyse des Spektrums der Einteilchenanregungen, die durch ein Feld der Struktur, die für die betrachtete Schwingungsform charakteristisch ist, hervorgerufen werden (siehe Abschnitt 6–2c). Im vorliegenden Beispiel betrachten wir die Verteilung der mit Multipolfeldern vom Typ $F = r^\lambda Y_{\lambda\mu}$ verknüpften Übergangsstärke, die für eine Einteilchenbewegung in einem statischen sphärischen Potential berechnet wurde. (Für spinabhängige Felder und Paarfelder siehe die Beispiele auf S. 551ff. bzw. 556ff.) Die Response des Kerns auf ein Feld F läßt sich durch den Koeffizienten der Polarisierbarkeit χ als Funktion der Feldfrequenz ausdrücken. Die Frequenzen der Kernanregung sind die Pole dieser Responsefunktion, während die Übergangsstärke die Residuen der Pole liefert (die Responsefunktion für die Bewegung unabhängiger Teilchen findet man in Gl. (6–241)).

Einteilchenenergien

Die Spektren in den Abb. 6–16 und 6–17 beziehen sich auf einen Kern mit $A = 106$ und $Z = 46$. Sie ergeben sich aus einem modifizierten harmonischen Oszillatorpotential (Nilsson, 1955)

$$V = \tfrac{1}{2} M\omega_0^2 r^2 + v_{ls}\hbar\omega_0(\boldsymbol{l}\cdot\boldsymbol{s}) + v_{ll}\hbar\omega_0(\boldsymbol{l}^2 - \langle \boldsymbol{l}^2\rangle_N) \tag{6–299}$$

mit den Parametern

$$\begin{aligned} \hbar\omega_0 &= 41A^{-1/3}\,\text{MeV} = 8{,}7\,\text{MeV}, \\ v_{ls} &= -0{,}10, \\ v_{ll} &= -\begin{cases} 0, & N = 0, 1, 2, \\ 0{,}0175, & N = 3, \\ 0{,}0225, & N = 4, 5, 6, \\ 0{,}020, & N = 7, 8. \end{cases} \end{aligned} \tag{6–300}$$

Das zu $\boldsymbol{l}^2$ proportionale Glied im Potential (6–299) beschreibt die Abweichungen von den Entartungen des harmonischen Oszillators, die sich aus der schärfer definierten Oberfläche des Kernpotentials ergeben. Die Werte für v_{ll} in Gl. (6–300) stimmen annähernd mit den für ein Woods-Saxon-Potential abgeschätzten überein (siehe

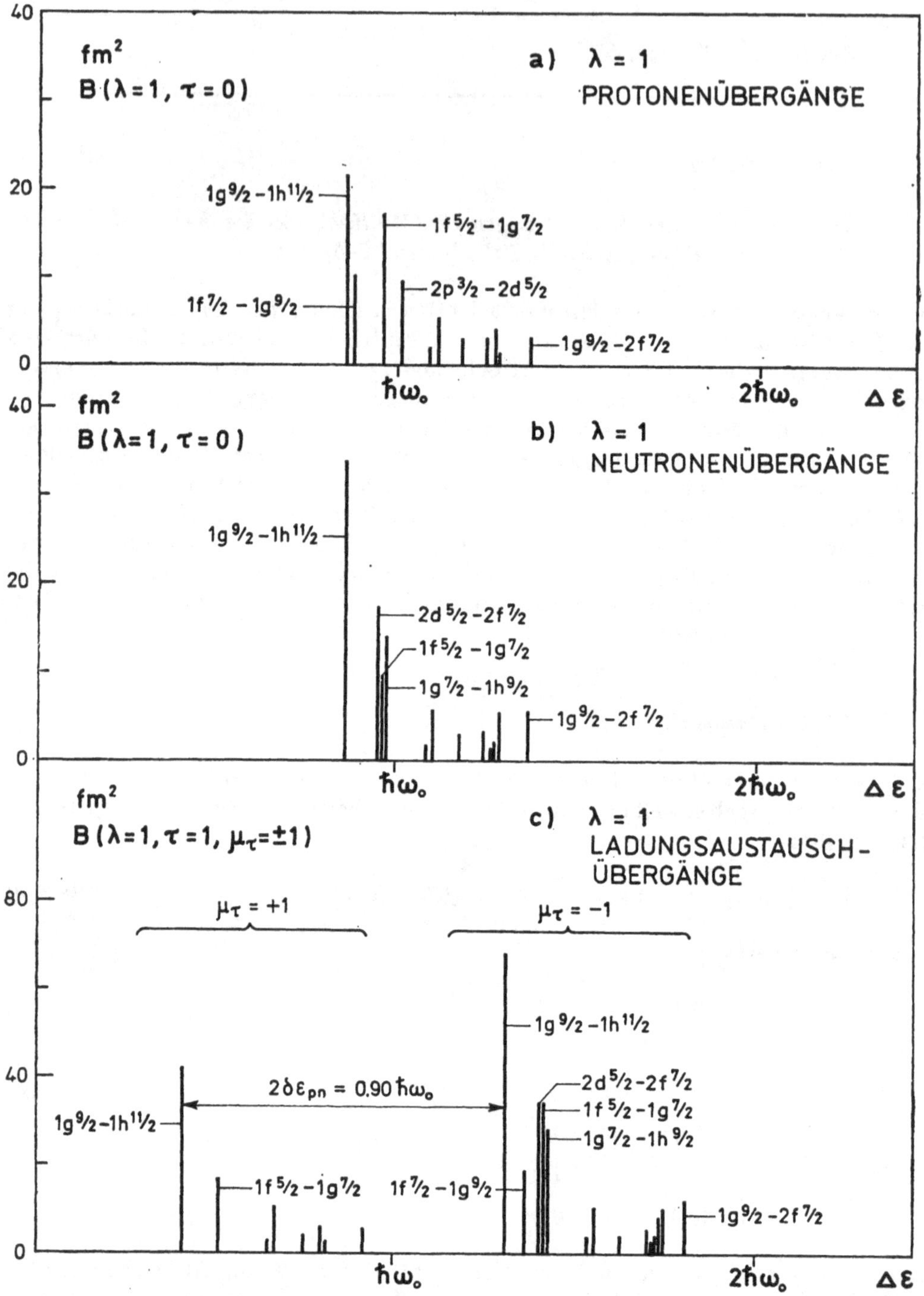

Abb. 6–16 Einteilchenanregungen mit $\lambda = 1$. Die Abbildung bezieht sich auf einen Kern mit $Z = 46$ und $N = 60$. Wir möchten C. J. VEJE und JENS DAMGAARD für die Hilfe bei der Anfertigung dieser und der nächsten Abbildung danken.

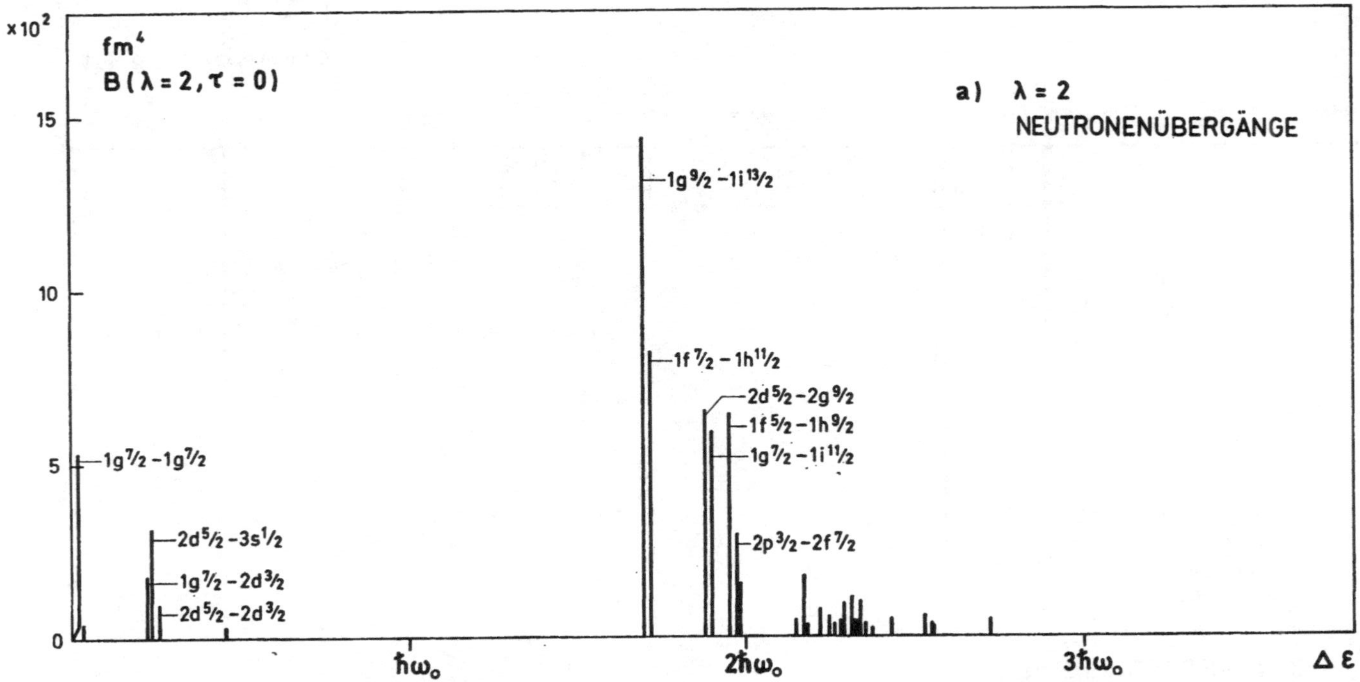

Abb. 6–17 Neutron-Einteilchenanregungen mit $\lambda = 2$, 3 und 4. Die Abbildung bezieht sich auf einen Kern mit $N = 60$.

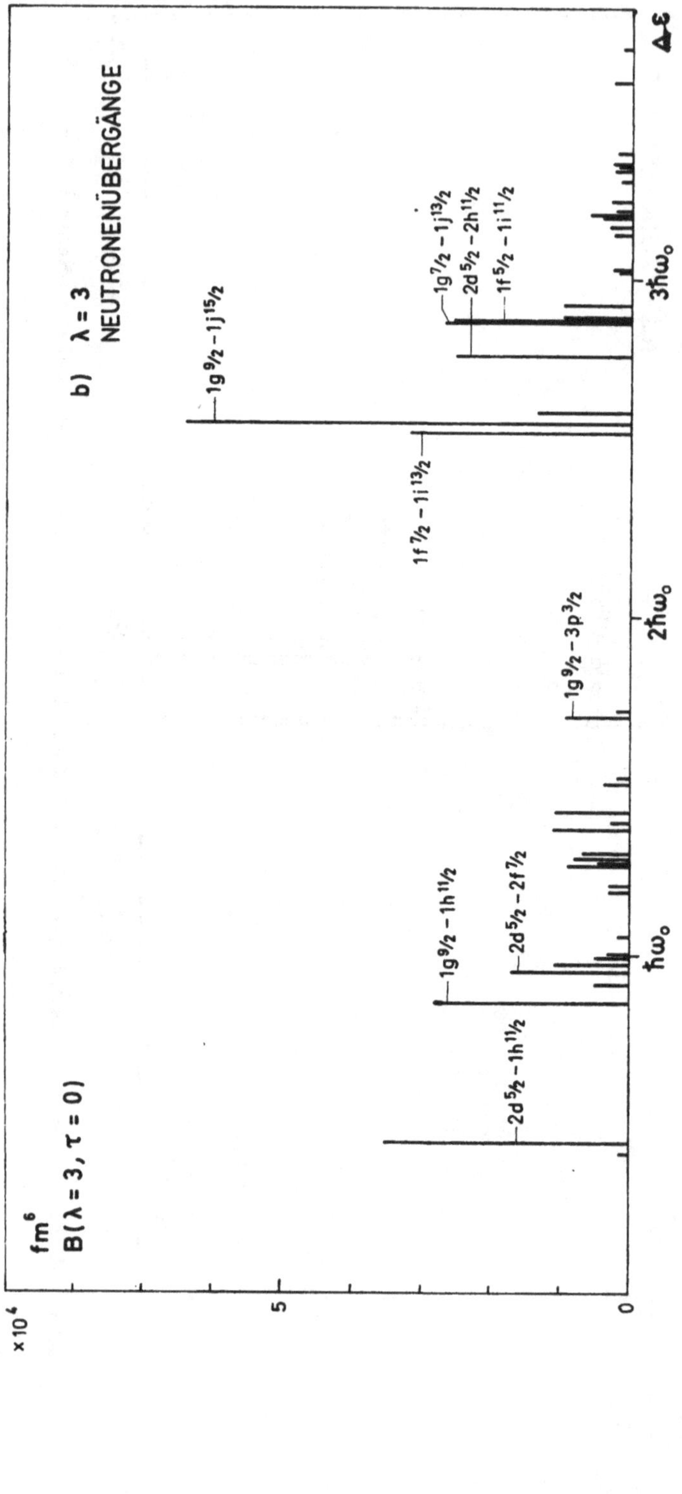

Abb. 6–17 (Fortsetzung)

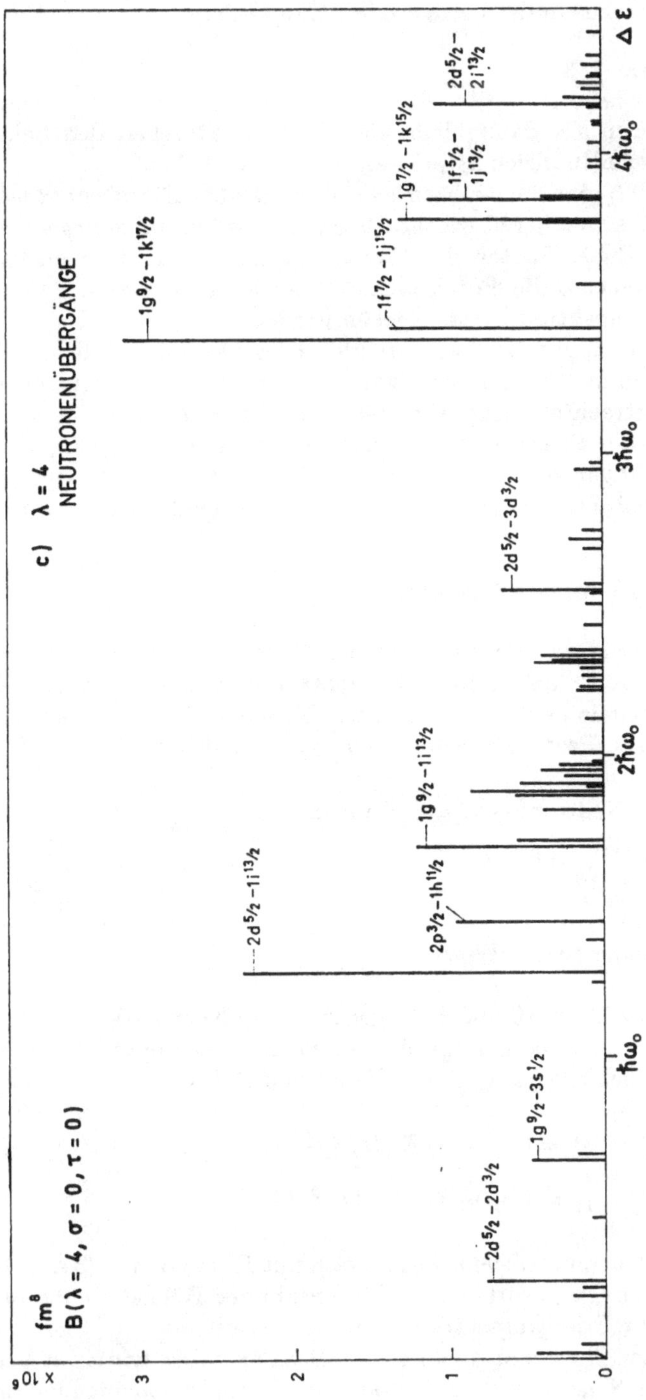

Abb. 6–17 (Fortsetzung)

Abb. 6–49, S. 513). Die Hauptquantenzahl wurde mit N bezeichnet, und $\langle l^2 \rangle_N$ ist der Mittelwert für die Niveaus in der betrachteten Hauptschale,

$$\langle l^2 \rangle_N = \tfrac{1}{2} N(N+3). \tag{6–301}$$

Zieht man diesen Term ab, dann bleibt der Abstand zwischen den Schwerpunkten benachbarter Hauptschalen gleich $\hbar\omega_0$ (GUSTAFSON u. a., 1967).

Das Potential (6–299) gibt die beobachteten Energien der Einteilchenzustände in der Nähe der FERMI-Grenze annähernd wieder. Da die Diskussion im vorliegenden Abschnitt nur die qualitativen Eigenschaften der Einteilchenresponsefunktion veranschaulichen soll, wurde nicht versucht, die Potentialparameter so anzupassen, daß die feineren Details der Einteilchenspektren wiedergegeben werden.

Als Grundzustandskonfiguration werden die abgeschlossenen Schalen $Z = 40$ und $N = 50$ und außerdem die Protonenkonfiguration $(1g_{9/2})^6$ und die Neutronenkonfiguration $(2d_{5/2})^6\,(1g_{7/2})^4$ betrachtet (siehe Abb. 2–30, Band I, S. 252).

In Abb. 6–16 sind die Energien der Ladungsaustauschübergänge ($\mu_\tau = \pm 1$) relativ zu den $\mu_\tau = 0$-Übergängen um den Betrag $-0{,}45\hbar\omega_0\mu_\tau$ verschoben. Die Verschiebung ist durch den Energieabstand $\delta\varepsilon_{pn}$ zwischen den entsprechenden Neutronen- und Protonenniveaus

$$\delta\varepsilon_{pn} = \varepsilon(j, \text{Proton}) - \varepsilon(j, \text{Neutron}) \tag{6–302}$$

gegeben, der die Summe der Beiträge aus der COULOMB-Energie und dem mit dem Neutronenüberschuß verknüpften Symmetriepotential darstellt. Da der Kern in der Nähe der β-Stabilitätslinie liegt, sind die FERMI-Niveaus für Neutronen und Protonen annähernd gleich $\big(\varepsilon(g_{9/2}, \text{Proton}) \approx \varepsilon(g_{7/2}, \text{Neutron})\big)$, folglich wird

$$\begin{aligned}\delta\varepsilon_{pn} &= \varepsilon(g_{7/2}, \text{Neutron}) - \varepsilon(g_{9/2}, \text{Neutron}) \\ &= -\tfrac{9}{2} v_{ls}\hbar\omega_0 = 0{,}45\hbar\omega_0 .\end{aligned} \tag{6–303}$$

Übergangswahrscheinlichkeiten

Die Ordinaten in den Abb. 6–16 und 6–17 geben die Multipolstärke der Übergänge an. Bei Übergängen aus vollständig abgeschlossenen Schalen ergibt sich die reduzierte Übergangswahrscheinlichkeit (siehe Gln. (3B–25) und (1A–67))

$$B\big(\lambda; 0 \to (j_1^{-1} j_2)\,\lambda\big) = (2j_1 + 1)\, B_{sp}(\lambda; j_1 \to j_2), \tag{6–304a}$$

$$B_{sp}(\lambda; j_1 \to j_2) = (2j_1 + 1)^{-1}\, |\langle j_2 \| r^\lambda Y_\lambda \| j_1 \rangle|^2 . \tag{6–304b}$$

Das reduzierte Einteilchenmatrixelement läßt sich mit Hilfe von Gl. (3A–14) berechnen. Der Faktor $(2j_1 + 1)$ in Gl. (6–304a) stellt die Anzahl der Teilchen in der abgeschlossenen Schale dar, die zur Übergangsstärke beitragen.

Bei Übergängen aus teilweise abgeschlossenen Schalen haben wir einen Grundzustand angenommen, in dem Neutronen und Protonen unabhängig voneinander zum Gesamtdrehimpuls Null koppeln. Die in der Abbildung angegebene Multipolstärke ergibt sich aus den Ausdrücken

$$B(\lambda;\,(j_2^n)_0\rightarrow(j_1^{-1}j_2^{n+1})_\lambda)=\frac{2j_1+1}{2j_2+1}(2j_2+1-n)\,B_{sp}(\lambda;\,j_1\rightarrow j_2),\tag{6–305a}$$

$$B(\lambda;\,(j_1^n)_0\rightarrow(j_1^{n-1}j_2)_\lambda)=nB_{sp}(\lambda;\,j_1\rightarrow j_2),\tag{6–305b}$$

$$B(\lambda;\,(j^n)_0\rightarrow(j^n)_\lambda)=\frac{2n}{2j-1}(2j+1-n)\,B_{sp}(\lambda;\,j\rightarrow j).\tag{6–305c}$$

Die Beziehung (6–305a) stellt eine lineare Interpolation zwischen dem Resultat (6–304a) für $n=0$ und dem Wert Null für $n=2j_2+1$ dar. Der Ausdruck (6–305b) ist ebenfalls eine lineare Interpolation zwischen den Ergebnissen für $n=0$ und $n=2j_1+1$. Die Übergangswahrscheinlichkeit (6–305c) verschwindet für $n=0$ und $n=2j+1$. Der angegebene Ausdruck stellt eine quadratische Interpolation dar, die von dem Wert für $n=2$ ausgeht, der sich aus Gl. (1A–72a) ergibt; der Faktor 4 spiegelt die Kohärenz der beiden Teilchen wider, die jeweils $B_{sp}(\lambda;\,j\rightarrow j)$ beitragen würden. Da die Amplituden der Wellenfunktion mit Paarkorrelation für eine Konfiguration j^n durch $v^2=n(2j+1)^{-1}$ und $u^2=(2j+1-n)\,(2j+1)^{-1}$ gegeben sind, stimmen die Ausdrücke (6–305) bis auf Glieder der relativen Ordnung j^{-1} mit den Beziehungen überein, die aus dem Quasiteilchenkopplungsschema folgen (siehe Gl. (6–307)).

Die Abbildungen geben die Responsefunktion für Neutronen und Protonen getrennt an. (Für ein $\tau=0$- oder ein $\tau=1$-Feld ist die Responsefunktion die Summe der Neutronen- und Protonenbeiträge.) Für Ladungsaustauschübergänge gibt die Abb. 6–16 die Übergangswahrscheinlichkeiten $B(\lambda=1,\,\tau=1,\,\mu_\tau=\pm1)$ an, die sich ergeben, indem man die Ausdrücke (6–304) und (6–305) bei entsprechenden Bahnen mit dem Faktor 2 multipliziert. Dieser Faktor stellt das Quadrat des Matrixelements $\langle n|\,\tau_{+1}\,|p\rangle$ dar (siehe Gl. (6–122)).

Die qualitative Struktur der in den Abb. 6–16 und 6–17 angegebenen Spektren läßt sich mit Hilfe der Auswahlregeln für die Quantenzahl N des harmonischen Oszillators verstehen,

$$\begin{aligned}\Delta N&=1, & \lambda&=1,\\ \Delta N&=0,2, & \lambda&=2,\\ \Delta N&=1,3, & \lambda&=3,\\ \Delta N&=0,2,4, & \lambda&=4.\end{aligned}\tag{6–306}$$

Für Dipolübergänge mit $\mu_\tau=0$ sind die Anregungsfrequenzen etwa gleich der Oszillatorfrequenz $\hbar\omega_0$. Bei Quadrupolübergängen gruppieren sich die Anregungen in zwei Energiebereichen mit etwa 0 und $2\hbar\omega_0$. Für $\lambda=3$ legt die Auswahlregel (6–306) eine Gruppierung um Anregungsenergien von $\hbar\omega_0$ und $3\hbar\omega_0$ nahe; eine solche Tendenz kommt auch in dem Spektrum in Abb. 6–17b zum Ausdruck. Die Spinbahnkopplung und der l^2-Term im Potential (6–299) führen zu einem ziemlich niederenergetischen Oktupolübergang ($d_{5/2}\rightarrow h_{11/2}$), der nur Bahnen innerhalb der Hauptschale $50<N<82$ enthält. (Das Auftreten dieser niederfrequenten Komponente in der Oktupol-Responsefunktion kann als ein Aspekt des systematischen Trends zu neuen Typen der Schalenstruktur bei schweren Kernen angesehen werden; siehe S. 511ff.)

Eine andere wichtige Auswahlregel in den Spektren in Abb. 6–16 und 6–17 ergibt sich aus der Tatsache, daß die betrachteten Felder spinunabhängig sind. Wenn die Multipolordnung klein gegenüber den j-Werten der Einteilchenzustände ist, dann sind die Spin-flip-Übergänge ($j_1 = l_1 \pm 1/2 \to j_2 = l_2 \mp 1/2$) schwach, verglichen mit den Übergängen, die die relative Orientierung von Spin und Bahn erhalten ($j_1 = l_1 \pm 1/2 \to j_2 = l_2 \pm 1/2$). Die Auswahlregel ist in dem Vektoradditionskoeffizienten $\langle j_1\ 1/2\lambda 0 \mid j_2\ 1/2\rangle$ enthalten, der bei der Berechnung des reduzierten Matrixelements in Gl. (6–304) auftritt; siehe Gl. (3C–34).

Wellenfunktion kollektiver Anregungen

Aus der Einteilchen-Responsefunktion erhält man die Struktur der durch das Feld F erzeugten kollektiven Anregung auf die in den Abschnitten 6–2c und 6–5h beschriebene Weise. In den folgenden Beispielen verwenden wir ein solches Verfahren, um die Frequenzen und Übergangswahrscheinlichkeiten der kollektiven Anregungen abzuschätzen, die mit $\lambda = 1$, 2 und 3 verknüpft sind.

Die Analyse mit Hilfe der Responsefunktion und der Feldkopplung liefert auch die mikroskopische Struktur der kollektiven Anregung, ausgedrückt durch die Amplituden X und Y, die die Anregung eines Quants über die Variablen der Einteilchenbewegung charakterisieren (siehe Gl. (6–36) und den allgemeineren Ausdruck (6–253), der für Einteilchen-Responsefunktionen mit vielen Frequenzen gilt). Als Beispiel für eine solche Analyse gibt Tab. 6–4 die Amplituden der Dipolschwingung an, die sich aus der Responsefunktion in Abb. 6–16 ergeben. Das mit der Dipolanregung verknüpfte Feld ist hauptsächlich der Isovektor $F = x\tau_z$, es enthält aber auch eine kleine, zum Neutronenüberschuß proportionale isoskalare Komponente, die notwendig ist, damit die Anregung zur Schwerpunktsbewegung orthogonal wird (siehe Gl. (6–328)). Für die in den Spalten 1 und 2 aufgeführten Einteilchenübergänge $j_1 \to j_2$ sind die Anregungsenergien in Einheiten des Oszillatorquants in Spalte 3 angegeben. Die nächsten beiden Spalten enthalten die Übergangsstärken (für Neutronen bzw. Protonen) in Einheiten der entsprechenden Einteilchenübergangswahrscheinlichkeiten. Die Anregungen, bei denen ein Teilchen von j_1 nach j_2 übergeht, sind mit (12) bezeichnet. Für die Teilchen außerhalb abgeschlossener Schalen nehmen wir ein Kopplungsschema an, das auf die Ausdrücke (6–305) für $B(0 \to (12))$ führt. Die Einteilchenmatrixelemente von F erhält man aus den Gln. (2–154) und (3A–14); siehe auch Gl. (3B–25). Die Amplituden $X(12)$ und $Y(12)$ in den letzten Spalten von Tab. 6–4 sind durch Gl. (6–253) gegeben; die kollektive Frequenz ist der Abschätzung (6–315) entnommen, die (in ziemlich guter Übereinstimmung mit der in diesem Elementebereich beobachteten Frequenz der Photoresonanz (siehe Abb. 6–19, S. 407)) den Wert $\omega_a = 1{,}92\omega_0$ ergibt. Während die Matrixelemente $F(12)$ und F_a imaginär sind, sind die Amplituden $X(12)$ und $Y(12)$ reell. In die Normierung der Amplituden $X(12)$ und $Y(12)$ geht die Größe $\varkappa F_a$ ein, die aus der Bedingung (6–249a) bestimmt werden kann. Die Größe $\varkappa$, die die angenommene Frequenz der Kollektivbewegung liefert, folgt aus der Eigenwertgleichung (6–244). Sie ist zusammen mit der Oszillatorstärke $|F_a|^2 \hbar\omega_a$ der kollektiven Anregung ebenfalls in der Tabelle aufgeführt.

Da die Streuung der Einteilchenfrequenzen in Tab. 6–4, verglichen mit der Frequenzverschiebung durch die Wechselwirkung, ziemlich gering ist, ähnelt die Wellenfunktion des Kollektivzustandes der Wellenfunktion, die einem entarteten Einteilchenanregungsspektrum entspricht. Insbesondere findet man, daß die kollektive Anregung etwa 98%

der mit dem Feld F verbundenen Oszillatorstärke erfaßt. (Aus den geschwindigkeitsabhängigen Gliedern im Potential (6–299) folgt, daß die totale Oszillatorstärke nicht genau der klassischen Oszillatorsumme (6–167) entspricht, die in Einheiten von $\hbar^2/2M$ gleich $4NZ/A$ ist; die Abweichung beträgt jedoch nur einen Bruchteil eines Prozents, wie sich durch Berechnen von $\Sigma\,|F(12)|^2\,(\varepsilon_2-\varepsilon_1)$ zeigen läßt. Siehe in diesem Zusammenhang die auf S. 513 diskutierte annähernde Äquivalenz des l^2-Terms und der Störung, die durch ein zu r^4 proportionales Potential hervorgerufen wird.)

Tab. 6–4 Einteilchenamplituden in der kollektiven Dipolanregung. Die Amplituden $X(12)$ und $Y(12)$ für die Komponenten der Dipolschwingung, die Einteilchenübergängen $j_1 \to j_2$ entsprechen, folgen aus einer Behandlung auf der Grundlage von Normalschwingungen. Das Beispiel bezieht sich auf einen Kern mit $Z = 46$, $N = 60$ und ein Einteilchenspektrum, das in Abb. 6–16 angegeben wurde.

j_1	j_2	$\frac{\varepsilon_2-\varepsilon_1}{\hbar\omega_0}$	$\frac{B(0\to(12))}{B_{sp}(j_1\to j_2)}$		Neutronen		Protonen	
			n	p	$X(12)$	$Y(12)$	$X(12)$	$Y(12)$
$2p_{1/2}$	$3s_{1/2}$	1,09	2	2	−0,088	−0,024	0,114	0,032
	$2d_{3/2}$	1,11	2	2	0,167	0,045	−0,218	−0,059
$2p_{3/2}$	$3s_{1/2}$	1,24	4	4	0,152	0,033	−0,198	−0,043
	$2d_{3/2}$	1,26	4	4	0,092	0,019	−0,120	−0,025
	$2d_{5/2}$	1,01	—	4	—	—	−0,261	−0,081
$1f_{5/2}$	$2d_{3/2}$	1,18	6	6	0,132	0,031	−0,172	−0,041
	$2d_{5/2}$	0,93	—	6	—	—	0,034	0,012
	$1g_{7/2}$	0,97	3	6	0,184	0,061	−0,339	−0,112
$1f_{7/2}$	$2d_{5/2}$	1,28	—	8	—	—	−0,238	−0,048
	$1g_{7/2}$	1,32	4	8	0,056	0,010	−0,103	−0,019
	$1g_{9/2}$	0,87	—	3,2	—	—	−0,221	−0,083
$2d_{5/2}$	$3p_{3/2}$	1,28	6	—	0,213	0,043	—	—
	$2f_{5/2}$	1,30	6	—	0,089	0,017	—	—
	$2f_{7/2}$	0,95	6	—	0,255	0,086	—	—
$1g_{7/2}$	$2f_{5/2}$	1,26	4	—	0,126	0,026	—	—
	$2f_{7/2}$	0,92	4	—	−0,015	−0,006	—	—
	$1h_{9/2}$	0,96	4	—	0,229	0,077	—	—
$1g_{9/2}$	$2f_{7/2}$	1,36	10	6	0,238	0,040	−0,241	−0,041
	$1h_{9/2}$	1,41	10	6	0,092	0,014	−0,093	−0,014
	$1h_{11/2}$	0,86	10	6	0,326	0,124	−0,329	−0,126
$\omega_a = 1{,}92\omega_0$		$\varkappa = 0{,}0244 M\omega_0^2$			$\Sigma X^2 = 0{,}479$		$\Sigma X^2 = 0{,}617$	
$\lvert F_a\rvert^2\,\hbar\omega_a = 102\hbar^2/2M$					$\Sigma Y^2 = 0{,}042$		$\Sigma Y^2 = 0{,}055$	

Einfluß von Paarkorrelationen

Das Verhalten der Responsefunktionen bei niedrigen Frequenzen wird durch Paarkorrelationen, die in den Abb. 6–16 und 6–17 nicht enthalten sind, wesentlich modifiziert. Die Stärke der Paarkorrelationen wird durch den Parameter Δ charakterisiert, der für den betrachteten Kern ($Z = 46$, $N = 60$) für Neutronen und Protonen den Wert

$\Delta_n = 1{,}3$ MeV bzw. $\Delta_p = 1{,}4$ MeV besitzt (siehe Abb. 2–5, Band I, S. 179). Wie auf S. 562 diskutiert, läßt sich die Einteilchenbewegung beim Vorliegen von Paarkorrelationen durch Quasiteilchenvariable beschreiben; die Eigenschaften der Quasiteilchenzustände sind für die Einteilchenbahnen in den beiden Hauptschalen in der Nähe der FERMI-Grenze in Tab. 6–5 angegeben. Die Tabelle enthält die Quasiteilchenenergien E (siehe Gl. (6–602)) und die Besetzungswahrscheinlichkeiten v^2 (siehe Gl. (6–601)); das in diese Ausdrücke eingehende chemische Potential erhält man aus Gl. (6–611).

Der Haupteinfluß der Paarkorrelationen auf die Responsefunktion besteht in der Verschiebung der Übergänge mit der Frequenz Null und mit niedriger Frequenz bis zu den Quasiteilchen-Anregungsenergien $E_1 + E_2$, die von der Größenordnung 2Δ sind. Die Stärke der Übergänge ist gegeben durch (siehe Gl. (6–610b))

$$B(\lambda;\, \mathsf{v} = 0 \to \mathsf{v} = 2,\, (j_1 j_2)\, \lambda) = (u_1 v_2 + v_1 u_2)^2\, (2j_1 + 1)\, B_{sp}(\lambda;\, j_1 \to j_2)\,. \quad (6\text{–}307)$$

Man sieht, daß infolge der Paarkorrelationen zusätzliche Übergänge zwischen Bahnen auftreten, die ohne Korrelation beide besetzt oder beide unbesetzt wären; mit Ausnahme der Bahnen in der Nähe der FERMI-Oberfläche sind diese Übergänge relativ schwach.

Tab. 6–5 Eigenschaften von Quasiteilchenzuständen. Die Einteilchenenergien in Spalte zwei wurden mit dem Potential (6–299) erhalten und relativ zur Energie des Oszillatorniveaus mit $N = 4$ gemessen. Alle Energien sind in MeV angegeben. Die Tabelle bezieht sich auf einen Kern mit $Z = 46$, $N = 60$.

Bahn	ε	$Z = 46$ ($\Delta_p = 1{,}4$; $\lambda_p = -2{,}7$)		$N = 60$ ($\Delta_n = 1{,}3$; $\lambda_n = 1{,}3$)	
		E	v^2	E	v^2
$2p_{3/2}$	$-8{,}1$	5,5	0,98	9,4	0,99
$1f_{5/2}$	$-7{,}4$	4,9	0,98	8,8	0,99
$2p_{1/2}$	$-6{,}8$	4,3	0,97	8,1	0,99
$1g_{9/2}$	$-2{,}9$	1,4	0,57	4,4	0,98
$2d_{5/2}$	$+0{,}7$	3,7	0,04	1,4	0,71
$1g_{7/2}$	$+1{,}0$	4,0	0,03	1,3	0,61
$3s_{1/2}$	$+2{,}7$	5,6	0,02	1,9	0,13
$2d_{3/2}$	$+2{,}9$	5,8	0,02	2,0	0,11
$1h_{11/2}$	$+4{,}6$	7,4	0,01	3,5	0,03

Eigenschaften von Dipolschwingungen ($\lambda\pi = 1^-$)

Photoresonanz in sphärischen Kernen (Abb. 6–18 bis 6–20)

Systematik der Energien

Die erste in Kernen beobachtete Schwingungsform war die „Riesenresonanz", die bei der Photoabsorption angeregt wurde.[1]) Man findet, daß der Absorptionsquerschnitt in

[1]) Bei ersten Messungen mit γ-Strahlen aus Protoneneinfangreaktionen wurde ein starker Kernphotoeffekt festgestellt (BOTHE und GENTNER, 1939). Die Dipolresonanz, die man oft als „Riesenresonanz" bezeichnet, wurde beobachtet, nachdem mit der Einführung des Betatrons

Abhängigkeit von der Massenzahl im Energiegebiet von 10 bis 25 MeV ein starkes Maximum besitzt. Die Abb. 6–18 zeigt ein Beispiel dafür, während die Systematik der Resonanzfrequenzen in Abb. 6–19 angegeben wird.

Der in Abb. 6–18 gezeigte Querschnitt für Au wurde mit monoenergetischen γ-Strahlen aus der Positronenannihilation gemessen. Der durch Photoabsorption angeregte Kern zerfällt hauptsächlich durch Neutronenemission, da die Emission geladener Teilchen durch die COULOMB-Barriere stark behindert wird; deshalb läßt sich der Absorptionsquerschnitt aus einer Messung der Neutronenausbeute ableiten. Oberhalb von etwa 15 MeV trägt der $(\gamma, 2n)$-Prozeß wesentlich bei; die Größe dieses Querschnitts wurde durch eine Koinzidenzmessung der Ausbeute von zwei Neutronen bestimmt.

Bei dem Beispiel in Abb. 6–18 läßt sich die Energieabhängigkeit des Absorptionsquerschnitts recht gut durch eine BREIT-WIGNER-Resonanzfunktion mit einer, der

γ-Quellen viel größerer Intensität und Flexibilität zur Verfügung standen (BALDWIN und KLAIBER, 1947 und 1948).

Schon vor der Entdeckung der Photoresonanz wies MIGDAL (1944) darauf hin, daß eine mittlere Anregungsfrequenz für Dipolabsorption aus der Polarisierbarkeit des Kerns abgeleitet werden kann, die ihrerseits mit der Symmetrieenergie in der Massenformel zusammenhängt. Nach der Entdeckung der ziemlich scharfen Resonanz wurden ausführlichere Modelle für die Kollektivbewegung der Neutronen gegenüber den Protonen von GOLDHABER und TELLER (1948), JENSEN und JENSEN (1950) und STEINWEDEL und JENSEN (1950) entwickelt.

Hinweise auf die Rolle der Einteilchenfreiheitsgrade beim Photoeffekt lieferte die Beobachtung, daß das Verhältnis der (γ, p)- zu den (γ, n)-Prozessen in schweren Kernen um viele Größenordnungen höher liegt, als aus einer statistischen Betrachtung folgt (HIRZEL und WÄFFLER, 1947); diese Daten führten zur Untersuchung der Photoabsorptionsprozesse mit direkter Protonenemission (COURANT, 1951). Mit den zunehmenden Belegen für die Schalenstruktur versuchte man, die Dipolschwingung auf der Grundlage von Einteilchenanregungen genauer zu erklären (siehe besonders WILKINSON, 1956). Für einige Zeit bestand die Ansicht, daß die kollektive Beschreibung und die Beschreibung durch die unabhängige Teilchenbewegung gegensätzliche und einander ausschließende Erklärungen darstellen (siehe die Diskussion auf der Glasgow-Konferenz, WEISKOPF, 1955, und WILKINSON, 1955).

Ein wichtiger Schritt zur Klärung dieses Problems war die Feststellung, daß in einem System mit entarteten Einteilchenanregungen eine kollektive Bewegung auftreten kann, ohne daß man Korrelationen einführt, die über diejenigen Korrelationen hinausgehen, die aus der Identität der Teilchen folgen. (Diese Eigenschaft ist Ausgangspunkt für die Diskussion in Abschnitt 6–2c.) Dieser Sachverhalt wurde zuerst im Zusammenhang mit der Bewegung unabhängiger Teilchen im harmonischen Oszillatorpotential entdeckt. Bei einem solchen System folgt aus der vollständigen Entartung aller Anregungen, die durch die Schwerpunktskoordinate hervorgerufen werden, daß selbst ohne Wechselwirkungen die Grundzustandswellenfunktion des Vielteilchensystems ausgedrückt werden kann als Produkt aus einer Funktion, die nur von den Relativkoordinaten abhängt, und einer kollektiven Schwerpunktswellenfunktion für die Nullpunktsbewegung in einem harmonischen Oszillatorpotential (BETHE und ROSE, 1937; ELLIOTT und SKYRME, 1955).

Wendet man ein ähnliches Argument auf die Relativbewegung von Neutronen und Protonen an, dann zeigt sich, daß sich die kollektive Dipolschwingung als Überlagerung von entarteten Teilchen-Loch-Anregungen darstellen läßt (BRINK, 1957). Der Einfluß der Nukleonenwechselwirkungen auf die Konzentration der Dipolstärke individueller Nukleonenanregungen und deren Verschiebung zu höheren Frequenzen wurde aus einer Schalenmodellrechnung für ^{16}O ersichtlich (ELLIOTT und FLOWERS, 1957). Der systematische Charakter dieses Effekts wurde von BROWN und BOLSTERLI (1959) betont. Die Diskussion im vorliegenden Beispiel konzentriert sich auf das Dipolfeld und seine Beziehung zum phänomenologischen Symmetriepotential. Eine ähnliche Beziehung wird bei der Behandlung ausgenutzt, die auf der Theorie der FERMI-Flüssigkeiten aufbaut (siehe MIGDAL, 1967).

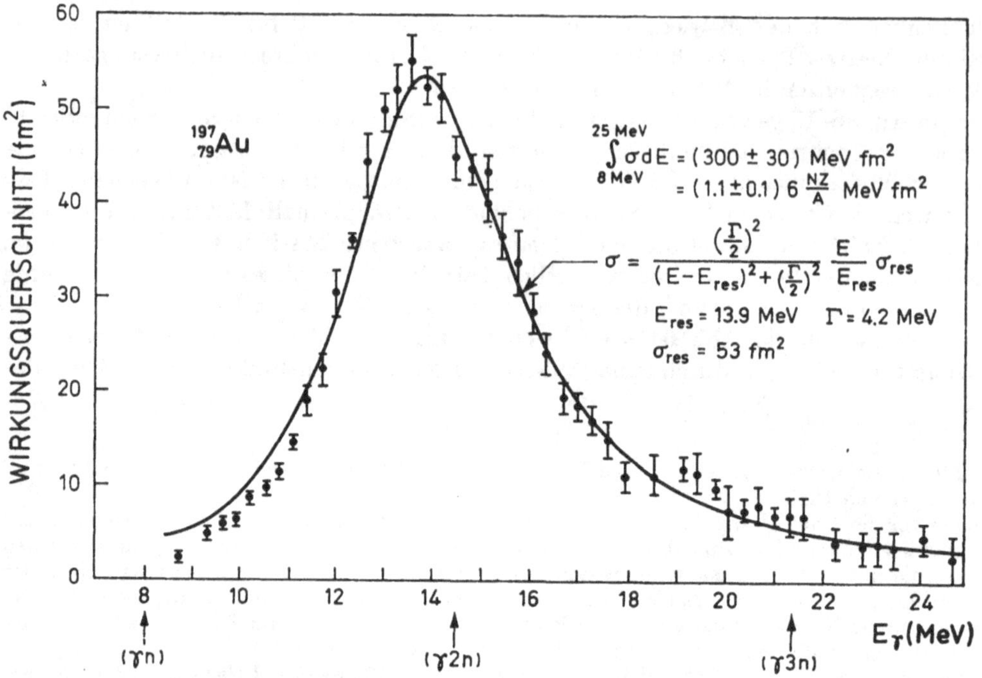

Abb. 6–18 Totaler Photoabsorptionsquerschnitt für ^{197}Au. Die experimentellen Werte wurden aus S. C. Fultz, R. L. Bramblett, J. T. Caldwell und N. A. Kerr, Phys. Rev. **127**, 1273 (1962) entnommen. Die ausgezogene Linie ist eine Breit-Wigner-Kurve mit den angegebenen Parametern.

Dipolabsorption entsprechend, zu E^3 proportionalen Breite Γ_γ beschreiben. (Der Querschnitt kann auch durch eine Resonanzlinie von Lorentz-Form dargestellt werden; siehe den folgenden Kleindruck.) Man muß jedoch betonen, daß die Linienform von den Kopplungen abhängt, die die Dämpfung verursachen (siehe S. 431 ff.); im Bereich weitab von der Resonanz kann man deshalb nicht erwarten, daß die Breit-Wigner-Form gültig bleibt. Bei anderen Kernen zeigt die Resonanzkurve der Photoabsorption eine zusätzliche Struktur (siehe Abb. 6–21 und 6–26).

Ist die Wellenzahl des Photons ($k \approx (200\ \mathrm{fm})^{-1}\ E(\mathrm{MeV})$) klein gegenüber dem inversen Kernradius, dann liegt hauptsächlich Dipolwechselwirkung vor. Der $E1$-Charakter der beobachteten Photoresonanz läßt sich aus der Größe des gemessenen Querschnitts, der die reduzierte Multipolübergangswahrscheinlichkeit für die Anregung der beobachteten Schwingungsform liefert, unmittelbar nachweisen. So erhält man aus den Gln. (3C–16) und (3F–13)

$$\int_{\mathrm{res}} \sigma(E)\,\mathrm{d}E = (2\lambda + 1)\,\frac{\pi^2}{k_{\mathrm{res}}^2}\,\Gamma_\gamma(\lambda\pi)$$

$$= \begin{cases} 0{,}40 E_{\mathrm{res}} B(E1;\, 0 \to \mathrm{res})\ \mathrm{MeV\ fm^2}, & \lambda\pi \doteq 1^-, \\ 3{,}1 \cdot 10^{-7} (E_{\mathrm{res}})^3\, B(E2;\, 0 \to \mathrm{res})\ \mathrm{MeV\ fm^2}, & \lambda\pi = 2^+, \\ 4{,}4 \cdot 10^{-3} E_{\mathrm{res}} B(M1;\, 0 \to \mathrm{res})\ \mathrm{MeV\ fm^2}, & \lambda\pi = 1^+, \end{cases} \qquad (6\text{–}308)$$

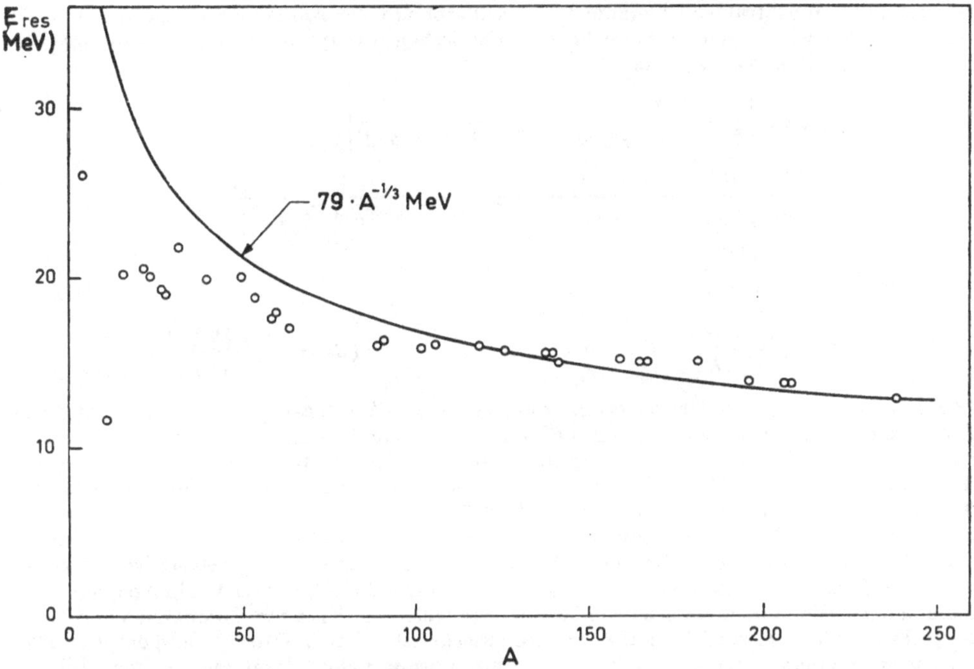

Abb. 6–19 Systematik der Frequenz der Dipolresonanz. Die experimentellen Daten wurden bis auf die Werte für ^{4}He dem Übersichtsartikel von E. Hayward (Nuclear Structure and Elektromagnetic Interactions, ed. N. MacDonald, Oliver und Boyd, Edinburgh and London, 1965, S. 141) entnommen. Die Resonanzfrequenz für ^{4}He ist in dem Übersichtsartikel von W. E. Meyerhof und T. A. Tombrello, Nuclear Phys. **A109**, 1 (1968), angegeben. Im Fall deformierter Kerne, die zwei Resonanzmaxima zeigen, stellt die Energie einen gewichteten Mittelwert der beiden Resonanzenergien dar. Die ausgezogene Kurve ist die Abschätzung nach dem Tröpfchenmodell (siehe Gl. (6A–65)).

wobei die Energien in MeV und die reduzierten Übergangswahrscheinlichkeiten für $E\lambda$ in Einheiten von e^2 fm$^{2\lambda}$ und für $M1$ in Einheiten von $(e\hbar/2Mc)^2$ gemessen werden. Wenn der Grundzustand des Kerns den Spin $I_0 \neq 0$ hat, dann beziehen sich die Wirkungsquerschnitte und Matrixelemente in Gl. (6–308) auf Summen über Endzustände mit allen Drehimpulsen, die durch Absorption eines Photons der betrachteten Multipolarität erreichbar sind. Ein Vergleich der Gl. (6–308) mit den Resonanzparametern in Abb. 6–18 zeigt, daß der Wert der Oszillatorstärke der durch Gl. (6–176) gegebenen Dipolsummenregel annähernd gleich ist, wenn man den beobachteten Wirkungsquerschnitt durch $E1$-Absorption interpretiert; bei einer Erklärung als $E2$-Absorption übersteigt die Oszillatorstärke die $E2$-Summenregel (6–177) um einen Faktor von etwa 25. Aus einer Interpretation als $M1$-Absorption würde $B(M1; 0 \to \text{res}) = 4{,}9 \cdot 10^3$ $(e\hbar/2Mc)^2$ folgen. Für die gesamte $M1$-Anregungsstärke erwartet man einen Wert von der Größenordnung $(e\hbar/2Mc)^2$, multipliziert mit der Anzahl der besetzten Bahnen $j = l + 1/2$, deren Spinbahnpartner $j = l - 1/2$ nicht besetzt sind (Anzahl der nichtabgesättigten Spins; siehe die Gln. (3C–37) und (6–304)). Bei Au beträgt diese Zahl etwa 20; deshalb übersteigt der beobachtete Wirkungsquerschnitt die erwartete $M1$-Absorption um mehr als einen Faktor 100.

Die Streuung von γ-Strahlen an einem Dipoloszillator mit der Anregungsenergie E_{res} und der Dämpfung Γ führt wie bei dem entsprechenden klassischen Streuproblem auf einen totalen Wirkungsquerschnitt mit LORENTZ-Form

$$\begin{aligned}\sigma &= \frac{3\pi}{k^2}\,\Gamma_\gamma\,\mathrm{Im}\left\{\frac{1}{E_{\text{res}} - E - \frac{1}{2}i\Gamma} + \frac{1}{E_{\text{res}} + E + \frac{1}{2}i\Gamma}\right\}\\ &= \frac{3\pi}{2}\,\frac{(\Gamma_\gamma)_{\text{res}}}{k_{\text{res}}^2}\,\frac{E\Gamma}{E_{\text{res}}}\left(\frac{1}{(E - E_{\text{res}})^2 + \frac{1}{4}\Gamma^2} - \frac{1}{(E + E_{\text{res}})^2 + \frac{1}{4}\Gamma^2}\right)\\ &= \sigma_0\,\frac{E^2\Gamma^2}{(E_0^2 - E^2)^2 + E^2\Gamma^2},\end{aligned} \tag{6–309}$$

$$\Gamma_\gamma = (\Gamma_\gamma)_{\text{res}}\left(\frac{E}{E_{\text{res}}}\right)^3, \qquad E_0^2 \equiv E_{\text{res}}^2 + \tfrac{1}{4}\Gamma^2, \qquad \sigma_0 \equiv \sigma(E_0) = \frac{6\pi}{\Gamma}\left(\frac{\Gamma_\gamma}{k^2}\right)_{\text{res}}.$$

Die LORENTZ-Form stellt eine Überlagerung von zwei BREIT-WIGNER-Kurven dar. Das entspricht der Tatsache, daß das elektrische Feld eines Photons reell ist und deshalb sowohl negative als auch positive Frequenzen enthält. Die Streuamplitude eines Photonenfeldes befolgt deshalb die (Crossing-) Symmetrie $f(-E) = f^*(E)$. (Die gleiche Symmetrie gilt bei reellen Feldern auch für den Koeffizienten der Polarisierbarkeit; siehe z. B. Gl. (6–286).)

Bei der Analyse der Kernphotoresonanz (sowohl individueller Resonanzen als auch der Riesenresonanz) läßt man das negative Resonanzglied oft weg, da es für $E \approx E_{\text{res}}$ relativ bedeutungslos ist und da außerhalb der Resonanz wichtigere zusätzliche Beiträge zum Wirkungsquerschnitt auftreten können, die von anderen benachbarten oder weit weg liegenden Resonanzen herrühren. Im Beispiel aus Abb. 6–18 macht der Unterschied zwischen den BREIT-WIGNER- und den LORENTZ-Resonanzformen einen annähernd konstanten Wirkungsquerschnitt von nur einigen Millibarn aus.

Oszillatorstärke

Wie bei der Analyse von Abb. 6–18 betont worden ist, folgt aus den beobachteten Photoabsorptionsquerschnitten, daß die Oszillatorstärke der Dipolresonanz mit dem durch Gl. (6–176) gegebenen Wert der klassischen Summenregel $S(E1)_{\text{klass}}$ vergleichbar ist. Die Systematik der Oszillatorstärke ist in Abb. 6–20 angegeben. Die in der Abbildung aufgetragene Oszillatorsumme $S(E1)$ wurde aus dem integrierten totalen Photoquerschnitt

$$\begin{aligned}\int \sigma_{\text{tot}}\,dE &= \frac{16\pi^3}{9\hbar c}\,S(E1)\\ &\approx 6\,\frac{NZ}{A}\,\frac{S(E1)}{S(E1)_{\text{klass}}}\ \text{MeV fm}^2,\end{aligned} \tag{6–310}$$

$$S(E1) \equiv \sum_a (E_a - E_0)\,B(E1;\,0 \to a),$$

abgeleitet. Für eine einzelne schmale Resonanz folgt die Beziehung (6–310) aus Gl. (6–308). Da der totale Querschnitt linear von der Vorwärtsstreuamplitude abhängt (optisches Theorem; siehe Band I, S. 175), gilt die Beziehung (6–310) für eine beliebige Überlagerung von Resonanzen. Es muß betont werden, daß die Beziehung (6–310) eine Photoabsorption über andere Multipole als $E1$ vernachlässigt; außerdem ist das $E1$-Übergangsmoment für Photonenwellenlängen, die mit dem Kernradius vergleichbar sind, durch Gl. (3C–12) gegeben, die Retardierungseffekte enthält.

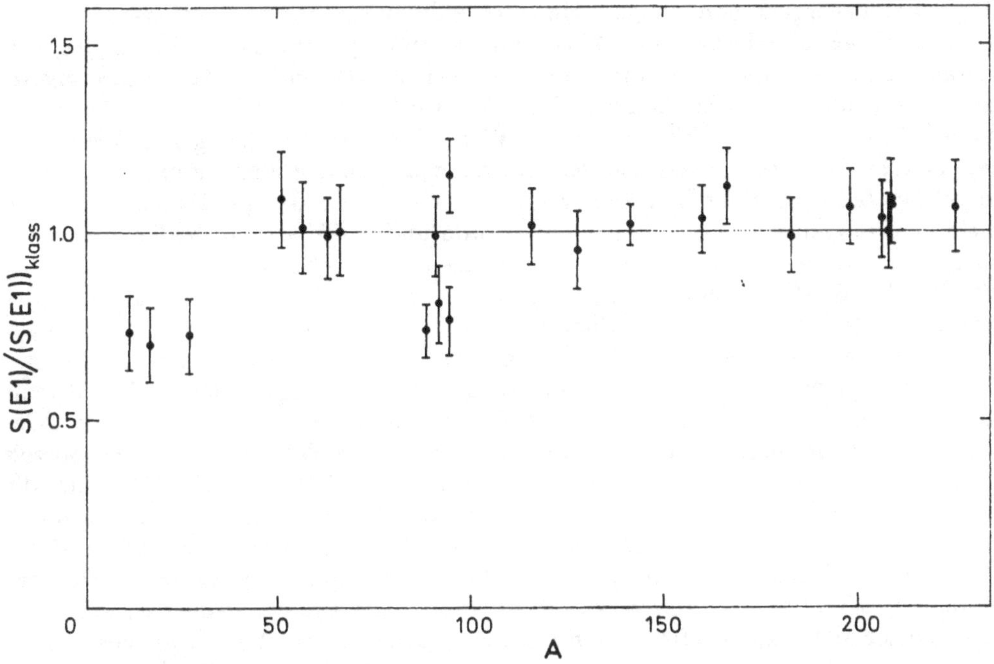

Abb. 6–20 Totale Oszillatorstärke für die Dipolresonanz. Die für Energien bis zu 30 MeV beobachtete totale Oszillatorstärke ist in Einheiten der klassischen Summenregel angegeben. Für Kerne mit $A > 50$ wurden die integrierten Oszillatorstärken aus Messungen der mit monochromatischen γ-Strahlen erreichten Neutronenausbeuten gewonnen (S. C. Fultz, R. L. Bramblett, B. L. Berman, J. T. Caldwell und M. A. Kelly, Proc. Intern. Nuclear Physics Conference, ed.-in-chief R. L. Becker, Academic Press, New York, 1967, S. 397). Die Querschnitte für die Photonstreuung wurden vernachlässigt, weil sie nur einen sehr geringen Bruchteil des totalen Querschnitts liefern. Für die leichteren Kerne muß die Ausbeute der (γ, p)-Prozesse berücksichtigt werden; die Daten sind entnommen aus: ^{12}C und ^{27}Al (S. C. Fultz, J. T. Caldwell, B. L. Berman, R. L. Bramblett und R. R. Harvey, Phys. Rev. **143**, 790 (1966)); ^{16}O (Dolbilkin u. a., a. a. O., Abb. 6–26). Für die schweren Kerne ($A > 50$) ergaben andere Messungen totale Oszillatorstärken, die etwa 20% größer sind als die in der Abbildung angegebenen Werte (siehe z. B. Veyssière u. a., 1970).

Während die Oszillatorstärke in der Dipolresonanz annähernd gleich $S(E\,1)_{\text{klass}}$ ist, weisen die verfügbaren Daten darauf hin, daß der bis $E_\gamma \approx 140$ MeV integrierte Photoabsorptionsquerschnitt um etwa einen Faktor 2 über dem Wert der klassischen Summenregel liegt. (Siehe die Übersichtsarbeit von Hayward, 1965, und die neueren Daten von Ahrens u. a., 1972.) Bei $E_\gamma \approx 100$ MeV gehen in den Photoabsorptionsprozeß Impulskomponenten der Kernwellenfunktionen ein, die viel größer als die Impulse aus der Einteilchenbewegung sind und den kurzreichweitigen Nukleonenkorrelationen zugeschrieben werden müssen. Diese Erklärung wird unmittelbar durch die Beobachtung unterstützt, daß ein großer Anteil der Absorptionsprozesse zur Emission korrelierter Neutron-Proton-Paare hoher Energie führt (siehe Stein u. a., 1960, und dort angegebene Literatur). Die beobachteten Anregungsfunktionen und Korrelationen sind mit der Annahme verträglich, daß die Absorption ein Zweinukleonenprozeß ist wie die Photospaltung des Deuterons (Levinger, 1951).

Bei Photonenergien von einigen Hundert MeV steigt der Absorptionsquerschnitt wieder an (Roos und Peterson, 1961), und der Hauptprozeß ist die Erzeugung von Photomesonen, die über die Anregung einzelner Nukleonen in Baryonenresonanzzustände abläuft. Bei noch höheren Energien wird der Absorptionsquerschnitt für schwere Kerne wesentlich kleiner als der Wert, der einer unabhängigen Absorption durch einzelne Nukleonen entspricht (Caldwell u. a., 1969; Alvensleben u. a., 1970). Ein solcher Schatteneffekt läßt sich verstehen, wenn man das physikalische Photon als eine Überlagerung aus einem nackten Photon und hadronischen Feldkomponenten geringer Amplitude ansieht, die wie die neutralen Vektormesonen ρ, φ, ω (siehe Abb. 1–12, Band I, S. 64) mit Nukleonen stark wechselwirken. Die Wechselwirkung an der Kernoberfläche „entkleidet" das Photon schneller von seinen hadronischen Komponenten, als diese regeneriert werden können, so daß die Fähigkeit des Photons, mit Nukleonen im Kerninneren in Wechselwirkung zu treten, eingeschränkt wird. Nimmt man an, daß die Photonenergie groß gegenüber der Masse m_V des Vektormesons (oder einer anderen hadronischen Komponente) ist, dann ergibt sich für die Regenerationszeit $\tau_{\text{reg}} \sim \hbar(\Delta E)^{-1}$ mit $\Delta E \sim (E_\gamma^2 + (m_V c^2)^2)^{1/2} - E_\gamma \approx (m_V c^2)^2/2E_\gamma$. Die Zeit für die Vektormesonenstöße, die zum Abstreifen vom Photon führen, läßt sich durch $\tau_{\text{col}} \sim \lambda_V/c$ ausdrücken, wobei λ_V die mittlere freie Weglänge ist. Da die Periode τ_{reg} proportional E_γ wächst (Zeitdilatation), kann sie im Vergleich zu τ_{col} groß werden; dann schwächt sich die mit der Photonenwelle verknüpfte Vektormesonenkomponente über Abstände der Größenordnung $\lambda_V (\approx 2\,\text{fm} \ll R$ bei schweren Kernen) ab. Der damit zusammenhängende Prozeß der Photoabsorption wird wie bei Hadronen ein Oberflächeneffekt mit einem zu $A^{2/3}$ proportionalen Wirkungsquerschnitt (Stodolsky, 1967; siehe auch Gottfried und Yennie, 1969, und Weise, 1974).

Analyse der Dipolschwingung auf der Grundlage einer Kopplung an individuelle Teilchen

Die hauptsächlichen Eigenschaften der Dipolschwingung eines Kerns lassen sich verstehen als ein Ergebnis des Wechselspiels der Nukleonenanregungen und des Isovektorpotentials, das sie hervorrufen. Eine qualitative Beschreibung erhält man unter der Annahme, daß das kollektive Feld dem Dipolmoment proportional ist,

$$F = \sum_{k=1}^{A} (x\tau_z)_k, \tag{6–311}$$

was durch den Umstand nahegelegt wird, daß bei der niederenergetischen Photoabsorption eine einzige Riesenresonanz dominiert.

Das von dem Feld (6–311) hervorgerufene Einteilchenanregungsspektrum wird (für $Z = 46$, $N = 60$) in Abb. 6–16, S. 396, veranschaulicht. Die Dipolstärke gruppiert sich um die Energie $\hbar\omega_0$, die die Übergänge in einem harmonischen Oszillatorpotential charakterisieren würde. Dieses qualitative Merkmal der Response unabhängiger Teilchen auf ein Dipolfeld sieht man auch in den beobachteten Einteilchenspektren, die in den Abb. 3–2b bis 3–2f, Band I, S. 336ff., zusammengestellt sind. (Das Auftreten einer ziemlich gut definierten charakteristischen Frequenz in der Einteilchen-Responsefunktion hängt nicht empfindlich vom Kernpotential ab; tatsächlich bleibt diese Eigenschaft sogar für ein Potential mit scharfer Oberfläche (unendlich tiefes Kastenpotential) erhalten; LUSHNIKOV und ZARETSKY, 1965.) Die Konzentration der Einteilchendipolstärke erklärt unmittelbar die Tatsache, daß es nur eine einzige, mit der Dipolabsorption verknüpfte kollektive Anregung gibt.

Da die Einteilchenresponse auf ein Dipolfeld nahezu entarteten Anregungen entspricht, erhält man eine einfache Beschreibung der Kollektivanregung, indem man die Ergebnisse von Abschnitt 6–2c sowie die Abschätzung der Stärke der isovektoriellen Feldkopplung, die auf dem im Kern beobachteten statischen Symmetriepotential beruht (siehe Abschnitt 6–3d), benutzt. Im wechselwirkungsfreien Fall lassen sich die Masse und die Rückstellkraft der kohärenten Dipolbewegung aus den Summenregeln (6–23) und (6–167) bestimmen,

$$\frac{\hbar^2}{2D^{(0)}} = \hbar\omega_0 \left|\langle n^{(0)} = 1|\, F\, |n^{(0)} = 0\rangle\right|^2 = \frac{\hbar^2}{2M} A, \tag{6–312}$$

die

$$\begin{aligned} D^{(0)} &= A^{-1} M, \\ C^{(0)} &= \omega_0^2 D^{(0)} = A^{-1} M \omega_0^2 \approx 41 A^{-5/3}\,\text{MeV fm}^{-2} \\ (\hbar\omega_0 &= 41 A^{-1/3}\,\text{MeV}) \end{aligned} \tag{6–313}$$

liefern. Die dem Feld (6–311) entsprechende Kopplungskonstante ergibt sich aus Gl. (6–127), die auf

$$\begin{aligned} \varkappa &= \frac{V_1}{4A\langle x^2\rangle} \\ &\approx 113 A^{-5/3}\,\text{MeV fm}^{-2} \approx 2{,}8 A^{-1} M \omega_0^2 \\ &\left(\langle x^2\rangle \approx \tfrac{1}{5} R^2 \approx \tfrac{1}{5}(1{,}2 A^{1/3}\,\text{fm})^2, \qquad V_1 \approx 130\,\text{MeV}\right) \end{aligned} \tag{6–314}$$

führt (man beachte die um den Faktor $(3/4\pi)^{1/2}$ unterschiedliche Normierung von F in den Gln. (6–125) und (6–311)). Dabei wurde der Wert von V_1 verwendet, der aus den Unterschieden in den Bindungsenergien von Neutronen und Protonen in der Nähe der FERMI-Grenze folgt (siehe Gl. (2–182) und die in Band I, S. 341–347, besprochenen Befunde). Mit den Schätzwerten (6–313) und (6–314) sind Frequenz und Übergangsstärke der Normalschwingung gegeben durch (siehe Gl. (6–27a))

$$\hbar\omega = \hbar\omega_0 \left(\frac{C^{(0)} + \varkappa}{C^{(0)}}\right)^{1/2} \approx 80 A^{-1/3}\,\text{MeV}, \tag{6–315a}$$

$$\alpha_0^2 = \left|\langle n = 1|\, F\, |0\rangle^2\right| = \frac{\hbar A}{2M\omega} = 0{,}26 A^{4/3}\,\text{fm}^2. \tag{6–315b}$$

Die Abschätzung (6–315a) der Dipolfrequenz stimmt ziemlich gut mit den empirischen Werten für E_{res} bei schweren Kernen überein (siehe Abb. 6–19), und das stützt die Interpretation, daß bei der Dipolschwingung die hauptsächliche Wechselwirkung in der Kopplung an ein Isovektorfeld besteht, dessen Stärke aus dem Symmetriepotential folgt. Die beobachtete Oszillatorstärke der Dipolschwingung ist wie in der obigen

Beschreibung annähernd gleich dem Wert aus der klassischen Summenregel (siehe Abb. 6–20). (Der Einfluß geschwindigkeitsabhängiger Wechselwirkungen auf die Oszillatorstärke der Dipolschwingung wird im folgenden diskutiert.)

Bei Kernen mit $A \lessapprox 50$ liegen die in Abb. 6–19 angegebenen Resonanzfrequenzen systematisch unter dem Schätzwert (6–315). Für diese Kerne ist es jedoch schwierig, die beobachteten Wirkungsquerschnitte durch eine einzige Resonanzfrequenz zu erklären, da es eine starke hochenergetische Schulter gibt, die über das Maximum im Wirkungsquerschnitt hinausreicht (Ahrens u. a., 1972). Die bei diesen Kernen im Energiebereich 30 MeV $< E_\gamma <$ 50 MeV auftretende beträchtliche Photoabsorption spiegelt sich auch im Defizit der Oszillatorstärke in der Nähe des Maximums im Wirkungsquerschnitt wider (siehe Abb. 6–20).

Trotz des Erfolges des oben benutzten einfachen Modells muß man betonen, daß bei der quantitativen Analyse der Dipolschwingung viele Punkte einer weiteren Untersuchung bedürfen. So geht die obige Beschreibung von einer Analyse der isovektoriellen Dichte und des Isovektorpotentials als Volumeneffekt aus; es ist aber möglich, daß sich die Wechselwirkungen im Oberflächenbereich wesentlich anders verhalten können. Dieses Problem hängt mit der Art und Weise zusammen, wie das Feld (6–311) für $r \gtrapprox R$ abfällt; die Konzentration der Oszillatorstärke bei schweren Kernen auf einen einzigen, durch den obigen Schätzwert gegebenen Frequenzbereich legt nahe, daß das mittlere Radialmatrixelement für die Einteilchenübergänge der Dipolschwingung durch den cut-off nicht wesentlich beeinflußt wird. Die im Energiebereich oberhalb der Dipolresonanz beobachtete zusätzliche Dipoloszillatorstärke (siehe S. 408) scheint mit kurzreichweitigen Korrelationen zwischen den Nukleonen zusammenzuhängen; der Einfluß dieser Korrelationen auf die kollektive Dipolschwingung muß jedoch noch geklärt werden (siehe S. 354). Das Problem hängt mit der Geschwindigkeitsabhängigkeit der effektiven Wechselwirkungen zwischen Nukleonen in Bahnen nahe der Fermi-Grenze zusammen (siehe S. 413ff.).

Das aus der obigen Beschreibung der Dipolschwingung folgende starke Isovektorfeld könnte durch eine Analyse des Wirkungsquerschnitts für die unelastische Nukleonenstreuung mit Anregung der Dipolresonanz unmittelbar getestet werden. (Solche Experimente mit hochenergetischen Protonen wurden von Tyrén und Maris, 1958, begonnen. Bei der Interpretation der Wirkungsquerschnitte besteht das Problem, zwischen der isovektoriellen Dipolschwingung und der nahe benachbarten isoskalaren Quadrupolschwingung zu unterscheiden; Lewis und Bertrand, 1972.)

Eine andere wertvolle Quelle von Information über das Dipolfeld im Kern ist die Untersuchung des Beitrages einzelner Nukleonenkonfigurationen, die sich zum Beispiel in der direkten Nukleonenemission beim Zerfall der Dipolschwingung äußern (Kuchnir u. a., 1967). Die mikroskopische Struktur der durch das Feld F hervorgerufenen Schwingung wird durch die Amplituden X und Y (siehe Gl. (6–36)) charakterisiert; in Tab. 6–4, S. 403, ist ein Beispiel angegeben. Während die hauptsächlichen Eigenschaften der Wellenfunktion durch die Tatsache, daß die Schwingung den Hauptteil der Dipolsummenregel ausschöpft, vorgeschrieben sind, kann die genauere Struktur der Konfigurationen weitere Aussagen über die Struktur des Dipolfeldes liefern (Radialabhängigkeit, Spinabhängigkeit usw.).

Einfluß geschwindigkeitsabhängiger Wechselwirkungen

Aus dem Auftreten geschwindigkeitsabhängiger Wechselwirkungen ergeben sich neue Aspekte für die Dipolschwingung (Migdal u. a., 1965; Brenig, 1965). Solche Wechselwirkungen verändern den Massenparameter, teils durch ihren Einfluß auf die Einteilchenanregungsenergien und teils durch die zusätzliche Kopplung der Teilchengeschwindigkeiten an die kollektive Strömung.

Läßt sich die Geschwindigkeitsabhängigkeit des Einteilchenpotentials durch eine effektive Masse M^* für Anregungen in der Nähe der Fermi-Grenze ausdrücken (siehe Band I, S. 155), dann wird der Dipolmassenparameter $D^{(0)}$ der unabhängigen Teilchenbewegung mit dem Faktor M^*/M multipliziert (siehe Gl. (6–312)),

$$\frac{1}{D^{(0)}} = \frac{A}{M^*} = \frac{A}{M}(1 + k_0), \qquad k_0 \equiv \frac{M}{M^*} - 1, \tag{6–316}$$

wobei der dimensionslose Parameter k_0 die Stärke des geschwindigkeitsabhängigen Potentials in Einheiten der kinetischen Energie mißt.

Die mit der Geschwindigkeitsabhängigkeit verknüpften zusätzlichen Wechselwirkungen sind denen analog, die bei der Analyse der isoskalaren Dipolschwingung auftreten (Pushing-Modell; siehe S. 379ff.). Im letzteren Fall erhält man die Struktur der Kopplung aus der Forderung nach Galilei-Invarianz beim Auftreten des Terms mit einer effektiven Masse. Benutzt man (in Analogie zur Definition der Isovektor-Dipolkoordinate in Gl. (6–311)) eine Kollektivkoordinate $\alpha_{\tau=0}$, die gleich dem isoskalaren Dipolmoment ist, dann kann die Kopplung (6–262) in der Form

$$H' = -\frac{k_0}{M}\,\pi_{\tau=0}\cdot \boldsymbol{p} \tag{6–317}$$

geschrieben werden, wobei $\pi_{\tau=0} = D\dot{\alpha}_{\tau=0} = A^{-1}M\dot{\alpha}_{\tau=0} = A^{-1}\boldsymbol{p}$ den zu $\alpha_{\tau=0}$ konjugierten Impuls bedeutet. (Auf die Beziehung zwischen der effektiven Kopplung (6–317) und der effektiven Masse hat Landau, 1956, hingewiesen.)

Bei der Isovektorschwingung kann eine geschwindigkeitsabhängige Kopplung auftreten, die zu (6–317) analog ist,

$$H' = -\frac{k_1}{M}\,\pi_{\tau=1}\cdot \boldsymbol{p}\tau_z, \tag{6–318}$$

wobei eine isovektorielle Kopplungskonstante k_1 eingeht. In Gl. (6–318) haben wir angenommen, daß die Kollektivkoordinate der Isovektorschwingung die einfache Form (6–311) hat, die

$$\pi_{\tau=1} = \frac{1}{A}\sum_k (\boldsymbol{p}\tau_z)_k \tag{6–319}$$

entspricht. Eine Summation der Wechselwirkung (6–318) über alle Teilchen liefert ein zu $(\pi_{\tau=1})^2$ proportionales Glied und damit einen Beitrag zum Massenparameter der isovektoriellen Dipolschwingung. Unter Berücksichtigung des Terms (6–316), der die effektive Masse enthält, ergibt sich der totale Massenparameter

$$\frac{1}{D} = \frac{A}{M}(1 + k_0 - k_1). \tag{6–320}$$

Während bei einem System mit nur einer Teilchensorte die Wechselwirkungen infolge der GALILEI-Invarianz nicht zum Massenparameter der Dipolschwingung (Schwerpunktsbewegung) beitragen, geht bei einem aus zwei Flüssigkeiten bestehenden System die Geschwindigkeitsabhängigkeit in der Kombination $k_0 - k_1$, die die Neutron-Proton-Wechselwirkung darstellt, in den Massenparameter der isovektoriellen Schwingung ein. (In der LANDAU-Theorie (siehe MIGDAL u. a., 1965) werden die Kopplungskonstanten k_0 und k_1 üblicherweise durch die Parameter $f_1 = (f_1^{nn} + f_1^{np})/2 = -(3k_0/2)(1 + k_0)^{-1}$ und $f_1' = (f_1^{nn} - f_1^{np})/2 = -(3k_1/2)(1 + k_0)^{-1}$ ausgedrückt.)

Aus dem Ergebnis (6–320) folgt, daß die Oszillatorstärke der Dipolschwingung infolge der geschwindigkeitsabhängigen Wechselwirkung mit dem Faktor $(1 + k_0 - k_1)$ multipliziert wird. Es muß betont werden, daß diese Änderung aus der effektiven Wechselwirkung zwischen Teilchen, die Energien in der Nähe der FERMI-Grenze besitzen, resultiert und deshalb in der kollektiven Dipolschwingung auftritt. Im Gegensatz dazu bezieht sich die Änderung der $E1$-Oszillatorstärke, die aus der Ladungs- und Geschwindigkeitsabhängigkeit der grundlegenden Nukleonenwechselwirkung folgt (siehe z. B. Gl. (6–200)), auf die gesamte Oszillatorsumme des Systems und schließt die Stärke ein, die Photoabsorptionsprozessen entspricht, deren Frequenzen groß gegenüber der Frequenz der Dipolresonanz sind.

Die Stromänderung, die aus geschwindigkeitsabhängigen effektiven Wechselwirkungen folgt, äußert sich auch in dem magnetischen Moment, das mit der Bahnbewegung der Teilchen verknüpft ist.[1]) Wie bei der Diskussion des Dipolmassenparameters muß man die Beiträge sowohl vom Term der effektiven Masse im Einteilchenpotential als auch von geschwindigkeitsabhängigen Wechselwirkungen betrachten. Der erste Beitrag führt dazu, daß der g-Faktor der Bahnbewegung, gemessen in Einheiten von $e\hbar/2Mc$, um

$$\delta g_l^{(1)} = \tfrac{1}{2}(1 - \tau_z)\, k_0 \tag{6–321}$$

zunimmt. Dieser Zuwachs spiegelt die geänderte Geschwindigkeit eines Quasiteilchens (Protons) mit gegebenem Impuls wider. Aus den Kopplungen (6–317) und (6–318) folgt, daß bei Anwesenheit eines Teilchens i mit dem Impuls $\boldsymbol{p}_i$ jedes der anderen Teilchen k einen Geschwindigkeitszuwachs

$$\delta \dot{x}_k = \nabla_p^{(k)} H' = -\frac{k_0}{M}(\boldsymbol{p}_i \cdot \nabla_p^{(k)})\, \pi_0 - \frac{k_1}{M}\tau_{zi}(\boldsymbol{p}_i \cdot \nabla_p^{(k)})\, \pi_1 \tag{6–322}$$

[1]) Die vorliegende Diskussion entspricht den Betrachtungen von MIGDAL (1966), die von der LANDAU-Theorie der FERMI-Flüssigkeiten ausgehen (siehe auch die Diskussion und die Literaturhinweise in Abschnitt 3C–6). Auf den Beitrag von Mesonenaustauscheffekten zum g-Faktor der Bahnbewegung hat MIYAZAWA (1951) hingewiesen; den Zusammenhang zwischen diesen Effekten und der Änderung der Dipoloszillatorsumme diskutierten FUJITA und HIRATA (1971).

erfährt. Eine Summation über die Teilchen k liefert

$$\begin{aligned} \sum_k \delta \dot{\boldsymbol{x}}_k &= -\frac{k_0}{M} \boldsymbol{p}_i, \\ \sum_k \tau_{zk} \delta \dot{\boldsymbol{x}}_k &= -\frac{k_1}{M} \boldsymbol{p}_i \tau_{zi}. \end{aligned} \tag{6–323}$$

Wenn die geschwindigkeitsabhängigen Kopplungen effektiven Wechselwirkungen mit einer gegenüber dem Kernradius kleinen Reichweite zugeschrieben werden können, dann ist der zusätzliche Strom (6–323) in der Umgebung eines Teilchens mit dem Impuls $\boldsymbol{p}_i$ lokalisiert, und er läßt sich durch eine Renormierung des lokalen Stromes berücksichtigen, der mit diesem Teilchen verknüpft ist. Daraus ergibt sich als Einfluß auf den g-Faktor der Bahnbewegung

$$\delta g_l^{(2)} = -\tfrac{1}{2}(k_0 - k_1 \tau_z), \tag{6–324}$$

und die gesamte Änderung von g_l wird

$$\delta g_l = \delta g_l^{(1)} + \delta g_l^{(2)} = -\tfrac{1}{2}(k_0 - k_1)\, \tau_z. \tag{6–325}$$

Das Ergebnis (6–325) enthält nur die Neutron-Proton-Wechselwirkung $(k_0 - k_1)$, da bei einem System, das aus nur einer einzigen Teilchensorte besteht, die gegenüber GALILEI-Transformationen invarianten Wechselwirkungen den Gesamtstrom für einen gegebenen Impuls nicht ändern. Das gleiche Argument zeigt, daß in einem aus zwei Flüssigkeiten bestehenden System mit $N = Z$ der Einfluß der Wechselwirkung auf g_l isovektoriell (proportional zu τ_z) sein muß, da der (mit einer Schwerpunktsbewegung verknüpfte) isoskalare Strom durch geschwindigkeitsabhängige Wechselwirkungen nicht beeinflußt wird. Da δg_l bei einer Mittelung über die Teilchen verschwindet, ist in einem System mit Neutronenüberschuß der Faktor τ_z in Gl. (6–325) durch $\tau_z - \langle \tau_z \rangle = \tau_z - (N - Z)/A$ zu ersetzen. (Die Beiträge der geschwindigkeitsabhängigen Wechselwirkungen zu δg_l sind den Korrekturen zum $M1$-Operator analog, die sich aus einer Spinbahnkraft ergeben; siehe die Diskussion in Abschnitt 3C–6e, die von einer GALILEI-invarianten Zweiteilchenwechselwirkung ausgeht, deren Mittelwert die Spinbahnkopplung im Einteilchenpotential reproduziert.)

Liegt ein Neutronenüberschuß vor, dann führen die geschwindigkeitsabhängigen Wechselwirkungen auch zu einem Unterschied in der effektiven Masse von Neutronen und Protonen, der linear in $(N - Z)/A$ ist. Deshalb folgt aus der Forderung nach GALILEI-Invarianz, daß die Wechselwirkung (6–318) mit einem isovektoriellen Glied im Einteilchenpotential verknüpft sein muß, das $(M/M^*)_{\tau=1} = k_1(N - Z)\, A^{-1}\tau_z$ entspricht. Ein weiterer, in $(N - Z)/A$ linearer Term kann jedoch mit einer Kopplung von π_0 und π_1 zusammenhängen, die einem Unterschied in den effektiven nn- und pp-Wechselwirkungen in der Nähe der FERMI-Grenzen entspricht.

Obwohl die beobachteten Energiedifferenzen zwischen Einteilchenzuständen in der Nähe der FERMI-Oberfläche mit einem geschwindigkeitsabhängigen Potential konsistent zu sein scheinen, ist diese Interpretation unsicher, da eine Geschwindigkeitsabhängigkeit durch Selbstenergieeffekte überdeckt sein kann (siehe S. 368). Deshalb bleibt die Frage offen, welcher geeignete Wert von k_0 in diesem Zusammenhang benutzt werden sollte.

Die Analyse der empirischen magnetischen Momente im Gebiet um ^{208}Pb liefert Hinweise auf eine Renormierung von g_l um etwa $\delta g_l \approx -0{,}1\tau_z$ (YAMAZAKI u. a., 1970; MAIER u. a., 1972; NAKAI u. a., 1972). Diese Belege lassen $k_0 - k_1 \approx 0{,}2$ (siehe Gl. (6–325)) und folglich eine Oszillatorstärke in der Dipolresonanz erwarten, die etwa 20% größer als der klassische Wert ist (siehe Gl. (6–320)). Ein solcher Wert der Oszillatorstärke ist mit den verfügbaren Daten über die Dipolschwingungen in schweren Kernen verträglich (siehe die Bildunterschrift zu Abb. 6–20).

E 1-Polarisationsladung

Die Kopplung der Dipolschwingung an die Einteilchenbewegung liefert eine Renormierung des isovektoriellen Dipolmoments des Teilchens, die durch den Koeffizienten der Polarisierbarkeit (siehe Gln. (6–216), (6–313) und (6–314))

$$\begin{aligned} \chi &= -\frac{\varkappa}{C}\frac{(\hbar\omega)^2}{(\hbar\omega)^2-(\Delta E)^2}, \\ \frac{\varkappa}{C} &= \frac{\varkappa}{C^{(0)}+\varkappa} \approx 0{,}7, \end{aligned} \tag{6–326}$$

beschrieben werden kann, wobei ΔE die Übergangsenergie ist.

Das elektrische Dipolmoment ist eine Kombination des isoskalaren und isovektoriellen Moments (siehe Gl. (6–123)). Das isoskalare Dipolmoment stellt jedoch eine Schwerpunktsverschiebung dar und trägt nicht zu inneren Anregungen bei. Folglich beträgt die effektive Ladung für $E\,1$-Übergänge

$$e_{\text{eff}}(E\,1) = -\tfrac{1}{2}e\tau_z\,(1+\chi). \tag{6–327}$$

Aus dem Schätzwert (6–326) für $\varkappa$ folgt eine wesentliche Verringerung der niederfrequenten $E\,1$-Übergangsstärke.

Für Übergangsenergien ΔE, die mit der Resonanzenergie $\hbar\omega$ vergleichbar oder größer als diese sind, führt die Kopplung zu einer Zunahme der Einteilchenübergangsstärke, die für die beobachtete Verstärkung des Wirkungsquerschnitts des direkten Strahlungseinfangs von Nukleonen verantwortlich sein kann (BROWN, 1964; CLEMENT u. a., 1965; der direkte Einfang, der von der Polarisationsladung herrührt, wird manchmal als „semidirekter Einfang" bezeichnet). Für $\Delta E \approx \hbar\omega$ wird die Dämpfung der Dipolschwingung wichtig, die sich berücksichtigen läßt, indem man zu den Faktoren $(\hbar\omega \mp \Delta E)$ im Energienenner von Gl. (6–326) die Imaginärteile $\mp i\Gamma/2$ addiert (Γ ist die Resonanzbreite); siehe Gl. (6–286). Beim Einfangprozeß trägt das Gebiet außerhalb des Kerns wesentlich zum Dipolübergangsmoment bei. Deshalb kann der Polarisationseffekt empfindlich vom radialen Formfaktor des Dipolfeldes abhängen (siehe z. B. ZIMÁNYI u. a., 1970).

Einfluß des Neutronenüberschusses

Die obige Analyse der Eigenschaften von Dipolschwingungen bezieht sich auf Kerne mit $N = Z$. Wegen der Symmetrie von Neutronen und Protonen sind die Frequenz und die $\tau = 1$-Oszillatorstärke gerade Funktionen von $N - Z$; folglich sind die Korrekturen durch den Neutronenüberschuß in führender Ordnung von der Größenordnung $(N - Z)^2/A^2$ und deshalb in diesem Zusammenhang vernachlässigbar. Außerdem besitzt die Dipolschwingung wie jede innere Anregung als Folge der Translationsinvarianz kein $\tau = 0$-Dipolmoment; daher wird auch das $E1$-Moment der kollektiven Anregung in erster Ordnung in $(N - Z)$ nicht beeinflußt. (Im Gegensatz dazu werden die Anregungen mit Ladungsaustausch durch den Neutronenüberschuß stark modifiziert; siehe das Beispiel auf S. 422ff.)

Infolge des Neutronenüberschusses wirkt das Feld der Dipolschwingung jedoch stärker auf die Protonen als auf die Neutronen. Dieser Unterschied führt auf Glieder in der effektiven Ladung, die linear in $(N - Z)/A$ sind. Im schematischen Modell, bei dem das Dipolfeld proportional zur x-Koordinate angenommen wird, führt die Forderung, daß das Dipolfeld nur von Relativkoordinaten, bezogen auf den Massenschwerpunkt X, abhängen sollte, auf die Form

$$\begin{aligned} F &= \sum_k (x_k - X)(\tau_z)_k \\ &= \sum_k x_k \left(\tau_z - \frac{N-Z}{A}\right)_k. \end{aligned} \tag{6–328}$$

Da $(N - Z)/A$ den Mittelwert $\langle\tau_z\rangle$ des Isospins der Nukleonen darstellt, wirkt das Feld (6–328) auf die Abweichung des Isospins von seinem Mittelwert, so daß es an jedem Raumpunkt verschwindet, wenn man über die Gesamtdichte mittelt.

Da das $E1$-Moment und die Kopplungskonstante der Dipolschwingung, wie oben nachgewiesen wurde, durch den Neutronenüberschuß in erster Ordnung nicht beeinflußt werden, führt die Kopplung der Teilchenbewegung an das Feld (6–328) auf die Polarisationsladung

$$e_{\text{pol}}(E1) = -\tfrac{1}{2} e\chi \left(\tau_z - \frac{N-Z}{A}\right), \tag{6–329}$$

wobei χ durch Gl. (6–326) gegeben ist.

Ein weiterer, im Neutronenüberschuß linearer Beitrag zu e_{eff} ist im Rückstoßeffekt enthalten (Korrektur der Schwerpunktsbewegung). Dieser durch Gl. (3C–35) gegebene Beitrag liefert zusammen mit der Polarisationsladung (6–329) die gesamte effektive Ladung für $E1$-Übergänge

$$e_{\text{eff}}(E1) = -\tfrac{1}{2} e \left(\tau_z - \frac{N-Z}{A}\right)(1 + \chi). \tag{6–330}$$

(Der Rückstoßbeitrag kann als eine Polarisationsladung angesehen werden, die sich aus der Kopplung von Teilchenbewegung und der „überzähligen“ Vibration des Schwerpunktes ergibt. Diese durch Gl. (6–256) gegebene Kopplung ist proportional zu $-\partial V/\partial x = M\ddot{x}$ und folglich proportional zum Dipolmoment des Teilchens, multipliziert mit $(\Delta E)^2$. Die Schwerpunktsanregung mit der Frequenz Null trägt daher eine frequenzabhängige Polarisationsladung (siehe Gl. (6–216)) der Größe $\delta e_{\text{pol}} = -Ze/A$ bei (wie aus den Diagrammen in Abb. 6–8 folgt, wenn man beachtet, daß die Schwerpunktsschwingung das elektrische Dipolmoment $Ze\alpha$ besitzt).)

Die Analyse der beobachteten Stärke der niederenergetischen $E1$-Übergänge im Gebiet um ^{208}Pb führte auf die Abschätzungen $|(e_{\text{eff}})_{E1}| \approx 0{,}15e$ für Neutronen und $\approx 0{,}3e$ für Protonen (Hamamoto, 1973), die mit den nach Gl. (6–330) erhaltenen Werten $0{,}12e$ und $0{,}18e$ zu vergleichen sind.

Vergleich mit der Beschreibung der Dipolschwingung im Tröpfchenmodell

Die Eigenschaften der Dipolschwingung lassen sich auch im Tröpfchenmodell als Oszillationen der Neutronen- gegenüber der Protonenflüssigkeit beschreiben, die durch die isovektorielle Dichte $\varrho_1(\boldsymbol{r}) = \varrho_n(\boldsymbol{r}) - \varrho_p(\boldsymbol{r})$ charakterisiert werden können (siehe Abschnitt 6A–4). Die niedrigste Dipolschwingung hat die Frequenz und Oszillatorstärke (siehe Gln. (6A–65) und (6A–70))

$$\begin{aligned} \hbar\omega &= 2{,}08\left(\frac{\hbar^2}{MR^2}\,b_{\text{sym}}\right)^{1/2} \approx 78A^{-1/3}\,\text{MeV}, \\ B(E1;\,0^+ \to 1^-)\,\hbar\omega &= 0{,}86\,S(E1)_{\text{klass}} \\ (R = 1{,}2A^{1/3}\,\text{fm};&\qquad b_{\text{sym}} = 50\,\text{MeV}), \end{aligned} \tag{6–331}$$

wobei der Koeffizient b_{sym} die Symmetrieenergie des Kerns ist, die sich aus der empirischen Massenformel ergibt.

Das Tröpfchenmodell geht von der Annahme einer lokalen Energiedichte aus. Man kann deshalb im allgemeinen nicht erwarten, daß es die Dynamik eines Systems mit Schalenstruktur beschreibt (siehe S. 301). Die Dipolschwingung stellt jedoch einen Spezialfall dar, da diese einzelne Anregung die Oszillator-Summenregel annähernd ausschöpft; die Eigenschaften dieser Schwingung variieren glatt mit N und Z, und sie lassen sich deshalb durch makroskopische Kernparameter ausdrücken.

Beim Vergleich der Parameter des Tröpfchenmodells mit den aus der obigen mikroskopischen Behandlung mit Hilfe von Teilchenanregungen folgenden Parametern werden wir die ziemlich unbedeutenden Effekte vernachlässigen, die damit zusammenhängen, daß bei einer Beschreibung im Tröpfchenmodell der radiale Formfaktor zur sphärischen Bessel-Funktion $j_1(2{,}08r/R)$ proportional ist (siehe Gln. (6A–62) und (6A–64)) und daher etwas von dem linearen Ausdruck

$$\delta\varrho_1 = \frac{\varrho_0}{A\langle x^2\rangle}\,\alpha x \tag{6–332}$$

abweicht, der dem Feld (6–311) entspricht.

Der Massenparameter der Dipolschwingung ist unmittelbar durch die Oszillatorstärke gegeben. Er ist deshalb modellunabhängig, vorausgesetzt, daß die Summenregel ausgeschöpft wird. (Siehe auch die Diskussion der Beziehung der wirbelfreien Strömung zum Massenparameter einer einzelnen Schwingung mit einer der vollen Summenregel entsprechenden Oszillatorstärke, S. 346.)

Die Rückstellkraft der Dipolschwingung stellt die Energie dar, die notwendig ist, um eine statische isovektorielle Deformation der Form (6–332) hervorzurufen. Im Tröpfchenmodell wird diese Energie durch eine zu $(\delta\varrho_1)^2$ proportionale Energiedichte ausgedrückt (siehe Gl. (6A–61)). Daraus ergibt sich der Parameter der Rückstellkraft

$$C = \frac{b_{\text{sym}}}{A\langle x^2\rangle} \approx 175A^{-5/3}\,\text{MeV fm}^{-2}. \tag{6–333}$$

Bei einer mikroskopischen Beschreibung erhält man die Rückstellkraft als Summe aus zwei Termen, $C = C^{(0)} + \varkappa$. Der erste Term resultiert aus den Energien der Einteilchenanregungen, während der zweite Term den Einfluß der Wechselwirkungen angibt. Diese Aufteilung entspricht der Analyse von b_{sym} mit Hilfe eines kinetischen und eines potentiellen Energieanteils (siehe Band I, S. 149). Der Potentialanteil von b_{sym} spiegelt den Beitrag zur Energie des Kerns wider, der sich aus dem Feld V_1 ergibt, und aus der Beziehung $(b_{\text{sym}})_{\text{pot}} = \frac{1}{4}V_1$ (siehe Gl. (2–28)) folgt, daß der Potentialanteil der Rückstellkraft (6–333) wie bei der mikroskopischen Beschreibung (siehe Gl. (6–314)) gleich $\varkappa$ ist. Die obige Abschätzung des Anteils der kinetischen Energie an der Rückstellkraft $C^{(0)}$ geht von den verfügbaren empirischen Belegen über das Einteilchenanregungsspektrum aus und unterscheidet sich etwas vom kinetischen Anteil im Ausdruck (6–333). Der Wert von $C^{(0)}$ in Gl. (6–313) entspricht deshalb $(b_{\text{sym}})_{\text{kin}} \approx 12$ MeV. Er führt zusammen mit $(b_{\text{sym}})_{\text{pot}} \approx \frac{1}{4}V_1 \approx 32$ MeV auf den Gesamtwert $b_{\text{sym}} \approx 44$ MeV, der etwas kleiner ist als der Wert $b_{\text{sym}} = 50$ MeV, den man aus der empirischen Massenformel erhält. Folglich ist die in der obigen mikroskopischen Analyse verwendete Rückstellkraft um etwa 12% kleiner als der Wert (6–333). Die Differenz ist relativ klein, da der Hauptanteil von C mit den Wechselwirkungen verknüpft ist. Die gute Übereinstimmung der durch Gln. (6–315) und (6–331) gegebenen Resonanzfrequenzen ergibt sich aus der Tatsache, daß der Massenparameter des Tröpfchenmodells infolge der Verteilung der Oszillatorstärke über eine Anzahl verschiedener Normalschwingungen um etwa 15% größer als der Wert (6–313) ist.

Die obige Aufteilung von b_{sym} in kinetische und potentielle Anteile unterscheidet sich etwas von der Analyse in Band I, S. 149, die vom FERMI-Gas-Modell ausgeht. Eine verbesserte Abschätzung des mittleren Niveauabstandes in der Nähe der FERMI-Oberfläche kann von den beobachteten Einteilchenspektren ausgehen, die $g_0 \approx 2(g_0)_n \approx 2(g_0)_p \approx 0{,}060A$ MeV^{-1} ergeben, wie man aus den Dichten der Einteilchenniveaus von Neutronen und Protonen einzeln erhält (siehe z. B. die Abbn. 5–2 bis 5–6, S. 192ff., sowie die Abschätzung aufgrund der Entartung der Oszillatorschalen, die in Gl. (2–125a) benutzt wurde). Da $(b_{\text{sym}})_{\text{kin}} = A(g_0)^{-1}$ gilt, erhalten wir $(b_{\text{sym}})_{\text{kin}} \approx 16$ MeV, woraus der Wert $(b_{\text{sym}})_{\text{pot}} = b_{\text{sym}} - (b_{\text{sym}})_{\text{kin}} \approx 34$ MeV folgt. Er stimmt gut mit dem Wert $V_1 \approx 130$ MeV überein, der in der obigen Analyse verwendet wurde.

Aufspaltung der Resonanz bei deformierten Kernen (Abb. 6–21, Tab. 6–6 und 6–7)

Bei einem axialsymmetrisch deformierten Kern spaltet die Dipolresonanz in zwei Komponenten mit $\nu = 0$ und $\nu = 1$ auf (DANOS, 1958; OKAMOTO, 1958). Die Aufspaltung zwischen den beiden Schwingungen ist in führender Ordnung zur Deformation proportional (siehe Gl. (6–277)),

$$(\bar{E})^{-1}\big(E(\nu = 1) - E(\nu = 0)\big) \approx \delta \approx \frac{\Delta R}{R}, \tag{6–334}$$

wobei $\bar{E}$ die mittlere Resonanzenergie ist. Der Proportionalitätsfaktor zwischen $\Delta E/E$ und δ ist etwas modellabhängig (siehe S. 387).

Während die $\nu = 0$-Anregung Oszillationen in Richtung der Symmetrieachse des Kerns darstellt, entspricht die $\nu = 1$-Anregung Oszillationen in den beiden dazu senkrechten Richtungen. Wenn die Dipolsummenregel allein durch die $\nu = 0$- und $\nu = 1$-Resonanzen ausgeschöpft wird, erwartet man, daß in der $\nu = 1$-Schwingung zwei Drittel und in der $\nu = 0$-Schwingung ein Drittel der Oszillatorstärke enthalten ist. Bei einem deformierten Kern ohne Axialsymmetrie würde die Photoabsorptionskurve in drei Komponenten mit gleicher Oszillatorstärke aufspalten.

Der Photoeffekt an deformierten Kernen führt auf Wirkungsquerschnitte mit zwei Hauptmaxima, die annähernd das erwartete Intensitätsverhältnis zeigen (FULLER und HAYWARD, 1962). Das Beispiel in Abb. 6–21 gibt den Photoabsorptionsquerschnitt für

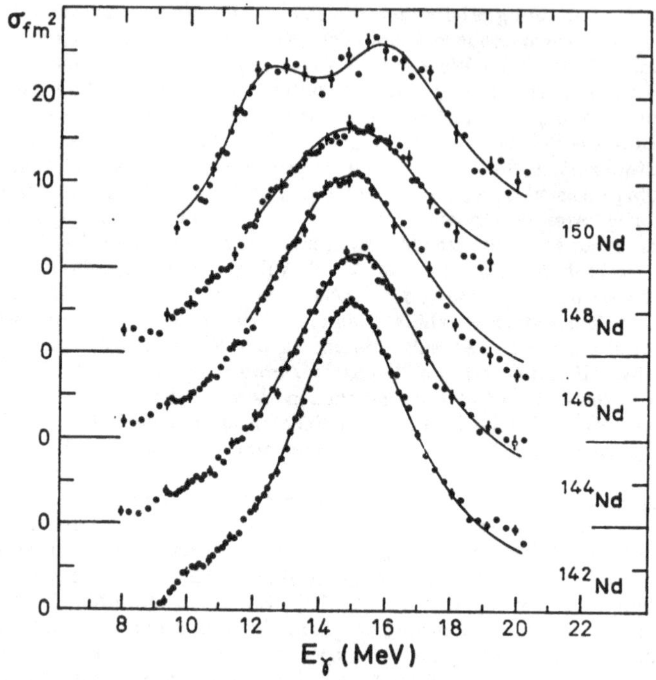

Abb. 6–21 Photoabsorptionsquerschnitt für gerade Nd-Isotope. Die experimentellen Daten stammen von P. Carlos, H. Beil, R. Bergère, A. Lepretre und A. Veyssière, Nuclear Phys. A 172, 437 (1971). Die ausgezogenen Linien stellen Lorentz-Kurven mit den in Tab. 6–6 angegebenen Parametern dar.

einige Nd-Isotope an. Das Einsetzen einer statischen Deformation bei ^{150}Nd (die sich im Rotationsspektrum äußert, siehe Abb. 4–3, S. 21) ruft eine Aufspaltung der Dipolresonanz hervor. Die Resonanzparameter, die sich aus einer Anpassung an die Lorentz-Linienform (6–309) ergeben, sind in Tab. 6–6 zusammengestellt; die Oszillatorstärke ist zu $\int \sigma \, dE$ und folglich zu $\sigma_0 \Gamma$ proportional, so daß das Verhältnis der Oszillatorstärke in beiden Maxima etwa 2:1 beträgt. Die beobachtete energetische Aufspaltung der Maxima kann benutzt werden, um mit Hilfe von Gl. (6–334) die Kerndeformation abzuschätzen. Die auf diese Weise erhaltenen Werte sind mit denen aus gemessenen $E2$-Momenten verträglich, wie die Daten in Tab. 6–7 zeigen. Im Hinblick auf die Unsicherheit sowohl des numerischen Wertes für den Koeffizienten in der Beziehung (6–277) als auch bei der Behandlung der Glieder höherer Ordnung in der Deformation ist es gegenwärtig schwierig einzuschätzen, ob die Unterschiede zwischen den beiden so bestimmten δ-Werten signifikant sind. (Nimmt man an, daß die Resonanzfrequenzen zu den reziproken Werten der Haupt- und Nebenachsen streng proportional sind, dann ist die nach Gl. (6–334) berechnete Deformation δ gleich $\Delta R/R - (\Delta R)^2/3R^2$, während die mit Hilfe von Gl. (4–72) aus Q_0 berechnete Deformation gleich $\Delta R/R + (\Delta R)^2/6R^2$ beträgt (siehe Gl. (4–73)); der Unterschied in den Gliedern zweiter Ordnung in $(\Delta R/R)$ macht bei der Bestimmung von δ etwa 15% aus, was einen wesentlichen Teil der Unstimmigkeiten in Tab. 6–7 darstellt.)

Tab. 6–6 Parameter der Dipolresonanz in geraden Nd-Isotopen. Die Tabelle enthält die Parameter für die in Abb. 6–21 angegebenen LORENTZ-Resonanzkurven. Der Querschnitt für ^{150}Nd entspricht der Anpassung durch zwei Resonanzfunktionen.

	^{142}Nd	^{144}Nd	^{146}Nd	^{148}Nd	^{150}Nd	
E_0(MeV)	14,9	15,0	14,8	14,7	12,3	16
σ_0(fm^2)	36	32	31	26	17	22
Γ(MeV)	4,4	5,3	6	7,2	3,3	5,2

Tab. 6–7 Vergleich der aus der Aufspaltung der $E1$-Resonanz und aus $E2$-Matrixelementen abgeleiteten Deformationsparameter. Die Energien $E(\nu = 0)$ und $E(\nu = 1)$ der beiden Resonanzen in den Photoabsorptionsquerschnitten wurden entnommen aus: ^{153}Eu, ^{159}Tb, ^{160}Gd, ^{165}Ho, ^{181}Ta, ^{186}W (B. L. BERMAN, M. A. KELLY, R. L. BRAMBLETT, J. T. CALDWELL, H. S. DAVIS und S. C. FULTZ, Phys. Rev. **185**, 1576 (1969)); ^{235}U (C. D. BOWMAN, G. F. AUCHAMPAUGH und S. C. FULTZ, Phys. Rev. **133, B** 676 (1964)); ^{159}Tb, ^{165}Ho, ^{181}Ta (R. BERGÈRE, H. BEIL und A. VEYSSIÈRE, Nuclear Phys. **A 121**, 463 (1968)); ^{232}Th, ^{237}Np, ^{238}U (A. VEYSSIÈRE, H. BEIL, R. BERGÈRE, P. CARLOS, A. LEPRETRE und K. KERNBATH, Nuclear Phys. **A 199**, 45 (1973)). Die Deformationsparameter $\delta(Q_0)$ sind aus Abb. 4–25, S. 114, und zusätzlichen Literaturstellen entnommen: ^{235}U (S. A. DE WIT, G. BACKENSTOSS, C. DAUM, J. C. SENS und H. L. ACKER, Nuclear Phys. **87**, 657 (1967)); ^{237}Np (J. O. NEWTON, Nuclear Phys. **5**, 218 (1958)).

Kern	$E(\nu = 0)$	$E(\nu = 1)$	$\delta(E1)$	$\delta(Q_0)$
^{153}Eu	12,3	15,8	0,24	0,34
^{159}Tb	12,2	15,8	0,25	0,34
^{160}Gd	12,2	16,0	0,26	0,35
^{165}Ho	12,2	15,7	0,24	0,33
^{181}Ta	12,5	15,2	0,19	0,26
^{186}W	12,6	14,9	0,16	0,22
^{232}Th	11,1	14,1	0,23	0,24
^{235}U	10,8	14,1	0,25	0,26
^{237}Np	11,1	14,2	0,24	0,25
^{238}U	11,0	14,0	0,23	0,26

Die Erklärung der Aufspaltung der Photoresonanzlinie als Deformationseffekt läßt sich unmittelbar überprüfen, indem man die Abhängigkeit des Absorptionsquerschnitts von der Orientierung des Kerns in bezug auf die Einfallsrichtung des Photonenstrahls mißt. Ein solcher Test der bei ^{165}Ho erwarteten Photoanisotropie wurde von AMBLER u. a. (1965) und KELLY u. a. (1969) durchgeführt.

Die Quantenzahl K der Photoresonanzen des Kerns läßt sich bestimmen, indem man das Verhältnis der elastischen und unelastischen Photostreuung untersucht, die zu Rotationsanregungen führt (RAMAN-Streuung). Bei einem gg-Kern führt die Streuung über eine $K = 0$-Resonanz zu einer Besiedlung des Grundzustandes und des Rotationszustandes 2^+ im Verhältnis 1:2. Dieser Wert ergibt sich aus den Beziehungen für $E1$-Übergänge bei Rotationsanregungen (siehe Gl. (4–92)), indem man den Energieunterschied zwischen den gestreuten γ-Quanten vernachlässigt. Im Gegensatz dazu ist das Verhältnis der elastischen und unelastischen Streuung bei Streuung über eine $K = 1$-Resonanz gleich 2:1. Allgemeiner ist die elastische Streuung proportional zum Absolutquadrat der skalaren Polarisierbarkeit $p^{(0)}$, während die unelastische Streuung proportional zum Quadrat der Tensorpolarisierbarkeit $p^{(2)}$ ist (siehe Gln. (6–289)). Die relativen Resonanzstreuquerschnitte sind deshalb durch

$$\frac{\sigma_{\text{el}}}{\sigma_{\text{unel}}} = 2\left|\frac{p_1 + p_2 + p_3}{2p_3 - p_1 - p_2}\right|^2, \tag{6–335a}$$

$$W(\theta) = \sum_\mu \langle I_f 1 - \mu\, 1\mu \mid 11\rangle^2 \frac{3}{8\pi} (|\mathscr{D}^1_{\mu 1}|^2 + |\mathscr{D}^1_{\mu -1}|^2)$$

$$= \begin{cases} \dfrac{3}{16\pi}(1 + \cos^2\theta), & I_f = 0 \quad \text{(elastisch)}, \\ \dfrac{3}{160\pi}(13 + \cos^2\theta), & I_f = 2 \quad \text{(unelastisch)} \end{cases} \tag{6–335b}$$

gegeben, wobei die Winkelverteilungen (6–335b) aus der Tatsache folgen, daß das Photon nur Zustände mit $I = 1$, $M = \pm 1$ anregen kann. In Gl. (6–335a) sind die Polarisierbarkeiten $p_\varkappa$ bezüglich der Hauptachsen des Kerns durch Gl. (6–287) gegeben. Bei der Abschätzung der elastischen Streuung muß man den Beitrag der Thomson-Streuung berücksichtigen, die durch die Schwerpunktsbewegung des Kerns entsteht und der Resonanzstreuung an einem Oszillator mit der Frequenz Null und der Oszillatorstärke Z/N, bezogen auf den klassischen Wert der Summenregel (6-176), äquivalent ist; siehe die Diskussion im Anschluß an diese Gleichung.

Die Raman-Streuung monoenergetischer γ-Quanten mit Energien der Größenordnung 10 MeV wurde an ^{232}Th und ^{238}U beobachtet. Die auf die elastische Streuung bezogene Intensität stimmt annähernd mit den Resonanzparametern überein, die aus der Analyse des Photoabsorptionsquerschnitts folgen (Hass u. a., 1971; Jackson und Wetzel, 1972). Man kann deshalb für die Streuung von Photonen der Energie 10,8 MeV an ^{238}U nach Gl. (6–335) abschätzen, daß das Verhältnis zwischen unelastischer und elastischer Streuung 1,0 beträgt, was mit dem Meßwert 0,8 zu vergleichen ist (Jackson und Wetzel, a. a. O.). Bei der theoretischen Abschätzung haben wir die von Veyssière u. a., 1973, angegebenen Resonanzparameter für ^{238}U benutzt ($E_0 = 11{,}0$ MeV, $\Gamma = 2{,}9$ MeV, $\sigma_0 = 30$ fm^2 für $\nu = 0$; $E_0 = 14{,}0$ MeV, $\Gamma = 4{,}5$ MeV, $\sigma_0 = 37$ fm^2 für $\nu = 1$). Außerdem wurde die Thomson-Streuung berücksichtigt, die die elastische Streuung um etwa 20% verringert. (Für die betrachtete Energie hat die Thomson-Amplitude annähernd denselben Betrag, aber das entgegengesetzte Vorzeichen wie der Realteil der Resonanzstreuamplitude; aber der Hauptteil des elastischen Wirkungsquerschnitts kommt vom Imaginärteil der Resonanzstreuamplitude.)

Isospinquantenzahl. Schwingungen mit Ladungsaustausch (Abb. 6–22 bis 6–24)

Die Photoresonanz im Kern läßt sich aus allgemeinerer Sicht als eine einzelne Komponente (mit $\mu_\tau = 0$) der isovektoriellen Dipolschwingungen betrachten. Die weiteren Komponenten (mit $\mu_\tau = \pm 1$) stellen Schwingungen mit Ladungsaustausch dar. Die Untersuchung des Multipletts von Anregungen führt auf eine Vielzahl von Erscheinungen, die mit der Kopplung des Isospins der Dipolbewegung an den Isospin des

Neutronenüberschusses verknüpft sind. (Das Spektrum der Dipolschwingungen in Kernen mit Neutronenüberschuß wurde von FALLIEROS u. a., 1965; NOVIKOV und URIN, 1966; PETERSEN und VEJE, 1967; GOULARD und FALLIEROS, 1967; EJIRI u. a., 1968, behandelt.)

Einfluß des Neutronenüberschusses auf Dipolfrequenzen und Übergangsstärken

In einem Kern mit $N = Z$ und $T_0 = 0$ sind die Dipolanregungen mit Ladungsaustausch und die $\mu_\tau = 0$-Anregungen über die Isospinsymmetrie verknüpft (siehe Abb. 6–4, S. 322). Im Falle eines Neutronenüberschusses ($T_0 \neq 0$) führt die Anregung eines isovektoriellen Quants auf Kernzustände mit $T = T_0 + 1$, T_0 und $T_0 - 1$ (siehe Abb. 6–5, S. 327).

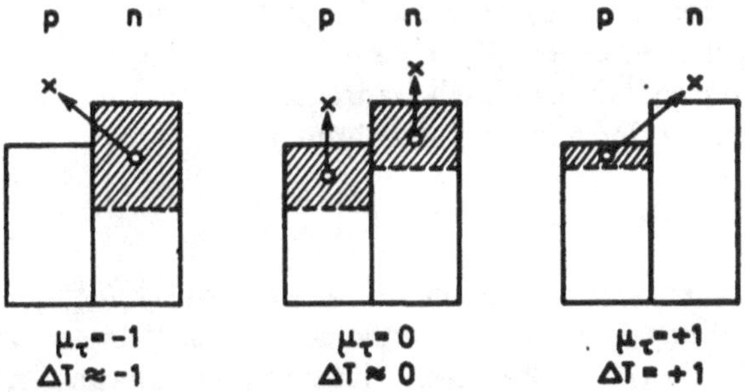

Abb. 6–22 Teilchen-Loch-Anregungen, die Dipolschwingungen in einem Kern mit Neutronenüberschuß entsprechen. Die gestrichelten Bereiche stellen die Teilchenbahnen dar, die durch das Dipolfeld angeregt werden können.

Der Einfluß des Neutronenüberschusses auf die Dipolschwingungen mit verschiedenen Werten von $\Delta T = T - T_0$ läßt sich am einfachsten übersehen, wenn man die dominierenden Übergänge mit $\mu_\tau = \Delta T$ betrachtet, die auf vollständig ausgerichtete Zustände $M_T = T$ führen (siehe Abb. 6–5, wo diese Übergänge durch Pfeile angedeutet sind). Die Eigenschaften der Anregungen mit $M_T < T$ lassen sich aus den Eigenschaften der vollständig ausgerichteten Zustände bestimmen, indem man die Drehinvarianz im Isospinraum ausnutzt (siehe Gl. (6–132)). Die Übergänge mit $\mu_\tau = \Delta T$ entsprechen den in Abb. 6–22 dargestellten Teilchen-Loch-Anregungen. Aus Abb. 6–22 ist ersichtlich, daß infolge des Neutronenüberschusses die Zahl der Teilchen-Loch-Anregungen mit $\mu_\tau = +1$ verringert und die Zahl der Anregungen mit $\mu_\tau = -1$ entsprechend erhöht wird. Die Teilchen-Loch-Anregungen mit $\mu_\tau = 0$ und -1 sind im allgemeinen keine Eigenzustände des Gesamtisospins (siehe z. B. die analoge Situation für Einteilchenzustände, die in Abb. 3–1, Band I, S. 330, betrachtet wurde). Für $T_0 \gg 1$ sind die Komponenten mit $T \neq T_0 + \mu_\tau$ jedoch klein (mit Amplituden der Größenordnung $T_0^{-1/2}$ oder kleiner), so daß sie bei der Analyse kollektiver Anregungen vernachlässigt werden können. (Für kleine Werte von T_0 ist der Einfluß des Neutronenüberschusses nur eine Störung, und die Analyse auf S. 429ff. liefert korrekt die Glieder führender Ordnung in T_0.)

Die Verallgemeinerung des für $\mu_\tau = 0$ betrachteten Dipolfeldes (siehe Gl. (6–311)) führt auf das Isospintriplett

$$F_{\mu_\tau} = \sum_k (x\tau_{\mu_\tau})_k \tag{6–336}$$

mit $\tau_{\mu_\tau} = 2t_{\mu_\tau}$; der Operator t_{μ_τ} ist durch Gl. (6–120) gegeben. Die durch die Felder (6–336) hervorgerufenen Einteilchenanregungen sind annähernd entartet (siehe Abb. 6–16) mit Energien (siehe Gl. (2–26) für das Symmetriepotential)

$$\hbar\omega^{(0)}_{\mu_\tau} = \hbar\omega_0 + \mu_\tau \left(V_1 \frac{N-Z}{2A} - E_{\text{Coul}} \right), \tag{6–337}$$

wobei E_{Coul} die mittlere Coulomb-Energie für ein einzelnes Proton ist. (Die Ladungsaustauschfrequenzen in Gl. (6–337) sind durch Bindungsenergiedifferenzen und nicht durch Massenunterschiede definiert; siehe die Bemerkung auf S. 322.)

Die Stärke der Einteilchendipolübergänge, die zu den kollektiven Anregungen beitragen, wird durch die Matrixelemente von F_{μ_τ} charakterisiert, die vom ungestörten Grundzustand $|\mathsf{v} = 0\rangle$ zur kohärenten Einteilchenanregung $|n^{(0)}_{\mu_\tau} = 1\rangle$ führen; vergleiche Gl. (6–21). Im folgenden werden wir die Bezeichnung

$$if_{\mu_\tau} \equiv \langle n^{(0)}_{\mu_\tau} = 1 |\, F_{\mu_\tau} \,|\mathsf{v} = 0\rangle \tag{6–338}$$

benutzen. (Die Größe dieser Nullpunktsamplituden könnte auch durch $(\alpha^{(0)}_{\mu_\tau})_0$ bezeichnet werden.) In der Standarddarstellung sind die Matrixelemente von F imaginär und die Größen f deshalb reell. Für $N = Z$ sind die Matrixelemente f von μ_τ unabhängig, infolge des Neutronenüberschusses wächst aber die Stärke der n $\to$ p-Übergänge relativ zur Stärke der p $\to$ n-Übergänge (siehe Abb. 6–22). Die Verringerung von f^2_{+1} wird durch das Anwachsen von f^2_{-1} kompensiert, und wir erhalten in erster Ordnung in $(N-Z)/A$ (siehe Gl. (6–312))

$$\tfrac{1}{2}(f^2_{+1} + f^2_{-1}) = f^2_0 = \frac{\hbar A}{2M\omega_0}. \tag{6–339}$$

Die Differenz zwischen f^2_{-1} und f^2_{+1} läßt sich mit Hilfe des Kommutators von F_{-1} und $F_{+1} = -F^\dagger_{-1}$ berechnen,

$$\begin{aligned} f^2_{-1} - f^2_{+1} &= \langle \mathsf{v} = 0 |\, [F_{-1}, F_{+1}] \,| \mathsf{v} = 0\rangle \\ &= \langle \mathsf{v} = 0 |\, 2 \sum_k (\tau_z x^2)_k \,| \mathsf{v} = 0\rangle = 2(N-Z)\, \langle x^2 \rangle_{n\,\text{exc}}, \end{aligned} \tag{6–340}$$

wobei $\langle x^2\rangle_{n\,\text{exc}}$ einen Mittelwert für die Überschußneutronen darstellt.

Die Wechselwirkung ist die ladungsunabhängige Erweiterung der für die $\mu_\tau = 0$-Schwingung angenommenen Wechselwirkung (vergleiche mit Gl. (6–24)),

$$\begin{aligned} H' &= \tfrac{1}{2}\varkappa \sum_{\mu_\tau} F^\dagger_{\mu_\tau} F_{\mu_\tau} \\ &= -\tfrac{1}{2}\varkappa (F_{+1}F_{-1} + F_{-1}F_{+1}) + \tfrac{1}{2}\varkappa F^2_0. \end{aligned} \tag{6–341}$$

Die Kopplungskonstante $\varkappa$ ist durch Gl. (6–314) gegeben. Das Feld F_{+1} erzeugt Teilchen-Loch-Quanten mit $\mu_\tau = +1$ und vernichtet Quanten mit $\mu_\tau = -1$; folglich enthält die Ladungsaustauschwechselwirkung teils Glieder, die in der Anzahl der Quanten $n_{\pm1}^{(0)}$ diagonal sind, und teils Glieder, die Paare von Quanten mit $\mu_\tau = +1$ und $\mu_\tau = -1$ erzeugen und vernichten. Die zuletzt genannten Terme bewirken eine Kopplung der beiden Ladungsaustauschanregungen, aber da die Wechselwirkung die Quanten paarweise erzeugt und vernichtet, bleibt die Differenz der Anzahl von Quanten der beiden Schwingungen erhalten,

$$n_{+1} - n_{-1} = n_{+1}^{(0)} - n_{-1}^{(0)}. \tag{6–342}$$

Die durch die Wechselwirkung (6–341) hervorgerufenen Normalschwingungen werden im folgenden Kleindruck abgeleitet; die Frequenzen $\omega_{\pm1}$ und die Übergangswahrscheinlichkeiten $|\langle n_{\pm1} = 1|\, F_{\pm1}\, |0\rangle|^2$ sind durch Gln. (6–355) und (6–358) gegeben; siehe auch Gl. (6–353).

Das Schema der Dipolanregungen mit $\mu_\tau = 0, \pm1$ ist in Abb. 6–23 als Funktion des Neutronenüberschusses dargestellt. Die Eigenschaften der $\mu_\tau = 0$-Schwingung werden in erster Ordnung in $(N - Z)/A$ nicht beeinflußt (siehe S. 416); für diese Anregung sind die Werte in Abb. 6–23 durch Gl. (6–315) gegeben. In Abb. 6–23 wird der Unterschied zwischen den Einteilchenstärken f_{+1}^2 und f_{-1}^2 durch den Parameter ν charakterisiert,

$$f_{\pm1}^2 = f_0^2(1 \mp \nu). \tag{6–343}$$

Die Differenz in den Einteilchen-Ladungsaustauschfrequenzen wird als proportional zur Differenz in der Übergangsstärke angesetzt,

$$\omega_{\pm1}^{(0)} = \omega_0(1 \mp \nu). \tag{6–344}$$

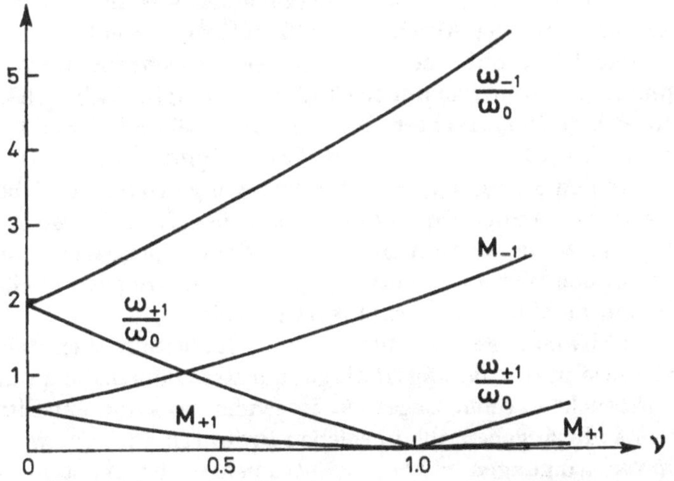

Abb. 6–23 Eigenschaften der Ladungsaustausch-Dipolschwingungen als Funktion des Neutronenüberschusses. Die Frequenzen und Dipolmatrixelemente der Ladungsaustauschschwingungen sind als Funktion des Parameters ν aufgetragen, der die Größe des Neutronenüberschusses mißt. Für $\nu > 1$ stellt die mit $+1$ bezeichnete Schwingung eine Anregung im $\mu_\tau = -1$-Kanal dar. Die Matrixelemente $M_{\pm1}$ sind durch $i f_0 M_{\pm1} = \langle n \pm 1 = 1|\, F_{\pm1}\, |0\rangle$ definiert und gleich den Nullpunktsamplituden $(\alpha_{\pm1})_0$ in Einheiten von f_0. (Die Frequenzeinheit ω_0 ist die ungestörte Oszillatorfrequenz $(= \omega_{\mu_\tau=0}^{(0)})$).

Das würde für Kerne in der Nähe der β-Stabilitätslinie gelten, wenn man annimmt, daß die Differenz $f_{-1}^2 - f_{+1}^2$ der Differenz zwischen den Fermi-Energien von Neutronen und Protonen proportional ist. (Für einen gegebenen Kern erhält man die entsprechenden Werte von $\omega_{\pm 1}$ aus den Kurven in Abb. 6–23, indem man beachtet, daß eine Änderung in $\omega_{+1}^{(0)} - \omega_{-1}^{(0)}$ wegen des Erhaltungssatzes (6–342) zu einer gleichen Änderung in $\omega_{+1} - \omega_{-1}$ führt.)

Die Größe ν drückt den Neutronenüberschuß in Einheiten der Teilchenzahlen in einer Hauptschale des harmonischen Oszillators aus. Deshalb erhält man aus den Gln. (2–151) und (2–152)

$$\begin{aligned} \nu &= (3N)^{1/3} - (3Z)^{1/3} \\ &\approx 0{,}76 A^{-2/3}(N - Z) . \end{aligned} \tag{6–345}$$

Für Kerne auf der β-Stabilitätslinie wird ν für $A \approx 200$ gleich Eins.

Die Ladungsaustauschfrequenzen und Übergangswahrscheinlichkeiten (6–355) und (6–358) erhalten, ausgedrückt durch den Parameter ν, die Form

$$\hbar\omega_{\pm 1} = \left(\mp \nu(1 + \zeta) + (1 + 2\zeta + \zeta^2\nu^2)^{1/2}\right) \hbar\omega_0 , \tag{6–346a}$$

$$|\langle n_{\pm 1} = 1 | \, F_{\pm 1} \, |0\rangle|^2 = \left(\mp \nu + \frac{1 + \zeta\nu^2}{(1 + 2\zeta + \zeta^2\nu^2)^{1/2}}\right) f_0^2 \tag{6–346b}$$

mit

$$\zeta \equiv \frac{\varkappa f_0^2}{\hbar\omega_0} . \tag{6–347}$$

Die Größen in Abb. 6–23 wurden für $\zeta = 1{,}35$ eingezeichnet, was annähernd mit dem Wert übereinstimmt, den man aus der Abschätzung (6–314) für $\varkappa$ erhält.

Aus Abb. 6–23 ist ersichtlich, daß die Ladungsaustauschschwingungen von der Symmetriebrechung durch den Neutronenüberschuß recht empfindlich abhängen. So hat zum Beispiel der in Abb. 6–16 betrachtete Kern mit $Z = 46$ und $N = 60$ den Wert $\nu = 0{,}48$, für den sich $\omega_{-1}:\omega_{+1} \approx 3$ und $M_{-1}:M_{+1} \approx 7$ ergibt. Für $\nu > 1$ wird die $\mu_\tau \approx +1$-Schwingung durch eine zweite $\mu_\tau = -1$-Schwingung ersetzt, die Übergängen entspricht, bei denen sich die Oszillatorquantenzahl um eine Einheit verringert. Die Frequenz und die Übergangsstärke der zweiten $\mu_\tau = -1$-Schwingung erhält man durch eine Vorzeichenumkehr aus den Werten, die für die $\mu_\tau = +1$-Schwingung in Gl. (6–346) angegeben wurden; sie sind in Abb. 6–23 ebenfalls dargestellt.

Die Ladungsaustauschschwingungen könnten durch Kernreaktionen wie (p, n), (^{3}He, ^{3}H), (π^+, π^0) usw. sowie in den ladungskonjugierten Reaktionen, die zu $\mu_\tau = +1$-Anregungen führen, untersucht werden. Gegenwärtig scheint es keine experimentellen Daten über die Dipolzustände zu geben, die in solchen Prozessen angeregt werden.

Die kollektiven Dipolschwingungen mit $\mu_\tau = \pm 1$ spielen eine wichtige Rolle bei schwachen Wechselwirkungen wie dem Myoneinfang (Balashov u. a., 1964; Barlow u. a., 1964; Foldy und Walecka, 1964). Erlaubte μ^--Einfangprozesse enthalten hauptsächlich das Moment $\sigma\tau^+$. Sie sind folglich in Kernen mit abgesättigten Spins wie ^{16}O und ^{40}Ca und in Kernen mit großem Neutronenüberschuß stark unterdrückt. In solchen Fällen kann die Einfangrate durch die einfach verbotenen Übergänge bestimmt sein; man erwartet, daß der Anteil dieser Übergänge, der die spinunabhängigen Übergangsmomente ($\mathscr{M}(\varrho_V, \lambda = 1)$, $\mathscr{M}(j_V, \varkappa = 0, \lambda = 1)$; siehe Gl. (3D–43)) enthält, hauptsächlich in der kollektiven $\mu_\tau = +1$-Dipolschwingung konzentriert ist. Diese Matrixelemente lassen sich auch im β-Zerfall neutronendefiziter Kerne untersuchen, für die der Q-Wert größer ist als die Anregungsenergie der $\mu_\tau = +1$-Schwingung. Beim μ-Einfang und β-Zerfall enthalten die einfach verbotenen Übergänge jedoch außerdem spinabhängige Übergangsmomente, die die Anregungszustände mit $\sigma = 1, \varkappa \approx 1, \lambda = 0, 1, 2$ bevölkern (siehe S. 328; eine Übersicht über Kernmatrixelemente für Ladungsaustauschprozesse, die aus dem μ^--Einfang gewonnen wurden, findet man bei Überall, 1974).

Die Dipolanregung mit $T = T_0 + 1$ läßt sich auch bei $\mu_\tau = 0$-Übergängen beobachten, die zum Isobaranalogzustand mit $M_T = T - 1 = T_0$ führen. Dieser Übergang ist verglichen mit $T = T_0$-Übergängen schwach, teilweise wegen des Faktors $(T_0)^{-1}$, der von dem Vektoradditionskoeffizienten in Gl. (6–128) herrührt (siehe auch Gl. (6–133)), und teilweise infolge der Verringerung der Anzahl der Anregungen, die im Fall eines Neutronenüberschusses beitragen können (siehe Abb. 6–22). Bei nicht zu großem Neutronenüberschuß läßt sich der Energieabstand zwischen den Dipolschwingungen mit $T = T_0$ und $T = T_0 + 1$ durch eine Kopplung der allgemeinen Form (6–130) ausdrücken, die auf

$$E(T = T_0 + 1) - E(T = T_0) = a(T_0 + 1) \tag{6–348}$$

führt. Den Koeffizienten a erhält man aus den Gln. (6–355), (6–337) und (6–340) zu

$$a = A^{-1}V_1 - 2\varkappa\langle x^2\rangle_{n\,\mathrm{exc}}. \tag{6–349}$$

Das erste Glied in a stellt den Einfluß des Symmetriepotentials dar, das Zustände mit niedrigerem Isospin begünstigt (siehe Gl. (6–129)). Der zweite Term ergibt sich aus der verringerten Dipolwechselwirkungsenergie für die Schwingung mit $T = T_0 + 1$; dieser Effekt läßt sich unmittelbar aus dem Erhaltungssatz (6–342) ableiten, wenn man

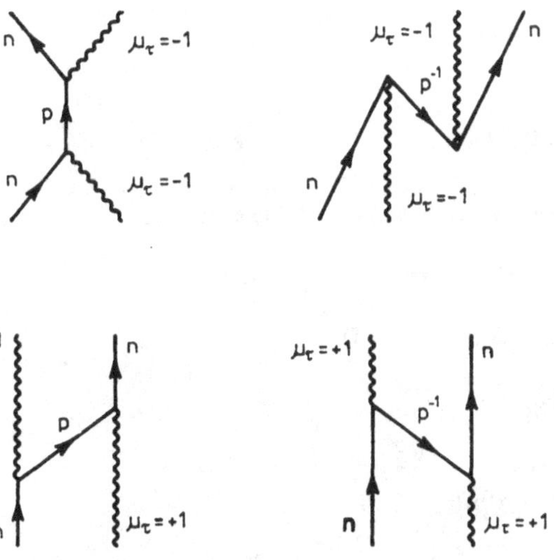

Abb. 6–24 Diagramme, die den Einfluß eines Überschußneutrons auf die Frequenzen der Ladungsaustauschschwingungen illustrieren

beachtet, daß die Terme erster Ordnung in $(N - Z)$ der Wechselwirkung (6–341) (siehe auch Gl. (6–351)) in dem Energieanteil enthalten sind, der in $n_{\pm 1}^{(0)}$ diagonal ist. (Das zweite Glied in Gl. (6–349) für a kann auch als ein Effekt zweiter Ordnung der Teilchen-Vibrationskopplung angesehen werden, der eine Wechselwirkung zwischen den Überschußneutronen und dem Dipolquant hervorruft; siehe Abb. 6–24 und Gl. (6–360).) Nimmt man für die Überschußneutronen den gleichen Wert von $\langle x^2 \rangle$ wie für die gesamte Dichteverteilung ($\langle x^2 \rangle \approx (1{,}2A^{-1/3}\,\mathrm{fm})^2/5$), dann führt der Schätzwert (6–314) für $\varkappa$ auf $a \approx V_1/2A \approx 65A^{-1}$ MeV.

Die $T = T_0 + 1$-Dipolschwingung wurde in einem breiten Massenzahlbereich durch Photoprozesse und unelastische Elektronenstreuung nachgewiesen (Axel u. a., 1967; Shoda u. a., 1969; Hasinoff u. a., 1969; siehe auch die Übersichtsarbeit von Paul, 1973). Die Energiedifferenz zwischen den $T = T_0$- und $T = T_0 + 1$-Schwingungen stimmt für den Parameterwert $a = (55 \pm 15)\,A^{-1}$ MeV mit der Beziehung (6–348) überein (Paul, 1973).

Einen wichtigen weiteren Test des Einflusses der Dipol-Ladungsaustauschfelder würde eine Bestimmung der $E1$-Stärke bei $T = T_0 + 1$-Anregungen darstellen. Die erwartete Abnahme der $\mu_\tau = +1$-Stärke mit wachsendem Neutronenüberschuß, die in Abb. 6–23 illustriert wird, ergibt sich teilweise aus dem Ausschließungsprinzip, das die ungestörte Stärke verringert, und teilweise durch die Grundzustandskorrelationen, die der Kopplung von Teilchen-Loch-Anregungen mit $\mu_\tau = +1$ und $\mu_\tau = -1$ entsprechen.

Die Wechselwirkung (6–341) läßt sich mit Hilfe der Operatoren $c_{\mu_\tau}^{(0)}$ (und der dazu hermitesch konjugierten Operatoren) beschreiben, die die kohärenten Einteilchenanregungen ($n_{\mu_\tau}^{(0)} = 1$) vernichten (und erzeugen). Die Felder haben die Form

$$\begin{aligned} F_{+1} &= i(f_{+1}(c_{+1}^{(0)})^\dagger + f_{-1}c_{-1}^{(0)}), \\ F_{-1} &= i(f_{+1}c_{+1}^{(0)} + f_{-1}(c_{-1}^{(0)})^\dagger) = -F_{+1}^\dagger, \\ F_0 &= if_0((c_0^{(0)})^\dagger - c_0^{(0)}) = F_0^\dagger, \end{aligned} \tag{6–350}$$

und der Hamilton-Operator wird

$$\begin{aligned} H &= H_0 + V, \\ H_0 &= \sum_{\mu_\tau} \hbar\omega_{\mu_\tau}^{(0)}(c_{\mu_\tau}^{(0)})^\dagger c_{\mu_\tau}^{(0)}, \\ V &= \tfrac{1}{2}\varkappa\{f_{+1}(c_{+1}^{(0)})^\dagger + f_{-1}c_{-1}^{(0)}, f_{+1}c_{+1}^{(0)} + f_{-1}(c_{-1}^{(0)})^\dagger\} - \tfrac{1}{2}\varkappa f_0^2((c_0^{(0)})^\dagger - c_0^{(0)})^2. \end{aligned} \tag{6–351}$$

Dieser Hamilton-Operator ist eine quadratische Form in den Operatoren $(c^{(0)})^\dagger$, $c^{(0)}$. Er kann durch eine lineare Transformation auf neue Bosonenvariable $c^\dagger$, c diagonalisiert werden,

$$\begin{aligned} (c_{+1}^{(0)})^\dagger &= Xc_{+1}^\dagger + Yc_{-1}, \\ (c_{-1}^{(0)})^\dagger &= Xc_{-1}^\dagger + Yc_{+1}, \qquad (X^2 - Y^2 = 1), \\ (c_0^{(0)})^\dagger &= X_0c_0^\dagger + Y_0c_0 \qquad (X_0^2 - Y_0^2 = 1), \end{aligned} \tag{6–352}$$

mit (siehe Gln. (6–337) und (6–339))

$$X^2 + Y^2 = K^{-1}(\hbar\omega_0 + \varkappa f_0^2), \qquad 2XY = -K^{-1}\varkappa f_{+1}f_{-1}, \tag{6–353a}$$
$$K \equiv ((\hbar\omega_0 + \varkappa f_0^2)^2 - \varkappa^2 f_{+1}^2 f_{-1}^2)^{1/2},$$

$$X_0^2 + Y_0^2 = K_0^{-1}(\hbar\omega_0 + \varkappa f_0^2), \qquad 2X_0Y_0 = K_0^{-1}\varkappa f_0^2, \tag{6–353b}$$
$$K_0 \equiv ((\hbar\omega_0 + \varkappa f_0^2)^2 - \varkappa^2 f_0^4)^{1/2} = (\hbar\omega_0(\hbar\omega_0 + 2\varkappa f_0^2))^{1/2}.$$

Der transformierte Hamilton-Operator ist

$$H = E_0 + \sum_{\mu_\tau} \hbar\omega_{\mu_\tau} c^\dagger_{\mu_\tau} c_{\mu_\tau} \tag{6–354}$$

mit den Eigenfrequenzen

$$\begin{aligned} \hbar\omega_{\pm 1} &= K \pm \tfrac{1}{2}\left((\hbar\omega^{(0)}_{+1} - \hbar\omega^{(0)}_{-1}) + \varkappa(f^2_{+1} - f^2_{-1})\right), \\ \hbar\omega_{\mu_\tau = 0} &= K_0. \end{aligned} \tag{6–355}$$

Das einfache Ergebnis für die Differenz der Eigenfrequenzen $\omega_{\pm 1}$ folgt aus der Beziehung (6–342). Die Nullpunktsenergie des korrelierten Grundzustandes $|0\rangle$ ist gegeben durch

$$E_0 = (K - \hbar\omega_0) + \tfrac{1}{2}(K_0 - \hbar\omega_0). \tag{6–356}$$

Die Matrixelemente der Felder F für die Anregung von Quanten der Normalschwingungen lassen sich durch eine Transformation des Ausdruckes (6–350) auf die neuen Variablen $c^\dagger$, c gewinnen,

$$\begin{aligned} F_{+1} = -F^\dagger_{-1} &= i\left((Xf_{+1} + Yf_{-1})\, c^\dagger_{+1} + (Yf_{+1} + Xf_{-1})\, c_{-1}\right), \\ F_0 &= i(X_0 - Y_0)\, f_0(c^\dagger_0 - c_0). \end{aligned} \tag{6–357}$$

Somit erhält man aus den Beziehungen (6–353)

$$\begin{aligned} |\langle n_{\pm 1} = 1|\, F_{\pm 1}\, |0\rangle|^2 &= \pm\tfrac{1}{2}(f^2_{+1} - f^2_{-1}) + K^{-1}(\hbar\omega_0 f^2_0 + \varkappa(f^4_0 - f^2_{+1} f^2_{-1})), \\ |\langle n_0 = 1|\, F_0\, |0\rangle|^2 &= K_0^{-1}\hbar\omega_0 f^2_0. \end{aligned} \tag{6–358}$$

Für die $\mu_\tau = 0$-Schwingung drückt das Ergebnis (6–358) die Erhaltung der Oszillatorstärke aus. Für die $\mu_\tau = \pm 1$-Schwingungen kommutiert die Wechselwirkung nicht mit dem Feldoperator, und die Oszillatorstärke bleibt für diese Anregungen deshalb nicht erhalten. Man sieht jedoch aus Gl. (6–358), daß der Unterschied zwischen den Übergangsintensitäten mit $\mu_\tau = \pm 1$ durch die Wechselwirkung nicht beeinflußt wird; dieses Ergebnis läßt sich durch die Berechnung des Kommutators $[F_{-1}, F_{+1}]$ in den unkorrelierten und korrelierten Grundzuständen unmittelbar ableiten. (Siehe die Diskussion dieser Klasse von Summenregeln in Abschnitt 6–4c, S. 352.)

Es wurde bereits darauf hingewiesen (S. 423), daß die vorliegende Behandlung Effekte der relativen Ordnung T_0^{-1} vernachlässigt, da sie von Teilchen-Loch-Anregungen ausgeht, die keine exakten Eigenzustände von $T(= T_0 + \mu_\tau)$ sind. Für kleine Werte von T_0 können die Komponenten mit $T > T_0 + \mu_\tau$ merklich werden; die Korrekturen lassen sich aber unter Ausnutzung der Drehinvarianz im Isospinraum ableiten. Tatsächlich ist der Einfluß des Neutronenüberschusses auf Frequenzen und Matrixelemente in erster Ordnung in T_0 durch die allgemeinen Beziehungen (6–130) und (6–131) gegeben. Die Parameter in diesen Ausdrücken lassen sich bestimmen, indem man T_0-Werte groß gegen Eins betrachtet, für die die Ergebnisse des vorliegenden Abschnitts gelten. So hat der Koeffizient a in Gl. (6–130) den Wert (6–349), während die Koeffizienten m_0 und m_1 in Gl. (6–131) für $\mathcal{M}(\tau = 1, \mu_\tau) = F_{\mu_\tau}$ die Werte

$$\begin{aligned} m_0 &= if_0 \left(\frac{\omega_0}{\omega_{\mu_\tau = 0}}\right)^{1/2}, \\ \frac{m_1}{m_0} &= -\frac{\langle x^2\rangle_{n\,\mathrm{exc}}}{2\,|m_0|^2} \end{aligned} \tag{6–359}$$

besitzen (siehe Gln. (6–358), (6–355) und (6–340)).

Die Einflüsse des Neutronenüberschusses lassen sich auch durch die Teilchen-Vibrationskopplung beschreiben, die die Dipolquanten und Überschußneutronen enthält ($H' = \varkappa\alpha_{+1}F^\dagger_{+1}$ + hermit. konj.). So wird zum Beispiel die Energieverschiebung, die sich aus der Wechselwirkung zwischen einem Dipolquant und einem Überschußneutron ergibt, durch die Diagramme in Abb. 6–24 erfaßt, die für ein Neutron in der Bahn ν_n den Wert

$$\delta\hbar\omega_{-1} - \delta\hbar\omega_{+1}$$
$$= \varkappa^2\alpha_0^2\left(\frac{1}{\hbar\omega-\hbar\omega_0}+\frac{1}{\hbar\omega+\hbar\omega_0}\right)\left(\sum_{\nu_p\,\mathrm{unbes}}|\langle\nu_p|\,F_{-1}\,|\nu_n\rangle|^2+\sum_{\nu_p\,\mathrm{bes}}|\langle\nu_p^{-1}\nu_n|\,F_{+1}\,|\mathsf{v}=0\rangle|^2\right) \tag{6–360}$$

liefern. Da die Abschätzung (6–360) den Effekt erster Ordnung in $N - Z$ darstellt, wurden die Eigenschaften der Vibrationsbewegung für $N = Z$ betrachtet, wo sie von μ_τ unabhängig sind. Die Summen über die besetzten und unbesetzten Protonenbahnen in Gl. (6–360) liefern den Erwartungswert $\langle\nu_n|\,2x^2\,|\nu_n\rangle$; mit Hilfe der Gln. (6–355) und (6–358) erhält man deshalb ein Ergebnis, das dem zweiten Glied in Gl. (6–349) entspricht.

Effektive Momente für Dipolschwingungen mit Ladungsaustausch

Die Kopplung eines einzelnen Teilchens an die kollektiven Dipolschwingungen mit $\mu_\tau = \pm 1$ führt zu einer Renormierung der Einteilchen-Ladungsaustauschmomente, analog zu den auf S. 416ff. besprochenen effektiven Ladungen für die $E1$-Momente. So erhält man für das Moment $\mathcal{M}(\varrho_V, \lambda = 1)$ des β-Zerfalls (siehe Gl. (3D–30)) eine effektive Vektorkopplungskonstante

$$g_V(\varrho_V, \mu_\tau = \pm 1, \lambda = 1)_{\mathrm{eff}}$$
$$= g_V\left(1 - \varkappa\left(\frac{|\langle n_{+1} = 1|\,F_{+1}\,|0\rangle|^2}{\hbar\omega_{+1} \mp \Delta E} + \frac{|\langle n_{-1} = 1|\,F_{-1}\,|0\rangle|^2}{\hbar\omega_{-1} \pm \Delta E}\right)\right), \tag{6–361}$$

wobei ΔE die Übergangsenergie ist. Für den Wert $\Delta E \approx 0$, der Übergängen zwischen Kernen in der Nähe der β-Stabilitätslinie entspricht, ist die aus Gl. (6–361) folgende Renormierung für $\mu_\tau = \pm 1$ gleich und in erster Ordnung in $(N - Z)$ vom Neutronenüberschuß unabhängig; mit der Kopplungskonstanten (6–314) erhält man $(g_V)_{\mathrm{eff}} \approx 0{,}3 g_V$. Dieser Schätzwert ist mit dem Wert aus der Analyse des β^--Zerfalls von ^{207}Tl (siehe Band I, S. 369, Parametersatz 2) konsistent.

Das Dipolmatrixelement für Ladungsaustausch erhält man auch aus der Untersuchung des γ-Zerfalls von Isobaranalogzuständen ($T = M_T + 1$), da das $E1$-Moment für diesen Prozeß infolge der Drehinvarianz im Isospinraum mit dem β-Übergangsmoment $\mathcal{M}(\varrho_V, \lambda = 1)$ zusammenhängt; siehe Gl. (3D–35). Ein Beispiel dafür ist die Analyse des Protoneneinfangs in ^{140}Ce, der über die Isobaranalogresonanz verläuft, die dem $I\pi = 7/2^-$-Grundzustand von ^{141}Ce entspricht (Ejiri u. a., 1969; Ejiri, 1971). Man findet, daß diese Resonanz mit dem reduzierten Matrixelement

$$M \equiv \langle I\pi = \tfrac{7}{2}^-;\, T = T_0 + \tfrac{1}{2}, M_T = T_0 - \tfrac{1}{2}\|\,\mathcal{M}(E1)\,\|I\pi = \tfrac{5}{2}^+; T = M_T = T_0 - \tfrac{1}{2}\rangle$$
$$= (0{,}18 \pm 0{,}04)\, e\,\mathrm{fm} \tag{6–362}$$

in den Grundzustand $I\pi = 5/2^+$ von ^{141}Pr zerfällt, wobei T_0 der Isospin von $^{140}_{58}$Ce ($T_0 = 12$) ist. Lassen sich die Grundzustände von ^{141}Ce und ^{141}Pr durch ein $f_{7/2}$-Neutron bzw. $d_{5/2}$-Proton über einer abgeschlossenen Schale ($N = 82$, $Z = 58 = 50 + (g_{7/2})^8$) beschreiben, dann erhält man aus Gl. (3D–35) und mit Radialwellenfunktionen für ein

WOODS-SAXON-Potential mit Standardparametern

$$M = e(2T_0 + 1)^{-1/2} \langle f_{7/2} \| rY_1 \| d_{5/2} \rangle$$
$$\approx 0{,}85e\,\mathrm{fm}. \qquad (6\text{–}363)$$

Dieses Resultat liegt um etwa einen Faktor 5 über dem empirischen Wert (6–362). Eine Korrektur muß wegen der Paarkorrelationen angebracht werden, die sich besonders auf die Protonen auswirken; der resultierende Reduktionsfaktor im Matrixelement ist durch die Wahrscheinlichkeitsamplitude u dafür gegeben, daß die $d_{5/2}$-Protonenbahn in ^{140}Ce unbesetzt ist. Bei einer Gleichverteilung der 8 Protonen über die Einteilchenzustände der annähernd entarteten $d_{5/2}$- und $g_{7/2}$-Konfigurationen erhält man die Amplitude $u(d_{5/2}) \approx (6/14)^{1/2} \approx 0{,}65$. Die Verringerung im Übergangsmatrixelement, die man Polarisationseffekten zuschreiben kann, beträgt somit etwa 0,3, in Übereinstimmung mit der Abschätzung (6–361).

Resonanzbreite (*Abb. 6–25 und 6–26*)

Die Dipolabsorptionsstärke der Photoresonanz ist über ein Energieintervall der Größenordnung 5 MeV verteilt (siehe Abb. 6–25). Bei einigen Kernen scheint diese Verteilung eine ziemlich einfache Form zu besitzen (siehe Abb. 6–18, S. 406, und 6–21, S. 420). Bei leichten Kernen hat die Linienform jedoch eine beträchtlich kompliziertere Struktur. Teilweise gibt es eine hochenergetische Schulter, die einen wesentlichen Betrag der Oszillatorstärke enthält (siehe S. 412); zum Teil zeigt der niederenergetische Absorptionsquerschnitt eine Feinstruktur mit Komponenten, deren Breiten einen Bruchteil eines MeV ausmachen (siehe z. B. in Abb. 6–26 das Spektrum von ^{16}O). Die Erklärung der Breite und Feinstruktur der Dipolresonanz wirft viele ungelöste Fragen auf. Wir werden hier kurz einige der Kopplungsmechanismen betrachten, die eine wichtige Rolle zu spielen scheinen.

Eine der Ursachen für die Verbreiterung der Dipolresonanz hängt mit den Nullpunktsoszillationen der Quadrupol-Formschwingungen zusammen. Bei vielen Kernen ist die Amplitude dieser Oszillationen nicht viel kleiner als die statische Exzentrizität der deformierten Kerne. Da bei deformierten Kernen die Dipolresonanz in zwei Komponenten mit einem Abstand von 3–4 MeV aufspaltet, kann man erwarten, daß die Nullpunktsoszillationen zu einer beträchtlichen Verbreiterung führen. Dieser Effekt ist unmittelbar aus Abb. 6–21 ersichtlich, die die Dipolresonanz für eine Folge von Nd-Isotopen zeigt, beginnend mit ^{142}Nd, das abgeschlossene Neutronenschalen ($N = 82$) und folglich eine Quadrupolschwingung mit ziemlich hoher Frequenz und geringer Amplitude besitzt, und endend mit ^{150}Nd, das eine statische Deformation aufweist ($\delta \approx 0{,}3$).

Der Einfluß der Nullpunktsamplituden der Quadrupolschwingung auf die Dipolanregung läßt sich, wie in Abschnitt 6–6b besprochen, durch eine Kopplung der Dipol- und Quadrupoloszillationen beschreiben. Die Kopplungsstärke wird durch den dimensionslosen Kopplungsparameter η charakterisiert, der aus den beobachteten Stärken und Frequenzen der Dipol- und Quadrupolschwingungen bestimmt werden kann (siehe Gl. (6–281)). Bei den meisten Kernen ist η groß gegen Eins, und die Dipolstärke verteilt sich über eine Anzahl von Komponenten, die, wie in Abb. 6–15, S. 389, veranschaulicht,

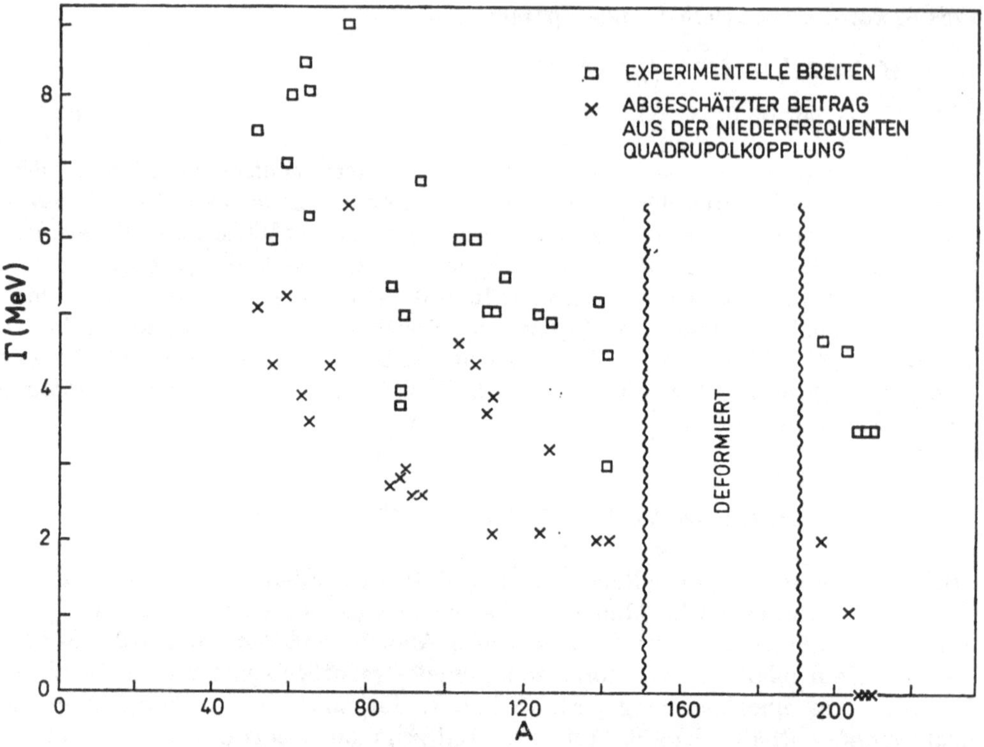

Abb. 6–25 Systematik der Breite der Dipolresonanz. Die experimentellen Werte wurden dem Übersichtsartikel von E. G. Fuller und E. Hayward (Nuclear Reactions, Band 2, eds. Endt and Smith, North Holland Publ. Co., Amsterdam, 1962, S. 113) entnommen. Die aufgetragene Größe ist die Halbwertsbreite Γ der Resonanzlinie. In vielen Fällen weisen die experimentellen Daten beträchtliche Fehler auf, und verschiedene Laboratorien publizieren häufig ziemlich unterschiedliche Werte für die Breite. Die berechneten Breiten wurden aus J. le Tourneux, Mat. Fys. Medd. Dan. Vid. Selsk. **34**, no. 11 (1965), entnommen, aber mit dem Faktor 1,4 multipliziert, damit sie die volle Halbwertsbreite der Funktion (6–284) darstellen und nicht die Größe 2Δ, wobei Δ das durch Gl. (6–285) gegebene zweite Moment der Stärkefunktion ist.

ein Energieintervall der Größenordnung $\eta\hbar\omega_2$ überdecken (siehe auch Gl. (6–285) wegen des zweiten Moments der Stärkefunktion).

Die aus der Dipol-Quadrupol-Kopplung resultierende Linienform der Resonanz hat eine ziemlich komplizierte Struktur, und daher ist nicht ganz klar, welche Größe mit der gemessenen Linienbreite zu vergleichen ist. Die in Abb. 6–25 zum Vergleich gewählte Größe entspricht der vollen Halbwertsbreite der theoretischen Stärkefunktion (6–284) in starker Kopplung,

$$\Gamma \approx 1{,}67\eta\hbar\omega_2 . \qquad (6\text{–}364)$$

Aus Abb. 6–25 ist ersichtlich, daß die Kopplung an die niederfrequente Quadrupolschwingung bei den meisten Kernen wesentlich zur Breite der Dipolresonanz beiträgt. Andere Kopplungen müssen aber ebenfalls eine Rolle spielen, wie die Daten für Kerne mit abgeschlossenen Schalen, bei denen die betrachtete Kopplung nur einen geringen

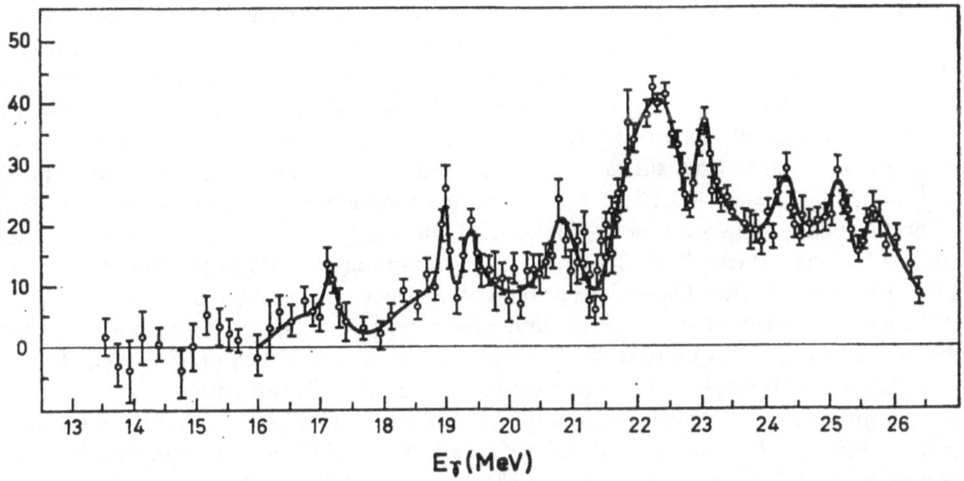

Abb. 6–26 Photoabsorptionsquerschnitt von ^{16}O. Die Abbildung zeigt den Absorptionsquerschnitt aus Messungen der Schwächung von Photonen in Sauerstoff (Wasser) von B. S. Dolbilkin, V. I. Korin, L. E. Lazareva und F. A. Nikolaev, Zh. Eksper. Teor. Fiz. Pisma 1, no. 5 (1965), S. 47. Die Schwächung des Strahls erfolgt hauptsächlich durch atomare Prozesse (Compton-Streuung und Paarbildung); die Querschnitte für diese Prozesse sind aber bekannt. Die restliche Schwächung wird der Absorption durch den Kern zugeschrieben.

Anteil der beobachteten Breite liefert, deutlich zeigen. (Versuche, die Feinstruktur der Photoabsorption durch die Komponenten zu erklären, die man bei einer Dipol-Quadrupol-Kopplung erwartet, findet man bei Fielder u. a., 1965, und Huber u. a., 1967.) Die Daten in Abb. 6–25 beziehen sich auf sphärische Kerne; bei deformierten Kernen ergeben sich ähnliche Effekte aus der Kopplung an β- und γ-Schwingungen (Tipler u. a., 1963; Arenhövel u. a., 1967).

Eine andere Ursache für die Struktur der Dipol-Stärkefunktion kann in der Aufspaltung der ungestörten Einteilchen-Dipolfrequenzen liegen. Eine Einteilchen-Responsefunktion, wie sie in Abb. 6–16 angegeben wurde, die keine Stärke im Bereich der kollektiven Dipolschwingung besitzt, trägt nicht zur Breite dieser Anregung bei und führt nur zu einer geringen restlichen Oszillatorstärke im Bereich der ungestörten Frequenzen. (Diese Stärke kann man aus den Gln. (6–244) und (6–245) erhalten. Sie ist von der relativen Größe $(\Gamma^{(0)}/\Delta E)^4$, wobei $\Gamma^{(0)}$ die Breite der Verteilung der ungestörten Frequenzen und ΔE die Verschiebung der kollektiven Anregung infolge der Dipolwechselwirkung ist; siehe auch das Beispiel in Tab. 6–4, S. 403.) Bei einer genaueren Analyse der Einteilchen-Responsefunktion, die die endliche Tiefe des Kernpotentials berücksichtigt, tritt ein Kontinuum auf, das das Gebiet der Dipolresonanz erfaßt. Ein solches Kontinuum führt zu einer Verbreiterung der kollektiven Anregung, da die Dipoloszillation durch die Kopplung an das Dipolfeld unter direkter Nukleonenemission zerfallen kann (siehe das Diagramm in Abb. 6–7, S. 358, und den Ausdruck (6–247) für die resultierende Breite). Die Untersuchung dieses Effektes würde daher wichtige Informationen über die Teilchen-Vibrationskopplung liefern. Man erwartet aber nur einen geringen Beitrag zur totalen Breite, da das relevante Energiegebiet weit weg von dem Bereich liegt, in dem die wesentlichen Einteilchenübergänge in Resonanz sind. Diese Schlußfolgerung wird durch die Beobachtung gestützt, daß die direkte Nukleonenemission nur etwa 10% des Zerfalls der Photoresonanz darstellt (siehe z. B. KUCHNIR u. a., 1967).

Wir haben angenommen, daß das in der vorliegenden Diskussion betrachtete Dipolfeld spinunabhängig ist ($\varkappa = 1$, $\sigma = 0$, $\lambda = 1$). Die spinabhängigen Kernwechselwirkungen koppeln jedoch Felder dieser Symmetrie an das spinabhängige Feld ($\varkappa = 1$, $\sigma = 1$, $\lambda = 1$) (siehe S. 329). Das zuletzt genannte Feld liefert Spinflip-Übergänge vom Typ $j_1 = l_1 + 1/2 \rightarrow j_2 = l_2 - 1/2$ mit Energien, die besonders bei leichten Kernen im Gebiet der Dipolresonanz liegen können. (Siehe z. B. die $p_{3/2}^{-1}d_{3/2}$-Anregung in ^{16}O, die entsprechend Abb. 3–2b, Band I, S. 336, bei einer Anregungsenergie von etwa 23 MeV und somit im Bereich starker Dipolabsorption erwartet wird (siehe Abb. 6–26).) Die Wechselwirkungen, die Dipolfelder mit $\sigma = 0$ und $\sigma = 1$ koppeln, können deshalb eine wichtige Rolle bei der Verbreiterung und der Linienstruktur der Dipolanregung spielen. Über die Stärke dieser Kopplungen gibt es derzeit jedoch keine direkten Angaben.

Die Kopplung der Dipolschwingung an andere Freiheitsgrade kann eventuell zu sehr komplizierten Bewegungszuständen führen, die letzlich vorwiegend durch Neutronenemission zerfallen. Ein geringer Bruchteil der emittierten Neutronen hat ziemlich hohe Energien und läßt sich durch einen direkten Emissionsprozeß erklären (siehe S. 433); aber die Mehrzahl der beobachteten Neutronen hat eine Energieverteilung, die einer Verdampfung aus dem Compoundkern entspricht (siehe z. B. KUCHNIR u. a., 1967). Man kann versuchen, die Compoundkernbildung als „Stoßdämpfung" der Einteilchenbewegung zu beschreiben, die durch einen Imaginärteil W im optischen Potential dargestellt wird (DOVER u. a., 1972). Für jedes der beiden Quasiteilchen ergibt sich die Breite $2\,|W|$ (siehe Gl. (2–139)), so daß die Gesamtbreite $4\,|W|$ wird. Das imaginäre Potential hängt von der Teilchenenergie ab (siehe Abb. 2–29, Band I, S. 250), und die Energie, die für jedes der beiden durch das Dipolfeld erzeugten Quasiteilchen zur Verfügung steht, ist gleich der Gesamtenergie $\hbar\omega$ minus der Anregungsenergie der anderen Quasiteilchen, die im Mittel gleich $\hbar\omega_0/2$ ist. So sollte zum Beispiel für ^{208}Pb ($\hbar\omega \approx 14\,\text{MeV}$, $\hbar\omega_0 \approx 7\,\text{MeV}$) jedes Quasiteilchen ähnlich gedämpft sein wie Neutronen mit einer Einfallsenergie von einigen MeV (da die Separationsenergie ≈ 8 MeV beträgt). Für Neutronen dieser Energie ist das imaginäre Potential von ^{208}Pb nicht gut bekannt, aber die Daten scheinen mit der beobachteten Breite der Dipolresonanz von etwa 4 MeV verträglich zu sein, die einem Wert von etwa 1 MeV für das mittlere Matrixelement von W entspricht. Für andere Kerne sind die empirisch bestimmten Absorptionspotentiale beträchtlich größer (siehe z. B. Band I, Abb. 2–26, S. 242, und 2–29, S. 250). Bei diesen Kernen sind in den effektiven Werten von W jedoch wichtige Beiträge enthalten, die von der Kopplung der Einteilchenbewegung an die niederfrequenten Quadrupol-Formschwingungen herrühren. Für die Dipolanregung wurde diese Kopplung, die durch die Kohärenz in der Einteilchenbewegung wesentlich beeinflußt wird, durch den Beitrag (6–364) zur Dipolbreite bereits berücksichtigt.

Eigenschaften von Quadrupolanregungen in sphärischen Kernen

Das Auftreten stark kollektiver Quadrupolübergänge ist ein auffallendes Merkmal der niederenergetischen Kernspektren. Die Energien und $E2$-Übergangswahrscheinlichkeiten der ersten angeregten 2^+-Zustände in gg-Kernen sind in den Abb. 2–17, Band I, S. 206–207, und 4–5, S. 38 angegeben. Für Kerne mit hinreichend großen Teilchenzahlen außerhalb abgeschlossener Schalen stellen diese niedrigliegenden 2^+-Zustände das erste

Glied der Rotationsbande über dem Grundzustand dar (siehe z. B. Abb. 4–4, S. 22). Bei Konfigurationen mit einer kleineren Zahl von Teilchen außerhalb abgeschlossener Schalen lassen sich die Quadrupolanregungen näherungsweise als Schwingungen mit kleinen Abweichungen von der sphärischen Form beschreiben. Diese Erklärung beruht darauf, daß Vielfachanregungen mit Eigenschaften auftreten, wie man sie bei einer Überlagerung unabhängiger Quanten qualitativ erwartet.[1])

Um den Zusammenhang zwischen den Quadrupol-Formschwingungen und der Schalenstruktur des Kerns zu untersuchen, betrachten wir die Teilchenanregungen, die durch Felder erzeugt werden, die aus einer Deformation des statischen Zentralpotentials resultieren. Für einen qualitativen Überblick nehmen wir ein Feld an, das zum Quadrupolmoment proportional ist,

$$F = \sum_k \left(r^2 Y_{20}(\vartheta)\right)_k . \tag{6–365}$$

Das Spektrum der Einteilchenanregungen, die durch dieses Feld hervorgerufen werden, ist in Abb. 6–17a, S. 397, illustriert. Die Übergänge lassen sich näherungsweise durch die Änderung der Hauptquantenzahl N des harmonischen Oszillators beschreiben, und man erhält sowohl eine Gruppe niederfrequenter Übergänge mit $\Delta N = 0$ als auch Übergänge mit $\Delta N = 2$ und Energien der Größenordnung $2\hbar\omega_0$.

Aus dem Auftreten zweier unterschiedlicher charakteristischer Frequenzen in der Einteilchen-Quadrupolresponsefunktion folgt, daß zwei verschiedene Quadrupol-Formschwingungen möglich sind. Dieses Merkmal der Formoszillationen des Kerns, das sich aus der Schalenstruktur ergibt, ist ein Quanteneffekt, der durch das Tröpfchenmodell nicht erfaßt wird. (Mit Hilfe der Bewegung individueller Teilchen lassen sich die beiden Frequenzen mit den Frequenzen identifizieren, mit denen das Quadrupolmoment eines Teilchens oszilliert, das sich in einem sphärischen harmonischen Oszillatorpotential bewegt; die klassische Teilchenbahn ist eine Ellipse, und die Frequenz $2\omega_0$ folgt aus der Periode der Bahnbewegung, während die Frequenz Null die Stationarität der geschlossenen Bahn widerspiegelt.)

Die Stärke der niederfrequenten Quadrupolanregungen hängt empfindlich von der Zahl der Teilchen außerhalb abgeschlossener Schalen ab. Sie verschwindet für eine Konfiguration abgeschlossener Schalen in einem harmonischen Oszillatorpotential. (Die speziellen Eigenschaften der Quadrupolschwingungen von Kernen mit abgeschlossenen Schalen haben Gallone und Salvetti, 1953, und Inglis, 1955, betont.) Die kollektive Anregung, die durch Übergänge innerhalb einer Schale hervorgerufen wird, sollte daher stark mit der Schalenauffüllung variieren, wie es bei den niedrigsten 2^+- Anregungen in Kernen beobachtet wird.

Die Stärke der $\Delta N = 2$-Übergänge hängt nicht empfindlich vom Grad der Schalenauffüllung ab, und die Eigenschaften der hochfrequenten Anregungen sollten wie bei der Dipolschwingung, die in den vorangegangenen Beispielen betrachtet wurde, glatt mit A variieren. Bisher gibt es keine sicheren Hinweise auf hochfrequente Quadrupolanregungen.

[1]) Auf der Grundlage des Tröpfchenmodells war vorausgesagt worden, daß Quadrupol-Oberflächenschwingungen die fundamentale Anregungsform der Kollektivbewegung im Kern darstellen (Bohr und Kalckar, 1937). Die experimentellen Belege für das systematische Auftreten niederfrequenter Quadrupolanregungen in sphärischen Kernen wurden von Scharff-Goldhaber und Weneser (1955) zusammengestellt und interpretiert.

In den folgenden Beispielen betrachten wir zunächst einige der zu erwartenden Eigenschaften der hochfrequenten Quadrupolschwingungen sowie ihren Einfluß auf niederfrequente Anregungen infolge der Teilchen-Vibrationskopplung. Die danach folgenden Beispiele behandeln eine Reihe von Eigenschaften der niederfrequenten Quadrupolschwingung.

Hochfrequente Schwingungen und effektive Ladungen (Tab. 6–8 und 6–9)

Hochfrequente isoskalare Schwingung

Das Feld (6–365) wirkt symmetrisch auf Neutronen und Protonen und erzeugt deshalb kollektive Anregungen mit $\tau = 0$. Da die abgeschätzten Wechselwirkungseffekte ziemlich groß sind, werden wir die Aufspaltung der ungestörten Anregungsenergien vernachlässigen und eine Responsefunktion betrachten, die einer unabhängigen Einteilchenbewegung in einem harmonischen Oszillatorpotential entspricht. Die gesamte Einteilchenübergangsstärke zu den entarteten Anregungen mit $\omega^{(0)} = 2\omega_0$ ergibt sich aus der Oszillatorsummenregel. Die Übergänge mit $\Delta N = 0$ und $\omega^{(0)} = 0$ besitzen keine Oszillatorstärke, so daß man für die Feldkomponente mit $\mu = 0$, die den Bruchteil $(2\lambda + 1)^{-1}$ der Oszillatorsumme (6–172) beiträgt, den Ausdruck

$$S(F) = 2\hbar\omega_0(\alpha_0^{(0)})^2 = \frac{5}{4\pi}\frac{\hbar^2}{M}A\langle r^2\rangle \tag{6–366}$$

erhält, der den Werten

$$\begin{aligned} C^{(0)} &= \frac{4\pi}{5}\frac{2M\omega_0^2}{A\langle r^2\rangle}, \\ D^{(0)} &= \frac{4\pi}{5}\frac{M}{2A\langle r^2\rangle} \end{aligned} \tag{6–367}$$

für den Parameter der Rückstellkraft und den Massenparameter bei ungestörten Anregungsenergien entspricht (siehe Gln. (6–21) und (6–23)).

Die den Formoszillationen entsprechende Konstante $\varkappa$ der Feldkopplung läßt sich mit der Annahme abschätzen, daß die Exzentrizitäten von Potential und Dichte gleich sind. Sie liefert für das harmonische Oszillatorpotential

$$\varkappa = -\frac{4\pi}{5}\frac{M\omega_0^2}{A\langle r^2\rangle} = -\frac{1}{2}C^{(0)} \tag{6–368}$$

(siehe Gl. (6–78)). Wir erhalten daher für die Energie der kollektiven Anregung (siehe Gl. (6–27))

$$\begin{aligned} \hbar\omega &= 2\hbar\omega_0\left(\frac{C^{(0)} + \varkappa}{C^{(0)}}\right)^{1/2} = \sqrt{2}\,\hbar\omega_0 \\ &\approx 58A^{-1/3}\,\text{MeV} \qquad (\tau = 0,\ \lambda = 2). \end{aligned} \tag{6–369}$$

In letzter Zeit lieferte sowohl die unelastische Elektronenstreuung (Pitthan und Walcher, 1971 und 1972, Nagao und Torizuka, 1973) als auch die Streuung von Kernteilchen (LEWIS und BERTRAND, 1972, MOALEM u. a., 1973) Hinweise auf das systematische Auftreten hochfrequenter Quadrupolschwingungen. Die beobachtete Energie entspricht der Abschätzung (6–369), und die $E2$-Stärke stellt den Hauptanteil der mit $\tau \approx 0$-Anregungen verknüpften $E2$-Oszillatorsumme dar.

Aus der obigen Beschreibung der hochfrequenten Quadrupolschwingung folgt eine Nullpunktsamplitude der Größenordnung $\alpha_0 \approx A^{1/3}R^2$, die einem Deformationsparameter $\delta \approx A^{-2/3}$ entspricht, da $\alpha \approx AR^2\delta$ gilt. Solche Deformationen sind klein gegenüber den beobachteten statischen Kerndeformationen ($\delta \approx A^{-1/3}$). Die potentielle Energie ist von der Größenordnung $\varepsilon_F A\delta^2$ und folglich groß gegenüber der Deformationsenergie, die dem Oberflächenzuwachs entspricht, der die Größenordnung $b_{\text{surf}}A^{2/3}\delta^2$ hat (siehe Gln. (6A–18) und (6A–19)). Dementsprechend ist die Frequenz (6–369) proportional zu $A^{-1/3}$, während die Schwingungsfrequenz des Tröpfchens proportional zu $A^{-1/2}$ ist. Die detaillierte Oberflächenstruktur sollte deshalb für die hochfrequente Schwingung keine wesentliche Rolle spielen; das gleiche gilt für den Einfluß der COULOMB-Abstoßung, die für die Behandlung der Formschwingungen schwerer Kerne im Tröpfchenmodell von großer Bedeutung ist (siehe z. B. Gl. (6A–24)).

Die hohe Frequenz der Formschwingung, die den Hauptanteil der Oszillatorstärke trägt, ist eine Folge der Schalenstruktur des Kerns. Diese führt dazu, daß die Energien der Nukleonenanregungen, die diese Formoszillationen aufbauen, die gleiche Größenordnung besitzen wie bei Kompressionsschwingungen. Bei einer genaueren Analyse kann es deshalb notwendig sein, die Kopplung zwischen Oberflächen- und Volumenoszillationen zu betrachten. (Siehe in diesem Zusammenhang die Diskussion in Abschnitt 6A–3c.)

Aus der Kopplung der Quadrupolschwingung an Einteilchenanregungen folgt eine Renormierung des Einteilchen-Quadrupoloperators, die durch den Koeffizienten der Polarisierbarkeit beschrieben wird (siehe Gl. (6–216)),

$$\begin{aligned}\chi(\tau = 0, \lambda = 2) &= -\frac{\varkappa}{C^{(0)} + \varkappa}\,\frac{(\hbar\omega)^2}{(\hbar\omega)^2 - (\Delta E)^2}\\ &\approx \frac{(\hbar\omega)^2}{(\hbar\omega)^2 - (\Delta E)^2}.\end{aligned} \tag{6–370}$$

Somit ergibt sich aus der vorliegenden Abschätzung, daß das $\tau = 0$-Quadrupolmoment bei niederfrequenten Quadrupolübergängen ($\Delta E \ll \hbar\omega$) infolge der Kopplung an die hochfrequente Anregung verdoppelt wird. (Dieses Ergebnis erhält man auch aus einer Betrachtung der Gleichgewichtsform für eine Konfiguration, die ein einzelnes Teilchen außerhalb abgeschlossener Schalen enthält. Die Gleichgewichtsform ergibt sich aus der Bedingung für die Selbstkonsistenz von Potential und Dichte; bei einem harmonischen Oszillatorpotential findet man, daß das gesamte Quadrupolmoment jeweils zur Hälfte durch das einzelne Teilchen und durch die Deformation der abgeschlossenen Schalen erzeugt wird. Dieses Resultat folgt aus Gl. (4–186), indem man den Wert von δ mit dem Wert für die gleiche Konfiguration $\Sigma_\varkappa$ in einem sphärischen harmonischen Oszillator ($\omega_\varkappa = \omega_0$) vergleicht.)

Die Kollektivkoordinate α als Funktion der Teilchenvariablen und die mit der Vibrationsbewegung verknüpfte kollektive Strömung haben bei Anregungen, die wie die hochfrequente Quadrupolschwingung die Stärke des Feldes F ausschöpfen, einen besonders einfachen Charakter. So regt der durch Gl. (6–365) gegebene Quadrupoloperator F bei Anwendung auf abgeschlossene Schalen nur die kollektive Bewegung der betrachteten Anregung an, und die Operatoren α und F haben in harmonischer Näherung (siehe S. 289) im Raum der Vibrationszustände die gleichen Matrixelemente. In dieser Näherung ist die Kollektivkoordinate α deshalb mit dem Quadrupolmoment F identisch, und die Separation der kollektiven Anregung läßt sich durch eine Punkttransformation von den Teilchenkoordinaten x_k zu einem neuen Satz von Koordinaten $\alpha(x_k)$, $q_i(x_k)$ erreichen, wobei die Größen q_i die zu α orthogonalen Freiheitsgrade (einschließlich der Quadrupolanregungen mit $\mu \neq 0$) darstellen.

Die entsprechende Transformation der Impulse ist durch

$$\boldsymbol{p}_k = \boldsymbol{\nabla}_k \cdot F \frac{\hbar}{i} \frac{\partial}{\partial \alpha} + \sum_i \boldsymbol{\nabla}_k q_i \frac{\hbar}{i} \frac{\partial}{\partial q_i}, \tag{6–371a}$$

$$\sum_k \boldsymbol{\nabla}_k F \cdot \boldsymbol{\nabla}_k q_i = 0 \tag{6–371b}$$

gegeben (BOHR, 1954), wobei für die Funktionen $q_i(x_k)$ die Bedingung (6–371 b) aufgestellt wurde, damit die transformierte kinetische Energie keine in dem kollektiven Impuls π und den zu q_i konjugierten Impulsen bilinearen Glieder enthält (Separierbarkeitsbedingung). Die Beziehungen (6–371) liefern den kollektiven Impuls

$$\pi = \frac{\hbar}{i} \frac{\partial}{\partial \alpha} = \frac{D}{M} \sum_k \boldsymbol{p}_k \cdot \boldsymbol{\nabla}_k F, \tag{6–372a}$$

$$D^{-1} M = \sum_k \boldsymbol{\nabla}_k F \cdot \boldsymbol{\nabla}_k F = \frac{5}{2\pi} A \langle r^2 \rangle, \tag{6–372b}$$

wobei die letzte Beziehung aus Gl. (6–171) erhalten werden kann. Die Größe D ist der Massenparameter der Vibrationsanregung (dies folgt aus einer Transformation der totalen kinetischen Energie mit Hilfe von Gl. (6–371 a)). Er hat den Wert (6–367), der bereits aus anderen Betrachtungen abgeleitet wurde.

Die mit der Vibrationsbewegung verknüpfte kollektive Strömung $\boldsymbol{u}(\boldsymbol{r})$ erhält man aus der Stromdichte $(2M)^{-1} \Sigma_k \{\boldsymbol{p}_k, \delta(\boldsymbol{r} - \boldsymbol{r}_k)\}$, deren kollektiver Anteil

$$M \varrho(\boldsymbol{r}) \, \boldsymbol{u}(\boldsymbol{r}) = \sum_k \boldsymbol{\nabla}_k F \delta(\boldsymbol{r} - \boldsymbol{r}_k) \, \pi = \boldsymbol{\nabla} F(\boldsymbol{r}) \, \pi \sum_k \delta(\boldsymbol{r} - \boldsymbol{r}_k), \tag{6–373a}$$

$$\boldsymbol{u}(\boldsymbol{r}) = M^{-1} \boldsymbol{\nabla} F(\boldsymbol{r}) \, \pi \tag{6–373b}$$

liefert. Das Geschwindigkeitsfeld $\boldsymbol{u}(\boldsymbol{r})$ ist wirbelfrei, was man für eine Anregungsform erwartet, die die Multipoloszillatorstärke ausschöpft (siehe S. 347; mit dieser Bedingung hätte man die Strömung (6–373 b) aus der Kontinuitätsgleichung $\dot{\varrho} + \boldsymbol{\nabla} \cdot (\varrho_0 \boldsymbol{u}) = 0$ und dem auf S. 306 im Anschluß an Gl. (6–77) besprochenen Ausdruck für die Dichtevariationen ableiten können).

Eine Geschwindigkeitsabhängigkeit des Einteilchenpotentials modifiziert die Analyse der kollektiven Anregung. Für die hochfrequente Quadrupolschwingung können die resultierenden Effekte durch die explizite Darstellung der kollektiven Strömung ziemlich einfach ausgedrückt werden.

Wenn die Geschwindigkeitsabhängigkeit des Einteilchenpotentials mit Hilfe einer effektiven Masse M^* beschrieben wird, dann wird der Massenparameter $D^{(0)}$ der Vibration mit dem Faktor M^*/M multipliziert (siehe Gl. (6–367)). Eine solche Änderung von $D^{(0)}$ beeinflußt die Oszillatorstärke der kollektiven Anregung unter Verletzung der klassischen Summenregel um den Faktor M/M^*. Wie auf S. 344 besprochen wurde, sollte diese Summenregel infolge der GALILEI-Invarianz annähernd erfüllt sein. Die Inkonsistenz verschwindet, wenn man beachtet, daß die Nukleonengeschwindigkeiten, die in das geschwindigkeitsabhängige Einteilchenpotential $V(\boldsymbol{p})$ eingehen, relativ zur Geschwindigkeit $\boldsymbol{u}$ der kollektiven Strömung gemessen werden müssen (lokale GALILEI-Invarianz). Bei einer Transformation auf ein Koordinatensystem, das sich mit der Geschwindigkeit $\boldsymbol{u}$ bewegt, transformieren sich die Teilchenimpulse nach $\boldsymbol{p} \to \boldsymbol{p} - M\boldsymbol{u}$ (siehe Gl. (1–16)), und das

Einteilchenpotential wird in der Näherung der effektiven Masse

$$V(\boldsymbol{p} - M\boldsymbol{u}) = \frac{1}{2}\left(\frac{1}{M^*} - \frac{1}{M}\right)(\boldsymbol{p} - M\boldsymbol{u})^2$$

$$\approx k_0 \frac{p^2}{2M} - k_0(\boldsymbol{p} \cdot \boldsymbol{u}), \tag{6–374}$$

$$k_0 \equiv \frac{M}{M^*} - 1.$$

Dieser Ausdruck enthält nur das in $\boldsymbol{u}$ lineare Glied, das eine Kopplung zwischen der Einteilchenbewegung und der kollektiven Bewegung darstellt. Mit einer durch Gl. (6–373) gegebenen kollektiven Strömung erhält diese Kopplung die Form

$$H' = -\frac{k_0}{M}(\boldsymbol{p} \cdot \nabla F)\,\pi. \tag{6–375}$$

Summiert man die Energie (6–375) über alle Teilchen (und berücksichtigt durch einen Faktor 1/2, daß die Kopplung (6–375) aus Zweiteilchenwechselwirkungen folgt), dann erhält man eine zu π^2 proportionale Energie (siehe Gl. (6–372a)) und einen gesamten Massenparameter der Schwingung, der durch

$$D^{-1} = \frac{5}{2\pi}\frac{A\langle r^2\rangle}{M}\left(\frac{M}{M^*} - k_0\right)$$

$$= \frac{5}{2\pi}\frac{A\langle r^2\rangle}{M} \tag{6–376}$$

gegeben ist, wobei anstelle der effektiven Massen M^* die nackte Masse M eingeht.

Während der Massenparameter als Folge der lokalen GALILEI-Invarianz den klassischen Wert (6–376) hat, ändert sich der Parameter der Rückstellkraft durch einen Term der effektiven Masse im Einteilchenpotential. Wenn man die Oszillatorfrequenz so anpaßt, daß die durch $\langle r^2\rangle$ gegebenen räumlichen Abmessungen erhalten bleiben, dann wird die Frequenz mit M/M^* multipliziert; folglich werden sowohl die Rückstellkraft $C^{(0)}$ als auch die Kopplungskonstante $\varkappa$ und die gesamte Rückstellkraft C mit dem gleichen Faktor multipliziert (siehe Gln. (6–367) und (6–368)). Folglich ist die Frequenz der kollektiven Anregung mit dem Faktor $(M/M^*)^{1/2}$ zu multiplizieren.

Hochfrequente Isovektor-Anregungen

Außer der symmetrischen $\tau = 0$-Schwingung können die hochfrequenten Quadrupolanregungen auch eine $\tau = 1$-Schwingung hervorrufen, bei der sich Neutronen und Protonen in Gegenphase bewegen. Diese Anregungsform ist der oben betrachteten Dipolschwingung ähnlich. Wie bei der Behandlung der Dipolschwingung (siehe Gl. (6–311)) nehmen wir ein Feld an, das zum isovektoriellen Multipolmoment proportional ist,

$$F = \sum_k \left(r^2 Y_{20}(\vartheta)\,\tau_z\right)_k. \tag{6–377}$$

Die Rückstellkraft und der Massenparameter sind für die ungestörte $\tau = 1$-Quadrupolschwingung die gleichen wie die entsprechenden, durch Gl. (6–367) gegebenen Größen für $\tau = 0$. Die Kopplungskonstante ergibt sich aus der Abschätzung (6–127):

$$\varkappa = \frac{\pi V_1}{A\langle r^4\rangle}. \tag{6–378}$$

Wir erhalten damit

$$\frac{\varkappa}{C^{(0)}} = \frac{5}{8} \frac{V_1\langle r^2\rangle}{M\omega_0^2\langle r^4\rangle}$$
$$\approx 1{,}8. \tag{6–379}$$

Für den numerischen Wert wurden die Abschätzungen

$$\langle r^2\rangle \approx 0{,}87A^{2/3}\,\mathrm{fm}^2, \qquad \langle r^4\rangle \approx 0{,}95A^{4/3}\,\mathrm{fm}^4,$$
$$V_1 \approx 130\,\mathrm{MeV} \tag{6–380}$$

benutzt, wobei die Radialmomente mit dem Ausdruck (2–65) und den Parametern (2–69) und (2–70) für $A \approx 100$ berechnet wurden.

Aus Gln. (6–27) und (6–379) findet man für die Energie der kollektiven Anregung

$$\hbar\omega = 2\hbar\omega_0\left(1 + \frac{\varkappa}{C^{(0)}}\right)^{1/2}$$
$$\approx 135A^{-1/3}\,\mathrm{MeV} \qquad (\tau = 1,\ \lambda = 2). \tag{6–381}$$

Der Schätzwert, der auf kohärenten Schalenmodellanregungen beruht, kommt wie bei der Dipolschwingung der Abschätzung der entsprechenden Eigenfrequenz, die man aus der hydrodynamischen Behandlung der Polarisationsschwingungen erhält (siehe Gl. (6A–65) und S. 418ff.), ziemlich nahe.

Der Koeffizient der Polarisierbarkeit, der die Renormierung des isovektoriellen Quadrupolmoments eines einzelnen Teilchens beschreibt, ergibt sich aus den Gln. (6–216) und (6–379),

$$\chi(\tau = 1,\ \lambda = 2) = -0{,}64\,\frac{(\hbar\omega)^2}{(\hbar\omega)^2 - (\varDelta E)^2}, \tag{6–382}$$

wobei $\varDelta E$ die Energie des Einteilchenübergangs ist.

Das oben betrachtete schematische Modell behandelt die isoskalaren und isovektoriellen Schwingungen auf der Grundlage von Feldern mit dem gleichen radialen Formfaktor, obwohl man annimmt, daß der Charakter dieser Schwingungen recht unterschiedlich ist. Die isoskalare Anregung wird als eine Formschwingung mit einem im Bereich der Kernoberfläche konzentrierten Potential angesehen, während man die isovektorielle Anregung als Volumenoszillation behandelt, deren Dichte und Potential auf das Kerninnere beschränkt sind. Bei dieser Behandlung besteht der entscheidende Punkt darin, die Schwingungen in erster Linie aus Einteilchenanregungen mit $\varDelta N = 2$ aufzubauen. Die unterschiedliche Struktur der Schwingungen spiegelt sich darin wider, daß das Verhältnis der effektiven Kopplungskonstanten ($\varkappa_1/\varkappa_0 \approx -3{,}6$) viel größer als das Verhältnis der entsprechenden Koeffizienten des mittleren Kernpotentials ($V_1/4V_0 \approx -0{,}6$) ist.

Einflüsse des Neutronenüberschusses auf hochfrequente Schwingungen

Bei der obigen Diskussion der hochfrequenten Quadrupolschwingungen wurde $N = Z$ angenommen. Sowohl die Frequenzen als auch die Übergangswahrscheinlichkeiten für $\tau = 0$ und $\tau = 1$ hängen nicht vom Vorzeichen von $N - Z$ ab, und die Korrekturen führender Ordnung zu diesen Größen sind von der Größenordnung $(N - Z)^2/A^2$. In

$(N - Z)$ lineare Glieder treten jedoch bei den Interferenzeffekten zwischen den Matrixelementen für $\tau = 1$ und $\tau = 0$ auf.

Der Einfluß des Neutronenüberschusses auf die kollektive Anregung hängt von den Eigenschaften der mittleren Felder ab, die nicht durch Symmetriebetrachtungen festgelegt sind. Im folgenden werden wir eine einfache Beschreibung der Normalschwingungen betrachten, die auf der Annahme beruht, daß die starke Neutron-Proton-Kraft im Kern die Isospinstruktur dieser Schwingungen hauptsächlich bestimmt.

Bei Formoszillationen ($\tau \approx 0$) werden die Neutron-Proton-Kräfte dahin tendieren, das lokale Neutron-Proton-Verhältnis zu erhalten. In diesem Fall führt die Schwingung auf ein Isovektormoment, das zum Neutronenüberschuß proportional ist,

$$\begin{aligned}\mathcal{M}(\tau = 1, \lambda = 2) &\approx \frac{N - Z}{A} \mathcal{M}(\tau = 0, \lambda = 2) \\ &= \frac{N - Z}{A} \alpha_{\tau=0}. \qquad (6\text{–}383)\end{aligned}$$

Da das statische Kernfeld auf Neutronen und Protonen unterschiedlich wirkt (Symmetriepotential; siehe Gl. (2–26)), wird außerdem in der mit Formoszillationen verknüpften Feldkopplung ein entsprechendes isovektorielles Glied auftreten,

$$\delta V \approx \varkappa_{\tau=0} \alpha_{\tau=0} \left(1 + \frac{V_1}{4V_0} \frac{N - Z}{A} \tau_z\right) r^2 Y_{20}. \qquad (6\text{–}384)$$

Dabei ist $V_1/V_0 \approx -2{,}6$ das Verhältnis der isovektoriellen und isoskalaren Komponenten im statischen Kernpotential (wobei $V_0 \approx -50$ MeV, $V_1 \approx 130$ MeV angenommen wurde).

Für die Schwingung, die Oszillationen der Neutronen gegenüber den Protonen entspricht ($\tau \approx 1$), werden wir wie im Falle der Dipolanregung ein Feld betrachten, das auf die Abweichung des Isospins von seinem Mittelwert wirkt,

$$F_{\tau=1} = \sum_k \left(r^2 Y_{20}(\vartheta) \left(\tau_z - \frac{N - Z}{A}\right)\right)_k. \qquad (6\text{–}385)$$

Für das Dipolfeld wurde die entsprechende Form (6–328) aufgrund der Translationsinvarianz abgeleitet. Im vorliegenden Fall geht jedoch eine zusätzliche Annahme ein, die der Forderung äquivalent ist, daß das Feld nicht auf die Gesamtdichte an einem beliebigen Punkt wirkt. Die Form (6–385) vernachlässigt daher mögliche Kopplungen an Kompressionsschwingungen mit Quadrupolsymmetrie. Das Feld (6–385) läßt sich auch dadurch charakterisieren, daß eine solche kollektive Schwingung nicht durch ein Inzidenzteilchen angeregt wird, das das gleiche Verhältnis von Masse und Ladung wie das Target besitzt. (Die Schwingung kann jedoch infolge des Neutronenüberschusses des Targets durch Teilchen mit $T = 0$ angeregt werden.)

Effektive Ladung für E2-Übergänge

Die Kopplung der Teilchenbewegung an die hochfrequenten Quadrupolschwingungen wird durch die effektive Ladung für niederenergetische $E2$-Übergänge bestätigt (siehe Abschnitt 3–3a). Aus den isoskalaren und isovektoriellen Polarisierbarkeiten (6–370) und (6–382) und unter Mitnahme der oben diskutierten Glieder, die linear im Neutronenüberschuß sind, erhält man die gesamte Polarisationsladung für statische Quadrupolmomente

$$e_{\rm pol}^{\rm std}(E2,\, \varDelta E = 0) = \frac{Ze}{A}\,\chi(\tau = 0,\, \varDelta E = 0)\left(1 + \frac{V_1}{4V_0}\,\frac{N-Z}{A}\,\tau_z\right)$$

$$-\,\frac{e}{2}\,\chi(\tau = 1,\, \varDelta E = 0)\left(\tau_z - \frac{N-Z}{A}\right) \tag{6–386a}$$

$$= e\left(\frac{Z}{A} - 0{,}32\,\frac{N-Z}{A} + \left(0{,}32 - 0{,}3\,\frac{N-Z}{A}\right)\tau_z\right). \tag{6–386b}$$

Das erste Glied in Gl. (6–386a) liefert den Beitrag der $\tau \approx 0$-Schwingung mit der Kopplung (6–384) und mit einem Verhältnis von elektrischem und isoskalarem Quadrupolmoment von Ze/A, das aus Gl. (6–383) folgt. Der zweite Term in Gl. (6–386a) liefert den Beitrag der $\tau \approx 1$-Schwingung mit der zum Feld (6–385) proportionalen Kopplung und mit einem Verhältnis des elektrischen zum isovektoriellen Quadrupolmoment von $-e/2$. Dieser Wert folgt aus der Annahme, daß diese Schwingung die Gesamtdichte nicht ändert und deshalb kein $\tau = 0$-Moment hervorruft (siehe Gl. (6–123)).

Wie durch den oberen Index std angedeutet wurde, stellt die Abschätzung (6–386) einen Standardwert dar, der mögliche Unterschiede in den Radialverteilungen von Übergangsmoment und Feldkopplung vernachlässigt. Diese Unterschiede können insbesondere wesentlich werden für schwach gebundene Bahnen mit hoher Intensität der Wellenfunktion außerhalb der Kernoberfläche, was zu sehr großen Werten von $\langle r^2 \rangle$ führt, sowie für bestimmte Übergänge, bei denen sich die radialen Knotenzahlen ändern, so daß sich in $\langle r^2 \rangle$ eine teilweise Kompensation ergibt. Beispiele für diese Effekte sind aus Tab. 3–2, Band I, S. 357, ersichtlich. Man erwartet keine so großen Änderungen für die radialen Matrixelemente der Feldkopplung (6–69), die hauptsächlich im Oberflächengebiet wirkt, in dem die Wellenfunktionen der in Frage kommenden Einteilchenbahnen etwa gleiche Größe besitzen (siehe Abb. 3–4, Band I, S. 342). Eine verbesserte Abschätzung von $e_{\rm pol}$ läßt sich daher erhalten, indem man die Änderung der Radialmatrixelemente des Multipolmoments mitnimmt,

$$e_{\rm pol}(E2,\, \varDelta E = 0) \approx e\left(\frac{Z}{A} - 0{,}32\,\frac{N-Z}{A} + \left(0{,}32 - 0{,}3\,\frac{N-Z}{A}\right)\tau_z\right)\frac{\frac{3}{5}R^2}{\langle j_2|\, r^2\, |j_1\rangle}. \tag{6–387}$$

Bei einem Vergleich mit den empirischen Daten muß man berücksichtigen, daß Kerne mit abgeschlossenen Schalen $\tau = 0$-Quadrupolschwingungen zeigen, deren Energien beträchtlich unter dem Schätzwert (6–369) liegen. Obwohl die Oszillatorstärke dieser Übergänge nur einen geringen Bruchteil ($\lesssim 10\%$) der gesamten Oszillatorstärke ausmacht, tragen sie wesentlich zur Polarisierbarkeit bei, die der Energie E der angeregten Schwingung umgekehrt proportional ist. (Die Konfigurationen, die für diese niederfrequenten Schwingungen in Kernen mit abgeschlossenen Schalen verantwortlich sind, werden im folgenden Kleindruck betrachtet.) Die Angaben über diese relativ niederenergetischen Quadrupolanregungen in Kernen mit abgeschlossenen Schalen sind in

Tab. 6–8 Beiträge der $\tau = 0$-Anregungen abgeschlossener Schalen zur effektiven Ladung für $E2$-Übergänge. Die experimentellen Werte in den Spalten zwei und drei sind entnommen aus: ^{16}O (Zusammenstellung von AJZENBERG-SELOVE, Nuclear Phys. **A 166**, 1 (1971)); ^{40}Ca (J. R. MACDONALD, D. H. WILKINSON und D. E. ALBURGER, Phys. Rev. **C 3**, 219 (1971) und dort angegebene Literaturstellen); ^{208}Pb (J. F. ZIEGLER und G. A. PETERSON, Phys. Rev. **165**, 1337 (1968)). Der Wert der in Spalte vier verwendeten klassischen Oszillatorsumme $S(\lambda = 2, \tau = 0)$ wurde mit den Werten $\langle r^2 \rangle = 7{,}0\ \text{fm}^2$ (^{16}O), $12{,}4\ \text{fm}^2$ (^{40}Ca) und $31\ \text{fm}^2$ (^{208}Pb) aus Gl. (6–179) erhalten; siehe die Übersicht von COLLARD u. a., 1967. Die letzte Zeile für jeden Kern gibt in Klammern die theoretisch abgeschätzten Eigenschaften der hochfrequenten $\tau = 0$-Quadrupolschwingung an. Für ^{208}Pb beziehen sich die beiden Werte von δe_{pol} auf Neutronen bzw. Protonen.

Kern	E_i MeV	$B(E2;\,0 \to 2)$ $e^2\,\text{fm}^4$	$\dfrac{E_i B(E2)\,(A/Z)^2}{S(\lambda = 2,\ \tau = 0)_{\text{klass}}}$	$(\delta e^{\text{std}}_{\text{pol}})_i$ e	$\Sigma(\delta e^{\text{std}}_{\text{pol}})_i$ e
^{16}O	6,92	37	0,11	0,62	
	9,85	0,7	0,003	0,01	
	11,52	19	0,09	0,19	
	(23)	(100)	(1)	(0,5)	1,32
^{40}Ca	3,90	90	0,035	0,32	
	5,63	8	0,005	0,02	
	6,91	70	0,05	0,14	
	(17)	(600)	(1)	(0,5)	0,98
^{208}Pb	4,07	$3{,}0 \cdot 10^3$	0,15	0,31	
				0,40	
	(10)	$(8 \cdot 10^3)$	(1)	(0,34)	0,65 (n)
				(0,44)	0,84 (p)

Tab. 6–8 zusammengestellt. Die Beiträge δe_{pol} zur Polarisationsladung wurden abgeschätzt unter der Annahme, daß δe_{pol} wie in Gl. (6–218) zu der Größe $E^{-1}B(E2;\,0 \to 2)$ proportional ist, sowie durch Normierung auf den Wert $(Z/A - 0{,}32\,(N - Z)\,A^{-1}\tau_z)\,e$ für die hochfrequente Formschwingung.

Die empirischen Belege für $E2$-Polarisationsladungen einzelner Teilchen außerhalb abgeschlossener Schalen werden in Tab. 6–9 aufgeführt und mit den Schätzwerten aus dem Ausdruck

$$e_{pol}(E2) = \frac{\frac{3}{5}R^2}{\langle j_2|\,r^2\,|j_1\rangle} \sum_i (\delta e^{\text{std}}_{\text{pol}})_i \frac{E_i^2}{E_i^2 - (\Delta E)^2} \tag{6–388}$$

verglichen. Dabei wurden die Werte von $\delta e^{\text{std}}_{\text{pol}}$ für die $\tau = 0$-Anregungen aus Tab. 6–8 entnommen, während für $\delta e^{\text{std}}_{\text{pol}}$ der $\tau \approx 1$-Anregungen der Wert $0{,}32\tau_z e$ eingesetzt wurde (siehe Gl. (6–387)). Die für die Radialmatrixelemente $\langle j_2|\,r^2\,|j_1\rangle$ angenommenen Werte sind in Tab. 6–9, Spalte 6 angegeben. Sie stimmen mit den in Tab. 3–2 verwendeten überein. Die für die mittleren quadratischen Radien $\langle r^2 \rangle = 3R^2/5$ angenommenen Werte sind in der Überschrift zu Tab. 6–8 enthalten. In Tab. 6–9 haben wir das beobachtete $E2$-Matrixelement für den $p_{3/2} \to p_{1/2}$-Übergang in ^{15}N weggelassen (siehe Tab. 3–2); für diesen Übergang liegt die Frequenz bei 6,3 MeV und damit so nahe an der 2^+-Anregung bei 6,9 MeV in ^{16}O (siehe Tab. 6–8), daß eine genauere Analyse der Kopplung zwischen den beiden Anregungsformen notwendig wird.

Tab. 6–9 Polarisationsladungen für $E2$-Matrixelemente bei Einteilchenkonfigurationen. Die Daten wurden aus den in Tab. 3–2, Band I, S. 357, angegebenen Literaturstellen und weiteren neueren Messungen entnommen: ^{207}Tl (S. Gorodetzky, F. Beck und A. Knipper, Nuclear Phys. **82**, 275 (1966); A. P. Komar, A. A. Vorobiev, Yu. K. Zalite und G. A. Korolev, Dokl. Akad. Nauk SSSR **191**, 61 (1970)); ^{207}Pb (E. Grosse, M. Dost, K. Haberkant, J. W. Hertel, H. V. Klapdor, H. J. Körner, D. Proetel und P. von Brentano, Nuclear Phys. **A 174**, 525 (1971); O. Häusser, F. C. Khanna und D. Ward, Nuclear Phys. **A 194**, 113 (1972)); ^{209}Pb (Häusser u. a., a. a. O.); ^{209}Bi, Quadrupolmoment (G. Eisele, I. Koniordos, G. Müller und R. Winkler, Phys. Letters **28B**, 256 (1968)); ^{209}Bi, Übergänge (R. A. Broglia, J. S. Lilley, R. Perazzo und W. R. Phillips, Phys. Rev. **C 1**, 1508 (1970); J. W. Hertel, D. G. Fleming, J. P. Schiffer und H. E. Gove, Phys. Rev. Letters **23**, 488 (1969); Häusser u. a., a. a. O.; W. Kratschmer, H. V. Klapdor und E. Grosse, Nuclear Phys. **A 201**, 179 (1973)).

Kern	j_1	j_2	$\langle j_2 \Vert \mathcal{M}(E2) \Vert j_1 \rangle^2$ e^2 fm^4	ΔE MeV	$\langle j_2 \vert r^2 \vert j_1 \rangle$ fm^2	e_{pol}/e beob.	e_{pol}/e berech.
^{17}O	$d_{5/2}$	$d_{5/2}$	11	0	11,5	0,4	1,0
	$s_{1/2}$	$d_{5/2}$	13	0,9	12,0	0,4	1,0
^{17}F	$s_{1/2}$	$d_{5/2}$	128	0,5	13,4	0,2	0,5
^{39}K	$d_{3/2}$	$d_{3/2}$	160	0	13,0	0,7	0,6
^{41}Ca	$p_{3/2}$	$f_{7/2}$	264	1,9	13,9	1,3	1,3
^{41}Sc	$p_{3/2}$	$f_{7/2}$	440	1,7	13,9	0,7	0,7
^{207}Tl	$d_{3/2}$	$s_{1/2}$	~ 800	0,35	26	0,9	0,7
^{207}Pb	$f_{5/2}$	$p_{1/2}$	420 ± 20	0,57	32	0,9	0,9
	$p_{3/2}$	$p_{1/2}$	244 ± 10	0,89	37	0,8	0,8
^{209}Pb	$d_{5/2}$	$g_{9/2}$	1100 ± 270	1,57	40	0,8	0,7
	$s_{1/2}$	$d_{5/2}$	310 ± 15	0,47	57	0,4	0,5
^{209}Bi	$h_{9/2}$	$h_{9/2}$	2600 ± 200	0	35	0,5	0,5
	$f_{7/2}$	$h_{9/2}$	200 ± 70	0,89	17	2,3	1,1
	$f_{5/2}$	$h_{9/2}$	2900 ± 1000	2,81	20	1,6	1,5

Die Daten in Tab. 6–9 stimmen größenordnungsmäßig mit den abgeschätzten Polarisationsladungen überein. Der Hauptbeitrag zur Polarisationsladung ist wegen der relativ niedrigen Frequenzen der $\tau \approx 0$-Anregungen isoskalar, die Daten liefern aber auch ziemlich eindeutige Hinweise auf Effekte, die von isovektoriellen Kräften herrühren. Bei einer quantitativen Analyse der isovektoriellen Polarisationsladung können Beiträge wichtig werden, die sich aus den relativ geringen Unterschieden zwischen der Kopplung von Neutronen und Protonen an die isoskalaren Schwingungen ergeben. Der Ausdruck (6–387) enthält den Einfluß des Symmetriepotentials, nimmt aber den gleichen radialen Formfaktor für Neutronen und Protonen an, was durch die beobachtete Ähnlichkeit der radialen Verteilung von Protonen und Neutronen in schweren Kernen nahegelegt wird. (Auf die annähernde Gleichheit der mittleren quadratischen Radien der Neutronen- und Protonenverteilung kann man aus der Analyse der Elektronenstreudaten (die die Protonenverteilung bestimmen) zusammen mit der Coulomb-Energiedifferenz zwischen Isobaranalogzuständen (die die Dichteverteilung der Überschußneutronen mißt) schließen; diese Gleichheit widerspricht den Dichten, die man bei einer Neutron- und Protonbewegung in Potentialen mit gleichem Radius erhält, da der Radius der Protonendichteverteilung durch das Symmetriepotential wesentlich verringert wird (NOLEN und SCHIFFER, 1969; siehe auch die Diskussion der Isotopieverschiebungen in Band I, S. 171). Die Analyse der isovektoriellen Wechselwirkungen, durch die eine annähernde Gleichheit der Radien von Neutron- und Protondichteverteilung wieder hergestellt wird, ist ein Punkt, der wichtige Konsequenzen für isovektorielle Kollektivanregungen und ihre Kopplung an die Einteilchenbewegung haben kann.)

Zum Vergleich der Daten in Tab. 6–9 ist zu bemerken, daß

a) die größte Diskrepanz im ^{208}Pb-Gebiet mit dem $f_{7/2} \to h_{9/2}$-Übergang zusammenhängt, der wegen des spin-flip-Prozesses schwach ist und deshalb empfindlich von kleinen spinabhängigen Komponenten im Potential abhängt;

b) die im ^{16}O-Gebiet beobachteten recht kleinen isoskalaren Polarisationsladungen ein Hinweis darauf sein können, daß die Kopplung bei diesen leichten Kernen überschätzt wurde.

Bei den Quadrupolanregungen niedrigster Energie in ^{16}O und ^{40}Ca (siehe Tab. 6–8) scheinen große statische Deformationen aufzutreten, auf die auch die Rotationsbandenstruktur ($K = 0$; $I = 0, 2, 4, \ldots$) mit stark beschleunigten $E2$-Übergängen innerhalb der Bande hinweist (Formisomerie; siehe die Literaturangaben auf S. 22). Diese Quadrupolanregungen enthalten in erster Linie Zweiteilchen-Zweiloch- und Vierteilchen-Vierloch-Konfigurationen.

Die 2^+-Anregung in ^{208}Pb bei 4,07 MeV scheint vorwiegend mit $\Delta N = 0$-Teilchen-Loch-Anregungen $1i_{13/2} \to 2g_{9/2}$ (Neutronen) und $1h_{11/2} \to 2f_{7/2}$ (Protonen) der Energie 5,0 MeV bzw. 6,2 MeV verknüpft zu sein (siehe Abb. 3–3, Band I, S. 341, und den Schätzwert (6–454) für die COULOMB-Wechselwirkung in der (Proton, Proton-Loch)-Konfiguration). Die Quadrupolkopplungen werden Linearkombinationen dieser beiden Anregungen hervorrufen, von denen die mit niedrigerer Energie vorwiegend isoskalar und die mit höherer Energie hauptsächlich isovektoriell sein wird. Man kann daher versuchen, den Zustand bei 4,07 MeV als die isoskalare Kombination zu erklären, woraus eine mit diesen Übergängen verbundene $\tau = 0$-Oszillatorstärke von $1{,}6(1 + \chi(\Delta N = 2, \tau = 0))^2 \cdot 10^4\ \mathrm{fm}^4$ MeV folgt (siehe Gln. (3C–34) und (6–304); für die radialen Matrixelemente von r^2 wurde $3R^2/5$ mit $R = 1{,}2 \cdot A^{1/3}$ fm eingesetzt). Unter Benutzung von Gl. (6–370) für die $\tau = 0$-Polarisierbarkeit erhält man eine $\tau = 0$-Oszillatorstärke von etwa $8 \cdot 10^4\ \mathrm{fm}^4$ MeV. Aus dem empirischen $B(E2)$-Wert für die Anregung des 4,07 MeV-Niveaus in ^{208}Pb (siehe Tab. 6–8) ergibt sich der Schätzwert $\hbar\omega B(\tau = 0, \lambda = 2) \approx (A/Ze)^2\, \hbar\omega B(E2) \approx 7{,}8 \cdot 10^4\ \mathrm{fm}^4$ MeV, der mit der obigen Deutung des Niveaus mit Hilfe von $i_{13/2}$- und $h_{11/2}$-Anregungen übereinstimmt.

Die Erklärung der 2^+-Anregung in ^{208}Pb läßt sich weiterhin überprüfen, indem man die beobachtete Energie mit dem Wert vergleicht, der aus den Quadrupolfeldkopplungen folgt. Da die Energieverschiebungen mit dem Abstand zwischen den ungestörten Konfigurationen vergleichbar sind, erhält man eine angenäherte Analyse mit Hilfe einer rein isoskalaren Kopplung, die in entarteten Teilchen-Loch-Konfigurationen mit $\hbar\omega^{(0)} \approx 5{,}6$ MeV wirkt, was dem Mittelwert der Anregungsenergien von Neutron und Proton entspricht. Drückt man die Kopplung in der Form (6–68) aus, dann sind die mit den Teilchen-Loch-Konfigurationen $i = j_1^{-1} j_2$ verknüpften Amplituden X_i und Y_i durch

$$X_i = \frac{\alpha_0 \langle i |\, k(r)\, Y_{20}\, | \mathrm{v} = 0\rangle}{\hbar(\omega^{(0)} - \omega)},$$
$$Y_i = \frac{\alpha_0 \langle i |\, k(r)\, Y_{20}\, | \mathrm{v} = 0\rangle}{\hbar(\omega^{(0)} + \omega)} \qquad (6\text{–}389)$$

gegeben (siehe Gl. (6–253)), wobei sich die Nullpunktsamplitude α_0 aus dem gemessenen $B(E2)$-Wert bestimmen läßt,

$$\alpha_0 = \left(\frac{3}{4\pi} ZeR^2\right)^{-1} (B(E2;\, 2 \to 0))^{1/2} \approx 0{,}025. \qquad (6\text{–}390)$$

Die Aufsummation der Matrixelemente von $k(r)\, Y_{20}$ über die oben genannten Teilchen-Loch-

Konfigurationen liefert

$$\sum_i \langle i|\, k(r)\, Y_{20}\, |\mathrm{v} = 0\rangle^2 = \sum \frac{2j_1 + 1}{4\pi} \langle j_1 \tfrac{1}{2}\, 20 \mid j_2 \tfrac{1}{2}\rangle^2 \langle j_2|\, k(r)\, |j_1\rangle$$

$$\approx 0{,}64\langle k\rangle^2, \qquad (6\text{–}391)$$

wobei $\langle k\rangle$ den Mittelwert der Radialmatrixelemente für die beiden Konfigurationen $i^{-1}_{13/2}g_{9/2}$ und $h^{-1}_{11/2}f_{7/2}$ darstellt. Aus der Normierungsbedingung $\sum_i (X_i^2 - Y_i^2) = 1$ erhält man schließlich für das radiale Kopplungsmatrixelement $\langle k\rangle \approx 75$ MeV. Dieser Wert von $\langle k\rangle$, der notwendig ist, um die beobachtete Frequenz $\hbar\omega = 4{,}1$ MeV wiederzugeben, liegt um etwa 50% höher als die Radialmatrixelemente von $R_0\, \partial V/\partial r$ für die betrachteten Konfigurationen (wenn man ein Woods-Saxon-Potential mit Standardparametern annimmt). Daher wird ein wichtiger Anteil des beobachteten Wechselwirkungseffektes in diesem Zustand durch die betrachteten Kopplungsterme nicht erfaßt.

Zu einer genaueren Analyse der $\Delta N = 0$-Quadrupolanregungen in ^{208}Pb würde eine Behandlung der zahlreichen Effekte gehören, die mit dem Neutronenüberschuß zusammenhängen. So unterscheiden sich die Energien der Neutron- und Protonanregungen um einen Betrag, der mit den Wechselwirkungsenergien vergleichbar ist. Die Normalschwingungen enthalten folglich eine Kombination von isovektoriellen und isoskalaren Feldern. Eine Behandlung, die auf den oben angegebenen Kopplungen beruht, ändert jedoch die wesentlichen Schlußfolgerungen nicht, die sich aus einer vereinfachten Analyse mit einer reinen $\tau = 0$-Kopplung ergeben.

Qualitative Analyse der niederfrequenten Schwingung. Effekt der Instabilität (Abb. 6–27)

Die niederfrequente Quadrupolschwingung wird durch eine Frequenz charakterisiert, die abnimmt, wenn in nichtabgeschlossenen Schalen Teilchen hinzugefügt werden. Für hinreichend große Teilchenzahlen wird die sphärische Kernform instabil, und die Schwingung geht in die Rotationsanregung über. Im Übergangsgebiet erwartet man starke Anharmonizitäten der Schwingungsbewegung.

Die Erscheinung der Instabilität und die damit zusammenhängende Anharmonizität können als Effekt der Quadrupolfeldkopplung angesehen werden, die zwischen den Teilchen in teilweise aufgefüllten Schalen wirkt. Eine quantitative Behandlung der niederfrequenten Quadrupolschwingung hängt empfindlich von den Einzelheiten der Schalenstruktur des Kerns ab; sie wird in diesem Zusammenhang nicht angestrebt. Es ist jedoch möglich, viele qualitative Beziehungen aufgrund einfacher Betrachtungen zu veranschaulichen, die den Einfluß der Feldkopplung bei Vorliegen von Paarkorrelationen betreffen.[1])

Schwingungsfrequenz. Annäherung an die Instabilität

In einem System mit Paarkorrelation entsprechen die Teilchenanregungen, die durch das Quadrupolfeld hervorgerufen werden, der Erzeugung von zwei Quasiteilchen. Da die Paarenergie mit den Einteilchenanregungsenergien innerhalb einer Hauptschale ver-

[1]) Die Vibrationsbewegung, die der Konkurrenz von Paarkorrelationen und Quadrupolfeldkopplung zwischen Teilchen in einer nichtabgeschlossenen Schale entspricht, wurde von Belyaev (1959) und Kisslinger und Sorensen (1960) betrachtet.

gleichbar oder größer als diese ist (vergleiche Abb. 6–17a mit Gl. (2–94)), sind die Anregungsenergien annähernd gleich 2Δ,

$$\hbar\omega^{(0)} \approx 2\Delta \approx 25 A^{-1/2}\,\mathrm{MeV}. \tag{6–392}$$

Nimmt man an, daß die Bahnen innerhalb einer einzelnen Hauptschale mit der Oszillatorquantenzahl N vollständig entartet sind, dann ist die ungestörte Nullpunktsamplitude des Quadrupolfeldes gegeben durch den Ausdruck

$$\begin{aligned}(\alpha_0^{(0)})^2 &= \sum_i \langle \mathrm{v}=2, i|\, F\, |\mathrm{v}=0\rangle^2 \\ &= \left(\frac{5}{16\pi}\left(\frac{\hbar}{M\omega_0}\right)^2 N(N+1)(N+2)(N+3)\, f(1-f)\right)_n + \Big(\ldots\Big)_p,\end{aligned} \tag{6–393}$$

der ein Summe über Neutronen- und Protonenbeiträge enthält. Die Ableitung dieses Ausdruckes wird im folgenden Kleindruck angegeben (siehe Gl. (6–411)). Der Parameter f der Schalenauffüllung stellt die Teilchenzahl außerhalb abgeschlossener Schalen dar, gemessen in Einheiten der Gesamtentartung 2Ω einer Oszillatorhauptschale (siehe Gl. (2–151)),

$$\begin{aligned} f &= \frac{n}{2\Omega}, \\ \Omega &= \tfrac{1}{2}(N+1)(N+2). \end{aligned} \tag{6–394}$$

Die Faktoren in Gl. (6–393), die den Parameter f enthalten, sind das Produkt aus der Wahrscheinlichkeit $v^2 = f$, daß eine gegebene Teilchenbahn im Anfangszustand besetzt ist, und der Wahrscheinlichkeit $u^2 = (1-f)$, daß der Endzustand nicht besetzt ist. Durch die Unterschalenstruktur wird der Wert von $(\alpha_0^{(0)})^2$, verglichen mit dem Schätzwert (6–393), etwas verringert. So tragen in dem Beispiel in Abb. 6–17a die aufgefüllten $1g_{9/2}$-Bahnen sehr wenig zu der $\Delta N = 0$-Stärke bei, und der Beitrag der Neutronen zu $(\alpha_0^{(0)})^2$ ist um etwa einen Faktor 2 kleiner als der Wert (6–393).

Während die $\Delta N = 0$-Anregungen die grundlegenden Freiheitsgrade zur Erzeugung der niederfrequenten Quadrupolschwingung darstellen, werden die Eigenschaften dieser Schwingung wesentlich geändert durch die Kopplung an die $\Delta N = 2$-Anregungen, die für die hochfrequente Quadrupolschwingung verantwortlich sind. Die Kopplung an die $\Delta N = 2$-Anregungen läßt sich durch eine Renormierung der $\Delta N = 0$-Freiheitsgrade berücksichtigen. So wächst das Quadrupolmoment der niederfrequenten Übergänge um den Faktor $\big(1 + \chi(\Delta N = 2)\big) \approx 2$, wobei $\chi(\Delta N = 2)$ der Beitrag der $\Delta N = 2$-Anregungen zur isoskalaren Polarisierbarkeit im statischen Grenzfall ist (siehe Gl. (6–370) mit $\Delta E \approx 0$). Die gleiche Renormierung gilt für das Quadrupolfeld, das bei der niederfrequenten Schwingung wirkt. Die effektive Kopplungskonstante, die die Wechselwirkungen innerhalb der $\Delta N = 0$-Konfigurationen beschreibt, ist deshalb $\varkappa_{\mathrm{eff}} = \varkappa\big(1 + \chi(\Delta N = 2)\big)$, wobei $\varkappa$ die nicht renormierte Kopplungskonstante darstellt, für die ein Schätzwert durch Gl. (6–368) gegeben wird.

Der Einfluß der Feldkopplung auf die Frequenz der Kollektivbewegung hängt vom Verhältnis zwischen $\varkappa_{\mathrm{eff}}$ und dem Parameter der Rückstellkraft $C^{(0)}$ ab (siehe Gl. (6–27)). Aus der Beziehung (6–23) für $C^{(0)}$ und den Gln. (6–392) und (6–393) erhalten wir deshalb unter der Annahme, daß die Beiträge der Neutronen und Protonen zu $\alpha_0^{(0)}$ etwa gleich groß sind, und unter Verwendung des Wertes (2–157) für $\langle r^2 \rangle$ (mit $N_{\max} \approx N - 1/2$)

$$\frac{\varkappa_{\text{eff}}}{C^{(0)}} \approx -\frac{\hbar\omega_0}{\Delta}\left(1 + \chi(\Delta N = 2)\right) f(1-f)$$

$$= -\frac{f(1-f)}{f_{\text{krit}}(1-f_{\text{krit}})} \tag{6–395}$$

mit

$$f_{\text{krit}}(1-f_{\text{krit}}) = \frac{\Delta}{\hbar\omega_0}\left(1 + \chi(\Delta N = 2)\right)^{-1} \approx 0{,}15A^{-1/6}. \tag{6–396}$$

Der Ausdruck (6–395) führt zusammen mit der Beziehung (6–27) für die Frequenz der Kollektivbewegung zu

$$\hbar\omega \approx 2\Delta\left(1 - \frac{f(1-f)}{f_{\text{krit}}(1-f_{\text{krit}})}\right)^{1/2}. \tag{6–397}$$

Dieses Ergebnis beschreibt die Verringerung von ω, wenn Teilchen in nichtabgeschlossenen Schalen hinzugefügt werden, und liefert die Instabilität der sphärischen Form, wenn f den Wert f_{krit} erreicht. Der Schätzwert (6–396), der eine vollständige Entartung der Hauptschale voraussetzt, ergibt für f_{krit} einen Wert von etwa 0,05—0,1. Die Einflüsse der Unterschalen verringern jedoch den Wert von $\alpha_0^{(0)}$ etwas und führen folglich zu einem Anwachsen des Wertes von f_{krit}. Eine Verringerung von $(\alpha_0^{(0)})^2$ um den Faktor 2 (siehe S. 447) führt auf einen Wert von $f_{\text{krit}} \approx 0{,}2$, der annähernd der beobachteten Teilchenzahl entspricht, die notwendig ist, um eine stabile Kerndeformation hervorzurufen (siehe Abb. 4–3, S. 21). Bei der obigen Abschätzung haben wir angenommen, daß f für Neutronen und Protonen den gleichen Wert hat; in einem (N, Z)-Diagramm, wie es Abb. 4–3 darstellt, bilden die Punkte der Instabilität Ellipsen mit Mittelpunkten, die zur Hälfte gefüllte Neutronen- und Protonenschalen darstellen. Für $f_{\text{krit}} = 0{,}2$ schneiden die Ellipsen die Linien, die abgeschlossene Neutronen- und Protonenschalen repräsentieren, nicht, und für Kerne mit abgeschlossenen Neutronen- oder Protonenschalen tritt keine Instabilität auf.

Man muß betonen, daß die obigen Abschätzungen qualitativ sind. Von den bereits genannten Unterschaleneffekten abgesehen, wäre es für niederfrequente Formschwingungen realistischer, eine Kopplung zu betrachten, die stärker im Oberflächenbereich konzentriert ist als das einfache Multipolfeld (6–365). (Ein solches Feld vom Typ (6–69) wird in den folgenden Beispielen bei einer quantitativen Analyse verwendet.) Außerdem kann die niederfrequente Schwingung merklich an das $\tau = 1$-Quadrupolfeld gekoppelt sein, wenn die Zahl der Neutronen und Protonen außerhalb abgeschlossener Schalen sehr unterschiedlich ist; so ist im Grenzfall von Konfigurationen mit nur einer Teilchensorte außerhalb abgeschlossener Schalen die effektive Kopplungskonstante für die niederfrequente Schwingung gleich $\varkappa_{\tau=0}\left(1 + \chi(\Delta N = 2, \tau = 0)\right) + \varkappa_{\tau=1}\left(1 + \chi(\Delta N = 2, \tau = 1)\right)$, wofür die obigen Abschätzungen einen Wert von etwa einem Drittel der $\tau = 0$-Kopplung liefern (siehe Gln. (6–368), (6–370), (6–379) und (6–382)).

Aus Gl. (6–396) ist ersichtlich, daß die Erscheinung der Instabilität direkt aus der Tatsache folgt, daß die Bindungsenergie der Paare klein gegenüber dem Energieabstand zwischen den Schalen ist. Daher ist die Instabilität der sphärischen Form ein allgemeines Phänomen für Systeme, bei denen die Restwechselwirkungen nicht stark genug sind, um die Schalenstruktur zu zerstören.

Oszillatorstärke

Die Oszillatorstärke der niederfrequenten Schwingung wird durch die Feldkopplung, die innerhalb der entarteten $\Delta N = 0$-Anregungen wirkt, nicht beeinflußt. Sie ist daher gegeben durch

$$\hbar\omega B(\tau = 0, \lambda = 2) \approx 2\Delta(2\lambda + 1)\,(\alpha_0^{(0)})^2\,\big(1 + \chi(\Delta N = 2, \tau = 0; \Delta E \approx 0)\big)^2, \tag{6–398}$$

wobei wir die Renormierung des Quadrupolmoments infolge der Kopplung an die $\Delta N = 2$-Übergänge berücksichtigt haben. Wenn man $(\alpha_0^{(0)})^2$ durch die Größe $C^{(0)}$ ausdrückt und die Gln. (6–368) und (6–395) mit $\varkappa_{\text{eff}} = \varkappa\big(1 + \chi(\Delta N = 2)\big)$ benutzt, dann läßt sich die Oszillatorstärke in Einheiten der klassischen Oszillatorsumme (6–179) in der Form

$$\frac{\hbar\omega B(\tau = 0, \lambda = 2)}{S(\tau = 0, \lambda = 2)_{\text{klass}}} = 2\left(\frac{\Delta}{\hbar\omega_0}\right)^2\big(1 + \chi(\Delta N = 2)\big)\,\frac{f(1 - f)}{f_{\text{krit}}(1 - f_{\text{krit}})}$$

$$\approx 0{,}4A^{-1/3}\,\frac{f(1 - f)}{f_{\text{krit}}(1 - f_{\text{krit}})} \tag{6–399}$$

schreiben. Aus dieser Abschätzung folgt, daß für $A \approx 100$ die Oszillatorstärke der niederenergetischen Quadrupolschwingung bei Konfigurationen, die sich der Instabilität ($f \approx f_{\text{krit}}$) nähern, etwa 10% der Summenregeleinheit ausmacht.

Statisches Quadrupolmoment

Mit der Annäherung an die Instabilität der sphärischen Form erwartet man starke anharmonische Effekte in der Vibrationsbewegung. Ein Maß für die Anharmonizität stellt das statische Quadrupolmoment der Vibrationsanregung relativ zum Übergangsmoment dar. Bei der Abschätzung des statischen Moments betrachten wir zuerst den Beitrag Q_1 der Zweiquasiteilchenzustände i, aus denen sich der Phononenzustand aufbaut,

$$Q_1 = -\sum_{ij} X(i)\,X(j)\,\langle j|\,Q\,|i\rangle,$$
$$\langle j|\,Q\,|i\rangle \equiv \langle \mathsf{v} = 2, j|\,3z^2 - r^2\,|\mathsf{v} = 2, i\rangle, \tag{6–400}$$

wobei die Amplitude $X(i)$ durch

$$X(i) = -\frac{\varkappa_{\text{eff}}\langle n = 1|\,\alpha\,|n = 0\rangle\,\langle \mathsf{v} = 2, i|\,F\,|\mathsf{v} = 0\rangle}{2\Delta - \hbar\omega} \tag{6–401}$$

gegeben ist (siehe Gl. (6–36)). Das Minuszeichen in Gl. (6–400) ergibt sich, weil Q_1 der Standarddefinition eines Quadrupolmoments als Matrixelement im Zustand $I = M$ entspricht, während die Zustände i und j durch ein Feld mit $M = 0$ erzeugt wurden; für $I = 2$ ist das Verhältnis der Erwartungswerte des Quadrupoloperators in den Zuständen mit $M = 0$ und $M = 2$ gleich -1.

Zwischen dem in Gl. (6–401) auftretenden Matrixelement von α und der Nullpunktsamplitude $\alpha_0^{(0)}$ der Quasiteilchenanregungen besteht die Beziehung (siehe Gl. (6–28))

$$\langle n = 1 | \, \alpha \, | n = 0 \rangle^2 = (\alpha_0^{(0)})^2 \, \frac{2\Delta}{\hbar\omega}, \tag{6–402}$$

und für $\varkappa_{\text{eff}}$ kann man die Beziehung

$$\begin{aligned} \varkappa_{\text{eff}} (\alpha_0^{(0)})^2 &= (C - C^{(0)}) \, (\alpha_0^{(0)})^2 \\ &= -\Delta \left(1 - \left(\frac{\hbar\omega}{2\Delta} \right)^2 \right) \end{aligned} \tag{6–403}$$

verwenden (siehe Gln. (6–23), (6–26) und (6–27)). Benutzt man die Beziehungen (6–393) und (6–394) sowie die im folgenden berechnete Summe über die Quadrupolmomente in den Zweiquasiteilchenzuständen (siehe Gl. (6–413)), dann erhält man aus Gln. (6–400) bis (6–403)

$$Q_1 = -\frac{1}{10} \, \Omega^{-1/2} \left(1 + \frac{\hbar\omega}{2\Delta} \right)^2 \left(\frac{2\Delta}{\hbar\omega} \right)^{1/2} f^{-1/2} (1 - f)^{-1/2} \, (1 - 2f) \, |\langle n = 1 | \, Q \, | n = 0 \rangle|, \tag{6–404}$$

wobei das Übergangs-Quadrupolmoment durch

$$\langle n = 1 | \, Q \, | n = 0 \rangle = \left(\frac{16\pi}{5} \right)^{1/2} \langle n = 1 | \, \alpha \, | n = 0 \rangle \tag{6–405}$$

gegeben ist (siehe Gl. (3–30)). Hierbei wurden gleiche Werte von f für Neutronen und Protonen angenommen.

Den Beitrag Q_1 zum statischen Moment illustriert das Diagramm (1) in Abb. 6–27a. In gleicher Ordnung in der Teilchen-Vibrationskopplung muß man fünf andere Glieder berücksichtigen, die durch die Diagramme (2)—(6) in Abb. 6–27a dargestellt werden. Alle sechs Beiträge enthalten die gleichen Vertices und unterscheiden sich nur durch die Energienenner. Man erhält deshalb

$$\begin{aligned} \sum_{k=1}^{6} Q_k &= Q_1 (2\Delta - \hbar\omega)^2 \\ &\quad \times \left(\frac{1}{(2\Delta - \hbar\omega)^2} + \frac{1}{(2\Delta + \hbar\omega)^2} + \frac{2}{2\Delta(2\Delta - \hbar\omega)} + \frac{2}{2\Delta(2\Delta + \hbar\omega)} \right) \\ &= 6 Q_1 \, \frac{1 - \frac{1}{3} (\hbar\omega / 2\Delta)^2}{(1 + \hbar\omega/2\Delta)^2}. \end{aligned} \tag{6–406}$$

(a)

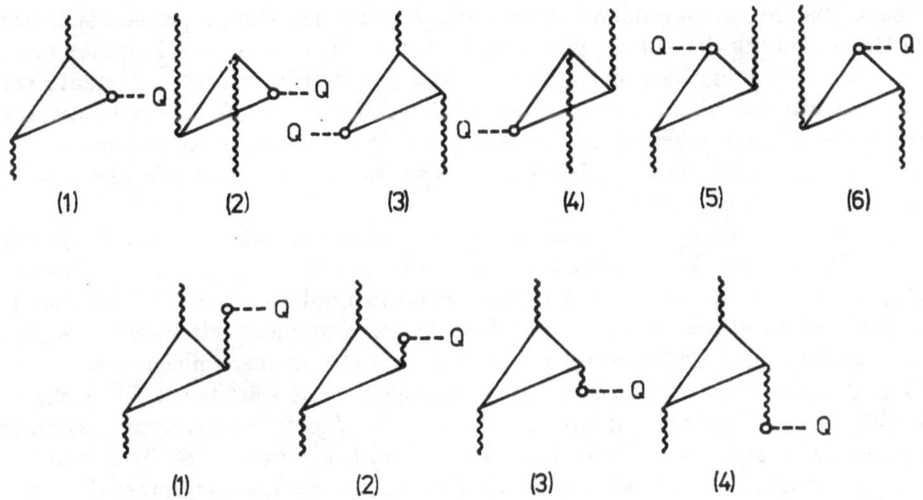

(b)

Abb. 6–27 Diagramme, die zum statischen Quadrupolmoment eines Phonons beitragen. Die Linien stellen Quasiteilchen dar. Die sechs Diagramme in (a) geben die Beiträge führender Ordnung an, die durch die „nackten" Momente der Quasiteilchen hervorgerufen werden. Die vier Diagramme in (b) stellen die Renormierung des Diagramms (1) in (a) dar, die aus der Kopplung an die Quadrupolschwingung selbst resultiert.

Die Berechnung des statischen Moments erfolgt ähnlich wie in der in Abschnitt 6–5g besprochenen Analyse der Kopplung von Ein- und Zweiphononenzuständen; siehe Abb. 6–12, S. 369.

Bei der obigen Abschätzung haben wir nur das Quadrupolmoment der nackten Teilchen berücksichtigt. Dieses Moment wird aber durch die Kopplung an die Quadrupolschwingung selbst verstärkt, so daß die statischen Momente um den Faktor

$$\big(1 + \chi(\Delta E = 0)\big) = 1 - \frac{\varkappa_{\text{eff}}}{C} = \frac{C^{(0)}}{C} = \left(\frac{2\Delta}{\hbar\omega}\right)^2 \tag{6–407}$$

anwachsen (siehe Gln. (6–216) und (6–26)). Die in Gl. (6–407) auftretende Polarisierbarkeit χ stellt den Einfluß der Kopplung an die niederfrequente Schwingung ($\Delta N = 0$) dar. Der Polarisationseffekt wird durch die Diagramme (1)—(4) in Abb. 6–27b dargestellt, die alle mit dem Diagramm (1) in Abb. 6–27a zusammenhängen. Die Diagramme in Abb. 6–27b liefern einen Beitrag, der gleich $\chi(\Delta E = 0)$, multipliziert mit dem Beitrag des Diagramms (1) in Abb. 6–27a, ist.

Das Endergebnis für das statische Moment, das man aus den Gln. (6–404), (6–406) und (6–407) erhält, läßt sich in der Form

$$\begin{aligned} \frac{\langle n=1|\,Q\,|n=1\rangle}{|\langle n=1|\,Q\,|n=0\rangle|} &= \big(1+\chi(\Delta E=0)\big)\sum_{k=1}^{6} Q_k\,|\langle n=1|\,Q\,|n=0\rangle|^{-1} \\ &= -\frac{6}{10}\,\Omega^{-1/2}f^{-1/2}(1-f)^{-1/2}\,(1-2f)\left(1-\frac{1}{3}\left(\frac{\hbar\omega}{2\Delta}\right)^2\right)\left(\frac{2\Delta}{\hbar\omega}\right)^{5/2} \end{aligned} \tag{6–408}$$

ausdrücken. Bei der vorliegenden Diskussion der statischen Quadrupolmomente haben wir die Renormierung der Quadrupolmatrixelemente, die sich aus der Kopplung an die $\Delta N = 2$-Anregungen ergibt, nicht berücksichtigt. (So stellen die Matrixelemente von Q und α in Ausdrücken wie (6–401) und (6–405) den $\Delta N = 0$-Anteil des Quadrupoloperators dar.) Diese Renormierung multipliziert alle Quadrupolmatrixelemente mit dem Faktor $(1 + \chi(N = 2))$, so daß Verhältnisse von Matrixelementen wie der Ausdruck (6–408) nicht beeinflußt werden.

Für hinreichend wenige Teilchen außerhalb abgeschlossener Schalen ($f \ll f_{\text{krit}}$) bleibt die Energie der kollektiven Anregung von der Größenordnung 2Δ (siehe Gl. (6–397)), und das Verhältnis (6–408) ist von der Größenordnung $(f\Omega)^{-1/2}$. Daher sind bei zwei Teilchen das statische Moment und das Übergangsmoment miteinander vergleichbar. Mit zunehmender Teilchenzahl bleibt das statische Moment gleich dem Moment der Zweiteilchenkonfiguration, aber das Übergangsmoment wächst wie $f^{1/2}$ (siehe z. B. Gl. (6–305)). Die Schwingungen können deshalb für $f \gg \Omega^{-1}$ annähernd harmonisch sein; sowie sich aber f dem Wert f_{krit} nähert, sinkt die kollektive Frequenz (siehe Gl. (6–397)), und der letzte Faktor in Gl. (6–408) wächst stark an, hauptsächlich infolge der mit der Selbstkopplung verknüpften Polarisierbarkeit (siehe Gl. (6–407)). Die Bedingung, daß das statische Moment, verglichen mit den Übergangsmomenten, klein bleibt, schränkt die harmonische Beschreibung auf ein Gebiet ein, für das $\hbar\omega/2\Delta \gg \Omega^{-1/5}$ gilt; daher ist das statische Moment bei Schalen mit den im Kern vorkommenden Entartungen niemals beträchtlich kleiner als das Übergangsmoment. Diese Schlußfolgerung läßt den Faktor $(1-2f)$ in Gl. (6–408) außer acht, der die Antisymmetrie des Quadrupolmoments bei Vertauschung der Teilchen und Löcher zum Ausdruck bringt und der in der Schalenmitte klein wird. Wenn das statische Moment ohne diese Korrektur groß wäre, dann müßte man jedoch erwarten, daß anharmonische Effekte höherer Ordnung wesentlich werden.

Summen über Zweiquasiteilchenanregungen innerhalb einer Oszillatorschale, wie sie bei der obigen Diskussion benutzt wurden, lassen sich bequem berechnen, indem man das Teilchenquadrupolmoment durch die Operatoren $c_m^\dagger$ und c_m ausdrückt, die ein Schwingungsquant mit der Drehimpulskomponente m erzeugen bzw. vernichten. So erhält die $\mu = 2$-Komponente des Quadrupolmoments die Form

$$\begin{aligned} r^2 Y_{22} &= \frac{1}{4}\left(\frac{15}{2\pi}\right)^{1/2}(x+iy)^2 \\ &= -\left(\frac{15}{8\pi}\right)^{1/2}\frac{\hbar}{2M\omega_0}(c_{+1}^\dagger + c_{-1})^2. \end{aligned} \tag{6–409}$$

(Wir haben hier die gleichen Phasenbeziehungen benutzt wie bei der zylindrischen Darstellung (5–24), die bei der Analyse der inneren Bewegung in deformierten Kernen benutzt wurde; im Grenzfall sphärischer Symmetrie stimmen die Operatoren $c_+^\dagger$, $c_3^\dagger$ und $c_-^\dagger$ mit den in der vorliegenden Diskussion verwendeten Operatoren $c_{+1}^\dagger$, $c_0^\dagger$, $c_{-1}^\dagger$ überein.) Das Moment (6–409) induziert $\Delta N = 0$-Übergänge des Typs $(n_{+1}, n_0, n_{-1}) \to (n_{+1}+1, n_0, n_{-1}-1)$, wobei n_m die Zahl der Quanten mit der Drehimpulskomponente m ist. Die Übergangswahrscheinlichkeit hat den Wert

$$|\langle n_{+1}+1, n_0, n_{-1}-1|\, r^2 Y_{22}\, |n_{+1}, n_0, n_{-1}\rangle|^2 = \frac{15}{8\pi}\left(\frac{\hbar}{M\omega_0}\right)^2 (n_{+1}+1)\, n_{-1}. \tag{6–410}$$

Diese einzelnen Übergänge liefern nur dann einen Beitrag, wenn die Bahn im Anfangszustand besetzt und die Bahn im Endzustand unbesetzt ist. Bei einer Paarkopplung hat jede Bahn die gleiche Besetzungswahrscheinlichkeit $v^2 = f$. Betrachtet man nur eine Teilchensorte (Neutronen oder Protonen), dann ergibt sich

$$(\alpha_0^{(0)})^2 = 4\frac{15}{8\pi}\left(\frac{\hbar}{M\omega_0}\right)^2 f(1-f)\sum_{n_0=0}^{N}\sum_{n_{+1}=0}^{N-n_0}(n_{+1}+1)\,n_{-1}$$
$$= \frac{5}{16\pi}\left(\frac{\hbar}{M\omega_0}\right)^2 N(N+1)\,(N+2)\,(N+3)\,f(1-f). \qquad (6\text{–}411)$$

Der Faktor 4 in der ersten Zeile von Gl. (6–411) folgt teils aus der Spinentartung, die einen Faktor 2 liefert; der weitere Faktor 2 hängt damit zusammen, daß jeder angeregte Zustand i, der durch zwei Quasiteilchen in den Bahnen 1 und 2 gekennzeichnet ist, durch zwei verschiedene Teilchenübergänge $\bar{1} \to 2$ und $\bar{2} \to 1$ hervorgerufen werden kann, wobei der Querstrich eine Zeitumkehr bezeichnet. (Ausgedrückt durch die Paarkoeffizienten u, v enthält das Matrixelement $\langle \mathrm{v} = 2, i|\, F\, |\mathrm{v} = 0\rangle$ den Faktor $2uv$ (siehe Gl. (6–610b)), während die Summe über i auf Sätze von Quasiteilchenzuständen mit $1 < 2$ beschränkt ist.)

Die $\Delta N = 0$-Matrixelemente des Quadrupoloperators sind in der (n_{+1}, n_0, n_{-1})-Darstellung diagonal, und die statischen Momente der Zweiquasiteilchenzustände werden durch

$$\langle j|\, Q\, |i\rangle = \langle \mathrm{v} = 2, j|\, 3z^2 - r^2\, |\mathrm{v} = 2, i\rangle$$
$$= \frac{2\hbar}{M\omega_0}(3n_0 - N)\,(1-2f)\,\delta(i,j) \qquad (6\text{–}412)$$

gegeben, wobei der Faktor (1–2f) daraus folgt, daß sich das Quasiteilchen mit der Wahrscheinlichkeit 1–f wie ein Teilchen und mit der Wahrscheinlichkeit f wie ein Loch mit entgegengesetztem Q verhält (siehe den Faktor $(u^2 - v^2)$ in Gl. (6–610a)). Die bei der Berechnung des statischen Moments der Quadrupolanregung auftretende Summe ist daher

$$\sum_i \langle \mathrm{v} = 2, i|\, r^2 Y_{22}\, |\mathrm{v} = 0\rangle^2 \langle i|\, Q\, |i\rangle \left(= -\sum_i \langle \mathrm{v} = 2, i|\, r^2 Y_{20}\, |\mathrm{v} = 0\rangle^2 \langle i|\, Q\, |i\rangle\right)$$
$$= 4\frac{15}{8\pi}\left(\frac{\hbar}{M\omega_0}\right)^2 f(1-f)\frac{2\hbar}{M\omega_0}(1-2f)\sum_{n_0=0}^{N}\sum_{n_{+1}=0}^{N-n_0}(n_{+1}+1)\,n_{-1}(3n_0 - N)$$
$$= -\frac{1}{4\pi}\left(\frac{\hbar}{M\omega_0}\right)^3 f(1-f)\,(1-2f)\,N(N+1)\left(N+\frac{3}{2}\right)(N+2)\,(N+3). \qquad (6\text{–}413)$$

Systematik des Parameters der Rückstellkraft und des Massenparameters für die niederfrequente Quadrupolanregung (*Abb. 6–28 und 6–29*)

Die niederfrequente 2^+-Schwingung wird sowohl bei elektromagnetischen Prozessen als auch bei der unelastischen Streuung von Kernteilchen stark angeregt (siehe z. B. Abb. 6–2, S. 304). Der Vergleich der Wirkungsquerschnitte für diese verschiedenen Prozesse bestätigt, daß eine überwiegend isoskalare Anregung ($\tau \approx 0$) vorliegt, was man für eine Formschwingung erwartet (siehe Tab. 6–2, S. 304). Die Annahme, daß das lokale Neutron-Proton-Verhältnis konstant bleibt, führt auf ein Isovektor-Moment, das zu $(N - Z)/A$ proportional ist. Aber die Genauigkeit der verfügbaren Daten reicht nicht aus, um diesen ziemlich kleinen Effekt zu prüfen. (Bei den niederfrequenten Quadrupolanregungen erwartet man etwas größere Isovektor-Momente, wenn Neutronenzahl und Protonenzahl außerhalb abgeschlossener Schalen sehr verschieden sind.) Eine besonders direkte Messung des $\tau = 1$-Moments einer Schwingung könnte man aus einer Anregung des Isobar-Analogzustandes mit $I\pi = 2^+$ und $M_T = T_0 - 1$ durch Ladungsaustausch erhalten; zu dieser Anregung trägt (wegen $\mu_\tau = -1$) nur das isovektorielle Feld bei, und das Verhältnis der isovektoriellen Multipolmatrixelemente, die zu zwei verschiedenen Komponenten des Isobarenmultipletts führen, ist gleich dem Verhältnis der Vektoradditionskoeffizienten (siehe Gl. (6–132)). Über derartige Experimente wurde berichtet (siehe z. B. RUDOLPH und MCGRATH, 1973), aber die Erklärung durch die isovektoriellen Momente der Vibrationsanregungen bleibt unsicher, weil die Beiträge aus Zweistufenprozessen quantitativ schwierig abzuschätzen sind.

Die genaueste Information über die Übergangsamplitude erhält man aus den gemessenen $B(E2)$-Werten (siehe Abb. 4–5, S. 38). Wir verwenden deshalb die Normierung (6–63) der Schwingungsamplitude mit Hilfe des $E2$-Moments. Aus den Frequenzen und $B(E2)$-Werten lassen sich die Parameter der Rückstellkraft C_2 und die Massenparameter D_2 bestimmen (siehe Gl. (6–65)),

$$\begin{aligned} C_2 &= \frac{5}{2}\hbar\omega_2\left(\frac{3}{4\pi}ZeR^2\right)^2 B(E2;\,0\to 2)^{-1}, \\ D_2 &= \omega_2^{-2}C_2. \end{aligned} \tag{6–414}$$

Die Parameter der Rückstellkraft C_2 aus Gl. (6–414) sind in Abb. 6–28 angegeben. Die Abbildung liefert auch die aus dem Tröpfchenmodell abgeleiteten Werte von C_2 (siehe Gl. (6 A–24)); die beobachteten Werte schwanken um mehr als einen Faktor 10 um den Schätzwert aus dem Tröpfchenmodell und offenbaren damit die grundlegende Bedeutung der Schalenstruktur für die niederfrequente Quadrupolanregung. Die Haupttrends im Verhalten von C_2 lassen sich durch die Annäherung an die Instabilität verstehen, wenn Teilchen zu abgeschlossenen Schalen hinzugefügt werden (siehe die Diskussion im vorigen Beispiel).

Die Interpretation der Größe C_2 in Abb. 6–28 als Rückstellkraft setzt harmonische Schwingungen voraus. In allgemeinerer Form kann die aufgetragene Größe mit dem Beitrag der Anregung zur statischen Polarisierbarkeit bei einem schwachen äußeren Feld, das auf das Quadrupolmoment wirkt, in Verbindung gebracht werden. (Diese Interpretation gilt auch für Rotationsanregungen, die deshalb in Abb. 6–28 berücksichtigt wurden.) Der Koeffizient der Polarisierbarkeit χ ist durch das Verhältnis von $\varkappa$ und C_2 gegeben (siehe Gl. (6–216), wobei die Schwingungsamplitude auf das Quadrupolfeld normiert wurde ($\alpha = \langle r^2 Y_{20}\rangle$)). Berücksichtigt man die geänderte Normierung der Amplitude, die in der vorliegenden Definition (6–414) von C_2 benutzt wurde, dann ergibt sich aus dem Schätzwert (6–368) für $\varkappa$

$$\begin{aligned} \chi\,(\tau = 0, \lambda = 2;\, \Delta E = 0) &= \frac{3}{4\pi}\,\frac{AM\omega_0^2R^2}{C_2} \\ &\approx \frac{14A}{C_2(\mathrm{MeV})}. \end{aligned} \tag{6–415}$$

Dabei haben wir $\langle r^2\rangle = 3R^2/5$ mit $R = 1{,}2A^{1/3}$ fm angenommen. Der aus Gl. (6–415) folgende Wert für die Polarisierbarkeit kann der rechten Skala von Abb. 6–28 entnommen werden. Da die Beziehung (6–414) den Parameter C_2 aus dem $E2$-Übergangsmoment bestimmt, setzt der Ausdruck (6–415) ein konstantes Verhältnis von Ladung und Masse im Bereich der Kerndeformation voraus (siehe Gl. (6–61)). In den meisten Fällen überwiegt der Beitrag der niederfrequenten Anregung zur Polarisierbarkeit den Beitrag aus den Anregungen abgeschlossener Schalen beträchtlich (siehe Tab. 6–8). Er dominiert deshalb in der gesamten Quadrupolpolarisierbarkeit.

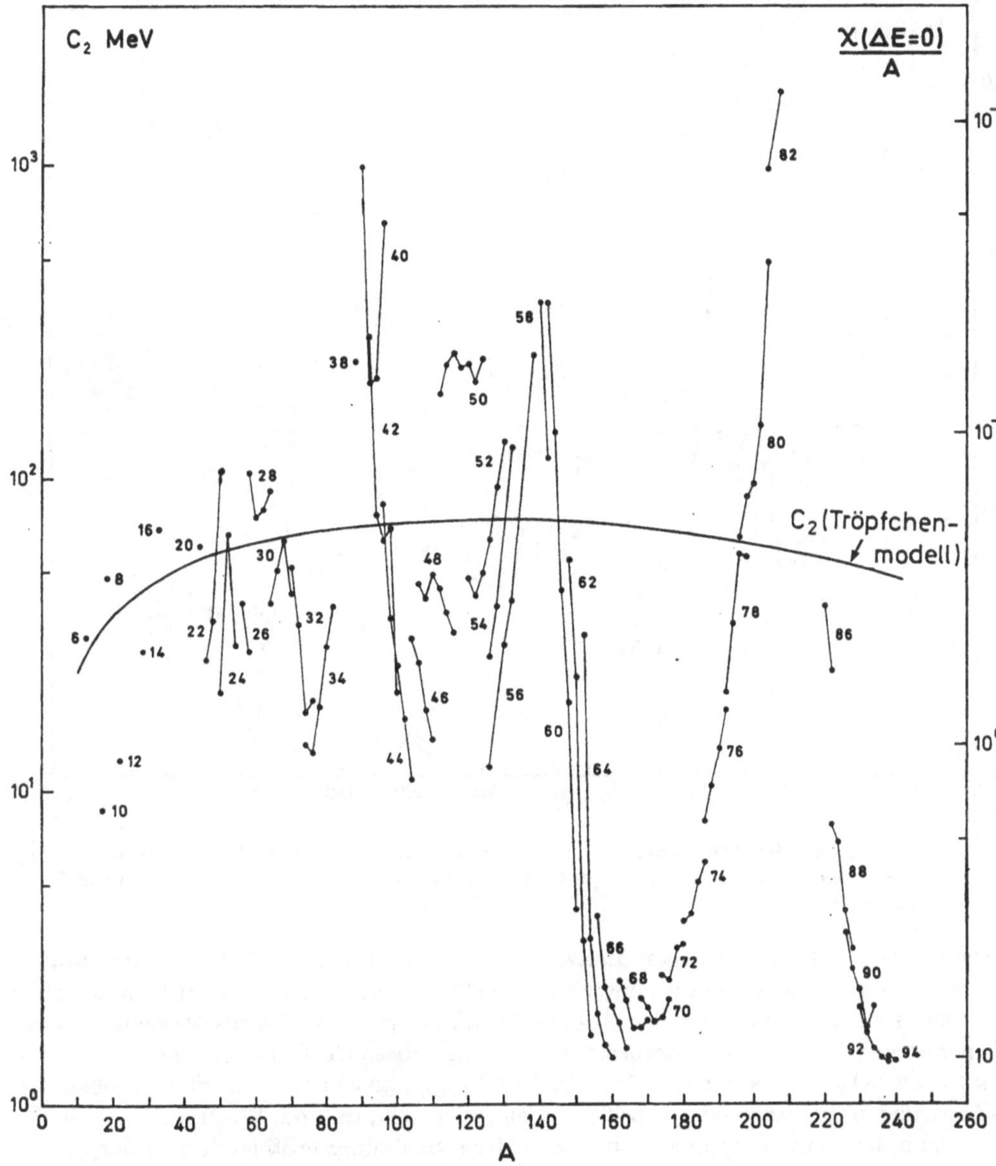

Abb. 6–28 Systematik des Parameters C_2 der Rückstellkraft für die niederfrequente Quadrupolschwingung. Die Größe C_2 wurde nach Gl. (6–414) mit $R = 1{,}2A^{1/3}$ fm berechnet. Die Frequenzen $\hbar\omega_2$ und die $B(E2)$-Werte sind der Zusammenstellung von Stelson und Grodzins (1965) entnommen; siehe auch Abb. 2–17, Band I, S. 206—207, und Abb. 4–5, S. 38. Zusätzliche Daten über leichte Kerne wurden Tab. 4–15, S. 115, und der Übersicht von Skorka u. a., 1967, entnommen. Die Interpretation der aufgetragenen Größe als Rückstellkraft ist nur bei harmonischen Schwingungen um ein sphärisches Gleichgewicht möglich. Die Größe stellt allgemeiner die durch die niedrigste 2^+-Anregung hervorgerufene und durch den Maßstab auf der rechten Seite angegebene Quadrupolpolarisierbarkeit dar.

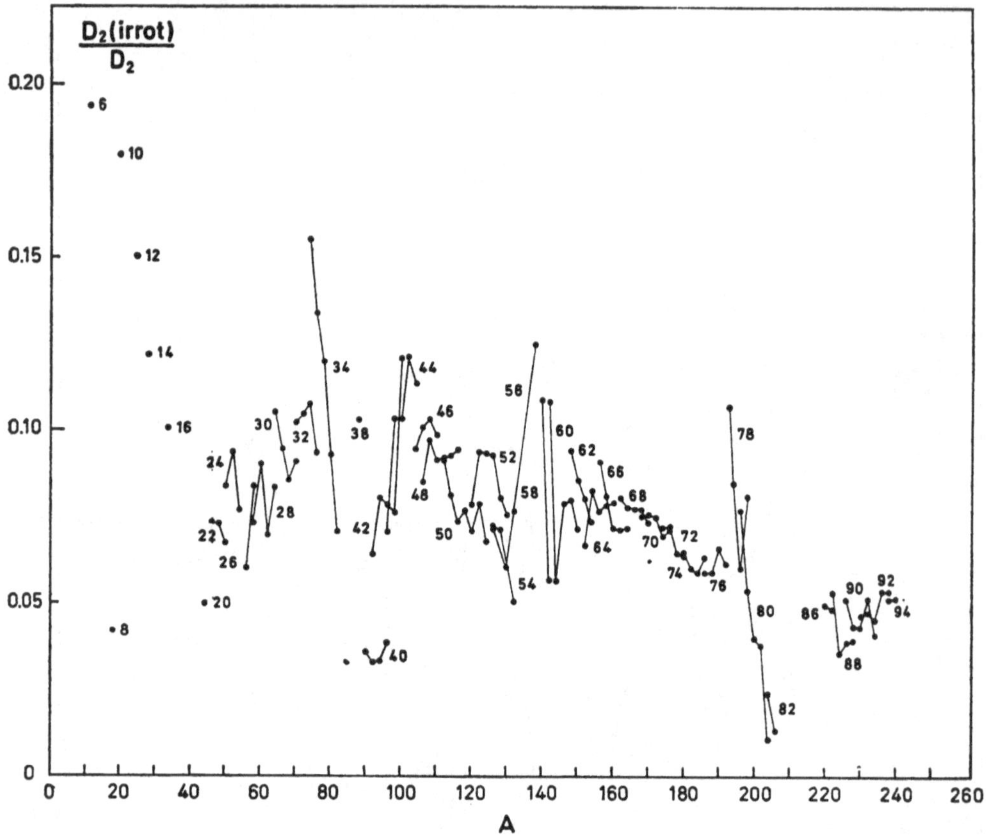

Abb. 6–29 Systematik des Massenparameters D_2 für die niederfrequente Quadrupolschwingung. Die Größe D_2 wurde nach Gl. (6–414) mit den im Text zu Abb. 6–28 genannten Daten berechnet.

Die aus Gl. (6–414) erhaltenen Massenparameter sind in Abb. 6–29 in Einheiten des Massenparameters D_2(irrot) für eine wirbelfreie Strömung (siehe Gl. (6–181)) angegeben. Während die Interpretation der in Abb. 6–29 aufgetragenen Größe als Massenparameter harmonische Schwingungen voraussetzt, kann man diese Größe allgemeiner als Teil der klassischen Oszillatorsumme $S(\tau = 0, \lambda = 2)_{\text{klass.}}$ ansehen, den die beobachtete 2^+-Anregung trägt (siehe Gl. (6–183)). Es ist ersichtlich, daß die Werte von D_2 im Vergleich zum Massenparameter für eine wirbelfreie Strömung groß sind, weil der Hauptteil der Oszillatorstärke mit der hochfrequenten Quadrupolanregung verknüpft ist. Die Oszillatorstärke in der niederfrequenten Anregung wächst, wenn Teilchen in nichtaufgefüllten Schalen hinzugefügt werden. Sie erreicht für Konfigurationen im Übergangsgebiet zu nichtsphärischen Gleichgewichtsformen Werte von größenordnungsmäßig 10% der Summenregeleinheit. Dieser Wert der Oszillatorstärke ist mit dem Schätzwert im vorangegangenen Beispiel vergleichbar; siehe Gl. (6–399). (Bei deformierten Kernen stellt die in Abb. 6–29 aufgetragene Größe die Oszillatorstärke dar, die von der Rotationsanregung getragen wird; ausgedrückt durch den in Gl. (6–188) definierten Massenparameter der Rotation D_{rot} wird die Oszillatorstärke in Abb. 6–29 gleich $2D_2\,(\text{irrot})/5D_{\text{rot}}$; siehe Gl. (6–187).)

Überlagerung von Elementaranregungen (*Abb. 6–30 bis 6–37*; *Tab. 6–10 bis 6–13*)

Es liegen umfangreiche Daten vor, die die Überlagerung von Quadrupolquanten zu höheren Anregungen in gg-Kernen sowie die Überlagerung von Quadrupolquanten und Quasiteilchen in den Spektren von ungeraden Kernen betreffen. Bei gg-Kernen findet man, daß der Zustand $n = 1$, $I\pi = 2^+$ mit höheren Zuständen, die näherungsweise als $n = 2$-Anregungen interpretiert werden können, durch große $E2$-Matrixelemente ver-

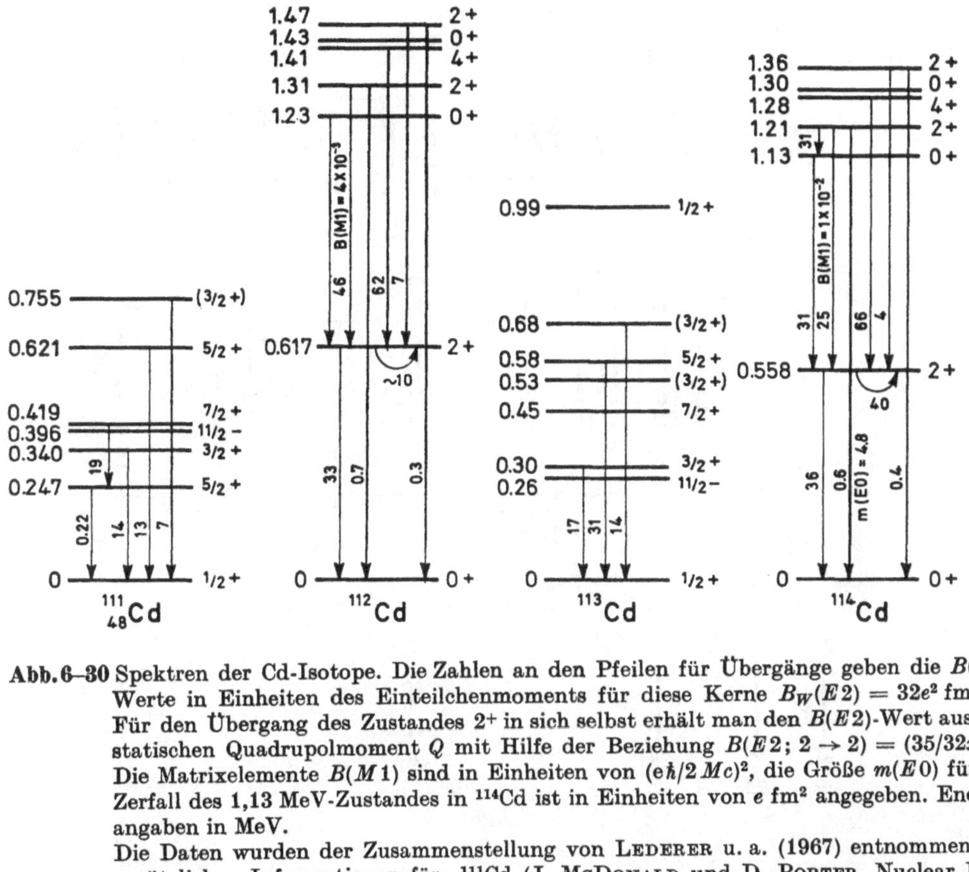

Abb. 6–30 Spektren der Cd-Isotope. Die Zahlen an den Pfeilen für Übergänge geben die $B(E2)$-Werte in Einheiten des Einteilchenmoments für diese Kerne $B_W(E2) = 32e^2\,\mathrm{fm}^4$ an. Für den Übergang des Zustandes 2^+ in sich selbst erhält man den $B(E2)$-Wert aus dem statischen Quadrupolmoment Q mit Hilfe der Beziehung $B(E2;\, 2 \to 2) = (35/32\pi)\, Q^2$. Die Matrixelemente $B(M1)$ sind in Einheiten von $(e\hbar/2\,Mc)^2$, die Größe $m(E0)$ für den Zerfall des 1,13 MeV-Zustandes in ^{114}Cd ist in Einheiten von $e\,\mathrm{fm}^2$ angegeben. Energieangaben in MeV.
Die Daten wurden der Zusammenstellung von Lederer u. a. (1967) entnommen, mit zusätzlichen Informationen für: ^{111}Cd (J. McDonald und D. Porter, Nuclear Phys. **A 109**, 529 (1968)); ^{112}Cd und ^{114}Cd (F. K. McGowan, R. L. Robinson, P. H. Stelson und J. L. C. Ford Jr., Nuclear Phys. **66**, 97 (1965); W. T. Milner, F. K. McGowan, P. H. Stelson, R. L. Robinson und R. O. Sayer, Nuclear Phys. **A 129**, 687 (1969); siehe auch die Übersicht von Groshev u. a., 1968). Das Quadrupolmoment des 2^+-Zustandes in ^{114}Cd ($Q = -60\,\mathrm{fm}^2$) stammt aus der Übersicht von de Boer und Eichler (1968); es bestehen aber ungeklärte Diskrepanzen zwischen verschiedenen experimentellen Werten für diese Größe (siehe z. B. Berant u. a., 1972). Der $B(E2;\, 2 \to 2)$-Wert für ^{112}Cd folgt aus dem von S. G. Steadman, A. M. Kleinfeld, G. G. Seaman, J. de Boer und D. Ward, Nuclear Phys. **A 155**, 1 (1970), gemessenen Verhältnis der Momente für ^{114}Cd und ^{112}Cd.

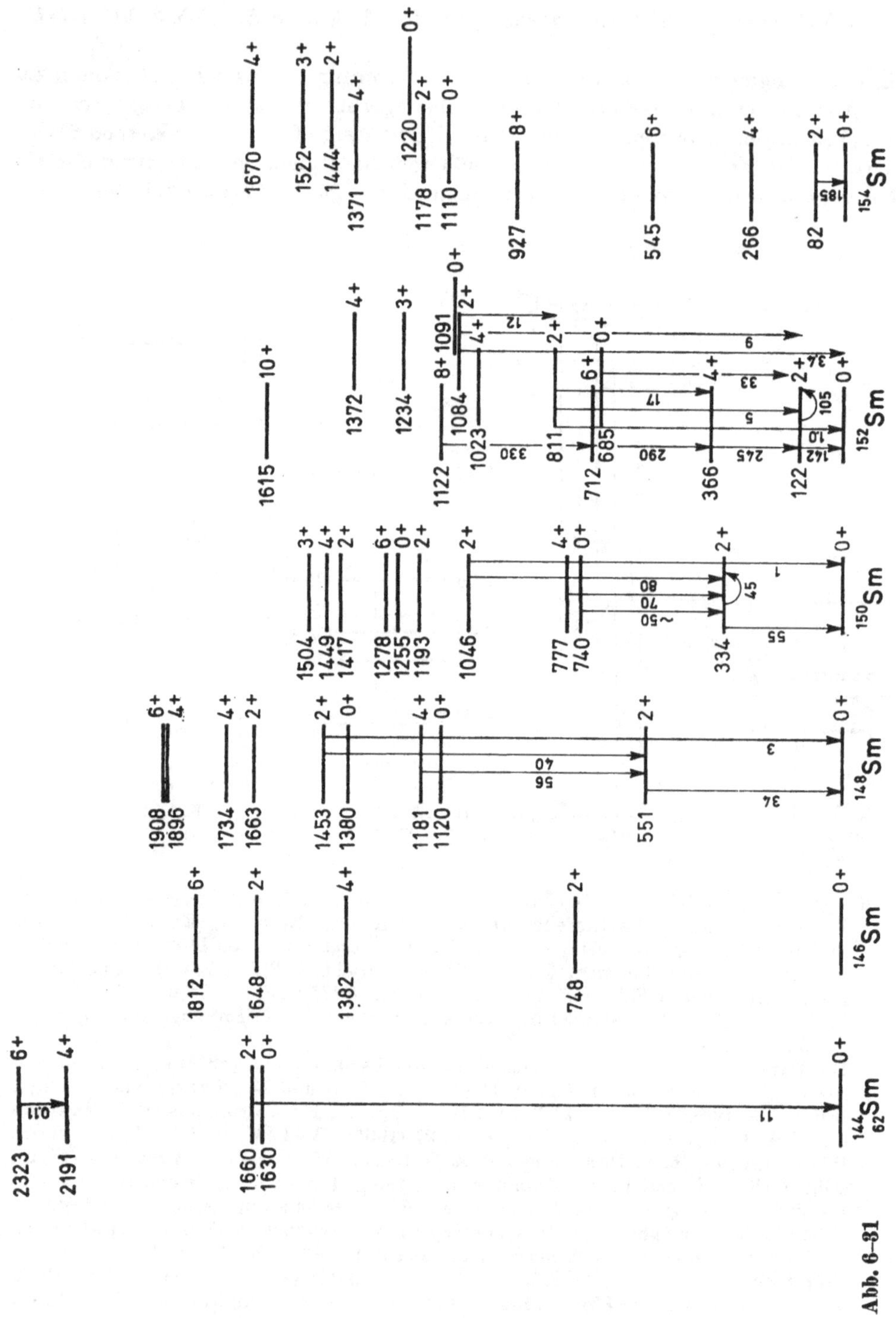

Abb. 6-31

bunden ist. In vielen Fällen wurden alle Niveaus des erwarteten Tripletts ($I\pi = 0^+$, 2^+, 4^+) nachgewiesen, in anderen Fällen sind nur einige Glieder des Tripletts bekannt, die restlichen Zustände wurden in den bisherigen experimentellen Untersuchungen aber nicht beobachtet. Die Abbn. 6–30, 6–31 und 6–32 zeigen Beispiele für $n = 2$-Zustände. Für die Zustände mit $n > 2$ ist die Information sehr unvollständig; aber die Yrast-Zustände der Schwingungsbande ($I = 2n$) mit ziemlich großen Werten von n wurden bei vielen Kernen mit Hilfe von (schweres Ion, $xn\gamma$)-Reaktionen gefunden; siehe Abb. 6–33.

Bei Kernen mit ungerader Massenzahl beobachtet man ganz allgemein $E2$-Übergänge mit Stärken und Frequenzen, die mit den entsprechenden Werten in benachbarten gg-Kernen vergleichbar sind (siehe z. B. Abb. 6–30). Das Schema dieser Anregungen läßt sich in vielen Fällen qualitativ erklären als Überlagerung eines Quasiteilchens mit dem Spin $I_0 = j$ und eines Quadrupolquants, die ein Multiplett von Zuständen mit $I = |I_0 - 2|, \ldots, I_0 + 2$ ergibt.

Bei den Spektren sowohl der gg-Kerne als auch der Kerne mit ungerader Massenzahl äußern sich in den Energien und den $E2$-Matrixelementen ziemlich starke Abweichungen von der Näherung unabhängiger Elementaranregungen (siehe Abb. 6–30 bis 6–33). Das Auftreten solch großer anharmonischer Effekte erwartet man, wie oben diskutiert,

←

Abb. 6–31 Spektren der Zustände mit gerader Parität in gg-Samariumisotopen (wegen der Niveaus mit ungerader Parität siehe Abb. 6–44, S. 498). Die Zahlen an den Pfeilen für die Übergänge geben die $B(E2)$-Werte in Einheiten des Einteilchenmoments für diese Kerne $B_W(E2) = 48e^2\,\text{fm}^4$ an. Die $B(E2; 2 \to 2)$-Werte folgen aus den statischen Quadrupolmomenten (siehe den Text zu Abb. 6–30); das Vorzeichen des Moments ist sowohl für ^{152}Sm als auch für ^{150}Sm negativ. Alle Energien sind in keV angegeben.
Die Spektren von ^{152}Sm und ^{154}Sm lassen sich recht gut als Rotationsbanden beschreiben, die einer axialsymmetrischen Deformation entsprechen; die zu den verschiedenen Banden gehörenden Niveaus sind horizontal gegeneinander versetzt gezeichnet.
Die experimentellen Werte wurden der Zusammenstellung von Sakai (1970) und folgenden Arbeiten entnommen: ^{144}Sm (J. Kownacki, H. Ryde, V. O. Sergejev und Z. Sujkowski, Nuclear Phys. **A196**, 498 (1972)); ^{148}Sm (B. Harmatz und T. H. Handley, Nuclear Phys. **A121**, 481 (1968); D. J. Buss und R. K. Smithers, Phys. Rev. **C2**, 1513 (1970)); (α, 2n)-Reaktionen zu ^{152}Sm und ^{154}Sm (H. Morinaga, Nuclear Phys. **75**, 385 (1966); O. Lönsjö und G. B. Hagemann, Nuclear Phys. **88**, 624 (1966)); (t, p)-Reaktionen an ^{150}Sm (S. Hinds, J. H. Bjerregaard, O. Hansen und O. Nathan, Phys. Letters **14**, 48 (1965)); (t, p)-Reaktionen an ^{152}Sm (J. H. Bjerregaard, O. Hansen, O. Nathan und S. Hinds, Nuclear Phys. **86**, 145 (1966)); Untersuchung von (p, t)-Reaktionen (Y. Ishizaki, Y. Yoshida, Y. Saji, T. Ishimatsu, K. Yagi, M. Matoba, C. Y. Huang und Y. Nakajima, Contributions to International Conference on Nuclear Structure (Tokyo), 1967, S. 133); Coulomb-Anregungen (J. J. Simpson, D. Eccleshall, M. J. L. Yates und N. J. Freeman, Nuclear Phys. **A94**, 177 (1967); I. A. Fraser, J. S. Greenberg, S. H. Sie, R. G. Stockstad und D. A. Bromley, Contributions to International Conference on Properties of Nuclear States (Montreal), 1969, S. 13–14; G. B. Hagemann, B. Herskind, M. C. Olesen und B. Elbek, Contributions to International Conference on Properties of Nuclear States (Montreal), 1969, S. 29); Lebensdauermessungen in ^{152}Sm (R. M. Diamond, F. S. Stephens, R. Nordhagen and K. Nakai, Contributions to International Conference on Properties of Nuclear States (Montreal), 1969, S. 7); (n, γ)-Reaktionen zu ^{150}Sm (Übersicht von Groshev u. a., 1968).

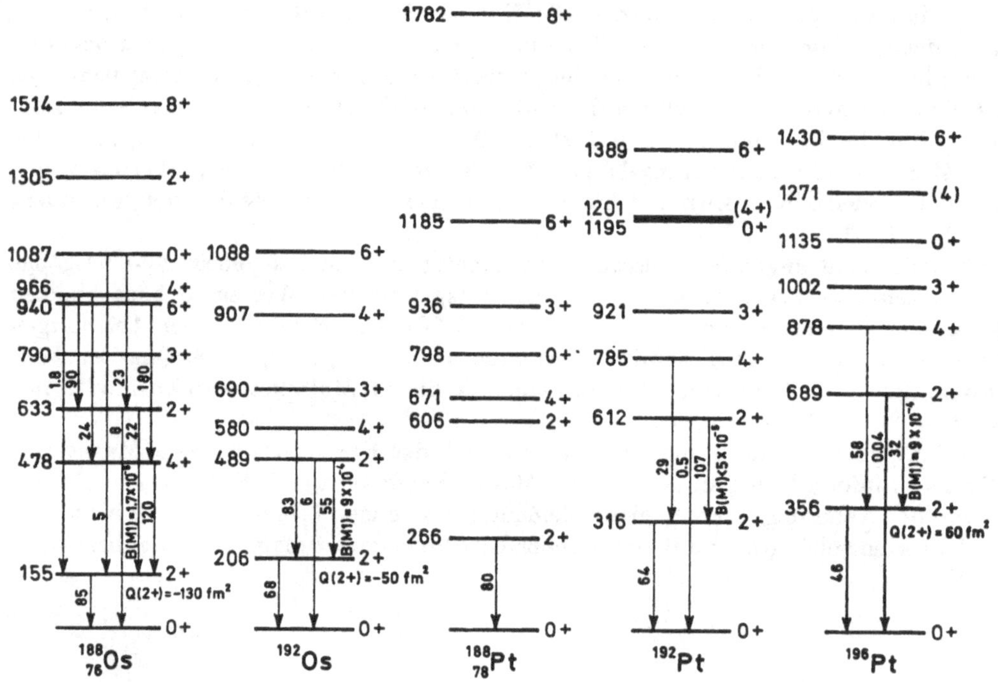

Abb. 6–32 Quadrupol-Vibrationsspektren von gg-Kernen im Massenzahlbereich $A \approx 190$. Die Zahlen an den Pfeilen für die Übergänge geben die $B(E2)$-Werte in Einheiten des Einteilchenwertes für diese Kerne $B_W(E2) = 65e^2\,\mathrm{fm}^4$ an. Die $B(M1)$-Werte sind in Einheiten von $(e\hbar/2Mc)^2$ angegeben. Die Daten wurden der Zusammenstellung von LEDERER u. a. (1967) und folgenden Arbeiten entnommen: Spektrum von ^{188}Pt (B. R. ERDAL, M. FINGER, R. FOUCHER, J. P. HUSSON, J. JASTRZEBSKI, A. JOHNSON, N. PERRIN, R. HENCK, R. REGAL, P. SIFFERT, G. ASTNER, A. KJELBERG, P. PATZELT, A. HÖGLUND und S. MALMSKOG, International Conference on Properties of Nuclei Far from the Region of Beta-Stability, CERN 70-30, Genf 1970, S. 1031); Quadrupolmoment in ^{196}Pt (J. E. GLENN, R. J. PRYOR und J. X. SALADIN, Phys. Rev. 188, 1905 (1969)); COULOMB-Anregung der Pt-Isotope (W. T. MILNER, F. K. MCGOWAN, R. L. ROBINSON, P. H. STELSON und R. O. SAYER, Nuclear Phys. A177, 1 (1971)); COULOMB-Anregung der Os-Isotope (R. F. CASTEN, J. S. GREENBERG, S. H. SIE, G. A. BURGINYON und D. A. BROMLEY, Phys. Rev. 187, 1532 (1969)); Quadrupolmomente der Os-Isotope (S. A. LANE und J. X. SALADIN, Phys. Rev. C6, 613 (1972)).

aufgrund der Analyse der Feldkopplung, die zwischen den Teilchen in nichtaufgefüllten Schalen wirkt (S. 449ff.).

In den folgenden Abschnitten des vorliegenden Beispiels untersuchen wir, in welchem Maße die beobachteten Erscheinungen der Anharmonizität durch die Effekte führender Ordnung der Teilchen-Vibrationskopplung erklärt werden können. In günstigen Fällen sollte ein solches Vorgehen eine quantitative Beschreibung liefern; in vielen Fällen sind die auftretenden Anharmonizitäten aber so stark, daß es erforderlich wird, Glieder höherer Ordnung mitzunehmen.

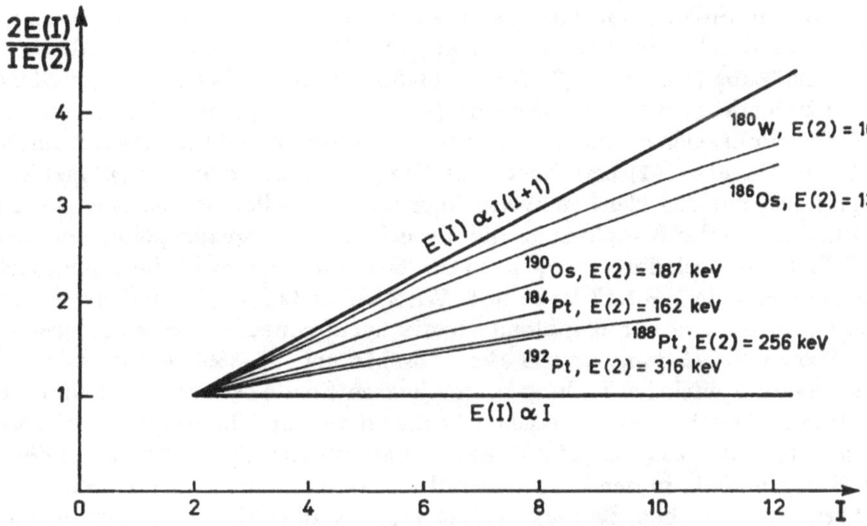

Abb. 6–33 Yrast-Spektrum der gg-Kerne im Massenzahlbereich $180 \lessgtr A \lessgtr 190$. Die experimentellen Werte wurden den Zusammenstellungen von Sakai (1970) und Saethre u. a. (1973) entnommen.

Effektive Ladung

Die Teilchen-Vibrationskopplung äußert sich unmittelbar in der effektiven Ladung für Quadrupolmomente und $E2$-Übergänge, die Einteilchenkonfigurationen enthalten. In Tab. 6–10 sind Beispiele für solche $E2$-Matrixelemente bei Einteilchen- oder Einlochkonfigurationen, bezogen auf die abgeschlossene Schale mit $Z = 50$, aufgeführt. Bei diesen Spektren lassen sich der Grundzustand von In($I\pi = 9/2^+$) und die niedrigliegenden Zustände $I\pi = 5/2^+$ und $7/2^+$ von Sb recht gut als Einlochzustand ($g_{9/2}^{-1}$) bzw. als Einteilchenzustände ($d_{5/2}$ und $g_{7/2}$) beschreiben. (Siehe z. B. die Angaben über Einteilchen-

Tab. 6–10 Effektive Ladungen für $E2$-Übergänge in In und Sb. Die experimentellen Daten in Spalte zwei wurden aus der Zusammenstellung von Kernmomenten von Fuller und Cohen (1969) und aus Messungen der Coulomb-Anregungen in ^{123}Sb von P. D. Barnes, C. Ellegaard, B. Herskind und M. C. Joshi, Phys. Letters **23B**, 266 (1966), entnommen. Die Quadrupolmomente der Sb-Isotope stammen aus Messungen von Atomspektren; Atomstrahlmessungen ergeben um etwa einen Faktor 2 kleinere Werte (Fuller und Cohen, a. a. O.). Wegen des Quadrupolmoments von ^{115}In siehe auch Lee u. a. (1969).

Kern	Matrixelement e fm²	$\langle j_2 \| r^2 \| j_1 \rangle$ fm²	$\langle j_2 \| k \| j_1 \rangle$ MeV	e_{eff}/e	
				beob.	berech.
^{115}In	$Q(g_{9/2}^{-1}) = 83$	26	68	4,4	5,4
^{121}Sb	$Q(d_{5/2}) = -53$	24	58	3,9	5,0
^{123}Sb	$Q(g_{7/2}) = -68$	23	58	4,4	5,2
	$\|\langle g_{7/2} \| \mathscr{M}(E2) \| d_{5/2} \rangle\| = 19$	14	47	4,5	6,7

Transferprozesse an Sn-Targets, BARNES u. a., 1966.) Die effektiven Ladungen in Tab. 6–10 wurden durch Division der beobachteten Momente (Spalte 2) durch die Einteilchenabschätzung (siehe Gln. (3–27) und (3–32)) erhalten. Das in den Einteilchenmomenten auftretende Radialmatrixelement $\langle j_2 | r^2 | j_1 \rangle$ ist in Spalte 3 angegeben; es wurde mit Wellenfunktionen in einem WOODS-SAXON-Potential mit Standardparametern (siehe Band I, S. 251 und 341) berechnet. Das Kopplungsmatrixelement $\langle j_2 | k(r) | j_1 \rangle$ in Spalte 4 ergibt sich mit den gleichen Wellenfunktionen und Potentialen aus dem Ausdruck (6–213). Die aus der Kopplung an die niederfrequenten Quadrupolschwingungen resultierende Polarisationsladung wurde nach Gl. (6–218) mit den bei ^{120}Sn beobachteten Werten für Frequenz ($\hbar\omega_2 = 1{,}17$ MeV) und $B(E2)$-Wert ($2{,}0 \cdot 10^3 e^2\,\mathrm{fm}^4$) abgeschätzt (STELSON u. a., 1970). Die der Kopplung an die hochfrequenten Schwingungen entsprechende Polarisationsladung wurde der Abschätzung (6–386) entnommen. Die abgeschätzte gesamte effektive Ladung in der letzten Spalte enthält die Ladung des nackten Teilchens. Der Vergleich zwischen beobachteten und berechneten effektiven Ladungen in Tab. 6–10 weist darauf hin, daß die angenommene Kopplung annähernd die richtige Größe besitzt; in den experimentellen Daten scheint jedoch eine beträchtliche Unsicherheit zu bestehen. Es muß auch erwähnt werden, daß die Kopplung ziemlich stark ist; die durch Gl. (6–212) gegebene dimensionslose Kopplungskonstante hat für $\langle k \rangle \approx 60$ MeV den Wert $f_2 \approx 0{,}8$. Deshalb kann die Behandlung in erster Störungsordnung das induzierte Quadrupolmoment etwas überschätzen.

Die in Tab. 6–10 betrachteten Beispiele sind insofern etwas speziell, als die Protonkonfiguration aus einem einzelnen Teilchen außerhalb abgeschlossener Schalen besteht. Wenn die Konfiguration einer ungeraden Teilchenzahl mehrere Teilchen außerhalb abgeschlossener Schalen enthält, dann werden die Einteilchenfreiheitsgrade durch Quasiteilchenzustände ausgedrückt. Die $E2$-Matrixelemente zwischen Einquasiteilchenzuständen können gegenüber dem Einteilchenwert stark reduziert sein. Dies entspricht der Tatsache, daß Quasiteilchen Kombinationen aus Teilchen und Löchern darstellen, die für das $E2$-Moment ein entgegengesetztes Vorzeichen ergeben (siehe den Faktor $u_1 u_2 - v_1 v_2$ in Gl. (6–610a)). In einer solchen Situation kann die Abschätzung des $E2$-Moments für niedrigliegende Zustände empfindlich von den Einzelheiten des Einteilchenspektrums abhängen.

Einteilchen-Transferreaktionen, die zu Vibrationsanregungen führen

Die Teilchen-Vibrationskopplung läßt sich auch durch Einteilchentransferprozesse testen, bei denen ein Schwingungsquant angeregt wird. Bei einer Transferreaktion an einem Targetkern mit ungerader Massenzahl, die zu dem Vibrationszustand 2^+ im gg-Endkern führt, treten die in Abb. 6–34 dargestellten beiden Amplituden auf; diese Amplituden werden ähnlich berechnet wie die in Abschnitt 6–5c betrachteten Transferamplituden. Unter Berücksichtigung von Paarkorrelationseffekten (siehe Gln. (6–599) und (6–610)) erhält man den Abstammungsfaktor

$$\begin{aligned}\langle n_2 = 1 \| a^\dagger(j_2) \| \mathrm{v} = 1, j_1 \rangle &= (2j_1 + 1)^{1/2}\, h(j_1 . j_2 \lambda = 2) \\ &\times \left(u(j_2) \frac{u(j_1)\, v(j_2) + v(j_1)\, u(j_2)}{E(j_1) + E(j_2) - \hbar\omega} + v(j_2) \frac{u(j_1)\, u(j_2) - v(j_1)\, v(j_2)}{E(j_2) - E(j_1) + \hbar\omega} \right). \end{aligned} \tag{6–416}$$

Tab. 6–11 Paarparameter der Neutronenkonfigurationen in ^{111}Cd. Die Quasiteilchenenergien E und Besetzungsparameter u und v wurden mit dem chemischen Potential $\lambda = 1{,}4$ MeV und dem Spaltparameter $\Delta = 1{,}25$ MeV berechnet.

Bahn	ε (MeV)	E (MeV)	u	v
$d_{5/2}$	0,2	1,73	0,39	0,92
$g_{7/2}$	0,8	1,39	0,53	0,85
$s_{1/2}$	2,2	1,48	0,88	0,48
$h_{11/2}$	2,8	1,88	0,93	0,36
$d_{3/2}$	4,6	3,44	0,98	0,19

Tab. 6–12 Einteilchen-Transferreaktion vom ^{111}Cd-Grundzustand ($j_1 = s_{1/2}$) zum 2^+-Vibrationszustand von ^{112}Cd. Der beobachtete Abstammungsfaktor wurde aus den von P. D. Barnes, J. R. Comfort und C. K. Bockelman, Phys. Rev. **155**, 1319 (1967), angegebenen experimentellen Querschnitten der Reaktion ^{111}Cd(d, p) ^{112}Cd und deren Analyse erhalten. Diese Autoren interpretieren diese Querschnitte auch auf der Grundlage einer Teilchen-Vibrationskopplung mit im wesentlichen den gleichen Ergebnissen, wie sie die vorliegende Analyse liefert.

j_2	$\langle j_2 \| k \| j_1 \rangle$. MeV	$\langle n_2 = 1 \|\| a^\dagger(j_2) \|\| \nu = 1, j_1 \rangle$		$\langle n_2 = 1 \|\| a^\dagger(j_2) \|\| \nu = 1, j_1 \rangle^2$	
		Term a	Term b	berech.	beob.
$d_{3/2}$	45	−0,31	−0,12	0,18	0,36
$d_{5/2}$	45	−0,40	0,25	0,02	

Befindet sich das Target im Grundzustand, dann ist das relative Vorzeichen der beiden Amplituden positiv, wenn $u(j_1)\,u(j_2) - v(j_1)\,v(j_2) > 0$ gilt, was einem teilchenartigen Übergang zwischen den Zuständen j_1 und j_2 entspricht.

Als ein Beispiel für die Anwendung von Gl. (6–416) betrachten wir die Intensität, mit der die $n_2 = 1$-Zustände von ^{112}Cd bei einer (d, p)-Reaktion besiedelt werden (siehe das Spektrum der Cd-Isotope in Abb. 6–30). Das bei der Analyse angenommene Einteilchenspektrum und die damit verknüpften Quasiteilchenenergien (siehe Gl. (6–602)) und Paarkoeffizienten (siehe Gl. (6–601)) sind in Tab. 6–11 angegeben. Der Paarparameter Δ wurde aus der empirischen ungerade-gerade-Massendifferenz (siehe Abb. 2–5, Band I, S. 179) entnommen. Das chemische Potential λ wurde so gewählt, daß die Gesamtzahl der Neutronen im Grundzustand $N = 63$ ist (siehe Gl. (6–611)). Das verwendete Einteilchenspektrum beruht auf der Systematik der Spektren ungerader Kerne im Gebiet $N \approx 60-70$ und ist etwas unsicher.

In Tab. 6–12 wird der Schätzwert (6–416) des Abstammungsfaktors mit dem aus (d, p)-Wirkungsquerschnitten abgeleiteten empirischen Wert verglichen. Das Radialmatrixelement $\langle j_2 |\, k(r)\, | j_1 \rangle$ in Spalte 2 wurde mit dem Woods-Saxon-Standardpotential (siehe Band I, S. 251 und 341) berechnet. Die Schwingungsamplitude $\left((\hbar\omega_2/2C_2)^{1/2} = 8 \cdot 10^{-2}\right)$ wurde aus den in Abb. 6–30 angegebenen Daten abgeleitet. Die Amplituden in den Spalten 3 und 4 entsprechen den beiden Diagrammen in Abb. 6–34. Die berechneten und beobachteten Transferintensitäten stimmen innerhalb eines Faktors 2 überein. Diese Übereinstimmung ist so gut, wie man angesichts der Unsicherheiten in den Parametern E, u, v und bei der Analyse des beobachteten Querschnitts zur Bestimmung des reduzierten Matrixelements von $a^\dagger(j_2)$ überhaupt erwarten konnte. Der beobachtete Wirkungsquerschnitt unterscheidet nicht zwischen $d_{3/2}$- und $d_{5/2}$-Transfer; aus den theoretischen Abschätzungen folgt aber, daß der $d_{3/2}$-Transfer überwiegt.

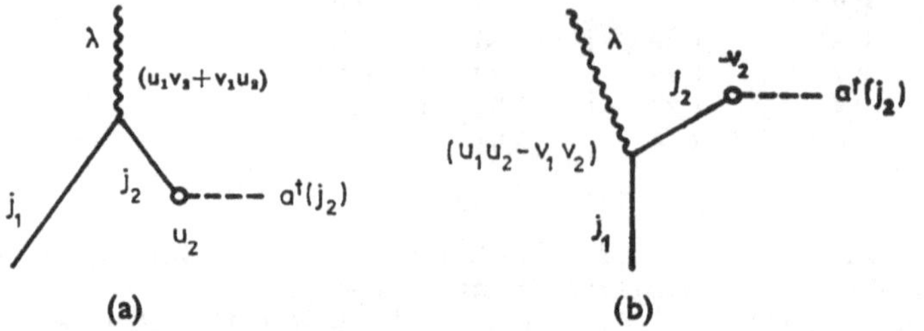

Abb. 6–34 Amplituden für eine Einteilchen-Transferreaktion, die zur Vibrationsanregung führt. Die an den Vertices auftretenden Faktoren stellen den Einfluß der Paarkorrelationen dar.

E2-Matrixelemente mit $\Delta n = 0$ und $\Delta n = 2$

In harmonischer Näherung sind die $E2$-Matrixelemente im Vibrationsspektrum durch die Auswahlregel $\Delta n = 1$ bestimmt (siehe S. 300). Das Verbot des $\Delta n = 2$-Übergangs $n = 2$, $I = 2 \to n = 0$ ist ein systematisches Merkmal der empirischen Daten (siehe die Beispiele in den Abb. 6–30, 6–31 und 6–32).[1]) Belege für das $\Delta n = 0$-Matrixelement, das das statische Quadrupolmoment für den ersten angeregten 2^+-Zustand ergibt, sind durch die Entwicklung der Experimentiertechnik zur Untersuchung der Mehrfach-Coulomb-Anregung verfügbar geworden (de Boer u. a., 1965). Man findet, daß diese Matrixelemente üblicherweise etwa so groß sind wie die $\Delta n = 1$-Übergangsmomente und daher eine wesentliche Verletzung der Auswahlregel führender Ordnung darstellen (siehe Abb. 6–30 bis 6–32).

Das Auftreten statischer Momente, die etwa so groß sind wie die Übergangsmomente, wurde bereits als ein charakteristisches Merkmal der niederfrequenten Quadrupolschwingung diskutiert, das mit der Tendenz zur Instabilität der sphärischen Form beim Hinzufügen von Teilchen in nicht abgeschlossenen Schalen zusammenhängt (siehe S. 449ff.). Das unterschiedliche Verhalten der $\Delta n = 2$-Momente läßt sich qualitativ erklären als Einfluß des anharmonischen Terms führender Ordnung in der potentiellen Energie der Schwingung, der zu $(\alpha_2\alpha_2\alpha_2)_0$ proportional ist und das Verhältnis $-3\sqrt{2}$ für die reduzierten Matrixelemente $\langle n = 1, I = 2 \| \mathcal{M}(E2) \| n = 1, I = 2\rangle$ sowie $\langle n = 2, I = 2 \| \mathcal{M}(E2) \| n = 0\rangle$ (siehe Gl. (6–425)) liefert, was einem Faktor 18 für das Verhältnis der reduzierten Übergangswahrscheinlichkeiten entspricht. Ein ziemlich großer Wert für das Verhältnis der Matrixelemente läßt sich als Frequenzabhängigkeit der Quadrupolpolarisierbarkeit verstehen, die mit der niederfrequenten Anregung selbst verbunden ist; für das statische Moment ist $\chi(\Delta E = 0)$ die geeignete Polarisierbarkeit

[1]) Diese Auswahlregel wurde in der Anfangszeit der Kernspektroskopie als ein auffallendes Merkmal der Spektren von gg-Kernen erkannt (Kraushaar und Goldhaber, 1953).

(siehe S. 451), während der Polarisierbarkeitskoeffizient für den $\Delta n = 2$-Übergang $\chi(\Delta E = 2\hbar\omega_2) = -\frac{1}{3}\chi(\Delta E = 0)$ ist (siehe (Gl. 6–216)); der zusätzliche Faktor $\sqrt{2}$ ergibt sich aus der Abzählung der Diagramme und der Berücksichtigung des Bosonenfaktors (siehe Abb. 6–37a).

Teilchen-Phonon-Wechselwirkung. Besondere Begünstigung der Zustände mit $I = j - 1$

Bei den Spektren ungerader Kerne besitzen die Zustände mit einem Schwingungsquant üblicherweise Energien und Übergangswahrscheinlichkeiten, die von den entsprechenden Werten für nichtwechselwirkende Anregungen wesentlich abweichen (siehe Beispiele in Abb. 6–30). Die Teilchen-Phonon-Wechselwirkung, die sich aus der in zweiter Ordnung wirkenden Teilchen-Vibrationskopplung ergibt, ruft ziemlich große Energieverschiebungen hervor; aber die Anharmonizität in der Schwingungsbewegung selbst kann zu weiteren Effekten vergleichbarer Größe führen, die in der Teilchen-Vibrationskopplung als Glieder höherer Ordnung auftreten. Wenn das Phonon ein mit dem Übergangsmoment vergleichbares statisches Quadrupolmoment besitzt, dann muß man die Wechselwirkung zwischen diesem Moment und dem Moment des Quasiteilchens berücksichtigen. (Siehe die Analyse des entsprechenden Terms für ein Oktupolphonon auf S. 496.)

Trotz der Komplexität der Quadrupolspektren ungerader Kerne ist es möglich, ein sehr auffälliges Merkmal nachzuweisen, das sich durch die Teilchen-Vibrationskopplung qualitativ einfach erklären läßt. Man findet mit großer Regelmäßigkeit, daß bei Kernen mit ungeradem N (oder ungeradem Z) und mehreren Neutronen (oder Protonen) außerhalb abgeschlossener Schalen sehr niedrigliegende Zustände mit $I = j - 1$ auftreten, wobei j ($\geq 5/2$) der Drehimpuls eines Quasiteilchens in der Nähe der FERMI-Grenze ist. (Siehe z. B. die Zustände $I\pi = 7/2^+$ in Abb. 2–24, Band I, S. 237, bei Kernen mit N oder Z gleich 43, 45 und 47, für die die $g_{9/2}$-Schale aufgefüllt wird.)[1]

Die führende Ordnung der Teilchen-Phonon-Wechselwirkung wird durch die Diagramme in Abb. 6–10, S. 363, veranschaulicht. Für $j_1 = j_2 = j$ sind die Diagramme in den Abb. 6–10a und b immer repulsiv und wirken nur im Zustand $I = j$ (siehe Gl. (6–224)). Die Abb. 6–10c und d führen auf die gleiche Struktur der Aufspaltungen inner-

[1]) Das systematische Auftreten dieser „anomalen" Zustände bei Konfigurationen mit mehreren äquivalenten Teilchen wurde von GOLDHABER und SUNYAR (1951) bei der Erklärung der „Inseln der Isomerie" bemerkt. Die Interpretation dieser Zustände spielte anfangs bei der Diskussion der Kopplungsschemata für Kerne eine wichtige Rolle, weil man feststellte, daß kurzreichweitige anziehende Kräfte bei $(j)^n$-Konfigurationen die Singulett-Zustände mit $I = j$ bevorzugen (MAYER, 1950a), die durch die Seniorität $v = 1$ charakterisiert werden (RACAH, 1950). Für $(j)^3$-Konfigurationen mit $j \geq 5/2$ und bei Kräften mit hinreichend großer Reichweite fand man, daß der Zustand $I = j - 1$ nahe bei oder sogar unter dem $I = j$-Zustand liegen kann (KURATH, 1950). Die Kopplung an Quadrupoldeformationen könnte eine alternative Erklärung darstellen; bei sphärischen Kernen führen diese Kopplungen zu einer Verstärkung der Quadrupolkomponente der effektiven Kernkräfte, die den Zustand $I = j - 1$ bevorzugen; bei deformierten Kernen besitzt der niedrigste Zustand der Konfiguration $(j)^3$ ebenfalls $I(= K) = j - 1$ (BOHR und MOTTELSON, 1953, S. 34ff.; siehe auch den bei BOHR und MOTTELSON, 1955a, Fußnote 11 zitierten Fehlerhinweis). Die Möglichkeit, die Argumentation auf die Quasiteilchen-Phonon-Kopplung aufzubauen, bemerkten SHERWOOD und GOSWAMI (1966).

halb des Teilchen-Phonon-Multipletts, besitzen aber umgekehrtes Vorzeichen. Aus Gl. (6–224) und den durch Gl. (6–207) gegebenen Quasiteilchenfaktoren erhält man

$$\Delta E^{(2)}(j, n = 1; I) = h^2(j, j2) \left(\delta(j, I) \left(\frac{\left(u^2(j) - v^2(j)\right)^2}{\hbar\omega} + \frac{4u^2(j)\, v^2(j)}{2E(j) + \hbar\omega} \right) + (2j+1) \begin{Bmatrix} 2 & j & j \\ 2 & j & I \end{Bmatrix} \left(\frac{\left(u^2(j) - v^2(j)\right)^2}{\hbar\omega} - \frac{4u^2(j)\, v^2(j)}{2E(j) - \hbar\omega} \right) \right), \tag{6–417}$$

wobei $E(j)$ die Quasiteilchenenergie ist.

Das erste und dritte Glied in Gl. (6–417), die den Diagrammen (a) und (c) in Abb. 6–10 entsprechen, haben die Form einer Kopplung zwischen einem einzelnen Teilchen und der Kerndeformation. Sie bevorzugen den Zustand $I = j + 1$, der bei hinreichend starker Kopplung zur ersten Rotationsanregung wird. (Im Spezialfall $j = 5/2$ ist die Wechselwirkungsenergie zweiter Ordnung (c) für $I = j - 2 = 1/2$ und $I = j + 1 = 7/2$ gleich groß.) Die Tatsache, daß die Vibrationsanregung aus den gleichen Freiheitsgraden wie die Teilchenbewegung aufgebaut ist, spiegelt sich im zweiten und vierten Term von Gl. (6–417) wider, die den Zustand mit $I = j - 1$ bevorzugen (und den Diagrammen in Abb. 6–10b und d entsprechen). (Für $j \geqq 5/2$ besitzt das $6j$-Symbol nur für $I = j - 1$ einen positiven Wert.) Die Diagramme (b) und (d) in Abb. 6–10 sind für Konfigurationen mit mehreren äquivalenten Teilchen spezifisch. Für hinreichend viele Teilchen (und Löcher) in der j-Schale überwiegen diese Glieder die Wechselwirkungen (a) und (c), und die Teilchen-Vibrationskopplung bevorzugt dann die Zustände $I = j - 1$.

Phononenwechselwirkung und Korrektur an den E2-Intensitätsbeziehungen

Die anharmonischen Glieder führender Ordnung im Vibrationsspektrum lassen sich durch eine Wechselwirkung zwischen Phononenpaaren beschreiben (siehe Gl. (6–269)). In dieser Näherung können die Energien der Zustände mit $n \geqq 3$ aus den beobachteten Energien der $n = 1$- und $n = 2$-Anregungen berechnet werden. Die Beziehung ist für Zustände mit $I = 2n$ besonders einfach (siehe Gl. (6–272)),

$$\begin{aligned} E(n, I = 2n) &= nE(n = 1) + \tfrac{1}{2}\, n(n-1) \left(E(n = 2, I = 4) - 2E(n = 1)\right) \\ &= I\left(E(n = 1) - \tfrac{1}{4}\, E(n = 2, I = 4)\right) \\ &\quad + \tfrac{1}{8}\, I^2\left(E(n = 2, I = 4) - 2E(n = 1)\right). \end{aligned} \tag{6–418}$$

Die verfügbaren Daten über solche Folgen von Zuständen stimmen ziemlich gut mit dem Ausdruck (6–418) überein; siehe die Beispiele in Abb. 6–33, in der die Beziehung (6–418) einer Geraden entspricht. (Die Möglichkeit, diese Folge von Zuständen durch einen Ausdruck darzustellen, der in I lineare und quadratische Glieder enthält, diskutierten Nathan und Nilsson, 1965.)

Für andere Zustände mit $n \geqq 3$ gibt es nur wenig Angaben, um die entsprechenden Beziehungen zu testen. Einige Beispiele liefern die beobachteten Zustände $I\pi = 3^+$. Interpretiert man sie als $n = 3$-Anregungen, dann läßt sich die Energie aus Gl. (6–271) und den Abstammungskoeffizienten aus Tab. 6B–1, S. 604, ableiten,

$$E(n = 3, I = 3) = 3E(n = 1) + \left(\tfrac{15}{7} E(n = 2, I = 2) + \tfrac{6}{7} E(n = 2, I = 4) - 6E(n = 1)\right). \qquad (6\text{–}419)$$

Die Energien der Zustände $I\pi = 3^+$ in den Sm-, Os- und Pt-Isotopen sind in Tab. 6–13 zusammengestellt, und man sieht, daß die Beziehung (6–419) nicht gut erfüllt ist. Wenn die $n = 3$-Zuordnung für diese Zustände bestätigt wird, indem man große $E2$-Matrixelemente für Übergänge zwischen diesen Zuständen und $n = 2$-Anregungen beobachtet, dann würde sich herausstellen, daß die Dreiphononenwechselwirkung ziemlich stark ist.

Tab. 6–13 Analyse der Energien der Zustände $I\pi = 3^+$, $n = 3$. Die Daten wurden der Zusammenstellung von SAKAI (1972) entnommen; siehe auch Abb. 6–31 und 6–32. Energieangaben in MeV.

Kern	$n = 1$	$n = 2$		$n = 3, I = 3$	
	$I = 2$	$I = 2$	$I = 4$	berech.	beob.
^{150}Sm	0,334	1,047	0,777	1,91	1,50
^{152}Sm	0,122	0,811	0,366	1,69	1,23
^{188}Os	0,155	0,633	0,478	1,30	0,79
^{192}Os	0,206	0,489	0,580	0,93	0,69
^{192}Pt	0,316	0,612	0,785	1,04	0,92
^{196}Pt	0,356	0,689	0,878	1,16	1,00

Eine ähnliche Analyse der $E2$-Matrixelemente führt auf eine Entwicklung des effektiven $E2$-Operators nach Potenzen von $c_2^\dagger$ und c_2 (siehe Gl. (6–273)). So enthalten die $\Delta n = 0$- und $\Delta n = 2$-Matrixelemente in führender Ordnung jeweils einen einzigen Parameter (m_{11} und m_{20}), während in die Korrekturen zu den $\Delta n = 1$-Matrixelementen drei Parameter ($m_{21,R}$) eingehen. Die Beziehung zwischen den $\Delta n = 0$-Matrixelementen läßt sich anhand des Verhältnisses zwischen dem $E2$-Matrixelement für den $\Delta n = 0$-Übergang $n = 2, I = 2 \rightarrow n = 2, I = 0$ und dem statischen Quadrupolmoment des $n = 1$-Zustandes in ^{114}Cd überprüfen. Aus den in Tab. 6–3, S. 383, angegebenen reduzierten Matrixelementen erhält man

$$B(E2;\, n = 2, I = 2 \rightarrow n = 2, I = 0) = \tfrac{4}{5} B(E2;\, n = 1, I = 2 \rightarrow n = 1, I = 2) = \frac{7}{8\pi} \left(Q(n = 1)\right)^2. \qquad (6\text{–}420)$$

Die experimentellen Daten für ^{114}Cd in Abb. 6–30 sind mit dieser Beziehung verträglich. (Eine Suche nach den Übergängen zwischen den Zuständen $n = 2, I = 4$ und $n = 2, I = 2$ in ^{108}Pd und ^{134}Ba ergab obere Grenzwerte für die $E2$-Übergangswahrscheinlichkeit, die eine Größenordnung kleiner sind, als man aufgrund der statischen Quadrupolmomente dieser Kerne erwartet (STELSON u. a., 1973).)

Die anharmonischen Effekte lassen sich auch auf der Grundlage einer Entwicklung des Vibrations-HAMILTON-Operators nach Potenzen der Schwingungsamplituden und ihrer Zeitableitungen betrachten. Im adiabatischen Fall ($\hbar\omega \ll 2\Delta$) sollten die anharmonischen Terme in der potentiellen Energie besonders groß sein (siehe S. 384). Bei Berücksichtigung der Terme dritter und vierter Ordnung in der potentiellen Energie ist der anharmonische Teil des HAMILTON-Operators gegeben durch

$$H' = k_3(\alpha_2\alpha_2\alpha_2)_0 + k_4(\alpha_2\alpha_2)_0\,(\alpha_2\alpha_2)_0. \tag{6–421}$$

(Das Auftreten eines einzigen Gliedes dritter und vierter Ordnung entspricht der Tatsache, daß das Spektrum der Quadrupolphononen sowohl für $n = 3$ als auch für $n = 4$ nur einen einzigen Zustand $I = 0$ enthält; siehe Tab. 6–1, S. 298. Die in Gl. (6–421) auftretenden Invarianten sind durch die inneren Deformationsparameter β und γ in Gl. (6B–3) ausgedrückt.) Die Einflüsse führender Ordnung der Anharmonizität (6–421) auf die Energie und die $E2$-Momente werden im folgenden Kleindruck berechnet.

Da die Anharmonizität (6–421) nur zwei Parameter enthält, gibt es für die Struktur der Energieverschiebungen innerhalb des $n = 2$-Tripletts Einschränkungen (siehe Gln. (6–426) und (6–428)),

$$\begin{aligned} &E(n = 2, I = 0) - 2E(n = 1) = \tfrac{7}{2}\big(E(n = 2, I = 4) - 2E(n = 1)\big),\\ &E(n = 2, I = 2) > E(n = 2, I = 4). \end{aligned} \tag{6–422}$$

Aus den Abb. (6–30), (6–31) und (6–32) ist ersichtlich, daß die Beziehungen (6–422) oft verletzt sind.

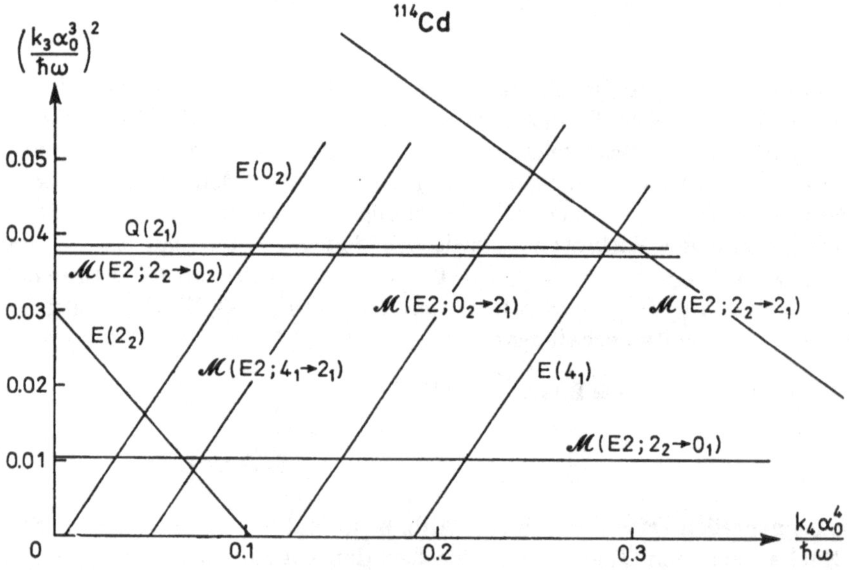

Abb. 6–35 Anharmonische Effekte im Quadrupolspektrum von ^{114}Cd. Die empirischen Daten wurden Abb. 6–30 entnommen. In den Matrixelementen, die die Übergänge $n = 2 \to n = 1$ beschreiben, tragen sowohl die (harmonischen) Terme führender Ordnung als auch anharmonische Terme bei. Es wurde angenommen, daß das gesamte Matrixelement das gleiche Vorzeichen hat wie der Term führender Ordnung; die Annahme einer entgegengesetzten Phase würde zu Werten für (k_3^2, k_4) führen, die beträchtlich außerhalb des in der Abbildung dargestellten Gebiets liegen.

Der Beitrag der Glieder dritter und vierter Ordnung der potentiellen Energie zu den $E2$-Matrixelementen ist durch Gl. (6–429) gegeben. Einige dieser Matrixelemente wurden für ^{114}Cd bestimmt (siehe Abb. 6–30) und in Abb. 6–35 zusammen mit den Energien der $n = 2$-Zustände analysiert. Jede der betrachteten Größen ist eine lineare Funktion von k_3^2 und k_4, und der empirische Wert definiert deshalb eine Gerade in der k_3^2, k_4-Ebene. Bei einer konsistenten Interpretation würden sich alle diese Linien in einem Punkt schneiden. Zusätzlich zu den bereits erwähnten Abweichungen unter den Energien (siehe Gl. (4–422)) weisen die $E2$-Matrixelemente untereinander und im Vergleich zu den Energien ebenfalls darauf hin, daß die Analyse, die von den Effekten dominierender Ordnung in den Gliedern der potentiellen Energie ausgeht, unzulänglich ist. (Genauere phänomenologische Untersuchungen der anharmonischen Effekte in ^{114}Cd, die Effekte höherer Ordnung der kubischen Terme im Hamilton-Operator berücksichtigen, bestätigen, daß es nicht möglich ist, die beobachteten Energien und $E2$-Matrixelemente auf dieser Grundlage zu erklären (Sørensen, 1966; Bès und Dussel, 1969).) Gegenwärtig ist nicht klar, inwieweit diese Abweichungen von weiteren anharmonischen Gliedern in der Quadrupolschwingung herrühren oder der Vernachlässigung zusätzlicher Freiheitsgrade und Wechselwirkungen zugeschrieben werden müssen, die bei den niederenergetischen Anregungsspektren eine Rolle spielen könnten.

Als alternativen Weg zur Analyse der höherliegenden Zustände der Schwingungsspektren kann man versuchen, die Trajektorien der Rotationszustände nachzuweisen. Die Trennung von Rotations- und innerer Schwingungsbewegung sollte ein allgemeines Merkmal des Yrast-Bereiches sein (siehe die Diskussion in Abschnitt 6B–3). So kann die dominierende Trajektorie mit $I = 2n$ als eine Folge von Rotationszuständen eines dreiachsigen Rotors angesehen werden, dessen Gleichgewichtsdeformation sich mit I glatt ändert. Dieser Umstand kann das in Abb. 6–33 veranschaulichte besonders reguläre Verhalten dieser Folge von Zuständen erklären. Weitere Angaben, die die erwartete einfache Struktur des Spektrums im Yrast-Gebiet testen, wären sehr wertvoll.

Es ist auch möglich, daß die Potentialflächen einer großen Klasse von Kernen Situationen repräsentieren, die zwischen dem Fall bei harmonischen Schwingungen ($V \approx \frac{1}{2} C\beta^2$) und dem bei Kernen mit stabilen Gleichgewichtsdeformationen liegen. In diesem Fall läßt sich ein qualitatives Bild durch eine Interpolation zwischen diesen beiden Grenzfällen des Kopplungsschemas gewinnen. (Sheline, 1960; Sakai, 1967; Davydov, 1967). Die Klassifizierung der Spektren im Übergangsgebiet kann empfindlich von der Form und Stabilität des Gleichgewichtszustandes abhängen, zu dem sich das System entwickelt. So werden zum Beispiel bei einem Übergang in Richtung einer axialsymmetrischen Deformation die zweiten $I = 0$- und $I = 2$-Zustände zu Gliedern derselben $n_\beta = 1$, $K = 0$-Rotationsbande, falls die deformierte Form gegenüber Variationen in β weicher als gegenüber Variationen in γ ist. Diese Zustände gehören dagegen zu verschiedenen Banden ($n_\beta = 1, K = 0$ und $n_\gamma = 1, K = 2$), wobei der $I = 2$-Zustand tiefer liegt, wenn die deformierte Form besonders weich gegenüber Variationen in γ ist. Diese beiden Möglichkeiten werden durch die beobachteten Spektren in Abb. 6–31 bzw. 6–32 veranschaulicht. (Untersuchungen der verschiedenen Spektrenformen, die im Zusammenhang mit solchen Übergängen zwischen dem Vibrations- und dem Rotations-Kopplungsschema auftreten, findet man z. B. bei Kumar, 1967; Dussel und Bès, 1970; Gneuss und Greiner, 1971.)

Man sollte nicht übersehen, daß die Massenparameter für die β- und γ-Schwingung in deformierten Kernen beträchtlich größer sind als die Massenparameter der Rotationsbewegung (siehe S. 476 und 474); daher können Änderungen der Massenparameter mit β und γ die Struktur der Spektren im Übergangsgebiet wesentlich beeinflussen.

Das anharmonische Glied führender Ordnung in der potentiellen Energie ist durch die kubische Kopplung

$$\begin{aligned} H' &= k_3(\alpha_2\alpha_2\alpha_2)_0 \\ &= -k_3\alpha_0^3((c_2^\dagger c_2^\dagger c_2^\dagger)_0 + 3(c_2^\dagger c_2^\dagger \bar{c}_2)_2 + \text{hermit. konj.}) \end{aligned} \tag{6–423}$$

gegeben, wobei α_0 die Nullpunktsamplitude darstellt (siehe Gln. (6–51) und (6–52)). Die durch die Kopplung (6–423) hervorgerufenen grundlegenden Wechselwirkungen sind in Abb. 6–36a illustriert. Infolge der Identität der drei Phononen, die in die Kopplung eingehen, tritt für einen Anfangs- oder Endzustand mit n Phononen ein Faktor $(n!)^{1/2}$ auf. Jedes Diagramm stellt eine Summe von Termen dar, die der Permutation von Phononen entsprechen, die unterscheidbare Rollen spielen, wie zum Beispiel die Unterscheidung zwischen Phononen, die bei einem Vertex ein- oder auslaufen. Aus diesem Grunde liefert das zweite Diagramm in Abb. 6–36a einen Faktor 3 wie bei dem Koeffizienten des Terms $(c_2^\dagger c_2^\dagger \bar{c}_2)_0$ in Gl. (6–423). Der letzte Faktor $(5)^{-1/2}$ bei diesem Diagramm hängt mit der Drehimpulskopplung im Ausdruck (6–423) zusammen.

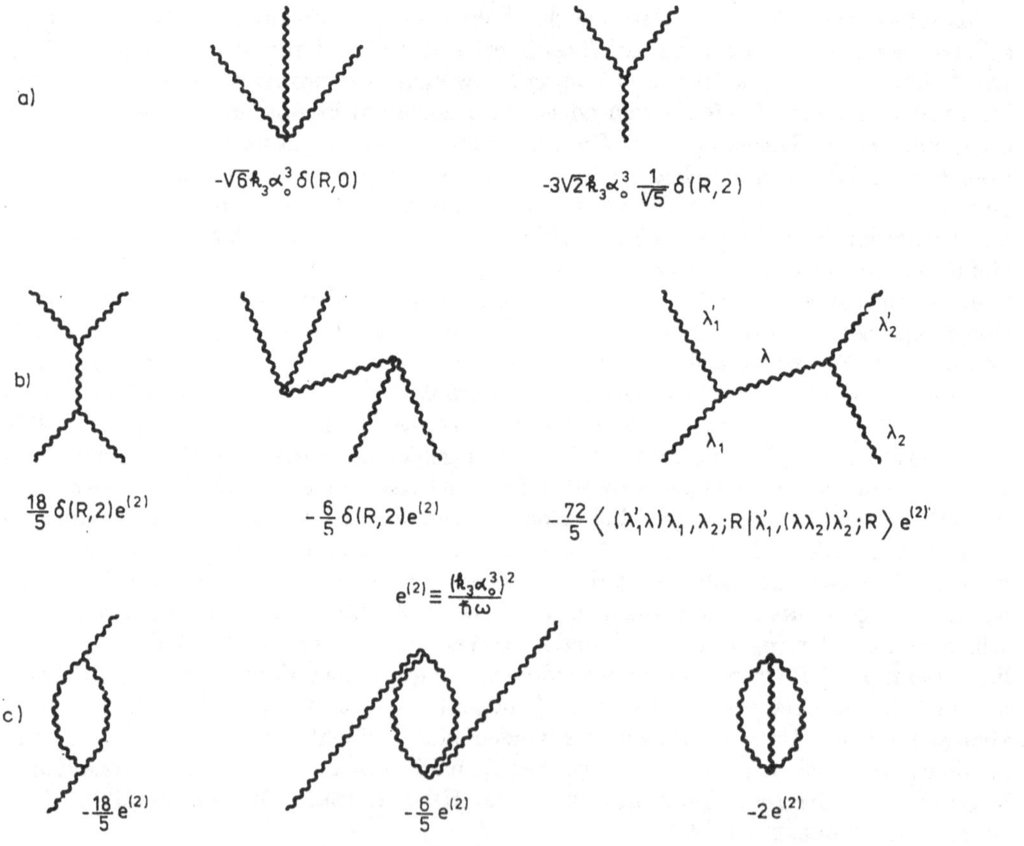

Abb. 6–36 Diagramme für Wechselwirkungseffekte, die kubischen anharmonischen Termen in der Quadrupolschwingung entsprechen.

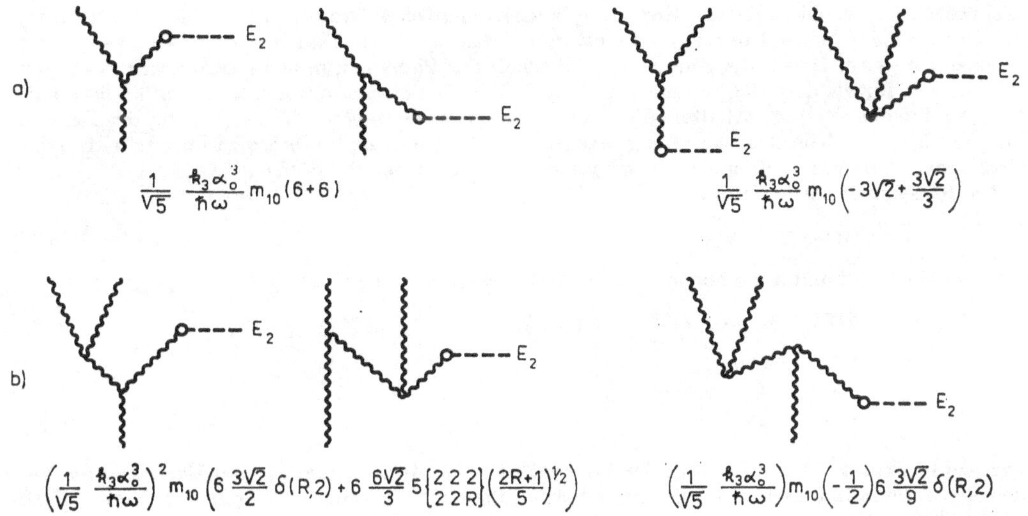

Abb. 6-37 Diagramme für Beiträge zu $E2$-Matrixelementen, die aus einer kubischen Anharmonizität in der Quadrupolschwingung folgen.

In erster Ordnung führt die Kopplung (6–423) auf $\Delta n = 0$- und $\Delta n = 2$-Glieder im $E2$-Moment, die durch die Diagramme in Abb. 6–37a dargestellt werden. Die entsprechenden Koeffizienten im effektiven Operator (6–273) haben die Werte

$$m_{11} = \frac{12}{\sqrt{5}} \frac{k_3\alpha_0^3}{\hbar\omega} m_{10},$$

$$m_{20} = -\frac{2\sqrt{2}}{\sqrt{5}} \frac{k_3\alpha_0^3}{\hbar\omega} m_{10}, \tag{6–424}$$

wobei m_{10} das $E2$-Matrixelement für die Erzeugung eines Phonons ist. In den Diagrammmen in Abb. 6–37a ist das Phonon, das durch das $E2$-Moment erzeugt oder vernichtet wird, von anderen Phononen unterscheidbar; im Matrixelement tritt daher bei $\Delta n = 0$-Diagrammen der Permutationsfaktor 6, bei $\Delta n = 2$-Diagrammen der Faktor 3 auf.

Der Koeffizient des durch die kubische Kopplung erzeugten $\Delta n = 0$-Terms ist beträchtlich größer als der Koeffizient des $\Delta n = 2$-Terms; so ist zum Beispiel (siehe Tab. 6–3, S. 383, und Gl. (6–274))

$$\frac{\langle n = 1, I = 2 \| \mathcal{M}(E2) \| n = 1, I = 2\rangle}{\langle n = 2, I = 2 \| \mathcal{M}(E2) \| n = 0, I = 0\rangle} = -3\sqrt{2}. \tag{6–425}$$

Ein großes statisches Quadrupolmoment für den Zustand $n = 1$ ist zusammen mit einem schwachen Übergang $n = 2 \to n = 0$ (cross over) ein charakteristisches Merkmal der beobachteten Spektren (siehe S. 464).

In zweiter Ordnung ruft die Kopplung (6–423) Phonon-Phonon-Wechselwirkungen hervor (siehe Abb. 6–36b), die sich in der Form (6–269) mit

$$V_R = \left(\frac{12}{5}\,\delta(R,2) - 72\begin{Bmatrix}2 & 2 & 2\\ 2 & 2 & R\end{Bmatrix}\right)\frac{(k_3\alpha_0^3)^2}{\hbar\omega} = c_R\,\frac{24}{35}\,\frac{(k_3\alpha_0^3)^2}{\hbar\omega},$$

$$c_R = \begin{cases} -21, & R = 0,\\ +8, & R = 2,\\ -6, & R = 4,\end{cases} \tag{6–426}$$

ausdrücken lassen. Die kubische Kopplung bewirkt in zweiter Ordnung auch eine Renormierung der Phononenenergie und des Vakuumzustandes, was durch die Diagramme in Abb. 6–36c veranschaulicht wird. Durch die Ununterscheidbarkeit der Phononen in den geschlossenen Schleifen ergeben sich für die drei Diagramme von Abb. 6–36c die Bosonenfaktoren 2, 2 und 6. Diese Faktoren sind in den Werten enthalten, die in der Abbildung angegeben wurden. (Wie bei der Behandlung der Teilchen-Vibrationskopplung werden Selbstenergie- und Wechselwirkungseffekte separiert, indem man nur verbundene Diagramme berechnet; siehe S. 364ff.)

Die Kopplung vierten Grades

$$H' = k_4(\alpha_2\alpha_2)_0\,(\alpha_2\alpha_2)_0 \tag{6–427}$$

gibt in erster Ordnung zur Phonon-Phonon-Wechselwirkung den Beitrag

$$V_R = 2(2\delta(R,0) + \tfrac{4}{5})\,k_4\alpha_0^4 = c_R\,\tfrac{4}{5}\,k_4\alpha_0^4,$$
$$c_R = \begin{cases} 7, & R=0, \\ 2, & R=2, \\ 2, & R=4. \end{cases} \tag{6–428}$$

Der erste Faktor 2 ist das Produkt der Bosonenfaktoren für die Anfangs- und Endzustände. Von den sechs Permutationen der unterscheidbaren Phononen ergeben zwei einen Faktor $\delta(R, 0)$, während die anderen vier für alle Werte von R die Umkopplung

$$(2R+1)^{-1/2}\,\langle(\lambda_1\lambda_2)\,0,\ (\lambda_3\lambda_4)\,0;\ 0\mid(\lambda_1\lambda_3)\,R,\ (\lambda_2\lambda_4)\,R;\ 0\rangle = 1/5$$

enthalten. (Der Faktor 1/5 entspricht der Tatsache, daß ein einlaufendes und ein auslaufendes Phonon zum Gesamtdrehimpuls Null koppeln; folglich besteht keine Korrelation zwischen den Drehimpulsen der beiden einlaufenden (oder auslaufenden) Quanten.)

Die in erster Ordnung wirkende Kopplung vierten Grades und die kubische Kopplung in zweiter Ordnung verändern die $E2$-Intensitäten der $\Delta n = 1$-Übergänge. Diese Änderungen werden durch die Koeffizienten

$$m_{21,R} = -\left(\frac{8}{5}\right)^{1/2}\frac{k_4\alpha_0^4}{\hbar\omega}\,m_{10}\left(\delta(R,0) + \frac{2}{5}(2R+1)^{1/2}\right)$$
$$+\left(\frac{2}{5}(2R+1)\right)^{1/2}\left(\frac{k_3\alpha_0^3}{\hbar\omega}\right)^2 m_{10}\left(-\frac{14}{5}\,\delta(R,2) + 36\begin{Bmatrix}2 & 2 & 2\\ 2 & 2 & R\end{Bmatrix}\right) \tag{6–429}$$

charakterisiert (siehe Gl. (6–273)). Das zu k_4 proportionale Glied erhält man durch das gleiche Verfahren wie bei der Ableitung des Beitrages (6–428) zur Energie. Die Glieder zweiter Ordnung in k_3 in Gl. (6–429) sind durch die Diagramme in Abb. 6–37b illustriert. Für jedes der ersten beiden Diagramme gibt es drei andere, die sich nur in den Energienennern unterscheiden. Das dritte Diagramm hängt mit der Renormierung der Wellenfunktion des Endzustandes (mit zwei Phononen) zusammen, die als ein Effekt zweiter Ordnung von der Kopplung an den Zwischenzustand (mit fünf Phononen) herrührt; die Amplitude des Endzustandes wird um den Faktor $(1 - (c_i)^2)^{1/2} \approx 1 - \frac{1}{2}(c_i)^2$ renormiert, wobei c_i die Amplitude erster Ordnung des beigemischten Fünf-Phononenzustandes ist. Daher erhält man den Beitrag des Diagramms, indem man einen Faktor $-1/2$ mitnimmt und beide Energienenner gleich der Energie $(-3\hbar\omega)$ der virtuellen Anregung des Zwischenzustandes setzt. Es gibt drei weitere Diagramme, die mit der Renormierung der Wellenfunktion im Endzustand verknüpft sind; eines dieser Diagramme ist proportional zu $\delta(R, 2)$, während die beiden anderen die gleichen Umkopplungskoeffizienten enthalten wie das zweite Diagramm von Abb. 6–37.

Eigenschaften von Quadrupolschwingungen in deformierten Kernen

In einem sphäroidalen Kern führen die niederfrequenten Quadrupol-Formschwingungen auf zwei Anregungen mit $\nu = 0$ und $\nu = 2$ (siehe Abb. 6–3, S. 311). Niedrigliegende Banden mit $K\pi = 0+$ und $K\pi = 2+$ wurden in vielen gg-Kernen identifiziert. In den folgenden Beispielen werden die Eigenschaften dieser Banden mit den für Formschwingungen kleiner Amplitude erwarteten Eigenschaften verglichen. Die hochfrequenten ($\Delta N = 2$) Quadrupolanregungen sollten in Komponenten mit $\nu = 0$, 1 und 2 aufspalten, in Analogie zur Separation zwischen den Komponenten $\nu = 0$ und $\nu = 1$ der auf S. 419ff. diskutierten Dipolschwingung.

Gammaschwingungen (*Abb. 6–38*)

Das Auftreten einer ziemlich niedrig liegenden $K\pi = 2^+$-Bande (γ-Schwingung) ist ein systematisches Merkmal der Spektren von deformierten gg-Kernen. Eine ausführliche Diskussion dieser Anregung für den Kern ^{166}Er wird auf S. 140ff. gegeben; andere Beispiele findet man in Abb. 4–7, S. 51 (^{168}Er), Abb. 6–31, S. 458 (^{152}Sm, ^{154}Sm) und Abb. 6–32, S. 460 (^{188}Os). Die Information über die Energie dieser Anregung ist in Abb. 6–38 zusammengestellt.

Die γ-Vibrationsbanden werden in unelastischen Prozessen mit verstärkten Matrixelementen angeregt. Im Falle einer $E2$-Anregung vom Typ $K = 0$, $I = 0 \rightarrow K = 2$,

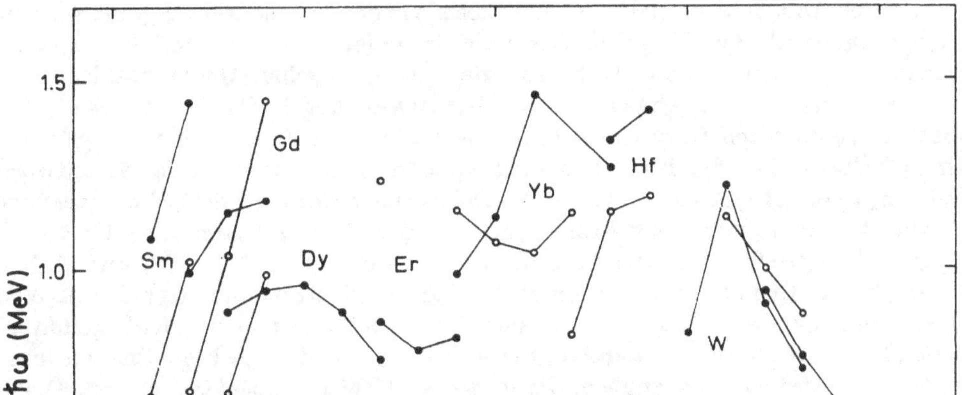

Abb. 6–38 Systematik der β- und γ-Vibrationsfrequenzen für $150 \leq A \leq 192$. Die Abbildung zeigt die Energien der niedrigsten inneren Anregungen mit $K\pi = 0^+$, $I = 0$ und $K\pi = 2^+$, $I = 2$. Die Daten sind aus der Zusammenstellung von Sakai (1970) sowie aus folgenden Quellen entnommen: ^{176}Hf (F. M. Bernthal, J. O. Rasmussen und J. M. Hollander in Radioactivity in Nuclear Spectroscopy, S. 337, eds. J. H. Hamilton und J. C. Manthuruthil, Gordon and Breach, New York, 1972); ^{182,184,186}W (C. Günther, P. Kleinheinz, R. F. Casten und B. Elbek, Nuclear Phys. **A172**, 273 (1971)).

$I = 2$ ist die zugehörige Einteilcheneinheit für die Übergangswahrscheinlichkeit $2B_W(E2)$. (Wegen der Definition von $B_W(E2)$ siehe Gl. (3C–38) sowie Gl. (4–92) für die Matrixelemente im Rotationskopplungsschema.) Die Werte der beobachteten $E2$-Übergangswahrscheinlichkeiten werden in den oben erwähnten Beispielen angegeben, und es ist ersichtlich, daß sie die Einteilcheneinheit um eine Größenordnung überschreiten. Eine ähnliche Verstärkung wurde für die Anregung dieses Freiheitsgrades bei der unelastischen Deuteronenstreuung beobachtet (Elbek u. a., 1968). Diese Ergebnisse unterstützen die Interpretation als kollektive Anregung mit den Quantenzahlen $\tau \approx 0$, $\sigma \approx 0$, die einer Formschwingung entsprechen. Ein weiterer Beleg für diese Symmetriequantenzahlen wird durch die Messung des g-Faktors für die Anregung geliefert, der ziemlich dicht am Wert für die kollektive Rotationsbewegung liegt. Man findet, daß die Werte von $g_K - g_R$, die aus den $M1$-Übergängen innerhalb der γ-Vibrationsbande bestimmt werden, in der Größenordnung von 0,1 liegen (siehe z. B. die auf S. 139 zitierte Information über ^{166}Er).

Die beobachteten $B(E2)$-Werte für die Anregung der γ-Schwingung stellen ein Maß für die Amplitude der Schwingungen um die axialsymmetrische Gleichgewichtsform dar, und man findet Abweichungen $\langle\gamma^2\rangle$ von der Axialsymmetrie im Bereich von 0,02 bis 0,1 (siehe z. B. Gl. (4–248)).

Die durch Abb. 6–38 illustrierten Haupttrends in den Frequenzen der γ-Schwingungen können aufgrund der Einteilchenzustände in deformierten Potentialen verstanden werden. Die näherungsweise Gültigkeit der asymptotischen Quantenzahlen $Nn_3\Lambda\Sigma$, die in Kapitel 5, S. 187, definiert wurden, hat Auswahlregeln für den mit dem γ-Vibrationsfeld verknüpften Operator $r^2 Y_{2\pm2} = \text{const}\,(x_1 \pm ix_2)^2$ zur Folge. So gilt für die $\Delta N = 0$-Übergänge, die für die niederfrequente Quadrupolanregung verantwortlich sind, $\Delta n_3 = 0$, $\Delta\Lambda = 2$, $\Delta\Sigma = 0$. Da die Deformation dazu tendiert, die Niveaus nach der Quantenzahl n_3 zu ordnen, erhält man merkliche Unterschaleneffekte für die Übergänge mit $\Delta n_3 = 0$. Man erkennt zum Beispiel aus Abb. 5–2, S. 192, und Abb. 5–3, S. 193, daß im Gebiet um $Z = 66$ und $N = 98$ die Neutronenunterschale mit $N = 5$, $n_3 = 2$ und die Protonenunterschale mit $N = 4$, $n_3 = 1$ ungefähr halb gefüllt sind. Diese Besonderheit der Schalenstruktur erklärt die relativ niedrige Energie und die große Stärke der γ-Schwingungen, die in diesem Gebiet beobachtet werden. Die Auffüllung der Unterschalen ist für die höhere Energie der γ-Anregungen in den Kernen um $Z = 70$, $N = 102$ verantwortlich. Mit wachsender Teilchenzahl werden die Unterschalen $N = 5$, $n_3 = 1$ und $N = 5$, $n_3 = 0$ für Neutronen sowie $N = 4$, $n_3 = 0$ für Protonen teilweise aufgefüllt. Das ist der Grund für die niedrige Energie der γ-Schwingungen im Gebiet von $Z = 76$, $N = 112$.

Die Oszillatorstärke der γ-Schwingung ist zwei- bis viermal kleiner als die für Rotationen (siehe die Beispiele in Abb. 4–30, S. 137 (^{166}Er), Abb. 6–31, S. 458 (^{152}Sm), und Abb. 6–32, S. 460 (^{188}Os)). Die Stärke der γ-Schwingung, $\hbar\omega_\gamma B(E2; 0 \to n_\gamma = 1)\,(A/eZ)^2$, beträgt ungefähr 2% einer Einheit der Oszillatorsumme $S(\tau = 0, \lambda = 2)_{\text{klass}}$ (vergleiche die Oszillatorstärken für Rotationen und Schwingungen in sphärischen Kernen, die in Abb. 6–29, S. 456, angegeben sind).

Die Oszillatorstärke ist ein Maß für die kollektiven Massenparameter, und die oben genannten Beziehungen entsprechen $D_\gamma \approx 3D_{\text{rot}} \approx 1{,}5D_2$, wobei D_2 der Massenparameter für Schwingungen in sphärischen Kernen mit vielen Teilchen außerhalb abgeschlossener Schalen ist (siehe Gln. (6–180) und (6–187)). Wenn der Einfluß der Deformation auf die innere Bewegung als kleine Störung behandelt werden könnte, dann würde die kollektive kinetische Energie die Form $\frac{1}{2} D_2 \Sigma_\mu \dot{\alpha}^\dagger_{2\mu} \dot{\alpha}_{2\mu}$ annehmen (siehe Gln. (6–44) und (6–45)), entsprechend $D_\gamma = D_{\text{rot}} (= D_2)$ (siehe Gl. (6B–17)). Der große Unterschied der beobachteten Werte dieser Parameter spiegelt eine wesentliche Änderung der Nukleonenkopplung wider, die mit der Deformation verknüpft ist. Einen qualitativen Wert für D_γ kann man in ähnlicher Weise abschätzen wie die Oszillatorstärke für die Quadrupolschwingungen in sphärischen Kernen. (siehe Gl. (6–399)). Eine solche Abschätzung liefert einen Massenparameter, der umgekehrt proportional zur Zahl der Teilchen ist, die an der kollektiven Bewegung effektiv teilnehmen. Für einen deformierten Kern mit halbgefüllten Unterschalen (Neutronen mit $N = 5$, $n_3 = 2$; Protonen mit $N = 4$, $n_3 = 1$) ist die Zahl der Teilchen, die an der γ-Schwingung beteiligt sind, ungefähr gleich 8. Das ist etwa die Hälfte der entsprechenden Zahl für Quadrupolschwingungen in sphärischen Kernen, die nahe an der Instabilität für das Einsetzen einer statischen Deformation liegen (siehe Abb. 4–3, S. 21, sowie die theoretische Abschätzung der kritischen Teilchenzahl für Instabilität auf S. 448. Eine Diskussion des Massenparameters für Rotation findet man auf S. 349).

Die gemessenen Energien und $B(E2)$-Werte für die Schwingungen ermöglichen es, den Beitrag dieser Anregung zur elektrischen Quadrupolpolarisierbarkeit vom Typ $\nu = \Delta K = 2$ abzuschätzen. Unter Benutzung der gleichen Näherung wie in Gl. (6–415) erhalten wir für die statische Polarisierbarkeit

$$\begin{aligned} \delta e_{\text{pol}}(E2, \Delta K = 2, \Delta E = 0) &\approx \frac{eZ}{A} \chi(\tau = 0, \lambda = 2, \Delta K = 2, \Delta E = 0) \\ &\approx e \frac{14Z}{C_\gamma(\text{MeV})} \\ &= e \frac{14Z}{\hbar\omega_\gamma(\text{MeV})} \frac{B(E2; n_\gamma = 0 \to n_\gamma = 1)}{\left(\frac{3}{4\pi} ZeR^2\right)^2}. \end{aligned} \tag{6–430}$$

Die beobachteten Frequenzen und $B(E2)$-Werte für γ-Schwingungen im Gebiet der Seltenen Erden entsprechen Beiträgen zur effektiven Ladung in der Größenordnung von $3e$.

Betaschwingungen (*Abb. 6–38*)

In vielen Kernen hat man niedrig liegende innere Anregungen vom Typ $K\pi = 0+$ gefunden, deren Eigenschaften den erwarteten Quadrupolformschwingungen mit $\nu = 0$ (β-Schwingungen) entsprechen. Die Systematik der niedrigsten beobachteten $K\pi = 0+$-Anregungen wird in Abb. 6–38 dargestellt; siehe auch die Beispiele in Abb., 6–31. Die Bande $K\pi = 0+$ in ^{174}Hf wird in Zusammenhang mit Abb. 4–31, S. 144, ausführlicher diskutiert. In diesen Beispielen erreichen die $E2$-Übergangswahrscheinlichkeiten $B(E2; n_\beta = 0, I = 0 \to n_\beta = 1, I = 2)$ etwa das Zehnfache der Einteilcheneinheit (für die $B_W(E2)$ gewählt wird, wie es einem Übergang $K = 0, I = 0 \to K = 0$, $I = 2$ in einem deformierten Kern entspricht). Ein Übergangsmoment dieser Größenordnung bedingt eine Schwingungsamplitude von $\langle n_\beta = 1 | \beta - \beta_0 | n_\beta = 0 \rangle \approx 0{,}12\beta_0 \approx 0{,}04$ (siehe Gl. (4–263)). Da die Energie der β-Schwingung ungefähr zehnmal größer als die Anregungsenergie der Rotation ist, trägt die β-Schwingung ungefähr ein Fünftel der mit der Rotation verknüpften Oszillatorstärke. Das entspricht einem Massenparameter $D_\beta \approx 3D_{\text{rot}} \approx D_\gamma$ (siehe Gln. (6–187)).

Man kann versuchen, den Einfluß der Schalenstruktur auf die β-Schwingung zu verstehen, indem man die Einteilchenanregungen betrachtet, die durch das Feld $r^2 Y_{20} = \text{const}(2x_3^2 - x_1^2 - x_2^2)$ induziert werden. Legt man die asymptotischen Quantenzahlen zugrunde (siehe S. 202), dann sind alle nichtdiagonalen Matrixelemente dieses Felds vom Typ $\Delta N = 2$ und daher mit der hochfrequenten Quadrupolanregung verknüpft (siehe S. 435). Werden aber die Paarkorrelationen berücksichtigt, dann kann das Quadrupolfeld Zustände vom Typ ($\text{v} = 2$, $\nu\bar{\nu}$) anregen. (Der Einteilchenindex ν stellt einen Satz von Quantenzahlen, wie zum Beispiel $Nn_3\Lambda\Sigma$, dar, und $\bar{\nu}$ ist der zu ν zeitlich konjugierte Zustand.)

Den Effekt der Paarkorrelationen kann man erläutern, indem man Zweiteilchenkonfigurationen betrachtet, die zwei verschiedene Paare von Einteilchenzuständen $(\nu_1\bar{\nu}_1)$ und $(\nu_2\bar{\nu}_2)$ enthalten. Aus diesen Paaren von Orbitalen kann man zwei orthogonale Linearkombinationen bilden,

$$
\begin{aligned}
|0\rangle &= (a^2 + b^2)^{-1/2}\big(a\,|\nu_1\bar{\nu}_1\rangle + b\,|\nu_2\bar{\nu}_2\rangle\big),\\
|0'\rangle &= (a^2 + b^2)^{-1/2}\big(-b\,|\nu_1\bar{\nu}_1\rangle + a\,|\nu_2\bar{\nu}_2\rangle\big).
\end{aligned}
\tag{6–431}
$$

Das Quadrupolmatrixelement, das diese zwei Zustände verbindet, ist

$$
\langle 0'|\sum_k (r^2 Y_{20})_k\,|0\rangle = \frac{2ab}{a^2 + b^2}\big(\langle\nu_2|\,r^2 Y_{20}\,|\nu_2\rangle - \langle\nu_1|\,r^2 Y_{20}\,|\nu_1\rangle\big). \tag{6–432}
$$

Somit hängt die Möglichkeit von niederfrequenten Quadrupolfluktuationen vom Auftreten nahe benachbarter Einteilchenzustände mit unterschiedlichen Quadrupolmomenten ab. (Man kann ganz allgemein zeigen, daß der Quadrupoloperator proportional zum Teilchenzahloperator wird und somit nichts zu den Übergangsmatrixelementen beiträgt, wenn alle Einteilchenzustände das gleiche Quadrupolmoment haben.)

Besonders große Fluktuationen im $r^2 Y_{20}$-Feld sind zu erwarten, wenn sich Orbitale aus unterschiedlichen Hauptschalen in der Nähe des FERMI-Niveaus kreuzen. Diese Situation tritt für $N \approx 90$ und noch einmal im letzten Abschnitt des in Abb. 6–38 dargestellten Deformationsgebietes auf (siehe Abb. 5–2 und 5–3, S. 192 und 193).

Eine kollektive Anregung mit $\nu\pi = 0^+$ kann auch durch Monopol-Paaranlagerungs- und -Paarabtrennfelder erzeugt werden. Im supraflüssigen System ist die Nukleonentransfer-Quantenzahl α im allgemeinen keine Erhaltungsgröße für die inneren Anregungen, und eine gegebene Anregung kann daher sowohl verstärkte $\alpha = \pm 2$- als auch $\alpha = 0$-Momente besitzen (siehe die Diskussion der Brechung der Eichsymmetrie im „inneren" Koordinatensystem auf S. 337). Tatsächlich findet man, daß die beobachteten niedrigliegenden $K\pi = 0^+$-Anregungen, die durch verstärkte $E2$-Momente ($\alpha = 0$) charakterisiert sind, im α-Zerfall (BJØRNHOLM u. a., 1963) und in (p, t)-Reaktionen (MAHER u. a., 1972) selektiv bevölkert werden. In dem in Abb. 6–39 ($^{238}Pu \rightarrow {}^{234}U + \alpha$) dargestellten Beispiel beträgt der Verzögerungsfaktor des α-Zerfallszweiges zur β-Vibrationsanregung $F_\alpha \approx 4$. Diese Intensität stellt eine beträchtliche Verstärkung im Vergleich zu den Übergängen in Zweiquasiteilchenzustände dar, die ebenso wie für die nicht begünstigten Übergänge in ungeraden Kernen die Ordnung $10^2 - 10^3$ haben sollten. (Die Verzögerungsfaktoren F_α drücken die reduzierten α-Lebensdauern in bezug auf die Grundzustandsübergänge in gg-Kernen aus (siehe S. 97ff.); eine Diskussion des Einflusses der Paarkorrelationen auf die α-Zerfallswahrscheinlichkeiten findet man auf S. 236ff.) Die Möglichkeit, die β-Vibrationsanregungen durch die Vielfalt der Zweiteilchen-Transferprozesse mit der Anlagerung bzw. Abtrennung von Neutronen- und Protonenpaaren zu studieren, bietet die Gelegenheit für eine detaillierte Analyse des Wechselspiels zwischen den $\alpha = \pm 2$- und den $\alpha = 0$-Freiheitsgraden sowie der Kombination von verschiedenen Multipolordnungen λ, die zu einer $\nu = 0$-Anregung beitragen können.

Als charakteristisches Merkmal der β-Vibrationsanregungen wurden ziemlich starke $E0$-Übergänge beobachtet (siehe z. B. Tab. 4–21, S. 146 (^{174}Hf), und Abb. 6–39 (^{234}U)). Bei der Diskussion der Monopolmatrixelemente für niederenergetische Übergänge steht keine allgemeingültige Einteilchenstärke zum Vergleich zur Verfügung, weil es keine entsprechenden Übergänge innerhalb einer Hauptschale gibt. Niederenergetische $E0$-Übergänge treten als Folge der Paarkorrelationen auf, und man kann somit die Matrixelemente für Übergänge zwischen zwei Protonenzuständen vom Typ (6–431) zum Vergleich heranziehen,

$$\langle 0' |\, m(E0)\, | 0 \rangle = e \frac{2ab}{a^2 + b^2} \big(\langle \nu_2 |\, r^2\, | \nu_2 \rangle - \langle \nu_1 |\, r^2\, | \nu_1 \rangle \big). \tag{6–433}$$

Nimmt man in Gl. (6–433) $a = b$ an und wählt man für den Unterschied in r^2 den Wert, der zwei aufeinanderfolgenden Schalen im harmonischen Oszillatorpotential entspricht (siehe Gl. (2–153)), dann ergibt sich eine effektive Einteilcheneinheit für das $E0$-Matrixelement,

$$\begin{aligned} \langle m(E0) \rangle_{\text{sp}} &= \frac{e\hbar}{M\omega_0} \\ &\approx 1{,}0 A^{1/3} e \text{ fm}^2, \end{aligned} \tag{6–434}$$

wobei die Abschätzung $\hbar\omega_0 = 41 A^{-1/3}$ MeV benutzt wurde. Es ist ersichtlich, daß die beobachteten $E0$-Matrixelemente für die oben diskutierten β-Vibrationsanregungen etwas größer als die Einheit (6–434) sind.

Es ist auch aufschlußreich, die beobachteten Monopolmatrixelemente mit den Werten zu vergleichen, die man für eine Deformation des Kerns bei Volumenerhaltung berechnet (siehe Gl. (4–264)). Die aus diesem Modell folgenden $m(E0)$-Werte stimmen ziemlich gut mit den beobachteten überein. Im Hinblick auf die Annahme von Inkompressibilität, auf der die Abschätzung (4–264) beruht, wären bei einem quantitativen Vergleich Abweichungen keinesfalls überraschend.

Hinweise auf zusätzliche kollektive Anregungen mit $K\pi = 0+$ und $2+$ (Abb. 6–39)

Die oben diskutierten Eigenschaften der β- und γ-Schwingungen scheinen etwa mit dem für Formschwingungen kleiner Amplitude erwarteten Verhalten übereinzustimmen. Bei einigen Spektren wird man jedoch mit Besonderheiten konfrontiert, die man in einer solchen Beschreibung nicht erwartet.

Besonders wesentlich ist in diesem Zusammenhang die Beobachtung von zusätzlichen inneren Anregungen mit $K\pi = 0+$ und $2+$ und Energien, die merklich unterhalb der

Schwelle für Zweiquasiteilchenanregungen liegen. Ein Beispiel ist in Abb. 6–39 dargestellt. In einigen Fällen, wie in Abb. 6–39, findet man, daß die zusätzlichen Anregungen anstatt in die Grundzustandsbande vorzugsweise in die tiefer liegenden inneren Anregungen zerfallen. Dies legt eine beträchtliche Kopplung an die β- und γ-Anregungen nahe. Daher ist die Interpretation der zusätzlichen Anregungen $K\pi = 0^+$ und 2^+ ent-

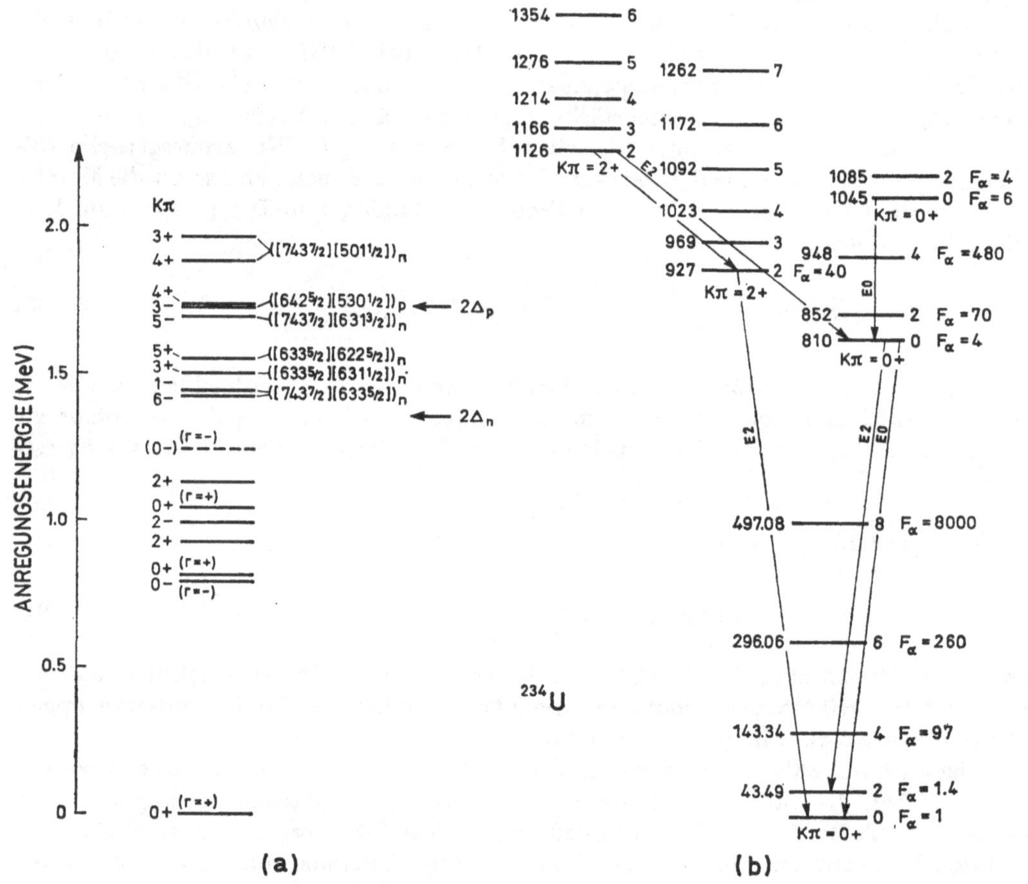

Abb. 6–39 Niederenergetisches Anregungsspektrum von ^{234}U. Die identifizierten inneren Anregungen sind in Teil (a) zusammen mit den vorgeschlagenen Zuordnungen von Quasiteilchenquantenzahlen gezeigt (bisher wurde nur eine Konfiguration mit zwei Protonenquasiteilchen identifiziert). Die inneren Anregungen unterhalb von 1,3 MeV werden als kollektive Anregungen interpretiert. Detailliertere Information über die Rotationsbandenstruktur der tiefliegenden Banden positiver Parität ist in Teil (b) angegeben. Die eingetragenen $E2$- und $E0$-Übergänge stellen die Hauptzerfallszweige der entsprechenden Banden dar, und die Werte F_α geben die Verzögerungsfaktoren für die Besiedlung beim α-Zerfall von ^{238}Pu an (die Definition der Verzögerungsfaktoren findet man auf S. 98). Die Daten sind entnommen aus: Einteilchen-Transfer (S. Bjørnholm, J. Dubois und B. Elbek, Nuclear Phys. **A118**, 241 (1968)); β-Zerfall von ^{234}Pa (S. Bjørnholm, J. Borggren, D. Davies, N. J. S. Hansen, J. Pedersen und H. L. Nielsen, Nuclear Phys. **A118**, 261 (1968)); α-Zerfall von ^{238}Pu (C. M. Lederer, F. Asaro und I. Perlman, zitiert in Nuclear Data **B4**, 652 (1970)).

scheidend für ein Verständnis der β- und γ-Schwingungen. Zur Zeit gibt es keine definitiven Belege hinsichtlich der betreffenden Freiheitsgrade, immerhin kann man über die Möglichkeit zusätzlicher Schwingungsanregungen, die unterschiedliche Paarfelder enthalten, oder über das Auftreten einer zweiten Gleichgewichtsdeformation, möglicherweise mit dreiaxialer Symmetrie, spekulieren. Die zusätzlichen Freiheitsgrade können auch für die Interpretation der ziemlich starken Rotationskopplungen zweiter Ordnung, die für die β- und γ-Schwingungen beobachtet werden (siehe S. 394), von Bedeutung sein.

Eigenschaften der Oktupolanregungen

Das Auftreten von verhältnismäßig niedrig liegenden $I\pi = 3^-$-Anregungen mit $E3$-Übergangswahrscheinlichkeiten, die die Einteilchenabschätzung um eine Größenordnung überschreiten, ist ein systematisches Merkmal der Spektren von gg-Kernen (siehe Abb. 6–40; illustrative Werte der $E3$-Matrixelemente für diese Anregungen sind in Tab. 6–14 angegeben).[1]) Die Anregungen wurden durch unelastische Streuprozesse ausgiebig untersucht. Die beobachteten Wirkungsquerschnitte versteht man durch die Annahme einer Oktupoldeformation des Potentials von der gleichen Größe wie die Deformation der Dichte, die aus $E3$-Übergangsmatrixelementen bestimmt wird. (Siehe das Beispiel in Tab. 6–2, S. 304, und die Übersichtsarbeit von Bernstein, 1969.) Der Vergleich der $E3$-Momente und der Übergangsamplituden bei der (p, p′)- und (α, α')-Streuung unterstützt die Zuordnung der Quantenzahlen $\tau \approx 0$, $\sigma \approx 0$, die man für eine Formschwingung erwartet. (Einen ziemlich empfindlichen Test für das Vorhandensein einer $\sigma \approx 1$-Komponente liefert die Information über die Kopplung zwischen der Oktupolanregung und der Einteilchenbewegung in ^{209}Bi, siehe S. 487.)

Struktur der Oktupolanregungen in sphärischen Kernen (Abb. 6–40 und Tab. 6–14)

Schalenstruktureffekte für das harmonische Oszillatorpotential

Den qualitativen Einfluß der Schalenstruktur auf die Oktupolanregungen im Kern kann man im Rahmen eines vereinfachten Modells untersuchen, in dem die Teilchenbewegung durch das Potential eines harmonischen Oszillators beschrieben und das Oktupolfeld proportional zum Multipolmoment

$$F = \sum_k \left(r^3 Y_{30}(\vartheta)\right)_k \tag{6–435}$$

angenommen wird. Die Teilchenanregungen, die ein solches Feld erzeugt, werden durch Auswahlregeln $\Delta N = 1$ oder 3 beherrscht und haben dementsprechend die Energien $\hbar\omega_0$ und $3\hbar\omega_0$. Für eine einzelne abgeschlossene Schale mit der Gesamtquantenzahl N

[1]) Diese Zustände wurden zuerst als „anomale unelastische Peaks“ in der (p, p′)-Streuung beobachtet (Cohen, 1957). Eine Reihe von unterschiedlichen Interpretationen wurde in Betracht gezogen. Die Belege, die für eine Deutung als Oktupolschwingung sprechen, wurden von Lane und Pendlebury (1960) systematisch dargestellt.

ist die Übergangsstärke durch

$$\sum_{\nu_N,\nu_{N+1}} |\langle \nu_{N+1}| r^3 Y_{30} |\nu_N\rangle|^2 = \frac{21}{64\pi}\left(\frac{\hbar}{M\omega_0}\right)^3 N(N+1)(N+2)(N+3)(N+4),$$

$$\sum_{\nu_N,\nu_{N+3}} |\langle \nu_{N+3}| r^3 Y_{30} |\nu_N\rangle|^2 = \frac{7}{64\pi}\left(\frac{\hbar}{M\omega_0}\right)^3 (N+1)(N+2)(N+3)(N+4)(N+5) \quad (6\text{–}436)$$

gegeben (siehe die Ableitung der entsprechenden Gl. (6–411) für $\lambda = 2$). Dabei repräsentiert ν_N die Quantenzahlen, die für die Klassifizierung der Einteilchenzustände in der Schale N benötigt werden. Der Ausdruck (6–436) enthält einen Faktor 4 aufgrund der Spin-Isospinentartung. Da die drei letzten Schalen zur $\Delta N = 3$-Gesamtstärke beitragen, erhält man für große Quantenzahlen annähernd gleiche Werte für die Stärke der Einteilchenübergänge mit den Frequenzen ω_0 und $3\omega_0$. Drückt man die Übergangsstärken durch die klassische Oszillatorsumme (6–179) aus, so erhält man für die $\tau = 0$-Übergangswahrscheinlichkeiten

$$B^{(0)}(\tau = 0, \lambda = 3; \Delta N = 1) \approx B^{(0)}(\tau = 0, \lambda = 3; \Delta N = 3)$$
$$\approx \frac{1}{4}\frac{S(\tau = 0, \lambda = 3)_{\text{klass}}}{\hbar\omega_0} = \frac{147}{32\pi}\frac{\hbar}{M\omega_0}A\langle r^4\rangle. \quad (6\text{–}437)$$

Die Dichtefluktuationen vom Oktupoltyp geben zu einem Oktupolfeld Anlaß, dessen Kopplungsparameter aus dem allgemeinen Ausdruck (6–78) für Formschwingungen abgeschätzt werden kann,

$$\varkappa(\tau = 0, \lambda = 3) = -\frac{4\pi}{7}\frac{M\omega_0^2}{A\langle r^4\rangle}. \quad (6\text{–}438)$$

Diese Wechselwirkung koppelt einerseits die Einteilchenübergänge mit $\Delta N = 1$ und $\Delta N = 3$ untereinander und verursacht andererseits eine Kopplung zwischen den beiden Oktupolfrequenzen. Die resultierenden Normalschwingungen lassen sich aus dem allgemeinen Ausdruck (6–244) erhalten, der auf eine beliebige gegebene Einteilchen-Responsefunktion anwendbar ist. Wir geben hier eine mehr elementare Ableitung an, die eine Erweiterung des Verfahrens aus Abschnitt 6–2c auf den Fall zweier gekoppelter Oszillatoren ist.

Für die ungekoppelten Oszillatoren haben die Parameter der Rückstellkraft und der Masse (siehe Gl. (6–23) und beachte, daß sich die Übergangsstärke in dieser Gleichung auf einen einzelnen Wert von μ bezieht und daher ein Siebentel der B-Werte in Gl. (6–437) beträgt) die Werte

$$C_1^{(0)} = \frac{16\pi}{21}\frac{M\omega_0^2}{A\langle r^4\rangle}, \qquad C_3^{(0)} = 3C_1^{(0)},$$
$$D_1^{(0)} = \frac{16\pi}{21}\frac{M}{A\langle r^4\rangle}, \qquad D_3^{(0)} = \frac{1}{3}D_1^{(0)}. \quad (6\text{–}439)$$

Dabei beziehen sich die Indizes 1 und 3 auf den Wert von ΔN. Die potentielle Energie (6–24) der Feldwechselwirkung enthält die Gesamtdeformation, die die Summe der

Amplituden α_1 und α_2 der einzelnen Oszillatoren ist,

$$H' = \tfrac{1}{2}\varkappa(\alpha_1 + \alpha_3)^2. \tag{6–440}$$

Die Normalschwingungen vom Oktupoltyp werden durch Amplituden der Form

$$\alpha = c_1\alpha_1 + c_3\alpha_3 \tag{6–441}$$

dargestellt, wobei c_1 und c_3 Konstanten sind, die aus der Bedingung

$$\ddot{\alpha} = -\omega^2\alpha \tag{6–442}$$

bestimmt werden können. Die Eigenfrequenzen ω sind die Wurzeln der Säkulargleichung

$$-\frac{\varkappa}{D_1^{(0)}}\frac{1}{\omega_0^2 - \omega^2} - \frac{\varkappa}{D_3^{(0)}}\frac{1}{(3\omega_0)^2 - \omega^2} = \frac{3}{4}\,\omega_0^2\left(\frac{1}{\omega_0^2 - \omega^2} + \frac{3}{9\omega_0^2 - \omega^2}\right) = 1, \tag{6–443}$$

und man erhält

$$\omega(\tau = 0, \lambda = 3) = \begin{cases} 0, \\ \sqrt{7}\,\omega_0. \end{cases} \tag{6–444}$$

Die entsprechende Oszillatorstärke ergibt sich aus den Massenparametern, die die Normalschwingungen charakterisieren,

$$\hbar\omega B(\tau = 0, \lambda = 3;\, n = 0 \rightarrow n = 1) = S(\tau = 0, \lambda = 3)_{\text{klass}} \begin{cases} 3/7, & \omega = 0, \\ 4/7, & \omega = \sqrt{7}\,\omega_0, \end{cases} \tag{6–445}$$

in Einheiten der Oszillatorsumme aus Gl. (6–437).

Das Auftreten einer Eigenschwingung mit der Frequenz Null (siehe Gl. (6–444)) bedeutet, daß sich das System an der Grenze der Instabilität gegen statische Oktupoldeformationen befindet. Dieses Resultat wurde jedoch im Grenzfall großer Systeme ($N \gg 1$) erhalten. Für endliche Werte von A haben die Glieder in Gl. (6–436), die von der relativen Ordnung N^{-1} sind, zur Folge, daß der Anteil der Oszillatorstärke für die $\Delta N = 1$-Übergänge immer kleiner als der Grenzwert nach Gl. (6–437) ist. Tatsächlich gibt es für die $N = 0$-Schale (α-Teilchen) keine $\Delta N = 1$-Übergänge. Somit bleibt das Modell zwar stabil gegen Oktupoldeformationen, aber die kollektive Frequenz ω nimmt mit wachsendem A schneller ab, als das für die Oszillatorfrequenz der Fall ist ($\omega \sim A^{-1/2}$; $\omega_0 \sim A^{-1/3}$). Ein solches Verhalten ist charakteristisch für eine Oberflächenschwingung; siehe zum Beispiel die Abschätzung nach dem Tröpfchenmodell in Abschnitt 6A-1, die bei Abwesenheit von Coulomb-Kräften eine zu $A^{-1/2}$ proportionale Frequenz liefert. Man kann nicht erwarten, daß das vorliegende Modell die Frequenz der niederfrequenten Anregung richtig voraussagt, da viele andere Effekte, darunter Beiträge zur Oberflächenenergie sowie detailliertere Eigenschaften der Schalenstruktur, Glieder der Ordnung $A^{-1/3}C^{(0)}$ in der Rückstellkraft zur Folge haben sollten.

Die $\tau = 1$-Oktupolanregungen können in ähnlicher Weise wie die $\tau = 0$-Anregungen analysiert werden, indem man das Feld

$$F = \sum_k (r^3 Y_{30}\tau_z)_k \tag{6–446}$$

betrachtet. Die Parameter C und D für die ungekoppelten Anregungen unabhängiger Teilchen sind die gleichen wie für die $\tau = 0$-Schwingungen (siehe Gl. (6–439)), und die Kopplungskonstante (6–127) führt auf die Frequenzen

$$\omega(\tau = 1, \lambda = 3) = \begin{cases} 1{,}55\omega_0, \\ 4{,}76\omega_0 \end{cases} \tag{6–447}$$

und die Oszillatorstärken

$$\begin{aligned} &\hbar\omega B(\tau = 1, \lambda = 3; n = 0 \rightarrow n = 1) \\ &= S(\tau = 1, \lambda = 3)_{\text{klass}} \begin{cases} 0{,}032, & \omega = 1{,}55\omega_0, \\ 0{,}968, & \omega = 4{,}76\omega_0, \end{cases} \end{aligned} \tag{6–448}$$

wobei $S(\tau = 1, \lambda = 3)_{\text{klass}}$ durch Gl. (6–179) gegeben ist.

Systematik der niederfrequenten Anregung

Die beobachteten niederenergetischen Oktupolanregungen (siehe Abb. 6–40) entsprechen qualitativ der $\tau = 0$-Schwingung, die mit den $\Delta N = 1$-Teilchenanregungen verknüpft ist. Die Abweichung des Einteilchen-Anregungsspektrums von der obigen schematischen Form führt aber beim Auffüllen der Hauptschalen zu wesentlichen Änderungen der Eigenschaften dieser Anregung.

Für Kerne mit abgeschlossenen Schalen hat die Unterschalenstruktur zur Folge, daß die $\Delta N = 1$-Einteilchenanregungen über ein Energieintervall verteilt sind, das mit $\hbar\omega_0$ vergleichbar ist. (In ^{208}Pb z. B. erstrecken sich die Anregungsenergien für Übergänge ohne Spinflip ($\Delta j = \Delta l$) von 4 bis 9 MeV; siehe Abb. 3–3, Band I, S. 341.) Daher erwartet man, daß nur ein Bruchteil der niederfrequenten Oszillatorstärke in der beobachteten kollektiven Anregung gefunden wird. Aus den Daten in Tab. 6–14 und der Annahme $B(\tau = 0, \lambda = 3) \approx (A/Ze)^2 B(E3)$ folgt, daß die beobachtete $\tau = 0$-Oszillatorstärke für die Kerne ^{16}O, ^{40}Ca und ^{208}Pb entsprechend 10%, 13% und 21% der $\tau = 0$-Summenregeleinheit beträgt. Für das oben betrachtete schematische Modell findet man, daß etwa 40% von $S(\tau = 0)_{\text{klass}}$ in der niederfrequenten Anregung enthalten sind, aber diese Zahl muß auf den endlichen Wert von N korrigiert werden (siehe Gl. (6–436)), was für die Kerne ^{16}O, ^{40}Ca und ^{208}Pb auf die Abschätzungen 25%, 33% und 39% führt. Somit ist in allen drei Fällen etwa die Hälfte der erwarteten niederfrequenten Oszillatorstärke in der betrachteten kollektiven Anregung konzentriert. Das ist konsistent mit der Tatsache, daß die beobachteten Oktupolfrequenzen im Vergleich zu den $\Delta N = 1$-Einteilchenanregungen um einen Wert verschoben sind, der von ähnlicher Größe wie die Aufspaltung der $\Delta N = 1$-Frequenzen ist.

Für Konfigurationen mit Teilchen in nicht besetzten Schalen hat die Spinbahnwechselwirkung zur Folge, daß für $A \gtrsim 60$ starke Oktupolübergänge zwischen Orbitalen innerhalb einer Hauptschale auftreten können ($2p_{3/2} \rightarrow 1g_{9/2}$ für die Schale 28—50; $2d_{5/2} \rightarrow 1h_{11/2}$ für die Schale 50—82; $2f_{7/2} \rightarrow 1i_{13/2}$ für die Schale 82—126 und $2g_{9/2} \rightarrow 1j_{15/2}$ für die Schale oberhalb von 126; ein Beispiel für die Oktupol-Responsefunktion bei $Z = 46$, $N = 60$ ist in Abb. 6–17b, S. 398, dargestellt). Das Auftreten dieser starken niederfrequenten Oktupolübergänge kann als ein systematisches Merkmal der Einteilchen-

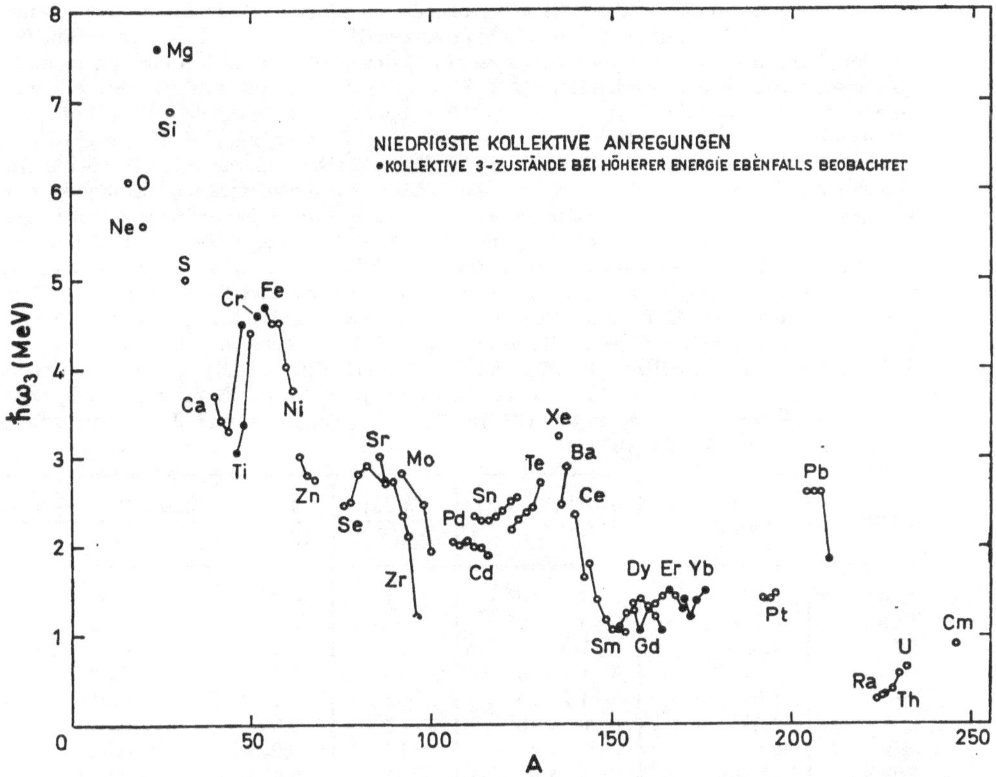

Abb. 6–40 Systematik der kollektiven Oktupol-Vibrationsenergien. Die Abbildung zeigt die Energien der tiefliegenden kollektiven Zustände $I\pi = 3^-$. Volle Kreise entsprechen Kernen, in denen Oktupolanregungen mit höherer Energie identifiziert wurden, deren Stärke nicht unter der Hälfte der Anregungsstärke der aufgetragenen Anregung liegt. Die Daten sind den Zusammenstellungen von LEDERER u. a. (1967) und BERNSTEIN (1969) entnommen.

bewegung in einem Potential mit einer gut definierten Oberfläche angesehen werden. Die Übergänge sind mit klassischen periodischen Bahnen mit Dreieckssymmetrie verknüpft (siehe S. 511ff.). Die beobachtete Variation der Oktupolfrequenzen in Abb. 6–40 kann aufgrund dieser Besonderheit der Schalenstruktur qualitativ verstanden werden. So verkleinert sich zum Beispiel im Gebiet Zr bis Ba die Frequenz als Funktion der Neutronenzahl, wenn man am Anfang der Schale Teilchen in das $d_{5/2}$-Orbital bringt, und sie vergrößert sich am Ende der Schale, wenn das $h_{11/2}$-Niveau aufgefüllt wird. Der gleiche Übergang $d_{5/2} \rightarrow h_{11/2}$ für Protonen ist für die Abnahme der Oktupolfrequenz mit zunehmendem Z im Gebiet oberhalb von Sn verantwortlich. Für Neutronenzahlen $N > 82$ bewirkt die Auffüllung des $f_{7/2}$-Orbitals eine starke Abnahme der Oktupolfrequenz in den Ce- und Sm-Isotopen. Für sphärische Form würde man bei $Z \approx 64$ und N zwischen 90 und 100 ein Minimum der Oktupolfrequenzen erwarten (siehe z. B. die Niveauschemata in Abb. 5–2 und 5–3, S. 192 und 193). In diesem Gebiet könnte die sphärische Form instabil gegen Oktupoldeformationen werden. Das Einsetzen der statischen Quadrupoldeformation bei $N = 90$ verhindert aber die direkte Beobachtung dieser Instabilität. Für das Gebiet oberhalb von ^{208}Pb erwartet man, daß das Auffüllen

Tab. 6–14 Übergangsstärke von kollektiven Oktupolanregungen. Die aufgeführten Matrixelemente wurden aus $E3$-Übergangswahrscheinlichkeiten erhalten mit Ausnahme von ^{152}Sm, für das der Wert aus einer Analyse des Querschnitts der unelastischen Deuteronenstreuung abgeleitet wurde. Die beobachteten $B(E3)$-Werte werden in Spalte 4 mit der Einteilcheneinheit $B_{sp}(E3)$ $(= 7B_w(E3)) = (7/16\pi)\, e^2R^6 = 0{,}42A^2e^2\,\mathrm{fm}^6$ verglichen. Spalte 5 gibt die Amplitude der Oktupolschwingung an (mit der Normierung (6–63)), die man aus den $B(E3)$-Werten ableitet (siehe Gl. (6–65) für sphärische Kerne und Gl. (6–91) für deformierte Kerne). Spalte 6 gibt die beobachtete Oszillatorstärke in Einheiten der klassischen $E3$-Oszillator-Summenregel an (Gl. (6–177)); in der Summenregel wurde der Wert von $\langle r^4\rangle$ für eine Dichteverteilung der Form (2–62) mit den Parametern (2–69) und (2–70) abgeschätzt. Die Daten stammen aus: ^{16}O (T. K. Alexander und K. W. Allen, Can. J. Phys. **43**, 1563 (1965)); ^{40}Ca (Zusammenstellung von Skorka u. a., 1967); ^{60}Ni (M. A. Duguay, C. K. Bockelman, T. H. Curtis und R. A. Eisenstein, Phys. Rev. **163**, 1259 (1967)); ^{112}Cd (F. K. McGowan, R. L. Robinson, P. H. Stelson und J. L. C. Ford, Nuclear Phys. **66**, 97 (1965)); ^{152}Sm (E. Veje, B. Elbek, B. Herskind und M. C. Olesen, Nuclear Phys. **A 109**, 489 (1968)); ^{208}Pb (J. F. Ziegler und G. A. Peterson, Phys. Rev. **165**, 1337 (1968)); ^{238}U (Th. W. Elze und J. R. Huizenga, Nuclear Phys. **A 187**, 545 (1972)).

Kern	$\hbar\omega_3$ MeV	$B(E3; 0 \to 3)$ $e^2\,\mathrm{fm}^6$	$\dfrac{B(E3)}{B_{sp}(E3)}$	$\left(\dfrac{\hbar\omega_3}{2C_3}\right)^{1/2}$	$\dfrac{\hbar\omega B(E3; 0 \to 3)}{S(E3)_{\mathrm{klass}}}$
^{16}O	6,13	$1{,}5 \cdot 10^3$	14	0,28	0,05
^{40}Ca	3,73	$1{,}7 \cdot 10^4$	26	0,15	0,06
^{60}Ni	4,05	$2{,}8 \cdot 10^4$	19	0,09	0,06
^{112}Cd	1,97	$1{,}0 \cdot 10^5$	20	0,057	0,03
^{152}Sm	1,04 ($\nu = 0$)	$1{,}2 \cdot 10^5$	12	0,087	0,011
	1,58 ($\nu = 1$)	$0{,}7 \cdot 10^5$	7	0,047	0,009
^{208}Pb	2,61	$7 \cdot 10^5$	39	0,045	0,08
^{238}U	0,73 ($\nu = 0$)	$5 \cdot 10^5$	21	0,078	0,013

des $g_{9/2}$-Orbitals mit Neutronen die Oktupolfrequenz stark herabsetzt und möglicherweise zur Instabilität der sphärischen Form führt. Die betreffenden Konfigurationen um $N \approx 130$ sind wegen der kurzen α-Lebensdauern in diesem Gebiet ziemlich schwierig zu untersuchen. Belege für den erwarteten starken Oktupoleffekt bilden die niedrige Frequenz der Anregungen ungerader Parität am Anfang des deformierten Gebiets ($A \gtrapprox 222$; siehe Abb. 6–40)¹) sowie die starke Kopplung des zusätzlichen Neutrons an die Oktupolschwingungen in ^{209}Pb (siehe die Diskussion auf S. 487).

Wie in Abb. 6–40 angedeutet wird, ist die niederfrequente Oktupolstärke in einer Reihe von Fällen auf zwei oder mehr Anregungen mit vergleichbarer Intensität aufgeteilt. Eine solche Multiplizität kann das Ergebnis der Kopplung an die Quadrupoldeformation sein (siehe S. 497ff.). Sie kann auch in den Kernen auftreten, die eine besonders niederfrequente Komponente in der Einteilchen-Oktupolresponsefunktion aufweisen. (Siehe z. B. das Auftreten von starken Oktupolanregungen im Spektrum von ^{210}Pb (Ellegaard u. a., 1971), das die starke Kopplung der Oktupolschwingung an die $g_{9/2} \to j_{15/2}$-Einteilchenanregung widerspiegelt. Diese Kopplung wird im Zusammenhang mit dem Spektrum von ^{209}Pb auf S. 487 diskutiert.)

¹) Diese $K\pi = 0^-$-Anregungen mit bemerkenswert niedriger Frequenz waren die ersten Oktupolschwingungen, die in den Kernspektren identifiziert wurden. Sie wurden als ein systematisches Merkmal in der α-Feinstruktur entdeckt (Stephens u. a., 1955). Die Interpretation als Oktupolanregungen schlug R. F. Christy (private Mitteilung, 1954) vor.

Einteilchen-Transferprozesse zur Oktupolanregung in ^{208}Pb

Informationen über die Teilchen-Loch-Struktur der Oktupolschwingungen kann man aus der Untersuchung von Einteilchen-Transferreaktionen oder Isobar-Analogresonanzen erhalten. Man findet zum Beispiel, daß die ^{209}Bi (d, ^{3}He)-Reaktion den Zustand $I\pi = 3^-$ in ^{208}Pb mit einer Intensität von $4{,}5 \cdot 10^{-2}$ bevölkert im Vergleich zur Reaktion ^{208}Pb (d, ^{3}He), die zur $d_{3/2}^{-1}$-Konfiguration in ^{207}Tl führt (McClatchie u. a., 1970). Unter der Annahme, daß der Prozeß dem Pickup eines $d_{3/2}$-Protons entspricht, erhalten wir das reduzierte Matrixelement für den Teilchenvernichtungsoperator $a(\bar{d}_{3/2})$ (siehe Gl. (3E–9))

$$\frac{\mathrm{d}\sigma(h_{9/2} \to 3^-)}{\mathrm{d}\sigma(0 \to d_{3/2}^{-1})} = \frac{1}{10} \frac{\langle 3^- \| a(\bar{d}_{3/2}) \| h_{9/2} \rangle^2}{\langle d_{3/2}^{-1} \| a(\bar{d}_{3/2}) \| 0 \rangle^2}$$

$$= \frac{1}{40} \langle 3^- \| a(\bar{d}_{3/2}) \| h_{9/2} \rangle^2 \approx 0{,}045 . \qquad (6\text{–}449)$$

Eine theoretische Abschätzung dieses Matrixelements kann man aus der Teilchen-Vibrationskopplung erhalten, in Analogie zur Amplitude, die durch das erste Diagramm in Abb. 6–34, S. 464, beschrieben wird. (Bei Abwesenheit von Paarkorrelationen und bei Vernachlässigung des kleinen Beitrags der $d_{3/2}$-Zustände in höheren Schalen trägt das zweite Diagramm in Abb. 6–34 nichts bei.) Somit erhält man (siehe Gln. (6–210) und (6–211))

$$\langle 3^- \| a(\bar{j}) \| j_1 \rangle = (2j_1 + 1)^{1/2} \frac{h(j_1, j_2\lambda)}{\hbar\omega_3 - E(j_2^{-1}j_1)} , \qquad (6\text{–}450)$$

wobei das Matrixelement h für die Teilchen-Vibrationskopplung durch Gl. (6–209) gegeben ist. Mit dem Radialmatrixelement

$$\langle h_{9/2} | k(r) | d_{3/2} \rangle \approx 51 \text{ MeV} , \qquad (6\text{–}451)$$

das sich aus den Wellenfunktionen in einem Woods-Saxon-Potential mit den in Abb. 3–3, Band I, Seite 341, benutzten Parametern ergibt, und der Nullpunktsamplitude

$$\left(\frac{\hbar\omega_3}{2C_3}\right)^{1/2} = 0{,}045 , \qquad (6\text{–}452)$$

die man aus dem $B(E3;\, 0 \to 3)$-Wert in Tab. 6–14 sowie mit Gl. (6–65) erhält, findet man

$$h(h_{9/2}, d_{3/2}3) \approx -0{,}75 \text{ MeV} . \qquad (6\text{–}453)$$

Die Energie $E(d_{3/2}^{-1}h_{9/2})$ in Gl. (6–450) ist die Energie der Teilchen-Loch-Anregung, die man anhand der beobachteten Bindungsenergien in Abb. 3–3, Band I, S. 341, zu $\varepsilon(h_{9/2}) - \varepsilon(d_{3/2}) \approx 4{,}6$ MeV abschätzt. Diese Energie wird aber durch die Coulomb-Wechselwirkung etwas verringert, weil sich die Lochenergien auf die Abtrennung eines Protons aus dem Kern $Z = 82$, die Teilchenenergien aber auf die Abtrennung aus dem Kern $Z = 83$ beziehen. Daher muß man in der Teilchen-Loch-Wechselwirkung für Protonen eine anziehende Coulomb-Kraft berücksichtigen. Die resultierende Energieverschiebung ist annähernd unabhängig von der Teilchenkonfiguration und kann aus der Annahme konstanter Ladungsverteilungen abgeschätzt werden (siehe Gl. (2–19)),

$$\delta E_{\text{Coul}}(p, h) = -\frac{6}{5}\frac{e^2}{R} \approx -1{,}4A^{-1/3}\,\text{MeV}. \tag{6–454}$$

Dieser Beitrag beläuft sich für ^{208}Pb auf $-0{,}2$ MeV. Mit $E(d_{3/2}^{-1}h_{9/2}) = 4{,}4$ MeV und $\hbar\omega_3 = 2{,}6$ MeV (siehe Tab. 6–14) erhält man aus Gln. (6–450) und (6–453)

$$\langle 3^- \| a(\bar{d}_{3/2}) \| h_{9/2} \rangle = -1{,}3, \tag{6–455}$$

in Übereinstimmung mit dem beobachteten Wert (siehe Gl. (6–449)).

Das reduzierte Matrixelement (6–455) kann als Ausdruck für die Amplitude der Teilchen-Loch-Komponente $(d_{3/2}^{-1}h_{9/2})$ in der Phononenwellenfunktion angesehen werden (siehe das Diagramm in Abb. 6–13, S. 377, und Gln. (6–210) und (6–211)),

$$X(d_{3/2}^{-1}h_{9/2}) = -\left(\frac{10}{7}\right)^{1/2} \frac{h(h_{9/2}, d_{3/2}3)}{\hbar\omega_3 - E(d_{3/2}^{-1}h_{9/2})}$$
$$\approx -0{,}50. \tag{6–456}$$

Die ^{209}Bi(d, ^{3}He)-Reaktion kann den Oktupolzustand in ^{208}Pb auch durch Pickup eines $d_{5/2}$- oder $g_{7/2}$-Protons bevölkern, obwohl diese Querschnitte merklich kleiner als für $d_{3/2}$ sein sollten. Mit einer zu Gl. (6–456) analogen Abschätzung erhält man $X(d_{5/2}^{-1}h_{9/2}) \approx 0{,}11$ und $X(g_{7/2}^{-1}h_{9/2}) \approx -0{,}17$.

Effektive Ladungen (Tab. 6–15)

Die Frequenz der Oktupolschwingung, die niedrig ist im Vergleich zu den charakteristischen Frequenzen der Teilchen-Loch-Anregungen, aus denen sie besteht, entspricht einem großen Wert der isoskalaren Oktupolpolarisierbarkeit. Experimentelle Information bezüglich der effektiven Ladung für die Einteilchen-Oktupolübergänge ist für die Kerne des Gebiets um ^{208}Pb verfügbar und wird in Tab. 6–15 aufgeführt. Die empirischen Werte von e_{eff} wurden durch Division des beobachteten Matrixelementes durch den Einteilchenwert (3C–33) erhalten, wobei die Radialmatrixelemente in Spalte 4 benutzt wurden. Der Oktupolzustand bei 2,61 MeV in ^{208}Pb trägt den Hauptteil zur effektiven Ladung bei. Der Wert in Spalte 7 wurde aus Gl. (6–218) mit dem $B(E3;\,0 \to 3)$-Wert aus Tab. 6–14 und dem Kopplungsmatrixelement $\langle j_2 |\, k(r)\, | j_1 \rangle$ in Spalte 6 erhalten. Die Radialmatrixelemente von r^3 und $k(r) = R_0\,\partial V/\partial r$ beruhen auf Wellenfunktionen im Woods-Saxon-Potential mit Standardparametern (siehe Band I, S. 251 und 341). Zusätzliche Beiträge zur Polarisationsladung stammen aus der Kopplung an höher liegende isovektorielle und isoskalare Oktupolanregungen. Diese Glieder, von denen jedes wenige Zehntel einer Einheit beträgt, werden im folgenden Kleindruck diskutiert; ihr Gesamtbeitrag ist in Spalte 8 angegeben. In der betrachteten Näherung, die der Berücksichtigung der Teilchen-Vibrationskopplung durch Störungstheorie erster Ordnung entspricht, ist die gesamte effektive Ladung gleich der Summe aus der nackten Ladung und den Beiträgen zur Polarisationsladung in den Spalten 7 und 8.

Tab. 6–15 Effektive Oktupolladungen in ^{209}Pb und ^{209}Bi. Die experimentellen $B(E3)$-Werte in Spalte 3 sind entnommen aus: ^{209}Pb (C. Ellegaard, J. Kantele und P. Vedelsby, Phys. Letters **25B**, 512 (1967)); ^{209}Bi (J. W. Hertel, D. G. Fleming, J. P. Schiffer und H. E. Gove, Phys. Rev. Letters **23**, 488 (1969), und R. A. Broglia, J. S. Lilley, R. Perazzo und W. R. Phillips, Phys. Rev. **C 1**, 1508 (1970)). Im letzteren Fall stellen die aufgeführten Werte einen gewichteten Mittelwert von zwei Experimenten dar, wobei jedes durch einen Faktor so angepaßt wurde, daß die beobachtete totale $E3$-Anregungswahrscheinlichkeit für das $(h_{9/2}3^-)$-Septuplett mit dem angenommenen Wert $7 \cdot 10^5 e^2\,\mathrm{fm}^6$ für die 3^--Anregung in ^{208}Pb übereinstimmt.

Kern	Übergang	$B(E3)$ $10^4 e^2\,\mathrm{fm}^6$	$\langle j_2\| r^3 \|j_1\rangle$ fm^3	$(e_{\mathrm{eff}})_{\mathrm{exp}}$ e	$\langle j_2\| k \|j_1\rangle$ MeV	$\delta e_{\mathrm{pol}}/e$		$(e_{\mathrm{eff}})_{\mathrm{th}}$ e
						2,6 MeV	hohe Frequenz	
^{209}Pb	$j_{15/2} \to g_{9/2}$ $(\Delta E = 1{,}42$ MeV$)$	7 ± 2	254	$2{,}8 \pm 0{,}5$	53	3,3	0,6	2,8
^{209}Bi	$i_{13/2} \to h_{9/2}$ $(\Delta E = 1{,}61$ MeV$)$	$1{,}5 \pm 0{,}5$	238	6 ± 1	68	5,0	0,2	5,6

Für einige der tiefliegenden Konfigurationen in ^{209}Pb und ^{209}Bi ist die Kopplung an die Oktupolanregung so stark, daß merkliche Beiträge zur Polarisationsladung von Effekten höherer Ordnung in der Teilchen-Vibrationskopplung herrühren können. So hat für ^{209}Pb das Kopplungsmatrixelement zwischen der $j_{15/2}$- und der $(g_{9/2}3^-)$-Konfiguration, das man aus Gl. (6–209) mit dem Radialmatrixelement $\langle j_2|\,k\,|j_1\rangle$ aus Tab. 6–15 und der Nullpunktsamplitude (6–452) erhält, den Wert $h(j_{15/2}, g_{9/2}3^-) = -0{,}88$ MeV, der mit der Energiedifferenz zwischen den beiden Konfigurationen vergleichbar ist. Eine Diagonalisierung der Kopplung im Raum der Teilchen- und Teilchen-plus-Phonon-Zustände liefert die renormierten Einteilchenzustände

$$\begin{aligned} |\hat{g}_{9/2}\rangle &= 0{,}97\,|g_{9/2}\rangle + 0{,}24\,|(j_{15/2}3^-)\,9/2\rangle, \\ |\hat{j}_{15/2}\rangle &= 0{,}85\,|j_{15/2}\rangle + 0{,}52\,|(g_{9/2}3^-)\,15/2\rangle. \end{aligned} \tag{6–457}$$

Bei der Berechnung der Zustände (6–457) wurde für die Differenz zwischen den ungestörten $j_{15/2}$- und $g_{9/2}$-Energien $\Delta\varepsilon = 1{,}7$ MeV angenommen, so daß sich die beobachtete Differenz von 1,4 MeV für die renormierten Zustände ergibt. Der Wert von e_{eff} in der letzten Spalte von Tab. 6–15 ist mit den Zuständen (6–457) berechnet, wobei die Einteilchenladung δe_{pol} (hochfrequent) und das $E3$-Matrixelement für Schwingungen aus Tab. 6–14 verwendet wurden. Dieser Wert von e_{eff} ist um etwa 30% kleiner als das Ergebnis der Störungstheorie erster Ordnung.

In ^{209}Bi ist die Kopplung zwischen den beiden Konfigurationen in Tab. 6–15 wegen des Spinflips im Einteilchenübergang viel schwächer $\big(h(i_{13/2}, h_{9/2}3^-) = -0{,}25$ MeV$\big)$, und die Kopplungseffekte höherer Ordnung können vernachlässigt werden. Etwas größere Korrekturen zum $E3$-Matrixelement in ^{209}Bi stammen von der Kopplung des $i_{13/2}$-Zustandes an die $(f_{7/2}3^-)$-Konfiguration, die durch das große Matrixelement $h(i_{13/2}, f_{7/2}3^-) = -1{,}1$ MeV vermittelt wird. In Analogie zur Behandlung von ^{209}Pb ergibt eine Diagonalisierung dieser Kopplung den renormierten $i_{13/2}$-Zustand

$$|\hat{i}_{13/2}\rangle = 0{,}91\,|i_{13/2}\rangle + 0{,}41\,|(f_{7/2}3^-)\,13/2\rangle. \tag{6–458}$$

Der Wert von $(e_{\mathrm{eff}})_{\mathrm{th}}$ für ^{209}Bi in Tab. 6–15 ergab sich durch Multiplizieren des störungstheoretischen Wertes von 6,2 mit dem Faktor 0,91, der die Amplitude der $i_{13/2}$-Komponente im renormierten Zustand (6–458) darstellt.

Die ziemlich gute Übereinstimmung zwischen den beobachteten und den abgeschätzten $E3$-Matrixelementen in Tab. 6–15 stützt die Annahmen über die Kopplung der Einteilchenbewegung an die 2,61 MeV-Oktupolanregung in ^{208}Pb. Im Falle des Übergangs $i_{13/2} \rightarrow h_{9/2}$ in ^{209}Bi ist das Kopplungsmatrixelement ziemlich klein und reagiert deshalb empfindlich auf spinabhängige Felder, die im Zusammenhang mit der Oktupolanregung auftreten können. Der empirische Wert von e_{eff} legt daher nahe, daß die spinabhängigen Felder ziemlich schwach sein sollten.

Die hochfrequenten Beiträge zur effektiven Oktupolladung kann man durch die Koeffizienten der isoskalaren und isovektoriellen Polarisierbarkeit ausdrücken. Die entsprechenden Beziehungen sind analog zu Gl. (6–386), die sich auf die effektive $E2$-Ladung bezieht. Man erwartet, daß folgende hochfrequente Anregungen einen Beitrag geben:

a) Die $\Delta N = 3$-Anregung mit $\tau = 0$. Unter Benutzung des Ausdruckes (6–216) für χ, der Abschätzung (6–438) für die Kopplungsstärke und des Wertes der Rückstellkraft, den man aus den Gln. (6–444) und (6–445) ableitet, erhalten wir

$$\delta e_{\mathrm{pol}}^{\mathrm{std}} \approx \frac{12}{49} \frac{Ze}{A} \left(1 - 0{,}65 \frac{N-Z}{A} \tau_z\right). \tag{6–459}$$

b) Die zusätzlichen $\Delta N = 1$, $\tau = 0$-Anregungen, die dadurch bedingt sind, daß der 2,6 MeV-Zustand in ^{208}Pb nur etwa der Hälfte der erwarteten $\Delta N = 1$, $\tau = 0$-Oszillatorstärke Rechnung trägt (siehe S. 482). Da man den Rest dieser Oszillatorstärke im Gebiet von $\hbar\omega_0 \approx 7$ MeV erwartet, wird die resultierende Polarisierbarkeit, die für konstante Oszillatorstärke umgekehrt proportional zum Quadrat der Frequenz ist, ungefähr eine Größenordnung kleiner als der Beitrag der 2,6 MeV-Anregung sein. Eine detailliertere Abschätzung kann man aus dem Ausdruck (6–243) für die Responsefunktion erhalten. Unter Verwendung der ungestörten Einteilchenenergien in Abb. 3–2f und einer Kopplungskonstanten $\varkappa$, die die tiefste kollektive Anregung bei $\hbar\omega$ 2,6 MeV reproduziert, findet man

$$\delta e_{\mathrm{pol}}^{\mathrm{std}} \approx (0{,}5 - 0{,}1\tau_z)\, e. \tag{6–460}$$

c) Die $\tau = 1$-Anregungen mit $\Delta N = 1$ und 3. Aus den Abschätzungen (6–127), (6–447) und (6–448) erhalten wir

$$\delta e_{\mathrm{pol}}^{\mathrm{std}} \approx 0{,}4 \left(\tau_z - \frac{N-Z}{A}\right) e. \tag{6–461}$$

Für ^{208}Pb ergibt die Summe dieser drei Beiträge $\delta e_{\mathrm{pol}}^{\mathrm{std}} \approx (0{,}5 + 0{,}3\tau_z)\, e$. Dieses Ergebnis ist ein Standardwert, der auf mittleren Radialmatrixelementen für die Einteilchenzustände beruht. Die Werte von δe_{pol} in Spalte 8 von Tab. 6–15 enthalten den zusätzlichen Faktor $\frac{1}{2} R^3 \langle j_2 | r^3 | j_1 \rangle^{-1}$; siehe die analoge Gl. (6–387).

Anharmonische Effekte (*Abb. 6–41*)

Obwohl es zur Zeit nur sehr wenige Hinweise auf anharmonische Effekte bei der Oktupolschwingung gibt, sind diese potentiell von beträchtlichem Interesse. Im Gegensatz zur Situation bei der niederfrequenten Quadrupolanregung erwartet man in vielen Fällen, daß die anharmonischen Effekte in der niederfrequenten Oktupolanregung klein und somit einer Störungstheorie, die von der harmonischen Näherung ausgeht, zugänglich sind.

Durch Oktupolkopplung verursachte Phononenwechselwirkung

Die anharmonischen Glieder niedrigster Ordnung im Oktupol-Energiespektrum sind die Phonon-Phonon-Wechselwirkungen, die durch die in Abb. 6–41 dargestellten Diagramme vierter Ordnung repräsentiert werden. Für den Fall, daß alle vier Oktupolphononen im Zustand $M = 3$ sind, muß jeder der vier Vertices das gleiche Teilchen-Loch-Paar enthalten (das einer Teilchenanregung mit $\Delta n_{+1} = 2, \Delta n_{-1} = -1$ und $\Delta n_0 = 0$ entspricht), wenn man sich auf $\Delta N = 1$-Anregungen beschränkt. Das Diagramm ergibt

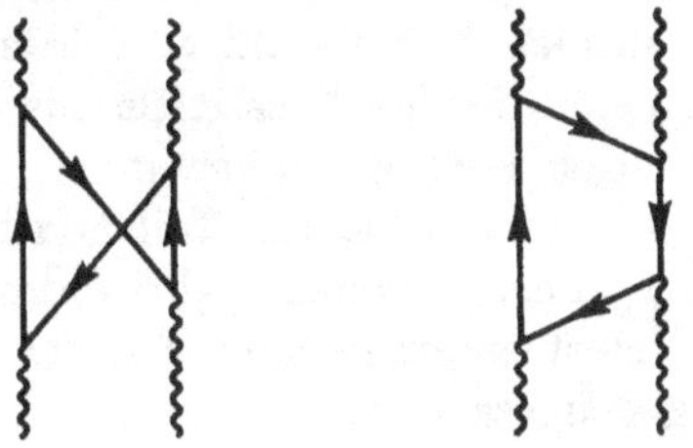

Abb. 6–41 Diagramme zur Illustration der Phonon-Phonon-Wechselwirkung im Oktupolfreiheitsgrad

daher eine Energieverschiebung von $X_i^4(\hbar\omega_0 - \hbar\omega)$, wobei X_i die Amplitude der Konfiguration i in der Oktupolanregung ist. Diese kann aus der Normierungsbedingung (siehe Gln. (6–249a) und (6–253)) abgeschätzt werden,

$$\sum_i (X_i^2 - Y_i^2) = \frac{4\omega_0\omega}{(\omega_0 + \omega)^2} \sum_i X_i^2 = 1 . \tag{6–462}$$

Durch Summation über die verschiedenen Konfigurationen erhalten wir einen Beitrag zur Energieverschiebung vierter Ordnung, der von der Größenordnung

$$\delta E^{(4)} \approx \Omega^{-1}(\hbar\omega_0 - \hbar\omega) \frac{(\omega_0 + \omega)^4}{(4\omega_0\omega)^2} \tag{6–463}$$

ist, wobei Ω die Zahl der Teilchen in der letzten abgeschlossenen Schale bezeichnet, die der Zahl der Konfigurationen i in der Summe (6–462) entspricht.

Es ist ersichtlich, daß die Wechselwirkung die Rolle des Ausschließungsprinzips widerspiegelt, welches das zweite Phonon daran hindert, die Konfigurationen auszunutzen, die gleichzeitig in der mikroskopischen Struktur des ersten Phonons auftreten. Die Wechselwirkungsenergie $(\hbar\omega - \hbar\omega_0)$ im Phonon wird demzufolge um ein Glied der relativen Ordnung Ω^{-1} verringert. Der letzte Faktor in Gl. (6–463) hängt mit den Grundzustandskorrelationen zusammen, die ein Anwachsen der Nullpunktsamplitude $(\alpha_3)_0$ proportional zu $\omega^{-1/2}$ bedingen. Im adiabatischen Grenzfall $\omega \ll \omega_0$ ist die ω-Abhängigkeit des Ausdrucks (6–463) in dem Faktor $(\alpha_3)_0^4$ enthalten, wie es für eine Wechselwirkung vierter Ordnung charakteristisch ist.

Die Größe Ω^{-1}, die den Grad der Anharmonizität bestimmt, charakterisiert auch die Korrekturen zu den Bosonenvertauschungsbeziehungen für die Operatoren $c^{(0)}$ und

$(c^{(0)})^\dagger$, die der ungestörten Bewegung entsprechen (in diesem Zusammenhang siehe die Diskussion auf S. 289). Die resultierende Anharmonizität von der relativen Ordnung $A^{-2/3}$ ist groß im Vergleich zu dem Wert für das Tröpfchenmodell. In einer makroskopischen Beschreibung der Formschwingungen und unter der Annahme einer Amplitude mit der Normierung (6A–1) oder (6–63) sind die anharmonischen Glieder im HAMILTON-Operator von der relativen Ordnung $(\alpha_3)_0^2$ und damit für die betrachtete Schwingung von der relativen Ordnung $A^{-4/3}$ (siehe z. B. Gl. (6–437)). Somit ist die Anharmonizität (6–463) ein Quanteneffekt, der mit der mikroskopischen Struktur der kollektiven Bewegung zusammenhängt.

Bei einer quantitativen Abschätzung der Phonon-Phonon-Wechselwirkungen müssen die Beiträge einer Reihe von zusätzlichen Diagrammen berücksichtigt werden. Diese ergeben sich teils aus unterschiedlichen Zeitordnungen der Vertices, teils aus den verschiedenen Möglichkeiten, die Phononenlinien mit den Vertices zu verbinden, und teils aus Diagrammen, in denen wie bei Diagramm (b) in Abb. 6–41 die Teilchen-Loch-Erzeugung (oder -Vernichtung) durch die Streuung eines Teilchens oder eines Loches ersetzt wurde. Das zuletzt erwähnte Diagramm liefert einen Beitrag von der gleichen Größenordnung wie (6–463), jedoch mit dem entgegengesetzten Vorzeichen.

Man erwartet, daß die Größenordnung der gesamten Phonon-Phonon-Wechselwirkung weiterhin durch Gl. (6–463) gegeben ist. Für ^{208}Pb mit $\Omega \approx 75$, $\hbar\omega = 2{,}6$ MeV und $\hbar\omega_0 \approx 7$ MeV führt diese Abschätzung auf $\delta E^{(4)} \approx 0{,}1$ MeV. (Eine entsprechende Abschätzung für die niederfrequente Quadrupolanregung in sphärischen Kernen liefert einen merklich größeren Wert, teils wegen der kleineren Zahl von Teilchen, die zur Quadrupolanregung beitragen, und teils infolge der im Vergleich zur ungestörten Bewegung kleinen Quadrupolfrequenz ($\omega \ll \omega^{(0)}$).)

Eine Berechnung der Wechselwirkung vierter Ordnung für die Teilchenbewegung im harmonischen Oszillatorpotential führt dazu, daß sich die verschiedenen oben aufgezählten Diagramme kompensieren. Die resultierende Anharmonizität wird von der Ordnung Ω^{-1} im Vergleich zu dem Glied (6–463) und damit vergleichbar mit dem Tröpfchenmodellwert. Die sehr kleine Anharmonizität für das Modell des harmonischen Oszillators hängt damit zusammen, daß die Einteilchen-Responsefunktion nicht von der Auffüllung der Schalen abhängt, sondern glatt mit A variiert. Die Oktupolanregung im Kern zeigt jedoch eine beträchtliche Abhängigkeit von der Schalenstruktur (die mit den dreiecksähnlichen Einteilchenbahnen in Zusammenhang gebracht werden kann, siehe S. 511), und man erwartet daher, daß der Grad der Anharmonizität von der Größenordnung der Abschätzung (6–463) bleibt.

Quadrupolmoment des Oktupolphonons

Das statische Quadrupolmoment des $n_3 = 1$-Zustandes wird durch Diagramme dritter Ordnung illustriert, die den Graphen bei der Berechnung des Quadrupolmoments für den $n_2 = 1$-Zustand ähneln (siehe Abb. 6–27, S. 451). Für die Teilchenbewegung im Potential des harmonischen Oszillators kann das Glied, das dem Diagramm (1) in Abb. 6–27a entspricht, einfach berechnet werden, weil das $\tau = 0$-Quadrupolmoment für jeden Teilchen-Loch-Zustand i mit $M = 3$ (und $\Delta n_{+1} = 2$, $\Delta n_{-1} = -1$) den Wert $-\hbar/(M\omega_0)$ hat. Somit erhält man aus Gln. (6–400) und (6–462)

$$Q_1 = -\frac{(\omega_0 + \omega)^2}{4\omega_0\omega}\frac{\hbar}{M\omega_0}. \tag{6–464}$$

Die Beiträge der Glieder, die den übrigen Diagrammen in Abb. 6–27a entsprechen, vergrößern das Quadrupolmoment um weniger als einen Faktor 2. (Die Diagramme, die den Graphen in Abb. 6–27a, (3) bis (6) entsprechen, enthalten $\Delta N = 2$-Matrixelemente des Quadrupoloperators und werden durch die resultierenden großen Energienenner verringert.) Das nackte isoskalare Quadrupolmoment der Teilchen in der Oktupolanregung wird durch Polarisationseffekte (siehe die Diagramme in Abb. 6–27b) um den Faktor $\big(1 + \chi(\tau = 0, \lambda = 2, \Delta E = 0)\big)$ verstärkt. Dieser beträgt für ^{208}Pb ungefähr 3 (siehe Tab. 6–8, S. 443). Multipliziert man mit dem Faktor Z/A, um das elektrische Quadrupolmoment zu erhalten, dann findet man $Q_{\text{el}} \approx -10\,\text{fm}^2$ für den 3^--Zustand in ^{208}Pb.

Die Abschätzung für das Quadrupolmoment im $n_3 = 1$-Zustand ist nur von der Ordnung $A^{-1/3}Q_{\text{sp}}$, weil sich die Beiträge der Teilchen und der Löcher im kollekiven Zustand nahezu aufheben. Der Wert ist vergleichbar mit dem Quadrupolmoment, das sich im Tröpfchenmodell als Effekt zweiter Ordnung in der Amplitude der Oktupoldeformation ergibt und für einen Zustand mit einem Oktupolphonon $Q \approx (\alpha_3)_0^2 AR_0^2 \approx -A^{-1/3}Q_{\text{sp}}$ beträgt.

Experimentelle Hinweise auf ein Quadrupolmoment der Ordnung $-100\,\text{fm}^2$ liegen für die 2,6 MeV-Oktupolanregung in ^{208}Pb vor (Barnett und Phillipps, 1969). Es erscheint schwierig, solch einen großen Wert aus der mikroskopischen Struktur der Oktupolschwingung, die in der vorliegenden Diskussion zugrunde gelegt wird, zu verstehen; siehe unten und auf S. 497 die Diskussion der Wechselwirkungseffekte, die das große Moment bedingen würden.

Quadrupolwechselwirkung der Oktupolphononen

Ein großes statisches Quadrupolmoment des 3^--Zustandes würde größere Beiträge zur effektiven Wechselwirkung zwischen den Oktupolphononen bedingen (Blomqvist, 1970). Normiert man die Amplitude $\alpha_{2\mu}$ der Quadrupoldeformation auf das Gesamtquadrupolmoment aller Teilchen im Kern ($\alpha_{2\mu} = \langle \Sigma\, r^2 Y_{2\mu}\rangle$), dann läßt sich die Quadrupolwechselwirkung zwischen zwei Oktupolphononen in der Form $5^{1/2}\varkappa(\alpha_2 F_2)_0$ ausdrücken; hierbei ist $\varkappa$ durch Gl. (6–368) gegeben, $\alpha_{2\mu}$ ist die mit dem ersten Phonon verknüpfte Quadrupoldeformation und $F_{2\mu} = r^2 Y_{2\mu}$ das nackte Moment der Teilchen im zweiten Phonon. Dieses nackte Moment ist um den Faktor $(1 + \chi)$ kleiner als $\alpha_{2\mu}$, wobei χ die statische isoskalare Polarisierbarkeit der Multipolarität $\lambda = 2$ darstellt. Zwischen dem Erwartungswert von $\alpha_{2\mu}$ im Phononenzustand und dem Quadrupolmoment besteht die Beziehung

$$\begin{aligned} Q_{\tau=0}(n_3 = 1) &= \left(\frac{16\pi}{35}\right)^{1/2} \langle 3320 \mid 33\rangle \langle n_3 = 1 \| \alpha_2 \| n_3 = 1\rangle \\ &\approx \frac{A}{Z} Q_{\text{el}}(n_3 = 1), \end{aligned} \tag{6–465}$$

und der Beitrag der Quadrupolkopplung zur Phonon-Phonon-Wechselwirkung ist daher

$$\begin{aligned} \delta E(n_3 = 2, I) &= \frac{21}{4\pi} \frac{\varkappa}{1+\chi} \big(Q_{\tau=0}(n_3 = 1)\big)^2 \begin{Bmatrix} 3 & 3 & 2 \\ 3 & 3 & I \end{Bmatrix} \\ &\approx -1{,}6\big(Q_{\text{el}}(n_3 = 1)\big)^2 \begin{Bmatrix} 3 & 3 & 2 \\ 3 & 3 & I \end{Bmatrix} \text{keV fm}^{-4}. \end{aligned} \tag{6–466}$$

Der Zahlenwert entspricht $A = 208$, $Z = 82$, $\chi \approx 2$. Ein elektrisches Quadrupolmoment von 10^2 fm^2 für den 3^--Zustand von ^{208}Pb würde eine Aufspaltung des $n_3 = 2$-Multipletts um einige MeV zur Folge haben.

Die auf S. 490 angegebene Abschätzung von $Q(n_3 = 1)$ bezieht sich auf den doppeltmagischen Kern ^{208}Pb. Beträchtlich größere Werte kann man für Kerne mit einer Anzahl von Teilchen außerhalb abgeschlossener Schalen erwarten. Für diese Nuklide kann die Quadrupolarisierbarkeit um eine Größenordnung höher sein (siehe Abb. 6–28, S. 455). Bei deformierten Kernen wird die niederfrequente Oktupolschwingung durch die Quadrupol-Oktupol-Wechselwirkung wesentlich verändert (siehe S. 497ff.).

$(h_{9/2}3^-)$-*Septuplett in* ^{209}Bi (*Abb. 6–42 und 6–43*; *Tab. 6–16*)

Das Hinzufügen eines Oktupolquants zum $h_{9/2}$-Grundzustand von ^{209}Bi sollte ein Septuplett von Zuständen $(h_{9/2}3^-)_I$ mit $I = 3/2, 5/2, \ldots, 15/2$ ergeben. Bei Untersuchungen der unelastischen Streuung und der darauffolgenden γ-Spektren mit hoher Auflösung ist es gelungen, sieben eng benachbarte Zustände zu identifizieren, die aufgrund ihres großen Wirkungsquerschnitts für Oktupolanregung als das erwartete Multiplett interpretiert werden können (siehe z. B. den Vergleich der Spektren an ^{208}Pb und ^{209}Bi unelastisch gestreuter Deuteronen, Abb. 6–42).[1])

Die beobachtete kleine Aufspaltung der Multiplettkomponenten entspricht einer schwachen Kopplung zwischen dem ungeraden Proton und dem Oktupolquant. Somit erwartet man, daß die Übergangswahrscheinlichkeiten für die Anregung der individuellen Komponenten näherungsweise proportional zu den statistischen Gewichten sind (siehe Gl. (6–86)),

$$B\big(E3;\, n_\lambda = 0,\, j \to (n_\lambda = 1,\, j)\, I\big) = \frac{2I+1}{(2\lambda+1)\,(2j+1)}\, B(E3;\, n_\lambda = 0 \to n_\lambda = 1). \tag{6–467}$$

Eine ähnliche Beziehung sollte für die Wirkungsquerschnitte der unelastischen Streuung gelten. Tab. 6–16 zeigt einen Vergleich der experimentellen Querschnitte mit der Beziehung für schwache Kopplung. Die Übereinstimmung ist ziemlich gut; eine Ausnahme bildet das schwache $I = 3/2$-Niveau, das nur zwei Drittel der berechneten Intensität erhält. (Das 2,958 MeV-Niveau in Tab. 6–16 geht aus der Protonloch-Protonpaar-Konfiguration $(d_{3/2}^{-1}\,0^+)_{3/2^+}$ hervor; siehe die folgende Diskussion.)

Eine Reihe von unterschiedlichen Kopplungseffekten verursachen kleine Abweichungen von der Beschreibung durch unabhängige Anregungen; wesentliche Effekte können von Kopplungen an nahe benachbarte Konfigurationen herrühren. Von diesen

[1]) Das Auftreten eines schwach gekoppelten $(h_{9/2}3^-)$-Multipletts in ^{209}Bi wurde aus der Beobachtung einer Oktupolanregung, deren Stärke und Energie der Anregung in ^{208}Pb ähnelt, gefolgert (siehe Alster, 1966). Untersuchungen der (p, p′)-Reaktion mit hoher Auflösung trennten die Niveaus des Multipletts und erlaubten aufgrund der $(2I + 1)$-Regel eine Spinzuordnung (Hafele und Woods, 1966). Die Entdeckung des schwach gekoppelten Multipletts stimulierte die Weiterentwicklung der theoretischen Behandlung der Kopplung zwischen Teilchen und Oktupolbewegung sowie der Kopplungen an andere Elementaranregungen des ^{208}Pb-Rumpfes (Hamamoto, 1969 und 1970; Bès und Broglia, 1971; Broglia u. a., 1971; wegen einer Diskussion, die der Behandlung des Problems in den früheren Versionen des vorliegenden Bandes entspricht, siehe auch Mottelson, 1968).

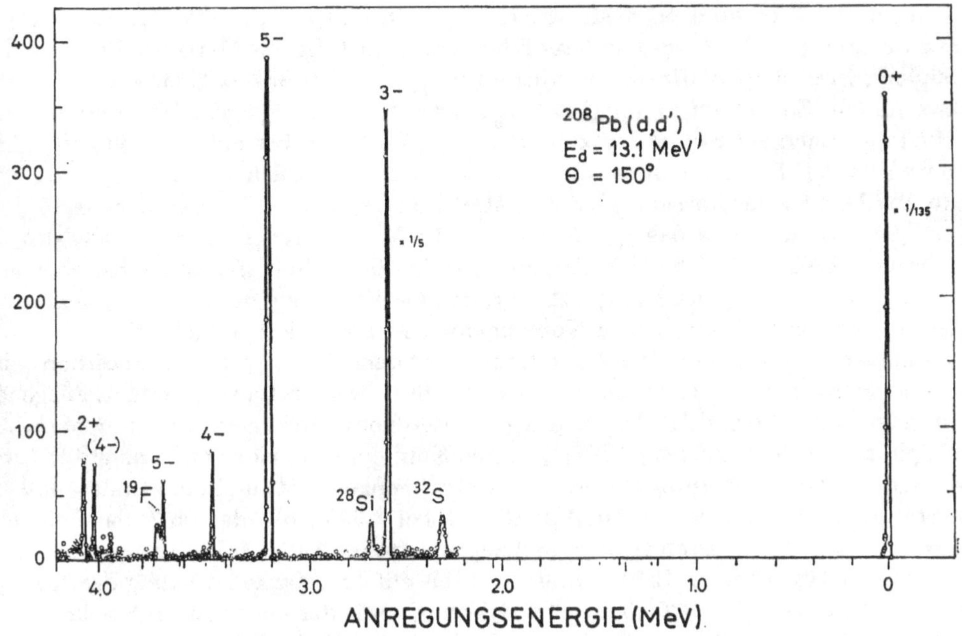

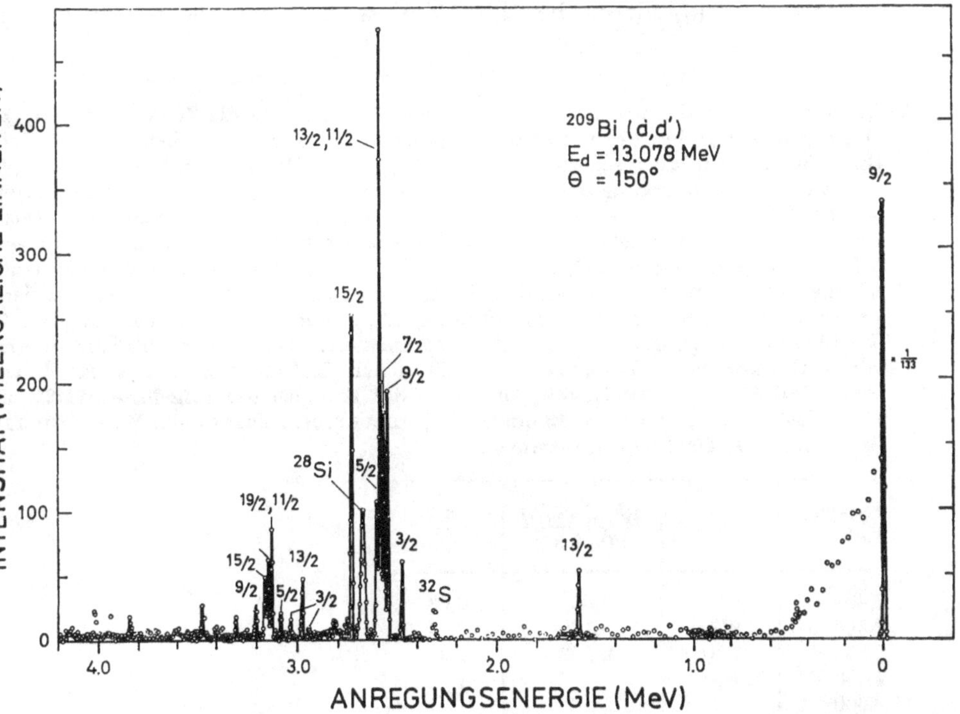

Abb. 6–42 Anregung der Oktupolschwingung in ^{208}Pb und ^{209}Bi durch unelastische Deuteronenstreuung. Die Abbildung beruht auf den experimentellen Daten von J. Ungrin, R. M. Diamond, P. O. Tjøm und B. Elbek, Mat. Fys. Medd. Dan. Vid. Selsk. **38**, no. 8 (1971).

hat nur der $i_{13/2}$-Zustand passende Werte von Spin und Parität, die eine Kopplung an einen Zustand des $(h_{9/2}3^-)$-Septupletts erlauben. Jedoch ist das Matrixelement für diese Kopplung durch den Spinflip stark reduziert ($h(i_{13/2}, h_{9/2}3^-) = -0{,}25$ MeV; siehe S. 487). Somit sind die Zustände $i_{13/2}$ und $(h_{9/2}3^-)_{13/2}$ nur zu ungefähr 6% gemischt, und die damit verknüpfte Energieverschiebung des $(h_{9/2}3^-)_{13/2}$-Zustands beträgt $\approx +60$ keV. Einen experimentellen Beleg für diese Mischung liefert der Einteilchen-Transferprozeß ^{208}Pb (^{3}He, d), der zu einer Anregung bei 2,60 MeV führt, wobei die Intensität etwa 10% des Werts beträgt, mit dem das $i_{13/2}$-Niveau bei 1,6 MeV angeregt wird (Ellegaard und Vedelsby, 1968). Die 2,60 MeV-Anregung stellt die nicht aufgelösten Komponenten $I = 11/2$ und $I = 13/2$ des Multipletts dar, und die Verteilung der Einteilchen-Transferintensität zwischen diesen beiden Komponenten ist noch nicht aufgeklärt.

Zusätzliche tiefliegende Konfigurationen entstehen aus der Superposition eines Protonenlochs und eines Paarquants ($\alpha = 2$), das zwei Protonen in den tiefliegenden Zuständen von ^{210}Po enthält. Die niedrigste dieser Konfigurationen, die mit dem $(h_{9/2}3^-)$-Multiplett koppeln kann, ist $(d_{3/2}^{-1}0^+)_{3/2}$. Diese Konfiguration ist durch eine große Intensität in der Proton-Pickup-Reaktion ^{210}Po(t,α) gekennzeichnet, und man findet, daß sich die Stärke aufteilt zwischen einem $3/2^+$-Niveau bei 2,958 MeV, das 55% der Intensität erhält, und dem $3/2^+$-Zustand des $(h_{9/2}3^-)$ Septupletts bei 2,494 MeV, der 45% der Intensität erhält (Barnes u. a., 1972). Dieser Hinweis auf eine starke Mischung der Konfigurationen $(h_{9/2}3^-)_{3/2}$ und $(d_{3/2}^{-1}0^+)3/2$ verträgt sich gut mit der verringerten Stärke der unelastischen Anregung, die man für den $(h_{9/2}3^-)_{3/2}$-Zustand bei 2,494 MeV beobachtet (siehe Tab. 6–16). Das $(d_{3/2}^{-1}0^+)_{3/2}$-Niveau bei 2,958 MeV wird in der elastischen Streuung

Tab. 6–16 Querschnitte für die unelastische Deuteronenstreuung, die die Zustände des $(h_{9/2}3^-)$-Multipletts in ^{209}Bi bevölkert. Die Tabelle führt das Verhältnis zwischen den ^{209}Bi(d, d')-Querschnitten für die Prozesse $(h_{9/2} \to h_{9/2}3^-)_{I\pi}$ in ^{209}Bi und den ^{208}Pb (d, d')-Querschnitten für die Anregung der 3^--Oktupolschwingung bei 2,614 MeV mit Deuteronen von 13 MeV auf. Die letzte Spalte gibt die beobachteten Querschnitte im Verhältnis zu den in der Näherung schwacher Kopplung erwarteten Werten an ($\sigma_{wc} = \sigma(0 \to 3^-)(2I + 1)/70$; siehe Gl. (6–467)). Es wurden keine Korrekturen bezüglich der Unterschiede in den Q-Werten, die aus den Energieverschiebungen im Multiplett resultieren, angebracht; man schätzt den Einfluß der Q-Werte auf die Querschnitte zu etwa 7% pro 100 keV Anregungsenergie ab. Die experimentellen Daten in der Tabelle stammen von J. Ungrin, R. M. Diamond, P. O. Tjøm und B. Elbek, Mat. Fys. Medd. Dan. Vid. Selsk. 38, no. 8 (1971), mit Ausnahme der Energien der aufgelösten $11/2^+$- und $13/2^+$-Zustände, die von R. A. Broglia, J. S. Lilley, R. Perazzo und W. R. Phillips, Phys. Rev. C 1, 1508 (1970), stammen.

Energie MeV	$I\pi$	$\frac{\sigma(h_{9/2} \to I\pi)}{\sigma(0 \to 3^-)}$	$\frac{\sigma}{\sigma_{wc}}$
2,494	$3/2^+$	0,036	0,63
2,566	$9/2^+$	0,120	0,84
2,585	$7/2^+$	0,107	0,94
2,598	$11/2^+$	0,325	0,87
2,600	$13/2^+$		
2,618	$5/2^+$	0,079	0,92
2,744	$15/2^+$	0,206	0,90
2,958	$3/2^+$	0,010	0,18

ebenfalls mit merklicher Stärke angeregt (siehe Tab. 6–16), obwohl die Stärke etwas kleiner ist, als man aus den relativen Einteilchen-Transferintensitäten zu den beiden $I = 3/2^+$-Zuständen folgern könnte.

Die Kopplung zwischen den Konfigurationen $(h_{9/2}3^-)_{3/2}$ und $(d_{3/2}^{-1}0^+)_{3/2}$ wird durch das Störungsdiagramm in Abb. 6–43 illustriert. Die Störungstheorie reicht aber nicht aus, um die starke Mischung der Zustände, die im vorliegenden Beispiel auftritt, zu beschreiben, und wir werden das Problem durch eine Diagonalisierung der effektiven Kopplung zwischen den zwei Zuständen behandeln. Ein solches Herangehen ignoriert Terme von der relativen Größe des Energieabstandes der beiden Zustände, geteilt durch die Anregungsenergie der in Abb. 6–43 gezeigten Drei-Quasiteilchen-Zwischenzustände. (Vergleiche die analoge Bedingung für die Behandlung der Rotationsstörungen zweiter Ordnung durch eine effektive $\Delta K = 2$-Kopplung, die auf S. 128 diskutiert wird.)

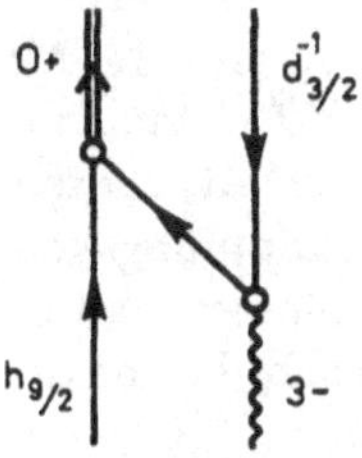

Abb. 6–43 Diagramm zur Darstellung der Kopplung zwischen Konfigurationen, die ein Teilchen mit einem Formschwingungsquant und ein Loch mit einem Quant der Paarschwingung enthalten.

Für das effektive Kopplungsmatrixelement zweiter Ordnung aus Abb. 6–43 erhält man

$$\langle (h_{9/2}3^-)\, 3/2 |\, H^{(2)}\, | (d_{3/2}^{-1}0^+)\, 3/2 \rangle$$
$$= -\left(\frac{10}{7}\right)^{1/2} \frac{h(h_{9/2}, d_{3/2}3)\, GM(10)^{1/2}}{E_0 - E(d_{3/2}^{-1}h_{9/2}^2)} \left\langle \left(\frac{3}{2}\,\frac{9'}{2}\right) 3, \frac{9}{2}; \frac{3}{2} \middle| \frac{3}{2}, \left(\frac{9}{2}\,\frac{9'}{2}\right) 0; \frac{3}{2} \right\rangle, \tag{6–468}$$

wobei E_0 die Energie des Anfangs- (oder End-) Zustandes ist. Der Faktor $-(10/7)^{1/2} \times h(h_{9/2}, d_{3/2}3)$ in Gl. (6–468) stellt das Kopplungsmatrixelement für den Übergang des Oktupolphonons in die $(d_{3/2}^{-1}h_{9/2})$-Teilchen-Loch-Konfiguration dar (siehe Gl. (6–211)), und die Abschätzung für h wird durch Gl. (6–453) gegeben. Die Größe $(10)^{1/2}GM$ in Gl. (6–468) repräsentiert das Matrixelement der Paarfeldkopplung (6–148) für den Übergang des 0^+-Paarbosons in die Konfiguration zweier unterscheidbarer $h_{9/2}$-Teilchen (worauf auch die Notwendigkeit, die beiden Drehimpulse $j = 9/2$ im Umkopplungskoeffizienten zu unterscheiden, hinweist). Die Amplitude $M = (\alpha_2)_0$ für die Erzeugung des Paarbosons und die Paarkopplungskonstante G lassen sich aus einer Analyse erhalten, die der auf Seite 556ff. für den Grundzustand von ^{206}Pb diskutierten ähnlich ist. Die beobachtete Energie des Grundzustandes von ^{210}Po, bezogen auf die $h_{9/2}^2$-Konfiguration, beträgt $E(0^+) - 2\varepsilon(h_{9/2}) \approx -1{,}2$ MeV. Die Paarbindungsenergie ist um die Coulomb-Abstoßung zwischen den zwei Protonen, für die wir $\delta E_{\text{Coul}}(\text{p p}) \approx +0{,}2$ MeV annehmen, größer als dieser Wert (vergleiche Gl. (6–454)). Unter Benutzung des Einteilchenspektrums in Abb. 3–2f, Band I, Seite 340, erhält man aus den Gln. (6–590), (6–592) und (6–593) die Werte $G \approx 0{,}14$ MeV und $M \approx -3{,}8$. Es sei bemerkt, daß die entsprechende Amplitude der $(h_{9/2}^2)_{0^+}$-Konfiguration im Grundzustand von ^{210}Po durch

$$c(h_{9/2}) = \frac{(5)^{1/2}\, GM}{E(0^+) - E(h_{9/2}^2)} \approx 0{,}85 \qquad (6\text{–}469)$$

gegeben ist (siehe Gl. (6–592)). Das Matrixelement für die Erzeugung der $(h_{9/2}^2)_0$-Konfiguration $\left((5)^{1/2} GM = 2^{-1/2}(2j+1)^{1/2}\, GM\right)$ enthält den Faktor $2^{-1/2}$, der die Ununterscheidbarkeit der beiden $h_{9/2}$-Teilchen in der Struktur des Bosons ausdrückt.

Der Energienenner in Gl. (6–468) repräsentiert die Anregungsenergie des Zweiteilchen-Einloch-Zwischenzustandes, die in der betrachteten Näherung entweder vom $(h_{9/2}3^-)$- oder vom $(d_{3/2}^{-1}0^+)$-Niveau aus gemessen werden kann. Bei Verwendung des Mittelwertes für diese beiden Niveaus ergibt sich $E_0 - E(d_{3/2}^{-1}h_{9/2}^2) \approx -1{,}7$ MeV (unter Berücksichtigung einer Coulomb-Wechselwirkung von $-0{,}2$ MeV für den Zweiteilchen-Einloch-Zustand relativ zum $(h_{9/2}3^-)$-Zustand). Mit den obigen Abschätzungen der Parameter in Gl. (6–468) und dem Wert $-(7/40)^{1/2}$ für den Umkopplungskoeffizienten erhält man ein Kopplungsmatrixelement $H^{(2)} \approx 370$ keV. Kombiniert man eine Kopplung dieser Stärke mit dem beobachteten Energieabstand zwischen den beiden Zuständen $I\pi = 3/2^+$, so ergibt sich eine etwa gleichstarke Mischung der $(d_{3/2}^{-1}0^+)$- und $(h_{9/2}3^-)$-Konfigurationen, worauf auch die Intensitäten beim Protonen-Pickup hinweisen. Im Hinblick auf die Näherungen, die die Behandlung durch eine effektive Kopplung enthält, sollte man dem quantitativen Vergleich jedoch nicht zu viel Bedeutung beimessen.

Die Energieabstände innerhalb des $(h_{9/2}3^-)$-Septupletts sind in Tab. 6–16 aufgeführt. Während die meisten Niveaus um weniger als 50 keV verschoben sind, ist das $I = 3/2$-Niveau um -120 keV und das $I = 15/2$-Niveau um $+130$ keV verschoben. Die Verschiebung des $I = 3/2$-Niveaus zu kleineren Energiewerten scheint die oben diskutierte Kopplung an die $(d_{3/2}^{-1}0^+)$-Konfiguration widerzuspiegeln. Die Abschätzung für die effektive Kopplung $H^{(2)}$ ist etwa um einen Faktor 2 größer als der Wert, auf den die beobachtete Lage der 3/2-Niveaus hinweist. Es ist zur Zeit noch unklar, ob diese Abweichung einer etwas schwächeren Teilchen-Vibrationskopplung als der benutzten zuzuschreiben ist oder ob sie Kopplungen an andere Freiheitsgrade widerspiegelt.

Eine relativ große Verschiebung des $I = 15/2$-Niveaus zu höheren Energien kann man durch die Teilchen-Vibrationskopplung über das Oktupolfeld verstehen. Die größten Energieverschiebungen hängen mit den Zwischenzuständen zusammen, die die $d_{3/2}^{-1}$-Konfiguration enthalten. Diese ist die nächste Teilchenkonfiguration, die mit dem $(h_{9/2}3^-)$-Multiplett koppeln kann (außer dem oben diskutierten Einteilchenzustand $i_{13/2}$). Die Wechselwirkung wird durch das Diagramm (d) in Abb. 6–10, S. 363, beschrieben und ist durch Gl. (6–224) gegeben,

$$\delta E\left((h_{9/2}3)\, I\right) = \frac{h^2(h_{9/2}, d_{3/2}3)}{\hbar\omega_3 - E(d_{3/2}^{-1}h_{9/2})}\, 10 \begin{Bmatrix} 3 & 9/2 & 3/2 \\ 3 & 9/2 & I \end{Bmatrix}$$

$$\approx (-1)^{I-15/2} \frac{(I-1/2)\,(I+1/2)\,(I+3/2)}{7\cdot 8\cdot 9}\, 300 \text{ keV}, \qquad (6\text{–}470)$$

wobei in der letzten Zeile der Wert von $h(h_{9/2}, d_{3/2}3)$ aus Gl. (6–453) und, wie auf S. 486, der Energienenner $-1{,}8$ MeV verwendet wurde. Man sieht, daß die Energieverschiebung (6–470) für $I = 15/2$ den größten Wert erreicht und positiv ist; sie überschreitet aber die beobachtete Verschiebung des $I = 15/2$-Zustandes um etwa einen Faktor 2.

Bei einer quantitativen Analyse der Energieabstände innerhalb des $(h_{9/2}3^-)$-Septupletts muß man, wie durch die vier Diagramme in Abb. 6–10 illustriert wird, die Beiträge von vielen weiter entfernten Zwischenzuständen in der Teilchen-Vibrationskopplung zweiter Ordnung berücksichtigen. So erhält jeder Zustand des Multipletts eine große Zahl von Beiträgen, von denen einige 50 bis 100 keV erreichen (Hamamoto, 1969). Zusätzliche Glieder können durch Wechselwirkungen, die andere Momente des Oktupolphonons enthalten, verursacht werden. Das statische Quadrupolmoment des Phonons führt zum Beispiel zu einer Wechselwirkung mit dem Quadrupolmoment des $h_{9/2}$-Teilchens. Diese kann man in Analogie zum Phonon-Phonon-Wechselwirkungseffekt, der durch Gl. (6–466) beschrieben wird, abschätzen,

$$\begin{aligned}&\delta E\big((h_{9/2}3)\, I\big)\\ &= \varkappa Q_{\mathrm{el}}(n_3 = 1)\, \frac{A}{Z}\, \frac{Q_{\mathrm{el}}(h_{9/2})}{1 + (e_{\mathrm{pol}}/e)}\, \frac{5}{16\pi}\, (-1)^{I-1/2}\, 2(77)^{1/2} \begin{Bmatrix} 3 & 9/2 & I \\ 9/2 & 3 & 2 \end{Bmatrix}\\ &= 1{,}4 Q_{\mathrm{el}}(n_3 = 1)\, Q_{\mathrm{el}}(h_{9/2})(-1)^{I+1/2} \begin{Bmatrix} 3 & 9/2 & I \\ 9/2 & 3 & 2 \end{Bmatrix} \mathrm{keV\ fm}^{-4}, \qquad (6\text{–}471)\end{aligned}$$

wobei wir die Abschätzung (6–368) für $\varkappa$ und den Wert $e_{\mathrm{pol}} \approx 0{,}5e$ (siehe Tab. 6–8, S. 443, und Gl. (6–386) bezüglich der isovektoriellen Beiträge) verwendet haben. So sollten ein elektrisches Quadrupolmoment des Phonons, für das man mit der Abschätzung auf S. 491 die Größenordnung $-10\ \mathrm{fm}^2$ findet, und das beobachtete Moment $Q_{\mathrm{el}}(h_{9/2}) \approx -40\ \mathrm{fm}^2$ (siehe Tab. 3–2, Band I, S. 357) einen Beitrag der Ordnung 100 keV zur Energieaufspaltung geben. (Die Abschätzung (6–471) in Verbindung mit den beobachteten Energieabständen im $(h_{9/2}3^-)$-Septuplett läßt es als unwahrscheinlich erscheinen, daß das Phononen-Quadrupolmoment so groß wie der auf S. 491 erwähnte, vorläufige experimentelle Wert ist.)

Oktupolschwingungen in deformierten Kernen (Abb. 6–44)

Man erwartet, daß in deformierten Kernen die Oktupol-Formschwingungen zu Anregungen mit $\nu = 0$, 1, 2, und 3 führen. Ein beträchtliches Datenmaterial zeigt, daß in deformierten Kernen kollektiv verstärkte Oktupolanregungen mit Energien der Größenordnung von 1 MeV auftreten. (Siehe Tab. 6–14, S. 484, und die systematischen Befunde aus (d, d')-Reaktionen (Elbek u. a., 1968).) Die mit diesen Anregungen verknüpfte Oszillatorstärke ist nur ein kleiner Bruchteil der insgesamt erwarteten Oszillatorstärke für $\Delta N = 1$-Übergänge. Daher können die Eigenschaften dieser Zustände ziemlich empfindlich vom Auftreten niedrigliegender Zwei-Quasiteilchen-Anregungen mit den geeigneten Quantenzahlen abhängen.

Der Übergang von sphärischen zu deformierten Kernen wird durch die Folge der Sm-Isotope in Abb. 6–44 illustriert. Man erkennt bei diesen Kernen einen allmählichen Übergang des Schemas der Anregungen mit ungerader Parität. Ausgehend von den

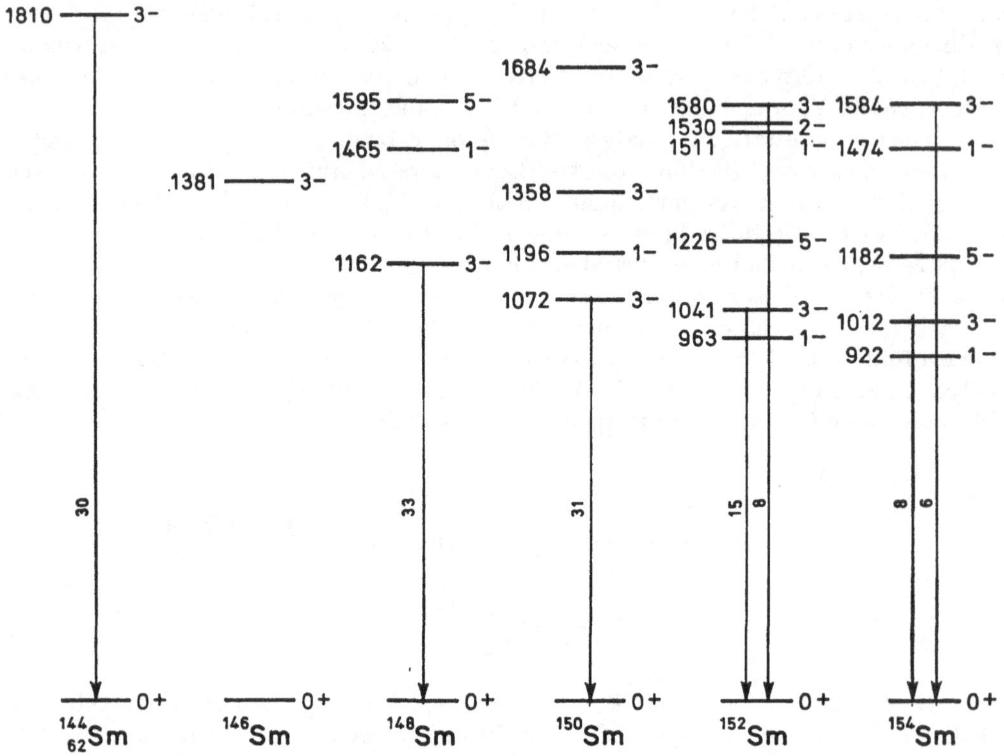

Abb. 6–44 Zustände ungerader Parität in gerade-geraden Sm-Isotopen. Die Zahlen an den Übergangspfeilen geben die Oktupolstärken an, wie sie aus der Analyse der unelastischen Deuteronenstreuung von E. Veje, B. Elbek, B. Herskind und M. C. Olesen, Nuclear Phys. **A109**, 489 (1968), bestimmt wurden; diese Querschnitte sind annähernd proportional zur $E3$-Übergangswahrscheinlichkeit, und die in der Abbildung angegebene Größe ist der abgeschätzte $B(E3)$-Wert in Einheiten von $B_W(E3) = 1{,}3 \cdot 10^3\, e^2\, \mathrm{fm}^6$. Coulomb-Anregungen dieser Kerne wurden von Seaman u. a. (1966) durchgeführt. Die Niveauschemata wurden den zitierten Literaturstellen und der Zusammenstellung von Sakai (1970) entnommen.

sphärischen Kernen, bei denen der Zustand $n_{\lambda=3} = 1$; $I\pi = 3^-$ am tiefsten liegt und die Niveaus $n_3 = 1$, $n_2 = 1$; $I = 1^-, 2^-, \ldots, 5^-$ folgen, kommt man zu den deformierten Kernen, in denen erst die Niveaufolge $n_{\lambda=3,\nu=0} = 1$; $I\pi = 1^-, 3^-, 5^-, \ldots$ auftritt und danach $n_{31} = 1$; $I\pi = 1^-, 2^-, 3^- \ldots$ erscheint.

Wegen des großen inneren Drehimpulses, der in den Oktupolschwingungen enthalten ist, erwartet man, daß die Oktupolanregungen mit verschiedenen Werten von ν durch die Coriolis-Wechselwirkung ziemlich stark gekoppelt werden (siehe die qualitative Abschätzung (6–294)). Das große Trägheitsmoment, das man als systematisches Merkmal der tiefsten Oktupolbanden in deformierten Kernen beobachtet (siehe z. B. Abb. 6–44), kann man als eine Folge der Coriolis-Kopplung interpretieren. So hat zum Beispiel die Bande $n_{\lambda=3,\nu=0} = 1$ in ^{154}Sm einen Rotationsenergieparameter $\hbar^2/2\mathscr{J} = 8{,}9$ keV im Vergleich zu dem Wert 13,7 keV für die Grundzustandsbande (siehe Abb. 6–31, S. 458). Wenn man den Unterschied zwischen diesen beiden Werten der Coriolis-

Kopplung zwischen den Banden $n_{30} = 1$ ($\hbar\omega_{30} = 922$ keV) und $n_{31} = 1$ ($\hbar\omega_{31} = 1474$ keV) zuschreibt, dann ergibt sich ein Kopplungsmatrixelement von der Größe $51(I(I+1))^{1/2}$ keV, während die Abschätzung (6–294) den Wert $\langle H' \rangle = -67(I(I+1))^{1/2}$ keV liefert.

Zusätzliche Hinweise auf starke Coriolis-Matrixelemente zwischen den niedrigliegenden Oktupolanregungen wurden aus der Analyse der relativen Größe der $E3$-Übergangsstärke zu Banden mit unterschiedlichen Werten von ν gewonnen. Die Verteilung der relativen Intensitäten ist eine besonders empfindliche Sonde, weil die Coriolis-Kopplung zu Effekten erster Ordnung führt, die dazu tendieren, die Oktupolstärke auf den tiefsten Oktupolübergang zu konzentrieren (Elbek, 1969; Neergård und Vogel, 1970). Man kann diesen Effekt als einen teilweisen Übergang zum Kopplungsschema der sphärischen Kerne ansehen, in dem die niederfrequente Oktupolstärke mit einer einzigen $I\pi = 3^-$-Anregung verknüpft ist.

Schalenstruktur in Einteilchenspektren

Die Charakterisierung der Schalenstruktur bei stark deformierten Kernformen, die mit dem Spaltprozeß verknüpft sind, erfordert, die Bedingungen für das Auftreten von Schalen im Einteilchenspektrum systematischer als in Kapitel 2 zu analysieren. Die Konzeptionen, die eine solche Analyse enthält, werden im folgenden Beispiel als Grundlage für größenordnungsmäßige Abschätzungen der Schalenstruktureffekte in verschiedenen Potentialen eingeführt. Die Anwendungen auf sphärische und stark deformierte Kerne werden in den beiden darauffolgenden Beispielen betrachtet.

Charakterisierung der Schalenstruktur[1]) (*Abb. 6–45 und 6–46; Tab. 6–17*)

Sphärische Potentiale

Die Konzeptionen, die bei der Analyse der Schalenstruktureffekte in den Einteilchenspektren benutzt werden, lassen sich anhand des vertrauten Falls von Potentialen mit sphärischer Symmetrie illustrieren. Bei einem solchen Potential kann die Bewegung in Radial- und Winkelanteil separiert werden, und die Einteilchenenergien hängen von zwei Quantenzahlen l und n ab, wobei l der Bahndrehimpuls ist, während die Radialquantenzahl n die Niveaus mit gegebenem l ordnet. (In der konventionellen Schreibweise ist n um eine Einheit größer als die Zahl der radialen Knoten, $n = 1, 2, 3, \ldots$.) Jedes Niveau (n, l) ist wegen der Rotationsinvarianz $(2l+1)$-fach entartet. Diese hat zur Folge, daß die Energie nicht von der azimutalen Quantenzahl m abhängt. (Im vorliegenden Abschnitt werden die Spinfreiheitsgrade und die Spinbahnkopplung weg-

[1]) Schalenstruktureffekte in der Einteilchen-Niveaudichte wurden von Balian und Bloch (1971) mittels einer asymptotischen Entwicklung der Einteilchen-Green-Funktion untersucht. Diese Analyse lenkte die Aufmerksamkeit auf die engen Beziehungen zwischen der Schalenstruktur und dem Auftreten geschlossener klassischer Bahnen. Die Bedeutung der Kommensurabilität von Radial- und Winkelfrequenzen in der klassischen Bewegung wurde auch von Wheeler (1971) und Swiatecki (private Mitteilung, 1971) diskutiert.

gelassen, weil diese Eigenschaften die qualitativen Resultate der Diskussion nicht beeinflussen.)

Eine Schalenstruktur tritt dann auf, wenn die Einteilchenenergie $\varepsilon(n, l)$ näherungsweise stationär bezüglich bestimmter Variationen der Quantenzahlen ist. Die Bedingungen für Stationarität lassen sich einfach darlegen, wenn die Funktion $\varepsilon(n, l)$ um einen gegebenen Punkt (n_0, l_0) in der (n, l)-Ebene entwickelt werden kann,

$$\varepsilon(n, l) = \varepsilon(n_0, l_0) + (n - n_0)\left(\frac{\partial \varepsilon}{\partial n}\right)_0 + (l - l_0)\left(\frac{\partial \varepsilon}{\partial l}\right)_0 + \frac{1}{2}(n - n_0)^2\left(\frac{\partial^2 \varepsilon}{\partial n^2}\right)_0$$
$$+ (n - n_0)(l - l_0)\left(\frac{\partial^2 \varepsilon}{\partial n\, \partial l}\right)_0 + \frac{1}{2}(l - l_0)^2\left(\frac{\partial^2 \varepsilon}{\partial l^2}\right)_0 + \cdots, \qquad (6\text{–}472)$$

wobei der Index 0 andeutet, daß die Ableitungen am Punkt (n_0, l_0) berechnet werden. (Solch eine Analyse von $\varepsilon(n, l)$ als Funktion kontinuierlicher Variabler (n, l) ist eine Verallgemeinerung der Definition von Regge-Trajektorien, die man bei der Untersuchung von $\varepsilon(n, l)$ als analytische Funktion von l bei festem n erhält; siehe z. B. De Alfaro und Regge, 1965.) Obwohl die Entwicklung (6–472) für die bei der Beschreibung des Atomkerns verwendeten Potentiale als geeignet erscheint, muß die mathematische Charakterisierung der Bedingungen für eine solche Darstellung noch erforscht werden. Ein Beispiel für eine Situation, bei der die Entwicklung (6–472) nur in begrenztem Maße sinnvoll zu sein scheint, liefert ein Potential mit zwei radialen Minima, die durch eine endliche Barriere getrennt sind. In einem solchen Potential ändert die Radialbewegung ihren Charakter, wenn die Energie in der Umgebung der Barriere liegt (siehe z. B. die Bemerkungen bezüglich des Atompotentials auf S. 504).

Serien von annähernd entarteten Niveaus treten im Spektrum (6–472) auf, wenn die ersten Ableitungen von ε im Verhältnis zweier (kleiner) ganzer Zahlen a und b stehen,

$$b\left(\frac{\partial \varepsilon}{\partial n}\right)_0 = a\left(\frac{\partial \varepsilon}{\partial l}\right)_0. \qquad (6\text{–}473)$$

Ist diese Beziehung erfüllt, dann unterscheiden sich Niveaus mit einem konstanten Wert von $an + bl$ in der Energie nur um Glieder, die die zweiten und höheren Ableitungen von ε enthalten.

Der Ort der Punkte (n_0, l_0), die der Beziehung (6–473) genügen, definiert eine „Schalen-Trajektorie" in der (n, l)-Ebene (siehe Abb. 6–45). Die aufeinanderfolgenden Schalen, die mit einer Trajektorie mit einem gegebenen Wert $a:b$ verknüpft sind, können durch die Quantenzahl

$$N_{sh} = a(n - 1) + bl \qquad (6\text{–}474)$$

gekennzeichnet werden. (Bei dieser Wahl des Ursprungs fällt die Schalenquantenzahl N_{sh} für das harmonische Oszillatorpotential mit der Oszillatorquantenzahl N zusammen ($a:b = 2:1$; siehe S. 503).) Die Schalen mit unterschiedlichen Werten von N_{sh} treten mit einer Periodizität von

$$\hbar\omega_{sh} = \frac{1}{a}\left(\frac{\partial \varepsilon}{\partial n}\right)_0 = \frac{1}{b}\left(\frac{\partial \varepsilon}{\partial l}\right)_0 \qquad (6\text{–}475)$$

auf.

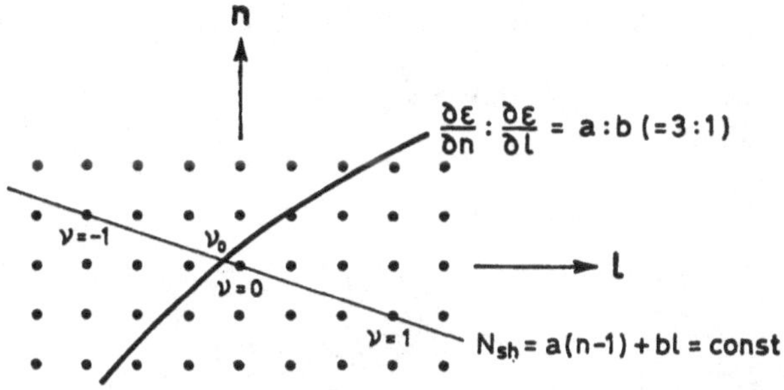

Abb. 6–45 Charakterisierung von Schalen in sphärischen Potentialen. Die Abbildung illustriert die Definition der Schalen und der zugeordneten Trajektorien in der (n, l)-Ebene. Die betrachteten Schalen entsprechen einem Verhältnis von 3:1 für die ersten Ableitungen der Energie bezüglich n und l. Die Linien mit konstantem N_{sh}, die annähernd entartete Niveaus verbinden, sind Tangenten der Kurven konstanter Energie im Schnittpunkt mit der Schalentrajektorie. Der mit $\nu = 0$ bezeichnete Punkt hat die Quantenzahlen $[n_0]$, $[l_0]$, während der Schnittpunkt der Schalentrajektorie (dick ausgezogene Kurve) mit der Linie konstanter N_{sh} durch ν_0 bezeichnet ist und die Koordinaten $n_0 = [n_0] - \nu_0 b$, $l_0 = [l_0] + \nu_0 a$ besitzt.

Die Zustände innerhalb einer Schale, die durch einen konstanten Wert von N_{sh} charakterisiert sind, können durch eine Quantenzahl ν numeriert werden,

$$\left.\begin{aligned} l &= [l_0] + \nu a \\ n &= [n_0] - \nu b \end{aligned}\right\} \quad \nu = 0, \pm 1, \pm 2, \ldots, \tag{6–476}$$

wobei $([n_0], [l_0])$ den Zustand in der Schale bezeichnet, der dem Schnittpunkt mit der Schalentrajektorie am nächsten liegt (siehe Abb. 6–45). Für die Zustände (6–476) haben die Energien näherungsweise die Form

$$\varepsilon(\nu) \approx \varepsilon(n_0, l_0) + \tfrac{1}{2}\beta(\nu - \nu_0)^2 \tag{6–477}$$

mit

$$\beta = a^2 \left(\frac{\partial^2 \varepsilon}{\partial l^2}\right)_0 - 2ab\left(\frac{\partial^2 \varepsilon}{\partial n\, \partial l}\right)_0 + b^2 \left(\frac{\partial^2 \varepsilon}{\partial n^2}\right)_0 . \tag{6–478}$$

Beispiele für Schalentrajektorien findet man in Abb. 6–46, die die Energiefläche $\varepsilon(n, l)$ für ein unendliches Kastenpotential darstellt. Die detaillierte Charakterisierung der analytischen Funktion $\varepsilon(n, l)$ für dieses Modell wird im folgenden Kleindruck diskutiert (S. 507ff.). Die Trajektorie mit $a:b = 2:1$ fällt mit der vertikalen Linie $l = -1/2$ in Abb. 6–46 zusammen. Die mit dieser Trajektorie verknüpfte Schalenstruktur wird für große Quantenzahlen relativ unwichtig, da die Niveaus in den entsprechenden Schalen nur eine niedrige $(2l + 1)$-Entartung zeigen.

Die Größenordnung der mit einer bestimmten Trajektorie verknüpften Schalenstruktureffekte kann man aus der Tatsache abschätzen, daß für ein System mit großer Teilchenzahl A die Quantenzahlen n und l von der Ordnung $A^{1/3}$ sind. Die ersten und zweiten Ableitungen von ε, die in Gln. (6–475) und (6–478) auftreten, sollten daher die Ordnung $\varepsilon_F A^{-1/3}$ bzw. $\varepsilon_F A^{-2/3}$ haben, wobei ε_F die FERMI-Energie ist. Damit beträgt der Abstand der Schalen $\hbar\omega_{sh} \sim \varepsilon_F A^{-1/3}$, und die Anzahl der Niveaus in einem Energie-

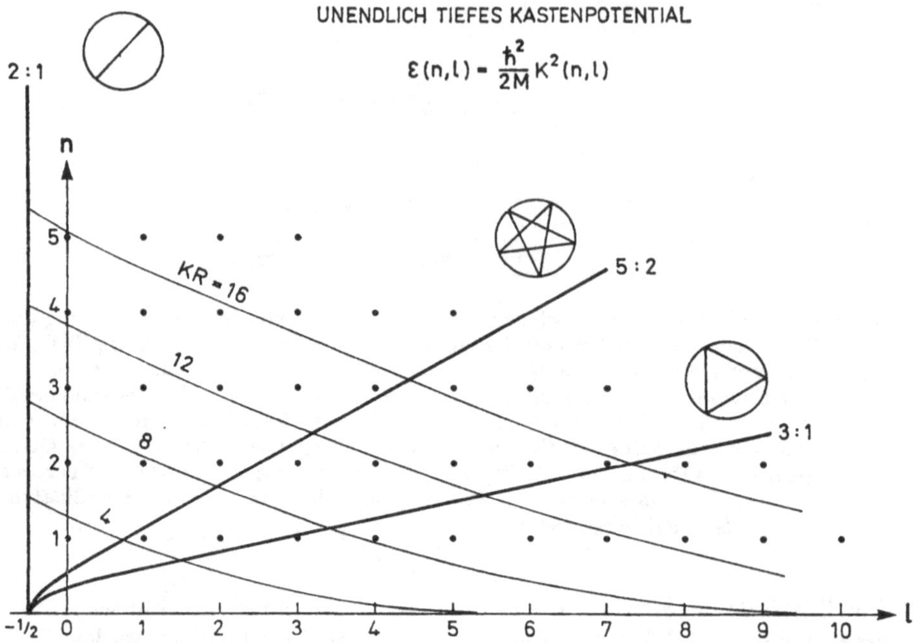

Abb. 6-46 Energiefläche im (n, l)-Diagramm für das unendlich tiefe Kastenpotential. Die physikalischen Zustände bilden ein Rechteckgitter im Gebiet $n \geqq 1$, $l \geqq 0$. Die dünn gezeichneten Kurven entsprechen Linien gleicher Energie und sind mit dem Wert von KR bezeichnet. Für große Werte von l nähern sie sich asymptotisch der Linie $n = 0$. Die dicken Linien stellen Schalentrajektorien dar, die durch den Wert $a:b$ und die der klassischen Bahn entsprechende geometrische Form gekennzeichnet sind. Die Trajektorie mit $a:b = 2:1$, die Pendelbahnen entspricht, bleibt etwas außerhalb des physikalischen Gebiets ($l = -1/2$).

intervall von ungefähr $\hbar\omega_{sh}$ ist von der Ordnung $(\beta^{-1}\hbar\omega_{sh})^{1/2} \sim A^{1/6}$. Die Gesamtzahl Ω der Einteilchenzustände in der Schale enthält die zusätzliche $(2l + 1)$-fache Entartung und beträgt daher $\Omega \sim A^{1/2}$ (da $l \sim A^{1/3}$). Eine Ausnahme bilden die Trajektorien mit l_0 von der Ordnung Eins, für die die Schalen eine Gesamtzahl von $\Omega \sim A^{1/3}$ Niveaus enthalten. Es sei bemerkt, daß die einzelnen Schalen mit bestimmten $a:b$ und N_{sh} nur einen kleinen Teil der Gesamtzahl der Einteilchenniveaus im Energieintervall $\hbar\omega_{sh}$ enthalten. Diese Zahl ist von der Ordnung $A^{2/3}$, da die Gesamtdichte der Einteilchenniveaus $g_0 \sim A/\varepsilon_F$ beträgt. Asymptotisch stellen die Schalen eine Modulierung der Einteilchen-Niveaudichte mit einer relativen Amplitude $A^{-1/6}$ (oder $A^{-1/3}$) dar.

Eine besondere Situation tritt dann auf, wenn die Funktion $\varepsilon(n, l)$ nur von einer bestimmten Linearkombination der beiden Quantenzahlen abhängt. Dies trifft für das harmonische Oszillatorpotential $\left(\varepsilon = \hbar\omega_0(2n + l - 1/2)\right)$ und für das Coulomb-Potential $\left(\varepsilon = -R_\infty(n + l)^{-2}\right)$ zu. In diesen Fällen wird Gl. (6–473) für alle Werte von n und l erfüllt, und die Schalen enthalten vollständig entartete Sätze von Niveaus, für die $|\nu|$ Werte bis zur Ordnung $A^{1/3}$ erreicht, was einer Gesamtzahl von $\Omega \sim A^{2/3}$ Orbitalen in jeder Schale entspricht. In einer solchen Situation gehören alle Einteilchenzustände zu einer einzigen Folge von Schalen.

Beziehungen zu periodischen klassischen Bahnen

Das Auftreten von Schalen ist eng mit den Eigenschaften der klassischen Bahnen verknüpft. Man sieht, daß die Ableitungen $\partial\varepsilon/\partial n$ und $\partial\varepsilon/\partial l$ die Radial- und die Winkelfrequenz der Bahn angeben. Das Kriterium (6–473) für Stationarität entspricht daher der Bedingung, daß sich die klassischen Bahnen nach a Radial- und b Winkeloszillationen schließen. Die Frequenz der Bewegung auf der geschlossenen Bahn ist ω_{sh} aus Gl. (6–475). (Die Quantenzahlen (n, l, m) stellen die Wirkungsvariablen der Bahn in Einheiten der PLANCKschen Konstanten dar. Die Energie als Funktion der Quantenzahlen entspricht daher der HAMILTON-Funktion, ausgedrückt durch die Wirkungsvariablen. Eine solche Analyse der klassischen Bahnen lieferte die Grundlage für die Behandlung von vielfach periodischen Systemen in der älteren Quantentheorie (SOMMERFELD, 1915; siehe auch BOHR, 1918, und SOMMERFELD, 1922).)

Einige der charakteristischen Eigenschaften der Schalentrajektorien folgen direkt aus einfachen Eigenschaften der klassischen Bahnen. So entsprechen für ein beliebiges, im Ursprung nicht singuläres Potential die Bahnen mit verschwindendem Drehimpuls einer Pendelbewegung, die durch den Ursprung verläuft und zwei Radialschwingungen pro Winkelperiode ausführt ($\omega_r:\omega_\varphi = 2:1$). In solchen Potentialen fällt daher die Trajektorie $a:b = 2:1$ annähernd mit der $l = 0$-Achse zusammen. (Die Argumente für die Verwendung von $(l + 1/2)^2$ als Koeffizient des Zentrifugalterms in der WKB-Näherung (siehe z. B. FRÖMAN und FRÖMAN, 1965) könnten nahelegen, daß die 2:1-Trajektorie, wie in Abb. 6–46, entlang der $l = -1/2$ Achse verläuft.)

Eine weitere einfache Eigenschaft der Energiefläche ergibt sich, wenn man die Kreisbahnen ($n \ll l$) betrachtet. Für eine solche Bahn mit dem Radius r_1 ist die Winkelgeschwindigkeit ω_φ durch

$$\omega_\varphi^2 = \frac{\hbar^2 l^2}{M^2 r_1^4} = \frac{1}{M r_1}\left(\frac{\partial V}{\partial r}\right)_{r_1} \tag{6–479}$$

gegeben. Für kleine Radialschwingungen bezüglich der Kreisbahn kann die Periode ω_r durch eine Entwicklung des gesamten Radialpotentials (unter Einschluß des Zentrifugalterms) nach Potenzen von $(r - r_1)$ bestimmt werden. Man findet

$$\begin{aligned}\omega_r^2 &= \frac{1}{M}\left(\left(\frac{\partial^2 V}{\partial r^2}\right)_{r_1} + \frac{3\hbar^2 l^2}{M r_1^4}\right) = \omega_\varphi^2\left(3 + \frac{r_1(\partial^2 V/\partial r^2)_{r_1}}{(\partial V/\partial r)_{r_1}}\right)\\ &= \omega_\varphi^2(2 + p) \qquad \text{für} \qquad V = kr^p.\end{aligned} \tag{6–480}$$

Für das harmonische Oszillatorpotential ($p = 2$) erhält man das bekannte Ergebnis $\omega_r = 2\omega_\varphi$, das für alle Bahnen in diesem Potential gilt und der Bewegung auf einer Ellipse mit dem Zentrum im Ursprung entspricht. Ein steilerer Anstieg des Potentials ($p > 2$) führt zu Werten von $\omega_r:\omega_\varphi$, die mit l ansteigen, und somit zu Linien konstanter Energie in der (n, l)-Ebene, die wie in Abb. 6–46 nach oben konkav sind.

Im Grenzfall eines Potentials mit scharfer Begrenzung folgt aus dem klassischen Ausdruck (6–480), daß das Verhältnis $\omega_r:\omega_\varphi$ bei Annäherung an die Kreisbahn unbeschränkt anwächst. Dies entspricht der Tatsache, daß der Anstieg der Linien konstanter Energie in Abb. 6–46 im Grenzfall großer l und $n \approx 1$ verschwindet. Für endliche l

ist der Wert des Anstiegs bei $n = 1$ von der Ordnung $l^{-1/3}$ (siehe Gl. (6–490) oder Gl. (6–495)).

Für das Newton-(Coulomb-)Potential mit seiner r^{-1}-Singularität haben alle Bahnen gleiche Winkel- und Radialfrequenzen ($a = b = 1$). Das Kraftzentrum befindet sich im Brennpunkt der Kepler-Ellipse, und die Radialbewegung führt daher nur eine Schwingung pro Winkelperiode aus. In Atomen hat die Abschirmung des Kernfelds durch die Elektronen zur Folge, daß sich das mittlere Potential schneller als r^{-1} ändert. Eine Ausnahme ist das Gebiet um den Ursprung. In dieser Situation wird die Winkelfrequenz größer als die Radialfrequenz (siehe Gl. (6–480)).

Bei der Charakterisierung der Schalenstruktur des Atoms mit den dargestellten Methoden muß man berücksichtigen, daß außer für die s- und p-Bahnen das Radialpotential bei Einschluß des Zentrifugalterms zwei Minima besitzt, die durch eine ziemlich große Potentialbarriere getrennt sind (Mayer, 1941). Für große Abstände geben das Coulomb-Feld des Ions und das Zentrifugalpotential zu einem Minimum außerhalb der Abschirmungswolke Anlaß. Beim Eindringen des Elektrons in das Atom kann die elektrostatische Anziehung zeitweilig schneller anwachsen als das Zentrifugalpotential, so daß ein zweites Minimum innerhalb der Abschirmwolke auftritt. In solchen Situationen erhält die analytische Struktur von $\varepsilon(n, l)$ neue Eigenschaften, die mit dem Auftreten zweier unterschiedlicher Typen von klassischen Bahnen für gegebenes ε und l zusammenhängt.

Separable Potentiale von allgemeinerem Typ

Die Charakterisierung der Schalenstruktur, die oben für sphärische Potentiale betrachtet wurde, läßt sich auf beliebige Potentiale erweitern, die eine Separation der Bewegung in den drei Dimensionen erlauben. Bekannte Beispiele für Potentiale, die auf eine Separation der Bewegung in kartesischen Koordinaten führen, sind der anisotrope harmonische Oszillator und das Kastenpotential mit unendlich hohen Wänden. Das Zweizentren-Newton-Potential und das elliptische Kastenpotential mit unendlichen Wänden erlauben eine Separation in elliptischen Koordinaten. (Eine systematische Aufzählung der Koordinatensysteme, die für eine Separation der Variablen benutzt werden können, sowie eine Diskussion der Wellengleichung in diesen Koordinaten, findet man z. B. bei Morse und Feshbach, 1953 (S. 494ff.). Hinsichtlich einer Diskussion der klassischen Bahnen in separablen Potentialen siehe z. B. Born, 1925, und Pars, 1965.)

Die Separierbarkeit hat zur Folge, daß die Eigenzustände für die Einteilchenbewegung durch drei Quantenzahlen $(n_1 n_2 n_3)$ charakterisiert werden können. Eine Entwicklung der Energie um einen bestimmten Punkt $(n_1 n_2 n_3)_0$ in Analogie zu Gl. (6–472) zeigt das Auftreten von Schalen maximaler Entartung, wenn die ersten Ableitungen der Energie nach allen drei Quantenzahlen in rationalen Verhältnissen

$$\left(\frac{\partial \varepsilon}{\partial n_1}\right)_0 : \left(\frac{\partial \varepsilon}{\partial n_2}\right)_0 : \left(\frac{\partial \varepsilon}{\partial n_3}\right)_0 = a:b:c \tag{6–481}$$

stehen, wobei a, b und c (kleine) natürliche Zahlen oder Null sind und der Index 0 bedeutet, daß die Ableitungen am Punkt $(n_1 n_2 n_3)_0$ berechnet werden. Wenn die Bedingung (6–481) erfüllt ist, dann ist die Energie stationär bezüglich zweier Linearkombinationen ν_1 und ν_2 der drei Quantenzahlen. Die Niveaus in einer Schale, die man durch ν_1 und ν_2 klassifizieren kann, haben die gleiche Quantenzahl

$$N_{sh} = an_1 + bn_2 + cn_3 , \tag{6–482}$$

welche die Nummer der Schale bezeichnet. Der Energieabstand zwischen den Schalen ist durch die Frequenz

$$\hbar\omega_{sh} = \frac{1}{a}\left(\frac{\partial\varepsilon}{\partial n_1}\right)_0 = \frac{1}{b}\left(\frac{\partial\varepsilon}{\partial n_2}\right)_0 = \frac{1}{c}\left(\frac{\partial\varepsilon}{\partial n_3}\right)_0 \tag{6-483}$$

gegeben, die der Periode der klassischen Bahn entspricht.

Da für jede der Quantenzahlen die Ordnung $A^{1/3}$ typisch ist, folgt für die Energie $\hbar\omega_{sh}$ die Ordnung $\varepsilon_F A^{-1/3}$. Die Energie der Niveaus in der Schale hängt quadratisch von ν_1 und ν_2 ab, wobei die Koeffizienten durch die zweiten Ableitungen von ε nach n_1, n_2 und n_3 bestimmt werden und folglich von der Ordnung $\varepsilon_F A^{-2/3}$ sind. Somit enthält jede Schale einen Satz von Niveaus, bei dem $|\nu_1|$ und $|\nu_2|$ unabhängig Werte bis zu $A^{1/6}$ durchlaufen, und die Gesamtzahl der Zustände in der Schale beträgt $\Omega \sim A^{1/3}$. Entartungen höherer Ordnung treten auf, wenn die Energie von ν_1 oder ν_2 (oder einer Linearkombination von ν_1 und ν_2) unabhängig ist. Dies ist zum Beispiel für das sphärische Potential der Fall, bei dem ε nicht von m abhängt.

Unter den nichtsphärischen Potentialen nimmt der anisotrope harmonische Oszillator

$$V = \tfrac{1}{2} M(\omega_1^2 x_1^2 + \omega_2^2 x_2^2 + \omega_3^2 x_3^2) \tag{6-484}$$

eine Sonderstellung ein, weil die Energie in diesem Potential eine lineare Funktion aller drei Quantenzahlen ist,

$$\varepsilon = \hbar\omega_1(n_1 + \tfrac{1}{2}) + \hbar\omega_2(n_2 + \tfrac{1}{2}) + \hbar\omega_3(n_3 + \tfrac{1}{2}). \tag{6-485}$$

Wenn die Frequenzen im Verhältnis natürlicher Zahlen stehen, hängt die Energie nur von der durch Gl. (6–482) gegebenen Quantenzahl N_{sh} ab, und jede Schale zeigt eine Entartung von der gleichen Größenordnung ($\Omega \sim A^{2/3}$) wie beim sphärischen Oszillatorpotential. Wenn die Verhältnisse der Frequenzen des harmonischen Oszillatorpotentials irrational sind, gibt es im Grenzfall großer Quantenzahlen keine Schalen.

Übersicht über die Entartungen

Die Größenordnung der Schalenstruktur im Einteilchenspektrum kann mit der Entartung der geschlossenen klassischen Bahnen in Zusammenhang gebracht werden. In der Umgebung einer geschlossenen Trajektorie lassen sich die klassischen Bahnen durch sechs Parameter charakterisieren. Davon können zwei als die Energie und der Ursprung der Zeitkoordinate angenommen werden, während die restlichen vier mit Verschiebungen und Impulsen transversal zur ausgewählten Bahn zusammenhängen. Für ein separables Potential hat eine Verschiebung in einer beliebigen der beiden transversalen Richtungen nur auf die relative Phase der Bewegung in den drei verschiedenen Koordinaten Einfluß und resultiert daher wieder in einer geschlossenen Bahn. Weitere Entartungen der geschlossenen Bahnen können für Potentiale mit zusätzlichen Symmetrien auftreten. So verlaufen in einem sphärischen Potential die klassischen Bahnen in der Ebene senkrecht zum Drehimpuls, und eine Zunahme des Impulses senkrecht zur Bahnebene führt nur zu einem Kippen dieser Ebene. Somit besitzen die periodischen Bahnen in einem sphärischen Potential eine dreifache Entartung, die der Tatsache entspricht, daß man drei

Winkelvariable (die EULERschen Winkel) benötigt, um die Orientierung einer ebenen Figur festzulegen. Die Pendelbahnen stellen einen Spezialfall dar, weil der Drehimpuls Null ist. Diese Bahnen zeigen keine Entartung bezüglich einer Vergrößerung der transversalen Impulse. In einem harmonischen Oszillatorpotential (sowohl sphärisch als auch mit ganzzahligen Frequenzverhältnissen) sowie in einem NEWTON-Potential bilden alle klassischen Trajektorien geschlossene Bahnen. Das entspricht einer vierfachen Entartung in den transversalen Koordinaten.

Die obigen Resultate sind in Tab. 6–17 zusammengefaßt, die die Entartung für die Bewegung in zwei und drei Dimensionen enthält. Die Entartung der klassischen Bahnen bezüglich der transversalen Verschiebungen und Impulse wird durch die Entartungsindizes s_q bzw. s_p charakterisiert. Die Größenordnung der Entartungen Ω kann in der Form

$$\Omega \sim (A)^{s/2d} \qquad (s = s_q + s_p) \tag{6–486}$$

ausgedrückt werden, wobei d die Anzahl der räumlichen Dimensionen ist. Das Ergebnis (6–486) spiegelt die Tatsache wider, daß der gesamte Phasenraum $2d$ Dimensionen hat und jeder Grad von Entartung in den transversalen Koordinaten somit einen Faktor $(A)^{1/2d}$ zur Entartung der Schalen beiträgt. Man erkennt auch, daß Ω die Zahl der linear unabhängigen Wellenpakete ist, die mit den geschlossenen klassischen Bahnen im Energieintervall der Ordnung $\hbar\omega_{\text{sh}}$ verknüpft werden können.

Tab. 6–17 Entartung der Schalen in separablen Potentialen. Die Tabelle gibt die maximale Entartung an, die in einer Reihe von separablen Potentialen verschiedenen Typs auftritt. Die Größen s_q und s_p geben die Zahl der Dimensionen in der transversalen Bewegung an, bezüglich derer die geschlossenen klassischen Bahnen entartet sind.

	Symmetrie des Potentials	Bahnentartung		Schalen-entartung
		s_q	s_p	Ω
zwei Dimensionen	elliptisch	1	0	$A^{1/4}$
	Kastenpot.	1	0	$A^{1/4}$
	kreisförmig	1	0	$A^{1/4}$
	harmon. Osz.	1	1	$A^{1/2}$
drei Dimensionen	ellipsoidal	2	0	$A^{1/3}$
	Kastenpot.	2	0	$A^{1/3}$
	sphärisch	2	1	$A^{1/2}$
	harmon. Osz.	2	2	$A^{2/3}$
	NEWTON-Pot.	2	2	$A^{2/3}$

Es scheinen keine mathematischen Methoden verfügbar zu sein, um den Grad der Regularität des Eigenwertspektrums für beliebige Potentiale zu analysieren; jedoch ist der Zusammenhang zwischen geschlossenen klassischen Bahnen und den Entartungen der quantenmechanischen Schalen wahrscheinlich unter ziemlich allgemeinen Bedingungen gültig. Im Falle eines beliebigen Potentials können geschlossene klassische Bahnen für jede gegebene Energie auftreten, weil die Zahl der Parameter in den Anfangsbedingungen gleich der Zahl der Bedingungen für Periodizität ist. Wenn das Potential keine besondere Symmetrie aufweist, werden die geschlossenen Bahnen im allgemeinen keine

Mitglieder entarteter Familien sein (siehe z. B. WHITTAKER, 1937, S. 396). Die Beziehung (6–486) legt daher eine sehr gleichförmige Niveaudichte mit lokalen Variationen, die kleiner als jede (positive) Potenz von A sind, nahe. (Die Konsequenzen einer Verteilung der Einteilchenniveaus, die den Eigenwerten einer stochastischen Matrix (siehe Anhang 2C) entsprechen, wurden im Zusammenhang mit den elektronischen Eigenschaften von kleinen Metallteilchen untersucht; GORKOV und ELIASHBERG, 1965).

Im intermediären Fall teilweiser Separierbarkeit, wie zum Beispiel für ein axialsymmetrisches Potential, haben die geschlossenen klassischen Bahnen eine einfache Entartung ($s_q = 1$), die $\Omega \sim A^{1/6}$ entspricht. Für nichtseparable (oder teilweise separable) Bewegungen taucht die Frage auf, ob die geschlossenen klassischen Bahnen wie für vollständig separable Bewegungen mit bestimmten stationären Quantenzuständen verknüpft werden können oder ob die Korrespondenz eine Stärkefunktion enthält. Es wurde vermutet, daß die Antwort auf diese Frage davon abhängt, ob die klassischen Bahnen stabil oder instabil gegenüber kleinen Störungen in den transversalen Koordinaten sind (GUTZWILLER, 1971).

Analytische Funktion $\varepsilon(n, l)$ für ein sphärisches Kastenpotential mit unendlich hohen Wänden

Die Energie $\varepsilon(n, l)$ als analytische Funktion von l läßt sich aus der Lösung der radialen Wellengleichung bestimmen, in der l als kontinuierliche Variable behandelt wird. Für ein Kastenpotential kann man eine Fortsetzung in n erhalten, indem man die Randbedingung für die radiale Wellenfunktion $\mathscr{R}$ im Ursprung ($r = 0$) verallgemeinert,

$$\mathscr{R}_{nl}(r) \underset{r \to 0}{=} c(j_l(Kr) \cos n\pi + y_l(Kr) \sin n\pi). \tag{6–487}$$

Hierbei ist c eine Konstante, $K(\varepsilon)$ ist die Wellenzahl im Innengebiet, und j_l und y_l sind die sphärischen BESSEL- und NEUMANN-Funktionen, die als Funktionen des Arguments Kr und der sich kontinuierlich ändernden Ordnung l betrachtet werden. Die Bedingung (6–487) liefert zusammen mit der üblichen Randbedingung im Unendlichen die gewünschte Beziehung zwischen der Energie und den Variablen n und l.

Für ein unendliches Kastenpotential hat die Randbedingung am Radius R des Potentials die Relation

$$j_l(KR) \cos n\pi + y_l(KR) \sin n\pi = 0 \tag{6–488}$$

zur Folge. Es sei bemerkt, daß die durch Gl. (6–488) definierte Quantenzahl n äquivalent zur Streuphase $\xi_l(KR)$ für die Streuung an einer unendlich harten Kugel mit dem Radius R ist (siehe Gl. (3F–38)),[1])

$$\xi_l(KR) = -\pi n(l, KR). \tag{6–489}$$

Für $l \gg 1$ kann man die asymptotischen Ausdrücke für BESSEL-Funktionen hoher Ordnung (DEBYE-Entwicklung; siehe z. B. ABRAMOWITZ und STEGUN, 1964, S. 366) benutzen, die für die Beziehung (6–488)

$$(n - \tfrac{1}{4})\,\pi = KR\,(\sin\varphi - \varphi\cos\varphi) \tag{6–490}$$

liefern, wobei der Winkel φ durch

$$l + \tfrac{1}{2} = KR\cos\varphi \tag{6–491}$$

[1]) Die sphärische NEUMANN-Funktion n_l in Gl. (3F–31) hat das umgekehrte Vorzeichen wie die Funktion y_l, die im vorliegenden Zusammenhang benutzt wird und die für große x das asymptotische Verhalten $y_l(x) \approx x^{-1} \sin(x - (l+1)\,\pi/2)$ besitzt.

definiert ist. Man findet, daß die asymptotische Beziehung (6–490) mit ziemlich hoher Genauigkeit im gesamten physikalischen Gebiet ($n \geqq 1$, $l \geqq 0$) gültig ist.

Die Schalentrajektorien entsprechen rationalen Verhältnissen $a:b$ zwischen den Ableitungen von ε (oder K) nach n und l. In der Näherung (6–490) erhält man die Beziehung

$$\varphi = \frac{b}{a} \pi, \tag{6–492}$$

die Geraden im (n, l)-Diagramm entspricht. Die Periodizität der Schalen ist durch Gl. (6–475) bestimmt, und man findet aus Gl. (6–490)

$$\hbar\omega_{\text{sh}} = KR \frac{\hbar^2}{MR^2} \frac{\pi}{a \sin(\pi(b/a))}. \tag{6–493}$$

Innerhalb jeder Schale hängen die Energieabstände führender Ordnung gemäß Gl. (6–477) von der Quantenzahl ν ab, wobei der Koeffizient (6–478) des Gliedes zweiter Ordnung (in der Näherung (6–490)) durch

$$\beta = -\frac{\hbar^2}{MR^2} \frac{a^2}{\sin^2(\pi(b/a))} \tag{6–494}$$

gegeben ist.

Die oben benutzten asymptotischen Beziehungen sind äquivalent zur WKB-Näherung für die Quantisierungsbedingung

$$\left(n - \frac{1}{4}\right)\pi = \int_{r_{\min}}^{r_{\max}} \mathrm{d}r \left(\frac{2M}{\hbar^2}(\varepsilon - V(r)) - \frac{(l+\frac{1}{2})^2}{r^2}\right)^{1/2}$$

$$= \int_{l+1/2}^{KR} \frac{\mathrm{d}x}{x} \left(x^2 - \left(l + \frac{1}{2}\right)^2\right)^{1/2}. \tag{6–495}$$

Die Auswertung des Integrals liefert die Relation (6–490). Im klassischen Grenzfall stellt der durch Gl. (6–491) definierte Winkel 2φ das Winkelintervall zwischen zwei aufeinanderfolgenden Reflexionen dar, und die Bedingung (6–492) folgt aus der Tatsache, daß dieser Bahnabschnitt eine volle Radialperiode repräsentiert.

Schalenstruktur in sphärischen Kernen (Abb. 6–47)

In einem sphärischen Kern kann der Zentralteil des Einteilchenpotentials näherungsweise durch die Funktion (Woods-Saxon-Potential)

$$V(r) = \left(1 + \exp\left\{\frac{r - R}{a}\right\}\right)^{-1} V_0 \tag{6–496}$$

dargestellt werden, wobei V_0 und a nahezu unabhängig von der Teilchenzahl A sind, während R mit $A^{1/3}$ wächst. Das Spektrum der gebundenen Zustände in einem solchen Potential mit den Parametern

$$V_0 = -50\,\text{MeV}, \quad a = 0{,}67\,\text{fm} \tag{6–497}$$

ist in Abb. 6–47 dargestellt. (Der Einfluß des Coulomb- und des Spinbahnpotentials wird weiter unten betrachtet.) Die in der Abbildung aufgetragene Größe ist der Wert des Radius R, für den ein gegebenes Orbital (n, l) die Bindungsenergie 7 MeV hat. Kleine Unterschiede in den Ordinaten von Abb. 6–47 können mit Hilfe der Ableitung $\partial\varepsilon/\partial R$ in Energiedifferenzen umgerechnet werden. Diese Ableitung ist von der Ordnung $V_0 R^{-1}$, und numerische Werte lassen sich aus den in der Tabelle zu Abb. 6–47 angegebenen Koeffizienten berechnen. Somit kann man die vorliegende Abbildung als eine Darstellung der Energiefläche $\varepsilon(n, l)$ ansehen, bei der das Augenmerk auf die Schalenstruktur am Fermi-Niveau als Funktion der Teilchenzahl (oder des Radius) anstelle auf die Schalenstruktur als Funktion der Energie für einen bestimmten Kern gerichtet ist.

Die wichtigsten Schalenstruktureffekte im Spektrum von Abb. 6–47 können mit den Verhältnissen 2:1 und 3:1 für die Winkel- und Radialfrequenzen in Zusammenhang gebracht werden; die Abbildung zeigt die entsprechenden Trajektorien sowie Beispiele der annähernd parabolischen Funktionen (6–477), die die Energieniveaus innerhalb einer Schale beschreiben. (Die Trajektorien wurden durch numerische Interpolation zwischen den Eigenwerten für ganzzahlige n und l erhalten; für das unendliche Kastenpotential stimmen die Resultate dieses Verfahrens mit den in Abb. 6–46 gezeigten Trajektorien überein, die anhand der analytischen Funktion (6–488) erhalten wurden.)

Die Grobstruktur des Spektrums des Woods-Saxon-Potentials ähnelt ziemlich stark

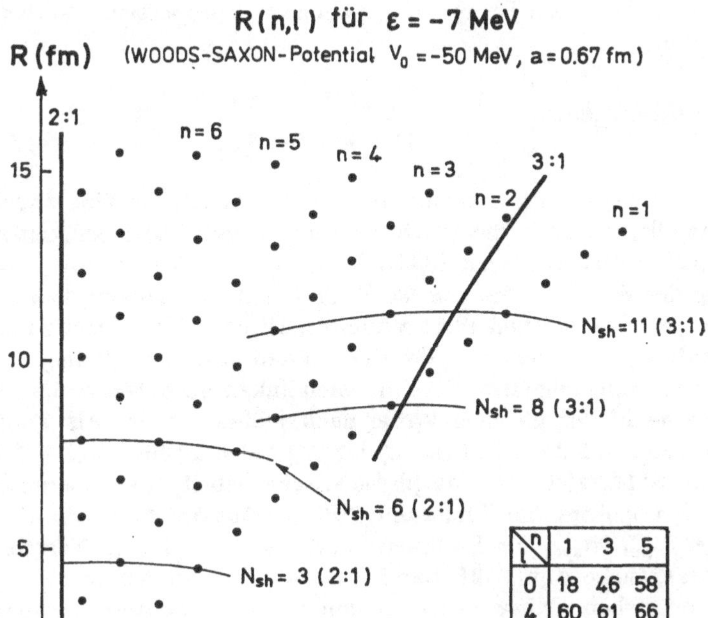

Abb. 6–47 Einteilchenspektrum im Woods-Saxon-Potential. Die Abbildung zeigt den Wert des Radius R, für den der Zustand (n, l) eine Bindungsenergie von 7 MeV hat. Wir möchten I. Hamamoto für ihre Hilfe bei der Anfertigung der Abbildung danken.

der des unendlichen Kastenpotentials, weil die Verschiebung in der Quantenzahl n für festes ε und l, die durch das Eindringen in die klassisch verbotenen Bereiche und den Einfluß der diffusen Oberfläche hervorgerufen wird, nur den Bruchteil einer Einheit beträgt. Die weniger abrupte Reflexion an der Oberfläche des WOODS-SAXON-Potentials hat zur Folge, daß das Verhältnis der Radialfrequenz zur Winkelfrequenz (für feste Energie) schwächer mit l anwächst als für das unendliche Kastenpotential (siehe Gl. (6–480)).

So haben in Abb. 6–47 die 2:1-Schalen (Schalenstruktur des harmonischen Oszillators) eine höhere Entartung als im unendlich tiefen Kastenpotential, während die 3:1-Trajektorie später als in Abb. 6–46 in das physikalische Gebiet eintritt. (Die letztere Abbildung kann in eine zu Abb. 6–47 analoge Darstellung umgewandelt werden, indem man der FERMI-Wellenzahl den Wert $K = 1{,}44\ \mathrm{fm}^{-1}$ zuschreibt, der einer kinetischen Energie von 43 MeV äquivalent ist.)

Für Protonen wird durch die COULOMB-Barriere das Eindringen in das klassisch verbotene Gebiet beträchtlich vermindert, und die Schalenstruktur ähnelt daher stärker als bei den Neutronen der Struktur des unendlich tiefen Kastenpotentials. Für $50 \lesssim Z \lesssim 100$ kommt die 3:1-Trajektorie im Protonenpotential der entsprechenden Trajektorie im unendlichen tiefen Kastenpotential ziemlich nahe.

Der Einfluß der Spinbahnkopplung auf das Energiespektrum läßt sich näherungsweise dadurch beschreiben, daß man zur Energie $\varepsilon(n, l)$ ein zu $\boldsymbol{l} \cdot \boldsymbol{s}$ proportionales Glied addiert (siehe z. B. Gl. (6–299)),

$$\varepsilon(nlj) = \varepsilon(nl) + v_{ls}\hbar\omega_0 \begin{cases} \frac{1}{2}l, & j = l + \frac{1}{2}, \\ -\frac{1}{2}(l+1), & j = l - \frac{1}{2}, \end{cases} \tag{6–498}$$

wobei $\hbar\omega_0$ der Energieabstand im harmonischen Oszillator ist, der eine zweckmäßige Energieeinheit darstellt, während die Werte für den (negativen) Koeffizienten v_{ls} in Tab. 5–1 angegeben sind. Der Ausdruck (6–498) entspricht für Teilchen mit $j = l + 1/2$ einer Verkleinerung der Winkelfrequenz $\hbar^{-1}\partial\varepsilon/\partial l$ um $\frac{1}{2}\,|v_{ls}|\,\omega_0$, während für $j = l - 1/2$ die Winkelfrequenz um den gleichen Wert zunimmt. Dieser Effekt führt zu einer entsprechenden Aufspaltung der Schalentrajektorien, so daß in Abb. 6–47 die $j = l + 1/2$-Zweige der Trajektorien um einige Einheiten in l nach links verschoben werden, während die $j = l - 1/2$-Zweige in der gleichen Weise nach rechts rücken. Als Folge davon vergrößert sich für $j = l - 1/2$ die Entartung der 2:1-Schalen; für $j = l + 1/2$ nimmt sie ab, während die 3:1-Trajektorie das physikalische Gebiet bei kleineren Quantenzahlen erreicht. In den Spektren im Gebiet um ^{208}Pb beträgt der Abstand zwischen den $j = l + 1/2$-Bahnen $2f_{7/2}$, $1i_{13/2}$ (für Protonen) und $2g_{9/2}$, $1j_{15/2}$ (für Neutronen) nur 0,7 MeV bzw. 1,4 MeV (siehe Abb. 3–2f, Band I, S. 340). Die großen Schaleneffekte im Gebiet von ^{208}Pb entstehen daher aus dem konstruktiven Zusammenspiel der 2:1-Schalentrajektorie für $j = l - 1/2$ und der 3:1-Trajektorie für $j = l + 1/2$.

Die Charakterisierung der Schalenstruktur mit Hilfe periodischer klassischer Bahnen hat unmittelbare Konsequenzen für die Deformationen, die für Konfigurationen mit vielen Teilchen außerhalb abgeschlossener Schalen auftreten. Die stärkste räumliche Lokalisierung, die durch eine Superposition der annähernd entarteten Einteilchenzustände innerhalb einer Schale erreicht werden kann, entspricht Wellenpaketen, die den klassischen Bahnen ähneln. Anziehende Kräfte zwischen den Nukleonen bedingen, daß eine Deformation mit dieser Geometrie besonders bevorzugt wird. Die Schalen, die mit der 2:1-Trajektorie verknüpft sind, enthalten Zustände mit $\Delta l = 2, 4, 6, \ldots$, aus denen man Dichteverteilungen mit großen Quadrupolmomenten (und höheren Momenten gerader Ordnung) aufbauen kann. Die Bedeutung der sphäroidalen Gleichgewichtsdeformationen der Kerne kann daher der 2:1-Schalenstruktur zugeschrieben werden.

Die mit der 3:1-Trajektorie zusammenhängenden Bahnen haben die Symmetrie eines gleichseitigen Dreiecks und enthalten eine Superposition von Zuständen mit $\Delta l = 3, 6, 9, \ldots$ Die zunehmende Bedeutung dieses Typs von Schalenstruktur in schweren Kernen spiegelt sich in der Annäherung an die Oktupolinstabilität bei den Kernen oberhalb ^{208}Pb wider (siehe S. 484).

Schalenstruktur des Kerns für sehr große Deformationen (Abb. 6–48 bis 6–50)

Das Auftreten von Formisomeren beim Spaltprozeß liefert einen klaren Hinweis auf die Schalenstruktur in Kernpotentialen mit viel größeren Deformationen, als sie in den Grundzuständen schwerer Kerne auftreten. Im vorliegenden Beispiel betrachten wir die Charakterisierung der Schalen, die für diesen Effekt verantwortlich zu sein scheinen.

Die Diskussion auf S. 504ff. legt nahe, daß die Schaleneffekte für große Deformationen kleiner als für sphärische Kerne sind. Eine Ausnahme bilden Potentiale, die dem harmonischen Oszillator ähneln. Dieser spezielle Potentialtyp gibt zu Entartungen von der Größe ($\Omega \sim A^{2/3}$) wie bei sphärischer Form Anlaß, wenn die Achsen im Verhältnis kleiner natürlicher Zahlen stehen (Geilikman, 1960; siehe auch Wong, 1970).

Das Einteilchenspektrum für axialsymmetrische Oszillatorpotentiale ist in Abb. 6–48 dargestellt. Der in der Abbildung verwendete Deformationsparameter δ_{osc} wird durch Gl. (5–11) definiert, und die durch die Quantenzahlen n_3 und $n_\perp$ charakterisierten Eigenwerte sind in Einheiten der mittleren Frequenz $\overline{\omega}$ (siehe Gl. (5–13)) angegeben. Für gestreckte Deformationen sind die Zustände einer sphärischen Oszillatorschale nach zunehmenden Werten von $n_\perp (= 0, 1, 2, \ldots N)$ geordnet. Die Eigenwerte für einen axialsymmetrischen Oszillator besitzen eine Entartung von $2(n_\perp + 1)$, die auf den Nukleonenspin und die Entartung der zur Achse senkrechten Bewegung zurückzuführen ist. Die Abbildung gibt die Gesamtteilchenzahl für Schalenabschlüsse im sphärischen Potential sowie in den deformierten Potentialen mit den Frequenzverhältnissen $\omega_\perp : \omega_3$ von 2:1 (gestreckt) bzw. 1:2 (abgeplattet) an.

Das Kernpotential mit seiner ziemlich gut definierten Oberfläche bedingt Abweichungen von den Entartungen im harmonischen Oszillatorpotential. Bei sphärischer Form kann der Einfluß der Oberfläche näherungsweise durch einen Energieterm dargestellt werden, der sich für die Niveaus einer Oszillatorschale wie $l(l + 1)$ ändert,

$$\delta\varepsilon(n, l) = v_{ll}\hbar\omega_0\big(l(l + 1) - \tfrac{1}{2}(2n + l - \tfrac{1}{2})^2\big). \qquad (6\text{–}499)$$

Dieser Ausdruck entspricht, abgesehen von der Ersetzung von $N(N + 3)$ durch $(N + 3/2)^2$, dem im Hamilton-Operator (5–10) benutzten Glied. Durch die Subtraktion eines Terms, der von der Gesamtzahl der Oszillatorquanten $N = 2(n - 1) + l$ abhängt, wird gesichert, daß die Störung (6–499) den mittleren Abstand zwischen den Oszillatorschalen nicht beeinflußt. (Es ist zu bemerken, daß der N-abhängige Term in einem gegebenen Teil des Spektrums nur die Energieskala ändert und daher einer Renormierung der Oszillatorfrequenz ω_0 äquivalent ist.)

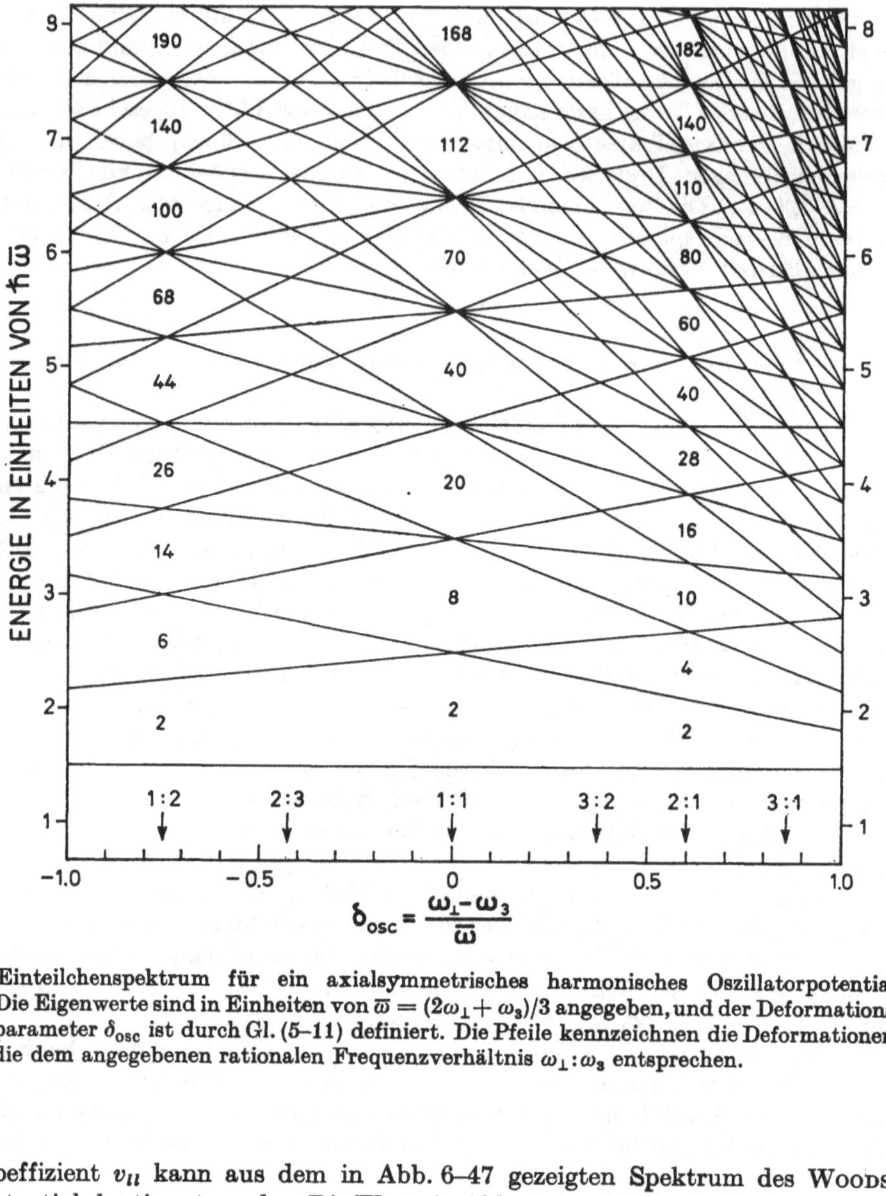

Abb. 6–48 Einteilchenspektrum für ein axialsymmetrisches harmonisches Oszillatorpotential. Die Eigenwerte sind in Einheiten von $\overline{\omega} = (2\omega_\perp + \omega_3)/3$ angegeben, und der Deformationsparameter δ_{osc} ist durch Gl. (5–11) definiert. Die Pfeile kennzeichnen die Deformationen, die dem angegebenen rationalen Frequenzverhältnis $\omega_\perp : \omega_3$ entsprechen.

Der Koeffizient v_{ll} kann aus dem in Abb. 6–47 gezeigten Spektrum des Woods-Saxon-Potentials bestimmt werden. Die Werte in Abb. 6–49 wurden so gewählt, daß der Abstand zwischen den Zuständen der Oszillatorschale mit maximalen und minimalen Werten von l wiedergegeben wird. Zum Vergleich zeigt Abb. 6–49 auch die Werte von v_{ll}, die zu einem unendlich tiefen Kastenpotential gehören. Für Protonen sind die Werte von v_{ll} bedeutend größer als für Neutronen, sie kommen für $4 \leq N \leq 6$ den Werten für das unendlich tiefe Kastenpotential ziemlich nahe (siehe S. 510). Man erkennt, daß die Werte von v_{ll} in Tab. 5–1, die durch eine Anpassung an die empirischen Einteilchenniveaus in deformierten Kernen gewonnen wurden, mit den Ergebnissen der vorliegenden Analyse qualitativ übereinstimmen.

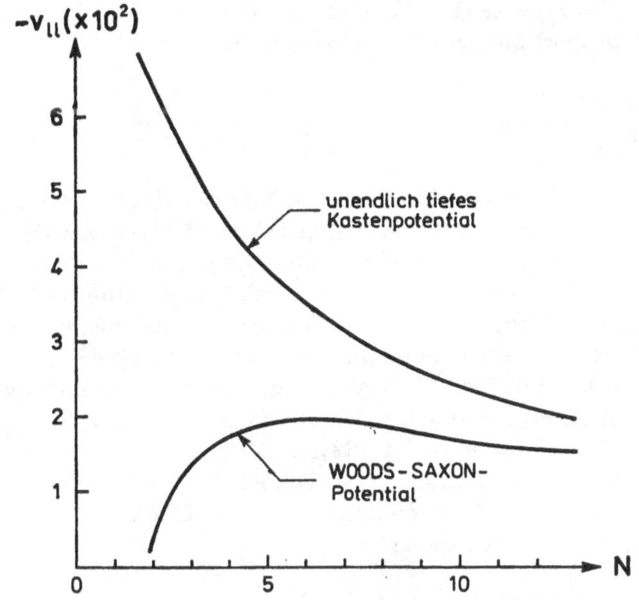

Abb. 6–49 Abweichungen von der Oszillatorentartung für ein Potential mit WOODS-SAXON-Form. Die Werte v_{ll} für das WOODS-SAXON-Potential wurden aus dem in Abb. 6–47 gezeigten Spektrum erhalten, für das unendlich tiefe Kastenpotential entsprechend aus Abb. 6–46.

Den anisotropen harmonischen Oszillator kann man aus dem isotropen Oszillator mit Hilfe einer Skalentransformation der räumlichen Koordinaten erhalten (siehe Gl. (5–5)),

$$x_1 \to \frac{\omega_\perp}{\omega_0} x_1, \qquad x_2 \to \frac{\omega_\perp}{\omega_0} x_2, \qquad x_3 \to \frac{\omega_3}{\omega_0} x_3, \tag{6–500}$$

während die Impulsoperatoren unverändert bleiben. Die Abweichungen vom Oszillatorpotential lassen sich einfach behandeln, wenn man die gleiche Skalentransformation auf den Operator $\boldsymbol{l}^2$ in der Störung (6–499) anwendet. Der Erwartungswert für die transformierte Störung in dem Zustand mit den Quantenzahlen $n_3 n_\perp \Lambda$ beträgt

$$\delta\varepsilon(n_3 n_\perp \Lambda) = -\frac{\hbar v_{ll}}{\omega_0}\left(\frac{1}{2}\left(\left(n_3 + \frac{1}{2}\right)\omega_3 - (n_\perp + 1)\,\omega_\perp\right)^2 - \omega_\perp^2 \Lambda^2 + \omega_3\omega_\perp\right). \tag{6–501}$$

Die Skalentransformation des zu $(2n + l - 1/2)^2$ proportionalen Terms in Gl. (6–499) folgt direkt aus der Tatsache, daß $\hbar\omega_0(2n + l - 1/2)$ die ungestörte Energie darstellt, die für das deformierte System den Wert $\hbar\omega_3(n_3 + 1/2) + \hbar\omega_\perp(n_\perp + 1)$ annimmt. Dieser Beitrag ist in Gl. (6–501) berücksichtigt. (Für kleine Deformationen muß man zusätzlich die Effekte der nichtdiagonalen Matrixelemente mit $\Delta n_3 = -\Delta n_\perp = \pm 2$ mitnehmen, um das Resultat (6–499) im sphärischen Grenzfall zu reproduzieren. Für große Deformationen sind diese Effekte jedoch relativ klein, und ihre Berücksichtigung würde über die Genauigkeit der Beschreibung (6–499) für die Abweichungen vom Oszillatorpotential hinausgehen.)

Die durch die Störung (6–499) erzeugte Aufspaltung der Oszillatorschale kann man auch als Folge eines zu r^4 proportionalen Gliedes im Potential ansehen,

$$\langle nl|\, r^4 \,|nl\rangle = \left(\frac{\hbar}{M\omega_0}\right)^2 \left(\frac{3}{2}\left(2n + l - \frac{1}{2}\right)^2 - \frac{1}{2}l(l+1) + \frac{3}{8}\right), \tag{6–502}$$

und der Ausdruck (6–501) für das deformierte Potential läßt sich durch die Skalentransformation (6–500) aus einem sphärischen Potential, das einen r^4-Term enthält, ableiten. In diesem Potential sind die Äquipotentialflächen Sphäroide mit einheitlicher Exzentrizität. (Die Skalentransformation des sphärischen Potentials stellt eine besonders einfache Beschreibung der Abweichungen vom deformierten Oszillatorpotential dar, sie kann aber für feinere Details des Einteilchenspektrums zu falschen Ergebnissen führen. Insbesondere führt diese Behandlung des Potentials auf eine Winkelabhängigkeit der Oberflächendicke und somit zu systematischen Unterschieden zu den Ergebnissen, die man aus dem leptodermen Modell (siehe Gl. (4–188)) erhält.)

In einem deformierten axialsymmetrischen Potential mit einem rationalen Verhältnis $a:b$ zwischen den Frequenzen $\omega_\perp$ und ω_3 entsprechen die Schalen einem konstanten Wert der Schalenquantenzahl (siehe Gl. (6–482))

$$N_{\text{sh}} = an_\perp + bn_3, \tag{6–503}$$

während der Abstand der Schalen durch

$$\hbar\omega_{\text{sh}} = \frac{\hbar\omega_\perp}{a} = \frac{\hbar\omega_3}{b} = \hbar\omega_0(a^2b)^{-1/3} \tag{6–504}$$

gegeben ist, wobei eine Deformation mit Volumenerhaltung angenommen wird ($\omega_\perp^2\omega_3 = \omega_0^3$). Unter Berücksichtigung des Störungsglieds (6–501) kann die Gesamtenergie somit als

$$\begin{aligned}\varepsilon(N_{\text{sh}}n_3\Lambda) = \hbar\omega_{\text{sh}} \Big((N_{\text{sh}} + a + \tfrac{1}{2}b) &- v_{ll}(a^2b)^{-1/3} \\ &\times \big(2(b(n_3 + \tfrac{1}{2}) - \tfrac{1}{2}(N_{\text{sh}} + a + \tfrac{1}{2}b))^2 - a^2\Lambda^2 + ab\big)\Big)\end{aligned} \tag{6–505}$$

geschrieben werden. Abb. 6–50 zeigt das Spektrum (6–505) für eine gestreckte Deformation mit $a:b = 2:1$. Es wurde $v_{ll} = -0{,}019$ gewählt, da man erwartet, daß dieser Wert die Neutronenspektren in einem Kern mit $A \approx 240$ (siehe Abb. 6–49) näherungsweise beschreibt. Man sieht, daß die Schalen des harmonischen Oszillators über ein Energieintervall von ungefähr $\hbar\omega_{\text{sh}}$ verteilt sind. Dies entspricht etwa der Situation bei sphärischen Potentialen, wo bei Fehlen der Spinbahnkopplung die Abweichungen vom harmonischen Oszillatorpotential zur Folge haben, daß in schweren Kernen die Schalen über ein Energieintervall von etwa $\hbar\omega_0$ verteilt sind (da $|v_{ll}|\, N(N+1) \approx 1$).

Die Aufhebung der Oszillatorentartung infolge der schärfer definierten Oberfläche kann zur Folge haben, daß die stärksten Schaleneffekte nicht mehr einer rein ellipsoidalen Deformation mit dem Achsenverhältnis 2:1 entsprechen. Der zu Λ^2 proportionale Störungsterm in Gl. (6–505) spiegelt direkt den Einfluß der Oberfläche auf die zur Achse senkrechte Oszillatorbewegung wider und kann durch Änderungen der Kernform nicht kompensiert werden (obwohl das Glied durch eine andere Behandlung der Oberflächen-

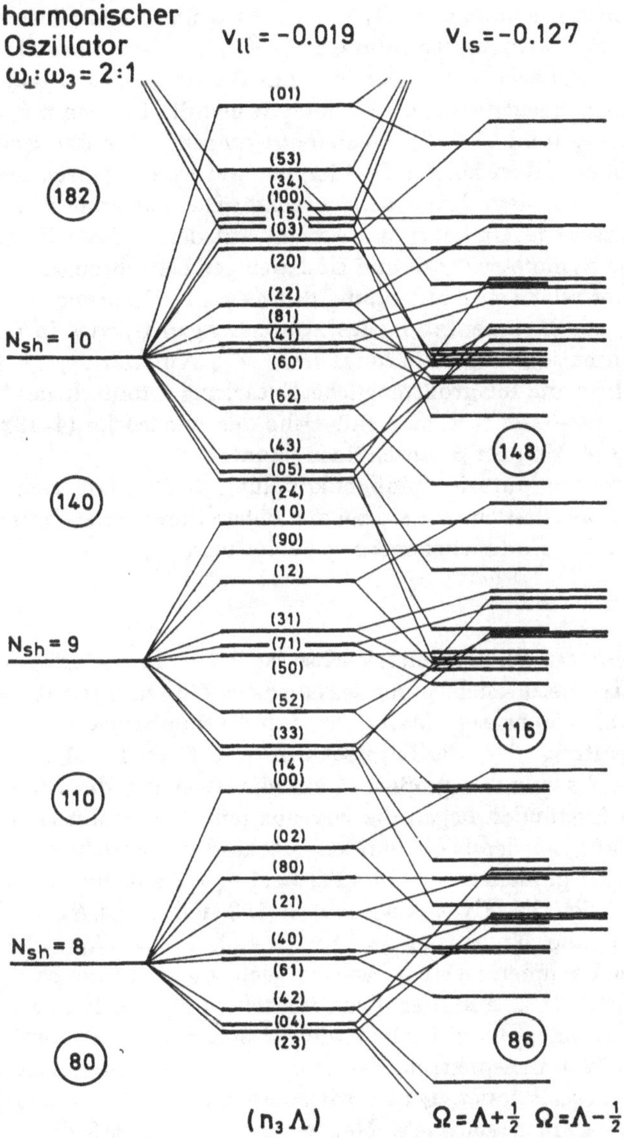

Abb. 6–50 Einteilchenspektrum für das modifizierte Oszillatorpotential mit dem Achsenverhältnis 2:1. Das links angegebene Spektrum entspricht einem axialsymmetrischen harmonischen Oszillatorpotential mit $\omega_\perp:\omega_3 = 2:1$ und der Schalenquantenzahl $N_{sh} = 2n_\perp + n_3 = 2N - n_3$. Das mittlere Spektrum berücksichtigt den Einfluß der Störung (6–505) mit $v_{ll} = -0{,}019$, während das rechte Spektrum zusätzlich den Effekt der Spinbahnkopplung (6–506) mit $v_{ls} = -0{,}127$ berücksichtigt. Die Zustände mit parallelem Spin und Bahndrehimpuls sind leicht nach links verschoben, und die $\Lambda = 0$-Zustände sind in dieser Gruppe enthalten.

dicke geändert würde), ebenso wie der l^2-Term im sphärischen Potential nicht durch eine Deformation, die von der sphärischen Symmetrie wegführt, kompensiert werden kann. Jedoch spiegelt der n_3-abhängige Term in Gl. (6–505) die Tatsache wider, daß die Ausbildung der scharfen Oberfläche unterschiedlich auf Bahnen wirkt, die in verschiedenen Gebieten des Kerns konzentriert sind. So entsprechen die Bahnen mit Maximal- bzw. Minimalwerten von n_3 (und $\Lambda = 0$) Pendelbewegungen längs der großen bzw. kleinen Achse. Diese Bahnen haben keinen Drehimpuls und werden durch die Störung des Oszillatorpotentials in gleichem Maße benachteiligt. Die Zustände mit mittleren Werten von n_3, deren klassische Umkehrpunkte nicht auf den Achsen liegen, tragen Drehimpuls senkrecht zur Symmetrieachse und sind weniger benachteiligt. Daher wird eine Deformation, die einer relativen Ausdehnung des Kerns in Richtung der Pole und des Äquators entspricht, zur Kompensation des n_3-abhängigen Gliedes in Gl. (6–505) neigen. Solch eine Deformation hat näherungsweise Y_{40}-Symmetrie. Im Falle der Parameter in Abb. 6–50 liegt die für größtmögliche Entartung erforderliche Amplitude in der Größenordnung $\beta_4 \approx +0{,}05$, wie man mit Hilfe der Ausdrücke (4–192), (6–77), (6–78) und der Beziehung (4–190) für β_4 abschätzen kann.

Der Einfluß der Deformation auf die Spinbahnkopplung (6–498) läßt sich durch die gleiche Skalentransformation erhalten, wie sie bei der Behandlung des l^2-Terms verwendet wurde. Als Beitrag zu den Einteilchenenergien findet man

$$\delta\varepsilon(N_{\mathrm{sh}} n_3 \Lambda \Sigma) = v_{ls} \hbar\omega_\perp \Lambda \Sigma, \tag{6–506}$$

wobei Σ die Spinprojektion auf die Symmetrieachse ist. Das Einteilchenspektrum für eine 2:1-Deformation unter Berücksichtigung des Glieds (6–506) und mit $v_{ls} = -0{,}127$ (siehe Tab. 5–1) ist in Abb. 6–50 gezeigt. Man sieht, daß die Spinbahnkopplung zu einer deutlich kleineren Aufspaltung der Oszillatorschalen mit $\Omega = \Lambda - 1/2$ führt. Für $\Omega = \Lambda + 1/2$ werden die Niveaus mit großem Λ am stärksten von der Spinbahnkraft beeinflußt. Unter diesen Zuständen liegen die Niveaus mit $n_\perp = \Lambda$ am tiefsten (siehe Gl. (6–505) und Abb. 6–50). Bei der beobachteten Stärke der Spinbahnkopplung vereinigen sich die Niveaus mit großem $n_\perp = \Lambda$ und $\Omega = \Lambda + 1/2$ mit der darunterliegenden Schale. So vereinigen sich die Niveaus $n_\perp = \Lambda = 4$, 3 und 2 aus $N_{\mathrm{sh}} = 9$ mit der Schale $N_{\mathrm{sh}} = 8$, während die Niveaus $n_\perp = \Lambda = 5, 4, 3, 2$ aus $N_{\mathrm{sh}} = 10$ mit der Schale $N_{\mathrm{sh}} = 9$ zusammenkommen. Daher ändern sich die Schalenabschlüsse von 110 bzw. 140 auf 116 bzw. 148, und der Schaleneffekt prägt sich deutlicher aus. Man sieht, daß die Spinbahnkopplung ähnlich wie bei sphärischen Potentialen wirkt (siehe S. 510ff.). Für die Protonenspektren, die größere Abweichungen von den Entartungen des harmonischen Oszillators zeigen, werden die Schaleneffekte im 2:1-Potential im Gebiet der Aktiniden ziemlich schwach. Man erwartet aber, daß der Schalenabschluß bei $Z \approx 86$ einen größeren Effekt verursacht.

Die experimentellen Angaben über die Spaltisomere lassen sich dadurch verstehen, daß für die Neutronenzahl $N = 148$ (wie bei $^{242}_{94}$Pu) eine Schale in einem Potential mit annähernder 2:1-Symmetrie abgeschlossen wird (siehe S. 550).

Die Schalenstruktur im deformierten Kernpotential kann in der auf S. 503ff. diskutierten Weise durch die Geometrie der geschlossenen klassischen Bahnen charakterisiert werden. Die Frequenz ω_ϱ der transversalen Radialbewegung ist mit der Quantenzahl n_ϱ verknüpft, die die Knotenzahl repräsentiert,

$$n_\perp = 2(n_\varrho - 1) + \Lambda. \tag{6–507}$$

Für das deformierte harmonische Oszillatorpotential mit dem Achsenverhältnis 2:1 ist die Energie eine lineare Funktion von $N_{sh} = n_3 + 4(n_\varrho - 1) + 2\Lambda$, und das Frequenzverhältnis beträgt $\omega_3:\omega_\varrho:\omega_\varphi = 1:4:2$. Die entsprechenden Bahnen liegen im allgemeinen nicht in einer Ebene; ihre Projektion auf eine Ebene senkrecht zur Symmetrieachse ist eine Ellipse mit dem Frequenzverhältnis $\omega_\varrho:\omega_\varphi = 2:1$, während die Projektion auf eine die Symmetrieachse enthaltende Ebene ein Frequenzverhältnis $\omega_\varrho:\omega_3 = 4:1$ besitzt. In Abhängigkeit von der relativen Phase der Bewegungskomponenten parallel und senkrecht zur Symmetrieachse ändert sich die Form der entsprechenden Figur von einer Acht zu einem bananenförmigen Gebilde. Die durch die Spinbahnkopplung hervorgerufenen Entartungen mit Niveaus aus benachbarten Schalen entsprechen konstanten Werten von $n_3 + 5n_\varrho + 2\Lambda$ und damit einem Frequenzverhältnis von 1:5:2. Projiziert man Bahnen dieses Typs auf eine Ebene senkrecht zur Symmetrieachse, dann beschreiben diese eine Rosette mit einer fünffachen Symmetrieachse.

Die Abweichungen der Kernform von der Oszillatorsymmetrie, die durch Teilchen außerhalb abgeschlossener Schalen erzeugt werden, hängen mit der Geometrie der klassischen Bahnen zusammen (siehe S. 511). So könnten zum Beispiel die bananenförmigen Bahnen im Oszillatorpotential mit dem Achsenverhältnis 2:1 zur Instabilität der Biegungsschwingung führen. Eine solche Instabilität würde sich darin äußern, daß das System auf seinem Weg zur Spaltung bestrebt ist, die 2:1-Symmetrie durch einen Umweg über nichtaxialsymmetrische Deformationen ungerader Parität zu vermeiden.

Schalenstruktureffekte in der Energie des Kerns

Die Schalenstruktur im Einteilchenspektrum führt zu kollektiven Effekten in der Gesamtenergie des Kerns. Wie auf S. 315ff. diskutiert wurde, kann man diese aus der Summe der Einteilchenenergien der besetzten Bahnen erhalten. Die folgenden Beispiele illustrieren, wie die Schalenstrukturenergie von der Teilchenzahl, der Temperatur und der Deformation abhängt.

Schaleneffekte in den Kernmassen (Abb. 6–51)

Belege für die Schalenstrukturenergie des Kerns werden durch die umfangreichen Daten über Kernmassen geliefert.[1]) Die Hauptterme in der Kernbindungsenergie sind glatte Funktionen von N und Z, die sich durch die halbempirische Massenformel (2–12) beschreiben lassen. Eine genauere Analyse der beobachteten Massen zeigt Abweichungen von der glatten N- und Z-Abhängigkeit, die mit der Schalenstruktur des Kerns korreliert sind (siehe Abb. 2–4, Band I, Seite 177).

Als ersten Schritt in einer qualitativen Diskussion des Einflusses der Schalenstruktur auf die Kernmassen im Grundzustand betrachten wir die Teilchenbewegung in einem sphärischen harmonischen Oszillatorpotential. Für dieses Potential zeigen die Einteilchenenergien eine einfache analytische Abhängigkeit von den Quantenzahlen, und die Summe der Einteilchenenergien $\mathscr{E}_{\rm ip}$ kann mit elementaren Methoden in einen glatten Anteil $\tilde{\mathscr{E}}_{\rm ip}$ und die Schalenstrukturenergie $\mathscr{E}_{\rm sh}$ (siehe Gl. (6–97)) aufgeteilt werden.

Bezeichnet man die Gesamtzahl der Teilchen mit $\mathscr{N}$ (wir betrachten nur eine Teilchensorte, Neutronen oder Protonen) und die Gesamtzahl der Oszillatorquanten der letzten

[1]) Die Interpretation der von der Schalenstruktur abhängigen Terme in den Kernmassen wurde von Myers und Swiatecki, 1966, untersucht. Abschätzungen, die auf den Einteilchenspektren für das Kernpotential beruhen, wurden von Strutinsky, 1967a; Seeger und Perisho, 1967; Nilsson u. a., 1969, angegeben.

abgeschlossenen Schale mit N_0, dann findet man (siehe Gln. (2–151) und (2–152))

$$\mathcal{N} = \sum_{N=0}^{N_0} (N+1)(N+2) + x(N_0+2)(N_0+3)$$
$$= \tfrac{1}{3}(N_0+1)(N_0+2)(N_0+3) + x(N_0+2)(N_0+3), \qquad (6\text{–}508\,a)$$

$$\mathcal{E}_{\text{ip}} = \sum_{N=0}^{N_0} (N+1)(N+2)(N+\tfrac{3}{2})\hbar\omega_0 + x(N_0+2)(N_0+3)(N_0+\tfrac{5}{2})\hbar\omega_0$$
$$= \hbar\omega_0\Big(\tfrac{1}{4}(N_0+1)(N_0+2)^2(N_0+3) + x(N_0+2)(N_0+\tfrac{5}{2})(N_0+3)\Big), \qquad (6\text{–}508\,b)$$

wobei x die Auffüllung der Schale $N_0 + 1$ repräsentiert, deren Gesamtentartung $(N_0+2) \times (N_0+3)$ beträgt. Die Ausdrücke (6–508) berücksichtigen die zweifache Spinentartung. Für große Quantenzahlen folgt aus Gl. (6–508a) die asymptotische Beziehung

$$N_0 + 2 + x = (3\mathcal{N})^{1/3} + \tfrac{1}{3}(3\mathcal{N})^{-1/3}(1 - 3x + 3x^2) + \cdots, \qquad (6\text{–}509)$$

die es ermöglicht, die Energie $\mathcal{E}_{\text{ip}}$ für große $\mathcal{N}$ in der Form

$$\mathcal{E}_{\text{ip}} = \tilde{\mathcal{E}}_{\text{ip}} + \mathcal{E}_{\text{sh}},$$
$$\tilde{\mathcal{E}}_{\text{ip}} = \hbar\omega_0\Big(\tfrac{1}{4}(3\mathcal{N})^{4/3} + \tfrac{1}{8}(3\mathcal{N})^{2/3}\Big), \qquad (6\text{–}510)$$
$$\mathcal{E}_{\text{sh}} \approx \tfrac{1}{24}\hbar\omega_0(3\mathcal{N})^{2/3}\Big(-1 + 12x(1-x)\Big)$$

auszudrücken. In Gl. (6–510) haben wir in $\tilde{\mathcal{E}}_{\text{ip}}$ ein Glied der Ordnung $(3\mathcal{N})^{2/3}$ berücksichtigt, obwohl dieser Term von der gleichen Größenordnung wie $\mathcal{E}_{\text{sh}}$ ist und daher in der vorliegenden Analyse nicht eindeutig von $\mathcal{E}_{\text{sh}}$ getrennt werden kann. Der x-unabhängige Term in $\mathcal{E}_{\text{sh}}$ wurde so gewählt, daß $\mathcal{E}_{\text{sh}}$ verschwindet, wenn man das System deformiert (siehe S. 521) oder auf hohe Temperaturen anregt (siehe S. 527).

Es ist ersichtlich, daß der führende Term in $\tilde{\mathcal{E}}_{\text{ip}}$ nach Gl. (6–510) von der Ordnung $\varepsilon_F\mathcal{N}$ ist. Dies entspricht einer Volumenenergie, und der Wert beträgt in der Fermi-Gas-Näherung

$$\mathcal{N} \approx \frac{1}{3\pi^2}\left(\frac{2M}{\hbar^2}\right)^{3/2} \int d\tau\,\big(\tilde{\varepsilon}_F - V(r)\big)^{3/2}$$
$$= \frac{1}{3}\left(\frac{\tilde{\varepsilon}_F}{\hbar\omega_0}\right)^3, \qquad (6\text{–}511\,a)$$

$$\tilde{\mathcal{E}}_{\text{ip}} \approx \frac{1}{3\pi^2}\left(\frac{2M}{\hbar^2}\right)^{3/2} \int d\tau\big(\tilde{\varepsilon}_F - V(r)\big)^{3/2}\left(\frac{3}{5}\big(\tilde{\varepsilon}_F - V(r)\big) + V(r)\right)$$
$$= \frac{1}{4}\left(\frac{\tilde{\varepsilon}_F}{\hbar\omega_0}\right)^4 \hbar\omega_0 \approx \frac{1}{4}(3\mathcal{N})^{4/3}\hbar\omega_0, \qquad (6\text{–}511\,b)$$

wobei sich die Bezeichnung $\tilde{\varepsilon}_F$ auf den durch das Fermi-Gas-Modell definierten glatten Anteil von ε_F bezieht. Das Oszillatorpotential hat die besondere Eigenschaft, daß der zu $\varepsilon_F\mathcal{N}^{2/3} \sim \hbar\omega_0\mathcal{N}$ proportionale Oberflächenterm einen verschwindenden Koeffizienten hat.

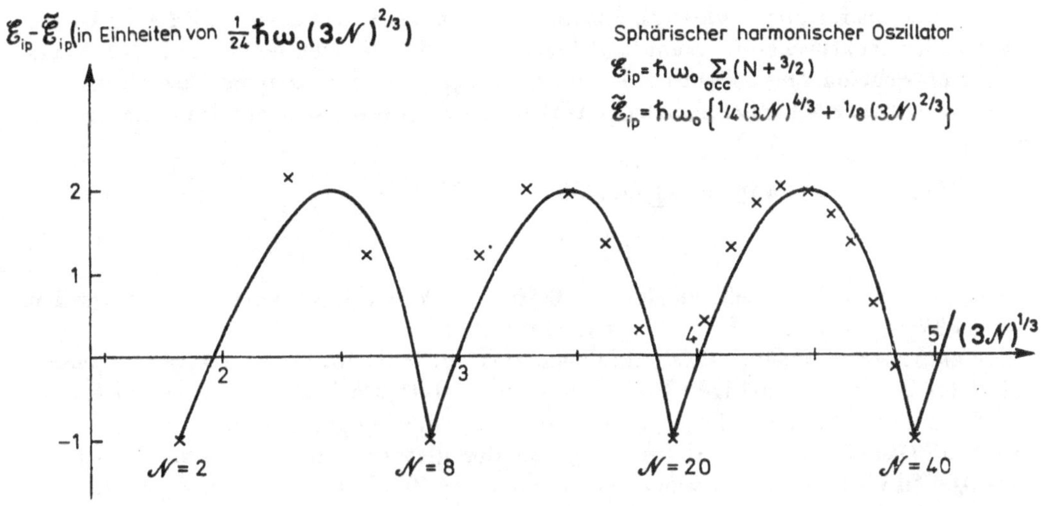

Abb. 6–51 Schalenstrukturenergie als Funktion der Teilchenzahl für den sphärischen harmonischen Oszillator. Die Werte von $\mathscr{E}_{sh} = \mathscr{E}_{ip} - \tilde{\mathscr{E}}_{ip}$ sind als $\times$ eingezeichnet, während die durchgezogene Kurve den asymptotischen Ausdruck (6–510) für $\mathscr{E}_{sh}$ zeigt.

Man sieht, daß die Schalenstrukturenergie in Gl. (6–510) von der Größenordnung $\hbar\omega_0\Omega$ ist, wobei $\Omega\left(\approx N_0^2 \approx (3\mathscr{N})^{2/3}\right)$ die Entartung der Schalen bezeichnet. Der Koeffizient des x-abhängigen Glieds in $\mathscr{E}_{sh}$ spiegelt die Tatsache wider, daß die mittlere Verschiebung der Einteilchenniveaus relativ zu einem gleichförmigen Energiespektrum $(\hbar\omega_0)/4$ beträgt und daß sich $\Omega/2$ Teilchen in einer halbgefüllten Schale befinden. In Abb. 6–51 ist die Differenz zwischen der Gesamtenergie (6–508b) und dem glatten Anteil $\tilde{\mathscr{E}}_{ip}$ als Funktion der Teilchenzahl (für gerade Werte von $\mathscr{N}$) aufgetragen. Wie man sieht, liefert der asymptotische Ausdruck (6–510) für $\mathscr{E}_{sh}$ sogar bei relativ kleinen Werten von $\mathscr{N}$ eine recht gute Näherung.

Der harmonische Oszillator stellt einen Extremfall mit vollständiger Entartung innerhalb jeder Hauptschale dar. Die Aufspaltung der Niveaus innerhalb einer Schale reduziert die Schalenstrukturenergie. Nehmen wir zum Beispiel an, daß die Einteilchenniveaus innerhalb einer Hauptschale gleichmäßig über ein Energieintervall W verteilt sind, was einer Einteilchen-Niveaudichte

$$g(\varepsilon) = \begin{cases} \dfrac{\Omega}{W}, & |\varepsilon - (N + \frac{3}{2})\,\hbar\omega_0| < W/2, \\ 0 & \text{sonst} \end{cases} \tag{6–512}$$

entspricht, dann bleibt die Beziehung (6–509) unverändert, während die Schalenstrukturenergie in Gl. (6–510) mit dem Faktor $(1 - W/\hbar\omega_0)$ multipliziert wird.

Die obigen Abschätzungen des Einflusses der Schalenstruktur auf die Gesamtenergie beziehen sich auf eine sphärische Kernform. Für Konfigurationen mit vielen Teilchen außerhalb abgeschlossener Schalen kann der Kern Energie gewinnen durch eine Deformation, die von der Kugelsymmetrie wegführt. Die Analyse auf S. 520ff. (siehe insbesondere Abb. 6–52) zeigt, daß die resultierende Schalenstrukturenergie für die Gleichgewichtsform sogar bei halbgefüllten Schalen negativ bleibt, aber fast eine Größenordnung kleiner als für abgeschlossene Schalen ist. Somit erwartet man, daß die Änderung der Schalenstrukturenergie beim Auffüllen einer Schale annähernd dem für abgeschlossene Schalen abgeschätzten Wert entspricht. Für ein harmonisches Oszillatorpotential mit abgeschlossenen Neutronen- und Protonenschalen erhalten wir aus Gl. (6–510)

$$\begin{aligned}\mathscr{E}_{\text{sh}}(x_N = x_Z = 0) &= -\tfrac{1}{24}\hbar\omega_0\big((3N)^{2/3} + (3Z)^{2/3}\big)\\ &\approx -4{,}5A^{1/3}\,\text{MeV}\,,\end{aligned} \tag{6–513}$$

wobei im letzten Ausdruck Glieder der Ordnung $(N - Z)^2/A^2$ vernachlässigt wurden und der Wert $\hbar\omega_0 = 41A^{-1/3}$ MeV verwendet wurde.

Die empirischen Belege für den Schaleneffekt in den Grundzustandsmassen lassen sich unter besonders günstigen Bedingungen im Gebiet um ^{208}Pb studieren, wo sowohl die Neutronen- als auch die Protonenkonfigurationen abgeschlossenen Schalen entsprechen. Die beobachtete Abweichung von der glatten Kurve in Abb. 2–4 beträgt etwa 0,06 MeV pro Teilchen, was einer Zunahme der Bindungsenergie um etwa 13 MeV entspricht.

Die Abschätzung (6–513) führt für ^{208}Pb auf $\mathscr{E}_{\text{sh}} \approx -26$ MeV, aber dieser Wert wird durch das Fehlen einer vollständigen Entartung in den Schalen des Kerns reduziert. Die beobachtete Verringerung um etwa einen Faktor 2 ist verständlich, weil die Einteilchenniveaus innerhalb jeder Schale über ein Energieintervall W von etwa dem halben Schalenabstand verteilt sind (siehe z. B. Band I, Abb. 2–30, S. 252, und Abb. 3–3, S. 341). Der Einfluß der Abweichungen von der vollständigen Entartung innerhalb einer Schale läßt sich auch mittels der Einteilchen-Niveaudichte in Gl. (6–522) untersuchen, die harmonisch von ε abhängt. Das empirische Einteilchenspektrum im Gebiet um ^{208}Pb entspricht $f \approx g_0$; dies bedingt eine Verkleinerung der Abschätzung (6–510) für $\mathscr{E}_{\text{sh}}$ um einen Faktor $6\pi^{-2}$ (siehe Gl. (6–532b) für den durch Gl. (6–529a) beschriebenen Fall $\tau \to 0$ und $y = x = 0$).

Globale Eigenschaften der Schalenstrukturenergie als Funktion der Deformation; Formisomere (Abb. 6–52)

Das Einteilchenpotential kann bedeutende Schaleneffekte für eine Reihe verschiedener Formen zeigen, die unterschiedlichen Symmetrien der klassischen Bahnen entsprechen. Diese Eigenschaft ist besonders ausgeprägt für das harmonische Oszillatorpotential, das immer dann zu hohen Entartungen Anlaß gibt, wenn die Frequenzen im Verhältnis von natürlichen Zahlen stehen (siehe S. 505). In Abb. 6–52 ist die Schalenstrukturenergie als Funktion der Teilchenzahl $\mathscr{N}$ und der durch die Oszillatorfrequenzen definierten Deformationsvariablen δ_{osc} dargestellt. Der Wert von $\mathscr{E}_{\text{sh}}(\mathscr{N}, \delta_{\text{osc}})$ wurde durch eine numerische Summation der $\mathscr{N}$ tiefsten Einteilchenenergien und Subtraktion der glatten Funktion $\tilde{\mathscr{E}}_{\text{tp}}$, die wir im folgenden Kleindruck ableiten, erhalten. Für das sphärische Potential ($\delta_{\text{osc}} = 0$) ist die Abhängigkeit der Energie $\mathscr{E}_{\text{sh}}$ von der Teilchenzahl die gleiche wie in Abb. 6–51. Die Fläche der potentiellen Energie zeigt auch ausgeprägte Minima für Konfigurationen mit abgeschlossenen Schalen, wenn die Form unterschiedlichen Frequenzen $\omega_\perp$ und ω_3 im Verhältnis (kleiner) natürlicher Zahlen entspricht. Die Effekte sind besonders groß für Formen mit $\omega_\perp : \omega_3 = 1:2$ und $2:1$. Die Teilchen-

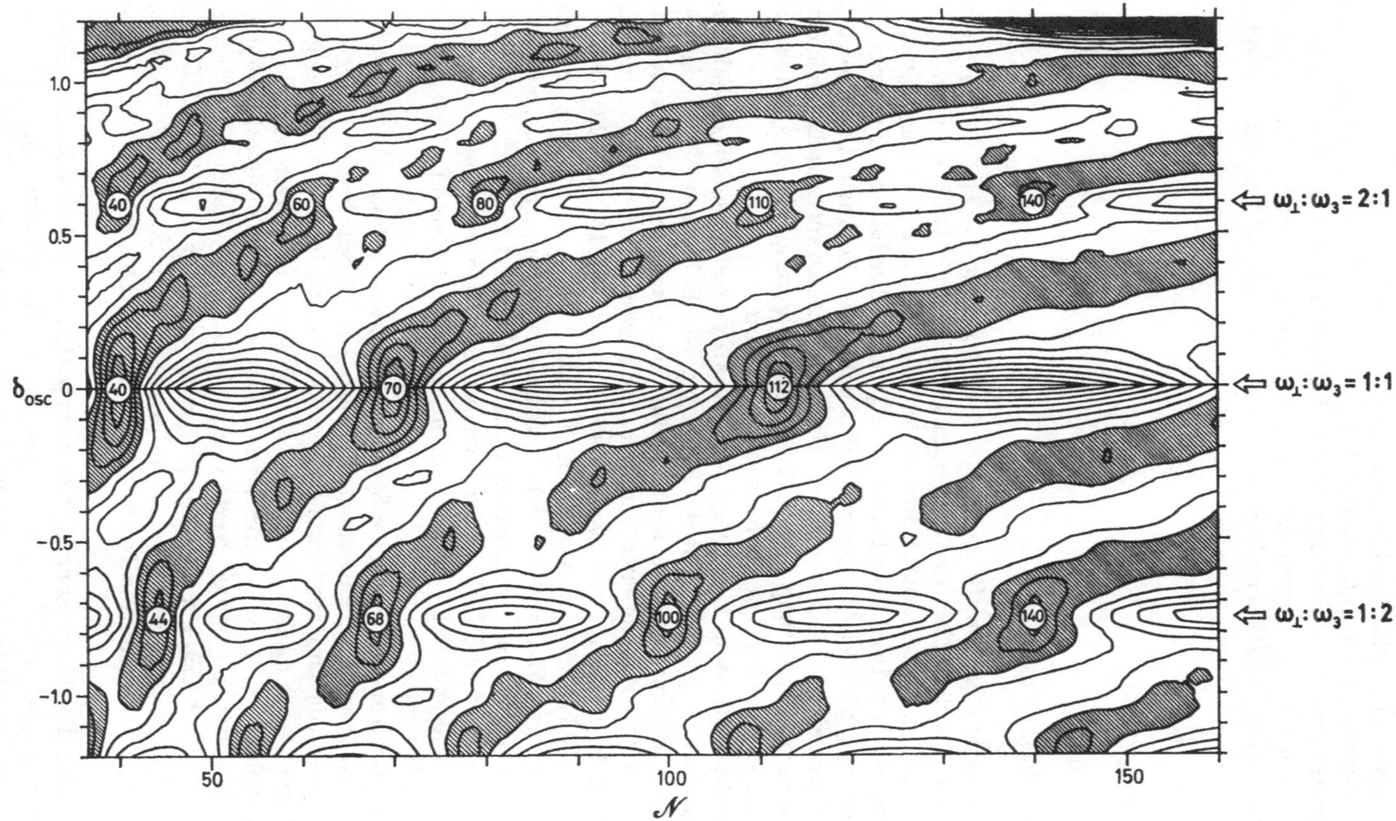

Abb. 6–52 Schalenstrukturenergie für axialsymmetrische Oszillatorpotentiale. Die Deformationsvariable ist $\delta_{osc} = 3(\omega_\perp - \omega_3)/(2\omega_\perp + \omega_3)$. Die Energieeinheit in der Abbildung ist $\hbar(\omega_\perp^2\omega_3)^{1/3}(3\mathcal{N})^{2/3}/24$ und entspricht dem asymptotischen Wert der Schalenstrukturenergie für eine Konfiguration abgeschlossener Schalen in einem sphärischen Potential. Die schattierten Flächen entsprechen Konfigurationen mit negativen Werten von $\mathcal{E}_{sh}$, und die Höhenlinien entsprechen Werten von $\mathcal{E}_{sh}$, die sich um ein Viertel der Energieeinheit unterscheiden. Wir danken Jens Damgaard für die Hilfe bei der Anfertigung der Abbildung.

zahlen der abgeschlossenen Schalen für diese Potentiale sind in Abb. 6–52 eingetragen (siehe auch das Diagramm der Einteilchenniveaus in Abb. 6–48).

Im Fall großer Quantenzahlen entwickelt sich für die Schalenstrukturenergie in der Nähe jedes Symmetriepunktes ein asymptotisches Schema, das für die verschiedenen Symmetriepunkte übereinstimmt, von Skalentransformationen abgesehen. Bei dem Frequenzverhältnis $\omega_\perp : \omega_3 = a : b$ erhalten die verschiedenen Größen die folgenden Skalenfaktoren:

$$\begin{aligned} \hbar\omega_{\mathrm{sh}}&: \mathscr{N}^{-1/3}(a^2b)^{-1/3}, \\ \Omega&: \mathscr{N}^{2/3}(a^2b)^{-1/3}, \\ \mathscr{E}_{\mathrm{sh}}&: \mathscr{N}^{1/3}(a^2b)^{-2/3}, \\ \delta_{\mathrm{osc}}&: \mathscr{N}^{-1/3}(a^2b)^{-1/3}\, 9ab(2a+b)^{-2}. \end{aligned} \tag{6–514}$$

Die Skalentransformation für den Schalenabstand erhält man aus Gl. (6–504) unter der Annahme, daß die Oszillatorfrequenz ω_0 proportional zu $\mathscr{N}^{-1/3}$ ist. Die Entartung Ω einer Schale ist gleich $\hbar\omega_{\mathrm{sh}}$, dividiert durch den mittleren Abstand der Einteilchenniveaus, der proportional zu $\mathscr{N}^{-1}$ ist. Der Skalenfaktor für $\mathscr{E}_{\mathrm{sh}}$ ist das Produkt der Faktoren für $\hbar\omega_{\mathrm{sh}}$ und Ω. Schließlich erhält man die geeignete Maßeinheit für die Abweichung von δ_{osc} vom Wert am Symmetriepunkt, indem man den Abstand zwischen aufeinanderfolgenden Schalen mit der Energieaufspaltung innerhalb jeder Schale vergleicht, die durch die Deformation aus einem Symmetriepunkt hervorgerufen wird.

Das asymptotische Schema in der Umgebung jedes Symmetriepunkts enthält ein System von Bergrücken und Tälern, das die Kreuzung von Bahnen aus benachbarten Schalen widerspiegelt, die durch die Deformation aus dem Symmetriepunkt verursacht wird. So vergrößert sich die Energie einer Konfiguration abgeschlossener Schalen mit der Deformation, bis diese die Größe des Skalenfaktors in Gl. (6–514) erreicht; danach führen Kreuzungen mit Einteilchenniveaus aus der darüberliegenden Schale zu einer Abnahme von $\mathscr{E}_{\mathrm{sh}}$. Auf diese Weise nähert sich die Schalenstrukturenergie bei gegebener Teilchenzahl über Oszillationen mit abnehmender Amplitude dem Wert Null. (Die Ausbildung von Bergrücken und Tälern, die bezüglich der Deformationsachse geneigt sind, ist eine Folge der Asymmetrie von gestreckten und abgeplatteten Formen bei der Aufspaltung der Oszillatorschale.)

Der Maßstab der Deformation um einen Symmetriepunkt ist proportional zu $\mathscr{N}^{-1/3}$ (siehe Gl. (6–514)) und damit für genügend große Werte von $\mathscr{N}$ sehr klein im Vergleich zum Abstand der verschiedenen Hauptsymmetriepunkte. Für die in Abb. 6–52 gezeigten Werte von $\mathscr{N}$ ist die Trennung der Minima jedoch nur zum Teil ausgebildet. So liegt die abgeschlossene Schale bei $\mathscr{N} = 140$ für das 2:1-Potential im zweiten Tal bezüglich der sphärischen Symmetrie. Für kleine Werte von $\mathscr{N}$ können die lokalen und globalen Eigenschaften von $\mathscr{E}_{\mathrm{sh}}$ überhaupt nicht mehr getrennt werden; zum Beispiel fällt das Minimum für die abgeschlossene Schale bei $\mathscr{N} = 10$ und $\omega_\perp : \omega_3 = 2:1$ (siehe Abb. 6–48, S. 512) mit dem ersten Minimum für Deformation aus der sphärischen Form heraus zusammen.

Bei $a:b \neq 1:1$ rufen die Abweichungen vom asymptotischen Schema Modulationen der Schalenstruktur hervor. So sind für 2:1-Potentiale die Maxima, die teilweise gefüllten Schalen mit ungeraden Werten von N_{sh} entsprechen ($\mathscr{N} \approx 7, 22, 50, \ldots$), systematisch größer als die Maxima für gerade Werte von N_{sh}. Diese „Superschalen"-

Struktur hängt mit der Existenz einer besonderen Gesamtheit von geschlossenen klassischen Bahnen der Frequenz $\omega_\perp$ zusammen. Während fast der gesamte klassische Phasenraum mit Bahnen der Frequenz $\omega_{sh} = \omega_3$ ausgefüllt ist, hat der beschränkte Satz von Bahnen, die der Bewegung in der Äquatorebene entsprechen, die doppelte Frequenz und gibt zu Modulationen des Energiespektrums mit der Periodizität $\hbar\omega_\perp$ Anlaß. Die reduzierte Dimension des Phasenraums, der von diesen Bahnen eingenommen wird, hat zur Folge, daß die entsprechenden Schalen im Vergleich zur Hauptschalen-Struktur in diesem Potential (siehe S. 506) eine Entartung der Ordnung $N_{sh}^{-1} \sim \mathcal{N}^{-1/3}$ besitzen. Allgemeiner gilt für ein Potential mit $\omega_\perp : \omega_3 = a:1$, a ganzzahlig, daß die Gesamtheit von Schalen mit $N_{sh} = an + p$ die gleiche Entartung $\Omega = (n+1) \times (n+2)$ hat, wobei n eine fixierte ganze Zahl ist und p die Werte $0, 1, \ldots, a-1$ annimmt. Damit enthält die Entartung als Funktion von N_{sh} oszillierende Anteile mit der Grundperiode von a Schalen. Diese Überschalen-Struktur ergibt einen Beitrag zu $\mathscr{E}_{sh}$, der von der relativen Ordnung $n^{-1} \sim \Omega^{-1/2} \sim (3\mathcal{N})^{-1/3}$ ist und in der Form

$$\Delta\mathscr{E}_{sh} = \hbar\omega_0(3\mathcal{N})^{1/3}\,\frac{a}{3}\left(\frac{p+x}{a} - \frac{1}{2}\right)\left(\left(\frac{p+x}{a}\right)\left(\frac{p+x}{a} - 1\right) - 3\,\frac{x(1-x)}{a^2}\right) \tag{6–515}$$

ausgedrückt werden kann, wobei p die unvollständig aufgefüllte Schale bezeichnet, die mit $x\Omega$ Teilchen besetzt ist. Somit ist $(p + x)/a$ der Auffüllungsparameter für die Überschale. Es ist ersichtlich, daß für $a = 2$ der Beitrag (6–515) für abgeschlossene Schalen ($x = 0$) mit sowohl geraden ($p = 0$) als auch ungeraden Werten ($p = 1$) von N_{sh} verschwindet; für halb gefüllte Schalen ($x = 1/2$) ist der Beitrag $\Delta\mathscr{E}_{sh}$ gleich $(-1)^p\,(3/2) \times (3\mathcal{N})^{-1/3}$ in den in Abb. 6–52 verwendeten Einheiten.

Die Funktion der potentiellen Energie in Abb. 6–52 faßt viele qualitative Effekte der Schalenstruktur zusammen, die in den verschiedenen Gleichgewichtskonfigurationen der Kerne gefunden wurden. Wie schon im vorhergehenden Beispiel erläutert wurde (S. 517ff.), treten die stärksten Effekte für die abgeschlossenen Schalen im sphärischen Potential auf. Für Konfigurationen mit Teilchen außerhalb abgeschlossener Schalen kann der Kern durch Deformation Energie gewinnen, daher erscheinen in der Mitte der Schale die Minima bei Deformationen $\delta \sim \mathcal{N}^{-1/3}$ (siehe Kapitel 4, S. 116). Man sieht, daß der Wert von $\mathscr{E}_{sh}$ in Abb. 6–52 für das der Kugelform am nächsten liegende Minimum immer negativ ist. Der Absolutwert von $\mathscr{E}_{sh}$ in diesem Minimum nimmt jedoch stark ab, wenn zur abgeschlossenen Schale Teilchen hinzugefügt werden. (Asymptotisch beträgt der Minimalwert von $\mathscr{E}_{sh}$ für halb gefüllte Schalen $\mathscr{E}_{sh}(x = 1/2) = -0{,}16$ in den in Abb. 6–52 verwendeten Einheiten.)

Das Auftreten einer Schalenstruktur in Potentialen mit unterschiedlicher Symmetrie schließt die Möglichkeit von Formisomeren mit sehr unterschiedlichen Gleichgewichtsformen ein. Ob ein Minimum in $\mathscr{E}_{sh}$ zu einem Formisomer Anlaß gibt oder nicht, hängt vom Verhalten des Anteils $\tilde{\mathscr{E}}$ der Gesamtenergie ab ($\tilde{\mathscr{E}}$ ist der sich glatt ändernde Term in der gesamten potentiellen Energie des Kerns, siehe Gl. (6–93)); im allgemeinen ist $\tilde{\mathscr{E}}$ in den Minima von $\mathscr{E}_{sh}$ bei nichtsphärischer Form nicht stationär.

Für Kerne im Massengebiet $A \approx 240$ liegt der Sattelpunkt bezüglich Spaltung (nach dem Tröpfchenmodell) bei einer Deformation von $\delta \approx 0{,}6$. Der stationäre Charakter von $\tilde{\mathscr{E}}$ in diesem Punkt begünstigt besonders das Auftreten von Formisomeren, die mit abgeschlossenen Schalen im 2:1-Potential zusammenhängen; siehe auf S. 550ff. die

Diskussion der Spaltisomere, die aus dem Schalenabschluß bei $N = 148$ im modifizierten 2:1-Oszillatorpotential resultieren. (Zusätzliche Möglichkeiten für Formisomerie könnten sich als Folge von stationären Werten von $\tilde{\mathcal{E}}$ für endliche Werte des Drehimpulses ergeben; siehe die Diskussion von $\tilde{\mathcal{E}}$ als Funktion des Drehimpulses in Abschnitt 6A–2.)

Während das globale Schema der Schalenstrukturenergie für das betrachtete Potential spezifisch ist, erwartet man, daß einige qualitative Merkmale in der Umgebung eines Symmetriepunkts ziemlich allgemeiner Natur sind. So ist das System von Bergen und Tälern, das mit dem allmählichen Verschwinden der Schalenstrukturenergie für symmetriebrechende Deformationen verknüpft ist, eine allgemeine Folge der oben diskutierten Überschneidungen benachbarter Schalen (Myers und Swiatecki, 1967; Strutinsky, 1968).

Für Konfigurationen mit Teilchen außerhalb abgeschlossener Schalen sind solche Deformationen besonders wichtig, die die Symmetrie der geschlossenen klassischen Bahnen besitzen, die für die Schalen verantwortlich sind (siehe S. 511). Man erwartet ganz allgemein, daß die Größe der Deformation von der Ordnung $\mathcal{N}^{-1/3}$ ist, was dem Verhältnis von $\hbar\omega_{sh}$ und ε_F entspricht. Jedoch ist $\mathcal{E}_{sh}$ von der Größenordnung $\Omega\hbar\omega_{sh}$ und hängt somit von der Entartung Ω ab, die in Abhängigkeit von der jeweiligen Symmetrie des betrachteten Potentials unterschiedliche Potenzen der Teilchenzahl enthält (siehe Tab. 6–17, S. 506). Das Auftreten von Gleichgewichtsdeformationen der Ordnung $\mathcal{N}^{-1/3}$, unabhängig von der Größe der Entartung Ω, mag überraschend erscheinen, weil die Teilchen in den nichtabgeschlossenen Schalen allein nur Deformationen der Ordnung $\Omega\mathcal{N}^{-1}$ erzeugen können, die für Potentiale mit niedrigerer Entartung als der harmonische Oszillator unter Umständen viel kleiner als $\mathcal{N}^{-1/3}$ sind. Die großen Deformationen werden durch die Polarisation der Teilchen in den abgeschlossenen Schalen hervorgerufen und zeigen, daß es relativ leicht ist, die abgeschlossenen Schalen zu deformieren, wenn die hohen Entartungen des Oszillatorpotentials nicht vorhanden sind.

Berechnung von $\tilde{\mathcal{E}}_{\mathrm{ip}}$ für das anisotrope harmonische Oszillatorpotential

Die Abtrennung der asymptotischen Funktion $\tilde{\mathcal{E}}_{\mathrm{ip}}$ von der Summe der Einteilcheneigenwerte kann mit Hilfe der Einteilchenniveaudichte

$$g(\varepsilon) = \sum_{\nu} \delta(\varepsilon - \varepsilon_\nu) \tag{6–516}$$

durchgeführt werden, wobei ε_ν den durch die Quantenzahlen ν bezeichneten Einteilcheneigenwert darstellt. Wenn die Potentialparameter glatt mit der Teilchenzahl $\mathcal{N}$ variieren, dann ist es möglich, eine Funktion $\tilde{g}(\varepsilon, \mathcal{N})$ zu definieren, die asymptotisch, für große $\mathcal{N}$, die Zahl der Niveaus pro Energieeinheit in einem Intervall um ε darstellt, das groß im Vergleich zu den Schalenabständen, aber klein gegenüber den Energiedifferenzen ist, über die sich $\tilde{g}$ wesentlich ändert. Für ein System mit Sättigungseigenschaften können die Potentialparameter nach Potenzen von $\mathcal{N}^{1/3}$ entwickelt werden, und man erhält die Größe $\tilde{g}$ als eine entsprechende Entwicklung nach fallenden Potenzen von $\mathcal{N}^{1/3}$, wobei das führende Glied von der Ordnung $\mathcal{N}$ ist.

Aus der Funktion $\tilde{g}(\varepsilon, \mathcal{N})$ kann man die asymptotische Form der Gesamtenergie der unabhängigen Teilchen mit Hilfe der Beziehungen

$$\mathcal{N} = \int_0^{\tilde{\varepsilon}_F} \tilde{g}(\varepsilon, \mathcal{N})\, d\varepsilon, \tag{6–517 a}$$

$$\tilde{\mathcal{E}}_{\mathrm{ip}}(\mathcal{N}) = \int_0^{\tilde{\varepsilon}_F} \tilde{g}(\varepsilon, \mathcal{N})\, \varepsilon\, d\varepsilon \tag{6–517 b}$$

bestimmen, wobei die durch Gl. (6–517 a) definierte Größe $\tilde{\varepsilon}_F(\mathcal{N})$ das asymptotische Verhalten der Fermi-Energie beschreibt.

Im Spezialfall des Oszillatorpotentials (oder des unendlich tiefen Kastenpotentials) erhält man das Spektrum der Einteilchenenergien für unterschiedliche Werte von $\mathcal{N}$ durch eine einfache Skalentransformation. Die Funktion $\tilde{g}(\varepsilon, \mathcal{N})$ kann daher auch als Potenzreihe in ε (oder $\varepsilon^{1/2}$ für das unendlich tiefe Kastenpotential) ausgedrückt werden. Eine solche Potenzreihe kann man aus der LAPLACE-Transformation der Einteilchen-Niveaudichte erhalten (BHADURI und ROSS, 1971). Für den anisotropen harmonischen Oszillator mit dem Energiespektrum (6–485) ist die Transformierte durch

$$\begin{aligned} f(\beta) &\equiv \int_0^\infty g(\varepsilon) \exp\{-\beta\varepsilon\}\, d\varepsilon \\ &= 2 \sum_{n_1 n_2 n_3} \exp\left\{-\beta \sum_{\varkappa=1}^{3} \left(n_\varkappa + \frac{1}{2}\right) \hbar\omega_\varkappa\right\} \\ &= \frac{1}{4} \prod_{\varkappa=1}^{3} \left(\sinh \frac{1}{2} \beta\hbar\omega_\varkappa\right)^{-1} \end{aligned} \tag{6–518}$$

gegeben. Ein Glied der Form ε^n in $\bar{g}(\varepsilon)$ gibt zu einem Term $n!\beta^{-(n+1)}$ in $f(\beta)$ Anlaß. Somit kann man den Ausdruck für $\bar{g}(\varepsilon)$ aus der Entwicklung von $f(\beta)$ in der Umgebung des Ursprungs erhalten,

$$\bar{g}(\varepsilon) = \hbar^{-3}(\omega_1\omega_2\omega_3)^{-1} \left(\varepsilon^2 - \frac{\hbar^2}{12} (\omega_1^2 + \omega_2^2 + \omega_3^2)\right). \tag{6–519}$$

(Die $\mathcal{N}$-Abhängigkeit ist in der Änderung der Frequenzen ω_1, ω_2 und ω_3 mit der Teilchenzahl enthalten.) Aus den Gln. (6–517) und (6–519) erhalten wir

$$\tilde{\varepsilon}_F = \hbar(\omega_1\omega_2\omega_3)^{1/3} \left((3\mathcal{N})^{1/3} + \frac{1}{12} \frac{\omega_1^2 + \omega_2^2 + \omega_3^2}{(\omega_1\omega_2\omega_3)^{2/3}} (3\mathcal{N})^{-1/3}\right), \tag{6–520a}$$

$$\tilde{\mathscr{E}}_{\text{ip}} = \hbar(\omega_1\omega_2\omega_3)^{1/3} \left(\frac{1}{4} (3\mathcal{N})^{4/3} + \frac{1}{24} \frac{\omega_1^2 + \omega_2^2 + \omega_3^2}{(\omega_1\omega_2\omega_3)^{2/3}} (3\mathcal{N})^{2/3}\right). \tag{6–520b}$$

Wie man sieht, stimmt beim isotropen Oszillator das Ergebnis für $\tilde{\mathscr{E}}_{\text{ip}}$ mit Gl. (6–510) überein, die durch eine direkte Abtrennung der asymptotischen Glieder in $\mathscr{E}_{\text{ip}}$ erhalten wurde.

Schalenstruktureffekte bei endlichen Temperaturen (Abb. 6–53 bis 6–55)

Obwohl die Schaleneffekte bei endlichen Temperaturen einen Gegenstand von beträchtlicher Tragweite darstellen, sind die gegenwärtigen Hinweise darauf ziemlich beschränkt. Die unmittelbarste Information erhält man aus den totalen Niveaudichten, insbesondere bei Anregungsenergien in der Nähe der Neutronen-Separationsenergie; siehe Abb. 2–12, Band I, S. 197.[1])

Mit wachsender Temperatur nimmt die Bedeutung der Schaleneffekte in der Einteilchenbewegung ab, weil viele Konfigurationen einen Beitrag liefern können. Für hinreichend hohe Temperaturen erwartet man, daß die Kerneigenschaften glatt von der Teilchenzahl abhängen. Im vorliegenden Beispiel werden wir die Temperaturabhängigkeit der Schaleneffekte dadurch illustrieren, daß wir die thermodynamischen Funktionen für einfache schematische Formen des Einteilchenspektrums berechnen.

Eine extreme Schalenstruktur läßt sich durch ein Einteilchenspektrum darstellen, das aus völlig entarteten Schalen mit einem konstanten Abstand und der gleichen Ent-

[1]) Der Einfluß der Schalenstruktur auf die Kernniveaudichten wurde von ROSENZWEIG (1957) und ERICSON (1958a) auf der Grundlage von schematischen Darstellungen des Einteilchenspektrums diskutiert. Wegen Rechnungen, bei denen das empirische Einteilchenspektrum verwendet wird, siehe z. B. die Übersichtsarbeit von HUIZENGA und MORETTO (1972); Rechnungen unter Berücksichtigung der Rotationsanregungen in deformierten Kernen findet man bei DØSSING und JENSEN (1974) und HUIZENGA u. a. (1974).

artung Ω besteht,

$$g(\varepsilon) = \Omega \sum_n \delta(\varepsilon - \varepsilon_0 - n\hbar\omega_{\mathrm{sh}}). \tag{6–521}$$

Allgemeiner kann das Einteilchenspektrum durch eine FOURIER-Entwicklung ausgedrückt werden (ERICSON, 1958a). Wir werden die in einer solchen Analyse auftretenden Glieder illustrieren, indem wir ein Spektrum mit nur einer Harmonischen betrachten,

$$g(\varepsilon) = g_0 + f \cos\left\{2\pi \frac{\varepsilon - \varepsilon_0}{\hbar\omega_{\mathrm{sh}}}\right\}, \tag{6–522}$$

wobei g_0 der mittlere Niveauabstand ist und f die Amplitude der Schalenstrukturmodulation darstellt.

Für ein System mit unabhängiger Teilchenbewegung kann man die thermodynamischen Funktionen für jedes gegebene Einteilchenspektrum aus der Zustandssumme für die großkanonische Gesamtheit erhalten (siehe Anhang 2B). Eine solche Berechnung mit den Einteilchenspektren (6–521) und (6–522) wird im Kleindruck auf S. 529ff. vorgeführt. Die thermodynamischen Funktionen für eine bestimmte Temperatur können als Summe eines „glatten Teils" und eines Schalenstrukturterms, der von der Zahl der Teilchen außerhalb abgeschlossener Schalen abhängt, dargestellt werden. Zum Beispiel erhält man für das Energiespektrum (6–522) und eine Teilchenzahl, die abgeschlossenen Schalen im Grundzustand ($x = 0$) entspricht, die folgenden Schalenstrukturterme in der Gesamtenergie, der Gesamtentropie und der gesamten freien Energie (siehe Gln. (6–532b), (6–534b) und (6–536b)):

$$\mathscr{E}_{\mathrm{sh}}(T, x = 0) = -\frac{f}{4\pi^2}(\hbar\omega_{\mathrm{sh}})^2 \tau^2 \frac{\cosh\tau}{\sinh^2\tau}, \tag{6–523a}$$

$$S_{\mathrm{sh}}(T, x = 0) = -\frac{f}{2}\hbar\omega_{\mathrm{sh}} \frac{\tau\coth\tau - 1}{\sinh\tau}, \tag{6–523b}$$

$$F_{\mathrm{sh}}(T, x = 0) = -\frac{f}{4\pi^2}(\hbar\omega_{\mathrm{sh}})^2 \frac{\tau}{\sinh\tau}, \tag{6–523c}$$

$$\tau \equiv \frac{2\pi^2 T}{\hbar\omega_{\mathrm{sh}}}. \tag{6–523d}$$

Der Parameter τ mißt die Temperatur T in einer Skala, die auf $\hbar\omega_{\mathrm{sh}}$, den Energieabstand der Schalen, bezogen ist. Bei $T \to 0$ geht die kanonische Gesamtheit in die Grundzustandskonfiguration über, und die Ausdrücke (6–523) nehmen die Werte an, die man wie in der obigen Diskussion der Grundzustandsmassen durch Summation über die besetzten Bahnen erhält.

Für hohe Temperaturen gehen die Beiträge $\mathscr{E}_{\mathrm{sh}}$, S_{sh}, F_{sh} exponentiell gegen Null. Da der Parameter τ den ziemlich großen Faktor $2\pi^2$ enthält, werden die Schaleneffekte schon für Temperaturen von einigen Zehntel des Schalenabstandes äußerst klein.

Die großkanonische Gesamtheit enthält eine Mittelung über Systeme mit unterschiedlichen Teilchenzahlen, und für die Gültigkeit der betrachteten Methode ist es erforderlich, daß diese Fluktuationen klein im Vergleich zur Skala der Schaleneffekte sind

($\Delta\mathcal{N} \ll g_0\hbar\omega_{sh}$). Die Fluktuationen wachsen mit zunehmender Anregungsenergie, aber für Temperaturen, bei denen die Schaleneffekte exponentiell abzufallen beginnen ($\tau \approx 1$), sind sie noch relativ klein. (Für $T \approx \hbar\omega_{sh}$ beträgt die Zahl der angeregten Teilchen $n_{ex} \approx g_0\hbar\omega_{sh}$, und somit gilt $\Delta\mathcal{N} \approx (n_{ex})^{1/2} \ll g_0\hbar\omega_{sh}$.)

Die Abb. 6–53, 6–54 und 6–55 stellen die thermodynamischen Funktionen dar, die sich aus den beiden Modellen (6–521) und (6–522) für die Einteilchen-Niveaudichte bei Systemen mit einer Teilchenzahl, die abgeschlossenen Schalen im Grundzustand ($T = 0$) entspricht, ergeben. Die anfängliche Abnahme von $\mathscr{E}_{sh}$ mit der Temperatur in Abb. 6–53 spiegelt die reduzierte Niveaudichte wider, die bei Konfigurationen mit abgeschlossenen Schalen in der Umgebung der FERMI-Energie auftritt. Da für gegebene Temperatur die Anregungsenergie proportional zur Zahl der Elementaranregungen mit Energien der Größenordnung T ist (siehe Band I, S. 162ff.), wächst die Gesamtenergie $\mathscr{E} = \tilde{\mathscr{E}} + \mathscr{E}_{sh}$ langsamer mit der Temperatur als die Energie $\tilde{\mathscr{E}}$, die der mittleren Niveaudichte g_0 entspricht. (Während $\tilde{\mathscr{E}}$ sich mit T^2 ändert, hängt die Niveaudichte (b) in Abb. 6–53 von $(\varepsilon - \varepsilon_F)^2$ ab und bedingt daher, daß die Anregungsenergie wie für ein Photonen- (oder Phononen-) Spektrum proportional zu T^4 ist. Das Einteilchenspektrum (a) hat eine Lücke bei der FERMI-Energie, und die Anregungsenergie enthält daher den Exponentialfaktor $\exp(-\hbar\omega_{sh}/T)$.)

Die freie Energie stellt die Verallgemeinerung der potentiellen Energie auf ein System mit endlicher Temperatur dar (siehe S. 318). Wie Abb. 6–54 zeigt, nähert sich der Beitrag der Schalenstruktur zur freien Energie mit wachsender Temperatur monoton dem Wert Null. Dies entspricht der Tatsache, daß die mit den abgeschlossenen Schalen verknüpfte besondere Stabilität im Grundzustand am größten ist.

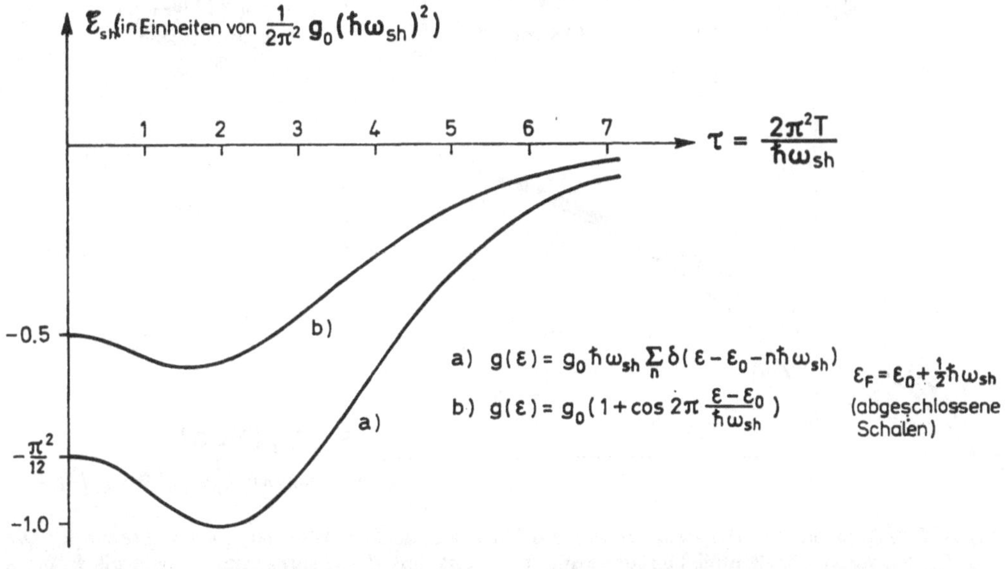

Abb. 6–53 Schalenstrukturenergie als Funktion der Temperatur. Die Werte in der Abbildung beziehen sich auf eine Teilchenzahl, die für $\tau = 0$ abgeschlossenen Schalen entspricht. Sie wurden für das Einteilchenspektrum (a) aus Gl. (6–539a) und für (b) aus Gl. (6–523a) erhalten.

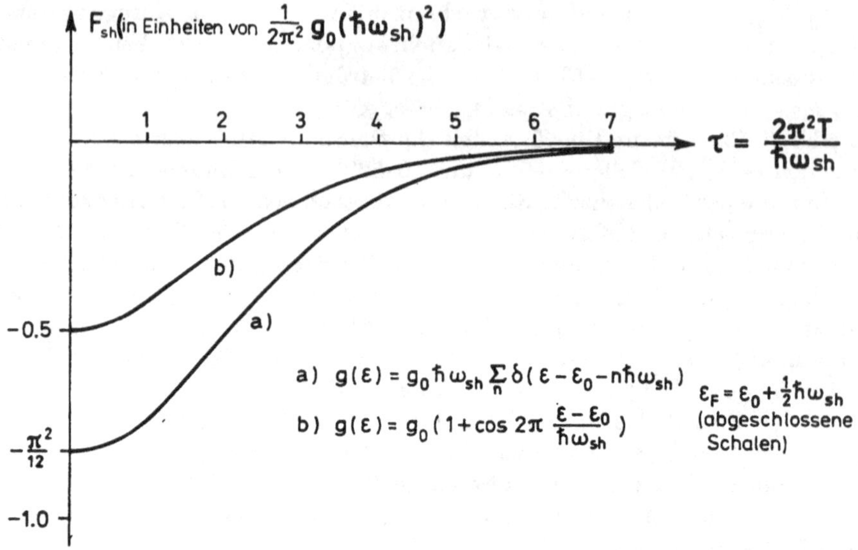

Abb. 6–54 Beitrag der Schalenstruktur zur freien Energie. Die Werte in der Abbildung wurden für das Einteilchenspektrum (a) aus Gl. (6–539c) und für (b) aus Gl. (6–523c) erhalten.

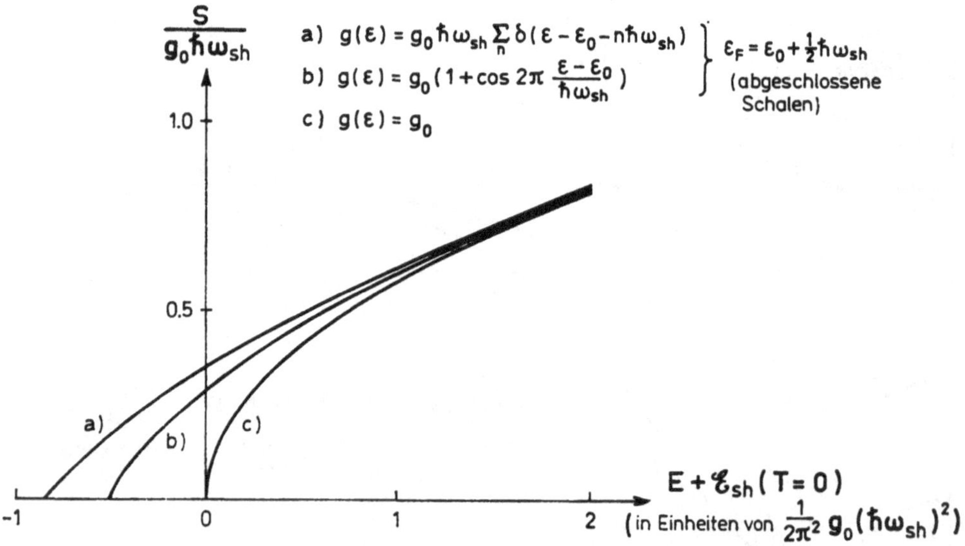

Abb. 6–55 Einfluß der Schalenstruktur auf die Entropie als Funktion der Anregungsenergie. Die Entropie der Einteilchenbewegung als Funktion der Temperatur wurde als Summe eines glatten Anteils (6–534a) und eines Schalenstrukturterms berechnet, der für das Einteilchenspektrum (a) durch Gl. (6–539b) und für (b) durch Gl. (6–523b) gegeben ist. Die Beziehung zwischen Temperatur T und Anregungsenergie $E = \mathscr{E} - \mathscr{E}(T = 0)$ ist durch die Gln. (6–531), (6–532) und (6–539a) gegeben, siehe auch Abb. 6–53.

Die Gesamtniveaudichte des Kerns wird hauptsächlich durch die exponentielle Abhängigkeit von der Entropie bestimmt (siehe Gln. (2B–14) und (2B–37c)). In Abb. 6–55 wird die Entropie als Funktion der Energie für die Einteilchenspektren (6–521) und (6–522) dargestellt und mit den Werten für konstante Niveaudichte verglichen. Da der Beitrag der Schalenstruktur zur Entropie bei hohen Anregungsenergien E exponentiell abfällt, nähert sich die Entropie und damit die Niveaudichte dem Wert für ein System ohne Schalenstruktur mit einer Anregungsenergie von $E + \mathscr{E}_{sh}(T = 0)$ (Hurwitz und Bethe, 1951; Rosenzweig, 1957).

Die experimentellen Belege für den Einfluß der Schalenstruktur auf die Niveaudichten fallen besonders im Gebiet um ^{208}Pb ins Auge. Bei diesen Kernen ist der Parameter a, den man aus der Niveaudichte bei einer Anregung von etwa 7 MeV bestimmt, um etwa einen Faktor 3 kleiner als der einer glatten A-Abhängigkeit entsprechende Wert (siehe Abb. 2–12, Band I, S. 197). Die Schalenstruktur in der Einteilchen-Niveaudichte läßt sich näherungsweise durch den Ausdruck (6–522) mit $f \approx g_0$ darstellen (siehe S. 520), und den Einfluß auf die Entropie kann man daher aus dem Fall (b) in Abb. 6–55 entnehmen. Die beobachtete Schalenstrukturenergie im Grundzustand von ^{208}Pb ist $\mathscr{E}_{sh}(T = 0) \approx -13$ MeV (siehe S. 520), und man erwartet für eine Anregungsenergie von etwa $\frac{1}{2}\,|\mathscr{E}_{sh}(T = 0)|$, daß die Entropie des Kerns mit abgeschlossenen Schalen (siehe Abb. 6–55) etwa 0,6 des Werts für ein System ohne Schalenstruktur bei der gleichen Anregungsenergie beträgt. Da der Parameter a durch die Beziehung $S = 2(aE)^{1/2}$ definiert ist, stimmt der beobachtete Einfluß der Schalenstruktur auf die Niveaudichte gut mit dieser Abschätzung überein. Man muß betonen, daß die Abschätzung der mittleren Niveaudichte bei Fehlen von Schalenstruktur, die auf der einfachen Interpolation in Abb. 2–12 beruht, beträchtliche Unsicherheiten enthält. So muß man bei einem Vergleich der Niveaudichten von Kernen mit abgeschlossenen Schalen und solchen mit vielen Teilchen in nicht abgeschlossenen Schalen berücksichtigen, daß die Niveaudichte durch die Beiträge aus den Rotationsanregungen der deformierten Kerne (siehe S. 30ff.) sowie durch die Paarkorrelationen, die die verschiedenen niederfrequenten Anregungen reduzieren, wesentlich beeinflußt wird. (Eine theoretische Abschätzung der Niveaudichte bei Fehlen von Schalenstruktur (und kollektiven Korrelationen) kann man aus dem mittleren Abstand der Einteilchenniveaus im Gebiet der Fermi-Oberfläche erhalten; der durch Gl. (2–125a) gegebene Wert, der mit dem empirischen Niveauabstand übereinstimmt, würde bedeuten, daß die Schalenstruktur den Wert von a in ^{208}Pb um einen Faktor 2,5 reduziert.)

Mit steigender Anregungsenergie werden die Beiträge der Schalenstruktur zu den thermodynamischen Funktionen immer kleiner. Im Gebiet um ^{208}Pb, mit den Parametern $\hbar\omega_{sh}/2\pi^2 \approx 0{,}35$ MeV und $g_0\hbar\omega_{sh} \approx 90$, werden die Schaleneffekte für Temperaturen oberhalb 1,5 MeV vernachlässigbar. Dies entspricht einer Anregungsenergie von etwa 50 MeV (siehe Abb. 6–53 und 6–55). Die Größenordnung der Anregungsenergie, die erforderlich ist, um die Schalenstruktur zu „schmelzen", ist grundsätzlich die gleiche wie die Schalenstrukturenergie für völlig entartete Schalen (siehe Gl. (6–513)).

Die thermodynamischen Funktionen kann man aus der Zustandssumme $Z(\alpha, \beta)$ für eine großkanonische Gesamtheit erhalten, die für ein Fermionensystem, das durch die Bewegung unabhängiger Teilchen beschrieben wird, durch Gl. (2B–5) gegeben ist,

$$\ln Z(\alpha, \beta) = \int^{\infty} g(\varepsilon) \ln\left(1 + \exp\{\alpha - \beta\varepsilon\}\right) d\varepsilon . \tag{6–524}$$

Für ein Einteilchenspektrum mit nur einer Harmonischen wie in Gl. (6–522) liefert die Auswertung des Integrals (6–524)

$$\ln Z(\alpha,\beta)=\int^{\alpha/\beta}(\alpha-\beta\varepsilon)\,g_0\,\mathrm{d}\varepsilon+\frac{\pi^2}{6\beta}g_0-\frac{f}{2}\hbar\omega_{\rm sh}\frac{\cos\left\{\dfrac{2\pi}{\hbar\omega_{\rm sh}}\left(\dfrac{\alpha}{\beta}-\varepsilon_0\right)\right\}}{\sinh\dfrac{2\pi^2}{\beta\hbar\omega_{\rm sh}}}. \tag{6–525}$$

Die Glieder, die g_0 enthalten, sind durch Gl. (2B–9) gegeben, während man den Schalenstrukturterm durch ein Konturintegral in der komplexen ε-Ebene erhält. Bei der Berechnung der thermodynamischen Eigenschaften können wir die Beiträge von der unteren Grenze des Integrals (6–524) vernachlässigen, vorausgesetzt, die Temperatur β^{-1} sowie der Schalenabstand $\hbar\omega_{\rm sh}$ sind klein gegenüber der FERMI-Energie (Näherung des entarteten FERMI-Gases; es muß auch betont werden, daß der Ausdruck (6–522) nur für die Darstellung des Einteilchenspektrums in einem gegenüber ε_F kleinen Gebiet gedacht ist).

Die Werte von α und β werden über die Stationaritätsbedingungen (2B–13) durch die Teilchenzahl und die Energie bestimmt. Die erste dieser Beziehungen liefert die FERMI-Energie bzw. das chemische Potential $\varepsilon_F=\alpha/\beta$,

$$\begin{aligned}\mathcal{N}&=\frac{\partial}{\partial\alpha}\ln Z\\&=\int^{\varepsilon_F}g_0\,\mathrm{d}\varepsilon-\frac{\pi f}{\beta}\frac{\sin 2\pi y}{\sinh\tau},\\\tau&=\frac{2\pi^2}{\beta\hbar\omega_{\rm sh}},\end{aligned} \tag{6–526}$$

wobei der Parameter y die Lage des FERMI-Niveaus bezüglich des Werts, der einer abgeschlossenen Schale entspricht, angibt,

$$\varepsilon_F=\varepsilon_0+\hbar\omega_{\rm sh}(y-\tfrac{1}{2}). \tag{6–527}$$

Führt man den Auffüllungsparameter x einer Schale durch

$$\mathcal{N}=\mathcal{N}_{\rm cs}+g_0\hbar\omega_{\rm sh}x \tag{6–528}$$

ein, wobei $\mathcal{N}_{\rm cs}$ die Teilchenzahl für abgeschlossene Schalen angibt und $g_0\hbar\omega_{\rm sh}$ die Teilchenzahl in einer Schale ist, dann kann man die Beziehung (6–526) in der Form

$$x=y-\frac{1}{2\pi}\frac{f}{g_0}\frac{\tau}{\sinh\tau}\sin 2\pi y \tag{6–529 a}$$

oder

$$\begin{aligned}\varepsilon_F&=\bar{\varepsilon}_F+\frac{\hbar\omega_{\rm sh}}{2\pi}\frac{f}{g_0}\frac{\tau}{\sinh\tau}\sin 2\pi y,\\\bar{\varepsilon}_F&=(\varepsilon_0-\tfrac{1}{2}\hbar\omega_{\rm sh})+g_0^{-1}(\mathcal{N}-\mathcal{N}_{\rm cs})\end{aligned} \tag{6–529 b}$$

schreiben, wobei $\bar{\varepsilon}_F$ der Teil von ε_F ist, der sich glatt mit $\mathcal{N}$ ändert.

Die zweite der Gleichungen (2B–13) liefert die Energie (Summe der Einteilcheneigenwerte) als Funktion der Temperatur $T=\beta^{-1}$,

$$\begin{aligned}\mathcal{E}&=-\frac{\partial}{\partial\beta}\ln Z\\&=\int^{\varepsilon_F}\varepsilon g_0\,\mathrm{d}\varepsilon+\frac{\pi^2}{6\beta^2}g_0-\frac{\hbar\omega_{\rm sh}}{2\pi}f\varepsilon_F\tau\frac{\sin 2\pi y}{\sinh\tau}-\left(\frac{\hbar\omega_{\rm sh}}{2\pi}\right)^2 f\tau^2\frac{\cosh\tau}{\sinh^2\tau}\cos 2\pi y.\end{aligned} \tag{6–530}$$

Wie bei der Analyse der Grundzustandsenergien kann die Funktion (6–530) als Summe eines glatten Anteils und eines Beitrags der Schalenstruktur, der die Abhängigkeit vom Auffüllungsparameter der Schalen enthält, dargestellt werden,

$$\mathscr{E} = \tilde{\mathscr{E}}(\mathscr{N}, \beta) + \mathscr{E}_{\text{sh}} \tag{6–531}$$

mit (siehe Gl. (6–529 b))

$$\tilde{\mathscr{E}}(\mathscr{N}, \beta) = \tilde{\mathscr{E}}(\mathscr{N}, \beta^{-1} = 0) + \frac{\pi^2}{6\beta^2} g_0, \tag{6–532 a}$$

$$\mathscr{E}_{\text{sh}} = -\left(\frac{\hbar\omega_{\text{sh}}}{2\pi}\right)^2 \left(f\tau^2 \frac{\cosh \tau}{\sinh^2 \tau} \cos 2\pi y + \frac{f^2}{2g_0} \tau^2 \frac{\sin^2 2\pi y}{\sinh^2 \tau}\right). \tag{6–532 b}$$

Die Aufteilung in $\tilde{\mathscr{E}}$ und $\mathscr{E}_{\text{sh}}$ wird eindeutig durch die Forderungen festgelegt, daß $\mathscr{E}_{\text{sh}}$ für $\tau \to \infty$ verschwindet und die Temperaturabhängigkeit von $\tilde{\mathscr{E}}$ mit der eines Fermi-Gases der mittleren Niveaudichte g_0 (siehe Gl. (2 B–18)) übereinstimmt.

Die Entropie ergibt sich aus der Beziehung (2 B–37 c),

$$\begin{aligned} S &= -\alpha\mathscr{N} + \beta\mathscr{E} + \ln Z \\ &= \tilde{S} + S_{\text{sh}} \end{aligned} \tag{6–533}$$

mit

$$\tilde{S} = \frac{\pi^2}{3\beta} g_0, \tag{6–534 a}$$

$$S_{\text{sh}} = -\hbar\omega_{\text{sh}} \frac{f}{2} \frac{\cos 2\pi y}{\sinh \tau} (\tau \coth \tau - 1). \tag{6–534 b}$$

Mit Hilfe der Beziehung (6–102) kann man die freie Energie durch $\mathscr{E}$ und S ausdrücken,

$$\begin{aligned} F &= \mathscr{E} - \beta^{-1} S \\ &= \tilde{F} + F_{\text{sh}} \end{aligned} \tag{6–535}$$

mit

$$\tilde{F} = \tilde{F}(\mathscr{N}, \beta^{-1} = 0) - \frac{\pi^2}{6\beta^2} g_0, \tag{6–536 a}$$

$$F_{\text{sh}} = -\left(\frac{\hbar\omega_{\text{sh}}}{2\pi}\right)^2 \left(f\tau \frac{\cos 2\pi y}{\sinh \tau} + \frac{f^2}{2g_0} \tau^2 \frac{\sin^2 2\pi y}{\sinh^2 \tau}\right). \tag{6–536 b}$$

Die hier dargestellte Behandlung der Schaleneffekte läßt sich auf allgemeinere Einteilchenspektren erweitern, indem man die Niveaudichte $g(\varepsilon)$ in eine Fourier-Reihe entwickelt. Zum Beispiel kann das Spektrum (6–521) in der Form

$$\begin{aligned} g(\varepsilon) &= \Omega \sum_n \delta(\varepsilon - \varepsilon_0 - n\hbar\omega_{\text{sh}}) \\ &= \frac{\Omega}{\hbar\omega_{\text{sh}}} \left(1 + 2 \sum_{p=1}^{\infty} \cos\left\{2\pi p \frac{\varepsilon - \varepsilon_0}{\hbar\omega_{\text{sh}}}\right\}\right) \end{aligned} \tag{6–537}$$

ausgedrückt werden. Der Beitrag der einzelnen Fourier-Komponenten zu $\ln Z$ ist durch Gl. (6–525) gegeben. Die Gl. (6–529 a) entsprechende Beziehung für die Teilchenzahl nimmt die Form

$$x = y + \frac{\tau}{\pi} \sum_{p=1}^{\infty} (-1)^p \frac{\sin 2\pi p y}{\sinh p\tau} \tag{6–538}$$

an, und die Beiträge der Schalenstruktur zu den thermodynamischen Funktionen sind durch

$$\mathscr{E}_{\text{sh}} = \frac{\Omega}{2\pi^2}\,\hbar\omega_{\text{sh}}\tau^2\left(\sum_{p=1}^{\infty}(-1)^p\frac{\cosh p\tau}{\sinh^2 p\tau}\cos 2\pi py - \left(\sum_{p=1}^{\infty}(-1)^p\frac{\sin 2\pi py}{\sinh p\tau}\right)^2\right), \tag{6–539a}$$

$$S_{\text{sh}} = \Omega\sum_{p=1}^{\infty}(-1)^p\frac{\cos 2\pi py}{\sinh p\tau}\left(\tau\coth p\tau - \frac{1}{p}\right), \tag{6–539b}$$

$$F_{\text{sh}} = \frac{\Omega}{2\pi^2}\,\hbar\omega_{\text{sh}}\left(\tau\sum_{p=1}^{\infty}(-1)^p\frac{1}{p}\frac{\cos 2\pi py}{\sinh p\tau} - \tau^2\left(\sum_{p=1}^{\infty}(-1)^p\frac{\sin 2\pi py}{\sinh p\tau}\right)^2\right) \tag{6–539c}$$

gegeben.

Im Grenzfall der Temperatur Null hat die Summe über p in Gl. (6–538) eine Sprungstelle bei $y = 1/2$,

$$\Sigma(y) \equiv \frac{1}{\pi}\sum_{p=1}^{\infty}(-1)^p\frac{1}{p}\sin 2\pi py$$
$$= \begin{cases} -y, & 0 \leqq y < \frac{1}{2}, \\ 1-y, & \frac{1}{2} < y \leqq 1, \end{cases} \tag{6–540}$$

was der Tatsache entspricht, daß die FERMI-Energie während der gesamten Auffüllung der Schale auf dem Wert für $y = 1/2$ verbleibt. Im Grenzfall $\tau = 0$ liefert die Berechnung der Schalenstrukturenergie

$$\mathscr{E}_{\text{sh}}(\tau \to 0) = \Omega\,\hbar\omega_{\text{sh}}\left(\frac{1}{2\pi^2}\sum_{p=1}^{\infty}\frac{\cos\{2\pi p(y-\frac{1}{2})\}}{p^2} - \frac{1}{2}(\Sigma(y))^2\right)$$
$$= \Omega\,\hbar\omega_{\text{sh}}\left(\frac{1}{12} - \frac{1}{2}\left(x - \frac{1}{2}\right)^2\right). \tag{6–541}$$

Das erste Glied ergibt sich, indem man $y = 1/2$ setzt und den Wert $\pi^2/6$ für die Summe über p^{-2} verwendet (siehe z. B. Gln. (2B–10b) und (2B–11)); im zweiten Glied von Gl. (6–541) wurde der durch Gl. (6–540) definierte Wert von $\Sigma(y)$ aus Gl. (6–538) erhalten; letztere liefert $\Sigma(y) = x - 1/2$, da y gleich 1/2 bleibt, wenn sich x von 0 auf 1 ändert. Wie man sieht, fällt der Ausdruck (6–541) für $\mathscr{E}_{\text{sh}}$ als Funktion von x mit dem früheren Ergebnis (6–510) zusammen, das durch eine direkte Aufsummation der besetzten Zustände in der Grundzustandskonfiguration des harmonischen Oszillatorpotentials erhalten wurde.

Eigenschaften der Kernspaltung

Spaltbarriere (*Abb. 6–56*)

Der Spaltprozeß ist durch eine ziemlich scharf definierte Schwellenergie gekennzeichnet, die als Spaltbarriere bezeichnet wird. Unterhalb der Schwelle hängt der Spaltquerschnitt als Folge der Barrierendurchdringung exponentiell von der Energie ab (siehe z. B. $\sigma(\gamma, f)$ für ^{238}U in Abb. 4–23, S. 107), und man kann die Barriere als die Energie definieren, bei der der Durchdringungskoeffizient im niedrigsten Spaltkanal den Wert 1/2 erreicht (siehe Gl. (6–109)). Abb. 6–56 zeigt die Systematik der Spaltbarrieren für die schweren Elemente und vergleicht diese mit den Voraussagen des Tröpfchenmodells (siehe Abb. 6A–1, S. 578). Die Abszisse in Abb. 6–56 ist der durch Gl. (6–94) definierte Spaltbarkeitsparameter x, und die Barrieren sind in Einheiten der Oberflächenenergie $b_{\text{surf}}A^{2/3}$ aufgetragen. Der aus der Analyse der Kernmassen (siehe Gl. (2–14)) erhaltene Parameter $b_{\text{surf}} = 17$ MeV entspricht $(Z^2/A)_{\text{krit}} \approx 49$. Wie man sieht, sind die beobachteten Barrieren mit den Werten vergleichbar, die das Modell voraussagt. Da sich die berechneten Barrieren als ziemlich kleine Differenzen zwischen den viel größeren

Oberflächen- und Coulomb-Deformationsenergien ergeben, stellt die qualitative Übereinstimmung in Abb. 6–56 eine wesentliche Unterstützung für die Abschätzung der Oberflächen-Deformationsenergie aus der Systematik der Kernmassen dar. So ist aus Abb. 6–56 ersichtlich, daß eine Änderung des Parameters der Oberflächenenergie um 10% zu einer Änderung der für $x \approx 0{,}75$ vorausgesagten Spaltbarrieren um einen Faktor 2 führen würde.

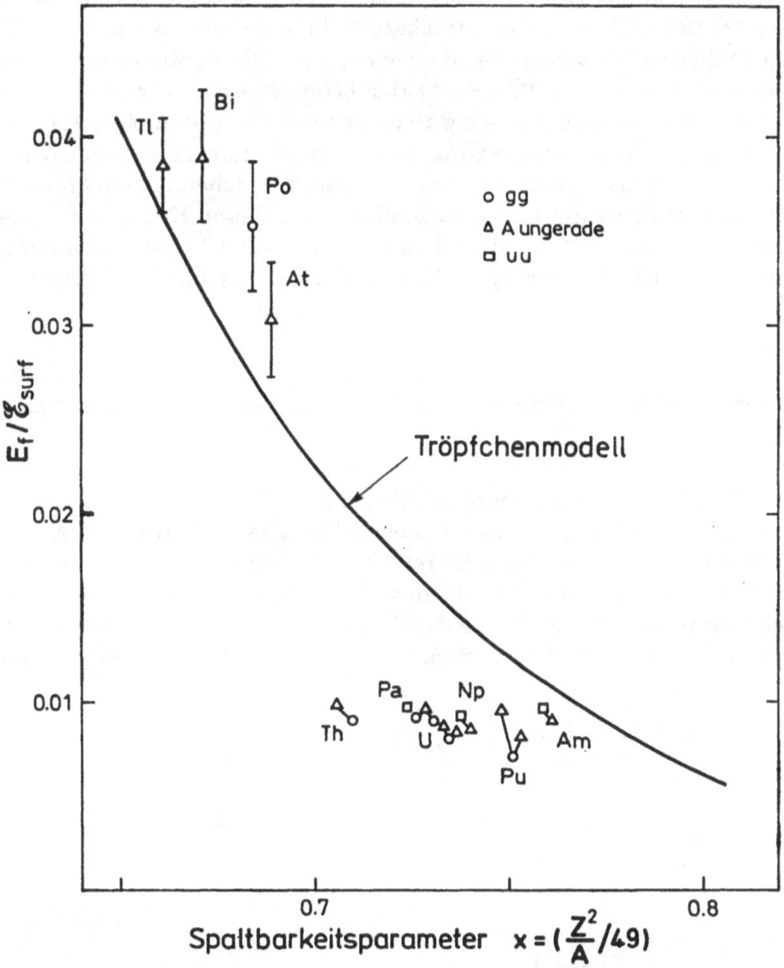

Abb. 6–56 Spaltbarrieren. Die gemessenen Schwellenenergien E_f, bei denen die Spaltung einsetzt, sind in Einheiten der Oberflächenenergie $\mathscr{E}_{surf} = 17A^{2/3}$ MeV aufgetragen. Die durchgezogene Kurve entspricht der Abschätzung im Tröpfchenmodell aus Abb. 6A–1. Die Daten sind entnommen aus den Zusammenstellungen von Hyde (1964) und Halpern (1959) sowie aus: ^{201}Tl (D. S. Burnett, R. C. Gatti, F. Plasil, P. B. Price, W. J. Swiatecki und S. G. Thompson, Phys. Rev. **134**, B952 (1964)); Bi, Po und At (J. R. Huizenga, R. Chaudhry und R. Vandenbosch, Phys. Rev. **126**, 210 (1962)). Die Werte von E_f aus der zuletzt genannten Arbeit wurden um 2,6 MeV vergrößert, um sie mit den detaillierteren Messungen von Burnett u. a. in Übereinstimmung zu bringen.

Die Abweichungen der empirischen Spaltbarrieren in Abb. 6–56 von den im Tröpfchenmodell berechneten Werten können teils mit den Annahmen über die pauschalen Eigenschaften des Kerns und teils mit Schaleneffekten in Zusammenhang gebracht werden. So gibt es für schwere Kerne eine gewisse Unsicherheit hinsichtlich der Bestimmung der effektiven Oberflächenspannung aus den Kernmassen, die auf den Einfluß des Neutronenüberschusses und der Oberflächenkrümmung zurückzuführen ist. Tatsächlich legt die aus Winkelverteilungen erhaltene Information über die Kernform am Sattelpunkt den Wert $(Z^2/A)_{\text{krit}} \approx 45$ nahe (siehe S. 538ff.). Prinzipiell würde eine solche Modifizierung der pauschalen Kerneigenschaften die empirischen Punkte in Abb. 6–56 um etwa 0,05 Einheiten von x nach rechts verschieben. Die Voraussagen des Tröpfchenmodells würden dann mit dem Mittelwert der beobachteten Barrieren im Gebiet von $Z \gtrsim 90$ annähernd übereinstimmen, sie wären aber etwa 10 MeV kleiner als die beobachteten Barrieren für die Kerne in der Umgebung von Pb. Für diese Kerne erwartet man eine Vergrößerung der Barrieren im Vergleich zur Tröpfchenmodell-Abschätzung, da wegen der Schalenstruktur die Grundzustandsmassen dieser Kerne mit nahezu abgeschlossenen Schalen etwa 10 MeV unter dem mittleren Wert liegen (siehe auf S. 520 die Diskussion der Schalenstrukturenergie, die durch die abgeschlossenen Schalen in ^{208}Pb bedingt ist).

Information über die Kernform am Sattelpunkt aus α-induzierten Spaltprozessen (Abb. 6–57)

Hinweise auf die Form der Sattelpunktskonfiguration kann man aus der Analyse der Winkelverteilung der Spaltprodukte gewinnen (Halpern und Strutinsky, 1958). Die Emissionsrichtung der Spaltbruchstücke relativ zum Drehimpulsvektor wird durch die Quantenzahl K (siehe Gl. (4–178)) bestimmt. Sind viele Spaltkanäle offen, dann wird die statistische Verteilung der K-Werte durch den Unterschied zwischen den Trägheitsmomenten parallel und senkrecht zur Symmetrieachse bestimmt (siehe Gl. (4–63c)),

$$\varrho(K, I) \approx \varrho(K = 0, I) \exp\left\{-\frac{K^2}{2K_0^2}\right\} \tag{6–542}$$

mit

$$K_0^{-2} = \left(\frac{\hbar^2}{\mathscr{I}_3} - \frac{\hbar^2}{\mathscr{I}_\perp}\right)\frac{1}{T}, \tag{6–543a}$$

$$T = \left(\frac{6E}{\pi^2 g_0}\right)^{1/2} \equiv \left(\frac{E}{a}\right)^{1/2}, \tag{6–543b}$$

wobei sich der Ausdruck für die Temperatur auf ein Fermi-Gas mit der Einteilchenniveaudichte g_0 bezieht (siehe z. B. Gl. (2–57)). Die empirische Information über den in Gl. (6–543b) auftretenden Parameter a wird in Band I, S. 197 diskutiert. Bei der Charakterisierung der einzelnen Kanäle durch einen bestimmten Wert von K sowie in der statistischen Verteilung (6–542) ist Axialsymmetrie am Sattelpunkt angenommen worden; die Konsequenzen einer Abweichung von dieser Symmetrie werden im Kleindruck auf S. 539 diskutiert.

Für genügend hohe Anregungsenergien erwartet man, daß die Trägheitsmomente annähernd dem Festkörperwert (siehe S. 30) entsprechen, und der Unterschied zwischen den Trägheitsmomenten steht dann in direkter Beziehung zur Kernform am Sattelpunkt. Bei einer qualitativen Abschätzung kann man für die Kernform ein Ellipsoid mit dem Exzentrizitätsparameter δ (siehe Gl. (4–72)) annehmen. Man findet dann für die Festkörperträgheitsmomente

$$\mathscr{I}_3 = \mathscr{I}_{\mathrm{sph}}(1 - \tfrac{2}{3}\delta), \qquad \mathscr{I}_\perp = \mathscr{I}_{\mathrm{sph}}(1 + \tfrac{1}{3}\delta),$$

$$\frac{\hbar^2}{\mathscr{I}_3} - \frac{\hbar^2}{\mathscr{I}_\perp} = \frac{\hbar^2}{\mathscr{I}_{\mathrm{sph}}} \frac{\delta}{(1 - \tfrac{2}{3}\delta)(1 + \tfrac{1}{3}\delta)}, \tag{6–544}$$

$$\mathscr{I}_{\mathrm{sph}} = \tfrac{2}{3} AM\langle r^2\rangle = \tfrac{2}{5} AMR_0^2,$$

wobei $\mathscr{I}_{\mathrm{sph}}$ das Festkörpermoment für eine Kugel mit dem mittleren Radius R_0 ist.

Wir werden uns mit der Analyse von Reaktionen befassen, die durch schnelle Teilchen ausgelöst werden und Compoundkerne mit hohem Drehimpuls erzeugen. Daher können wir im Ausdruck (4–178) für die Winkelverteilung die für $I \gg 1$ und $I \gg M$ gültige asymptotische Form der $\mathscr{D}$-Funktionen benutzen,

$$W_{KI}(\theta) = \frac{2I+1}{2} |\mathscr{D}^I_{M=0,K}|^2$$

$$\approx \frac{I}{\pi} (I^2 \sin^2\theta - K^2)^{-1/2}, \tag{6–545}$$

$$\int\limits_{\theta_0 = \sin^{-1}K/I}^{\pi-\theta_0} W_{KI}(\theta) \sin\theta \, \mathrm{d}\theta = 1.$$

Dieses Resultat läßt sich aus dem klassischen Vektormodell ableiten; die Wahrscheinlichkeitsverteilung der durch die Komponenten K und $M = 0$ des Drehimpulsvektors festgelegten Symmetrieachse ist durch $(2\pi)^{-1}\,\mathrm{d}\varphi$ gegeben, wobei φ der Azimutwinkel der Symmetrieachse bezüglich der Richtung des Drehimpulses ist. Der Winkel θ der Symmetrieachse mit der z-Achse hängt über die Beziehung $\cos\theta = \big(1 - (K/I)^2\big)^{1/2} \times \cos\varphi$ mit φ zusammen und überstreicht das Intervall $\theta_0 < \theta < \pi - \theta_0$ zweimal, wenn sich φ von 0 auf 2π ändert.

Aus den Gln. (4–178), (6–542) und (6–545) erhält man für die Winkelverteilung der Spaltprodukte, die aus dem Compoundkern mit gegebenem I emittiert werden,

$$W_I(\theta) \sim \frac{2}{\pi} \int\limits_0^{I\sin\theta} \mathrm{d}K \exp\left\{-\frac{K^2}{2K_0^2}\right\} (I^2\sin^2\theta - K^2)^{-1/2}$$

$$= \exp\left\{-\frac{I^2\sin^2\theta}{4K_0^2}\right\} J_0\left(i\,\frac{I^2\sin^2\theta}{4K_0^2}\right) \tag{6–546 a}$$

$$\approx 1 - \frac{I^2\sin^2\theta}{4K_0^2}, \tag{6–546 b}$$

wobei J_0 die BESSEL-Funktion nullter Ordnung ist und Gl. (6–546b) eine für kleine Anisotropie ($I \ll K_0$) gültige Näherung darstellt.

Abb. 6–57 zeigt die Belege für die Form des spaltenden Kerns, die aus der Untersuchung der durch α-Teilchen mit der Energie 43 MeV induzierten Spaltung gewonnen wurden (REISING u. a., 1966). Die hohe Anregungsenergie des Compoundkerns hat zur Folge, daß die Spaltung entweder direkt oder erst nach der Emission von einem oder mehreren Neutronen erfolgen kann. In den betrachteten Fällen stammt jedoch die Hauptausbeute aus der Spaltung im ersten Stadium ($\Gamma_f \gtrsim \Gamma_n$). Überdies werden die Temperatur und der Gesamtdrehimpuls durch die Emission eines Neutrons nur wenig beeinflußt. Die Korrektur zur Berücksichtigung der Spaltung nach einer Neutronenemission ist daher nur von der Größenordnung 15% oder kleiner; sie wurde bei der in Abb. 6–57 gezeigten Analyse berücksichtigt.

Die Winkelverteilung hängt vom Verhältnis des Drehimpulses I zur Größe K_0 (siehe Gl. (6–546)) ab. Die in Abb. 6–57 verwendete Verteilung der I-Werte wurde aus einer Berechnung der Compoundkernbildung im optischen Potential erhalten. Diese Werte

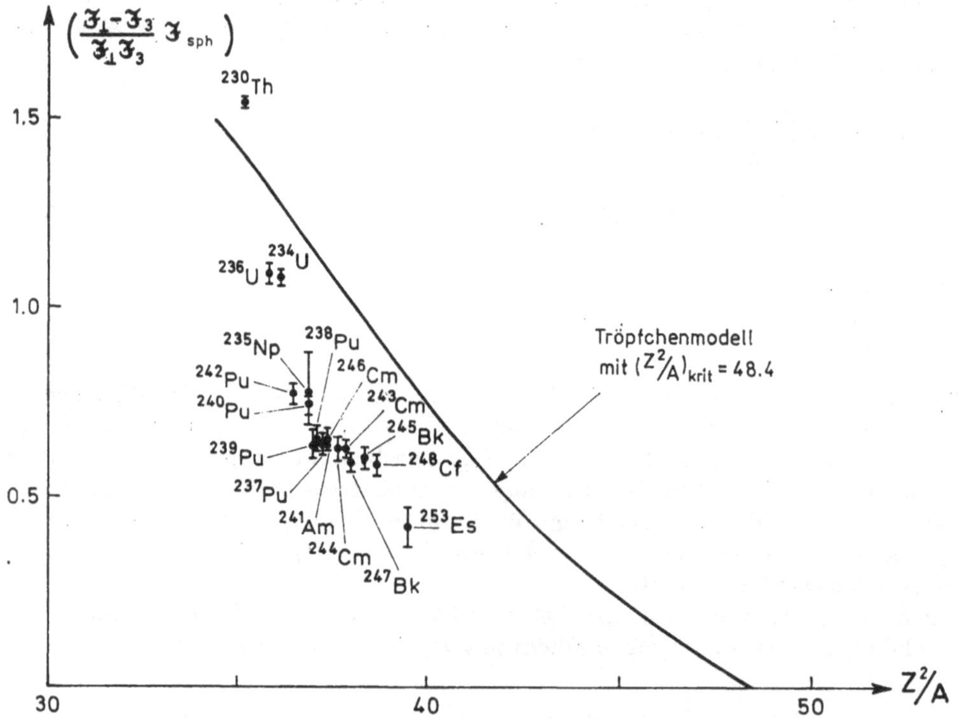

Abb. 6–57 Sattelpunktformen in Abhängigkeit von Z^2/A. Die Abbildung zeigt die Information über die Trägheitsmomente des spaltenden Kerns am Sattelpunkt. Die Daten wurden durch Analyse der Winkelanisotropie der Spaltprodukte aus Compoundkernreaktionen gewonnen, die durch 42,8 MeV-α-Teilchen induziert wurden. Die Daten und die Analyse stammen von R. F. REISING, G. L. BATE und J. R. HUIZENGA, Phys. Rev. **141**, 1161 (1966). Die Punkte sind durch den betreffenden Compoundkern bezeichnet. Die Korrekturen bezüglich Spaltung nach der Neutronenemission enthalten Unsicherheiten (zusätzlich zu den in der Abbildung eingetragenen experimentellen Fehlern), die für die Compoundkerne von Th und U besonders groß sind.

lassen sich ziemlich gut durch den klassischen Ausdruck wiedergeben, der vollständiger Absorption für alle Drehimpulse kleiner als I_m entspricht, wobei der Drehimpuls I_m der Wert für einen streifenden Stoß ist,

$$\sigma(I) = \begin{cases} \text{const}\,(2I+1), & I < I_m, \\ 0, & I > I_m, \end{cases}$$
$$I_m = \left(\frac{2M_{12}R_{12}^2}{\hbar^2}\left(E_{12} - \frac{Z_1Z_2e^2}{R_{12}}\right)\right)^{1/2}. \tag{6–547}$$

In diesen Ausdrücken stellen Z_1 und Z_2 die Ladung des α-Teilchens bzw. des Targets dar, während M_{12}, E_{12} und R_{12} die reduzierte Masse, die kinetische Energie im Schwerpunktsystem und der Wechselwirkungsradius sind. Im folgenden nehmen wir $R_{12} = 1{,}45(A_1^{1/3} + A_2^{1/3})$ fm an.

Zur Illustration der Analyse der experimentellen Daten, die zu den Verhältnissen der Trägheitsmomente in Abb. 6–57 führt, betrachten wir den Fall ^{238}U(α, f). Die beobachteten Ausbeuten bei 170° und 90° ergeben mit Hilfe von Gl. (6–546)

$$\frac{\langle I^2\rangle}{4K_0^2} \approx 0{,}38 \tag{6–548}$$

für die Parameter, die die Spaltung im ersten Stadium charakterisieren. Da die Coulomb-Barriere etwa 24 MeV beträgt und $\langle I^2\rangle \approx 220$ ist (siehe Gl. (6–547)), folgt aus der beobachteten Anisotropie der Wert $K_0^2 \approx 150$. Das α-Teilchen befindet sich etwa 5 MeV oberhalb der Schwelle. Die Anregungsenergie des Compoundkerns beträgt daher ≈ 37 MeV und liegt somit ≈ 32 MeV über der Spaltbarriere. Unter Benutzung von $a \approx A/8\ \text{MeV}^{-1}$ (siehe Abb. 2–12, Band I, S. 197) ergibt sich eine Temperatur von 1,0 MeV (siehe Gl. (6–543b)). Der Rotationsparameter für ^{242}Pu hat den Wert $\hbar^2/\mathscr{I}_{\text{sph}} \approx 7{,}6$ keV (für $R_0 = 1{,}2A^{1/3}$ fm), und wir erhalten somit aus Gl. (6–543a) $\mathscr{I}_{\text{sph}}(\mathscr{I}_3^{-1} - \mathscr{I}_1^{-1}) \approx 0{,}9$ und daraus einen Deformationsparameter von $\delta \approx 0{,}6$ (siehe Gl. (6–544)). Eine solche Deformation entspricht einer Sattelpunktsform mit einem Achsenverhältnis von etwa 2:1, was mit der Voraussage des Tröpfchenmodells mit einem Spaltbarkeitsparameter $x = 0{,}75$ für ^{242}Pu (siehe Abb. 6A–1, S. 578) qualitativ übereinstimmt.

Bei der obigen Analyse haben wir den Einfluß des Drehimpulses auf die Sattelpunktsform und die Spaltbarriere vernachlässigt. Diese Effekte können durch den in Gl. (6A–35) definierten Parameter y charakterisiert werden; für $\langle I^2\rangle \approx 220$ und $A \approx 240$ erhält man $y \approx 1{,}3 \cdot 10^{-3}$. Diese Zahl kann man mit dem kritischen Wert für y vergleichen, bei dem die Spaltbarriere verschwindet; Gl. (6A–41) liefert für $x \approx 0{,}75$ den Wert $y_{\text{krit}} \approx 0{,}09$. Der Einfluß des Drehimpulses auf die Barriere und die Sattelpunktsdeformation ist von der relativen Größenordnung y/y_{krit} (siehe Gln. (6A–40) und (6A–39)) und damit im vorliegenden Fall vernachlässigbar.

Abb. 6–57 zeigt einen detaillierteren Vergleich der beobachteten Verhältnisse der Trägheitsmomente, die man aus den Winkelverteilungen ableitet, mit den Werten, die für die Sattelpunktsformen im Tröpfchenmodell berechnet wurden. Es ist ersichtlich, daß die beobachteten Momente etwas weniger deformierten Kernformen entsprechen, als das Tröpfchenmodell unter der Annahme $(Z^2/A)_{\text{krit}} = 49$ vorhersagt (siehe Gl. (6–95)). Ein Teil dieser Abweichung kann von Schaleneffekten herrühren, die die Höhe der

Spaltbarriere wesentlich verändern (siehe S. 534). Jedoch bedingt die ziemlich hohe Anregungsenergie bei den Reaktionen, auf denen die Daten in Abb. 6–57 beruhen, daß nur noch ein kleiner Teil der Schaleneffekte übrigbleibt (RAMAMURTHY u. a., 1970). Der wesentliche Parameter, der das Verschwinden der Schaleneffekte mit wachsender Anregungsenergie kennzeichnet, ist die Temperatur im Vergleich zum Energieintervall, das die Periodizität im Einteilchenspektrum charakterisiert. Die hauptsächlichen Schaleneffekte bei der Sattelpunktsform scheinen mit den Entartungen verknüpft zu sein, die in einem Oszillatorpotential mit dem Frequenzverhältnis 2:1 auftreten (siehe S. 514ff.). Für den Abstand zwischen diesen Schalen findet man aus Gl. (6–504) $\hbar\omega_{sh} \approx 2^{-2/3}\hbar\omega_0 \approx 26A^{-1/3}$ MeV ≈ 4 MeV für $A \approx 240$. Für Temperaturen von $T \approx 1$ MeV folgt aus der in Abb. 6–54, S. 528, angegebenen Abschätzung, daß nur etwa 10% des Schalenstruktur-Beitrages zur freien Energie übrig bleibt.

Es ist daher anscheinend möglich, die Daten in Abb. 6–57 wie im Tröpfchenmodell mittels „makroskopischer" Kernparameter zu interpretieren. Man kann versuchen, diese Daten für eine genauere Bestimmung des durch Gl. (6–94) definierten Spaltbarkeitsparameters x zu verwenden. Eine Extrapolation der Daten in Abb. 6–57 nach wachsendem Z^2/A führt auf einen kritischen Wert von

$$\left(\frac{Z^2}{A}\right)_{\text{krit}} \approx 45. \tag{6–549}$$

Dieser Wert ist etwa 10% kleiner als die aus der halbempirischen Massenformel in Kapitel 2 erhaltene Abschätzung. Eine solche Verringerung der effektiven Oberflächenspannung könnte sich aus der Abhängigkeit der Oberflächenenergie vom Neutronenüberschuß ergeben. Diese Abhängigkeit kann in Analogie zur Volumensymmetrieenergie in der halbempirischen Massenformel (2–12) durch

$$\mathscr{E}_{\text{surf}} = b_{\text{surf}} A^{2/3} + \frac{1}{2} b_{\text{surf-sym}} \frac{(N-Z)^2}{A^{4/3}} \tag{6–550}$$

ausgedrückt werden. Wie aber in Kapitel 2 erwähnt wurde, lassen die verfügbaren Daten über die Kernmassen den Wert von $b_{\text{surf-sym}}$ unbestimmt. Die Information über die Sattelpunktsformen legt $b_{\text{surf-sym}} \approx -50$ MeV nahe. Jedoch ist diese Interpretation des kritischen Wertes (6–549) nicht die einzig mögliche, da in der betrachteten Genauigkeit auch andere allgemeine Eigenschaften des Kerns die Spaltbarkeit beeinflussen können. (Siehe z. B. die Diskussion eines zur Krümmung der Kernoberfläche proportionalen Terms in der Energie des Kerns (STRUTINSKY, 1965).)

Zusätzliche Aussagen, die mit den Resultaten in Abb. 6–57 konsistent sind, wurden aus der Winkelverteilung in Spaltprozessen erhalten, die durch den Beschuß mit schweren Ionen ausgelöst werden und über Compoundkerne mit beträchtlich größerem Drehimpuls ablaufen (KARAMYAN u. a., 1967). Es gibt auch Informationen über die Winkelverteilung von α-induzierter Spaltung bei Kernen mit beträchtlich kleinerer Spaltbarkeit im Gebiet $Z \approx 82$ (REISING u. a., 1966). Diese Messungen wurden in Abb. 6–57 nicht berücksichtigt, weil die höheren Spaltbarrieren (≈ 15 MeV) einer Temperatur des spaltenden Kerns entsprechen, die beträchtlich kleiner als in den dargestellten Fällen ist. Unter diesen Umständen können die Paarkorrelationen und die Schalenstruktur die beim Spaltprozeß ins Spiel kommenden Kerneigenschaften wesentlich beeinflussen.

In der obigen Diskussion haben wir angenommen, daß die Sattelpunktsform axialsymmetrisch ist, so daß die Spaltkanäle durch die Quantenzahl K charakterisiert werden können. Für allgemeinere Formen enthält jeder Kanal eine Superposition von verschiedenen K-Werten, die die Komponente des Drehimpulses in Spaltungsrichtung repräsentieren. (Für die Spaltungsrichtung nimmt man an, daß sie einer bestimmten Richtung im inneren Koordinatensystem, z. B. der Achse der größten Auslenkung, entspricht.) Die Dichte der Kanäle hat die Form (4–65a) und kann für große I-Werte als Integral über die Richtungen von $\boldsymbol{I}$ bezüglich der inneren Achsen ausgedrückt werden (siehe den Text nach Gl. (4–65)). Die Wahrscheinlichkeitsverteilung in K, die die Winkelverteilung der Spaltprodukte bestimmt, kann man durch eine Integration über den Azimutwinkel des Drehimpulsvektors bezüglich der Spaltungsrichtung erhalten. Für große, mit T vergleichbare Rotationsenergien weicht die resultierende Verteilung in K von der Gauss-Form (6–542) ab. Im Grenzfall kleiner Anisotropien erhält man jedoch ganz allgemein einen Ausdruck der Form (6–546b), wobei in der Definition von K_0^{-2} (siehe Gl. (6–543)) die Größe $(\hbar^2/\mathcal{J}_3)$ den Trägheitsparameter für Rotation um die Spaltungsrichtung darstellt, während $(\hbar^2/\mathcal{J}_\perp)$ einen Mittelwert der Trägheitsmomente für die dazu senkrechten Richtungen repräsentiert. So kann man aus der Winkelverteilung prinzipiell alle drei Trägheitsmomente einzeln bestimmen. Die verfügbaren empirischen Daten scheinen aber nicht detailliert genug zu sein, um diese Information zu liefern.

Formisomerie in ^{241}Pu (*Abb. 6–58 und 6–59; Tab. 6–18*)

Viele verschiedene Erscheinungen, die mit dem Spaltprozeß zusammenhängen, liefern Belege für das Auftreten eines zweiten Minimums in der Fläche der potentiellen Energie des Kerns (Formisomerie).[1]) Als Beispiel betrachten wir die Information, die man aus der Untersuchung der Spaltung des Compoundkerns ^{241}Pu erhält.

Die Ergebnisse von Untersuchungen der Resonanzen in der Reaktion n + ^{240}Pu mit langsamen Neutronen sind in Abb. 6–58 dargestellt. Die Spaltbarriere für den ^{240}Pu(n, f)-Prozeß entspricht $E_n = 710$ keV (siehe Back u. a., 1974), und das Gebiet langsamer Neutronen befindet sich somit weit unterhalb der Spaltbarriere. Die Resonanzen haben $I\pi = 1/2^+$ und einen mittleren Abstand $D = 15$ eV. Letzterer wird aus dem

[1]) Den ersten Hinweis lieferte die Entdeckung eines Isomers von ^{242}Am, das durch spontane Spaltung mit einer Lebensdauer zerfällt, die um einen Faktor 10^{20} kürzer als die Lebensdauer gegenüber spontaner Spaltung des normalen Zustands ist (Polikanov u. a., 1962). Um 1968 war dieser Isomerietyp als allgemeine Eigenschaft der schweren Elemente gut gesichert (siehe die Übersichtsarbeit von Michaudon, 1973). Die Informationen über die Anregungsenergie und den Spin der Isomere, die man aus der Untersuchung der Anregungsfunktion für eine Vielzahl von Geschoßteilchen erhält, machen eine Interpretation der Metastabilität als Folge eines hohen Spins unwahrscheinlich (siehe die Übersichtsarbeit von Polikanov, 1968). Die Versuche, die Isomerie durch quasistationäre Zustände in einem zweiten Minimum der Funktion der potentiellen Energie zu verstehen, wurden durch theoretische Untersuchungen des Einflusses der Schalenstruktur auf die Deformationsenergie wesentlich unterstützt (Strutinsky, 1967a, siehe auch die Fußnote auf S. 315). Die Entdeckung von Stärkefunktionsphänomenen bei der neutroneninduzierten Spaltung lieferte einen experimentellen Beleg für die Interpretation als Formisomer. Seit vielen Jahren war bekannt, daß eine ziemlich ausgeprägte Struktur der Energieabhängigkeit des Spaltquerschnitts im Schwellengebiet existiert (siehe die Übersichtsarbeit von Wheeler, 1963). Die sorgfältige Analyse dieser Querschnitte zeigte, daß man diese resonanzartige Struktur nicht aufgrund einer Konkurrenz zwischen Spaltung und Neutronenkanälen verstehen kann, und führte zu einer Erklärung durch einen Vibrationszustand im zweiten Minimum (Lynn, 1968a). Besonders überzeugend war die Entdeckung einer Grobstruktur in den Spaltungsbreiten von Resonanzen langsamer Neutronen unterhalb der Spaltbarriere (Paya u. a., 1968; Migneco und Theobald, 1968), die man durch Resonanzzustände im Gebiet des zweiten Minimums in der potentiellen Energie interpretieren kann (Lynn, a. a. O.; Weigmann, 1968).

niederenergetischen Teil des Gesamtquerschnitts bestimmt, wo alle Niveaus aufgelöst werden (Kolar und Böckhoff, 1968).

Aus Abb. 6–58 ist ersichtlich, daß die Spaltungsbreite der einzelnen Niveaus sehr stark schwankt. Die meisten Niveaus geben nahezu verschwindende Spaltungsausbeuten. Es treten aber Gruppen von Resonanzen auf, für die ein merklicher Teil des Gesamtquerschnitts mit dem Spaltungsfreiheitsgrad verknüpft ist. Die Variationen sind zu groß, um als statistische Fluktuationen verstanden zu werden (siehe z. B. die Analyse der statistischen Fluktuationen in der Neutronenbreite, die in Band I, S. 191 diskutiert wird). Eine solche Grobstruktur in der Verteilung der Spaltungsbreiten legt eine Interpretation als Resonanzen nahe, die mit einem Zwischenstadium des Spaltprozesses zusammenhängen.

Der mittlere Abstand der Grobstrukturresonanzen, die wir Typ II-Zustände nennen werden, um sie von den als Typ I-Zustände bezeichneten Feinstrukturresonanzen zu unterscheiden, beträgt nach Abb. 6–58

$$D(\mathrm{II}) \approx 700\,\mathrm{eV}\,. \tag{6–551}$$

Dieser Abstand entspricht einer charakteristischen Periode, die groß ist im Vergleich zur Periode der Elementaranregungen des Kerns (Schwingungen, Rotationen, Einteilchenbewegung), und belegt daher das Auftreten von komplizierten Zuständen, die den

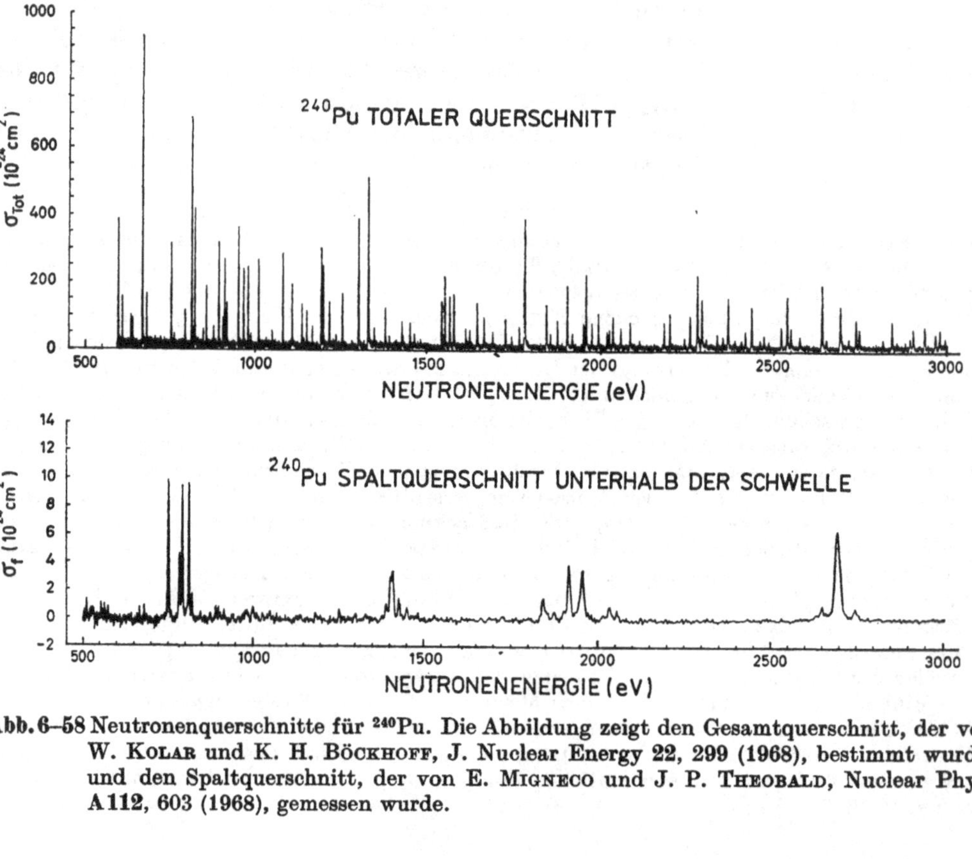

Abb. 6–58 Neutronenquerschnitte für ^{240}Pu. Die Abbildung zeigt den Gesamtquerschnitt, der von W. Kolar und K. H. Böckhoff, J. Nuclear Energy **22**, 299 (1968), bestimmt wurde, und den Spaltquerschnitt, der von E. Migneco und J. P. Theobald, Nuclear Phys. **A112**, 603 (1968), gemessen wurde.

Compoundkernzuständen ähneln, aber nur schwach an die mit dem Neutroneneinfang verknüpften Compoundkernzustände gekoppelt sind. Solch ein doppelter Satz von Compoundzuständen kann dadurch verstanden werden, daß man zwei Minima in der Funktion der potentiellen Energie, die bei der Beschreibung des Spaltprozesses auftritt (siehe Abb. 6–59, S. 549), annimmt. Das erste Minimum (I) entspricht der Gleichgewichtsform des Kerns im Grundzustand, und die Typ I-Niveaus hängen mit den inneren Anregungen bezüglich dieses Gleichgewichts zusammen. Die Typ II-Niveaus stellen Anregungen bezüglich des zweiten Minimums (II) dar und sind vom Typ I-Gebiet des Phasenraums durch eine Potentialbarriere getrennt.

Die (n, f)-Reaktion läuft so ab, daß anfangs ein Compoundzustand vom Typ I gebildet wird, der durch Tunneleffekt an einen benachbarten Zustand im Gebiet II gekoppelt wird und dadurch zur Spaltung führt. Im folgenden Abschnitt werden wir den allgemeinen Rahmen für eine Beschreibung der Kopplung zwischen den beiden Gebieten betrachten. (Eine auf der R-Matrix-Theorie beruhende Analyse wurde von LYNN (1968a) angegeben. Diese führt für n + ^{240}Pu auf ähnliche Resultate wie die im weiteren dargestellten.)

Analyse der Resonanzen unter Berücksichtigung der Kopplung zwischen den Gebieten I *und* II

Als Grundlage für eine Analyse der Kopplungseffekte kann man die Sätze von Zuständen $|\mathrm{I}\alpha\rangle$ und $|\mathrm{II}a\rangle$ verwenden, die bei Abwesenheit der Barrierendurchdringung in den Gebieten I bzw. II stationäre Zustände wären. Die endliche Barriere gibt zu einer Kopplung dieser Zustände Anlaß, die durch die Matrixelemente $\langle \mathrm{II}a|\, V\, |\mathrm{I}\alpha\rangle$ beschrieben werden kann. (Die hier benutzte Darstellung ist die gleiche wie bei der Behandlung von Stärkefunktionsphänomenen im Anhang 2D; ein ähnliches Verfahren wird auch bei der Analyse von zerfallenden Zuständen und der Resonanzstreuung mit Hilfe einer effektiven Störung angewendet; siehe Abschnitte 3F–1a und 3F–1b.)

Die Kopplungseffekte zwischen den Typ I- und Typ II-Zuständen nehmen in den Grenzfällen einer schmalen bzw. breiten Stärkefunktion eine besonders einfache Form an.

a) *Schmale Stärkefunktion.* Wenn ohne Kopplung die Breite des Typ II-Niveaus sowie die mittlere Größe des Kopplungsmatrixelements $\langle V\rangle$ klein gegen den Niveauabstand $D(I)$ sind, dann ist der Haupteffekt der Kopplung auf wenige Typ I-Niveaus in der Umgebung jedes Typ II-Niveaus beschränkt. Mit Ausnahme von seltenen Fluktuationen in den Energieabständen oder den Kopplungsmatrixelementen kann man die Störungstheorie benutzen, die auf die angenäherten Eigenzustände

$$\begin{aligned} |\mathrm{I}\acute{\alpha}\rangle &\approx |\mathrm{I}\alpha\rangle + c(\alpha a)\, |\mathrm{II}a\rangle, \\ |\mathrm{II}\acute{a}\rangle &\approx |\mathrm{II}a\rangle - \sum_{\alpha} c(\alpha a)\, |\mathrm{I}\alpha\rangle \end{aligned} \tag{6–552}$$

führt, mit

$$c(\alpha a) = \frac{\langle \mathrm{II}a|\, V\, |\mathrm{I}\alpha\rangle}{E(\mathrm{I}\alpha) - E(\mathrm{II}a)}. \tag{6–553}$$

Die durch die Zustände (6–552) beschriebene Kopplung hat zur Folge, daß die Typ I-Zustände eine kleine Spaltungsbreite erhalten und die Typ II-Zustände eine entsprechende Neutronenbreite,

$$\begin{aligned} \Gamma_f(\mathrm{I}\hat{\alpha}) &= c^2(\alpha a)\,\Gamma_f(\mathrm{II}a), \\ \Gamma_n(\mathrm{II}\hat{a}) &= |\sum_\alpha c(\alpha a)\,g_n(\mathrm{I}\alpha)|^2, \end{aligned} \tag{6–554}$$

wobei $|g_n(\mathrm{I}\alpha)|^2 = \Gamma_n(\mathrm{I}\alpha)$ gilt. Die Amplituden $g_n(\mathrm{I}\alpha)$ und $c(\alpha a)$ sind mit zwei völlig verschiedenen Komponenten in den Compoundzuständen des Typs I verknüpft. Man erwartet daher, daß in $\Gamma_n(\mathrm{II}a)$ die Interferenz zwischen den Beiträgen der verschiedenen Niveaus α im Mittel verschwindet.

Die Spaltungsausbeute einer einzelnen Resonanz ist durch

$$\int \sigma_{nf}\,\mathrm{d}E = 2\pi^2\lambda\!\!\!^{-2}\,\frac{\Gamma_n\Gamma_f}{\Gamma} \tag{6–555}$$

gegeben, wobei Γ die Gesamtbreite darstellt. Wenn die Gesamtbreite der Typ I-Zustände klein im Vergleich zur Breite der Typ II-Zustände ist $(\langle\Gamma(\mathrm{I})\rangle \ll \Gamma(\mathrm{II}))$, dann rührt der Hauptbeitrag zur Spaltungsausbeute in der Grobstrukturresonanz von den Typ I-Niveaus her; für $\langle\Gamma(\mathrm{I})\rangle \gg \Gamma(\mathrm{II})$ liegt die umgekehrte Situation vor.

b) *Breite Stärkefunktion.* Wenn entweder die Breite des Typ II-Niveaus oder das mittlere Kopplungsmatrixelement groß gegen $D(I)$ ist, dann erstreckt sich die Stärkefunktion über eine große Zahl von einzelnen Resonanzen. In einer solchen Situation kann man die allgemeine Analyse von Grobstrukturresonanzen auf der Grundlage von Wirkungsquerschnitten, die über die Typ I-Feinstruktur gemittelt sind, anwenden (siehe Abschnitt 3F–1c). Bei der Analyse dieser gemittelten Querschnitte läßt sich die Kopplung V durch eine Kopplungsbreite $\Gamma_c(\mathrm{II})$ beschreiben, die die Zerfallsrate des Zustandes II in den mit den Typ I-Compoundzuständen verknüpften Kanal darstellt. Nimmt man an, daß sich die Kopplungsmatrixelemente im Gebiet der Grobstrukturresonanz nicht systematisch ändern, dann erhält man (siehe z. B. Gl. (2D–11))

$$\Gamma_c(\mathrm{II}) = 2\pi\,\frac{\langle V^2\rangle}{D(\mathrm{I})}, \tag{6–556}$$

wobei $\langle V^2\rangle$ der Mittelwert des Quadrats der Kopplungsmatrixelemente ist.

Die Gesamtbreite der Grobstrukturresonanz ist durch

$$\Gamma(\mathrm{II}) = \Gamma_f(\mathrm{II}) + \Gamma_d(\mathrm{II}) + \Gamma_c(\mathrm{II}) \tag{6–557}$$

gegeben, wobei $\Gamma_d(\mathrm{II})$ die Wahrscheinlichkeit für zusätzliche Zerfälle darstellt, die weder über die Compoundzustände I noch über den Spaltkanal verlaufen. Man erwartet, daß der Hauptbeitrag zu $\Gamma_d(\mathrm{II})$ aus dem γ-Zerfall in andere Zustände vom Typ II stammt.

Der Grobstruktur-Resonanzquerschnitt, der den mittleren Spaltquerschnitt für s-Wellen-Neutronen in der Umgebung einer Typ II-Resonanz darstellt, kann in der Form

$$\langle\sigma_{nf}\rangle = \pi\lambda\!\!\!^{-2}\,\frac{\Gamma_f(\mathrm{II})\,\Gamma_c(\mathrm{II})}{(E - E(\mathrm{II}))^2 + \frac{1}{4}(\Gamma(\mathrm{II}))^2}\,F(\mathrm{c}\to\mathrm{n}) \tag{6–558}$$

ausgedrückt werden, wobei $F(c \to n)$ den Bruchteil der unter Neutronenemission zerfallenden Compoundkerne repräsentiert. (Das Resultat (6–558) läßt sich ableiten, indem man den inversen Prozeß (f, n) betrachtet, für den man den Bildungsquerschnitt des Compoundkerns aus Gl. (3F–26) erhalten kann; die Beziehung zwischen den Querschnitten für inverse Reaktionen ist durch Gl. (1–43) gegeben.) In dem in Abb. 6–58 gezeigten Beispiel liegt der (n, f)-Querschnitt im Gebiet zwischen den Typ II-Resonanzen unterhalb der Nachweisgrenze. Wir haben daher einen möglichen nichtresonanten Beitrag, der im allgemeineren Ausdruck (3F–23) berücksichtigt ist, außer acht gelassen.

Der Bruchteil $F(c \to n)$ in Gl. (6–558) stellt einen Mittelwert über Typ I-Resonanzen dar, wobei jede mit der Spaltungsbreite $\Gamma_f(\mathrm{I})$, die proportional zur Wahrscheinlichkeit der Bildung des Typ I-Zustands beim Zerfall des Typ II-Zustandes ist, gewichtet wird:

$$F(c \to n) = \left\langle \frac{\Gamma_f(\mathrm{I})\, \Gamma_n(\mathrm{I})}{\Gamma(\mathrm{I})} \right\rangle \frac{1}{\langle \Gamma_f(\mathrm{I}) \rangle}, \tag{6–559}$$

wobei

$$\Gamma(\mathrm{I}) = \Gamma_f(\mathrm{I}) + \Gamma_\gamma(\mathrm{I}) + \Gamma_n(\mathrm{I}) \tag{6–560}$$

die Gesamtbreite der Feinstrukturresonanz ist. (In Gl. (6–559) und im weiteren lassen wir den Index α weg, der die verschiedenen Typ I-Resonanzen bezeichnet.)

Den mittleren Querschnitt (6–558) kann man auch als Summe der Beiträge der Typ I-Resonanzen darstellen,

$$\langle \sigma_{nf} \rangle = 2\pi^2 \lambda\!\!\!^{-2} \frac{1}{D(I)} \left\langle \frac{\Gamma_f(\mathrm{I})\, \Gamma_n(\mathrm{I})}{\Gamma(\mathrm{I})} \right\rangle, \tag{6–561}$$

wobei $D(\mathrm{I})$ der mittlere Niveauabstand der Feinstrukturresonanzen ist. Ein Vergleich der Gln. (6–558), (6–559) und (6–561) liefert für die mittlere Spaltungsbreite die Beziehung

$$\langle \Gamma_f(\mathrm{I}) \rangle = \frac{D(\mathrm{I})}{2\pi} \frac{\Gamma_f(\mathrm{II})\, \Gamma_c(\mathrm{II})}{\left(E - E(\mathrm{II})\right)^2 + \frac{1}{4}\left(\Gamma(\mathrm{II})\right)^2}. \tag{6–562}$$

Den Ausdruck (6–562) hätte man auch direkt aus der allgemeinen Begründung einer Breit-Wigner-Form für die Stärkefunktion (siehe Band I, Seite 464) zusammen mit der Normierung

$$\int_{\mathrm{II}} \langle \Gamma_f(\mathrm{I}) \rangle \frac{dE}{D(\mathrm{I})} = \frac{\Gamma_f(\mathrm{II})\, \Gamma_c(\mathrm{II})}{\Gamma(\mathrm{II})} \tag{6–563}$$

erhalten können, wobei sich die Integration über ein Energieintervall erstreckt, das die Beiträge einer einzelnen Typ II-Resonanz enthält. Die Beziehung (6–563) drückt die Tatsache aus, daß die Summe der Spaltungsbreiten der Typ I-Resonanzen gleich $\Gamma_f(\mathrm{II})$, multipliziert mit dem Faktor $\Gamma_c(\mathrm{II})/\Gamma(\mathrm{II})$, ist. Letzterer repräsentiert den Anteil des Typ II-Zustandes, der den Feinstrukturresonanzen des Typs I beigemischt ist.

Die vorliegende Beschreibung erfaßt eine Mannigfaltigkeit von unterschiedlichen Kopplungssituationen, die von der relativen Größe von $\Gamma_c(\mathrm{II})$ und der Gesamtbreite $\Gamma(\mathrm{II})$ abhängen. Gilt $\Gamma_c(\mathrm{II}) \ll \Gamma(\mathrm{II})$ (schwache Kopplung), dann wird nur ein kleiner Teil der Eigenschaften des Typ II-Zustandes, wie seine Spaltungsbreite, auf die Feinstrukturresonanzen übertragen (siehe Gl. (6–563)). Der Hauptteil dieser Eigenschaften hängt weiterhin mit einem einzelnen breiten Typ II-Zustand zusammen, der jedoch nur einen vernachlässigbaren Teil zur (n, f)-Ausbeute beiträgt. (Siehe die Diskussion nach Gl. (6–555); die Annahme einer breiten Stärkefunktion entspricht $\Gamma(\mathrm{II}) \gg \langle\Gamma(\mathrm{I})\rangle$. Der breite Typ II-Zustand würde sich in auffälliger Weise im hypothetischen (f, f)-Streuprozeß manifestieren.) Bei starker Kopplung $\left(\Gamma_c(\mathrm{II}) \approx \Gamma(\mathrm{II})\right)$ ist eine Unterscheidung zwischen den einzelnen Resonanzen vom Typ I und Typ II nicht mehr möglich; die Typ II-Eigenschaft ist in diesem Fall über eine große Zahl von Feinstrukturresonanzen verteilt.

Analyse der Grobstruktur in der Reaktion ^{240}Pu(n, f)

Der ^{240}Pu(n, f)-Querschnitt in Abb. 6–58 scheint eine intermediäre Kopplungssituation zu repräsentieren, die zwischen den oben diskutierten Grenzfällen einer schmalen bzw. breiten Stärkefunktion liegt. Die Grobstrukturen um 780 eV und 1400 eV enthalten nur wenige Feinstrukturkomponenten, während sich die Struktur um 1900 eV über ein Gebiet erstreckt, das ungefähr 15 einzelne Niveaus enthält. Man kann die Möglichkeit in Betracht ziehen, daß die Struktur bei 1900 eV aus zwei schmalen benachbarten Typ II-Resonanzen besteht, jedoch ist die Wahrscheinlichkeit für solch eine annähernde Entartung nur von der Größenordnung von 1% (siehe Gl. (2–59)).

Für die ziemlich breite 1900 eV-Struktur kann man die obige Analyse der mittleren Querschnitte verwenden, um die Parameter der Grobstrukturresonanz ohne die detaillierte, aber etwas unsichere Analyse der Feinstrukturresonanzen zu bestimmen. Als ersten Schritt schätzen wir die durch Gl. (6–559) gegebene Größe $F(\mathrm{c} \to \mathrm{n})$ ab. Es wird sich zeigen, daß sogar im Zentrum der Typ-II-Resonanz $\langle\Gamma_f(\mathrm{I})\rangle \ll \langle\Gamma(\mathrm{I})\rangle$ gilt. Wir finden somit (unter der Annahme, daß Γ_n und Γ_f nicht korreliert sind)

$$F(\mathrm{c} \to \mathrm{n}) \approx \left\langle\frac{\Gamma_n(\mathrm{I})}{\Gamma(\mathrm{I})}\right\rangle. \tag{6–564}$$

Die Mittelwerte von $\Gamma_n(\mathrm{I})$ und $\Gamma(\mathrm{I})$ wurden aus der Resonanzanalyse des Gesamtquerschnitts bestimmt (Kolar und Böckhoff, 1968; Weigmann und Schmid, 1968),

$$\begin{aligned} &\langle\Gamma_n(\mathrm{I})\rangle \approx 50\left(E_n(\mathrm{keV})\right)^{1/2}\,\mathrm{meV}, \\ &\langle\Gamma_\gamma(\mathrm{I})\rangle \approx 23\,\mathrm{meV}, \\ &D(\mathrm{I}) \approx 15\,\mathrm{eV}. \end{aligned} \tag{6–565}$$

Die Fluktuationen von $\Gamma_n(\mathrm{I})$ haben einen wesentlichen Einfluß auf den Mittelwert des Verhältnisses von Γ_n und Γ in Gl. (6–564). Mit einer Porter-Thomas-Verteilung (siehe Gl. (2–115)) für $\Gamma_n(\mathrm{I})$ und einem konstanten Wert für $\Gamma_\gamma(\mathrm{I})$ erhält man

$$F(\mathrm{c} \to \mathrm{n}) = 1 - (\tfrac{1}{2}\pi y)^{1/2} \exp\{\tfrac{1}{2}y\} + (2y)^{1/2} \exp\{\tfrac{1}{2}y\} \int_0^{(y/2)^{1/2}} \exp\{-t^2\}\, dt$$

$$\approx 0{,}52, \qquad (6\text{–}565\,\mathrm{a})$$

$$y = \frac{\Gamma_\gamma}{\langle \Gamma_n \rangle} \approx 0{,}33.$$

Die Fluktuationen vermindern somit den Wert von F um etwa einen Faktor 0,7.

Unter der Bedingung $\langle \Gamma_f(\mathrm{I}) \rangle \ll \langle \Gamma(\mathrm{I}) \rangle$, die in Gl. (6–564) angenommen wurde, ist die Größe F im Bereich einer einzelnen Typ II-Resonanz energieunabhängig, und die Stärkefunktion (6–558) hat die einfache Breit-Wigner-Form. Die Daten in Abb. 6–58 sind jedoch für eine Überprüfung der theoretischen Linienform nicht detailliert genug.

Aus der in Abb. 6–58 dargestellten gesamten Spaltungsausbeute (siehe auch die in Tab. 6–18, S. 546, aufgeführten Ausbeuten) und dem obigen Wert von F erhalten wir (siehe Gl. (6–558)) für die Grobstrukturresonanz bei 1900 eV

$$\frac{\Gamma_f(\mathrm{II})\,\Gamma_c(\mathrm{II})}{\Gamma(\mathrm{II})} \approx 100\ \mathrm{meV}. \qquad (6\text{–}566)$$

Als Näherungswert für die Gesamtbreite $\Gamma(\mathrm{II})$ kann man den Energiebereich um das Zentrum der Grobstrukturresonanz betrachten, der die Hälfte der gesamten Spaltungsausbeute dieser Resonanz enthält. Aus den Daten in Abb. 6–58 erhält man für diese Breite den groben Schätzwert

$$\Gamma(\mathrm{II}) \approx 50\ \mathrm{eV}. \qquad (6\text{–}567)$$

Man erwartet, daß $\Gamma_d(\mathrm{II})$ um einige Größenordnungen kleiner als $\Gamma(\mathrm{II})$ ist, weil man für die Strahlungsbreiten, die Anregungen von einigen MeV entsprechen, die Größenordnung 10—100 meV findet (siehe z. B. Gl. (6–565)). Daher kann der Beitrag von $\Gamma_d(\mathrm{II})$ zur Gesamtbreite vernachlässigt werden, und die Abschätzungen (6–566) und (6–567) liefern

$$\left.\begin{aligned} \Gamma_>(\mathrm{II}) &\approx 50\ \mathrm{eV}, \\ \Gamma_<(\mathrm{II}) &\approx 0{,}1\ \mathrm{eV}, \end{aligned}\right\} \qquad (6\text{–}568)$$

wobei $\Gamma_>(\mathrm{II})$ und $\Gamma_<(\mathrm{II})$ der größere bzw. kleinere der Werte $\Gamma_f(\mathrm{II})$ und $\Gamma_c(\mathrm{II})$ sind. Die hier betrachtete Analyse des (n, f)-Querschnitts unterscheidet nicht die Rollen von Γ_f und Γ_c.

Aus den Parametern (6–568) und dem Ausdruck (6–562) erhält man

$$\langle \Gamma_f(\mathrm{I}) \rangle_{\max} \approx 20\ \mathrm{meV} \qquad (6\text{–}569)$$

für den Mittelwert der Spaltungsbreite von Typ I-Zuständen im Zentrum der Typ II-Resonanz. Man sieht, daß dieser Wert im Vergleich zur Gesamtbreite $\Gamma(\mathrm{I})$ (siehe Gl.

(6–565)) ziemlich klein ist, was bei der Ableitung des Näherungsausdrucks (6–564) angenommen wurde.

Die Werte, die für die Spaltungsbreiten der einzelnen Feinstrukturniveaus aus einer Resonanzanalyse der Querschnitte in Abb. 6–58 bestimmt wurden, sind in Tab. 6–18 angegeben. Man erwartet, daß die einzelnen Spaltungsbreiten ziemlich große Fluktuationen zeigen, was für einen Ein-Kanal-Prozeß charakteristisch ist (siehe Gl. (2C–28)). In Hinblick auf diese Fluktuationen scheint die detaillierte Analyse der Feinstruktur der Gruppe von Niveaus um 1900 eV in vernünftiger Übereinstimmung mit dem Ausdruck (6–562) und den aus der Grobstruktur erhaltenen Parametern zu stehen.

Eine Analyse der Grobstruktur-Spaltquerschnitte in den Niveaugruppen bei 780 und 1400 eV ergibt Werte für die Breiten, die mit denen für die Gruppe bei 1900 eV

Tab. 6–18 Resonanzparameter für n + ^{240}Pu. Die Tabelle beruht auf der Analyse der in Abb. 6–58 gezeigten Spaltungsausbeuten, die von E. Migneco und J. P. Theobald, Nuclear Phys. **A 112**, 603 (1968), durchgeführt wurde. Die in der Analyse verwendeten Resonanzenergien und Neutronenbreiten wurden aus den von W. Kolar und K. H. Böckhoff, J. Nuclear Energy **22**, 299 (1968), bestimmten Gesamtquerschnitten abgeleitet. Die Strahlungsbreite wird als konstant angenommen und gleich dem Mittelwert 23,2 meV gesetzt, der von H. Weigmann und H. Schmid, J. Nuclear Energy **22**, 317 (1968), bestimmt wurde.

E_{res} eV	Γ_n meV	$\Gamma_n \Gamma_f / \Gamma$ meV	Γ_f meV
750	68 ± 3	5,4	8 ± 1
759	6 ± 1		
778	1,2 ± 0,8		
782	3,0 ± 0,9	2,5	$130\ {}^{+(a)}_{-80}$
791	24 ± 2	5,1	13 ± 2
810	213 ± 11	8,3	10 ± 1
820	110 ± 6	0,8	1,0 ± 0,1
1401	5,2 ± 1,0	10,5 (1401 und 1409)	$110\ {}^{+(a)}_{-50}$
1409	11 ± 6		
1426	37 ± 4	2,3	4,0 ± 0,5
1841	126 ± 10	8,0	10 ± 1
1853	34 ± 6		
1873	77 ± 7		
1902	209 ± 12		
1917	36 ± 6	15,0	42 ± 7
1943	8 ± 5		
1949	82 ± 8		
1956	260 ± 18	20,7	24 ± 3
1973	68 ± 8		
1992	114 ± 10		
1998	6 ± 4		
2017	52 ± 8		
2023	56 ± 8		
2033	102 ± 10	5,5	7 ± 1
2056	68 ± 7	1,4	1,9 ± 0,2

(a) obere Grenze nicht bestimmt.

vergleichbar sind. Diese Werte scheinen aber nicht in Einklang mit den großen Γ_f(I)-Werten zu stehen, die die Analyse der Feinstruktur in Tab. 6–18 nahelegt. Aus diesem Grund ist es angebracht, die Analyse dieser Gruppen in der Näherung einer schmalen Stärkefunktion durchzuführen. Die in der Mitte der Gruppen beobachteten Niveaus mit großen Γ_f-Werten könnten Typ I-Niveaus sein, die besonders nahe am Typ II-Niveau liegen (wenn $\Gamma(\mathrm{II}) \gg \Gamma(\mathrm{I})$) oder dem Typ II-Niveau selbst entsprechen (wenn $\Gamma(\mathrm{II}) \lesseqgtr \Gamma(\mathrm{I})$). Für die letztere Interpretation ist charakteristisch, daß das Niveau mit großer Spaltungsbreite Γ_f eine kleine Breite Γ_n besitzt; die Analyse in Tab. 6–18 scheint tatsächlich auf eine solche Korrelation hinzuweisen, obwohl man nicht ausschließen kann, daß die beobachtete Korrelation ein Fluktuationseffekt ist.

Akzeptiert man die Interpretation, daß die Niveaus mit großem Γ_f die Typ II-Zustände repräsentieren, dann wird die Feinstrukturanalyse in Tab. 6–18 etwas modifiziert, weil bei der Ableitung von Γ_f aus den beobachteten Spaltungsausbeuten angenommen wurde, daß Γ_γ gleich dem Mittelwert ist, der für die Typ I-Niveaus bei niedrigeren Energien gemessen wurde. Für ein Typ II-Niveau kann sich der Wert von Γ_γ jedoch etwas davon unterscheiden; aus den verfügbaren Daten können wir daher nur schließen, daß Γ_f(II) groß gegen Γ_n und kleiner als die Energieauflösung ist. Aus der Größe der Spaltungsbreiten der benachbarten Typ I-Niveaus (siehe Gln. (6–553) und (6–554)) erhält man den Wert $\Gamma_f(\mathrm{II}) \langle V^2 \rangle \approx 2{,}5\ \mathrm{eV}^3$, der aber wegen der Fluktuationen in der ziemlich geringen Datenmenge mit großen Unsicherheiten behaftet ist. Drückt man die Kopplung durch die in Gl. (6–556) eingeführte Größe Γ_c(II) aus, dann entspricht diese Abschätzung $\Gamma_f(\mathrm{II})\, \Gamma_c(\mathrm{II}) \approx 1\ \mathrm{eV}^2$.

Es ist ersichtlich, daß die Abschätzungen für $\Gamma_f(\mathrm{II})\, \Gamma_c(\mathrm{II})$ in den verschiedenen Grobstrukturresonanzen bei ^{240}Pu(n, f) etwa um einen Faktor 5 variieren. Dies ist aber nicht unvernünftig, da man erwartet, daß sowohl bei der Spaltung als auch bei der Kopplung an das Gebiet I der niedrigste Kanal dominiert. Somit scheint eine konsistente Interpretation der verfügbaren Daten durch die Annahme der mittleren Parameter

$$\begin{aligned} \langle \Gamma_f(\mathrm{II}) \rangle &\approx 100\ \mathrm{meV}, \\ \langle \Gamma_c(\mathrm{II}) \rangle &\approx 25\ \mathrm{eV} \end{aligned} \tag{6–570}$$

möglich zu sein. Es muß aber unterstrichen werden, daß die verfügbaren Daten nicht detailliert genug sind, um andere Interpretationen mit unterschiedlichen Parametersätzen auszuschließen. Insbesondere beruht der Schluß, daß Γ_c den Hauptbeitrag zu Γ(II) liefert, auf den nicht besonders gut gesicherten Belegen für die sehr großen individuellen Spaltungsbreiten bei der Feinstrukturanalyse.

Charakterisierung der Funktion der potentiellen Energie für ^{241}Pu

Die Ergebnisse aus der Resonanzanalyse der ^{240}Pu(n, f)-Reaktion liefern Information über die potentielle Energie als Funktion der mit dem Spaltungsfreiheitsgrad verknüpften Deformationsvariablen α. Eine Abschätzung der relativen Energie der Minima in den Gebieten I und II läßt sich aus dem Verhältnis der Niveauabstände D(I) und D(II) ableiten. Unter der Annahme, daß der Einteilchen-Niveauabstand g_0 für die Anregungen I und II übereinstimmt, führt der Ausdruck (2–57) für die Niveaudichte im Fermi-

Gas-Modell auf

$$\ln\frac{D(\mathrm{II})}{D(\mathrm{I})} \approx 2\ln\frac{E-E(\mathrm{II})}{E-E(\mathrm{I})} + \frac{E(\mathrm{II})-E(\mathrm{I})}{T},$$

$$T \approx a^{-1/2}\left(E - \tfrac{1}{2}\,(E(\mathrm{I}) + E(\mathrm{II}))\right)^{1/2}, \qquad (6\text{–}571)$$

$$a = \frac{\pi^2}{6}\,g_0 \approx \frac{A}{8}\,\mathrm{MeV}^{-1},$$

wobei $E - E(\mathrm{I})$ die Neutronenbindungsenergie ($S_n = 5{,}2$ MeV) ist, während die Größe a aus Abb. 2–12, Band I, S. 197, abgeschätzt wurde. Die Werte $D(\mathrm{I}) \approx 15$ eV und $D(\mathrm{II}) \approx 700$ eV (siehe Gln. (6–565) und (6–551)) entsprechen einer Temperatur von etwa 0,4 MeV und einem Energieabstand $E(\mathrm{II}) - E(\mathrm{I}) \approx 2$ MeV. Es sei betont, daß man bei Verwendung der Niveaudichteformel für das FERMI-Gas den Einfluß der Schalenstruktur und der Paarkorrelationen vernachlässigt, die die Abschätzung für die Anregungsenergie des Isomers wesentlich beeinflussen können. So folgt aus der großen Schalenstrukturenergie im Gebiet II (siehe die Abschätzung auf S. 550) eine geringere Niveaudichte für gegebene Anregungsenergie (siehe Abb. 6–55). Dieser Effekt könnte jedoch größtenteils durch die Schalenstrukturenergie und die Paarkorrelationen im Grundzustand kompensiert werden. Für deformierte Kerne wird die Niveaudichte durch die Rotationsfreiheitsgrade um einen ziemlich großen Faktor erhöht (siehe S. 30ff.); dieser Faktor ist aber für die Gebiete I und II ungefähr gleich, vorausgesetzt, die Deformationen besitzen die gleiche Symmetrie. Die verfügbare Information über die Rotationsspektren im Gebiet II (SPECHT u. a., 1972) ist mit einer Kernform mit Axial- und Spiegelsymmetrie verträglich, wie sie durch die Interpretation des Schalenstruktureffekts (siehe S. 550) nahegelegt wird.

Abschätzungen der Barrierenhöhen kann man aus den Parametern $\Gamma_c(\mathrm{II})$ und $\Gamma_f(\mathrm{II})$ erhalten, die aus der Resonanzanalyse abgeleitet wurden. Für eine qualitative Orientierung werden wir die Möglichkeit außer acht lassen, daß bei den betrachteten Anregungsenergien eine Grobstruktur in der Vibrations-Stärkefunktion im Gebiet II auftritt. Die Breiten sind dann durch die Beziehungen (siehe Gl. (6–111))

$$\Gamma_f(\mathrm{II}) = \frac{D(\mathrm{II})}{2\pi}\,P(\mathrm{II}\to\mathrm{III}),$$

$$\Gamma_c(\mathrm{II}) = \frac{D(\mathrm{II})}{2\pi}\,P(\mathrm{II}\to\mathrm{I}) \qquad (6\text{–}572)$$

gegeben, wobei der Barrierendurchdringungsfaktor P die Wahrscheinlichkeit darstellt, daß eine Bewegung in der Deformationsvariablen α durch die Barriere übertragen wird. In Gl. (6–572) ist nur der Beitrag des niedrigsten Kanals berücksichtigt, weil die Barrierendurchdringung exponentiell von der Schwellenergie abhängt.

Aus dem Niveauabstand (6–551) und den vorläufigen Werten (6–570) für die Breiten erhalten wir

$$P(\mathrm{II}\to\mathrm{I}) \approx 0{,}2,$$

$$P(\mathrm{II}\to\mathrm{III}) \approx 10^{-3}. \qquad (6\text{–}573)$$

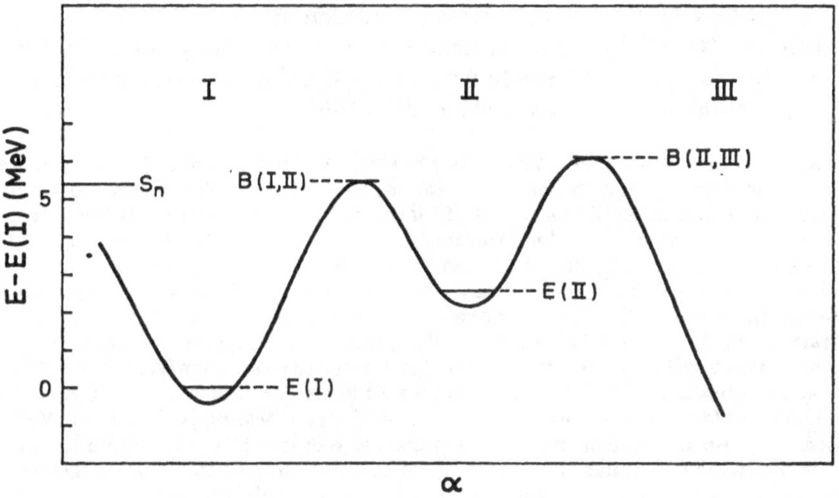

Abb. 6–59 Schematische Darstellung der Funktion der potentiellen Energie mit einem zweiten Minimum

Der Ausdruck (6–109), der die Durchdringung einer parabolischen Barriere beschreibt, besagt daher, daß die Barriere zwischen I und II, wie in Abb. 6–59 angedeutet, nur wenig oberhalb der Neutronen-Separationsenergie für ^{241}Pu liegt. Die Barriere II → III entspricht der Spaltschwelle, die bei der durch schnelle Neutronen induzierten Spaltung beobachtet wird. Diese Schwelle tritt bei einer Energie von $S_n + 700$ keV auf, und man erhält aus Ausdruck (6–109) die Abschätzung

$$\hbar\omega \approx 600 \text{ keV} \tag{6–574}$$

für den Parameter, der die Energieabhängigkeit der Subbarrierendurchdringung beschreibt. Es ist möglich, daß der Wert (6–574) die Frequenz ω etwas unterschätzt, weil nicht bekannt ist, ob die beobachtete Schwelle bei 700 keV mit s-Wellen-Neutronen zusammenhängt. Es ist daher möglich, daß die s-Wellen-Schwelle bei einer um einige hundert keV höheren Energie liegt. Die Abschätzung (6–574) für $\hbar\omega$ kommt dem Wert nahe, der aus der experimentellen Energieabhängigkeit der Schwellenfunktion für ^{240}Pu(n, f) folgt, siehe „Neutron Cross Sections" (1965).

Einen zusätzlichen Beleg für die Konsistenz der oben abgeleiteten Barrierenparameter liefert die Lebensdauer des spontan spaltenden Isomers in ^{241}Pu ($\tau_f = \hbar/\Gamma_f = 4 \cdot 10^{-5}$ s; Polikanov und Sletten, 1970). Eine grobe Abschätzung der Lebensdauer erhält man unter Annahme einer parabolischen Barriere. Diese ergibt mit Gln. (6–109) und (6–110)

$$\Gamma_f \approx \frac{\hbar\omega_{\text{vib}}}{2\pi} \exp\left\{-2\pi \frac{B(\text{II, III}) - E(\text{II})}{\hbar\omega}\right\}, \tag{6–575}$$

wobei ω_{vib} die Frequenz der kollektiven Schwingungen um den Gleichgewichtspunkt II ist, für die wir die Größenordnung $\hbar\omega_{\text{vib}} \approx 1$ MeV annehmen. Die obige Analyse ergibt für die Höhe der Barriere zwischen den Gebieten II und III den Wert $B(\text{II, III}) - E(\text{II}) \approx S_n + 0{,}7 \text{ MeV} + E(\text{I}) - E(\text{II}) \approx 4$ MeV, wobei die Werte $S_n = 5{,}2$ MeV und E(I)

— E(II) ≈ −2 MeV (siehe S. 548) verwendet wurden. Aus Gl. (6–575) erhält man somit den Wert $\hbar\omega \approx 700$ keV für den Parameter, der die Durchlässigkeit der Barriere zwischen den Gebieten II und III beschreibt. Dieses Ergebnis ist konsistent mit dem Wert (6–574), der sich aus dem beobachteten Γ_f(II) ergibt.

Eine andere Informationsquelle über die relativen Barrierenhöhen stellt die Untersuchung der Winkelverteilung der Spaltbruchstücke im (n, f)- und (γ, f)-Prozeß dar (Strutinsky und Bjørnholm, 1968). Die in Kapitel 4, S. 104ff. dargestellte Analyse der (γ, f)-Verteilungen nimmt an, daß die Quantenzahl K nach dem Durchgang durch den Sattelpunkt, der die Spaltschwelle darstellt, erhalten bleibt. Eine solche Situation, die zu starken Anisotropien im Schwellgebiet führt, sollte vorliegen, wenn die äußere Barriere II → III höher als die innere Barriere I → II ist. Wenn jedoch die Schwelle durch die Barriere I → II bestimmt wird, dann kann die Bewegung des Systems durch das Gebiet II wegen der Kopplung an das dichte Spektrum der Compoundniveaus vom Typ II gedämpft werden. Solch eine Dämpfung kann den Verlust des Gedächtnisses hinsichtlich der Quantenzahl K für die Kanalzustände an der Barriere I → II zur Folge haben, und die Winkelverteilung der Spaltbruchstücke wird dann bestimmt durch die Verteilung der K-Quantenzahlen für die offenen Kanäle, die über die Barriere II → III führen. An der Schwelle kann diese Verteilung ziemlich viele Kanäle enthalten, woraus eine kleine Anisotropie folgt. Man sollte aber unterhalb der Schwelle, bei Energien nahe der Barriere II → III, wiederum große Anisotropien beobachten. Die Analyse von ^{238}U(γ, f) in Abb. 4–22, S. 106, entspricht dem Schema, das man erwartet, wenn die Barriere II → III die höhere ist; die Information bezüglich ^{240}Pu(γ, f) und ^{242}Pu(γ, f) wurde aber als Hinweis interpretiert, daß bei diesen Kernen die Barriere II → III die niedrigere ist (Kapiza u. a., 1969), im Widerspruch zu der vorläufigen Schlußfolgerung, die aus der obigen Analyse der Grobstruktur-Resonanzeffekte in ^{240}Pu(n, f) gezogen wurde. Diese Diskrepanz ist bisher noch ungeklärt.

Interpretation der für die Formisomerie verantwortlichen Schaleneffekte

Das Auftreten eines zweiten Minimums, das zur Spaltisomerie Anlaß gibt, kann man Schalenstruktureffekten bei Deformationen im Bereich der Spaltbarriere zuschreiben. (Eine Übersicht über die umfangreichen theoretischen Untersuchungen der Potentialflächen im Spaltprozeß findet man bei Nix, 1972.) Die für das Isomer verantwortlichen Effekte lassen sich verstehen, wenn man von der Struktur der Hauptschalen ausgeht, die bei der gestreckten Kerndeformation mit dem Hauptachsenverhältnis 2:1 auftritt (siehe S. 514 ff.). Diese Deformation entspricht annähernd dem Sattelpunkt der Spaltbarriere, die man im Tröpfchenmodell mit $x \approx 0{,}8$ berechnet (siehe Abb. 6A–1). Die Schalenstruktur hängt mit der Entartung der Eigenwerte für ein anisotropes harmonisches Oszillatorpotential mit dem Frequenzverhältnis 2:1 zusammen, das für die Teilchenzahlen ..., 80, 110, 140, ... zur Ausbildung abgeschlossener Schalen führt. Die Abweichungen des Kernpotentials von der Oszillatorform sind für Protonen größer als für Neutronen, und für Protonen erwartet man im Gebiet der schweren Elemente bei der 2:1-Deformation nur unbedeutende Schaleneffekte (siehe S. 516). Für Neutronen hat die Spinbahnkopplung zur Folge, daß vier (zweifach entartete) Orbitale mit $N_{sh} = 10$ zur Schale mit $N_{sh} = 9$ hinzukommen. Da letztere bei der Neutronenzahl $N = 140$ abgeschlossen wäre, entsteht ein Hauptschalenabschluß bei $N = 148$ (siehe Abb. 6–50, S. 515). Diese Neutronenzahl entspricht tatsächlich dem Gebiet der Kerne, in dem die Spaltisomerie gefunden wurde.

Diese Interpretation ermöglicht auch eine qualitative Abschätzung der Größe des Schaleneffekts, den man in der Energie des Spaltisomers erwarten kann. Für den Fall völliger Entartung liefert der Ausdruck (6–510) in Verbindung mit den Maßstabsfaktoren

(6–514) den Wert

$$\begin{aligned}\mathscr{E}_{\mathrm{sh}} &= -\tfrac{1}{24}(3N)^{2/3}(a^2b)^{-2/3}\,\hbar\omega_0 \\ &\approx -6\ \mathrm{MeV}\end{aligned} \tag{6–576}$$

für die abgeschlossene Neutronenkonfiguration ($a:b = 2:1$, $N = 148$, $\hbar\omega_0 = 41A^{-1/3}$MeV). Wie Abb. 6–50 zeigt, sind die Schalen über ein Energieintervall von etwas mehr als $\hbar\omega_{\mathrm{sh}}/2$ verteilt, daher erwartet man eine Schalenstrukturenergie der Größenordnung -3 MeV (siehe die Diskussion der unvollständigen Entartung auf S. 520).

Die Abschätzung für $\mathscr{E}_{\mathrm{sh}}$(II) scheint mit der Energie des zweiten Minimums aus der obigen Analyse in Einklang zu stehen, die einen Wert für E(II) liefert, der etwa 3,5 MeV unter dem Mittelwert der beiden Barrieren liegt. (E(II) $-$ E(I) $\approx$ 2 MeV, siehe S. 548; B(I, II) $-$ E(I) $\approx$ 5,2 MeV, B(II, III) $-$ E(I) $\approx$ 5,9 MeV, siehe S. 549.) Bei der Interpretation des Unterschieds zwischen E(II) und E(I) muß man sowohl Beiträge von $\tilde{\mathscr{E}}$ als auch von $\mathscr{E}_{\mathrm{sh}}$ betrachten. Für $(Z^2/A)_{\mathrm{krit}} = 45$ (siehe S. 538), was $x = 0{,}8$ für ^{241}Pu entspricht, ergibt die Tröpfchenmodell-Barrierenfunktion (6A–33) $\tilde{\mathscr{E}}$(II) $\approx$ 4 MeV ($\beta \approx \beta_f = 0{,}7$) und $\tilde{\mathscr{E}}$(I) $\approx$ 1 MeV ($\beta \approx 0{,}23$). Bei sphärischer Form würde sich eine große positive Schalenstrukturenergie ergeben, die Deformation vermindert aber diese „Spannung" in der Kernstruktur, und man erwartet einen negativen, wenn auch kleinen Wert von $\mathscr{E}_{\mathrm{sh}}$. Eine Abschätzung im Oszillatormodell (siehe S. 523) würde $\mathscr{E}_{\mathrm{sh}}$(I) ≈ -4 MeV entsprechen, dieser Wert sollte aber wegen der unvollständigen Schalenentartung um etwa einen Faktor 2 reduziert werden. Somit erhalten wir die Abschätzung E(II) $-$ E(I) $\approx \tilde{\mathscr{E}}$(II) $-$ $\tilde{\mathscr{E}}$(I) $+$ $\mathscr{E}_{\mathrm{sh}}$(II) $-$ $\mathscr{E}_{\mathrm{sh}}$(I) $\approx$ 2 MeV. Obwohl es auf dieser einfachen Grundlage möglich scheint, die Hauptmerkmale der Funktion der potentiellen Energie für ^{241}Pu auf einheitliche Weise zu interpretieren, muß doch die qualitative Natur der verschiedenen numerischen Abschätzungen unterstrichen werden.

Eigenschaften von Spinanregungen

Kollektive Anregungen mit $\lambda\pi = 1^+$ (Abb. 6–60)

Die Erforschung der kollektiven Kernbewegung, die die inneren Spinfreiheitsgrade enthält, ist trotz der weitreichenden Bedeutung dieses Aspekts der Kerndynamik noch in einem Anfangsstadium. Im vorliegenden Beispiel betrachten wir die vorläufigen Daten über die Freiheitsgrade, die durch die einfachen, ortsunabhängigen Felder

$$\boldsymbol{F}_\tau = \begin{cases} \boldsymbol{\sigma}, & \tau = 0, \\ \boldsymbol{\sigma}\tau_z, & \tau = 1, \end{cases} \tag{6–577}$$

angeregt werden. Die spinabhängigen Wechselwirkungen im Kern können die Felder (6–577) mit der Bahn- und Spinsymmetrie $\varkappa = 0$, $\sigma = 1$ an Felder mit $\varkappa = 2$, $\sigma = 1$, $\lambda\pi = 1^+$ (siehe S. 329) koppeln; die verfügbaren Daten reichen aber nicht aus, um die Rolle dieser Kopplungen zu bestimmen. Die vorliegende Diskussion beschränkt sich auf die diagonale Wechselwirkung, die die Felder (6–577) enthält. Es muß aber betont werden, daß ein echtes Verständnis der Spinanregungen die Analyse der in $\varkappa$ nichtdiagonalen Kopplungen erfordert.

Analyse auf der Grundlage von Einteilchenanregungen

Für einen Kern mit abgeschlossenen Schalen sind die einzigen Einteilchenübergänge, die durch die Felder (6–577) erzeugt werden können, vom Typ $j = l + 1/2 \to j = l - 1/2$ mit einer der Spinbahnaufspaltung entsprechenden Frequenz. Solche Übergänge können dann auftreten, wenn die Schale $j = l + 1/2$ aufgefüllt, die Schale $j = l - 1/2$ aber leer ist. Somit existieren für die magischen Konfigurationen in ^{4}He, ^{16}O und ^{40}Ca keine Anregungen, die mit den Feldern (6–577) verknüpft sind. Das entspricht dem Umstand, daß diese Konfigurationen sowohl für Protonen als auch für Neutronen den Gesamtspin $S = 0$ haben. Die magischen Konfigurationen mit den Teilchenzahlen 28, 50, 82 und 126 enthalten jedoch infolge der Spinbahnwechselwirkung nicht abgesättigte Spins, und man kann eine kollektive Spinanregung erwarten.

Für einen Kern mit $N = Z (T_0 = 0)$ entsprechen die Normalschwingungen isoskalaren oder isovektoriellen Anregungen. In Kernen mit Neutronenüberschuß sind die nicht abgesättigten Spins der Neutronen und Protonen mit unterschiedlichen Bahnen verknüpft. Besitzen aber die Neutronen und Protonen ähnliche Spinbahnfrequenzen und Übergangsstärken (wie z. B. in ^{208}Pb), dann erwartet man ebenfalls, daß die spinabhängigen Wechselwirkungen die Neutronen- und Protonenanregungen zu kollektiven Schwingungen mit $\tau \approx 0$ und $\tau \approx 1$ kombinieren.

Für eine Einteilchen-Responsefunktion mit nur einer einzigen Frequenz können die Wechselwirkungseffekte wie in Abschnitt 6–2c behandelt werden. Die mit den Feldern (6–577) verknüpften Einteilchenanregungen haben die Gesamtstärke

$$\begin{aligned}(\alpha_0^{(0)})^2 &= \sum_i \langle i|\, \sigma_z \,|\mathsf{v} = 0\rangle^2 = \sum_i \langle i|\, \sigma_z\tau_z \,|\mathsf{v} = 0\rangle^2 \\ &= \frac{8}{3}\left(\frac{l_n(l_n+1)}{2l_n+1} + \frac{l_p(l_p+1)}{2l_p+1}\right) \\ &\approx \frac{4}{3}(2\bar{l}+1)\,. \end{aligned} \qquad (6\text{–}578)$$

Dabei wurde angenommen, daß die Neutronen und die Protonen mit je einem Übergang beitragen, der aus der Konfiguration abgeschlossener Schalen $\mathsf{v} = 0$ zu der Teilchen-Loch-Konfiguration $(j = l + 1/2)^{-1}\,(j = l - 1/2)^1$ führt. Das Matrixelement von σ_z kann man aus den Gln. (3A–22) und (3B–25) erhalten. In der letzten Zeile von Gl. (6–578) haben wir den Mittelwert $\bar{l} = (l_n + l_p)/2$ eingeführt und Glieder der relativen Größe $(l)^{-2}$ vernachlässigt. Die Rückstellkraft der ungestörten Bewegung ist durch (siehe Gl. (6–23))

$$C^{(0)} = \frac{\hbar\omega^{(0)}}{2(\alpha_0^{(0)})^2} \approx \frac{3}{8}\,\frac{\hbar\omega^{(0)}}{2l+1} \qquad (6\text{–}579)$$

gegeben, wobei die ungestörte Energie $\hbar\omega^{(0)}$ gleich der Spinbahnaufspaltung $\big(\hbar\omega^{(0)} = \varepsilon(j = l - 1/2) - \varepsilon(j = l + 1/2)\big)$ ist, für die der Mittelwert aus Neutronen und Protonen angenommen wird. Die Parameter der ungestörten Bewegung $C^{(0)}$, $\hbar\omega^{(0)}$ und $\alpha_0^{(0)}$ sind für die $\tau = 0$- und $\tau = 1$-Anregungen gleich.

Bei Berücksichtigung der mit den spinabhängigen Feldern verknüpften Wechselwirkungen, die wir durch die Parameter $\varkappa_\tau$ charakterisieren, haben die Normalschwingungen die folgenden Frequenzen und Übergangsstärken (siehe Gln. (6–27) und (6–28))

$$\hbar\omega_\tau = \hbar\omega^{(0)}\left(1 + \frac{\varkappa_\tau}{C^{(0)}}\right)^{1/2}, \tag{6–580a}$$

$$\langle n_\tau = 1, \lambda\pi = 1^+, \mu = 0|\, (F_\tau)_z\, |0\rangle^2 = (\alpha_0^{(0)})^2\,\frac{\hbar\omega^{(0)}}{\hbar\omega_\tau}. \tag{6–580b}$$

Die kollektive Anregung $n_\tau = 1$ ist mit einem starken spinabhängigen Kernfeld assoziiert, das durch unelastische Streuprozesse untersucht werden kann. Die isovektorielle Spinanregung verursacht außerdem einen kollektiven $M1$-Übergang mit

$$\begin{aligned} B(M1;\, 0 \to n_1 = 1, \lambda\pi = 1^+) &= \frac{9}{16\pi}(g_s - g_l)^2_{\tau=1}\left(\frac{e\hbar}{2Mc}\right)^2 \langle n_{\tau=1} = 1|\, (F_{\tau=1})_z\, |0\rangle^2 \\ &\approx \frac{3}{4\pi}(4{,}21)^2\,(2l+1)\,\frac{\hbar\omega^{(0)}}{\hbar\omega_{\tau=1}}\left(\frac{e\hbar}{2Mc}\right)^2, \end{aligned} \tag{6–581}$$

wobei g_s und g_l die Spin- bzw. Bahn-g-Faktoren mit den in Gl. (3–37) angegebenen Werten sind.

Abschätzung der Kopplungsstärke

Über die mit den isoskalaren Spinfeldern verknüpfte Kopplung ist ziemlich wenig bekannt. Aus der beobachteten Renormierung des effektiven Spin-g-Faktors in den Einteilchen-$M1$-Matrixelementen (siehe Tab. 3–3, Band I, S. 359) kann man jedoch Aussagen über die Isovektorfelder ableiten. Aus den Gln. (6–216) und (6–26) erhalten wir

$$\left(\frac{\delta g_s}{g_s}\right)_{\tau=1} = -\left(\frac{\varkappa}{C}\right)_{\tau=1} = -\frac{\varkappa_{\tau=1}}{C^{(0)} + \varkappa_{\tau=1}} \tag{6–582}$$

für den statischen Polarisationsbeitrag δg_s zum isovektoriellen Spin-g-Faktor. Die beobachteten magnetischen Momente in der Umgebung von ^{208}Pb legen für den isovektoriellen Spin-g-Faktor den Wert $\delta g_s/g_s \approx -0{,}5$ nahe (siehe Band I, S. 360). Aus dieser Stärke folgt $\varkappa_{\tau=1} \approx C^{(0)}$, und somit erhält man aus den Gln. (6–578) und (6–579)

$$\varkappa_{\tau=1} \approx C^{(0)} \approx \frac{3}{8}\,\frac{\hbar\omega^{(0)}}{2l+1} \approx 0{,}18\ \text{MeV}, \tag{6–583}$$

wobei für die ungestörte Frequenz $\hbar\omega^{(0)} = 5{,}7$ MeV der Mittelwert der Anregungsfrequenzen $h_{11/2} \to h_{9/2}$ (Protonen) und $i_{13/2} \to i_{11/2}$ (Neutronen) genommen wurde (siehe Abb. 3–3, Band I, S. 341). Nimmt man an, daß die Kopplung wie bei einem Volumeneffekt proportional zu A^{-1} ist, dann ergibt sich

$$\varkappa_{\tau=1} \approx 40A^{-1}\ \text{MeV}. \tag{6–584}$$

Belege für kollektive $M1$-Anregungen

Die Kopplungsstärke (6–583) führt für ^{208}Pb auf eine Isovektor-Spinanregung mit der Frequenz und Übergangsstärke

$$\hbar\omega \approx \sqrt{2}\,\hbar\omega^{(0)} \approx 8{,}1\ \text{MeV},$$
$$B(M1;\,0^+ \to n_{\tau=1} = 1,\ \lambda\pi = 1^+) \approx 36\left(\frac{e\hbar}{2Mc}\right)^2. \qquad (6\text{–}585)$$

Ein vorläufiger Hinweis auf die erwartete kollektive $M1$-Anregung in ^{208}Pb wurde aus der Untersuchung der ^{208}Pb(γ, n)-Reaktion erhalten (siehe Abb. 6–60). Im Gebiet bis zu etwa 1 MeV oberhalb der Neutronenschwelle (S_n = 7,38 MeV) konnten die Beiträge der individuellen Resonanzen mit Hilfe der Neutronenflugzeitspektroskopie aufgelöst werden. Aufgrund von Winkelverteilungen wurde den sieben Resonanzen in Abb. 6–60 $I\pi = 1^+$ zugeschrieben. Die beobachtete $M1$-Stärke im Anregungsfenster 7,4 — 8,3 MeV enthält etwa 70% der in Gl. (6–585) abgeschätzten Stärke.

Einen Beleg für die Isovektor-Spinanregung in Ce erhält man aus der Elektronenstreuung, bei der ein kollektiver $M1$-Übergang mit einer Stärke $B(M1;\,0 \to 1^+) \approx (36 \pm 18)\,(e\hbar/2Mc)^2$ bei einer Energie $\hbar\omega = 8{,}7$ MeV und mit der Gesamtbreite $\Gamma_{\text{tot}} \approx 2$ MeV identifiziert wurde (Pitthan und Walcher, 1972). Das vorherrschende

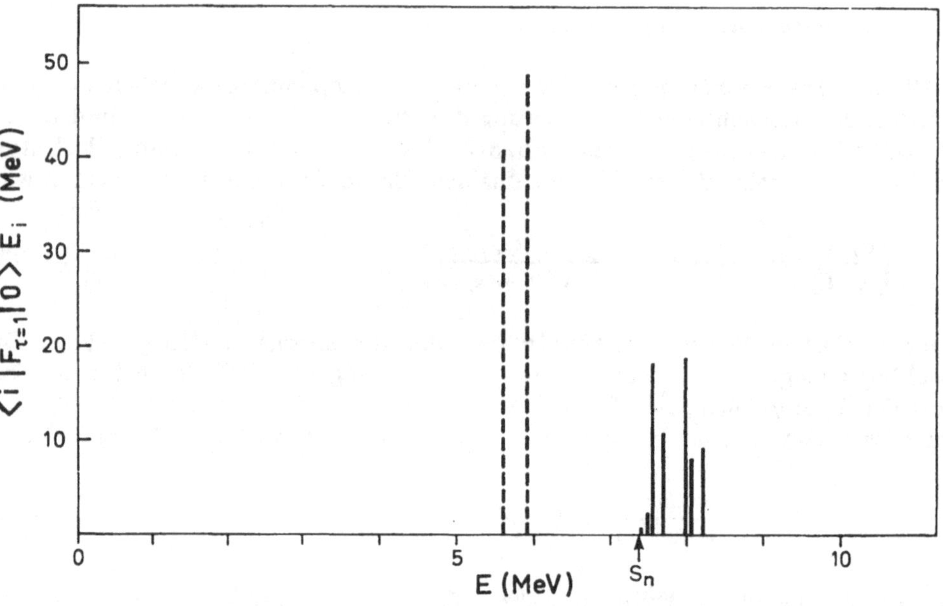

Abb. 6–60 Magnetische Dipolübergänge in ^{208}Pb. Die gestrichelten Linien geben die Energien und die Oszillatorstärke für die ($\varkappa = 0$, $\sigma = 1$, $\tau = 1$)-Übergänge an, die ohne Berücksichtigung der Wechselwirkungseffekte berechnet wurden. Die beobachteten Übergangsstärken (durchgezogene Linien) wurden aus den gemessenen Breiten für $M1$-γ-Übergänge erhalten. Die experimentellen Daten sind aus C. D. Bowman, R. J. Baglan, B. L. Berman und T. W. Phillips, Phys. Rev. Letters **25**, 1302 (1970) entnommen.

Ce-Isotop ist $^{140}_{58}$Ce mit 82 Neutronen, die durch den Übergang $h_{11/2} \to h_{9/2}$ beitragen. Der Protonenbeitrag sollte der Anregung $g_{9/2} \to g_{7/2}$ der abgeschlossenen Schale bei $Z = 50$ ähneln. Die zusätzlichen Protonen besetzen teilweise den $g_{7/2}$-Zustand, wobei der $g_{9/2}$-Beitrag verringert wird, und teilweise den $d_{5/2}$-Zustand, wodurch neue nicht abgesättigte Spins hinzukommen. Nimmt man für $\hbar\omega^{(0)}$ den gleichen Wert wie in ^{208}Pb an, benutzt die Kopplung (6–584) und $\bar{l} = 4{,}5$, dann ergibt sich $\hbar\omega = 8{,}6$ MeV und $B(M1; 0 \to 1^+) = 29\,(e\hbar/2Mc)^2$.

Es gibt auch Hinweise auf bedeutende Wechselwirkungseffekte in den $M1$-Anregungszuständen von leichten Kernen mit nicht abgesättigten Spins im Grundzustand. Man findet zum Beispiel starke $M1$-Anregungen in ^{12}C ($\hbar\omega = 15{,}1$ MeV, $B(M1; 0 \to 1^+) \approx 3(e\hbar/2Mc)^2$; Ajzenberg-Selove und Lauritsen, 1968) und in ^{28}Si (mehrere Linien mit $\hbar\omega \approx 11{,}5$ MeV und einem Gesamtwert $B(M1; 0 \to 1^+) \approx 7(e\hbar/2Mc)^2$; Fagg u. a., 1969). Beschreibt man die $M1$-Anregungen in diesen Kernen durch die isovektorielle Feldkopplung (6–577) mit der Stärke (6–584), wobei man von einer Konfiguration abgeschlossener Schalen in jj-Kopplung ausgeht, dann erhält man für ^{12}C mit $\hbar\omega^{(0)} = 6$ MeV (siehe Abb. 3–2b, Band I, S. 336) die Werte $\hbar\omega = 14$ MeV und $B(M1; 0 \to 1^+) = 5{,}4(e\hbar/2Mc)^2$, während sich für ^{28}Si mit $\hbar\omega^{(0)} = 5$ MeV (siehe Abb. 3–2b) die Werte $\hbar\omega = 11$ MeV und $B(M1; 0 \to 1^+) = 9{,}6(e\hbar/2Mc)^2$ ergeben. Obwohl die Abschätzungen die experimentellen Ergebnisse qualitativ wiedergeben, muß betont werden, daß wichtige Kopplungen vernachlässigt wurden; insbesondere sollte für die betrachteten Kerne das Zusammenspiel von Deformationseffekten und Spinkopplungen wichtig sein.

Übergang von der jj- zur LS-Kopplung

Man kann die Effekte der spinabhängigen Felder, die die kollektive Spinanregung und die damit verbundene Spinpolarisation erzeugen, als Tendenz zum Übergang von der jj- zur LS-Kopplung verstehen (siehe die Bemerkungen in Band I, S. 354 und 364). Für ein System mit nur einer Teilchensorte läßt sich die Kopplung an das Feld (6–577) durch eine Zweiteilchenwechselwirkung der Form (siehe Gl. (6–24))

$$\begin{aligned} H' &= \varkappa \sum_{j<k} \sigma_j \cdot \sigma_k = \frac{\varkappa}{2}\left(\left(\sum_k \sigma_k\right)^2 - \sum_k (\sigma_k)^2\right) \\ &= 2\varkappa(S^2 - \tfrac{3}{4}n) \end{aligned} \tag{6–586}$$

ausdrücken, wobei $\boldsymbol{S}$ der Operator des Gesamtspins und n die Teilchenzahl ist.

Für die Konfiguration abgeschlossener Schalen $(j = l + 1/2)^{2l+2}$ und $l \gg 1$ folgt aus Gl. (6–578) $\langle S^2 \rangle \approx l$; die mittlere Kopplungsenergie beträgt daher $\langle H' \rangle \approx -\varkappa l$. Die Spin-Spin-Wechselwirkung mit positivem $\varkappa$ bevorzugt Zustände mit niedrigem S und bedingt eine Verringerung von $\langle S^2 \rangle$ im Grundzustand, wie der letzte Faktor in Gl. (6–580b) zeigt. Für genügend große Werte von $\varkappa$ nähert sich der Grundzustand einem Zustand mit $S = 0$ und einer Wechselwirkungsenergie $\langle H' \rangle \approx -3\varkappa l$.

Der Übergang von der jj- zur LS-Kopplung führt somit zu einem Gewinn an Spin-Wechselwirkungsenergie von der Größenordnung $\varkappa$ pro Teilchen. Der Wechsel des Kopplungsschemas bringt aber zugleich einen Verlust an Spinbahn-Wechselwirkungsenergie, der ungefähr $\hbar\omega^{(0)}/2$ pro Teilchen beträgt. Somit tritt der Übergang auf, wenn $\varkappa \sim \hbar\omega^{(0)} \sim lC^{(0)}$, das entspricht $\hbar\omega \sim l^{1/2}\hbar\omega^{(0)}$ und $\langle S^2 \rangle \sim l^{1/2}$; siehe Gln. (6–579) und (6–580). (Für negative $\varkappa$ würde die Spin-Spin-Kopplung Zustände mit hohem Spin bevorzugen, und der Übergang zur „ferromagnetischen" Phase würde schon bei einer Kopplungsstärke $|\varkappa| \sim C^{(0)}$ auftreten, was zu kollektiven Spinschwingungen mit der Frequenz Null führt.)

Während man erwartet, daß sich $\varkappa$ näherungsweise wie A^{-1} ändert (siehe Gl. (6–584)), ist die Spinbahnaufspaltung $\hbar\omega^{(0)}$ für die Zustände mit dem größten l-Wert im Kern für das gesamte Periodensystem etwa gleich. Somit ist das jj-Kopplungsschema beim Übergang zu schweren Kernen immer besser erfüllt. Bei den sehr leichten Kernen ($A \approx 10$) wird der Schätzwert für $\varkappa$ mit $\hbar\omega^{(0)}$ vergleichbar, was einer intermediären Kopplung entspricht.

Eigenschaften der Paarkorrelationen[1])

Im folgenden Beispiel betrachten wir einige einfache Merkmale der Kopplung zwischen dem Paarfeld und der Einteilchenbewegung. (Paarkorrelationen und Quasiteilchen-Kopplungsschema werden dabei nicht systematisch diskutiert.)

Grundzustand von ^{206}Pb (*Abb. 6–61 und Tab. 6–19*)

Die umfangreichen Angaben über die Eigenschaften des Grundzustands von ^{206}Pb ermöglichen eine ziemlich detaillierte Analyse der Paarkorrelationen zwischen den beiden Neutronenlöchern in der Konfiguration abgeschlossener Schalen von ^{208}Pb. Die Separationsenergien von ^{208}Pb für ein und zwei Neutronen betragen 7,375 MeV bzw. 14,110 MeV

[1]) Bereits im Anfangsstadium der Kernphysik wurde bemerkt, daß ein systematischer Unterschied zwischen geraden und ungeraden Kernen auftritt, der mit dem Paarungseffekt zusammenhängt (siehe Heisenberg, 1932a). Diese Erkenntnis bildete die Grundlage für das Verständnis der Unterschiede zwischen der Spaltung der ungeraden und geraden U-Isotope (Bohr und Wheeler, 1939). Ein Beitrag zum ungerade-gerade-Massenunterschied rührt von der zweifachen Entartung der Zustände im Einteilchenpotential (siehe Band I, S. 151) sowie vom Einfluß der Bahn-Permutationssymmetrie auf die Wechselwirkungsenergien der Nukleonen (Wigner, 1937) her. Diese Beiträge entsprechen einer zu A^{-1} proportionalen Paarungsenergie. Die experimentellen Informationen belegten jedoch, daß diese Energie mit zunehmender Massenzahl langsamer abnimmt (siehe z. B. Green, 1958). Einen ersten Schritt bei der Analyse der Korrelationseffekte, die in den ungerade-gerade-Massendifferenzen enthalten sind, stellte die Untersuchung der Schalenmodellkonfigurationen mit paarweiser Kopplung äquivalenter Nukleonen zum Drehimpuls Null dar (Seniority-Kopplungsschema; Mayer, 1950a; Racah, 1952; Racah und Talmi, 1953). Die Untersuchung der kollektiven Kerneigenschaften lenkte die Aufmerksamkeit auf die Paarkorrelationen als systematischen Effekt, der der Ausrichtung der einzelnen Bahnen im deformierten Potential entgegenwirkt (Bohr und Mottelson, 1955). Nach der Entdeckung geeigneter Methoden zur Behandlung der Elektronenkorrelationen in Supraleitern (Bardeen, Cooper und Schrieffer, 1957) bemerkte man, daß diese auch eine Grundlage für die Analyse der Paarkorrelationen in Kernen liefern können (Bohr, Mottelson und Pines, 1958; Belyaev, 1959; Migdal, 1959). Die quantitative Deutung der Kerneigenschaften auf dieser Grundlage wurde durch die Arbeiten von Kisslinger und Sorensen (1960), Griffin und Rich (1960), Nilsson und Prior (1961), Soloviev (1961 und 1962), Yoshida (1961 und 1962), Mang und Rasmussen (1962) eingeleitet. Das Quasiteilchen-Kopplungsschema kann als eine verallgemeinerte Seniority-Kopplung angesehen werden, und die Bezeichnung v für das Quasiteilchen ist die von Racah (1943) verwendete, die sich aus dem hebräischen Wort für Seniority („vethek") ableitet.

(siehe MATTAUCH u. a., 1965). Der Grundzustand von ^{206}Pb mit $I\pi = 0^+$ ist daher im Vergleich zur niedrigsten ungestörten Zwei-Loch-Konfiguration $(p_{1/2})^{-2}$ mit 640 keV gebunden. Diese Wechselwirkungsenergie ist mit dem Abstand zwischen den verschiedenen Konfigurationen $(j^{-2})_0$ (siehe Tab. 6–19) vergleichbar und legt daher nahe, daß Konfigurationsmischung von Bedeutung sein kann.

Tab. 6–19 Konfigurationsanalyse des Grundzustandes von ^{206}Pb. Die Tabelle zeigt die Amplituden $c(j)$ für die Konfigurationen j^{-2}, die zwei Neutronenlöcher bezüglich des Grundzustandes von ^{208}Pb enthalten. Die experimentellen Amplituden wurden aus einer Analyse der ^{206}Pb(d, p)-Querschnitte für die Besiedlung der j^{-1}-Konfigurationen in ^{207}Pb abgeleitet (R. A. MOYER, B. L. COHEN und R. C. DIEHL, Phys. Rev. C 2, 1898 (1970)); die relativen Amplituden, die sich aus dieser Analyse ergaben, wurden auf $\sum c^2(j) = 1$ normiert. Die experimentellen Einteilchenenergien in Spalte 3 sind aus Abb. 3–2f, Band I, S. 340, entnommen.

Bahn	$\Omega = j + \frac{1}{2}$	$\varepsilon(p_{1/2}) - \varepsilon(j)$	$\lvert c(j)\rvert_{\text{exp}}$	$c(j)_{\text{berech}}$
$p_{1/2}$	1	0	0,66	0,74
$f_{5/2}$	3	0,57	0,51	0,46
$p_{3/2}$	2	0,89	0,32	0,28
$i_{13/2}$	7	1,63	0,28	0,32
$f_{7/2}$	4	2,34	0,22	0,18
$h_{9/2}$	5	3,47	0,3	0,14

Die Quadrate der Amplituden $c(j)$, die die Struktur des ^{206}Pb-Grundzustandes beschreiben,

$$|^{206}\text{Pb}; 0^+\rangle = \sum_j c(j)\,|(j^{-2})_0\rangle, \tag{6–587}$$

wurden mit Hilfe der Einteilchen-Transferreaktionen ^{206}Pb(d, p) zu den verschiedenen j^{-1}-Konfigurationen von ^{207}Pb direkt gemessen; die Resultate eines solchen Experiments sind in Tab. 6–19 angegeben. Die Amplituden $|c(j)|$ können auch aus einer Resonanzanalyse der elastischen Streuung von Protonen an ^{206}Pb, die über die Isobar-Analogzustände der j^{-1}-Konfigurationen von ^{207}Pb verläuft, bestimmt werden. Die auf diese Weise erhaltenen Ergebnisse stehen in Einklang mit den Werten in Tab. 6–19 (RICHARD u. a., 1968).

Die erwähnten Experimente lassen die relativen Phasen der Amplituden $c(j)$ offen. Zieht man aber in Betracht, daß die Zweiteilchen-Transferreaktion ^{208}Pb(p, t) ^{206}Pb den Grundzustand mit einer Intensität bevölkert, die um eine Größenordnung über den Werten für die angeregten 0^+-Zustände liegt (HOLLAND u. a., 1968), dann erwartet man solche relativen Phasen, die eine verstärkte räumliche Überlappung der beiden Neutronen erzeugen. Mit der Standardphasenkonvention beträgt die Amplitude für eine Lokalisierung am gleichen Ort im Zustand $(j^2)_0$ (siehe Gln. (3 A–5) und (1 A–43))

$$\langle \boldsymbol{r}_1 = \boldsymbol{r}_2 = \boldsymbol{r}, S = 0 \mid j^2; I = 0\rangle = (4\pi)^{-1}\,(j + \tfrac{1}{2})^{1/2}\,\mathcal{R}^2_{nlj}(r), \tag{6–588}$$

wobei $\mathcal{R}_{nlj}$ die Radialwellenfunktion ist (und die Winkelwellenfunktionen auf den Raumwinkel 4π normiert sind). Konstruktive Interferenz in der räumlichen Überlappung erfordert daher, daß die verschiedenen Koeffizienten $c(j)$ gleiches Vorzeichen besitzen.

Die Konfigurationsmischung im Grundzustand von ^{206}Pb kann durch die Stärke des Paarfeldes charakterisiert werden. Für den 0^+-Zustand ist die Paardichte räumlich isotrop, und das Matrixelement des Monopolmoments (6–145) ist

$$M \equiv \langle {}^{206}\mathrm{Pb};\, 0^+ |\, M_2^\dagger \,| {}^{208}\mathrm{Pb};\, 0^+ \rangle = -\sum_j c(j)\,(j+\tfrac{1}{2})^{1/2}. \tag{6–589}$$

Der Faktor $j + 1/2$ repräsentiert die Zahl der verschiedenen Komponenten $(\nu\bar{\nu})$ im gekoppelten Zustand $(j^{-2})_0$. Der Wert von $|M|$, der sich aus den Daten in Tab. 6–19 ergibt, beträgt unter der Annahme eines positiven Vorzeichens für alle $c(j)$ etwa 3,8. Diese Zahl kann man mit $|M| = 1$ für eine reine $p_{1/2}^{-2}$-Konfiguration und dem Maximalwert $|M| = (22)^{1/2} \approx 4{,}7$ vergleichen, der sich aus den Orbitalen der letzten aufgefüllten Neutronenschale $(82 < N \leqq 126)$ konstruieren läßt.

Die große Verstärkung des Paarfeldes legt eine Interpretation des ^{206}Pb-Grundzustandes durch ein kollektives Phonon mit den Quantenzahlen $\alpha = -2$ und $\lambda\pi = 0^+$ nahe, siehe S. 331 ff. Eine solche Anregung kann durch die Kopplung zwischen den individuellen Konfigurationen $(\nu\bar{\nu})$ und dem kollektiven Paarfeld erzeugt werden. Nimmt man an, daß diese Teilchen-Vibrationskopplung die Form (6–148) (mit einem konstanten radialen Formfaktor) hat, dann liefert die in Abb. 6–61 illustrierte Selbstkonsistenzbedingung für das Paarmoment die Eigenwertgleichung

$$\sum_j \frac{G(j+\frac{1}{2})}{2\,|\varepsilon(j)| - \hbar\omega} = 1, \tag{6–590}$$

wobei $|\varepsilon(j)|$ die Energien der Ein-Loch-Konfigurationen j^{-1} sind, während $\hbar\omega$ die Energie der kollektiven Paarschwingung darstellt. Der Ausdruck (6–590) verknüpft die Kopp-

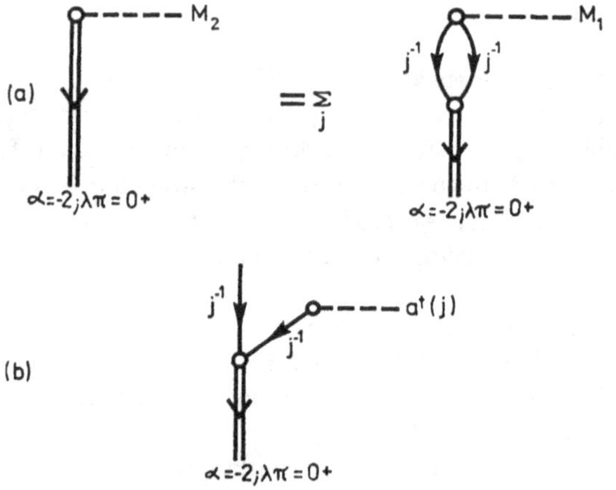

Abb. 6–61 Diagramme zur Illustration der Eigenschaften von Paarquanten. Abbildung 6–61a stellt die Selbstkonsistenzbeziehung für das Paarmoment dar,

$$M_2 = \sum_{\nu>0} a^\dagger(\bar{\nu})\, a^\dagger(\nu) = -\sum_j (j+\tfrac{1}{2})^{1/2} A^\dagger((j^2)_0),$$

$$A^\dagger((j^2)_0) \equiv 2^{-1/2}(a^\dagger(j')\, a^\dagger(j))_{(jj')0}.$$

Das Diagramm in Abb. 6–61b repräsentiert die Amplitude für den Einteilchentransfer, der von dem Paarabtrennquant zu einem Ein-Loch-Zustand führt.

lungskonstante G mit der Energie der kollektiven Anregung, und die beobachtete Bindungsenergie von ^{206}Pb sowie die empirischen Einteilchenenergien in Tab. 6–19 ergeben für die Paarfeld-Kopplungskonstante den Wert

$$G = 0{,}14\ \text{MeV}. \tag{6–591}$$

Die Amplituden $c(j)$, die die mikroskopische Struktur der 0^+-Anregung charakterisieren (siehe Gl. (6–587)), kann man aus dem Matrixelement des Operators $A^\dagger\big((j^{-2})_0\big)$ erhalten, der den normierten Zustand $(j^{-2})_0$ erzeugt. Das Matrixelement zwischen dem Vakuum- und dem Einphononen-Zustand, das durch ein zum ersten Diagramm in Abb. 6–13 äquivalentes Diagramm dargestellt wird, liefert

$$c(j) = \frac{GM(j+\frac{1}{2})^{1/2}}{\hbar\omega - 2\,|\varepsilon(j)|}. \tag{6–592}$$

Weiterhin läßt sich die Amplitude $c(j)$ durch das in Abb. 6–61 b dargestellte Einteilchen-Transfermatrixelement charakterisieren. Das reduzierte Matrixelement für diesen Prozeß hat den Wert $2^{1/2}c(j)$, wobei der Faktor $2^{1/2}$ das Auftreten von zwei äquivalenten Neutronenlöchern widerspiegelt, von denen jedes durch das hinzugefügte Neutron aufgefüllt werden kann. Der Unterschied zwischen dem Gewichtsfaktor des Diagramms 6–61 b und dem entsprechenden Faktor in $A^\dagger\big((j^{-2})_0\big)$ kann damit in Zusammenhang gebracht werden, daß die zwei identischen Neutronen im ersteren unterschiedliche Rollen spielen, im letzteren jedoch nicht. Die Anwendung der Normierungsbedingung

$$\sum_j c^2(j) = 1 \tag{6–593}$$

auf den Ausdruck (6–592) bestimmt die Größe des Paarmoments, für das man $M = -3{,}5$ erhält, in ziemlich guter Übereinstimmung mit dem oben angegebenen experimentellen Wert. (Wir haben die Phase für die 0^+-Anregung so gewählt, daß sie positive Werte für $c(j)$ und dementsprechend einen negativen Wert für M liefert; siehe Gl. (6–589).) Die aus Gln. (6–592) und (6–593) erhaltenen Amplituden $c(j)$ sind in der letzten Spalte von Tab. 6–19 angegeben und reproduzieren die Hauptmerkmale der beobachteten Konfigurationsmischung.

Bei der obigen Analyse der Paarkorrelationen haben wir uns auf die Konfigurationen der Neutronenlöcher in den Zuständen der Schale $82 < N \leqq 126$ beschränkt. Die Berücksichtigung von weiter entfernten Bahnen kann das Moment des Paarfeldes und die effektive Kopplungskonstante wesentlich renormieren. So läßt sich zum Beispiel der Beitrag der Matrixelemente, die der Erzeugung bzw. Vernichtung von Paaren in der nächsthöheren Schale $(126 < N \leqq 184)$ entsprechen, durch Berücksichtigung der durch das zweite Diagramm in Abb. 6–13 dargestellten Amplitude erfassen. Die Selbstkonsistenzbedingung schließt dann auch Terme aus Zwischenzuständen ein, die ein Phonon und zwei Teilchen in der oberen Schale enthalten (Grundzustandskorrelationen); siehe Abb. 6–14. Nimmt man an, daß das Paarfeld mit gleicher Stärke in beiden Schalen wirkt, dann wird die beobachtete Paarbindungsenergie in ^{206}Pb durch die Kopplungskonstante $G = 0{,}094$ MeV wiedergegeben, die wesentlich kleiner als der Wert (6–591) ist. Die Größe GM wird jedoch viel schwächer beeinflußt, und die abgeschätzten Einteilchenamplituden weichen nur wenig von den in Tab. 6–19 angegebenen Werten ab.

Die Kopplung an das kollektive Paarfeld (6–148) ist einer effektiven Zweiteilchenwechselwirkung der Form

$$H_{\text{pair}} = -G \sum_{\nu'>0} a^{\dagger}(\bar{\nu}')\, a^{\dagger}(\nu') \sum_{\nu>0} a(\nu)\, a(\bar{\nu}) \tag{6–594}$$

äquivalent (Paarkraft). In einem sphärischen Potential wirkt die Wechselwirkung (6–594) nur in den Zweiteilchenkonfigurationen mit $J = 0$,

$$\langle (j')^2; JM |\, H_{\text{pair}} \,| (j)^2; JM \rangle = -G(j + \tfrac{1}{2})^{1/2} (j' + \tfrac{1}{2})^{1/2} \delta(J, 0). \tag{6–595}$$

Man findet, daß eine Diagonalisierung dieser Wechselwirkung im Raum der Zwei-Loch-Konfigurationen die Säkulargleichung (6–590) für die Eigenwerte und Gl. (6–592) für die Wellenfunktion liefert.

Neutronenpaaranregungen im Gebiet um ^{208}Pb (*Abb. 6–62*)

Die Anlagerung und Abtrennung von Paaren stellen elementare Anregungsquanten dar, die bei Überlagerung mit weiteren Anregungen des gleichen oder eines anderen Typs ihre Identität näherungsweise behalten. Diese Eigenschaft wird durch Abb. 6–62 illustriert. Sie zeigt die in den Pb-Isotopen beobachteten Zustände, die sich durch Superposition der Quanten ergeben, die der Anlagerung und Abtrennung von Neutronenpaaren, bezogen auf ^{208}Pb, entsprechen. In harmonischer Näherung ist die Energie linear in der Zahl der Quanten (siehe Gl. (6–137)), und die entsprechenden Werte sind in Abb. 6–62 als gestrichelte Linien eingetragen. Die Anharmonizität führender Ordnung läßt sich mit Hilfe von Wechselwirkungen zwischen Paaren von Quanten beschreiben (vergleiche die Behandlung der Anharmonizitäten für Quadrupolphononen auf S. 382ff.). Die entsprechende Energieverschiebung beträgt

$$\delta E(n_-, n_+) = \tfrac{1}{2} V_{--}\, n_-(n_- - 1) + V_{-+} n_- n_+ + \tfrac{1}{2} V_{++} n_+(n_+ - 1). \tag{6–596}$$

(Wir benutzen hier die abgekürzte Schreibweise n_- und n_+, um die Größen $n_{\alpha=-2}$ und $n_{\alpha=+2}$ zu bezeichnen.) Mittels der aus den empirischen Energien der Zustände $(n_-, n_+) = (2{,}0)$, $(1{,}1)$ und $(0{,}2)$ bestimmten Wechselwirkungsparameter ($V_{--} = 710$ keV, $V_{-+} = -130$ keV und $V_{++} = 170$ keV) lassen sich die Energien der höheren Zustände $n_- + n_+ \geqq 3$ abschätzen, die in Abb. 6–62 als punktierte Linien eingetragen sind. Es ist ersichtlich, daß diese berechneten Energien die hauptsächlichen Merkmale der verfügbaren Daten wiedergeben, obwohl die Wechselwirkung für die $\alpha = -2$-Anregung mit der Bindungsenergie des Neutronenlochpaares vergleichbar ist. Das Auftreten einer besonders starken Anharmonizität für diese Anregung kann man aufgrund der großen Amplitude für die $p_{1/2}$-Konfiguration verstehen, die nur ein Paar aufnehmen kann (siehe Tab. 6–19).

Die Zustände in Abb. 6–62 sind durch kollektiv verstärkte Zweiteilchen-Transferreaktionen miteinander verbunden. Die beobachteten Übergänge sind durch Pfeile gekennzeichnet, und die Intensitäten sind in Einheiten des Querschnitts für die Anregung der Einphononenzustände angegeben. Die Intensitäten genügen näherungsweise den harmonischen Beziehungen (6–138), jedoch scheinen die Abweichungen außerhalb der experimentellen Fehlergrenzen zu liegen und somit die Anharmonizitäten zu belegen.

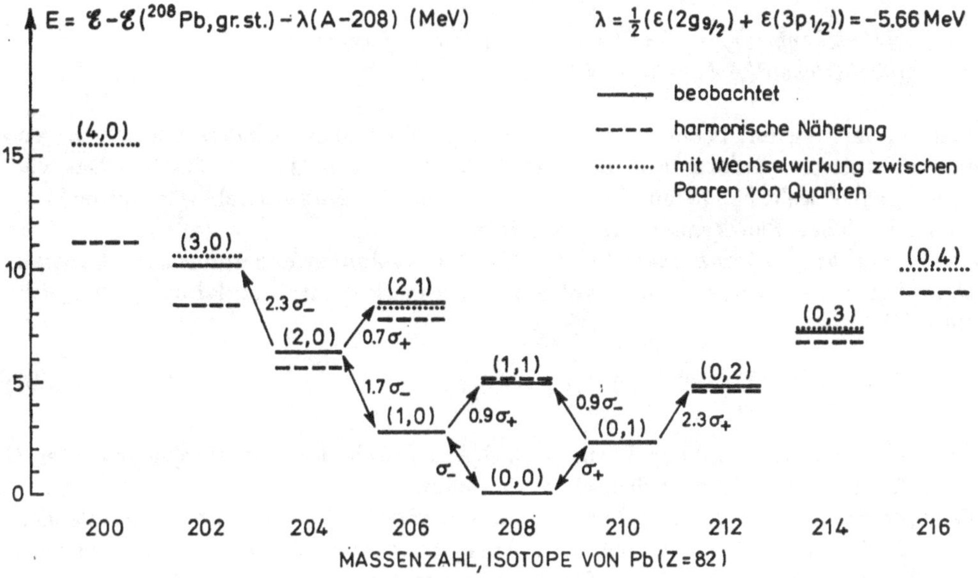

Abb. 6–62 Neutronen-Paarschwingungsspektrum, das auf ^{208}Pb aufbaut. Die Niveaus sind durch die Zahl der Quanten (n_-, n_+) der Paarabtrenn- und Paaranlagerungs-Anregungen bezeichnet; die Energieskala ist der von Abb. 6–6, S. 332, analog. Die Pfeile zeigen Übergänge, die als kollektiver Zweiteilchen-Transferprozeß ((t, p) oder (p, t)) beobachtet wurden, und die Zahl am Pfeil gibt den Querschnitt in Einheiten der Querschnitte σ_- und σ_+ der Prozesse (0, 0) ↔ (1, 0) bzw. (0, 0) ↔ (0,1) bei der gleichen Projektilenergie an. (Es wurden keine Korrekturen hinsichtlich der kleinen Unterschiede in den Q-Werten angebracht.)
Die empirischen Bindungsenergien im Grundzustand entstammen der Zusammenstellung von Mattauch u. a., 1965. Die Energien der Paarschwingungszustände und die Transferquerschnitte sind folgenden Quellen entnommen: ^{204}Pb(p, t) und ^{206}Pb(p, t) (W. A. Lanford und J. B. McGrory, Phys. Letters **45B**, 238 (1973)); ^{204}Pb(t, p) (E. R. Flynn, G. J. Igo und R. A. Broglia, Phys. Letters **41B**, 397 (1972), und E. R. Flynn, R. A. Broglia, R. Liotta und B. S. Nilsson, Nuclear Phys. **A221**, 509 (1974)); ^{206}Pb(t, p) und ^{210}Pb(t, p) (G. J. Igo, P. D. Barnes und E. R. Flynn, Ann. Phys. **66**, 60 (1971)); ^{208}Pb(t, p) (E. R. Flynn, G. J. Igo, R. A. Broglia, S. Landowne, V. Paar und B. Nilsson, Nuclear Phys. **A195**, 97 (1972)); ^{210}Pb(t, p) (C. Ellegaard, P. D. Barnes und E. R. Flynn, Nuclear Phys. **A170**, 209 (1971)).

Die Daten in Abb. 6–62 beziehen sich auf die Überlagerung von Paarquanten, man findet aber, daß sich diese Quanten bei der Kombination mit Teilchen- oder Lochanregungen ebenfalls wie Elementaranregungen verhalten. Beispiele dafür sind der Zustand $I\pi = 9/2^+$ bei 2,71 MeV in ^{207}Pb $\left((n_- = 1,\ g_{9/2})\ 9/2^+\right)$ und der Zustand $I\pi = 1/2^-$ bei $E = 2{,}15$ MeV in ^{209}Pb $\left((n_+ = 1,\ p_{1/2}^{-1})\ 1/2^-\right)$; siehe Abb. 3–2f, Band I, Seite 340. Diese Zustände werden in den Einteilchen-Transferreaktionen ^{206}Pb(d, p) (Mukherjee und Cohen, 1962) und ^{210}Pb(d, t) (Igo u. a., 1971) mit etwa der vollen Einteilchenstärke bevölkert. Der Zustand $(n_+ = 1,\ p_{1/2}^{-1})$ wurde auch in der Reaktion ^{207}Pb(t, p) beobachtet, wobei die Stärke dem Wert für den Grundzustandsübergang zwischen ^{208}Pb und ^{210}Pb ähnelt (Flynn u. a., 1971).

Einteilchenbewegung im Potential mit Paardeformation; Quasiteilchen (Abb. 6–63 und 6–64)

In Kernen mit vielen Teilchen außerhalb abgeschlossener Schalen kann sich eine annähernd statische Deformation des Paarfeldes ausbilden (siehe S. 336ff.). Das vorliegende Beispiel stellt einige der Grundeigenschaften der Nukleonenbewegung bei Vorliegen eines solchen Paarkondensats zusammen.

Nimmt man an, daß das Paarfeld über das Kernvolumen näherungsweise konstant ist, dann hat das auf die einzelnen Nukleonen wirkende Paarpotential die Form (siehe Gl. (6–148))

$$V_{\text{pair}} = -\Delta \sum_{\nu>0} \left(a^\dagger(\bar{\nu})\, a^\dagger(\nu) + a(\nu)\, a(\bar{\nu}) \right), \qquad (6\text{–}597)$$

wobei die Konstante Δ in der Form $\Delta = G\langle M_2 \rangle$ durch den Kopplungsparameter G und das Paarmoment M_2 ausgedrückt werden kann.

Die durch das Potential (6–597) bedingte Erzeugung und Vernichtung von Nukleonenpaaren hängt mit einer entsprechenden Anlagerung bzw. Abtrennung von Teilchen von der kollektiven Paarbewegung (dem Kondensat) zusammen. Die Energie, die bei diesem Transfer von Paaren zum Kondensat auftritt, muß bei der Analyse der Einteilchenbewegung in Gegenwart des Paarfeldes berücksichtigt werden. Bezeichnet man die Energiezunahme des Kondensats pro hinzugefügtes Teilchen mit λ (chemisches Potential), dann kann die Nukleonenbewegung durch den Hamilton-Operator

$$\begin{aligned} H' &= H - \lambda \mathcal{N} = H_0 + V_{\text{pair}} - \lambda \mathcal{N} \\ &= \sum_{\nu} \left(\varepsilon(\nu) - \lambda \right) a^\dagger(\nu)\, a(\nu) + V_{\text{pair}} \\ &= \sum_{\nu>0} \left((\varepsilon(\nu) - \lambda)\, (a^\dagger(\nu)\, a(\nu) + a^\dagger(\bar{\nu})\, a(\bar{\nu})) - \Delta (a^\dagger(\bar{\nu})\, a^\dagger(\nu) + a(\nu) a(\bar{\nu})) \right) \qquad (6\text{–}598) \end{aligned}$$

beschrieben werden, wobei $\mathcal{N}$ der Teilchenzahloperator und H die Nukleonenenergie ist. Die Einteilchenenergie $\varepsilon(\nu)$ bei Abwesenheit des Paarpotentials bezieht sich auf die Nukleonenbewegung im (sphärischen oder deformierten) mittleren Potential.

Der Hamilton-Operator (6–598) erhält nicht die Teilchenzahl, und die Eigenzustände von H' sind durch eine Verteilung der Teilchenzahl charakterisiert, die der Möglichkeit entspricht, Teilchen auf das Kondensat zu übertragen bzw. davon abzutrennen. Der Mittelwert $\langle \mathcal{N} \rangle$ für einen Eigenzustand von H' hängt von der Lage des chemischen Potentials λ relativ zum Einteilchenspektrum $\varepsilon(\nu)$ ab. Umgekehrt kann man λ als Parameter betrachten, der so gewählt werden muß, daß man einen Zustand mit dem vorgeschriebenen Wert von $\langle \mathcal{N} \rangle$ erhält. Somit tritt λ als Lagrangescher Multiplikator im Zusammenhang mit der Nebenbedingung einer bestimmten mittleren Teilchenzahl auf. (Das Glied $-\lambda \mathcal{N}$ im Hamilton-Operator (6–598) kann man auch als Coriolis-Wechselwirkung ansehen, die mit der Rotationsbewegung im Eichraum verknüpft ist; siehe Gl. (6–151). Dabei spielt die Teilchenzahl die Rolle des Drehimpulses im Eichraum, und Gl. (6–155) setzt λ zur Rotationsfrequenz in dieser Dimension in Beziehung.)

Der Hamilton-Operator (6–598) ist eine quadratische Form in den Fermionenvariablen $a^\dagger$ und a und kann daher durch eine lineare Transformation zwischen diesen Variablen diagonalisiert werden (Bogoliubov, 1958; Valatin, 1958),

$$\begin{aligned} \alpha^\dagger(\nu) &= u(\nu)\, a^\dagger(\nu) + v(\nu)\, a(\bar{\nu}), \\ \alpha^\dagger(\bar{\nu}) &= u(\nu)\, a^\dagger(\bar{\nu}) - v(\nu)\, a(\nu), \end{aligned} \tag{6–599a}$$

$$\begin{aligned} a^\dagger(\nu) &= u(\nu)\, \alpha^\dagger(\nu) - v(\nu)\, \alpha(\bar{\nu}), \\ a^\dagger(\bar{\nu}) &= u(\nu)\, \alpha^\dagger(\bar{\nu}) + v(\nu)\, \alpha(\nu). \end{aligned} \tag{6–599b}$$

(Für Fermionenoperatoren gilt $a^\dagger(\bar{\bar{\nu}}) = -a^\dagger(\nu)$; siehe Gl. (3B–1).) Der kanonische Charakter der Transformation (6–599) erfordert

$$u^2(\nu) + v^2(\nu) = 1, \tag{6–600}$$

und die Bedingung, daß der transformierte Hamilton-Operator Diagonalform hat, liefert

$$\begin{aligned} u(\nu) &= 2^{-1/2} \left(1 + \frac{\varepsilon(\nu) - \lambda}{E(\nu)}\right)^{1/2}, \\ v(\nu) &= 2^{-1/2} \left(1 - \frac{\varepsilon(\nu) - \lambda}{E(\nu)}\right)^{1/2}, \end{aligned} \tag{6–601}$$

wobei

$$E(\nu) = \left((\varepsilon(\nu) - \lambda)^2 + \Delta^2\right)^{1/2}. \tag{6–602}$$

Mit den Werten (6–601) für die Koeffizienten $u(\nu)$ und $v(\nu)$ nimmt der transformierte Hamilton-Operator die Form

$$H' = \mathscr{E}_0' + \sum_\nu E(\nu)\, \alpha^\dagger(\nu)\, \alpha(\nu) \tag{6–603}$$

an, wobei

$$\begin{aligned} \mathscr{E}_0' &= \sum_{\nu>0} \left(2v^2(\nu)\, (\varepsilon(\nu) - \lambda) - 2u(\nu)\, v(\nu)\, \Delta\right) \\ &= \sum_{\nu>0} \left((\varepsilon(\nu) - \lambda) - E(\nu)\right). \end{aligned} \tag{6–604}$$

Der Hamilton-Operator (6–603) beschreibt ein System von unabhängigen „Quasiteilchen", die durch die neuen Fermionenoperatoren $\alpha^\dagger$, α dargestellt werden. Die Zahl der Quasiteilchen wird mit v bezeichnet, und der Grundzustand ist der Quasiteilchen-Vakuumzustand $\mathsf{v} = 0$ mit der Eigenschaft

$$\alpha(\nu)\, |\mathsf{v} = 0\rangle = 0 \tag{6–605}$$

für alle ν. Drückt man den Quasiteilchen-Vakuumzustand durch die Teilchenoperatoren aus, dann nimmt dieser die Form (siehe Gln. (6–599) und (6–605))

$$|\mathsf{v} = 0\rangle = \prod_{\nu>0} \left(u(\nu) + v(\nu)\, a^\dagger(\bar{\nu})\, a^\dagger(\nu)\right) |\mathscr{N} = 0\rangle \tag{6–606}$$

an, wobei $|\mathscr{N} = 0\rangle$ der Zustand ohne Teilchen ist. Somit stellt $v(\nu)$ die Wahrscheinlichkeitsamplitude für die paarweise Besetzung der Bahnen $(\nu\bar{\nu})$ im gepaarten Zustand

$\mathsf{v} = 0$ dar. In einem normalen FERMI-System fällt $v(\nu)$ am FERMI-Niveau λ abrupt von 1 auf 0 ab; die Paarkorrelationen führen aber zu einer diffusen FERMI-Oberfläche, die sich über ein Energieintervall der Ordnung Δ erstreckt (siehe Abb. 6–63a). Eine Wellenfunktion mit der Korrelationsstruktur (6–606) wurde zuerst in der Theorie der Supraleitung verwendet (BARDEEN, COOPER und SCHRIEFFER, 1957).

Die Einquasiteilchenzustände erhält man, indem man die Quasiteilchen-Erzeugungsoperatoren auf den Zustand $\mathsf{v} = 0$ anwendet,

$$|\mathsf{v} = 1, \nu\rangle = \alpha^\dagger(\nu)\,|\mathsf{v} = 0\rangle. \tag{6–607}$$

Ihre Anregungsenergien $E(\nu)$ sind durch Gl. (6–602) gegeben. Die Quasiteilchenenergien $E(\nu)$ werden in Abb. 6–63b mit den Energien $|\varepsilon(\nu) - \lambda|$ für Teilchen und Löcher im unkorrelierten System verglichen.

In Kernen mit geradem $\mathcal{N}$ ist der Grundzustand ein $\mathsf{v} = 0$-Zustand, und die niedrigsten inneren Anregungen haben $\mathsf{v} = 2$ und Energien $\gtrsim 2\Delta$ (siehe Gl. (6–602)). Somit ist 2Δ der durch die Paarung verursachte Energiespalt. In Kernen mit ungeradem $\mathcal{N}$ haben die niedrigsten Zustände $\mathsf{v} = 1$, und Δ stellt die gerade-ungerade-Massendifferenz dar.

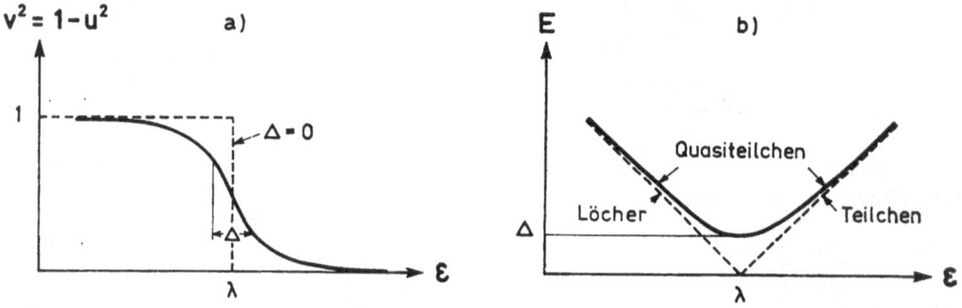

Abb. 6–63 Besetzungswahrscheinlichkeiten und Quasiteilchen-Anregungsenergien für den Zustand mit Paarkorrelationen

Die durch die Paarkorrelationen hervorgerufene Modifizierung der Einteilchenfreiheitsgrade kann in Einteilchen-Transferreaktionen, die die Matrixelemente von $a^\dagger(\nu)$ und $a(\nu)$ messen, direkt überprüft werden. Bei Abwesenheit von Paarkorrelationen werden diese Matrixelemente durch die Auswahlregeln bestimmt, die besagen, daß die durch $a^\dagger$ erzeugten Zustände auf die Teilchenzustände und die durch a erzeugten auf die Lochzustände beschränkt sind, wobei als Target ein gg-Kern im Grundzustand angenommen ist. Im System mit Paarkorrelationen sind die Quasiteilchen Hybride aus Teilchen und Löchern (siehe Gl. (6–599)). Der Vergleich der Querschnitte für die Anlagerung und die Abtrennung eines Teilchens, die zum gleichen Quasiteilchenzustand führen, liefert daher ein direktes Maß für die in der Quasiteilchentransformation auftretenden Koeffizienten u und v. Die Abb. 5–11, S. 229, zeigt ein Beispiel einer solchen Analyse für eine Folge von Yb-Isotopen.

Ganz allgemein kann man die Matrixelemente mit Quasiteilchenzuständen durch eine Transformation der Operatoren von den Variablen $a^\dagger$, a auf die Variablen $\alpha^\dagger$, α erhalten. So läßt sich ein Einteilchenoperator F in der Form (siehe Gl. (2 A–24))

$$\begin{aligned} F &= \sum_{\nu_1\nu_2} \langle \nu_2| F |\nu_1\rangle a^\dagger(\nu_2)\, a(\nu_1) \\ &= \sum_{\nu>0} (1-c)\, v^2(\nu)\, \langle \nu| F |\nu\rangle \\ &+ \sum_{\nu_1\nu_2} (u_1u_2 + cv_1v_2) \langle \nu_2| F |\nu_1\rangle\, \alpha^\dagger(\nu_2)\, \alpha(\nu_1) \\ &+ \sum_{\nu_1<\nu_2} (v_1u_2 - cu_1v_2) \big(\langle \nu_2| F |\bar{\nu}_1\rangle\, \alpha^\dagger(\nu_2)\, \alpha^\dagger(\nu_1) + \langle \bar{\nu}_1| F |\nu_2\rangle\, \alpha(\nu_1)\, \alpha(\nu_2)\big) \end{aligned} \tag{6–608}$$

ausdrücken, wobei die Bezeichnung $u_1 = u(\nu_1)$ usw. verwendet wird. Der Phasenfaktor c charakterisiert die Transformation von F bei Teilchen-Loch-Konjugation, die eine Kombination von Zeitumkehr und hermitescher Konjugation enthält (siehe Gln. (3–11) bis (3–14)),

$$\begin{aligned} \langle \bar{\nu}_1| F |\bar{\nu}_2\rangle &= -c\langle \nu_2| F |\nu_1\rangle, \\ \langle \nu_1| F |\bar{\nu}_2\rangle &= c\langle \nu_2| F |\bar{\nu}_1\rangle, \end{aligned} \tag{6–609}$$

wobei die zweite Gleichung aus der ersten folgt, weil $|\bar{\bar{\nu}}\rangle = -|\nu\rangle$ gilt. Bei Teilchen-Loch-Konjugation ändern die elektrischen Momente ihr Vorzeichen ($c = -1$), während die magnetischen Momente invariant sind ($c = +1$).

Aus Gl. (6–608) erhält man die Matrixelemente

$$\langle \mathsf{v} = 1, \nu_2| F |\mathsf{v} = 1, \nu_1\rangle = (u_1u_2 + cv_1v_2) \langle \nu_2| F |\nu_1\rangle, \tag{6–610a}$$

$$\langle \mathsf{v} = 2, \nu_1\nu_2| F |\mathsf{v} = 0\rangle = (v_1u_2 - cu_1v_2) \langle \nu_2| F |\bar{\nu}_1\rangle. \tag{6–610b}$$

Diese Beziehungen sind in Abb. 6–64 dargestellt und spiegeln die Definition des Quasiteilchens als Hybrid eines Teilchens mit der Amplitude u und eines Lochs mit der Ampli-

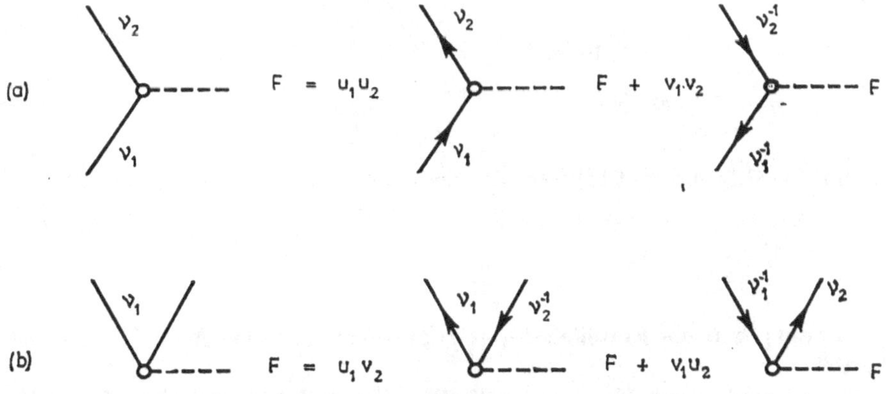

Abb. 6–64 Matrixelemente eines Einteilchenoperators zwischen Quasiteilchenzuständen. Die Quasiteilchen sind Überlagerungen aus Teilchen und Löchern und wurden daher ohne Pfeilrichtung gezeichnet. Wegen der Auswertung von Graphen, die Lochzustände enthalten, siehe Abb. 3B–1, Band I, S. 389.

tude v wider (siehe Gl. (6–599a) sowie die Teilchen-Loch-Transformation (3B–3)). Für $\nu_1 = \nu_2$ erhalten die diagonalen Matrixelemente (6–610a) einen zusätzlichen Beitrag vom ersten Term in Gl. (6–608), der den Erwartungswert von F im Kondensat angibt.

Bei der Anwendung des Quasiteilchen-Kopplungsschemas kann man davon ausgehen, daß der Parameter Δ durch die Spektren oder Massen experimentell bestimmt ist (siehe z. B. die Systematik der gerade-ungerade-Massendifferenzen in Abb. 2–5, Band I, S. 179). Der Wert von λ kann ebenfalls empirisch aus den Zweiteilchen-Separationsenergien bestimmt werden. Jedoch hängen viele Effekte ziemlich empfindlich von der Lage von λ bezüglich der Einteilchenenergien $\varepsilon(\nu)$ ab, und man kann die Konsistenz in diesen relativen Energien sichern, indem man λ so wählt, daß die mittlere Teilchenzahl den richtigen Wert hat. So ergibt sich für den Zustand mit $\mathsf{v} = 0$

$$\begin{aligned}\langle \mathsf{v} = 0 | \mathscr{N} | \mathsf{v} = 0 \rangle &= \sum_{\nu > 0} 2v^2(\nu) \\ &= \sum_{\nu > 0} \left(1 - \frac{\varepsilon(\nu) - \lambda}{E(\nu)}\right),\end{aligned} \tag{6–611}$$

woraus sich λ bestimmen läßt, wenn Δ und $\varepsilon(\nu)$ bekannt sind.

Man kann auch versuchen, den Wert von Δ aus der Kopplungskonstanten G, die die Beziehung zwischen der Paardichte und dem Potential charakterisiert (siehe Gl. (6–148)), zu berechnen. Eine solche Abschätzung von Δ kann man aus der Selbstkonsistenzbedingung für das Monopol-Paarmoment M_2 erhalten, das durch Gl. (6–145) gegeben ist. Im $\mathsf{v} = 0$-Zustand hat M_2 den Erwartungswert (siehe Gln. (6–599) und (6–601))

$$\begin{aligned}\langle \mathsf{v} = 0 | M_2 | \mathsf{v} = 0 \rangle &= \sum_{\nu > 0} u(\nu)\, v(\nu) \\ &= \sum_{\nu > 0} \frac{\Delta}{2E(\nu)},\end{aligned} \tag{6–612}$$

wobei die Stärke Δ des Paarpotentials (siehe Gl. (6–598)) selbst proportional zu $\langle M_2^\dagger \rangle$ ist (siehe Gl. (6–148)),

$$\begin{aligned}\Delta &= G \langle \mathsf{v} = 0 | M_2 | \mathsf{v} = 0 \rangle \\ &= G \sum_{\nu > 0} u(\nu)\, v(\nu).\end{aligned} \tag{6–613}$$

Aus Gln. (6–612) und (6–613) folgt die Selbstkonsistenzbedingung für $\langle M_2 \rangle$

$$G \sum_{\nu > 0} \frac{1}{2E(\nu)} = 1, \tag{6–614}$$

die Δ für ein gegebenes Einteilchenspektrum $\varepsilon(\nu)$ und eine gegebene Kopplungskonstante G bestimmt.

In einem sphärischen Kern hängt die Beziehung (6–614) zwischen Δ und G stark von der Entartung der Einteilchenniveaus in der Umgebung des Fermi-Niveaus ab. Für einen deformierten Kern mit einem gleichmäßiger verteilten Einteilchenspektrum kann man eine genäherte Beziehung zwischen Δ und G erhalten, indem man ein Spektrum $\varepsilon(\nu)$ äquidistanter Niveaus, jedes mit der zweifachen Entartung $(\nu\bar{\nu})$, betrachtet. Ist der Abstand d zwischen den Niveaus klein im Vergleich zu Δ, dann läßt sich die Summe in Gl. (6–614) durch ein Integral ersetzen,

$$G \int_{-S/2}^{+S/2} \frac{d\varepsilon}{2d} (\varepsilon^2 + \Delta^2)^{-1/2} = \frac{G}{d} \sinh^{-1}\left(\frac{S}{2\Delta}\right) = 1, \tag{6–615}$$

wobei angenommen wurde, daß sich die konstante Paarkopplung über die Einteilchenniveaus innerhalb eines Energieintervalls $S/2$ auf jeder Seite des FERMI-Niveaus λ erstreckt. Aus Gl. (6–615) erhält man

$$\begin{aligned} \Delta &= \frac{S}{2}\left(\sinh\frac{d}{G}\right)^{-1} \\ &\approx S \exp\left\{-\frac{d}{G}\right\}, \end{aligned} \tag{6–616}$$

wobei der letzte Ausdruck für $G \ll d$ gilt, was zu $\Delta \ll S$ äquivalent ist. Für $A \approx 160$ zum Beispiel werden die Neutronenkorrelationen durch die Parameter $d \approx 0{,}4$ MeV (siehe Abb. 5–3, S. 193) und $\Delta \approx 0{,}8$ (siehe Abb. 2–5, Band I, Seite 179) charakterisiert. Somit erhalten wir bei Berücksichtigung der Einteilchenzustände im Intervall $S = 2\hbar\omega_0 \approx 15$ MeV aus Gl. (6–616) die Abschätzung $G \approx 140$ keV. Da das Matrixelement G einen Volumeneffekt darstellt und man daher erwartet, daß G proportional zu A^{-1} ist, stimmt diese Abschätzung recht gut mit dem Wert für ^{206}Pb überein, der auf S. 559 unter der Annahme eines ähnlichen Energieintervalls S erhalten wurde.

Die in der Selbstkonsistenzbedingung (6–614) auftretende Summe muß auf ein endliches Energieintervall beschränkt werden, weil der Beitrag der entfernten Niveaus logarithmisch divergieren würde (siehe z. B. Gl. (6–615)). Diese Divergenz resultiert aus der Annahme eines scharf lokalisierten Paarfeldes und würde bei Berücksichtigung der endlichen Reichweite der effektiven Wechselwirkungen verschwinden. Die Einzelheiten der Beiträge der entfernten Niveaus sind für die niederenergetischen Quasiteilchenspektren unwichtig, weil sie durch eine Renormierung der effektiven Kopplungskonstanten G simuliert werden können (siehe z. B. den auf S. 559 diskutierten Einfluß der weit entfernten Orbitale auf die Paarkorrelationen in ^{206}Pb).

Die Korrelationsenergie im $\mathsf{v} = 0$-Zustand läßt sich aus der Konstanten $\mathscr{E}_0'$ im diagonalisierten HAMILTON-Operator (6–603) erhalten,

$$\mathscr{E}_{\text{corr}}(\mathsf{v} = 0) = \mathscr{E}_0' + \lambda\langle\mathscr{N}\rangle + \frac{\Delta^2}{G} - \sum_{\substack{\nu>0 \\ \varepsilon(\nu)\leq\varepsilon_F}} 2\varepsilon(\nu), \tag{6–617}$$

wobei der zweite und dritte Term die Tatsache widerspiegeln, daß sich einerseits die Energie vom HAMILTON-Operator H' um das Glied $\lambda\mathscr{N}$ (siehe Gl. (6–598)) unterscheidet und daß andererseits das Paarpotential (6–597) bei Summation über alle Teilchen die Zweiteilchen-Wechselwirkungsenergie doppelt zählt. Das letzte Glied in Gl. (6–617) ist die Energie im unkorrelierten System, in dem die Einteilchenzustände bis zum FERMI-Niveau mit der Energie ε_F aufgefüllt sind. Im oben betrachteten Modell äquidistanter

Niveaus gilt $\varepsilon_F = \lambda$, und der Ausdruck (6–604) für $\mathscr{E}'_0$ liefert

$$\mathscr{E}_{\mathrm{corr}}(\mathsf{v} = 0) = 2 \int_0^{S/2} \frac{\mathrm{d}\varepsilon}{d} \left(\varepsilon - (\varepsilon^2 + \Delta^2)^{1/2}\right) + \frac{\Delta^2}{G}$$

$$\approx -\frac{\Delta^2}{2d} \quad (\Delta \ll S), \tag{6–618}$$

wobei die Beziehung (6–616) für Δ benutzt wurde. Im obigen Beispiel ($A \approx 160$) beträgt die Neutronen-Paarkorrelationsenergie (6–618) $\mathscr{E}_{\mathrm{corr}} = -0{,}8$ MeV, das heißt nur etwa die Hälfte der Bindungsenergie 2Δ eines einzelnen Paares. Der ziemlich kleine Wert der Korrelationsenergie drückt die Tatsache aus, daß nur wenige Einteilchenniveaus im Bereich starker Paarkorrelationen liegen. Somit ist die Bedingung für eine Beschreibung durch ein statisches Paarfeld gerade noch erfüllt.

ANHANG

6A Tröpfchenmodell für Vibrationen und Rotationen

Im vorliegenden Anhang untersuchen wir die Normalanregungen eines Tropfens einer nichtviskosen Flüssigkeit, der durch makroskopische Eigenschaften wie Oberflächenspannung, elektrostatische Energie, Kompressibilität und Polarisierbarkeit beschrieben wird. Der Spaltungsfreiheitsgrad (Abschnitt 6 A–2) wird behandelt als eine Erweiterung der in Abschnitt 6 A–1 diskutierten Oberflächenschwingungen kleiner Amplitude. Die Kompressions- und Polarisationsanregungen sind Gegenstand von Abschnitt 6 A–3 und 6 A–4. Die Rotationsbewegung, die aus den Oberflächenschwingungen aufgebaut werden kann, wird in Abschnitt 6 A–5 betrachtet.[1])

6 A–1 Oberflächenschwingungen um die sphärisch symmetrische Gleichgewichtsform

6 A–1 a *Normalkoordinaten*

Die Oberflächenschwingungen eines Flüssigkeitstropfens können durch einen Satz von Normalkoordinaten $\alpha_{\lambda\mu}$ beschrieben werden, die man durch Entwicklung der Oberfläche nach Kugelfunktionen erhält,

$$\begin{aligned} R(\vartheta, \varphi) &= R_0\big(1 + \sum_{\lambda\mu} \alpha_{\lambda\mu} Y^*_{\lambda\mu}(\vartheta, \varphi)\big), \\ \alpha_{\lambda\mu} &= (-1)^\mu \alpha^*_{\lambda-\mu} = R_0^{-1} \int d\Omega R(\vartheta, \varphi)\, Y_{\lambda\mu}(\vartheta, \varphi); \end{aligned} \qquad (6\,A\text{–}1)$$

R_0 ist der Gleichgewichtsradius und $R(\vartheta, \varphi)$ der Abstand der Oberfläche vom Koordinatenursprung. Die Koordinaten $\alpha_{\lambda\mu}$ sind Komponenten eines sphärischen Tensors (sie transformieren sich bei Drehung des Koordinatensystems wie die Kugelfunktionen; siehe Band I, S. 82). Der Term in Gl. (6 A–1) mit $\lambda = 0$ stellt eine Kompression (oder Dilatation) ohne Formänderung dar, und die Terme mit $\lambda = 1$ entsprechen einer Ver-

[1]) Das Tröpfchenmodell der Kerndynamik wurde eingeführt (Bohr und Kalckar, 1937), um die Folgerungen aus der starken Kopplung in der Bewegung der einzelnen Nukleonen zu beschreiben, wie sie sich in den Resonanzen langsamer Neutronen zeigt. Diese Vorstellung über den Kern bildete den Rahmen für die Interpretation grundlegender Eigenschaften des Spaltprozesses (Meitner und Frisch, 1939; Bohr und Wheeler, 1939). Die Erweiterung des Modells auf Freiheitsgrade, die mit der Bewegung von Neutronen gegenüber Protonen verbunden sind und im Kernphotoeffekt beobachtet werden, wurde von Steinwedel und Jensen (1950) entwickelt. Viele Details der Analyse von Normalschwingungen eines Flüssigkeitstropfens gehen auf die klassische Arbeit von Rayleigh (1877) zurück.

schiebung des Tropfens als Ganzes. Die Oberflächenschwingungen niedrigster Ordnung sind daher die Quadrupolanregungen mit $\lambda = 2$.

Eine Deformation der Ordnung $\lambda\mu$ verursacht ein Multipolmoment mit der gleichen Symmetrie,

$$\mathcal{M}(\lambda\mu) = \int \varrho(\boldsymbol{r})\, r^\lambda Y_{\lambda\mu}\, d\tau \approx \varrho_0 R_0^{\lambda+3} \alpha_{\lambda\mu}, \tag{6A-2}$$

wobei $\varrho(\boldsymbol{r})$ die Teilchendichte und ϱ_0 ihr Gleichgewichtswert ist. In Gl. (6 A–2) wurden Terme höherer Ordnung in $\delta R = R - R_0$ vernachlässigt.

6 A–1 b *Hamilton-Operator*

Für kleine Schwingungsamplituden ist die Energie in führender Ordnung ein quadratischer Ausdruck in den Koordinaten $\alpha_{\lambda\mu}$ und ihren zeitlichen Ableitungen $\dot{\alpha}_{\lambda\mu}$,

$$\begin{aligned} E(\alpha_{\lambda\mu}, \dot{\alpha}_{\lambda\mu}) &= T + V, \\ V &= \tfrac{1}{2} \sum_{\lambda\mu} C_\lambda |\alpha_{\lambda\mu}|^2 = \tfrac{1}{2} \sum_{\lambda} C_\lambda (-1)^\lambda (2\lambda+1)^{1/2} (\alpha_\lambda \alpha_\lambda)_0, \\ T &= \tfrac{1}{2} \sum_{\lambda\mu} D_\lambda |\dot{\alpha}_{\lambda\mu}|^2 = \tfrac{1}{2} \sum_{\lambda} D_\lambda (-1)^\lambda (2\lambda+1)^{1/2} (\dot{\alpha}_\lambda \dot{\alpha}_\lambda)_0. \end{aligned} \tag{6A-3}$$

Die Parameter der Rückstellkraft C_λ und die Massenparameter D_λ hängen von den Eigenschaften der Flüssigkeit ab (siehe Abschnitte 6 A–1 e bis 6 A–1 g). Die Größen $(\alpha_\lambda \alpha_\lambda)_0$ und $(\dot{\alpha}_\lambda \dot{\alpha}_\lambda)_0$ sind Skalarprodukte der Tensoren α_λ bzw. $\dot{\alpha}_\lambda$ (siehe Gl. (1 A–71)), und die Form (6 A–3) folgt aus der Drehinvarianz. (Die Forderung nach Zeitumkehrinvarianz führt zur Eliminierung gemischter Terme vom Typ $(\alpha_\lambda \dot{\alpha}_\lambda)_0$.)

Die zu den Koordinaten $\alpha_{\lambda\mu}$ konjugierten Momente $\pi_{\lambda\mu}$ sind durch die kanonische Beziehung

$$\begin{aligned} \pi_{\lambda\mu} &= \frac{\partial}{\partial \dot{\alpha}_{\lambda\mu}} (T - V) \\ &= D_\lambda \dot{\alpha}^*_{\lambda\mu} = (-1)^\mu D_\lambda \dot{\alpha}_{\lambda-\mu}, \\ \pi^*_{\lambda\mu} &= (-1)^\mu \pi_{\lambda-\mu}, \end{aligned} \tag{6A-4}$$

gegeben. Die Größen $\pi^*_{\lambda\mu}$ (aber nicht die Momente selbst) bilden sphärische Tensoren. Der aus den Gln. (6 A–3) und (6 A–4) erhaltene Hamilton-Operator hat die Form

$$H = \sum_{\lambda\mu} \left(\tfrac{1}{2} D_\lambda^{-1} |\pi_{\lambda\mu}|^2 + \tfrac{1}{2} C_\lambda |\alpha_{\lambda\mu}|^2 \right) \tag{6A-5}$$

und ergibt die Bewegungsgleichungen

$$\ddot{\alpha}_{\lambda\mu} + \omega_\lambda^2 \alpha_{\lambda\mu} = 0, \qquad \omega_\lambda = \left(\frac{C_\lambda}{D_\lambda} \right)^{1/2}. \tag{6A-6}$$

In der betrachteten Näherung führen die Amplituden $\alpha_{\lambda\mu}$ harmonische Oszillationen mit der Frequenz ω_λ aus.

6A–1c *Laufende und stehende Wellen*

Die allgemeine Lösung der Bewegungsgleichungen (6A–6) hat die Form

$$\begin{aligned} \alpha_{\lambda\mu}(t) &= a_{\lambda\mu+} \exp\{i\omega_\lambda t + i\delta_{\lambda\mu+}\} + a_{\lambda\mu-} \exp\{-i\omega_\lambda t + i\delta_{\lambda\mu-}\}, \qquad \mu > 0, \\ \alpha_{\lambda-\mu}(t) &= (-1)^\mu \alpha^*_{\lambda\mu}, \\ \alpha_{\lambda 0}(t) &= a_{\lambda 0} \cos(\omega_\lambda t - \delta_{\lambda 0}), \end{aligned} \tag{6A–7}$$

wobei die Amplituden $a_{\lambda\mu\pm}$ und Phasen $\delta_{\lambda\mu\pm}$ reelle Parameter sind. Aus Gl. (6A–1) erhält man für die Bewegung der Oberfläche

$$\begin{aligned} R(t) - R_0 = R_0 \sum_\lambda \Big(& a_{\lambda 0} \cos(\omega_\lambda t - \delta_{\lambda 0})\, Y_{\lambda 0}(\vartheta) \\ & + 2 \sum_{\mu=1}^{\lambda} \big(a_{\lambda\mu+} \cos(\mu\varphi - \omega_\lambda t - \delta_{\lambda\mu+}) + a_{\lambda\mu-} \cos(\mu\varphi + \omega_\lambda t - \delta_{\lambda\mu-})\big)\, Y_{\lambda\mu}(\vartheta, \varphi = 0)\Big). \end{aligned} \tag{6A–8}$$

Man erkennt, daß die Amplituden $a_{\lambda\mu\pm}$ (mit $\mu > 0$) laufende Wellen darstellen, die um die Polarachse rotieren.

Die Oberflächenschwingungen lassen sich auch durch stehende Wellen beschreiben, deren Amplituden man durch Zerlegen von $\alpha_{\lambda\mu}$ für $\mu \neq 0$ in Real- und Imaginärteil erhält,

$$\begin{aligned} \alpha_{\lambda\mu} &= 2^{-1/2}(\alpha_{\lambda\mu,1} + i\alpha_{\lambda\mu,2}), \\ \alpha_{\lambda-\mu} &= 2^{-1/2}(\alpha_{\lambda\mu,1} - i\alpha_{\lambda\mu,2})\,(-1)^\mu, \end{aligned} \tag{6A–9}$$

wobei μ als positiv genommen wird. Die reellen Koordinaten $\alpha_{\lambda\mu,1}$ und $\alpha_{\lambda\mu,2}$ entsprechen Oberflächendeformationen, die zu $\cos\mu\varphi \cos(\omega_\lambda t + \delta_{\lambda\mu,1})$ und $\sin\mu\varphi \cos(\omega_\lambda t + \delta_{\lambda\mu,2})$ proportional sind (wie aus Gl. (6A–8) folgt).

Die Möglichkeit, die Amplituden $\alpha_{\lambda\mu}$ und $\alpha_{\lambda-\mu}$ zu stehenden oder laufenden Wellen zu kombinieren, ist eine Folge der Entartung der beiden konjugierten Anregungen, die ihrerseits aus der sphärischen Symmetrie der Gleichgewichtsform folgt. (Axialsymmetrie, kombiniert mit Invarianz gegen Drehung um 180° um eine zur Symmetrieachse senkrechte Achse ($\mathscr{R}$-Symmetrie) oder kombiniert mit der Zeitumkehrinvarianz, würde ebenfalls die Entartung von $\pm\mu$ liefern.) Symmetrieverletzende Störungen führen zu Eigenzuständen, die definierte Kombinationen der konjugierten Komponenten sind. Zum Beispiel sind die Eigenschwingungen der rotierenden Erde die laufenden Wellen mit bestimmtem μ (da die Rotation die Axialsymmetrie nicht verletzt), und die Eigenzustände mit entgegengesetztem μ haben etwas abweichende Frequenzen. Die fundamentale Quadrupolschwingung der Erde mit einer Periode von etwa einer Stunde ist aufgespalten in fünf Komponenten, deren Frequenzverschiebungen annähernd linear mit μ variieren; die Abstände betragen einige Prozent und spiegeln das Verhältnis der Rotationsfrequenz zur Vibrationsfrequenz wider (Backus und Gilbert, 1961; siehe auch Slichter, 1967).

6A–1d *Drehimpuls*

Die laufenden Wellen tragen einen Drehimpuls. In führender Ordnung der Amplituden ist der Drehimpulsvektor $\boldsymbol{M}(=\hbar \boldsymbol{I})$ ein bilinearer Ausdruck in α und π, dessen Form aus der Forderung nach Drehinvarianz bestimmt werden kann. So ist die POISSON-Klammer der sphärischen Komponente M_μ und der Amplitude $\alpha_{\lambda\mu'}$ das klassische Analogon der Kommutationsbeziehung zwischen dem Drehimpuls und einem sphärischen Tensor (siehe Gl. (1A–64)),

$$\begin{aligned}\{M_\mu, \alpha_{\lambda\mu'}\} &= -\frac{\partial M_\mu}{\partial \pi_{\lambda\mu'}} = -i\big(\lambda(\lambda+1)\big)^{1/2} \langle \lambda\mu' 1\mu \mid \lambda\, \mu+\mu'\rangle\, \alpha_{\lambda,\mu+\mu'}, \\ \{A, B\} &\equiv \sum_{\lambda\mu} \left(\frac{\partial A}{\partial \alpha_{\lambda\mu}} \frac{\partial B}{\partial \pi_{\lambda\mu}} - \frac{\partial A}{\partial \pi_{\lambda\mu}} \frac{\partial B}{\partial \alpha_{\lambda\mu}}\right).\end{aligned} \tag{6A–10}$$

Durch Integration erhalten wir (siehe die Symmetriebeziehungen (1A–10) und (1A–11) für die Vektoradditionskoeffizienten)

$$\begin{aligned}M_\mu &= i \sum_{\lambda\mu'\mu''} \big(\lambda(\lambda+1)\big)^{1/2} \langle \lambda\mu' 1\mu \mid \lambda\mu''\rangle\, \pi_{\lambda\mu'}\alpha_{\lambda\mu''} \\ &= -\, i \sum_{\lambda} (-1)^\lambda \left(\tfrac{1}{3}\lambda(\lambda+1)(2\lambda+1)\right)^{1/2} (\pi_\lambda^* \alpha_\lambda)_{1\mu};\end{aligned} \tag{6A–11}$$

der letzte Faktor stellt die Kopplung der Tensoren π_λ^* und α_λ zu einem Vektor dar.

Die Komponente von $\boldsymbol{M}$ längs der Polarachse läßt sich wie folgt schreiben:

$$\begin{aligned}M_z = M_{\mu=0} &= i \sum_{\lambda\mu} \mu \pi_{\lambda\mu} \alpha_{\lambda\mu} \\ &= \sum_{\lambda,\mu>0} 2\mu D_\lambda \omega_\lambda (a^2_{\lambda\mu+} - a^2_{\lambda\mu-}) \\ &= \sum_{\lambda,\mu>0} \mu D_\lambda (\dot{\alpha}_{\lambda\mu,2} \alpha_{\lambda\mu,1} - \dot{\alpha}_{\lambda\mu,1} \alpha_{\lambda\mu,2}).\end{aligned} \tag{6A–12}$$

Während die laufenden Wellen einen Drehimpuls besitzen, haben die den stehenden Wellen entsprechenden Eigenzustände einen verschwindenden Drehimpulserwartungswert.

6A–1e *Oberflächenenergie einer inkompressiblen Flüssigkeit*

Die mit der Deformation verbundene Zunahme der Oberflächenenergie wird gegeben durch den Zuwachs der Oberfläche, multipliziert mit dem Parameter $\mathscr{S}$ der Oberflächenspannung. In der Richtung (ϑ, φ) bildet die Tangentialebene an die Oberfläche $R(\vartheta, \varphi)$ einen Winkel $|\nabla R|$ mit der Tangentialebene an die Kugeloberfläche, und der Zuwachs an Oberflächenenergie ist daher in zweiter Ordnung in den Deformationsparametern

$$\begin{aligned}V_{\text{surf}} &= \mathcal{S} \int \mathrm{d}\Omega\big(R^2 - R_0^2 + \tfrac{1}{2} R_0^2(\nabla R)^2\big) \\ &= \mathcal{S} \int \mathrm{d}\Omega \left(2R_0(R - R_0) + (R - R_0)^2 - \tfrac{1}{2} R_0^2 R \nabla^2 R\right) \\ &= \mathcal{S} R_0^2 \Big(2(4\pi)^{1/2} \alpha_0 + \sum_{\lambda\mu} |\alpha_{\lambda\mu}|^2 + \tfrac{1}{2} \sum_{\lambda\mu} \lambda(\lambda + 1) |\alpha_{\lambda\mu}|^2\Big). \qquad (6\text{A-13})\end{aligned}$$

Bei einer inkompressiblen Flüssigkeit folgt aus der Volumenerhaltung eine Beziehung zwischen α_0 und den Koeffizienten $\alpha_{\lambda\mu}$ mit $\lambda \neq 0$, die man erhalten kann, indem man die Dichte in der Form

$$\varrho(r, \vartheta, \varphi) = \varrho_0 S\big(r - R(\vartheta, \varphi)\big), \qquad (6\text{A-14a})$$

$$S(x) \equiv \begin{cases} 1, & x < 0, \\ 0, & x > 0, \end{cases} \qquad (6\text{A-14b})$$

schreibt, S ist die Sprungfunktion. Für kleine Deformationen $|R - R_0| \ll R_0$ kann man die Entwicklung

$$\varrho(r, \vartheta, \varphi) = \varrho_0\big(S(r - R_0) + (R - R_0)\, \delta(r - R_0) - \tfrac{1}{2} (R - R_0)^2\, \delta'(r - R_0) + \cdots\big) \qquad (6\text{A-15})$$

verwenden. Das Flüssigkeitsvolumen ist durch das Integral über die Dichte (6A-15) gegeben, woraus wir die in führender Ordnung gültige Beziehung

$$\alpha_0 = -(4\pi)^{-1/2} \sum_{\lambda\mu} |\alpha_{\lambda\mu}|^2 \qquad (6\text{A-16})$$

erhalten. In ähnlicher Weise führt die Bedingung, daß der Schwerpunkt ruhen soll, zu der Einschränkung

$$\alpha_{1\mu} = \sum_{\lambda>0} (-1)^{\lambda+1}\, 3 \left(\frac{\lambda + 1}{4\pi}\right)^{1/2} (\alpha_\lambda \alpha_{\lambda+1})_{1\mu}. \qquad (6\text{A-17})$$

Die Oberflächenenergie (6A-13) gibt zusammen mit der Beziehung (6A-16) für α_0 den Beitrag

$$(C_\lambda)_{\text{surf}} = (\lambda - 1)\, (\lambda + 2)\, R_0^2 \mathcal{S} \qquad (6\text{A-18})$$

zum Parameter der Rückstellkraft. Beim Vergleich des Kerns mit einem Flüssigkeitstropfen ist die Oberflächenspannung mit dem Parameter b_{surf} in der Massenformel (2-12) verknüpft,

$$\pi r_0^2 \mathcal{S} = b_{\text{surf}} \approx 17\ \text{MeV}, \qquad (6\text{A-19})$$

wobei r_0 der Radiusparameter ist ($R_0 = r_0 A^{1/3}$).

6 A–1 f *Coulomb-Energie*

Für eine geladene Flüssigkeit ist die Änderung der elektrostatischen Energie bei Deformation

$$\begin{aligned} V_{\text{Coul}} &= \tfrac{1}{2}\int \varrho^{\text{el}}(\boldsymbol{r})\,\varphi^{\text{el}}(\boldsymbol{r})\,\text{d}\tau - \tfrac{1}{2}\int \varrho_0^{\text{el}}(\boldsymbol{r})\,\varphi_0^{\text{el}}(\boldsymbol{r})\,\text{d}\tau \\ &= \int \delta\varrho^{\text{el}}(\boldsymbol{r})\,\varphi_0^{\text{el}}(\boldsymbol{r})\,\text{d}\tau + \tfrac{1}{2}\int \delta\varrho^{\text{el}}(\boldsymbol{r})\,\delta\varphi^{\text{el}}(\boldsymbol{r})\,\text{d}\tau; \end{aligned} \qquad (6\,\text{A–20})$$

hierbei sind $\varrho_0^{\text{el}}(\boldsymbol{r})$ und $\varphi_0^{\text{el}}(\boldsymbol{r})$ die Ladungsdichte und das Coulomb-Potential für die sphärische Gleichgewichtsform, während $\varrho^{\text{el}} = \varrho_0^{\text{el}} + \delta\varrho^{\text{el}}$ und $\varphi^{\text{el}} = \varphi_0^{\text{el}} + \delta\varphi^{\text{el}}$ sich auf die deformierte Form beziehen. Die Berechnung der Energie (6 A–20) bis zur zweiten Ordnung der Größen $\alpha_{\lambda\mu}$ enthält $\delta\varrho$ bis zur zweiten, aber $\delta\varphi$ nur in erster Ordnung. Für eine gleichmäßig über das Volumen verteilte Gesamtladung Ze findet man

$$\delta\varrho^{\text{el}} = \frac{3}{4\pi}\frac{Ze}{R_0^3}\Big((R-R_0)\,\delta(r-R_0) - \tfrac{1}{2}(R-R_0)^2\,\delta'(r-R_0)\Big), \qquad (6\,\text{A–21 a})$$

$$\delta\varphi^{\text{el}} = \frac{Ze}{R_0}\sum_{\lambda\mu}\frac{3}{2\lambda+1}\,\alpha_{\lambda\mu}Y_{\lambda\mu}^*(\vartheta,\varphi)\begin{cases}(r/R_0)^\lambda, & r<R_0,\\ (R_0/r)^{\lambda+1}, & r>R_0,\end{cases} \qquad (6\,\text{A–21 b})$$

und daher (siehe Gl. (6 A–16))

$$\begin{aligned} \int\delta\varrho^{\text{el}}(\boldsymbol{r})\,\varphi_0^{\text{el}}(\boldsymbol{r})\,\text{d}\tau &= \frac{3}{4\pi}\frac{Ze}{R_0^2}(4\pi)^{1/2}\alpha_0\int\Big(\delta(r-R_0) + \frac{1}{2}R_0\delta'(r-R_0)\Big)\varphi_0^{\text{el}}(r)\,r^2\,\text{d}r \\ &= -\frac{3}{8\pi}ZeR_0(4\pi)^{1/2}\alpha_0\left(\frac{\partial\varphi_0^{\text{el}}}{\partial r}\right)_{r=R_0} \\ &= \frac{3}{8\pi}\frac{Z^2e^2}{R_0}(4\pi)^{1/2}\alpha_0, \end{aligned} \qquad (6\,\text{A–22 a})$$

$$\frac{1}{2}\int\delta\varrho^{\text{el}}(\boldsymbol{r})\,\delta\varphi^{\text{el}}(\boldsymbol{r})\,\text{d}\tau = \frac{9}{8\pi}\frac{Z^2e^2}{R_0}\sum_{\lambda\mu}(2\lambda+1)^{-1}\,|\alpha_{\lambda\mu}|^2. \qquad (6\,\text{A–22 b})$$

Der Beitrag der Coulomb-Energie zum Parameter der Rückstellkraft ist daher

$$(C_\lambda)_{\text{Coul}} = -\frac{3}{2\pi}\frac{\lambda-1}{2\lambda+1}\frac{Z^2e^2}{R_0}. \qquad (6\,\text{A–23})$$

(Eine endliche Oberflächendicke a führt zu einer Abnahme der gesamten Coulomb-Energie von der Größenordnung $(a/R_0)^2$ (siehe Gl. (2–66)), aber in dieser Ordnung ist die Korrektur von der Form unabhängig, und sie beeinflußt daher den Parameter C_λ nicht; Myers und Swiatecki, 1966.)

Aus den Gln. (6A–18) und (6A–23) erhalten wir daher den Gesamtparameter der Rückstellkraft

$$C_\lambda = (C_\lambda)_{\text{surf}} + (C_\lambda)_{\text{Coul}}$$

$$= \frac{1}{4\pi}(\lambda - 1)(\lambda + 2)\, b_{\text{surf}} A^{2/3} - \frac{3}{2\pi}\frac{\lambda - 1}{2\lambda + 1}\frac{e^2}{r_0} Z^2 A^{-1/3}. \tag{6A–24}$$

Die Coulomb-Abstoßung wirkt dem Einfluß der Oberflächenspannung entgegen und führt bei genügend großen Werten von Z^2/A zu negativen Werten C_λ. Instabilität bezüglich der niedrigsten Anregung ($\lambda = 2$) tritt auf bei einem kritischen Wert für Z^2/A von (Bohr und Wheeler, 1939)

$$\left(\frac{Z^2}{A}\right)_{\text{krit}} = \frac{10}{3}\frac{b_{\text{surf}} r_0}{e^2}$$

$$\approx 49. \tag{6A–25}$$

Die numerische Abschätzung beruht auf dem Wert (6A–19) für die Oberflächenspannung und dem Radiusparameter $r_0 = 1{,}25$ fm für die Coulomb-Energie (siehe Band I, S. 153).

6A–1g *Massenparameter für wirbelfreie Strömung*

Die Massenparameter D_λ in Gl. (6A–3) hängen von der mit den Oberflächenschwingungen verbundenen Strömung ab. Bei einer wirbelfreien Strömung läßt sich das Geschwindigkeitsfeld $\boldsymbol{v}(\boldsymbol{r})$ aus einem Potential $\chi(\boldsymbol{r})$ ableiten,

$$\boldsymbol{v}(\boldsymbol{r}) = -\nabla\chi(\boldsymbol{r}), \tag{6A–26}$$

und die Kontinuitätsgleichung ergibt für eine inkompressible Flüssigkeit

$$\nabla \cdot \boldsymbol{v} = 0, \tag{6A–27a}$$

$$\nabla^2\chi = 0. \tag{6A–27b}$$

Die allgemeine Lösung der Laplace-Gleichung (6A–27b) ist eine Linearkombination von Multipolpotentialen,

$$\chi(r, \vartheta, \varphi) = \sum c_{\lambda\mu} r^\lambda Y^*_{\lambda\mu}(\vartheta, \varphi), \tag{6A–28}$$

und die Koeffizienten $c_{\lambda\mu}$ hängen mit den Koordinaten der Oberfläche $\alpha_{\lambda\mu}$ über die Randbedingung an der Oberfläche zusammen, wobei die Komponenten von $\boldsymbol{v}$ und $\dot{\boldsymbol{R}}$ in Richtung der Normalen gleichgesetzt werden. Für kleine Werte von α hat die Randbedingung $v_r = \dot{R}$ für $r = R_0$ zur Folge, und man erhält

$$c_{\lambda\mu} = -\lambda^{-1} R_0^{2-\lambda} \dot{\alpha}_{\lambda\mu}. \tag{6A–29}$$

Die kinetische Energie der Strömung bei kleinen Schwingungsamplituden beträgt

$$T = \frac{1}{2} M\varrho_0 \int \boldsymbol{v}^2 \, \mathrm{d}\tau = \frac{1}{2} M\varrho_0 R_0^2 \int \left(\chi \frac{\partial \chi}{\partial r}\right)_{r=R_0} \mathrm{d}\Omega , \tag{6A–30}$$

wobei ϱ_0 die Gleichgewichtsdichte der Teilchen ist, von denen jedes die Masse M besitzt. Die Ausdrücke (6A–28) und (6A–29) für χ führen auf eine kinetische Energie der Form (6A–3) mit den Massenparametern

$$D_\lambda = \lambda^{-1} M\varrho_0 R_0^5 = \frac{3}{4\pi} \frac{1}{\lambda} AMR_0^2 ; \tag{6A–31}$$

A ist die Gesamtzahl der Teilchen im Tropfen. (Eine ähnliche Ableitung für den Drehimpuls der Strömung führt auf den Ausdruck (6A–11) mit dem Massenparameter (6A–31) für das Verhältnis zwischen $\pi_{\lambda\mu}^*$ und $\dot{\alpha}_{\lambda\mu}$.)

6A–2 Deformationen mit großer Amplitude. Spaltung

Die Behandlung der Oberflächenschwingungen im Abschnitt 6A–1 gilt für Deformationen mit kleiner Amplitude ($|\alpha_{\lambda\mu}| \ll 1$). Bei größeren Deformationen der Oberfläche ist es notwendig, im HAMILTON-Operator Terme mit höheren Potenzen von $\alpha_{\lambda\mu}$ zu berücksichtigen; diese führen zur Anharmonizität der Vibrationen und zu Kopplungen zwischen Anregungen mit unterschiedlicher Multipolordnung.

6A–2a *Potentielle Energie eines nichtrotierenden Tropfens*

Die potentielle Energie bei großen Deformationen wurde im Zusammenhang mit der Analyse der Spaltung untersucht. Ein elektrisch geladener Tropfen, selbst wenn er stabil gegen Oszillationen mit kleiner Amplitude ist, wird bei genügend großer Deformation unstabil. Tatsächlich muß die Energie als Funktion der Deformation wegen der langreichweitigen Natur der COULOMB-Abstoßung schließlich abnehmen, wenn man den Punkt der Teilung in zwei Tropfen erreicht.

Die potentielle Energie $V(\alpha_{\lambda\mu})$ läßt sich durch eine dimensionslose Funktion ausdrükken, die vom Verhältnis zwischen COULOMB-Energie und Oberflächenenergie abhängt. Dieses Verhältnis ist proportional zu Z^2/A und wird üblicherweise durch den Spaltbarkeitsparameter

$$\begin{aligned} x &= \frac{Z^2}{A} \left(\frac{Z^2}{A}\right)_{\mathrm{krit}}^{-1} \\ &\approx 0{,}0205 \frac{Z^2}{A} \end{aligned} \tag{6A–32}$$

charakterisiert, wobei $(Z^2/A)_{\mathrm{krit}}$ der Wert von Z^2/A ist, bei dem die Kugelform unstabil gegen Quadrupoldeformationen wird (siehe Gl. (6A–25)).

Für Werte von x dicht bei Eins kann man die Sattelpunktsform und die Spaltbarriere durch Entwickeln der potentiellen Energie bis zur dritten Ordnung in den Deformationsvariablen erhalten. In führender Ordnung in $(1 - x)$ besitzt die Sattelpunktsform Quadrupolsymmetrie, und die Deformation kann durch die in Gln. (6B–1) und (6B–2) definierten Formvariablen β und γ ausgedrückt werden. Der Term zweiter Ordnung in der potentiellen Energie ist proportional zu β^2 (siehe Gl. (6B–3a)), und der Term dritter Ordnung enthält die einzige Rotationsinvariante $\beta^3 \cos 3\gamma$, die sich aus einem kubischen Polynom in $\alpha_{2\mu}$ bilden läßt (siehe Gl. (6B–3b)). Die Berechnung der Oberflächenenergie und der COULOMB-Energie führt auf die Potentialenergiefunktion (BOHR und WHEELER, 1939; siehe auch SWIATECKI, 1956)

$$V_{\text{surf}} + V_{\text{Coul}} = \frac{1}{2\pi} b_{\text{surf}} A^{2/3} \left((1-x)\,\beta^2 - \frac{2}{21}\left(\frac{5}{4\pi}\right)^{1/2} (1+2x)\,\beta^3 \cos 3\gamma \right). \tag{6A–33}$$

Die Sattelpunktsform ist gestreckt ($\gamma = 0$); die Deformation β_f des Sattelpunktes und der Spaltbarriere $E_f = E(\beta_f)$ sind in führender Ordnung in $(1 - x)$

$$\begin{aligned} \beta_f &= \frac{7}{3}\left(\frac{4\pi}{5}\right)^{1/2} (1-x), \\ E_f &= \frac{98}{135} (1-x)^3\, b_{\text{surf}} A^{2/3}. \end{aligned} \tag{6A–34}$$

In der Umgebung des Sattelpunktes hat die potentielle Energie (6A–33) Parabelform; in der β-Richtung hat der Koeffizient von $(\beta - \beta_f)^2$ den gleichen Betrag (aber umgekehrtes Vorzeichen) wie für kleine Quadrupoldeformationen bezüglich der Kugelform.

Während die Sattelpunktsform für $(1 - x) \ll 1$ vorwiegend Quadrupolsymmetrie besitzt, ergibt sich eine kleine axialsymmetrische Hexadekapoldeformation mit α_{40} von der Ordnung β^2 aus dem kubischen Term $\left((\alpha_2\alpha_2)_4\, \alpha_4\right)_0$ in der potentiellen Energie. Die Sattelpunktsform ist jedoch stabil gegen Deformationen ungerader Parität wie α_{30}, da die Spiegelsymmetrie der potentiellen Energie das Auftreten von Termen verhindert, die linear in Deformationsamplituden ungerader Parität sind. (Für $x \to 1$ wird der Term dritter Ordnung $\left((\alpha_3\alpha_3)_2\, \alpha_2\right)_0$ verschwindend klein gegenüber dem $(\alpha_3\alpha_3)_0$-Term, dessen Koeffizient in diesem Grenzfall endlich und positiv bleibt.)

Für beliebige Werte von x wurden die Potentialenergiefunktionen durch numerische Berechnung[1]) sehr ausgiebig untersucht. Die Spaltbarrieren und Sattelpunktsformen, die man aus einer solchen Analyse erhält, werden in Abb. 6A–1a illustriert. (Die Größe $\xi(x)$ ist die Spaltbarriere in Einheiten der gesamten Oberflächenenergie für die sphärische Form.) Im Intervall $0{,}75 < x < 1$, das für die Spaltung schwerer Kerne besonders

[1]) Sobald Computer mit hoher Rechengeschwindigkeit zur Verfügung standen, wurde eine Analyse dieser Art von FRANKEL und METROPOLIS (1947) durchgeführt. Ausführlichere neuere Resultate findet man insbesondere in einer Serie von Arbeiten von SWIATECKI und Mitarbeitern (COHEN und SWIATECKI, 1963, und dort zitierte Literatur) und von STRUTINSKY und Mitarbeitern (STRUTINSKY u. a., 1962, und dort zitierte Literatur).

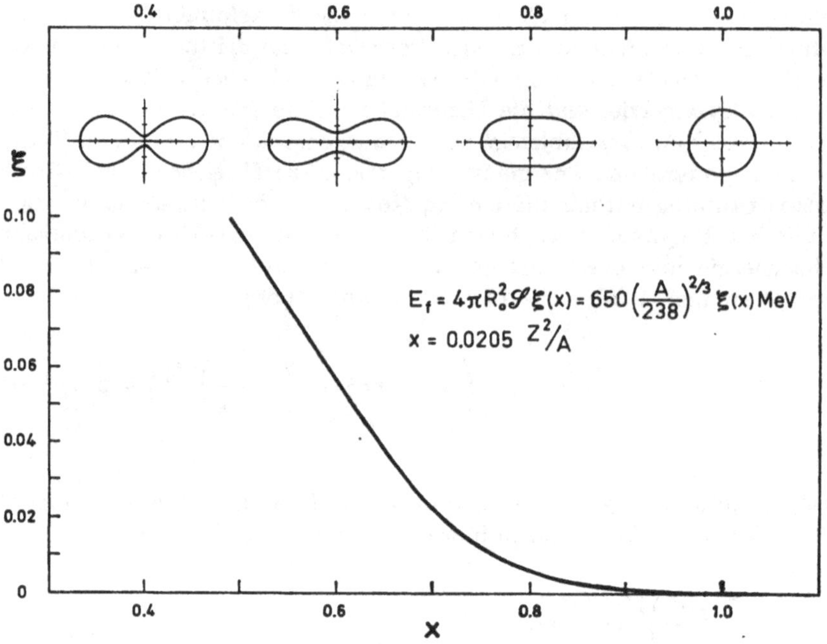

Abb. 6A–1a

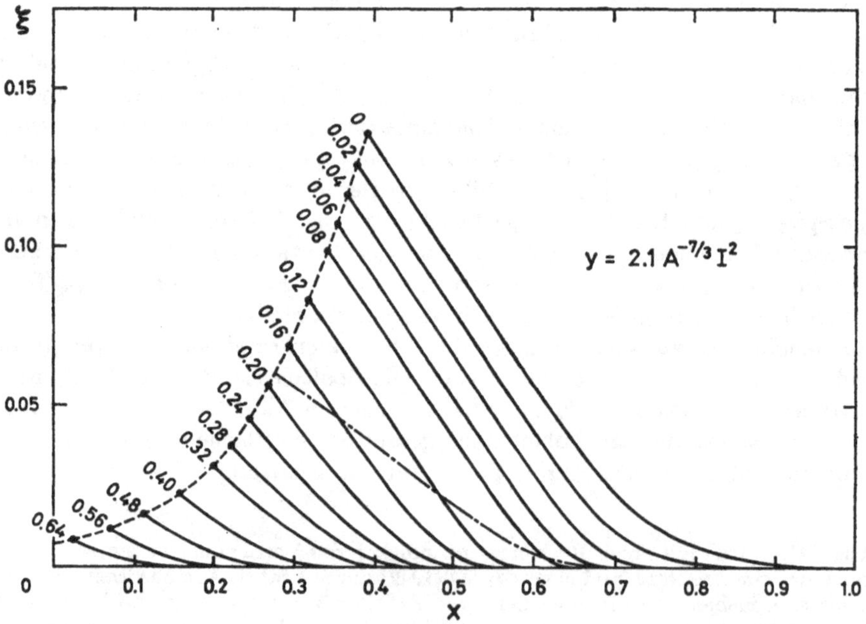

Abb. 6A–1b

wichtig ist, reproduziert die einfache Näherung (6A–34) das genauere Resultat mit einer Genauigkeit von einigen Prozent. Die Normalanregungen für kleine Oszillationen um den Sattelpunkt für Spaltung wurden von WHEELER, 1963, und NIX, 1967, untersucht.

Die Sattelpunktsform erweist sich für $x > 0{,}4$ als stabil gegen Deformationen ungerader Parität. Für $x \approx 0{,}4$ entsteht Instabilität, und die Wege zur Spaltung in vergleichbare Bruchstücke mischen sich mit denen, die Spallationsprozessen entsprechen; für $x < 0{,}4$ gibt es keine wohldefinierten Spaltbarrieren mehr (COHEN und SWIATECKI, 1963); der Einfluß des Drehimpulses tendiert zur Wiederherstellung der Stabilität gegen Deformationen ungerader Parität (siehe Abb. 6A–1b).

6A–2b *Einfluß des Drehimpulses*

Bei großen Werten des Drehimpulses können die Zentrifugalkräfte die Abhängigkeit der Energie von der Form stark modifizieren und somit die Spaltbarriere beeinflussen.[1]) Die Zentrifugaleffekte hängen von der kollektiven Rotationsströmung ab, die die Trägheitsmomente bestimmt. In der vorliegenden Diskussion werden wir annehmen, daß die Trägheitsmomente die Werte für starre Rotation besitzen, wie man es für ein Fermionensystem mit unabhängiger Teilchenbewegung erwartet (siehe S. 65). In der supraflüssigen Phase sind die Trägheitsmomente kleiner als die Festkörperwerte und hängen empfindlicher von den Deformationsparametern ab (siehe S. 68); man erwartet jedoch, daß die Paarkorrelationen für genügend hohe Anregungsenergien (siehe S. 30) oder Drehimpulse (siehe S. 59) verschwinden.

Der Einfluß des Rotationsdrehimpulses $\hbar I$ wird zweckmäßig durch einen Parameter y ausgedrückt, der das Verhältnis der Rotations- und der Oberflächenenergie für sphäri-

[1]) Erste Untersuchungen des Einflusses der Rotationsbewegung auf die Spaltbarriere wurden von PIK-PICHAK (1958) durchgeführt. Eine Anzahl Autoren hat zu diesem Thema beigetragen; siehe insbesondere COHEN, PLASIL und SWIATECKI (1974), wo auch eine Übersicht über die historische Entwicklung gegeben wird. Die Erscheinungen sind mit dem klassischen Problem der Formen rotierender Körper im Gravitationsgleichgewicht verknüpft (siehe CHANDRASEKHAR, 1969).

←

Abb. 6A–1 Sattelpunktsformen und Spaltungsenergien für einen geladenen Flüssigkeitstropfen. Abb. 6A–1a bezieht sich auf ein System ohne Drehimpuls und gibt die Form und die Deformationsenergie E_f am Sattelpunkt der Spaltung für verschiedene Werte des Spaltbarkeitsparameters x an. Die Ergebnisse sind der Arbeit von S. COHEN und W. J. SWIATECKI, Ann. Phys. **22**, 406 (1963), entnommen. Abb. 6A–1b gibt die Spaltbarriere für rotierende Flüssigkeitstropfen an; die Zahlen an den Kurven bedeuten den Wert des Parameters y, der ein Maß für den Drehimpuls ist. Die Kurven brechen am Gebiet der Instabilität der Sattelpunktsform gegen Deformationen ungerader Parität (Massenasymmetrieschwingung) ab. Die strichpunktierte Kurve stellt den Grenzfall der Instabilität der axialsymmetrischen abgeplatteten Gleichgewichtsform dar; unterhalb dieser Kurve hat der Gleichgewichtszustand dreiachsige Form. Die Resultate stammen von S. COHEN, F. PLASIL und W. J. SWIATECKI, Ann. Phys. **82**, 557 (1974).

sche Form mißt,

$$y = \frac{\hbar^2 I^2}{2\mathscr{I}(\alpha = 0)} (b_{\text{surf}} A^{2/3})^{-1}$$
$$= \frac{5}{4} \frac{\hbar^2}{M r_0^2} b_{\text{surf}}^{-1} A^{-7/3} I^2$$
$$\approx 2{,}1 A^{-7/3} I^2$$
$$(r_0 = 1{,}2\,\text{fm}, \qquad b_{\text{surf}} = 17\,\text{MeV}). \tag{6A–35}$$

Mit den beiden Parametern x und y wird eine Vielfalt unterschiedlicher Struktureigenschaften und Instabilitätsphänomene bei der Charakterisierung der Energiefunktion für das Tröpfchenmodell erfaßt. Für Systeme mit einem großen Spaltbarkeitsparameter ($x \approx 1$) haben die Gleichgewichtsformen (sowohl im Sattelpunkt als auch im Grundzustand) kleine Deformationen mit annähernder Quadrupolsymmetrie, und die potentielle Energie der Deformation kann durch den Ausdruck (6A–33) dargestellt werden. Die Trägheitsmomente lassen sich aus den in Gl. (6B–4) gegebenen Halbachsen erhalten; im Intervall $0 \leqq \gamma \leqq 60°$ (siehe Abb. 6B–1) sind die Achsen so numeriert, daß $\delta R_2 \leqq \delta R_1 \leqq \delta R_3$ gibt, und daher ist das Trägheitsmoment für Drehungen um die Achse 2 am größten. Man erhält hierfür in führender Ordnung in β

$$\frac{\mathscr{I}_2(\beta, \gamma)}{\mathscr{I}(\beta = 0)} - 1 = \frac{1}{R_0} (\delta R_1 + \delta R_3) = -\frac{1}{R_0} \delta R_2$$
$$= -\left(\frac{5}{4\pi}\right)^{1/2} \beta \cos\left(\gamma + \frac{2\pi}{3}\right). \tag{6A–36}$$

Die Gesamtenergie bei festen Werten der Form und des Drehimpulses ergibt sich durch Addition der Oberflächen- und Coulomb-Energien (6A–33) zur Energie der Rotationsbewegung, von der angenommen wird, daß sie um die Achse mit dem größten Trägheitsmoment erfolgt,

$$\frac{E(\beta, \gamma) - E(\beta = 0)}{b_{\text{surf}} A^{2/3}}$$
$$= \frac{1}{2\pi} \left((1 - x)\,\beta^2 - \frac{2}{7} \left(\frac{5}{4\pi}\right)^{1/2} \beta^3 \cos 3\gamma\right) + y \left(\frac{5}{4\pi}\right)^{1/2} \beta \cos\left(\gamma + \frac{2\pi}{3}\right) \tag{6A–37}$$

für $1 - x \ll 1$. Die Gleichgewichtsformen sind durch die Ableitungen nach β und γ bestimmt,

$$(1 - x)\,\beta - \frac{3}{7} \left(\frac{5}{4\pi}\right)^{1/2} \beta^2 \cos 3\gamma + \pi \left(\frac{5}{4\pi}\right)^{1/2} y \cos\left(\gamma + \frac{2\pi}{3}\right) = 0, \tag{6A–38a}$$

$$\sin\left(\gamma + \frac{2\pi}{3}\right) \left(\beta^2 \left(\cos^2\left(\gamma + \frac{2\pi}{3}\right) - \frac{1}{4}\right) - \frac{7\pi}{12} y\right) = 0. \tag{6A–38b}$$

Die Gleichungen (6 A–38) haben die beiden Lösungen

$$\text{(A)}\quad \begin{aligned} \gamma &= \frac{\pi}{3}, \\ \beta &= \frac{7}{6}\left(\frac{4\pi}{5}\right)^{1/2}(1-x)\left(-1+\left(1+\frac{15}{7}\frac{y}{(1-x)^2}\right)^{1/2}\right) \approx \left(\frac{5\pi}{4}\right)^{1/2}\frac{y}{1-x}, \end{aligned}$$

$$\text{(B)}\quad \begin{aligned} \gamma &= \frac{\pi}{3} - \arccos\left(4-\frac{15}{7}\frac{y}{(1-x)^2}\right)^{-1/2} \approx \frac{5\sqrt{3}}{56}\frac{y}{(1-x)^2}, \\ \beta &= \frac{7}{6}\left(\frac{4\pi}{5}\right)^{1/2}(1-x)\left(4-\frac{15}{7}\frac{y}{(1-x)^2}\right)^{1/2} \\ &\approx \frac{7}{3}\left(\frac{4\pi}{5}\right)^{1/2}(1-x)\left(1-\frac{15}{56}\frac{y}{(1-x)^2}\right), \end{aligned} \tag{6 A–39}$$

wobei die Näherungsausdrücke im Grenzfall kleiner y-Werte gelten. Die Lösung (A) entspricht der Gleichgewichtsform, die abgeplattet ist und bei $y \to 0$ in die Kugelform übergeht. Die Lösung (B) entspricht dem Sattelpunkt, der für $y \to 0$ die in Gl. (6 A–34) gegebene gestreckte Form erreicht. Für die beiden stationären Punkte führt die Rotationsenergie zu einer Verringerung der Symmetrie, da das Trägheitsmoment von den Abweichungen von der Symmetrie linear abhängt.

Die Berücksichtigung der Rotationsenergie bewirkt eine Absenkung der Spaltbarriere (6 A–34), die sich in führender Ordnung in y durch Berechnen der Rotationsenergie bei den beiden Gleichgewichtsformen für $y = 0$ erhalten läßt,

$$E_f = \frac{98}{135}(1-x)^3 b_{\text{surf}} A^{2/3}\left(1-\frac{45}{28}\frac{y}{(1-x)^2}\right). \tag{6 A–40}$$

Mit zunehmendem y verschiebt sich die Lösung (B) in Richtung der Lösung (A), und beide fallen bei einem kritischen Wert von y zusammen,

$$y_{\text{krit}} = \frac{7}{5}(1-x)^2, \tag{6 A–41}$$

für den die Form

$$\gamma = \frac{\pi}{3}, \quad \beta = \frac{7}{6}\left(\frac{4\pi}{5}\right)^{1/2}(1-x) \tag{6 A–42}$$

ist. Für Werte $y \geqq y_{\text{krit}}$ hat das System kein stabiles Gleichgewicht.

Die Resultate von numerischen Berechnungen der Spaltbarriere als Funktion von x und y sind in Abb. 6 A–1 b dargestellt. Für beliebige Werte x und kleine Werte y besitzt die Gleichgewichtsform eine abgeplattete Deformation, die der bekannten Abflachung der Erdform infolge der Zentrifugalstörung entspricht (siehe auch Lösung (A) in Gl. (6 A–39)). Mit zunehmendem Drehimpuls wird die abgeplattete Form unstabil gegen dreiachsige Deformationen, ebenso wie beim Übergang von MACLAURIN-Sphäroiden zu JACOBI-Ellipsoiden für rotierende flüssige Körper, die von Gravitationskräften zusammengehalten werden. Die strichpunktierte Kurve in Abb. 6 A–1 b gibt die Werte von y an, bei denen die Gleichgewichtsform dreiachsige Symmetrie annimmt; für Werte von x größer als etwa 0,8 würde diese Instabilität nur bei solchen Werten y auftreten, die größer als jene sind, die zur Instabilität gegen Spaltung führen.

6 A–3 Kompressionsschwingungen

6 A–3 a *Wellengleichung*

Außer den Oberflächenschwingungen besitzt ein Flüssigkeitstropfen Normalschwingungen mit Kompression der Dichte (Schallwellen). Bei kleinen Abweichungen der Dichte $\varrho(\boldsymbol{r})$ von ihrem Gleichgewichtswert ϱ_0,

$$\varrho(\boldsymbol{r}) = \varrho_0 + \delta\varrho(\boldsymbol{r}), \tag{6 A–43}$$

ist der zusätzliche Druck δp proportional zu $\delta\varrho$, und es ist zweckmäßig, das Verhältnis in der Form

$$\frac{\delta p}{\delta\varrho} = M u_c^2 \tag{6 A–44}$$

auszudrücken, wobei der Parameter u_c als die Schallgeschwindigkeit auftritt. (Die Masse jedes Teilchens ist durch M bezeichnet, und ϱ ist die Teilchendichte.) Die Ableitung des Druckes nach der Dichte ist gleich dem durch Gl. (2–207) definierten Kompressibilitätskoeffizienten b_{comp}. Die Beziehung (6 A–44) läßt sich daher auch so schreiben:

$$u_c = \left(\frac{b_{\text{comp}}}{M}\right)^{1/2}. \tag{6 A–45}$$

Die hydrodynamischen Gleichungen in erster Ordnung in $\delta\varrho$, δp und der Strömungsgeschwindigkeit $\boldsymbol{v}$ können wie folgt geschrieben werden:

$$\frac{\partial}{\partial t}\,\delta\varrho(\boldsymbol{r}, t) + \varrho_0\, \nabla \cdot \boldsymbol{v}(\boldsymbol{r}, t) = 0, \tag{6 A–46 a}$$

$$\frac{\mathrm{d}\boldsymbol{v}}{\mathrm{d}t} = \frac{\partial}{\partial t}\,\boldsymbol{v}(\boldsymbol{r}, t) = -(M\varrho_0)^{-1}\nabla\delta p(\boldsymbol{r}, t). \tag{6 A–46 b}$$

In Gl. (6 A–46 b) wurde die COULOMB-Kraft vernachlässigt; sie spielt bei den Kompressionswellen wegen der großen Rückstellkräfte eine geringere Rolle als bei den Oberflächenschwingungen.

Die linearisierten hydrodynamischen Gleichungen (6 A–46) führen auf die Wellengleichung

$$\nabla^2\delta\varrho(\boldsymbol{r}, t) - u_c^{-2}\,\frac{\partial^2}{\partial t^2}\,\delta\varrho(\boldsymbol{r}, t) = 0, \tag{6 A–47}$$

hierbei wurde die Beziehung (6 A–44) benutzt. Die mit den Dichteänderungen $\delta\varrho$ verbundene Strömung ist wirbelfrei mit einem Geschwindigkeitspotential χ, das der Beziehung $\dot{\chi} = \varrho_0^{-1} u_c^2 \delta\varrho$ genügt.

6 A–3 b *Eigenschwingungen*

Die Eigenlösungen der Wellengleichung (6 A–47) für ein System mit sphärischer Gleichgewichtsform entsprechen Dichteänderungen und Geschwindigkeitsfeldern der Form

$$\delta\varrho = \varrho_0 j_\lambda(k_{n\lambda} r)\, Y^*_{\lambda\mu}(\vartheta, \varphi)\, \alpha_{n\lambda\mu}(t), \tag{6 A–48a}$$

$$\boldsymbol{v} = k_{n\lambda}^{-2} \nabla \big(j_\lambda(k_{n\lambda} r)\, Y^*_{\lambda\mu}(\vartheta, \varphi)\big)\, \dot{\alpha}_{n\lambda\mu}(t). \tag{6 A–48b}$$

Hierbei ist die Radialfunktion j_λ eine sphärische Bessel-Funktion. Die Eigenwerte $k_{n\lambda}$ sind bestimmt durch die Randbedingung, daß $\delta\varrho$ an der Oberfläche verschwindet, da an einer freien Oberfläche kein zusätzlicher Druck aufrechterhalten werden kann,

$$j_\lambda(k_{n\lambda} R_0) = 0. \tag{6 A–49}$$

Die Amplitude $\alpha_{n\lambda\mu}$ in Gl. (6 A–48) ist eine harmonische Funktion der Zeit mit der Frequenz

$$\omega_{n\lambda} = k_{n\lambda} u_c = \frac{u_c}{R_0} \begin{cases} 3{,}14, & \lambda = 0,\ n = 1, \\ 4{,}49, & \lambda = 1,\ n = 1, \\ 5{,}76, & \lambda = 2,\ n = 1. \end{cases} \tag{6 A–50}$$

Gegenwärtig gibt es nur wenige empirische Aussagen über die Kompressibilität der Kerne. Nimmt man $b_{\mathrm{comp}} = 15$ MeV (siehe Band I, S. 270) sowie einen Radius $R_0 = 1{,}2 A^{1/3}$ fm an, dann ergeben sich die Anregungsenergien

$$\hbar\omega_{n\lambda} = \begin{cases} 65 A^{-1/3}\,\mathrm{MeV}, & \lambda = 0,\ n = 1, \\ 93 A^{-1/3}\,\mathrm{MeV}, & \lambda = 1,\ n = 1, \\ 120 A^{-1/3}\,\mathrm{MeV}, & \lambda = 2,\ n = 1. \end{cases} \tag{6 A–51}$$

Die Kompressionsschwingungen erzeugen kein resultierendes Multipolmoment der Form (6 A–2), da der Beitrag von $r < R$ kompensiert wird durch den Beitrag, der von der Verschiebung der Kernoberfläche herrührt. Die Amplitude $\alpha_{\lambda\mu}$ dieser Verschiebung (siehe Gl. (6 A–1)) läßt sich aus der Radialgeschwindigkeit an der Oberfläche bestimmen,

$$(v_r)_{r=R_0} = R_0 \dot{\alpha}_{\lambda\mu} Y^*_{\lambda\mu}. \tag{6 A–52}$$

Diese ergibt (siehe Gl. (6 A–48))

$$\alpha_{\lambda\mu} = \alpha_{n\lambda\mu} (k_{n\lambda}^2 R_0)^{-1} \left(\frac{\partial}{\partial r} j_\lambda(k_{n\lambda} r)\right)_{r=R_0}. \tag{6 A–53}$$

Das gesamte Multipolmoment beträgt

$$\mathscr{M}(\lambda\mu) = \int r^\lambda Y_{\lambda\mu}\delta\varrho(\boldsymbol{r})\,d\tau + \varrho_0 R_0^{\lambda+3}\alpha_{\lambda\mu}, \tag{6A–54}$$

und die Kompensation der beiden Terme folgt aus der Identität

$$\int r^\lambda j_\lambda(kr)\, r^2\, dr = k^{-2}\left(\lambda r^{\lambda+1} j_\lambda(kr) - r^{\lambda+2}\frac{\partial}{\partial r}\left(j_\lambda(kr)\right)\right) \tag{6A–55}$$

sowie der Randbedingung (6A–49).

6A–3c *Beziehung zu den Oberflächenschwingungen*

Das Verhältnis der Frequenzen von Oberflächenschwingungen und Kompressionsschwingungen (mit $n \approx 1$) ist von der Größenordnung (siehe Gln. (6A–6), (6A–18), (6A–19), (6A–31), (6A–45) und (6A–50))

$$\frac{(\omega_{\text{surf}})_\lambda}{(\omega_{\text{comp}})_\lambda} \sim \left(\frac{b_{\text{surf}}}{b_{\text{comp}}}\right)^{1/2} \lambda^{1/2} A^{-1/6} \tag{6A–56}$$

und nimmt daher langsam ab, wenn die Teilchenzahl des Systems zunimmt. (Für einen Wassertropfen ($\mathscr{S} = 75$ dyn cm^{-1}, $u_c \approx 1500$ m s^{-1}, entsprechend $b_{\text{surf}} \approx 3{,}5 \cdot 10^{-13}$ erg und $b_{\text{comp}} = 6{,}8 \cdot 10^{-13}$ erg) sind die Eigenfrequenzen $(\omega_{\text{surf}})_{\lambda=2}$ und $(\omega_{\text{comp}})_{n=1,\lambda=2}$ für $R_0 = 1$ cm gleich 24 s^{-1} und $8{,}6 \cdot 10^5$ s^{-1}; der entsprechende Wert von $A^{1/6}$ ist gleich $7{,}2 \cdot 10^3$.)

Die Zunahme des Verhältnisses (6A–56) mit der Multipolordnung λ entspricht dem Umstand, daß die Geschwindigkeit der Oberflächenwellen (Kapillarwellen) proportional zur Quadratwurzel aus der Wellenzahl ist. Wenn die Parameter b_{surf} und b_{comp} von derselben Größenordnung sind, bleibt das Verhältnis (6A–56) für $\lambda \ll A^{1/3}$ klein gegen Eins. Für $\lambda \gtrsim A^{1/3}$ läßt sich die Flüssigkeit nicht länger als ein kontinuierliches Medium beschreiben.

Die scharfe Unterscheidung zwischen Oberflächen- und Kompressionsschwingungen ist nur eine erste Näherung, die unter der Bedingung $\omega_{\text{surf}} \ll \omega_{\text{comp}}$ gültig ist oder, äquivalent, wenn die Geschwindigkeit der Oberflächenwellen klein gegenüber der Schallgeschwindigkeit ist. Beide Typen von Anregungen können zusammen als Lösungen der Wellengleichung (6A–47) betrachtet werden, mit einer abgeänderten Randbedingung, die den von der Oberflächendeformation (6A–53) bei $r = R_0$ erzeugten Druck berücksichtigt. Diesen Druck kann man als die Ableitung der Deformationsenergie pro Oberflächeneinheit in bezug auf eine Verschiebung der Oberfläche erhalten,

$$\begin{aligned}(\delta\varrho)_{r=R_0} &= R_0^{-3} C_\lambda \alpha_{\lambda\mu} Y_{\lambda\mu}^* \\ &= k_{n\lambda}^{-2} R_0^{-4} C_\lambda \alpha_{n\lambda\mu} Y_{\lambda\mu}^* \left(\frac{\partial}{\partial r} j_\lambda(k_{n\lambda} r)\right)_{r=R_0},\end{aligned} \tag{6A–57}$$

wobei sich der letzte Ausdruck mit Hilfe der Beziehung (6A–53) ergibt. Der Druck (6A–57) muß gleich dem Druck sein, der erforderlich ist, um die durch Gln. (6A–44) und (6 A–48) gegebene Kompression bei $r = R_0$ aufrechtzuerhalten. Wir erhalten daher für $k_{n\lambda}$ die Eigenwertgleichung

$$\left(j_\lambda(k_{n\lambda}R_0)\right)^{-1} \left(\frac{\partial}{\partial r} j_\lambda(k_{n\lambda}r)\right)_{r=R_0} = \frac{\lambda}{R_0} \frac{\omega_{n\lambda}^2}{\omega_\lambda^2}, \tag{6 A–58}$$

wobei $\omega_{n\lambda} = u_c k_{n\lambda}$ ist, während ω_λ die durch Gl. (6 A–6) mit dem Massenparameter (6 A–31) gegebene Frequenz der Oberflächenoszillation einer inkompressiblen Flüssigkeit ist.

Die niedrigste Eigenschwingung zu gegebenem λ (und $\lambda \geqq 2$) hat keinen radialen Knoten ($n = 0$) und kann einer Oberflächenschwingung zugeordnet werden. Wenn das Verhältnis (6 A–56) klein ist, dann ist die Wellenzahl $k_{n=0,\lambda}$ klein gegen R_0^{-1}, und $j_\lambda(kr)$ ist annähernd proportional zu r^λ. Die Randbedingung (6 A–58) reduziert sich dann auf die übliche Frequenzbeziehung für Oberflächenschwingungen. Für die höheren Eigenzustände ($n = 1, 2, \ldots$) ist die rechte Seite der Gl. (6 A–58) groß gegenüber R_0^{-1}, und die Randbedingung ist durch Gl. (6 A–49) näherungsweise gegeben. Die schwache Kopplung zwischen den Oberflächen- und Volumenschwingungen hat zur Folge, daß das Multipolmoment nicht länger ausschließlich mit den Oberflächenvibrationen ($n = 0$) verknüpft ist.

6 A–4 Polarisationsschwingungen im Zwei-Flüssigkeiten-System

6 A–4a *Energie der Polarisation*

Besteht die Flüssigkeit aus zwei Komponenten, wie zum Beispiel Neutronen und Protonen, dann treten zusätzliche Schwingungen auf, bei denen sich die beiden Komponenten der Flüssigkeit relativ zueinander bewegen. Die Polarisationsschwingungen können in Analogie zu den Kompressionsschwingungen behandelt werden, mit dem Unterschied, daß die oszillierende Dichte nunmehr der Isovektor

$$\varrho_1(\boldsymbol{r}) = \delta\varrho_n(\boldsymbol{r}) - \delta\varrho_p(\boldsymbol{r}) \tag{6 A–59}$$

anstelle des Isoskalars $\delta\varrho_n + \delta\varrho_p$ ist. Die Gleichgewichtsdichten von Neutronen und Protonen werden als gleich angenommen $\left((\varrho_n)_0 = (\varrho_p)_0;\ N = Z\right)$; in diesem Fall sind die Eigenschwingungen die symmetrischen Kompressionsschwingungen und die antisymmetrischen Polarisationsschwingungen.

Die Ausbreitungsgeschwindigkeit der Polarisationswellen ist

$$u_s = \left(\frac{b_{\text{sym}}}{M}\right)^{1/2}. \tag{6 A–60}$$

Die Energie b_{sym} ist das Analogon des Kompressibilitätskoeffizienten und gibt die mit der Polarisation verbundene Energiedichte an,

$$\mathscr{E}_{\text{sym}} = \frac{b_{\text{sym}}}{2\varrho_0} \int \left(\varrho_1(\boldsymbol{r})\right)^2 d\tau. \tag{6 A–61}$$

Bei Kernen wird die Größe $\mathscr{E}_{\text{sym}}$ als Symmetrieenergie bezeichnet, und der Koeffizient b_{sym} kann aus den empirischen Kernbindungsenergien ($b_{\text{sym}} \approx 50$ MeV; siehe Gln. (2–12) und (2–14)) abgeschätzt werden.

6A–4b *Eigenfrequenzen*

Die Polarisationswellen genügen einer zu Gl. (6A–47) analogen Wellengleichung, aber die Randbedingung ist durch $v_r = 0$ bei $r = R_0$ zu ersetzen, da eine zusätzliche Energie auftreten würde, wenn die Protonen außerhalb des von den Neutronen besetzten Volumens verschoben würden. Für diese Anregungen ist die Oberfläche daher nicht frei, sondern effektiv festgehalten. Die allgemeine Lösung der Wellengleichung hat die Form

$$\varrho_1(\boldsymbol{r}) = \varrho_0 j_\lambda(k_{n\lambda}r)\, Y^*_{\lambda\mu}(\vartheta, \varphi)\, \alpha_{n\lambda\mu}(t), \tag{6A–62}$$

wobei ϱ_0 die gesamte Teilchendichte ist. Die Randbedingung nimmt folgende Form an:

$$\left(\frac{\partial}{\partial r} j_\lambda(k_{n\lambda}r)\right)_{r=R_0} = 0. \tag{6A–63}$$

Für die niedrigsten Anregungen sind die Eigenfrequenzen

$$\omega_{n\lambda} = u_s k_{n\lambda} = \frac{u_s}{R_0}\begin{cases} 2{,}08, & \lambda = 1,\ n = 0, \\ 5{,}94, & \lambda = 1,\ n = 1, \\ 3{,}34, & \lambda = 2,\ n = 0, \\ 4{,}49, & \lambda = 0,\ n = 1, \end{cases} \tag{6A–64}$$

und die zugehörigen Anregungsenergien

$$\hbar\omega_{n\lambda} = \begin{cases} 79A^{-1/3}\ \text{MeV}, & \lambda = 1,\ n = 0, \\ 225A^{-1/3}\ \text{MeV}, & \lambda = 1,\ n = 1, \\ 127A^{-1/3}\ \text{MeV}, & \lambda = 2,\ n = 0, \\ 170A^{-1/3}\ \text{MeV}, & \lambda = 0,\ n = 1. \end{cases} \tag{6A–65}$$

Hierbei wurde $b_{\text{sym}} = 50$ MeV (siehe Gl. (2–14)) und $R_0 = 1{,}2A^{1/3}$ fm angenommen.

6A–4c *Oszillatorstärke in Einheiten der Summenregel*

Das mit den Polarisationsschwingungen verbundene isovektorielle Multipolmoment ist

$$\begin{aligned} \mathscr{M}(\tau = 1, \lambda\mu) &= \int \varrho_1(\boldsymbol{r})\, r^\lambda Y_{\lambda\mu}\, d\tau = m_{n\lambda}\alpha_{n\lambda\mu}, \\ m_{n\lambda} &\equiv \varrho_0 \int_0^{R_0} j_\lambda(k_{n\lambda}r)\, r^{\lambda+2}\, dr \\ &= \lambda\varrho_0 k_{n\lambda}^{-2} R_0^{\lambda+1} j_\lambda(k_{n\lambda}R_0). \end{aligned} \tag{6A–66}$$

Bei der Auswertung des Integrals der BESSEL-Funktion haben wir die Randbedingung (6A–63) verwendet.

Die Multipolmomente für die verschiedenen Eigenschwingungen können durch die Oszillatorstärke charakterisiert werden, die einer Summenregel des in Abschnitt 6–4 diskutierten Typs gehorcht. (Die Oszillatorstärke bezieht sich auf das quantisierte System; eine Größe mit entsprechender Bedeutung für das klassische System läßt sich erhalten, indem man die Oszillatorstärke durch $\hbar^2$ dividiert.)

Die Oszillatorstärke enthält das Matrixelement von $\alpha_{n\lambda\mu}$ für die Anregung eines Vibrationsquants (siehe Gl. (6–15))

$$|\langle n_{n\lambda\mu} = 1|\, \alpha_{n\lambda\mu}\, |n_{n\lambda\mu} = 0\rangle|^2 = \frac{\hbar\omega_{n\lambda}}{2C_{n\lambda}}, \tag{6A–67}$$

wobei die Rückstellkraft $C_{n\lambda}$ aus der Dichte der potentiellen Energie (6A–61) bestimmt werden kann,

$$\begin{aligned} C_{n\lambda} &= \varrho_0 b_{\text{sym}} \int\limits_0^{R_0} \left(j_\lambda(k_{n\lambda}r)\right)^2 r^2\, dr \\ &= \tfrac{1}{2}\, \varrho_0 b_{\text{sym}} R_0 k_{n\lambda}^{-2} \left(j_\lambda(k_{n\lambda}R_0)\right)^2 \left(k_{n\lambda}^2 R_0^2 - \lambda(\lambda+1)\right). \end{aligned} \tag{6A–68}$$

Die Oszillatorstärke für die Anregung $n\lambda$ ist daher gegeben durch (siehe Gln. (6A–66) und (6A–67))

$$\begin{aligned} \hbar\omega_{n\lambda} B(\tau = 1, \lambda; n_{n\lambda} = 0 \to n_{n\lambda} = 1) &= (2\lambda+1)\, m_{n\lambda}^2 \frac{(\hbar\omega_{n\lambda})^2}{2C_{n\lambda}} \\ &= \frac{3}{4\pi} \frac{\hbar^2}{M} A R_0^{2\lambda-2} \frac{(2\lambda+1)\,\lambda^2}{k_{n\lambda}^2 R_0^2 - \lambda(\lambda+1)} \\ &= \zeta_{n\lambda} S(\tau = 1, \lambda), \end{aligned} \tag{6A–69}$$

wobei

$$\zeta_{n\lambda} = \frac{2\lambda}{k_{n\lambda}^2 R_0^2 - \lambda(\lambda+1)} = \begin{cases} 0{,}86, & \lambda = 1,\ n = 0, \\ 0{,}06, & \lambda = 1,\ n = 1, \\ 0{,}78, & \lambda = 2,\ n = 0, \end{cases} \tag{6A–70}$$

die Oszillatorstärke in Einheiten der Oszillatorsumme $S(\tau = 1, \lambda)$ ausdrückt, die den Wert (6–179) mit $\langle r^{2\lambda-2}\rangle = 3(2\lambda+1)^{-1} R_0^{2\lambda-2}$ hat,

$$\begin{aligned} S(\tau = 1, \lambda) &\equiv \sum_n \hbar\omega_{n\lambda} B(\tau = 1, \lambda; 0 \to n_{n\lambda} = 1) \\ &= \frac{3\lambda(2\lambda+1)}{4\pi} \frac{\hbar^2}{2M} A R_0^{2\lambda-2}. \end{aligned} \tag{6A–71}$$

Die Gültigkeit der klassischen Summenregel (6A–71) für das Tröpfchenmodell folgt aus der Ableitung in Abschnitt 6–4, da die in diesem Modell angenommenen Wechselwirkungen geschwindigkeitsunabhängig sind. (Geschwindigkeitsabhängige Wechselwirkungen würden zusätzliche Beiträge zum Massenparameter der kollektiven Strömung zur Folge haben.)

6A–4d *Einfluß der Deformation*

Wenn das System keine sphärische Symmetrie besitzt, ist die Vibrationsbewegung nicht länger in Winkel- und Radialkomponenten separierbar. Bei kleinen Deformationen lassen sich die Eigenschwingungen jedoch durch Störungstheorie erhalten, wobei man von den Lösungen bei sphärischer Symmetrie ausgeht.

Wir erläutern das Verfahren anhand der Polarisationsschwingung für ein System mit einer kleinen axialsymmetrischen Deformation.[1]) Bei einer solchen Deformation können die Eigenschwingungen durch die mit dem Drehimpuls in bezug auf die Symmetrieachse verbundene Multipolkomponente ν klassifiziert werden. Die gestörte Anregung mit der Polarisationsdichte ϱ_1' und der Wellenzahl k' genügt den Gleichungen

$$\nabla^2\varrho_1' + k'^2\varrho_1' = 0, \tag{6A–72a}$$

$$\left(\frac{\partial\varrho_1'}{\partial n}\right)_{r=R(\vartheta)} = 0, \tag{6A–72b}$$

wobei $R(\vartheta)$ die deformierte Oberfläche beschreibt und die Ableitung von ϱ_1' in Richtung der Oberflächennormale genommen wird. Multipliziert man Gl. (6A–72) mit ϱ_1^*, wobei ϱ_1 die Dichte der ungestörten Schwingung ist, und subtrahiert die entsprechende Gleichung, in der ϱ_1 und ϱ_1' vertauscht sind, dann ergibt sich

$$\begin{aligned}(k'^2 - k_{n\lambda}^2) \int\limits_{r<R(\vartheta)} \varrho_1^*\varrho_1'\,d\tau &= \int\limits_{r<R(\vartheta)} (\varrho_1' \nabla^2\varrho_1^* - \varrho_1^* \nabla^2 \varrho_1')\,d\tau \\ &= \int\limits_{R(\vartheta)} \left(\varrho_1' \frac{\partial\varrho_1^*}{\partial n} - \varrho_1^* \frac{\partial\varrho_1'}{\partial n}\right) d\sigma = \int\limits_{R(\vartheta)} \varrho_1' \frac{\partial\varrho_1^*}{\partial n}\,d\sigma,\end{aligned} \tag{6A–73}$$

wobei die letzten beiden Integrale über die deformierte Oberfläche zu nehmen sind, die der Randbedingung (6A–72b) genügt.

Bei kleinen Deformationen erhält man die Störung führender Ordnung $\delta k_{n\lambda\nu} = k' - k_{n\lambda}$ aus Gl. (6A–73) über die Differenz der Normalableitungen von ϱ_1 für die sphärische Oberfläche ($\partial\varrho_1/\partial n = 0$) und für die deformierte Oberfläche ($\hat{n} \approx \hat{r} - \nabla R$),

$$2k_{n\lambda}\delta k_{n\lambda\nu} \int\limits_{r<R_0} |\varrho_1|^2\,d\tau = \int\limits_{r=R_0} \varrho_1 \left((R - R_0)\frac{\partial^2\varrho_1^*}{\partial r^2} - \nabla R\cdot\nabla\varrho_1^*\right) R_0^2\,d\Omega. \tag{6A–74}$$

Durch Auswerten der Integrale in Gl. (6A–74) mit ϱ_1 nach Gl. (6A–62) und für eine Oberflächendeformation mit der Multipolordnung λ' und der Amplitude $\alpha_{\lambda'0}$ erhält man

$$\begin{aligned}\frac{\delta k_{n\lambda\nu}}{k_{n\lambda}} &= \frac{\delta\omega_{n\lambda\nu}}{\omega_{n\lambda}} \\ &= -\left(\frac{2\lambda'+1}{4\pi}\right)^{1/2} \alpha_{\lambda'0}\langle\lambda\nu\lambda'0 \mid \lambda\nu\rangle\,\langle\lambda 0\lambda'0 \mid \lambda 0\rangle\,\frac{k_{n\lambda}^2R_0^2 - \lambda(\lambda+1) + \frac{1}{2}\lambda'(\lambda'+1)}{k_{n\lambda}^2R_0^2 - \lambda(\lambda+1)}.\end{aligned} \tag{6A–75}$$

[1]) Der Einfluß einer sphäroidalen Deformation auf die Frequenzen der Dipolanregung wurde von Danos (1958) und Okamoto (1958) angegeben.

Aus den Resultaten für eine axialsymmetrische Deformation kann man den Einfluß beliebiger Deformationen durch Ausnutzung der Drehinvarianz des HAMILTON-Operators ableiten. Die Frequenzverschiebung $\delta\omega$ in der Eigenschwingung $n\lambda$ läßt sich als eine Matrix im $(2\lambda+1)$-dimensionalen Raum der ungestörten Eigenschwingungen $n\lambda\nu$ ausdrücken. Für eine Deformation der Multipolordnung λ' kann die Matrix $\delta\omega$ in erster Ordnung in den Amplituden $\alpha_{\lambda'\nu'}$ in der Form $\delta\omega = \sum_{\nu'} \alpha^*_{\lambda'\nu'} t_{\lambda'\nu'}$ geschrieben werden, wobei die Matrix t infolge der Drehinvarianz ein sphärischer Tensor der Ordnung $\lambda'\nu'$ ist. Die Matrixelemente $\langle n\lambda\nu_2|\,\delta\omega\,|n\lambda\nu_1\rangle$ lassen sich daher aus den diagonalen Termen (6A–75) durch Ersetzen von $\alpha_{\lambda'0}\langle\lambda\nu\lambda'0\mid\lambda\nu\rangle$ durch $\sum_{\nu'} \alpha^*_{\lambda'\nu'}\langle\lambda\nu_1\lambda'\nu'\mid\lambda\nu_2\rangle$ erhalten. Die Eigenschwingungen folgen aus einer Diagonalisierung von $\delta\omega$.

6A–5 Rotationsbewegung einer wirbelfreien Flüssigkeit

Im vorliegenden Abschnitt betrachten wir die Bewegung einer wirbelfreien (und inkompressiblen) Flüssigkeit, die in einer nichtsphärischen, gleichförmig rotierenden Form festgehalten wird. Die mit der Drehung verknüpfte Potentialströmung kann man durch Betrachtung der Geschwindigkeit $\boldsymbol{v}'$ relativ zum rotierenden Bezugssystem erhalten,

$$\begin{aligned}\boldsymbol{v}' &= \boldsymbol{v} - (\boldsymbol{\omega}\times\boldsymbol{r})\\ &= -\nabla\chi - (\boldsymbol{\omega}\times\boldsymbol{r}),\end{aligned} \tag{6A–76}$$

wobei $\boldsymbol{\omega}$ die Winkelgeschwindigkeit der Drehbewegung und χ das Geschwindigkeitspotential ist. Aus der Bedingung, daß die Oberfläche im rotierenden Koordinatensystem stationär ist, folgt

$$(\boldsymbol{v}'\cdot\boldsymbol{n})_{r=R} = 0. \tag{6A–77}$$

Dabei ist $\boldsymbol{n}$ die Flächennormale. Bei beliebiger, vorgegebener Oberfläche bestimmt Gl. (6A–77) zusammen mit der LAPLACE-Gleichung (6A–27b) das Geschwindigkeitspotential eindeutig.

Eine besonders einfache Strömung erhält man für eine Ellipsoidform,

$$F(x_1, x_2, x_3) = \frac{x_1^2}{R_1^2} + \frac{x_2^2}{R_2^2} + \frac{x_3^2}{R_3^2} = 1, \tag{6A–78}$$

ausgedrückt in den inneren Koordinaten $x_\varkappa$. Die Oberflächennormale hat die Richtung von ∇F, und die der Randbedingung (6A–77) genügende Lösung ist das Quadrupolpotential

$$\chi = \frac{R_2^2 - R_1^2}{R_1^2 + R_2^2}\,x_1x_2\omega_3 + \frac{R_3^2 - R_2^2}{R_2^2 + R_3^2}\,x_2x_3\omega_1 + \frac{R_1^2 - R_3^2}{R_3^2 + R_1^2}\,x_3x_1\omega_2, \tag{6A–79}$$

wobei $\omega_\varkappa$ die Komponenten von $\boldsymbol{\omega}$ im inneren System sind. Das aus Gl. (6A–79) abgeleitete Strömungsbild ist in Abb. 6A–2 illustriert, die sowohl das Geschwindigkeitsfeld $\boldsymbol{v}$

im festen Koordinatensystem als auch das Feld $\boldsymbol{v}'$ im rotierenden System zeigt. Zum Vergleich enthält Abb. 6 A–2 auch die Strömungsbilder für eine starre Rotation ($\boldsymbol{v}' = 0$, $\boldsymbol{v} = \boldsymbol{\omega} \times \boldsymbol{r}$).

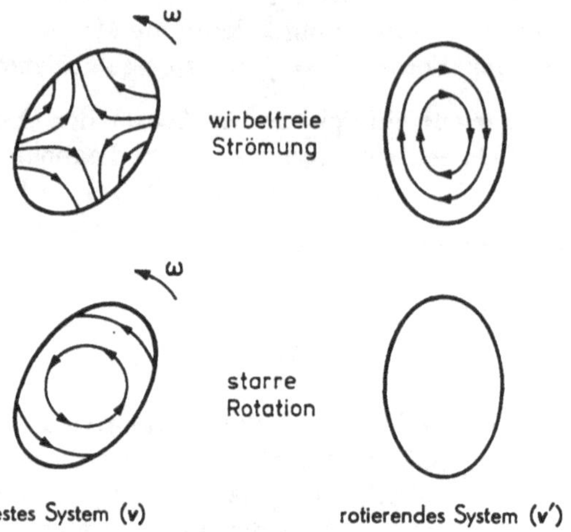

Abb. 6 A–2 Strömungsverhältnisse für die Rotation eines ellipsoidalen Körpers

Die kinetische Energie der durch das Geschwindigkeitspotential (6 A–79) hervorgerufenen Rotationsbewegung ist

$$\begin{aligned} T &= \tfrac{1}{2} M\varrho_0 \int (\nabla\chi)^2 \, d\tau \\ &= \tfrac{1}{2} (\mathscr{I}_1\omega_1^2 + \mathscr{I}_2\omega_2^2 + \mathscr{I}_3\omega_3^2) \end{aligned} \tag{6 A–80}$$

mit den Trägheitsmomenten

$$\mathscr{I}_1 = \left(\frac{R_2^2 - R_3^2}{R_2^2 + R_3^2}\right)^2 (\mathscr{I}_{\text{rig}})_1 \quad \text{und zyklischen Vertauschungen,} \tag{6 A–81}$$

ausgedrückt durch das Trägheitsmoment für starre Rotation

$$\begin{aligned} (\mathscr{I}_{\text{rig}})_1 &= M\varrho_0 \int (x_2^2 + x_3^2) \, d\tau \\ &= \tfrac{1}{5} AM(R_2^2 + R_3^2), \end{aligned} \tag{6 A–82}$$

wobei AM die Gesamtmasse ist.

Die im vorliegenden Abschnitt betrachtete Rotationsbewegung enthält die gleichen Freiheitsgrade wie die Oberflächenschwingungen. So kombinieren sich bei einer ellipsoidalen Deformation drei der fünf Quadrupol-Oberflächenanregungen zu Rotationsanregungen, und nur zwei verbleiben als „innere" Vibrationen, die Formänderungen (β- und γ-Vibrationen) entsprechen. Der Zusammenhang von Rotationen und Formschwingungen wird in Anhang 6 B weiter diskutiert; die Trägheitsmomente (6 B–17) mit durch Gl. (6 A–31) gegebenem Wert von $D(= D_2)$ stimmen in führender Ordnung in der Deformation β mit den Momenten (6 A–81) überein. (Die Beziehung zwischen $\delta R_\varkappa$ und den Deformationsparametern β und γ ist durch Gl. (6 B–4) gegeben.)

ANHANG

6B Fünfdimensionaler Quadrupoloszillator

Der vorliegende Anhang beschäftigt sich mit verschiedenen Eigenschaften der Spektren, die mit Formdeformationen mit Quadrupolsymmetrie verknüpft sind. Dieser Freiheitsgrad kann sowohl Rotations- als auch Vibrationsspektren aufweisen, und der Zusammenhang läßt sich mit Hilfe einer Transformation zu einem Satz von Koordinaten zeigen, der die innere Form und die Orientierung des Systems beschreibt (Abschnitt 6B–1). Schwingungen um die sphärische Symmetrie mit kleiner Amplitude werden in Abschnitt 6B–2 betrachtet, und die Klassifizierung der Quadrupolspektren im Yrast-Gebiet ist Gegenstand von Abschnitt 6B–3. Die Hilfsmittel zur Konstruktion der Wellenfunktionen für Vielphononenzustände betrachten wir in Abschnitt 6B–4.

6B–1 Form- und Winkelkoordinaten. Vibrations- und Rotationsfreiheitsgrade[1])

6B–1a *Definition der Koordinaten*

Die grundlegende Deformation eines sphärischen Systems besitzt Quadrupolsymmetrie (siehe Abschnitt 6A–1a). Sie läßt sich durch einen Satz von fünf Amplituden $\alpha_{2\mu}$ charakterisieren, die die Komponenten eines sphärischen Tensors bilden (siehe z. B. Gl. (6–39)). Eine Deformation dieses Typs ergibt für kleine $\alpha_{2\mu}$ ein Ellipsoid. (Allgemeiner besitzt die Form eine D_2-Symmetrie mit Invarianz bezüglich Drehungen von 180° um jede der drei orthogonalen Achsen.) Die Hauptachsen der deformierten Form definieren ein inneres Koordinatensystem, dessen Orientierungswinkel $\omega = (\varphi, \theta, \psi)$ durch die Beziehungen

$$\begin{aligned} \alpha_{2\mu} &= \sum_{\nu} a_{2\nu} \mathscr{D}^2_{\mu\nu}(\omega), \\ a_{21} &= a_{2-1} = 0, \qquad a_{22} = a_{2-2} \end{aligned} \qquad (6B\text{–}1)$$

gegeben sind. Die beiden nichtverschwindenden inneren Deformationsvariablen a_{20} und a_{22} ($= a_{2-2}$) werden gewöhnlich mit Hilfe der Parameter β und γ ausgedrückt,

[1]) Die Analyse der Quadrupolschwingungen mit Hilfe von Form- und Winkelvariablen wurde von A. Bohr (1952) betrachtet. Solche Variable benutzten auch Hill und Wheeler (1953). Die Struktur des anharmonischen Hamilton-Operators in diesen Variablen wurde von Kumar und Baranger (1967) analysiert.

die durch

$$a_{20} = \beta \cos \gamma,$$
$$a_{22} = 2^{-1/2}\beta \sin \gamma \qquad (6\text{B}–2)$$

definiert sind.

Die Beziehungen (6B–1) und (6B–2) liefern eine Transformation von den fünf Tensorvariablen $\alpha_{2\mu}$ zu den drei Orientierungswinkeln ω und den zwei Formvariablen β und γ. Die inneren Variablen β und γ sind Drehinvarianten. Sie hängen mit den grundlegenden Invarianten zweiter und dritter Ordnung zusammen, die man aus dem Tensor $\alpha_{2\mu}$ bilden kann,

$$(\alpha_2\alpha_2)_0 = 5^{-1/2}\beta^2, \qquad (6\text{B}–3\text{a})$$

$$(\alpha_2\alpha_2\alpha_2)_0 = -(2/35)^{1/2}\,\beta^3 \cos 3\gamma. \qquad (6\text{B}–3\text{b})$$

Für kleine Werte von $\alpha_{2\mu}$ läßt sich die Ellipsenform auch durch den Zuwachs der drei Hauptachsen charakterisieren,

$$\delta R_\varkappa = \left(\frac{5}{4\pi}\right)^{1/2} \beta R_0 \cos\left(\gamma - \varkappa\,\frac{2\pi}{3}\right), \qquad \varkappa = 1, 2, 3, \qquad (6\text{B}–4)$$

wobei R_0 der Radius der sphärischen Form ist. Da die Quadrupoldeformation in erster Ordnung in den Amplituden das Volumen erhält, erhalten wir $\sum_\varkappa \delta R_\varkappa = 0$. Der Zusammenhang zwischen den Deformationen $\delta R_\varkappa$ und den Koordinaten β, γ wird in Abb. 6B–1 illustriert.

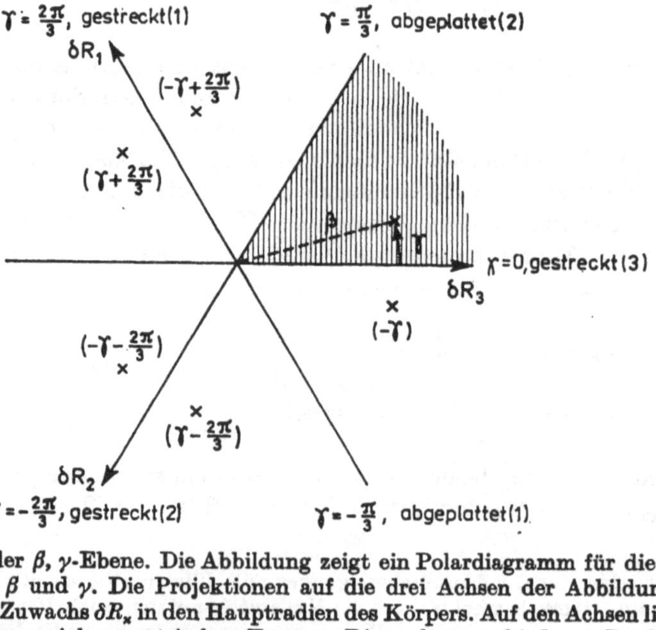

Abb. 6B–1 Symmetrien in der β, γ-Ebene. Die Abbildung zeigt ein Polardiagramm für die Deformationsvariablen β und γ. Die Projektionen auf die drei Achsen der Abbildung sind proportional zum Zuwachs $\delta R_\varkappa$ in den Hauptradien des Körpers. Auf den Achsen liegende Punkte entsprechen axialsymmetrischen Formen. Die sechs verschiedenen Punkte, die man durch Spiegelung an den Achsen erhält, repräsentieren die gleiche Kernform.

Der Satz von Winkel- und Formkoordinaten (ω, β, γ) ist nicht eindeutig. Eine gegebene Deformation $\alpha_{2\mu}$ legt nur die drei Symmetrieebenen der Ellipsenform fest, aber die Bezeichnung der inneren Achsen ist willkürlich. Da die neuen Koordinaten von dieser Bezeichnung abhängen, müssen der HAMILTON-Operator und die Wellenfunktionen des Kerns, ausgedrückt in den Variablen (ω, β, γ), invariant gegen die Symmetrieoperationen sein, die einer Umbezeichnung der inneren Achsen entsprechen. (Diese Operationen bilden die Oktaedergruppe O, die aus den 24 Drehungen besteht, die den Würfel in sich transformieren.)

Die Symmetrieoperationen, die einer Umbezeichnung der inneren Achsen entsprechen, lassen sich aus den beiden Elementen $\mathscr{R}_2(\pi/2)$ und $\mathscr{R}_3(\pi/2)$ konstruieren, die Drehungen um den Winkel $\pi/2$ um die inneren Achsen 2 und 3 darstellen. Die Wirkung von $\mathscr{R}_2(\pi/2)$ und $\mathscr{R}_3(\pi/2)$ auf die Koordinaten β und γ und auf die Bezeichnung der drei Achsen ist gegeben durch (siehe z. B. Gl. (6B–4))

$$\begin{aligned} \mathscr{R}_2(\pi/2)\,\{\beta, \gamma, I_1, I_2, I_3\}\,\mathscr{R}_2^{-1}(\pi/2) &= \{\beta, -\gamma + 2\pi/3, I_3, I_2, -I_1\}, \\ \mathscr{R}_3(\pi/2)\,\{\beta, \gamma, I_1, I_2, I_3\}\,\mathscr{R}_3^{-1}(\pi/2) &= \{\beta, -\gamma, -I_2, I_1, I_3\}, \end{aligned} \tag{6B–5}$$

wobei $I_\varkappa$ die Drehimpulskomponenten, bezogen auf die inneren Achsen, bezeichnet.

6B–1b *Symmetrie der Wellenfunktion*

In den Koordinaten (ω, β, γ) läßt sich die Wellenfunktion für einen Zustand mit dem Gesamtdrehimpuls IM in der allgemeinen Form

$$\Psi_{IM} = \left(\frac{2I+1}{8\pi^2}\right)^{1/2} \sum_{K=-I}^{I} \Phi_{IK}(\beta, \gamma)\, \mathscr{D}^I_{MK}(\omega) \tag{6B–6}$$

ausdrücken, wobei die $\mathscr{D}$-Funktionen eine orthogonale Basis zur Entwicklung der Funktionen des Orientierungswinkels ω bilden (siehe Abschnitt 1A–4). Die Invarianz von Ψ gegen Operationen, die die inneren Achsen umordnen, führt auf Symmetriebedingungen für die Funktionen $\Phi_{IK}(\beta, \gamma)$.

Wir betrachten zunächst die Operationen, die einer Drehung um π um eine innere Achse entsprechen. Diese Operationen lassen β und γ invariant. Ihre Wirkung auf Wellenfunktionen des Typs (6B–6) wurde im Zusammenhang mit den Eigenzuständen des asymmetrischen Rotors (Kapitel 4, S. 151ff.) diskutiert. Die $\mathscr{R}_3(\pi)$-Invarianz bedeutet, daß K gerade sein muß, während die Invarianz bezüglich $\mathscr{R}_2(\pi)$ einen Zusammenhang zwischen den Komponenten mit K und $-K$ herstellt; die Wellenfunktionen haben deshalb die Form

$$\begin{aligned} \Psi_{IM} = \left(\frac{2I+1}{8\pi^2}\right)^{1/2} \Bigg(&\frac{1}{2}\left(1 + (-1)^I\right) \Phi_{I,K=0}(\beta, \gamma)\, \mathscr{D}^I_{M0}(\omega) \\ &+ \sum_{K=2,4,\ldots} 2^{-1/2} \Phi_{IK}(\beta, \gamma) \left(\mathscr{D}^I_{MK}(\omega) + (-1)^I \mathscr{D}^I_{M-K}(\omega)\right)\Bigg). \end{aligned} \tag{6B–7}$$

Die Wellenfunktion (6B–7) entspricht der identischen Darstellung $(r_1 r_2 r_3) = (+++)$ der Gruppe D_2, die die Transformationen $\mathscr{R}_\varkappa(\pi)$ enthält; siehe S. 152.

Die Symmetrieoperationen $\mathscr{R}_2(\pi/2)$ und $\mathscr{R}_3(\pi/2)$ verknüpfen die Wellenfunktionen für verschiedene Werte von γ (siehe Gl. (6B–5)),

$$\Phi_{IK}(\beta, -\gamma + 2\pi/3) = \sum_{K'} \mathscr{D}^I_{KK'}(0, \pi/2, 0)\, \Phi_{IK'}(\beta, \gamma),$$
$$\Phi_{IK}(\beta, -\gamma) = \exp\{i\pi K/2\}\, \Phi_{IK}(\beta, \gamma). \tag{6B–8}$$

Die Kenntnis der Wellenfunktion im Intervall $0 \leqq \gamma \leqq \pi/3$ legt deshalb den Zustand vollständig fest. Die Symmetrie in der β, γ-Ebene wird in Abb. 6B–1 illustriert.

6B–1c *Potentielle und kinetische Energien*

Die potentielle Energie ist von der Orientierung unabhängig. Sie hängt nur von den Formparametern β und γ ab,

$$V = V(\beta, \gamma). \tag{6B–9}$$

Außerdem gilt als Folgerung aus der Symmetriebeziehung (6B–5)

$$V(\beta, \gamma) = V(\beta, -\gamma) = V(\beta, \gamma + 2\pi/3), \tag{6B–10}$$

was zu

$$V = V(\beta, \cos 3\gamma) \tag{6B–11}$$

äquivalent ist.

Die kinetische Energie T enthält die Zeitableitungen $\dot\beta$, $\dot\gamma$ und die Komponenten $\dot\varphi_\varkappa$ der Winkelfrequenz längs der drei inneren Achsen. Die Invarianz gegen die Transformationen $\mathscr{R}_\varkappa(\pi)$ bedeutet, daß T in jeder der Größen $\dot\varphi_\varkappa$ gerade sein muß. Betrachtet man nur in den Zeitableitungen quadratische Terme, dann kann die kinetische Energie deshalb in der Form

$$T = T_{\text{vib}} + T_{\text{rot}} \tag{6B–12}$$

mit

$$\begin{aligned} T_{\text{vib}} &= \tfrac{1}{2} D_{\beta\beta}(\beta, \gamma)\, \dot\beta^2 + D_{\beta\gamma}(\beta, \gamma)\, \dot\beta\dot\gamma + \tfrac{1}{2} D_{\gamma\gamma}(\beta, \gamma)\, \dot\gamma^2 \\ &= (D_{\beta\beta}D_{\gamma\gamma} - D^2_{\beta\gamma})^{-1}\, (\tfrac{1}{2} D_{\gamma\gamma} p^2_\beta - D_{\beta\gamma} p_\beta p_\gamma + \tfrac{1}{2} D_{\beta\beta} p^2_\gamma) \end{aligned} \tag{6B–13}$$

und

$$T_{\text{rot}} = \frac{1}{2} \sum_\varkappa \mathscr{J}_\varkappa(\beta, \gamma)\, \dot\varphi^2_\varkappa = \sum_\varkappa \frac{\hbar^2 I^2_\varkappa}{2\mathscr{J}_\varkappa} \tag{6B–14}$$

geschrieben werden. Dabei sind p_β und p_γ die zu β und γ kanonisch konjugierten Impulse, während $I_\varkappa$ (die Konjugierten von $\varphi_\varkappa$) die Drehimpulskomponenten in bezug auf die inneren Achsen darstellen. (In Gl. (6B–13) erfordert die Bedingung der Hermitezität eine Symmetrisierung der Glieder, die nichtkommutierende Operatoren enthalten; von der Reihenfolge der Faktoren abhängige Unterschiede sind von niedriger Potenz in den Impulsen und folglich zusätzlichen Termen in der potentiellen Energie äquivalent. Die Konstruktion einer SCHRÖDINGER-Gleichung in den Koordinaten (ω, β, γ) auf der Grundlage einer durch die kinetische Energie definierten Matrix findet man bei PAULI, 1933, S. 120, und in Abschnitt 6B–2.)

Die Trägheitsfunktionen $D_{\beta\beta}(\beta, \gamma)$ und $D_{\gamma\gamma}(\beta, \gamma)$ befolgen die gleiche Symmetrie wie $V(\beta, \gamma)$ und hängen daher nur über $\cos 3\gamma$ von γ ab (siehe Gl. (6B–11)), während $D_{\beta\gamma}(\beta, \gamma)$ in γ ungerade ist und daher die Form $\sin 3\gamma$ mal einer Funktion von β und $\cos 3\gamma$ hat. Die effektiven Trägheitsmomente genügen den Beziehungen

$$\begin{aligned}
&\mathscr{I}_3(-\gamma) = \mathscr{I}_3(\gamma),\\
&\mathscr{I}_1(-\gamma) = \mathscr{I}_2(\gamma),\\
&\mathscr{I}_3(\gamma - 2\pi/3) = \mathscr{I}_1(\gamma) = \mathscr{I}_2(\gamma + 2\pi/3),\\
&\mathscr{I}_3(\gamma + 2\pi/3) = \mathscr{I}_2(\gamma) = \mathscr{I}_1(\gamma - 2\pi/3),
\end{aligned} \qquad (6\text{B–15})$$

die aus Gl. (6B–5) folgen.

Bei Formen mit Axialsymmetrie ($\gamma = 0, \pm\pi/3, \pm 2\pi/3, \ldots$) wird der Azimutwinkel $\varphi_\varkappa$ bezüglich der Symmetrieachse unbestimmt; folglich verschwindet das Trägheitsmoment für eine solche Achse. Für kleine Abweichungen von der Axialsymmetrie folgt aus der Beziehung (6B–15), daß das Trägheitsmoment bezüglich der Achse annähernder Symmetrie dem Quadrat der Abweichung von der Axialsymmetrie proportional ist. In der Umgebung sphärischer Symmetrie sind alle Trägheitsmomente proportional β^2.

Der Quadrupol-HAMILTON-Operator $H = T + V$ beschreibt eine Reihe verschiedener Typen der Kollektivbewegung in Abhängigkeit von der potentiellen Energie und den Trägheitsparametern. Der Grenzfall harmonischer Schwingungen entspricht einer potentiellen Energie $V = \frac{1}{2} C\beta^2$ und einer kinetischen Energie mit einem einzigen Massenparameter D (siehe Gl. (6B–17)). Besitzt die potentielle Energie ein gut definiertes Minimum (β_0, γ_0) außerhalb des Koordinatenursprungs, dann läßt sich die Bewegung in der β, γ-Ebene in der Umgebung dieses Minimums lokalisieren. In einer solchen Situation zerfallen die Quadrupolfreiheitsgrade in Vibrations- und Rotationskomponenten. Die Vibrationen entsprechen Schwingungen mit kleiner Amplitude um das Gleichgewicht, und die Rotation wird näherungsweise durch die kinetische Energie (6B–14) mit den Trägheitsmomenten $\mathscr{I}_\varkappa(\beta_0, \gamma_0)$ beschrieben. Weicht die Gleichgewichtsform von der Axialsymmetrie ab, dann enthält die Rotationsbewegung drei Freiheitsgrade (asymmetrischer Rotor), und die Vibrationsbewegung entspricht zwei Normalschwingungen in der β, γ-Ebene. Besitzt die Gleichgewichtsform Axialsymmetrie, dann entfallen auf die Rotationsbewegung zwei Freiheitsgrade, und die Vibrationsanregungen enthalten sowohl Schwingungen, die die Axialsymmetrie erhalten (β-Vibrationen), als auch zweifach entartete Schwingungen mit Abweichungen von der Axialsymmetrie (γ-Vibrationen).

6B–2 Schwingungen um eine sphärische Gleichgewichtsform

Für kleine Schwingungen um eine sphärische Gleichgewichtsform können potentielle und kinetische Energien als Potenzreihe in $\alpha_{2\mu}$ und $\dot{\alpha}_{2\mu}$ ausgedrückt werden. Die Terme führender Ordnung haben die Form

$$\begin{aligned} V &= \tfrac{1}{2} C \sum_\mu |\alpha_{2\mu}|^2 = \tfrac{1}{2} C \sum_\mu (-1)^\mu \, \alpha_{2\mu}\alpha_{2-\mu}, \\ T &= \tfrac{1}{2} D \sum_\mu |\dot{\alpha}_{2\mu}|^2 = -\frac{\hbar^2}{2D} \sum_\mu (-1)^\mu \frac{\partial^2}{\partial\alpha_{2\mu}\,\partial\alpha_{2-\mu}}. \end{aligned} \tag{6B–16}$$

In dieser Ordnung stellt der Hamilton-Operator einen Satz von fünf entarteten harmonischen Oszillatoren dar; das Spektrum und die Eigenfunktionen eines solchen Systems werden in Abschnitt 6–3a betrachtet. Die Konstruktion der Vielphononenzustände wird weiterhin in Abschnitt 6B–4 diskutiert.

In den Variablen (ω, β, γ) nimmt der Hamilton-Operator in der harmonischen Näherung (6B–16) die Form

$$\begin{aligned} H &= T + V = T_{\text{vib}} + T_{\text{rot}} + V, \\ V &= \tfrac{1}{2} C\beta^2, \\ T_{\text{vib}} &= \tfrac{1}{2} D(\dot{\beta}^2 + \beta^2\dot{\gamma}^2) \\ &= -\frac{\hbar^2}{2D}\left(\beta^{-4}\frac{\partial}{\partial\beta}\,\beta^4\frac{\partial}{\partial\beta} + \beta^{-2}\,(\sin 3\gamma)^{-1}\frac{\partial}{\partial\gamma}\sin 3\gamma\,\frac{\partial}{\partial\gamma}\right), \\ T_{\text{rot}} &= \tfrac{1}{2}\sum_\varkappa \mathscr{I}_\varkappa \dot{\varphi}_\varkappa^2 = \sum_\varkappa \frac{\hbar^2 I_\varkappa^2}{2\mathscr{I}_\varkappa}, \\ \mathscr{I}_\varkappa &= 4D\beta^2 \sin^2(\gamma - \varkappa 2\pi/3), \end{aligned} \tag{6B–17}$$

an (Bohr, 1952). Es ist ersichtlich, daß Gl. (6B–17) die allgemeine, in Abschnitt 6B–1 betrachtete Form hat. Die Differentialoperatoren für die kinetische Energie entsprechen Wellenfunktionen, die mit dem Volumenelement

$$d\tau = \beta^4\, d\beta\, |\sin 3\gamma|\, d\gamma \sin\theta\, d\theta\, d\varphi\, d\psi \tag{6B–18}$$

normiert werden, wobei (φ, θ, ψ) die Eulerschen Winkel sind.

Die durch den Hamilton-Operator (6B–17) definierte Bewegung ist in den Variablen β und (ω, γ) separierbar,

$$\Psi = \varphi(\beta)\, \Phi(\omega, \gamma). \tag{6B–19}$$

Zum Beispiel haben der Grundzustand ($n = 0, I = 0$) und der Zustand mit einem Quant ($n = 1, I = 2$) die Wellenfunktionen

$$\Psi_{n=0,I=0} = (8\pi^2)^{-1/2} (2\pi)^{-1/4} b^{-5/2} \exp\{-\beta^2/4b^2\}, \tag{6B–20a}$$

$$\Psi_{n=1,I=2,M} = (8\pi^2)^{-1/2} (2\pi)^{-1/4} b^{-7/2}\beta \exp\{-\beta^2/4b^2\} \times \left(\cos\gamma\mathscr{D}^2_{M0}(\omega) + 2^{-1/2}\sin\gamma(\mathscr{D}^2_{M2}(\omega) + \mathscr{D}^2_{M-2}(\omega))\right), \tag{6B–20b}$$

wobei

$$b = \left(\frac{\hbar^2}{4CD}\right)^{1/4} \tag{6B–21}$$

die Wurzel aus der mittleren quadratischen Nullpunktsamplitude ist und die Normierung einer Integration über $0 \leqq \gamma \leqq \pi/3$ entspricht. Die Wellenfunktionen erfüllen die aus Gln. (6B–7) und (6B–8) folgenden Symmetriebedingungen.

6B–3 Yrast-Bereich für harmonische Schwingungen

Das Spektrum des Quadrupoloszillators zeigt eine relativ einfache Struktur, wenn viele Quanten mit einem Gesamtdrehimpuls in der Nähe des Maximalwertes $I_{\max} = 2n$ (Bereich der „Yrast"-Linie) vorliegen. In solchen Zuständen ruft die Zentrifugalkraft eine mittlere Deformation hervor, die im Vergleich zu den Nullpunktsschwankungen groß ist. Das System kann deshalb mit Hilfe einer angenäherten Separation von Rotationsbewegung und Vibrationen um eine Gleichgewichtsform beschrieben werden.

Im vorliegenden Abschnitt betrachten wir das Spektrum harmonischer Quadrupolschwingungen im Yrast-Bereich. Für $I \approx I_{\max} = 2n \gg 1$ sind die Hauptglieder im Hamilton-Operator (6B–17) die potentielle Energie V und die Rotationsenergie T_{rot}. Für gegebene Werte von I und β hat die Rotationsenergie ein Minimum bei $\gamma = \pi/6$. Bei diesem Winkel besitzt das Trägheitsmoment $\mathscr{I}_1$ den Maximalwert $4D\beta^2$. In führender Ordnung in I, die dem klassischen Wert für die Rotationsenergie entspricht, besitzt die Summe aus potentieller und Rotationsenergie daher ein Minimum für eine Form mit den Parametern

$$\gamma_0 = \frac{\pi}{6}, \qquad \beta_0 = \left(\frac{\hbar^2}{4CD}\right)^{1/4} I^{1/2} = bI^{1/2}, \tag{6B–22}$$

wobei b die Nullpunktsamplitude (6B–21) ist. Die Gleichgewichtsdeformation (6B–22) entspricht einer dreiachsigen Form mit (siehe Gl. (6B–4))

$$\delta R_1 = 0, \qquad \delta R_2 = -\delta R_3, \qquad \delta R_3 = \left(\frac{15}{16\pi}\right)^{1/2} \beta_0 R_0. \tag{6B–23}$$

Die Summe aus potentieller und Rotationsenergie besitzt ein zweites Minimum bei $\gamma = 0$, das einer gestreckten Form entspricht, aber für $I > 8$ liefert die dreiachsige Form mit $\gamma = \pi/6$ den niedrigsten Eigenwert von $V + T_{\text{rot}}$ bei gegebenem I.

Für die Form (6B–22) sind die Trägheitsmomente $\mathscr{J}_2$ und $\mathscr{J}_3$ gleich, und die Rotationsbewegung ist die eines symmetrischen Kreisels, die durch die Quantenzahl $K = I_1$ charakterisiert werden kann. Eine Entwicklung des HAMILTON-Operators um die Gleichgewichtsform liefert für Zustände mit $I_{\max} - I \ll I_{\max}$

$$H = H_{\text{rot}} + H_K + H_\beta + H_\gamma \tag{6B–24}$$

mit

$$\begin{aligned} H_{\text{rot}} &= \tfrac{1}{2} C\beta_0^2 + \frac{\hbar^2}{8D\beta_0^2} I^2 \\ &= \tfrac{1}{2}\hbar\omega I \qquad \big(\omega = (C/D)^{1/2}\big), \end{aligned} \tag{6B–25a}$$

$$\begin{aligned} H_K &= \frac{\hbar^2}{2D\beta_0^2}\big(I(I+1) - K^2\big) - \frac{\hbar^2}{8D\beta_0^2}(I^2 - K^2) \\ &\approx \hbar\omega\big(\tfrac{3}{2}(I-K) + 1\big), \end{aligned} \tag{6B–25b}$$

$$H_\beta \approx -\frac{\hbar^2}{2D}\frac{\partial^2}{\partial\beta^2} + 2C(\beta - \beta_0)^2, \tag{6B–25c}$$

$$H_\gamma \approx -\frac{\hbar^2}{2D\beta_0^2}\frac{\partial^2}{\partial\gamma^2} + \tfrac{1}{2} C\beta_0^2(\gamma - \gamma_0)^2. \tag{6B–25d}$$

Bei der Entwicklung von H haben wir Glieder vernachlässigt, deren Beiträge zu den Energien von der Größenordnung $\hbar\omega I^{-1}$ sind.

Das Glied führender Ordnung H_{rot} im HAMILTON-Operator (6B–24) stellt die Energie längs der Yrast-Linie dar, während die Terme H_K, H_β und H_γ drei Normalanregungen bezüglich der Yrast-Linie beschreiben.

Der Term H_K ist mit Änderungen der Rotationsbewegung verknüpft, die zu Zuständen mit $K = I-2, I-4, \ldots$ führen; die Anregungsenergie ist linear in $I - K$. Die Anregung kann als Vibration angesehen werden, die einer Präzessionsbewegung des Drehimpulses um die innere 1-Achse entspricht (vergleiche die Diskussion des asymmetrischen Rotors in Abschnitt 4–5e). Die Eigenwerte von H_K lassen sich in der Form

$$E_K = \hbar\omega(\tfrac{3}{2} n_K + 1) \tag{6B–26}$$

schreiben, mit der Schwingungsquantenzahl

$$n_K = I - K. \tag{6B–27}$$

Da K ganzzahlig und gerade ist (siehe S. 593), entsprechen die Anregungen Rotationsbanden mit

$$\begin{aligned} &I \text{ gerade}, \quad n_K = 0, 2, 4, \ldots, \\ &I \text{ ungerade}, \quad n_K = 1, 3, 5, \ldots. \end{aligned} \tag{6B–28}$$

Die Terme H_β und H_γ im HAMILTON-Operator (6B–24) repräsentieren Schwingungen um die Gleichgewichtsform mit den Eigenwerten

$$E_\beta = 2\hbar\omega(n_\beta + \tfrac{1}{2}), \qquad (6\text{B–29a})$$

$$E_\gamma = \hbar\omega(n_\gamma + \tfrac{1}{2}) \qquad (6\text{B–29b})$$

und den Schwingungsquantenzahlen n_β und n_γ. Kombiniert man Gln. (6B–25a), (6B–26) und (6B–29), dann ergibt sich das Gesamtspektrum im Yrast-Bereich

$$E(n_\beta, n_\gamma, n_K, I) = \hbar\omega(2n_\beta + n_\gamma + \tfrac{3}{2}n_K + \tfrac{1}{2}I + \tfrac{5}{2}). \qquad (6\text{B–30})$$

Die Banden in der Nähe der Yrast-Linie werden in Abb. 6B–2 illustriert; für $I \geqq \frac{1}{2}I_{\max} = n$ ist die Numerierung der Zustände die gleiche wie bei der in Tab. 6–1, S. 298, angegebenen exakten Abzählung. (Dieses Ergebnis kann man erhalten, indem man die Anregungen eines Kondensats ausgerichteter Bosonen betrachtet (siehe S. 601).)

Aus dem Kopplungsschema im Yrast-Bereich folgen einfache Beziehungen für die $E2$-Matrixelemente. Die inneren Momente bezüglich der 1-Achse sind in der Nähe der

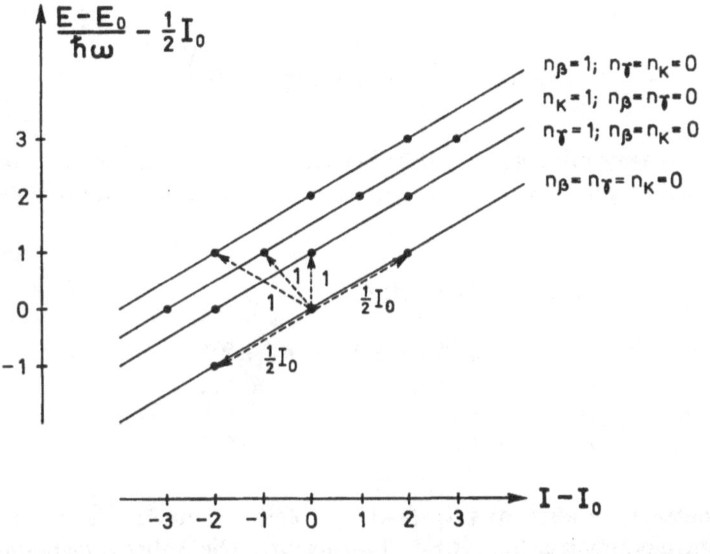

Abb. 6B–2 Yrast-Gebiet für Quadrupolvibrationen. Die Abbildung zeigt den Teil des Spektrums für harmonische Quadrupolvibrationen mit Drehimpulsen $I \approx I_0 \gg 1$ und mit Energien in der Nähe des Minimalwertes für gegebenes I (Yrast-Gebiet). Die durchgezogenen Linien repräsentieren Rotationstrajektorien. Die Abbildung enthält sowohl Trajektorien, die dem niedrigsten inneren Zustand ($n_\beta = n_\gamma = n_K = 0$) entsprechen, als auch Trajektorien für die inneren Zustände mit einem einzelnen Vibrationsquant. (Die Trajektorie mit $n_\gamma = 2$, $n_\beta = n_K = 0$ fällt mit der $n_\beta = 1$-Trajektorie zusammen; die Zustände auf der $n_\gamma = 2$-Trajektorie sind nicht gezeigt.) Die Pfeile markieren die vom Zustand $I = I_0$ auf der Yrast-Linie ausgehenden Übergänge mit nichtverschwindenden $E2$-Matrixelementen; die Zahlen an den Pfeilen geben die $B(E2)$-Werte für diese Übergänge in Einheiten von $b^2(3ZeR^2/4\pi)^2$ an.

Gleichgewichtsform gegeben durch

$$\begin{aligned}\mathscr{M}(E2, \nu = 0) &\approx \left(\frac{3}{4\pi} ZeR^2\right) \beta_0(\gamma - \gamma_0),\\ \mathscr{M}(E2, \nu = 2) &\approx -\left(\frac{3}{4\pi} ZeR^2\right) \frac{1}{\sqrt{2}} \beta\end{aligned} \qquad (6\text{B}-31)$$

(siehe Gln. (6–63) und (6B–2) und beachte, daß sich die inneren Momente bezüglich der 1-Achse aus den Momenten bezüglich der 3-Achse durch eine zyklische Permutation der Achsen ergeben, was $\gamma \to \gamma - 2\pi/3$ entspricht; siehe z. B. Gl. (6B–4)). So sind die statischen inneren Quadrupolmomente gegeben durch

$$\begin{aligned}Q_0 &= 0,\\ \left(\frac{5}{16\pi}\right)^{1/2} Q_2 &= -\frac{1}{\sqrt{2}} \beta_0 \left(\frac{3}{4\pi} ZeR^2\right),\end{aligned} \qquad (6\text{B}-32)$$

was für die $E2$-Matrixelemente innerhalb einer Rotationsbande

$$\begin{aligned}Q &= 0,\\ B(E2; n_\beta n_\gamma n_K I \to n_\beta n_\gamma n_K, I-2) &\approx \frac{I}{2} b^2 \left(\frac{3}{4\pi} ZeR^2\right)^2\end{aligned} \qquad (6\text{B}-33)$$

liefert.

Die Vibrationsübergänge mit $\Delta n_K = \pm 1$ haben $\Delta K = \mp 2$ und $\Delta I = \mp 1$, und aus der allgemeinen Intensitätsregel für Übergänge zwischen Rotationsbanden (siehe Gl. (4–91)) erhält man

$$\begin{aligned}&B(E2; n_\beta n_\gamma n_K I \to n_\beta n_\gamma, n_K - 1, I+1)\\ &\approx \frac{1}{2} \beta_0^2 \left(\frac{3}{4\pi} ZeR^2\right)^2 \langle I\, I - n_K\, 2 2 \mid I+1\, I - n_K + 2\rangle^2\\ &\approx n_K b^2 \left(\frac{3}{4\pi} ZeR^2\right)^2.\end{aligned} \qquad (6\text{B}-34)$$

(Dieses Ergebnis hätte man auch aus Gl. (4–314) ableiten können, die die Präzessionsübergänge für den asymmetrischen Rotor beschreibt.) Die Vibrationsübergänge mit $\Delta n_\beta = \pm 1$ besitzen $\Delta K = \Delta I = \mp 2$, während die Übergänge mit $\Delta n_\gamma = \pm 1$ durch $\Delta K = \Delta I = 0$ charakterisiert sind. Aus den inneren Momenten (6B–31) und den Hamilton-Operatoren (6B–25c) und (6B–25d) für Vibrationen erhalten wir

$$\begin{aligned}B(E2; n_\beta n_\gamma n_K I \to n_\beta - 1, n_\gamma n_K, I+2) &\approx n_\beta b^2 \left(\frac{3}{4\pi} ZeR^2\right)^2,\\ B(E2; n_\beta n_\gamma n_K I \to n_\beta, n_\gamma - 1, n_K I) &\approx n_\gamma b^2 \left(\frac{3}{4\pi} ZeR^2\right)^2.\end{aligned} \qquad (6\text{B}-35)$$

Die Matrixelemente für die Übergänge $\Delta n_\beta = \pm 1$ erhalten die Hälfte ihres Wertes aus dem Beitrag, der aus der I-Abhängigkeit von β_0 resultiert (siehe Gl. (6B–22)).

Man sieht, daß die Rotationsübergänge um einen Faktor von der Größenordnung des Gesamtdrehimpulses I stärker sind als Übergänge mit einer Änderung der Vibrationsquantenzahlen n_β, n_γ, n_K. (Das Schema der $E2$-Übergänge ist in Abb. 6B–2 illustriert.) Die Vibrationsübergänge (6B–34) und (6B–35) bilden nur einen kleinen Bruchteil der durch die Auswahlregel $\Delta n = 1$ erlaubten Übergänge, wobei n die Gesamtzahl der Vibrationsquanten ist. Die zusätzlichen Übergänge enthalten gleichzeitige Änderungen in mehreren der Quantenzahlen n_β, n_γ, n_K. Sie sind um mindestens einen Faktor der Größenordnung I^{-1} schwächer als die betrachteten Übergänge.

Eine andere Ableitung der obigen Resultate läßt sich erhalten, wenn man beachtet, daß im Yrast-Bereich aus der Ausrichtung der Drehimpulse der Quadrupolquanten die Existenz eines Kondensats identischer Bosonen folgt. In einem Koordinatensystem, in dem der Gesamtdrehimpuls in die Richtung der z-Achse zeigt, wird das Kondensat aus den Quanten mit $\mu = \lambda = 2$ gebildet. Die starken Übergänge längs der Rotationstrajektorien entsprechen dem Hinzufügen von Quanten zum Kondensat, und die Verstärkung resultiert aus dem Bosonenfaktor $(n + 1)$ in der Übergangswahrscheinlichkeit (siehe Gl. (6–1)). Zusätzliche Anregungen ergeben sich durch Hinzufügen von Quanten mit $\mu = 1, 0, -1$ und -2. Das Hinzufügen eines Quants mit $\mu = 1$ führt zu einem Zustand, in dem das Kondensat um die z-Achse gedreht wurde (da der Operator $I_x - iI_y$, angewandt auf das Kondensat, ein Quant von $\mu = 2$ nach $\mu = 1$ verschiebt). Fügt man ein Quant mit $\mu = 0, -1$ oder -2 hinzu, dann entstehen innere Anregungen mit $\Delta I = \mu$, die mit Anregungen identifiziert werden können, die im vorangehenden Text mit $n_\gamma = 1$, $n_K = 1$ und $n_\beta = 1$ bezeichnet wurden (siehe Abb. 6B–2).

Das Spektrum und die Übergangswahrscheinlichkeiten, die im vorliegenden Abschnitt abgeleitet wurden, beziehen sich auf eine harmonische Vibrationsbewegung. Das qualitative Schema im Yrast-Bereich hat jedoch einen breiteren Gültigkeitsbereich, da es unmittelbar aus der Existenz einer mittleren Deformation, die im Vergleich zur Amplitude der Vibrationsbewegung um das Gleichgewicht groß ist, oder äquivalent aus der Existenz eines Kondensats folgt. Die Anharmonizität im Vibrations-Hamilton-Operator kann sowohl den Wert der Gleichgewichtsdeformation als auch die mit den drei inneren Vibrationsfreiheitsgraden verknüpften Parameter beeinflussen; die Numerierung der Zustände und die Auswahlregeln für die $E2$-Übergänge bleiben aber gültig, vorausgesetzt, daß die Vibrationsquantenzahlen n_β, n_γ, n_K klein sind im Vergleich zur Gesamtzahl n der Quanten.

6B–4 Vielphononenzustände

Im vorliegenden Abschnitt betrachten wir einige der systematischen Methoden zur Konstruktion eines vollständigen Satzes von Zuständen mit gegebener Phononenzahl und gegebenem Gesamtdrehimpuls. Die betrachteten Verfahren sind nicht spezifisch für Quadrupolquanten; sie werden deshalb für Phononen mit beliebiger Multipolordnung λ formuliert.

6B-4a *Abstammungskoeffizienten*

Die Zustände mit zwei Quanten gleicher Multipolordnung λ erhält man unmittelbar durch eine Drehimpulskopplung. Der normierte Zustand mit dem Gesamtdrehimpuls I und der Komponente M läßt sich in der Form

$$\begin{aligned} |n_\lambda = 2, IM\rangle &= 2^{-1/2}\big(c^\dagger(\lambda)\, c^\dagger(\lambda)\big)_{(\lambda\lambda)IM}\, |0\rangle \\ &= 2^{-1/2} \sum_{\mu'\mu''} \langle \lambda\mu'\lambda\mu'' \mid IM\rangle\, c^\dagger(\lambda\mu')\, c^\dagger(\lambda\mu'')\, |0\rangle, \qquad \text{(6B-36)} \\ I &= 0, 2, 4, \ldots, 2\lambda, \end{aligned}$$

schreiben. Der Faktor $2^{-1/2}$ rührt daher, daß jeder Unterzustand $(n_{\lambda\mu'} = 1,\ n_{\lambda\mu''} = 1)$ in der Summe in Gl. (6B-36) zweimal auftritt. (Für gerades M gibt es nur einen einzigen Term mit $\mu' = \mu'' = M/2$, der Zustand mit $n_{\lambda\mu'} = 2$ enthält aber den Normierungsfaktor $2^{-1/2}$ (siehe Gl. (6-4)).)

Für $n_\lambda > 2$ kann man fortfahren, zu den Zuständen (6B-36) weitere Quanten hinzuzufügen. Man muß jedoch berücksichtigen, daß Zustände mit gleichem n_λ und I, die über unterschiedliche Zwischendrehimpulse (wie den Drehimpuls der ersten beiden Quanten) aufgebaut wurden, im allgemeinen nicht orthogonal sind.

Ein systematisches Verfahren zur Konstruktion von Vielphononenzuständen und zur Berechnung von Matrixelementen kann auf einer Kettenrechnung aufgebaut werden, wobei Abstammungskoeffizienten $\langle \zeta_n I_n \| c^\dagger(\lambda) \| \zeta_{n-1} I_{n-1}\rangle$ auftreten, die Zustände mit aufeinanderfolgender Anzahl von Quanten verknüpfen.[1] Die Zustände von n Quanten werden zusätzlich zu I_n (und M_n) durch die Quantenzahlen ζ_n bezeichnet. Wir haben die Schreibweise durch Weglassen des Index λ an der Quantenzahl n vereinfacht, da wir bei der vorliegenden Diskussion nur Zustände mit einem einzigen Typ von Bosonen betrachten.

Wir nehmen daher an, daß ein orthogonaler Satz von Zuständen $\zeta_{n-1} I_{n-1}$ mit $n-1$ Quanten vorliegt, und fügen zu diesen Zuständen ein Quant hinzu,

$$|\zeta_{n-1} I_{n-1}, \lambda; I_n M_n\rangle_{\text{unnorm}} \equiv c^\dagger(\lambda)\, |\zeta_{n-1} I_{n-1}\rangle_{(I_{n-1}\lambda) I_n M_n}. \qquad \text{(6B-37)}$$

Die Zustände (6B-37) sind im allgemeinen weder normiert noch orthogonal. Wir können aber die Überlappungsfaktoren durch Ausnutzung der Kommutationsbeziehungen (6-47) berechnen, die sich in der Form

$$[c(\bar{\lambda}), c^\dagger(\lambda)]_{(\lambda\lambda)\Lambda} = (2\lambda + 1)^{1/2}\, \delta(\Lambda, 0) \qquad \text{(6B-38)}$$

[1]) Das systematische Verfahren zur Berechnung der Abstammungskoeffizienten mit Hilfe von Umkopplungstechniken wurde von Racah (1943) für Vielelektronenkonfigurationen von Atomen entwickelt. Der Abstammungskoeffizient $\langle \zeta_n I_n M_n \{| \zeta_{n-1} I_{n-1} M_{n-1}, \lambda\mu\rangle$ in der Bezeichnungsweise von Racah ist gleich der Größe $n^{-1/2}\langle \zeta_n I_n M_n |\, c^\dagger(\lambda\mu)\, | \zeta_{n-1} I_{n-1} M_{n-1}\rangle$, und für drehimpulsgekoppelte Zustände gilt dementsprechend $\langle \zeta_n I_n \{| \zeta_{n-1} I_{n-1}, \lambda; I_n\rangle = n^{-1/2}(2I_n + 1)^{-1/2} \langle \zeta_n I_n \| c^\dagger(\lambda) \| \zeta_{n-1} I_{n-1}\rangle$. Durch diese spezielle Schreibweise wird angedeutet, daß bei dem Abstammungskoeffizienten von Racah der Zustand auf der rechten Seite in den ersten $(n-1)$ Quanten, nicht aber bezüglich des n-ten Quants symmetrisch ist, während der Zustand auf der linken Seite in allen n Quanten vollständig symmetrisch ist.

schreiben lassen. Durch geeignete Umkopplungen (siehe Abschnitt 1 A-3 und die Beziehung (1 A-65) für das Skalarprodukt von Zustandsvektoren) erhält man für die Überlappung zweier Zustände der Form (6B-37)

$$\langle \zeta'_{n-1} I'_{n-1}, \lambda'; I_n M_n \mid \zeta_{n-1} I_{n-1}, \lambda; I_n M_n \rangle_{\text{unnorm}}$$

$$= (2I_n + 1)^{-1/2} \langle \zeta'_{n-1} \bar{I}'_{n-1} | \, c(\bar{\lambda}') \, c^{\dagger}(\lambda) \, | \zeta_{n-1} I_{n-1} \rangle_{(I_{n-1}\lambda)I_n, (I'_{n-1}\lambda')I_n; 0}$$

$$= (2I_n + 1)^{-1/2} \langle (I_{n-1}\lambda) \, I_n, (I'_{n-1}\lambda') \, I_n; 0 \mid (I_{n-1} I'_{n-1}) \, 0, (\lambda\lambda') \, 0; 0 \rangle$$

$$\times \langle \zeta'_{n-1} \bar{I}'_{n-1} | \, [c(\bar{\lambda}'), c^{\dagger}(\lambda)] \, | \zeta_{n-1} I_{n-1} \rangle_{(I_{n-1} I'_{n-1})0, (\lambda\lambda')0; 0}$$

$$+ (2I_n + 1)^{-1/2} \sum_{I_{n-2}} \langle (I_{n-1}\lambda) \, I_n, (I'_{n-1}\lambda') \, I_n; 0 \mid (I_{n-1}\lambda') \, I_{n-2}, (I'_{n-1}\lambda) \, I_{n-2}; 0 \rangle$$

$$\times \langle \zeta'_{n-1} \bar{I}'_{n-1} | \, c^{\dagger}(\lambda) \, c(\bar{\lambda}') \, | \zeta_{n-1} I_{n-1} \rangle_{(I_{n-1}\lambda')I_{n-2}, (I'_{n-1}\lambda)I_{n-2}; 0}$$

$$= \delta(\zeta_{n-1}, \zeta'_{n-1}) \, \delta(I_{n-1}, I'_{n-1}) + \sum_{\zeta_{n-2} I_{n-2}} (2I_{n-2} + 1) \begin{Bmatrix} I_{n-1} & \lambda & I_n \\ I'_{n-1} & \lambda & I_{n-2} \end{Bmatrix}$$

$$\times \langle \zeta'_{n-1} \bar{I}'_{n-1} | \, c^{\dagger}(\lambda) \, | \zeta_{n-2} I_{n-2} M_{n-2} \rangle_{(I'_{n-1}\lambda)\overline{I_{n-2} M_{n-2}}} \langle \zeta_{n-2} I_{n-2} M_{n-2} | \, c(\bar{\lambda}) \, | \zeta_{n-1} I_{n-1} \rangle_{(I_{n-1}\lambda)I_{n-2} M_{n-2}}$$

$$= \delta(\zeta_{n-1}, \zeta'_{n-1}) \, \delta(I_{n-1}, I'_{n-1}) + \sum_{\zeta_{n-2} I_{n-2}} (-1)^{I_{n-1} - I'_{n-1}} \begin{Bmatrix} I_{n-1} & \lambda & I_n \\ I'_{n-1} & \lambda & I_{n-2} \end{Bmatrix}$$

$$\times \langle \zeta'_{n-1} I'_{n-1} \| \, c^{\dagger}(\lambda) \, \| \zeta_{n-2} I_{n-2} \rangle \langle \zeta_{n-1} I_{n-1} \| \, c^{\dagger}(\lambda) \, \| \zeta_{n-2} I_{n-2} \rangle . \tag{6B-39}$$

Die Bezeichnung λ und λ', die zwei Drehimpulse gleicher Größe unterscheidet, wurde benutzt, wenn sie zur Kennzeichnung des Kopplungsschemas notwendig war. Wir haben die Phasenbeziehung für die Standarddarstellung (vergleiche Gl. (1 A-84)) verwendet,

$$\langle \zeta_{n-2} I_{n-2} \| \, c(\bar{\lambda}) \, \| \zeta_{n-1} I_{n-1} \rangle = (-1)^{I_{n-2} + \lambda - I_{n-1}} \langle \zeta_{n-1} I_{n-1} \| \, c^{\dagger}(\lambda) \, \| \zeta_{n-2} I_{n-2} \rangle . \tag{6B-40}$$

Wenn die Abstammungskoeffizienten, die Zustände mit $n - 2$ und $n - 1$ Phononen verknüpfen, bekannt sind, kann man die Überlappungsfaktoren (6B-39) bestimmen und damit eine orthogonale Basis $|\zeta_n I_n M_n\rangle$ für die Zustände mit n Phononen konstruieren. Die Entwicklung der nicht normierten Zustände (6B-37) in dieser Basis liefert die Abstammungskoeffizienten für die n-Phononenzustände

$$\langle \zeta_n I_n \| \, c^{\dagger}(\lambda) \, \| \zeta_{n-1} I_{n-1} \rangle = (2I_n + 1)^{1/2} \langle \zeta_n I_n M_n \mid \zeta_{n-1} I_{n-1}, \lambda; I_n M_n \rangle_{\text{unnorm}} . \tag{6B-41}$$

Die Abstammungsfaktoren genügen den Orthonormalitätsbeziehungen

$$\sum_{\zeta_{n-1} I_{n-1}} \langle \zeta_n I_n \| \, c^{\dagger}(\lambda) \, \| \zeta_{n-1} I_{n-1} \rangle \langle \zeta'_n I_n \| \, c^{\dagger}(\lambda) \, \| \zeta_{n-1} I_{n-1} \rangle = n(2I_n + 1) \, \delta(\zeta_n, \zeta'_n), \tag{6B-41a}$$

$$\sum_{\zeta_n I_n} \langle \zeta_n I_n \| c^{\dagger}(\lambda) \, \| \zeta_{n-1} I_{n-1} \rangle \langle \zeta_n I_n \| c^{\dagger}(\lambda) \, \| \zeta'_{n-1} I_{n-1} \rangle = (2\lambda + n) \, (2I_{n-1} + 1) \, \delta(\zeta_{n-1}, \zeta'_{n-1}),$$

die aus den Kommutationsbeziehungen (6–47) und dem Ausdruck (6–48) für die Anzahl der Quanten folgen. (Die Beziehungen (6B–41a) für Bosonen sind das Gegenstück zu den Summenregeln (3E–12) und (3E–13) für Fermionen.)

Matrixelemente der verschiedenen, von den Schwingungsvariablen abhängenden Operatoren können mit Hilfe von Abstammungskoeffizienten unmittelbar berechnet werden. So sind die Matrixelemente der Schwingungskoordinaten $\alpha_{\lambda\mu}$ und der entsprechenden Multipoloperatoren $\mathscr{M}(\lambda\mu)$ den Abstammungskoeffizienten proportional (siehe z. B. Gl. (6–66)). In den Schwingungskoordinaten quadratische Operatoren lassen sich durch Produkte aus zwei Abstammungskoeffizienten ausdrücken, zum Beispiel

$$\begin{aligned}&\langle \zeta_n' I_n' \| \left(c^\dagger(\lambda')\, c(\bar\lambda)\right)_{(\lambda\lambda')\Lambda} \| \zeta_n I_n\rangle \\ &= \sum_{\zeta_{n-1} I_{n-1}} (-1)^{I_{n-1}+\lambda-I_n'} (2\Lambda+1)^{1/2} \begin{Bmatrix} I_n & \lambda & I_{n-1} \\ \lambda & I_n' & \Lambda \end{Bmatrix} \\ &\quad \times \langle \zeta_n' I_n' \| c^\dagger(\lambda) \| \zeta_{n-1} I_{n-1}\rangle \langle \zeta_n I_n \| c^\dagger(\lambda) \| \zeta_{n-1} I_{n-1}\rangle . \end{aligned} \tag{6B–42}$$

Um die Berechnung von Abstammungskoeffizienten zu illustrieren, betrachten wir Zustände mit drei Quadrupolquanten ($n = 3$, $\lambda = 2$). Sowohl diese Zustände als auch die Zustände mit $n = 2$ sind durch den Gesamtdrehimpuls I vollständig festgelegt (siehe Tab. 6–1, S. 298); die Abstammungskoeffizienten werden mit $\langle I_3 \| c^\dagger(\lambda = 2) \| I_2\rangle$ bezeichnet. Als ersten Schritt berechnen wir die Abstammungskoeffizienten für $n = 2$, die aus Gl. (6B–36) folgen,

$$\langle I_2 \| c^\dagger(\lambda) \| I_1 = \lambda\rangle = \left(2(2I_2+1)\right)^{1/2}. \tag{6B–43}$$

Die Koeffizienten für $n = 3$ kann man nun aus den Gln. (6B–39) und (6B–41) erhalten,

$$\begin{aligned}&(2I_3+1)^{-1} \langle I_3 \| c^\dagger(\lambda=2) \| I_2\rangle \langle I_3 \| c^\dagger(\lambda=2) \| I_2'\rangle \\ &= \delta(I_2, I_2') + 2(2I_2+1)^{1/2} (2I_2'+1)^{1/2} \begin{Bmatrix} I_2 & 2 & I_3 \\ I_2' & 2 & 2 \end{Bmatrix}. \end{aligned} \tag{6B–44}$$

Tab. 6B–1 Abstammungskoeffizienten für Zustände mit drei Quadrupolquanten. Die Tabelle enthält die Koeffizienten $\langle I_3 \| c^\dagger(\lambda = 2) \| I_2\rangle$. Diese Koeffizienten wurden zuerst von D. C. Choudhury, Mat. Fys. Medd. Dan. Vid. Selsk. 28, Nr. 4 (1954), berechnet. Tabellen der Abstammungskoeffizienten bei Zuständen mit $n_2 \leqq 7$, $n_3 \leqq 6$ und $n_4 \leqq 5$ geben Bayman und Landé (1966) an.

I_3	I_2		
	0	2	4
0		$3^{1/2}$	
2	$7^{1/2}$	$(20/7)^{1/2}$	$(36/7)^{1/2}$
3		$15^{1/2}$	$-6^{1/2}$
4		$(99/7)^{1/2}$	$(90/7)^{1/2}$
6			$39^{1/2}$

Setzt man $I_2' = I_2$, dann läßt sich der Absolutbetrag der Abstammungskoeffizienten bestimmen; die relativen Phasen folgen aus der Beziehung (6B–44) für $I_2' \neq I_2$. Die so gewonnenen Abstammungskoeffizienten $\langle I_3 \| c^\dagger(\lambda = 2) \| I_2 \rangle$ sind in Tab. 6B–1 angegeben. Für jeden Zustand I_3 gibt es eine willkürliche Phase, die in der Tabelle so gewählt wurde, daß die Abstammungskoeffizienten für den kleinsten beitragenden Wert von I_2 positiv sind.

6B–4b *Seniorität*[1])

Die Vielphononenzustände mit bestimmtem Gesamtdrehimpuls können weiterhin klassifiziert werden durch die Anzahl der Paare von Quanten mit zu Null gekoppelten Drehimpulsen. Ein solches Paar wird erzeugt durch den Operator (siehe Gl. (6B–36))

$$\mathscr{C}_\lambda^\dagger = 2^{-1/2}\left(c^\dagger(\lambda)\, c^\dagger(\lambda)\right)_{(\lambda\lambda)0}. \tag{6B-45}$$

Man sagt, daß ein Zustand nur aus ungepaarten Quanten besteht, wenn er bei Anwendung des Paarvernichtungsoperators $\mathscr{C}_\lambda$ verschwindet. Die Zahl dieser Quanten wird als Seniorität v bezeichnet. Aus einem Zustand mit v ungepaarten Quanten kann man einen Satz von Zuständen erzeugen, indem man den Paarerzeugungsoperator $\mathscr{C}_\lambda^\dagger$ sukzessiv anwendet; diese Zustände haben die gleiche Seniorität v und dieselben Quantenzahlen ζ_v der ungepaarten Teilchen, sie unterscheiden sich nur in der Zahl der Paare $p = (n - \mathsf{v})/2$. Mit Hilfe der Kommutationsbeziehung

$$\begin{aligned}[\mathscr{C}_\lambda, \mathscr{C}_\lambda^\dagger] &= (2\lambda + 1)^{-1} \sum_\mu \left(c(\lambda\mu)\, c^\dagger(\lambda\mu) + c^\dagger(\lambda\mu)\, c(\lambda\mu)\right) \\ &= 1 + \frac{2n}{2\lambda + 1}\end{aligned} \tag{6B-46}$$

läßt sich nachweisen, daß die Zustände $|\zeta_\mathsf{v}, p\rangle$ einen vollständigen orthonormalen Satz bilden. Die normierten Zustände können in der Form

$$|\zeta_\mathsf{v}, p\rangle = \left(\frac{(2\lambda + 1)^p\, (2\lambda + 2\mathsf{v} - 1)!!}{p!\,(2\lambda + 2\mathsf{v} + 2p - 1)!!}\right)^{1/2} (\mathscr{C}_\lambda^\dagger)^p \mid \zeta_\mathsf{v}, p = 0\rangle \tag{6B-47}$$

mit der Bezeichnung

$$(2s + 1)!! = (2s + 1)\,(2s - 1) \cdots 3 \cdot 1 \tag{6B-48}$$

geschrieben werden.

Die Zahl der Zustände $g(n\mathsf{v}I)$ mit gegebenem n, v und Drehimpuls I ist gleich der Differenz $g(n = \mathsf{v}, I) - g(n = \mathsf{v} - 2, I)$, wobei $g(nI)$ die Zahl der Zustände mit gegebenem n und I darstellt. Mit dieser Regel kann man den Zuständen des in Tab. 6–1, S. 298, angegebenen Quadrupolspektrums die Senioritäts-Quantenzahlen zuordnen. Man sieht, daß der Satz von Quantenzahlen n, v, I und M ausreicht, alle Zustände mit $n \leq 5$

[1]) Die Klassifizierung von Vielteilchenzuständen nach der Seniorität (seniority) wurde von Racah (1943) eingeführt. Die Anwendung auf Kernvibrationen betrachtete Rakavy (1957a).

festzulegen; es treten aber zwei Zustände mit $n = 6$, $\mathsf{v} = 6$ und $I = 6$ auf. (Eine vollständige Klassifizierung des Quadrupolspektrums erfordert fünf Quantenzahlen wie die Größen $n_{2\mu}$.)

Aus den Eigenschaften der Zustände mit $n = \mathsf{v}$ lassen sich die entsprechenden Matrixelemente für Zustände mit zusätzlichen Paaren aus den Kommutationsbeziehungen (6B–46) und

$$[\mathscr{C}_\lambda, c^\dagger(\lambda\mu)] = \left(\frac{2}{2\lambda + 1}\right)^{1/2} c(\overline{\lambda\mu}) \tag{6B–49}$$

gewinnen. Insbesondere können die Rekursionsbeziehungen für die Abstammungskoeffizienten

$$\begin{aligned}
\langle\zeta_{\mathsf{v}+1}, p\| c^\dagger(\lambda) \|\zeta_\mathsf{v}, p\rangle &= \left(\frac{2\lambda + 2\mathsf{v} + 2p + 1}{2\lambda + 2\mathsf{v} + 1}\right)^{1/2} \langle\zeta_{\mathsf{v}+1}, p = 0\| c^\dagger(\lambda) \|\zeta_\mathsf{v}, p = 0\rangle, \\
\langle\zeta_{\mathsf{v}-1}, p + 1\| c^\dagger(\lambda) \|\zeta_\mathsf{v}, p\rangle &= \left(\frac{2p + 2}{2\lambda + 2\mathsf{v} - 1}\right)^{1/2} \langle\zeta_{\mathsf{v}-1}, p = 0\| c(\bar{\lambda}) \|\zeta_\mathsf{v}, p = 0\rangle
\end{aligned} \tag{6B–50}$$

auf dieser Grundlage abgeleitet werden (LE TOURNEUX, 1965; eine weitere Diskussion der Rekursionsbeziehungen und die Klassifizierung der Zustände der Quadrupolvibrationen findet man bei WEBER u. a., 1966; KISHIMOTO und TAMURA, 1971).

LITERATUR

Das Literaturverzeichnis enthält sowohl die in diesem Band als auch die in Band I angeführten Literaturstellen.

Abramowitz, M., and Stegun, I. A. (1964), *Handbook of Mathematical Functions*, National Bureau of Standards, Washington, D. C.

Adler, S. L. (1965), *Phys. Rev.* **140**, B736

Ahrens, J., Borchert, H., Eppler, H. B., Gimm, H., Gundrum, H., Riehn, P., Ram, G. S., Zieger, A., Kröning, M., and Ziegler, B. (1972), in *Nuclear Structure Studies Using Electron Scattering and Photoreactions*, S. 213, eds. K. Shoda and H. Ui, Tohoku Univ., Sendai, Japan

Ajzenberg-Selove, F. (1971), *Nuclear Phys.* **A 166**, 1

Ajzenberg-Selove, F. (1972), *Nuclear Phys.* **A 190**. 1

Ajzenberg-Selove, F., and Lauritsen, T. (1959), *Nuclear Phys.* **11**, 1

Ajzenberg-Selove, F., and Lauritsen, T. (1966), *Nuclear Phys.* **78**, 1

Ajzenberg-Selove, F., and Lauritsen, T. (1968), *Nuclear Phys.* **A 114**, 1

Alaga, G. (1955), *Phys. Rev.* **100**, 432

Alaga, G. (1969), *Cargese Lectures in Physics* **3**, 579. ed. M. Jean, Gordon and Breach, New York, N. Y.

Alaga, G., and Ialongo, G. (1967), *Nuclear Phy* . **A97**, 600

Alaga, G., Alder, K., Bohr, A., and Mottelson, B. R. (1955), *Mat. Fys. Medd. Dan. Vid. Selsk.* **29**, no. 9

Alburger, D. E., Chasman, C., Jones, K. W., Olness, J. W., and Ristinen, R. A. (1964), *Phys. Rev.* **136**, B916

Alburger, D. E., Gallmann, A., Nelson, J. B., Sample, J. T., and Warburton, E. K. (1966), *Phys. Rev.* **148**, 1050

Alder, K., and Winther, A. (1966), *Coulomb Excitation*, Academic Press, New York, N. Y.

Alder, K., Bohr, A., Huus, T., Mottelson, B., and Winther, A. (1956), *Rev. Mod. Phys.* **28**, 432

Alexander, P., and Boehm, F. (1963), *Nuclear Phys.* **46**, 108

Alexander, T. K., and Allen, K. W. (1965), *Can. J. Phys.* **43**, 1563

Alexander, T. K., Häusser, O., McDonald, A. B., and Ewan, G. T. (1972), *Can. J. Phys.* **50**, 2198

Alexander, T. K., Häusser, O., McDonald, A. B., Ferguson, A. J., Diamond, W. T., and Litherland, A. E. (1972), *Nuclear Phys.* **A179**, 477

Alfvén, H. (1965), *Rev. Mod. Phys.* **37**, 652

Alikhanov, A. I., Galatnikov, Yu. V., Gorodkov, Yu. V., Eliseev, G. P., and Lyubimov, V. A. (1960), *Zhur. Eksp. i Teoret. Fiz.* **38**, 1918; engl. Übers. *Soviet Phys. JETP* **11**, 1380

Alkazov, D. G., Gangrskii, Y. P., Lemberg, I. K., and Undralov, Y. I. (1964), *Izv. Akad. Nauk, Ser. Fiz.* **28**, 232

Aller, L. H. (1961), *The Abundance of Elements*, Wiley (Interscience), New York, N. Y.

Alster, J. (1966), *Phys. Rev.* **141**, 1138

Alvensleben, H., Becker, U., Bertram, W. K., Chen, M., Cohen, K. J., Knasel, T. M., Marshall, R., Quinn, D. J., Rohde, M., Sanders, G. H., Schubel, H., and Ting, S. C. C. (1970), *Nuclear Phys.* **B18**, 333

Amati, D. (1964), in *Compt. Rend. du Congrès Intern. de Physique Nucléaire*, Band I, S. 57, ed. P. Gugenberger, C.N.R.S., Paris
Ambler, E., Fuller, E. G., and Marshak, H. (1965), *Phys. Rev.* **138**, B117
Amusia, M. Ya., Cherepkov, N. A., and Cheruysheva, L. V. (1971), *J. Exptl. Theoret. Phys.* (*USSR*), **60**, 160; engl. Übers. *Soviet Phys. JETP* **33**; 90
Andersen, B. L., (1968), *Nuclear Phys.* **A112**, 443
Andersen, B. L. (1972), *Nuclear Phys.* **A196**, 547
Andersen, B. L., Bondorf, J. P., and Madsen, B. S. (1966), *Phys. Letters* **22**, 651
Anderson, J. D., and Wong, C. (1961), *Phys. Rev. Letters* **7**, 250
Anderson, J. D., Wong, C., and McClure, J. W. (1965), *Phys. Rev.* **138**, B615
Anderson, P. W. (1964), in *Lectures on the Many-Body Problem* **2**, 113, ed. E. R. Caianiello, Academic Press, New York, N. Y.
Anderson, P. W. (1969), in *Superconductivity*, Band **2**, S. 1343, ed. R. D. Parks, Marcel Dekker, New York, N. Y.
Andreev, D. S., Gangrskij, Yu. P., Lemberg, I. Ch., and Nabičvižvili, V. A. (1965), *Izv. Akad. Nauk* **29**, 2231
Anyas-Weiss, N., and Litherland, A. E. (1969), *Can. J. Phys.* **47**, 2609
Araújo. J. M. (1956), *Nuclear Phys.* **1**, 259
Araújo, J. M. (1959), *Nuclear Phys.* **13**, 360
Arenhövel, H., Danos, M., and Greiner, W. (1967), *Phys. Rev.* **157**, 1109
Arima, A., and Horie, H. (1954), *Progr. Theoret. Phys.* (*Kyoto*) **12**, 623
Arndt, R. A., and MacGregor, M. H. (1966), *Phys. Rev.* **141**, 873
Arvieu, R., and Vénéroni, M. (1960), *Compt. rend.* **250**, 992 and 2155; auch *ibid.* (1961), **252**, 670
Asaro, F., and Perlman, I. (1952), *Phys. Rev.* **87**, 393
Asaro, F., and Perlman, I. (1953), *Phys. Rev.* **91**, 763
Ascuitto, R. J., King, C. H., McVay, L. J., and Sørensen, B. (1974), *Nuclear Phys.* **A226**, 454
Auerbach, E. H., Dover, C. B., Kerman, A. K., Lemmer, R. H., and Schwarcz, E. H. (1966), *Phys. Rev. Letters* **17**, 1184
Auerbach, E. H., Kahana, S., and Weneser, J. (1969), *Phys. Rev. Letters* **23**, 1253
Austern, N. (1963), in *Selected Topics in Nuclear Theory*, S. 17, ed. F. Janouch, Intern. Atomic Energy Agency, Vienna
Austern, N., and Blair, J. S. (1965), *Ann. Phys.* **33**, 15
Axel, P., Drake, D. M., Whetstone, S., and Hanna, S. S. (1967), *Phys. Rev. Letters* **19**, 1343
Azhgirey, L. S., Klepikov, N. P., Kumekin, Yu. P., Mescheryakov, M. G., Nurushev, S. B., and Stoletov, G. D. (1963), *Phys. Letters* **6**, 196
Baader, H. A. (1970), *Dissertation*, Techn. Univ. München
Back, B. B., Bang, J., Bjørnholm, S., Hattula, J., Keinheinz, P., and Lien, J. R. (1974), *Nuclear Phys.* **A222**, 377
Back, B. B., Britt, H. C., Hansen, O., Leroux, B., and Garrett, J. D. (1974), *Phys. Rev.* **C10**, 1948
Backus, G., and Gilbert, F. (1961), *Proc. Nat. Acad. Sci. USA* **47**, 362
Bahcall, J. N. (1966), *Nuclear Phys.* **75**, 10
Bakke, F. H. (1958), *Nuclear Phys.* **9**, 670
Balashov, V. V., and Eramzhyan, R. A. (1967), *Atomic Energy Review* **5**, 3
Balashov, V. V., Belyaev, V. B., Eramjian, R. A., and Kabachnik, N. M. (1964), *Phys. Letters* **9**, 168
Baldin, A. M. (1959), *J. Exptl. Theoret. Phys.* (*USSR*), **37**, 202; engl. Übers. *Soviet Phys. JETP* (1960), **10**, 142
Baldwin, G. C., and Klaiber, G. S. (1947), *Phys. Rev.* **71**, 3
Baldwin, G. C., and Klaiber, G. S. (1948), *Phys. Rev.* **73**, 1156
Balian, R., and Werthamer, N. R. (1963), *Phys. Rev.* **131**, 1553
Balian, R., and Bloch, C. (1971), *Ann. Phys.* **69**, 76
Ballhausen, C. J. (1962), *Introduction to Ligand Field Theory*, McGraw Hill, New York, N. Y.
Baranger, M. (1960), *Phys. Rev.* **120**, 957
Baranger, M. (1967), in *Proc. Intern. Nuclear Physics Conf.*, Gatlinburg, S. 659, ed. R. L. Becker, Academic Press, New York, N. Y.
Baranov, S. A., Kulakov, V. M., and Shatinsky, V. M. (1964), *Nuclear Phys.* **56**, 252
Bardeen, J., Cooper, L. N., and Schrieffer, J. R. (1957), *Phys. Rev.* **106**, 162 und **108**, 1175

Bardeen, J., Baym, G., and Pines, D. (1967), *Phys. Rev.* **156**, 207
Bardin, R. K., Gollon, P. J., Ullman, J. D., and Wu, C. S. (1967), *Phys. Letters* **26B**, 112
Barlow, J., Sens, J. C., Duke, P. J., and Kemp, M. A. R. (1964), *Phys. Letters* **9**, 84
Barnard, E., Ferguson, A. T. G., McMurray, W. R., and van Heerden, I. J. (1966), *Nuclear Phys.* **80**, 46
Barnes, P. D., Ellegaard, C., Herskind, B., and Joshi, M. C. (1966), *Phys. Letters* **23B**, 266
Barnes, P. D., Comfort, J. R., and Bockelman, C. K. (1967), *Phys. Rev.* **155**, 1319
Barnes, P. D., Romberg, E., Ellegaard, C., Casten, R. F., Hansen, O., Mulligan, T. J., Broglia, R. A., and Liotta, R. (1972), *Nuclear Phys.* **A195**, 146
Barnett, A. R., and Phillips, W. R. (1969), *Phys. Rev.* **186**, 1205
Bartholomew, G. A. (1960), *Nuclear Spectroscopy*, Teil A, S. 304, ed. F. Ajzenberg-Selove, Academic Press, New York, N. Y.
Batty, C. J., Gillmore, R. S., and Stafford, G. H. (1966), *Nuclear Phys.* **75**, 599
Baumgartner, E., Conzett, H. E., Shield, E., and Slobodrian, R. J. (1966), *Phys. Rev. Letters* **16**, 105
Bayman, B. F. (1957), *Groups and their Application to Spectroscopy*, NORDITA Lecture Notes, NORDITA, Copenhagen. Siehe auch zweite Ausgabe (1960).
Bayman, B. F. (1966), *Am. J. Phys.* **34**, 216
Bayman, B. F., and Lande, A. (1966), *Nuclear Phys.* **77**, 1
Baz', A. I., Gol'danskii, V. I., and Zel'dovich, Ya. B. (1960), *Usp. Fiz., Nauk* **72**, 211; engl. Übers. *Soviet Phys. Uspekhi* **3**, 729
Bearse, R. C., Youngblood, D. H., and Segel, R. E. (1968), *Nuclear Phys.* **A111**, 687
Becker, J. A., and Wilkinson, D. H. (1964), *Phys. Rev.* **134**, B1200
Beer, G. A., Brix, P., Clerc, H.-G., and Laube, B. (1968), *Phys. Letters* **26**, B506
Bég, M. A. B., Lee, B. W., and Pais, A. (1964), *Phys. Rev. Letters* **13**, 514
Bell, J. S. (1959), *Nuclear Phys.* **12**, 117
Bell, R. E., Bjørnholm, S., and Severiens, J. C. (1960), *Mat. Fys. Medd. Dan. Vid. Selsk.* **32**, no. 12
Belote, T. A., Sperduto, A., and Buechner, W. W. (1965), *Phys. Rev.* **139**, B80
Belyaev, S. T. (1959), *Mat. Fys. Medd. Dan. Vid. Selsk.* **31**, no. 11
Belyaev, S. T. (1963), in *Selected Topics in Nuclear Theory*, S. 291, ed. F. Janouch, Intern. Atomic Energy Agency, Vienna
Belyaev, S. T., and Zelevinsky, V. G. (1962), *Nuclear Phys.* **39**, 582
Belyaev, S. T., and Zelevinsky, V. G. (1970), *Yadernaya Fiz.* **11**, 741; engl. Übers. *Soviet J. Nuclear Phys.* **11**, 416
Bemis, C. E., Jr., McGowan, F. K., Ford, J. L. C., Jr., Milner, W. T., Stelson, P. H., and Robinson, R. L. (1973), *Phys. Rev.* **C8**, 1466
Benn, J., Dally, E. B., Muller, H. H., Pixley, R. E., and Winkler, H. (1966), *Phys. Letters* **20**, 43
Berant, Z., Eisenstein, R. A., Horowitz, Y., Smilansky, U., Tandon, P. N., Greenberg, J. S., Kleinfeld, A. M., and Maggi, H. G. (1972), *Nuclear Phys.* **A196**, 312
Bergère, R., Beil, H., and Veyssière, A. (1968), *Nuclear Phys.* **A121**, 463
Berggren, T., and Jacob G. (1963), *Nuclear Phys.* **47**, 481
Berman, B. L., Kelly, M. A., Bramblett, R. L., Caldwell, J. T., Davis, H. S., and Fultz, S. C. (1969), *Phys. Rev.* **185**, 1576
Bernardini, G. (1966), in *Proc. Intern. School of Physics "Enrico Fermi"*, Course 32, Academic Press, New York, N. Y.
Bernstein, A. M. (1969), *Advances in Nuclear Physics*, **3**, 325, eds. M. Baranger and E. Vogt, Plenum Press, New York, N. Y.
Bernstein, J., Feinberg, G., and Lee, T. D. (1965), *Phys. Rev.* **139**, B1650
Bernthal, F. M. (1969), UCRL-18651, University of California, Berkeley, Cal.
Bernthal, F. M., and Rasmussen, J. O. (1967), *Nuclear Phys.* **A101**, 513
Bernthal, F. M., Rasmussen, J. O., and Hollander, J. M. (1972), in *Radioactivity in Nuclear Spectroscopy*, S. 337, eds. J. H. Hamilton and J. C. Manthuruthil, Gordon and Breach, New York, N. Y.
Bertozzi, W., Cooper, T., Ensslin, N., Heisenberg, J., Kowalski, S., Mills, M., Turchinetz, W., Williamson, C., Fivozinsky, S. P., Lightbody, J. W., Jr., and Penner, S. (1972), *Phys. Rev. Letters* **28**, 1711

Bès, D. R. (1961), *Mat. Fys. Medd. Dan. Vid. Selsk.* **33**, no. 2

Bès, D. R., and Broglia, R. A. (1966), *Nuclear Phys.* **80**, 289

Bès, D. R., and Cho, Yi-chung (1966), *Nuclear Phys.* **86**, 581

Bès, D. R., and Dussel, G. G. (1969), *Nuclear Phys.* **A135**, 1

Bès, D. R., and Broglia, R. A. (1971), *Phys. Rev.* **3C**, 2349 und 2389

Bès, D. R., Dussel, G. G., Broglia, R. A., Liotta, R., and Mottelson, B. R. (1974), *Phys. Letters* **52B**, 253

Bethe, H. A. (1937), *Rev. Mod. Phys.* **9**, 69

Bethe, H. A. (1967), in *Proc. Intern. Nuclear Physics Conf.*, Gatlinburg, S. 625, ed.-in-chief R. L. Becker, Academic Press, New York, N. Y.

Bethe, H. A. (1968), in *Proc. Intern. Conf. on Nuclear Structure, J. Phys. Soc. Japan* **24**, Suppl., S. 56

Bethe, H. A., and Bacher, R. F. (1936), *Rev. Mod. Phys.* **8**, 82

Bethe, H. A., and Rose, M. E. (1937), *Phys. Rev.* **51**, 283

Bhaduri, R. K., and Ross, C. K. (1971), *Phys. Rev. Letters* **27**, 606

Biedenharn, L. C., and Brussaard, P. J. (1965), *Coulomb Excitation*, Clarendon Press, Oxford

Biedenharn, L. C., and van Dam, H. (1965), *Quantum Theory of Angular Momentum*, Academic Press, New York, N. Y.

Bjerregaard, J. H., Hansen, O., Nathan, O., and Hinds, S. (1966), *Nuclear Phys.* **86**, 145

Bjerregaard, J. H., Hansen, O., Nathan, O., and Hinds, S. (1966a), *Nuclear Phys.* **89**, 337

Bjerregaard, J. H., Hansen, O., Nathan, O., Stock, R., Chapman, R., and Hinds, S. (1967), *Phys. Letters* **24B**, 568

Bjerrum, N. (1912), in *Nernst Festschrift*, S. 90, Knapp, Halle

Bjørnholm, S., Boehm, F., Knutsen, A. B., and Nielsen, O. B. (1963), *Nuclear Phys.* **42**, 469

Bjørnholm, S., Dubois, J., and Elbek, B. (1968), *Nuclear Phys.* **A118**, 241

Bjørnholm, S., Borggreen, J., Davies, D., Hansen, N. J. S., Pedersen, J., and Nielsen, H. L. (1968), *Nuclear Phys.* **A118**, 261

Bjørnholm, S., Bohr, A., and Mottelson, B. R. (1974), *Physics and Chemistry of Fission*, Band I, S. 367, Intern. Atomic Energy Agency, Vienna

Blair, J. S. (1959), *Phys. Rev.* **115**, 928

Blair, J. S. (1960), in *Proc. Intern. Conf. on Nuclear Structure*, S. 824, eds. D. A. Bromley and E. W. Vogt, Univ. of Toronto Press, Toronto, Canada

Blair, J. S., Sharp, D., and Wilets, L. (1962), *Phys. Rev.* **125**, 1625

Blatt, J. M., and Weisskopf, V. F. (1952), *Theoretical Nuclear Physics*, Wiley, New York, N. Y.

Bleuler, K. (1966), *Proc. Intern. School of Physics "Enrico Fermi", Course* 36, S. 464

Blin-Stoyle, R. J. (1960), *Phys. Rev.* **118**, 1605

Blin-Stoyle, R. J. (1964), in *Selected Topics in Nuclear Spectroscopy*, S. 213, ed. B. J. Verhaar, North-Holland, Amsterdam

Blin-Stoyle, R. J., and Perks, M. A. (1954), *Proc. Phys. Soc. (London)* **67A**, 885

Blin-Stoyle, R. J., and Rosina, M. (1965), *Nuclear Phys.* **70**, 321

Bloch, C. (1954), *Phys. Rev.* **93**, 1094

Blomqvist, J. (1970), *Phys. Letters* **33B**, 541

Blomqvist, J., and Wahlborn, S. (1960), *Arkiv Fysik* **16**, 545

Bochnacki, Z., and Ogaza, S. (1966), *Nuclear Phys.* **83**, 619

Bodansky, D., Eccles, S. F., Farwell, G. W., Rickey, M. E., and Robinson, P. C. (1959), *Phys. Rev. Letters* **2**, 101

Bodansky, D., Braithwaite, W. J., Shreve, D. C., Storm, D. W., and Weitkamp, W. G. (1966), *Phys. Rev. Letters* **17**, 589

Bodenstedt, E., and Rogers, J. D. (1964), in *Perturbed Angular Correlations*, eds. E. Karlsson E. Matthias, and K. Siegbahn, North-Holland, Amsterdam

Boehm, F., Goldring, G., Hagemann, G. B., Symons, G. D., and Tveter, A. (1966), *Phys. Letters* **22B**, 627

Boerner, H. (1963), *Representations of Groups*, North-Holland, Amsterdam; Wiley, New York, N. Y.

Bogoliubov, N. N. (1947), *J. Phys. (USSR)* **11**, 23

Bogoliubov, N. N. (1958), *J. Exptl. Theoret. Phys. (USSR)*, **34**, 58; engl. Übers. *Soviet Phys. JETP* **7**, 41 und *Nuovo cimento* **7**, 794

Bohm, D., and Pines, D. (1953), *Phys. Rev.* **92**, 609

Bohr, A. (1951), *Phys. Rev.* **81**, 134

Bohr, A. (1952), *Mat. Fys. Medd. Dan. Vid. Selsk.* **26**, no. 14

Bohr, A. (1954), *Rotational States of Atomic Nuclei*, Munksgaard, Copenhagen

Bohr, A. (1956), in *Proc. Intern. Conf. on the Peaceful Uses of Atomic Energy*, Band 2, S. 151. United Nations, New York, N. Y.

Bohr, A. (1961), in *Lectures in Theoretical Physics*, Band 3, S. 1, eds. W. E. Britten, B. W. Downs, and J. Downs, Wiley (Interscience), New York, N. Y.

Bohr, A. (1964), *Compt. Rend. du Congrès Intern. de Physique Nucléaire*, Band I, S. 487, ed. P. Gugenberger, C.N.R.S., Paris

Bohr, A. (1968), *Nuclear Structure*, Dubna Symposium, S. 179, Intern. Atomic Energy Agency, Vienna

Bohr, A., and Mottelson, B. R. (1953), *Mat. Fys. Medd. Dan. Vid. Selsk.* **27**, no. 16

Bohr, A., and Mottelson, B. R. (1953a), *Phys. Rev.* **89**, 316

Bohr, A., and Mottelson, B. R. (1953b), *Phys. Rev.* **90**, 717

Bohr, A., and Mottelson, B. R. (1955), *Mat. Fys. Medd. Dan. Vid. Selsk.* **30**, no. 1

Bohr, A., and Mottelson, B. R. (1955a), in *Beta- and Gamma-Ray Spectroscopy*, S. 468, ed. K. Siegbahn, North-Holland, Amsterdam

Bohr, A., and Mottelson, B. R. (1958), *Kongel. Norske Vid. Selsk. Forhandl.*, **31**, 1. Siehe auch die Diskussion in *Rehovoth Conference on Nuclear Structure*, Proceedings, S. 149, ed. H. J. Lipkin North-Holland, Amsterdam

Bohr, A., and Mottelson, B. R. (1962), *Phys. Rev.* **125**, 495

Bohr, A., and Mottelson, B. R. (1963). *Atomnaya Energiya* **14**, 41

Bohr, A., Fröman, P. O., and Mottelson, B. R. (1955), *Mat. Fys. Medd. Dan. Vid. Selsk.* **29**, no. 10

Bohr, A., Mottelson, B. R., and Pines, D. (1958), *Phys. Rev.* **110**, 936

Bohr, A., Damgaard, J., and Mottelson, B. R. (1967), in *Nuclear Structure*, S. 1, eds. A. Hossain, Harun-ar-Rashid, and M. Islam, North-Holland, Amsterdam

Bohr, N. (1911), *Studier over Metallernes Elektrontheori*, Dissertation, Thaning og Appel, Copenhagen; Übers. in *Niels Bohr, Collected Works*, Band 1, S. 291, ed. J. Rud Nielsen, North-Holland 1972

Bohr, N. (1918), *Mat. Fys. Skr. Dan. Vid. Selsk.*, Afd. 8, Raekke IV, 1

Bohr, N. (1936), *Nature* **137**, 344

Bohr, N., and Kalckar, F. (1937), *Mat. Fys. Medd. Dan. Vid. Selsk.* **14**, no. 10

Bohr, N., and Wheeler, J. A. (1939), *Phys. Rev.* **56**, 426

Bohr, N., Peierls, R., and Placzek, G. (1939), *Nature* **144**, 200

Bollinger, L. M., and Thomas, G. E. (1964), *Phys. Letters* **8**, 45

Bollinger, L. M., and Thomas, G. E. (1970), *Phys. Letters* **32B**, 457

Bondorf, J. P., Lütken, H., and Jägare, S. (1966), *Phys. Letters* **21**, 185

Borggreen, J., Hansen, N. J. S., Pedersen, J., Westgård, L., Żylicz, J., and Bjørnholm, S. (1967), *Nuclear Phys.* **A96**, 561

Born, M. (1925), *Vorlesungen über Atommechanik*. Springer, Berlin

Born, M., and Oppenheimer, R. (1927), *Ann. Physik* **84**, 457

Bothe, W., and Gentner, W. (1939), *Z. Physik* **112**, 45

Bowen, P. H., Scanlon, J. P., Stafford, G. H., Thresher, J. J., and Hodgson, P. E. (1961), *Nuclear Phys.* **22**, 640

Bowman, C. D., Auchampaugh, G. F., and Fultz, S. C. (1964), *Phys. Rev.* **133**, B676

Bowman, C. D., Baglan, R. J., Berman, B. L., and Phillips, T. W. (1970), *Phys. Rev. Letters* **25**, 1302

Bowman, J. D., de Boer, J., and Boehm, F. (1965), *Nuclear Phys.* **61**, 682

Bowman, J. D., Zawislak, F. C., and Kaufmann, E. N. (1969), *Phys. Letters* **29B**, 226

Braid, T. H., Chasman, R. R., Erskine, J. R., and Friedman, A. M. (1970), *Phys. Rev.* **C1**, 275

Bransden, B. H. (1965), in *Advances in Atomic and Molecular Physics*, Band 1, S. 85, eds. D. R. Bates and I. Estermann, Academic Press, New York, N. Y.

Braunschweig, D., Tamura, T., and Udagawa, T. (1971), *Phys. Letters* **35B**, 273

Breit, G. (1958), *Rev. Mod. Phys.* **30**, 507

Breit, G., and Wigner, E. (1936), *Phys. Rev.* **49**, 519

Breit, G., Condon, E. U., and Present, R. D. (1936), *Phys. Rev.* **50**, 825

Breit, G., Hull, M. H., Jr., Lassila, K. E., Pyatt, K. D., Jr., and Ruppel, H. M. (1962), *Phys. Rev.* **128**, 826
Brene, N., Veje, L., Roos, M., and Cronström, C. (1966), *Phys. Rev.* **149**, 1288
Brenig, W. (1965), *Advances in Theoretical Physics*, Band 1, ed. K. A. Brueckner, Academic Press, New York, N. Y.
Brentano, P. von, Dawson, W. K., Moore, C. F., Richard, P., Wharton, W., and Wieman, H. (1968), *Phys. Letters* **26B**, 666
Brink, D. M. (1957), *Nuclear Phys.* **4**, 215
Brink, D. M., De Toledo Piza, A. F. R., and Kerman A. K. (1965), *Phys. Letters* **19**, 413
Britt, H. C., and Plasil, F. (1966), *Phys. Rev.* **144**, 1046
Britt, H. C., Gibbs, W. R., Griffin, J. J., and Stokes, R. H. (1965), *Phys. Rev.* **139**, B354
Brix, P., and Kopfermann, H. (1949), *Z. Physik* **126**, 344
Brix, P., and Kopfermann, H. (1958), *Rev. Mod. Phys.* **30**, 517
Broglia, R. A., Lilley, J. S., Perazzo, R., and Phillips, W. R., (1970), *Phys. Rev.* **C1**, 1508
Broglia, R. A., Paar, V., and Bès, D. R. (1971), *Phys. Letters* **37B**, 159
Broglia, R. A., Hansen, O., and Riedel, C. (1973), *Advances in Nuclear Physics* **6**, 287, Plenum Press, New York, N. Y.
Brown, G. E. (1959), *Rev. Mod. Phys.* **31**, 893
Brown, G. E. (1964), *Nuclear Phys.* **57**, 339
Brown, G. E. (1967), *Unified Theory of Nuclear Models*, 2. Ausgabe, North-Holland, Amsterdam.
Brown, G. E., and Bolsterli, M. (1959), *Phys. Rev. Letters* **3**, 472
Brueckner, K. A. (1959), *The Many-Body Problem*, Ecole d'Eté de Physique Théorique, Les Houches, 1958, Wiley, New York, N. Y.
Brueckner, K. A., Eden, R. J., and Francis, N. C. (1955), *Phys. Rev.* **99**, 76
Bryan, R. A. (1967), in *Proc. Intern. Nuclear Physics Conf.*, Gatlinburg, S. 603, ed. R. L. Becker, Academic Press, New York, N. Y.
Buck, B. (1963), *Phys. Rev.* **130**, 712
Bühring, W. (1965), *Nuclear Phys.* **61**, 110
Büttgenbach, S., Herschel, M., Meisel, G., Schrödl, E., and Witte, W. (1973), *Phys. Letters* **43B** 479
Bund, G. W., and Wajntal, W. (1963), *Nuovo cimento* **27**, 1019
Bunker, M. E., and Reich, C. W. (1971), *Rev. Mod. Phys.* **43**, 348
Burbidge, G. (1962), *Ann. Rev. Nuclear Sci.* **12**, 507
Burbidge, E. M., Burbidge, G. R., Fowler, W. A., and Hoyle, F. (1957), *Rev. Mod. Phys.* **29**, 547
Burhop, E. H. S. (1967), *Nuclear Phys.* **B1**, 438
Burke, D. G., Zeidman, B., Elbek, B., Herskind, B., and Olesen, M. (1966), *Mat. Fys. Medd. Dan. Vid. Selsk.* **35**, no. 2
Burnett, D. S., Gatti, R. C., Plasil, F., Price, P. B., Swiatecki, W. J., and Thompson, S. G. (1964), *Phys. Rev.* **134**, B952
Burr, W., Schütte, D., and Bleuler, K. (1969), *Nuclear Phys.* **A133**, 581
Buss, D. J., and Smither, R. K. (1970), *Phys. Rev.* **C2**, 1513
Butler, S. T. (1951), *Proc. Roy, Soc. (London)* **A208**, 559
Byers, N., and Yang, C. N. (1961), *Phys. Rev. Letters* **7**, 46
Cabibbo, N. (1963), *Phys. Rev. Letters* **10**, 531
Calaprice, F. P., Commins, E. D., Gibbs, H. M., Wick, G. L., and Dobson, D. A. (1967), *Phys. Rev. Letters* **18**, 918
Caldwell, D. O., Elings, V. B., Hesse, W. P., Jahn, G. E., Morrison, R. J., Murphy, F. V., and Yount, D. E. (1969), *Phys. Rev. Letters* **23**, 1256
Cameron, A. G. W. (1968), in *Origin and Distribution of the Elements*, S. 125, ed. L. H. Ahrens, Pergamon Press, Oxford
Camp, D. C., and Langer, L. M. (1963), *Phys. Rev.* **129**, 1782
Campbell, E. J., Feshbach, H., Porter, C. E., and Weisskopf, V. F. (1960), *M. I. T. Techn. Rep.* **73**, Cambridge, Mass.
Carlos, P., Beil, H., Bergère, R., Lepretre, A., and Veyssière, A. (1971), *Nuclear Phys.* **A172**, 437
Carlson, B. C., and Talmi, I. (1954), *Phys. Rev.* **96**, 436
Carter, E. B., Mitchell, G. E., and Davis, R. H. (1964), *Phys. Rev.* **133**, B1421
Casimir, H. B. G. (1931), *Rotation of a Rigid Body in Quantum Mechanics*, Wolters, Groningen

Casimir, H. B. G. (1936), *On the Interaction Between Atomic Nuclei and Electrons*, Prize Essay, Teyler's, Tweede, Haarlem
Casten, R. F., Greenberg, S., Sie, S. H., Burginyon, G. A., and Bromley, D. A. (1969), *Phys. Rev.* **187**, 1532
Casten, R. F., Kleinheinz, P., Daly, P. J., and Elbek, B. (1972), *Mat. Fys. Medd. Dan. Vid. Selsk.* **38**, no. 13
Cerny, J., and Pehl, R. H. (1964), *Phys. Rev. Letters* **12**, 619
Cerny, J., Pehl, R. H., Rivet, E., and Harvey, B. G. (1963), *Phys. Letters* **7**, 67
Chakrabarti, A. (1964), *Ann. Institut Henri Poincaré* **1**, 301
Chamberlain, O., Segré, E., Tripp, R. D., Wiegand, C., and Ypsilantis, T. (1957), *Phys. Rev.* **105** 288
Chan, L. H., Chen, K. W., Dunning, J. R., Ransey, N. F., Walker, J. K., and Wilson, R. (1966), *Phys. Rev.* **141**, 1298
Chandrasekhar, S. (1969), *Ellipsoidal Figures of Equilibrium*, Yale Univ. Press, New Haven, Conn.
Chang, T. H. (1964), *Acta Phys. Sinica* **20**, 159
Chase, D. M., Wilets, L., and Edmonds, A. R. (1958), *Phys. Rev.* **110**, 1080
Chasman, R. R., and Rasmussen, J. O. (1959), *Phys. Rev.* **115**, 1257
Chen, C. T., and Hurley, F. W. (1966), *Nuclear Data*, Abschnitt B1-13, S. 1.
Chen, M-y (1969), *Contributions to Intern. Conf. on Properties of Nuclear States*, S. 72, Les Presses de l'Université de Montreal
Chesler, R. B., and Boehm, F. (1968), *Phys. Rev.* **166**, 1206
Chi, B. E., and Davidson, J. P. (1963), *Phys. Rev.* **131**, 366
Chilosi, G., Ricci, R. A., Touchard, J., and Wapstra, A. H. (1964), *Nuclear Phys.* **53**, 235
Chilosi, G., O'Kelley, G. D., and Eichler, E. (1965), *Bull. Am. Phys. Soc.* **10**, 92
Choudhury, D. C. (1954), *Mat. Fys. Medd. Dan. Vid. Selsk.* **28**, no. 4
Christensen, C. J., Nielsen, A., Bahnsen, B., Brown, W. K., and Rustad, B. M. (1967), *Phys. Letters* **26B**, 11
Christensen, J. H., Cronin, J. W., Fitch, V. L., and Turlay, R. (1964), *Phys. Rev. Letters* **13**, 138
Christensen, P. R., Nielsen, O. B., and Nordby, H. (1963), *Phys. Letters* **4**, 318
Church, E. L., and Weneser, J. (1956), *Phys. Rev.* **103**, 1035
Church, E. L., and Weneser, J. (1960), *Ann. Rev. Nuclear Sci.* **10**, 193
Clement, C. F., Lane, A. M., and Rook, J. R. (1965), *Nuclear Phys.* **66**, 273
Clementel, E., and Villi, C. (1955), *Nuovo cimento* **2**, 176
Clemmow, P. C., and Dougherty, J. P. (1969), *Electrodynamics of Particles and Plasmas*, Addison-Wesley, Reading, Mass.
Cline, J. E. (1968), *Nuclear Phys.* **A106**, 481
Cohen, B. L. (1957), *Phys. Rev.* **105**, 1549
Cohen, B. L. (1963), *Phys. Rev.* **130**, 227
Cohen, B. L. (1968), *Phys. Letters* **27B**, 271
Cohen, B. L., and Rubin, A. G. (1968), *Phys. Rev.* **111**, 1568
Cohen, S., and Swiatecki, W. J. (1963), *Ann. Phys.* **22**, 406
Cohen, S., Plasil, F., and Swiatecki, W. J. (1974), *Ann. Phys.* **82**, 557
Coleman, S., and Glashow, S. L. (1961), *Phys. Rev. Letters* **6**, 423
Collard, H. R., Elton, L. R. B., and Hofstadter, R. (1967), *Nuclear Radii*, in Landolt-Börnstein, Neue Serie, I, Band 2, Springer, Berlin
Condon, E. U., and Shortley, G. H. (1935), *The Theory of Atomic Spectra*, Cambridge University Press, London
Cooper, L. N. (1956), *Phys. Rev.* **104**, 1189
Coor, T., Hill, D. A., Hornyak, W. F., Smith, L. W., and Snow, G. (1955), *Phys. Rev.* **98**, 1369
Coulon, T. W., Bayman, B. F., and Kashy, E. (1966), *Phys. Rev.* **144**, 941
Courant, E. D. (1951), *Phys. Rev.* **82**, 703
Craig, R. M., Dore, J. C., Greenlees, G. W., Lilley, J. S., Lowe, J., and Rowe, P. C. (1964), *Nuclear Phys.* **58**, 515
Čujec, B. (1964), *Phys. Rev.* **136**, B1305
Cziffra, P., MacGregor, M. H., Moravcsik, M. J., and Stapp, H. P. (1959), *Phys. Rev.* **114**, 880
Dabrowski, J., and Sobiczewski, A. (1963), *Phys. Letters* **5**, 87

Dalitz, R. H. (1963), in *Proc. Intern. Conf. on Hyperfragments*, St. Cergue, March 1963, CERN Report 64-1, S. 147, CERN, Geneva
Dalitz, R. H. (1967), in *Proc. 13th Intern. Conf. on High-Energy Physics*, University of California Press, Berkeley, Cal.
Damgaard, J. (1966), *Nuclear Phys.* **79**, 374.
Damgaard, J., and Winther, A. (1964), *Nuclear Phys.* **54**, 615
Damgaard, J., and Winther, A. (1966), *Phys. Letters* **23**, 345
Damgaard, J., Scott, C. K., and Osnes, E. (1970), *Nuclear Phys.* **A154**, 12
Daniel, H., and Schmitt, H. (1965), *Nuclear Phys.* **65**, 481
Danos, M. (1958), *Nuclear Phys.* **5**, 23
Danysz, M., Garbowska, K., Pniewski, J., Pniewski, T., Zakrzewski, J., Fletcher, E. R., Lemonne, J., Renard, P., Sacton, J., Toner, W. T., O'Sullivan, D., Shah, T. P., Thompson, A., Allen, P., Heeran, Sr. M., Montwill, A., Allen, J. E., Beniston, M. J., Davis, D. H., Garbutt, D. A., Bull, V. A., Kumar, R. C., and March, P. V. (1963), *Nuclear Phys.* **49**, 121
Darriulat, P., Igo, G., Pugh, H. G., and Holmgren, H. D. (1965), *Phys. Rev.* **137**, B315
Davidson, J. P. (1965), *Rev. Mod. Phys.* **37**, 105
Davidson, J. P., and Feenberg, E. (1953), *Phys. Rev.* **89**, 856
Davies, D. W., and Hollander, J. M. (1965), *Nuclear Phys.* **68**, 161
Davis, D. H., Lovell, S. P., Csejthey-Barth, M., Sacton, J., Schorochoff, G., and O'Reilly, M. (1967), *Nuclear Phys.* **B1**, 434
Davydov, A. S. (1967), *Wosbushdjonnie sostojanii atomnogo jadra*, Atomizdat, Moskau. Siehe auch *Atomic Energy Review*, Band VI, no. 2, S. 3, Intern. Atomic Energy Agency, Vienna (1968)
Davydov, A. S., and Filippov, G. F. (1958), *Nuclear Phys.* **8**, 237
De Alfaro, V., and Regge, T. (1965), *Potential Scattering*, North-Holland, Amsterdam
Deaver, B. S., Jr., and Fairbank, W. M. (1961), *Phys. Rev. Letters* **7**, 43
de Boer, J. (1957), in *Progress in Low Temperature Physics* **1**, 381, ed. C. J. Gorter, North-Holland, Amsterdam
de Boer, J., and Eichler, J. (1968), *Advances in Nuclear Physics*, **1**, 1, eds. M. Baranger and E. Vogt, Plenum Press, New York, N. Y.
de Boer, J., Stokstad, R. G., Symons, G. D., and Winther, A. (1965), *Phys. Rev. Letters* **14**, 564
De Dominicis, C., and Martin, P. C. (1957), *Phys. Rev.* **105**, 1417
De Forest, T., Jr., and Walecka, J. D. (1966), *Advances in Physics* **15**, 1
de Groot, S. R., Tolhoek, H. A., and Huiskamp, W. J. (1965), in *Alpha-, Beta-, and Gamma-Ray Spectroscopy*, Band 2, S. 1199, ed. K. Siegbahn, North-Holland, Amsterdam
Dehnhard, D., and Mayer-Böricke, C. (1967), *Nuclear Phys.* **A97**, 164
Depommier, P., Duclos, J., Heitze, J., Kleinknecht, K., Rieseberg, H., and Soergel, V. (1968), *Nuclear Phys.* **B4**, 189
de-Shalit, A. (1961), *Phys. Rev.* **122**, 1530
de-Shalit, A., and Goldhaber, M. (1952), *Phys. Rev.* **92**, 1211
de-Shalit, A., and Talmi, I. (1963), *Nuclear Shell Theory*, Academic Press, New York, N. Y.
Desjardins, J. S., Rosen, J. L., Havens, W. W., Jr., and Rainwater, J. (1960), *Phys. Rev.* **120**, 2214
Deutch, B. I. (1962), *Nuclear Phys.* **30**, 191
Devons, S., and *Duerdoth, I.* (1969), *Advances in Nuclear Physics*, eds. M. Baranger and E. Vogt, Plenum Press, New York, N. Y.
De Wit, S. A., Backenstoss, G., Daum, C., Sens, J. C., and Acker, H. L. (1967), *Nuclear Phys.* **87**, 657
Dey, W., Ebersold, P., Leisi, H. J., Scheck, F., Boehm, F., Engfer, R., Link, R., Michaelsen, R., Robert-Tissot, B., Schellenberg, L., Schneuwly, H., Schröder, W. U., Vuilleumier, J. L., Walter, H. K., and Zehnder, A. (1973), *Suppl. to J. Phys. Soc. Japan* **34**, 582
Diamond, R. M., and Stephens, F. S. (1967), *Arkiv Fysik* **36**, 221
Diamond, R. M., Elbek, B., and Stephens, F. S. (1963), *Nuclear Phys.* **43**, 560
Diamond, R. M., Stephens, F. S., Kelly, W. H., and Ward, D. (1969a), *Phys. Rev. Letters* **22**, 546
Diamond, R. M., Stephens, F. S., Nordhagen, R., and Nakai, K. (1969b), *Contributions to Intern. Conf. on Properties of Nuclear States*, S. 7, Les Presses de l'Université de Montreal, Montreal
Di Capua, E., Garland, R., Pondrom, L., and Strelzoff, A. (1964), *Phys. Rev.* **133**, B1333

Dirac, P. A. M. (1935), *The Principles of Quantum Mechanics*, 2. Ausgabe, Clarendon Press, Oxford

Dixon, W. R., Storey, R. S., Aitken, J. H., Litherland, A. E., and Rogers, D. W. O. (1971), *Phys. Rev. Letters* **27**, 1460

Døssing, T., and Jensen, A. S. (1974), *Nuclear Phys.* **A222**, 493

Dolbilkin, B. S., Korin, V. I., Lazareva, L. E., and Nikolaev, F. A. (1965), *Zh. Eksper. Teor. Fiz. Pis'ma (USSR)* **1**, no. 5, 47; engl. Übers. *JETP Letters* **1**, 148

Dolginov, A. Z. (1961), in *Gamma Luchi*, Kap. 6, S. 524, ed. L. Sliv, Akademia Nauk SSSR, Moskau

Doll, R., and Näbauer, M. (1961), *Phys. Rev. Letters* **7**, 51

Domingos, J. M., Symons, G. D., and Douglas, A. C. (1972), *Nuclear Phys.* **A180**, 600

Dothan, Y., Gell-Mann, M., and Ne'eman, Y. (1965), unveröffentlichtes Manuskript; siehe auch Weaver u. a. (1973)

Dover, C. B., Lemmer, R. H., and Hahne, F. J. W. (1972), *Ann. Phys.* **70**, 458

Dragt, A. (1965), *J. Math. Phys.* **6**, 533

Dreizler, R. M., Klein, A., Wu, C.-S., and Do Dang, G. (1967), *Phys. Rev.* **156**, 1167

Drell, S. D., and Walecka, J. D. (1960), *Phys. Rev.* **120**, 1069

Drozdov, S. (1955), J. *Exptl. Theoret. Phys. (USSR)* **28**, 734 und 736; engl. Übers. *Soviet Phys. JETP* **1**, 588 und 591

Drozdov, S. (1958), *J. Exptl. Theoret. Phys. (USSR)* **34**, 1288; engl. Übers. *Soviet Phys. JETP* **7**, 889

Dubois, J. (1967), *Nuclear Phys.* **A104**, 657

Duguay, M. A., Bockelman, C. K., Curtis, T. H., and Eisenstein, R. A. (1967), *Phys. Rev.* **163**, 1259

Dunaitsev, A. F., Petrukhin, V. I., Prokoshkin, Yu. D., and Rykalin, V. I. (1963), *Intern. Conf. on Fundamental Aspects of Weak Interactions*, BNL 837, (C-39), Brookhaven, Upton, N.Y.

Durand, L. (1964), *Phys. Rev.* **135**, B310

Dussel, G. G., and Bès, D. R. (1970), *Nuclear Phys.* **A143**, 623

Dussel, G. G., Perazzo, R. P. J., Bès, D. R., and Broglia, R. A. (1971), *Nuclear Phys.* **A175**, 513

Dyson, F. J. (1962), *J. Math. Phys.* **3**, 140, 157, 166

Dyson, F. J. (1962a), *J. Math. Phys.* **3**, 1191

Dyson, F. J. (1962b), *J. Math. Phys.* **3**, 1199

Dyson, F. J. (1966), *Symmetry Groups in Nuclear and Particle Physics*, Benjamin, New York, N. Y.

Dyson, F. J., and Mehta, M. L. (1963), *J. Math. Phys.* **4**, 701

Eccleshall, D., and Yates, M. J. L. (1965), in *Physics and Chemistry of Fission*, Band I, S. 77, Intern. Atomic Energy Agency, Vienna

Edmonds, A. R. (1957), *Angular Momentum in Quantum Mechanics*, Princeton University Press, Princeton, N. J.

Ehrenberg, H. F., Hofstadter, R., Meyer-Berkhout, U., Ravenhall, D. G., and Sobottka, S. E. (1959), *Phys. Rev.* **113**, 666

Ehrman, J. B. (1951), *Phys. Rev.* **81**, 412

Eichler, J. (1963), *Z. Physik*, **171**, 463

Eichler, J. (1964), *Phys. Rev.* **133**, B1162

Eichler, J., Tombrello, T. A., and Bahcall, J. N. (1964), *Phys. Letters* **13**, 146

Eisele, G., Koniordos, I., Müller, G., and Winkler, R. (1968), *Phys. Letters* **28B**, 256

Eisenbud, L., and Wigner, E. P. (1941), *Proc. Nat. Acad. Sci. U.S.A.* **27**, 281

Ejiri, H. (1971), *Nuclear Phys.* **A166**, 594

Ejiri, H., and Hagemann, G. B. (1971), *Nuclear Phys.* **A161**, 449

Ejiri, H., Ikeda, K., and Fujita, J.-I. (1968), *Phys. Rev.* **176**, 1277

Ejiri, H., Richard, P., Ferguson, S. M., Heffner, R., and Perry, D. (1969), *Nuclear Phys.* **A128**, 388

Ekström, C., Olsmats, M., and Wannberg, B. (1971), *Nuclear Phys.* **A170**, 649

Ekström, C., Ingelman, S., Wannberg, B., and Lamm, I.-L. (1972), *Phys. Letters* **39B**, 199

Elbek, B. (1963), *Determination of Nuclear Transition Probabilities by Coulomb Excitation*, Dissertation, Munksgaard, Copenhagen

Elbek, B. (1969), in *Proc. Intern. Conf. on Properties of Nuclear States*, S. 63, eds. Harvey, Cusson, Geiger, and Pearson, Les Presses de l'Université de Montreal, Montreal

Elbek, B., and Tjøm, P. O. (1969), *Advances in Nuclear Physics*, **3**, 259, eds. M. Baranger and E. Vogt, Plenum Press, New York, N. Y.
Elbek, B., Nielsen, K. O., and Olesen, M. C. (1957), *Phys. Rev.* **108**, 406
Elbek, B., Olesen, M. C., and Skilbreid, O. (1959), *Nuclear Phys.* **10**, 294
Elbek, B., Olesen, M. C., and Skilbreid, O. (1960), *Nuclear Phys.* **19**, 523
Elbek, B., Grotdal, T., Nybø, K., Tjøm, P. O., and Veje, E. (1968), in *Proc. Intern. Conference on Nuclear Structure*, S. 180, ed. J. Sanada, Phys. Society of Japan
Ellegaard, C., and Vedelsby, P. (1968), *Phys. Letters* **26B**, 155
Ellegaard, C., Kantele, J., and Vedelsby, P. (1967), *Phys. Letters* **25B**, 512
Ellegaard, C., Barnes, P. D., Flynn, E. R., and Igo, G. J. (1971), *Nuclear Phys.* **A162**, 1
Ellegaard, C., Barnes, P. D., and Flynn, E. R. (1971a), *Nuclear Phys.* **A170**, 209
Elliott, J. P. (1958), *Proc. Roy Soc.* (*London*), **A245**, 128 und 562
Elliott, J. P., and Skyrme, T. H. R. (1955), *Proc. Roy. Soc.* (*London*), **A232**, 561
Elliott, J. P., and Flowers, B. H. (1957), *Proc. Roy, Soc.* (*London*), **A242**, 57
Elliott, J. P., Mavromatis, H. A., and Sanderson, E. A. (1967), *Phys. Letters* **24B**, 358
Elton, L. R. B. (1961), *Nuclear Sizes*, Oxford University Press, Oxford
Elze, Th. W., and Huizenga, J. R. (1969), *Nuclear Phys.* **A133**, 10
Elze, Th. W., and Huizenga, J. R. (1970), *Phys. Rev.* **C1**, 328
Elze, Th. W., and Huizenga, J. R. (1972), *Nuclear Phys.* **A187**, 545
Endt, P. M., and van der Leun, C. (1967), *Nuclear Phys.* **A105**, 1
Erb, K. A., Holden, J. E., Lee, I. Y., Saladin, J.X., and Saylor, T. K. (1972), *Phys. Rev. Letters* **29**, 1010
Erba, E., Facchini, U., and Saetta-Menichella, E. (1961), *Nuovo cimento* **22**, 1237
Erdal, B. R., Finger, M. Foucher, R., Husson, J. P., Jastrzebski, J., Johnson, A., Perrin, N., Henck, R., Regal, R., Siffert, P., Astner, G., Kjelberg, A., Patzelt, P., Höglund, A., and Malmskog, S. (1970), in *Intern. Conf. on Properties of Nuclei Far from the Region of Beta-Stability*, S. 1031 (CERN Report 70-30) Geneva
Erdélyi, A. (1953), *Higher Transcendental Functions*, Band II, McGraw Hill, New York, N. Y.
Ericson, M., and Ericson, T. E. O. (1966), *Ann. Phys.* **36**, 323
Ericson, T. (1958), *Nuclear Phys.* **6**, 62
Ericson, T. (1958a), *Nuclear Phys.* **8**, 265 und **9**, 697
Ericson, T. (1959), *Nuclear Phys.* **11**, 481
Ericson, T. (1960), *Advances in Physics* **9**, 425
Ericson, T., and Mayer-Kuckuk, T. (1966), *Ann Rev. Nuclear Sci.* **16**, 183
Erlandsson, G. (1956), *Arkiv Fysik* **10**, 65
Erskine, J. R. (1965), *Phys. Rev.* **138**, B66
Erskine, J. R. (1966), *Phys. Rev.* **149**, 854
Erskine, J. R., Marinov, A., and Schiffer, J. P. (1966), *Phys. Rev.* **142**, 633
Euler, H. (1937), *Z. Physik* **105**, 533
Ewan, G. T., Geiger, J. S., Graham, R. L., and MacKenzie, D. R. (1959), *Phys. Rev.* **116**, 950
Evans, H. D. (1950), *Proc. Phys. Soc.* (*London*) **63A**, 575
Faessler, A. (1966), *Nuclear Phys.* **85**, 679
Fagg, L. W., Bendel, W. L., Jones, E. C., Jr., and Numrich, S. (1969), *Phys. Rev.* **187**, 1378
Fallieros, S., Goulard, B., and Venter, R. H. (1965), *Phys. Letters* **19**, 398
Fano, U. (1961), *Phys. Rev.* **124**, 1866
Fano, U., and Cooper, J. W. (1968), *Rev. Mod. Phys.* **40**, 441
Favro, L. D., and MacDonald, J. F. (1967), *Phys. Rev. Letters* **19**, 1254
Federman, P., Rubinstein, H. R., and Talmi, I. (1966), *Phys. Letters* **22**, 208
Fermi, E. (1934), *Z. Physik* **88**, 161
Ferrell, R. A. (1957), *Phys. Rev.* **107**, 1631
Ferrell, R. A., and Fallieros, S. (1959), *Phys. Rev.* **116**, 660
Feshbach, H. (1967), in *Proc. Intern. Nuclear Physics Conf.*, Gatlinburg, S. 181, ed. R. L. Becker, Academic Press, New York, N. Y.
Feshbach, H., Porter, C. E., and Weisskopf, V. F. (1954), *Phys. Rev.* **96**, 448
Feshbach, H., Kerman, A. K., and Lemmer, R. H. (1967), *Ann. Phys.* **41**, 230
Feynman, R. P. (1955), *Progress in Low Temperature Physics*, **1**, 17, ed. J. C. Gorter, North Holland, Amsterdam

Feynman, R. P., and Gell-Mann, M. (1958), *Phys. Rev.* **109**, 193
Fielder, D. S., Le Tourneux, J., Min, K., and Whitehead, W. D. (1965), *Phys. Rev. Letters* **15**, 33
Fierz, M. (1943), *Helv. Phys. Acta* **16**, 365
Fisher, T. R., Tabor, S. L., and Watson, B. A. (1971), *Phys. Rev. Letters* **27**, 1078
Flerov, G. N., Oganesyan, Yu. Ts., Lobanov, Yu. V., Kuznetsov, V. I. Druin, V. A., Perelygin, V. P., Gavrilov, K. A., Tretiakova, S. P., and Plotko, V. M. (1964), *Phys. Letters* **13**, 73
Flügge, S. (1941), *Ann. Physik* **39**, 373
Flynn, E. R., Igo, G., Barnes, P. D., Kovar, D., Bès, D., and Broglia, R. (1971), *Phys. Rev.* **C3**, 2371
Flynn, E. R., Igo, G. J., Broglia, R. A., Landowne, S., Paar, V., and Nilsson, B. (1972), *Nuclear Phys.* **A195**, 97
Flynn, E. R., Igo, G. J., and Broglia, R. A. (1972), *Phys. Letters* **41B**, 397
Flynn, E. R., Broglia, R. A., Liotta, R., and Nilsson, B. S. (1974), *Nuclear Phys.* **A221**, 509
Foissel, P., Cassagnou, Y., Laméhi-Rachti, M., Lévi, C., Mittig, W., and Papineau, L. (1972), *Nuclear Phys.* **A178**, 640
Foldy, L. L. (1953), *Phys. Rev.* **92**, 178
Foldy, L. L. (1958), *Rev. Mod. Phys.* **30**, 471
Foldy, L. L., and Milford, F. J. (1950), *Phys. Rev.* **80**, 751
Foldy, L. L., and Walecka, J. D. (1964), *Nuovo cimento* **34**, 1026
Foldy, L. L., and Walecka, J. (1965), *Phys. Rev.* **140**, B1339
Ford, J. L. C., Jr., Stelson, P. H., Bemis, C. E., Jr., Mc Gowan, F. K., Robinson, R. L., and Milner, W. T. (1971), *Phys. Rev. Letters* **27**, 1232
Forker, M., and Wagner, H. F. (1969), *Nuclear Phys.* **A138**, 13
Fowler, W. A., and Hoyle, F. (1964), *Astrophys. J., Suppl.* **91**
Fox, J. D., Moore, C. F., and Robson, D. (1964), *Phys. Rev. Letters* **12**, 198
Franco, V. (1965), *Phys. Rev.* **140**, B1501
Frankel, S., and Metropolis, N. (1947), *Phys. Rev.* **72**, 914
Fraser, I. A., Greenberg, J. S., Sie, S. H., Stokstad, R. G., and Bromley, D. A. (1969), in *Contributions to Intern. Conf. on Properties of Nuclear States* S. 13, 14, Les Presses de l'Université de Montreal
Frauenfelder, H., and Steffen, R. M. (1965), in *Alpha-, Beta-, and Gamma-Ray Spectroscopy*, Band 2, S. 997, ed. K. Siegbahn, North-Holland, Amsterdam
Freeman, J. M., Murray, G., and Burcham, W. E. (1965), *Phys. Letters* **17**, 317
Freeman, J. M., Jenkin, J. G., Murray, G., and Burcham, W. E. (1966), *Phys. Rev. Letters* **16**, 939
French, J. B. (1964), *Phys. Letters* **13**, 249
Frenkel, J. (1936), *Phys. Z. Sowjetunion* **9**, 533
Frenkel, J. (1939), *J. Phys.* (*USSR*) **1**, 125; siehe auch *Phys. Rev.* **55**, 987
Friedman, F. L., and Weisskopf, V. F. (1955), in *Niels Bohr and the Development of Physics*, S. 134, ed. W. Pauli, Pergamon Press, New York, N. Y.
Frisch, R., and Stern, O. (1933), *Z. Physik* **85**, 4
Fröman, P. O. (1957), *Mat. Fys. Skr. Dan. Vid. Selsk.* **1**, no. 3
Fröman, N., and Fröman, P. O. (1965), *JWKB Approximation*, North-Holland, Amsterdam.
Fujita, J. I. (1962), *Phys. Rev.* **126**, 202
Fujita, J. I., and Ikeda, K. (1965), *Nuclear Phys.* **67**, 145
Fujita, J. I., and Hirata, M. (1971), *Phys. Letters* **37B**, 237
Fulbright, H. W., Lassen, N. O., and Poulsen, N. O. R. (1959), *Mat. Fys. Medd. Dan. Vid. Selsk.* **31**, no. 10
Fulbright, H. W., Alford, W. P., Bilaniuk, O. M., Deshpande, V. K., and Verba, J. W. (1965), *Nuclear Phys.* **70**, 553
Fuller, E. G., and Hayward, E. (1962), *Nuclear Phys.* **30**, 613
Fuller, E. G., and Hayward, E. (1962a), in *Nuclear Reactions*, Band II, S. 713, eds. P. M. Endt and P. B. Smith, North-Holland, Amsterdam
Fuller, G. H., and Cohen, V. W. (1965), *Nuclear Moments*, Anhang 1 zu *Nuclear Data Sheets*, Oak Ridge Nat. Lab., Oak Ridge, Tenn.
Fuller, G. H., and Cohen, V. W. (1969), *Nuclear Data* **A5**, 433

Fulmer, R. H., McCarthy, A. L., Cohen, B. L., and Middleton, R. (1964), *Phys. Rev.* **133**, B955
Fultz, S. C., Bramblett, R. L., Caldwell, J. T., and Kerr, N. A. (1962), *Phys. Rev.* **127**, 1273
Fultz, S. C., Caldwell, J. T., Berman, B. L., Bramblett, R. L., and Harvey, R. R. (1966), *Phys. Rev.* **143**, 790
Fultz, S. C., Bramblett, R. L., Berman, B. L., Caldwell, J. T., and Kelly, M. A. (1967), in *Proc. Intern. Nuclear Physics Conf.*, Gatlinburg, S. 397, ed. R. L. Becker, Academic Press, New York, N. Y.
Gallagher, C. J., Jr., Nielsen, O. B., and Sunyar, A. W. (1965), *Phys. Letters* **16**, 298
Gallone, S., and Salvetti, C. (1953), *Nuovo cimento, Ser. 9*, **10**, 145
Gamba, A., Malvano, R., and Radicati, L. A. (1952), *Phys. Rev.* **87**, 440
Gamow, G. (1934), in *Rapports et Discussions du Septième Conseil de Physique de l'Institut Intern. Solvay*, S. 231, Gauthier-Villars, Paris
Garg, J. B., Rainwater, J., Petersen, J. S., and Havens, W. W., Jr. (1964), *Phys. Rev.* **134**, B985
Gatto, R. (1967), in *High Energy Physics*, Band II, S. 1, ed. E. H. S. Burhop, Academic Press, New York, N. Y.
Gaudin, M. (1961), *Nuclear Phys.* **25**, 447
Geilikman, B. T. (1960), in *Proc. Intern. Conf. on Nuclear Structure*, Kingston, Canada, S. 874, eds. D. A. Bromley and E. W. Vogt, Univ. of Toronto Press, Toronto
Gell-Mann, M. (1953), *Phys. Rev.* **92**, 833
Gell-Mann, M. (1958), *Phys. Rev.* **111**, 362
Gell-Mann, M. (1961), *Cal. Inst. Tech. Rep.* CTSL-20, Pasadena, Cal., abgedruckt in Gell-Mann and Ne'eman (1964)
Gell-Mann, M. (1962), *Phys. Rev.* **125**, 1067
Gell-Mann, M. (1964), *Phys. Letters* **8**, 214
Gell-Mann, M., and Berman, S. M. (1959), *Phys. Rev. Letters* **3**, 99
Gell-Mann, M., and Ne'eman, Y. (1964), *The Eightfold Way*, Benjamin, New York, N. Y.
Gell-Mann, M., Goldberger, M. L., and Thirring, W. E. (1954), *Phys. Rev.* **95**, 1612
Gerholm, T. R., and Pettersson, B. G. (1965), in *Alpha-, Beta-, and Gamma-Ray Spectroscopy*, Band 2, S. 981, ed. K. Siegbahn, North-Holland, Amsterdam
Giltinan, D. A., and Thaler, R. M. (1963), *Phys. Rev.* **131**, 805
Ginocchio, J. N., and Weneser, J. (1968), *Phys. Rev.* **170**, 859
Ginzburg, V. L. (1964), *The Propagation of Electromagnetic Waves in Plasmas*, Pergamon Press, Oxford
Ginzburg, V. L., and Landau, L. D. (1950), *J. Exptl. Theoret. Phys. (USSR)* **20**, 1064; engl. Übers. in D. ter Haar, *Men of Physics: L. D. Landau*, Band I, S. 138, Pergamon Press, Oxford
Glassgold, A. E., Heckrotte, W., and Watson, K. M. (1959), *Ann. Phys.* **6**, 1
Glauber, R. J. (1959), in *Lectures in Theoretical Physics*, Band 1, eds. W. E. Brittin and L. G. Dunham, Wiley (Interscience), New York, N. Y.
Glendenning, N. K. (1965), *Phys. Rev.* **137**, B102
Glenn, J. E., Pryor, R. J., and Saladin, J. X. (1969), *Phys. Rev.* **188**, 1905
Gneuss, G., and Greiner, W. (1971), *Nuclear Phys.*, **A171**, 449
Goldberger, M. L., and Watson, K. M. (1964), *Collision Theory*, Wiley, New York, N. Y.
Golden, S., and Bragg, J. K. (1949), *J. Chem. Phys.* **17**, 439
Goldhaber, G. (1967), in *Proc. 13th Intern. Conf. on High-Energy Physics*, University of California Press, Berkeley, Cal.
Goldhaber, M., and Teller, E. (1948), *Phys. Rev.* **74**, 1046
Goldhaber, M., and Sunyar, A. W. (1951), *Phys. Rev.* **83**, 906
Goldhaber, M., and Hill, R. D. (1952), *Rev. Mod. Phys.* **24**, 179
Goldstein, H. (1963), in *Fast Neutron Physics*, Teil 2, S. 1525, eds. J. B. Marion and J. L. Fowler, Wiley (Interscience), New York, N. Y.
Goldstone, J., and Gottfried, K. (1959), *Nuovo cimento* **13**, 849
Gomez, L. C., Walecka, J. D., and Weisskopf, V. F. (1958), *Ann. Phys.* **3**, 241
Gor'kov, L. P., and Éliashberg, G. M. (1965), *J. Exptl. Theoret. Phys. (USSR)* **48**, 1407; engl. Übers. *Soviet Phys. JETP* **21**, 940
Gorodetzky, S., Mennrath, P., Benenson, W., Chevallier, P., and Scheibling, F. (1963), *J. phys. radium* **24**, 887
Gorodetzky, S., Beck, F., and Knipper, A. (1966), *Nuclear Phys.* **82**, 275

Gorodetzky, S., Freeman, R. M., Gallmann, A., and Haas, F. (1966), *Phys. Rev.* **149**, 801
Goshal, S. N. (1950), *Phys. Rev.* **80**, 939
Gottfried, K. (1956), *Phys. Rev.* **103**, 1017
Gottfried, K. (1963), *Ann. Phys.* **21**, 29
Gottfried, K., and Yennie, D. R. (1969), *Phys. Rev.* **182**, 1595
Goulard, B., and Fallieros, S. (1967), *Can. J. Phys.* **45**, 3221
Green, A. E. S. (1958), *Rev. Mod. Phys.* **30**, 569
Green, A. E. S., and Engler, N. A. (1953), *Phys. Rev.* **91**, 40
Green, A. E. S., and Sharma, R. D. (1965), *Phys. Rev. Letters* **14**, 380
Greenberg, J. S., Bromley, D. A., Seaman, G. C., and Bishop, E. V. (1963), in *Proc. Third Conf. on the Reactions between Complex Nuclei*, eds. A. Ghiorso et al., S. 295, University of California Press, Berkeley, Cal.
Greenlees, G. W., and Pyle, G. J. (1966), *Phys. Rev.* **149**, 836
Greenlees, G. W., Pyle, G. J., and Tang, Y. C. (1966), *Phys. Rev. Letters* **17**, 33
Griffin, J. J. (1957), *Phys. Rev.* **108**, 328
Griffin, J. J., and Wheeler, J. A. (1957), *Phys. Rev.* **108**, 311
Griffin, J. J., and Rich, M. (1960), *Phys. Rev.* **118**, 850
Grin, Yu., T. (1967), *Yadernaya Fizika* **6**, 1181; engl. Übers. *Soviet J. Nuclear Phys.* **6**, 858
Grin, Yu. T., and Pavlichenkow, I. M. (1964), *Phys. Letters* **9**, 249
Grodzins, L. (1968), *Ann. Rev. Nuclear Sci.* **18**, 291
Groshev, L. V., Demidov, A. M., Pelekhov, V. I., Sokolovskii, L. L., Bartholomew, G. A., Doveika, A., Eastwood, K. M., and Monaro, S. (1968), *Nuclear Data* **A5**, 1
Groshev, L. V., Demidov, A. M., Pelekhov, V. I., Sokolovskii, L. L., Bartholomew, G. A., Doveika, A., Eastwood, K. M., and Monaro, S. (1969), *Nuclear Data* **A5**, 243
Grosse, E., Dost, M., Haberkant, K., Hertel, J. W., Klapdor, H. V., Körner, H. J., Proetel, D., and von Brentano, P. (1971), *Nuclear Phys.* **A174**, 525
Grotdal, T., Nybø, K., and Elbek, B. (1970), *Mat. Fys. Medd. Dan. Vid. Selsk.* **37**, no. 12
Grotdal, T., Løset, L., Nybø, K., and Thorsteinsen, T. F. (1973), *Nuclear Phys.* **A211**, 541
Grover, J. R. (1967), *Phys. Rev.* **157**, 832
Günther, C., and Parsignault, D. R. (1967), *Phys. Rev.* **153**, 1297
Günther, C., Hübel, H., Kluge, A., Krien, K., and Toschinski, H. (1969), *Nuclear Phys.* **A123**, 386
Günther, C., Kleinheinz, P., Casten, R. F., and Elbek, B. (1971), *Nuclear Phys.* **A172**, 273
Gustafson, C., Lamm, I. L., Nilsson, B., and Nilsson, S. G. (1967), *Arkiv Fysik* **36**, 613
Gustafson, C., Möller, P., and Nilsson, S. G. (1971), *Phys. Letters* **34B**, 349
Gutzwiller, M. C. (1971), *J. Math. Phys.* **12**, 343
Häusser, O., Hooton, B. W., Pelte, D., Alexander, T. K., and Evans, H. C. (1969), *Phys. Rev. Letters* **23**, 320
Häusser, O., Khanna, F. C., and Ward, D. (1972), *Nuclear Phys.* **A194**, 113
Hafele, J. C., and Woods, R. (1966), *Phys. Letters* **23B**, 579
Hagemann, G. B., Herskind, B., Olesen, M. C., and Elbek, B. (1969), in *Contributions to Intern. Conf. on Properties of Nuclear States*, S. 29, Les Presses de l'Université de Montreal, Montreal
Hahn, B., Ravenhall, D. G., and Hofstadter, R. (1956), *Phys. Rev.* **101**, 1131
Halbert, M. L., and Zucker, A. (1961), *Phys. Rev.* **121**, 236
Halbleib, J. A., Sr., and Sorensen, R. A. (1967), *Nuclear Phys.* **A98**, 542
Halpern, I. (1959), *Ann. Rev. Nuclear Sci.* **9**, 245
Halpern, I., and Strutinsky, V. M. (1958), *Proc. Second Intern. Conf. on the Peaceful Uses of Atomic Energy* **15**, 408 P/1513, United Nations, Geneva
Hama, Y., and Hoshizaki, N. (1964), *Compt. Rend. Congrès Intern. de Physique Nucléaire*, Paris 1963, Band II, S. 195, ed. P. Gugenberger, C.N.R.S., Paris
Hamada, T., and Johnston, I. D. (1962), *Nuclear Phys.* **34**, 382
Hamamoto, I. (1969), *Nuclear Phys.* **A126**, 545
Hamamoto, I. (1970), *Nuclear Phys.* **A141**, 1 und *ibid.* **A155**, 362
Hamamoto, I. (1971), *Nuclear Phys.* **A177**, 484
Hamamoto, I. (1972), *Nuclear Phys.* **A196**, 101
Hamamoto, I. (1973), *Nuclear Phys.* **A205**, 225

Hamamoto, I., and Siemens P. (1974), siehe I. Hamamoto, in *Proc. of Topical Conf. on Problems of Vibrational Nuclei*, Zagreb
Hamermesh, M. (1962), *Group Theory and its Application to Physical Problems*, Addison-Wesley, Reading, Mass.
Hamilton, J., and Woolcook, W. S. (1963), *Rev. Mod. Phys.* **35**, 737
Hand, L. N., Miller, D. G., and Wilson, R. (1963), *Rev. Mod. Phys.* **35**, 335
Hansen, O., and Nathan, O. (1971), *Phys. Rev. Letters* **27**, 1810
Hansen, O., Olesen, M. C., Skilbreid, O., and Elbek, B. (1961), *Nuclear Phys.* **25**, 634
Hansen, P. G. (1964), *Experimental Investigation of Decay Schemes of Deformed Nuclei*, Risø Report 92
Hansen, P. G., Nielsen, O. B., and Sheline, R. K. (1959), *Nuclear Phys.* **12**, 389
Hansen, P. G., Wilsky, K., Baba, C. V. K., and Vandenbosch, S. E. (1963), *Nuclear Phys.* **45**, 410
Hansen, P. G., Nielsen, H. L., Wilsky, K., Agarwal, Y. K., Baba, C. V. K., and Bhattacherjee, S. K. (1966), *Nuclear Phys.* **76**, 257
Hansen, P. G., Nielsen, H. L., Wilsky, K., and Cuninghame, J. G. (1967), *Phys. Letters* **24B**, 95
Hansen, P. G., Hornshøj, P., and Johansen, K. H. (1969), *Nuclear Phys.* **A126**, 464
Harai, H., and Rashid, M. A. (1966), *Phys. Rev.* **143**, 1354
Harchol, M., Jaffe, A. A., Miron, J., Unna, I., and Zioni, Z. (1967), *Nuclear Phys.* **A90**, 459
Harmatz, B., and Handley, T. H. (1968), *Nuclear Phys.* **A121**, 481
Harris, S. M. (1965), *Phys. Rev.* **138**, B509
Harrison, B. K., Thorne, K. S., Wakano, M., and Wheeler, J. A. (1965), *Gravitation Theory and Gravitational Collapse*, University of Chicago Press, Chicago, Ill.
Hasinoff, M., Fisher, G. A., Kuan, H. M., and Hanna, S. S. (1969), *Phys. Letters* **30B**, 337
Hass, M., Moreh, R., and Salzmann, D. (1971), *Phys. Letters* **36B**, 68
Haverfield, A. J., Bernthal, F. M., and Hollander, J. M. (1967), *Nuclear Phys.* **A94**, 337
Haxel, O., Jensen, J. H. D., and Suess, H. E. (1949), *Phys. Rev.* **75**, 1766
Haxel, O., Jensen, J. H. D., and Suess, H. E. (1950), *Z. Physik* **128**, 295
Hayward, E. (1965), in *Nuclear Structure and Electromagnetic Interactions*, S. 141, ed. N. MacDonald, Oliver and Boyd, Edinburgh
Hecht, K. T., and Satchler, G. R. (1962), *Nuclear Phys.* **32**, 286
Heestand, G. M., Borchers, R. R., Herskind, B., Grodzins, L., Kalish, R., and Murnick, D. E. (1969), *Nuclear Phys.* **A133**, 310
Heisenberg, J. H., and Sick, I. (1970), *Phys. Letters* **32B**, 249
Heisenberg, W. (1925), *Z. Physik* **33**, 879
Heisenberg, W. (1932), *Z. Physik* **77**, 1
Heisenberg, W. (1932a), *Z. Physik* **78**, 156
Heisenberg, W. (1934), in *Rapports et Discussions du Septième Conseil de Physique de l'Institut Intern. Solvay*, S. 284, Gautnier-Villars, Paris
Heitler, W. (1954), *The Quantum Theory of Radiation*, 3. Auflage, Clarendon Press, Oxford
Helm, R. H. (1956), *Phys. Rev.* **104**, 1466
Helmer, R. G., and Reich, C. W. (1968), *Nuclear Phys.* **A114**, 649
Helmers, K. (1960), *Nuclear Phys.* **20**, 585
Hemmer, P. C. (1962), *Nuclear Phys.* **32**, 128
Hendrie, D. L., Glendenning, N. K., Harvey, B. G., Jarvis, O. N., Duhm, H. H., Mahoney, J., and Saudinos, J. (1968), *Japan. J. Phys. Suppl.* **24**, 306
Hendrie, D. L., Glendenning, N. K., Harvey, B. G., Jarvis, O. N., Duhm, H. H., Saudinos, J., and Mahoney, J. (1968a), *Phys. Letters* **26B**, 127
Henley, E. M. (1966), in *Isobaric Spin in Nuclear Physics*, S. 1, eds. J. D. Fox and D. Robson, Academic Press, New York, N. Y.
Henley, E. M., and Jacobsohn, B. A. (1959), *Phys. Rev.* **113**, 225
Henley, E. M., and Thirring, W. (1962), *Elementary Quantum Field Theory*, McGraw Hill, New York, N. Y.
Herczeg, P. (1963), *Nuclear Phys.* **48**, 263
Herman, R., and Hofstadter, R. (1960), *High Energy Electron Scattering Tables*, Stanford University Press, Stanford, Cal.
Herring, C. (1966), in *Magnetism*, Band IV, eds. G. T. Rado and H. Suhl, Academic Press, New York, N. Y.

Hertel, J. W., Fleming, D. G., Schiffer, J. P., and Gove, H. E. (1969), *Phys. Rev. Letters* **23**, 488
Herzberg, G. (1945), *Molecular Spectra and Molecular Structure*, Band II: *Infrared and Raman Spectra of Polyatomic Molecules*, Van Nostrand, New York, N. Y.
Herzberg, G. (1950), *Molecular Spectra and Molecular Structure*, Band I: *Spectra of the Diatomic Molecules*, 2. Auflage, Van Nostrand, New York, N. Y.
Herzberg, G. (1966), *Molecular Spectra and Molecular Structure*, Band III: *Electronic Spectra and Electronic Structure of Polyatomic Molecules*, Van Nostrand, Princeton, N. J.
Hiebert, J. C., Newman, E., and Bassel, R. H. (1967), *Phys. Rev.* **154**, 898
Hill, D. L., and Wheeler, J. A. (1953), *Phys. Rev.* **89**, 1102
Hillman, P., Johansson, A., and Tibell, G. (1958), *Phys. Rev.* **110**, 1218
Hinds, S., and Middleton, R. (1966), *Nuclear Phys.* **84**, 651
Hinds, S., Middleton, R., and Litherland, A. E. (1961), in *Proceedings of the Rutherford Jubilee Intern. Conf.*, ed. J. B. Birks, Heywood and Co., London
Hinds, S., Middleton, R., Bjerregaard, J. H., Hansen, O., and Nathan, O. (1965), *Phys. Letters* **17**, 302
Hinds, S., Bjerregaard, J. H., Hansen, O., and Nathan, O. (1965), *Phys. Letters* **14**, 48
Hirzel, O., and Wäffler, H. (1947), *Helv. Phys. Acta* **20**, 373
Hjorth, S. A., and Ryde, H. (1970), *Phys. Letters* **31B**, 201
Hjorth, S. A., Ryde, H., Hagemann, K. A., Løvhøiden, G., and Waddington, J. C. (1970), *Nuclear Phys.* **A144**, 513
Hodgson, P. E. (1964), in *Compt. Rend. du Congrès Intern. de Physique Nucléaire*, Band I, S. 257, ed. P. Gugenberger, C.N.R.S., Paris
Hodgson, P. E.,(1971), *Nuclear Reactions and Nuclear Structure*, Clarendon Press, Oxford
Högaasen-Feldman, J. (1961), *Nuclear Phys.* **28**, 258
Hönl, H., and London, F. (1925), *Z. Physik* **33**, 803
Hoffberg, M., Glassgold, A. E., Richardson, R. W., and Ruderman, M. (1970), *Phys. Rev. Letters* **24**, 775
Hofstadter, R. (1957), *Ann. Rev. Nuclear Sci.* **7**, 231
Hofstadter, R., ed. (1963), *Nuclear and Nucleon Structure*, Benjamin, New York, N. Y.
Holland, G. E., Stein, N., Whitten, C. A., Jr., and Bromley, D. A. (1968), in *Proc. Intern. Conf. on Nuclear Structure*, S. 703, ed. J. Sanada, Phys. Soc. of Japan, see also, Bromley, D. A., *ibid.* S. 251
Horikawa, Y., Torizuka, Y., Nakada, A., Mitsunobu, S., Kojima, Y., and Kimura, M. (1971), *Phys. Letters* **36B**, 9
Hosono, K. (1968), *J. Phys. Soc.* (*Japan*) **25**, 36
Howard, A. J., Pronko, J. G., and Whitten, C. A., Jr., *Phys. Rev.* **184**, 1094
Hoyle, F., and Fowler, W. A. (1963), *Nature* **197**, 533
Huang, K., and Yang, C. N. (1957), *Phys. Rev.* **105**, 767
Huber, M. G., Danos, M., Weber, H. J., and Greiner, W. (1967), *Phys. Rev.* **155**, 1073
Hübel, H., Günther, C., Krien, K., Toschinski, H., Speidel, K.-H., Klemme, B., Humbartzki, G., Gidefeldt, L., and Bodenstedt, E. (1969), *Nuclear Phys.* **A127**, 609
Huffaker, J. N., and Laird, C. E. (1967), *Nuclear Phys.* **A92**, 584
Hughes, V. W. (1964), in *Gravitation and Relativity*, Kap. 13, eds. H.-Y. Chiu and W. F. Hoffmann, Benjamin, New York, N. Y.
Huizenga, J. R., and Moretto, L. G. (1972), *Ann. Rev. Nuclear Sci.* **22**, 427
Huizenga, J. R., Chaudhry, R., and Vandenbosch, R. (1962), *Phys. Rev.* **126**, 210
Huizenga, J. R., Behkami, A. N., Atcher, R. W., Sventek, J. S., Britt, H. C., and Freiesleben, H. (1974), *Nuclear Phys.* **A223**, 589
Hull, M. H., Jr., Lassila, I. E., Ruppel, H. M., MacDonald, F. A., and Breit, G. (1962), *Phys. Rev.* **128**, 830
Hulthén, L. M., and Sugawara, M. (1957), *Handbuch der Physik*, Band 39, Springer, Berlin
Humblet, J. (1967), in *Fundamentals of Nuclear Theory*, eds. A. de-Shalit and C. Villi, Intern. Atomic Energy Agency, Vienna
Hund, F. (1927), *Z. Physik* **42**, 93
Hund, F. (1937), *Z. Physik*, **105**, 202
Hunt, W. E., Mehta, M. K., and Davis, R. H. (1967), *Phys. Rev.* **160**, 782
Hurwitz, H., Jr., and Bethe, H. A. (1951), *Phys. Rev.* **81**, 898

Huus, T., and Zupančič, Č. (1953), *Mat. Fys. Medd. Dan. Vid. Selsk.* **28**, *no.* **1**
Hyde, E. K., Perlman, I., and Seaborg, G. T. (1964), *The Nuclear Properties of the Heavy Elements*, Band I: *Systematics of Nuclear Structure and Radioactivity*, Prentice Hall, Englewood Cliffs, N. J.
Hyde, E. K. (1964), *The Nuclear Properties of the Heavy Elements*, Band III: *Fission Phenomena*, Prentice Hall, Englewood Cliffs, N. J.
Igo, G., Barnes, P. D., and Flynn, E. R. (1971), *Ann Phys.* **66**, 60
Igo, G. J., Flynn, E. R., Dropesky, B. J., and Barnes, P. D. (1971), *Phys. Rev.* **C3**, 349
Ikeda, K., Kobayasi, M., Marumori, T., Shiozaki, T., and Takagi, S. (1959), *Progr. Theor. Phys.* (*Kyoto*) **22**, 663
Ikeda, K., Marumori, T., Tamagaki, R., Tanaka, H., Hiura, J., Horiuchi, H., Suzuki, Y., Nemoto, F., Bando, H., Abe, Y., Takigawa, N., Kamimura, M., Takada, K., Akaishi, Y., and Nagata, S. (1972), *Progr. Theoret. Phys.* (*Kyoto*), Suppl. **52**
Inglis, D. R. (1954), *Phys. Rev.* **96**, 1059
Inglis, D. (1955), *Phys. Rev.* **97**, 701
Inopin, E. V. (1956), *J. Exptl. Theoret. Phys.* (*USSR*) **30**, 210 und **31**, 901; engl. Übers. *Soviet Phys. JETP* **3**, 134 und **4**, 764
Ishizaki, Y., Yoshida, Y., Saji, Y., Ishimatsu, T., Yagi, K., Matoba, M., Huang, C. Y., and Nakajima. Y. (1967), in *Contributions to Intern. Conf. on Nuclear Structure*, Tokyo, S. 133
Itzykson, C., and Nauenberg, M. (1966), *Rev. Mod. Phys.* **38**, 121
Jackson, H. E., and Wetzel, K. J. (1972), *Phys. Rev. Letters* **28**, 513
Jackson, J. D. (1962), *Classical Electrodynamics*, Wiley, New York, N. Y.
Jackson, J. D., and Blatt, J. M. (1950), *Rev. Mod. Phys.* **22**, 77
Jackson, K. P., Ram, K. B., Lawson, P. G., Chapman, N. G., and Allen, K. W. (1969), *Phys. Letters* **30B**, 162
Jacob, G., and Maris, Th. A. J. (1966), *Rev. Mod. Phys.* **38**, 121
Jacob, M., and Wick, G. C. (1959), *Ann. Phys.* **7**, 404
Jacobsohn, B. A. (1954), *Phys. Rev.* **96**, 1637
Jarvis, O. N., Harvey, B. G., Hendrie, D. L., and Mahoney, J. (1967), *Nuclear Phys.* **102**, 625
Jastrow, R. (1950), *Phys. Rev.* **79**, 389
Jensen, J. H. D., and Jensen, P. (1950), *Z. Naturforsch.* **5a**, 343
Jensen, J. H. D., and Mayer, M. G. (1952), *Phys. Rev.* **85**, 1040
Jett, J. H., Lind, D. A., Jones, G. D., and Ristinen, R. A. (1968), *Bull. Am. Phys. Soc.* **13**, 671
Jørgensen, M., Nielsen, O. B., and Sidenius, G. (1962), *Phys. Letters* **1**, 321
Johnson, A., Rensfelt, K.-G., and Hjorth, S. A. (1969); *Annual Report AFI* (Research Institute of Physics, Stockholm), S. 23
Johnson, A., Ryde, H., and Hjorth, S. A. (1972), *Nuclear Phys.* **A179**, 753
Jolly, R. K. (1965), *Phys. Rev.* **139**, B318
Jones, K. W., Schiffer, J. P., Lee, L. L., jr., Marinov, A., and Lerner, J. L. (1966), *Phys. Rev.* **145**, 894
Josephson, B. D. (1962), *Phys. Letters* **1**, 251
Jurney, E. T. (1969), *Neutron Capture Gamma-Ray Spectroscopy*, Proc. Intern. Symposium Studsvik, S. 431. Intern. Atomic Energy Agency, Vienna
Källén, G. (1967), *Nuclear Phys.* **B1**, 225
Kapiza, S. P., Rabotnov, N. S., Smirenkin, G. N., Soldatov, A. S., Usachev, L. N., and Tsipenyuk, Yu. M. (1969), *Zh. Eksepr. Fiz. Pis'ma* (*USSR*) **9**, 128; engl. Übers. *JETP Letters* **9**, 73
Karamyan, S. A., Kuznetsov, I. V., Muzycka, T. A., Oganesyan, Yu. Ts., Penionzkevich, Yu. E., and Pustyl'nik, B. I. (1967), *Yadernaya Fiz.* **6**, 494; engl. Übers. *Soviet J. Nuclear Phys.* **6**, 360
Karnaukhov, V. A., and Ter-Akopyan, G. M. (1964), *Phys. Letters* **12**, 339
Katz, L., Baerg, A. P., and Brown, F. (1958), in *Proc. Second Intern. Conf. on the Peaceful Uses of Atomic Energy* **15**, 188, United Nations, Geneva
Kaufmann, E. N., Bowman, J. D., and Bhattacherjee, S. K. (1968), *Nuclear Phys.* **A119**, 417
Kavanagh, R. W. (1964), *Phys. Rev.* **133**, B1504
Kazarinov, Yu. M., and Simonov, Yu. N. (1962), *Zhur. Eksp. i Teoret. Fiz.* **43**, 35; engl. Übers. *Soviet Phys. JETP* **16**, 24
Kelly, M. A., Berman, B. L., Bramblett, R. L., and Fultz, S. C. (1969), *Phys. Rev.* **179**, 1194

Kelson, I., and Levinson, C. A. (1964), *Phys. Rev.* **134**, B269
Kemmer, N., Polkinghorne, J. C., and Pursey, D. L. (1959), *Reports on Progress in Physics* **22**, 368
Kerman, A. K. (1956). *Mat. Fys. Medd. Dan. Vid. Selsk.* **30**, no. 15
Kerman, A. K., and Shakin, C. M. (1962), *Phys. Letters* **1**, 151
Kerman, A. K., and Klein, A. (1963), *Phys. Rev.* **132**, 1326
Kerman, A. K., and Quang, H. K. (1964), *Phys. Rev.* **135**, B883
Kerman, A. K., McManus, H., and Thaler, R. M. (1959), *Ann. Phys.* **8**, 551
Kerman, A. K., Svenne, J. P., and Villars, F. M. H. (1966), *Phys. Rev.* **147**, 710
Khan, A. M., and Knowles, J. W. (1972), *Nuclear Phys.* **A179**, 333
King, G. W., Hainer, R. M., and Cross, P. C. (1943), *J. Chem. Phys.* **11**, 27
King, G. W., Hainer, R. M., and Cross, P. C. (1949), *J. Chem. Phys.* **17**, 826
Kirsten, T., Schaeffer, O. A., Norton, E., and Stoenner, R. W. (1968), *Phys. Rev. Letters* **20**, 1300
Kishimoto, T., and Tamura, T. (1971), *Nuclear Phys.* **A163**, 100
Kisslinger, L. (1955), *Phys. Rev.* **98**, 761
Kisslinger, L. S., and Sorensen, R. A. (1960), *Mat. Fys. Medd. Dan. Vid. Selsk.* **32**, no. 9
Kistner, O. C. (1967), *Phys. Rev. Letters* **19**, 872
Knowles, J. W. (1965), in *Alpha-, Beta-, and Gamma-Ray Spectroscopy*, Band **1**, S. 203, ed. K. Siegbahn, North-Holland, Amsterdam
Kobayasi, M., and Marumori, T. (1960), *Progr. Theor. Phys.* (Kyoto) **23**, 387
Koch, H. R. (1965), Dissertation Techn. Hochschule München
Koch, H. R. (1966), *Z. Physik* **192**, 142
Körner, H. J., Auerbach, K., Braunsfurth, J., and Gerdau, E. (1966), *Nuclear Phys.* **86**, 395
Kofoed-Hansen, O. (1965), in *Alpha-, Beta-, and Gamma-Ray Spectroscopy*, Band 2, S. 1517, ed. K. Siegbahn, North-Holland, Amsterdam
Kohn, W., and Luttinger, J. M. (1965), *Phys. Rev. Letters* **15**, 524
Koike, M., Nonaka, I., Kokame, J., Kamitsubo, H., Awaya, Y., Wada, T., and Nakamura, H. (1969), *Nuclear Phys.* **A125**, 161
Kolar, W., and Böckhoff, K. H. (1968), *J. Nuclear Energy* **22**, 299
Kolesov, V. E., Korotkich, V. L., and Małashkina, V. G. (1963), *Izv. Akad. Nauk* **27**, 903
Komar, A. P., Vorobiev, A. A., Zalite, Yu. K., and Korolev, G. A. (1970), *Dokl. Akad. Nauk (SSSR)* **191**, 61
Konopinski, E. J. (1966), *The Theory of Beta Radioactivity*, Oxford University Press, Oxford
Konopinski, E. J., and Uhlenbeck, G. E. (1941), *Phys. Rev.* **60**, 308
Konopinski, E. J., and Rose, M. E. (1965), in *Alpha-, Beta-, and Gamma-Ray Spectroscopy*, Band 2, S. 1327, ed. K. Siegbahn, North-Holland, Amsterdam
Kopfermann, H. (1958), *Nuclear Moments*, Academic Press, New York, N. Y.
Kownacki, J., Ryde, H., Sergejev, V. O., and Sujkowski, Z. (1972), *Nuclear Phys.* **A196**, 498
Kramers, H. A. (1930), *Proc. Koninkl. Ned. Akad. Wetenschap.* **33**, 959
Krane, K. S. (1974), *Phys. Rev.* **10C**, 1197
Kratschmer, W., Klapdor, H. V., and Grosse, E. (1973), *Nuclear Phys.* **A201**, 179
Kraushaar, J. J., and Goldhaber, M. (1953), *Phys. Rev.* **89**, 1081
Kuchnir, F. T., Axel, P., Criegee, L., Drake, D. M., Hanson, A. O., and Sutton, D. C. (1967), *Phys. Rev.* **161**, 1236
Kuehner, J. A., and Almqvist, E. (1967), *Can. J. Phys.* **45**, 1605
Kugel, H. W., Kalish, R., and Borchers, R. R. (1971), *Nuclear Phys.* **A167**, 193
Kuhn, H. G., and Turner, R. (1962), *Proc. Roy. Soc. (London)* **265A**, 39
Kuhn, W. (1925), *Z. Physik* **33**, 408
Kumabe, I., Ogata, H., Kim, T. H., Inoue, M., Okuma, Y., and Matoba, M. (1968), *J. Phys. Soc. Japan* **25**, 14
Kumar, K. (1967), *Nuclear Phys.* **A92**, 653
Kumar, K., and Baranger, M. (1968), *Nuclear Phys.* **A122**, 273
Kurath, D. (1950), *Phys. Rev.* **80**, 98
Kurath, D. (1963), *Phys. Rev.* **130**, 1525
Kurath, D., and Pičman, L. (1959), *Nuclear Phys.* **10**, 313
Lamb, H. (1916), *Hydrodynamics*, 4. Ausgabe, Cambridge University Press, Cambridge
Landau, L. D. (1937), *Physik. Z. Sowjetunion* **11**, 556

Landau, L. D. (1941), *J. Phys.* (*USSR*) **5**, 71

Landau, L. D. (1946), *J. Phys.* (*USSR*) **10**, 25

Landau, L. D. (1956), *Zhur. Eksp. i Teoret. Fiz.* **30**, 1058; engl. Übers. *Soviet Phys. JETP* **3**, 920

Landau, L. D. (1958), *Zhur. Eksp. i Teoret. Fiz.* **35**, 97; engl. Übers. *Soviet Phys. JETP* **8**, 70

Landau, L. D., und Lifschitz, E. M. (1979), *Lehrbuch der Theoretischen Physik*, Band III *Quantenmechanik*, Akademie-Verlag, Berlin

Lane, A. M. (1962), *Nuclear Phys.* **35**, 676

Lane, A. M., and Thomas, R. G. (1958), *Rev. Mod. Phys.* **30**, 257

Lane, A. M., and Pendlebury, E. D. (1960), *Nuclear Phys.* **15**, 39

Lane, A. M., Thomas, R. G., and Wigner, E. P. (1955), *Phys. Rev.* **98**, 693

Lane, S. A., and Saladin, J. X. (1972), *Phys. Rev.* **C6**, 613

Lanford, W. A., and McGrory, J. B. (1973), *Phys. Letters* **45B**, 238

Lang, J. M. B., and Le Couteur, K. J. (1954), *Proc. Phys. Soc.* (*London*) **67 A**, 586

Lassila, K. E., Hull, M. H., Jr., Ruppel, H. M., MacDonald, F. A., and Breit, G. (1962), *Phys. Rev.* **126**, 881

Lauritsen, T., and Ajzenberg-Selove, F. (1961), in *Landolt-Börnstein, Neue Serie*, Band 1, Springer, Berlin

Lauritsen, T., and Ajzenberg-Selove, F. (1962), *Nuclear Data Sheets*, The Nuclear Data Group, Oak Ridge, Nat. Lab., Oak Ridge, Tenn.

Lauritsen, T., and Ajzenberg-Selove, F. (1966), *Nuclear Phys.* 78, 10

Lederer, C. M., Poggenburg, J. K., Asaro, F., Rasmussen, J. O., and Perlman, I. (1966), *Nuclear Phys.* **84**, 481

Lederer, C. M., Hollander, J. M., and Perlman, I. (1967), *Table of Isotopes*, 6. Ausgabe, Wiley, New York, N. Y.

Lederer, C. M., Asaro, F., and Perlman, I. (1970) zitiert in *Nuclear Data* **B4**, 652

Lee, L. L., Jr., and Schiffer, J. P. (1964), *Phys. Rev.* **136**, B405

Lee, L. L., Jr., Schiffer, J. P., Zeidman, B., Satchler, G. R., Drisko, R. M., and Bassel, R. H. (1964), *Phys. Rev.* **136**, B971

Lee, T. D., and Yang, C. N. (1956), *Phys. Rev.* **104**, 254

Lee, T. D., and Wu, C. S. (1965), *Ann. Rev. Nuclear Sci.* **15**, 381

Lee, T. D., and Wu, C. S. (1966), *Ann. Rev. Nuclear Sci.* **16**, 471, 511

Lee, W. Y., Bernow, S., Chen, M. Y., Cheng, S. C., Hitlin, D., Kast, J. W., Macagno, E. R., Rushton A. M., Wu, C. S., and Budicky, B. (1969), *Phys. Rev. Letters* **23**, 648

Legett, A. J. (1972), *Phys. Rev. Letters* **29**, 1227

Leisi, H. J., Dey, W., Ebersold, P., Engfer, R., Scheck, F., and Walter, H. K. (1973), *Suppl. to J. Phys. Soc. Japan* **34**, 355

Lemonne, J., Mayeur, C., Sacton, J., Vilain, P., Wilquet, G., Stanley, D., Allen, P., Davis, D. H., Fletcher, E. R., Garbutt, D. A., Shaukat, M. A., Allen, J. E., Bull, V. A., Conway, A. P., and March, P. V. (1965), *Phys. Letters* **18**, 354

Le Tourneux, J. (1965), *Mat. Fys. Medd. Dan. Vid. Selsk.* **34**, no. 11

Levinger, J. S. (1951), *Phys. Rev.* **84**, 43

Levinger, J. S. (1960), *Nuclear Photo-Disintegration*, Oxford University Press, Oxford

Levinger, J. S., and Bethe, H. (1950), *Phys. Rev.* **78**, 115

Levinger, J. S., and Simmons, L. M. (1961), *Phys. Rev.* **124**, 916

Levinson, C. A., Lipkin, H. J., and Meshkov, S. (1963), *Phys. Letters* **7**, 81

Levi-Setti, R. (1964), *Proc. Intern. Conf. on Hyperfragments*, St. Cergue, 1963, CERN Rep. 64-1, ed. W. O. Lock, CERN, Geneva

Lewis, M. B., and Bertrand, F. E. (1972), *Nuclear Phys.* **A196**, 337

Li, A. C., and Schwarzschild, A. (1963), *Phys. Rev.* **129**, 2664

Lilley, J. S., and Stein, N. (1967), *Phys. Rev. Letters* **19**, 709

Lindgren, I. (1965), in *Alpha-, Beta-, and Gamma-Ray Spectroscopy*, Band 2, S. 1621, ed. K. Siegbahn, North-Holland, Amsterdam

Lindhard, J. (1954), *Mat. Fys. Medd. Dan. Vid. Selsk.* **28**, no. 8

Lipkin, H. J. (1965), *Lie Groups for Pedestrians*, North-Holland, Amsterdam

Lipkin, H. J. (1967), in *Proc. Intern. Nuclear Physics Conf.*, Gatlinburg, S. 450, ed. R. L. Becker, Academic Press, New York, N. Y.

Listengarten, M. A. (1961), in *Gamma-Luchi*, S. 271, ed. L. A. Sliv, Akad. Nauk, SSSR, Moskau. Siehe auch Sliv, L. A., and Band, I. M. (1965), in *Alpha-, Beta-, and Gamma-Ray Spectroscopy*, Band 2, S. 1639, ed. K. Siegbahn, North-Holland, Amsterdam

Litherland, A. E. (1968), *Third Symposium on the Structure of Low-Medium Mass Nuclei*, S. 92, ed. J. P. Davidson, University Press of Kansas, Lawrence, Kansas

Litherland, A. E., McManus, H., Paul, E. B., Bromley, D. A., and Gove, H. E. (1958), *Can. J. Phys.* **36**, 378

Littlewood, D. E. (1950), *The Theory of Group Characters*, Clarendon Press, Oxford

Lobashov, V. M., Nazarenko, V. A., Saenko, L. F., Smotritsky, L. M., and Kharkevitch, G. I. (1967), *Phys. Letters* **25B**, 104

Löbner, K. E. G. (1965), *Gamma Ray Transition Probabilities in Deformed Odd-A Nuclei*, Dissertation, University of Amsterdam

Lönsjö, O., and Hagemann, G. B. (1966), *Nuclear Phys.* **88**, 624

Löwdin, P. O. (1966), in *Quantum Theory of Atoms, Molecules and the Solid State*, ed. P. O. Löwdin, Academic Press, New York, N. Y.

Lomon, E., and Feshbach, H. (1967), *Rev. Mod. Phys.* **39**, 611

London, F. (1950), *Superfluids*, Band I, S. 152, Wiley, New York, N. Y.

Lushnikov, A. A., and Zaretsky, D. F. (1965), *Nuclear Phys.* **66**, 35

Lynn, J. E. (1968), *The Theory of Neutron Resonance Reactions*, Clarendon Press, Oxford

Lynn, J. E. (1968a), in *Nuclear Structure*, Dubna Symposium, S. 463, Intern. Atomic Energy Agency, Vienna

MacDonald, J. R., Start, D. F. H., Anderson, R., Robertson, A. G., and Grace, M. A. (1968), *Nuclear Phys.* **A108**, 6

MacDonald, J. R., Wilkinson, D. H., and Alburger, D. E. (1971), *Phys. Rev.* **C3**, 219

MacDonald, N. (1964), *Phys. Letters* **10**, 334

MacDonald, W. M. (1956), *Phys. Rev.* **101**, 271

Macfarlane, M. H., and French, J. B. (1960), *Rev. Mod. Phys.* **32**, 567

MacGregor, M. H., Moravcsik, M. J., and Stapp, H. P. (1959), *Phys. Rev.* **116**, 1248

MacGregor, M. H., Arndt, R. A., and Wright, R. M. (1968), *Phys. Rev.* **169**, 1128; *ibid.* **173**, 1272 und *ibid.* **182**, 1714

Mackintosh, R. S. (1970), Dissertation, University of California, Berkeley, Cal., UCRL-19529

Macklin, R. L., and Gibbons, J. H. (1965), *Rev. Mod. Phys.* **37**, 166

Macklin, R. L., and Gibbons, J. H. (1967), *Astrophys. J.* **149**, 577

Mafethe, M. E., and Hodgson, P. E. (1966), *Proc. Phys. Soc. (London)* **87**, 429

Maher, J. V., Erskine, J. R., Friedman, A. M., Siemssen, R. H., and Schiffer, J. P. (1972), *Phys. Rev.* **C5**, 1380

Maier, K. H., Nakai, K., Leigh, J. R., Diamond, R. M., and Stephens, F. S. (1972), *Nuclear Phys.* **A183**, 289

Majorana, E. (1933), *Z. Physik* **82**, 137

Malmfors, K. G. (1965), in *Alpha-, Beta-, and Gamma-Ray Spectroscopy*, Band 2, S. 1281, ed. K. Siegbahn, North-Holland, Amsterdam

Mang, H. J. (1957), *Z. Physik* **148**, 582

Mang, H. J., and Rasmussen, J. O. (1962), *Mat. Fys. Skr. Dan. Vid. Selsk.* **2**, no. 3

Margolis, B., and Troubetzkoy, E. S. (1957), *Phys. Rev.* **106**, 105

Marić, Z., and Möbius, P. (1959), *Nuclear Phys.* **10**, 135

Mariscotti, M. A. J., Scharff-Goldhaber, G., and Buck, B. (1969), *Phys. Rev.* **178**, 1864

Marshak, H., Langsford, A., Wong, C. Y., and Tamura, T. (1968), *Phys. Rev. Letters* **20**, 554

Marshalek, E. R. (1973), *Phys. Letters* **44B**, 5

Marumori, T. (1960), *Progr. Theor. Phys. (Kyoto)* **24**, 331

Marumori, T., Yamamura, M., and Tokunaga, A. (1964), *Progr. Theor. Phys. (Kyoto)* **31**, 1009

Massey, H. S. W., and Burhop, E. H. S. (1952), *Electronic and Ionic Impact Phenomena*, Oxford University Press, Oxford

Mattauch, J. H. E., Thiele, W., and Wapstra, A. H. (1964), *Nuclear Phys.* **67**, 1

Mayer, M. G. (1941), *Phys. Rev.* **60**, 184

Mayer, M. G. (1949), *Phys. Rev.* **75**, 1969

Mayer, M. G. (1950), *Phys. Rev.* **78**, 16

Mayer, M. G. (1950a), *Phys. Rev.* **78**, 22

Mayer, M. G., and Jensen, J. H. D. (1955), *Elementary Theory of Nuclear Shell Structure*, Wiley, New York, N. Y.

Mayeur, C., Sacton, J., Vilain, P., Wilquet, G., Stanley, D., Allen, P., Davis, D. H., Fletcher, E. R., Garbutt, D. A., Shaukat, M. A., Allen, J. E., Bull, V. A., Conway, A. P., and March, P. V. (1965), *Univ. Libre de Bruxelles*, Bulletin No. 24, Presses Acad. Europ., Bruxelles

McClatchie, E. A., Glashausser, C., and Hendrie, D. L. (1970), *Phys. Rev.* **C1**, 1828

Mc Daniels, D. K., Blair, J. S., Chen, S. W., and Farwell, G. W. (1960), *Nuclear Phys.* **17**, 614

McDonald, J., and Porter, D. (1968), *Nuclear Phys.* **A109**, 529

McGowan, F. K. (1959), in *Compt. Rend. du Congres Intern. de Physique Nucléaire*, S. 225, ed. P. Gugenberger, Dunod, Paris

McGowan, F. K., Robinson, R. L., Stelson, P. H., and Ford, J. L. C., Jr., (1965), *Nuclear Phys.* **66**, 97

McVoy, K. W. (1967), in *Fundamentals in Nuclear Theory*, S. 419, Intern. Atomic Energy Agency, Vienna

McVoy, K. W. (1967a), *Ann. Phys.* **43**, 91

Mehta, M. L. (1960), *Nuclear Phys.* **18**, 395

Mehta, M. L. (1967), *Random Matrices*, Academic Press, New York, N. Y.

Mehta, M. L., and Gaudin, M. (1960), *Nuclear Phys.* **18**, 420

Meitner, L., and Frisch, O. R. (1939), *Nature* **143**, 239

Meldner, H., Süssmann, G., and Ubrici, W. (1965), *Z. Naturforsch.* **20a**, 1217

Messiah, A. (1962), *Quantum Mechanics*, North-Holland, Amsterdam

Meyerhof, W. E., and Tombrello, T. A. (1968), *Nuclear Phys.* **A109**, 1

Miazawa, H. (1951), siehe Miyazawa, H. (1951)

Michaudon, A. (1973), *Advances in Nuclear Physics* **6**, 1, eds. M. Baranger and E. Vogt, Plenum Press, New York, N. Y.

Michel, F. C. (1964), *Phys. Rev.* **133**, B329

Michel, H. V. (1966), *UCRL*-17301, Radiation Lab., University of California, Berkeley, Cal.

Middleton, R., and Hinds, S. (1962), *Nuclear Phys.* **34**, 404

Middleton, R., and Pullen, D. J. (1964), *Nuclear Phys.* **51**, 77

Migdal, A. B. (1944), *J. Phys.* (*USSR*). **8**, 331

Migdal, A. B. (1959), *Nuclear Phys.* **13**, 655

Migdal, A. B. (1966), *Nuclear Phys.* **75**, 441

Migdal, A. B. (1965), *Teoria konetschnych fermi-sistem i swoistwa atomnych jader*, Nauka, Moskau; engl. Übers. (1967), *Theory of Finite Fermi Systems and Applications to Atomic Nuclei*, Wiley (Interscience), New York, N. Y.

Migdal, A. B., Lushnikov, A. A., and Zaretsky, D. F. (1965), *Nuclear Phys.* **66**, 193

Migneco, E., and Theobald, J. P. (1968), *Nuclear Phys.* **A112**, 603

Mikhailov, V. M. (1966), *Izv. Akad. Nauk, ser. Fiz.* **30**, 1334

Miller, P. D., Dress, W. B., Baird, J. K., and Ramsey, N. F. (1967), *Phys. Rev. Letters* **19**, 381

Milner, W. T., McGowan, F. K., Stelson, P. H., Robinson, R. L., and Sayer, R. O. (1969), *Nuclear Phys.* **A129**, 687

Milner, W. T., McGowan, F. K., Robinson, R. L., Stelson, P. H., and Sayer, R. O. (1971), *Nuclear Phys.* **A177**, 1

Minor, M. M., Sheline, R. K., Shera, E. B., and Jurney, E. T. (1969) *Phys. Rev.* **187**, 1516

Miyazawa, H. (1951), *Progr. Theor. Phys.* (*Kyoto*) **6**, 801

Moalem, A., Benenson, W., and Crawley, G. M. (1973), *Phys. Rev. Letters* **31**, 482

Möller, P., and Nilsson, S. G. (1970), *Phys. Letters* **31B**, 283

Mössbauer, R. L. (1965), in *Alpha-, Beta-, and Gamma-Ray Spectroscopy*, Band 2, S. 1293, ed. K. Siegbahn, North-Holland, Amsterdam

Moore, C. E. (1949), *Atomic Energy Levels*, Circular 467, Band 1, S. XL, Nat. Bureau of Standards, Washington, D. C.

Moravcsik, M. J. (1963), *The Two-Nucleon Interaction*, Clarendon Press, Oxford

Morinaga, H. (1956), *Phys. Rev.* **101**, 254

Morinaga, H. (1966), *Nuclear Phys.* **75**, 385

Morinaga, H., and Gugelot, P. C. (1963), *Nuclear Phys.* **46**, 210

Morpurgo, G. (1958), *Phys. Rev.* **110**, 721

Morrison, P. (1953), in *Experimental Nuclear Physics*, Band 2, ed. E. Segré, Wiley, New York, N. Y.

Morse, P. M., and Feshbach, H. (1953), *Methods of Theoretical Physics*, McGraw Hill, New York, N. Y.

Moszkowski, S. A. (1955), *Phys. Rev.* **99**, 803

Moszkowski, S. A. (1965), in *Alpha-, Beta-, and Gamma-Ray Spectroscopy*, Band 2, S. 863, ed. K. Siegbahn, North-Holland, Amsterdam

Mottelson, B. R. (1968), in *Proc. Intern. Conf. on Nuclear Structure*, S. 87, ed. J. Sanada, *Phys. Soc. of Japan*

Mottelson, B. R., and Nilsson, S. G. (1955), *Phys. Rev.* **99**, 1615

Mottelson, B. R., and Nilsson, S. G. (1959), *Mat. Fys. Skr. Dan. Vid. Selsk.* **1**, no. 8

Mottelson, B. R., and Valatin, J. G. (1960), *Phys. Rev. Letters* **5**, 511

Motz, H. T., Jurney, E. T., Schult, O. W. B., Koch, H. R., Gruber, U., Maier, B. P., Baader, H., Struble, G. L., Kern, J., Sheline, R. K., von Egidy, T., Elze, Th., Bieber, B., and Bäcklin, A. (1967), *Phys. Rev.* **155**, 1265

Moyer, R. A., Cohen, B. L., and Diehl, R. C. (1970), *Phys. Rev.* **C2**, 1898

Mukherjee, P., and Cohen, B. L. (1962), *Phys. Rev.* **127**, 1284

Myers, W. D. (1973), *Nuclear Phys.* **A204**, 465

Myers, W. D., and Swiatecki, W. J. (1966), *Nuclear Phys.* **81**, 1

Myers, W. D., and Swiatecki, W. J. (1967), *Arkiv Fysik* **36**, 343

Myers, W. D., and Swiatecki, W. J. (1969), *Ann. Phys.* **55**, 395

Nagao, M., and Torizuka, Y. (1973), *Phys. Rev. Letters* **30**, 1068

Nagatani, K., Le Vine, M. J., Belote, T. A., and Arima, A. (1971), *Phys. Rev. Letters* **27**, 1071

Nagel, J. G., and Moshinsky, M. (1965), *J. Math. Phys.* **6**, 682

Nakai, K., Herskind, B., Blomqvist, J., Filevich, A. Rensfelt, K.-G., Sztankier, J., Bergström, I., and Nagamiya, S. (1972), *Nuclear Phys.* **A189**, 526

Nathan, O. (1968), in *Nuclear Structure*, Dubna Symposium, S. 191, Intern. Atomic Energy Agency, Vienna

Nathan, O., and Nilsson, S. G. (1965), in *Alpha-, Beta-, and Gamma-Ray Sepctroscopy*, Band I, S. 601, ed. K. Siegbahn, North-Holland, Amsterdam

Neal, W. R., and Kraner, H. W. (1965), *Phys. Rev.* **137**, B1164

Nedzel, V. A. (1954), *Phys. Rev.* **94**, 174

Ne'eman, Y. (1961), *Nuclear Phys.* **26**, 222

Neergård, K., and Vogel, P. (1970), *Nuclear Phys.* **A145**, 33

Nemirovsky, P. E., and Adamchuk, Yu., V. (1962), *Nuclear Phys.* **39**, 551

Nemirovsky, P. E., and Chepurnov, V. A. (1966), *Yadernaya Fizika* **3**, 998; engl. Übers. *Soviet J. Nuclear Phys.* **3**, 730

Neudatchin, V. G., and Smirnow, Yu. F. (1969), *Nukleonie assoziazii v ljogkich jadrach*, Nauka, Moskau

Neutron Cross Sections (1964), Sigma Center, Brookhaven Nat. Lab., BNL 325, Suppl. 2, Brookhaven, N. Y.

Newman, E., Hiebert, J. C., and Zeidman, B. (1966), *Phys. Rev. Letters* **16**, 28

Newson, H. W. (1966), in *Nuclear Structure Studies with Neutrons*, S. 195, eds. N. de Mevergies u. a., North-Holland, Amsterdam

Newton, J. O. (1958), *Nuclear Phys.* **5**, 218

Newton, J. O., Stephens, F. S., Diamond, R. M., Kelly, W. H., and Ward, D. (1970), *Nuclear Phys.* **A141**, 631

Newton, T. D. (1960), *Can. J. Phys.* **38**, 700

Nilsson, S. G. (1955), *Mat. Fys. Medd. Dan. Vid. Selsk.* **29**, no. 16

Nilsson, S. G., and Prior, O. (1961), *Mat. Fys. Medd. Dan. Vid. Selsk.* **32**, no. 16

Nilsson, S. G., Tsang, C. F., Sobiczewski, A., Szymánski, Z., Wycech, S., Gustafson, C., Lamm, I.-L., Möller, P., and Nilsson, B. (1969), *Nuclear Phys.* **A131**, 1

Nishijima, K. (1954), *Progr. Theor. Phys.* (*Kyoto*) **12**, 107

Nix, J. R. (1967), *Ann. Phys.* **41**, 52

Nix, J. R. (1972), *Ann. Rev. Nuclear Sci.* **22**, 65

Nolen, J. A., Jr., and Schiffer, J. P. (1969), *Phys. Letters* **29B**, 396

Nordheim, L. A. (1951), *Rev. Mod. Phys.* **23**, 322

Novikov, V. M., and Urin, M. G. (1966), *Yadernaya Fiz.* **3**, 419; engl. Übers. *Soviet J. Nuclear Phys.* **3**, 302
Nozières, P. (1964), *Theory of Interacting Fermi Systems*, Benjamin, New York, N. Y.
Nozières, P. (1966), in *Quantum Fluids*, S. 1, ed. D. F. Brewer, North-Holland, Amsterdam
Nozières, P., and Pines, D. (1958), *Phys. Rev.* **109**, 741, 762 und 1062
Nuclear Data Sheets, Nuclear Data Group, Oak Ridge Nat. Lab., Oak Ridge, Tenn.
Oehme, R. (1963), in *Strong Interactions and High Energy Physics*, ed. R. G. Moorhouse, Oliver and Boyd, Edinburgh and London
Ogle, W., Wahlborn, S., Piepenbring, R., and Frederiksson, S. (1971), *Rev. Mod. Phys.* **43**, 424
Okamoto, K. (1958), *Phys. Rev.* **110**, 143; siehe auch *Progr. Theor. Phys. (Kyoto)* **15**, 75
Okubo, S. (1962), *Progr. Theor. Phys. (Kyoto)* **27**, 949
Olesen, M. C., and Elbek, B. (1960), *Nuclear Phys.* **15**, 134
Onsager, L. (1954), in *Proc. Intern. Conf. on Theoretical Physics, Kyoto and Tokyo*, S. 935, Science Council of Japan, Tokyo
Onsager, L. (1961), *Phys. Rev. Letters* **7**, 50
Oothoudt, M. A., and Hintz, N. M. (1973), *Nuclear Phys.* **A213**, 221
Oppenheimer, J. R., and Schwinger, J. (1941), *Phys. Rev.* **60**, 150
Osborne, R. K., and Foldy, L. L. (1950), *Phys. Rev.* **79**, 795
Ottaviani, P. L., Savoia, M., Sawicki, J., and Tomasini, A. (1967), *Phys. Rev.* **153**, 1138
Pars, L. A. (1965), *A Treatise on Analytical Dynamics*, Heinemann, London
Paul, E. B. (1957), *Phil. Mag.* **2**, 311
Paul, P. (1973), in *Intern. Conf. on Photonuclear Reactions and Applications*, Band I, S. 407, ed. B. L. Berman, U. S. Atomic Energy Commission, Office of Information Services, Oak Ridge, Tenn.
Pauli, H. C., Ledergerber, T., and Brack, M. (1971), *Phys. Letters* **34B**, 264
Pauli, W. (1933), in *Handbuch der Physik* XXIV/1, S. 3, ed. A. Smekal, Springer, Berlin
Pauli, W., and Dancoff, S. M. (1942), *Phys. Rev.* **62**, 85
Pauly, H., and Toennies, J. P. (1965), in *Advances in Atomic and Molecular Physics*, Band 1, S. 195, eds. D. R. Bates and I. Estermann, Academic Press, New York, N. Y.
Paya, D., Blons, J., Derrien, H., Fubini, A., Michaudon, A., and Ribon, P. (1968), *J. phys. radium*, Suppl. **C1**, 159
Peierls, R. E., and Yoccoz, J. (1957), *Proc. Phys. Soc. (London)* **A70**, 381
Peierls, R. E., and Thouless, D. J. (1962), *Nuclear Phys.* **38**, 154
Peker, L. K. (1960), *Izv. Akad. Nauk*, Ser. Fiz. **24**, 365
Perey, F., and Buck, B. (1962), *Nuclear Phys.* **32**, 353
Perey, F. G., and Schiffer, J. P. (1966), *Phys. Rev. Letters* **17**, 324
Perlman, I., Ghiorso, A., and Seaborg, G. T. (1950), *Phys. Rev.* **77**, 26
Perring, J. K., and Skyrme, T. H. R. (1956), *Proc. Phys. Soc. (London)* **A69**, 600
Persson, B., Blumberg, H., and Agresti, D. (1968), *Phys. Rev.* **170**, 1066
Petersen, D. F., and Veje, C. J. (1967), *Phys. Letters* **24B**, 449
Peterson, J. M. (1962), *Phys. Rev.* **125**, 955
Pik-Pichak, G. A. (1958), *J. Exptl. Theoret. Phys. (USSR)* **34**, 341; engl. Übers. *Soviet Phys. JETP* **34**, 238
Pilt, A. A., Spear, R. H., Elliott, R. V., Kelly, D. T., Kuehner, J. A., Ewan, G. T., and Rolfs, C. (1972), *Can. J. Phys.* **50**, 1286
Pines, D. (1963), *Elementary Excitations in Solids*, Benjamin, New York, N. Y.
Pines, D., and Nozières, P. (1966), *The Theory of Quantum Liquids*, Benjamin, New York, N. Y.
Pitthan, R., and Walcher, Th. (1971), *Phys. Letters* **36B**, 563
Pitthan, R., and Walcher, Th. (1972), *Z. Naturforsch.* **27a**, 1683
Pniewsky, J., and Danysz, M. (1962), *Phys. Letters* **1**, 142
Poggenburg, J. K., Jr. (1965), UCRL-16187, Dissertation, University of California, Berkely, Cal.
Poggenburg, J. K., Mang, H. J., and Rasmussen, J. O. (1969), *Phys. Rev.* **181**, 1697.
Polikanov, S. M. (1968), *Uspeki Fiz. Nauk* **94**, 46; engl. Übers. *Soviet Phys. Uspekhi* **11**, 22
Polikanov, S. M., and Sletten, G. (1970), *Nuclear Phys.* **A151**, 656
Polikanov, S. M., Druin, V. A., Karnaukhov, V. A., Mikheev, V. L., Pleve, A. A., Skobelev, N. K., Subbotin, V. G., Ter-Akop'yan, G. M., and Fomichev, V. A. (1962), *J. Exptl. Theoret. Phys. (USSR)* **42**, 1464; engl. Übers. *Soviet Phys. JETP* **15**, 1016

Pontecorvo, B., and Smorodinski, Y. (1961), *Zhur. Eksp. i Teoret. Fiz.* **41**, 239; engl. Übers. *Soviet Phys. JETP* **14**, 173

Porter, C. E., and Thomas, R. G. (1956), *Phys. Rev.* **104**, 483

Porter, C. E., and Rosenzweig, N. (1960), *Ann. Acad. Sci. Finland.* **A6**, no. 44

Prowse, D. J. (1966), *Phys. Rev. Letters* **17**, 782

Rabotnov, N. S., Smirenkin, G. N., Soldatov, A. S., Usachev, L. N., Kapitza, S. P., and Tsipenyuk, Yu. M. (1970), *Yadernaya Fizika* **11**, 508

Racah, G. (1942), *Phys. Rev.* **62**, 438

Racah, G. (1943), *Phys. Rev.* **63**, 367

Racah, G. (1950), *Phys. Rev.* **78**, 622

Racah, G. (1951), *Group Theory and Spectroscopy*, Lecture Notes, Inst. for Advanced Study, Princeton, N. J.

Racah, G. (1952), in *Farkas Memorial Volume*, S. 294, eds. A. Farkas and E. P. Wigner, Research Council of Israel, Jerusalem

Racah, G., and Talmi, I. (1953), *Phys. Rev.* **89**, 913

Rainwater, J. (1950), *Phys. Rev.* **79**, 432

Rakavy, G. (1957), *Nuclear Phys.* **4**, 375

Rakavy, G. (1957a), *Nuclear Phys.* **4**, 289

Ramamurthy, V. S., Kapoor, S. S., and Kataria, S. K. (1970), *Phys. Rev. Letters* **25**, 386

Ramšak, V., Olesen, M. C., and Elbek, B. (1958), *Nuclear Phys.* **6**, 451

Ramsey, N. F. (1950), see Ramsey, N. F. (1953), *Nuclear Moments*, Wiley, New York, N. Y.

Ramsey, N. F. (1956), *Molecular Beams*, Clarendon Press, Oxford

Rand, R. E., Frosch, R., and Yearin, M. R. (1966), *Phys. Rev.* **144**, 859

Randolph, W. L., Ayres de Campos, N., Beene, J. R., Burde, J., Grace, M. A., Start, D. F. H., and Warner, R. E. (1973), *Phys. Letters* **44B**, 36

Rayleigh, J. W. S. (1877), *Theory of Sound*, Mac Millan, London

Raynal, J. (1967), *Nuclear Phys.* **A97**, 572

Raz, B. J. (1959), *Phys. Rev.* **114**, 1116

Redlich, M. G. (1958), *Phys. Rev.* **110**, 468

Reich, C. W., and Cline, J. E. (1965), *Phys. Rev.* **137**, 1424

Reich, C. W., and Cline, J. E. (1970), *Nuclear Phys.* **A159**, 181

Reid, R. V. Jr. (1968), *Ann. Phys.* **50**, 411

Reiner, A. S. (1961), *Nuclear Phys.* **27**, 115

Reines, F., Cowan, C. L., and Goldhaber, M. (1954), *Phys. Rev.* **96**, 1157

Reines, F., Cowan, C. L., and Kruse, H. W. (1957), *Phys. Rev.* **109**, 609

Reising, R. F., Bate, G. L., and Huizenga, J. R. (1966), *Phys. Rev.* **141**, 1161

Ricci, R. A., Girgis, R. K., and van Lieshout, R. (1960), *Nuclear Phys.* **21**, 177

Richard, P., Moore, C. F., Becker, J. A., and Fox, J. D. (1966), *Phys. Rev.* **145**, 971

Richard, P., Stein, N., Kavaloski, C. D., and Lilley, J. S. (1968), *Phys. Rev.* **171**, 1308

Ridley, B. W., and Turner, J. F. (1964), *Nuclear Phys.* **58**, 497

Ripka, G. (1968), *Advances in Nuclear Physics* **1**, 183, eds. M. Baranger and E. Vogt, Plenum Press, New York, N. Y.

Robson, D. (1965), *Phys. Rev.* **137**, B535

Rogers, J. D. (1965), *Ann. Rev. Nuclear Sci.* **15**, 241

Rojo, O., and Simmons, L. M. (1962), *Phys. Rev.* **125**, 273

Rood, H. P. C. (1966), *Nuovo cimento*, Suppl. Ser. 1, **4**, 185

Roos, C. E., and Peterson, V. Z. (1961), *Phys. Rev.* **124**, 1610

Roos, P. G., and Wall, N. S. (1965), *Phys. Rev.* **140**, B1237

Rose, M. E. (1955), *Multipole Fields*, Wiley, New York, N. Y.

Rose, M. E. (1957), *Elementary Theory of Angular Momentum*, Wiley, New York, N. Y.

Rose, M. E. (1965), in *Alpha-, Beta-, and Gamma-Ray Spectroscopy*, Band **2**, S. 887, ed. K. Siegbahn, North-Holland, Amsterdam

Rosen, L., Beery, J. G., Goldhaber, A. S., and Auerbach, E. H. (1965), *Ann. Phys.* **34**, 96

Rosenblum, S., and Valadares, M. (1952), *Compt. rend.* **235**, 711

Rosenfeld, A. H., Barbaro-Galtieri, A., Podolsky, W. J., Price, L. R., Soding, P., Wohl, C. G., Roos, M., and Willis, W. J. (1967), *Rev. Mod. Phys.* **39**, 1

Rosenfeld, L. (1948), *Nuclear Forces*, North-Holland, Amsterdam
Rosenzweig, N. (1957), *Phys. Rev.* **108**, 817
Rosenzweig, N. (1963), in *Statistical Physics*, Brandeis Summer Institute, Band 3, S. 91, ed. K. W. Ford, Benjamin, New York, N. Y.
Rosenzweig, N., and Porter, C. E. (1960), *Phys. Rev.* **120**, 1968
Rosenzweig, N., Monahan, J. E., and Mehta, M. L. (1968), *Nuclear Phys.* **A109**, 437
Ross, A. A., Lawson, R. D., and Mark, H. (1956), *Phys. Rev.* **104**, 401
Rud, N., and Nielsen, K. B. (1970), *Nuclear Phys.* **A158**, 546
Rud, N., Nielsen, H. L., and Wilsky, K. (1971), *Nuclear Phys.* **A167**, 401
Ruderman, M. (1972), *Ann. Rev. Astron. and Astrophys.* **10**, 427
Rudolph, H., and McGrath, R. L. (1973), *Phys. Rev.* **C8**, 247
Rutherford, E., Chadwick, J., and Ellis, C. D. (1930), *Radiations from Radioactive Substances*, Cambridge University Press, Cambridge
Sachs, R. G. (1948), *Phys. Rev.* **74**, 433
Sachs, R. G. (1953), *Nuclear Theory*, Addison-Wesley, Reading, Mass.
Saethre, Ø., Hjorth, S. A., Johnson, A., Jägare, S., Ryde, H., and Szymański, Z. (1973), *Nuclear Phys.* **A207**, 486
Sakai, M. (1967), *Nuclear Phys.* **A104**, 301
Sakai, M. (1970), *Nuclear Data Tables* **A8**, 323
Sakai, M. (1972), *Nuclear Data Tables* **A10**, 511
Salisbury, S. R., and Richards, H. T. (1962), *Phys. Rev.* **126**, 2147
Salling, P. (1965), *Phys. Letters* **17**, 139
Satchler, G. R. (1955), *Phys. Rev.* **97**, 1416
Satchler, R. (1966), in *Lectures in Theoretical Physics* **VIIIC**, S. 73, eds. Kunz, Lind, and Britten, University of Colorado Press, Boulder, Colorado
Satchler, G. R., Bassel, R. H., and Drisko, R. M. (1963), *Phys. Letters* **5**, 256
Sayer, R. O., Stelson, P. H., McGowan, F. K., Milner, W. T., and Robinson, R. L. (1970), *Phys. Rev.* **1C**, 1525
Scharff-Goldhaber, G. (1952), *Physica* **18**, 1105
Scharff-Goldhaber, G. (1953), *Phys. Rev.* **90**, 587
Scharff-Goldhaber, G., and Weneser, J. (1955), *Phys. Rev.* **98**, 212
Scharff-Goldhaber, G., and Takahashi, K. (1967), *Izv. Akad. Nauk, ser. Fiz.* **31**, 38
Schmorak, M., Bemis, C. E. Jr., Zender, M. J., Gove, N. B., and Dittner, P. F. (1972), *Nuclear Phys.* **A178**, 410
Schneid, E. J., Prakash, A., and Cohen, B. L. (1967), *Phys. Rev.* **156**, 1316
Schopper, H. F. (1966), *Weak Interactions and Nuclear Beta Decay*, North-Holland, Amsterdam
Schulz, H., Wiebicke, H. J., Fülle, R., Netzband, D., and Schlott, K., (1970), *Nuclear Phys.* **A159**, 324
Schwalm, D., Bamberger, A., Bizetti, P. G., Povh, B., Engelbertink, G. A. P., Olness, J. W., and Warburton, E. K. (1972), *Nuclear Phys.* **A192**, 449
Schwinger, J. (1950), *Phys. Rev.* **78**, 135
Seaman, G. G., Greenberg, J. S., Bromley, D. A., and McGowan, F. K. (1966), *Phys. Rev.* **149**, 925
Seaman, G. G., Bernstein, E. M., and Palms, J. M. (1967), *Phys. Rev.* **161**, 1223
Seeger, P. A., and Perisho, R. C. (1967), *Los Alamos Scientific Lab. Report* (LA 3751), Los Alamos, N. M.
Seeger, P. A., Fowler, W. A., and Clayton, D. D. (1965), *Astrophys. J. Suppl.* **97**, 121
Segel, R. E., Olness, J. W., and Sprenkel, E. L. (1961), *Phys. Rev.* **123**, 1382
Segel, R. E., Olness, J. W., and Sprenkel, E. L. (1961a), *Phil. Mag.* **6**, 163
Segel, R. E., Singh, P. P., Allas, R. G., and Hanna, S. S. (1963), *Phys. Rev. Letters* **10**, 345
Semenko, S. F. (1964), *Phys. Letters* **10**, 182 und **13**, 157
Shapiro, I. S., and Estulin, I. V. (1956), *Zhur. Eksp. i Teoret. Fiz.* **30**, 579; engl. Übers. *Soviet Phys. JETP* **3**, 626
Sharpey-Schafer, J. F., Ollerhead, R. W., Ferguson, A. J., and Litherland, A. E. (1968), *Can. J. Phys.* **46**, 2039
Shaw, G. L. (1959), *Ann. Phys.* **8**, 509
Sheline, R. K. (1960), *Rev. Mod. Phys.* **32**, 1

Sheline, R. K., Watson, C. E., Maier, B. P., Gruber, U., Koch, R. H., Schult, O. W. B., Motz, H. T., Jurney, E. T., Struble, G. L., Egidy, T. v., Elze, Th., and Bieber, E. (1966), *Phys. Rev.* **143**, 857
Sheline, R. K., Bennett, M. J., Dawson, J. W., and Sluda, Y. (1967), *Phys. Letters* **26B**, 14
Shenoy, G. K., and Kalvius, G. M. (1971), in *Hyperfine Interactions in Excited Nuclei*, Band 4, S. 1201, eds. G. Goldring and R. Kalish, Gordon and Breach, New York, N. Y.
Sherif, H. (1969), *Nuclear Phys.* **A131**, 532
Sherwood, A. I., and Goswami, A. (1966), *Nuclear Phys.* **89**, 465
Shirley, D. A. (1964), *Rev. Mod. Phys.* **36**, 339
Shoda, K., Sugawara, M., Saito, T., and Miyase, H. (1969), *Phys. Letters* **28B**, 30
Shull, C. G., and Nathans, R. (1967), *Phys. Rev. Letters* **19**, 384
Siegbahn, K., ed. (1965), *Alpha-, Beta-, and Gamma-Ray Spectroscopy*, North-Holland, Amsterdam
Siegert, A. J. F., (1937), *Phys. Rev.* **52**, 787
Siemens, P. J., and Sobiczewski, A. (1972), *Phys. Letters* **41B**, 16
Silverberg, L. (1962), *Arkiv Fysik* **20**, 341
Silverberg, L. (1964), *Nuclear Phys.* **60**, 483
Simpson, J. J., Eccleshall, D., Yates, M. J. L., and Freeman, N. J. (1967), *Nuclear Phys.* **A94**, 177
Singh, P. P., Segel, R. E., Siemssen, R. H., Baker, S., and Blaugrund, A. E. (1967), *Phys. Rev.* **158**, 1063
Skorka, S. J., Hartel, J., and Retz-Schmidt, T. W. (1966), *Nuclear Data* **A2**, 347
Slater, J. C. (1929), *Phys. Rev.* **34**, 1293
Slichter, L. B. (1967), in *Intern. Dictionary of Geophysics*, Band 1, S. 331, ed. S. K. Runcorn, Pergamon Press, Oxford
Sliv, L. A., and Charitonov, Yu. I. (1965), *Phys. Letters* **16**, 176
Smulders, P. J. M., Broude, C., and Litherland, A. E. (1967), *Can. J. Phys.* **45**, 2133
Sørensen, B. (1966), *Phys. Letters* **21**, 683
Sørensen, B. (1967), *Nuclear Phys.* **A97**, 1
Soldatov, A. S., Smirenkin, G. N., Kapitza, S. P., and Tsipeniuk, Y. M., (1965), *Phys. Letters*, **14**, 217
Soloviev, V. G. (1961), *Mat. Fys. Skr. Dan. Vid. Selsk.* **1**, no. 11
Soloviev, V. G. (1962), *Phys. Letters* **1**, 202
Soloviev, V. G., and Vogel, P. (1967), *Nuclear Phys.* **A92**, 449
Sommerfeld, A. (1915), *Sitzungsber. Bayer. Akad. Wiss., München*, S. 425ff.
Sommerfeld, A. (1922), *Atombau und Spektrallinien*, Vieweg, Braunschweig
Sood, P. C., and Green, A. E. S. (1957), *Nuclear Phys.* **5**, 274
Sorensen, R. (1966), *Phys. Letters* **21**, 333
Sosnovsky, A. N., Spivak, P. E., Prokofiev, Yu. A., Kutikov, I. E., and Dobrinin, Yu. P. (1959), *Nuclear Phys.* **10**, 395
Spalding, I. J., and Smith, K. F. (1962), *Proc. Phys. Soc. (London)* **79**, 787
Specht, H. J., Weber, J., Konecny, E., and Heunemann, D. (1972), *Phys. Letters* **41B**, 43
Spruch, L. (1950), *Phys. Rev.* **80**, 372
Stähelin, P., and Preiswerk, P. (1951), *Helv. Phys. Acta* **24**, 623
Stahl, R. H., and Ramsey, N. F. (1954), *Phys. Rev.* **96**, 1310
Stanford, C. P., Stephenson, T. E., and Bernstein, S. (1954), *Phys. Rev.* **96**, 983
Stanford Conference on Nuclear Sizes and Density Distributions (1958), *Rev. Mod. Phys.* **30**, 412
Stapp, H. P., Ypsilantis, T. J., and Metropolis, N. (1957), *Phys. Rev.* **105**, 302
Steadman, S. G., Kleinfeld, A. M., Seaman, G. G., de Boer, J., and Ward, D. (1970), *Nuclear Phys.* **A155**, 1
Stech, B., and Schülke, L. (1964), *Z. Physik* **179**, 314
Stein, P. C., Odian, A. C., Wattenberg, A., and Weinstein, R. (1960), *Phys. Rev.* **119**, 348
Steinwedel, H., and Jensen, J. H. D. (1950), *Z. Naturforsch.* **5a**, 413
Stelson, P. H., and Grodzins, L. (1965), *Nuclear Data* **A1**, 21
Stelson, P. H., Robinson, R. L., Kim, H. J., Rapaport, J., and Satchler, G. R. (1965), *Nuclear Phys.* **68**, 97
Stelson, P. H., McGowan, F. K., Robinson, R. L., and Milner, W. T. (1970), *Phys. Rev.* **C2**, 2015
Stelson, P. H., Raman, S., McNabb, J. A., Lide, R. W., and Bingham, C. R. (1973), *Phys. Rev.* **8C**, 368

Stephens, F. (1960), zitiert von E. Hyde, I. Perlman, and G. T. Seaborg (1964) in *The Nuclear Properties of the Heavy Elements*, Band II, S. 732, Prentice Hall, Englewood Cliffs, N. J.
Stephens, F. S., jr., Asaro, F., and Perlman, I. (1955), *Phys. Rev.* **100**, 1543
Stephens, F. S., Asaro, F., and Perlman, I. (1959), *Phys. Rev.* **113**, 212
Stephens, F. S., Elbek, B., and Diamond, R. M. (1963), in *Proc. Third Conf. on the Reactions between Complex Nuclei*, S. 303. eds. A. Ghiorso, R. M. Diamond, and H. E. Conzett, Univ. of California Press, Berkeley, Calif.
Stephens, F. S., Lark, N. L., and Diamond, R. M. (1965), *Nuclear Phys.* **63**, 82
Stephens, F. S., Holtz, M. D., Diamond, R. M., and Newton, J. O. (1968), *Nuclear Phys.* **A115**, 129
Stephens, F. S., Ward, D., and Newton, J. O. (1968), *Japan J. Phys. Suppl.* **24**, 160
Stephens, F. S., and Simon, R. S. (1972), *Nuclear Phys.* **A183**, 257
Stevens, R. R., Jr., Eck, J. S., Ritter, E. T., Lee, Y. K., and Walker, J. C. (1967), *Phys. Rev.* **158**, 1118
Stodolsky, L. (1967), *Phys. Rev. Letters* **18**, 135
Streater, R. F., and Wightman, A. S. (1964), *PCT, Spin and Statistics, and All That*, Benjamin, New York, N. Y.
Strömgren, B. (1968). *NORDITA Lectures*, NORDITA, Copenhagen
Stroke, H. H., Blin-Stoyle, R. J., and Jaccarino, V. (1961), *Phys. Rev.* **123**, 1326
Strominger, D., Hollander, J. M., and Seaborg, G. T. (1958), *Rev. Mod. Phys.* **30**, 585
Struble, G. L., Kern, J., and Sheline, R. K. (1965), *Phys. Rev.* **137**, B772
Strutinsky, V. M. (1956), *Zhur. Eksp. i Teoret. Fiz.* **30**, 606, engl. Übers. *Soviet Phys. JETP* **3**, 638
Strutinsky, V. M. (1958), unveröffentlichte Vorlesungen, The Niels Bohr Institute, Copenhagen
Strutinsky, V. M. (1965), *Yadernaya Fiz.* **1**, 821; engl. Übers. *Soviet J. Nuclear Phys.* **1**, 588
Strutinsky, V. M. (1966), *Yadernaya Fiz.* **3**, 614; engl. Übers. *Soviet J. Nuclear Phys.* **3**, 449
Strutinsky, V. M. (1967), *Arkiv Fysik* **36**, 629
Strutinsky, V. M. (1967a), *Nuclear Phys.* **A95**, 420
Strutinsky, V. M. (1968), *Nuclear Phys.* **A122**, 1
Strutinsky, V. M., and Bjørnholm, S. (1968), *Nuclear Structure*, Dubna Symposium, S. 431, Intern. Atomic Energy Agency, Vienna
Strutinsky, V. M., Lyaschenko, N. Ya., and Popov, N. A. (1962), *J. Exptl. Theoret. Phys.* (*USSR*) **43** 584; engl. Übers. *Soviet Phys. JETP* **16**, 418
Suess, H. E., and Urey, H. C. (1956), *Rev. Mod. Phys.* **28**, 53
Sugimoto, K., Mizobuchi, A., Nakai, K., and Matuda, K. (1965), *Phys. Letters* **18**, 38
Swiatecki, W. J. (1951), *Proc. Phys. Soc.* (*London*) **A64**, 226
Swiatecki, W. J. (1956), *Phys. Rev.* **104**, 993
Swift, A., and Elton, L. R. B. (1966), *Phys. Rev. Letters* **17**, 484
Tabakin, F. (1964), *Ann. Phys.* **30**, 51
Takagi, S. (1959), *Progr. Theoret. Phys.* (*Kyoto*) **21**, 174
Taketani, M., und Artikel von Iwadare, J., Otsuki, S., Tamagaki, R., Machida, S., Toyoda, T., Watari, W., Nishijima, K., Nakamura, S., and Sasaki, S. (1956), *Progr. Theoret. Phys.* (Kyoto), Suppl. 3
Talman, J. D. (1970), *Nuclear Phys.* **A141**, 273
Talman, J. D. (1971), *Nuclear Phys.* **A161**, 481
Tamagaki, R. (1967), *Rev. Mod. Phys.* **39**, 629
Tamura, T. (1966), *Phys. Letters* **22**, 644
Tamura, T., and Udagawa, T. (1964), *Nuclear Phys.* **53**, 33
Tanaka, S. (1960), *J. Phys. Soc. Japan* **15**, 2159
Taylor, B. N., Parker, W. H., and Langenberg, D. N. (1969), *Rev. Mod. Phys.* **41**, 375
Teller, E., and Wheeler, J. A. (1938), *Phys. Rev.* **53**, 778
Terasawa, T. (1960), *Prog. Theoret. Phys.* (Kyoto) **23**, 87
Tewari, S. N., and Banerjee, M. K. (1966), *Nuclear Phys.* **82**, 337
Thomas, R. G. (1952), *Phys. Rev.* **88**, 1109
Thomas, W. (1925), *Naturwissenschaften* **13**, 627
Thouless, D. J. (1961), *The Quantum Mechanics of Many-Body Systems*, Academic Press, New York, N. Y.
Thouless, D. J. (1961), *Nuclear Phys.* **22**, 78
Tipler, P. A., Axel, P., Stein, N., and Sutton, D. C. (1963), *Phys. Rev.* **129**, 2096

Tjøm, P. O., and Elbek, B. (1967), *Mat. Fys. Medd. Dan. Vid. Selsk.* **36**, no. 8
Tjøm, P. O., and Elbek, B. (1969), *Mat. Fys. Medd. Dan. Vid. Selsk.* **37**, no. 7
Townes, C. H., and Schawlow, A. L. (1955), *Microwave Spectroscopy*, McGraw Hill, New York, N. Y.
Trainor, L. E. H. (1952), *Phys. Rev.* **85**, 962
Tsukada, K., Tanaka, S., Maruyama, M., and Tomita, Y. (1966), *Nuclear Phys.* **78**, 369
Turner, J. F., Ridley, B. W., Cavanagh, P. E., Gard, G. A., and Hardacre, A. G. (1964), *Nuclear Phys.* **58**, 509
Tveter, A., and Herskind, B. (1969), *Nuclear Phys.* **A134**, 599
Tyrén, H., and Maris, Th. A. J. (1958), *Nuclear Phys.* **7**, 24
Tyrén, H., Kullander, S., Sundberg, O., Ramachandran, R., Isacsson, P., and Berggren, T. (1966), *Nuclear Phys.* **79**, 321
Überall, H. (1974), *Springer Tracts in Modern Physics*, **71**, 1
Uher, R. A., and Sorensen, R. A. (1966), *Nuclear Phys.* 86, 1
Ungrin, J., Diamond, R. M., Tjøm, P. O., and Elbek, B. (1971), *Mat. Fys. Medd. Dan. Vid. Selsk.* **38**, no. 8
Urey, H. C. (1964), *Rev. Geophysics* **2**, 1
Valatin, J. G. (1956), *Proc. Roy. Soc.* (*London*), **238**, 132
Valatin, J. G. (1958), *Nuovo cimento* **7**, 843
Van de Hulst, H. C. (1957), *Light Scattering by Small Particles*, Wiley, New York, N. Y.
Vandenbosch, R., and Huizenga, J. R. (1958), *Proc. Second Intern. Conf. on the Peaceful Uses of Atomic Energy*, Band **15**, S. 284, United Nations, Geneva
Vandenbosch, S. E., and Day, P. (1962), *Nuclear Phys.* **30**, 177
Van Leeuwen, H. J. (1921), *J. phys. radium* **2**, 361
Van Oostrum, K. J., Hofstadter, R., Nöldeke, G. K., Yearian, M. R., Clark, B. C., Herman, R., and Ravenhall, D. G. (1966), *Phys. Rev. Letters* **16**, 528
Van Vleck, J. H. (1929), *Phys. Rev.* **33**, 467
Van Vleck, J. H. (1932), *The Theory of Electric and Magnetic Susceptibilities*, Oxford University Press, Oxford
Veje, E., Elbek, B., Herskind, B., and Olesen, M. C. (1968), *Nuclear Phys.* **A109**, 489
Veltman, M. (1966), *Phys. Rev. Letters* **17**, 553
Vergnes, M. N., and Sheline, R. K. (1963), *Phys. Rev.* **132**, 1736
Vergnes, M. N., and Rasmussen, J. O. (1965), *Nuclear Phys.* **62**, 233
Veyssière, A., Beil, H., Bergère, R., Carlos, P., and Lepretre, A. (1970), *Nuclear Phys.* **A159**, 561
Veyssière, A., Beil, H., Bergère, R., Carlos, P., Lepretre, A., and Kernbath, K. (1973), *Nuclear Phys.* **A199**, 45
Viggars, D. A., Butler, P. A., Carr, P. E., Gadeken, L. L., James, A. N., Nolan, P. J., and Sharpey-Schafer, J. F. (1973), *J. Phys. A*, **6**, L67
Villars, F. (1947), *Helv. Phys. Acta* **20**, 476
Villars, F. (1957), *Ann. Rev. Nuclear Sci.* **7**, 185
Vogt, E. (1967), in *Proc. Intern. Nuclear Physics Conf.*, Gatlinburg, S. 748, ed. R. L. Becker, Academic Press, New York, N. Y.
Wahlborn, S. (1965), *Phys. Rev.* **138**, B530
Wapstra, A. H. (1953), *Arkiv Fysik* **6**, 263
Warburton, E. K., Parker, P. D., and Donovan, P. F. (1965), *Phys. Letters* **19**, 397
Watson, R. E., and Freeman, A. J. (1967), in *Hyperfine Interactions*, S. 53, eds. A. J. Freeman und R. B. Frankel, Academic Press, New York, N. Y.
Way, K., and Hurley, F. W. (1966), *Nuclear Data* **A1**, 473
Weaver, L., Biedenharn, L. C., and Cusson, R. Y. (1973), *Ann. Phys.* **77**, 250
Weber, H. J., Huber, M. G., and Greiner, W. (1966), *Z. Physik* **190**, 25, und *ibid.* **192**, 182
Weidenmüller, H. A. (1960), *Nuclear Phys.* **21**, 397
Weigmann, H. (1968), *Z. Physik* **214**, 7
Weigmann, H., and Schmid, H. (1968), *J. Nuclear Energy* **22**, 317
Weinberg, S. (1958), *Phys. Rev.* **112**, 1375
Weinberg, S. (1962), *Phys. Rev.* **128**, 1457
Weinberg, S. (1962a), *Nuovo cimento* **25**, 15
Weisberger, W. I. (1965), *Phys. Rev. Letters* **14**, 1047

Weise, W. (1974), *Phys. Letters C* **13**, 55
Weisskopf, V. F. (1937), *Phys. Rev.* **52**, 295
Weisskopf, V. F. (1955), in *Proc. Glasgow Conf. on Nuclear and Meson Physics*, S. 167, eds. E. H. Bellamy and R. G. Moorhouse, Pergamon, Press, London
Weisskopf, V. F. (1957), *Nuclear Phys.* **3**, 423
Weizsäcker, von, C. F. (1935), *Z. Physik* **96**, 431
Wendin, G. (1973), *J. Phys. B: Atom. Molec. Phys.* **6**, 42
Wentzel, G. (1940), *Helv. Phys. Acta* **13**, 269
Wheatley, J. C. (1966), in *Quantum Fluids*, S. 183, ed. D. F. Brewer, North-Holland, Amsterdam
Wheatley, J. C. (1970), in *Progress in Low Temperature Physics*, **6**, 77, ed. C. J. Gorter, North-Holland, Amsterdam
Wheeler, J. A. (1955), in *Niels Bohr and the Development of Physics*, ed. W. Pauli, Pergamon Press, London
Wheeler, J. A. (1963), in *Fast Neutron Physics*, Teil II, S. 2051, eds. J. B. Marion and J. L. Fowler, Interscience, New York, N. Y.
Wheeler, J. A. (1964), in *Gravitation and Relativity*, Kap. 10, eds. H.-Y. Chiu and W. F. Hoffmann, Benjamin, New York, N. Y.
Wheeler, J. A. (1971), in *Atti del Convegno Mendeleeviano*, S. 189, ed. M. Verde, Accademia delle Science di Torino, Torino
Whineray, S., Dietrich, F. S., and Stokstad, R. G. (1970), *Nuclear Phys.* **A157**, 529
Whittaker, E. T. (1937), *Analytical Dynamics*, 4. Ausgabe, Cambridge University Press, Cambridge
Wick, C. G. (1955), *Rev. Mod. Phys.* **27**, 339
Wigner, E. P. (1937), *Phys. Rev.* **51**, 106
Wigner, E. P. (1939), *Phys. Rev.* **56**, 519
Wigner, E. P. (1958), *Ann. Math.* **67**, 325; siehe auch *ibid.* **62**, 548 (1955) und **65**, 203 (1957)
Wigner, E. P. (1959), *Group Theory and its Applications to the Quantum Mechanics of Atomic Spectra*, Academic Press, New York, N. Y.
Wild, W. (1955), *Sitzber. Bayer. Akad. Wiss., Math-Naturw. Klasse*, München, 18, 371
Wildermuth, K., and Kanellopoulos, Th. (1958), *Nuclear Phys.* **7**, 150
Wilets, L. (1954), *Mat. Fys. Medd. Dan. Vid. Selsk.*, **29**, no. 3
Wilets, L., Hill, D. L., and Ford, K. W. (1953), *Phys. Rev.* **91**, 1488
Wilkins, B. D., Unik, J. P., and Huizenga, J. R. (1964), *Phys. Letters* **12**, 243
Wilkinson, D. H. (1955), in *Proc. Glasgow Conf. on Nuclear and Meson Physics*, S. 161, eds. E. H. Bellamy and R. G. Moorhouse, Pergamon Press, London
Wilkinson, D. H. (1956), *Physica* **22**, 1039
Wilkinson, D. H., and Mafethe, M. E. (1966), *Nuclear Phys.* **85**, 97
Williamson, C. F., Ferguson, S. M., Shepherd, B. J., and Halpern, I. (1968), *Phys. Rev.* **174**, 1544
Wilmore, D., and Hodgson, P. E. (1964), *Nuclear Phys.* **55**, 673
Wilson, R. (1963), *The Nucleon-Nucleon Interaction*, Wiley (Interscience), New York, N. Y.
Winhold, E. J., Demos, P. T., and Halpern, I. (1952), *Phys. Rev.* **87**, 1139
Winner, D. R., and Drisko, R. M. (1965), *Techn. Rep., Univ. of Pittsburgh*, Sarah Mellon Scaife Rad. Lab., Pittsburgh, Pa.
Winther, A. (1962), *On the Theory of Nuclear Beta-Decay*, Munksgaard, Copenhagen
Witsch, von W., Richter, A., and von Brentano, P. (1967), *Phys. Rev. Letters* **19**, 524
Wong, C. Y. (1970), *Phys. Letters* **32B**, 668
Wood, R. W., Borchers, R. R., and Barschall, H. H. (1965), *Nuclear Phys.* **71**, 529
Wu, C. S. (1964), *Rev. Mod. Phys.* **36**, 618
Wu, C. S. (1967), in *Proc. Intern. Nuclear Physics Conf.*, Gatlinburg, S. 409, ed. R. L. Becker, Academic Press, New York, N. Y.
Wu, C. S. (1968), in *Physics of the One and Two Electron Atoms, Arnold Sommerfeld Centennial Meeting*, S. 429, eds. F. Bopp and H. Kleinpoppen, North-Holland, Amsterdam
Wu, C. S., and Moszkowski, S. A. (1966), *Beta Decay*, Wiley (Interscience), New York, N.Y.
Wu, C. S., and Wilets, L. (1969), *Ann. Rev. Nuclear Sci.* **19**, 527
Wu, C. S., Ambler, E., Hayward, R. W., Hoppes, D. D., and Hudson, R. F. (1957), *Phys. Rev.* **105**, 1413
Wyatt, P. J., Wills, J. G., and Green, A. E. S. (1960), *Phys. Rev.* **119**, 1031

Yamanouchi, T. (1937), *Proc. Phys.-Math. Soc. Japan* **19**, 436
Yamazaki, T., Nomura, T., Nagamiya, S., and Katou, T. (1970), *Phys. Rev. Letters* **25**, 547
Yennie, D. R., Ravenhall, D. G., and Wilson, R. N. (1954), *Phys. Rev.* **95**, 500
Yntema, J. L., and Zeidman, B. (1959), *Phys. Rev.* **114**, 815
Yoccoz, J. (1957), *Proc. Phys. Soc.* (*London*), **A70**, 388
Yoshida, S. (1961), *Phys. Rev.* **123**, 2122
Yoshida, S. (1962), *Nuclear Phys.* **33**, 685
Youngblood, D. H., Aldridge, J. P., and Class, C. M. (1965), *Phys. Letters* **18**, 291
Yule, H. P. (1967), *Nuclear Phys.* **A94**, 442
Zeldes, N., Grill, A., and Simievic, A. (1967), *Mat. Fys. Skr. Dan. Vid. Selsk*, **3**, no. 5
Ziegler, J. F., and Peterson, G. A. (1968), *Phys. Rev.* **165**, 1337
Zimányi, J., Halpern, I., and Madsen, V. A. (1970), *Phys. Letters* **33B**, 205
Zweig, A. (1964), *CERN Reports TH*-401 *und TH*-412, CERN, Geneva; siehe auch *Proc. Intern. School of Physics "Ettore Majorana"*, ed. A. Zichichi, Academic Press, New York, N. Y. (1965)
Żylicz, J., Hansen, P. G., Nielsen, H. L., and Wilsky, K. (1966), *Nuclear Phys.* **84**, 13
Żylicz, J., Hansen, P. G., Nielsen, H. L., and Wilsky, K. (1967), *Arkiv Fysik* **36**, 643
Zyryanova, L. N. (1963), *Once-Forbidden Beta-Transitions*, Pergamon Press, New York, N. Y.

SACHVERZEICHNIS BAND I, II, KUMULATIV

Kerne

Das folgende Register enthält Verweise auf ausführlichere Diskussionen von Eigenschaften einzelner Kerne

Berichtigung

S. 37, 13. Zeile von unten; lies richtig: ^{177}Lu statt: ^{177}LU

S. 72, erste Zeile von Formel (4–137) muß richtig lauten:

$$\langle I_1 \rangle = \langle \sum_k (l_1)_k \rangle = 2ab(\Sigma_3 - \Sigma_2)$$

S. 112, dritte Zeile unter der Formel; lies richtig: ..., daß $\varepsilon_{-1} = -(\varepsilon_{+1})^\dagger$

S. 488, zweite Zeile über Formel (6–460); lies richtig:

$\hbar\omega = 2{,}6$ MeV statt: $\hbar\omega$ 2,6 MeV

761 844 9 (5861/II) Aage Bohr/Ben R. Mottelson, Struktur der Atomkerne, Band II Kerndeformationen

FSC
www.fsc.org
MIX
Papier | Fördert gute Waldnutzung
FSC® C083411

Kolibri 360 GmbH
Ferdinand-Jühlke-Straße 7
99095 Erfurt, Deutschland
produktsicherheit@kolibri360.de